植保行业标准汇编

（2024）

标准质量出版分社　编

中国农业出版社
农村设物出版社
北　京

主　　编：刘　伟

副 主 编：冀　刚

编写人员（按姓氏笔画排序）：

冯英华　刘　伟　牟芳荣

杨桂华　胡烨芳　廖　宁

冀　刚

出 版 说 明

近年来，我们陆续出版了多部中国农业标准汇编，已将2004—2021年由我社出版的5 000多项标准单行本汇编成册，得到了广大读者的一致好评。无论从阅读方式还是从参考使用上，都给读者带来了很大方便。

为了加大农业标准的宣贯力度，扩大标准汇编本的影响，满足和方便读者的需要，我们在总结以往出版经验的基础上策划了《植保行业标准汇编（2024）》。本书收录了2022年发布的农药登记环境风险评估指南、抗性鉴定技术规程、农药产品中有效成分含量测定通用分析方法、病虫害测报技术规范、农药残留量的测定、农药登记环境影响试验生物试材培养、微生物农药环境风险评估指南等方面的农业标准84项，并在书后附有2022年发布的6个标准公告供参考。

特别声明：

1. 汇编本着尊重原著的原则，除明显差错外，对标准中所涉及的有关量、符号、单位和编写体例均未做统一改动。

2. 从印制工艺的角度考虑，原标准中的彩色部分在此只给出黑白图片。

本书可供农业生产人员、标准管理干部和科研人员使用，也可供有关农业院校师生参考。

标准质量出版分社

2023年12月

目　录

出版说明

附录

ICS 65.020
CCS B 17

中华人民共和国农业行业标准

NY/T 2882.9—2022

农药登记　环境风险评估指南
第9部分:混配制剂

**Guidance on environmental risk assessment for pesticide registration—
Part 9:Pesticide mixtures**

2022-11-11 发布　　2023-03-01 实施

中华人民共和国农业农村部　发布

前　言

本文件按照 GB/T 1.1—2020《标准化工作导则　第1部分：标准化文件的结构和起草规则》的规定起草。

本文件是 NY/T 2882《农药登记　环境风险评估指南》的第9部分。NY/T 2882 已经发布了以下部分：

——第1部分：总则；

——第2部分：水生生态系统；

——第3部分：鸟类；

——第4部分：蜜蜂；

——第5部分：家蚕；

——第6部分：地下水；

——第7部分：非靶标节肢动物；

——第8部分：土壤生物；

——第9部分：混配制剂。

请注意本文件的某些内容可能涉及专利。本文件的发布机构不承担识别专利的责任。

本文件由农业农村部种植业管理司提出并归口。

本文件负责起草单位：农业农村部农药检定所。

本文件主要起草人：陈朗、单炜力、姜辉、袁善奎、周艳明、周欣欣、王寿山、王胜翔。

农药登记　环境风险评估指南　第9部分：混配制剂

1　范围

本文件规定了农药混配制剂对水生生态系统、鸟类、蜜蜂、家蚕、非靶标节肢动物和土壤生物的风险评估基本原则、评估程序和方法，以及风险降低措施。

本文件适用于含2种或2种以上农药有效成分的混配制剂的环境风险评估。

2　规范性引用文件

下列文件中的内容通过文中的规范性引用而构成本文件必不可少的条款。其中，注日期的引用文件，仅该日期对应的版本适用于本文件；不注日期的引用文件，其最新版本（包括所有的修改单）适用于本文件。

NY/T 2882.2—2016　农药登记环境风险评估指南　第2部分：水生生态系统

NY/T 2882.3　农药登记环境风险评估指南　第3部分：鸟类

NY/T 2882.4　农药登记环境风险评估指南　第4部分：蜜蜂

NY/T 2882.5　农药登记环境风险评估指南　第5部分：家蚕

NY/T 2882.7　农药登记环境风险评估指南　第7部分：非靶标节肢动物

NY/T 2882.8　农药登记环境风险评估指南　第8部分：土壤生物

3　术语和定义

本文件没有需要界定的术语和定义。

4　基本原则

农药混配制剂的风险评估应遵循以下原则：

a）　保护目标与单一有效成分制剂相同；

b）　采用分级评估方法。

5　评估程序和方法

5.1　问题阐述

5.1.1　风险估计

5.1.1.1　根据农药的使用方法确定其对不同类型非靶标生物暴露的可能性，进而确定需要进行评估的生物类型。当根据使用方法不能排除某类非靶标生物暴露于农药时，应对该类生物进行风险评估。当需要进行风险评估的非靶标生物超过一个类型时，应针对每类生物进行逐一评估。

5.1.1.2　用于多种作物或多种防治对象的农药，当针对每种作物或防治对象的施药方法、施药量或频率、施药时间等不同时，可对其使用方法分组评估：

a）　分组时应考虑作物、施药剂量、施药次数和施药时间等因素；

b）　根据分组确定对非靶标生物风险的最高情况，并对该分组开展风险评估；

c）　当风险最高的分组对非靶标生物的风险可接受时，认为该农药制剂对非靶标生物的风险可接受；

d）　当风险最高的分组对非靶标生物的风险不可接受时，还应对其他分组开展风险评估，从而明确何种条件下该农药制剂对非靶标生物的风险可接受。

5.1.2　数据收集

针对保护目标收集尽可能多的数据，并对数据进行初步分析，以确保有充足的数据进行初级暴露分析和效应分析，包括：

a) 产品信息，包括有效成分名称、含量及使用方法等；

b) 有效成分生态毒理学、环境归趋及理化性质等；

c) 有效成分对靶标生物及保护目标的作用方式(MOA)信息及其剂量-效应关系等。

5.1.3 计划简述

根据已获得的相关资料拟定风险评估方案，简要说明风险评估的内容、方法和步骤。

5.2 水生生态系统风险评估

5.2.1 概述

农药混配制剂对水生生态系统的分级风险评估流程遵照附录 A 的图 A.1～图 A.2。

5.2.2 预评估

5.2.2.1 按照 NY/T 2882.2，对混配制剂中的各有效成分分别进行评估(包括生物富集性评估)。基于各有效成分的风险表征结果等，进行混配制剂对水生生态系统的风险预评估，评估流程应符合附录 A 图 A.1 的规定。

5.2.2.2 若混配制剂中任意一个有效成分风险不可接受，则无需进一步评估，风险不可接受。

5.2.2.3 当没有证据表明各有效成分之间可能产生协同增毒作用，且各有效成分的风险商值(RQ_i)≤$1/n$(n 为混配制剂中有效成分的个数)，表明风险可接受，评估可结束。否则，执行 5.2.3“初级风险评估”。

5.2.3 初级风险评估

5.2.3.1 暴露分析

采用公式(1)计算混配制剂的预测暴露浓度(PEC_{mix})，采用公式(2)计算第 i 个有效成分的预测暴露浓度(PEC_i)占 PEC_{mix}的比例(P_i)。

$$PEC_{mix}=\sum_{i=1}^{n} PEC_i \quad (1)$$

$$P_i=\frac{PEC_i}{PEC_{mix}} \quad (2)$$

式中：

PEC_{mix}——混配制剂的预测暴露浓度；

PEC_i ——第 i 个有效成分的预测暴露浓度，应为相同类型的 PEC，如均为 PEC_{max}或 $PEC_{twa-21d}$；PEC_i的预测方法参考 NY/T 2882.2；

n ——混配制剂中有效成分的个数。

5.2.3.2 效应分析

5.2.3.2.1 **混配制剂毒性的浓度加和模型(Concentration Addition model, CA 模型)理论值**

5.2.3.2.1.1 采用 CA 模型按公式(3)计算混配制剂的 EC_{50} 理论值($EC_{50\text{-mix-CA-}PPP}$)。

$$EC_{50\text{-mix-CA-}PPP}=\left(\sum_{i=1}^{n}\frac{C_i}{EC_{50i}}\right)^{-1} \quad (3)$$

式中：

n ——混配制剂中有效成分的个数；

i ——第 i 个有效成分；

C_i ——第 i 个有效成分的含量占比，C_i之和应为 1；

EC_{50i} ——第 i 个有效成分的 EC_{50}，也适用于 LC_{50}，以及无可见作用浓度(NOEC)等。

5.2.3.2.1.2 计算 $EC_{50\text{-mix-CA-}PPP}$或 $LC_{50\text{-mix-CA-}PPP}$时，各有效成分的 EC_{50}或 LC_{50}应为相同测试条件相同物种的相同测试终点；当测试条件、物种及测试终点不同时，可用各有效成分的 NOEC 代替 EC_{50}，计算混配制剂的 $NOEC_{\text{mix-CA-}PPP}$。

5.2.3.2.2 **模型偏差率(*Model deviation ratio*,*MDR*)**

5.2.3.2.2.1 按公式(4)计算 *MDR*。

$$MDR=\frac{\mathrm{EC}_{50\text{-mix-CA-}PPP}}{\mathrm{EC}_{50\text{-mix-}PPP}} \quad\cdots\cdots(4)$$

式中:

$\mathrm{EC}_{50\text{-mix-CA-}PPP}$——混配制剂 EC_{50}的 CA 模型理论值,基于各有效成分在混配制剂中的含量配比通过计算而来,见公式(3);

$\mathrm{EC}_{50\text{-mix-}PPP}$ ——混配制剂 EC_{50}实测值。

5.2.3.2.2.2 当 *MDR*>5 时,说明各有效成分之间具有发生协同作用的潜在可能性。根据 5.2.3.2.3 毒性相似度(Toxicity similarity,*TS*)计算结果,采用混配制剂毒性实测值或 CA 模型计算值进行效应分析。当需要采用制剂毒性的 CA 模型计算值进行评估时,除非能够排除有效成分间存在潜在协同增毒的可能性(例如,有证据表明毒性增加是助剂所产生的影响等),否则,效应分析过程中应对不确定因子(*UF*)进行相应调整(例如,乘以 *MDR*)(见 5.2.3.3.3)。此外,当 *MDR*>10 时,还应补充混配制剂的相关慢性毒性资料。评估流程应符合附录 A 图 A.2 的规定。

5.2.3.2.2.3 当 0.2≤*MDR*≤5 时,说明各有效成分之间表现为相加作用,符合 CA 模型运算条件,返回预评估程序 5.2.2.3 部分。当没有其他证据表明各有效成分之间可能产生协同增毒作用,且所有有效成分的 $RQ_i \leqslant 1/n$ 时(n 为产品混配制剂中有效成分的个数),表明风险可接受,评估可结束。否则,进入步骤 5.2.3.2.3,计算 *TS*。评估流程应符合附录 A 图 A.2 的规定。

5.2.3.2.2.4 当 *MDR* < 0.2 时,说明各有效成分之间具有发生拮抗作用的潜在可能性,返回预评估程序 5.2.2.3 部分。当没有其他证据表明各有效成分之间可能产生协同增毒作用,且所有有效成分的风险商值 $RQ_i \leqslant 1/n$ 时(n 为产品混配制剂中有效成分的个数),表明风险可接受,评估可结束。否则,进入步骤 5.2.3.2.3,计算 *TS*。评估流程应符合附录 A 图 A.2 的规定。

5.2.3.2.3 **毒性相似度(*TS*)**

按公式(5)计算 *TS*。

$$TS=\frac{\mathrm{EC}_{50\text{-mix-CA-}PPP}}{\mathrm{EC}_{50\text{-mix-CA-}PEC}} \quad\cdots\cdots(5)$$

式中:

$\mathrm{EC}_{50\text{-mix-CA-}PPP}$——基于各有效成分在混配制剂中的配比计算而来的 EC_{50}的 CA 模型理论值,见公式(3);

$\mathrm{EC}_{50\text{-mix-CA-}PEC}$——基于各有效成分在 PEC_{mix} 中的占比计算而来的 EC_{50}的 CA 模型理论值,见公式(6)。

$$\mathrm{EC}_{50\text{-mix-CA-}PEC}=\left(\sum_{i=1}^{n}\frac{P_i}{\mathrm{EC}_{50i}}\right)^{-1} \quad\cdots\cdots(6)$$

式中:

n ——混配制剂中有效成分的个数;

i ——第 i 个有效成分;

P_i ——第 i 个有效成分 PEC_i 占 PEC_{mix}的比例,所有有效成分的 P_i之和应为 1;

EC_{50i} ——第 i 个有效成分的 EC_{50},实际应用中,也可用 NOEC_i 替代。

5.2.3.3 **风险表征**

5.2.3.3.1 **方法的选择**

根据 *MDR*、*TS* 计算结果等信息,按照附录 A 的图 A.2 选择相应的方法进行风险表征。

5.2.3.3.2 **采用实测值进行评估**

当 *TS* 未超出 0.8~1.2 范围,且 *MDR*≥0.2(或 *MDR*<0.2 但有充分的数据表明有效成分间的联合作用方式为拮抗作用)时,基于混配制剂的毒性实测值($EC_{50\text{-mix-}PPP}$),采用公式(7)、公式(8)分别计算预测

无效应浓度($\mathrm{PNEC}_{\mathrm{mix}\text{-}PPP}$)和风险商值($RQ_{\mathrm{mix}\text{-}PPP}$):

$$\mathrm{PNEC}_{\mathrm{mix}\text{-}PPP}=\frac{\mathrm{EC}_{50\text{-}\mathrm{mix}\text{-}PPP}}{UF} \quad\cdots\cdots(7)$$

$$RQ_{\mathrm{mix}\text{-}PPP}=\frac{PEC_{\mathrm{mix}}}{\mathrm{PNEC}_{\mathrm{mix}\text{-}PPP}} \quad\cdots\cdots(8)$$

式中:

$\mathrm{EC}_{50\text{-}\mathrm{mix}\text{-}PPP}$——混配制剂 EC_{50}实测值;

UF——不确定性因子,取值方法见 NY/T 2882.2—2016 的附录 F。

PEC_{mix}——混配制剂的环境预测暴露浓度。

当 $RQ_{\mathrm{mix}\text{-}PPP}\leqslant 1$,风险可接受;当 $RQ_{\mathrm{mix}\text{-}PPP}>1$,则表明风险不可接受,可进行高级风险评估。

5.2.3.3.3 采用计算值进行评估

下述情形采用混配制剂的毒性计算值进行评估,按公式(9)、公式(10)计算预测无效应浓度(以 $\mathrm{PNEC}_{\mathrm{mix}\text{-}\mathrm{CA}}$表示)和风险商值(以 $RQ_{\mathrm{mix}\text{-}\mathrm{CA}}$表示):

a) TS 未超出 0.8～1.2 范围,$MDR<0.2$ 但没有证据表明有效成分间的联合作用方式为拮抗作用;

b) TS 超出 0.8～1.2 范围。

$$\mathrm{PNEC}_{\mathrm{mix}\text{-}\mathrm{CA}}=\frac{\mathrm{EC}_{50\text{-}\mathrm{mix}\text{-}\mathrm{CA}\text{-}PEC}}{UF} \quad\cdots\cdots(9)$$

$$RQ_{\mathrm{mix}\text{-}\mathrm{CA}}=\frac{PEC_{\mathrm{mix}}}{\mathrm{PNEC}_{\mathrm{mix}\text{-}\mathrm{CA}}} \quad\cdots\cdots(10)$$

式中:

$\mathrm{EC}_{50\text{-}\mathrm{mix}\text{-}\mathrm{CA}\text{-}PEC}$——混配制剂 EC_{50}的 CA 模型理论值,基于各有效成分在 PEC_{mix}中的占比计算而来,见公式(6);

UF——不确定性因子,取值方法见 NY/T 2882.2—2016 的附录 F;当 $MDR>5$,且不能排除协同作用时,UF 应在 NY/T 2882.2—2016 规定的数值基础上再额外乘以 MDR。

PEC_{mix}——混配制剂的总体环境预测浓度。

当 $RQ_{\mathrm{mix}\text{-}\mathrm{CA}}\leqslant 1$ 时,风险可接受;$RQ_{\mathrm{mix}\text{-}\mathrm{CA}}>1$,风险不可接受,可进行高级风险评估。

5.2.4 高级风险评估

5.2.4.1 高级暴露评估的一般方法

5.2.4.1.1 单一有效成分的预测暴露浓度(PEC_i)

各有效成分的高级暴露评估方法与 NY/T 2882.2 中规定的方法相同。使用高级暴露评估中获得的 PEC_i重新计算 PEC_{mix}。

5.2.4.1.2 混配制剂的预测暴露浓度(PEC_{mix})

初级风险评估过程中,通常将各有效成分的多年环境预测浓度(PEC_i)之和作为 PEC_{mix}。高级评估阶段则可从时间尺度对混配制剂的暴露浓度进行进一步精确化评估。例如,逐年/日计算各有效成分的 PEC_i和 PEC_{mix},然后对混配制剂在不同暴露场景下的风险进行逐年/日评估。风险可接受的标准为:所有场景-时间点中,风险不可接受的年份不超过 40%,且所有 RQ 均应$\leqslant 10$。

5.2.4.2 高级效应分析的一般方法

5.2.4.2.1 单一有效成分的高级效应评估

可对其中某个有效成分进行高级风险评估试验,如增加测试物种获得毒性几何平均值或进行物种敏感度分布(SSD)分析、中宇宙试验等。此时,各有效成分因毒性数据类型不同而需采用不同的不确定性因子(UF,符合 NY/T 2882.2 的规定),应分别计算各个有效成分的 PNEC,按公式(11)进行风险表征。

$$RQ_{\mathrm{mix}}=\sum_{i=1}^{n}\frac{PEC_i}{\mathrm{PNEC}_i} \quad\cdots\cdots(11)$$

式中:

RQ_{mix} ——混配制剂的风险商值；

PEC_i ——有效成分 i 的预测暴露浓度；

$PNEC_i$ ——有效成分 i 的预测无效应浓度，其值等于有效成分 i 的毒性终点值除以相应的 UF。

当 $RQ_{mix} \leqslant 1$ 时，风险可接受。

5.2.4.2.2 **采用独立作用模型(Independent Action model，IA 模型)或混合作用模型(Mixed model，MM 模型)进行评估**

5.2.4.2.2.1 收集各有效成分对保护目标的作用方式(MOA)及其剂量-效应关系。当各有效成分对保护目标具有明确的 MOA 且有充足的证据证明作用方式具有相对独立性时，可采用 IA 模型或 MM 模型进行风险评估。

5.2.4.2.2.2 评估前，可通过公式(12)判断采用 IA 模型或 MM 模型进行评估的可行性：

$$RQ_{mix\text{-}CA} \leqslant \sum_{i=1}^{n} \frac{PEC_i}{PNEC_i} / \max\left\{\frac{PEC_i}{PNEC_i}\right\} \quad \cdots\cdots (12)$$

式中：

$RQ_{mix\text{-}CA}$——风险商值(基于 CA 模型计算的毒性效应值)；

PEC_i ——有效成分 i 的预测暴露浓度；

$PNEC_i$ ——有效成分 i 的预测无效应浓度。

当上述公式成立，且有充足的数据证明各有效成分的作用方式都是相互独立的，则可进行下一阶段的风险评估；当上述公式不成立或者作用方式不明确时，则表明无需采用 IA 模型或 MM 模型进行进一步评估。

5.2.4.2.2.3 按公式(13)、公式(14)进行 IA 模型计算。其中，公式(13)适用于效应随浓度增加而增大的数据类型(如死亡率)；公式(14)适用于效应随浓度增加而减小的数据类型(如存活率)。

$$E(C_{mix}) = 1 - \prod_{i=1}^{n} [1 - E(C_i)] \quad \cdots\cdots (13)$$

$$E(C_{mix}) = \prod_{i=1}^{n} E(C_i) \quad \cdots\cdots (14)$$

式中：

n ——混配制剂中有效成分的个数；

i ——第 i 个有效成分；

$E(C_{mix})$——浓度为 C_{mix} 时的联合毒性效应($0 \leqslant E \leqslant 100\%$)；

$E(C_i)$ ——有效成分 i 浓度为 C_i 时产生的毒性效应($0 \leqslant E \leqslant 100\%$)。

5.2.4.2.2.4 MM 模型适用于部分有效成分间作用方式相似而部分有效成分间作用方式不同的情况，从而结合 IA 模型和 CA 模型进行毒性预测，即将作用方式相同的有效成分作为一个子组分并采用 CA 模型计算其毒性，然后将该子组分与其他组分一起，采用 IA 模型进行整体评估。

5.3 鸟类风险评估

5.3.1 初级评估

5.3.1.1 按照 NY/T 2882.3，对混配制剂中的所有有效成分分别进行急性、短期和长期风险评估，并根据评估结果得出结论或进入下一步评估：

a) 当任何一个有效成分的风险不可接受时，无需进一步评估，该混配制剂对鸟类的风险不可接受；

b) 当没有证据表明各有效成分之间可能产生协同增毒作用，且各有效成分的风险商值(RQ_i) $\leqslant 1/n$(n 为混配制剂中有效成分的个数)，表明风险可接受，评估可结束；

c) 否则，应按照下述方法进一步评估制剂对鸟类的风险。

5.3.1.2 **暴露分析**

将农药混配制剂作为一个整体，采用默认的残留量、MAF 等计算预测暴露剂量(PED_{mix})。暴露分析按照 NY/T 2882.3 进行。

5.3.1.3 效应分析与风险表征

5.3.1.3.1 鸟类急性风险

按公式(15)计算混配制剂 LD_{50} 的 CA 模型理论值($LD_{50\text{-mix-CA-}PPP}$)。

$$LD_{50\text{-mix-CA-}PPP}=\left(\sum_{i=1}^{n}\frac{X_i}{LD_{50i}}\right)^{-1} \quad\cdots\cdots(15)$$

式中：

n ——混配制剂中有效成分的个数；

i ——第 i 个有效成分；

X_i ——第 i 个有效成分的含量占比，X_i 之和应为 1；

LD_{50i} ——第 i 个有效成分的急性经口 LD_{50}。

以混配制剂对鸟类的急性毒性 LD_{50} 实测值或 CA 模型理论值[参考公式(15)计算]进行效应分析(二者均可获得时，取毒性较高值)。风险表征按 NY/T 2882.3 进行。

5.3.1.3.2 鸟类短期和长期风险

5.3.1.3.2.1 按公式(16)计算急性毒性 MDR。

$$MDR=\frac{LD_{50\text{-mix-CA-}PPP}}{LD_{50\text{-mix-}PPP}} \quad\cdots\cdots(16)$$

式中：

$LD_{50\text{-mix-CA-}PPP}$ ——混配制剂 LD_{50} 的 CA 模型理论值，基于各有效成分在混配制剂中的原始含量配比计算而来，见公式(3)；

$LD_{50\text{-mix-}PPP}$ ——混配制剂 LD_{50} 实测值，基于各有效成分在混配制剂中的原始含量配比通过试验获得。

5.3.1.3.2.2 当急性毒性 $MDR\leqslant10$ 时，按照 NY/T 2882.3 分别对各个有效成分对鸟类的短期及长期风险进行评估。最后，将所有有效成分的 RQ_i 相加，得到总的风险商值 RQ。当 $RQ\leqslant1$，风险可接受；当 $RQ>1$，风险不可接受，可进行高级风险评估。

5.3.1.3.2.3 当急性毒性 $MDR>10$，且不能排除有效成分之间存在协同作用时，应补充混配制剂的鸟类短期饲喂毒性和慢性繁殖试验数据，并参考 5.3.1.3.1 的方法开展对鸟类的短期和长期风险评估。

5.3.2 高级评估

5.3.2.1 实测环境归趋数据的应用

当效应分析中 $LD_{50\text{-mix}}$ 为计算值时，可采用各有效成分的实测环境归趋数据进行暴露分析。例如，当具有实测残留量和多次施药因子 MAF 时，可按公式(17)计算混配制剂多次施用后的残留水平 $C_{(\text{mix})}$，并应用于有效成分预测暴露剂量(PED_i) 以及总体预测暴露剂量(PED_{mix})的计算。

$$C_{(\text{mix})}=\sum_{i=1}^{n}C0_i\times MAF_i \quad\cdots\cdots(17)$$

式中：

$C0_i$ ——第一次施用后有效成分 i 的残留水平，单位为 mg a. i. /kg 食物，用于替代 NY/T 2882.3 标准中的"农药单位剂量土壤农药残留量(RUD)"×"最高施药剂量(AR)"；

MAF_i ——有效成分 i 的多次施药因子。

此时，应重新计算各有效成分 PED_i 在 PED_{mix} 中的占比，并应用 CA 模型重新按公式(18) 计算 $LD_{50\text{-mix}}$：

$$LD_{50\text{-mix}}=\left(\sum_{i=1}^{n}X_i\times MAF_i\right)\times\left(\sum_{i=1}^{n}\frac{X_i\times MAF_i}{LD_{50i}}\right)^{-1} \quad\cdots\cdots(18)$$

式中：

X_i ——第 i 个有效成分的含量占比，X_i 之和应为 1；

MAF_i ——有效成分 i 的多次施药因子。

5.3.2.2 其他高级评估方法

当风险评估结果显示风险仍然不可接受时，还可考虑采用 CA 模型以外的其他模型进行 $LD_{50\text{-mix}}$的计算(参考 5.2.5.2.2 部分)。或者，开展半田间、田间试验与实际监测等。

5.4 蜜蜂风险评估

5.4.1 喷施场景初级评估

按公式(15)计算混配制剂 LD_{50}的 CA 模型理论值($LD_{50\text{-mix-CA-}PPP}$)。以混配制剂对蜜蜂的急性毒性 LD_{50}实测值或 CA 模型理论值进行效应分析(二者均可获得时，取毒性较高值)。风险表征按 NY/T 2882.4 进行。

5.4.2 土壤或种子处理场景初级评估

5.4.2.1 按照 NY/T 2882.4 中规定的程序计算内吸性有效成分 i 的预测无效应剂量($PNED_{sysi}$)、预测暴露剂量(PED_{sysi})和风险商值(RQ_{sysi})。最后，将所有内吸性有效成分的 RQ_{sysi} 相加，得到总的风险商值 RQ_{sys}。

5.4.2.2 当 $RQ_{sys}\leqslant 1$，风险可接受；当 $RQ_{sys}>1$，风险不可接受，可进行高级风险评估。

5.4.3 高级风险评估

高级风险评估采用更接近实际情况的半田间或田间试验，按照 NY/T 2882.4 规定的方法进行。

5.4.4 昆虫生长调节剂

通过实验室蜜蜂幼虫饲喂试验对昆虫生长调节剂进行初级风险评估。当昆虫生长调节剂在花粉或花蜜中的预测暴露浓度大于幼虫饲喂试验的无可见作用浓度(NOEC)时，须进行半田间和/或田间试验。当直接拥有与幼虫效应相关的半田间或田间试验数据时，可不必进行蜜蜂幼虫饲喂试验。

5.5 家蚕风险评估

5.5.1 初级风险评估

假定各有效成分在环境中的暴露比例与其在混配制剂中的含量配比一致。将混配制剂看作一个整体，采用默认参数进行暴露分析。以混配制剂毒性效应的实测值或 CA 模型理论值[参考公式(15)]进行效应分析(二者均可获得时，取毒性较高者)。评估程序按照 NY/T 2882.5 进行。

5.5.2 高级风险评估

5.5.2.1 直接施药场景高级暴露分析

可根据 NY/T 2882.5 的规定，采用各种可行的方法对相关因子进行优化。如使用实测数据进行暴露分析，应根据暴露分析结果，重新计算毒性效应值。

5.5.2.2 漂移场景高级暴露分析

应首先考虑采用有效可行的风险降低措施，如采用最外围桑树作为隔离带等。当缺乏有效可行的风险降低措施时，也可参照直接施药场景的有关方法开展高级暴露分析。

5.5.2.3 高级效应分析

可按照 NY/T 2882.5，采用有效成分 i 的慢性试验结果计算预测无效应浓度(PNEC)。此时，各有效成分因毒性数据类型不同而需采用不同的不确定性因子(UF)，应分别计算各个有效成分的 $PNEC$，按公式(11)进行风险表征。

5.5.2.4 田间试验

当采用田间试验等方法进行高级风险评估时，5.5 部分风险表征方法不适用，应选择其他有效的风险表征方法。

5.6 非靶标节肢动物风险评估

5.6.1 初级风险评估

假定各有效成分在环境中的暴露比例与混配制剂中的配比一致。将混配制剂看作一个整体，采用默认参数进行暴露分析。以制剂毒性效应实测值或 CA 模型理论值[参考公式(15)]进行效应分析(二者均可获得时，取毒性较高值)。评估程序按照 NY/T 2882.7 进行。

5.6.2 高级风险评估

可采用实验室扩展试验、叶片残毒试验、半田间试验及田间试验等高级效应分析方法，也可根据农药的理化性质、使用方式、植被情况、环境条件等，选择更接近环境实际的数据(仅当效应评估中选用毒性计算值时可采用农田内、农田外的实际监测数据)，使 PER_{mix} 的估算结果更为精确。如使用实测数据进行暴露分析，应根据暴露分析结果，重新计算毒性效应值。

5.7 土壤生物风险评估

5.7.1 蚯蚓风险评估

农药混配制剂对蚯蚓的风险评估程序参照“5.2 水生生态系统风险评估”部分进行。评估过程中，各有效成分的 PNEC 和 *PEC* 的计算按照 NY/T 2882.8 进行。

5.7.2 土壤微生物风险评估

农药混配制剂对土壤微生物的风险评估仅需针对各有效成分单独进行评估。

6 风险降低措施

当风险评估结果表明农药混配制剂对上述不同生物类型的风险不可接受时，应采取适当的风险降低措施以使风险可接受，且应在农药标签上注明相应的风险降低措施。通常所采取的风险降低措施不应显著降低农药的使用效果，且应具有可行性。

附　录　A
（规范性）
水生生态系统风险评估流程图

水生生态系统风险评估流程见图 A.1～图 A.2。

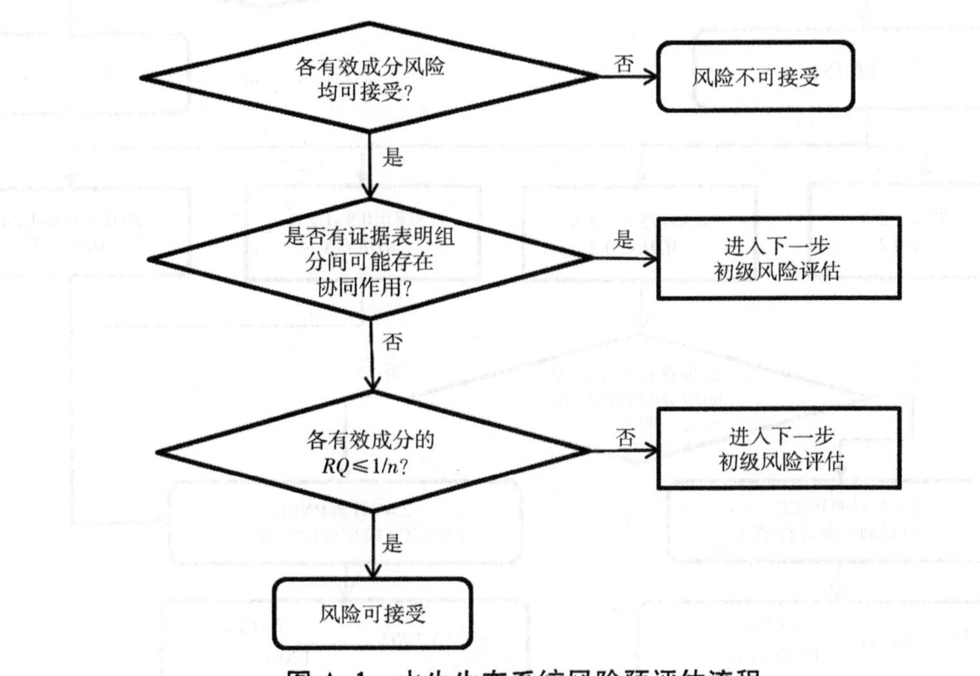

图 A.1　水生生态系统风险预评估流程

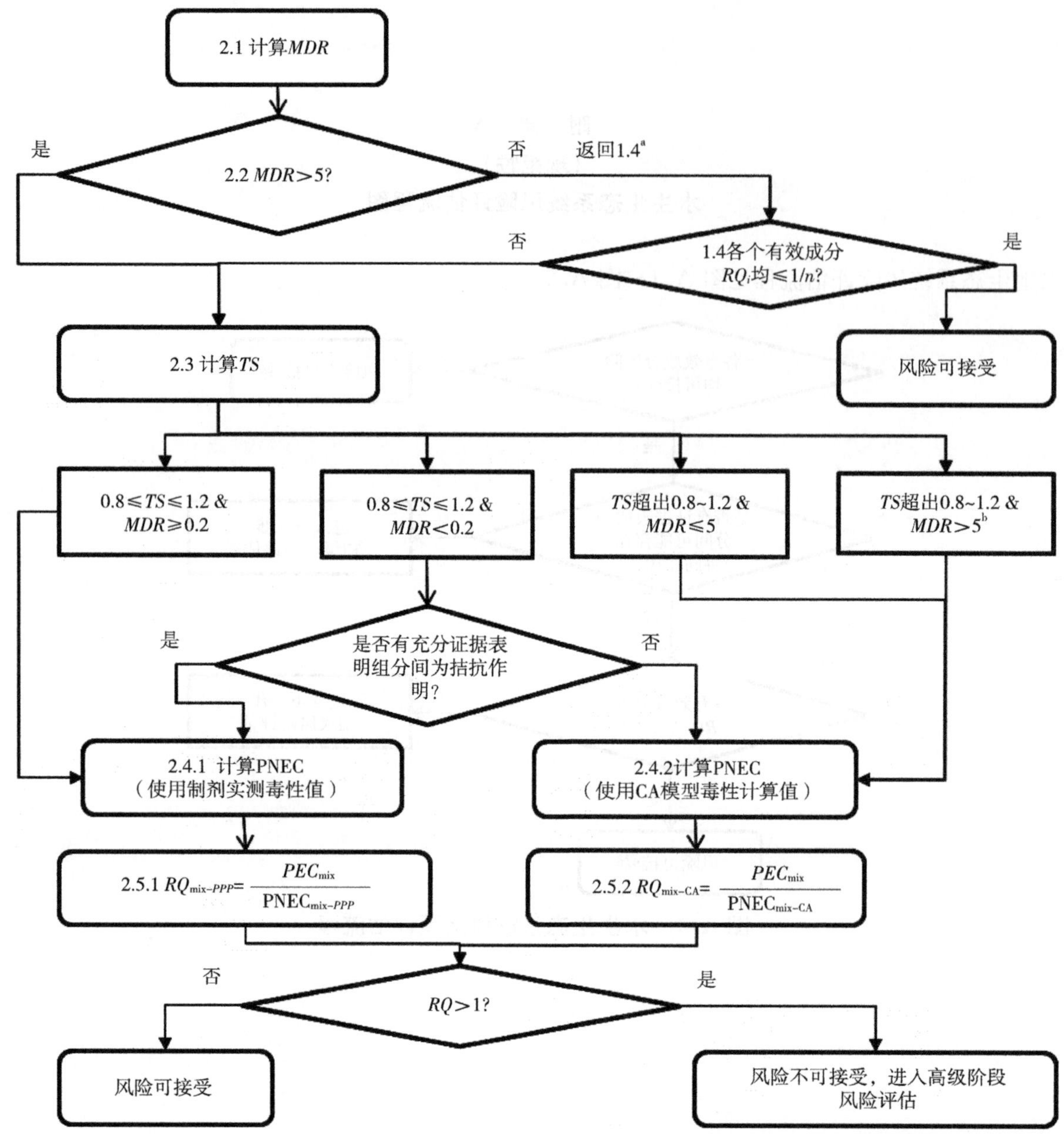

[a] 当 $MDR>5$，且不能排除协同作用时，UF 应在 NY/T 2882.2 规定的数值基础上再额外乘以 MDR，见 4.2.3.3.3.1 部分。当 $MDR>10$ 时，还应补充混配制剂的相关慢性毒性资料，参考本文本 4.2 部分评估混配制剂的慢性风险。

图 A.2 水生生态系统初级风险评估流程

参 考 文 献

[1] NY/T 2882.1 农药登记环境风险评估指南 第1部分：总则
[2] EFSA Panel on Plant Protection Products and their Residues. Guidance on tiered risk assessment for plant protection products for aquatic organisms in edge-of-field surface waters. EFSA Journal 2013;11(7):3290
[3] EFSA (2010) Risk assessment for birds and mammals. Guidance of EFSA, first published 17 December 2009, revised April 2010. European Food Safety Authority, Parma. EFSA Journal 7(12) 1438
[4] European Food Safety Authority, 2013. Guidance on the risk assessment of plant protection products on bees (Apis mellifera, Bombus spp. and solitary bees). EFSA Journal 2013 11(7):3295,266
[5] EFSA, PPR Panel (EFSA Panel on Plant Protection Products and their Residues) (2014) Scientific opinion addressing the state of the science on risk assessment of plant protection products for non-target terrestrial plants. EFSA J 12(7): 3800,163

ICS 65.020
CCS B 04

中华人民共和国农业行业标准

NY/T 3060.9—2022

大麦品种抗病性鉴定技术规程 第9部分：抗云纹病

Technical code of practice for evaluation of barley varieties for resistance to disease—Part 9: Scald

2022-11-11 发布 2023-03-01 实施

中华人民共和国农业农村部 发布

前　言

本文件按照 GB/T 1.1—2020《标准化工作导则　第 1 部分：标准化文件的结构和起草规则》的规则起草。

本文件是 NY/T 3060《大麦品种抗病性鉴定技术规程》的第 9 部分。NY/T 3060 已经发布了以下部分：

——第 1 部分：抗条纹病；

——第 2 部分：抗白粉病；

——第 3 部分：抗赤霉病；

——第 4 部分：抗黄花叶病；

——第 5 部分：抗根腐病；

——第 6 部分：抗黄矮病；

——第 7 部分：抗网斑病；

——第 8 部分：抗条锈病；

——第 9 部分：抗云纹病；

——第 10 部分：抗黑穗病。

本文件由农业农村部种业管理司提出。

本文件由全国农作物种子标准化技术委员会(SAC/TC 37)归口。

本文件起草单位：中国农业科学院植物保护研究所、青海大学农林科学院、西北农林科技大学、青海省海北州农业科学研究所、西藏自治区农牧科学院农业研究所。

本文件主要起草人：蔺瑞明、王凤涛、冯晶、王建锋、姚强、张燕霞、姚小波、侯璐、吴昆仑、陈万权、徐世昌。

大麦品种抗病性鉴定技术规程
第9部分:抗云纹病

1 范围

本文件规定了大麦抗云纹病鉴定的技术方法和抗病性评价标准。

本文件适用于大麦(*Hordeum vulgare* L.)品种及种质资源对云纹病的田间抗病性鉴定和抗病性评价。

2 规范性引用文件

本文件没有规范性引用文件。

3 术语和定义

下列术语和定义适用于本文件。

3.1

普遍率 incidence

发病率

发病植物体单元数占调查植物体单元总数的百分率,用以表示发病的普遍程度。在本部分中,植物体单元为叶片。

3.2

侵染型 infection type

用于定性衡量和表示植物抗病性水平。将划分为较低级别的侵染型确定为抗病类型,将划分为较高级别的侵染型确定为感病类型。本文件根据叶片病斑大小以及病斑周围褪绿晕圈特征,云纹病侵染型划分为0级~5级。

3.3

严重度 severity

发病植物单元上发病面积占该单元总面积的百分率,也可用分级法,分别用一个代表值表示,说明病害发生的严重程度。在本部分中,云纹病严重程度由轻到重划分为0级~9级。

3.4

云纹病 scald

由普通喙孢霉(*Rhynchosporium commune* Zaffarano,McDonald & Linde)侵染大麦引起的真菌性病害。病原菌形态特征见附录A中的A.1。

3.5

感病对照品种 susceptible check variety

具有鉴定病害对象的典型而且稳定的高度感病侵染型特征,用于验证鉴定病害对象侵染过程及其危害程度的可靠性。

4 病原菌接种体制备

4.1 病原菌分离和保存

选取大麦叶片上典型的云纹病病斑,将含有病斑边缘的组织切成小块(5 mm × 5 mm),用70%乙醇溶液浸泡5 s,然后用0.5%次氯酸钠溶液表面消毒90 s,无菌水中漂洗3次,每次30 s,用灭菌的滤纸吸干多余水分后,置于1%(V/V)水琼脂平板培养基上18 ℃培养7 d,诱导病原菌产生分生孢子。经形态学鉴定确认为普通喙孢霉后,用灭菌的接种环挑取分生孢子并在马铃薯葡萄培养基(PDA)平板上划线,18 ℃

培养 2 d~4 d,挑取单孢菌落置于利马豆培养基(LBA)上获得单孢分离物,在相同温度条件下继续黑暗培养 10 d~14 d 诱导产孢。培养基制备方法见 A.2,病原菌长期保存方法见附录 A.3。

4.2 接种体繁殖

4.2.1 选择 3 个~5 个毒性谱宽的优势菌株,混合后用于供试品种抗云纹病鉴定。在接种前,采用 LBA 固体培养基或红花菜豆液体培养基(SRB)扩繁病原菌的接种体。

a) LBA 培养基扩繁:将保存菌株的滤纸块接种在 LBA 培养基平板上活化,18 ℃黑暗培养 10 d,刮取培养物置于 1.5 mL 离心管中,加入 1.0 mL 灭菌去离子水,用灭菌的塑料棒研磨,将菌丝段及分生孢子均匀涂在 LBA 培养基平板上,18 ℃黑暗培养 10 d~14 d,用自来水洗下并收集分生孢子,配制孢子悬浮液。

b) SRB 培养基扩繁:刮取 LBA 固体培养基上培养活化的病原菌菌丝及分生孢子,研磨后接种菜豆液体培养基。每 500 mL 菜豆液体培养基加入 5 mL 菌液,置于摇床上 18 ℃黑暗培养 21 d,摇床转速为 130 r/min,过滤收集分生孢子,配制孢子悬浮液。

4.2.2 利用血球计数板进行分生孢子计数,用含有 0.025%(V/V)Tween-20 的去离子水将接种体即分生孢子悬浮液浓度调至 2×10^5 孢子/mL。孢子悬浮液须现用现配,喷雾接种前充分混均匀。

5 田间抗病性鉴定

5.1 鉴定圃选址

鉴定圃设在云纹病常发生态区,具备良好自然发病环境和可控灌溉条件、地势平坦且土壤肥沃的地块。

5.2 感病对照品种和诱发行品种

将柴青 1 号作为大麦品种抗云纹病鉴定试验的感病对照品种,也作为接种诱发行品种。

5.3 田间配置及种植方式

鉴定圃采用开沟条播、等行距配置方式。畦宽 2.0 m,畦埂宽 0.5 m,畦长视地形地势而定。播种行垂直于畦埂,供试品种按顺序排列。每个供试品种播种 3 行,行距 0.4 m,间隔 20 个供试品种播种 1 行感病对照品种。鉴定圃四周种植 2 行感病对照品种柴青 1 号,作为保护行和诱发行。鉴定试验设 3 次重复。

6 田间播种及管理

6.1 播种时间及播种量

根据供试品种或品系的冬春性,按当地最适播期播种。按照当地常规播种量播种。

6.2 田间管理

按当地大田生产或田间试验要求管理,及时追肥、中耕除草和害虫防治。其他非鉴定的叶部病害危害较轻,不影响供试品种对云纹病抗性鉴定结果的判别,不采取任何防治措施;非鉴定的叶部病害为害严重且快速蔓延,应使用选择性杀菌剂及时防控发病中心。为防治种传病害和地下害虫的为害,可以使用种衣剂预处理供试品种的种子。当防治非鉴定的叶部病害严重影响了供试品种对云纹病抗性鉴定结果的判别,应终止本批次鉴定试验。

7 接种

7.1 接种时期

在大麦拔节后,选择在无风低温(15 ℃~18 ℃)下午或傍晚接种。

7.2 接种方法

采用喷雾接种法。将孢子悬浮液均匀喷洒到供试品种或诱发行感病品种的叶片表面,立即覆盖塑料膜保湿过夜,保湿至少 16 h,第二天上午及时打开塑料膜。接种后遇到高温天气,应在早晨气温升高前打开塑料膜;接种后天气阴雨低温,可以延迟打开塑料膜。

7.3 接种前后的田间管理

接种前 3 d～5 d 鉴定圃浇灌或在雨后及时接种。接种后及时浇水，常保持地表土壤潮湿。

8 病情调查

8.1 调查时间

在大麦灌浆期，感病对照品种中部及下部叶片充分发病（严重度 7 级以上）后，对供试品种或品系进行抗病性调查，间隔 7 d～10 d 进行第 2 次调查。

8.2 调查方法

每份供试品种或品系每行随机抽样 5 株～7 株，3 行共调查 15 株～20 株。按照侵染型和严重度的分级标准，每株随机调查 2 个～3 个叶片的侵染型，并记载该株的严重度。

8.3 病情分级

8.3.1 侵染型记载及标准

依据云纹病侵染型的分级标准（表 1），对供试品种进行调查，判明侵染型的级别。各级可附加“＋”或“－”号以表示比相应级别的侵染型偏重或偏轻。

表 1　大麦云纹病成株期侵染型分级标准及其症状描述

侵染型	症状描述
0	叶片无肉眼可见的病害症状
1	病斑呈点状，微小而稀少，零散不连片，具有深色边缘，外围组织无褪绿
2	病斑略大，多数具有深色边缘，外围组织偶有褪绿，不连片，少数不规则灰绿色萎蔫区不具有深色边缘
3	病斑较大，具有或无深色边缘，外围组织褪绿面积较小，偶有连片
4	病斑较大而连片，局部叶组织枯死，灰绿色萎蔫区域不具有深色边缘
5	病斑大而连片，叶片近乎完全萎蔫枯死

8.3.2 严重度分级及标准

严重度用分级法表示，共分 10 级，即 0 级、1 级、2 级、3 级、4 级、5 级、6 级、7 级、8 级和 9 级。根据各级严重度的描述（表 2），判明严重度的级别。平均严重度按公式（1）计算。

$$\bar{S}=\sum_{i=0}^{n}(X_i\times S_i)/\sum_{i=0}^{n}X_i \qquad (1)$$

式中：

$\bar{S}$ ——平均严重度；

i ——病级数（0～n）；

X_i ——i 的单元数；

S_i ——i 级的严重度的代表值。

表 2　大麦云纹病成株期严重度分级标准及症状描述

严重度分级	症状描述
0	全株叶片无病斑
1	下部叶片病斑面积小于 1%，中部和上部叶片无病斑
2	下部叶片病斑面积 1%～5%，中部和上部叶片无病斑
3	下部叶片病斑面积 6%～10%，中部和上部叶片无病斑
4	下部叶片病斑面积 25%～50%，中部叶片病斑面积 5%～10%，上部叶片无病斑
5	下部叶片病斑面积 50%以上，中部叶片病斑面积 10%～25%，上部叶片无病斑
6	下部叶片病斑面积 50%以上，中部叶片病斑面积 25%以上，上部叶片病斑面积小于 5%
7	下部和中部叶片病斑面积 50%以上，上部叶片病斑面积 10%～25%
8	下部和中部叶片病斑面积 50%以上，上部叶片病斑面积 26%～50%
9	下部、中部和上部叶片病斑面积均 50%以上
注：第 1 叶和第 2 叶为下部叶片；第 3 叶为中部叶片；旗叶和倒二叶为上部叶片。	

8.3.3 普遍率计算及标准

以发病植物体单元数占调查的植物体单元总数的百分比表示。普遍率按公式(2)计算。

$$I = (N_t / N) \times 100 \quad \cdots\cdots (2)$$

式中:

I ——普遍率,单位为百分号(%);

N_t——发病叶片数,单位为叶片个数;

N ——调查总叶片数,单位为叶片个数。

9 抗病性评价

9.1 有效性鉴定判别

当鉴定圃中感病对照品种达到其相应感病程度(侵染型 4 级以上,中下部叶片严重度 6 级以上)时,该批次抗云纹病鉴定结果视为有效。

9.2 抗病性评价标准

依据供试品种的侵染型并参考平均严重度确定其抗性水平,抗性评价标准见表 3。

表 3 大麦云纹病成株期抗性评价标准

平均严重度	侵染型	抗性评价
$\bar{S}=0$	0	免疫 Immune (IM)
$0<\bar{S}\leqslant2.0$	1	高度抗病 Highly resistant (HR)
$2.0<\bar{S}\leqslant4.0$	2	中度抗病 Moderately resistant (MR)
$4.0<\bar{S}\leqslant6.0$	3	中度感病 Moderately susceptible (MS)
$6.0<\bar{S}\leqslant8.0$	4	高度感病 Highly susceptible (HS)
$8.0<\bar{S}\leqslant9.0$	5	

10 鉴定记载表格

大麦品种抗云纹病鉴定原始记录及结果记载表格见附录 B 的表 B.1。

11 检测质量控制标准

11.1 在同批次鉴定试验中每个品种需要独立重复鉴定 3 次。供试品种的抗病性评价结论应以记录的最高病情级别作为依据。

11.2 在每次接种前需对所用菌株的毒性进行鉴定,确保所用菌株为当地毒性谱宽的优势菌株。

11.3 供试品种的抗病性初次鉴定为免疫或高度抗病类型,应于翌年重复鉴定其抗病性。

附 录 A
（资料性）
大麦云纹病病原菌

A.1 病原菌学名和形态描述

普通喙孢霉（无性态）

学名：*R. commun*e Zaffarano，B. A. McDonald & Linde

异名：*R. secalis* J. J. Davis

Marssonia secalis Oudem.

普通喙孢霉（异名：黑麦喙孢霉 *R. secalis*）侵染大麦引起云纹病，目前尚未发现其有性态。菌丝颜色为透明至浅灰色，稀疏生长的菌丝在寄主表皮下形成结构紧密的子座。分生孢子[（2～4）μm ×（12～20）μm]直接着生在产孢子座的细胞上。分生孢子无色，有 1 个横隔膜，圆柱形至卵圆形，多数顶端细胞具有楔状斜向短喙状突起。

A.2 产孢培养基

A.2.1 利马豆培养基（Lima bean agar medium，LBA）

利马豆（*Phaseolus lunatus* L.）也称作棉豆，称取 60 g，放入去离子水 1 000 mL 中，煮沸 1 h，双层纱布过滤，滤液加去离子水至 1 000 mL，加入琼脂粉 20 g，搅拌均匀后分装在 500 mL 三角瓶中，121 ℃灭菌 15 min。

A.2.2 红花菜豆液体培养基（Scarlet runner bean medium，SRB）

红花菜豆（*Phaseolus coccineus* L.）也称作荷包豆或花豆，称取 62.5 g，放入去离子水 1 000 mL 中，煮沸 1 h，双层纱布过滤，滤液加去离子水至 1 000 mL，121 ℃灭菌 15 min。将培养基 pH 调至 5.9，间隔 24 h后再次灭菌。

A.3 保存方法

在培养普通喙孢霉的 LBA 培养基平板上放入 1.0 cm × 1.0 cm 灭菌的滤纸片，共培养 10 d～14 d，待大量产孢后取出滤纸片，放入无菌的硫酸纸袋中，在室温无菌条件下干燥 4 d～5 d，然后装入塑料密封袋中－20 ℃长期保存。

附 录 B
（规范性）
大麦品种抗云纹病鉴定结果记载表

大麦品种抗云纹病鉴定结果记载表见表 B.1。

表 B.1 __________年大麦品种抗云纹病鉴定结果记载表

编号	品种名称	来源	病情级别			抗性评价
			侵染型	严重度	普遍率,%	
注 1:鉴定地点________海拔________经纬度________。 注 2:播种日期________。 注 3:接种病原菌分离物编号________。 注 4:接种日期________。 注 5:调查日期________。 注 6:调 查 人________。						

鉴定负责人(签字):

ICS 65.020
CCS B 04

中华人民共和国农业行业标准

NY/T 3060.10—2022

大麦品种抗病性鉴定技术规程 第10部分:抗黑穗病

Technical code of practice for evaluation of barley varieties for resistance to disease—Part 10: Smuts

2022-11-11 发布　　　　2023-03-01 实施

中华人民共和国农业农村部 发布

前　言

本文件按照GB/T 1.1—2020《标准化工作导则　第1部分：标准化文件的结构和起草规则》的规则起草。

本文件是NY/T 3060《大麦品种抗病性鉴定技术规程》的第10部分。NY/T 3060已经发布了以下部分：

——第1部分：抗条纹病；
——第2部分：抗白粉病；
——第3部分：抗赤霉病；
——第4部分：抗黄花叶病；
——第5部分：抗根腐病；
——第6部分：抗黄矮病；
——第7部分：抗网斑病；
——第8部分：抗条锈病；
——第9部分：抗云纹病；
——第10部分：抗黑穗病。

本文件由农业农村部种业管理司提出。

本文件由全国农作物种子标准化技术委员会(SAC/TC 37)归口。

本文件起草单位：中国农业科学院植物保护研究所、西藏自治区农牧科学院农业研究所、西北农林科技大学、西藏自治区日喀则市农业科学研究所、黑龙江省农业科学院作物资源研究所。

本文件主要起草人：蔺瑞明、王凤涛、王建锋、冯晶、姚小波、何东、刘何春、安震、孙丹、刁艳玲、陈万权、徐世昌。

大麦品种抗病性鉴定技术规程 第10部分:抗黑穗病

1 范围

本文件规定了大麦抗黑穗病鉴定的技术方法和抗病性评价标准。

本文件适用于大麦(*Hordeum vulgare* L.)品种及种质资源对散黑穗病和坚黑穗病的田间抗病性鉴定和抗病性评价。

2 规范性引用文件

本文件没有规范性引用文件。

3 术语和定义

下列术语和定义适用于本文件。

3.1

普遍率 incidence

发病率

发病植物体单元数占调查植物体单元总数的百分率,用以表示发病的普遍程度。在本文件中,植物体单元为植株。

3.2

散黑穗病 loose smut

由裸黑粉菌[*Ustilago nuda*(C. N. Jensen)Rostr.]系统侵染引起的大麦穗部真菌病害。病原菌形态特征见附录A.1。

3.3

坚黑穗病 covered smut

由大麦坚黑粉菌[*U. hordei*(Pers.)Lagerh.]系统侵染引起的穗部真菌病害。病原菌形态特征见附录A.2。

3.4

感病对照品种 susceptible check variety

具有鉴定病害对象的典型而且稳定的高度感病侵染型特征,用于验证鉴定病害对象侵染过程及其危害程度的可靠性。

4 病原物接种体制备

4.1 病原菌分离和保存

在大麦抽穗期至灌浆乳熟期,及时采集大麦散黑穗病和坚黑穗病的病穗,采用真空干燥或置于阴凉通风处,充分干燥后密封于塑料袋中短期保存。碾碎或用搅拌器打碎干燥的病穗组织,用细筛去除杂质,将收集的黑粉菌冬孢子粉真空干燥24 h~48 h,密封于离心管中,在4 ℃冰箱中可保存3年~5年,在-20 ℃冰箱中长期保存。

4.2 病原菌毒性鉴定

4.2.1 裸黑粉菌毒性鉴定

对用于供试品种抗病性鉴定的裸黑粉菌菌株进行毒性谱鉴定,确定生理小种类型。将选用的优势生理小种接种在感病品种蒙啤麦3号上扩繁备用。

4.2.2 大麦坚黑粉菌毒性鉴定

对用于供试品种抗病性接种鉴定的大麦坚黑粉菌菌株进行毒性谱鉴定，确定生理小种类型。将选用的优势生理小种接种在感病品种藏青 85 上扩繁备用。

4.3 接种体配制

选用病原菌的 3 个～5 个优势生理小种，等量混合的冬孢子粉作为接种体。

4.3.1 裸黑粉菌冬孢子悬浮液的配制

培养皿中预置湿润滤纸，取出冰箱中保存的裸黑粉菌的冬孢子粉，打开离心管口并平置于培养皿中，4 ℃保湿过夜，让冬孢子充分吸水，恢复萌发活性。用含有 0.025%(V/V)Tween-20 的去离子水溶液配制浓度为 1.0 g/L 冬孢子悬浮液，剧烈摇动至冬孢子均匀分散。将配制好的冬孢子悬浮液用双层显微镜擦镜纸过滤，去除杂质，滤液备用于注射接种，建议现用现配。在 5 ℃条件下冬孢子悬浮液最多保存 5 d。

4.3.2 大麦坚黑粉菌冬孢子悬浮液的配制

大麦坚黑粉菌的冬孢子悬浮液配制方法参照裸黑粉菌的冬孢子悬浮液配制方法。冬孢子悬浮液的浓度为 1.0 g/L。必须在接种前现用现配。

5 田间抗病性鉴定

5.1 鉴定圃选址

鉴定圃设在大麦黑穗病常发生态区，具备良好的自然发病环境和可控灌溉条件、地势平坦且土壤肥沃的地块。优先选用最近 3 年内未对地表及土壤使用杀菌剂的地块或者土壤中杀菌剂含量极低的地块中设置黑穗病鉴定圃。

5.2 感病对照品种

蒙啤麦 3 号作为供试品种对散黑穗病抗性鉴定的感病对照品种，藏青 85 作为供试品种对坚黑穗病抗性鉴定的感病对照品种。

5.3 田间配置及种植方式

鉴定圃采用开沟点播、等行距配置方式。畦宽 2.0 m，畦埂宽 0.5 m，畦长视地形地势而定。播种行垂直于畦埂，顺序排列。每个供试品种播种 3 行，行距 0.4 m，株距 10 cm，20 粒/行，间隔 20 个供试品种播种 1 行感病对照品种。鉴定圃四周播种 2 行当地主栽作为保护行。鉴定试验设 3 次重复。

6 田间播种及管理

6.1 鉴定用种

鉴定对散黑穗病的抗病性，播种上个生长季收获的经花器注射接种的供试和感病对照品种带菌种子；鉴定对坚黑穗病的抗病性，播种用冬孢子悬浮液真空吸附处理的供试和感病对照品种带菌种子。

6.2 播种时间

根据供试品种的冬春性，按当地最适播期播种。

6.3 田间管理

按当地大田生产或田间试验要求管理，及时追肥、中耕除草和害虫防治。不可以使用含有杀菌剂成分的种衣剂预处理供试和感病对照品种的种子。非鉴定的叶部病害危害较轻，不采取任何防治措施；非鉴定的叶部病害为害严重且快速蔓延，应使用选择性杀菌剂及时防控发病中心。

7 接种

7.1 接种时期

7.1.1 裸黑粉菌接种时期

在供试及感病对照品种开花期，选择健康大穗上花药未散粉的小穗花器中注射接种裸黑粉菌孢子悬浮液。

7.1.2 大麦坚黑粉菌接种时期

在播种前 2 d～3 d 内用现配的冬孢子悬浮液真空吸附处理供试及对感病照品种的种子。

7.2 接种方法

7.2.1 裸黑粉菌接种方法

用 5 mL 医用注射器将 20 μL～30 μL 冬孢子悬浮液注射到待接种的大麦小穗花器内，直至明显鼓起。穗轴与注射器的夹角为 5°～10°，将针头斜插入小穗花器柔软内稃的上半部分，当针尖触碰到较坚硬的外稃时就会感受到轻微的阻力。从麦穗花序基部一侧的小穗开始依次向上接种，然后接种另一侧的小穗。接种后剪去麦穗顶部长约 1 cm 的小穗以示标记。每个供试品种或品系接种 6 穗～8 穗，确保能收获 180 粒～200 粒带菌种子。注射接种前须将已经授粉和花序下部较幼嫩的小穗剔除，仅保留适宜接种的小穗，尽可能保证收获的每粒种子接种上病原菌。待大麦成熟后，收获、脱粒和保存接菌穗的种子。

7.2.2 大麦坚黑粉菌接种方法

采用真空渗透法，使冬孢子附着在皮大麦颖壳与种子之间的缝隙或粘附在裸粒种子表面。将待接种的种子装入 5 cm × 4 cm 纱袋中，并放入品种标签，置于真空干燥器底部，种子袋上面压置一个托盘，加入配制好的混拌均匀的冬孢子悬浮液，液面高于种子。抽真空后负压保持 10 min，取出种子后直接用于田间播种，或置于通风良好的地方尽快晾干备用。每个供试品种或品系接种 180 粒～200 粒。

8 病情调查

8.1 调查时间

在大麦的灌浆期至乳熟期进行抗病性调查。

8.2 调查方法

每个重复鉴定试验需调查各供试品种 50 株～60 株的发病情况。健康株的所有穗部均不产生黑粉状冬孢子粉；发病株至少含有一个穗的全部或部分小穗形成黑粉状冬孢子粉。

8.3 病情分级

普遍率计算及标准

以发病植物体单元数占调查的植物体单元总数的百分比表示。普遍率按公式(1)计算。

$$I=(N_t/N)\times 100 \quad\cdots\cdots(1)$$

式中：

I ——普遍率，单位为百分号(%)；

N_t——发病株数，单位为株；

N ——调查总株数，单位为株。

普遍率用分级法表示，划分为 0 级～5 级，共 6 级(表 1)。

表 1 大麦散黑穗病和坚黑穗病普遍率分级和抗性评价标准

普遍率分级	普遍率，%	抗性评价
0	0	免疫 Immune (IM)
1	1～15	高度抗病 Highly resistant (HR)
2	16～35	中度抗病 Moderately resistant (MR)
3	36～55	中度感病 Moderately susceptible (MS)
4	56～75	
5	76～100	高度感病 Highly susceptible (HS)

9 抗病性评价

9.1 鉴定结果的有效性判别

当鉴定圃中感病对照品种达到其相应感病程度(普遍率 80%以上)时，该批次抗黑穗病鉴定结果视为有效。

9.2 抗病性评价标准

依据供试品种的普遍率分级确定其抗性水平，抗性评价标准见表 1。

10 鉴定记载表格

大麦抗散黑穗病和坚黑穗病鉴定结果的原始记录及结果记载表格见附录B。

11 检测质量控制标准

11.1 在同批次鉴定试验中每个品种需要独立重复鉴定3次。供试品种的抗病性评价结论应以记录的最高病情级别作为依据。

11.2 在每次接种前需对所用菌株的毒性进行鉴定,确保所用菌株为当地毒性普宽的优势小种。

11.3 供试品种的抗病性初次鉴定为中度抗病、高度抗病及免疫类型,应于翌年重复鉴定其抗病性。

附 录 A
(资料性)
大麦黑穗病病原菌

A.1 裸黑粉菌

病原菌学名和形态描述

学名:*U. nuda* Rostr.

异名:*U. tritici* Rostr.

裸黑粉菌属于担子菌门黑粉菌纲黑粉菌目黑粉菌科黑粉菌属,能侵染大麦和小麦,专性寄生,在寄主组织中产生透明的双核菌丝,不能在人工培养基上大量培养和繁殖。在菌丝体成熟时,菌丝细胞壁加厚并断裂,形成橄榄褐色球形至卵圆形的冬孢子,表面布满细刺,直径 5 μm~9 μm。冬孢子萌发最适温度范围 20 ℃~25 ℃。萌发时产生 4 个细胞的担子(先菌丝),而不产生担孢子。亲和型的担子细胞或其产生的接合管融合形成双核侵染菌丝。菌丝生长最适温度范围 24 ℃~30 ℃。自然条件下冬孢子仅存活几周。病原菌群体内存在生理小种分化现象,但新小种的产生过程较缓慢。

A.2 大麦坚黑粉菌

病原菌学名和形态描述

学名:*U. hordei* Lagerh.

大麦坚黑粉菌属于担子菌门黑粉菌纲黑粉菌目黑粉菌科黑粉菌属,侵染大麦属(*Hordeum* L.)不同的种和燕麦(*Avena sativa* L.),引起坚黑穗病。它是专性寄生真菌,不能在人工培养基上大量培养和繁殖。冬孢子球形或近球形,直径 5 μm~8 μm,浅橄榄褐色至褐色,表面光滑。冬孢子最适萌发温度20 ℃,最适侵染温度 20 ℃~24 ℃。冬孢子抵抗干热能力强,但对湿热抵抗力弱,在干燥条件下保持萌发能力长达 5 年。冬孢子萌发形成含有 4 个细胞的担子(或先菌丝),担子上每个细胞的近隔膜处产生卵形至长方形担孢子。冬孢子萌发后,不同交配型担孢子释放出外激素,诱导结合管菌丝形成,然后融合。双核侵染菌丝在"结合桥"处形成。

附 录 B
（规范性）
大麦品种抗黑穗病鉴定结果记载表

大麦品种抗散黑穗病鉴定结果记载表见表 B.1。

表 B.1 ＿＿＿＿＿年大麦品种抗散黑穗病鉴定结果记载表

编号	品种名称	来源	病情级别				抗性评价
			发病株数	总株数	普遍率，%	普遍率分级	

注 1：鉴定地点＿＿＿＿＿＿＿＿＿＿海拔＿＿＿＿＿＿＿＿＿＿经纬度＿＿＿＿＿＿＿＿＿＿。
注 2：播种日期＿＿＿＿＿＿＿＿＿＿。
注 3：接种病原菌分离物编号＿＿＿＿＿＿＿＿＿＿。
注 4：接种日期＿＿＿＿＿＿＿＿＿＿。
注 5：调查日期＿＿＿＿＿＿＿＿＿＿。
注 6：调查人＿＿＿＿＿＿＿＿＿＿。

鉴定负责人（签字）：

大麦品种抗坚黑穗病鉴定结果记载表见表 B.2。

表 B.2 ＿＿＿＿＿年大麦品种抗坚黑穗病鉴定结果记载表

编号	品种名称	来源	病情级别				抗性评价
			感病株数	总株数	普遍率，%	普遍率分级	

注 1：鉴定地点＿＿＿＿＿＿＿＿＿＿海拔＿＿＿＿＿＿＿＿＿＿经纬度＿＿＿＿＿＿＿＿＿＿。
注 2：播种日期＿＿＿＿＿＿＿＿＿＿。
注 3：接种病原菌分离物编号＿＿＿＿＿＿＿＿＿＿。
注 4：接种日期＿＿＿＿＿＿＿＿＿＿。
注 5：调查日期＿＿＿＿＿＿＿＿＿＿。
注 6：调查人＿＿＿＿＿＿＿＿＿＿。

鉴定负责人（签字）：

ICS 65.020.20
CCS B 05

中华人民共和国农业行业标准

NY/T 4071—2022

小麦土传病毒病防控技术规程

Technical code of practice for control of wheat soil-borne virus disease

2022-07-11 发布 2022-10-01 实施

中华人民共和国农业农村部 发布

前　言

本文件按照 GB/T 1.1—2020《标准化工作导则　第 1 部分：标准化文件的结构和起草规则》的规定起草。

请注意本文件的某些内容可能涉及专利。本文件的发布机构不承担识别专利的责任。

本文件由农业农村部种植业管理司提出并归口。

本文件主要起草单位：浙江省农业科学院、宁波大学。

本文件主要起草人：陈剑平、郑蔚然、羊健、王强、于国光、刘琳。

小麦土传病毒病防控技术规程

1 范围

本文件规定了小麦土传病毒病的术语和定义、防控原则、防控时期和防控措施。

本文件适用于我国冬麦区小麦土传病毒病的防控。

2 规范性引用文件

下列文件中的内容通过文中的规范性引用而构成本文件必不可少的条款。其中,注日期的引用文件,仅该日期对应的版本适用于本文件;不注日期的引用文件,其最新版本(包括所有的修改单)适用于本文件。

GB 4404.1 粮食作物种子 第1部分:禾谷类

GB/T 8321(所有部分) 农药合理使用准则

NY/T 496 肥料合理使用准则

3 术语和定义

下列术语和定义适用于本文件。

3.1

小麦土传病毒病 ***wheat soil-borne mosaic virus disease***

小麦土传病毒病主要由土壤中的禾谷多黏菌(*Polymyxa graminis*)传播,包括小麦黄花叶病毒病和中国小麦花叶病毒病。小麦黄花叶病毒病通常在4叶～6叶期的新叶上产生褪绿条纹,少数心叶扭曲畸形,叶片褪绿、黄化条斑,老病叶渐变黄、枯死,植株分蘖少、根系发育不良,重病病株明显矮化。中国小麦花叶病毒病通常呈现出花叶、黄化、分蘖增生、僵缩和枯死等症状(小麦土传病毒病发病规律及症状见附录A)。

3.2

小麦黄花叶病毒 ***wheat yellow mosaic virus***

小麦黄花叶病毒属于大麦黄花叶病毒属(*Bymovirus*),病毒粒体为线状,其基因组包含2条正义单链RNA链,主要通过禾谷多黏菌(*Polymyxa graminis* Ledingham)的游动孢子进行传播,侵染小麦造成小麦黄花叶病毒病,广泛分布于国内各个冬麦区。

3.3

中国小麦花叶病毒 ***Chinese wheat mosaic virus***

中国小麦花叶病毒属于真菌传杆状病毒属(*Furovirus*),病毒粒体为杆状,其基因组包含2条正义单链RNA链,主要通过禾谷多黏菌的游动孢子进行传播,侵染小麦造成中国小麦花叶病毒病,主要分布在江苏、山东等地区。

4 防控原则

应采取预防为主、综合防治的防控原则,以选用小麦抗病品种为核心,辅以农业防治、化学防治等综合措施。

5 防控时期

小麦土传病毒病多发于小麦返青期(江苏、河南、山东主要发生在2月中旬至3月上旬)。应在小麦返青期做好防控。

6 防控措施

6.1 选种抗病品种

根据病害发生区域与严重程度选用适宜的抗病品种。种子质量应符合 GB 4404.1 的要求。

6.2 农业防治

6.2.1 轮作倒茬

长江中下游冬小麦种植区，发病严重的地块宜与油菜等非寄主作物进行 2 年以上轮作，减少连作。

6.2.2 田园清理

6.2.2.1 小麦播种前和麦收后应及时清除田间病残株。

6.2.2.2 农业机械设备使用前后应保持清洁。

6.2.3 适时晚播

应根据当年气候条件及土壤墒情，适当推迟播种期，宜迟播 10 d～15 d。黄淮麦区宜推迟至 10 月中下旬播种，长江中下游冬小麦种植区宜推迟至 11 月上中旬播种。

6.2.4 水肥管理

6.2.4.1 应结合墒情、苗情适时灌溉；雨后低洼处及时排水，降低土壤湿度。

6.2.4.2 小麦播种前应施足底肥，小麦返青期视田间发病程度追施速效性氮肥，氮肥用量为每 667 m^2 10 kg～15 kg，并增施磷、钾肥，或天晴无露水时叶面喷施 2%尿素溶液和 0.5%～1%磷酸二氢钾溶液 2 次～3 次。

6.2.4.3 肥料的使用应符合 NY/T 496 的要求。

6.3 化学防治

6.3.1 药剂拌种

每 10 kg 麦种宜用 60 g/L 戊唑醇悬浮种衣剂 3 mL～6 mL 按药液种子比 1：(50～100)加清水稀释，拌匀后晾干播种。

6.3.2 药剂防治

6.3.2.1 在小麦返青期，宜用 0.06% 甾烯醇微乳剂每 667 m^2 30 mL～40 mL 的制剂量进行喷雾防治。

6.3.2.2 间隔 7 d 施药 1 次，连防 2 次。

6.3.2.3 避免雨天或风速大于 3 m/s 时进行防治作业。

6.3.2.4 药剂使用应符合 GB/T 8321 的要求。

附　录　A
（资料性）
小麦土传病毒病发病规律及症状

A.1　发病规律

小麦黄花叶病毒以及中国小麦花叶病毒的自然传播介体为禾谷多黏菌(禾谷多黏菌是禾谷类植物根部表皮细胞内的一种寄生菌)。病毒在禾谷多黏菌的休眠孢子囊内越夏,秋播后随孢子囊萌发传至游动孢子,当游动孢子侵入小麦根部表皮细胞时,病毒即进入小麦体内。同时,禾谷多黏菌在小麦根部细胞内可发育成变形体并产生游动孢子进行再侵染。土壤中的休眠孢子囊可随耕作等方式扩大危害范围。

A.2　发病特征

小麦感染土传病毒病后,冬前一般(个别品种地块会年前发病)不表现症状,年前或者春季返青后才出现症状。受害植株新叶上产生褪绿条斑,以后褪绿条纹增加并扩散,病斑联合成长短不等、宽窄不一的不规则条斑,老病叶逐渐发黄,植株矮化严重。发病较轻的麦田植株发黄,似缺肥状,严重者心叶皱缩、扭曲、黄化、叶尖干枯,展开叶黄化、干枯,面积大,进而分蘖枯死。发病的田块成穗少,穗小,千粒重明显下降,病田一般减产10%～20%,重的减产达30%。小麦土传病毒病发病症状见图A.1。

图A.1　小麦土传病毒病发病症状

标引序号说明:

1～2——小麦植株上出现不规则的淡黄色短线条状斑驳,整个叶片呈现出花叶症状;

3～4——病株株形松散、矮缩、穗短而小,有缩脖现象。

ICS 65.020
CCS B 15

中华人民共和国农业行业标准

NY/T 4072—2022

棉花枯萎病测报技术规范

Technical specification for forecast of cotton *Fusarium wilt*

2022-07-11 发布 2022-10-01 实施

中华人民共和国农业农村部 发布

前　言

本文件按照 GB/T 1.1—2020《标准化工作导则　第1部分:标准化文件的结构和起草规则》的规定起草。

请注意本文件的某些内容可能涉及专利。本文件的发布机构不承担识别专利的责任。

本文件由农业农村部种植业管理司提出并归口。

本文件起草单位:新疆维吾尔自治区植物保护站、全国农业技术推广服务中心、中国农业科学院植物保护研究所、新疆维吾尔自治区植物保护学会。

本文件主要起草人:王惠卿、李晶、陆宴辉、姜玉英、刘杰、芦屹、魏新政、刘海洋、刘艳祥、任琛荣、罗兰。

棉花枯萎病测报技术规范

1 范围

本文件规定了棉花枯萎病测报的术语和定义、病情记载和计算方法、病情系统调查、病情普查、预测方法、数据收集汇总和报送等内容。

本文件适用于棉花枯萎病的测报调查和预报。

2 规范性引用文件

本文件没有规范性引用文件。

3 术语和定义

下列术语和定义适用于本文件。

3.1

病株率 disease incidence

田间调查发病株数占调查总株数的百分率。

3.2

病田 disease fields

调查发现有棉花枯萎病的田块。

3.3

病田率 proportion of disease fields

调查发现有棉花枯萎病的田块数占全部调查田块数的百分率。

3.4

病情严重度 disease severity

表示单株棉花发生枯萎病严重程度，根据发病叶片数量、植株症状或茎秆木质部病变情况进行分级。

3.5

病情指数 disease index

表示病害发生的普遍程度和严重程度的综合指标。

3.6

发生面积比率 proportion of disease area

病害发生面积占种植面积的百分率。

4 病情记载和计算方法

4.1 严重度分级标准

病情严重度按叶片或基部茎秆木质部(距离地面 10 cm)发病轻重及症状分为 5 级，棉花枯萎病症状识别及发病规律见附录 A，具体方法见表 1。

表 1 棉花枯萎病病情严重度分级指标

级别	叶片症状[a]	茎秆木质部症状[b]
0 级	健株，无症状，$X=0$	木质部无病变，$S=0$
1 级	棉株叶片表现典型病状，叶色加深、皱缩，叶脉呈黄色网状，有时叶片变黄或变红发紫，$0<X\leqslant25\%$	木质部有少数变色条纹，$0<S\leqslant25\%$

表 1（续）

级别	叶片症状[a]	茎秆木质部症状[b]
2 级	棉株叶片表现典型病状外，株型稍有矮化，$25\%<X\leqslant50\%$	木质部有较多变色条纹，$25\%<S\leqslant50\%$
3 级	棉株叶片表现典型病状外，结铃稀少，株型明显矮化，$50\%<X\leqslant75\%$	木质部多数变色，$50\%<S\leqslant75\%$
4 级	棉株叶片几乎全部表现病状，叶片焦枯脱落，甚至整株出现急性凋萎死亡，$X>75\%$	木质部绝大多数变色，$S>75\%$

[a] 发病叶片数量占整株叶片数量比例，X。

[b] 变色面积占剖面比例，S。

4.2 发生程度分级指标

棉花枯萎病发生程度分为 5 级，分别为轻发生（1 级）、偏轻发生（2 级）、中等发生（3 级）、偏重发生（4 级）、大发生（5 级），以当地病情高峰期普查的平均病情指数为主要分级指标，平均病株率或发生面积比率为参考指标。具体指标见表 2。

表 2 棉花枯萎病发生程度分级指标

程 度	1 级	2 级	3 级	4 级	5 级
病情指数（I）	$0<I<1.0$	$1.0\leqslant I<5.0$	$5.0\leqslant I<10.0$	$10.0\leqslant I<30.0$	$I\geqslant30.0$
病株率（Y），%	$0<Y<3.0$	$3.0\leqslant Y<15.0$	$15.0\leqslant Y<30.0$	$30.0\leqslant Y<50.0$	$Y\geqslant50.0$
发生面积比率（Z），%	$0<Z<3$	$3\leqslant Z<5$	$5\leqslant Z<10$	$10\leqslant Z<20$	$Z\geqslant20$

其中，病情指数按公式（1）计算。

$$I=\frac{\sum(l_i\times d_i)}{L\times4}\times100 \qquad (1)$$

式中：

I ——病情指数；

l_i ——各级严重度对应植株数的数值，单位为株；

d_i ——各级严重度分级值；

L ——调查总株数的数值，单位为株。

5 病情系统调查

5.1 调查时间

从棉花 2 片～3 片真叶期开始至花铃期结束，每 7 d 调查 1 次。

5.2 调查地点

选择当地主栽品种，重点调查地势低洼、连茬、密植且历年发病较重的地区，分别选择生育期早、中、晚的类型田各 1 块，作为系统调查田。新疆棉区每块田面积不小于 $3\times667\ m^2$，其他棉区不小于 $334\ m^2$。

5.3 调查方法

每块田 5 点取样，每点顺行调查 20 株，分别调查每株发病严重度，计算病株率和病情指数，结果记入棉花枯萎病病情调查记载表（见附录 B 中表 B.1）。

6 病情普查

6.1 调查时间

在苗期、现蕾期、花铃期各普查 1 次。

6.2 调查方法

在不同种植区域内，按品种、长势和连作情况等各类型田选择代表性地块 10 块，每块田随机 2 点取样，每点顺行调查 10 株。调查每株病情严重度，计算病株率、病田率和病情指数，调查结果记入棉花枯萎病病情调查记载表(见表 B. 1)、棉花枯萎病病情大田普查统计表(见表 B. 2)。

7 预测方法

7.1 短期预测

根据田间病情程度、病情增长速度,以及温度、降水量等气象因子,结合品种抗性、田间灌溉排水、施肥状况等因素综合分析,作出病情短期预报。

7.2 中长期预测

根据苗期病情,结合气象因子、品种抗(耐)病性、连作年限、土壤质地、地形地势、施肥状况等因素,对比多年病情数据资料,综合分析作出病情中长期预报。

8 数据收集汇总和报送

8.1 数据收集

收集整理当地棉花种植面积、主栽品种、播种期及当地气象台(站)主要气象等资料。

8.2 数据汇总

统计汇总棉花种植和棉花枯萎病发生情况,总结发生特点,分析原因,记入棉花枯萎病发生基本情况统计表(见表 B. 3)。

8.3 数据报送

全国区域性测报站每年定时填写棉花枯萎病模式报表(见附录 C)报上级测报部门。

附 录 A
（资料性）
棉花枯萎病症状识别及发病规律

A.1 棉花枯萎病田间症状

棉花枯萎病从幼苗出土即可发病，至现蕾期达到高峰，在整个生长期均可引起植株死亡，在一个生长期有 2 个明显的发病高峰。其症状主要表现为植株萎蔫枯死、维管束变色。具体表现为 6 种类型。

a） 黄色网纹型。病株叶片的叶脉局部或全部褪绿变黄，叶肉仍呈绿色，使叶片局部或全部出现黄色网纹。严重时叶片凋萎，干枯脱落。在苗期和成株期均可出现。
b） 黄化型。病株叶片多先从叶尖或叶缘开始，局部或全部褪绿变黄，随后逐渐变褐枯死脱落。苗期和成株期均可出现。
c） 紫红型。叶片部分或全部变紫红色或呈紫红色斑块，以后逐渐萎蔫枯死、脱落。多在苗期出现，尤其气温较低时。
d） 凋萎型。叶片突然失水、褪色，植株全部或一边的叶片萎蔫下垂，随之凋萎死亡，但叶不脱落。一般在气候急剧变化、阴雨或灌水之后出现较多。
e） 矮缩型。最典型的症状是植株矮化，节间缩短，尤其顶叶常发生皱缩、畸形，一般并不枯死。黄色网纹型、黄化型、紫红型病株都有可能发展成为矮缩型病株（即有些症状显症有时间性）。
f） 顶枯型。有些高感品种在植株生长后期顶端会出现一段茎叶枯死。

同一病株可表现为一种症状类型，有时也可出现几种症状类型。无论哪种症状类型其病株根、茎维管束均变为黑褐色。

A.2 棉花枯萎病发病规律

A.2.1 发生规律概述

棉花枯萎病在整个棉花生育期有 2 个较为明显的发病高峰期。一般 5 月上中旬开始发病，6 月中下旬棉花蕾期为发病盛期，为第一个发病高峰期，以后随温度升高，棉株生长旺盛，病情开始停止发展，病株出现症状减轻或“高温隐症”现象。8 月中下旬以后，随着温度降低，棉株开始进入花铃期—吐絮期，病情又开始回升，进入第二个发病高峰期。

A.2.2 发病影响因素

棉花枯萎病的发生与气候、品种和菌量都有密切的关系。此外，一般棉田连作、地势低洼、排水不良、土质黏重、棉种未经处理和老棉区发病重，新棉区发病轻。

A.2.2.1 气候因素

棉花枯萎病菌生长的温度范围是 10 ℃～33 ℃，当气温达 20 ℃左右病情发展较快，温度25 ℃～30 ℃时，达到发病盛期，当温度高于 30 ℃时，病害发展受到抑制，高于 35 ℃则很快进入高温隐症期。在地膜植棉条件下，雨量与棉花枯萎病的发生消长相关性较差，可能与地膜栽培条件下，水分不能大量渗入土壤有一定的关系，但调查中发现，在降雨后 2 d～3 d，病情指数都有小幅度的上升，特别是大雨之后能够明显影响气温的变化，从而直接或间接影响棉花枯萎病的发生。一般 6 月，降雨量大且分布均匀，则发病较重；雨量小或降雨集中，则发病较轻。

A.2.2.2 品种

棉花品种的抗病性差异很大，种植时应选抗病品种，亚洲棉对枯萎病抗病性较强，陆地棉次之，海岛棉较差。长绒棉（海岛棉）抗病性差，最易感染枯萎病。另外，调查发现，陆地棉以侵染木质部为主，导致木质部发生病变；长绒棉开始以侵染木质部为主，后期剖秆检查却以髓部病变居多。

A.2.2.3 菌量

棉花枯萎病菌在土壤中以 0 cm～20 cm 的耕作层中最多，随深度增加而逐渐减少，但在 60 cm的深层土中仍能检测到。病菌在棉籽外部一般可存活 5 个月左右，在棉籽内部可存活 8 个月左右；在病残体内存活 0.5 年～3 年；在无病残体的土壤中可腐生 6 年～10 年，厚垣孢子可存活 15 年。即使是 2 年～3 年未种棉花的轮作田，种植抗病性弱的棉花品种，一旦气候条件适宜即可发病，因此，感病品种和种子带菌是造成病区迅速扩展的主要原因，多年连作是棉花枯萎病发生的重要因素。

A.2.2.4 田间管理

在覆膜植棉的情况下，土壤升温快，枯萎病发病期明显提前，发病最适气温和最高气温也较通常偏低。管理粗放的棉田，一般发病较重；偏施氮肥轻磷钾肥，或中后期脱肥等，导致棉株抗性弱易感病；中耕锄草不及时，不利于棉株发根而影响长势，长势弱的棉株易感染病害，症状明显。

A.2.2.5 其他影响因素

酸性土壤有利于病菌生长，pH 3.5～5.3 最适合病菌生长，pH 2.5 以下或 9.0 以上则不发病；黏性大的土壤，发病重。

附 录 B
（规范性）
棉花枯萎病调查记载表

B.1 棉花枯萎病病情调查记载表

见表 B.1。

表 B.1 棉花枯萎病病情调查记载表

<table>
<tr><td rowspan="2">调查日期</td><td rowspan="2">调查地点</td><td rowspan="2">棉花品种</td><td rowspan="2">连作年限</td><td rowspan="2">棉花生育期</td><td rowspan="2">调查总株株</td><td rowspan="2">病株数株</td><td rowspan="2">病株率%</td><td colspan="5">各级严重度发病植株数株</td><td rowspan="2">病情指数</td><td rowspan="2">备注气温等天气情况</td></tr>
<tr><td>0</td><td>1</td><td>2</td><td>3</td><td>4</td></tr>
<tr><td></td><td></td><td></td><td></td><td></td><td></td><td></td><td></td><td></td><td></td><td></td><td></td><td></td><td></td><td></td></tr>
<tr><td></td><td></td><td></td><td></td><td></td><td></td><td></td><td></td><td></td><td></td><td></td><td></td><td></td><td></td><td></td></tr>
</table>

B.2 棉花枯萎病病情大田普查统计表

见表 B.2。

表 B.2 棉花枯萎病病情大田普查统计表

调查日期	棉花生育期	主栽品种	调查总面积万 hm^2	发生面积比率%	平均病田率%	最高病田率%	调查总株株	病株数株	平均病株率%	最高病株率%	平均病情指数	备注气温等天气情况

B.3 棉花枯萎病发生基本情况统计表

见表 B.3。

表 B.3 棉花枯萎病发生基本情况统计表

<table>
<tr><td>发生期</td><td>始见期：　　　　　　发生盛期：</td></tr>
<tr><td>发生程度</td><td>平均病株率，%：　　　　平均病情指数：　　　　发生程度：　　级</td></tr>
<tr><td>发生情况</td><td>棉花种植面积，hm^2：
主要发病品种及其发生面积，hm^2：
主要发生区域及其发生面积，hm^2：
最高病株率，%：
病田率，%：
发生面积比率，%：</td></tr>
<tr><td colspan="2">发生特点和原因分析：</td></tr>
</table>

附 录 C
(规范性)
棉花枯萎病模式报表

棉花枯萎病模式报表见表 C.1。

表 C.1 棉花枯萎病模式报表

汇报单位： 汇报时间：6 月 1 日、8 月 15 日各报 1 次

序号	编报内容	内容
1	发病始见期(月/日)	
2	发病始见期比常年早晚天数(±d)	
3	平均病株率,%	
4	平均病株率比前 3 年均值增减百分点(±)	
5	平均病情指数	
6	平均病情指数比前 3 年均值增减百分点(±)	
7	预计发生盛期(月/日—月/日)	
8	预计发生程度,级	
9	预计发生面积比率,%	

ICS 65.100.10
CCS G 25

中华人民共和国农业行业标准

NY/T 4078—2022

多杀霉素悬浮剂

Spinosad suspension concentrate

2022-07-11 发布　　　　2022-10-01 实施

中华人民共和国农业农村部　发布

前　　言

本文件按照 GB/T 1.1—2020《标准化工作导则　第 1 部分：标准化文件的结构和起草规则》的规定起草。

请注意本文件的某些内容可能涉及专利。本文件的发布机构不承担识别专利的责任。

本文件由农业农村部种植业管理司提出。

本文件由全国农药标准化技术委员会(SAC/TC 133)归口。

本文件起草单位：深圳诺普信农化股份有限公司、河北兴柏农业科技有限公司、安徽众邦生物工程有限公司、齐鲁制药(内蒙古)有限公司、上海沪联生物药业(夏邑)股份有限公司、沈阳化工研究院有限公司、沈阳沈化院测试技术有限公司。

本文件主要起草人：张丕龙、黄鸿良、杨闻翰、刘现伟、马伦东、于洪波、马涛、王昆、曹晓晓、郁宗翔。

多杀霉素悬浮剂

1 范围

本文件规定了多杀霉素悬浮剂的技术要求、试验方法、验收和质量保证期以及标志、标签、包装、储运。

本文件适用于多杀霉素悬浮剂产品的质量控制。

注:多杀霉素的其他名称、结构式和基本物化参数见附录A。

2 规范性引用文件

下列文件中的内容通过文中的规范性引用而构成本文件必不可少的条款。其中,注日期的引用文件,仅该日期对应的版本适用于本文件;不注日期的引用文件,其最新版本(包括所有的修改单)适用于本文件。

GB/T 1601 农药pH的测定方法

GB/T 1604 商品农药验收规则

GB/T 1605—2001 商品农药采样方法

GB 3796 农药包装通则

GB/T 8170—2008 数值修约规则与极限数值的表示和判定

GB/T 14825—2006 农药悬浮率测定方法

GB/T 16150—1995 农药粉剂、可湿性粉剂细度测定方法

GB/T 19136—2021 农药热储稳定性测定方法

GB/T 19137—2003 农药低温稳定性测定方法

GB/T 28137 农药持久起泡性测定方法

GB/T 31737 农药倾倒性测定方法

GB/T 32776—2016 农药密度测定方法

3 术语和定义

本文件没有需要界定的术语和定义。

4 技术要求

4.1 外观

可流动、易测量体积的悬浮液体;存放过程中,可能出现沉淀,但经手摇动,应恢复原状,不应有结块。

4.2 技术指标

应符合表1的要求。

表1 多杀霉素悬浮剂控制项目指标

项目		指标				
		25 g/L规格	5%规格	10%规格	20%规格	480 g/L规格
多杀霉素(A+D)质量分数[a],%		$2.4^{+0.4}_{-0.4}$	$5.0^{+0.5}_{-0.5}$	$10.0^{+1.0}_{-1.0}$	$20.0^{+1.2}_{-1.2}$	$44.0^{+2.3}_{-2.3}$
或多杀霉素(A+D)质量浓度,g/L(20 ℃)		25^{+4}_{-4}	—	—	—	480^{+24}_{-24}
多杀霉素A与D的比值		≥4.0				
pH		5.0~9.0				
倾倒性	倾倒后残余物,%	≤5.0				
	洗涤后残余物,%	≤0.5				
悬浮率,%		≥90				

表 1（续）

项目	指标				
	25 g/L 规格	5%规格	10%规格	20%规格	480 g/L 规格
湿筛试验(通过 75 μm 试验筛)，%	≥98				
持久起泡性(1 min 后泡沫量)，mL	≤25				
低温稳定性[b]	冷储后，悬浮率、湿筛试验仍应符合本文件要求				
热储稳定性[b]	热储后，多杀霉素(A+D)质量分数应不低于热储前测得质量分数的 95%，悬浮率、pH、湿筛试验、倾倒性仍应符合本文件要求				
[a] 当质量发生争议时，以多杀霉素(A+D)质量分数为仲裁。 [b] 正常生产时，低温稳定性、热储稳定性试验每 3 个月至少进行一次。					

5 试验方法

警示：使用本文件的人员应有实验室工作的实践经验。本文件并未指出所有的安全问题。使用者有责任采取适当的安全和健康措施。

5.1 一般规定

本文件所用试剂和水在没有注明其他要求时，均指分析纯试剂和蒸馏水。检验结果的判定按 GB/T 8170—2008 中 4.3.3 的规定执行。

5.2 取样

按 GB/T 1605—2001 中 5.3.2 的规定执行。用随机数表法确定取样的包装件；最终取样量应不少于 800 mL。

5.3 鉴别试验

液相色谱法——本鉴别试验可与多杀霉素(A+D)质量分数的测定同时进行。在相同的色谱操作条件下，试样溶液中某色谱峰的保留时间与标样溶液中多杀霉素 A 的色谱峰的保留时间，其相对差值应在 1.5%以内。

5.4 外观的测定

采用目测法测定。

5.5 多杀霉素(A+D)质量分数以及多杀霉素 A 与 D 的比值的测定

5.5.1 方法提要

试样用甲醇溶解，以甲醇+乙腈+乙酸铵缓冲溶液为流动相，使用以 C_{18} 为填料的不锈钢柱和紫外检测器(250 nm)，对试样中的多杀霉素进行高效液相色谱分离，外标法定量。

5.5.2 试剂和溶液

5.5.2.1 甲醇：色谱级。

5.5.2.2 乙腈：色谱级。

5.5.2.3 乙酸铵。

5.5.2.4 乙酸。

5.5.2.5 水：新蒸二次蒸馏水或超纯水。

5.5.2.6 乙酸铵缓冲溶液：称取 20.0 g 乙酸铵于 1 000 mL 水中，用乙酸调 pH 至 5.3。

5.5.2.7 多杀霉素标样：已知多杀霉素(A+D)质量分数，$\omega \geq 97.0\%$。

5.5.3 仪器

5.5.3.1 高效液相色谱仪：具有可变波长紫外检测器。

5.5.3.2 色谱柱：150 mm×4.6 mm(内径)不锈钢柱，内装 C_{18}、5 μm 填充物(或具同等效果的色谱柱)。

5.5.3.3 过滤器：滤膜孔径约 0.45 μm。

5.5.3.4 定量进样管：5 μL。

5.5.3.5 超声波清洗器。

5.5.4 高效液相色谱操作条件

5.5.4.1 流动相：体积比 $\psi_{(甲醇:乙腈:乙酸铵水溶液)}=42:42:16$。

5.5.4.2 流速：1.0 mL/min。

5.5.4.3 柱温：室温(温度变化应不大于 2 ℃)。

5.5.4.4 检测波长：250 nm。

5.5.4.5 进样体积：5 μL。

5.5.4.6 保留时间：多杀霉素 A 约 9.0 min、多杀霉素 D 约 12.0 min。

5.5.4.7 上述操作参数是典型的，可根据不同仪器特点，对给定的操作参数作适当调整，以期获得最佳效果。典型的多杀霉素悬浮剂高效液相色谱图见图 1。

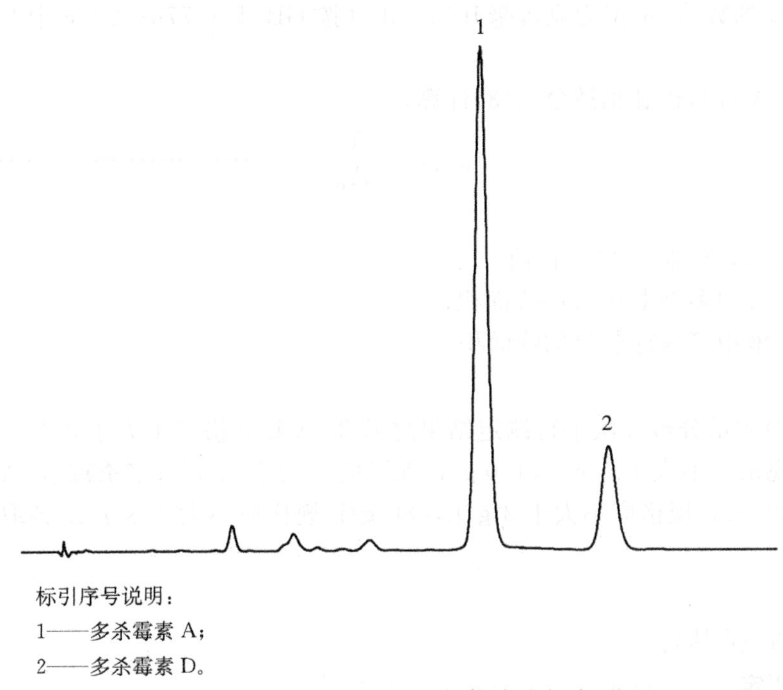

标引序号说明：

1——多杀霉素 A；

2——多杀霉素 D。

图 1 多杀霉素悬浮剂的高效液相色谱图

5.5.5 测定步骤

5.5.5.1 标样溶液的制备

称取 0.05 g(精确至 0.000 1 g)多杀霉素标样，置于 100 mL 容量瓶中，加入 30 mL 甲醇超声振荡 5 min使之溶解，冷却至室温，用甲醇稀释至刻度，摇匀。

5.5.5.2 试样溶液的制备

称取试样前需对样品进行充分摇晃，以保证试样均匀，称取含多杀霉素 0.05 g 的试样(精确至 0.000 1 g)，置于 100 mL 容量瓶中，先加入 5mL 水使样品分散，再加入 30 mL 甲醇超声振荡 5 min，冷却至室温，用甲醇稀释至刻度，摇匀，过滤。

5.5.5.3 测定

在上述操作条件下，待仪器稳定后，连续注入数针标样溶液，直至相邻两针多杀霉素(A+D)峰面积相对变化小于 1.2%后，按照标样溶液、试样溶液、试样溶液、标样溶液的顺序进行测定。

5.5.6 计算

将测得的两针试样溶液以及试样前后两针标样溶液中多杀霉素(A+D)峰面积分别进行平均，试样中多杀霉素(A+D)的质量分数按公式(1)计算，质量浓度按公式(2)计算。

$$\omega_1=\frac{A_2\times m_1\times \omega_{b1}}{A_1\times m_2} \quad \cdots\cdots (1)$$

$$\rho_1 = \frac{A_2 \times m_1 \times \omega_{b1} \times \rho \times 10}{A_1 \times m_2} \cdots\cdots (2)$$

式中：

ω_1 ——多杀霉素(A+D)的质量分数,单位为百分号(%)；

A_2 ——试样溶液中多杀霉素 A 与 D 峰面积和的平均值；

m_1 ——标样质量的数值,单位为克(g)；

ω_{b1} ——标样中多杀霉素(A+D)的质量分数,单位为百分号(%)；

A_1 ——标样溶液中多杀霉素 A 与 D 峰面积和的平均值；

m_2 ——试样质量的数值,单位为克(g)；

ρ_1 ——试样中多杀霉素(A+D)质量浓度,单位为克每升(g/L)；

ρ ——试样密度的数值,单位为克每毫升(g/mL)(按 GB/T 32776—2016 中 3.3 或 3.4 的规定执行)。

试样中多杀霉素 A 与 D 的比值按公式(3)计算。

$$\alpha_{(A/D)} = \frac{A_A}{A_D} \cdots\cdots (3)$$

式中：

$\alpha_{(A/D)}$——试样中多杀霉素 A 与 D 比值；

A_A ——试样溶液中多杀霉素 A 的峰面积；

A_D ——试样溶液中多杀霉素 D 的峰面积。

5.5.7 允许差

多杀霉素(A+D)质量分数 2 次平行测定结果之差 25 g/L 规格应不大于 0.3%,5%和 10%规格应不大于 0.5%,20%规格应不大于 0.6%,480 g/L 规格应不大于 0.8%；多杀霉素(A+D)质量浓度 2 次平行测定结果之差,25 g/L 规格应不大于 3 g/L,480 g/L 规格应不大于 8 g/L,各取其算术平均值作为测定结果。

5.6 pH 的测定

按 GB/T 1601 的规定执行。

5.7 倾倒性试验的测定

按 GB/T 31737 的规定执行。

5.8 悬浮率的测定

5.8.1 测定

按 GB/T 14825—2006 中 4.2 的规定执行。25 g/L 规格和 5%规格称取 2 g 试样,10%规格和 20%规格称取 1 g 试样,480 g/L 规格称取 0.5 g 试样,均精确至 0.000 1 g。用 60 mL 甲醇分 3 次将量筒内剩余的 25 mL 悬浮液及沉淀物全部转移至 100 mL 容量瓶中,用甲醇定容至刻度,在超声波下振荡 5 min,恢复至室温,定容,摇匀,过滤,按 5.5 测定多杀霉素(A+D)质量。

5.8.2 计算

悬浮率按公式(4)计算。

$$\omega_2 = \frac{m_4 \times \omega_1 - (A_4 \times m_3 \times \omega_{b1}) \div A_3}{m_4 \times \omega_1} \times 111.1 \cdots\cdots (4)$$

式中：

ω_2 ——悬浮率,单位为百分号(%)；

m_4 ——试样质量的数值,单位为克(g)；

ω_1 ——试样中多杀霉素(A+D)的质量分数,单位为百分号(%)；

A_4 ——试样溶液中多杀霉素 A 与 D 峰面积和的平均值；

m_3 ——多杀霉素标样质量的数值,单位为克(g)；

ω_{b1}——标样中多杀霉素(A+D)的质量分数,单位为百分号(%)；

A_3 ——标样溶液中多杀霉素 A 与 D 峰面积和的平均值。

5.9 湿筛试验

按 GB/T 16150—1995 中 2.2 的规定执行。

5.10 持久起泡性的测定

按 GB/T 28137 的规定执行。

5.11 低温稳定性试验

按 GB/T 19137—2003 中 2.2 的规定执行。

5.12 热储稳定性试验

按 GB/T 19136—2021 中 4.4.1 的规定执行。

6 检验规则

6.1 出厂检验

每批产品均应做出厂检验，经检验合格签发合格证后，方可出厂。出厂检验项目为第 4 章技术指标中除热储稳定性和低温稳定性以外的所有项目。

6.2 型式检验

型式检验项目为第 4 章中的全部项目，在正常连续生产情况下，每 3 个月至少进行 1 次。有下述情况之一，应进行型式检验：

a) 原料有较大改变，可能影响产品质量时；

b) 生产地址、生产设备或生产工艺有较大改变，可能影响产品质量时；

c) 停产后又恢复生产时；

d) 国家法定质量监管机构提出型式检验要求时。

6.3 判定规则

按第 4 章技术要求对产品进行出厂检验和型式检验，任一项目不符合指标要求判为该批次产品不合格。

7 验收和质量保证期

7.1 验收

应符合 GB/T 1604 的规定。

7.2 质量保证期

在规定的储运条件下，多杀霉素悬浮剂的质量保证期从生产日期算起为 2 年。在质量保证期内，各项指标均应符合本文件要求。

8 标志、标签、包装、储运

8.1 标志、标签、包装

多杀霉素悬浮剂的标志、标签、包装应符合 GB 3796 的规定；多杀霉素悬浮剂应采用聚酯瓶、聚乙烯瓶包装或高阻隔瓶包装，并应有铝箔封口，每瓶的净含量可以为 50 g(mL)、100 g(mL)、250 g(mL)、500 g(mL)、1 kg(L)等，也可采取更大包装；外包装可用纸箱、瓦楞纸板箱，每箱的净含量不应超过 15 kg，也可根据用户要求或订货协议，采用其他形式的包装，但需符合 GB 3796 的规定。

8.2 储运

多杀霉素悬浮剂包装件应储存在通风、干燥的库房中；储运时，严防潮湿和日晒，不得与食物、种子、饲料混放，避免与皮肤、眼睛接触，防止由口鼻吸入。

附 录 A
（资料性）
多杀霉素的其他名称、结构式和基本物化参数

ISO 通用名称：Spinosad。

其他名称：多杀菌素。

CAS 登录号：多杀霉素[168316-95-8]，多杀霉素 A[131929-60-7]，多杀霉素 D[131929-63-0]。

CIPAC 数字代码：636。

化学名称：多杀霉素 A 为（2*R*，3a*S*，5a*R*，5b*S*，9*S*，13*S*，14*R*，16a*S*，16b*R*）-2-（6-脱氧-2，3，4-三氧甲基-α-L-吡喃甘露糖苷氧）-13-（4-二甲氨基-2，3，4，6-四氧-β-D-吡喃糖苷氧基）-9-乙基-2，3，3a，5a，6，7，9，10，11，12，13，14，15，16a，16b-十六氢-14-甲基-1*H*-不对称-吲丹烯基[3，2-d]氧杂环十二烷-7，15-二酮；多杀霉素 D 为（2*R*，3a*S*，5a*R*，5b*S*，9*S*，13*S*，14*R*，16a*S*，16b*R*）-2-（6-脱氧-2，3，4-三氧甲基-α-L-吡喃甘露糖苷氧）-13-（4-二甲氨基-2，3，4，6-四氧-β-D-吡喃糖苷氧基）-9-乙基-2，3，3a，5a，6，7，9，10，11，12，13，14，15，16a，16b-十六氢-4，14-二甲基-1*H*-不对称-吲丹烯基[3，2-d]氧杂环十二烷-7，15-二酮。

结构式：

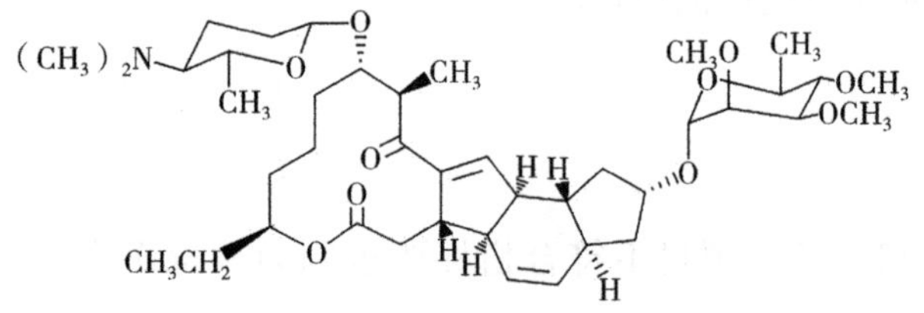

多杀霉素 A 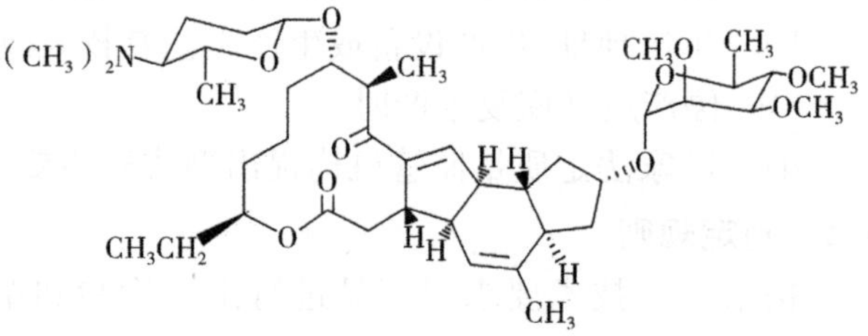　　　　多杀霉素 D

实验式：多杀霉素 A $C_{41}H_{65}NO_{10}$，多杀霉素 D $C_{42}H_{67}NO_{10}$。

相对分子质量：多杀霉素 A 732.0，多杀霉素 D 746.0。

生物活性：杀虫。

熔点：多杀霉素 A 84 ℃～99.5 ℃，多杀霉素 D 161.5 ℃～170 ℃。

蒸气压（25 ℃）：多杀霉素 A 3.0×10^{-5} mPa，多杀霉素 D 2.0×10^{-5} mPa。

溶解度（20 ℃）：多杀霉素 A 水中 89 mg/L（蒸馏水），290 mg/L（pH 5），235 mg/L（pH 7），16 mg/L（pH 9）；二氯甲烷中 52.5 g/L，丙酮中 16.8 g/L，甲苯中 45.7 g/L，乙腈中 13.4 g/L，甲醇中 19.0 g/L，正辛醇中 0.926 g/L，正己烷中 0.448 g/L；多杀霉素 D 水中 0.5 mg/L（蒸馏水），28.7 mg/L（pH 5），0.33 mg/L（pH 7），0.053 mg/L（pH 9）；二氯甲烷中 44.8 g/L，丙酮中 1.01 g/L，甲苯中 15.2 g/L，乙腈中 0.255 g/L，甲醇中 0.252 g/L，正辛醇中 0.127 g/L，正己烷中 0.743 g/L。

稳定性：在 pH 5 和 pH 7 条件下不易水解；在水相易光解，DT_{50}（pH 7）：多杀霉素 A 0.93 d；多杀霉素 D 0.82 d。

ICS 65.100.10
CCS G 25

中华人民共和国农业行业标准

NY/T 4079—2022

多杀霉素原药

Spinosad technical material

2022-07-11 发布 2022-10-01 实施

中华人民共和国农业农村部 发布

前　　言

本文件按照 GB/T 1.1—2020《标准化工作导则　第 1 部分:标准化文件的结构和起草规则》的规定起草。

请注意本文件的某些内容可能涉及专利。本文件的发布机构不承担识别专利的责任。

本文件由农业农村部种植业管理司提出。

本文件由全国农药标准化技术委员会(SAC/TC 133)归口。

本文件起草单位:齐鲁制药(内蒙古)有限公司、河北兴柏农业科技有限公司、佳木斯黑龙农药有限公司、河北威远生物化工有限公司、沈阳化工研究院有限公司、沈阳沈化院测试技术有限公司。

本文件主要起草人:杨闻翰、于洪波、张丕龙、刘现伟、肖才根、杨锦蓉、王得明。

多杀霉素原药

1 范围

本文件规定了多杀霉素原药的技术要求、试验方法、检验规则、验收和质量保证期以及标志、标签、包装、储运。

本文件适用于多杀霉素原药产品的质量控制。

注：多杀霉素的其他名称、结构式和基本物化参数见附录 A。

2 规范性引用文件

下列文件中的内容通过文中的规范性引用而构成本文件必不可少的条款。其中，注日期的引用文件，仅该日期对应的版本适用于本文件；不注日期的引用文件，其最新版本（包括所有的修改单）适用于本文件。

GB/T 1600—2021 农药水分测定方法

GB/T 1601 农药 pH 的测定方法

GB/T 1604 商品农药验收规则

GB/T 1605—2001 商品农药采样方法

GB 3796 农药包装通则

GB/T 8170—2008 数值修约规则与极限数值的表示和判定

GB/T 19138 农药丙酮不溶物测定方法

3 术语和定义

本文件没有需要界定的术语和定义。

4 技术要求

4.1 外观

类白色固体。

4.2 技术指标

应符合表 1 的要求。

表 1 多杀霉素原药控制项目指标

项 目	指 标
多杀霉素(A+D)质量分数，%	≥92.0
多杀霉素 A 与 D 的比值	≥4.0
水分，%	≤0.5
丙酮不溶物[a]，%	≤0.2
pH	6.0～9.0
[a] 正常生产时，丙酮不溶物每 3 个月至少测定 1 次。	

5 试验方法

警示：使用本文件的人员应有实验室工作的实践经验。本文件并未指出所有的安全问题。使用者有责任采取适当的安全和健康措施。

5.1 一般规定

本文件所用试剂和水在没有注明其他要求时，均指分析纯试剂和蒸馏水。检验结果的判定按 GB/T

8170—2008 中 4.3.3 的规定执行。

5.2 取样

按 GB/T 1605—2001 中 5.3.1 的规定执行。用随机数表法确定取样的包装件;最终取样量应不少于 100 g。

5.3 鉴别试验

5.3.1 红外光谱法

多杀霉素原药与多杀霉素(A+D)标样在 4 000/cm～400/cm 范围的红外吸收光谱图应没有明显区别。多杀霉素(A+D)标样红外光谱图见图 1。

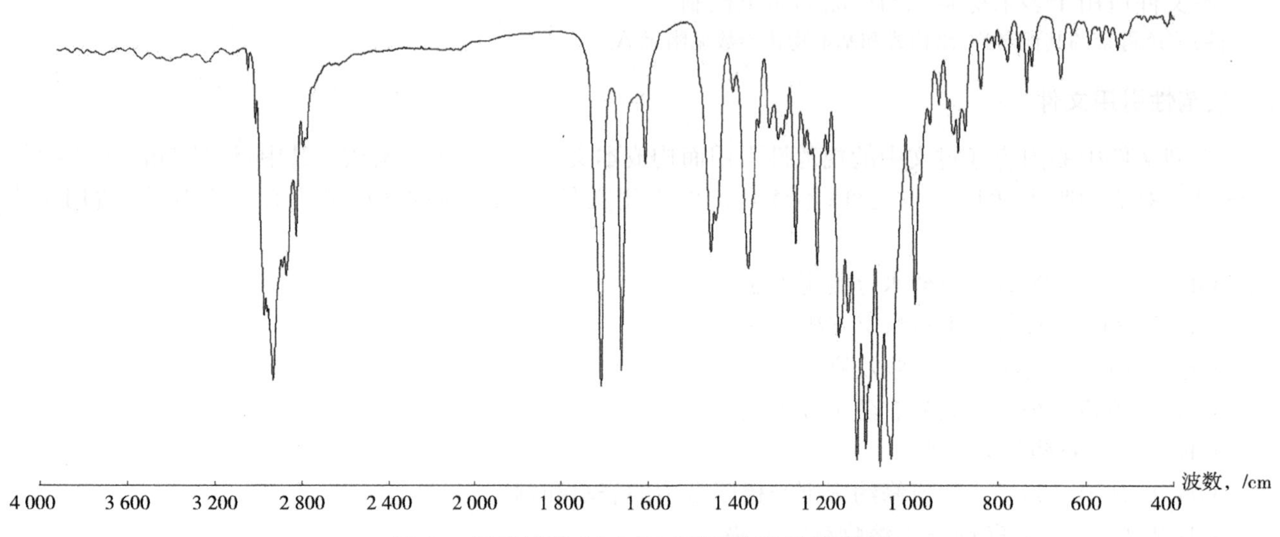

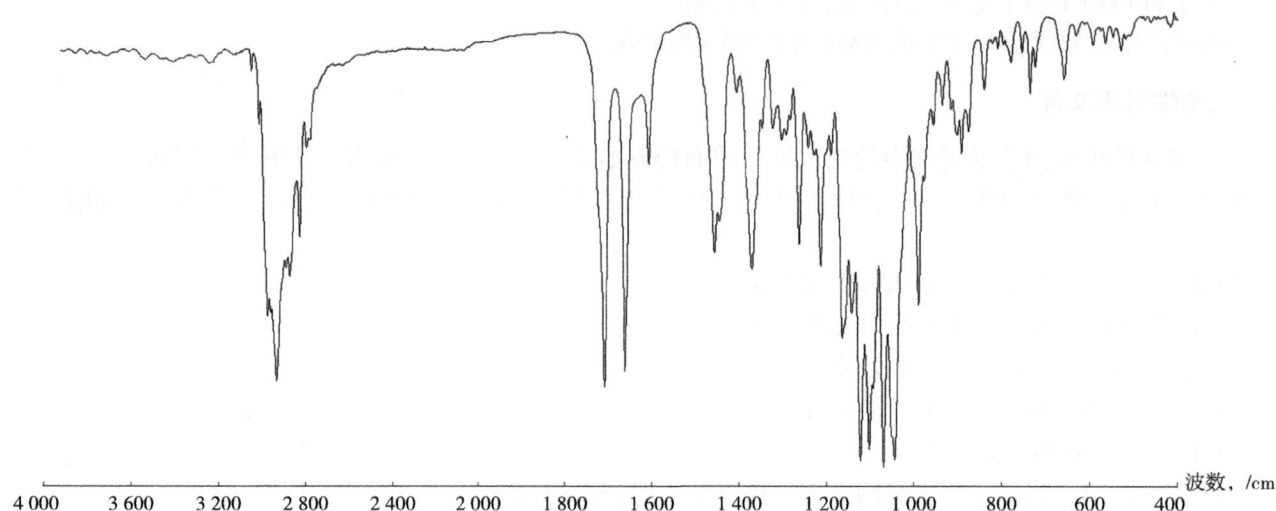

图 1　多杀霉素(A+D)标样的红外光谱图

5.3.2 液相色谱法

本鉴别试验可与多杀霉素(A+D)质量分数的测定同时进行。在相同的色谱操作条件下,试样溶液中某色谱峰的保留时间与标样溶液中多杀霉素 A 的色谱峰的保留时间,其相对差值应在 1.5%以内。

5.4 外观的测定

采用目测法测定。

5.5 多杀霉素(A+D)质量分数以及多杀霉素 A 与 D 的比值的测定

5.5.1 方法提要

试样用甲醇溶解,以甲醇+乙腈+乙酸铵缓冲溶液为流动相,使用以 C_{18} 为填料的不锈钢柱和紫外检测器(250 nm),对试样中的多杀霉素进行高效液相色谱分离,外标法定量。

5.5.2 试剂和溶液

5.5.2.1 甲醇:色谱级。

5.5.2.2 乙腈:色谱级。

5.5.2.3 乙酸铵。

5.5.2.4 乙酸。

5.5.2.5 水:新蒸二次蒸馏水或超纯水。

5.5.2.6 乙酸铵缓冲溶液:称取 20.0 g 乙酸铵于 1 000 mL 水中,用乙酸调 pH 至 5.3。

5.5.2.7 多杀霉素标样:已知多杀霉素(A+D)质量分数,$\omega \geq 97.0\%$。

5.5.3 仪器

5.5.3.1 高效液相色谱仪:具有可变波长紫外检测器。

5.5.3.2 色谱柱:150 mm×4.6 mm(内径)不锈钢柱,内装 C_{18}、5 μm 填充物(或具同等效果的色谱柱)。

5.5.3.3 过滤器:滤膜孔径约 0.45 μm。

5.5.3.4 定量进样管：5 μL。

5.5.3.5 超声波清洗器。

5.5.4 高效液相色谱操作条件

5.5.4.1 流动相：体积比 $\psi_{(甲醇:乙腈:乙酸铵缓冲溶液)}$ = 42 ∶ 42 ∶ 16。

5.5.4.2 流速：1.0 mL/min。

5.5.4.3 柱温：室温(温度变化应不大于 2 ℃)。

5.5.4.4 检测波长：250 nm。

5.5.4.5 进样体积：5 μL。

5.5.4.6 保留时间：多杀霉素 A 约 9.0 min、多杀霉素 D 约 12.0 min。

5.5.4.7 上述操作参数是典型的，可根据不同仪器特点，对给定的操作参数作适当调整，以期获得最佳效果。典型的多杀霉素原药高效液相色谱图见图 2。

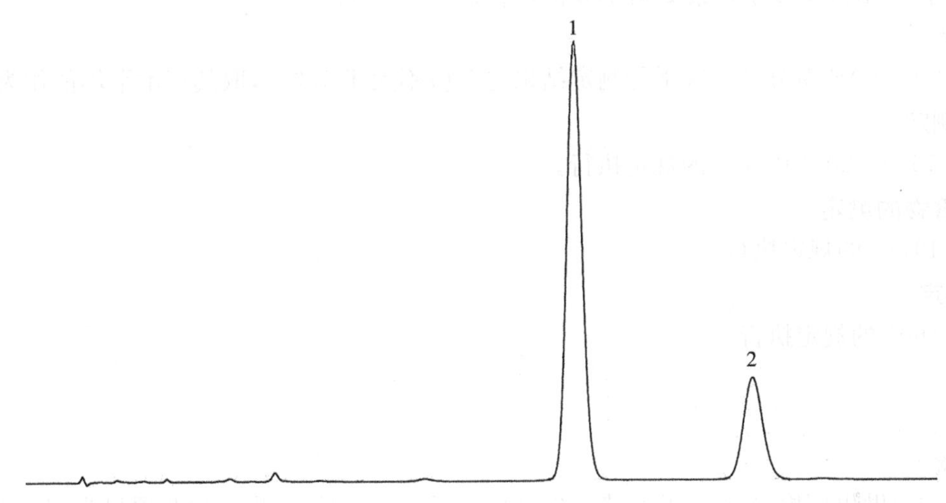

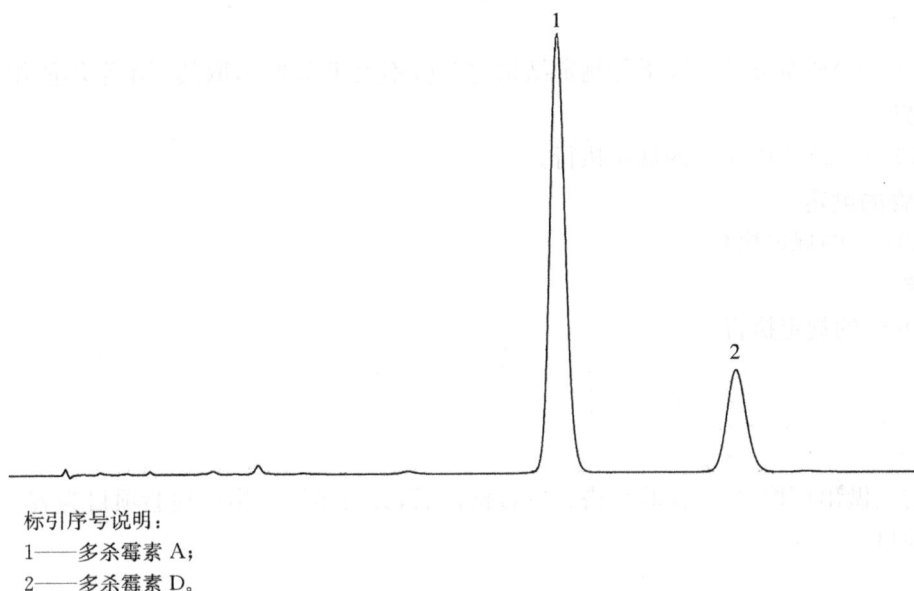

标引序号说明：
1——多杀霉素 A；
2——多杀霉素 D。

图 2 多杀霉素原药的高效液相色谱图

5.5.5 测定步骤

5.5.5.1 标样溶液的制备

称取 0.05 g(精确至 0.000 1 g)多杀霉素标样，置于 100 mL 容量瓶中，加入 30 mL 甲醇超声振荡 5 min使之溶解，冷却至室温，用甲醇稀释至刻度，摇匀。

5.5.5.2 试样溶液的制备

称取含多杀霉素 0.05 g(精确至 0.000 1 g)的试样，置于 100 mL 容量瓶中，加入 30 mL 甲醇超声振荡 5 min 使之溶解，冷却至室温，用甲醇稀释至刻度，摇匀。

5.5.5.3 测定

在上述操作条件下，待仪器稳定后，连续注入数针标样溶液，直至相邻两针多杀霉素(A+D)峰面积之和的相对变化小于 1.2%后，按照标样溶液、试样溶液、试样溶液、标样溶液的顺序进行测定。

5.5.6 计算

将测得的两针试样溶液以及试样前后两针标样溶液中多杀霉素(A+D)峰面积分别进行平均，试样中多杀霉素(A+D)的质量分数按公式(1)计算。

$$\omega_1 = \frac{A_2 \times m_1 \times \omega_{b1}}{A_1 \times m_2} \quad \cdots\cdots (1)$$

式中：

ω_1 ——多杀霉素(A+D)的质量分数，单位为百分号(%)；

A_2 ——试样溶液中多杀霉素 A 与 D 峰面积和的平均值；
m_1 ——标样质量的数值，单位为克(g)；
ω_{b1} ——标样中多杀霉素(A+D)的质量分数，单位为百分号(%)；
A_1 ——标样溶液中多杀霉素 A 与 D 峰面积和的平均值；
m_2 ——试样质量的数值，单位为克(g)。

试样中多杀霉素 A 与 D 的比值按公式(2)计算。

$$\alpha_{(A/D)} = \frac{A_A}{A_D} \quad \cdots\cdots (2)$$

式中：

$\alpha_{(A/D)}$ ——试样中多杀霉素 A 与 D 的比值；
A_A ——试样溶液中多杀霉素 A 峰面积的数值；
A_D ——试样溶液中多杀霉素 D 峰面积的数值。

5.5.7 允许差

多杀霉素(A+D)质量分数 2 次平行测定结果之差应不大于 1.2%，取其算术平均值作为测定结果。

5.6 水分的测定

按 GB/T 1600—2021 中 4.2 的规定执行。

5.7 丙酮不溶物的测定

按 GB/T 19138 的规定执行。

5.8 pH 的测定

按 GB/T 1601 的规定执行。

6 检验规则

6.1 出厂检验

每批产品均应做出厂检验，经检验合格签发合格证后，方可出厂。出厂检验项目为表 1 中除丙酮不溶物以外的所有项目。

6.2 型式检验

型式检验项目为第 4 章中的全部项目，在正常连续生产情况下，每 3 个月至少进行 1 次。有下述情况之一，应进行型式检验：

a) 原料有较大改变，可能影响产品质量时；
b) 生产地址、生产设备或生产工艺有较大改变，可能影响产品质量时；
c) 停产后又恢复生产时；
d) 国家法定质量监管机构提出型式检验要求时。

6.3 判定规则

按第 4 章对产品进行出厂检验和型式检验，任一项目不符合指标要求判为该批次产品不合格。

7 验收和质量保证期

7.1 验收

应符合 GB/T 1604 的规定。

7.2 质量保证期

在规定的储运条件下，多杀霉素原药的质量保证期从生产日期算起为 2 年。质量保证期内，各项指标均应符合本文件要求。

8 标志、标签、包装、储运

8.1 标志、标签、包装

多杀霉素原药的标志、标签、包装应符合 GB 3796 的规定；多杀霉素原药采用清洁、干燥内衬塑料袋的编织袋或内衬保护层的铁桶或纸板桶包装。每袋或每桶净含量一般 10 kg、20 kg、25 kg、50 kg。也可根据用户要求或订货协议采用其他形式的包装，但需符合 GB 3796 的规定。

8.2 储运

多杀霉素原药包装件应储存在通风、干燥的库房中；储运时，严防潮湿和日晒，不得与食物、种子、饲料混放，避免与皮肤、眼睛接触，防止由口鼻吸入。

附 录 A
（资料性）
多杀霉素的其他名称、结构式和基本物化参数

ISO 通用名称：Spinosad。

其他名称：多杀菌素。

CAS 登录号：多杀霉素 [168316-95-8]，多杀霉素 A [131929-60-7]，多杀霉素 D [131929-63-0]。

CIPAC 数字代码：636。

化学名称。多杀霉素 A 为(2*R*,3a*S*,5a*R*,5b*S*,9*S*,13*S*,14*R*,16a*S*,16b*R*)-2-(6-脱氧-2,3,4-三氧甲基-α-L-吡喃甘露糖苷氧)-13-(4-二甲氨基-2,3,4,6-四氧-β-D-吡喃糖苷氧基)-9-乙基-2,3,3a,5a,6,7,9,10,11,12,13,14,15,16a,16b-十六氢-14-甲基-1*H*-不对称-吲丹烯基[3,2-d]氧杂环十二烷-7,15-二酮；多杀霉素 D 为(2*R*,3a*S*,5a*R*,5b*S*,9*S*,13*S*,14*R*,16a*S*,16b*R*)-2-(6-脱氧-2,3,4-三氧甲基-α-L-吡喃甘露糖苷氧)-13-(4-二甲氨基-2,3,4,6-四氧-β-D-吡喃糖苷氧基)-9-乙基-2,3,3a,5a,6,7,9,10,11,12,13,14,15,16a,16b-十六氢-4,14-二甲基-1*H*-不对称-吲丹烯基[3,2-d]氧杂环十二烷-7,15-二酮。

结构式：

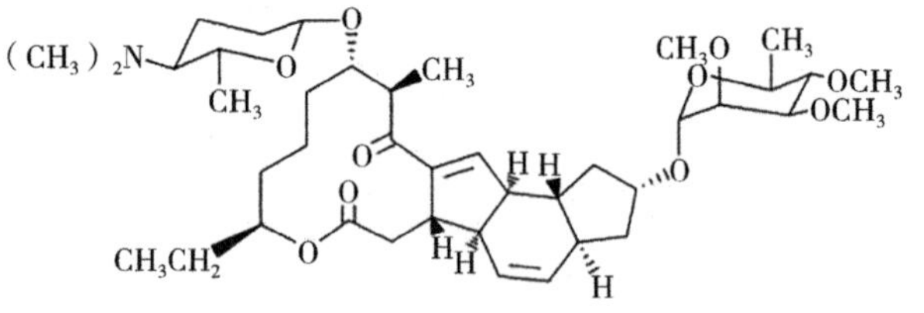

多杀霉素 A

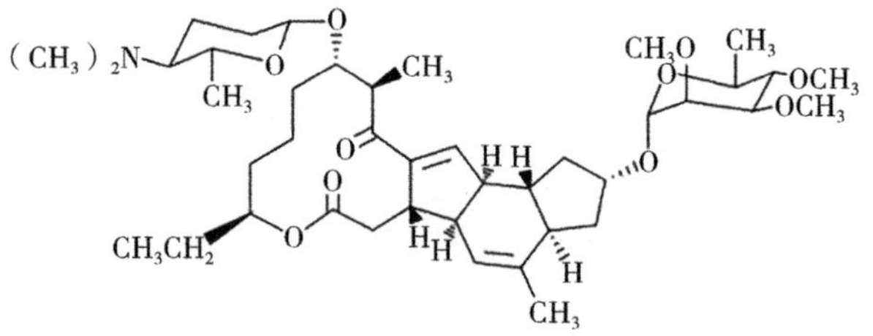

多杀霉素 D

实验式：多杀霉素 A $C_{41}H_{65}NO_{10}$，多杀霉素 D $C_{42}H_{67}NO_{10}$。

相对分子质量：多杀霉素 A 732.0，多杀霉素 D 746.0。

生物活性：杀虫。

熔点：多杀霉素 A 84 ℃～99.5 ℃，多杀霉素 D 161.5 ℃～170 ℃。

蒸气压(25 ℃)：多杀霉素 A 3.0×10^{-5} mPa，多杀霉素 D 2.0×10^{-5} mPa。

溶解度(20 ℃)：多杀霉素 A 水中 89 mg/L(蒸馏水)，290 mg/L(pH 5)，235 mg/L(pH 7)，16 mg/L(pH 9)；二氯甲烷中 52.5 g/L，丙酮中 16.8 g/L，甲苯中 45.7 g/L，乙腈中 13.4 g/L，甲醇中 19.0 g/L，正辛醇中 0.926 g/L，正己烷中 0.448 g/L；多杀霉素 D 水中 0.5 mg/L(蒸馏水)，28.7 mg/L(pH 5)，0.33 mg/L(pH 7)，0.053 mg/L(pH 9)。二氯甲烷中 44.8 g/L，丙酮中 1.01 g/L，甲苯中 15.2 g/L，乙腈中 0.255 g/L，甲醇中 0.252 g/L，正辛醇中 0.127 g/L，正己烷中 0.743 g/L。

稳定性：在 pH 5 和 pH 7 条件下不易水解；在水相易光解，DT_{50}(pH 7)：多杀霉素 A 0.93 d；多杀霉素 D 0.82 d。

ICS 65.100.10
CCS G 25

中华人民共和国农业行业标准

NY/T 4080—2022

威百亩可溶液剂

Metam-sodium soluble concentrates

2022-07-11 发布　　2022-10-01 实施

中华人民共和国农业农村部　发布

前　　言

本文件按照 GB/T 1.1—2020《标准化工作导则　第 1 部分：标准化文件的结构和起草规则》的规定起草。

请注意本文件的某些内容可能涉及专利。本文件的发布机构不承担识别专利的责任。

本文件由农业农村部种植业管理司提出。

本文件由全国农药标准化技术委员会(SAC/TC 133)归口。

本文件起草单位：利民化学有限责任公司、沈阳沈化院测试技术有限公司、安徽海日生物科技有限公司、沈阳丰收农药有限公司。

本文件主要起草人：于亮、许梅、冯岳峰、汪洋、刘文兆、李秀杰、董雪梅。

威百亩可溶液剂

1 范围

本文件规定了威百亩可溶液剂的技术要求、试验方法、检验规则、验收和质量保证期以及标志、标签、包装、储运。

本文件适用于威百亩可溶液剂产品的质量控制。

注：威百亩、异硫氰酸甲酯、1，3-二甲基硫脲的其他名称、结构式和基本物化参数见附录 A。

2 规范性引用文件

下列文件中的内容通过文中的规范性引用而构成本文件必不可少的条款。其中，注日期的引用文件，仅该日期对应的版本适用于本文件；不注日期的引用文件，其最新版本（包括所有的修改单）适用于本文件。

GB/T 601 化学试剂 标准滴定溶液的制备

GB/T 603 化学试剂 试验方法中所用制剂及制品的制备

GB/T 1601 农药 pH 的测定方法

GB/T 1604 商品农药验收规则

GB/T 1605—2001 商品农药采样方法

GB 3796 农药包装通则

GB/T 8170—2008 数值修约规则与极限数值的表示和判定

GB/T 19136—2021 农药热储稳定性测定方法

GB/T 19137—2003 农药低温稳定性测定方法

GB/T 28136—2011 农药水不溶物测定方法

GB/T 28137 农药持久起泡性测定方法

3 术语和定义

本文件没有需要界定的术语和定义。

4 技术要求

4.1 外观

稳定的均相液体，无可见的悬浮物和沉淀。

4.2 技术指标

应符合表 1 的要求。

表 1 威百亩可溶液剂技术指标

项 目	指 标	
	35%规格	42%规格
威百亩质量分数，%	$35.0^{+1.8}_{-1.8}$	$42.0^{+2.1}_{-2.1}$
钠离子质量分数[a]，%	≥5.0	≥6.0
异硫氰酸甲酯质量分数[a]，%	≤0.2	
1，3-二甲基硫脲质量分数[a]，%	≤0.3	≤0.4
水不溶物质量分数，%	≤0.1	
pH	7.5～10.5	
稀释稳定性(20 倍)	稀释液均一，无析出物	

表 1（续）

项　　目	指　　标	
	35%规格	42%规格
持久起泡性(1 min 后泡沫量)，mL	≤60	
低温稳定性试验[a]，%	析出固体或油状物体积不超过 0.3 mL	
热储稳定性试验[a]，%	热储后威百亩质量分数不小于 95%，异硫氰酸甲酯质量分数、1,3-二甲基硫脲质量分数，pH、稀释稳定性等仍应符合技术指标要求	
[a] 正常生产时，异硫氰酸甲酯质量分数、1,3-二甲基硫脲质量分数、钠离子质量分数、低温稳定性、热储稳定性试验每 3 个月至少测定 1 次。		

5 试验方法

警示：使用本文件的人员应有实验室工作的实践经验。本文件并未指出所有的安全问题。使用者有责任采取适当的安全和健康措施。

5.1 一般规定

本文件所用试剂和水在没有注明其他要求时，均指分析纯试剂和蒸馏水。检验结果的判定按 GB/T 8170—2008 中 4.3.3 的规定执行。

5.2 取样

按 GB/T 1605—2001 中 5.3.1 的规定执行。用随机数表法确定取样的包装件；最终取样量应不少于200 g。

5.3 鉴别试验

5.3.1 液相色谱法

本鉴别试验可与威百亩质量分数的测定同时进行。在相同的色谱操作条件下，试样溶液中某色谱峰的保留时间与标样溶液中威百亩的色谱峰的保留时间，其相对差值应在 1.5%以内。

5.3.2 威百亩铜盐薄层鉴别方法

威百亩与铜盐生成棕色沉淀，用三氯甲烷萃取，萃取液呈棕色，点板后，15 min 棕色斑点不移动。威百亩铜盐薄层鉴别方法见附录 B。

5.4 外观的测定

采用目测法测定。

5.5 威百亩质量分数的测定

5.5.1 化学法(仲裁法)

5.5.1.1 方法提要

试样于煮沸的氢碘酸-冰乙酸溶液中分解，生成二硫化碳及干扰分析的硫化氢气体，先用乙酸锌溶液吸收硫化氢，继之以氢氧化钾-甲醇溶液吸收二硫化碳，并生成甲基磺原酸钾，二硫化碳吸收液用乙酸中和后立即以碘标准滴定溶液滴定。

反应式如下：

$$C_2H_4NS_2Na + 2H^+ + I^- \rightarrow CH_3NH_3I + 2CS_2 + Na^+$$

$$CS_2 + CH_3OK \rightarrow CH_3OCSSK$$

$$2CH_3OCSSK + I_2 \rightarrow CH_3OC(S)SSC(S)OCH_3 + 2KI$$

5.5.1.2 试剂和溶液

5.5.1.2.1 甲醇。

5.5.1.2.2 乙酸。

5.5.1.2.3 乙酸溶液：体积分数 $\phi_{乙酸}=36\%$。

5.5.1.2.4 氢碘酸：体积分数 $\phi_{氢典酸}=45\%$。

5.5.1.2.5 氢氧化钾-甲醇溶液：质量浓度 $\rho_{KOH}=110$ g/L。

5.5.1.2.6 氢碘酸-乙酸溶液：体积比 $\psi_{(氢碘酸:乙酸)}$ =13∶87(使用前配制)。

5.5.1.2.7 乙酸锌溶液：质量浓度 $\rho_{乙酸锌}$ = 100 g/L。

5.5.1.2.8 二乙基二硫代氨基甲酸钠三水化合物按如下方法检查纯度，溶解约 0.5g 该物质于 100 mL 水中，用碘标准滴定溶液滴定，以淀粉溶液为指示剂。1 mL 碘溶液相当于 0.022 53 g 二乙基二硫代氨基甲酸钠。

5.5.1.2.9 碘标准滴定溶液：溶液浓度 $c_{(1/2I_2)}$ =0.1 mol/L，按 GB/T 601 的规定配制和标定。

5.5.1.2.10 酚酞溶液：质量浓度 $\rho_{酚酞}$ =10 g/L，按 GB/T 603 的规定配制。

5.5.1.2.11 淀粉溶液：质量浓度 $\rho_{淀粉}$ =10 g/L，按 GB/T 603 的规定配制。

5.5.1.3 **分解吸收装置的检查**

称取已知含量的二乙基二硫代氨基甲酸钠三水化合物 0.2 g(精确至 0.000 1 g)，按 5.5.1.5 测定，以二乙基二硫代氨基甲酸钠为试验物完成整个测定过程，用来检查分解吸收装置。回收率在 99%～101% 之间为合格。

5.5.1.4 **测定装置**

威百亩测定装置见图 1。

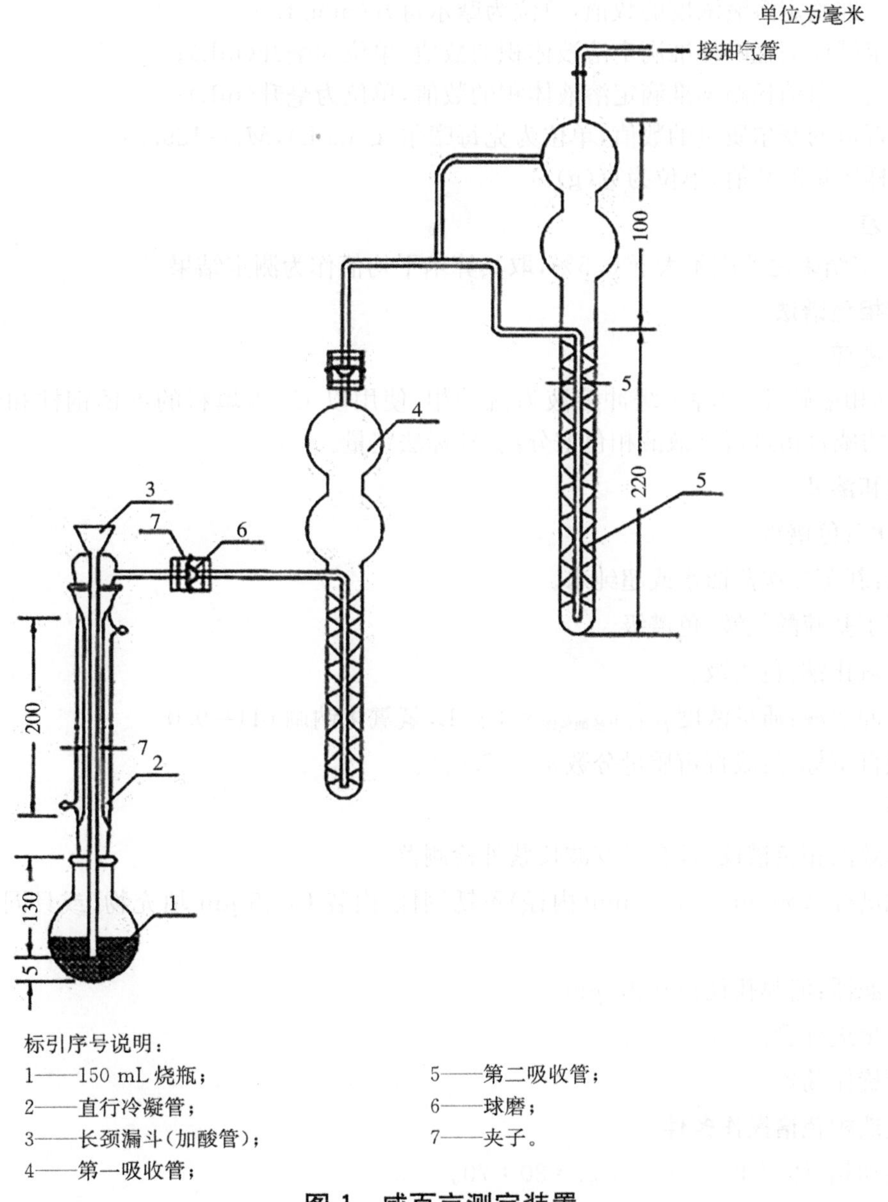

标引序号说明：

1——150 mL 烧瓶；

2——直行冷凝管；

3——长颈漏斗(加酸管)；

4——第一吸收管；

5——第二吸收管；

6——球磨；

7——夹子。

图 1 威百亩测定装置

5.5.1.5 **测定步骤**

称取约含威百亩 0.3 g(精确至 0.000 1 g)的试样置于圆底烧瓶中，第一吸收管加 50 mL 乙酸锌溶液，第二吸收管加 50 mL 氢氧化钾-甲醇溶液，连接威百亩测定装置，检查装置的密封性。打开冷却水，开启抽气源，控制抽气速度，以每秒 2 个～6 个气泡均匀稳定地通过吸收管。

通过长颈漏斗向圆底烧瓶加入 50 mL 氢碘酸-冰乙酸溶液，摇动均匀。同时立即加热烧瓶，小心控制防止反应液冲出，保持微沸 50 min，拆开装置，停止加热，取下第二吸收管，将内容物用 200 mL 水洗入 500 mL 锥形瓶中，以酚酞溶液检查吸收管，洗至管内无内残物，用乙酸溶液中和由粉红色至黄色，再过量 3 滴～4 滴，立即用碘标准滴定溶液滴定，同时不断摇动，近终点时加 3 mL 淀粉溶液，继续滴定至溶液呈蓝色。同时作空白测定。

5.5.1.6 **计算**

试样中威百亩质量分数按公式(1)计算。

$$\omega_1=\frac{c_1\times(V_1-V_2)\times M_1}{m_1\times 1000}\times 100 \quad \cdots\cdots (1)$$

式中：

ω_1 ——威百亩的质量分数，单位为百分号(%)；

c_1 ——碘标准滴定溶液浓度的数值，单位为摩尔每升(mol/L)；

V_1 ——滴定试样消耗碘标准滴定溶液体积的数值，单位为毫升(mL)；

V_2 ——滴定空白消耗碘标准滴定溶液体积的数值，单位为毫升(mL)；

M_1——威百亩的摩尔质量的数值，单位为克每摩尔(g/moL)，M_1=129.2；

m_1 ——试样质量的数值，单位为克(g)。

5.5.1.7 **允许差**

2 次平行测定结果之差应不大于 0.5%，取其算术平均值作为测定结果。

5.5.2 **高效液相色谱法**

5.5.2.1 **方法提要**

试样用流动相溶解，以甲醇+缓冲溶液为流动相，使用以 C_{18} 为填料的不锈钢柱和紫外检测器(279 nm)，对试样中的威百亩进行高效液相色谱分离，外标法定量。

5.5.2.2 **试剂和溶液**

5.5.2.2.1 甲醇：色谱级。

5.5.2.2.2 水：新蒸二次蒸馏水或超纯水。

5.5.2.2.3 四丁基硫酸氢铵：色谱级。

5.5.2.2.4 氢氧化钠：色谱级。

5.5.2.2.5 缓冲溶液：质量浓度 $\rho_{四丁基硫酸氢铵}$=1 g/L，氢氧化钠调 pH=9.0。

5.5.2.2.6 威百亩标样：威百亩质量分数 $\omega\geqslant$75.0%。

5.5.2.3 **仪器**

5.5.2.3.1 高效液相色谱仪：具有可变波长紫外检测器。

5.5.2.3.2 色谱柱：250 mm×4.6 mm(内径)不锈钢柱，内装 C_{18}、5 μm 填充物(或具同等效果的其他色谱柱)。

5.5.2.3.3 过滤器：滤膜孔径约 0.45 μm。

5.5.2.3.4 定量进样管：5 μL。

5.5.2.3.5 涡旋振荡器。

5.5.2.4 **高效液相色谱操作条件**

5.5.2.4.1 流动相：体积比 $\psi_{(甲醇:缓冲溶液)}$=30 : 70。

5.5.2.4.2 流速：1.0 mL/min。

5.5.2.4.3 柱温：室温(温度变化应不大于 2 ℃)。

5.5.2.4.4 检测波长：279 nm。

5.5.2.4.5 进样体积：5 μL。

5.5.2.4.6 保留时间：威百亩约 3.3 min。

5.5.2.4.7 上述操作参数是典型的，可根据不同仪器特点，对给定的操作参数作适当调整，以期获得最佳效果。典型的威百亩可溶液剂高效液相色谱图见图 2。

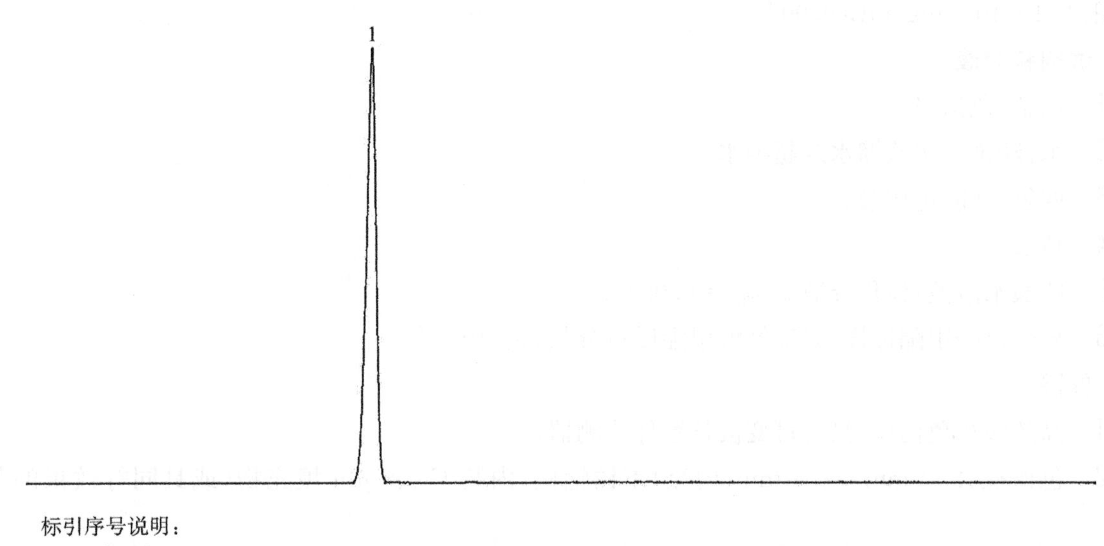

标引序号说明：
1——威百亩。

图 2 威百亩可溶液剂的高效液相色谱图

5.5.2.5 测定步骤

5.5.2.5.1 标样溶液的制备

称取含 0.04 g 威百亩的标样(精确至 0.000 1 g)，置于 100 mL 棕色容量瓶中，加入 80 mL 流动相，用涡旋振荡器振荡 5 min 使之溶解，用流动相稀释至刻度，摇匀。

5.5.2.5.2 试样溶液的制备

称取含威百亩 0.04 g 的试样(精确至 0.000 1 g)，置于 100 mL 棕色容量瓶中，加入 80 mL 流动相，用涡旋振荡器振荡 5 min，用流动相稀释至刻度，摇匀。

5.5.2.5.3 测定

在上述操作条件下，待仪器稳定后，连续注入数针标样溶液，直至相邻两针威百亩峰面积相对变化小于 1.2%后，按照标样溶液、试样溶液、试样溶液、标样溶液的顺序进行测定。

5.5.2.6 计算

将测得的两针试样溶液以及试样前后两针标样溶液中威百亩峰面积分别进行平均，试样中威百亩的质量分数按公式(2)计算。

$$\omega_1 = \frac{A_2 \times m_2 \times \omega_{b1}}{A_1 \times m_3} \quad \cdots\cdots (2)$$

式中：

ω_1——威百亩的质量分数，单位为百分号(%)；

A_2——试样溶液中威百亩峰面积的平均值；

m_2——标样质量的数值，单位为克(g)；

ω_{b1}——标样中威百亩的质量分数，单位为百分号(%)；

A_1——标样溶液中威百亩峰面积的平均值；

m_3——试样质量的数值，单位为克(g)。

5.5.2.7 **允许差**

威百亩质量分数2次平行测定结果之差应不大于0.5%，取其算术平均值作为测定结果。

5.6 异硫氰酸甲酯质量分数的测定

5.6.1 方法提要

标样用四氢呋喃溶解，试样用水溶解，以乙腈＋磷酸水溶液为流动相，使用C_{18}为填料的不锈钢柱和紫外检测器（254 nm），对试样中的异硫氰酸甲酯进行高效液相色谱分离，外标法定量。异硫氰酸甲酯最低定量限2.1×10^{-4} mg/mL（0.007%）。

5.6.2 试剂和溶液

5.6.2.1 乙腈：色谱级。

5.6.2.2 水：新蒸二次蒸馏水或超纯水。

5.6.2.3 四氢呋喃：色谱级。

5.6.2.4 磷酸。

5.6.2.5 磷酸水溶液：体积分数$\phi_{(磷酸)}=0.05\%$。

5.6.2.6 异硫氰酸甲酯标样：异硫氰酸甲酯质量分数，$\omega\geqslant98.0\%$。

5.6.3 仪器

5.6.3.1 高效液相色谱仪：具有可变波长紫外检测器。

5.6.3.2 色谱柱：250 mm×4.6 mm（内径）不锈钢柱，内装C_{18}、5 μm 填充物（或具同等效果的其他色谱柱）。

5.6.3.3 过滤器：滤膜孔径约0.45 μm。

5.6.3.4 定量进样管：5 μL。

5.6.3.5 涡旋振荡器。

5.6.4 高效液相色谱操作条件

5.6.4.1 流动相：体积比$\psi_{(甲醇:磷酸水溶液)}=45:55$。

5.6.4.2 流速：1.0 mL/min。

5.6.4.3 柱温：室温（温度变化应不大于2 ℃）。

5.6.4.4 检测波长：254 nm。

5.6.4.5 进样体积：5 μL。

5.6.4.6 保留时间：异硫氰酸甲酯约4.9 min。

5.6.4.7 上述操作参数是典型的，可根据不同仪器特点，对给定的操作参数作适当调整，以期获得最佳效果。异硫氰酸甲酯的标样液相色谱图及典型的测定异硫氰酸甲酯的威百亩可溶液剂高效液相色谱图见图3、图4。

1

标引序号说明：

1——异硫氰酸甲酯。

图3 异硫氰酸甲酯的标样高效液相色谱图

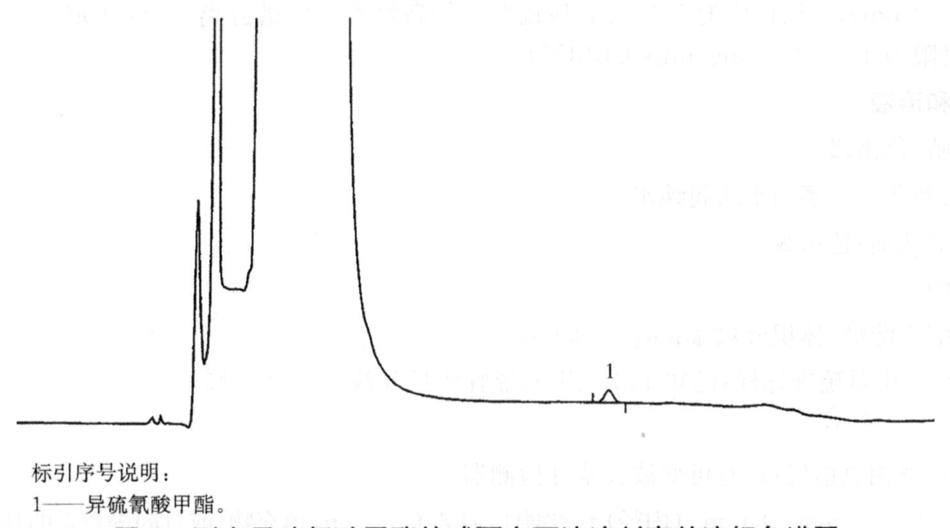

标引序号说明：
1——异硫氰酸甲酯。

图 4 测定异硫氰酸甲酯的威百亩可溶液剂高效液相色谱图

5.6.5 测定步骤

5.6.5.1 标样溶液的制备

称取 0.32 g 异硫氰酸甲酯标样(精确至 0.000 1 g)，置于 100 mL 棕色容量瓶中，加入 80 mL 四氢呋喃，使用涡旋振荡器振荡 5 min 使之溶解，用四氢呋喃稀释至刻度，摇匀，用移液管移取上述溶液 1 mL 于 100 mL容量瓶中，用四氢呋喃溶液稀释至刻度，摇匀，再用移液管移取上述溶液 1 mL 于 10mL 棕色容量瓶中，用四氢呋喃溶液稀释至刻度，摇匀。

5.6.5.2 试样溶液的制备

称取含威百亩 0.10 g～0.13 g 的试样(精确至 0.000 1 g)，置于 100 mL 棕色容量瓶中，加入 80 mL 水，使用涡旋振荡器振荡 5 min，用水稀释至刻度，摇匀。

5.6.5.3 测定

在上述操作条件下，待仪器稳定后，连续注入数针标样溶液，直至相邻两针异硫氰酸甲酯峰面积相对变化小于 10%后，按照标样溶液、试样溶液、试样溶液、标样溶液的顺序进行测定。

5.6.6 计算

将测得的两针标样溶液中异硫氰酸甲酯峰面积分别进行平均，试样中异硫氰酸甲酯的质量分数按公式(3)计算。

$$\omega_2 = \frac{A_4 \times m_4 \times \omega_{b2}}{A_3 \times m_5 \times 1000} \quad \cdots\cdots (3)$$

式中：

ω_2 ——异硫氰酸甲酯的质量分数，单位为百分号(%)；
A_4 ——试样溶液中异硫氰酸甲酯峰面积的平均值；
m_4 ——标样质量的数值，单位为克(g)；
ω_{b2} ——标样中异硫氰酸甲酯的质量分数，单位为百分号(%)；
A_3 ——标样溶液中异硫氰酸甲酯峰面积的平均值；
m_5 ——试样质量的数值，单位为克(g)；
1 000——稀释倍数。

5.6.7 允许差

2 次平行测定结果之相对差应不大于 15%，取其算术平均值作为测定结果。

5.7 1,3-二甲基硫脲质量分数的测定

5.7.1 方法提要

标样用四氢呋喃溶解，试样用水溶解，以乙腈＋磷酸水溶液为流动相，使用 C_{18} 为填料的不锈钢柱和

紫外检测器(254 nm),对试样中的 1,3-二甲基硫脲进行高效液相色谱分离,外标法定量。1,3-二甲基硫脲的最低定量限为 4.0×10^{-4}mg/mL(0.013%)。

5.7.2 **试剂和溶液**

5.7.2.1 乙腈:色谱级。

5.7.2.2 水:新蒸二次蒸馏水或超纯水。

5.7.2.3 四氢呋喃:色谱级。

5.7.2.4 磷酸。

5.7.2.5 磷酸水溶液:体积分数 $\phi_{(H_3PO_4)}$=0.05%。

5.7.2.6 1,3-二甲基硫脲标样:已知 1,3-二甲基硫脲质量分数,$\omega\geqslant$98.0%。

5.7.3 **仪器**

5.7.3.1 高效液相色谱仪:具有可变波长紫外检测器。

5.7.3.2 色谱柱:250 mm×4.6 mm(内径)不锈钢柱,内装 C_{18}、5 μm 填充物(或具同等效果的其他色谱柱)。

5.7.3.3 过滤器:滤膜孔径约 0.45 μm。

5.7.3.4 定量进样管:5 μL。

5.7.3.5 涡旋振荡器。

5.7.4 **高效液相色谱操作条件**

5.7.4.1 检测过程中对流动相 A 和流动相 B 比例进行梯度设定,具体设定内容见表 2。

表 2 流动相比例

试验时间,min	A(乙腈),%	B(磷酸水溶液),%
0	5	95
6	5	95
7	75	25
14	75	25
15	5	95
20	5	95

5.7.4.2 流速:1.0 mL/min。

5.7.4.3 柱温:室温(温度变化应不大于 2 ℃)。

5.7.4.4 检测波长:254 nm。

5.7.4.5 进样体积:5 μL。

5.7.4.6 保留时间: 1,3-二甲基硫脲约 11.0 min。

5.7.4.7 上述操作参数是典型的,可根据不同仪器特点,对给定的操作参数作适当调整,以期获得最佳效果。1,3-二甲基硫脲的标样液相色谱图及典型的测定 1,3-二甲基硫脲的威百亩可溶液剂高效液相色谱图见图 5、图 6。

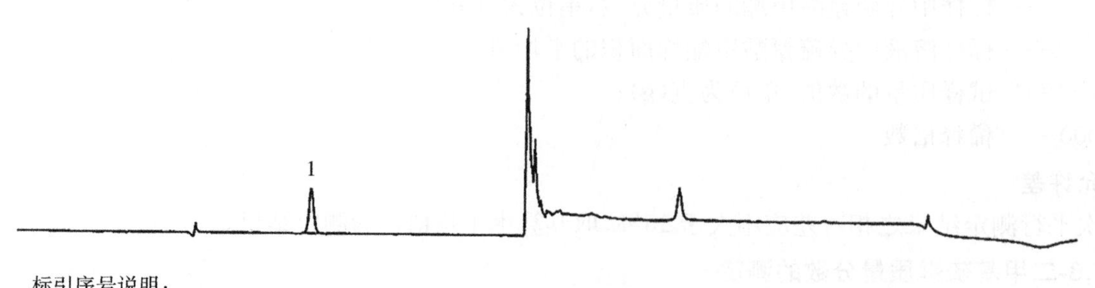

标引序号说明:

1——1,3-二甲基硫脲。

图 5 1,3-二甲基硫脲的标样高效液相色谱图

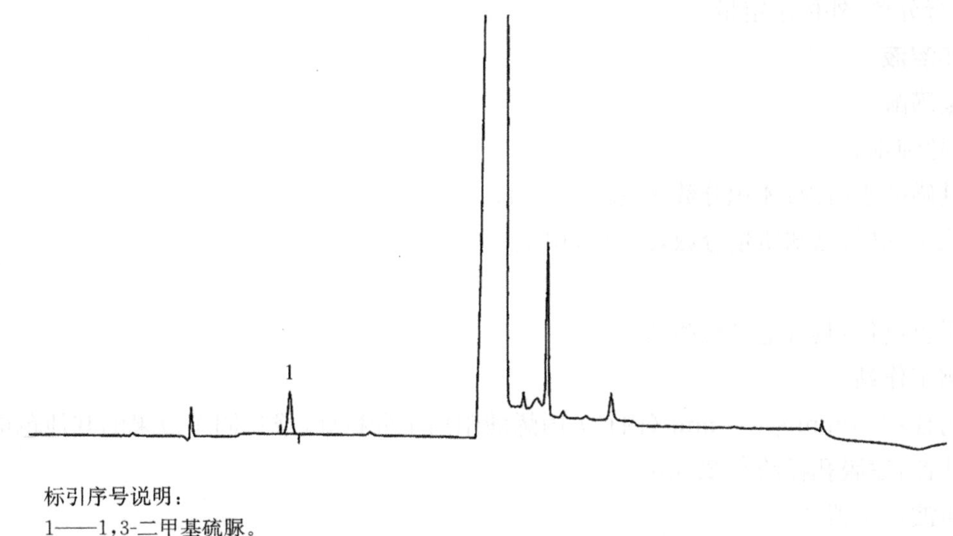

标引序号说明：
1——1,3-二甲基硫脲。

图6　测定1,3-二甲基硫脲的威百亩可溶液剂高效液相色谱图

5.7.5　测定步骤

5.7.5.1　标样溶液的制备

称取0.08 g(精确至0.000 1 g)1,3-二甲基硫脲标样，置于100 mL棕色容量瓶中，加入80 mL四氢呋喃，使用涡旋振荡器振荡5 min使之溶解，用四氢呋喃稀释至刻度，摇匀，用移液管移取上述溶液1 mL于100 mL容量瓶中，用四氢呋喃溶液稀释至刻度，摇匀，再用移液管移取上述溶液1 mL于10mL棕色容量瓶中，用四氢呋喃溶液稀释至刻度，摇匀。

5.7.5.2　试样溶液的制备

称取含威百亩0.10 g～0.13 g(精确至0.000 1 g)的试样，置于100 mL棕色容量瓶中，加入80 mL水，使用涡旋振荡器振荡5 min，用水稀释至刻度，摇匀。

5.7.5.3　测定

在上述操作条件下，待仪器稳定后，连续注入数针标样溶液，直至相邻两针1,3-二甲基硫脲峰面积相对变化小于10%后，按照标样溶液、试样溶液、试样溶液、标样溶液的顺序进行测定。

5.7.6　计算

将测得的两针标样溶液中1,3-二甲基硫脲峰面积分别进行平均，试样中1,3-二甲基硫脲的质量分数按公式(4)计算。

$$\omega_3 = \frac{A_6 \times m_6 \times \omega_{b3}}{A_5 \times m_7 \times 1000} \tag{4}$$

式中：

ω_3 ——1,3-二甲基硫脲的质量分数，单位为百分号(%)；

A_6 ——试样溶液中1,3-二甲基硫脲峰面积的平均值；

m_6 ——标样质量的数值，单位为克(g)；

ω_{b3} ——标样中1,3-二甲基硫脲的质量分数，单位为百分号(%)；

A_5 ——标样溶液中1,3-二甲基硫脲峰面积的平均值；

m_7 ——试样质量的数值，单位为克(g)；

1 000——稀释倍数。

5.7.7　允许差

2次平行测定结果之相对差应不大于15%，取其算术平均值作为测定结果。

5.8　钠离子质量分数的测定

5.8.1　方法提要

试样用水溶解，以甲基磺酸水溶液为流动相，使用阳离子分析柱和电导检测器的离子色谱仪，对试样中的钠离子进行分离，外标法定量。

5.8.2 **试剂和溶液**

5.8.2.1 甲基磺酸。

5.8.2.2 水：超纯水。

5.8.2.3 甲基磺酸水溶液：体积分数 $\phi_{甲基磺酸}$ =0.4%。

5.8.2.4 氯化钠标样：已知质量分数，$\omega \geqslant 99.0\%$。

5.8.3 **仪器**

5.8.3.1 离子色谱仪：具有电导检测器。

5.8.3.2 色谱工作站。

5.8.3.3 色谱柱：250 mm×4.0 mm（内径）丙烯酸阳离子分析柱（或具同等效果的其他色谱柱）。

5.8.3.4 过滤器：滤膜孔径约 0.22 μm。

5.8.3.5 超声波清洗器。

5.8.4 **离子色谱操作条件**

5.8.4.1 淋洗液：体积比 $\psi_{(甲基磺酸水溶液:水)}$ =30∶70。

5.8.4.2 流速：1.0 mL/min。

5.8.4.3 柱温：20 ℃。

5.8.4.4 电导池温度：35 ℃。

5.8.4.5 进样体积：5 μL。

5.8.4.6 保留时间：钠离子 7.6 min。

5.8.4.7 上述操作参数是典型的，可根据不同仪器特点对给定的操作参数作适当调整，以期获得最佳效果。典型的威百亩可溶液剂的离子色谱图见图 7。

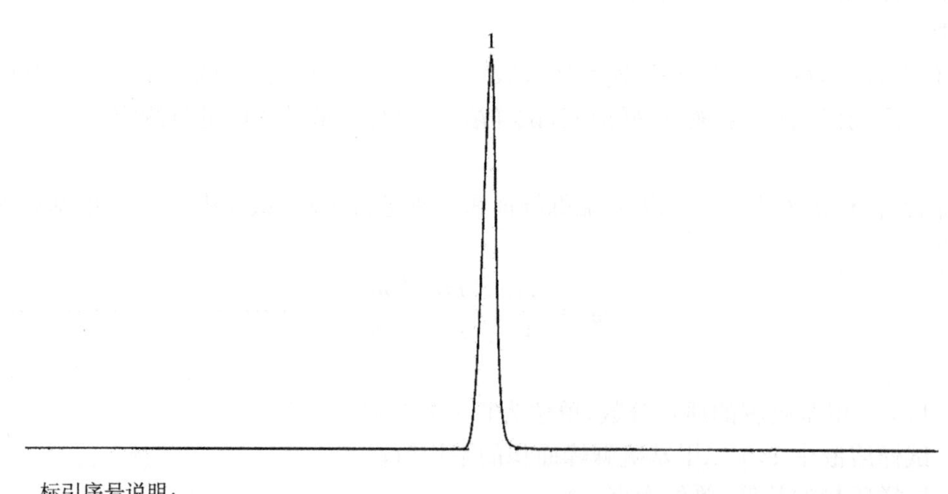

标引序号说明：
1——钠离子。

图 7 威百亩可溶液剂的离子色谱图

5.8.5 **测定步骤**

5.8.5.1 **标样溶液的制备**

称取 0.06 g（精确至 0.000 1 g）氯化钠标样于 100 mL 塑料容量瓶中，用水稀释至刻度，摇匀。用移液管吸取上述溶液 1 mL 于 100 mL 容量瓶中，用水稀释至刻度，摇匀。

5.8.5.2 **试样溶液的制备**

称取 0.6 g（精确至 0.000 1 g）试样于 100mL 塑料容量瓶中，用水稀释至刻度，摇匀。用移液管吸取上述溶液 1 mL 于 100 mL 容量瓶中，用水稀释至刻度，摇匀。

5.8.5.3 测定

在上述操作条件下，待仪器稳定后，连续注入数针标样溶液，直至相邻两针峰面积相对变化小于1.5%后，按照标样溶液、试样溶液、试样溶液、标样溶液的顺序进行测定。

5.8.5.4 计算

试样中钠离子的质量分数按公式(5)计算。

$$\omega_4 = \frac{A_8 \times m_8 \times \omega_{b4}}{A_7 \times m_9} \times \frac{M_2}{M_3} \quad (5)$$

式中：

ω_4 ——试样中钠离子的质量分数，单位为百分号(%)；

A_8 —— 两针试样溶液中钠离子峰面积的平均值；

m_8 ——氯化钠标样质量的数值，单位为克(g)；

ω_{b4} ——氯化钠的质量分数，单位为百分号(%)；

A_7 ——标样溶液中钠离子峰面积的平均值；

m_9 ——试样质量的数值，单位为克(g)；

M_2 ——钠离子摩尔质量的数值，单位为克每摩尔(g/mol)，M_2=22.99；

M_3 ——标样溶液中氯化钠摩尔质量的数值，单位为克每摩尔(g/mol)，M_3=58.44。

5.8.5.5 允许差

钠离子质量分数2次平行测定结果之差应不大于0.3%，取其算术平均值作为测定结果。

5.9 pH 的测定

按 GB/T 1601 的规定执行。

5.10 水不溶物的测定

按 GB/T 28136—2011 中 3.3 的规定执行

5.11 稀释稳定性试验

5.11.1 试剂与仪器

5.11.1.1 标准硬水：$\rho(Ca^{2+}+Mg^{2+})$=342 mg/L。

5.11.1.2 量筒：100 mL。

5.11.1.3 恒温水浴：(30±2)℃。

5.11.1.4 测定

用移液管吸取5 mL 试样，置于100 mL 量筒中，加标准硬水稀释至刻度，混匀，将此量筒放入恒温水浴中，静置1 h。稀释液均一，无析出物为合格。

5.12 持久起泡性的测定

按 GB/T 28137 的规定执行。

5.13 低温稳定性试验

按 GB/T 19137—2003 中 2.1 的规定执行。

5.14 热储稳定性试验

按 GB/T 19136—2021 中 4.4.1 的规定执行。

6 检验规则

6.1 出厂检验

每批产品均应做出厂检验，经检验合格签发合格证后，方可出厂。出厂检验项目为表1中除钠离子、异硫氰酸甲酯质量分数、1,3-二甲基硫脲质量分数、低温稳定性、热储稳定性以外的所有项目。

6.2 型式检验

型式检验项目为第4章中的全部项目，在正常连续生产情况下，每3个月至少进行1次。有下述情况

之一,应进行型式检验:

a) 原料有较大改变,可能影响产品质量时;

b) 生产地址、生产设备或生产工艺有较大改变,可能影响产品质量时;

c) 停产后又恢复生产时;

d) 国家法定质量监管机构提出型式检验要求时。

6.3 判定规则

按第 4 章对产品进行出厂检验和型式检验,任一项目不符合指标要求判为该批次产品不合格。

7 验收和质量保证期

7.1 验收

应符合 GB/T 1604 的规定。

7.2 质量保证期

在规定的储运条件下,威百亩可溶液剂的质量保证期从生产日期算起为 2 年。质量保证期内,各项指标均应符合本文件要求。

8 标志、标签、包装、储运

8.1 标志、标签、包装

威百亩可溶液剂的标志、标签、包装应符合 GB 3796 的规定;威百亩可溶液剂采用塑料瓶或聚酯瓶包装,每瓶净含量 500 g 或 1 kg。每箱净含量不大于 10 kg。也可根据用户要求或订货协议采用其他形式的包装,但需符合 GB 3796 的规定。

8.2 储运

威百亩可溶液剂包装件应储存在通风、干燥的库房中;储运时,严防潮湿和日晒,不得与食物、种子、饲料混放,避免与皮肤、眼睛接触,防止由口鼻吸入。

附 录 A
（资料性）
威百亩、异硫氰酸甲酯、1,3-二甲基硫脲的其他名称、结构式和基本物化参数

A.1 威百亩

ISO 通用名称：metam-sodium。

CAS 登录号：137-42-8。

化学名称：*N*-甲基二硫代氨基甲酸钠。

结构式：

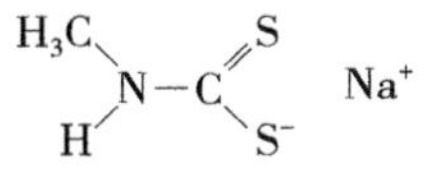

$$\begin{array}{l} H_3C \diagdown \quad\quad\;\; S \\ \quad\quad\;\; N-C \!\!\diagup\!\!\!\!/ \quad\quad Na^+ \\ H \diagup \quad\quad\;\; \diagdown S^- \end{array}$$

实验式：$C_2H_4NNaS_2$。

相对分子质量：129.2。

生物活性：杀线虫。

溶解度（20 ℃～25 ℃，g/L）：水中小于 7.22×10^4，丙酮小于 5、乙醇小于 5、煤油小于 5、二甲苯小于 5。

稳定性（22 ℃）：在浓缩水溶液中稳定，稀释后不稳定，酸和重金属盐促进其分解，光照下溶液 DT_{50} 1.6 h(pH 7，25 ℃)，水解(25 ℃，h) DT_{50}：23.8(pH 5)、180(pH 7)、45.6(pH 9)。

A.2 异硫氰酸甲酯

CAS 登录号：556-61-6。

化学名称：*N*-甲基硫代氨基甲酸。

结构式。

$$H_3C—N═C═S$$

实验式：C_2H_3NS。

相对分子质量：73.1 。

A.3 1,3-二甲基硫脲

CAS 登录号：534-13-4。

化学名称：1,3-二甲基硫脲。

结构式：

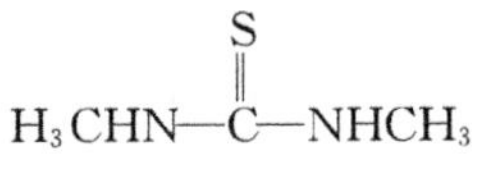

$$\begin{array}{c} S \\ \| \\ H_3CHN—C—NHCH_3 \end{array}$$

实验式：$C_3H_8N_2S$。

相对分子质量：104.2。

附 录 B
（资料性）
威百亩铜盐薄层鉴别方法

B.1 方法提要

用薄层法对威百亩进行分离，对样品进行定性鉴定。

B.2 试剂和仪器

B.2.1 硫酸铜溶液：$c_{(硫酸铜)}$=0.05 mol/L。

B.2.2 三氯甲烷。

B.2.3 正己烷。

B.2.4 二己胺。

B.2.5 展开剂：体积比 $\psi_{(己烷:三氯甲烷:二己胺)}$=20：2：1。

B.2.6 薄层板：150cm ×4.6cm；用含荧光指示剂的硅胶预涂成 0.25 mm 厚，使用前在 110 ℃下活化 10 min。

B.3 测定步骤

用温水 100 mL 稀释样品，浓度为每 100 mL 含约 100 mg 的试样。加入硫酸铜溶液 1 mL，充分摇匀，应产生棕色沉淀。用三氯甲烷 5 mL 萃取 2 次，合并萃取液，萃取液应呈棕色。将 10 μL 萃取液点在板上，放入含有展开剂的缸中，展开 15 min，溶剂前沿应移动约 15 cm。而威百亩铜盐应保留在基线上。

ICS 65.100.20
CCS G 25

中华人民共和国农业行业标准

NY/T 4081—2022

噁唑酰草胺乳油

Metamifop emulsifiable concentrate

2022-07-11 发布　　2022-10-01 实施

中华人民共和国农业农村部　发布

前　言

本文件按照 GB/T 1.1—2020《标准化工作导则　第 1 部分：标准化文件的结构和起草规则》的规定起草。

请注意本文件的某些内容可能涉及专利。本文件的发布机构不承担识别专利的责任。

本文件由农业农村部种植业管理司提出。

本文件由全国农药标准化技术委员会(SAC/TC 133)归口。

本文件起草单位：安徽尚禾沃达生物科技有限公司、山东滨农科技有限公司、沈阳沈化院测试技术有限公司、合肥星宇化学有限责任公司、江苏省农业科学院、农业农村部农药检定所。

本文件主要起草人：段丽芳、高杰、邢宇俊、王胜翔、朱德涛、管怀骥、孟令涛、赵欣昕、丁云好、张尚应。

噁唑酰草胺乳油

1 范围

本文件规定了噁唑酰草胺乳油的技术要求、试验方法、检验规则、验收和质量保证期以及标志、标签、包装、储运。

本文件适用于噁唑酰草胺乳油产品的质量控制。

注:噁唑酰草胺的其他名称、结构式和基本物化参数见附录 A。

2 规范性引用文件

下列文件中的内容通过文中的规范性引用而构成本文件必不可少的条款。其中,注日期的引用文件,仅该日期对应的版本适用于本文件;不注日期的引用文件,其最新版本(包括所有的修改单)适用于本文件。

GB/T 1600—2021 农药水分测定方法

GB/T 1601 农药 pH 的测定方法

GB/T 1603 农药乳液稳定性测定方法

GB/T 1604 商品农药验收规则

GB/T 1605—2001 商品农药采样方法

GB 4838 农药乳油包装

GB/T 8170—2008 数值修约规则与极限数值的表示和判定

GB/T 19136—2021 农药热储稳定性测定方法

GB/T 19137—2003 农药低温稳定性测定方法

GB/T 28137 农药持久起泡性测定方法

3 术语和定义

本文件没有需要界定的术语和定义。

4 技术要求

4.1 外观

稳定的均相液体,无可见的悬浮物和沉淀物。

4.2 技术指标

应符合表 1 的要求。

表 1 噁唑酰草胺乳油控制项目指标

项　　目	指　　标	
	10.0%规格	15.0%规格
噁唑酰草胺质量分数,%	$10.0^{+1.0}_{-1.0}$	$15.0^{+0.9}_{-0.9}$
R-对映体比例,%	≥96	
水分,%	≤0.5	
pH	5.0~8.0	
乳液稳定性(稀释 200 倍)	量筒中无浮油(膏)、沉油和沉淀析出	
持久起泡性(1 min 后泡沫量),mL	≤60	
低温稳定性[a]	冷储后,离心管底部离析物体积不大于 0.3 mL	
热储稳定性[a]	热储后,噁唑酰草胺质量分数应不低于热储前测得质量分数的 95%,*R*-对映体比例、pH、乳液稳定性仍应符合本文件要求	

[a] 正常生产时,*R*-对映体比例、低温稳定性和热储稳定性试验每 3 个月至少进行 1 次。

5 试验方法

警示:使用本文件的人员应有实验室工作的实践经验。本文件并未指出所有的安全问题。使用者有责任采取适当的安全和健康措施。

5.1 一般规定

本文件所用试剂和水,在没有注明其他要求时,均指分析纯试剂和蒸馏水。检验结果的判定按 GB/T 8170—2008 中 4.3.3 的规定执行。

5.2 取样

按 GB/T 1605—2001 中 5.3.2 的规定执行。用随机数表法确定取样的包装件;最终取样量应不少于 200 mL。

5.3 鉴别试验

正相液相色谱法——本鉴别试验可与嗯唑酰草胺质量分数的测定同时进行。在相同的色谱操作条件下,试样溶液中某色谱峰的保留时间与标样溶液中嗯唑酰草胺的色谱峰的保留时间,其相对差值应在 1.5%以内。

5.4 外观的测定

采用目测法测定。

5.5 嗯唑酰草胺质量分数及 *R*-对映体比例的测定

5.5.1 方法提要

试样用正己烷溶解,以正己烷+异丙醇为流动相,使用以硅胶表面涂敷有直链淀粉-三(3,5-二甲基苯基氨基甲酸酯)填料的不锈钢柱和紫外检测器,在波长 237 nm 下对试样中的嗯唑酰草胺进行正相高效液相色谱手性分离,外标法定量,同时测定 *R*-对映体比例。也可采用反相液相色谱法测定嗯唑酰草胺混合体质量分数,根据 *R*-对映体比例和嗯唑酰草胺混合体质量分数计算嗯唑酰草胺的质量分数,按附录 B 描述的方法测定。

5.5.2 试剂和溶液

5.5.2.1 正己烷:色谱级。

5.5.2.2 异丙醇:色谱级。

5.5.2.3 嗯唑酰草胺标样:已知嗯唑酰草胺质量分数,$\omega \geqslant 98.0\%$。

5.5.3 仪器

5.5.3.1 高效液相色谱仪:具有可变波长紫外检测器。

5.5.3.2 色谱柱:250 mm×4.6 mm(内径)不锈钢柱,内装硅胶表面涂敷有直链淀粉-三(3,5-二甲基苯基氨基甲酸酯)、5 μm 填充物(或具有同等效果的色谱柱)。

5.5.3.3 过滤器:滤膜孔径约 0.45 μm。

5.5.3.4 定量进样管:5 μL。

5.5.3.5 超声波清洗器。

5.5.4 高效液相色谱操作条件

5.5.4.1 流动相:体积比 $\psi_{(正己烷:异丙醇)}=80:20$。

5.5.4.2 流速:1.0 mL/min。

5.5.4.3 柱温:(30±2) ℃。

5.5.4.4 检测波长:237 nm。

5.5.4.5 进样体积:5 μL。

5.5.4.6 保留时间:嗯唑酰草胺约 11.0 min、*S*-对映体约 13.4 min。

5.5.4.7 上述操作参数是典型的,可根据不同仪器特点对给定的操作参数作适当调整,以期获得最佳效果。典型的嗯唑酰草胺乳油正相高效液相色谱图见图 1。

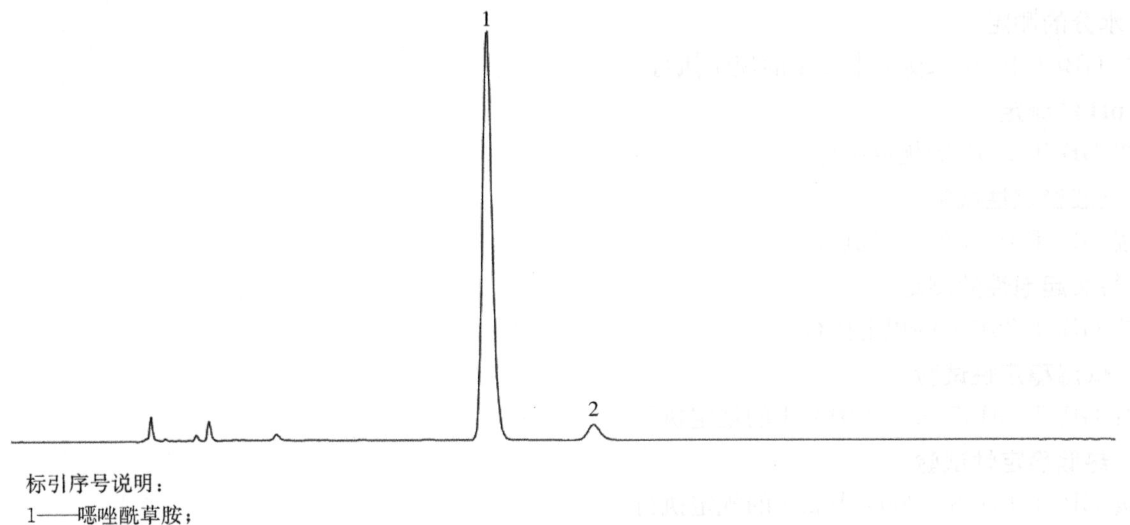

标引序号说明：
1——噁唑酰草胺；
2——S-对映体。

图 1 噁唑酰草胺乳油正相高效液相色谱图

5.5.5 测定步骤

5.5.5.1 标样溶液的制备

称取 0.05 g(精确至 0.000 1 g)噁唑酰草胺标样，置于 100 mL 容量瓶中，加入 80 mL 正己烷，超声波振荡 5 min，冷却至室温，用正己烷稀释至刻度，摇匀。

5.5.5.2 试样溶液的制备

称取含 0.05 g(精确至 0.000 1 g)噁唑酰草胺的试样，置于 100 mL 容量瓶中，加入 80 mL 正己烷，超声波振荡 5 min，冷却至室温，用正己烷稀释至刻度，摇匀，过滤。

5.5.5.3 测定

在上述操作条件下，待仪器稳定后，连续注入数针标样溶液，直至相邻两针噁唑酰草胺峰面积相对变化小于 1.2%时，按照标样溶液、试样溶液、试样溶液、标样溶液的顺序进行测定。

5.5.6 计算

将测得的两针试样溶液以及试样前后两针标样溶液中噁唑酰草胺峰面积分别进行平均。试样中噁唑酰草胺质量分数按公式(1)计算，R-对映体比例按公式(2)计算。

$$\omega_1 = \frac{A_2 \times m_1 \times \omega_{b1}}{A_1 \times m_2} \quad \cdots\cdots (1)$$

$$K = \frac{A_R}{A_R + A_S} \times 100 \quad \cdots\cdots (2)$$

式中：

ω_1 ——试样中噁唑酰草胺质量分数，单位为百分号(%)；

A_2——试样溶液中噁唑酰草胺峰面积的平均值；

m_1——标样质量的数值，单位为克(g)；

ω_{b1}——标样中噁唑酰草胺质量分数，单位为百分号(%)；

A_1——标样溶液中噁唑酰草胺峰面积的平均值；

m_2——试样质量的数值，单位为克(g)；

K ——R-对映体比例，单位为百分号(%)；

A_R——两针试样溶液中 R-对映体峰面积的平均值；

A_S——两针试样溶液中 S-对映体峰面积的平均值。

5.5.7 允许差

噁唑酰草胺质量分数 2 次平行测定结果之差应不大于 0.2%，取其算术平均值作为测定结果。

5.6 水分的测定

按 GB/T 1600—2001 中 2.1 的规定执行。

5.7 pH 的测定

按 GB/T 1601 的规定执行。

5.8 乳液稳定性试验

按 GB/T 1603 的规定执行。

5.9 持久起泡性的测定

按 GB/T 28137 的规定执行。

5.10 低温稳定性试验

按 GB/T 19137—2003 中 2.1 的规定执行。

5.11 热储稳定性试验

按 GB/T 19136—2003 中 2.1 的规定执行。

6 检验规则

6.1 出厂检验

每批产品均应做出厂检验，经检验合格签发合格证后，方可出厂。出厂检验项目为表 1 中除 *R*-对映体比例、热储稳定性和低温稳定性以外的所有项目。

6.2 型式检验

型式检验项目为第 4 章中的全部项目，在正常连续生产情况下，每 3 个月至少进行 1 次。有下述情况之一，应进行型式检验：

a） 原料有较大改变，可能影响产品质量时；

b） 生产地址、生产设备或生产工艺有较大改变，可能影响产品质量时；

c） 停产后又恢复生产时；

d） 国家法定质量监管机构提出型式检验要求时。

6.3 判定规则

按第 4 章技术要求对产品进行出厂检验和型式检验，任一项目不符合指标要求判为该批次产品不合格。

7 验收和质量保证期

7.1 验收

应符合 GB/T 1604 的规定。

7.2 质量保证期

在规定的储运条件下，噁唑酰草胺乳油的质量保证期从生产日期算起为 2 年。质量保证期内，各项指标均应符合本文件要求。

8 标志、标签、包装、储运

8.1 标志、标签和包装

噁唑酰草胺乳油的标志、标签和包装应符合 GB 4838 的规定。

噁唑酰草胺乳油用清洁、干燥的棕色玻璃瓶或聚酯瓶包装，每瓶净含量 50 mL、100 mL、200 mL、500 mL等，外包装有钙塑箱或瓦楞纸箱，每箱净含量应不超过 15 kg。也可根据用户要求或订货协议，采用其他形式的包装，但应符合 GB 4838 的规定。

8.2 储运

噁唑酰草胺乳油包装件应储存在通风、干燥的库房中。储运时，严防潮湿和日晒，不得与食物、种子、饲料混放，避免与皮肤、眼睛接触，防止由口鼻吸入。

附　录　A
（资料性）
噁唑酰草胺的其他名称、结构式和基本物化参数

ISO 通用名称：Metamifop。

CAS 登录号：256412-89-2。

化学名称：(*R*)- *N*-甲基-*N*-2-氟苯基-2-[4-[(6-氯-苯并噁唑)氧基]苯氧基]丙酰胺。

结构式：

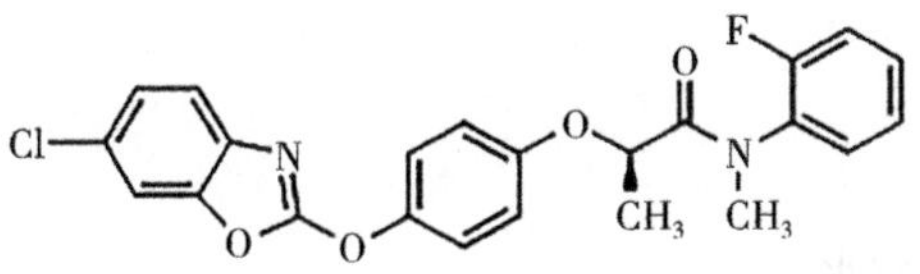

分子式：$C_{23}H_{18}ClFN_2O_4$。

相对分子质量：440.9。

生物活性：除草。

熔点：77.0 ℃～78.5 ℃。

蒸气压（25 ℃）：0.151 mPa。

溶解度：水中溶解度（mg/L，20 ℃～25 ℃）0.687（pH 7）；有机溶剂中溶解度（g/L，20 ℃～25 ℃）丙酮、1,2-二氯乙烷、乙酸乙酯、甲醇、二甲苯中均>250，正庚烷 2.32，正辛醇 41.9。

稳定性：54 ℃条件下稳定。

附 录 B
（资料性）
噁唑酰草胺质量分数的反相高效液相色谱测定方法

B.1 方法提要

试样用甲醇溶解，以甲醇＋水为流动相，使用以 C_{18} 为填料的不锈钢柱和紫外检测器，在波长 237 nm 下对试样中的噁唑酰草胺混合体进行反相高效液相色谱分离，外标法定量。根据 *R*-对映体比例和噁唑酰草胺混合体的质量分数计算噁唑酰草胺的质量分数。

B.2 试剂和溶液

B.2.1 甲醇：色谱级。

B.2.2 水：新蒸二次蒸馏水或超纯水。

B.2.3 噁唑酰草胺标样：已知噁唑酰草胺混合体质量分数，$\omega \geqslant 98.0\%$。

B.3 仪器

B.3.1 高效液相色谱仪：具有可变波长紫外检测器。

B.3.2 色谱柱：250 mm×4.6 mm（内径）不锈钢柱，内装 C_{18}、5 μm 填充物（或具有同等效果的色谱柱）。

B.3.3 过滤器：滤膜孔径约 0.45 μm。

B.3.4 定量进样管：5 μL。

B.3.5 超声波清洗器。

B.4 高效液相色谱操作条件

B.4.1 流动相：体积比 $\psi_{(甲醇:水)}$＝80：20。

B.4.2 流速：1.0 mL/min。

B.4.3 柱温：(30±2) ℃。

B.4.4 检测波长：237nm。

B.4.5 进样体积：5 μL。

B.4.6 保留时间：噁唑酰草胺混合体约 9.3 min。

B.4.7 上述操作参数是典型的，可根据不同仪器特点对给定的操作参数作适当调整，以期获得最佳效果。典型的噁唑酰草胺乳油中噁唑酰草胺混合体的反相高效液相色谱图见图 B.1。

1

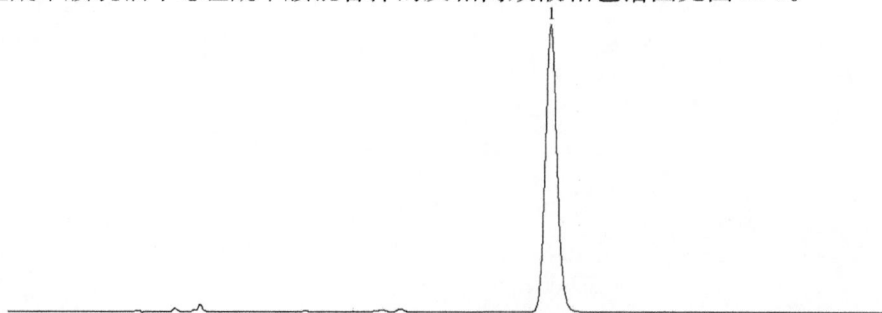

标引序号说明：
1——噁唑酰草胺混合体。

图 B.1 噁唑酰草胺乳油中噁唑酰草胺混合体的反相高效液相色谱图

B.5 测定步骤

B.5.1 标样溶液的制备

称取 0.05 g(精确至 0.000 1 g)噁唑酰草胺标样,置于 100 mL 容量瓶中,加入 80 mL 甲醇,超声波振荡 5 min,冷却至室温,用甲醇稀释至刻度,摇匀。

B.5.2 试样溶液的制备

称取含 0.05 g(精确至 0.000 1 g)噁唑酰草胺混合体的试样,置于 100 mL 容量瓶中,加入 80 mL 甲醇,超声波振荡 5 min,冷却至室温,用甲醇稀释至刻度,摇匀,过滤。

B.5.3 测定

在上述操作条件下,待仪器稳定后,连续注入数针标样溶液,直至相邻两针噁唑酰草胺混合体峰面积相对变化小于 1.2%时,按照标样溶液、试样溶液、试样溶液、标样溶液的顺序进行测定。

B.6 计算

将测得的两针试样溶液以及试样前后两针标样溶液中噁唑酰草胺混合体峰面积分别进行平均。试样中噁唑酰草胺混合体质量分数按公式(B.1)计算,噁唑酰草胺质量分数按公式(B.2)计算。

$$\omega_1 = \frac{A_2 \times m_1 \times \omega_{b1}}{A_1 \times m_2} \quad \text{(B.1)}$$

$$\omega_2 = \frac{\omega_1 \times K}{100} \quad \text{(B.2)}$$

式中:

ω_1 ——试样中噁唑酰草胺混合体质量分数,单位为百分号(%);

A_2 ——试样溶液中噁唑酰草胺混合体峰面积的平均值;

m_1 ——标样质量的数值,单位为克(g);

ω_{b1} ——标样中,噁唑酰草胺混合体质量分数,单位为百分号(%);

A_1 ——标样溶液中噁唑酰草胺混合体峰面积的平均值;

m_2 ——试样质量的数值,单位为克(g);

ω_2 ——试样中噁唑酰草胺的质量分数,单位为百分号(%);

K ——*R*-对映体比例,单位为百分号(%)。

B.7 允许差

噁唑酰草胺质量分数 2 次平行测定结果之差应不大于 0.2%,取其算术平均值作为测定结果。

ICS 65.100.20
CCS G 25

中华人民共和国农业行业标准

NY/T 4082—2022

嗯唑酰草胺原药

Metamifop technical material

2022-07-11 发布　　　　2022-10-01 实施

中华人民共和国农业农村部　发布

前　言

本文件按照 GB/T 1.1—2020《标准化工作导则　第 1 部分:标准化文件的结构和起草规则》的规定起草。

请注意本文件的某些内容可能涉及专利。本文件的发布机构不承担识别专利的责任。

本文件由农业农村部种植业管理司提出。

本文件由全国农药标准化技术委员会(SAC/TC 133)归口。

本文件起草单位:安徽众邦生物工程有限公司、沈阳沈化院测试技术有限公司、合肥星宇化学有限责任公司、江苏富鼎化学有限公司、河北省农药检定监测总站、农业农村部农药检定所。

本文件主要起草人:段丽芳、武鹏、高杰、张楠、黄自云、吴电亮、陈金红、赵欣昕、刘晓勇、周鉴、崔雨华。

噁唑酰草胺原药

1 范围

本文件规定了噁唑酰草胺原药的技术要求、试验方法、检验规则、验收和质量保证期以及标志、标签、包装、储运。

本文件适用于噁唑酰草胺原药产品的质量控制。

注:噁唑酰草胺的其他名称、结构式和基本物化参数见附录 A。

2 规范性引用文件

下列文件中的内容通过文中的规范性引用而构成本文件必不可少的条款。其中,注日期的引用文件,仅该日期对应的版本适用于本文件;不注日期的引用文件,其最新版本(包括所有的修改单)适用于本文件。

GB/T 1600—2021 农药水分测定方法

GB/T 1601 农药 pH 的测定方法

GB/T 1604 商品农药验收规则

GB/T 1605—2001 商品农药采样方法

GB 3796 农药包装通则

GB/T 8170—2008 数值修约规则与极限数值的表示和判定

GB/T 19138 农药丙酮不溶物测定方法

3 术语和定义

本文件没有需要界定的术语和定义。

4 技术要求

4.1 外观

白色至淡黄色粉末。

4.2 技术指标

应符合表 1 的要求。

表 1 噁唑酰草胺原药控制项目指标

项 目	指 标
噁唑酰草胺质量分数,%	≥96.0
水分,%	≤0.5
丙酮不溶物[a],%	≤0.5
pH	4.0～7.0
[a] 正常生产时,丙酮不溶物每 3 个月至少测定 1 次。	

5 试验方法

警示:使用本文件的人员应有实验室工作的实践经验。本文件并未指出所有的安全问题。使用者有责任采取适当的安全和健康措施。

5.1 一般规定

本文件所用试剂和水在没有注明其他要求时,均指分析纯试剂和蒸馏水。检验结果的判定按 GB/T

8170—2008 中 4.3.3 的规定执行。

5.2 取样

按 GB/T 1605—2001 中 5.3.1 的规定执行。用随机数表法确定取样的包装件;最终取样量应不少于 100 g。

5.3 鉴别试验

5.3.1 红外光谱法

嗯唑酰草胺原药与嗯唑酰草胺标样在 4 000/cm～650/cm 范围的红外吸收光谱图应没有明显区别。嗯唑酰草胺标样红外光谱图见图 1。

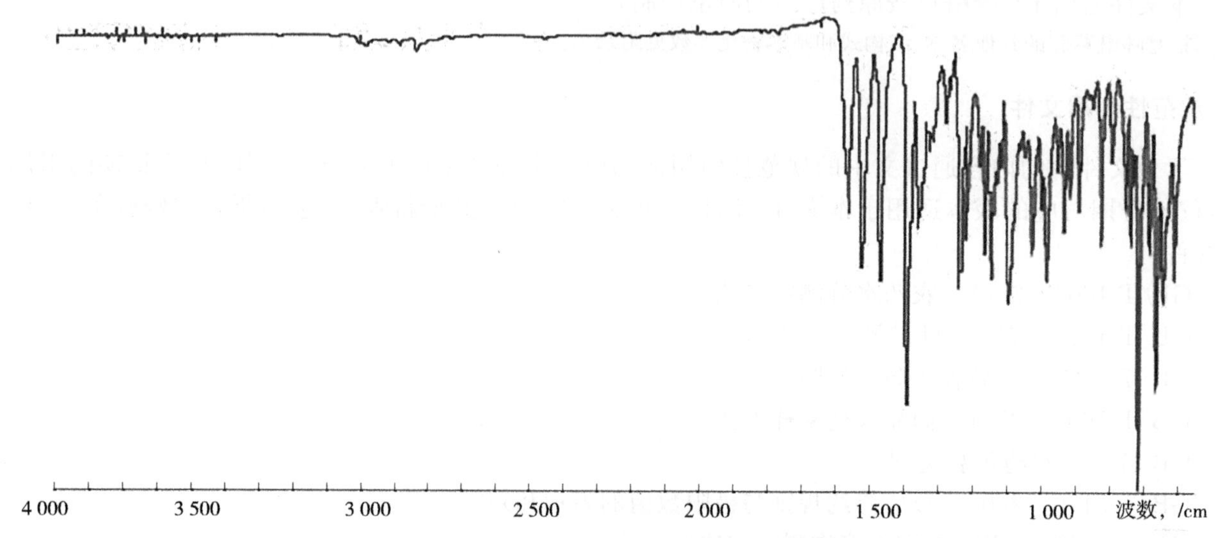

图 1 嗯唑酰草胺标样的红外光谱图

5.3.2 正相液相色谱法

本鉴别试验可与嗯唑酰草胺质量分数的测定同时进行。在相同的色谱操作条件下,试样溶液中某色谱峰的保留时间与标样溶液中嗯唑酰草胺的色谱峰的保留时间,其相对差值应在 1.5%以内。

5.4 外观的测定

采用目测法测定。

5.5 嗯唑酰草胺质量分数及 *R*-对映体比例的测定

5.5.1 方法提要

试样用正己烷溶解,以正己烷+异丙醇为流动相,使用以硅胶表面涂敷有直链淀粉-三(3,5-二甲基苯基氨基甲酸酯)填料的不锈钢柱和紫外检测器,在波长 237 nm 下对试样中的嗯唑酰草胺进行正相高效液相色谱手性分离,外标法定量,同时测定 *R*-对映体比例。也可采用反相液相色谱法测定嗯唑酰草胺混合体质量分数,根据 *R*-对映体比例和嗯唑酰草胺混合体质量分数计算嗯唑酰草胺的质量分数,按附录 B 描述的方法测定。

5.5.2 试剂和溶液

5.5.2.1 正己烷:色谱级。

5.5.2.2 异丙醇:色谱级。

5.5.2.3 嗯唑酰草胺标样:已知嗯唑酰草胺质量分数,$\omega \geq 98.0\%$。

5.5.3 仪器

5.5.3.1 高效液相色谱仪:具有可变波长紫外检测器。

5.5.3.2 色谱柱:250 mm×4.6 mm(内径)不锈钢柱,内装硅胶表面涂敷有直链淀粉-三(3,5-二甲基苯基氨基甲酸酯)、5 μm 填充物(或具有同等效果的色谱柱)。

5.5.3.3 过滤器:滤膜孔径约 0.45 μm。

5.5.3.4 定量进样管：5 μL。

5.5.3.5 超声波清洗器。

5.5.4 高效液相色谱操作条件

5.5.4.1 流动相：体积比 $\psi_{(正己烷:异丙醇)}=80:20$。

5.5.4.2 流速：1.0 mL/min。

5.5.4.3 柱温：(30±2) ℃。

5.5.4.4 检测波长：237 nm。

5.5.4.5 进样体积：5 μL。

5.5.4.6 保留时间：噁唑酰草胺约 11.0 min、*S*-对映体约 13.4 min。

5.5.4.7 上述操作参数是典型的，可根据不同仪器特点，对给定的操作参数作适当调整，以期获得最佳效果。典型的噁唑酰草胺原药正相高效液相色谱图见图 2。

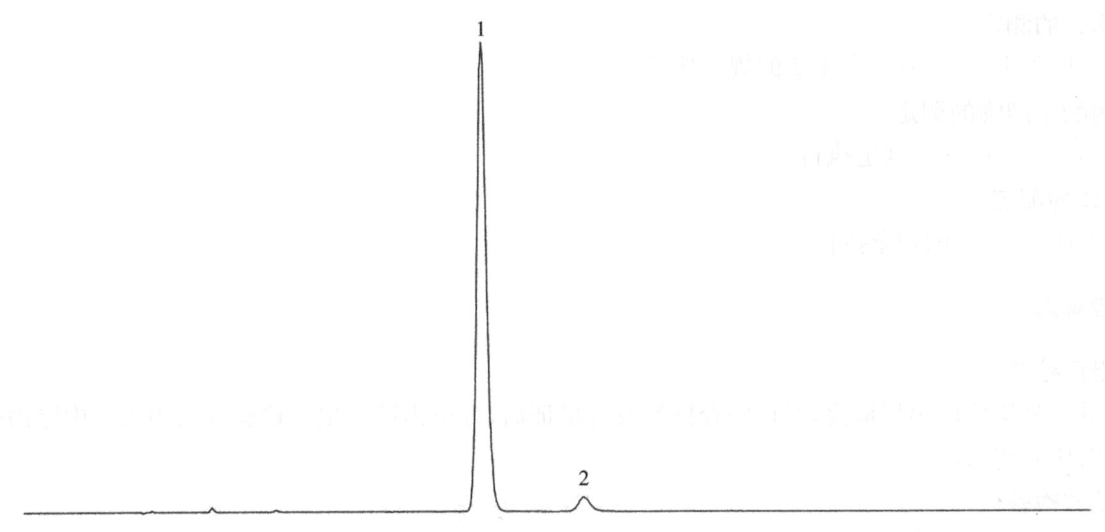

标引序号说明：
1——噁唑酰草胺；
2——*S*-对映体。

图 2 噁唑酰草胺原药正相高效液相色谱图

5.5.5 测定步骤

5.5.5.1 标样溶液的制备

称取 0.05 g(精确至 0.000 1 g)噁唑酰草胺标样，置于 100 mL 容量瓶中，加入 80 mL 正己烷，超声波振荡 5 min，冷却至室温，用正己烷稀释至刻度，摇匀。

5.5.5.2 试样溶液的制备

称取含 0.05 g(精确至 0.000 1 g)噁唑酰草胺的试样，置于 100 mL 容量瓶中，加入 80 mL 正己烷，超声波振荡 5 min，冷却至室温，用正己烷稀释至刻度，摇匀。

5.5.5.3 测定

在上述操作条件下，待仪器稳定后，连续注入数针标样溶液，直至相邻两针噁唑酰草胺峰面积相对变化小于 1.2%时，按照标样溶液、试样溶液、试样溶液、标样溶液的顺序进行测定。

5.5.6 计算

将测得的两针试样溶液以及试样前后两针标样溶液中噁唑酰草胺峰面积分别进行平均。试样中噁唑酰草胺质量分数按公式(1)计算，*R*-对映体比例按公式(2)计算。

$$\omega_1=\frac{A_2\times m_1\times \omega_{b1}}{A_1\times m_2} \qquad (1)$$

$$K=\frac{A_R}{A_R+A_S}\times 100 \qquad (2)$$

式中：

ω_1 ——试样中噁唑酰草胺质量分数，单位为百分号(%)；

A_2 ——试样溶液中噁唑酰草胺峰面积的平均值；

m_1 ——标样质量的数值，单位为克(g)；

ω_{b1} ——标样中噁唑酰草胺质量分数，单位为百分号(%)；

A_1 ——标样溶液中噁唑酰草胺峰面积的平均值；

m_2 ——试样质量的数值，单位为克(g)；

K ——R-对映体比例，单位为百分号(%)；

A_R ——两针试样溶液中 R-对映体峰面积的平均值；

A_S ——两针试样溶液中 S-对映体峰面积的平均值。

5.5.7 允许差

噁唑酰草胺质量分数 2 次平行测定结果之差应不大于 1.2%，取其算术平均值作为测定结果。

5.6 水分的测定

按 GB/T 1600—2021 中 4.2 的规定执行。

5.7 丙酮不溶物的测定

按 GB/T 19138 的规定执行。

5.8 pH 的测定

按 GB/T 1601 的规定执行。

6 检验规则

6.1 出厂检验

每批产品均应做出厂检验，经检验合格签发合格证后，方可出厂。出厂检验项目为表 1 中除丙酮不溶物以外的所有项目。

6.2 型式检验

型式检验项目为第 4 章中的全部项目，在正常连续生产情况下，每 3 个月至少进行 1 次。有下述情况之一，应进行型式检验：

a) 原料有较大改变，可能影响产品质量时；

b) 生产地址、生产设备或生产工艺有较大改变，可能影响产品质量时；

c) 停产后又恢复生产时；

d) 国家法定质量监管机构提出型式检验要求时。

6.3 判定规则

按第 4 章技术要求对产品进行出厂检验和型式检验，任一项目不符合指标要求判为该批次产品不合格。

7 验收和质量保证期

7.1 验收

应符合 GB/T 1604 的规定。

7.2 质量保证期

在规定的储运条件下，噁唑酰草胺原药的质量保证期从生产日期算起为 2 年。质量保证期内，各项指标均应符合本文件要求。

8 标志、标签、包装、储运

8.1 标志、标签和包装

噁唑酰草胺原药的标志、标签和包装应符合 GB 3796 的规定。

噁唑酰草胺原药采用清洁、干燥内衬塑料袋的编织袋或内衬保护层的铁桶或纸板桶包装。每袋或每桶净含量一般 10 kg、20 kg、25 kg、50 kg。也可根据用户要求或订货协议采用其他形式的包装,但应符合 GB 3796 的规定。

8.2 储运

噁唑酰草胺原药包装件应储存在通风、干燥的库房中。储运时,严防潮湿和日晒,不得与食物、种子、饲料混放,避免与皮肤、眼睛接触,防止由口鼻吸入。

附 录 A
(资料性)
噁唑酰草胺的其他名称、结构式和基本物化参数

ISO 通用名称:Metamifop。

CAS 登录号:256412-89-2。

化学名称:(*R*)-*N*-甲基-*N*-2-氟苯基-2-[4-[(6-氯-苯并噁唑)氧基]苯氧基]丙酰胺。

结构式:

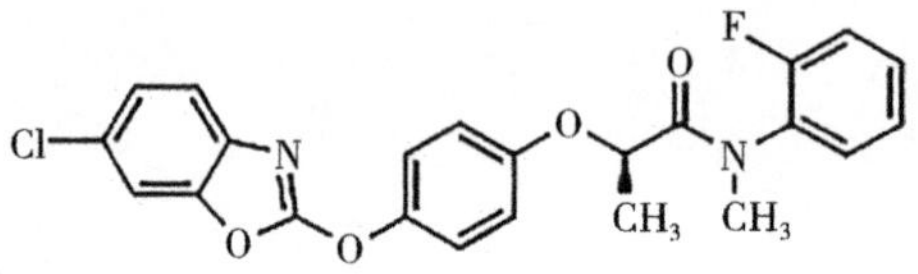

分子式:$C_{23}H_{18}ClFN_2O_4$。

相对分子质量:440.9。

生物活性:除草。

熔点:77.0 ℃~78.5 ℃。

蒸气压(25 ℃):0.151 mPa 。

溶解度:水中溶解度(mg/L,20 ℃~25 ℃)0.687(pH 7);有机溶剂中溶解度(g/L,20 ℃~25 ℃)丙酮、1,2-二氯甲烷乙烷、乙酸乙酯、甲醇、二甲苯中均>250,正庚烷 2.32,正辛醇 41.9。

稳定性:54 ℃条件下稳定。

附 录 B
（规范性）
嘧唑酰草胺质量分数的反相高效液相色谱测定方法

B.1 方法提要

试样用甲醇溶解，以甲醇＋水为流动相，使用以 C_{18} 为填料的不锈钢柱和紫外检测器，在波长 237 nm 下对试样中的嘧唑酰草胺混合体进行反相高效液相色谱分离，外标法定量。根据 *R*-对映体比例和嘧唑酰草胺混合体的质量分数计算嘧唑酰草胺的质量分数。

B.2 试剂和溶液

B.2.1 甲醇：色谱级。

B.2.2 水：新蒸二次蒸馏水或超纯水。

B.2.3 嘧唑酰草胺标样：已知嘧唑酰草胺混合体质量分数，$\omega \geqslant 98.0\%$。

B.3 仪器

B.3.1 高效液相色谱仪：具有可变波长紫外检测器。

B.3.2 色谱柱：250 mm×4.6 mm(内径)不锈钢柱，内装 C_{18}、5 μm 填充物(或具有同等效果的色谱柱)。

B.3.3 过滤器：滤膜孔径约 0.45 μm。

B.3.4 定量进样管：5 μL。

B.3.5 超声波清洗器。

B.4 高效液相色谱操作条件

B.4.1 流动相：体积比 $\psi_{(甲醇:水)}=80:20$。

B.4.2 流速：1.0 mL/min。

B.4.3 柱温：(30±2) ℃。

B.4.4 检测波长：237 nm。

B.4.5 进样体积：5 μL。

B.4.6 保留时间：嘧唑酰草胺混合体约 9.3 min。

B.4.7 上述操作参数是典型的，可根据不同仪器特点对给定的操作参数作适当调整，以期获得最佳效果。典型的嘧唑酰草胺原药中嘧唑酰草胺混合体的反相高效液相色谱图见图 B.1。

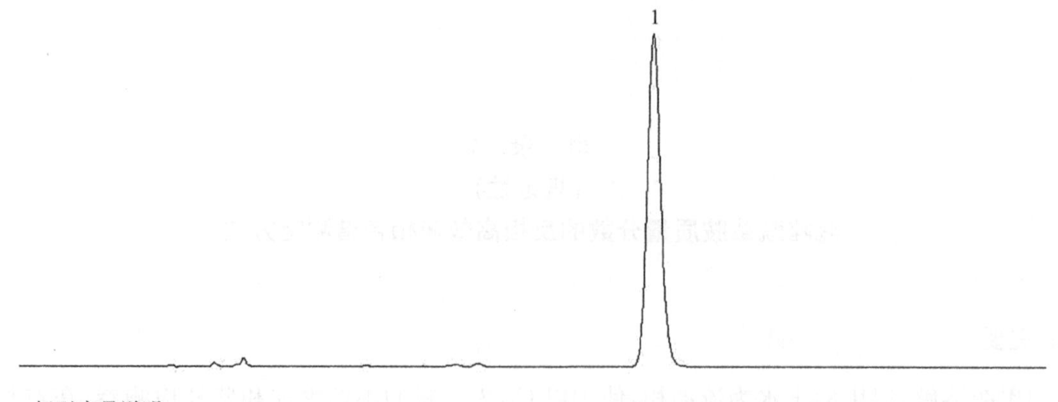

标引序号说明：
1——噁唑酰草胺混合体。

图 B.1 噁唑酰草胺原药中噁唑酰草胺混合体的反相高效液相色谱图

B.5 测定步骤

B.5.1 标样溶液的制备

称取 0.05 g(精确至 0.000 1 g)噁唑酰草胺标样，置于 100 mL 容量瓶中，加入 80 mL 甲醇，超声波振荡 5 min，冷却至室温，用甲醇稀释至刻度，摇匀。

B.5.2 试样溶液的制备

称取含 0.05 g(精确至 0.000 1 g)噁唑酰草胺混合体的试样，置于 100 mL 容量瓶中，加入 80 mL 甲醇，超声波振荡 5 min，冷却至室温，用甲醇稀释至刻度，摇匀。

B.5.3 测定

在上述操作条件下，待仪器稳定后，连续注入数针标样溶液，直至相邻两针噁唑酰草胺混合体峰面积相对变化小于 1.2%时，按照标样溶液、试样溶液、试样溶液、标样溶液的顺序进行测定。

B.6 计算

将测得的两针试样溶液以及试样前后两针标样溶液中噁唑酰草胺混合体峰面积分别进行平均。试样中噁唑酰草胺混合体质量分数按公式(B.1)计算，噁唑酰草胺质量分数按公式(B.2)计算。

$$\omega_1=\frac{A_2\times m_1\times \omega_{b1}}{A_1\times m_2} \quad \cdots\cdots \text{(B.1)}$$

$$\omega_2=\frac{\omega_1\times K}{100} \quad \cdots\cdots \text{(B.2)}$$

式中：

ω_1 ——试样中噁唑酰草胺混合体质量分数，单位为百分号(%)；

A_2 ——试样溶液中噁唑酰草胺混合体峰面积的平均值；

m_1 ——标样质量的数值，单位为克(g)；

ω_{b1} ——标样中噁唑酰草胺混合体质量分数，单位为百分号(%)；

A_1 ——标样溶液中噁唑酰草胺混合体峰面积的平均值；

m_2 ——试样质量的数值，单位为克(g)；

ω_2 ——试样中噁唑酰草胺的质量分数，单位为百分号(%)；

K ——R-对映体比例，单位为百分号(%)。

B.7 允许差

噁唑酰草胺质量分数 2 次平行测定结果之差应不大于 1.2%，取其算术平均值作为测定结果。

ICS 65.100.10
CCS G 25

中华人民共和国农业行业标准

NY/T 4083—2022

噻虫啉原药

Thiacloprid technical material

2022-07-11 发布　　　　2022-10-01 实施

中华人民共和国农业农村部　发布

前　言

本文件按照 GB/T 1.1—2020《标准化工作导则　第 1 部分：标准化文件的结构和起草规则》的规定起草。

请注意本文件的某些内容可能涉及专利。本文件的发布机构不承担识别专利的责任。

本文件由农业农村部种植业管理司提出。

本文件由全国农药标准化技术委员会(SAC/TC 133)归口。

本文件起草单位：利民化学有限责任公司、山东联合农药化工有限公司、合肥海佳生物工程有限公司、农业农村部农药检定所、沈阳化工研究院有限公司。

本文件主要起草人：段丽芳、张再、黄伟、刘莹、姜宜飞、郭海霞、许梅、刘文兆、张晓霞、熊言华、赵欣昕。

噻虫啉原药

1 范围

本文件规定了噻虫啉原药的技术要求、试验方法、检验规则、验收和质量保证期以及标志、标签、包装、储运。

本文件适用于噻虫啉原药产品的质量控制。

注：噻虫啉的其他名称、结构式和基本物化参数见附录A。

2 规范性引用文件

下列文件中的内容通过文中的规范性引用而构成本文件必不可少的条款。其中，注日期的引用文件，仅该日期对应的版本适用于本文件；不注日期的引用文件，其最新版本（包括所有的修改单）适用于本文件。

GB/T 1600—2021 农药水分测定方法

GB/T 1601 农药pH的测定方法

GB/T 1604 商品农药验收规则

GB/T 1605—2001 商品农药采样方法

GB 3796 农药包装通则

GB/T 8170—2008 数值修约规则与极限数值的表示和判定

GB/T 19138 农药丙酮不溶物测定方法

3 术语和定义

本文件没有需要界定的术语和定义。

4 技术要求

4.1 外观

白色至淡黄色粉末。

4.2 技术指标

应符合表1的要求。

表1 噻虫啉原药控制项目指标

项 目	指 标
噻虫啉质量分数，%	≥97.5
水分，%	≤0.5
丙酮不溶物[a]，%	≤0.5
pH	5.5～8.5

[a] 正常生产时，丙酮不溶物每3个月至少测定1次。

5 试验方法

警示：使用本文件的人员应有实验室工作的实践经验。本文件并未指出所有的安全问题。使用者有责任采取适当的安全和健康措施。

5.1 一般规定

本文件所用试剂和水在没有注明其他要求时，均指分析纯试剂和蒸馏水。检验结果的判定按GB/T

8170—2008 中 4.3.3 的规定执行。

5.2 **取样**

按 GB/T 1605—2001 中 5.3.1 的规定执行。用随机数表法确定取样的包装件;最终取样量应不少于 100 g。

5.3 **鉴别试验**

5.3.1 **红外光谱法**

噻虫啉原药与噻虫啉标样在 4 000/cm～650/cm 范围的红外吸收光谱图应无明显区别。噻虫啉标样的红外光谱图见图 1。

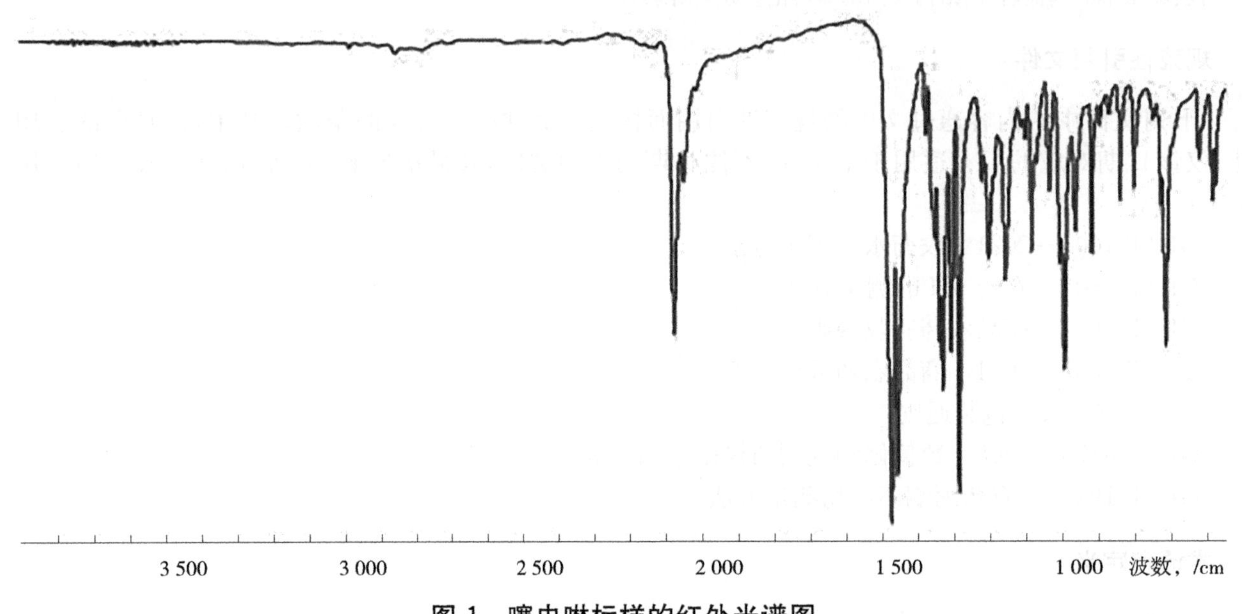

图 1 噻虫啉标样的红外光谱图

5.3.2 **液相色谱法**

本鉴别试验可与噻虫啉质量分数的测定同时进行。在相同的色谱操作条件下,试样溶液中某色谱峰的保留时间与标样溶液中噻虫啉的色谱峰的保留时间,其相对差值应在 1.5%以内。

5.4 **外观的测定**

采用目测法测定。

5.5 **噻虫啉质量分数的测定**

5.5.1 **方法提要**

试样用甲醇溶解,以甲醇+水为流动相,使用以 C_{18} 为填料的不锈钢柱和紫外检测器,在波长 245 nm 下对试样中的噻虫啉进行反相高效液相色谱分离,外标法定量。

5.5.2 **试剂和溶液**

5.5.2.1 甲醇:色谱级。

5.5.2.2 水:新蒸二次蒸馏水或超纯水。

5.5.2.3 噻虫啉标样:已知噻虫啉质量分数,$\omega \geq 98.0\%$。

5.5.3 **仪器**

5.5.3.1 高效液相色谱仪:具有可变波长紫外检测器。

5.5.3.2 色谱柱:250 mm×4.6 mm(内径)不锈钢柱,内装 C_{18}、5 μm 填充物(或具同等效果的色谱柱)。

5.5.3.3 过滤器:滤膜孔径约 0.45 μm。

5.5.3.4 定量进样管:5 μL。

5.5.3.5 超声波清洗器。

5.5.4 高效液相色谱操作条件

5.5.4.1 流动相：体积比 $\psi_{(甲醇:水)}$=50∶50。

5.5.4.2 流速：1.0 mL/min。

5.5.4.3 柱温：(30±2) ℃。

5.5.4.4 检测波长：245 nm。

5.5.4.5 进样体积：5 μL。

5.5.4.6 保留时间：噻虫啉约 5.5 min。

5.5.4.7 上述操作参数是典型的，可根据不同仪器特点，对给定的操作参数作适当调整，以期获得最佳效果。典型的噻虫啉原药高效液相色谱图见图 2。

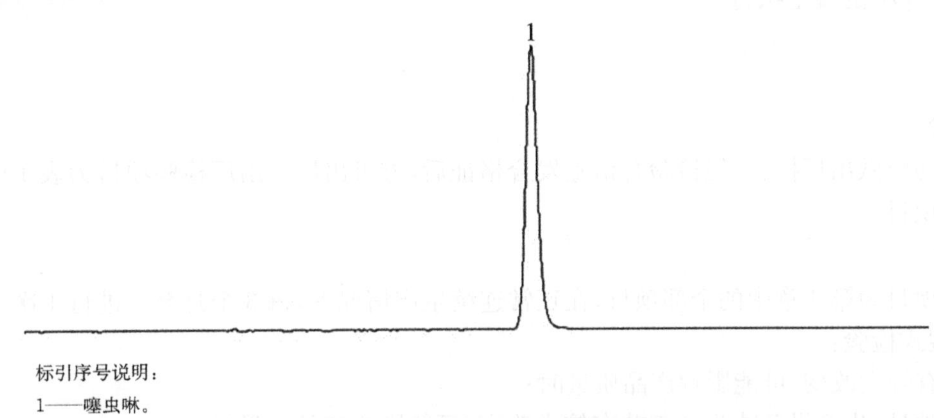

标引序号说明：

1——噻虫啉。

图 2 噻虫啉原药高效液相色谱图

5.5.5 测定步骤

5.5.5.1 标样溶液的制备

称取 0.05 g(精确至 0.000 1 g)噻虫啉标样于 100 mL 容量瓶中，加入 80 mL 甲醇，超声波振荡 5 min，冷却至室温，用甲醇定容至刻度，摇匀。移取上述溶液 5 mL 至 50 mL 容量瓶中，用甲醇稀释至刻度，摇匀。

5.5.5.2 试样溶液的制备

称取含 0.05 g(精确至 0.000 1 g)噻虫啉的试样于 100 mL 容量瓶中，加入 80 mL 甲醇，超声波振荡 5 min，冷却至室温，用甲醇定容至刻度，摇匀。移取上述溶液 5 mL 至 50 mL 容量瓶中，用甲醇稀释至刻度，摇匀。

5.5.5.3 测定

在上述操作条件下，待仪器稳定后，连续注入数针标样溶液，直至相邻两针噻虫啉峰面积相对变化小于 1.2%时，按照标样溶液、试样溶液、试样溶液、标样溶液的顺序进行测定。

5.5.6 计算

将测得的两针试样溶液以及试样前后两针标样溶液中噻虫啉峰面积分别进行平均。试样中噻虫啉质量分数按公式(1)计算。

$$\omega_1 = \frac{A_2 \times m_1 \times \omega_{b1}}{A_1 \times m_2} \quad \cdots\cdots (1)$$

式中：

ω_1 ——试样中噻虫啉质量分数，单位为百分号(%)；

A_2 ——试样溶液中，噻虫啉峰面积的平均值；

m_1 ——标样质量的数值，单位为克(g)；

ω_{b1} ——标样中噻虫啉质量分数,单位为百分号(%);

A_1 ——标样溶液中噻虫啉峰面积的平均值;

m_2 ——试样质量的数值,单位为克(g)。

5.5.7 允许差

噻虫啉质量分数2次平行测定结果之差应不大于1.2%,取其算术平均值作为测定结果。

5.6 水分的测定

按GB/T 1600—2021中4.2的规定执行。

5.7 丙酮不溶物的测定

按GB/T 19138的规定执行。

5.8 pH的测定

按GB/T 1601的规定执行。

6 检验规则

6.1 出厂检验

每批产品均应做出厂检验,经检验合格签发合格证后,方可出厂。出厂检验项目为表1中除丙酮不溶物以外的所有项目。

6.2 型式检验

型式检验项目为第4章中的全部项目,在正常连续生产情况下,每3个月至少进行1次。有下述情况之一,应进行型式检验:

a) 原料有较大改变,可能影响产品质量时;

b) 生产地址、生产设备或生产工艺有较大改变,可能影响产品质量时;

c) 停产后又恢复生产时;

d) 国家法定质量监管机构提出型式检验要求时。

6.3 判定规则

按第4章技术要求对产品进行出厂检验和型式检验,任一项目不符合指标要求判为该批次产品不合格。

7 验收和质量保证期

7.1 验收

应符合GB/T 1604的规定。

7.2 质量保证期

在规定的储运条件下,噻虫啉原药的质量保证期,从生产日期算起为2年。质量保证期内,各项指标均应符合本文件要求。

8 标志、标签、包装、储运

8.1 标志、标签、包装

噻虫啉原药的标志、标签和包装应符合GB 3796的规定。

噻虫啉原药采用清洁、干燥内衬塑料袋的编织袋或内衬保护层的铁桶或纸板桶包装。每袋或每桶净含量一般10 kg、20 kg、25 kg、50 kg。也可根据用户要求或订货协议,采用其他形式的包装,但应符合GB 3796的规定。

8.2 储运

噻虫啉原药包装件应储存在通风、干燥的库房中。储运时,严防潮湿和日晒,不得与食物、种子、饲料混放,避免与皮肤、眼睛接触,防止由口鼻吸入。

附 录 A
(资料性)
噻虫啉的其他名称、结构式和基本物化参数

ISO通用名称:Thiacloprid。

CAS登录号:111988-49-9。

CIPAC数字代码:631。

化学名称:(Z)-(3-((6-氯-3-吡啶基)甲基)-1,3-噻唑啉-2-亚基)氰胺。

结构式:

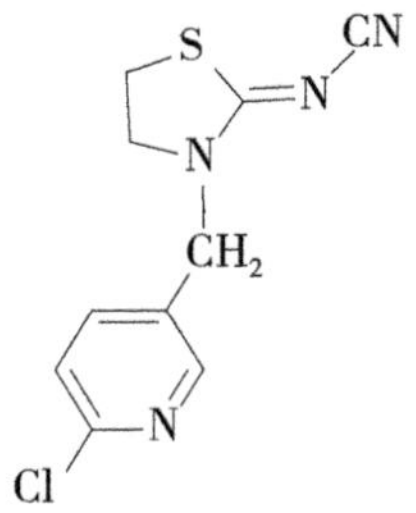

分子式:$C_{10}H_9ClN_4S$。

相对分子质量:252.7。

生物活性:杀虫。

熔点:136 ℃。

蒸气压:3×10^{-7} mPa(20 ℃);8×10^{-7} mPa(25 ℃)。

溶解度:水中溶解度(mg/L,20 ℃~25 ℃)185.0;有机溶剂中溶解度(g/L,20 ℃~25 ℃):丙酮64,乙腈52,二氯甲烷160,二甲基亚砜150,乙酸乙酯9.4,正己烷<0.1,正辛醇1.4,聚乙二醇42,正丙醇3.0,二甲苯0.3。

稳定性:在pH 5~9的水中稳定(25 ℃)。

ICS 65.100.10
CCS G 25

中华人民共和国农业行业标准

NY/T 4084—2022

噻虫啉悬浮剂

Thiacloprid suspension concentrate

2022-07-11 发布　　　　2022-10-01 实施

中华人民共和国农业农村部　发布

前　　言

本文件按照 GB/T 1.1—2020《标准化工作导则　第 1 部分：标准化文件的结构和起草规则》的规定起草。

请注意本文件的某些内容可能涉及专利。本文件的发布机构不承担识别专利的责任。

本文件由农业农村部种植业管理司提出。

本文件由全国农药标准化技术委员会(SAC/TC 133)归口。

本文件起草单位：沈阳化工研究院有限公司、创新美兰（合肥）股份有限公司、惠州市银农科技股份有限公司、利民化学有限责任公司、农业农村部农药检定所。

本文件主要起草人：姜宜飞、武鹏、张再、马涛、黄伟、刘莹、赵欣昕、徐长才、韦沙迪、许梅、刘文兆。

噻虫啉悬浮剂

1 范围

本文件规定了噻虫啉悬浮剂的技术要求、试验方法、检验规则、验收和质量保证期以及标志、标签、包装、储运。

本文件适用于噻虫啉悬浮剂产品的质量控制。

注：噻虫啉的其他名称、结构式和基本物化参数见附录 A。

2 规范性引用文件

下列文件中的内容通过文中的规范性引用而构成本文件必不可少的条款。其中，注日期的引用文件，仅该日期对应的版本适用于本文件；不注日期的引用文件，其最新版本（包括所有的修改单）适用于本文件。

GB/T 1601　农药 pH 的测定方法

GB/T 1604　商品农药验收规则

GB/T 1605—2001　商品农药采样方法

GB 3796　农药包装通则

GB/T 8170—2008　数值修约规则与极限数值的表示和判定

GB/T 14825—2006　农药悬浮率测定方法

GB/T 16150—1995　农药粉剂、可湿性粉剂细度测定方法

GB/T 19136—2021　农药热储稳定性测定方法

GB/T 19137—2003　农药低温稳定性测定方法

GB/T 28137　农药持久起泡性测定方法

GB/T 31737　农药倾倒性测定方法

3 术语和定义

本文件没有需要界定的术语和定义。

4 技术要求

4.1 外观

可流动、易测量体积的悬浮液体，久置后允许有少量分层，轻微摇动或搅动应恢复原状，不应有团块。

4.2 技术指标

应符合表 1 的要求。

表 1　噻虫啉悬浮剂控制项目指标

项目		指标	
		40%规格	48%规格
噻虫啉质量分数，%		$40.0^{+2.0}_{-2.0}$	$48.0^{+2.4}_{-2.4}$
pH		6.0～9.0	
倾倒性	倾倒后残余物，%	≤5.0	
	洗涤后残余物，%	≤0.5	
悬浮率，%		≥85	
湿筛试验（通过 75 μm 试验筛），%		≥98	
持久起泡性（1 min 后泡沫量），mL		≤50	

表 1 （续）

项　　目	指　　标	
	40%规格	48%规格
低温稳定性[a]	冷储后，悬浮率、湿筛试验仍应符合本文件要求	
热储稳定性[a]	热储后，噻虫啉质量分数应不低于热储前测得质量分数的95%，悬浮率、pH、湿筛试验、倾倒性仍应符合本文件要求	
[a] 正常生产时，低温稳定性和热储稳定性试验每 3 个月至少进行 1 次。		

5 试验方法

警示：使用本文件的人员应有实验室工作的实践经验。本文件并未指出所有的安全问题。使用者有责任采取适当的安全和健康措施。

5.1 一般规定

本文件所用试剂和水，在没有注明其他要求时，均指分析纯试剂和蒸馏水。检验结果的判定按 GB/T 8170—2008 中 4.3.3 的规定执行。

5.2 取样

按 GB/T 1605—2001 中 5.3.2 的规定执行。用随机数表法确定取样的包装件；最终取样量应不少于 800 mL。

5.3 鉴别试验

液相色谱法——本鉴别试验可与噻虫啉质量分数的测定同时进行。在相同的色谱操作条件下，试样溶液中某色谱峰的保留时间与标样溶液中噻虫啉的保留时间，相对差值应在 1.5%以内。

5.4 外观的测定

采用目测法测定。

5.5 噻虫啉质量分数的测定

5.5.1 方法提要

试样用甲醇溶解，以甲醇＋水为流动相，使用以 C_{18} 为填料的不锈钢柱和紫外检测器，在波长 245 nm 下对试样中的噻虫啉进行反相高效液相色谱分离，外标法定量。

5.5.2 试剂和溶液

5.5.2.1 甲醇：色谱级。

5.5.2.2 水：新蒸二次蒸馏水或超纯水。

5.5.2.3 噻虫啉标样：已知质量分数，$\omega \geqslant 98.0\%$。

5.5.3. 仪器

5.5.3.1 高效液相色谱仪：具有可变波长紫外检测器。

5.5.3.2 色谱柱：250 mm×4.6 mm（内径）不锈钢柱，内装 C_{18}、5 μm 填充物（或具有同等效果的色谱柱）。

5.5.3.3 过滤器：滤膜孔径约 0.45 μm。

5.5.3.4 定量进样管：5 μL。

5.5.3.5 超声波清洗器。

5.5.4 高效液相色谱操作条件

5.5.4.1 流动相：体积比 $\psi_{(甲醇:水)}$＝50∶50。

5.5.4.2 流速：1.0 mL/min。

5.5.4.3 柱温：(30±2) ℃。

5.5.4.4 检测波长：245 nm。

5.5.4.5 进样体积:5 μL。

5.5.4.6 保留时间:噻虫啉约 5.5 min。

5.5.4.7 上述操作参数是典型的,可根据不同仪器特点对给定的操作参数作适当调整,以期获得最佳效果。典型的噻虫啉悬浮剂高效液相色谱图见图 1。

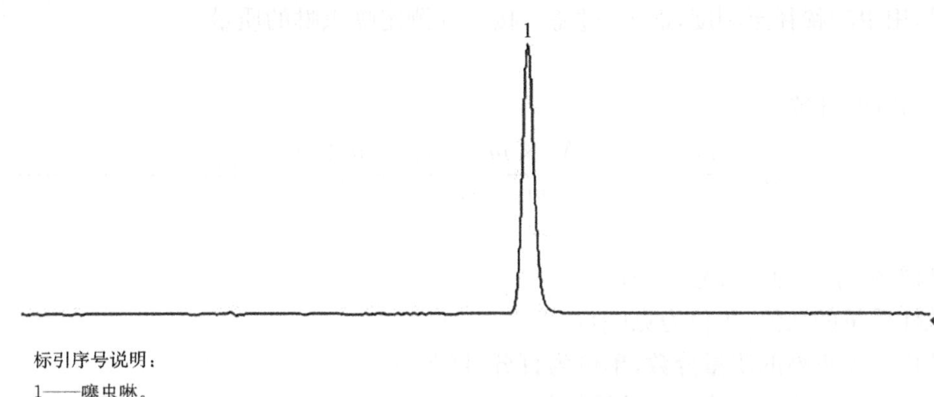

标引序号说明:

1——噻虫啉。

图 1 噻虫啉悬浮剂的高效液相色谱图

5.5.5 **测定步骤**

5.5.5.1 **标样溶液的制备**

称取 0.05 g(精确至 0.000 1 g)噻虫啉标样于 100 mL 容量瓶中,加入 80 mL 甲醇,超声波振荡 5 min,冷却至室温,用甲醇定容至刻度,摇匀。移取上述溶液 5 mL 至 50 mL 容量瓶中,用甲醇稀释至刻度,摇匀。

5.5.5.2 **试样溶液的制备**

称取含 0.05 g(精确至 0.000 1 g)噻虫啉的试样于 100 mL 容量瓶中,先加入 5 mL 水使试样分散,再加入 80 mL 甲醇,超声波振荡 5 min,冷却至室温,用甲醇定容至刻度,摇匀。移取上述溶液 5 mL 至 50 mL 容量瓶中,用甲醇稀释至刻度,摇匀,过滤。

5.5.5.3 **测定**

在上述操作条件下,待仪器稳定后,连续注入数针标样溶液,直至相邻两针噻虫啉峰面积相对变化小于 1.2%时,按照标样溶液、试样溶液、试样溶液、标样溶液的顺序进行测定。

5.5.6 **计算**

将测得的两针试样溶液以及试样前后两针标样溶液中噻虫啉峰面积分别进行平均。试样中噻虫啉的质量分数按公式(1)计算。

$$\omega_1 = \frac{A_2 \times m_1 \times \omega_{b1}}{A_1 \times m_2} \quad \cdots\cdots (1)$$

式中:

ω_1 ——试样中噻虫啉的质量分数,单位为百分号(%);

A_2 ——试样溶液中噻虫啉峰面积的平均值;

m_1 ——标样质量的数值,单位为克(g);

ω_{b1} ——标样中噻虫啉的质量分数,单位为百分号(%);

A_1 ——标样溶液中噻虫啉峰面积的平均值;

m_2 ——试样质量的数值,单位为克(g)。

5.5.7 **允许差**

噻虫啉质量分数 2 次平行测定结果之差应不大于 0.5%,取其算术平均值作为测定结果。

5.6 **pH 的测定**

按 GB/T 1601 的规定执行。

5.7 悬浮率的测定

5.7.1 测定

按 GB/T 14825—2006 中 4.2 的规定执行。称取 1.0 g(精确至 0.000 1 g)试样,用 60 mL 甲醇分 3 次将量筒底部剩余的 25 mL 悬浮液及沉淀物全部转移至 100 mL 容量瓶中,超声波振荡 5 min 使试样溶解,冷却至室温,用甲醇稀释至刻度,摇匀,过滤。按 5.5 测定噻虫啉的质量。

5.7.2 计算

悬浮率按公式(2)计算。

$$\omega_2 = \frac{m_4 \times \omega_1 - A_4 \times m_3 \times \omega_{b1} \div n \div A_3}{m_4 \times \omega_1} \times 111.1 \quad (2)$$

式中:

ω_2 ——悬浮率,单位为百分号(%);

m_4 ——试样质量的数值,单位为克(g);

ω_1 ——试样中噻虫啉的质量分数,单位为百分号(%);

A_4 ——试样溶液中噻虫啉峰面积的平均值;

m_3 ——标样质量的数值,单位为克(g);

ω_{b1} ——标样中噻虫啉的质量分数,单位为百分号(%);

n ——标样的稀释倍数,$n=10$;

A_3 ——标样溶液中噻虫啉峰面积的平均值。

5.8 倾倒性的测定

按 GB/T 31737 的规定执行。

5.9 湿筛试验

按 GB/T 16150—1995 中 2.2 的规定执行。

5.10 持久起泡性的测定

按 GB/T 28137 的规定执行。

5.11 低温稳定性试验

按 GB/T 19137—2003 中 2.2 的规定执行。

5.12 热储稳定性试验

按 GB/T 19136—2021 中 4.4.1 的规定执行。

6 检验规则

6.1 出厂检验

每批产品均应做出厂检验,经检验合格签发合格证后,方可出厂。出厂检验项目为第 4 章技术指标中除热储稳定性和低温稳定性以外的所有项目。

6.2 型式检验

型式检验项目为第 4 章中的全部项目,在正常连续生产情况下,每 3 个月至少进行 1 次。有下述情况之一,应进行型式检验:

a) 原料有较大改变,可能影响产品质量时;

b) 生产地址、生产设备或生产工艺有较大改变,可能影响产品质量时;

c) 停产后又恢复生产时;

d) 国家法定质量监管机构提出型式检验要求时。

6.3 判定规则

按第 4 章技术要求对产品进行出厂检验和型式检验,任一项目不符合指标要求判为该批次产品不合格。

7 验收和质量保证期

7.1 验收

应符合 GB/T 1604 的规定。

7.2 质量保证期

在规定的储运条件下，噻虫啉悬浮剂的质量保证期从生产日期算起为 2 年。质量保证期内，各项指标均应符合本文件要求。

8 标志、标签、包装、储运

8.1 标志、标签、包装

噻虫啉悬浮剂的标志、标签和包装，应符合 GB 3796 的规定。

噻虫啉悬浮剂应采用铝箔袋、PE 塑料瓶包装，外包装用瓦楞纸板箱，每袋净含量 10 g(mL)，每瓶 100 g(mL)、500 g(mL)、2.5 kg(L)等，每箱净含量不超过 15 kg；也可根据用户要求或订货协议，采取其他形式包装，但应符合 GB 3796 规定。

8.2 储运

噻虫啉悬浮剂包装件应储存在通风、干燥的库房中。储运时，严防潮湿和日晒，不得与食物、种子、饲料混放，避免与皮肤、眼睛接触，防止由口鼻吸入。

附　录　A
（资料性）
噻虫啉的其他名称、结构式和基本物化参数

ISO 通用名称：Thiacloprid。

CAS 登录号：111988-49-9。

CIPAC 数字代码：631。

化学名称：(*Z*)-(3-((6-氯-3-吡啶基)甲基)-1,3-噻唑啉-2-亚基)氰胺。

结构式：

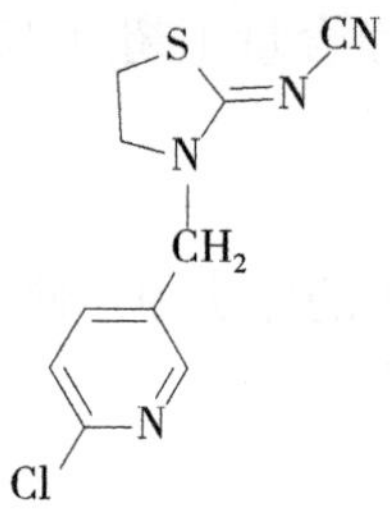

分子式：$C_{10}H_{9}ClN_{4}S$。

相对分子质量：252.7。

生物活性：杀虫。

熔点：136 ℃。

蒸气压：3×10^{-7} mPa(20 ℃)；8×10^{-7} mPa(25 ℃)。

溶解度：水中溶解度(mg/L,20 ℃～25 ℃)185.0；有机溶剂中溶解度(g/L,20 ℃～25 ℃)：丙酮 64，乙腈 52，二氯甲烷 160，二甲基亚砜 150，乙酸乙酯 9.4，正己烷<0.1，正辛醇 1.4，聚乙二醇 42，正丙醇 3.0，二甲苯 0.3。

稳定性：在 pH 5～9 的水中稳定(25 ℃)。

ICS 65.100.20
CCS G 25

中华人民共和国农业行业标准

NY/T 4085—2022

乙氧磺隆水分散粒剂

Ethoxysulfuron water dispersible granules

2022-07-11 发布

2022-10-01 实施

中华人民共和国农业农村部 发布

前　言

本文件按照 GB/T 1.1—2020《标准化工作导则　第 1 部分:标准化文件的结构和起草规则》的规定起草。

请注意本文件的某些内容可能涉及专利。本文件的发布机构不承担识别专利的责任。

本文件由农业农村部种植业管理司提出。

本文件由全国农药标准化技术委员会(SAC/TC 133)归口。

本文件起草单位:江苏瑞邦农化股份有限公司、安徽昆吾九鼎生物工程有限公司、浙江泰达作物科技有限公司、沈阳沈化院测试技术有限公司、沈阳化工研究院有限公司。

本文件主要起草人:张丕龙、步康明、张嘉月、汪峰、李云华、胡俊、董雪梅。

乙氧磺隆水分散粒剂

1 范围

本文件规定了乙氧磺隆水分散粒剂的技术要求、试验方法、检验规则、验收和质量保证期以及标志、标签、包装、储运。

本文件适用于乙氧磺隆水分散粒剂产品的质量控制。

注：乙氧磺隆的其他名称、结构式和基本物化数见附录 A。

2 规范性引用文件

下列文件中的内容通过文中的规范性引用而构成本文件必不可少的条款。其中，注日期的引用文件，仅该日期对应的版本适用于本文件；不注日期的引用文件，其最新版本（包括所有的修改单）适用于本文件。

GB/T 1600—2021　农药水分测定方法

GB/T 1601　农药 pH 的测定方法

GB/T 1604　商品农药验收规则

GB/T 1605—2001　商品农药采样方法

GB 3796　农药包装通则

GB/T 5451　农药可湿性粉剂润湿性测定方法

GB/T8170—2008　数值修约规则与极限数值的表示和判定

GB/T 14825—2006　农药悬浮率测定方法

GB/T 16150—1995　农药粉剂、可湿性粉剂细度测定方法

GB/T 19136—2021　农药热储稳定性测定方法

GB/T 28137　农药持久起泡性测定方法

GB/T 30360　颗粒状农药粉尘测定方法

GB/T 32775　农药分散性测定方法

GB/T 33031　农药水分散粒剂耐磨性测定方法

3 术语和定义

本文件没有需要界定的术语和定义。

4 技术要求

4.1 外观

干燥的、能自由流动的固体颗粒。

4.2 技术指标

应符合表 1 的要求。

表 1　乙氧磺隆水分散粒剂控制项目指标

项　目	指　标
乙氧磺隆质量分数，%	$15.0^{+0.9}_{-0.9}$
水分，%	≤3.0
pH	5.0～9.0
湿筛试验（通过 75 μm 试验筛），%	≥98

表 1（续）

项　　目	指　　标
分散性，%	≥80
悬浮率，%	≥80
润湿时间，s	≤60
持久起泡性(1 min 后泡沫量)，mL	≤60
耐磨性，%	≥90
粉尘，mg	≤30
热储稳定性[a]	热储后，乙氧磺隆质量分数应不低于热储前测得质量分数的 95%，pH、湿筛试验、分散性、悬浮率、耐磨性和粉尘仍应符合本文件要求
[a] 正常生产时，热储稳定性每 3 个月至少测定 1 次。	

5 试验方法

警示：使用本文件的人员应有实验室工作的实践经验。本文件并未指出所有的安全问题。使用者有责任采取适当的安全和健康措施。

5.1 一般规定

本文件所用试剂和水在没有注明其他要求时，均指分析纯试剂和蒸馏水。检验结果的判定按 GB/T 8170—2008 中 4.3.3 的规定执行。

5.2 取样

按 GB/T 1605—2001 中 5.3.3 的规定执行。用随机数表法确定取样的包装件；最终取样量应不少于 600 g。

5.3 鉴别试验

高效液相色谱法——本鉴别试验可与乙氧磺隆质量分数的测定同时进行。在相同的色谱操作条件下，试样溶液中某色谱峰的保留时间与标样溶液中乙氧磺隆的色谱峰的保留时间，其相对差值应在 1.5% 以内。

5.4 外观的测定

采用目测法测定。

5.5 乙氧磺隆质量分数的测定

5.5.1 方法提要

试样用乙腈溶解，以乙腈＋磷酸水溶液为流动相，使用以 C_{18} 为填料的不锈钢柱和紫外检测器(240 nm)，对试样中的乙氧磺隆进行高效液相色谱分离，外标法定量。

5.5.2 试剂和溶液

5.5.2.1 乙腈：色谱纯。

5.5.2.2 磷酸。

5.5.2.3 水：新蒸二次蒸馏水或超纯水。

5.5.2.4 磷酸水溶液：体积比 $\psi_{(磷酸:水)}=1:1\ 000$。

5.5.2.5 乙氧磺隆标样：已知乙氧磺隆质量分数，$\omega \geq 97.0\%$。

5.5.3 仪器

5.5.3.1 高效液相色谱仪：具有可变波长紫外检测器。

5.5.3.2 色谱柱：250 mm×4.6 mm(内径)不锈钢柱，内装 C_{18}、5 μm 填充物(或具同等效果的色谱柱)。

5.5.3.3 过滤器：滤膜孔径约 0.45 μm。

5.5.3.4 定量进样管：10 μL。

5.5.3.5 超声波清洗器。

5.5.4 高效液相色谱操作条件

5.5.4.1 流动相：体积比 $\psi_{(乙腈:磷酸水溶液)}=55:45$。

5.5.4.2 流速：1.0 mL/min。

5.5.4.3 柱温：室温（温度变化应不大于 2 ℃）。

5.5.4.4 检测波长：240 nm。

5.5.4.5 进样体积：10 μL。

5.5.4.6 保留时间：乙氧磺隆约 13.5 min。

5.5.4.7 上述操作参数是典型的，可根据不同仪器特点，对给定的操作参数作适当调整，以期获得最佳效果。典型的乙氧磺隆水分散粒剂高效液相色谱图见图 1。

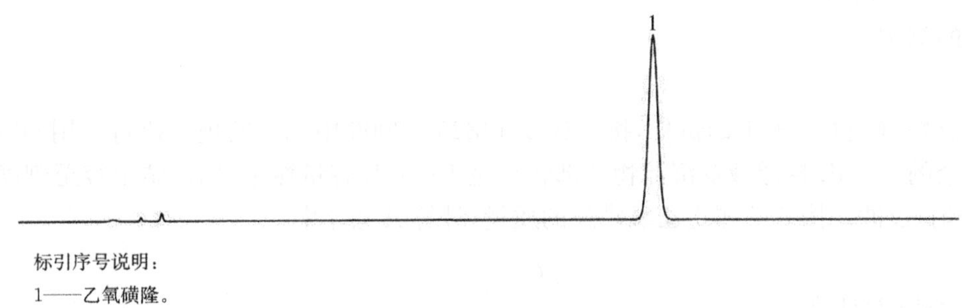

标引序号说明：

1——乙氧磺隆。

图 1 乙氧磺隆水分散粒剂的高效液相色谱图

5.5.5 测定步骤

5.5.5.1 标样溶液的制备

称取 0.1 g（精确至 0.000 1 g）乙氧磺隆标样，置于 50 mL 容量瓶中，加入 40 mL 乙腈，超声波振荡 5 min，冷却至室温，用乙腈定容至刻度，摇匀。用移液管移取上述溶液 10 mL 于 50 mL 容量瓶中，用乙腈稀释至刻度，摇匀。

5.5.5.2 试样溶液的制备

称取含乙氧磺隆 0.1 g（精确至 0.000 1 g）的试样，置于 50 mL 容量瓶中，加入 5 mL 水，将试样分散，再加入 40 mL 乙腈，超声波振荡 5 min，冷却至室温，用乙腈定容至刻度，摇匀。用移液管移取上述溶液 10 mL 于 50 mL 容量瓶中，用乙腈稀释至刻度，摇匀，过滤。

5.5.5.3 测定

在上述操作条件下，待仪器稳定后，连续注入数针标样溶液，直至相邻两针乙氧磺隆峰面积相对变化小于 1.2%后，按照标样溶液、试样溶液、试样溶液、标样溶液的顺序进行测定。

5.5.6 计算

将测得的两针试样溶液以及试样前后两针标样溶液中乙氧磺隆峰面积分别进行平均，试样中乙氧磺隆的质量分数按公式（1）计算。

$$\omega_1=\frac{A_2\times m_1\times \omega_{b1}}{A_1\times m_2} \quad \cdots\cdots (1)$$

式中：

ω_1 ——试样中乙氧磺隆的质量分数，单位为百分号（%）；

A_2 ——试样溶液中乙氧磺隆峰面积的平均值；

m_1 ——乙氧磺隆标样质量的数值，单位为克（g）；

ω_{b1} ——标样中乙氧磺隆的质量分数，单位为百分号（%）；

A_1 ——标样溶液中乙氧磺隆峰面积的平均值；

m_2 ——试样质量的数值，单位为克（g）。

5.5.7 允许差

乙氧磺隆质量分数 2 次平行测定结果之差应不大于 0.5%,取其算术平均值作为测定结果。

5.6 水分的测定

按 GB/T 1600—2021 中 4.3 的规定执行。

5.7 pH 的测定

按 GB/T 1601 的规定执行。

5.8 湿筛试验

按 GB/T 16150—1995 中 2.2 的规定执行。

5.9 分散性的测定

按 GB/T 32775 的规定执行。

5.10 悬浮率的测定

5.10.1 测定

称取 1.0 g(精确至 0.000 1 g)试样,按 GB/T 14825—2006 中 4.3 的规定执行。用 60 mL 乙腈分三次将量筒内剩余的 25 mL 悬浮液及沉淀物全部转移至 100 mL 容量瓶中,用乙腈定容至刻度,在超声波下振荡 5 min,摇匀,过滤。按 5.5 测定乙氧磺隆的质量,计算其悬浮率。

5.10.2 计算

悬浮率按公式(2)计算。

$$\omega_2 = \frac{m_4 \times \omega_1 - A_4 \times m_3 \times \omega_{b1} \times n \div A_3}{m_4 \times \omega_1} \times 111.1 \quad \cdots\cdots (2)$$

式中:

ω_2 ——悬浮率,单位为百分号(%);

m_4 ——试样质量的数值,单位为克(g);

ω_1 ——试样中乙氧磺隆的质量分数,单位为百分号(%);

A_4 ——试样溶液中乙氧磺隆峰面积的平均值;

m_3 ——乙氧磺隆标样质量的数值,单位为克(g);

ω_{b1} ——标样中乙氧磺隆的质量分数,单位为百分号(%);

A_3 ——标样溶液中乙氧磺隆峰面积的平均值;

n ——试样的稀释倍数,$n=0.4$。

5.11 润湿时间的测定

按 GB/T 5451 的规定执行。

5.12 持久起泡性的测定

按 GB/T 28137 的规定执行。

5.13 耐磨性的测定

按 GB/T 33031 的规定执行。

5.14 粉尘的测定

按 GB/T 30360 的规定执行。

5.15 热储稳定性试验

按 GB/T 19136—2021 中的 4.4.1 的规定执行。

6 检验规则

6.1 出厂检验

每批产品均应做出厂检验,经检验合格签发合格证后,方可出厂。出厂检验项目为表 1 中除热储稳定性以外的所有项目。

6.2 型式检验

型式检验项目为第 4 章中的全部项目，在正常连续生产情况下，每 3 个月至少进行 1 次。有下述情况之一，应进行型式检验：

a) 原料有较大改变，可能影响产品质量时；

b) 生产地址、生产设备或生产工艺有较大改变，可能影响产品质量时；

c) 停产后又恢复生产时；

d) 国家法定质量监管机构提出型式检验要求时。

6.3 判定规则

按第 4 章技术要求对产品进行出厂检验和型式检验，任一项目不符合指标要求判为该批次产品不合格。

7 验收和质量保证期

7.1 验收

应符合 GB/T 1604 的规定。

7.2 质量保证期

在规定的储运条件下，乙氧磺隆水分散粒剂的质量保证期从生产日期算起为 2 年。质量保证期内，各项指标均应符合本文件要求。

8 标志、标签、包装、储运

8.1 标志、标签、包装

乙氧磺隆水分散粒剂的标志、标签、包装应符合 GB 3796 的规定；乙氧磺隆水分散粒剂采用塑料袋包装，每袋净含量 20 g、50 g、100 g，外包装用纸箱，每箱净重 10 kg。也可根据用户要求或订货协议可采用其他形式的包装，但应符合 GB 3796 的规定。

8.2 储运

乙氧磺隆水分散粒剂包装件应储存在通风、干燥的库房中；储运时，严防潮湿和日晒，不得与食物、种子、饲料混放，避免与皮肤、眼睛接触，防止由口鼻吸入。

附 录 A
（资料性）
乙氧磺隆的其他名称、结构式和基本物化参数

ISO 通用名称：Ethoxysulfuron。

CAS 登录号：126801-58-9。

化学名称：1-(4,6-二甲氧基嘧啶-2-基)-3-(2-乙氧基苯氧磺酰基)脲。

结构式：

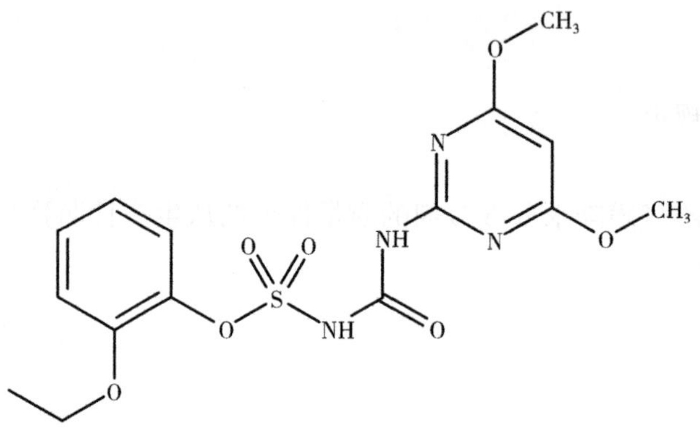

实验式：$C_{15}H_{18}N_4O_7S$。

相对分子质量：398.4。

生物活性：除草。

熔点：144 ℃～147 ℃。

蒸气压(20 ℃)：6.6×10^{-5} Pa。

溶解度(20 ℃～25 ℃)：正己烷中 0.006 g/L、甲苯中 2.5 g/L、丙酮中 36.0 g/L、二氯甲烷中 107.0 g/L、甲醇中 7.7 g/L、异丙醇中 1.0 g/L、乙酸乙酯中 14.1 g/L、聚乙二醇中 22.5 g/L、二甲亚砜中大于 500 g/L、水中 0.026 g/L(pH 5)，1.353 g/L(pH 7)，9.628 g/L(pH 9)。

稳定性：水解 DT_{50} 为 65 d(pH 5)，259 d(pH 7)，331 d(pH 9)。

ICS 65.100.20
CCS G 25

中华人民共和国农业行业标准

NY/T 4086—2022

乙氧磺隆原药

Ethoxysulfuron technical material

2022-07-11 发布　　2022-10-01 实施

中华人民共和国农业农村部　发布

前　　言

本文件按照 GB/T 1.1—2020《标准化工作导则　第1部分：标准化文件的结构和起草规则》的规定起草。

请注意本文件的某些内容可能涉及专利。本文件的发布机构不承担识别专利的责任。

本文件由农业农村部种植业管理司提出。

本文件由全国农药标准化技术委员会(SAC/TC 133)归口。

本文件起草单位：江苏瑞邦农化股份有限公司、合肥六福农业科技有限公司、浙江泰达作物科技有限公司、沈阳沈化院测试技术有限公司、沈阳化工研究院有限公司。

本文件主要起草人：张嘉月、步康明、张丕龙、李多才、徐英、胡俊、李玉洁、董雪梅。

乙氧磺隆原药

1 范围

本文件规定了乙氧磺隆原药的技术要求、试验方法、检验规则、验收和质量保证期以及标志、标签、包装、储运。

本文件适用于乙氧磺隆原药产品的质量控制。

注:乙氧磺隆的其他名称、结构式和基本物化参数见附录 A。

2 规范性引用文件

下列文件中的内容通过文中的规范性引用而构成本文件必不可少的条款。其中,注日期的引用文件,仅该日期对应的版本适用于本文件;不注日期的引用文件,其最新版本(包括所有的修改单)适用于本文件。

GB/T 1600—2021 农药水分测定方法

GB/T 1601 农药 pH 的测定方法

GB/T 1604 商品农药验收规则

GB/T 1605—2001 商品农药采样方法

GB 3796 农药包装通则

GB/T 8170—2008 数值修约规则与极限数值的表示和判定

GB/T 19138 农药丙酮不溶物测定方法

3 术语和定义

本文件没有需要界定的术语和定义。

4 技术要求

4.1 外观

白色至类白色粉末。

4.2 技术指标

应符合表 1 的要求。

表 1 乙氧磺隆原药控制项目指标

项 目	指 标
乙氧磺隆质量分数,%	≥95.0
水分,%	≤0.5
丙酮不溶物[a],%	≤0.3
pH	3.0～6.0
[a] 正常生产时,丙酮不溶物每 3 个月至少测定 1 次。	

5 试验方法

警示:使用本文件的人员应有实验室工作的实践经验。本文件并未指出所有的安全问题。使用者有责任采取适当的安全和健康措施。

5.1 一般规定

本文件所用试剂和水在没有注明其他要求时,均指分析纯试剂和蒸馏水。检验结果的判定按 GB/T

8170—2008 中 4.3.3 的规定执行。

5.2 取样

按 GB/T 1605—2001 中 5.3.1 的规定执行。用随机数表法确定取样的包装件；最终取样量应不少于 100 g。

5.3 鉴别试验

5.3.1 红外光谱法

乙氧磺隆原药与乙氧磺隆标样在 4 000/cm～400/cm 范围的红外吸收光谱图应没有明显区别。乙氧磺隆标样红外光谱图见图 1。

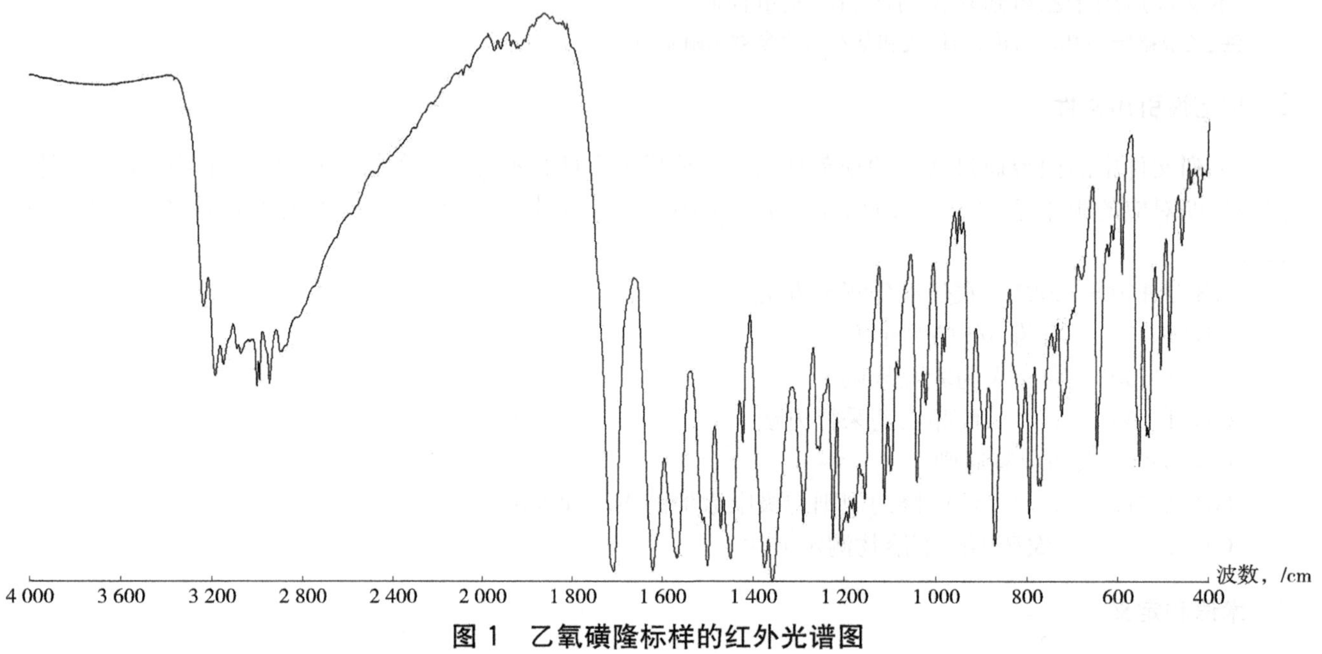

图 1　乙氧磺隆标样的红外光谱图

5.3.2 高效液相色谱法

本鉴别试验可与乙氧磺隆质量分数的测定同时进行。在相同的色谱操作条件下，试样溶液中某色谱峰的保留时间与标样溶液中乙氧磺隆的色谱峰的保留时间，其相对差值应在 1.5%以内。

5.4 外观的测定

采用目测法测定。

5.5 乙氧磺隆质量分数的测定

5.5.1 方法提要

试样用乙腈溶解，以乙腈＋磷酸水溶液为流动相，使用以 C_{18} 为填料的不锈钢柱和紫外检测器(240 nm)，对试样中的乙氧磺隆进行高效液相色谱分离，外标法定量。

5.5.2 试剂和溶液

5.5.2.1 乙腈：色谱纯。

5.5.2.2 磷酸。

5.5.2.3 水：新蒸二次蒸馏水或超纯水。

5.5.2.4 磷酸水溶液：体积比 $\psi_{(磷酸:水)}=1:1\ 000$。

5.5.2.5 乙氧磺隆标样：已知乙氧磺隆质量分数，$\omega \geqslant 97.0\%$。

5.5.3 仪器

5.5.3.1 高效液相色谱仪：具有可变波长紫外检测器。

5.5.3.2 色谱柱：250 mm×4.6 mm(内径)不锈钢柱，内装 C_{18}、5 μm 填充物(或具同等效果的色谱柱)。

5.5.3.3 定量进样管：10 μL。

5.5.3.4 超声波清洗器。

5.5.4 高效液相色谱操作条件

5.5.4.1 流动相：体积比 $\psi_{(乙腈:磷酸水溶液)}$=55∶45。

5.5.4.2 流速：1.0 mL/min。

5.5.4.3 柱温：室温(温度变化应不大于 2 ℃)。

5.5.4.4 检测波长：240 nm。

5.5.4.5 进样体积：10 μL。

5.5.4.6 保留时间：乙氧磺隆约 13.5 min。

5.5.4.7 上述操作参数是典型的，可根据不同仪器特点，对给定的操作参数作适当调整，以期获得最佳效果。典型的乙氧磺隆原药高效液相色谱图见图 2。

标引序号说明：
1——乙氧磺隆。

图 2 乙氧磺隆原药的高效液相色谱图

5.5.5 测定步骤

5.5.5.1 标样溶液的制备

称取 0.1 g(精确至 0.000 1 g)乙氧磺隆标样，置于 50 mL 容量瓶中，加入 40 mL 乙腈，超声波振荡 5 min，冷却至室温，用乙腈定容至刻度，摇匀。用移液管移取上述溶液 10 mL 于 50 mL 容量瓶中，用乙腈稀释至刻度，摇匀。

5.5.5.2 试样溶液的制备

称取含乙氧磺隆 0.1 g(精确至 0.000 1 g)的试样，置于 50 mL 容量瓶中，加入 40 mL 乙腈，超声波振荡 5 min，冷却至室温，用乙腈定容至刻度，摇匀。用移液管移取上述溶液 10 mL 于 50 mL 容量瓶中，用乙腈稀释至刻度，摇匀。

5.5.5.3 测定

在上述操作条件下，待仪器稳定后，连续注入数针标样溶液，直至相邻两针乙氧磺隆峰面积相对变化小于 1.2%后，按照标样溶液、试样溶液、试样溶液、标样溶液的顺序进行测定。

5.5.6 计算

将测得的两针试样溶液以及试样前后两针标样溶液中乙氧磺隆峰面积分别进行平均，试样中乙氧磺隆的质量分数按公式(1)计算。

$$\omega_1 = \frac{A_2 \times m_1 \times \omega_{b1}}{A_1 \times m_2} \quad (1)$$

式中：

ω_1 ——试样中乙氧磺隆的质量分数，单位为百分号(%)；

A_2——试样溶液中，乙氧磺隆的峰面积的平均值；

m_1——乙氧磺隆标样质量的数值，单位为克(g)；

ω_{b1}——标样中乙氧磺隆的质量分数，单位为百分号(%)；

A_1——标样溶液中，乙氧磺隆的峰面积的平均值；

m_2——试样质量的数值，单位为克(g)。

5.5.7 允许差

乙氧磺隆质量分数2次平行测定结果之差应不大于1.2%，取其算术平均值作为测定结果。

5.6 水分的测定

按GB/T 1600—2021中4.2的规定执行。

5.7 丙酮不溶物的测定

按GB/T 19138的规定执行。

5.8 pH的测定

按GB/T 1601的规定执行。

6 检验规则

6.1 出厂检验

每批产品均应做出厂检验，经检验合格签发合格证后，方可出厂。出厂检验项目为表1中除丙酮不溶物以外的所有项目。

6.2 型式检验

型式检验项目为第4章中的全部项目，在正常连续生产情况下，每3个月至少进行1次。有下述情况之一，应进行型式检验：

a） 原料有较大改变，可能影响产品质量时；

b） 生产地址、生产设备或生产工艺有较大改变，可能影响产品质量时；

c） 停产后又恢复生产时；

d） 国家法定质量监管机构提出型式检验要求时。

6.3 判定规则

按第4章技术要求对产品进行出厂检验和型式检验，任一项目不符合指标要求判为该批次产品不合格。

7 验收和质量保证期

7.1 验收

应符合GB/T 1604的规定。

7.2 质量保证期

在规定的储运条件下，乙氧磺隆原药的质量保证期从生产日期算起为2年。质量保证期内，各项指标均应符合本文件要求。

8 标志、标签、包装、储运

8.1 标志、标签、包装

乙氧磺隆原药的标志、标签、包装应符合GB 3796的规定；乙氧磺隆原药采用内衬保护层的铁桶或纸板桶包装。每桶净含量一般为20 kg 、50 kg、100 kg。也可根据用户要求或订货协议采用其他形式的包装，但需符合GB 3796的规定。

8.2 储运

乙氧磺隆原药包装件应储存在通风、干燥的库房中；储运时，严防潮湿和日晒，不得与食物、种子、饲料混放，避免与皮肤、眼睛接触，防止由口鼻吸入。

附 录 A
(资料性)
乙氧磺隆的其他名称、结构式和基本物化参数

ISO 通用名称:Ethoxysulfuron。

CAS 登录号:126801-58-9。

化学名称:1-(4,6-二甲氧基嘧啶-2-基)-3-(2-乙氧基苯氧磺酰基)脲。

结构式:

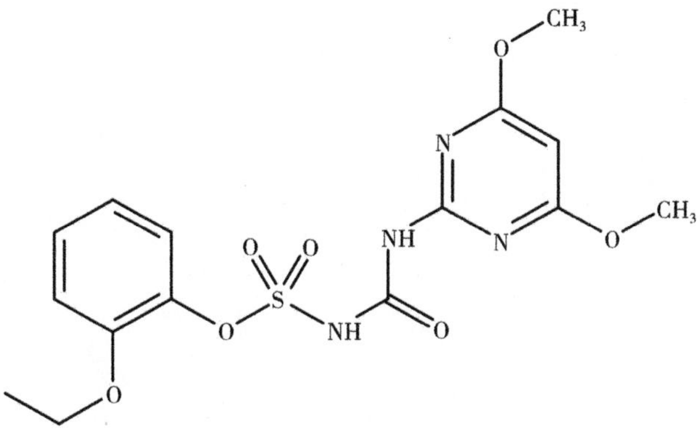

实验式:$C_{15}H_{18}N_4O_7S$。

相对分子质量:398.4。

生物活性:除草。

熔点:144 ℃~147 ℃。

蒸气压(20 ℃):6.6×10^{-5} Pa。

溶解度(20 ℃~25 ℃):正己烷中 0.006 g/L、甲苯中 2.5 g/L、丙酮中 36.0 g/L、二氯甲烷中 107.0 g/L、甲醇中 7.7 g/L、异丙醇中 1.0 g/L、乙酸乙酯中 14.1 g/L、聚乙二醇中 22.5 g/L、二甲亚砜中大于 500 g/L、水中 0.026 g/L(pH 5),1.353 g/L(pH 7),9.628 g/L(pH 9)。

稳定性:水解 DT_{50} 为 65 d(pH 5),259 d(pH 7),331 d(pH 9)。

ICS 65.100.30
CCS G 25

中华人民共和国农业行业标准

NY/T 4087—2022

咪鲜胺锰盐可湿性粉剂

Prochloraz-manganese wettable powders

2022-07-11 发布　　　　2022-10-01 实施

中华人民共和国农业农村部　发布

前言

本文件按照 GB/T 1.1—2020《标准化工作导则　第 1 部分：标准化文件的结构和起草规则》的规定起草。

请注意本文件的某些内容可能涉及专利。本文件的发布机构不承担识别专利的责任。

本文件由农业农村部种植业管理司提出。

本文件由全国农药标准化技术委员会(SAC/TC 133)归口。

本文件起草单位：安道麦辉丰(江苏)有限公司、安徽天成基农业科学研究院有限责任公司、沈阳沈化院测试技术有限公司、沈阳化工研究院有限公司。

本文件主要起草人：季红进、桂伟、戚晶晶、侯德粉、张明、卫志超、张雪冰、董雪梅。

咪鲜胺锰盐可湿性粉剂

1 范围

本文件规定了咪鲜胺锰盐可湿性粉剂的技术要求、试验方法、检验规则、验收和质量保证期以及标志、标签、包装和储运。

本文件适用于咪鲜胺锰盐可湿性粉剂产品的质量控制。

注:咪鲜胺锰盐、2,4,6-三氯苯酚的其他名称、结构式和基本物化参数见附录 A。

2 规范性引用文件

下列文件中的内容通过文中的规范性引用而构成本文件必不可少的条款。其中,注日期的引用文件,仅该日期对应的版本适用于本文件;不注日期的引用文件,其最新版本(包括所有的修改单)适用于本文件。

GB/T 603 化学试剂 试验方法中所用制剂及制品的制备

GB/T 1600—2021 农药水分测定方法

GB/T 1601 农药 pH 的测定方法

GB/T 1604 商品农药验收规则

GB/T 1605—2001 商品农药采样方法

GB 3796 农药包装通则

GB/T 5451 农药可湿性粉剂润湿性测定方法

GB/T 8170—2008 数值修约规则与极限数值的表示和判定

GB/T 14825—2006 农药悬浮率测定方法

GB/T 16150—1995 农药粉剂、可湿性粉剂细度测定方法

GB/T 19136—2021 农药热储稳定性测定方法

GB/T 28137 农药持久起泡性测定方法

3 术语和定义

本文件没有需要界定的术语和定义。

4 技术要求

4.1 外观

均匀疏松粉末,不应有团块。

4.2 技术指标

应符合表 1 的要求。

表 1 咪鲜胺锰盐可湿性粉剂控制项目指标

项 目	指 标	
	50%规格	60%规格
咪鲜胺锰盐质量分数,%	$50.0^{+2.5}_{-2.5}$	$60.0^{+2.5}_{-2.5}$
咪鲜胺质量分数,%	$46.1^{+2.3}_{-2.3}$	$55.4^{+2.5}_{-2.5}$
锰离子质量分数,%	≥1.6	≥1.9
2,4,6-三氯苯酚质量分数[a],%	≤0.1	

表 1 （续）

项　　目	指　　标	
	50%规格	60%规格
水分，%	≤2.5	
pH	5.0～8.0	
悬浮率，%	≥80	
润湿时间，s	≤60	
持久起泡性(1 min 后泡沫量)，mL	≤60	
湿筛试验(通过 75 μm 标准筛)，%	≥98	
热储稳定性[a]	热储后，咪鲜胺锰盐质量分数应不低于热储前测得质量分数的 95%，锰质量分数、2，4，6-三氯苯酚质量分数、pH、悬浮率、润湿时间和湿筛试验仍符合本文件要求	
[a] 正常生产时，2，4，6-三氯苯酚质量分数和热储稳定性试验每 3 个月至少测定 1 次。		

5 试验方法

警示：使用本文件的人员应有实验室工作的实践经验。本文件并未指出所有的安全问题。使用者有责任采取适当的安全和健康措施。

5.1 一般规定

本文件所用试剂和水在没有注明其他要求时，均指分析纯试剂和蒸馏水。检验结果的判定按 GB/T 8170—2008 中 4.3.3 的规定执行。

5.2 取样

按 GB/T 1605—2001 中 5.3.3 的规定执行。用随机数表法确定取样的包装件；最终取样量应不少于 200 g。

5.3 鉴别试验

液相色谱法——本鉴别试验可与咪鲜胺锰盐质量分数的测定同时进行。在相同的色谱操作条件下，试样溶液中某色谱峰的保留时间与标样溶液中咪鲜胺锰盐的色谱峰的保留时间，其相对差值应在 1.5% 以内。

5.4 外观的测定

采用目测法测定。

5.5 咪鲜胺锰盐质量分数的测定

5.5.1 方法提要

试样用乙腈溶解，以乙腈＋乙酸铵溶液为流动相，使用以 C_{18} 为填料的色谱柱和紫外检测器，在波长 240 nm 下，对试样中的咪鲜胺锰盐进行反相高效液相色谱分离，外标法定量。

5.5.2 试剂和溶液

5.5.2.1 乙腈：色谱纯。

5.5.2.2 水：超纯水或新蒸二次蒸馏水。

5.5.2.3 乙酸铵。

5.5.2.4 乙酸铵溶液：$c_{(乙酸铵)}$＝0.1 mol/L。

5.5.2.5 咪鲜胺或咪鲜胺锰盐标样：已知咪鲜胺或咪鲜胺锰盐质量分数，ω≥98.0%。

5.5.3 仪器

5.5.3.1 高效液相色谱仪：具有可变波长紫外检测器。

5.5.3.2 色谱数据处理机或色谱工作站。

5.5.3.3 色谱柱：250 mm×4.6 mm(内径)不锈钢柱，内装 C_{18}、5 μm 填充物(或具同等效果的色谱柱)。

5.5.3.4 过滤器：滤膜孔径约 0.45 μm。

5.5.3.5　定量进样管:10 μL。

5.5.3.6　超声波清洗器。

5.5.4　液相色谱操作条件

5.5.4.1　流动相:乙腈(A 溶液)与乙酸铵溶液(B 溶液)按比例进行梯度设定,具体设定内容见表 2。

表 2　流动相设定条件

时间,min	A 溶液,%	B 溶液,%
0	55	45
15	55	45
16	95	5
20	95	5
21	55	45
25	55	45

5.5.4.2　流速:1.5 mL/min。

5.5.4.3　柱温:室温(温度变化应不大于 2 ℃)。

5.5.4.4　检测波长:240 nm。

5.5.4.5　进样体积:10 μL。

5.5.4.6　保留时间:咪鲜胺约 10.4 min。

5.5.4.7　上述操作参数是典型的,可根据不同仪器特点,对给定的操作参数作适当调整,以期获得最佳效果。典型的咪鲜胺锰盐可湿性粉剂的高效液相色谱图见图 1。

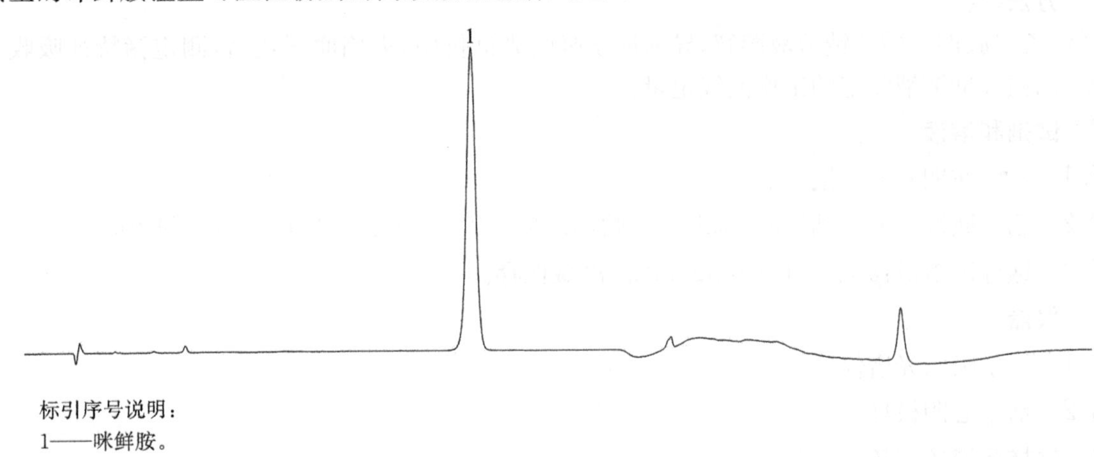

标引序号说明:
1——咪鲜胺。

图 1　咪鲜胺锰盐可湿性粉剂的高效液相色谱图

5.5.5　测定步骤

5.5.5.1　标样溶液的制备

称取含咪鲜胺 0.05 g(精确至 0.000 1 g)的咪鲜胺或咪鲜胺锰盐标样于 100 mL 容量瓶中,用乙腈稀释至刻度,超声 3 min,冷却至室温,摇匀。

5.5.5.2　试样溶液的制备

称取含咪鲜胺 0.05 g(精确至 0.000 1 g)的试样于 100 mL 容量瓶中,用乙腈稀释至刻度,超声3 min,冷却至室温,摇匀。

5.5.5.3　测定

在上述操作条件下,待仪器稳定后,连续注入数针标样溶液,直至相邻两针咪鲜胺锰盐峰面积相对变化小于 1.2%后,按照标样溶液、试样溶液、试样溶液、标样溶液的顺序进行测定。

5.5.5.4　计算

将测得的两针试样溶液以及试样前后两针标样溶液中咪鲜胺锰盐峰面积分别进行平均。试样中咪鲜胺锰盐的质量分数按式(1)计算,试样中咪鲜胺的质量分数按公式(2)计算。

$$\omega_1 = \frac{A_2 \times m_1 \times \omega_{b1}}{A_1 \times m_2} \times k_1 \quad \cdots\cdots (1)$$

$$\omega_2 = \frac{A_2 \times m_1 \times \omega_{b1}}{A_1 \times m_2} \times k_2 \quad \cdots\cdots (2)$$

式中:

ω_1 ——试样中咪鲜胺锰盐的质量分数,单位为百分号(%);

A_2 ——试样溶液中咪鲜胺峰面积的平均值;

m_1 ——标样质量的数值,单位为克(g);

ω_{b1} ——咪鲜胺锰盐(咪鲜胺)标样中咪鲜胺锰盐(咪鲜胺)的质量分数,单位为百分号(%);

k_1 ——换算系数,当用咪鲜胺标样时,$k_1 = 1.083$,当用咪鲜胺锰盐标样时,$k_1 = 1$;

A_1 ——标样溶液中咪鲜胺峰面积的平均值;

m_2 ——试样质量的数值,单位为克(g);

ω_2 ——试样中咪鲜胺的质量分数,单位为百分号(%);

k_2 ——换算系数,当用咪鲜胺标样时,$k_2 = 1$,当用咪鲜胺锰盐标样时,$k_2 = 0.923$。

5.5.6 允许差

2 次平行测定结果之差应不大于 0.6%,取其算术平均值作为测定结果。

5.6 锰质量分数的测定

5.6.1 原子吸收法(仲裁法)

5.6.1.1 方法提要

试样经乙二胺四乙酸二钠溶液溶解,导入原子吸收光谱仪中,火焰原子化后,测定锰特征吸收光谱下的吸光度,用锰标准溶液测定的工作曲线定量。

5.6.1.2 试剂和溶液

5.6.1.2.1 乙二胺四乙酸二钠。

5.6.1.2.2 乙二胺四乙酸二钠溶液:称取乙二胺四乙酸二钠 7.44 g 溶于 1 000 mL 水中。

5.6.1.2.3 锰标准溶液:$\rho_{(Mn)} = 1\ 000\ \mu g/mL$。冷藏保存。

5.6.1.3 仪器

5.6.1.3.1 原子吸收光谱仪。

5.6.1.3.2 锰空心阴极灯。

5.6.1.4 试样溶液的制备

称取含 0.09 g(精确至 0.000 1 g)咪鲜胺锰盐的试样于 100 mL 容量瓶中,加入 80 mL 乙二胺四乙酸二钠溶液超声波振荡 5 min,用乙二胺四乙酸二钠溶液定容至刻度,摇匀。用移液管移取上述溶液0.5 mL 于 50 mL 容量瓶中,用乙二胺四乙酸二钠溶液稀释至刻度,摇匀。

同时按上述方法制备不加咪鲜胺锰盐试样的空白溶液作为参比溶液。

5.6.1.5 标准曲线的测定

5.6.1.5.1 标准储备溶液的制备

锰标准储备溶液:$\rho_{(Mn)} = 20\ \mu g/mL$。吸取 1.0 mL 锰标准溶液于 50 mL 容量瓶中用水稀释至刻度,摇匀。

5.6.1.5.2 标准溶液的配制

分别吸取一定量的锰标准储备溶液(0 mL、0.2 mL、0.5 mL、1.0 mL、2.0 mL、3.0 mL)于 50 mL 容量瓶中,用水稀释至刻度,摇匀。

5.6.1.5.3 标准曲线的测定

待仪器稳定并调节零点后,以不加锰的标准溶液为参比溶液于波长 279.5 nm 测定锰各标准溶液的吸光度。

以标准溶液的浓度为横坐标,相应的吸光度为纵坐标,绘制标准曲线。

5.6.1.6 **测定**

在与标准曲线测定相同的条件下,测定试样溶液的吸光度,在工作曲线上查出相应的浓度。

5.6.1.7 **计算**

在标准曲线上查出锰的浓度,按公式(3)计算出试样中锰的质量分数。

$$\omega_3=\frac{V\times\rho\times n_1}{m_3\times 10^6}\times 100 \qquad (3)$$

式中:

ω_3——锰质量分数,单位为百分号(%);

V——测得试样吸光度对应锰标准储备溶液的体积,单位为毫升(mL);

ρ——锰标准储备溶液中锰的质量浓度,单位为微克每毫升(μg/mL);

m_3——试样质量的数值,单位为克(g);

n_1——测定时样品的稀释倍数,$n_1=200$。

5.6.1.8 **允许差**

2次平行测定结果之差应不大于0.2%,取其算术平均值作为测定结果。

5.6.2 **化学法**

5.6.2.1 **方法提要**

试样以浓硝酸分解后,用过硫酸铵将二价锰氧化至七价锰,用硫酸亚铁铵标准溶液滴定,测出锰的质量分数。过量的过硫酸铵通过加热煮沸除去,银离子催化二价锰的氧化。

反应式如下:

$$5S_2O_8^{2-}+2Mn^{2+}+8H_2O\xrightarrow{Ag^+}2MnO_4^-+10SO_4^{2-}+16H^+$$

$$S_2O_8^{2-}+H_2O\xrightarrow{\text{煮沸}}2HSO_4^{2-}+1/2O_2$$

$$MNO_4^-+5Fe^{2+}+8H^+\longrightarrow 5Fe^{3+}+Mn^{2+}+4H_2O$$

5.6.2.2 **试剂和溶液**

5.6.2.2.1 硝酸。

5.6.2.2.2 磷酸。

5.6.2.2.3 磷酸氢二钠溶液:$\rho_{(\text{磷酸氢二钠})}=200$ g/L。

5.6.2.2.4 过硫酸铵溶液:$\rho_{(\text{过硫酸铵})}=150$ g/L。

5.6.2.2.5 硝酸银溶液:$\rho_{(\text{硝酸银})}=20$ g/L。

5.6.2.2.6 氯化钠溶液:$\rho_{(\text{氯化钠})}=5$ g/L。

5.6.2.2.7 硫酸亚铁铵标准滴定溶液:$c_{(\text{硫酸亚铁铵})}=0.02$ mol/L,按GB/T 603的规定配制和标定。

5.6.2.2.8 *N*-苯基邻氨基苯甲酸指示液:$\rho_{(N\text{-苯基邻氨基苯甲酸})}=2$ g/L,按GB/T 603的规定配制。

5.6.2.3 **仪器**

电热板。

5.6.2.4 **测定步骤**

称取约含0.1 g(精确至0.000 1 g)咪鲜胺锰盐的试样,置于250 mL碘量瓶中,加入5 mL浓硝酸,缓慢加热,使样品分解,待瓶中无棕色气体产生时,停止加热并自然冷却。加70 mL水并淋洗瓶壁,加入15 mL磷酸、20 mL磷酸氢二钠溶液、10 mL硝酸银溶液和20 mL过硫酸铵溶液。摇匀后立即放入沸水浴中加热20 min,取出冷却至室温,加10 mL氯化钠溶液,摇匀,立即用硫酸亚铁铵标准滴定溶液滴定,待溶液呈现浅红色时,加3滴~4滴*N*-苯基邻氨基苯甲酸指示液,继续滴定至溶液由紫红色变为黄绿色时即为终点。

5.6.2.5 **计算**

试样中锰质量分数按公式(4)计算。

$$\omega_3 = \frac{c \times V \times M}{m \times 1000} \times 100 \quad \cdots\cdots (4)$$

式中：

ω_3——锰的质量分数，单位为百分号(%)；

c ——硫酸亚铁铵标准滴定溶液浓度的数值，单位为摩尔每升(mol/L)；

V ——滴定试样溶液所消耗的硫酸亚铁铵标准滴定溶液体积的数值，单位为毫升(mL)；

M——锰(Mn)的摩尔质量的数值，单位为克每摩尔(g/mol)(M=10.99)；

m ——试样质量的数值，单位为克(g)。

5.6.2.6 **允许差**

2次平行测定结果之差应不大于0.2%，取其算术平均值作为测定结果。

5.7 2,4,6-三氯苯酚质量分数的测定

5.7.1 **方法提要**

试样用甲醇溶解，以甲醇+乙酸铵溶液为流动相，使用以C_{18}为填料的色谱柱和紫外检测器，在波长230 nm下，对试样中的2,4,6-三氯苯酚进行反相高效液相色谱分离，外标法定量，本方法中2,4,6-三氯苯酚的定量限为0.017 g/kg。

5.7.2 **试剂和溶液**

5.7.2.1 甲醇：色谱纯。

5.7.2.2 水：超纯水或新蒸二次蒸馏水。

5.7.2.3 乙酸铵。

5.7.2.4 乙酸铵溶液：$C_{(乙酸铵)}$=0.1 mol/L。

5.7.2.5 2,4,6-三氯苯酚标样：已知2,4,6-三氯苯酚质量分数，$\omega \geq 99.0\%$。

5.7.3 **仪器**

5.7.3.1 高效液相色谱仪：具有可变波长紫外检测器。

5.7.3.2 色谱数据处理机或色谱工作站。

5.7.3.3 色谱柱：250 mm×4.6 mm(内径)不锈钢柱，内装C_{18}、5 μm填充物(或具同等效果的色谱柱)。

5.7.3.4 过滤器：滤膜孔径约0.45 μm。

5.7.3.5 定量进样管：10 μL。

5.7.3.6 超声波清洗器。

5.7.4 **液相色谱操作条件**

5.7.4.1 流动相：甲醇(A溶液)与乙酸铵溶液(B溶液)按比例进行梯度设定，具体设定内容见表3。

表3 流动相设定条件

时间，min	A溶液，%	B溶液，%
0	70	30
15	70	30
15.1	90	10
18	90	10
18.1	70	30
23	70	30

5.7.4.2 流速：1.0 mL/min。

5.7.4.3 柱温：室温(温度变化应不大于2 ℃)。

5.7.4.4 检测波长：230 nm。

5.7.4.5 进样体积：10 μL。

5.7.4.6 保留时间：2,4,6-三氯苯酚约10.2 min。

5.7.4.7 上述操作参数是典型的，可根据不同仪器特点，对给定的操作参数作适当调整，以期获得最佳效果。典型的2,4,6-三氯苯酚标样的高效液相色谱图见图2，典型的测定2,4,6-三氯苯酚的咪鲜胺锰盐可湿性粉剂的高效液相色谱图见图3。

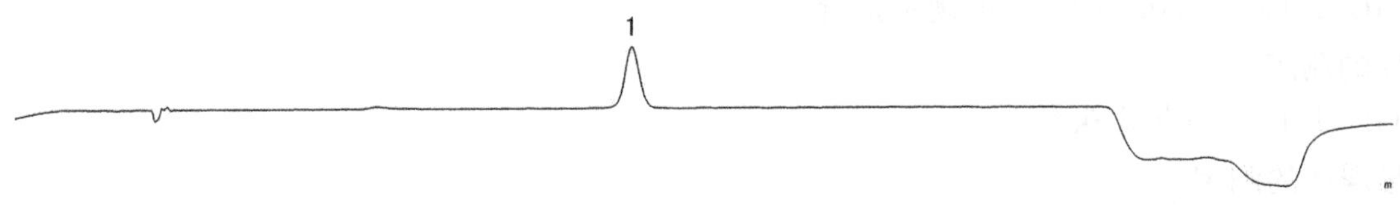

标引序号说明：

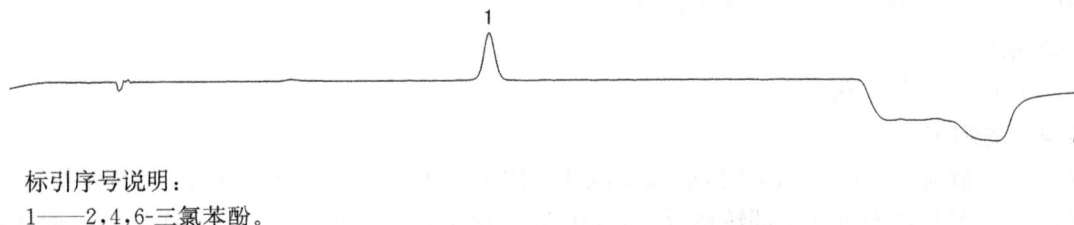

1——2,4,6-三氯苯酚。

图2 2,4,6-三氯苯酚标样的高效液相色谱图

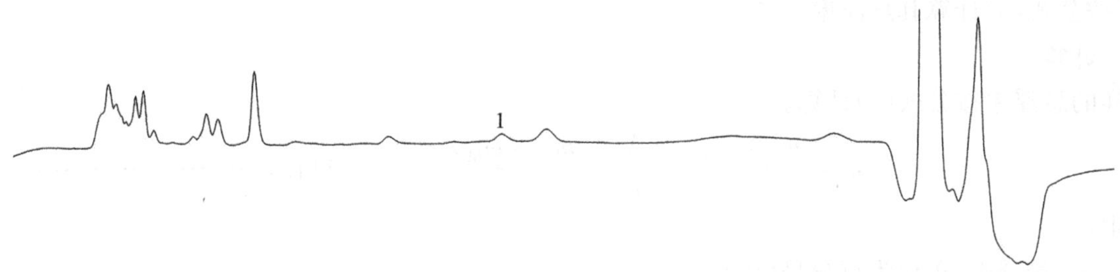

标引序号说明：

1——2,4,6-三氯苯酚。

图3 测定2,4,6-三氯苯酚的咪鲜胺锰盐可湿性粉剂的高效液相色谱图

5.7.5 测定步骤

5.7.5.1 标样溶液的制备

称取2,4,6-三氯苯酚标样约0.05 g(精确至0.000 1 g)，置于50 mL容量瓶中，用甲醇稀释至刻度，超声3 min使之溶解，冷却至室温，摇匀。用移液管移取1 mL上述溶液于另一50 mL容量瓶中，用流动相稀释至刻度，摇匀。

5.7.5.2 咪鲜胺锰盐原药试样溶液的制备

称取1 g(精确至0.000 1 g)咪鲜胺锰盐可湿性粉剂试样，置于50 mL容量瓶中，用甲醇稀释至刻度，超声3 min，冷却至室温，摇匀，过滤。

5.7.5.3 测定

在上述操作条件下，待仪器稳定后，连续注入数针标样溶液，直至相邻两针2,4,6-三氯苯酚峰面积相对变化小于10%后，按照标样溶液、试样溶液、试样溶液、标样溶液的顺序进行测定。

5.7.5.4 计算

将测得的两针试样溶液以及试样前后两针标样溶液中2,4,6-三氯苯酚峰面积分别进行平均。试样中2,4,6-三氯苯酚的质量分数按公式(5)计算。

$$\omega_4 = \frac{A_5 \times m_4 \times \omega_{b2}}{A_4 \times m_5 \times n_2} \quad \cdots\cdots (5)$$

式中：

ω_4 ——试样中2,4,6-三氯苯酚的质量分数，单位为百分号(%)；

A_5 ——试样溶液中2,4,6-三氯苯酚峰面积的平均值；

m_4 ——2,4,6-三氯苯酚标样质量的数值，单位为克(g)；

ω_{b2} ——标样中2,4,6-三氯苯酚的质量分数，单位为百分号(%)；

A_4 ——标样溶液中2,4,6-三氯苯酚峰面积的平均值；

m_5 ——试样质量的数值，单位为克(g)；

n_2 ——稀释因子，$n_2=50$。

5.7.6 允许差

2次平行测定结果之相对差应不大于20%，取其算术平均值作为测定结果。

5.8 水分的测定

按GB/T 1600—2021中4.3的规定执行。

5.9 pH的测定

按GB/T 1601的规定执行。

5.10 悬浮率的测定

称取0.5 g(精确至0.000 1 g)咪鲜胺锰盐试样。按GB/T 14825—2006中4.1的规定执行。将量筒内剩余的25 mL悬浮液及沉淀全部转移至100 mL容量瓶中，用50 mL乙腈分3次洗涤量筒底，洗涤液并入容量瓶，超声波振荡5 min，冷却至室温，用乙腈稀释至刻度，摇匀，过滤。按5.5测定咪鲜胺锰盐的质量，再按公式(6)计算其悬浮率。

5.10.1 计算

试样的悬浮率按公式(6)计算。

$$\omega_5=\frac{m_7\times\omega_1-(A_7\times m_6\times\omega_{b1})\div A_6}{m_7\times\omega_1}\times 111.1 \quad\cdots\cdots(6)$$

式中：

ω_5 ——悬浮率，单位为百分号(%)；

m_7 ——试样质量的数值，单位为克(g)；

ω_1 ——试样中咪鲜胺的质量分数，单位为百分号(%)；

A_7 ——试样溶液中咪鲜胺峰面积的平均值；

m_6 ——咪鲜胺标样质量的数值，单位为克(g)；

ω_{b1} ——标样中咪鲜胺质量分数，单位为百分号(%)；

A_6 ——标样溶液中咪鲜胺峰面积的平均值。

5.11 润湿时间的测定

按GB/T 5451的规定执行。

5.12 持久起泡性的测定

按GB/T 28137的规定执行。

5.13 湿筛试验

按GB/T 16150—1995中2.2的规定执行。

5.14 热储稳定性试验

按GB/T 19136—2021中4.4.1的规定执行。

6 检验规则

6.1 出厂检验

每批产品均应做出厂检验，经检验合格签发合格证后，方可出厂。出厂检验项目为表1中除2,4,6-三氯苯酚和热储稳定性以外的所有项目。

6.2 型式检验

型式检验项目为第4章中的全部项目，在正常连续生产情况下，每3个月至少进行1次。有下述情况之一，应进行型式检验：

a) 原料有较大改变，可能影响产品质量时；

b) 生产地址、生产设备或生产工艺有较大改变，可能影响产品质量时；

c) 停产后又恢复生产时；

d) 国家法定质量监管机构提出型式检验要求时。

6.3 判定规则

按第 4 章技术要求对产品进行出厂检验和型式检验，任一项目不符合指标要求判为该批次产品不合格。

7 验收和质量保证期

7.1 验收

应符合 GB/T 1604 的规定。

7.2 质量保证期

在规定的储运条件下，咪鲜胺锰盐可湿性粉剂的质量保证期从生产日期算起为 2 年。质量保证期内，各项指标均应符合本文件要求。

8 标志、标签、包装、储运

8.1 标志、标签、包装

咪鲜胺锰盐可湿性粉剂的标志、标签、包装应符合 GB 3796 的规定。

咪鲜胺锰盐可湿性粉剂包装采用清洁的铝箔袋或复合膜袋包装。每袋净含量 50 g、100 g、200 g、250 g。也可根据用户要求或订货协议采用其他形式的包装，但需符合 GB 3796 的规定。

8.2 储运

咪鲜胺锰盐可湿性粉剂包装件应储存在通风、干燥的库房中。储运时，严防潮湿和日晒，不得与食物、种子、饲料混放，避免与皮肤、眼睛接触，防止由口鼻吸入。

附 录 A
（资料性）
咪鲜胺锰盐与 2,4,6-三氯苯酚的其他名称、结构式和基本物化参数

A.1 咪鲜胺锰盐

ISO 通用名称：Prochloraz-manganese。

CAS 登录号：75747-77-2。

化学名称：*N*-丙基-*N*-(2-(2,4,6-三氯苯氧基)乙基)-咪唑-1-甲酰胺-氯化锰。

结构式：

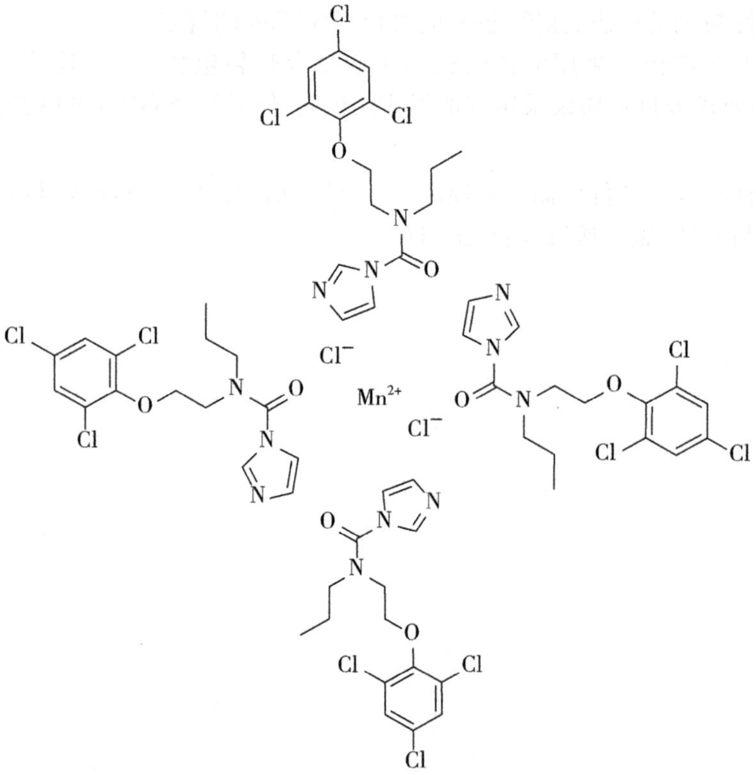

实验式：$C_{60}H_{64}Cl_{14}MnN_{12}O_8$。

相对分子质量：1 632.5。

生物活性：杀菌。

咪鲜胺熔点：46.5 ℃～49.3 ℃。

咪鲜胺溶解度(25 ℃)：水中 34.4 mg/L，甲苯、二氯甲烷、二甲亚砜、丙酮、乙酸乙酯、甲醇和异丙醇中均大于 600 g/L，正己烷中 7.5 g/L。

咪鲜胺稳定性：在水中 30 d(pH 5～7，22 ℃)不降解。在强酸、强碱并且在日光下在长时间 200 ℃的高温下分解。

A.2 2,4,6-三氯苯酚

化学名称：2,4,6-三氯苯酚。

CAS 登记号：88-06-2。

结构式：

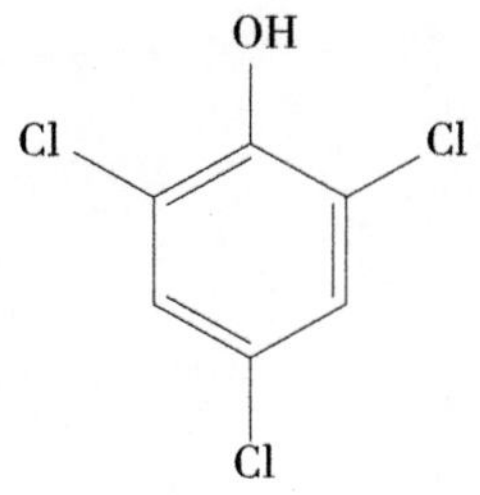

OH
Cl Cl
Cl

实验式：$C_6H_3Cl_3O$。

相对分子质量：197.4。

ICS 65.100.30
CCS G 25

中华人民共和国农业行业标准

NY/T 4088—2022

咪鲜胺锰盐原药

Prochloraz-manganese technical material

2022-07-11 发布　　2022-10-01 实施

中华人民共和国农业农村部 发布

前　　言

本文件按照 GB/T 1.1—2020《标准化工作导则　第 1 部分：标准化文件的结构和起草规则》的规定起草。

请注意本文件的某些内容可能涉及专利。本文件的发布机构不承担识别专利的责任。

本文件由农业农村部种植业管理司提出。

本文件由全国农药标准化技术委员会(SAC/TC 133)归口。

本文件起草单位：安道麦辉丰(江苏)有限公司、沈阳沈化院测试技术有限公司、沈阳化工研究院有限公司。

本文件主要起草人：张明、侯德粉、季红进、戚晶晶、张雪冰、董雪梅。

咪鲜胺锰盐原药

1 范围

本文件规定了咪鲜胺锰盐原药的技术要求、试验方法、检验规则、验收和质量保证期以及标志、标签、包装、储运。

本文件适用于咪鲜胺锰盐原药产品的质量控制。

注：咪鲜胺锰盐、2,4,6-三氯苯酚的其他名称、结构式和基本物化参数见附录 A。

2 规范性引用文件

下列文件中的内容通过文中的规范性引用而构成本文件必不可少的条款。其中，注日期的引用文件，仅该日期对应的版本适用于本文件；不注日期的引用文件，其最新版本(包括所有的修改单)适用于本文件。

GB/T 603　化学试剂　试验方法中所用制剂及制品的制备

GB/T 1600—2021　农药水分测定方法

GB/T 1601　农药 pH 的测定方法

GB/T 1604　商品农药验收规则

GB/T 1605—2001　商品农药采样方法

GB 3796　农药包装通则

GB/T8170—2008　数值修约规则与极限数值的表示和判定

GB/T 19138　农药丙酮不溶物测定方法

3 术语和定义

本文件没有需要界定的术语和定义。

4 技术要求

4.1 外观

白色至类白色固体。

4.2 技术指标

应符合表 1 的要求。

表 1　咪鲜胺锰盐原药控制项目指标

项　目	指　标
咪鲜胺锰盐质量分数，%	≥98.0
咪鲜胺质量分数，%	≥90.4
锰质量分数，%	≥3.2
2,4,6-三氯苯酚质量分数[a]，%	≤0.2
水分，%	≤0.3
pH	5.0～8.0
丙酮不溶物[a]，%	≤0.4

[a] 正常生产时，2,4,6-三氯苯酚质量分数和丙酮不溶物每 3 个月至少测定 1 次。

5 试验方法

警示：使用本文件的人员应有实验室工作的实践经验。本文件并未指出所有的安全问题。使用者有

责任采取适当的安全和健康措施。

5.1 一般规定

本文件所用试剂和水在没有注明其他要求时，均指分析纯试剂和蒸馏水。检验结果的判定按 GB/T 8170—2008 中 4.3.3 的规定执行。

5.2 取样

按 GB/T 1605—2001 中 5.3.1 的规定执行。用随机数表法确定取样的包装件，最终取样量应不少于 100 g。

5.3 鉴别试验

5.3.1 红外光谱法

咪鲜胺锰盐原药与咪鲜胺锰盐标样在 4 000/cm～400/cm 范围的红外吸收光谱图没有明显区别。咪鲜胺锰盐标样红外光谱图见图 1。

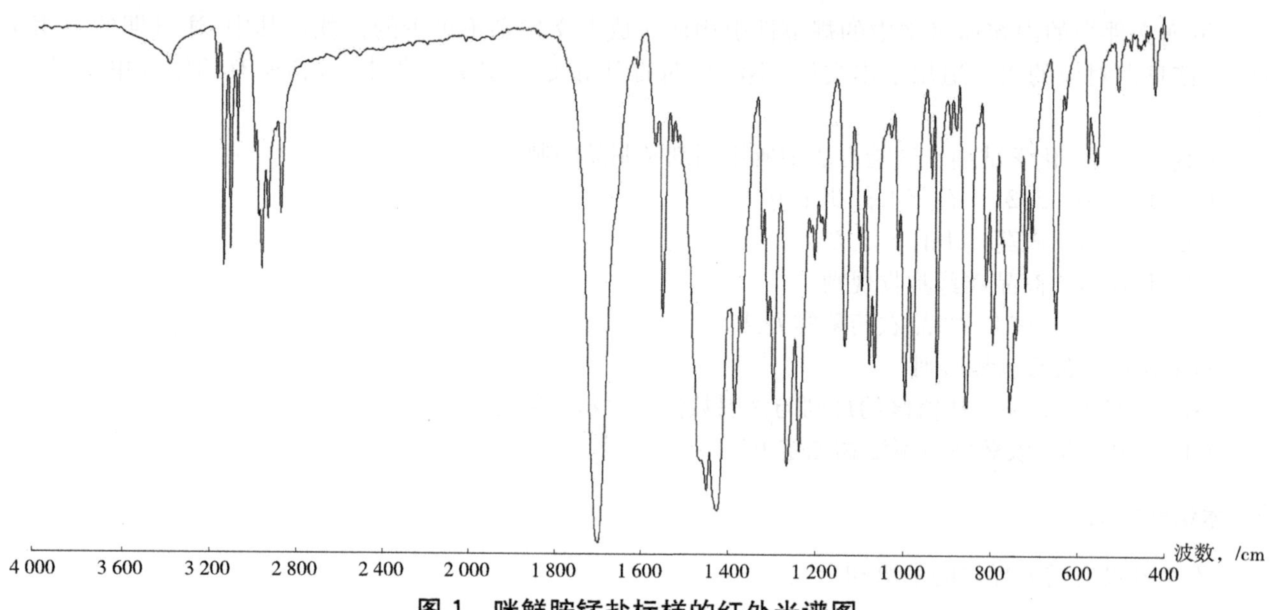

图 1 咪鲜胺锰盐标样的红外光谱图

5.3.2 液相色谱法

本鉴别试验可与咪鲜胺锰盐(咪鲜胺)质量分数的测定同时进行。在相同的色谱操作条件下，试样溶液中某色谱峰的保留时间与标样溶液中咪鲜胺的色谱峰的保留时间，其相对差值应在 1.5%以内。

5.4 外观的测定

采用目测法测定。

5.5 咪鲜胺锰盐(咪鲜胺)质量分数的测定

5.5.1 方法提要

试样用乙腈溶解，以乙腈+乙酸铵溶液为流动相，使用以 C_{18} 为填料的色谱柱和紫外检测器，在波长 240 nm 下，对试样中的咪鲜胺进行反相高效液相色谱分离，外标法定量。

5.5.2 试剂和溶液

5.5.2.1 乙腈：色谱纯。

5.5.2.2 水：超纯水或新蒸二次蒸馏水。

5.5.2.3 乙酸铵。

5.5.2.4 乙酸铵溶液：$C_{(乙酸铵)}=0.1$ mol/L。

5.5.2.5 咪鲜胺或咪鲜胺锰盐标样：已知咪鲜胺或咪鲜胺锰盐质量分数，$\omega \geqslant 98.0\%$。

5.5.3 仪器

5.5.3.1 高效液相色谱仪：具有可变波长紫外检测器。

5.5.3.2 色谱数据处理机或色谱工作站。

5.5.3.3 色谱柱：250 mm×4.6 mm(内径)不锈钢柱，内装 C_{18}、5 μm 填充物(或具同等效果的色谱柱)。

5.5.3.4 过滤器：滤膜孔径约 0.45 μm。

5.5.3.5 定量进样管：10 μL。

5.5.3.6 超声波清洗器。

5.5.4 液相色谱操作条件

5.5.4.1 流动相：乙腈(A 溶液)与乙酸铵溶液(B 溶液)按比例进行梯度设定，具体设定内容见表 2。

表 2 流动相设定条件

时间，min	A 溶液，%	B 溶液，%
0	55	45
15	55	45
16	95	5
20	95	5
21	55	45
25	55	45

5.5.4.2 流速：1.5 mL/min。

5.5.4.3 柱温：室温(温度变化应不大于 2 ℃)。

5.5.4.4 检测波长：240 nm。

5.5.4.5 进样体积：10 μL。

5.5.4.6 保留时间：咪鲜胺约 10.4 min。

5.5.4.7 上述操作参数是典型的，可根据不同仪器特点，对给定的操作参数作适当调整，以期获得最佳效果。典型的咪鲜胺锰盐原药的高效液相色谱图见图 2。

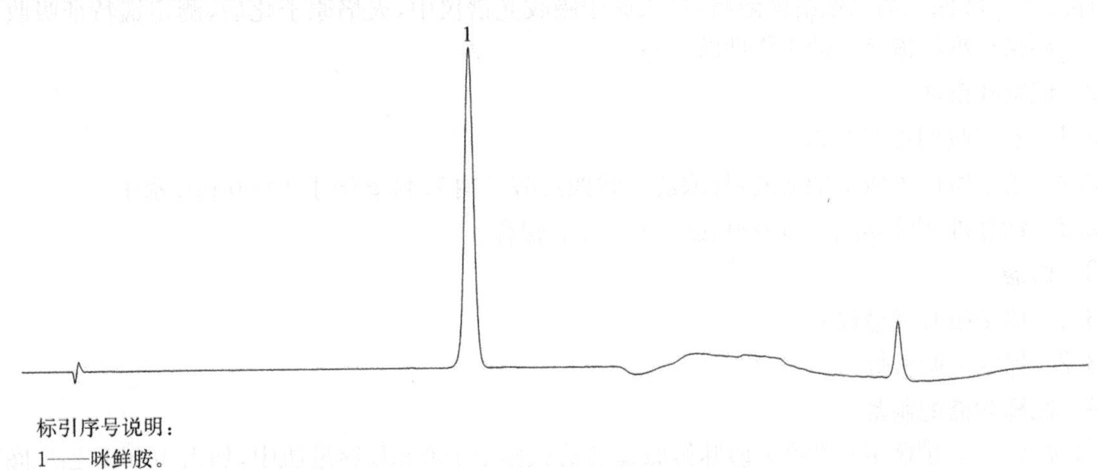

标引序号说明：

1——咪鲜胺。

图 2 咪鲜胺锰盐原药的高效液相色谱图

5.5.5 测定步骤

5.5.5.1 标样溶液的制备

称取含咪鲜胺 0.05 g(精确至 0.000 1 g)的咪鲜胺或咪鲜胺锰盐标样于 100 mL 容量瓶中，用乙腈稀释至刻度，超声 3 min，冷却至室温，摇匀。

5.5.5.2 试样溶液的制备

称取含咪鲜胺 0.05 g(精确至 0.000 1 g)的咪鲜胺锰盐试样于 100 mL 容量瓶中，用乙腈稀释至刻度，超声 3 min，冷却至室温，摇匀。

5.5.5.3 测定

在上述操作条件下，待仪器稳定后，连续注入数针标样溶液，直至相邻两针咪鲜胺峰面积相对变化小于1.2%后，按照标样溶液、试样溶液、试样溶液、标样溶液的顺序进行测定。

5.5.5.4 计算

将测得的两针试样溶液以及试样前后两针标样溶液中咪鲜胺峰面积分别进行平均。试样中咪鲜胺锰盐的质量分数按公式(1)计算，试样中咪鲜胺质量分数按公式(2)计算。

$$\omega_1 = \frac{A_2 \times m_1 \times \omega_{b1}}{A_1 \times m_2} \times k_1 \qquad (1)$$

$$\omega_2 = \frac{A_2 \times m_1 \times \omega_{b1}}{A_1 \times m_2} \times k_2 \qquad (2)$$

式中：

ω_1 ——试样中咪鲜胺锰盐的质量分数，单位为百分号(%)；

A_2 ——试样溶液中咪鲜胺峰面积的平均值；

m_1 ——标样质量的数值，单位为克(g)；

ω_{b1} ——咪鲜胺锰盐(咪鲜胺)标样中咪鲜胺锰盐(咪鲜胺)的质量分数，单位为百分号(%)；

k_1 ——换算系数，当用咪鲜胺标样时，$k_1=1.083$，当用咪鲜胺锰盐标样时，$k_1=1$；

A_1 ——标样溶液中咪鲜胺峰面积的平均值；

m_2 ——试样质量的数值，单位为克(g)；

ω_2 ——试样中咪鲜胺的质量分数，单位为百分号(%)；

k_2 ——换算系数，当用咪鲜胺标样时，$k_2=1$，当用咪鲜胺锰盐标样时，$k_2=0.923$。

5.5.6 允许差

2次平行测定结果之差应不大于1.2%，取其算术平均值作为测定结果。

5.6 锰质量分数的测定

5.6.1 原子吸收法(仲裁法)

5.6.1.1 方法提要

试样经乙二胺四乙酸二钠溶液溶解，导入原子吸收光谱仪中，火焰原子化后，测定锰特征吸收光谱下的吸光度，用锰标准溶液测定的工作曲线定量。

5.6.1.2 试剂和溶液

5.6.1.2.1 乙二胺四乙酸二钠。

5.6.1.2.2 乙二胺四乙酸二钠溶液：称取乙二胺四乙酸二钠7.44 g溶于1 000 mL水中。

5.6.1.2.3 锰标准溶液：$\rho_{(Mn)}=1\ 000\ \mu g/mL$。冷藏保存。

5.6.1.3 仪器

5.6.1.3.1 原子吸收光谱仪。

5.6.1.3.2 锰空心阴极灯。

5.6.1.4 试样溶液的制备

称取含0.09 g(精确至0.000 1 g)咪鲜胺锰盐的试样于100 mL容量瓶中，加入40 mL乙二胺四乙酸二钠溶液，加热至溶解，用乙二胺四乙酸二钠溶液定容至刻度，摇匀。用移液管移取上述溶液0.5 mL于50 mL容量瓶中，用乙二胺四乙酸二钠溶液稀释至刻度，摇匀。

同时按上述方法制备不加咪鲜胺锰盐试样的空白溶液作为参比溶液。

5.6.1.5 标准曲线的测定

5.6.1.5.1 标准储备溶液的制备

锰标准储备溶液：$\rho_{(Mn)}=20\ \mu g/mL$。吸取1 mL锰标准溶液于50 mL容量瓶中用水稀释至刻度，摇匀。

5.6.1.5.2 标准溶液的配制

分别吸取一定量的锰标准储备溶液(0 mL、0.2 mL、0.5 mL、1.0 mL、2.0 mL、3.0 mL)于50 mL容量瓶中，用水稀释至刻度，摇匀。

5.6.1.5.3 **标准曲线的测定**

待仪器稳定并调节零点后，以不加锰的标准溶液为参比溶液于波长 279.5 nm 测定锰各标准溶液的吸光度。

以标准溶液的浓度为横坐标，相应的吸光度为纵坐标，绘制标准曲线。

5.6.1.6 **测定**

在与标准曲线测定相同的条件下，测定试样溶液的吸光度，在工作曲线上查出相应的浓度。

5.6.1.7 **计算**

在标准曲线上查出锰的浓度，按公式(3)计算出试样中锰的质量分数。

$$\omega_3 = \frac{V \times \rho \times n_1}{m_3 \times 10^6} \times 100 \quad \cdots\cdots (3)$$

式中：

ω_3——锰质量分数，单位为百分号(%)；

V——测得试样吸光度对应锰标准储备溶液的体积的数值，单位为毫升(mL)；

ρ——锰标准储备溶液中锰的质量浓度的数值，单位为微克每毫升(μg/mL)；

m_3——试样质量的数值，单位为克(g)；

n_1——样品的稀释倍数，n_1=200。

5.6.1.8 **允许差**

2 次平行测定结果之差应不大于 0.3%，取其算术平均值作为测定结果。

5.6.2 **化学法**

5.6.2.1 **方法提要**

试样以浓硝酸分解后，用过硫酸铵将二价锰氧化至七价锰，用硫酸亚铁铵标准溶液滴定，测出锰的质量分数。过量的过硫酸铵通过加热煮沸除去，银离子催化二价锰的氧化。

反应式如下：

$$5S_2O_8^{2-} + 2Mn^{2+} + 8H_2O \xrightarrow{Ag^+} 2MnO_4^- + 10SO_4^{2-} + 16H^+$$

$$S_2O_8^{2-} + H_2O \xrightarrow{\text{煮沸}} 2HSO_4^{2-} + 1/2O_2$$

$$MNO_4^- + 5Fe^{2+} + 8H^+ \longrightarrow 5Fe^{3+} + Mn^{2+} + 4H_2O$$

5.6.2.2 **试剂和溶液**

5.6.2.2.1 硝酸。

5.6.2.2.2 磷酸。

5.6.2.2.3 磷酸氢二钠溶液：$\rho_{(\text{磷酸氢二钠})}$=200 g/L。

5.6.2.2.4 过硫酸铵溶液：$\rho_{(\text{过硫酸铵})}$=150 g/L。

5.6.2.2.5 硝酸银溶液：$\rho_{(\text{硝酸银})}$=20 g/L。

5.6.2.2.6 氯化钠溶液：$\rho_{(\text{氯化钠})}$=5 g/L。

5.6.2.2.7 硫酸亚铁铵标准滴定溶液：$c_{(\text{硫酸亚铁铵})}$=0.02 mol/L，按 GB/T 603 的规定配制和标定。

5.6.2.2.8 *N*-苯基邻氨基苯甲酸指示液：$\rho_{(N\text{-苯基邻氨基苯甲酸})}$=2 g/L，按 GB/T 603 的规定配制。

5.6.2.3 **仪器**

电热板。

5.6.2.4 **测定步骤**

称取约 0.10 g (精确至 0.000 1 g)的试样，置于 250 mL 碘量瓶中，加入 5 mL 浓硝酸，缓慢加热，使样品分解，待瓶中无棕色气体产生时，停止加热并自然冷却。加 70 mL 水并淋洗瓶壁，加入 15 mL 磷酸、20 mL磷酸氢二钠溶液、10 mL 硝酸银溶液和 20 mL 过硫酸铵溶液。摇匀后立即放入沸水浴中加热 20 min，取出冷却至室温，加 10 mL 氯化钠溶液，摇匀，立即用硫酸亚铁铵标准滴定溶液滴定，待溶液呈现浅红色时，加 3 滴～4 滴 *N*-苯基邻氨基苯甲酸指示液，继续滴定至溶液由紫红色变为黄绿色时即为终点。

5.6.2.5 **计算**

试样中锰质量分数按公式(4)计算。

$$\omega_3 = \frac{c \times V \times M}{m \times 1000} \times 100 \quad \cdots\cdots (4)$$

式中:

ω_3——锰的质量分数,单位为百分号(%);

c ——硫酸亚铁铵标准滴定溶液浓度的数值,单位为摩尔每升(mol/L);

V ——滴定试样溶液所消耗的硫酸亚铁铵标准滴定溶液体积的数值,单位为毫升(mL);

M——锰(Mn)的摩尔质量的数值,单位为克每摩尔(g/mol)(M=10.99);

m ——试样质量的数值,单位为克(g)。

5.6.2.6 **允许差**

2次平行测定结果之差应不大于0.3%,取其算术平均值作为测定结果。

5.7 2,4,6-三氯苯酚质量分数的测定

5.7.1 **方法提要**

试样用甲醇溶解,以甲醇+乙酸铵溶液为流动相,使用以 C_{18} 为填料的色谱柱和紫外检测器,在波长230 nm下,对试样中的2,4,6-三氯苯酚进行反相高效液相色谱分离,外标法定量,本方法中2,4,6-三氯苯酚的定量限为0.017 g/kg。

5.7.2 **试剂和溶液**

5.7.2.1 甲醇:色谱纯。

5.7.2.2 水:超纯水或新蒸二次蒸馏水。

5.7.2.3 乙酸铵。

5.7.2.4 乙酸铵溶液:$C_{(乙酸铵)}$=0.1 mol/L。

5.7.2.5 2,4,6-三氯苯酚标样:已知2,4,6-三氯苯酚质量分数,$\omega \geqslant$99.0%。

5.7.3 **仪器**

5.7.3.1 高效液相色谱仪:具有可变波长紫外检测器。

5.7.3.2 色谱数据处理机或色谱工作站。

5.7.3.3 色谱柱:250 mm×4.6 mm(内径)不锈钢柱,内装 C_{18}、5 μm填充物(或具同等效果的色谱柱)。

5.7.3.4 过滤器:滤膜孔径约0.45 μm。

5.7.3.5 定量进样管:10 μL。

5.7.3.6 超声波清洗器。

5.7.4 **液相色谱操作条件**

5.7.4.1 流动相:甲醇(A溶液)与乙酸铵溶液(B溶液)按比例进行梯度设定,具体设定内容见表3。

表3 流动相设定条件

时间,min	A溶液,%	B溶液,%
0	70	30
15	70	30
15.1	90	10
18	90	10
18.1	70	30
23	70	30

5.7.4.2 流速:1.0 mL/min。

5.7.4.3 柱温:室温(温度变化应不大于2 ℃)。

5.7.4.4 检测波长:230 nm。

5.7.4.5 进样体积:10 μL。

5.7.4.6 保留时间:2,4,6-三氯苯酚约 10.2 min。

5.7.4.7 上述操作参数是典型的,可根据不同仪器特点,对给定的操作参数作适当调整,以期获得最佳效果。典型的 2,4,6-三氯苯酚标样的高效液相色谱图见图 3,典型的测定 2,4,6-三氯苯酚的咪鲜胺锰盐原药的高效液相色谱图见图 4。

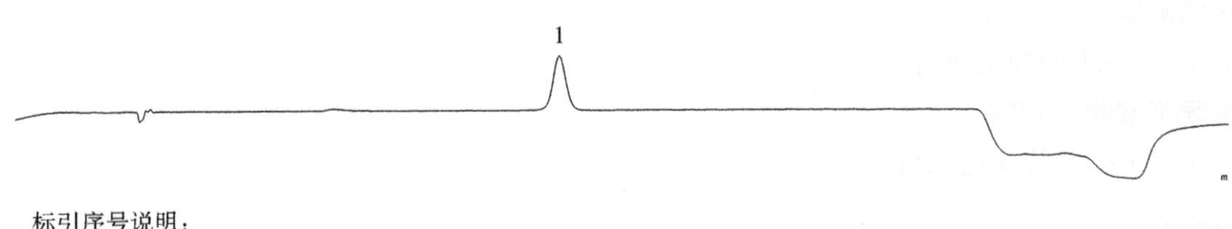

标引序号说明:

1——2,4,6-三氯苯酚。

图 3 2,4,6-三氯苯酚标样的高效液相色谱图

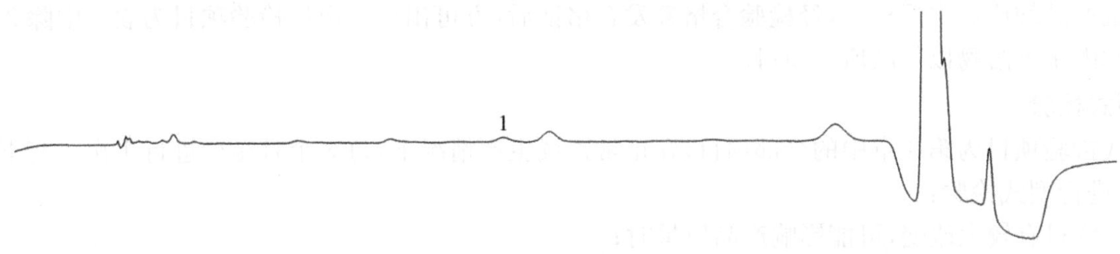

标引序号说明:

1——2,4,6-三氯苯酚。

图 4 测定 2,4,6-三氯苯酚的咪鲜胺锰盐原药的高效液相色谱图

5.7.5 测定步骤

5.7.5.1 标样溶液的制备

称取 2,4,6-三氯苯酚标样约 0.05 g(精确至 0.000 1 g),置于 50 mL 容量瓶中,用甲醇稀释至刻度,超声 3 min 使之溶解,冷却至室温,摇匀。用移液管移取 1 mL 上述溶液于另一 50 mL 容量瓶中,用流动相稀释至刻度,摇匀。

5.7.5.2 试样溶液的制备

称取 1 g(精确至 0.000 1 g)咪鲜胺锰盐原药试样,置于 50 mL 容量瓶中,用甲醇稀释至刻度,超声 3 min,冷却至室温,摇匀。

5.7.5.3 测定

在上述操作条件下,待仪器稳定后,连续注入数针标样溶液,直至相邻两针 2,4,6-三氯苯酚峰面积相对变化小于 10%后,按照标样溶液、试样溶液、试样溶液、标样溶液的顺序进行测定。

5.7.5.4 计算

将测得的两针试样溶液以及试样前后两针标样溶液中 2,4,6-三氯苯酚峰面积分别进行平均。试样中 2,4,6-三氯苯酚的质量分数按公式(5)计算。

$$\omega_4 = \frac{A_5 \times m_4 \times \omega_{b2}}{A_4 \times m_5 \times n_2} \quad \cdots\cdots (5)$$

式中:

ω_4 ——试样中 2,4,6-三氯苯酚的质量分数,单位为百分号(%);

A_5 ——试样溶液中 2,4,6-三氯苯酚峰面积的平均值;

m_4 ——2,4,6-三氯苯酚标样质量的数值,单位为克(g);

ω_{b2} ——标样中 2,4,6-三氯苯酚的质量分数,单位为百分号(%);

A_4 ——标样溶液中 2,4,6-三氯苯酚峰面积的平均值;

m_5 ——试样质量的数值，单位为克(g)；

n_2 ——稀释因子，$n_2=50$。

5.7.6 允许差

2 次平行测定结果之相对差应不大于 20%，取其算术平均值作为测定结果。

5.8 水分的测定

按 GB/T 1600—2021 中 4.2 的规定执行。

5.9 pH 的测定

按 GB/T 1601 的规定执行。

5.10 丙酮不溶物的测定

按 GB/T 19138 的规定执行。

6 检验规则

6.1 出厂检验

每批产品均应做出厂检验，经检验合格签发合格证后，方可出厂。出厂检验项目为表 1 中除 2,4,6-三氯苯酚和丙酮不溶物以外的所有项目。

6.2 型式检验

型式检验项目为第 4 章中的全部项目，在正常连续生产情况下，每 3 个月至少进行 1 次。有下述情况之一，应进行型式检验：

a) 原料有较大改变，可能影响产品质量时；

b) 生产地址、生产设备或生产工艺有较大改变，可能影响产品质量时；

c) 停产后又恢复生产时；

d) 国家法定质量监管机构提出型式检验要求时。

6.3 判定规则

按第 4 章技术要求对产品进行出厂检验或型式检验，任一项目不符合指标要求判为该批次产品不合格。

7 验收和质量保证期

7.1 验收

应符合 GB/T 1604 的规定。

7.2 质量保证期

在规定的储运条件下，咪鲜胺锰盐原药的质量保证期从生产日期算起为 2 年。质量保证期内，各项指标均应符合本文件要求。

8 标志、标签、包装、储运

8.1 标志、标签、包装

咪鲜胺锰盐原药的标志、标签和包装应符合 GB 3796 的规定。咪鲜胺锰盐原药应采用清洁、干燥、内衬塑料袋的纺织袋包装，每袋净含量一般不超过 25 kg。也可根据用户要求或订货协议采用其他形式的包装，但需符合 GB 3796 的规定。

8.2 储运

咪鲜胺锰盐原药包装件应储存在通风、干燥的库房中。储运时，严防潮湿和日晒，不得与食物、种子、饲料混放，避免与皮肤、眼睛接触，防止由口鼻吸入。

附 录 A
(资料性)
咪鲜胺锰盐与2,4,6-三氯苯酚的其他名称、结构式和基本物化参数

A.1 咪鲜胺锰盐

ISO通用名称:Prochloraz-manganese。

CAS登录号:75747-77-2。

化学名称:*N*-丙基-*N*-(2-(2,4,6-三氯苯氧基)乙基)-咪唑-1-甲酰胺-氯化锰。

结构式:

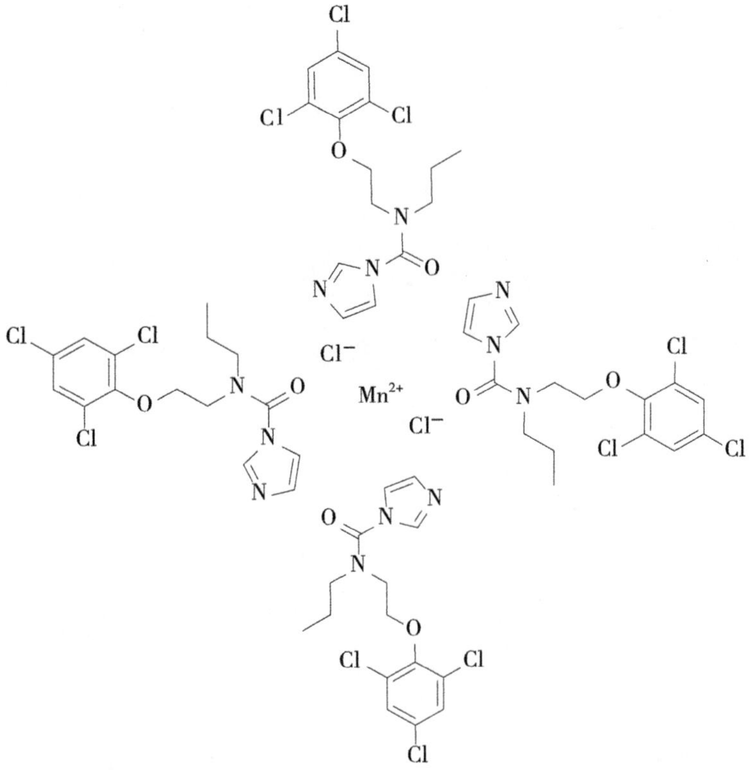

实验式:$C_{60}H_{64}Cl_{14}MnN_{12}O_8$。

相对分子质量:1 632.5。

生物活性:杀菌。

咪鲜胺熔点:46.5 ℃～49.3 ℃。

咪鲜胺溶解度(25 ℃):水中 34.4 mg/L,甲苯、二氯甲烷、二甲亚砜、丙酮、乙酸乙酯、甲醇和异丙醇中均大于 600 g/L,正己烷中 7.5 g/L。

咪鲜胺稳定性:在水中 30 d(pH 5～7,22 ℃)不降解。在强酸、强碱并且在日光下在长时间 200 ℃的高温下分解。

A.2 2,4,6-三氯苯酚

化学名称:2,4,6-三氯苯酚。

CAS登录号:88-06-2。

结构式:

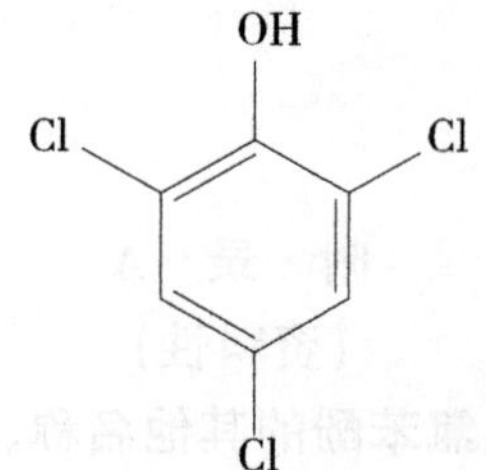

实验式：$C_6H_3Cl_3O$。

相对分子质量：197.4。

ICS 65.100
CCS G 25

中华人民共和国农业行业标准

NY/T 4089—2022

吲哚丁酸原药

4-indol-3-ylbutyric acid technical material

2022-07-11 发布 2022-10-01 实施

中华人民共和国农业农村部 发布

前　言

本文件按照 GB/T 1.1—2020《标准化工作导则　第 1 部分:标准化文件的结构和起草规则》的规定起草。

请注意本文件的某些内容可能涉及专利。本文件的发布机构不承担识别专利的责任。

本文件由农业农村部种植业管理司提出。

本文件由全国农药标准化技术委员会(SAC/TC 133)归口。

本文件起草单位:郑州郑氏化工产品有限公司、合肥海佳生物工程有限公司、沈阳沈化院测试技术有限公司、四川龙蟒福生科技有限责任公司、郑州先利达化工有限公司、四川润尔科技有限公司、沈阳化工研究院有限公司。

本文件主要起草人:杨闻翰、许伟长、于海博、熊言华、王敏、秦新伟、王军、臧娅磊、熊仁科、钟利。

吲哚丁酸原药

1 范围

本文件规定了吲哚丁酸原药的技术要求、试验方法、验收和质量保证期以及标志、标签、包装、储运。

本文件适用于吲哚丁酸原药产品的质量控制。

注：吲哚丁酸的其他名称、结构式和基本物化参数见附录A。

2 规范性引用文件

下列文件中的内容通过文中的规范性引用而构成本文件必不可少的条款。其中，注日期的引用文件，仅该日期对应的版本适用于本文件；不注日期的引用文件，其最新版本（包括所有的修改单）适用于本文件。

GB/T 1600—2021 农药水分测定方法

GB/T 1601 农药pH的测定方法

GB/T 1604 商品农药验收规则

GB/T 1605—2001 商品农药采样方法

GB 3796 农药包装通则

GB/T 8170—2008 数值修约规则与极限数值的表示和判定

GB/T 19138 农药丙酮不溶物测定方法

3 术语和定义

本文件没有需要界定的术语和定义。

4 技术要求

4.1 外观

白色至淡黄色晶体或粉末。

4.2 技术指标

应符合表1的要求。

表1 吲哚丁酸原药控制项目指标

项　　目	指　　标
吲哚丁酸质量分数，%	≥98.0
水分，%	≤0.5
丙酮不溶物[a]，%	≤0.2
pH	3.0～6.0
[a] 正常生产时，丙酮不溶物每3个月至少测定1次。	

5 试验方法

警示：使用本文件的人员应有实验室工作的实践经验。本文件并未指出所有的安全问题。使用者有责任采取适当的安全和健康措施。

5.1 一般规定

本文件所用试剂和水在没有注明其他要求时，均指分析纯试剂和蒸馏水。检验结果的判定按GB/T 8170—2008中4.3.3的规定执行。

5.2 取样

按 GB/T 1605—2001 中 5.3.1 的规定执行。用随机数表法确定取样的包装件;最终取样量应不少于 100 g。

5.3 鉴别试验

5.3.1 红外光谱法

吲哚丁酸原药与吲哚丁酸标样在 4 000/cm～400/cm 范围的红外吸收光谱图应没有明显区别。吲哚丁酸标样红外光谱图见图 1。

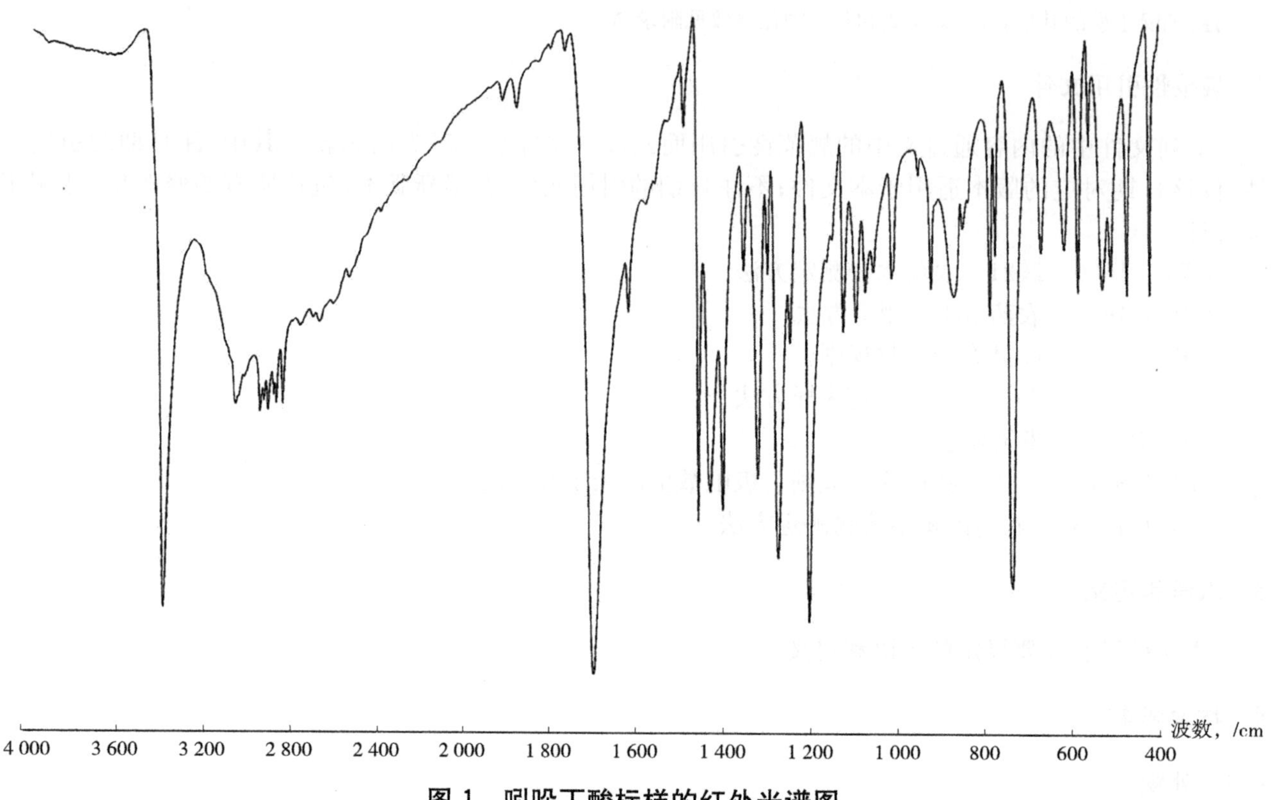

图 1 吲哚丁酸标样的红外光谱图

5.3.2 液相色谱法

本鉴别试验可与吲哚丁酸质量分数的测定同时进行。在相同的色谱操作条件下,试样溶液中某色谱峰的保留时间与标样溶液中吲哚丁酸的色谱峰的保留时间,其相对差值应在 1.5%以内。

5.4 外观的测定

采用目测法测定。

5.5 吲哚丁酸质量分数的测定

5.5.1 方法提要

试样用流动相溶解,以甲醇+磷酸水溶液为流动相,使用以 C_{18} 为填料的不锈钢柱和紫外检测器(221 nm),对试样中的吲哚丁酸进行高效液相色谱分离,外标法定量。

5.5.2 试剂和溶液

5.5.2.1 甲醇:色谱级。

5.5.2.2 磷酸。

5.5.2.3 水:新蒸二次蒸馏水或超纯水。

5.5.2.4 磷酸水溶液:水用磷酸调 pH 至 3.0。

5.5.2.5 吲哚丁酸标样:已知吲哚丁酸质量分数,$\omega \geqslant 98.0\%$。

5.5.3 仪器

5.5.3.1 高效液相色谱仪:具有可变波长紫外检测器。

5.5.3.2 色谱柱:150 mm×4.6 mm(内径)不锈钢柱,内装 C_{18}、5 μm 填充物(或具同等效果的色谱柱)。

5.5.3.3 过滤器:滤膜孔径约 0.45 μm。

5.5.3.4 定量进样管:5 μL。

5.5.3.5 超声波清洗器。

5.5.4 高效液相色谱操作条件

5.5.4.1 流动相:体积比 $\psi_{(甲醇:磷酸水溶液)}$=50:50。

5.5.4.2 流速:1.0 mL/min。

5.5.4.3 柱温:室温(温度变化应不大于 2 ℃)。

5.5.4.4 检测波长:221 nm。

5.5.4.5 进样体积:5 μL。

5.5.4.6 保留时间:吲哚丁酸约 7.8 min。

5.5.4.7 上述操作参数是典型的,可根据不同仪器特点,对给定的操作参数作适当调整,以期获得最佳效果。典型的吲哚丁酸原药高效液相色谱图见图 2。

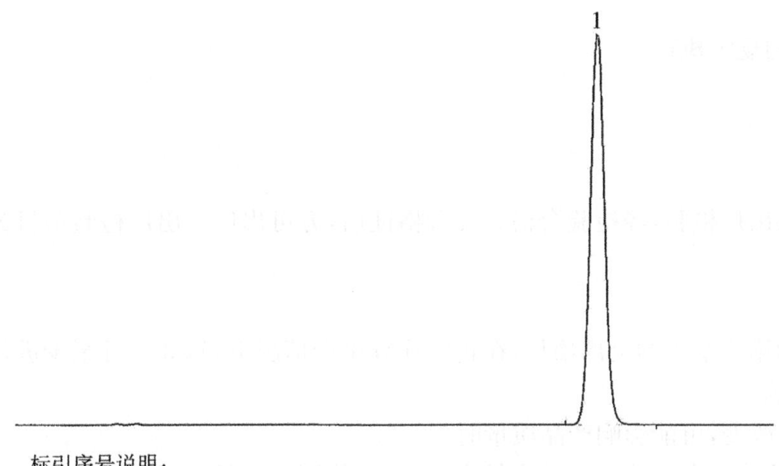

标引序号说明:
1——吲哚丁酸。

图 2 吲哚丁酸原药的高效液相色谱图

5.5.5 测定步骤

5.5.5.1 标样溶液的制备

称取 0.1 g(精确至 0.000 1 g)吲哚丁酸标样于 50 mL 容量瓶中,用流动相稀释至刻度,超声波振荡 5 min使标样溶解,冷却至室温,摇匀。用移液管移取上述溶液 5 mL 于 50 mL 容量瓶中,用流动相稀释至刻度,摇匀。

5.5.5.2 试样溶液的制备

称取含吲哚丁酸 0.1 g(精确至 0.000 1 g)的试样于 50 mL 容量瓶中,用流动相稀释至刻度,超声波振荡 5 min 使试样溶解,冷却至室温,摇匀。用移液管移取上述溶液 5 mL 于 50 mL 容量瓶中,用流动相稀释至刻度,摇匀。

5.5.5.3 测定

在上述操作条件下,待仪器稳定后,连续注入数针标样溶液,直至相邻两针吲哚丁酸峰面积相对变化小于 1.2%后,按照标样溶液、试样溶液、试样溶液、标样溶液的顺序进行测定。

5.5.6 计算

将测得的两针试样溶液以及试样前后两针标样溶液中吲哚丁酸峰面积分别进行平均,试样中吲哚丁酸的质量分数按公式(1)计算。

$$\omega_1 = \frac{A_2 \times m_1 \times \omega_{b1}}{A_1 \times m_2} \cdots\cdots (1)$$

式中：

ω_1 ——吲哚丁酸的质量分数，单位为百分号(%)；

A_2 ——试样溶液中吲哚丁酸峰面积的平均值；

m_1 ——标样质量的数值，单位为克(g)；

ω_{b1} ——标样中吲哚丁酸的质量分数，单位为百分号(%)；

A_1 ——标样溶液中吲哚丁酸峰面积的平均值；

m_2 ——试样质量的数值，单位为克(g)。

5.5.7 允许差

吲哚丁酸质量分数 2 次平行测定结果之差应不大于 1.2%，取其算术平均值作为测定结果。

5.6 水分的测定

按 GB/T 1600—2021 中 4.2 的规定执行。

5.7 丙酮不溶物的测定

按 GB/T 19138 的规定执行。

5.8 pH 的测定

按 GB/T 1601 的规定执行。

6 检验规则

6.1 出厂检验

每批产品均应做出厂检验，经检验合格签发合格证后，方可出厂。出厂检验项目为表 1 中除丙酮不溶物以外的所有项目。

6.2 型式检验

型式检验项目为第 4 章中的全部项目，在正常连续生产情况下，每 3 个月至少进行 1 次。有下述情况之一，应进行型式检验：

a) 原料有较大改变，可能影响产品质量时；

b) 生产地址、生产设备或生产工艺有较大改变，可能影响产品质量时；

c) 停产后又恢复生产时；

d) 国家法定质量监管机构提出型式检验要求时。

6.3 判定规则

按第 4 章技术要求对产品进行出厂检验和型式检验，任一项目不符合指标要求判为该批次产品不合格。

7 验收和质量保证期

7.1 验收

应符合 GB/T 1604 的规定。

7.2 质量保证期

在规定的储运条件下，吲哚丁酸原药的质量保证期从生产日期算起为 2 年。质量保证期内，各项指标均应符合本文件要求。

8 标志、标签、包装、储运

8.1 标志、标签、包装

吲哚丁酸原药的标志、标签、包装应符合 GB 3796 的规定；吲哚丁酸原药采用清洁、干燥内衬塑料袋的编织袋或内衬保护层的铁桶或纸板桶包装。每袋净含量一般 1 kg，每桶净含量一般 20 kg、25 kg。也可根据用户要求或订货协议采用其他形式的包装，但需符合 GB 3796 的规定。

8.2 储运

吲哚丁酸原药包装件应储存在通风、干燥的库房中；储运时，严防潮湿和日晒，不得与食物、种子、饲料混放，避免与皮肤、眼睛接触，防止由口鼻吸入。

附 录 A
(资料性)
吲哚丁酸的其他名称、结构式和基本物化参数

ISO 通用名称:4-indol-3-ylbutyric acid。

其他名称:IBA。

CAS 登录号:133-32-4。

化学名称:4-(吲哚-3-基)丁酸。

结构式:

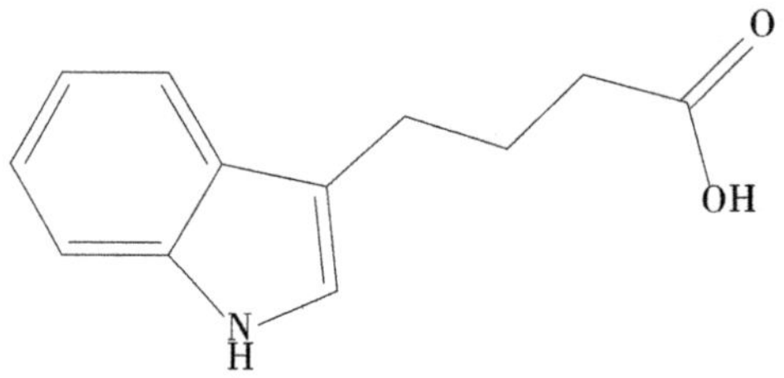

实验式:$C_{12}H_{13}NO_2$。

相对分子质量:203.2。

生物活性:植物生长调节。

熔点:123 ℃~125 ℃。

蒸气压(25 ℃):<0.01 mPa。

溶解度(20 ℃~25 ℃):水中 250.0 mg/L,丙酮中 30 g/L~100 g/L,苯中>1 000 g/L,乙酸乙酯中 30 g/L~100 g/L,乙醇中 30 g/L~100 g/L,氯仿中<0.1 g/L。

稳定性:在中性、酸性和碱性介质中非常稳定。

ICS 65.100.20
CCS G 25

中华人民共和国农业行业标准

NY/T 4090—2022

甲氧咪草烟原药

Imazamox technical material

2022-07-11 发布　　　　2022-10-01 实施

中华人民共和国农业农村部 发布

前　　言

本文件按照 GB/T 1.1—2020《标准化工作导则　第1部分:标准化文件的结构和起草规则》的规定起草。

请注意本文件的某些内容可能涉及专利。本文件的发布机构不承担识别专利的责任。

本文件由农业农村部种植业管理司提出。

本文件由全国农药标准化技术委员会(SAC/TC 133)归口。

本文件起草单位:沈阳科创化学品有限公司、沈阳沈化院测试技术有限公司、沈阳化工研究院有限公司、江苏仁信作物保护技术有限公司。

本文件主要起草人:聂开晟、赵清华、林洋、杨明、朱建荣、王静。

甲氧咪草烟原药

1 范围

本文件规定了甲氧咪草烟原药的技术要求、试验方法、检验规则、验收和质量保证期以及标志、标签、包装、储运。

本文件适用于甲氧咪草烟原药产品的质量控制。

注：甲氧咪草烟、甲咪唑烟酸的其他名称、结构式和基本物化参数见附录 A。

2 规范性引用文件

下列文件中的内容通过文中的规范性引用而构成本文件必不可少的条款。其中，注日期的引用文件，仅该日期对应的版本适用于本文件；不注日期的引用文件，其最新版本（包括所有的修改单）适用于本文件。

GB/T 1600—2021 农药水分测定方法

GB/T 1601 农药 pH 的测定方法

GB/T 1604 商品农药验收规则

GB/T 1605—2001 商品农药采样方法

GB 3796 农药包装通则

GB/T 8170—2008 数值修约规则与极限数值的表示和判定

3 术语和定义

本文件没有需要界定的术语和定义。

4 技术要求

4.1 外观

白色至浅黄色粉末。

4.2 技术指标

应符合表 1 的要求。

表 1 甲氧咪草烟原药控制项目指标

项 目	指 标
甲氧咪草烟质量分数，%	≥98.0
甲咪唑烟酸质量分数[a]，%	≤1.0
水分，%	≤0.5
pH	2.0～6.0
氢氧化钠不溶物[a]，%	≤0.2
[a] 正常生产时，甲咪唑烟酸质量分数、氢氧化钠不溶物每 3 个月至少测定 1 次。	

5 试验方法

警示：使用本文件的人员应有实验室工作的实践经验。本文件并未指出所有的安全问题。使用者有责任采取适当的安全和健康措施。

5.1 一般规定

本文件所用试剂和水在没有注明其他要求时，均指分析纯试剂和蒸馏水。检验结果的判定按 GB/T

8170—2008 中 4.3.3 的规定执行。

5.2 取样

按 GB/T 1605—2001 中 5.3.1 的规定执行。用随机数表法确定取样的包装件；最终取样量应不少于 100 g。

5.3 鉴别试验

5.3.1 红外光谱法

甲氧咪草烟原药与甲氧咪草烟标样在 4 000/cm～400/cm 范围的红外吸收光谱图应没有明显区别。甲氧咪草烟标样红外光谱图见图 1。

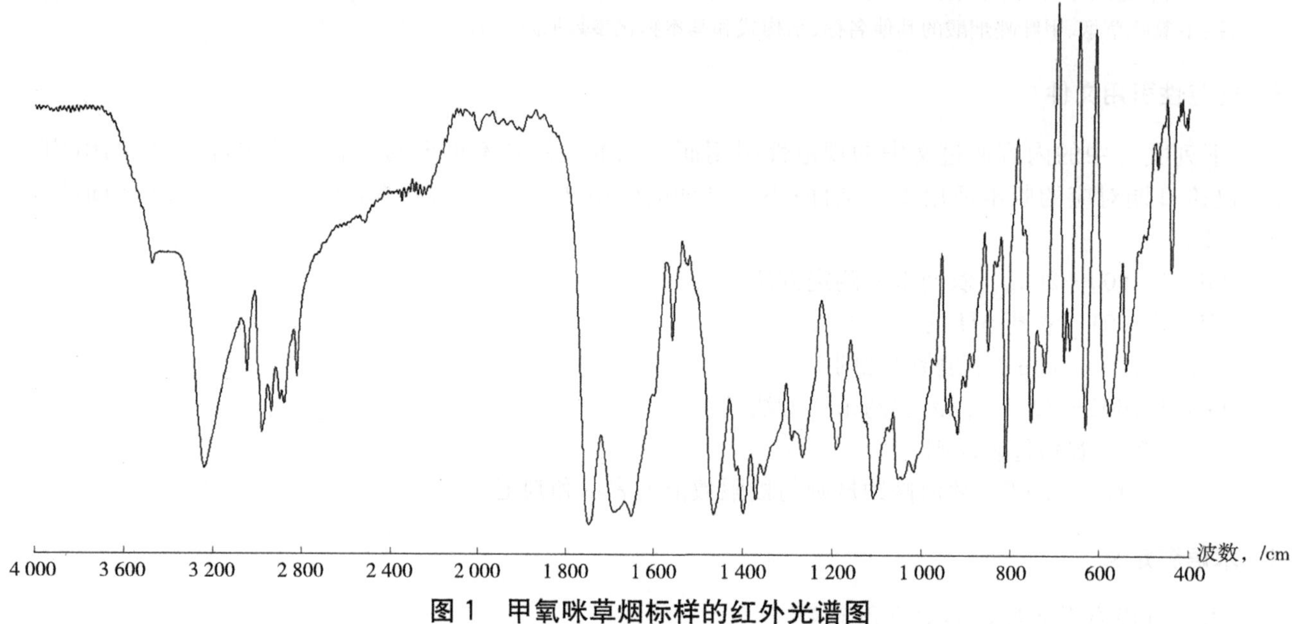

图 1 甲氧咪草烟标样的红外光谱图

5.3.2 液相色谱法

本鉴别试验可与甲氧咪草烟质量分数的测定同时进行。在相同的色谱操作条件下，试样溶液中某色谱峰的保留时间与标样溶液中甲氧咪草烟的色谱峰的保留时间，其相对差值应在 1.5%以内。

5.4 外观的测定

采用目测法测定。

5.5 甲氧咪草烟质量分数的测定

5.5.1 方法提要

试样用甲醇溶解，以乙腈＋缓冲溶液为流动相，使用以 C_{18} 为填料的不锈钢柱和紫外检测器，在 260 nm条件下，对试样中的甲氧咪草烟进行高效液相色谱分离，外标法定量。

5.5.2 试剂和溶液

5.5.2.1 乙腈：色谱级。

5.5.2.2 甲醇：色谱级。

5.5.2.3 甲酸铵。

5.5.2.4 甲酸：色谱级。

5.5.2.5 水：新蒸二次蒸馏水或超纯水。

5.5.2.6 缓冲盐溶液：称取 1.89 g 甲酸铵置于盛有 1 000 mL 水的试剂瓶中，用甲酸调节 pH 至 3.0，经 0.45 μm 滤膜过滤。

5.5.2.7 甲氧咪草烟标样：已知甲氧咪草烟质量分数，$\omega \geqslant 98.0\%$。

5.5.3 仪器

5.5.3.1 高效液相色谱仪:具有可变波长紫外检测器。

5.5.3.2 色谱柱:250 mm×4.6 mm(内径)不锈钢柱,内装 C_{18}、5 μm 填充物(或具同等效果的色谱柱)。

5.5.3.3 过滤器:滤膜孔径约 0.45 μm。

5.5.3.4 定量进样管:5 μL。

5.5.3.5 超声波清洗器。

5.5.4 高效液相色谱操作条件

5.5.4.1 流动相:体积比 $\psi_{(乙腈:缓冲盐溶液)}$=20∶80。

5.5.4.2 流速:1.0 mL/min。

5.5.4.3 柱温:室温(温度变化应不大于 2 ℃)。

5.5.4.4 检测波长:260 nm。

5.5.4.5 进样体积:5 μL。

5.5.4.6 保留时间:甲氧咪草烟约 8.8 min。

5.5.4.7 上述操作参数是典型的,可根据不同仪器特点,对给定的操作参数作适当调整,以期获得最佳效果。典型的甲氧咪草烟原药高效液相色谱图见图 2。

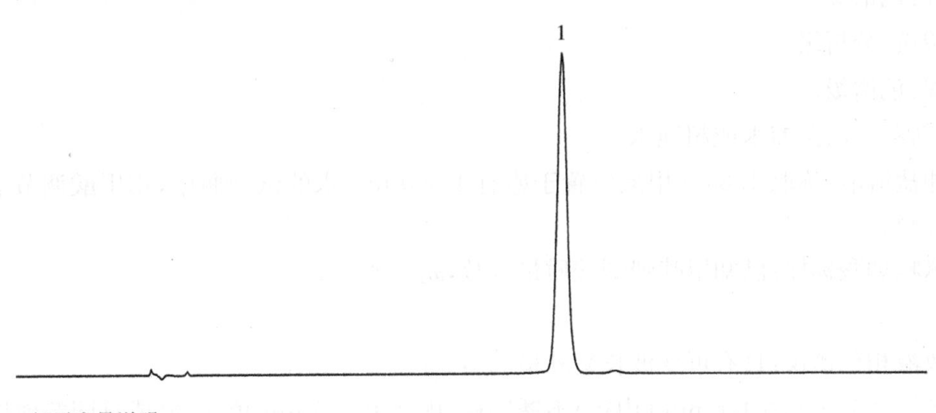

标引序号说明:
1——甲氧咪草烟。

图 2 甲氧咪草烟原药的高效液相色谱图

5.5.5 测定步骤

5.5.5.1 标样溶液的制备

称取 0.05 g(精确至 0.000 1 g)甲氧咪草烟标样,置于 100 mL 容量瓶中,加入 80 mL 甲醇超声振荡 5 min,冷却至室温,用甲醇稀释至刻度,摇匀。

5.5.5.2 试样溶液的制备

称取含甲氧咪草烟 0.05 g(精确至 0.000 1 g)的试样,置于 100 mL 容量瓶中,加入 80 mL 甲醇超声振荡 5 min,冷却至室温,用甲醇稀释至刻度,摇匀。

5.5.5.3 测定

在上述操作条件下,待仪器稳定后,连续注入数针标样溶液,直至相邻两针甲氧咪草烟峰面积相对变化小于 1.2%后,按照标样溶液、试样溶液、试样溶液、标样溶液的顺序进行测定。

5.5.6 计算

将测得的两针试样溶液以及试样前后两针标样溶液中甲氧咪草烟峰面积分别进行平均,试样中甲氧咪草烟的质量分数按公式(1)计算。

$$\omega_1 = \frac{A_2 \times m_1 \times \omega_{b1}}{A_1 \times m_2} \quad \cdots\cdots (1)$$

式中：

ω_1 ——甲氧咪草烟的质量分数，单位为百分号(%)；

A_2 ——试样溶液中甲氧咪草烟峰面积的平均值；

m_1 ——标样质量的数值，单位为克(g)；

ω_{b1} ——标样中甲氧咪草烟的质量分数，单位为百分号(%)；

A_1 ——标样溶液中甲氧咪草烟峰面积的平均值；

m_2 ——试样质量的数值，单位为克(g)。

5.5.7 允许差

甲氧咪草烟质量分数 2 次平行测定结果之差应不大于 1.2%，取其算术平均值作为测定结果。

5.6 甲咪唑烟酸质量分数的测定

5.6.1 方法提要

试样用甲醇溶解，以乙腈+缓冲盐溶液为流动相，使用以 C_{18} 为填料的不锈钢柱和紫外检测器，在波长 260 nm 条件下，对试样中的甲咪唑烟酸进行反相高效液相色谱分离，外标法定量。本方法定量限为 2.7×10^{-1} mg/L(0.14 g/kg)。

5.6.2 试剂和溶液

5.6.2.1 乙腈：色谱级。

5.6.2.2 甲醇：色谱级。

5.6.2.3 甲酸铵：分析级。

5.6.2.4 甲酸：色谱级。

5.6.2.5 水：新蒸二次蒸馏水或超纯水。

5.6.2.6 缓冲盐溶液：称取 1.89 g 甲酸铵置于盛有 1 000 mL 水的试剂瓶中，用甲酸调节 pH 至 3.0，经 0.45 μm 滤膜过滤。

5.6.2.7 甲咪唑烟酸标样：已知甲咪唑烟酸质量分数，$\omega\geqslant98.0\%$。

5.6.3 仪器

5.6.3.1 高效液相色谱仪：具有可变波长紫外检测器。

5.6.3.2 色谱柱：250 mm×4.6 mm(内径)不锈钢柱，内装 C_{18}、5 μm 填充物(或具同等效果的色谱柱)。

5.6.3.3 过滤器：滤膜孔径约 0.45 μm。

5.6.3.4 定量进样管：5 μL。

5.6.3.5 超声波清洗器。

5.6.4 高效液相色谱操作条件

5.6.4.1 流动相：体积比 $\psi_{(乙腈:缓冲盐溶液)}$ =20：80。

5.6.4.2 流速：1.0 mL/min。

5.6.4.3 柱温：室温(温度变化应不大于 2 ℃)。

5.6.4.4 检测波长：260 nm。

5.6.4.5 进样体积：5 μL。

5.6.4.6 保留时间：甲氧咪草烟约 8.8 min，甲咪唑烟酸约 9.7 min。

5.6.4.7 上述操作参数是典型的，可根据不同仪器特点，对给定的操作参数作适当调整，以期获得最佳效果。典型的测定甲咪唑烟酸的甲氧咪草烟原药的高效液相色谱图见图 3。

5.6.5 测定步骤

5.6.5.1 标样溶液的制备

称取约 0.05 g(精确至 0.000 1 g) 甲咪唑烟酸标样于 50 mL 容量瓶中，用甲醇定容至刻度，超声振荡 5 min，冷却至室温，摇匀。用移液管移取上述溶液 1 mL 于 50 mL 容量瓶中，用甲醇稀释至刻度，摇匀。

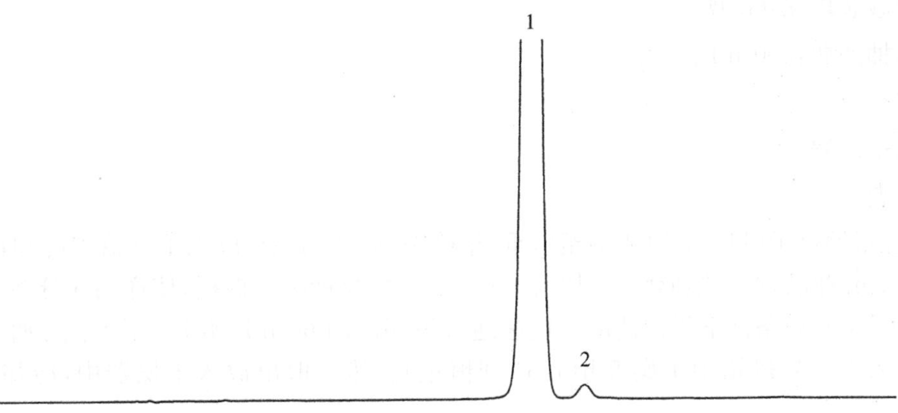

标引序号说明：
1——甲氧咪草烟；
2——甲咪唑烟酸。

图3　测定甲咪唑烟酸的甲氧咪草烟原药的高效液相色谱图

5.6.5.2　**试样溶液的制备**

称取甲氧咪草烟原药 0.1 g(精确至 0.000 1 g)于 50 mL 容量瓶中,用甲醇定容至刻度,超声振荡 5 min,冷却至室温,摇匀。

5.6.5.3　**测定**

在上述操作条件下,待仪器稳定后,连续注入数针标样溶液,直至相邻两针甲咪唑烟酸峰面积相对变化小于 5%后，按照标样溶液、试样溶液、试样溶液、标样溶液的顺序进行测定。

5.6.5.4　**计算**

将测得的两针试样溶液以及试样前后两针标样溶液中甲咪唑烟酸峰面积分别进行平均。试样中甲咪唑烟酸的质量分数按公式(2)计算。

$$\omega_2 = \frac{A_4 \times m_3 \times \omega_{b2}}{A_3 \times n \times m_4} \quad \cdots\cdots (2)$$

式中：

ω_2 ——试样中甲咪唑烟酸的质量分数,单位为百分号(%)；
A_4 ——试样溶液中甲咪唑烟酸峰面积的平均值；
m_3 ——标样质量的数值,单位为克(g)；
ω_{b2} ——标样中甲咪唑烟酸的质量分数,单位为百分号(%)；
A_3 ——标样溶液中甲咪唑烟酸峰面积的平均值；
m_4 ——试样质量的数值,单位为克(g)；
n ——甲咪唑烟酸标样溶液的稀释倍数(n=50)。

5.6.6　**允许差**

甲咪唑烟酸质量分数 2 次平行测定结果之相对差应不大于 5%,取其算术平均值作为测定结果。

5.7　**水分的测定**

按 GB/T 1600—2021 中 4.2 的规定执行。

5.8　**pH 的测定**

按 GB/T 1601 的规定执行。

5.9　**氢氧化钠不溶物的测定**

5.9.1　**试剂和仪器**

5.9.1.1　氢氧化钠。

5.9.1.2　氢氧化钠溶液:质量浓度 $\rho_{(NaOH)}$ =40 g/L。

5.9.1.3　锥形瓶:250 mL,标准具塞磨口。

5.9.1.4 玻璃砂芯坩埚：G_3型。

5.9.1.5 锥形抽滤瓶：500 mL。

5.9.1.6 烘箱。

5.9.1.7 玻璃干燥器。

5.9.2 测定步骤

将玻璃砂芯坩埚烘干(110 ℃约 2 h)至恒重(精确至 0.000 1 g)，放入干燥器中冷却待用。称取 10 g(精确至 0.000 1 g)样品，置于锥形瓶中，加入 150 mL 氢氧化钠溶液振摇，使样品充分溶解。装配玻璃砂芯坩埚抽滤装置，在减压条件下尽快使溶液快速通过坩埚。用 60 mL 水分 3 次洗涤，抽干后取下玻璃砂芯坩埚，将其放入 110 ℃烘箱中干燥 2 h(使达到恒重)。然后取出放入干燥器中，冷却后称重(精确至 0.000 1 g)。

5.9.3 计算

氢氧化钠不溶物按公式(3)计算。

$$\omega_3 = \frac{m_7 - m_5}{m_6} \times 100 \qquad (3)$$

式中：

ω_3 ——氢氧化钠不溶物的质量分数，单位为百分号(%)；

m_7 ——不溶物与玻璃砂芯坩埚的质量的数值，单位为克(g)；

m_5 ——玻璃砂芯坩埚的质量的数值，单位为克(g)；

m_6 ——试样质量的数值，单位为克(g)。

5.9.4 允许差

2 次平行测定结果之相对差应不大于 20%，取其算术平均值作为测定结果。

6 检验规则

6.1 出厂检验

每批产品均应做出厂检验，经检验合格签发合格证后，方可出厂。出厂检验项目为表 1 中除甲咪唑烟酸质量分数、氢氧化钠不溶物以外的所有项目。

6.2 型式检验

型式检验项目为第 4 章中的全部项目，在正常连续生产情况下，每 3 个月至少进行 1 次。有下述情况之一，应进行型式检验：

a) 原料有较大改变，可能影响产品质量时；

b) 生产地址、生产设备或生产工艺有较大改变，可能影响产品质量时；

c) 停产后又恢复生产时；

d) 国家法定质量监管机构提出型式检验要求时。

6.3 判定规则

按第 4 章技术要求对产品进行出厂检验和型式检验。任一项目不符合指标要求，则判定该批次产品为不合格。

7 验收和质量保证期

7.1 验收

应符合 GB/T 1604 的规定。

7.2 质量保证期

在规定的储运条件下，甲氧咪草烟原药的质量保证期从生产之日算起为 2 年。质量保证期内，各项指标均应符合本文件要求。

8 标志、标签、包装、储运

8.1 标志、标签、包装

甲氧咪草烟原药的标志、标签、包装应符合 GB 3796 的规定；甲氧咪草烟原药采用清洁、干燥内衬塑料袋的编织袋或内衬保护层的铁桶或纸板桶包装。每袋净含量一般为 20 kg，每桶净含量一般为 50 kg、100 kg。也可根据用户要求或订货协议采用其他形式的包装，但需符合 GB 3796 的规定。

8.2 储运

甲氧咪草烟原药包装件应储存在通风、干燥的库房中；储运时，严防潮湿和日晒，不得与食物、种子、饲料混放，避免与皮肤、眼睛接触，防止由口鼻吸入。

附　录　A
（资料性）
甲氧咪草烟、甲咪唑烟酸的其他名称、结构式和基本物化参数

A.1　甲氧咪草烟

中文通用名：甲氧咪草烟。

ISO 通用名：Imazamox。

CAS 登录号：114311-32-9。

CIPAC 数字代号：619。

化学名称：(*RS*)-2-(4-异丙基-4-甲基-5-氧-2-咪唑啉-2-基)-5-甲氧基甲基尼古丁酸。

结构式：

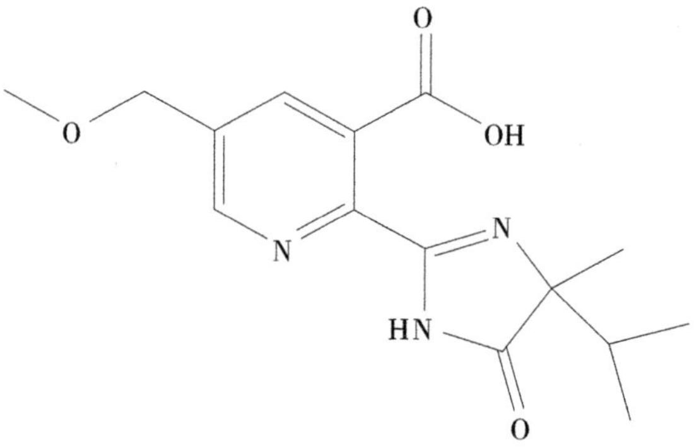

实验式：$C_{15}H_{19}N_3O_4$。

相对分子质量：305.3。

生物活性：除草剂。

熔点：165.5 ℃～167.2 ℃。

饱和蒸气压(mPa,25 ℃)：小于 0.013。

正辛醇/水分配系数(20℃,pH=7)：logPow = 5.21。

溶解度(g/L, 20 ℃～25 ℃)：水中 4.16(去离子水)，1.16×10^2(pH=5)，大于 6.26×10^2(pH=7)，大于 6.28×10^2(pH=9)；正己烷中 0.007，甲醇中 67，甲苯中 2.2，丙酮中 29.3，乙酸乙酯中 10。

稳定性：pH 4、pH 7 条件下均稳定；DT_{50}为 192 d(pH=9,25 ℃)。

A.2　甲咪唑烟酸

ISO 通用名称：Imazapic。

CAS 登录号：104098-48-8。

化学名称：2-(*RS*)-(4-异丙基-4-甲基-5-氧-2-咪唑啉-2-基)-5-甲基烟酸。

结构式：

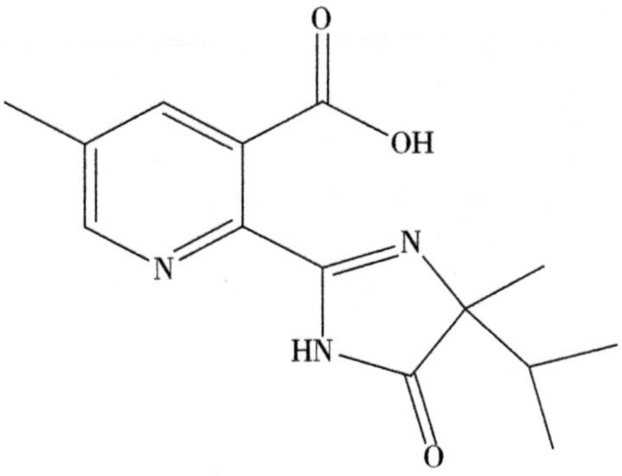

实验式：$C_{14}H_{17}N_3O_3$。

相对分子质量：275.3。

ICS 65.100.20
CCS G 25

中华人民共和国农业行业标准

NY/T 4091—2022

甲氧咪草烟可溶液剂

Imazamox soluble concentrate

2022-07-11 发布　　2022-10-01 实施

中华人民共和国农业农村部　发布

前　言

本文件按照 GB/T 1.1—2020《标准化工作导则　第1部分：标准化文件的结构和起草规则》的规定起草。

请注意本文件的某些内容可能涉及专利。本文件的发布机构不承担识别专利的责任。

本文件由农业农村部种植业管理司提出。

本文件由全国农药标准化技术委员会(SAC/TC 133)归口。

本文件起草单位：山东滨农科技有限公司、沈阳科创化学品有限公司、沈阳沈化院测试技术有限公司、沈阳化工研究院有限公司。

本文件主要起草人：林洋、赵清华、孟令涛、包宁、王静、魏艳、胡锦英。

甲氧咪草烟可溶液剂

1 范围

本文件规定了甲氧咪草烟可溶液剂的技术要求、试验方法、检验规则、验收和质量保证期以及标志、标签、包装、储运。

本文件适用于甲氧咪草烟可溶液剂产品的质量控制。

注：甲氧咪草烟、甲咪唑烟酸的其他名称、结构式和基本物化参数见附录A。

2 规范性引用文件

下列文件中的内容通过文中的规范性引用而构成本文件必不可少的条款。其中，注日期的引用文件，仅该日期对应的版本适用于本文件；不注日期的引用文件，其最新版本（包括所有的修改单）适用于本文件。

GB/T 1601　农药pH的测定方法

GB/T 1604　商品农药验收规则

GB/T 1605—2001　商品农药采样方法

GB 3796　农药包装通则

GB/T 8170—2008　数值修约规则与极限数值的表示和判定

GB/T 14825　农药悬浮率测定方法

GB/T 19136—2021　农药热储稳定性测定方法

GB/T 19137—2003　农药低温稳定性测定方法

GB/T 28137　农药持久起泡性测定方法

3 术语和定义

本文件没有需要界定的术语和定义。

4 技术要求

4.1 外观

稳定的均相液体，无可见的悬浮物和沉淀。

4.2 技术指标

应符合表1的要求。

表1　甲氧咪草烟可溶液剂控制项目指标

项　　目	指　　标
甲氧咪草烟质量分数，%	$4.0^{+0.4}_{-0.4}$
甲咪唑烟酸质量分数[a]，%	≤0.1
pH	4.0～7.0
稀释稳定性（稀释20倍）	稀释液均一，无析出物
持久起泡性（1 min后泡沫量），mL	≤60
低温稳定性[a]	低温储存后，析出固体或油状物的体积应不超过0.3 mL
热储稳定性[a]	热储后，甲氧咪草烟质量分数应不低于热储前测得质量分数的95%，甲咪唑烟酸质量分数、pH、稀释稳定性仍应符合本文件要求
[a] 正常生产时，甲咪唑烟酸质量分数、低温稳定性、热储稳定性每3个月至少测定1次。	

5 试验方法

警示：使用本文件的人员应有实验室工作的实践经验。本文件并未指出所有的安全问题。使用者有

责任采取适当的安全和健康措施。

5.1 一般规定

本文件所用试剂和水在没有注明其他要求时，均指分析纯试剂和蒸馏水。检验结果的判定按 GB/T 8170—2008 中 4.3.3 的规定执行。

5.2 取样

按 GB/T 1605—2001 中 5.3.2 的规定执行。用随机数表法确定取样的包装件；最终取样量应不少于 200 mL。

5.3 鉴别试验

液相色谱法——本鉴别试验可与甲氧咪草烟质量分数的测定同时进行。在相同的色谱操作条件下，试样溶液中某色谱峰的保留时间与标样溶液中甲氧咪草烟的色谱峰的保留时间，其相对差值应在 1.5% 以内。

5.4 外观的测定

采用目测法测定。

5.5 甲氧咪草烟质量分数的测定

5.5.1 方法提要

试样用甲醇溶解，以乙腈＋缓冲盐溶液为流动相，使用以 C_{18} 为填料的不锈钢柱和紫外检测器，在 260 nm下，对试样中的甲氧咪草烟进行反相高效液相色谱分离，外标法定量。

5.5.2 试剂和溶液

5.5.2.1 乙腈：色谱级。

5.5.2.2 甲醇：色谱级。

5.5.2.3 甲酸铵。

5.5.2.4 甲酸：色谱级。

5.5.2.5 水：新蒸二次蒸馏水或超纯水。

5.5.2.6 缓冲盐溶液：称取 1.89 g 甲酸铵置于盛有 1 000 mL 水的试剂瓶中，用甲酸调节 pH 至 3.0，经 0.45 μm 滤膜过滤。

5.5.2.7 甲氧咪草烟标样：已知甲氧咪草烟质量分数，$\omega \geqslant 98.0\%$。

5.5.3 仪器

5.5.3.1 高效液相色谱仪：具有可变波长紫外检测器。

5.5.3.2 色谱柱：250 mm×4.6 mm(内径)不锈钢柱，内装 C_{18}、5 μm 填充物(或具同等效果的色谱柱)。

5.5.3.3 过滤器：滤膜孔径约 0.45 μm。

5.5.3.4 定量进样管：5 μL。

5.5.3.5 超声波清洗器。

5.5.4 高效液相色谱操作条件

5.5.4.1 流动相：体积比 $\psi_{(乙腈:缓冲盐溶液)}=20:80$。

5.5.4.2 流速：1.0 mL/min。

5.5.4.3 柱温：室温(温度变化应不大于 2 ℃)。

5.5.4.4 检测波长：260 nm。

5.5.4.5 进样体积：5 μL。

5.5.4.6 保留时间：甲氧咪草烟约 8.8 min。

5.5.4.7 上述操作参数是典型的，可根据不同仪器特点，对给定的操作参数作适当调整，以期获得最佳效果。典型的甲氧咪草烟可溶液剂高效液相色谱图见图 1。

5.5.5 测定步骤

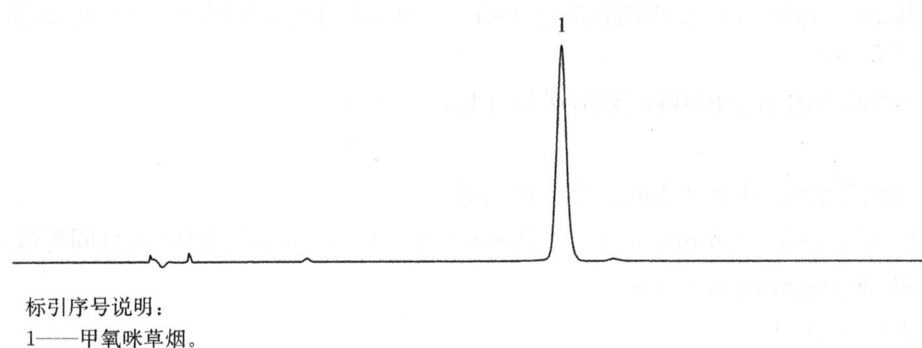

标引序号说明：
1——甲氧咪草烟。

图 1　甲氧咪草烟可溶液剂的高效液相色谱图

5.5.5.1　标样溶液的制备

称取 0.05 g(精确至 0.000 1 g)甲氧咪草烟标样，置于 100 mL 容量瓶中，加入 80 mL 甲醇超声振荡 5 min，冷却至室温，用甲醇稀释至刻度，摇匀。

5.5.5.2　试样溶液的制备

称取含甲氧咪草烟 0.05 g(精确至 0.000 1 g)的试样，置于 100 mL 容量瓶中，加入 80 mL 甲醇超声振荡 5 min，冷却至室温，用甲醇稀释至刻度，摇匀。

5.5.5.3　测定

在上述操作条件下，待仪器稳定后，连续注入数针标样溶液，直至相邻两针甲氧咪草烟峰面积相对变化小于 1.2%后，按照标样溶液、试样溶液、试样溶液、标样溶液的顺序进行测定。

5.5.6　计算

将测得的两针试样溶液以及试样前后两针标样溶液中甲氧咪草烟峰面积分别进行平均，试样中甲氧咪草烟的质量分数按公式(1)计算。

$$\omega_1 = \frac{A_2 \times m_1 \times \omega_{b1}}{A_1 \times m_2} \quad \cdots\cdots\cdots (1)$$

式中：

ω_1——甲氧咪草烟的质量分数，单位为百分号(%)；

A_2——试样溶液中甲氧咪草烟峰面积的平均值；

m_1——标样质量的数值，单位为克(g)；

ω_{b1}——标样中甲氧咪草烟的质量分数，单位为百分号(%)；

A_1——标样溶液中甲氧咪草烟峰面积的平均值；

m_2——试样质量的数值，单位为克(g)。

5.5.7　允许差

甲氧咪草烟质量分数 2 次平行测定结果之差应不大于 0.2%，取其算术平均值作为测定结果。

5.6　甲咪唑烟酸质量分数的测定

5.6.1　方法提要

试样用甲醇溶解，以乙腈＋缓冲盐溶液为流动相，使用以 C_{18} 为填料的不锈钢柱和紫外检测器，在波长 260 nm 下，对试样中的甲咪唑烟酸进行反相高效液相色谱分离，外标法定量。本方法定量限为 2.7×10^{-1} mg/L(0.014 g/kg)。

5.6.2　试剂和溶液

5.6.2.1　乙腈：色谱级。

5.6.2.2　甲醇：色谱级。

5.6.2.3　甲酸铵。

5.6.2.4　甲酸：色谱级。

5.6.2.5　水：新蒸二次蒸馏水或超纯水。

5.6.2.6 缓冲盐溶液：称取 1.89 g 甲酸铵置于盛有 1 000 mL 水的试剂瓶中，用甲酸调节 pH 至 3.0，经 0.45 μm 滤膜过滤。

5.6.2.7 甲咪唑烟酸标样：已知甲咪唑烟酸质量分数，$\omega \geq 98.0\%$。

5.6.3 **仪器**

5.6.3.1 高效液相色谱仪：具有可变波长紫外检测器。

5.6.3.2 色谱柱：250 mm×4.6 mm（内径）不锈钢柱，内装 C_{18}、5 μm 填充物（或具同等效果的色谱柱）。

5.6.3.3 过滤器：滤膜孔径约 0.45 μm。

5.6.3.4 定量进样管：5 μL。

5.6.3.5 超声波清洗器。

5.6.4 **高效液相色谱操作条件**

5.6.4.1 流动相：体积比 $\psi_{(乙腈:缓冲盐溶液)}$ =20∶80。

5.6.4.2 流速：1.0 mL/min。

5.6.4.3 柱温：室温（温度变化应不大于 2 ℃）。

5.6.4.4 检测波长：260 nm。

5.6.4.5 进样体积：5 μL。

5.6.4.6 保留时间：甲氧咪草烟约 8.8 min，甲咪唑烟酸约 9.7 min。

5.6.4.7 上述操作参数是典型的，可根据不同仪器特点，对给定的操作参数作适当调整，以期获得最佳效果。典型的测定甲咪唑烟酸的甲氧咪草烟可溶液剂高效液相色谱图见图 2。

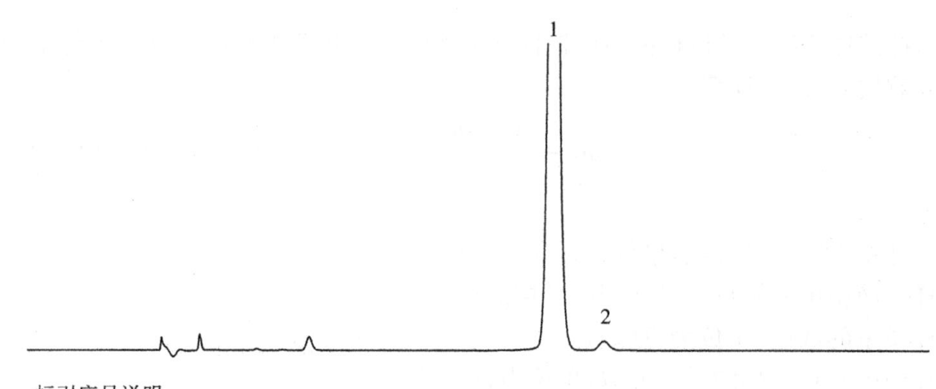

标引序号说明：
1——甲氧咪草烟；
2——甲咪唑烟酸。

图 2 测定甲咪唑烟酸的甲氧咪草烟可溶液剂的高效液相色谱图

5.6.5 **测定步骤**

5.6.5.1 **标样溶液的制备**

称取 0.05 g（精确至 0.000 1 g）甲咪唑烟酸标样于 50 mL 容量瓶中，用甲醇定容至刻度，超声振荡 5 min，冷却至室温，摇匀。用移液管移取上述溶液 1 mL 于 50 mL 容量瓶中，用甲醇稀释至刻度，摇匀。

5.6.5.2 **试样溶液的制备**

称取甲氧咪草烟可溶液剂 1.0 g（精确至 0.000 1 g）于 50 mL 容量瓶中，用甲醇定容至刻度，超声波振荡 5 min 使试样溶解，冷却至室温，摇匀。

5.6.5.3 **测定**

在上述操作条件下，待仪器稳定后，连续注入数针标样溶液，直至相邻两针甲咪唑烟酸峰面积相对变化小于 5%后，按照标样溶液、试样溶液、试样溶液、标样溶液的顺序进行测定。

5.6.5.4 **计算**

将测得的两针试样溶液以及试样前后两针标样溶液中甲咪唑烟酸峰面积分别进行平均。试样中甲咪唑烟酸的质量分数按公式(2)计算。

$$\omega_2 = \frac{A_4 \times m_3 \times \omega_{b2}}{A_3 \times n \times m_4} \quad \cdots\cdots (3)$$

式中：

ω_2 ——试样中甲咪唑烟酸的质量分数，单位为百分号(%)；

A_4 ——试样溶液中甲咪唑烟酸峰面积的平均值；

m_3 ——标样质量的数值，单位为克(g)；

ω_{b2} ——标样中甲咪唑烟酸的质量分数，单位为百分号(%)；

A_2 ——标样溶液中甲咪唑烟酸峰面积的平均值；

m_4 ——试样质量的数值，单位为克(g)；

n ——甲咪唑烟酸标样溶液的稀释倍数(n＝50)。

5.6.6 允许差

甲咪唑烟酸质量分数 2 次平行测定结果之相对差应不大于 20%，取其算术平均值作为测定结果。

5.7 pH 的测定

按 GB/T 1601 的规定执行。

5.8 稀释稳定性试验

5.8.1 试剂和仪器

5.8.1.1 标准硬水：$\rho_{(Ca^{2+}+Mg^{2+})}$＝342 mg/L，pH＝6.0～7.0，按 GB/T 14825 配制。

5.8.1.2 量筒：100 mL。

5.8.1.3 恒温水浴：(30±2) ℃。

5.8.2 试验步骤

用移液管吸取 5 mL 试样，置于 100 mL 量筒中，用标准硬水稀释至刻度，混匀，将此量筒放入恒温水浴中，静置 1 h。

5.9 持久起泡性试验

按 GB/T 28137 的规定执行。

5.10 低温稳定性试验

按 GB/T 19137—2021 中 4.4.1 的规定执行。

5.11 热储稳定性试验

按 GB/T 19136—2003 中 2.1 的规定执行。

6 检验规则

6.1 出厂检验

每批产品均应做出厂检验，经检验合格签发合格证后，方可出厂。出厂检验项目为表 1 中除甲咪唑烟酸质量分数、低温稳定性、热储稳定性以外的所有项目。

6.2 型式检验

型式检验项目为第 4 章中的全部项目，在正常连续生产情况下，每 3 个月至少进行 1 次。有下述情况之一，应进行型式检验：

a) 原料有较大改变，可能影响产品质量时；

b) 生产地址、生产设备或生产工艺有较大改变，可能影响产品质量时；

c) 停产后又恢复生产时；

d) 国家法定质量监管机构提出型式检验要求时。

6.3 判定规则

按第 4 章技术要求对产品进行出厂检验和型式检验。任一项目不符合指标要求，则判定该批次产品为不合格。

7 验收和质量保证期

7.1 验收

应符合 GB/T 1604 的规定。

7.2 质量保证期

在规定的储运条件下，甲氧咪草烟可溶液剂的质量保证期从生产之日算起为 2 年。质量保证期内，各项指标均应符合本文件要求。

8 标志、标签、包装、储运

8.1 标志、标签、包装

甲氧咪草烟可溶液剂的标志、标签、包装应符合 GB 3796 的规定；甲氧咪草烟可溶液剂的包装应采用清洁、干燥的带外盖的塑料瓶包装，每瓶净含量为 100 mL、200 mL、500 mL、1 000 mL；也可根据用户要求或订货协议采用其他形式的包装，但需符合 GB 3796 的规定。

8.2 储运

甲氧咪草烟可溶液剂包装件应储存在通风、干燥的库房中；储运时，严防潮湿和日晒，不得与食物、种子、饲料混放，避免与皮肤、眼睛接触，防止由口鼻吸入。

附　录　A
（资料性）
甲氧咪草烟、甲咪唑烟酸的其他名称、结构式和基本物化参数

A.1　甲氧咪草烟

中文通用名：甲氧咪草烟。

ISO 通用名：Imazamox。

CAS 登录号：114311-32-9。

CIPAC 数字代号：619。

化学名称：(*RS*)-2-(4-异丙基-4-甲基-5-氧-2-咪唑啉-2-基)-5-甲氧基甲基尼古丁酸。

结构式：

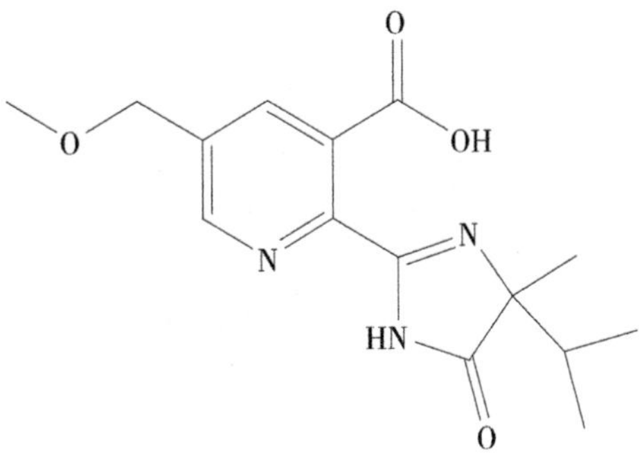

O
OH
O
N
N
HN
O

实验式：$C_{15}H_{19}N_3O_4$。

相对分子质量：305.3。

生物活性：除草剂。

熔点：165.5 ℃～167.2 ℃。

饱和蒸气压(mPa,25 ℃)：小于 0.013。

正辛醇/水分配系数(20 ℃,pH=7)：logPow=5.21。

溶解度(g/L,20 ℃～25 ℃)：水中 4.16(去离子水),1.16×10^2(pH=5),大于 6.26×10^2(pH=7),大于 6.28×10^2(pH=9)；正己烷中 0.007,甲醇中 67,甲苯中 2.2,丙酮中 29.3,乙酸乙酯中 10。

稳定性：pH 4、pH 7 条件下均稳定；DT_{50} 为 192 d(pH=9,25 ℃)。

A.2　甲咪唑烟酸

ISO 通用名称：Imazapic。

CAS 登录号：104098-48-8。

化学名称：2-(*RS*)-(4-异丙基-4-甲基-5-氧-2-咪唑啉-2-基)-5-甲基烟酸。

结构式：

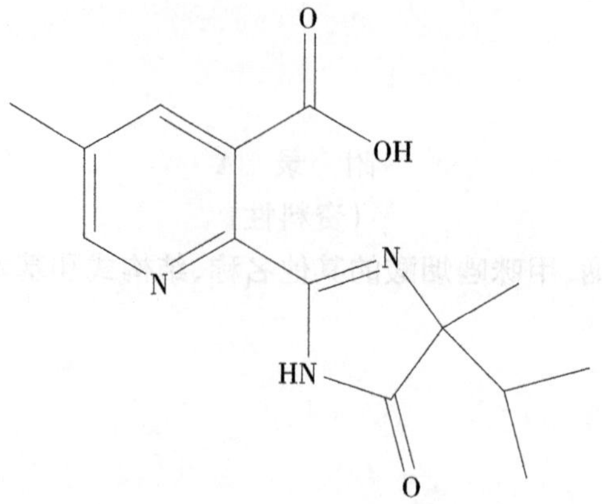

实验式：$C_{14}H_{17}N_3O_3$。

相对分子质量：275.3。

ICS 65.100.10
CCS G 25

中华人民共和国农业行业标准

NY/T 4092—2022

右旋苯醚氰菊酯原药

d-cyphenothrin technical material

2022-07-11 发布　　　　2022-10-01 实施

中华人民共和国农业农村部　发布

前　　言

本文件按照 GB/T 1.1—2020《标准化工作导则　第 1 部分：标准化文件的结构和起草规则》的规定起草。

请注意本文件的某些内容可能涉及专利。本文件的发布机构不承担识别专利的责任。

本文件由农业农村部种植业管理司提出。

本文件由全国农药标准化技术委员会(SAC/TC 133)归口。

本文件起草单位：江苏扬农化工股份有限公司、江苏优嘉植物保护有限公司、中山凯中有限公司、广州超威生物科技有限公司、成都彩虹电器(集团)股份有限公司、中山榄菊日化实业有限公司、沈阳沈化院测试技术有限公司。

本文件主要起草人：姜友法、史卫莲、刘亚军、叶志旭、林彬、吴鹰花、董雪梅。

右旋苯醚氰菊酯原药

1 范围

本文件规定了右旋苯醚氰菊酯原药的技术要求、试验方法、检验规则、验收和质量保证期以及标志、标签、包装、储运。

本文件适用于右旋苯醚氰菊酯原药产品的质量控制。

注：右旋苯醚氰菊酯和右旋苯醚氰菊酯原药皂化酸化产物DE菊酸的其他名称、结构式和基本物化参数见附录A。

2 规范性引用文件

下列文件中的内容通过文中的规范性引用而构成本文件必不可少的条款。其中，注日期的引用文件，仅该日期对应的版本适用于本文件；不注日期的引用文件，其最新版本（包括所有的修改单）适用于本文件。

GB/T 1600—2021 农药水分测定方法

GB/T 1604 商品农药验收规则

GB/T 1605—2001 商品农药采样方法

GB 3796 农药包装通则

GB/T 8170—2008 数值修约规则与极限数值的表示和判定

GB/T 19138 农药丙酮不溶物测定方法

GB/T 28135 农药酸（碱）度测定方法 指示剂法

3 术语和定义

本文件没有需要界定的术语和定义。

4 技术要求

4.1 外观

黄色至黄棕色油状透明液体，无可见的外来物和添加的改性剂。

4.2 技术指标

应符合表1的要求。

表1 右旋苯醚氰菊酯原药技术指标

项 目	指 标
右旋苯醚氰菊酯质量分数，%	≥89.0
苯醚氰菊酯质量分数，%	≥94.0
右旋体比例，%	≥95.0
顺式体，反式体比例	(15∶85)～(25∶75)
酸度(以 H_2SO_4 计)，%	≤0.3
水分，%	≤0.3
丙酮不溶物[a]，%	≤0.2
[a] 正常生产时，丙酮不溶物每3个月至少测定1次。	

5 试验方法

警示：使用本文件的人员应有实验室工作的实践经验。本文件并未指出所有的安全问题。使用者有责任采取适当的安全和健康措施。

5.1 一般规定

本文件所用试剂和水在没有注明其他要求时，均指分析纯试剂和蒸馏水。检验结果的判定按 GB/T 8170—2008 中 4.3.3 的规定执行。

5.2 取样

按 GB/T 1605—2001 中 5.3.1 的规定执行。用随机数表法确定抽样的包装件；最终取样量应不少于 100 g。

5.3 鉴别试验

5.3.1 红外光谱法

右旋苯醚氰菊酯原药与右旋苯醚氰菊酯标样在 4 000/cm～600/cm 范围的红外吸收光谱图应无明显区别。右旋苯醚氰菊酯标样红外光谱图见图 1。

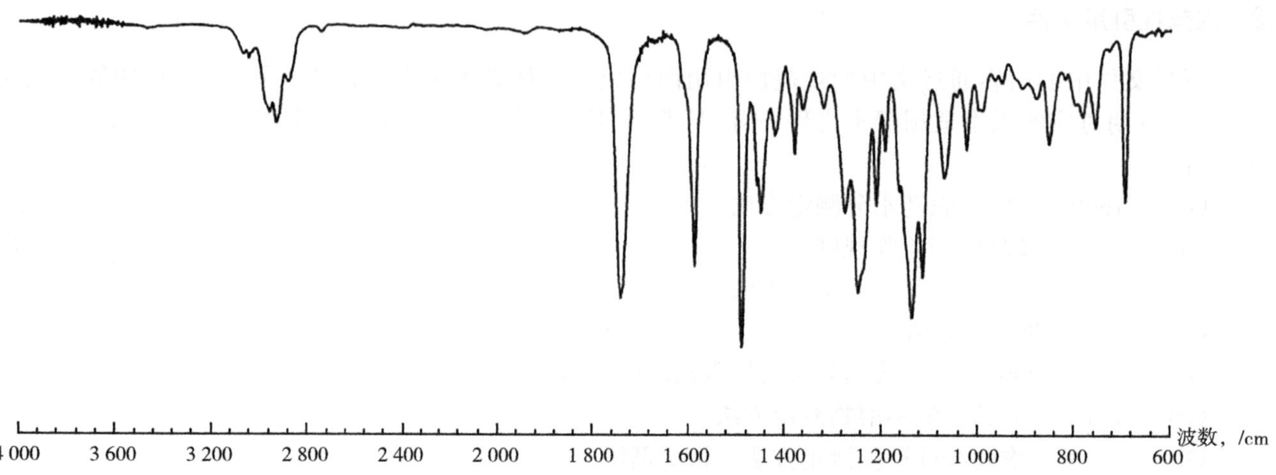

图 1　右旋苯醚氰菊酯标样的红外光谱图

5.3.2 气相色谱法

本鉴别试验可与苯醚氰菊酯质量分数的测定同时进行。在相同的色谱条件操作下，试样溶液中某色谱峰的保留时间与标样溶液中苯醚氰菊酯反式体色谱峰的保留时间，其相对差值均应在 1.5%以内。

5.4 外观的测定

采用目测法测定。

5.5 苯醚氰菊酯质量分数及顺式体与反式体比例的测定

5.5.1 方法提要

试样用二氯甲烷溶解，以邻苯二甲酸二异辛酯为内标物，使用内壁键合 50%苯基和 50%二甲基聚硅氧烷的石英毛细管柱、分流进样装置和氢火焰离子化检测器对试样中的苯醚氰菊酯进行毛细管气相色谱分离和测定，内标法定量。

5.5.2 试剂和溶液

5.5.2.1　二氯甲烷。

5.5.2.2　右旋苯醚氰菊酯标样：已知苯醚氰菊酯质量分数，$\omega \geq 95.0\%$。

5.5.2.3　内标物：邻苯二甲酸二异辛酯，应不含有干扰分析的杂质。

5.5.2.4　内标溶液：称取 2.0 g(精确至 0.1 g)邻苯二甲酸二异辛酯，置于 100 mL 容量瓶中，用二氯甲烷溶解并稀释至刻度，摇匀备用。

5.5.3 仪器

5.5.3.1　气相色谱仪：具氢火焰离子化检测器。

5.5.3.2　色谱柱：30 m×0.25 mm(内径)石英毛细柱，内壁键合 50%苯基和 50%二甲基聚硅氧烷，膜厚 0.25 μm。

5.5.3.3 色谱数据处理机或色谱工作站。

5.5.3.4 进样系统：具有分流和石英内衬装置。

5.5.4 气相色谱操作条件

5.5.4.1 温度：柱室 260 ℃，汽化室 280 ℃，检测器室 280 ℃。

5.5.4.2 气体流速：载气(He)1.0 mL/min，氢气 30 mL/min，空气 300 mL/min，尾吹 25 mL/min。

5.5.4.3 分流比：30 ∶ 1。

5.5.4.4 进样量：1.0 μL。

5.5.4.5 保留时间：苯醚氰菊酯反式体约 11.4 min，苯醚氰菊酯顺式体 1 约 11.6 min，苯醚氰菊酯顺式体 2 约 12.0 min，内标物约 6.8 min。

5.5.4.6 上述操作参数是典型的，可根据不同仪器特点，对给定的操作参数作适当调整，以期获得最佳效果。典型的右旋苯醚氰菊酯原药与内标物的气相色谱图见图 2。

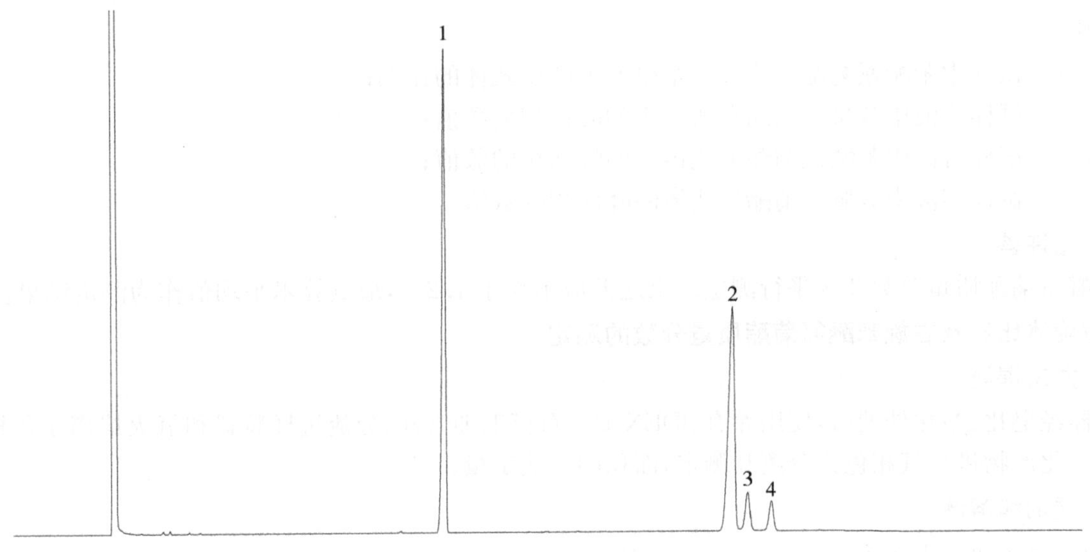

标引序号说明：
1——内标物；
2——苯醚氰菊酯反式体；
3——苯醚氰菊酯顺式体 1；
4——苯醚氰菊酯顺式体 2。

图 2 右旋苯醚氰菊酯原药和内标物的气相色谱图

5.5.5 测定步骤

5.5.5.1 标样溶液的制备

称取含 0.1 g(精确至 0.000 1 g)苯醚氰菊酯标样，置于 25 mL 具塞玻璃瓶中，用移液管加入 5 mL 内标溶液，并用量筒加入 10 mL 二氯甲烷，溶解，摇匀。

5.5.5.2 样品溶液的制备

称取含苯醚氰菊酯 0.1 g(精确至 0.000 1 g)的试样，置于 25 mL 具塞玻璃瓶中，用与 5.5.5.1 中相同的移液管加入 5 mL 内标溶液，并用量筒加入 10 mL 二氯甲烷，溶解，摇匀。

5.5.5.3 测定

在上述色谱操作条件下，待仪器稳定后，连续注入数针标样溶液，直至相邻两针苯醚氰菊酯的峰面积与内标物峰面积比的相对变化小于 1.2%后，按照标样溶液、试样溶液、试样溶液、标样溶液的顺序进行测定。

5.5.6 计算

将测得的两针试样溶液以及试样溶液前后两针标样溶液中苯醚氰菊酯的峰面积与内标物的峰面积比分别进行平均。试样中苯醚氰菊酯的质量分数按公式(1)计算。

$$\omega_1 = \frac{r_2 \times m_1 \times \omega}{r_1 \times m_2} \quad \cdots\cdots (1)$$

式中：

ω_1——试样中苯醚氰菊酯质量分数，单位为百分号(%)；

r_2——两针试样溶液中苯醚氰菊酯顺式体和反式体峰面积之和与内标物峰面积比的平均值；

m_1——苯醚氰菊酯标样质量的数值，单位为克(g)；

ω——右旋苯醚氰菊酯标样中苯醚氰菊酯质量分数，单位为百分号(%)；

r_1——两针标样溶液中苯醚氰菊酯顺式体与苯醚氰菊酯反式体峰面积之和与内标物峰面积比的平均值；

m_2——试样质量的数值，单位为克(g)。

试样中苯醚氰菊酯顺式体与苯醚氰菊酯反式体比例按公式(2)计算。

$$\alpha_1 = \frac{\dfrac{A_{c1}+A_{c2}}{A_{c1}+A_{c2}+A_t}\times 100}{\dfrac{A_t}{A_{c1}+A_{c2}+A_t}\times 100} \qquad (2)$$

式中：

α_1——试样中苯醚氰菊酯顺式体与苯醚氰菊酯反式体的比例；

A_{c1}——试样溶液中苯醚氰菊酯顺式体1的峰面积的数值；

A_{c2}——试样溶液中苯醚氰菊酯顺式体2的峰面积的数值；

A_t——试样溶液中苯醚氰菊酯反式体的峰面积的数值。

5.5.7 允许差

苯醚氰菊酯质量分数2次平行测定结果之差应不大于1.2%，取其算术平均值作为测定结果。

5.6 右旋体比例及右旋苯醚氰菊酯质量分数的测定

5.6.1 方法提要

试样经皂化、酸化处理后，使用涂有βDEX-120石英毛细管柱、分流进样装置和氢火焰离子化检测器，对上述酸化产物进行气相色谱分离和测定，面积归一法定量。

5.6.2 试剂和溶液

5.6.2.1 氢氧化钠甲醇溶液：$\rho_{(NaOH)}=100$ g/L。

5.6.2.2 盐酸溶液：体积分数 $\phi_{(HCl)}=10\%$。

5.6.2.3 石油醚：沸程60 ℃～90 ℃。

5.6.3 仪器

5.6.3.1 气相色谱仪：具氢火焰离子化检测器。

5.6.3.2 色谱柱：30 m×0.25 mm(内径)石英毛细柱，涂有βDEX-120毛细管色谱柱，膜厚0.25 μm。

5.6.3.3 色谱数据处理机或色谱工作站。

5.6.3.4 进样系统：具有分流和石英内衬装置。

5.6.4 气相色谱操作条件

5.6.4.1 温度：柱温：150 ℃，汽化室：250 ℃，检测器室：250 ℃。

5.6.4.2 气体流速：载气(He)1.0 mL/min，氢气30 mL/min，空气300 mL/min。

5.6.4.3 分流比：10∶1。

5.6.4.4 进样量：1.0 μL。

5.6.4.5 保留时间：右旋反式DE菊酸约11.4 min，右旋顺式DE菊酸约11.7 min，左旋反式DE菊酸约12.0 min，左旋顺式DE菊酸约12.5 min。

5.6.4.6 上述操作参数是典型的，可根据不同仪器特点，对给定的操作参数作适当调整，以期获得最佳效果。典型的右旋苯醚氰菊酯原药皂化酸化产物的手性气相色谱图见图3。

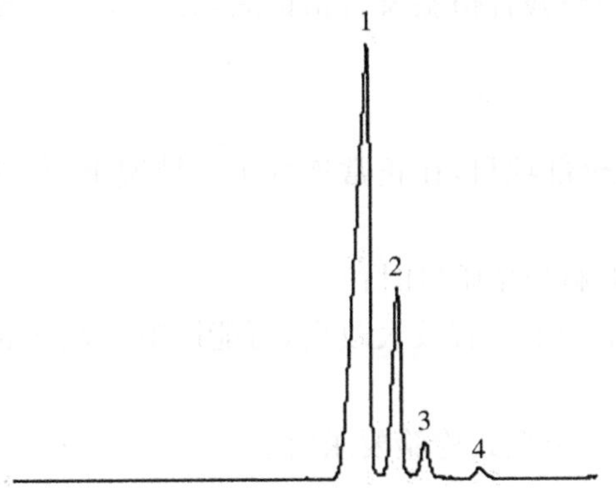

标引序号说明：

1——右旋反式 DE 菊酸；

2——右旋顺式 DE 菊酸；

3——左旋反式 DE 菊酸；

4——左旋顺式 DE 菊酸。

图 3　右旋苯醚氰菊酯原药皂化酸化产物的手性气相色谱图

5.6.5　测定步骤

5.6.5.1　样品溶液的制备

称取含右旋苯醚氰菊酯 0.4 g(精确至 0.000 1 g)试样，加 10 mL 氢氧化钠甲醇溶液于 50 ℃～60 ℃水浴中皂化 2 h，加 10 mL 水溶解，用 5 mL 石油醚萃取 2 次，取 2 次下层萃取液合并。用 2 mL 10%盐酸溶液将萃取液酸化，再用 5 mL 石油醚萃取 1 次，取上层萃取液，用 2 g 无水硫酸钠干燥，备用。

5.6.5.2　测定

在上述气相色谱操作条件下，待仪器稳定后，注入上述制备溶液，进行分析测定。

5.6.6　计算

试样中，右旋苯醚氰菊酯右旋体的比例按公式(3)计算。

$$\alpha_2 = \frac{A_1 + A_2}{A_1 + A_2 + A_3 + A_4} \times 100 \quad \cdots\cdots (3)$$

式中：

α_2 ——试样中右旋苯醚氰菊酯右旋体的比例，单位为百分号(%)；

A_1——右旋反式 DE 菊酸的峰面积的数值；

A_2——右旋顺式 DE 菊酸的峰面积的数值；

A_3——左旋反式 DE 菊酸的峰面积的数值；

A_4——左旋顺式 DE 菊酸的峰面积的数值。

试样中，右旋苯醚氰菊酯的质量分数按公式(4)计算。

$$\omega_2 = \omega_1 \times \alpha_2 \quad \cdots\cdots (4)$$

式中：

ω_2 ——试样中右旋苯醚氰菊酯质量分数，单位为百分号(%)；

ω_1 ——试样中苯醚氰菊酯质量分数，单位为百分号(%)；

α_2 ——试样中右旋苯醚氰菊酯右旋体的比例，单位为百分号(%)。

5.7　酸度的测定

按 GB/T 28135 的规定执行。

5.8　水分的测定

按 GB/T 1600—2021 中 4.2 的规定执行。

5.9　丙酮不溶物的测定

按 GB/T 19138 的规定执行。

6　检验规则

6.1　出厂检验

每批产品均应做出厂检验,经检验合格签发合格证后,方可出厂。出厂检验项目为表1中除丙酮不溶物以外的所有项目。

6.2 型式检验

型式检验项目为第4章中的全部项目,在正常连续生产情况下,每3个月至少进行1次。有下述情况之一,应进行型式检验:

a) 原料有较大改变,可能影响产品质量时;

b) 生产地址、生产设备或生产工艺有较大改变,可能影响产品质量时;

c) 停产后又恢复生产时;

d) 国家法定质量监管机构提出型式检验要求时。

6.3 判定规则

按第4章技术要求对产品进行出厂检验和型式检验,任一项目不符合指标要求判为该批次产品不合格。

7 验收和质量保证期

7.1 验收

应符合GB/T 1604的规定。

7.2 质量保证期

在规定的储运条件下,右旋苯醚氰菊酯原药的质量保证期从生产日期算起为2年。质量保证期内,各项指标均应符合本文件要求。

8 标志、标签、包装、储运

8.1 标志、标签、包装

右旋苯醚氰菊酯原药的标志、标签、包装应符合GB 3796的规定;右旋苯醚氰菊酯原药的包装采用清洁、干燥的涂塑铁桶包装。每桶净含量一般20 kg、50 kg。也可根据用户要求或订货协议采用其他形式的包装,但需符合GB 3796的规定。

8.2 储运

右旋苯醚氰菊酯原药包装件应储存在通风、干燥的库房中;储运时,严防潮湿和日晒,不得与食物、种子、饲料混放,避免与皮肤、眼睛接触,防止由口鼻吸入。

附 录 A
（资料性）
右旋苯醚氰菊酯和右旋苯醚氰菊酯原药皂化酸化产物 DE 菊酸的其他名称、结构式和基本物化参数

A.1 右旋苯醚氰菊酯

ISO 通用名称：d-cyphenothrin。

CAS 登录号：39515-40-7。

化学名称：(RS)-α-氰基-3-苯氧基苄基(1R,3R;1R,3S)-2,2-二甲基-3-(2-甲基丙-1-烯基)环丙烷羧酸酯。

右旋苯醚氰菊酯反式体结构式：

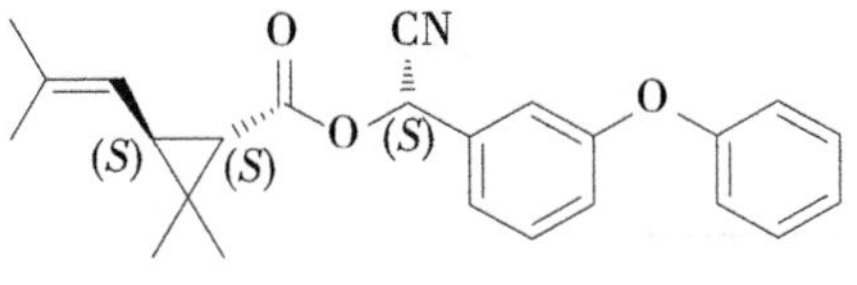

S,1S-trans 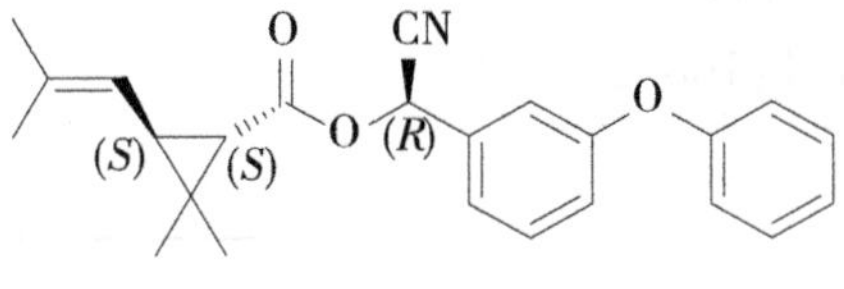 R,1S-trans

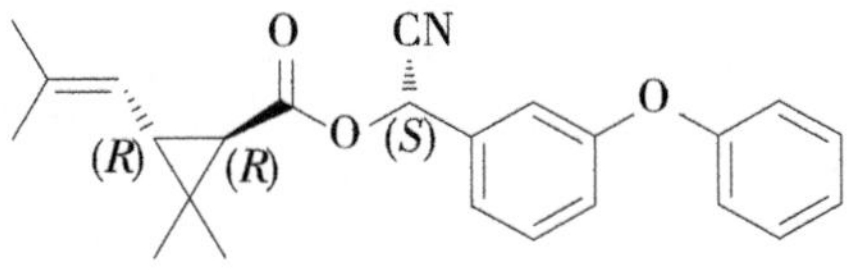

S,1R-trans 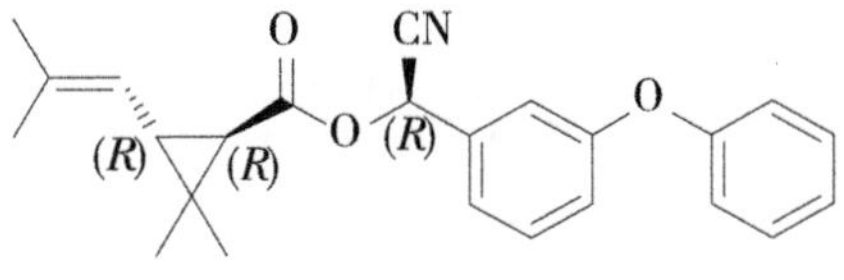 R,1R-trans

右旋苯醚氰菊酯顺式体 1 结构式：

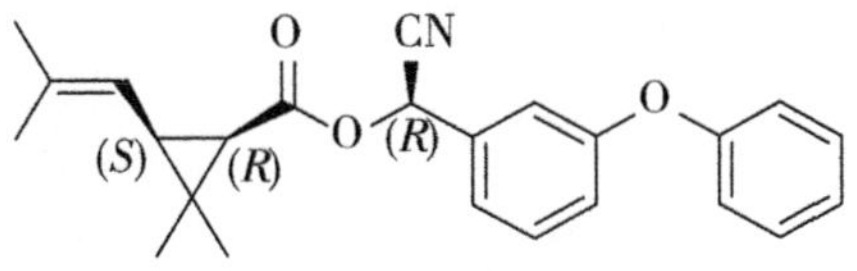

S,1R-cis 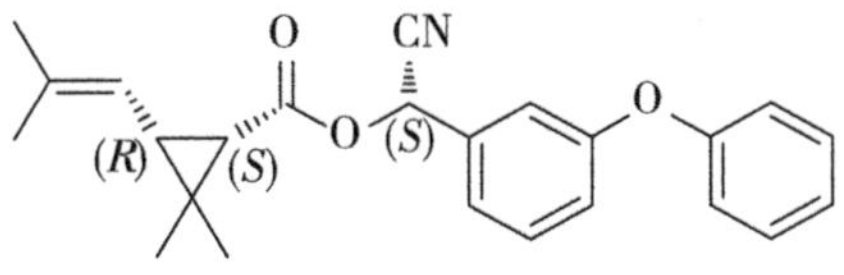 R,1S-cis

右旋苯醚氰菊酯顺式体 2 结构式：

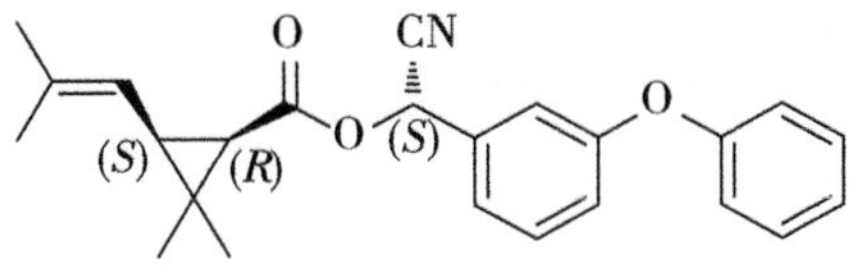

S,1R-cis 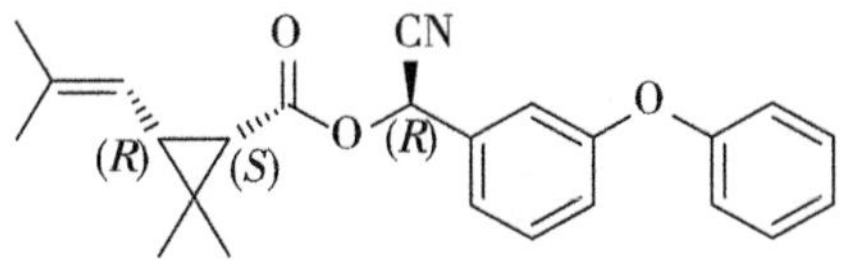 R,1S-cis

实验式：$C_{24}H_{25}NO_3$。

相对分子质量：375.5。

生物活性：杀虫。

溶解度：微溶于水，易溶于甲苯、二氯甲烷、丙酮、甲醇等有机溶剂中。

稳定性：常温储存能稳定 2 年以上；在酸性和中性条件下稳定。

A.2 右旋苯醚氰菊酯原药皂化酸化产物 DE 菊酸

化学名称：

右旋反式 DE 菊酸：1R，反式-2，2-二甲基-3-(2-甲基丙-1-烯基)环丙烷羧酸；

右旋顺式 DE 菊酸：1R，顺式-2，2-二甲基-3-（2-甲基丙-1-烯基）环丙烷羧酸；
左旋反式 DE 菊酸：1S，反式-2，2-二甲基-3-（2-甲基丙-1-烯基）环丙烷羧酸；
左旋顺式 DE 菊酸：1S，顺式-2，2-二甲基-3-（2-甲基丙-1-烯基）环丙烷羧酸。
结构式：

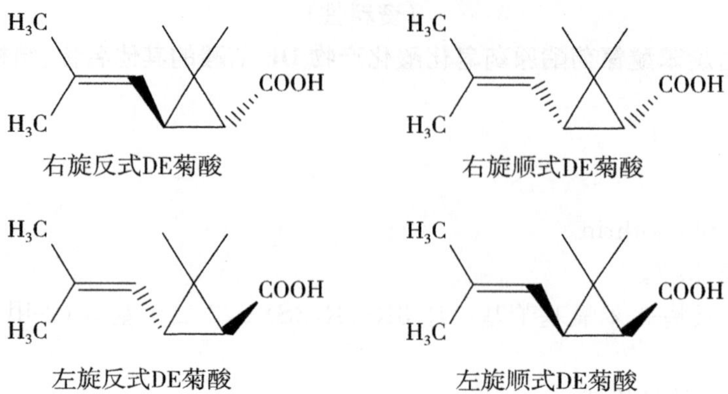

实验式：$C_{10}H_{16}O_3$。
相对分子质量：168.2。

ICS 65.100.20
CCS G 25

中华人民共和国农业行业标准

NY/T 4093—2022

甲基碘磺隆钠盐原药

Iodosulfuron-methyl sodium technical material

2022-07-11 发布　　　　2022-10-01 实施

中华人民共和国农业农村部　发布

前　言

本文件按照 GB/T 1.1—2020《标准化工作导则　第 1 部分：标准化文件的结构和起草规则》的规定起草。

请注意本文件的某些内容可能涉及专利。本文件的发布机构不承担识别专利的责任。

本文件由农业农村部种植业管理司提出。

本文件由全国农药标准化技术委员会(SAC/TC 133)归口。

本文件起草单位：江苏瑞邦农化股份有限公司、江苏省农药研究所股份有限公司、中科美兰(合肥)生物工程有限公司、沈阳沈化院测试技术有限公司、沈阳化工研究院有限公司、拜耳作物科学(中国)有限公司。

本文件主要起草人：黎娜、刘莹、步康明、万宏剑、毛堂富、谢毅、胡俊、叶剑、郑芬。

甲基碘磺隆钠盐原药

1 范围

本文件规定了甲基碘磺隆钠盐原药的技术要求、试验方法、检验规则、验收和质量保证期以及标志、标签、包装、储运。

本文件适用于甲基碘磺隆钠盐原药产品的质量控制。

注:甲基碘磺隆钠盐的其他名称、结构式和基本物化参数见附录 A。

2 规范性引用文件

下列文件中的内容通过文中的规范性引用而构成本文件必不可少的条款。其中,注日期的引用文件,仅该日期对应的版本适用于本文件;不注日期的引用文件,其最新版本(包括所有的修改单)适用于本文件。

GB/T 1601 农药 pH 的测定方法

GB/T 1604 商品农药验收规则

GB/T 1605—2001 商品农药采样方法

GB 3796 农药包装通则

GB/T 8170—2008 数值修约规则与极限数值的表示和判定

GB/T 19138 农药丙酮不溶物测定方法

3 术语和定义

本文件没有需要界定的术语和定义。

4 技术要求

4.1 外观

浅黄色固体。

4.2 技术指标

应符合表 1 的要求。

表 1 甲基碘磺隆钠盐原药技术指标

项 目	指 标
甲基碘磺隆钠盐质量分数,%	≥91.0
钠离子质量分数,%	≥4.0
pH	6.0～9.0
丙酮不溶物[a],%	≤0.5

[a] 正常生产时,丙酮不溶物每 3 个月至少测定 1 次。

5 试验方法

警示:使用本文件的人员应有实验室工作的实践经验。本文件并未指出所有的安全问题。使用者有责任采取适当的安全和健康措施。

5.1 一般规定

本文件所用试剂和水在没有注明其他要求时,均指分析纯试剂和蒸馏水。检验结果的判定按 GB/T 8170—2008 中 4.3.3 的规定执行。

5.2 取样

按 GB/T 1605—2001 中 5.3.1 的规定执行。用随机数表法确定取样的包装件;最终取样量应不少于 100 g。

5.3 鉴别试验

5.3.1 红外光谱法

甲基碘磺隆钠盐原药与甲基碘磺隆钠盐标样在 4 000/cm～400/cm 范围的红外吸收光谱图应没有明显区别。甲基碘磺隆钠盐标样的红外光谱图见图 1。

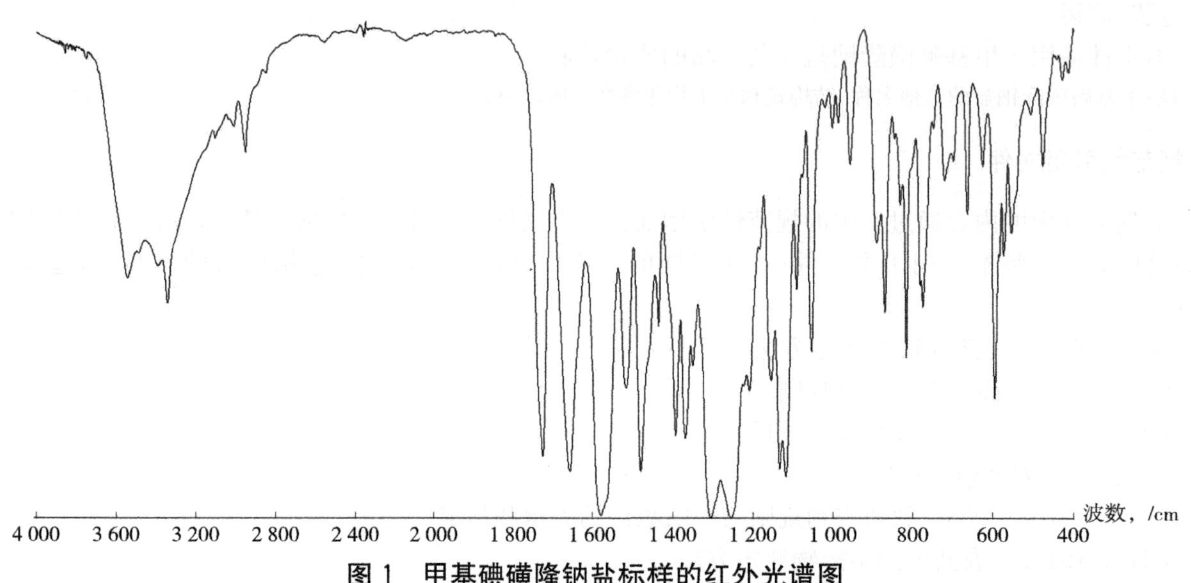

图 1 甲基碘磺隆钠盐标样的红外光谱图

5.3.2 甲基碘磺隆鉴定的液相色谱法

本鉴别试验可与甲基碘磺隆钠盐质量分数的测定同时进行。在相同的色谱操作条件下,试样溶液中某色谱峰的保留时间与标样溶液中甲基碘磺隆的色谱峰的保留时间,其相对差值应在 1.5%以内。

5.3.3 钠离子鉴定的离子色谱法

本鉴别试验可与钠离子质量分数的测定同时进行。在相同的色谱操作条件下,试样溶液中某色谱峰的保留时间与标样溶液中钠离子的色谱峰的保留时间,其相对差值应在 1.5%以内。

5.4 外观的测定

采用目测法测定。

5.5 甲基碘磺隆钠盐质量分数的测定

5.5.1 方法提要

试样用甲醇溶解,以甲醇＋磷酸水溶液为流动相,使用以 C_{18} 为填料的不锈钢柱和紫外检测器(228 nm),对试样中的甲基碘磺隆钠盐进行高效液相色谱分离,外标法定量。

5.5.2 试剂和溶液

5.5.2.1 甲醇:色谱级。

5.5.2.2 水:新蒸二次蒸馏水或超纯水。

5.5.2.3 磷酸。

5.5.2.4 磷酸水溶液:体积分数 $\phi_{(磷酸)}$=0.1%。

5.5.2.5 甲基碘磺隆钠盐标样:已知甲基碘磺隆钠盐质量分数,$\omega \geq 98.0\%$。

5.5.3 仪器

5.5.3.1 高效液相色谱仪:具有可变波长紫外检测器。

5.5.3.2 色谱柱:250 mm×4.6 mm(内径)不锈钢柱,内装 C_{18}、5 μm 填充物(或具同等效果的其他色谱柱)。

5.5.3.3 过滤器:滤膜孔径约 0.45 μm。

5.5.3.4 定量进样管:5 μL。

5.5.3.5 超声波清洗器。

5.5.4 高效液相色谱操作条件

5.5.4.1 流动相:体积比 $\psi_{(甲醇:0.1\%磷酸水溶液)}$=65∶35。

5.5.4.2 流速:1.0 mL/min。

5.5.4.3 柱温:室温(温度变化应不大于 2 ℃)。

5.5.4.4 检测波长:228 nm。

5.5.4.5 进样体积:5 μL。

5.5.4.6 保留时间:甲基碘磺隆约 7.4 min。

5.5.4.7 上述操作参数是典型的,可根据不同仪器特点,对给定的操作参数作适当调整,以期获得最佳效果。典型的甲基碘磺隆钠盐原药高效液相色谱图见图 2。

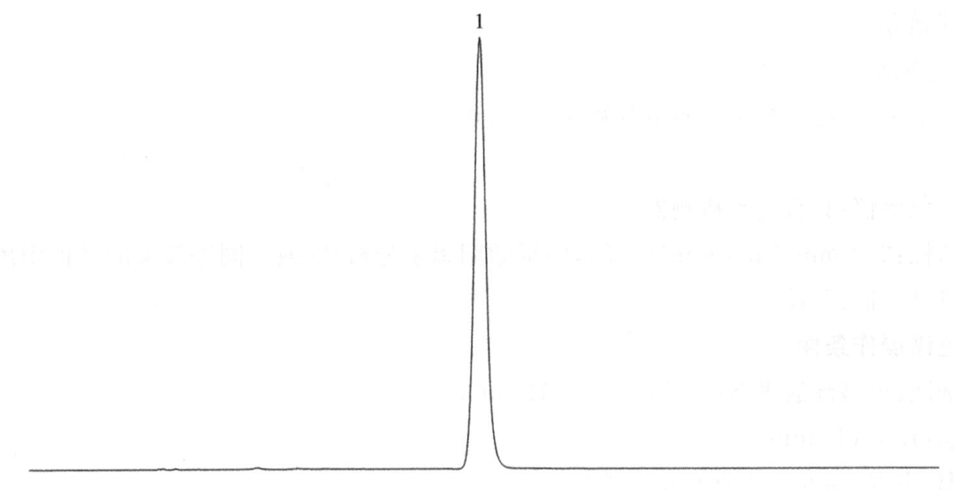

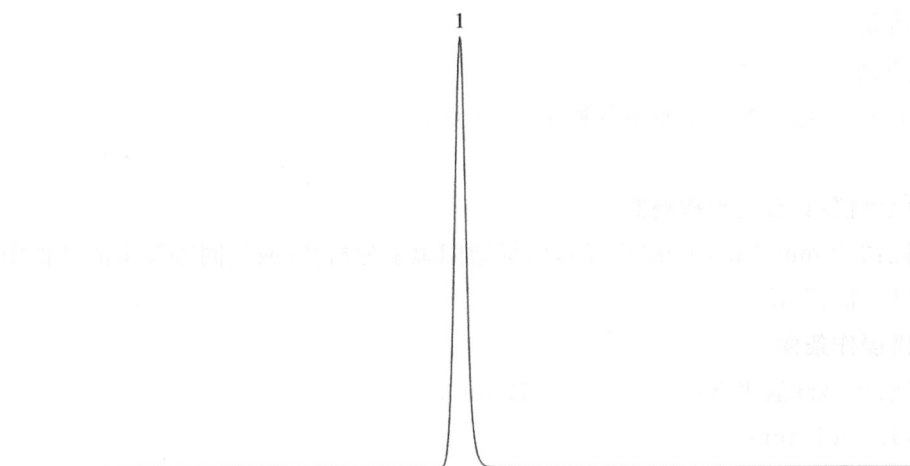

标引序号说明:

1——甲基碘磺隆。

图 2 甲基碘磺隆钠盐原药的高效液相色谱图

5.5.5 测定步骤

5.5.5.1 标样溶液的制备

称取 0.05 g(精确至 0.000 1 g)甲基碘磺隆钠盐标样,置于 100 mL 容量瓶中,用甲醇溶解并稀释至刻度,摇匀。

5.5.5.2 试样溶液的制备

称取含甲基碘磺隆钠盐 0.05 g(精确至 0.000 1 g)的试样,置于 100 mL 容量瓶中,用甲醇溶解并稀释至刻度,摇匀,过滤。

5.5.5.3 测定

在上述操作条件下,待仪器稳定后,连续注入数针标样溶液,直至相邻两针甲基碘磺隆峰面积相对变化小于 1.2%后,按照标样溶液、试样溶液、试样溶液、标样溶液的顺序进行测定。

5.5.6 计算

将测得的两针试样溶液以及试样前后两针标样溶液中甲基碘磺隆峰面积分别进行平均,试样中甲基碘磺隆钠盐的质量分数按公式(1)计算。

$$\omega_1=\frac{A_2\times m_1\times \omega_{b1}}{A_1\times m_2} \cdots\cdots (1)$$

式中:

ω_1 ——甲基碘磺隆钠盐的质量分数，单位为百分号（%）；
A_2 ——试样溶液中甲基碘磺隆峰面积的平均值；
m_1 ——标样质量的数值，单位为克（g）；
ω_{b1} ——标样中甲基碘磺隆钠盐的质量分数，单位为百分号（%）；
A_1 ——标样溶液中甲基碘磺隆峰面积的平均值；
m_2 ——试样质量的数值，单位为克（g）。

5.5.7 **允许差**

2 次平行测定结果之差应不大于 1.2%，取其算术平均值作为测定结果。

5.6 **钠离子质量分数的测定**

5.6.1 **方法提要**

试样用水溶解，以甲基磺酸水溶液为流动相，使用阳离子分析柱和带有电导检测器的离子色谱仪，对试样中的钠离子进行分离，外标法定量。

5.6.2 **试剂和溶液**

5.6.2.1 甲基磺酸。

5.6.2.2 水：超纯水。

5.6.2.3 氯化钠标样：已知氯化钠质量分数，$\omega \geqslant 99.0\%$。

5.6.3 **仪器**

5.6.3.1 离子色谱仪：具有电导检测器。

5.6.3.2 色谱柱：250 mm×4.0 mm（内径），丙烯酸阳离子分析柱（或具同等效果的其他阳离子色谱柱）。

5.6.3.3 定量进样器：5 μL。

5.6.4 **离子色谱操作条件**

5.6.4.1 淋洗液：甲基磺酸水溶液，$C_{(甲基磺酸)}$=12 mmol/L。

5.6.4.2 流速：1.0 mL/min。

5.6.4.3 柱温：室温（温度变化应不大于 2 ℃）。

5.6.4.4 电导池温度：35 ℃。

5.6.4.5 进样体积：5 μL。

5.6.4.6 保留时间：钠离子约 5.7 min。

5.6.4.7 上述操作参数是典型的，可根据不同仪器特点，对给定的操作参数作适当调整，以期获得最佳效果。典型的甲基碘磺隆钠盐原药的离子色谱图见图 3。

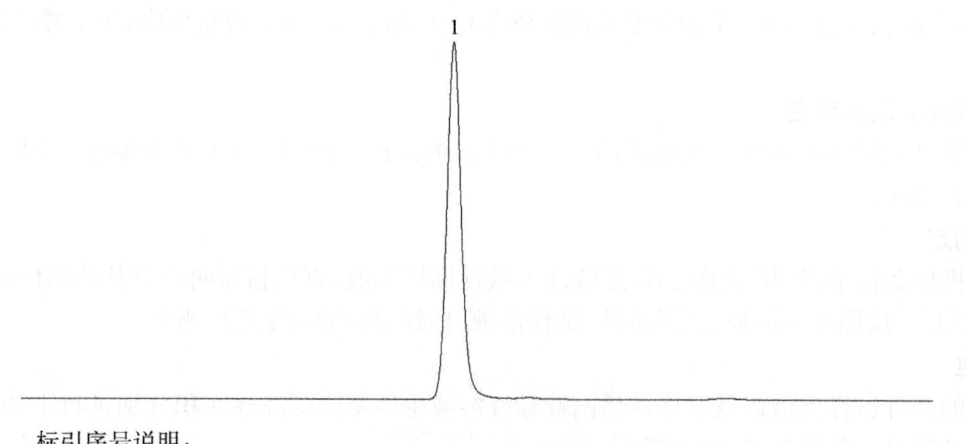

标引序号说明：
1——钠离子。

图 3 甲基碘磺隆钠盐原药的离子色谱图

5.6.5 测定步骤

5.6.5.1 标样溶液的制备

称取 0.05 g(精确至 0.000 1 g)氯化钠标样于 100 mL 容量瓶中,加入超纯水,振摇使之溶解,并用超纯水稀释至刻度,摇匀。移取 10 mL 上述溶液于 100 mL 容量瓶中,并稀释至刻度,摇匀。

5.6.5.2 试样溶液的制备

称取 0.05 g(精确至 0.000 1 g)甲基碘磺隆钠盐原药试样,置于 100 mL 容量瓶中,加入超纯水,振摇使之溶解,并用超纯水稀释至刻度,摇匀。

5.6.5.3 测定

在上述操作条件下,待仪器稳定后,连续注入数针氯化钠标样溶液,直至相邻两针钠离子峰面积相对变化小于 1.2%后,按照标样溶液、试样溶液、试样溶液、标样溶液的顺序进行测定。

5.6.6 计算

试样中钠离子的质量分数按公式(2)计算。

$$\omega_2 = \frac{A_4 \times m_3 \times \omega_{b2}}{A_3 \times m_4 \times n} \times \frac{22.99}{58.44} \quad (2)$$

式中:

ω_2 ——钠离子的质量分数,单位为百分号(%);

A_4 ——试样溶液中钠离子峰面积的平均值;

m_3 ——氯化钠标样质量的数值,单位为克(g);

ω_{b2} ——氯化钠标样的质量分数,单位为百分号(%);

A_3 ——标样溶液中钠离子峰面积的平均值;

m_4 ——试样质量的数值,单位为克(g);

n ——标样溶液的稀释倍数,$n=10$;

22.99——钠离子的相对分子质量的数值;

58.44——氯化钠的相对分子质量的数值。

5.6.7 允许差

2 次平行测定结果之相对差应不大于 3.0%,取其算术平均值作为测定结果。

5.7 pH 的测定

按 GB/T 1601 的规定执行。

5.8 丙酮不溶物的测定

按 GB/T 19138 的规定执行。

6 检验规则

6.1 出厂检验

每批产品均应做出厂检验,经检验合格签发合格证后,方可出厂。出厂检验项目为表 1 中除丙酮不溶物以外的所有项目。

6.2 型式检验

型式检验项目为第 4 章中的全部项目,在正常连续生产情况下,每 3 个月至少进行 1 次。有下述情况之一,应进行型式检验:

a) 原料有较大改变,可能影响产品质量时;

b) 生产地址、生产设备或生产工艺有较大改变,可能影响产品质量时;

c) 停产后又恢复生产时;

d) 国家法定质量监管机构提出型式检验要求时。

6.3 判定规则

按第 4 章技术要求对产品进行出厂检验和型式检验,任一项目不符合指标要求判为该批次产品不合格。

7 验收和质量保证期

7.1 验收

应符合 GB/T 1604 的规定。

7.2 质量保证期

在规定的储运条件下,甲基碘磺隆钠盐原药的质量保证期从生产日期算起为 2 年。质量保证期内,各项指标均应符合本文件要求。

8 标志、标签、包装、储运

8.1 标志、标签、包装

甲基碘磺隆钠盐原药的标志、标签、包装应符合 GB 3796 的规定;甲基碘磺隆钠盐原药采用清洁、干燥内衬塑料袋的编织袋或内衬保护层的铁桶或纸板桶包装。每袋净含量一般为 20 kg,每桶净含量一般 50 kg、100 kg。也可根据用户要求或订货协议采用其他形式的包装,但需符合 GB 3796 的规定。

8.2 储运

甲基碘磺隆钠盐原药包装件应储存在通风、干燥的库房中;储运时,严防潮湿和日晒,不得与食物、种子、饲料混放,避免与皮肤、眼睛接触,防止由口鼻吸入。

附　录　A
（资料性）
甲基碘磺隆钠盐的其他名称、结构式和基本物化参数

ISO 通用名称：Iodosulfuron-methyl-sodium。

CAS 登录号：144550-36-7。

CIPAC 数字代码：634。

化学名称：4-碘代-2-(3-(4-甲氧基-6-甲基-1,3,5-三嗪-2-基)脲磺酰基)苯甲酸甲酯钠盐。

结构式：

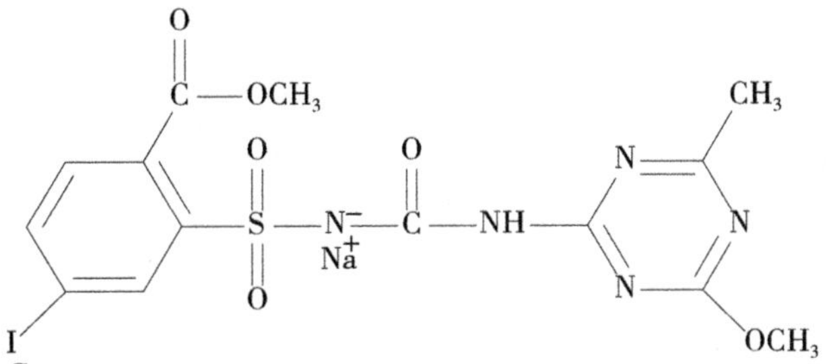

实验式：$C_{14}H_{13}IN_5NaO_6S$。

相对分子质量：529.2。

生物活性：除草。

熔点：152 ℃。

蒸气压(20 ℃)：2.6×10^{-6} mPa。

溶解度(20 ℃～25 ℃)：水中 0.16 g/L(pH 5)；25 g/L(pH 7)；60 g/L(pH 7.6)；65 g/L(pH 9)。乙腈中 52 g/L，乙酸乙酯中 23 g/L，正庚烷中 0.001 1 g/L，正己烷中 0.001 2 g/L，异辛烷中 4.4 g/L，甲醇中 12 g/L，甲苯中 2.1 g/L。

稳定性(20 ℃)：水中 4 d(pH 4)，31 d(pH 5)，大于等于 362 d(pH 5～9)。

ICS 65.100.30
CCS G 25

中华人民共和国农业行业标准

NY/T 4094—2022

精甲霜灵原药

Metalaxyl-M technical material

2022-07-11 发布 2022-10-01 实施

中华人民共和国农业农村部 发布

前　言

本文件按照 GB/T 1.1—2020《标准化工作导则　第 1 部分：标准化文件的结构和起草规则》的规定起草。

请注意本文件的某些内容可能涉及专利。本文件的发布机构不承担识别专利的责任。

本文件由农业农村部种植业管理司提出。

本文件由全国农药标准化技术委员会(SAC/TC 133)归口。

本文件起草单位：先正达(苏州)作物保护有限公司、江苏宝灵化工股份有限公司、沈阳沈化院测试技术有限公司、沈阳化工研究院有限公司、浙江禾本科技股份有限公司、江苏云帆化工有限公司。

本文件主要起草人：黎娜、牛永芳、王福君、金明华、刘雪芬、李佐水、王进。

精甲霜灵原药

1 范围

本文件规定了精甲霜灵原药的技术要求、试验方法、检验规则、验收和质量保证期以及标志、标签、包装、储运。

本文件适用于精甲霜灵原药产品的质量控制。

注：精甲霜灵、甲霜灵和2,6-二甲基苯胺的其他名称、结构式和基本物化参数见附录A。

2 规范性引用文件

下列文件中的内容通过文中的规范性引用而构成本文件必不可少的条款。其中，注日期的引用文件，仅该日期对应的版本适用于本文件；不注日期的引用文件，其最新版本(包括所有的修改单)适用于本文件。

GB/T 1600—2021　农药水分测定方法

GB/T 1601　农药pH的测定方法

GB/T 1604　商品农药验收规则

GB/T 1605—2001　商品农药采样方法

GB 3796　农药包装通则

GB/T 8170—2008　数值修约规则与极限数值的表示和判定

GB/T 19138　农药丙酮不溶物测定方法

3 术语和定义

本文件没有需要界定的术语和定义。

4 技术要求

4.1 外观

淡黄色至棕色均相油状液体。

4.2 技术指标

应符合表1的要求。

表1　精甲霜灵原药控制项目指标

项　目	指　标
精甲霜灵质量分数，%	≥91.0
S-对映异构体质量分数，%	≤5.0
2,6-二甲基苯胺质量分数[a]，%	≤0.05
水分，%	≤0.5
pH	4.0～8.0
丙酮不溶物[a]，%	≤0.2
[a] 正常生产时，2,6-二甲基苯胺质量分数和丙酮不溶物每3个月至少测定1次。	

5 试验方法

警示：使用本文件的人员应有实验室工作的实践经验。本文件并未指出所有的安全问题。使用者有责任采取适当的安全和健康措施。

5.1 一般规定

本文件所用试剂和水在没有注明其他要求时，均指分析纯试剂和蒸馏水。检验结果的判定按 GB/T 8170—2008 中 4.3.3 的规定执行。

5.2 取样

按 GB/T 1605—2001 中 5.3.1 的规定执行。用随机数表法确定取样的包装件；最终取样量应不少于 100 g。

5.3 鉴别试验

5.3.1 红外光谱法

精甲霜灵原药与精甲霜灵标样在 4 000/cm～400/cm 范围的红外吸收光谱图应没有明显区别。精甲霜灵标样的红外光谱图见图 1。

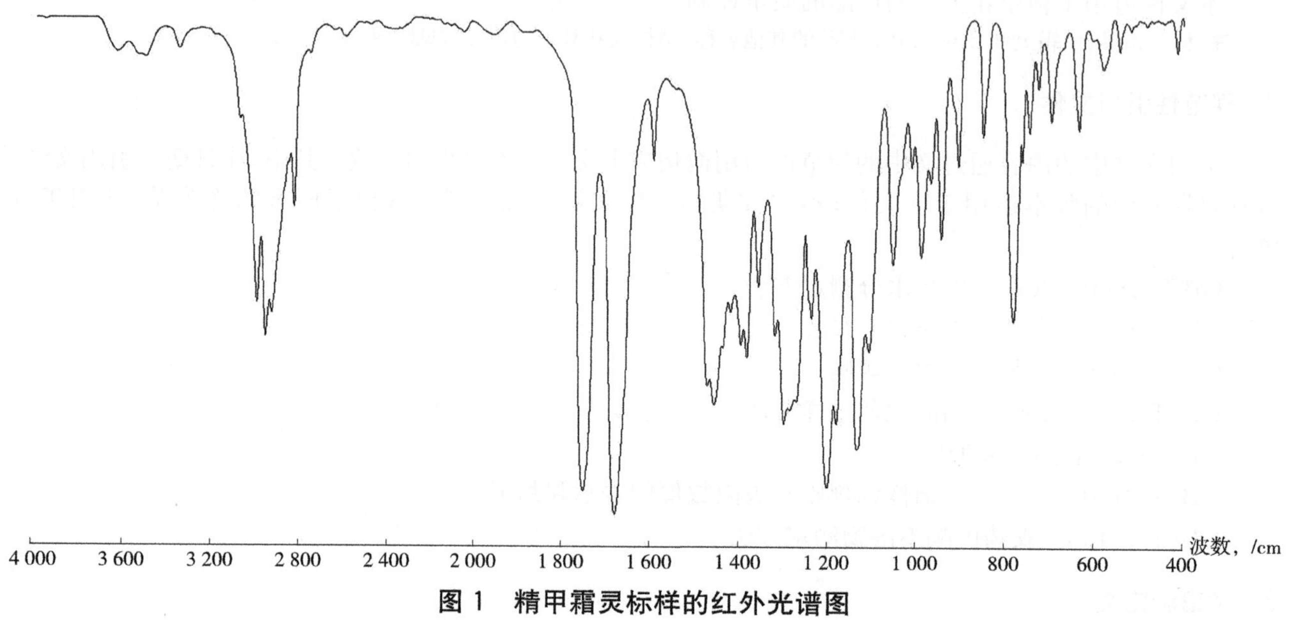

图 1 精甲霜灵标样的红外光谱图

5.3.2 手性高效液相色谱法

本鉴别试验可与精甲霜灵质量分数的测定同时进行。在相同的色谱操作条件下，试样溶液中某色谱峰的保留时间与标样溶液中精甲霜灵的色谱峰的保留时间，其相对差值应在 1.5％以内。

5.4 外观的测定

采用目测法测定。

5.5 精甲霜灵质量分数和 *S*-对映异构体质量分数的测定

5.5.1 手性液相色谱法(仲裁法)

5.5.1.1 方法提要

试样用流动相溶解，以正己烷＋异丙醇为流动相，使用内装纤维素-三(3,5-二甲基苯基氨基甲酸酯)的手性色谱柱和紫外检测器(220 nm)，对试样中的精甲霜灵和 *S*-对映异构体进行高效液相色谱分离，外标法定量。

5.5.1.2 试剂和溶液

5.5.1.2.1 正己烷：色谱级。

5.5.1.2.2 异丙醇：色谱级。

5.5.1.2.3 精甲霜灵标样：已知精甲霜灵质量分数，$\omega \geqslant 96.0\%$。

5.5.1.2.4 甲霜灵标样：已知甲霜灵质量分数，$\omega \geqslant 98.0\%$。

5.5.1.3 仪器

5.5.1.3.1 高效液相色谱仪：具有可变波长紫外检测器。

5.5.1.3.2 色谱柱：250 mm×4.6 mm(内径)不锈钢柱，内装纤维素-三(3,5-二甲基苯基氨基甲酸酯)、5 μm填充物(或具同等效果的其他色谱柱)。

5.5.1.3.3 过滤器:滤膜孔径约 0.45 mm。

5.5.1.3.4 定量进样管:10 mL。

5.5.1.3.5 超声波清洗器。

5.5.1.4 高效液相色谱操作条件

5.5.1.4.1 流动相:体积比 $\psi_{(正己烷:异丙醇)}$=70∶30。

5.5.1.4.2 流速:1.0 mL/min。

5.5.1.4.3 柱温:室温(温度变化应不大于 2 ℃)。

5.5.1.4.4 检测波长:220 nm。

5.5.1.4.5 进样体积:10 μL。

5.5.1.4.6 保留时间:*S*-对映异构体约 5.6 min,精甲霜灵约 14.0 min。

5.5.1.4.7 上述操作参数是典型的,可根据不同仪器特点,对给定的操作参数作适当调整,以期获得最佳效果。典型的甲霜灵标样和精甲霜灵原药的手性高效液相色谱图分别见图 2 和图 3。

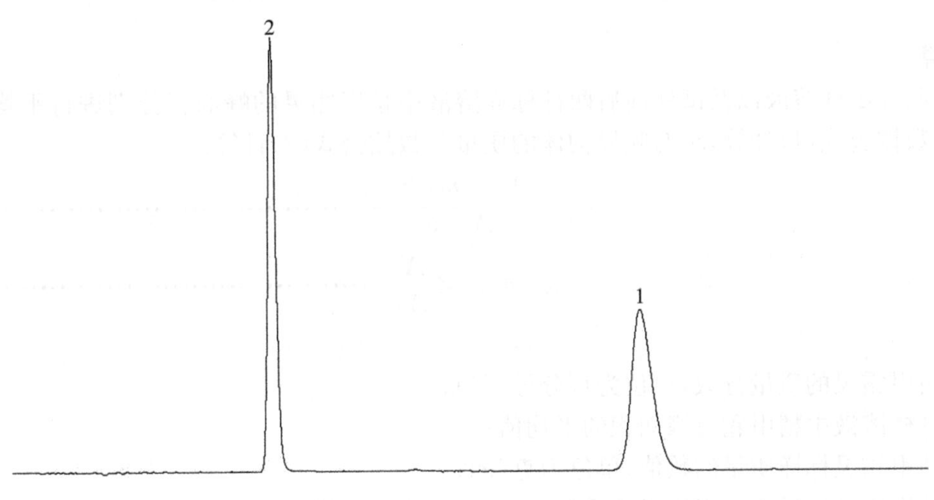

标引序号说明:
1——精甲霜灵;
2——*S*-对映异构体。

图 2 甲霜灵标样的手性高效液相色谱图

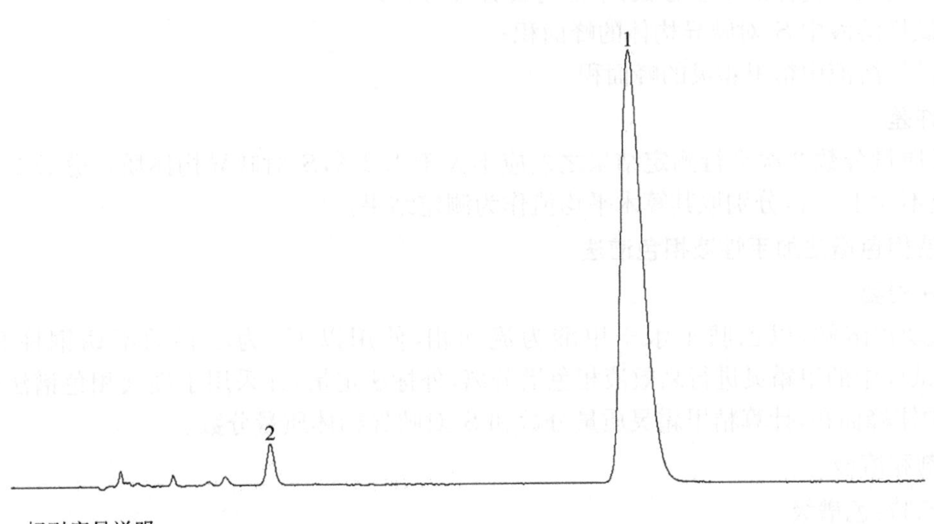

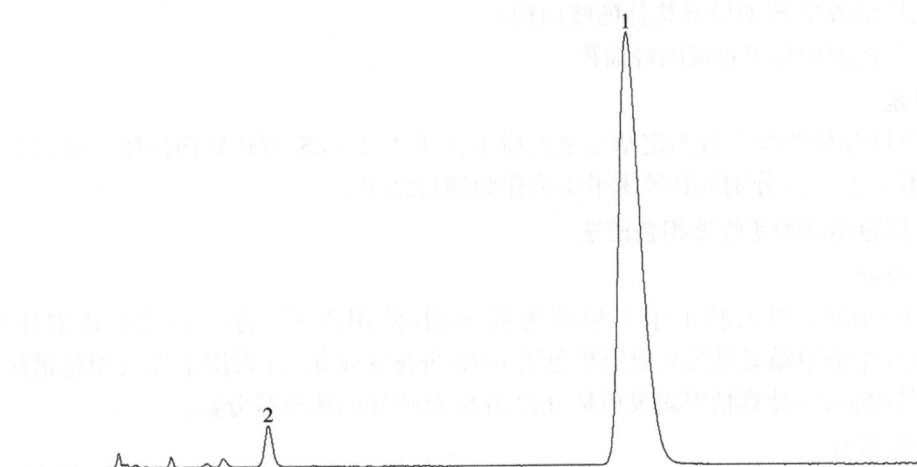

标引序号说明:
1——精甲霜灵;
2——*S*-对映异构体。

图 3 精甲霜灵原药的手性高效液相色谱图

5.5.1.5 测定步骤

5.5.1.5.1 标样溶液的制备

称取 0.05 g(精确至 0.000 1 g)甲霜灵标样,置于 50 mL 容量瓶中,加入 30 mL 流动相,超声振荡 5 min,冷却至室温,用流动相稀释至刻度,摇匀。

称取 0.05 g(精确至 0.000 1 g)精甲霜灵标样,置于 50 mL 容量瓶中,加入 30 mL 流动相,超声振荡 5 min,冷却至室温,用流动相稀释至刻度,摇匀。

5.5.1.5.2 试样溶液的制备

称取 0.05 g(精确至 0.000 1 g)精甲霜灵原药试样,置于 50 mL 容量瓶中,加入 30 mL 流动相超声振荡 5 min,冷却至室温,用流动相稀释至刻度,摇匀。

5.5.1.6 测定

在上述操作条件下,待仪器稳定后,连续注入数针甲霜灵标样溶液,当甲霜灵标样中精甲霜灵与 S-对映异构体峰面积比为 0.95~1.05,且相邻两针甲霜灵标样中精甲霜灵和 S-对映异构体的峰面积之和的相对变化小于 1.2%后,按照精甲霜灵标样溶液、试样溶液、试样溶液、精甲霜灵标样溶液的顺序进行测定。

5.5.1.7 计算

将测得的两针试样溶液以及试样前后两针标样溶液中精甲霜灵的峰面积分别进行平均,试样中精甲霜灵的质量分数按公式(1)计算,S-对映异构体的质量分数按公式(2)计算。

$$\omega_1 = \frac{A_2 \times m_1 \times \omega_{b1}}{A_1 \times m_2} \quad \cdots\cdots (1)$$

$$\omega_2 = \omega_1 \times \frac{A_3}{A_{2a}} \quad \cdots\cdots (2)$$

式中:

ω_1 ——精甲霜灵的质量分数,单位为百分号(%);

A_2 ——试样溶液中精甲霜灵峰面积的平均值;

m_1 ——精甲霜灵标样质量的数值,单位为克(g);

ω_{b1} ——精甲霜灵标样中精甲霜灵的质量分数,单位为百分号(%);

A_1 ——标样溶液中精甲霜灵峰面积的平均值;

m_2 ——试样质量的数值,单位为克(g);

ω_2 ——S-对映异构体的质量分数,单位为百分号(%);

A_3 ——试样溶液中 S-对映异构体的峰面积;

A_{2a} ——试样溶液中精甲霜灵的峰面积。

5.5.1.8 允许差

精甲霜灵质量分数 2 次平行测定结果之差应不大于 1.2%,S-对映异构体质量分数 2 次平行测定结果之相对差应不大于 5%,分别取其算术平均值作为测定结果。

5.5.2 反相液相色谱法加手性液相色谱法

5.5.2.1 方法提要

试样用流动相溶解,以乙腈+水+甲酸为流动相,使用以 C_{18} 为填料的不锈钢柱和紫外检测器(220 nm),对试样中的甲霜灵进行高效液相色谱分离,外标法定量,并采用手性液相色谱法测定精甲霜灵和 S-对映异构体峰面积,计算精甲霜灵质量分数和 S-对映异构体质量分数。

5.5.2.2 试剂和溶液

5.5.2.2.1 乙腈:色谱级。

5.5.2.2.2 甲酸:色谱级。

5.5.2.2.3 水:新蒸二次蒸馏水或超纯水。

5.5.2.2.4 甲霜灵标样:已知甲霜灵质量分数,$\omega \geq 98.0\%$。

5.5.2.3 **仪器**

5.5.2.3.1 高效液相色谱仪:具有可变波长紫外检测器。

5.5.2.3.2 色谱柱:250 mm×4.6 mm(内径)不锈钢柱,内装 C_{18}、5 μm 填充物(或具同等效果的色谱柱)。

5.5.2.3.3 定量进样管:5 μL。

5.5.2.3.4 超声波清洗器。

5.5.2.4 **高效液相色谱操作条件**

5.5.2.4.1 流动相:体积比 $\psi_{(乙腈:水:甲酸)}$=55:45:0.1。

5.5.2.4.2 流速:1.0 mL/min。

5.5.2.4.3 柱温:室温(温度变化应不大于 2 ℃)。

5.5.2.4.4 检测波长:220 nm。

5.5.2.4.5 进样体积:5 μL。

5.5.2.4.6 保留时间:甲霜灵约 8.1 min。

5.5.2.4.7 上述操作参数是典型的,可根据不同仪器特点,对给定的操作参数作适当调整,以期获得最佳效果。典型的精甲霜灵原药反相高效液相色谱图见图 4。

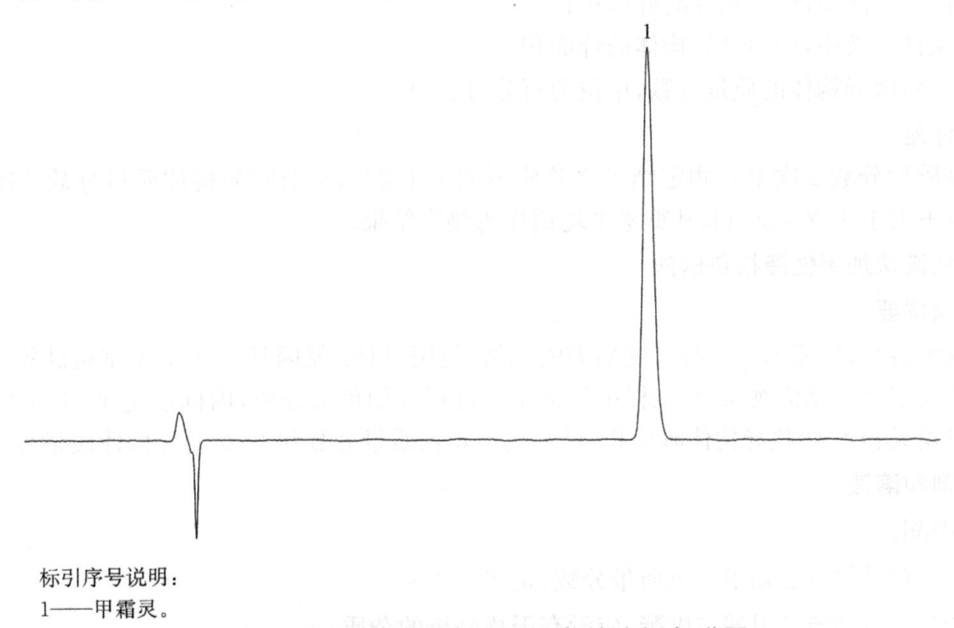

标引序号说明:

1——甲霜灵。

图 4 精甲霜灵原药的反相高效液相色谱图

5.5.2.5 **测定步骤**

5.5.2.5.1 **标样溶液的制备**

称取 0.05 g(精确至 0.000 1 g)甲霜灵标样,置于 50 mL 容量瓶中,加入 30 mL 流动相超声振荡 5 min,冷却至室温后,用流动相稀释至刻度,摇匀。

5.5.2.5.2 **试样溶液的制备**

称取 0.05 g(精确至 0.000 1 g)精甲霜灵原药试样,置于 50 mL 容量瓶中,加入 30 mL 流动相超声振荡 5 min,冷却至室温后,用流动相稀释至刻度,摇匀。

5.5.2.6 **测定**

在上述操作条件下,待仪器稳定后,连续注入数针标样溶液,直至相邻两针甲霜灵峰面积相对变化小于 1.2%后,按照标样溶液、试样溶液、试样溶液、标样溶液的顺序测定甲霜灵质量分数。再按照 5.5.1 的操作条件连续注入两针试样溶液,测定精甲霜灵原药中精甲霜灵和 *S*-对映异构体的峰面积。

5.5.2.7 **计算**

将测得的两针试样溶液以及试样前后两针标样溶液中甲霜灵峰面积分别进行平均，试样中甲霜灵的质量分数按公式(3)计算，精甲霜灵的质量分数按公式(4)计算，S-对映异构体的质量分数按公式(5)计算。

$$\omega_3 = \frac{A_5 \times m_3 \times \omega_{b2}}{A_4 \times m_4} \quad \cdots\cdots (3)$$

$$\omega_1 = \omega_3 \times \frac{A_6}{A_6 + A_7} \quad \cdots\cdots (4)$$

$$\omega_2 = \omega_3 \times \frac{A_7}{A_6 + A_7} \quad \cdots\cdots (5)$$

式中：

ω_3 ——甲霜灵的质量分数，单位为百分号(%)；

A_5 ——试样溶液中，甲霜灵峰面积的平均值；

m_3 ——甲霜灵标样质量的数值，单位为克(g)；

ω_{b2} ——标样中，甲霜灵的质量分数，单位为百分号(%)；

A_4 ——标样溶液中，甲霜灵峰面积的平均值；

m_4 ——试样质量的数值，单位为克(g)；

ω_1 ——精甲霜灵的质量分数，单位为百分号(%)；

A_6 ——试样溶液中，精甲霜灵的峰面积；

A_7 ——试样溶液中，S-对映异构体的峰面积；

ω_2 ——S-对映异构体的质量分数，单位为百分号(%)。

5.5.2.8 允许差

精甲霜灵质量分数2次平行测定结果之差应不大于1.2%，S-对映异构体质量分数2次平行测定结果之相对差应不大于10%，分别取其算术平均值作为测定结果。

5.5.3 气相色谱法加手性液相色谱法

5.5.3.1 方法提要

试样用丙酮溶解，以邻苯二甲酸二戊酯为内标物，使用(14%-氰丙基-苯基)-甲基聚硅氧烷为填充物的毛细管柱和氢火焰离子化检测器，对试样中的甲霜灵进行气相色谱分离，内标法定量，并采用手性液相色谱法测定精甲霜灵和S-对映异构体峰面积，计算精甲霜灵质量分数和S-对映异构体质量分数。

5.5.3.2 试剂和溶液

5.5.3.2.1 丙酮。

5.5.3.2.2 甲霜灵标样：已知甲霜灵质量分数，$\omega \geq 98.0\%$。

5.5.3.2.3 内标物：邻苯二甲酸二戊酯，应没有干扰分析的杂质。

5.5.3.2.4 内标溶液：称取邻苯二甲酸二戊酯4.0 g，置于500 mL容量瓶中，加适量丙酮溶解并稀释至刻度，摇匀。

5.5.3.3 仪器

5.5.3.3.1 气相色谱仪：具有氢火焰离子化检测器。

5.5.3.3.2 色谱柱：30 m×0.32 mm(内径)毛细管柱，键合(14%-氰丙基-苯基)-甲基聚硅氧烷，膜厚0.25 μm(或具同等效果的色谱柱)。

5.5.3.3.3 过滤器：滤膜孔径约0.45 μm。

5.5.3.3.4 超声波清洗器。

5.5.3.4 气相色谱操作条件

5.5.3.4.1 温度(℃)：柱温200，气化室240，检测器室300。

5.5.3.4.2 气体流量(mL/min)：载气(N_2)2.0，氢气30，空气300。

5.5.3.4.3 分流比：30∶1。

5.5.3.4.4 进样体积：1.0 μL。

5.5.3.4.5 保留时间：甲霜灵约 7.3 min，内标物约 12.1 min。

5.5.3.4.6 上述操作参数是典型的，可根据不同仪器特点，对给定的操作参数作适当调整，以期获得最佳效果。典型的精甲霜灵原药与内标物气相色谱图见图 5。

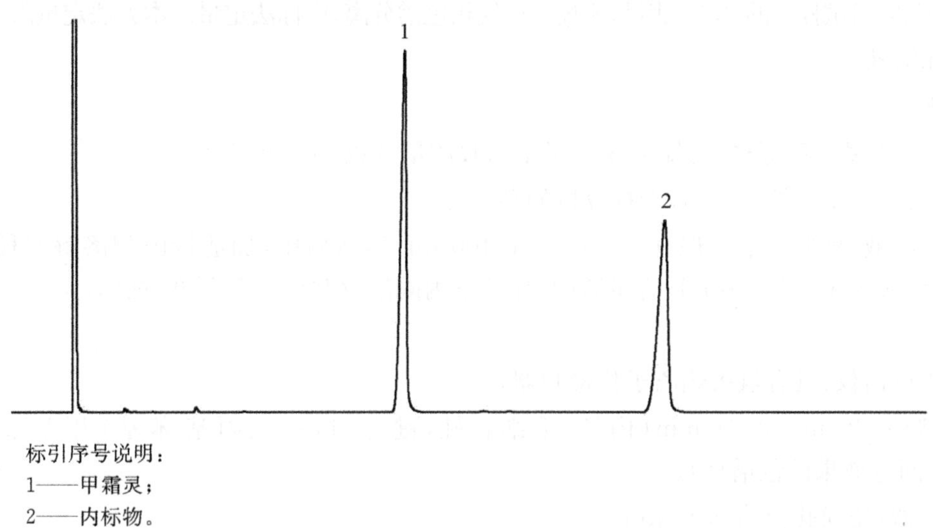

标引序号说明：
1——甲霜灵；
2——内标物。

图 5 精甲霜灵原药与内标物的气相色谱图

5.5.3.5 测定步骤

5.5.3.5.1 标样溶液的制备

称取 0.1 g（精确至 0.000 1 g）甲霜灵标样，置于一具塞玻璃瓶中，用移液管加入 10 mL 内标溶液，超声振荡 5 min，摇匀。

5.5.3.5.2 试样溶液的制备

称取 0.1 g（精确至 0.000 1 g）精甲霜灵原药试样，置于一具塞玻璃瓶中，用移液管加入 10 mL 内标溶液，超声振荡 5 min，摇匀。

5.5.3.6 测定

在上述操作条件下，待仪器稳定后，连续注入数针标样溶液，直至相邻两针甲霜灵与内标物峰面积比相对变化小于 1.2%后，按照标样溶液、试样溶液、试样溶液、标样溶液的顺序测定甲霜灵质量分数。再按照 5.5.1 的操作条件连续注入两针试样溶液，测定精甲霜灵原药中精甲霜灵和 S-对映异构体的峰面积。

5.5.3.7 计算

将测得的两针试样溶液以及试样前后两针标样溶液中甲霜灵与内标物峰面积比分别进行平均，试样中甲霜灵的质量分数按公式(6)计算，精甲霜灵的质量分数按公式(4)计算，S-对映异构体的质量分数按公式(5)计算。

$$\omega_3 = \frac{r_2 \times m_5 \times \omega_{b2}}{r_1 \times m_6} \quad \cdots\cdots (6)$$

式中：

ω_3 ——甲霜灵的质量分数，单位为百分号(%)；

r_2 ——试样溶液中甲霜灵与内标物的峰面积比的平均值；

m_5 ——甲霜灵标样质量的数值，单位为克(g)；

ω_{b2} ——标样中甲霜灵的质量分数，单位为百分号(%)；

r_1 ——标样溶液中甲霜灵与内标物的峰面积比的平均值；

m_6 ——试样质量的数值，单位为克(g)。

5.5.3.8 允许差

精甲霜灵质量分数 2 次平行测定结果之差应不大于 1.2%，S-对映异构体质量分数 2 次平行测定结果之相对差应不大于 10%,分别取其算术平均值作为测定结果。

5.6 2,6-二甲基苯胺质量分数的测定

5.6.1 方法提要

试样用丙酮溶解,以正十二烷为内标物,使用(14%-氰丙基-苯基)-甲基聚硅氧烷为填充物的毛细管柱和氢火焰离子化检测器,对试样中的 2,6-二甲基苯胺进行气相色谱分离,内标法定量。本方法定量限为 0.017 g/kg。

5.6.2 试剂和溶液

5.6.2.1 丙酮。

5.6.2.2 2,6-二甲基苯胺标样:已知 2,6-二甲基苯胺质量分数,$\omega \geqslant 98.0\%$。

5.6.2.3 内标物:正十二烷,应没有干扰分析的杂质。

5.6.2.4 内标溶液:称取正十二烷 0.032 g,置于 100 mL 容量瓶中,加适量丙酮溶解并稀释至刻度,摇匀。移取上述溶液 5 mL 于 500 mL 容量瓶中,加适量丙酮溶解并稀释至刻度,摇匀。

5.6.3 仪器

5.6.3.1 气相色谱仪:具有氢火焰离子化检测器。

5.6.3.2 色谱柱:30 m×0.32 mm(内径)毛细管柱,键合(14%-氰丙基-苯基)-甲基聚硅氧烷,膜厚 0.25 μm(或具同等效果的色谱柱)。

5.6.3.3 过滤器:滤膜孔径约 0.45 μm。

5.6.3.4 超声波清洗器。

5.6.4 气相色谱操作条件

5.6.4.1 温度:柱温 80 ℃,以 5 ℃/min 速率升至 120 ℃,保持 5 min,以 50 ℃/min 速率升至 250 ℃,保持 10 min;气化室 260 ℃;检测器室 300 ℃。

5.6.4.2 气体流量(mL/min):载气(N_2) 1.0 mL/min 保持 13 min,以 2.0 mL/min 速率升至 2.0 mL/min,氢气 30,空气 300。

5.6.4.3 分流比:5∶1。

5.6.4.4 进样体积:1.0 μL。

5.6.4.5 保留时间:2,6-二甲基苯胺约 12.2 min,内标物约 8.7 min。

5.6.4.6 上述操作参数是典型的,可根据不同仪器特点,对给定的操作参数作适当调整,以期获得最佳效果。典型的 2,6-二甲基苯胺标样与内标物的气相色谱图见图 6,典型的测定 2,6-二甲基苯胺的精甲霜灵原药与内标物气相色谱图见图 7。

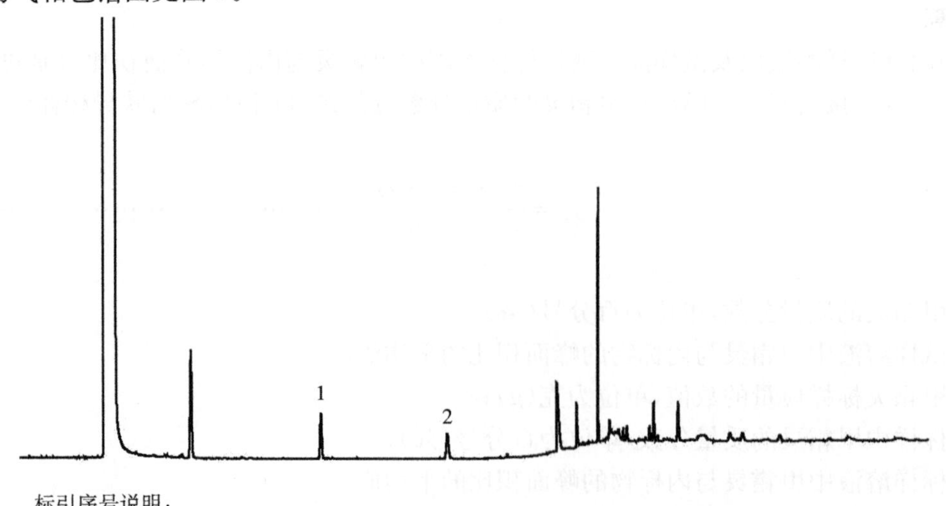

标引序号说明:

1——内标物;

2——2,6-二甲基苯胺。

图 6 2,6-二甲基苯胺标样与内标物的气相色谱图

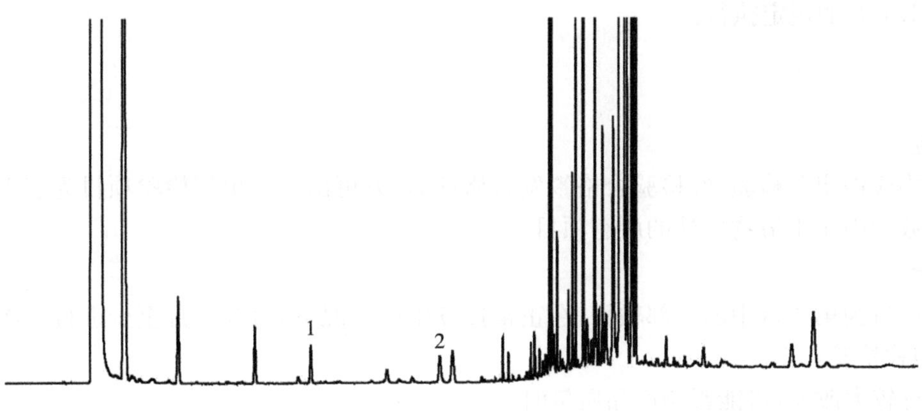

标引序号说明：
1——内标物；
2——2,6-二甲基苯胺。

图 7　测定 2,6-二甲基苯胺的精甲霜灵原药与内标物的气相色谱图

5.6.5　测定步骤

5.6.5.1　标样溶液的制备

称取 0.07 g(精确至 0.000 1 g)2,6-二甲基苯胺标样，置于 50 mL 容量瓶中，加入丙酮振荡使之溶解，并用丙酮稀释至刻度，摇匀。用移液管移取上述溶液 1 mL 于 50 mL 容量瓶中，用丙酮稀释至刻度，摇匀。用移液管移取上述稀释后的溶液 1 mL 置于一具塞玻璃瓶中，用移液管加入 10 mL 内标溶液，摇匀。

5.6.5.2　试样溶液的制备

称取 0.34 g(精确至 0.000 1 g)精甲霜灵原药试样，置于一具塞玻璃瓶中，用移液管加入 10 mL 内标溶液，超声振荡 5 min，摇匀，过滤。

5.6.6　测定

在上述操作条件下，待仪器稳定后，连续注入数针标样溶液，直至相邻两针 2,6-二甲基苯胺与内标物峰面积比相对变化小于 4%后，按照标样溶液、试样溶液、试样溶液、标样溶液的顺序进行测定。

5.6.7　计算

将测得的两针试样溶液以及试样前后两针标样溶液中 2,6-二甲基苯胺与内标物峰面积比分别进行平均，试样中 2,6-二甲基苯胺的质量分数按公式(7)计算。

$$\omega_4 = \frac{r_4 \times m_7 \times \omega_{b3}}{r_3 \times m_8 \times n} \quad \cdots\cdots (7)$$

式中：

ω_4 ——2,6-二甲基苯胺的质量分数，单位为百分号(%)；
r_4 ——试样溶液中 2,6-二甲基苯胺与内标物的峰面积比的平均值；
m_7 ——2,6-二甲基苯胺标样质量的数值，单位为克(g)；
ω_{b3} ——标样中 2,6-二甲基苯胺的质量分数，单位为百分号(%)；
r_3 ——标样溶液中 2,6-二甲基苯胺与内标物的峰面积比的平均值；
m_8 ——试样质量的数值，单位为克(g)；
n ——标样溶液的稀释倍数，n=2 500。

5.6.8　允许差

2 次平行测定结果之相对差应不大于 10%，取其算术平均值作为测定结果。

5.7　水分的测定

按 GB/T 1600—2021 中 4.2 的规定执行。

5.8　pH 的测定

按 GB/T 1601 的规定执行。

5.9　丙酮不溶物的测定

按 GB/T 19138 的规定执行。

6 检验规则

6.1 出厂检验

每批产品均应做出厂检验,经检验合格签发合格证后,方可出厂。出厂检验项目为表 1 中除 2,6-二甲基苯胺质量分数和丙酮不溶物以外的所有项目。

6.2 型式检验

型式检验项目为第 4 章中的全部项目,在正常连续生产情况下,每 3 个月至少进行 1 次。有下述情况之一,应进行型式检验:

a) 原料有较大改变,可能影响产品质量时;

b) 生产地址、生产设备或生产工艺有较大改变,可能影响产品质量时;

c) 停产后又恢复生产时;

d) 国家法定质量监管机构提出型式检验要求时。

6.3 判定规则

按第 4 章技术要求对产品进行出厂检验和型式检验,任一项目不符合指标要求判为该批次产品不合格。

7 验收和质量保证期

7.1 验收

应符合 GB/T 1604 的规定。

7.2 质量保证期

在规定的储运条件下,精甲霜灵原药的质量保证期从生产日期算起为 2 年。质量保证期内,各项指标均应符合本文件要求。

8 标志、标签、包装、储运

8.1 标志、标签、包装

精甲霜灵原药的标志、标签、包装应符合 GB 3796 的规定;精甲霜灵原药采用清洁、干燥内衬保护层的铁桶或纸板桶包装,每桶净含量一般为 25 kg。也可根据用户要求或订货协议可采用其他形式的包装,但需符合 GB 3796 的规定。

8.2 储运

精甲霜灵原药包装件应储存在通风、干燥的库房中;储运时,严防潮湿和日晒,不得与食物、种子、饲料混放,避免与皮肤、眼睛接触,防止由口鼻吸入。

附　录　A
（资料性）
精甲霜灵、甲霜灵和2,6-二甲基苯胺的其他名称、结构式和基本物化参数

A.1　精甲霜灵

ISO通用名称：Metalaxyl-M。

CAS登录号：70630-17-0。

CIPAC数字代码：580。

化学名称：(*R*)-*N*-(2,6-二甲苯基)-*N*-(甲氧基乙酰基)-*D*-丙氨酸甲酯。

结构式：

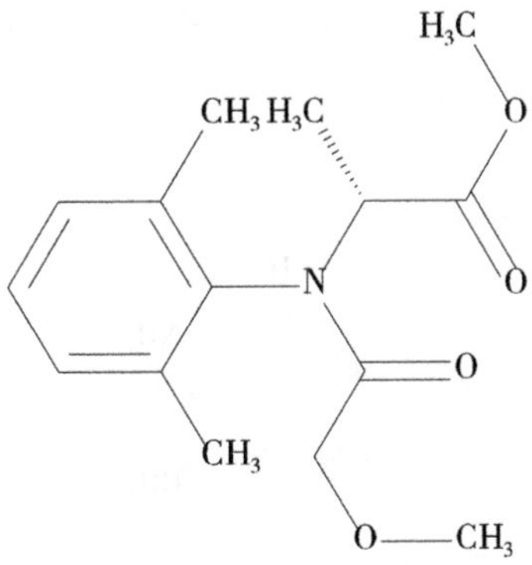

实验式：$C_{15}H_{21}NO_4$。

相对分子质量：279.3。

生物活性：杀菌。

熔点：−38.7 ℃。

蒸气压(25 ℃)：3.3×10^{-3} Pa。

溶解度(20 ℃～25 ℃)：水中26 g/L。溶于丙酮、二氯甲烷、乙酸乙酯、甲醇、正辛醇和甲苯，正己烷中59 g/L。

稳定性：在酸性和中性条件下稳定($DT_{50}>200$ d)，碱性条件下$DT_{50}=116$ d(pH 9,25 ℃)。

A.2　甲霜灵

ISO通用名称：Metalaxyl。

CAS登录号：57837-19-1。

化学名称：*N*-(2,6-二甲苯基)-*N*-(甲氧基乙酰基)-*D*-丙氨酸甲酯。

结构式：

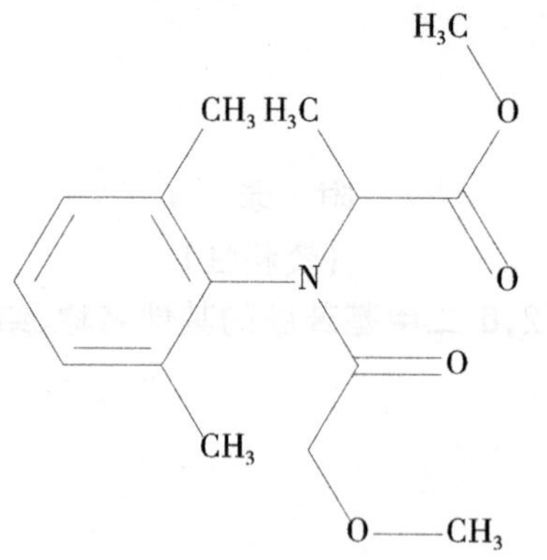

实验式：$C_{15}H_{21}NO_4$。
相对分子质量：279.3。
生物活性：杀菌。

A.3 2,6-二甲基苯胺

CAS 登录号：87-62-7。
化学名称：2,6-二甲基苯胺。
结构式：

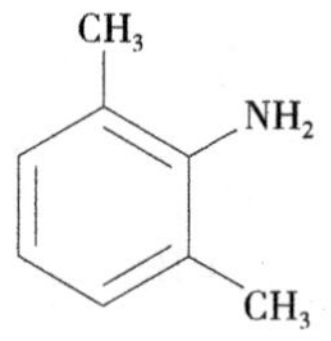

实验式：$C_8H_{11}N$。
相对分子质量：121.18。

ICS 65.100.30
CCS G 25

中华人民共和国农业行业标准

NY/T 4095—2022

精甲霜灵种子处理乳剂

Metalaxyl-M seed treatment emulsion

2022-07-11 发布　　　　2022-10-01 实施

中华人民共和国农业农村部　发布

前　言

本文件按照 GB/T 1.1—2020《标准化工作导则　第 1 部分:标准化文件的结构和起草规则》的规定起草。

请注意本文件的某些内容可能涉及专利。本文件的发布机构不承担识别专利的责任。

本文件由农业农村部种植业管理司提出。

本文件由全国农药标准化技术委员会(SAC/TC 133)归口。

本文件起草单位:先正达(苏州)作物保护有限公司、安徽美兰农业发展股份有限公司、沈阳化工研究院有限公司、沈阳沈化院测试技术有限公司、深圳诺普信农化股份有限公司。

本文件主要起草人:牛永芳、黎娜、王福君、徐长才、陈晓枫、郑芬、程宏雪。

精甲霜灵种子处理乳剂

1 范围

本文件规定了精甲霜灵种子处理乳剂的技术要求、试验方法、检验规则、验收、质量保证期以及标志、标签、包装、储运。

本文件适用于精甲霜灵种子处理乳剂产品的质量控制。

注：精甲霜灵、甲霜灵和2,6-二甲基苯胺的其他名称、结构式和基本物化参数见附录A。

2 规范性引用文件

下列文件中的内容通过文中的规范性引用而构成本文件必不可少的条款。其中，注日期的引用文件，仅该日期对应的版本适用于本文件；不注日期的引用文件，其最新版本（包括所有的修改单）适用于本文件。

GB/T 1601 农药pH的测定方法
GB/T 1603 农药乳液稳定性测定方法
GB/T 1604 商品农药验收规则
GB/T 1605—2001 商品农药采样方法
GB 3796 农药包装通则
GB/T 8170—2008 数值修约规则与极限数值的表示和判定
GB/T 19136—2021 农药热储稳定性测定方法
GB/T 19137—2003 农药低温稳定性测定方法
GB/T 28137 农药持久起泡性测定方法
GB/T 32776—2016 农药密度的测定方法

3 术语和定义

本文件没有需要界定的术语和定义。

4 技术要求

4.1 外观

红色可流动稳定乳状液，久置允许有少量分层，轻微摇动或搅动应是均匀的。

4.2 技术指标

应符合表1的要求。

表1 精甲霜灵种子处理乳剂技术指标

项目	指标	
	10%规格	350 g/L 规格
精甲霜灵质量分数，%	$10.0^{+1.0}_{-1.0}$	$31.8^{+1.6}_{-1.6}$
精甲霜灵质量浓度[a]，g/L（20 ℃）	—	350^{+17}_{-17}
S-对映异构体质量分数，%	≤0.5	≤1.4
2,6-二甲基苯胺质量分数[b]，%	≤0.005	≤0.015
pH	3.5～7.5	
附着性，%	≥90	

表 1 （续）

项目	指标	
	10%规格	350 g/L 规格
持久起泡性(1 min 后泡沫量),mL	≤25	
乳液稳定性(稀释 200 倍)	上无浮油(油膏),下无沉油和沉淀为合格	
低温稳定性[b]	离心管底部离析物的体积不超过 0.3 mL 为合格	
热储稳定性[b]	热储后,精甲霜灵质量分数应不低于热储前测得质量分数的 95%,*S*-对映异构体质量分数、2,6-二甲基苯胺质量分数、pH、附着性和乳液稳定性仍应符合文件要求	
[a] 当质量发生争议时,以质量分数为仲裁。 [b] 正常生产时,2,6-二甲基苯胺质量分数、低温稳定性和热储稳定性每 3 个月至少测定 1 次。		

5 试验方法

警示:使用本文件的人员应有实验室工作的实践经验。本文件并未指出所有的安全问题。使用者有责任采取适当的安全和健康措施。

5.1 一般规定

本文件所用试剂和水在没有注明其他要求时,均指分析纯试剂和蒸馏水。检验结果的判定按 GB/T 8170—2008 中 4.3.3 的规定执行。

5.2 取样

按 GB/T 1605—2001 中 5.3.3 的规定执行。用随机数表法确定取样的包装件;最终取样量应不少于 300 g。

5.3 鉴别试验

手性高效液相色谱法——本鉴别试验可与精甲霜灵质量分数的测定同时进行。在相同的色谱操作条件下,试样溶液中某色谱峰的保留时间与标样溶液中精甲霜灵的色谱峰的保留时间,其相对差值应在 1.5%以内。

5.4 外观的测定

采用目测法测定。

5.5 精甲霜灵质量分数和 *S*-对映异构体质量分数的测定

5.5.1 手性液相色谱法(仲裁法)

5.5.1.1 方法提要

试样用流动相溶解,以正己烷+异丙醇为流动相,使用内装纤维素-三(3,5-二甲基苯基氨基甲酸酯)的手性色谱柱和紫外检测器(220 nm),对试样中的精甲霜灵和 *S*-对映异构体进行高效液相色谱分离,外标法定量。

5.5.1.2 试剂和溶液

5.5.1.2.1 正己烷:色谱级。

5.5.1.2.2 异丙醇:色谱级。

5.5.1.2.3 精甲霜灵标样:已知精甲霜灵质量分数,$\omega \geqslant 96.0\%$。

5.5.1.2.4 甲霜灵标样:已知甲霜灵质量分数,$\omega \geqslant 98.0\%$。

5.5.1.3 仪器

5.5.1.3.1 高效液相色谱仪:具有可变波长紫外检测器。

5.5.1.3.2 色谱柱:250 mm×4.6 mm(内径)不锈钢柱,内装纤维素-三(3,5-二甲基苯基氨基甲酸酯)、5 μm填充物(或具同等效果的色谱柱)。

5.5.1.3.3 过滤器:滤膜孔径约 0.45 μm。

5.5.1.3.4　定量进样管：10 μL。

5.5.1.3.5　超声波清洗器。

5.5.1.4　**高效液相色谱操作条件**

5.5.1.4.1　流动相：体积比 $\psi_{(正己烷：异丙醇)}$=70∶30。

5.5.1.4.2　流速：1.0 mL/min。

5.5.1.4.3　柱温：室温（温度变化应不大于 2 ℃）。

5.5.1.4.4　检测波长：220 nm。

5.5.1.4.5　进样体积：10 μL。

5.5.1.4.6　保留时间：*S*-对映异构体约 5.6 min，精甲霜灵约 14.0 min。

5.5.1.4.7　上述操作参数是典型的，可根据不同仪器特点，对给定的操作参数作适当调整，以期获得最佳效果。典型的甲霜灵标样手性高效液相色谱图见图 1，典型的精甲霜灵种子处理乳剂手性高效液相色谱图见图 2。

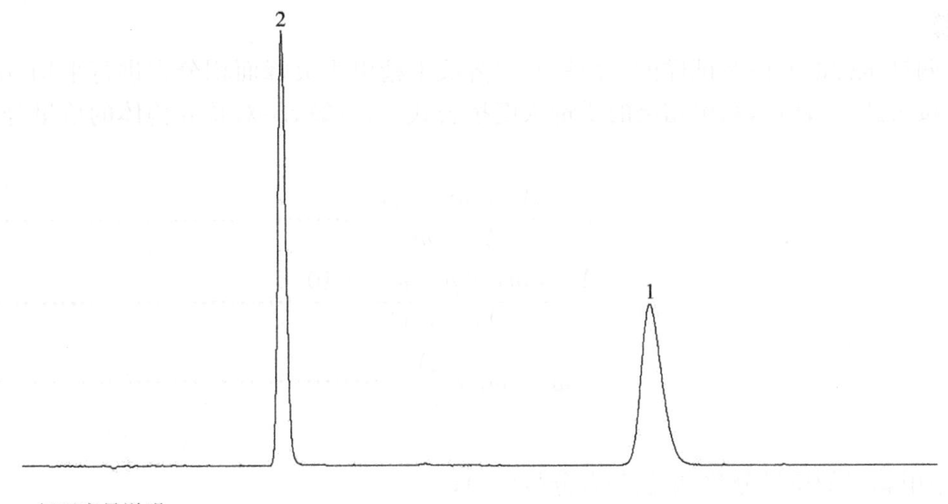

标引序号说明：
1——精甲霜灵；
2——*S*-对映异构体。

图 1　甲霜灵标样的手性高效液相色谱图

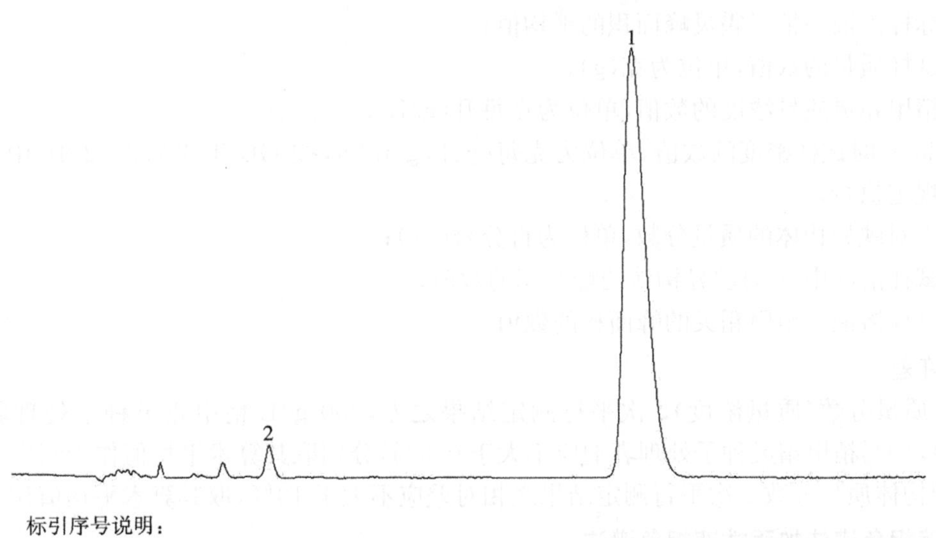

标引序号说明：
1——精甲霜灵；
2——*S*-对映异构体。

图 2　精甲霜灵种子处理乳剂的手性高效液相色谱图

5.5.1.5　**测定步骤**

5.5.1.5.1 **标样溶液的制备**

称取 0.05 g(精确至 0.000 1 g)甲霜灵标样，置于 50 mL 容量瓶中，加入 30 mL 流动相，超声振荡 5 min，冷却至室温，用流动相稀释至刻度，摇匀。

称取 0.05 g(精确至 0.000 1 g)精甲霜灵标样，置于 50 mL 容量瓶中，加入 30 mL 流动相超声振荡 5 min，冷却至室温，用流动相稀释至刻度，摇匀。

5.5.1.5.2 **试样溶液的制备**

称取含精甲霜灵 0.05 g(精确至 0.000 1 g)的精甲霜灵种子处理乳剂试样，置于 50 mL 容量瓶中，加入 30 mL 流动相超声振荡 5 min，冷却至室温，用流动相稀释至刻度，摇匀，过滤。

5.5.1.6 **测定**

在上述操作条件下，待仪器稳定后，连续注入数针甲霜灵标样溶液，当甲霜灵标样中精甲霜灵与 *S*-对映异构体峰面积比为 0.95～1.05，且相邻两针甲霜灵标样中精甲霜灵和 *S*-对映异构体的峰面积之和的相对变化小于 1.2%后，按照精甲霜灵标样溶液、试样溶液、试样溶液、精甲霜灵标样溶液的顺序进行测定。

5.5.1.7 **计算**

将测得的两针试样溶液以及试样前后两针标样溶液中精甲霜灵峰面积分别进行平均，试样中精甲霜灵的质量分数按公式(1)计算，精甲霜灵的质量浓度按公式(2)计算，*S*-对映异构体的质量分数按公式(3)计算。

$$\omega_1 = \frac{A_2 \times m_1 \times \omega_{b1}}{A_1 \times m_2} \quad (1)$$

$$\rho_1 = \frac{A_2 \times m_1 \times \rho \times \omega_{b1} \times 10}{A_1 \times m_2} \quad (2)$$

$$\omega_2 = \omega_1 \times \frac{A_3}{A_{2a}} \quad (3)$$

式中：

ω_1 ——精甲霜灵的质量分数，单位为百分号(%)；

A_2 ——试样溶液中精甲霜灵峰面积的平均值；

m_1 ——精甲霜灵标样质量的数值，单位为克(g)；

ω_{b1} ——精甲霜灵标样中精甲霜灵的质量分数，单位为百分号(%)；

A_1 ——标样溶液中精甲霜灵峰面积的平均值；

m_2 ——试样质量的数值，单位为克(g)；

ρ_1 ——精甲霜灵质量浓度的数值，单位为克每升(g/L)；

ρ ——20 ℃时试样密度的数值，单位为克每毫升(g/mL)，按 GB/T 32776—2016 中 3.3 或 3.4 的规定执行；

ω_2 ——*S*-对映异构体的质量分数，单位为百分号(%)；

A_3 ——试样溶液中 *S*-对映异构体的峰面积的数值；

A_{2a} ——试样溶液中精甲霜灵的峰面积的数值。

5.5.1.8 **允许差**

精甲霜灵质量分数(质量浓度)2 次平行测定结果之差，350 g/L 精甲霜灵种子处理乳剂应不大于 0.5%(5 g/L)，10%精甲霜灵种子处理乳剂应不大于 0.3%，分别取其算术平均值作为测定结果。

S-对映异构体质量分数 2 次平行测定结果之相对差应不大于 10%，取其算术平均值作为测定结果。

5.5.2 **反相液相色谱法加手性液相色谱法**

5.5.2.1 **方法提要**

试样用流动相溶解，以乙腈＋水＋甲酸为流动相，使用以 C_{18} 为填料的不锈钢柱和紫外检测器(220 nm)，对试样中的甲霜灵进行高效液相色谱分离，外标法定量，并采用手性液相色谱法测定精甲霜灵

和 S-对映异构体峰面积，计算精甲霜灵质量分数和 S-对映异构体质量分数。

5.5.2.2 **试剂和溶液**

5.5.2.2.1 乙腈：色谱级。

5.5.2.2.2 甲酸：色谱级。

5.5.2.2.3 水：新蒸二次蒸馏水或超纯水。

5.5.2.2.4 甲霜灵标样：已知甲霜灵质量分数，$\omega \geq 98.0\%$。

5.2.2.3 **仪器**

5.5.2.3.1 高效液相色谱仪：具有可变波长紫外检测器。

5.5.2.3.2 色谱柱：250 mm×4.6 mm（内径）不锈钢柱，内装 C_{18}、5 μm 填充物（或具同等效果的色谱柱）。

5.5.2.3.3 过滤器：滤膜孔径约 0.45 μm。

5.5.2.3.4 定量进样管：5 μL。

5.5.2.3.5 超声波清洗器。

5.5.2.4 **高效液相色谱操作条件**

5.5.2.4.1 流动相：体积比 $\psi_{(乙腈:水:甲酸)}$=55∶45∶0.1。

5.5.2.4.2 流速：1.0 mL/min。

5.5.2.4.3 柱温：室温（温度变化应不大于 2 ℃）。

5.5.2.4.4 检测波长：220 nm。

5.5.2.4.5 进样体积：5 μL。

5.5.2.4.6 保留时间：甲霜灵约 8.1 min。

5.5.2.4.7 上述操作参数是典型的，可根据不同仪器特点，对给定的操作参数作适当调整，以期获得最佳效果。典型的精甲霜灵种子处理乳剂反相高效液相色谱图见图 3。

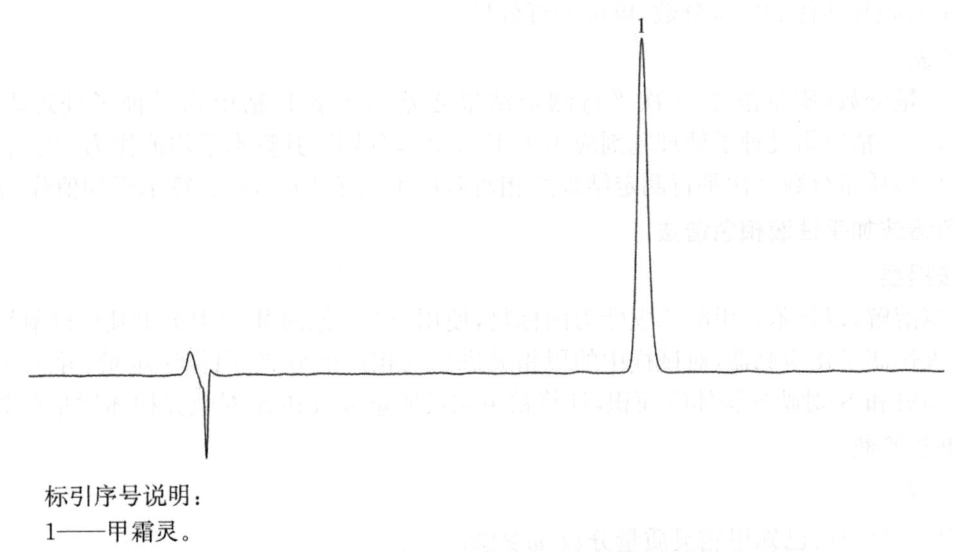

标引序号说明：
1——甲霜灵。

图 3 精甲霜灵种子处理乳剂的反相高效液相色谱图

5.5.2.5 **测定步骤**

5.5.2.5.1 **标样溶液的制备**

称取 0.05 g（精确至 0.000 1 g）甲霜灵标样，置于 50 mL 容量瓶中，加入 30 mL 流动相超声振荡 5 min，冷却至室温后，用流动相稀释至刻度，摇匀。

5.5.2.5.2 **试样溶液的制备**

称取含甲霜灵 0.05 g（精确至 0.000 1 g）的精甲霜灵种子处理乳剂试样，置于 50 mL 容量瓶中，加入

30 mL 流动相超声振荡 5 min,冷却至室温后,用流动相稀释至刻度,摇匀,过滤。

5.5.2.6 **测定**

在上述操作条件下,待仪器稳定后,连续注入数针标样溶液,直至相邻两针甲霜灵峰面积相对变化小于 1.2%后,按照标样溶液、试样溶液、试样溶液、标样溶液的顺序测定甲霜灵质量分数。再按照 5.5.1 的操作条件连续注入两针试样溶液,测定精甲霜灵原药中精甲霜灵和 *S*-对映异构体的峰面积。

5.5.2.7 **计算**

将测得的两针试样溶液以及试样前后两针标样溶液中甲霜灵峰面积分别进行平均,试样中甲霜灵的质量分数按公式(4)计算,精甲霜灵的质量分数按公式(5)计算,*S*-对映异构体的质量分数按公式(6)计算。

$$\omega_3=\frac{A_5\times m_3\times \omega_{b2}}{A_4\times m_4} \tag{4}$$

$$\omega_1=\omega_3\times\frac{A_6}{A_6+A_7} \tag{5}$$

$$\omega_2=\omega_3\times\frac{A_7}{A_6+A_7} \tag{6}$$

式中:

ω_3 ——甲霜灵的质量分数,单位为百分号(%);

A_5 ——试样溶液中甲霜灵峰面积的平均值;

m_3 ——甲霜灵标样质量的数值,单位为克(g);

ω_{b2} ——标样中甲霜灵的质量分数,单位为百分号(%);

A_4 ——标样溶液中甲霜灵峰面积的平均值;

m_4 ——试样质量的数值,单位为克(g);

ω_1 ——精甲霜灵的质量分数,单位为百分号(%);

A_6 ——试样溶液中精甲霜灵的峰面积的数值;

A_7 ——试样溶液中 *S*-对映异构体的峰面积的数值;

ω_2 ——*S*-对映异构体的质量分数,单位为百分号(%)。

5.5.2.8 **允许差**

精甲霜灵质量分数(质量浓度)2 次平行测定结果之差,350 g/L 精甲霜灵种子处理乳剂应不大于 0.5%(5 g/L),10%精甲霜灵种子处理乳剂应不大于 0.3%,分别取其算术平均值作为测定结果。

S-对映异构体质量分数 2 次平行测定结果之相对差应不大于 10%,取其算术平均值作为测定结果。

5.5.3 **气相色谱法加手性液相色谱法**

5.5.3.1 **方法提要**

试样用丙酮溶解,以邻苯二甲酸二戊酯为内标物,使用(14%-氰丙基-苯基)-甲基聚硅氧烷为填充物的毛细管柱和氢火焰离子化检测器,对试样中的甲霜灵进行气相色谱分离,内标法定量,并采用手性液相色谱法测定精甲霜灵和 *S*-对映异构体峰面积,计算精甲霜灵质量分数和 *S*-对映异构体质量分数。

5.5.3.2 **试剂和溶液**

5.5.3.2.1 丙酮。

5.5.3.2.2 甲霜灵标样:已知甲霜灵质量分数,$\omega\geqslant$98.0%。

5.5.3.2.3 内标物:邻苯二甲酸二戊酯,应没有干扰分析的杂质。

5.5.3.2.4 内标溶液:称取邻苯二甲酸二戊酯 4.0 g,置于 500 mL 容量瓶中,加适量丙酮溶解并稀释至刻度,摇匀。

5.5.3.3 **仪器**

5.5.3.3.1 气相色谱仪:具有氢火焰离子化检测器。

5.5.3.3.2 色谱柱:30 m×0.32 mm(内径)毛细管柱,键合(14%-氰丙基-苯基)-甲基聚硅氧烷,膜厚 0.25 μm(或具同等效果的色谱柱)。

5.5.3.3.3 过滤器:滤膜孔径约 0.45 μm。

5.5.3.3.4 超声波清洗器。

5.5.3.4 气相色谱操作条件

5.5.3.4.1 温度(℃):柱温 200,气化室 240,检测器室 300。

5.5.3.4.2 气体流量(mL/min):载气(N_2) 2.0,氢气 30,空气 300。

5.5.3.4.3 分流比:30∶1。

5.5.3.4.4 进样体积:1.0 μL。

5.5.3.4.5 保留时间:甲霜灵约 7.3 min,内标物约 12.1 min。

5.5.3.4.6 上述操作参数是典型的,可根据不同仪器特点,对给定的操作参数作适当调整,以期获得最佳效果。典型的精甲霜灵种子处理乳剂与内标物气相色谱图见图 4。

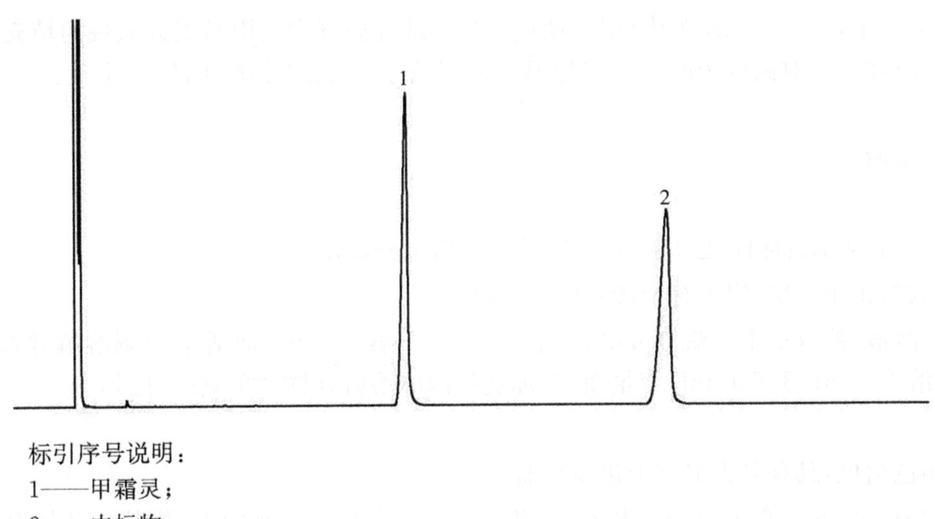

标引序号说明:

1——甲霜灵;

2——内标物。

图 4 精甲霜灵种子处理乳剂与内标物的气相色谱图

5.5.3.5 测定步骤

5.5.3.5.1 标样溶液的制备

称取 0.1 g(精确至 0.000 1 g)甲霜灵标样,置于一具塞玻璃瓶中,用移液管加入 10 mL 内标溶液,超声振荡 5 min,摇匀。

5.5.3.5.2 试样溶液的制备

称取含甲霜灵 0.1 g(精确至 0.000 1 g)的精甲霜灵种子处理乳剂试样,置于一具塞玻璃瓶中,用移液管加入 10 mL 内标溶液,超声振荡 5 min,冷却后过滤。

5.5.3.6 测定

在上述操作条件下,待仪器稳定后,连续注入数针标样溶液,直至相邻两针甲霜灵与内标物峰面积比相对变化小于 1.2%后,按照标样溶液、试样溶液、试样溶液、标样溶液的顺序测定甲霜灵。再按照 5.5.1 的操作条件连续注入两针试样溶液,测定精甲霜灵原药中精甲霜灵和 *S*-对映异构体的峰面积。

5.5.3.7 计算

将测得的两针试样溶液以及试样前后两针标样溶液中甲霜灵与内标物峰面积比分别进行平均,试样中甲霜灵的质量分数按公式(7)计算,精甲霜灵的质量分数按公式(5)计算,*S*-对映异构体的质量分数按公式(6)计算。

$$\omega_3 = \frac{r_2 \times m_5 \times \omega_{b2}}{r_1 \times m_6} \quad \cdots\cdots (7)$$

式中:

ω_3 ——甲霜灵的质量分数,单位为百分号(%);

r_2 ——试样溶液中甲霜灵与内标物的峰面积比的平均值；

m_5 ——甲霜灵标样质量的数值，单位为克(g)；

ω_{b2} ——标样中甲霜灵的质量分数，单位为百分号(%)；

r_1 ——标样溶液中甲霜灵与内标物的峰面积比的平均值；

m_6 ——试样质量的数值，单位为克(g)。

5.5.3.8 允许差

精甲霜灵质量分数(质量浓度)2 次平行测定结果之差，350 g/L 精甲霜灵种子处理乳剂应不大于 0.5%(5 g/L)，10%精甲霜灵种子处理乳剂应不大于 0.3%，分别取其算术平均值作为测定结果。

S-对映异构体质量分数 2 次平行测定结果之相对差应不大于 10%，取其算术平均值作为测定结果。

5.6 2,6-二甲基苯胺质量分数的测定

5.6.1 方法提要

试样用丙酮溶解，以正十二烷为内标物，使用(14%-氰丙基-苯基)-甲基聚硅氧烷为填充物的毛细管柱和氢火焰离子化检测器，对试样中的 2,6-二甲基苯胺进行气相色谱分离，内标法定量。本方法的定量限为 0.007 g/kg。

5.6.2 试剂和溶液

5.6.2.1 丙酮。

5.6.2.2 2,6-二甲基苯胺标样：已知 2,6-二甲基苯胺质量分数，$\omega \geq 98.0\%$。

5.6.2.3 内标物：正十二烷，应没有干扰分析的杂质。

5.6.2.4 内标溶液：称取正十二烷 0.032 g，置于 100 mL 容量瓶中，加适量丙酮溶解并稀释至刻度，摇匀。移取上述溶液 5 mL 于 500 mL 容量瓶中，加适量丙酮溶解并稀释至刻度，摇匀。

5.6.3 仪器

5.6.3.1 气相色谱仪：具有氢火焰离子化检测器。

5.6.3.2 色谱柱：30 m×0.32 mm(内径)毛细管柱，键合(14%-氰丙基-苯基)-甲基聚硅氧烷，膜厚 0.25 μm(或具同等效果的色谱柱)。

5.6.3.3 过滤器：滤膜孔径约 0.45 μm。

5.6.3.4 超声波清洗器。

5.6.4 气相色谱操作条件

5.6.4.1 温度：柱温 80 ℃，以 5 ℃/min 速率升至 120 ℃，保持 5 min，以 50 ℃/min 速率升至 250 ℃，保持 10 min；气化室 260 ℃；检测器室 300 ℃。

5.6.4.2 气体流量(mL/min)：载气(N_2)1.0 mL/min 保持 13 min，以 2.0 mL/min 速率升至 2.0 mL/min，氢气 30，空气 300。

5.6.4.3 分流比：5∶1。

5.6.4.4 进样体积：1.0 μL。

5.6.4.5 保留时间：2,6-二甲基苯胺约 12.2 min，内标物约 8.7 min。

5.6.4.6 上述操作参数是典型的，可根据不同仪器特点，对给定的操作参数作适当调整，以期获得最佳效果。典型的 2,6-二甲基苯胺标样与内标物气相色谱图见图 5，典型的测定 2,6-二甲基苯胺时精甲霜灵种子处理乳剂与内标物气相色谱图见图 6。

5.6.5 测定步骤

5.6.5.1 标样溶液的制备

称取 0.07 g(精确至 0.000 1 g)2,6-二甲基苯胺标样，置于 50 mL 容量瓶中，加入丙酮振荡使之溶解，并用丙酮稀释至刻度，摇匀。用移液管移取上述溶液 1 mL 于 50 mL 容量瓶中，用丙酮稀释至刻度，摇匀。用移液管移取上述稀释后的溶液 1 mL 置于一具塞玻璃瓶中，用移液管加入 10 mL 内标溶液，摇匀。

标引序号说明：
1——内标物；
2——2,6-二甲基苯胺。

图5　2,6-二甲基苯胺标样与内标物的气相色谱图

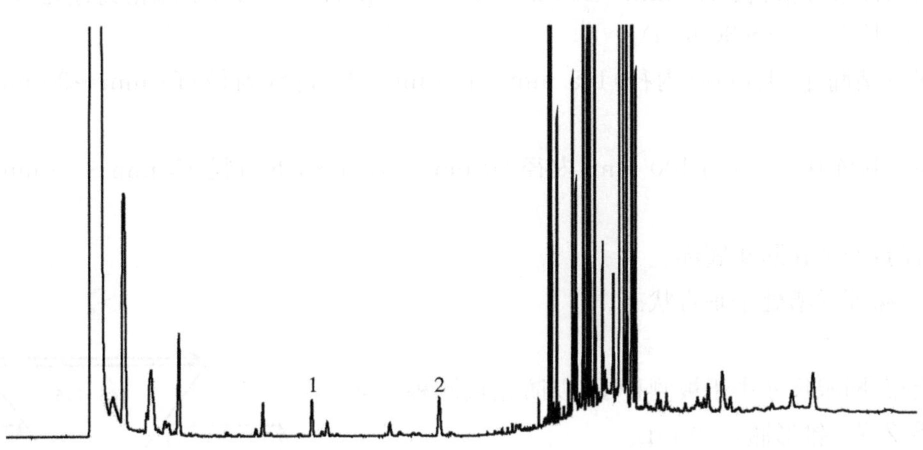

标引序号说明：
1——内标物；
2——2,6-二甲基苯胺。

图6　测定2,6-二甲基苯胺的精甲霜灵种子处理乳剂与内标物的气相色谱图

5.6.5.2　试样溶液的制备

称取0.8 g(精确至0.000 1 g)精甲霜灵种子处理乳剂试样，置于一具塞玻璃瓶中，用移液管加入10 mL内标溶液，超声振荡5 min，摇匀，冷却至室温后过滤。

5.6.6　测定

在上述操作条件下，待仪器稳定后，连续注入数针标样溶液，直至相邻两针2,6-二甲基苯胺与内标物峰面积比相对变化小于5%后，按照标样溶液、试样溶液、试样溶液、标样溶液的顺序进行测定。

5.6.7　计算

将测得的两针试样溶液以及试样前后两针标样溶液中2,6-二甲基苯胺与内标物峰面积比分别进行平均，试样中2,6-二甲基苯胺的质量分数按公式(8)计算。

$$\omega_4 = \frac{r_4 \times m_7 \times \omega_{b3}}{r_3 \times m_8 \times n} \quad \cdots\cdots (8)$$

式中：

ω_4 ——2,6-二甲基苯胺的质量分数，单位为百分号(%)；

r_4 ——试样溶液中，2,6-二甲基苯胺与内标物的峰面积比的平均值；

m_7 ——2,6-二甲基苯胺标样质量的数值，单位为克(g)；

ω_{b3} ——标样中,2,6-二甲基苯胺的质量分数,单位为百分号(%);

r_3 ——标样溶液中2,6-二甲基苯胺与内标物的峰面积比的平均值;

m_8 ——试样质量的数值,单位为克(g);

n ——标样溶液的稀释倍数,$n=2\ 500$。

5.6.8 允许差

2次平行测定结果之相对差应不大于20%,取其算术平均值作为测定结果。

5.7 pH的测定

按GB/T 1601的规定执行。

5.8 附着性的测定

5.8.1 方法提要

将经过包衣的种子通过上端玻璃漏斗倒落到导槽隔门上,打开隔门,种子在固定高度上自由落在筛子上,从种子上脱落的药剂粉末经筛子进行分离。上述过程重复进行5次,测定种子上残留的药剂含量,并与未经试验的种子上的药剂量进行比较,计算药剂的附着性。

5.8.2 仪器与试剂

5.8.2.1 玻璃圆柱形导槽:长410 mm~470 mm,内径80 mm~85 mm,下端密封连接玻璃漏斗(下口径15 mm~30 mm,长15 mm~30 mm)。

5.8.2.2 上端玻璃漏斗:上口径(内径)145 mm~175 mm,下口径(内径)15 mm~30 mm,下口径长度15 mm~30 mm。

5.8.2.3 下端密封连接漏斗:高100 mm,内径80 mm~85 mm,下口径15 mm~30 mm,长15 mm~30 mm。

5.8.2.4 滑盖门:安装在漏斗底部。

5.8.2.5 支架:保证导槽处于垂直状态。

5.8.2.6 试验筛:网眼尺寸小于被测种子,以防止被测种子通过试验筛。5.8.2.7 锥形瓶:250 mL。

5.8.2.8 过滤器:滤膜孔径约0.45 μm。

5.8.2.9 超声波清洗器。

5.8.2.10 正己烷:色谱纯。

5.8.2.11 异丙醇:色谱纯。

5.8.2.12 水:新蒸二次蒸馏水或超纯水。

5.8.3 附着性装置

将上端玻璃漏斗、玻璃圆柱形导槽和下端密封连接漏斗进行连接,附着性装置图见图7。

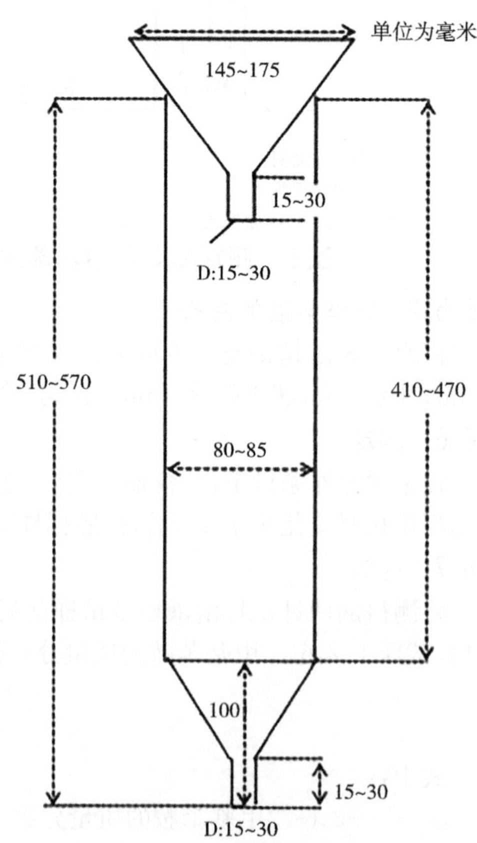

图7 附着性装置图

5.8.4 测定步骤

称取一定量精甲霜灵种子处理乳剂试样与水1:1稀释后作为包衣试剂使用。

称取种子100 g(精确至1 g)于培养皿中,用吸管吸取包衣试剂2 g,注入培养皿中,加盖翻转、振摇5 min,打开盖子,将包衣种子平展开,使其成膜。将按上述处理的330 g种子,储存在温度(23±5)℃,相对湿度40%~60%的环境条件下至少24 h。

从准备好的种子样品中各称取3份20 g的样本于3个锥形瓶中,加入100 mL流动相(体积比$\psi_{(正己烷:异丙醇)}=70:30$)

加塞浸泡 0.5 h,然后超声波振荡 15 min 使种子外表的种衣充分溶解。取出静置 10 min,移取上层清液 10 mL 于 50 mL 容量瓶中用流动相稀释至刻度,按 5.5.1 中方法测定 3 份试样中精甲霜灵的质量。

将剩余的 270 g 种子平均分成 3 份,并按下述方式进行试验:90 g 样本经过上端玻璃漏斗缓慢倒入圆柱导槽中,当所有种子均到达导槽底部时,打开隔门,使种子自由落体掉落在筛子上,关闭隔门。种子掉落过程中不必清理实验装置,按上述过程重复 4 次,取出 20 g 样本。用于种子上药剂量的测试。在进行下一批次样本实验前,将导槽、筛子、和装置上的残留粉末清理干净,将剩余的 2 份样本重复以上实验过程,跌落试验完成后各取出的 3 份 20 g 的样本于 3 个锥形瓶中,加入 100 mL 流动相,加塞浸泡 0.5 h,然后超声波振荡 15 min 使种子外表的种衣充分溶解。取出静置 10 min,移取上层清液 10 mL 于 50 mL 容量瓶中用流动相稀释至刻度,按 5.5.1 中方法测定 3 份试样中精甲霜灵的质量。

5.8.5 计算

附着性按公式(9)计算。

$$\omega_5 = \frac{m_9}{m_{10}} \times 100 \qquad (9)$$

式中:

ω_5 ——附着性,单位为百分号(%);

m_9 ——进行跌落实验操作后 3 份样本中精甲霜灵质量的平均值,单位为克(g);

m_{10} ——未进行跌落实验操作后 3 份样本中精甲霜灵质量的平均值,单位为克(g)。

5.9 持久起泡性试验

按 GB/T 28137 的规定执行,称样量为 50 g。

5.10 乳液稳定性试验

按 GB/T 1603 的规定执行。

5.11 低温稳定性试验

按 GB/T 19137—2003 中 2.1 的规定执行。

5.12 热储稳定性试验

按 GB/T 19136—2021 中 4.4.1 进行。

6 检验规则

6.1 出厂检验

每批产品均应做出厂检验,经检验合格签发合格证后,方可出厂。出厂检验项目为表 1 中除 2,6-二甲基苯胺质量分数、低温稳定性和热储稳定性以外的所有项目。

6.2 型式检验

型式检验项目为第 4 章中的全部项目,在正常连续生产情况下,每 3 个月至少进行 1 次。有下述情况之一,应进行型式检验:

a) 原料有较大改变,可能影响产品质量时;

b) 生产地址、生产设备或生产工艺有较大改变,可能影响产品质量时;

c) 停产后又恢复生产时;

d) 国家法定质量监管机构提出型式检验要求时。

6.3 判定规则

按第 4 章技术要求对产品进行出厂检验和型式检验,任一项目不符合指标要求判为该批次产品不合格。

7 验收和质量保证期

7.1 验收

应符合 GB/T 1604 的规定。

7.2 质量保证期

在规定的储运条件下，精甲霜灵种子处理乳剂的质量保证期从生产日期算起为2年。质量保证期内，各项指标均应符合本文件要求。

8 标志、标签、包装、储运

8.1 标志、标签、包装

精甲霜灵种子处理乳剂的标志、标签、包装应符合GB 3796的规定；精甲霜灵种子处理乳剂采用聚酯瓶包装。每瓶净含量一般为500 g、1 000 g。也可根据用户要求或订货协议可采用其他形式的包装，但需符合GB 3796的规定。

8.2 储运

精甲霜灵种子处理乳剂包装件应储存在通风、干燥的库房中；储运时，严防潮湿和日晒，不得与食物、种子、饲料混放，避免与皮肤、眼睛接触，防止由口鼻吸入。

附 录 A
(资料性)
精甲霜灵、甲霜灵和 2,6-二甲基苯胺的其他名称、结构式和基本物化参数

A.1 精甲霜灵

ISO 通用名称:Metalaxyl-M。

CAS 登录号:70630-17-0。

CIPAC 数字代码:580。

化学名称:(*R*)-*N*-(2,6-二甲苯基)-*N*-(甲氧基乙酰基)-*D*-丙氨酸甲酯。

结构式:

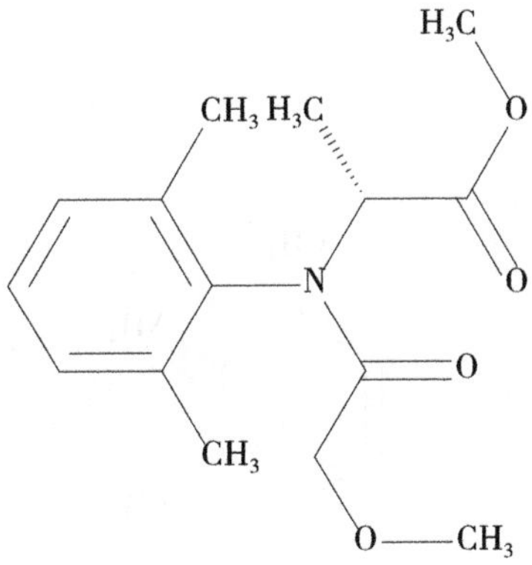

实验式:$C_{15}H_{21}NO_4$。

相对分子质量:279.3。

生物活性:杀菌。

熔点:−38.7 ℃。

蒸气压(25 ℃):3.3×10^{-3} Pa。

溶解度(20 ℃~25 ℃):水中 26 g/L。溶于丙酮、二氯甲烷、乙酸乙酯、甲醇、正辛醇和甲苯,正己烷中 59 g/L。

稳定性:在酸性和中性条件下稳定(DT_{50}>200 d),碱性条件下 DT_{50}= 116 d(pH 9,25 ℃)。

A.2 甲霜灵

ISO 通用名称:Metalaxyl。

CAS 登录号:57837-19-1。

化学名称:*N*-(2,6-二甲苯基)-*N*-(甲氧基乙酰基)-*D*-丙氨酸甲酯。

结构式:

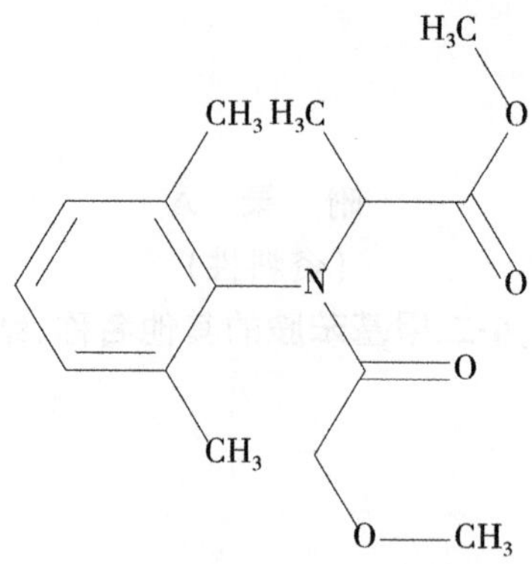

实验式:$C_{15}H_{21}NO_4$。
相对分子质量:279.3。
生物活性:杀菌。

A.3 2,6-二甲基苯胺

CAS 登录号:87-62-7。
化学名称:2,6-二甲基苯胺。
结构式:

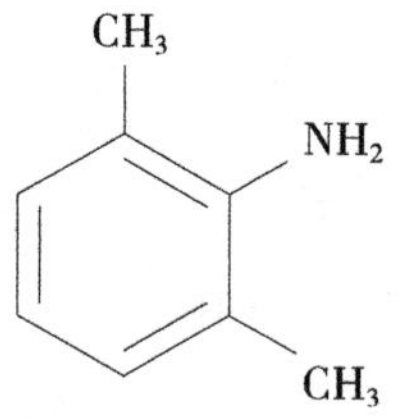

实验式:$C_8H_{11}N$。
相对分子质量:121.18。

ICS 65.100.20
CCS G 25

中华人民共和国农业行业标准

NY/T 4096—2022

甲咪唑烟酸可溶液剂

Imazapic soluble concentrates

2022-07-11 发布　　　　2022-10-01 实施

中华人民共和国农业农村部　发布

前　言

本文件按照 GB/T 1.1—2020《标准化工作导则　第 1 部分:标准化文件的结构和起草规则》的规定起草。

请注意本文件的某些内容可能涉及专利。本文件的发布机构不承担识别专利的责任。

本文件由农业农村部种植业管理司提出。

本文件由全国农药标准化技术委员会(SAC/TC 133)归口。

本文件起草单位:沈阳化工研究院有限公司、安徽美兰农业发展股份有限公司、沈阳科创化学品有限公司、山东省青岛金尔农化研制开发有限公司、沈阳沈化院测试技术有限公司。

本文件主要起草人:张嘉月、王婉秋、徐长才、黄轩、孟宪梅、董晶晶、邱学芳、董雪梅。

甲咪唑烟酸可溶液剂

1 范围

本文件规定了甲咪唑烟酸可溶液剂的技术要求、试验方法、检验规则、验收和质量保证期以及标志、标签、包装、储运。

本文件适用于甲咪唑烟酸可溶液剂产品的质量控制。

注：甲咪唑烟酸的其他名称、结构式和基本物化参数见附录 A。

2 规范性引用文件

下列文件中的内容通过文中的规范性引用而构成本文件必不可少的条款。其中，注日期的引用文件，仅该日期对应的版本适用于本文件；不注日期的引用文件，其最新版本（包括所有的修改单）适用于本文件。

GB/T 1601 农药 pH 的测定方法

GB/T 1604 商品农药验收规则

GB/T 1605—2001 商品农药采样方法

GB 3796 农药包装通则

GB/T 8170—2008 数值修约规则与极限数值的表示和判定

GB/T 19136—2021 农药热储稳定性测定方法

GB/T 19137—2003 农药低温稳定性测定方法

GB/T 28137 农药持久起泡性测定方法

GB/T 32776—2016 农药密度测定方法

3 术语和定义

本文件没有需要界定的术语和定义。

4 技术要求

4.1 外观

稳定的均相液体，无可见的悬浮物和沉淀。

4.2 技术指标

应符合表 1 的要求。

表 1 甲咪唑烟酸可溶液剂控制项目指标

项目	指标
甲咪唑烟酸质量分数[a]，%	$22.5^{+1.4}_{-1.4}$
或质量浓度(20 ℃)，g/L	240^{+14}_{-14}
pH	6.0～8.0
稀释稳定性(稀释 20 倍)	稀释后，稀释液均一，无析出物
持久起泡性(1 min 后)，mL	≤60
低温稳定性[b]	低温储存后，析出物体积不超过 0.3 mL
热储稳定性[b]	热储后，甲咪唑烟酸质量分数应不低于热储前测得质量分数的 95%，pH、稀释稳定性仍应符合本文件要求

[a] 发生质量争议时，以甲咪唑烟酸质量分数测定结果为仲裁。

[b] 正常生产时，低温稳定性、热储稳定性每 3 个月至少测定 1 次。

5 试验方法

警示:使用本文件的人员应有实验室工作的实践经验。本文件并未指出所有的安全问题。使用者有责任采取适当的安全和健康措施。

5.1 一般规定

本文件所用试剂和水在没有注明其他要求时,均指分析纯试剂和蒸馏水。检验结果的判定按 GB/T 8170—2008 中 4.3.3 的规定执行。

5.2 取样

按 GB/T 1605—2001 中 5.3.2 的规定执行。用随机数表法确定取样的包装件;最终取样量应不少于 200 mL。

5.3 鉴别试验

高效液相色谱法——本鉴别试验可与甲咪唑烟酸质量分数的测定同时进行。在相同的色谱操作条件下,试样溶液中某色谱峰的保留时间与标样溶液中甲咪唑烟酸的色谱峰的保留时间,其相对差值应在 1.5%以内。

5.4 外观的测定

采用目测法测定。

5.5 甲咪唑烟酸质量分数(质量浓度)的测定

5.5.1 方法提要

试样用甲醇溶解,以甲醇+磷酸水溶液(pH=3.0)为流动相,使用以 C_{18} 为填料的不锈钢柱和紫外检测器(254 nm),对试样中的甲咪唑烟酸进行高效液相色谱分离,外标法定量。

5.5.2 试剂和溶液

5.5.2.1 甲醇:色谱纯。

5.5.2.2 磷酸。

5.5.2.3 水:新蒸二次蒸馏水或超纯水。

5.5.2.4 磷酸水溶液:用磷酸将水的 pH 调至 3.0。

5.5.2.5 甲咪唑烟酸标样:已知甲咪唑烟酸质量分数,$\omega \geqslant 98.0\%$。

5.5.3 仪器

5.5.3.1 高效液相色谱仪:具有可变波长紫外检测器。

5.5.3.2 色谱柱:150 mm×4.6 mm(内径)不锈钢柱,内装 C_{18}、5 μm 填充物(或具同等效果的色谱柱)。

5.5.3.3 过滤器:滤膜孔径约 0.45 μm。

5.5.3.4 定量进样管:10 μL。

5.5.3.5 超声波清洗器。

5.5.4 高效液相色谱操作条件

5.5.4.1 流动相:体积比 $\psi_{(甲醇:磷酸水溶液)}=40:60$。

5.5.4.2 流速:1.0 mL/min。

5.5.4.3 柱温:室温(温度变化应不大于 2 ℃)。

5.5.4.4 检测波长:254 nm。

5.5.4.5 进样体积:10 μL。

5.5.4.6 保留时间:甲咪唑烟酸约 6.6 min。

5.5.4.7 上述操作参数是典型的,可根据不同仪器特点,对给定的操作参数作适当调整,以期获得最佳效果。典型的甲咪唑烟酸可溶液剂高效液相色谱图见图 1。

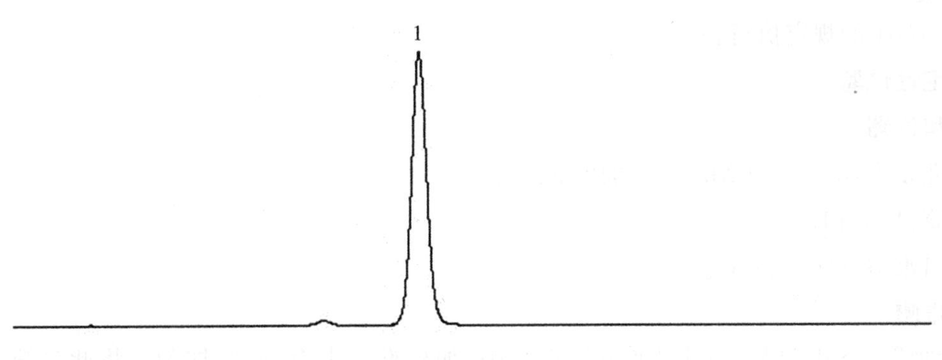

标引序号说明：
1——甲咪唑烟酸。

图 1 甲咪唑烟酸可溶液剂的高效液相色谱图

5.5.5 测定步骤

5.5.5.1 标样溶液的制备

称取 0.1 g(精确至 0.000 1 g)甲咪唑烟酸标样，置于 50 mL 容量瓶中，加入 40 mL 甲醇，超声波振荡 5 min，冷却至室温，用甲醇定容至刻度，摇匀。用移液管移取上述溶液 5 mL 于 50 mL 容量瓶中，用甲醇稀释至刻度，摇匀。

5.5.5.2 试样溶液的制备

称取含甲咪唑烟酸 0.1 g(精确至 0.000 1 g)的试样，置于 50 mL 容量瓶中，加入 40 mL 甲醇，超声波振荡 5 min，冷却至室温，用甲醇定容至刻度，摇匀。用移液管移取上述溶液 5 mL 于 50 mL 容量瓶中，用甲醇稀释至刻度，摇匀。

5.5.5.3 测定

在上述操作条件下，待仪器稳定后，连续注入数针标样溶液，直至相邻两针甲咪唑烟酸峰面积相对变化小于 1.2%后，按照标样溶液、试样溶液、试样溶液、标样溶液的顺序进行测定。

5.5.6 计算

将测得的两针试样溶液以及试样前后两针标样溶液中甲咪唑烟酸峰面积分别进行平均，试样中甲咪唑烟酸的质量分数按公式(1)计算，质量浓度按公式(2)计算。

$$\omega_1 = \frac{A_2 \times m_1 \times \omega_{b1}}{A_1 \times m_2} \quad \cdots\cdots (1)$$

$$\rho_1 = \frac{A_2 \times m_1 \times \omega_{b1} \times \rho}{A_1 \times m_2} \times 10 \quad \cdots\cdots (2)$$

式中：

ω_1 ——试样中甲咪唑烟酸的质量分数，单位为百分号(%)；
A_2 ——试样溶液中甲咪唑烟酸的峰面积的平均值；
m_1 ——甲咪唑烟酸标样质量的数值，单位为克(g)；
ω_{b1} ——标样中甲咪唑烟酸的质量分数，单位为百分号(%)；
A_1 ——标样溶液中甲咪唑烟酸的峰面积的平均值；
m_2 ——试样质量的数值，单位为克(g)；
ρ_1 ——20 ℃时试样中甲咪唑烟酸质量浓度的数值，单位为克每升(g/L)；
ρ ——20 ℃时试样密度的数值，单位为克每毫升(g/mL)(按 GB/T 32776—2016 中 3.1 或 3.2 的规定执行)。

5.5.7 允许差

甲咪唑烟酸质量分数 2 次平行测定结果之差应不大于 0.5%，质量浓度 2 次平行测定结果之差应不大于 5 g/L，分别取其算术平均值作为测定结果。

5.6 pH 的测定

按 GB/T 1601 的规定执行。

5.7 稀释稳定性试验

5.7.1 试剂和仪器

5.7.1.1 标准硬水：$\rho(Ca^{2+}+Mg^{2+})=342$ mg/L。

5.7.1.2 量筒：100 mL。

5.7.1.3 恒温水浴：(30±2) ℃。

5.7.2 试验步骤

用移液管吸取 5 mL 试样，置于 100 mL 量筒中，加标准硬水至刻度，摇匀。将此量筒放入恒温水浴中，静置 1 h。

5.8 持久起泡性的测定

按 GB/T 28137 的规定执行。

5.9 低温稳定性试验

按 GB/T 19137—2003 中 2.1 的规定执行。

5.10 热储稳定性试验

按 GB/T 19136—2021 中 4.4.1 的规定执行。

6 检验规则

6.1 出厂检验

每批产品均应做出厂检验，经检验合格签发合格证后，方可出厂。出厂检验项目为表 1 中除低温稳定性和热储稳定性以外的所有项目。

6.2 型式检验

型式检验项目为第 4 章中的全部项目，在正常连续生产情况下，每 3 个月至少进行 1 次。有下述情况之一，应进行型式检验：

a) 原料有较大改变，可能影响产品质量时；
b) 生产地址、生产设备或生产工艺有较大改变，可能影响产品质量时；
c) 停产后又恢复生产时；
d) 国家法定质量监管机构提出型式检验要求时。

6.3 判定规则

按第 4 章技术要求对产品进行出厂检验和型式检验，任一项目不符合指标要求判为该批次产品不合格。

7 验收和质量保证期

7.1 验收

应符合 GB/T 1604 的规定。

7.2 质量保证期

在规定的储运条件下，甲咪唑烟酸可溶液剂的质量保证期从生产日期算起为 2 年。质量保证期内，各项指标均应符合本文件要求。

8 标志、标签、包装、储运

8.1 标志、标签、包装

甲咪唑烟酸可溶液剂的标志、标签、包装应符合 GB 3796 的规定；甲咪唑烟酸可溶液剂应用聚酯瓶包装，每瓶净含量为 100 mL、250 mL 或 500 mL。外用瓦楞纸箱或钙塑箱包装。也可根据用户要求或订货协议采用其他形式的包装,但需符合 GB 3796 的规定。

8.2 储运

甲咪唑烟酸可溶液剂包装件应储存在通风、干燥的库房中;储运时,严防潮湿和日晒,不得与食物、种子、饲料混放,避免与皮肤、眼睛接触,防止由口鼻吸入。

附　录　A
（资料性）
甲咪唑烟酸的其他名称、结构式和基本物化参数

ISO 通用名称：Imazapic。

CAS 登录号：104098-48-8。

化学名称：2-(*RS*)-(4-异丙基-4-甲基-5-氧-2-咪唑啉-2-基)-5-甲基烟酸。

结构式：

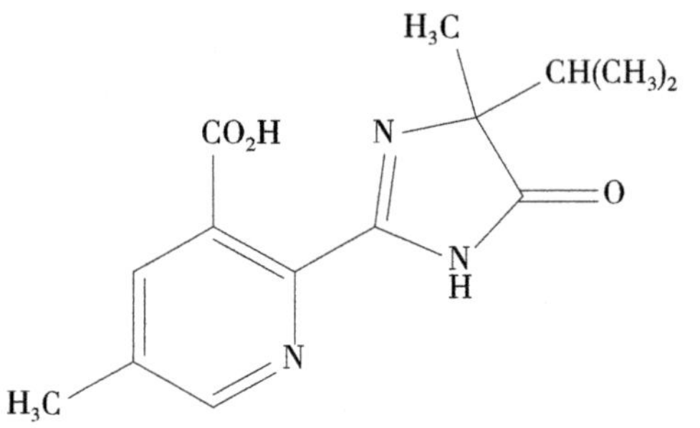

实验式：$C_{14}H_{17}N_3O_3$。

相对分子质量：275.3。

生物活性：除草。

熔点：204 ℃～206 ℃。

蒸气压(60 ℃)：小于 0.01 mPa。

溶解度(20 ℃)：水中 2.15 g/L，丙酮中 18.9 g/L。

稳定性：在 25 ℃下稳定时间不少于 24 个月。

ICS 65.100.20
CCS G 25

中华人民共和国农业行业标准

NY/T 4097—2022

甲咪唑烟酸原药

Imazapic technical material

2022-07-11 发布 2022-10-01 实施

中华人民共和国农业农村部 发布

前　言

本文件按照 GB/T 1.1—2020《标准化工作导则　第 1 部分：标准化文件的结构和起草规则》的规定起草。

请注意本文件的某些内容可能涉及专利。本文件的发布机构不承担识别专利的责任。

本文件由农业农村部种植业管理司提出。

本文件由全国农药标准化技术委员会(SAC/TC 133)归口。

本文件起草单位：沈阳科创化学品有限公司、创新美兰(合肥)股份有限公司、沈阳沈化院测试技术有限公司、沈阳化工研究院有限公司。

本文件主要起草人：张嘉月、吴士昊、王婉秋、徐长才、李子亮、董雪梅。

甲咪唑烟酸原药

1 范围

本文件规定了甲咪唑烟酸原药的技术要求、试验方法、检验规则、验收和质量保证期以及标志、标签、包装、储运。

本文件适用于甲咪唑烟酸原药产品的质量控制。

注:甲咪唑烟酸的其他名称、结构式和基本物化参数见附录 A。

2 规范性引用文件

下列文件中的内容通过文中的规范性引用而构成本文件必不可少的条款。其中,注日期的引用文件,仅该日期对应的版本适用于本文件;不注日期的引用文件,其最新版本(包括所有的修改单)适用于本文件。

GB/T 1600—2021 农药水分测定方法

GB/T 1601 农药 pH 的测定方法

GB/T 1604 商品农药验收规则

GB/T 1605—2001 商品农药采样方法

GB 3796 农药包装通则

GB/T 8170—2008 数值修约规则与极限数值的表示和判定

3 术语和定义

本文件没有需要界定的术语和定义。

4 技术要求

4.1 外观

白色至淡黄色粉末。

4.2 技术指标

应符合表 1 的要求。

表 1 甲咪唑烟酸原药控制项目指标

项 目	指 标
甲咪唑烟酸质量分数,%	≥97.0
水分,%	≤0.5
氢氧化钠不溶物[a],%	≤0.3
pH	2.0~6.0
[a] 正常生产时,氢氧化钠不溶物每 3 个月至少测定 1 次。	

5 试验方法

警示:使用本文件的人员应有实验室工作的实践经验。本文件并未指出所有的安全问题。使用者有责任采取适当的安全和健康措施。

5.1 一般规定

本文件所用试剂和水在没有注明其他要求时,均指分析纯试剂和蒸馏水。检验结果的判定按 GB/T 8170—2008 中 4.3.3 的规定执行。

5.2 取样

按 GB/T 1605—2001 中 5.3.1 的规定执行。用随机数表法确定抽取样的包装件;最终抽取样量应不少于 100 g。

5.3 鉴别试验

5.3.1 红外光谱法

甲咪唑烟酸原药与甲咪唑烟酸标样在 4 000/cm～400/cm 范围的红外吸收光谱图应没有明显区别。甲咪唑烟酸标样红外光谱图见图 1。

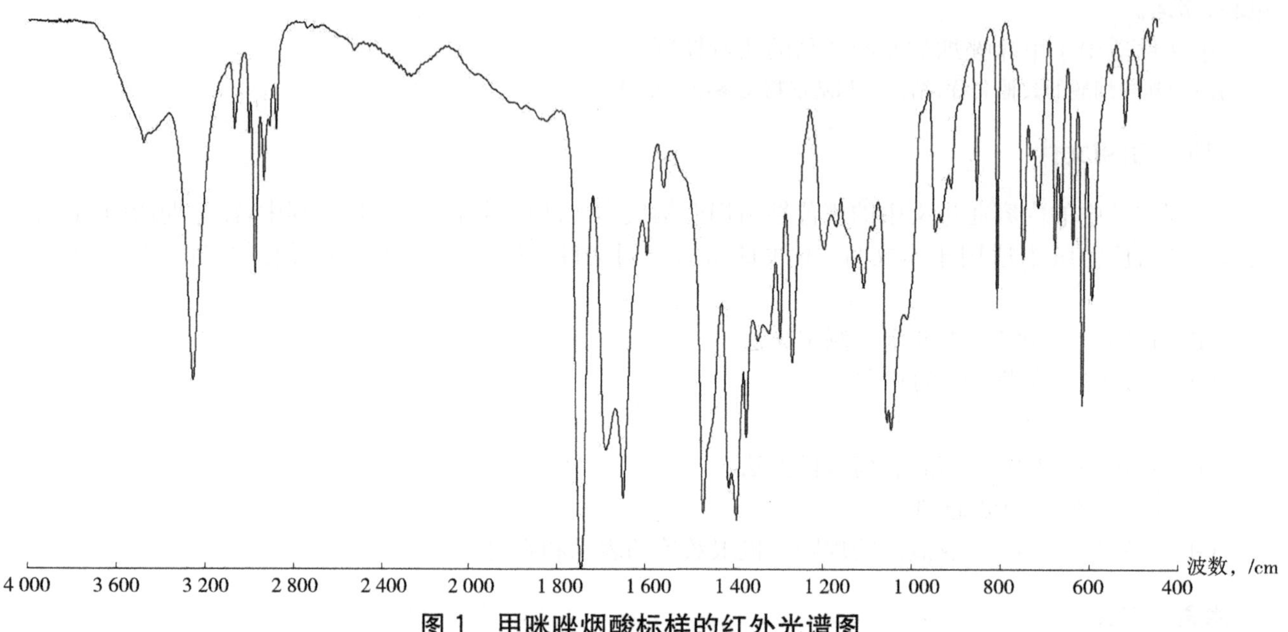

图 1 甲咪唑烟酸标样的红外光谱图

5.3.2 高效液相色谱法

本鉴别试验可与甲咪唑烟酸质量分数的测定同时进行。在相同的色谱操作条件下,试样溶液中某色谱峰的保留时间与标样溶液中甲咪唑烟酸的色谱峰的保留时间,其相对差值应在 1.5%以内。

5.4 外观的测定

采用目测法测定。

5.5 甲咪唑烟酸质量分数的测定

5.5.1 方法提要

试样用甲醇溶解,以甲醇+磷酸水溶液(pH=3.0)为流动相,使用以 C_{18} 为填料的不锈钢柱和紫外检测器(254 nm),对试样中的甲咪唑烟酸进行高效液相色谱分离,外标法定量。

5.5.2 试剂和溶液

5.5.2.1 甲醇:色谱纯。

5.5.2.2 磷酸。

5.5.2.3 水:新蒸二次蒸馏水或超纯水。

5.5.2.4 磷酸水溶液:用磷酸将水的 pH 调至 3.0。

5.5.2.5 甲咪唑烟酸标样:已知甲咪唑烟酸质量分数,$\omega \geqslant 98.0\%$。

5.5.3 仪器

5.5.3.1 高效液相色谱仪:具有可变波长紫外检测器。

5.5.3.2 色谱柱:150 mm×4.6 mm(内径)不锈钢柱,内装 C_{18}、5 μm 填充物(或具同等效果的色谱柱)。

5.5.3.3 定量进样管:10 μL。

5.5.3.4 超声波清洗器。

5.5.4 **高效液相色谱操作条件**

5.5.4.1 流动相:体积比 $\psi_{(甲醇:磷酸水溶液)}$=40∶60。

5.5.4.2 流速:1.0 mL/min。

5.5.4.3 柱温:室温(温度变化应不大于 2 ℃)。

5.5.4.4 检测波长:254 nm。

5.5.4.5 进样体积:10 μL。

5.5.4.6 保留时间:甲咪唑烟酸约 6.6 min。

5.5.4.7 上述操作参数是典型的,可根据不同仪器特点对给定的操作参数作适当调整,以期获得最佳效果。典型的甲咪唑烟酸原药高效液相色谱图见图 2。

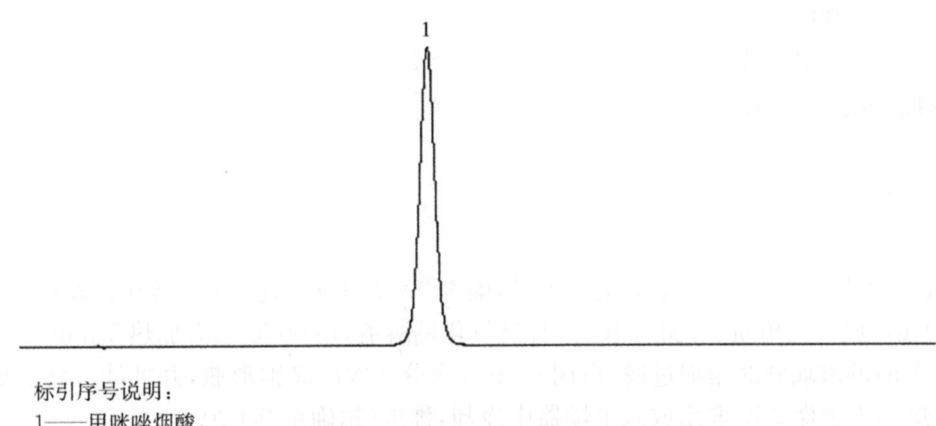

标引序号说明:

1——甲咪唑烟酸。

图 2 甲咪唑烟酸原药的高效液相色谱图

5.5.5 **测定步骤**

5.5.5.1 **标样溶液的制备**

称取 0.1 g(精确至 0.000 1 g)甲咪唑烟酸标样,置于 50 mL 容量瓶中,加入 40 mL 甲醇,超声波振荡 5 min,冷却至室温,用甲醇定容至刻度,摇匀。用移液管移取上述溶液 5 mL 于 50 mL 容量瓶中,用甲醇稀释至刻度,摇匀。

5.5.5.2 **试样溶液的制备**

称取含甲咪唑烟酸 0.1 g(精确至 0.000 1 g)的试样,置于 50 mL 容量瓶中,加入 40 mL 甲醇,超声波振荡 5 min,冷却至室温,用甲醇定容至刻度,摇匀。用移液管移取上述溶液 5 mL 于 50 mL 容量瓶中,用甲醇稀释至刻度,摇匀。

5.5.5.3 **测定**

在上述操作条件下,待仪器稳定后,连续注入数针标样溶液,直至相邻两针甲咪唑烟酸峰面积相对变化小于 1.2%后,按照标样溶液、试样溶液、试样溶液、标样溶液的顺序进行测定。

5.5.6 **计算**

将测得的两针试样溶液以及试样前后两针标样溶液中甲咪唑烟酸峰面积分别进行平均,试样中甲咪唑烟酸的质量分数按公式(1)计算。

$$\omega_1=\frac{A_2\times m_1\times \omega_{b1}}{A_1\times m_2} \quad \cdots\cdots (1)$$

式中:

ω_1 ——试样中甲咪唑烟酸的质量分数,单位为百分号(%);

A_2 ——试样溶液中甲咪唑烟酸的峰面积的平均值;

m_1 ——甲咪唑烟酸标样质量的数值,单位为克(g);

ω_{b1} ——标样中甲咪唑烟酸的质量分数,单位为百分号(%);

A_1 ——标样溶液中甲咪唑烟酸的峰面积的平均值;

m_2 ——试样质量的数值,单位为克(g)。

5.5.7 允许差

甲咪唑烟酸质量分数 2 次平行测定结果之差应不大于 1.2%,取其算术平均值作为测定结果。

5.6 水分的测定

按 GB/T 1600—2021 中 4.2 的规定执行。

5.7 氢氧化钠不溶物的测定

5.7.1 试剂与仪器

5.7.1.1 氢氧化钠溶液:$C_{(NaOH)}=0.5$ mol/L。

5.7.1.2 水:新蒸二次蒸馏水或超纯水。

5.7.1.3 三角瓶:250mL。

5.7.1.4 玻璃砂芯坩埚,G3 型。

5.7.1.5 锥形抽滤瓶:500 mL。

5.7.1.6 烘箱。

5.7.1.7 玻璃干燥器。

5.7.2 测定步骤

将玻璃砂芯坩埚烘干(110 ℃约 1 h)至恒重(精确至 0.000 1 g),放入干燥器中冷却待用。称取 5 g 试样(精确至 0.01 g),放入三角瓶中,加入 100 mL 氢氧化钠溶液,用 90 ℃水浴加热 5 min,立刻通过已恒重(精确至 0.000 1 g)的玻璃砂芯坩埚过滤,再用 60 mL 水分 3 次洗涤锥形瓶,并抽滤。将玻璃砂芯坩埚置于(105±2) ℃烘箱中干燥 2 h,取出放入干燥器中冷却,称量(精确至 0.000 1 g)。

5.7.3 计算

氢氧化钠不溶物按公式(2)计算。

$$\omega_2=\frac{m_3-m_0}{m_4}\times 100 \qquad (2)$$

式中:

ω_2 ——氢氧化钠不溶物,单位为百分号(%);

m_3 ——恒重后不溶物与玻璃砂芯坩埚质量的数值,单位为克(g);

m_0 ——玻璃砂芯坩埚质量的数值,单位为克(g);

m_4 ——试样质量的数值,单位为克(g)。

5.7.4 允许差

2 次平行测定结果相对差应不大于 20%,取其算术平均值作为测定结果。

5.8 pH 的测定

按 GB/T 1601 的规定执行。

6 检验规则

6.1 出厂检验

每批产品均应做出厂检验,经检验合格签发合格证后,方可出厂。出厂检验项目为表 1 中除氢氧化钠不溶物以外的所有项目。

6.2 型式检验

型式检验项目为第 4 章中的全部项目,在正常连续生产情况下,每 3 个月至少进行 1 次。有下述情况之一,应进行型式检验:

a) 原料有较大改变,可能影响产品质量时;

b) 生产地址、生产设备或生产工艺有较大改变,可能影响产品质量时;

c) 停产后又恢复生产时;

d） 国家法定质量监管机构提出型式检验要求时。

6.3 判定规则

按第 4 章对产品进行出厂检验和型式检验，任一项目不符合指标要求判为该批次产品不合格。

7 验收和质量保证期

7.1 验收

应符合 GB/T 1604 的规定。

7.2 质量保证期

在规定的储运条件下，甲咪唑烟酸原药的质量保证期从生产日期算起为 2 年。质量保证期内，各项指标均应符合本文件要求。

8 标志、标签、包装、储运

8.1 标志、标签、包装

甲咪唑烟酸原药的标志、标签、包装应符合 GB 3796 的规定；甲咪唑烟酸原药采用内衬保护层的铁桶或纸板桶包装。每桶净含量一般 20 kg、50 kg、100 kg。也可根据用户要求或订货协议采用其他形式的包装，但需符合 GB 3796 的规定。

8.2 储运

甲咪唑烟酸原药包装件应储存在通风、干燥的库房中；储运时，严防潮湿和日晒，不得与食物、种子、饲料混放，避免与皮肤、眼睛接触，防止由口鼻吸入。

附 录 A
(资料性)
甲咪唑烟酸的其他名称、结构式和基本物化参数

ISO 通用名称:Imazapic。

CAS 登录号:104098-48-8。

化学名称:2-(*RS*)-(4-异丙基-4-甲基-5-氧-2-咪唑啉-2-基)-5-甲基烟酸。

结构式:

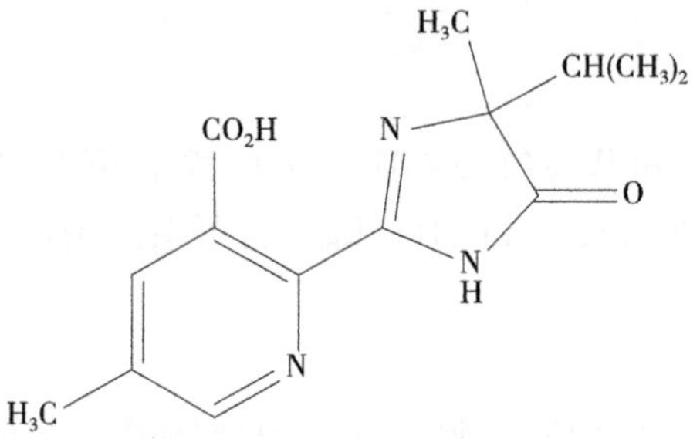

实验式:$C_{14}H_{17}N_3O_3$。

相对分子质量:275.3。

生物活性:除草。

熔点:204 ℃~206 ℃。

蒸气压(60 ℃):小于 0.01 mPa。

溶解度(20 ℃):水中 2.15 g/L,丙酮中 18.9 g/L。

稳定性:在 25 ℃下稳定时间不少于 24 个月。

ICS 65.100.10
CCS G 25

中华人民共和国农业行业标准

NY/T 4098—2022

虫螨腈悬浮剂

Chlorfenapyr suspension concentrates

2022-07-11 发布　　2022-10-01 实施

中华人民共和国农业农村部　发布

前　　言

本文件按照 GB/T 1.1—2020《标准化工作导则　第 1 部分：标准化文件的结构和起草规则》的规定起草。

请注意本文件的某些内容可能涉及专利。本文件的发布机构不承担识别专利的责任。

本文件由农业农村部种植业管理司提出。

本文件由全国农药标准化技术委员会(SAC/TC 133)归口。

本文件起草单位：广西田园生化股份有限公司、合肥高尔生命健康科学研究院有限公司、沈阳沈化院测试技术有限公司、深圳诺普信农化股份有限公司、广东省佛山市盈辉作物科学有限公司、广东植物龙生物技术股份有限公司、江苏东宝农化股份有限公司、巴斯夫植物保护(江苏)有限公司、沈阳化工研究院有限公司。

本文件主要起草人：张佳庆、赵清华、韦元杰、韩枫、李欧燕、安娟、杨春燕、刘敏、何静、杨宝萍、胡猛。

虫螨腈悬浮剂

1 范围

本文件规定了虫螨腈悬浮剂的技术要求、试验方法、检验规则、验收和质量保证期以及标志、标签、包装、储运。

本文件适用于虫螨腈悬浮剂产品的质量控制。

注：虫螨腈的其他名称、结构式和基本物化参数见附录 A。

2 规范性引用文件

下列文件中的内容通过文中的规范性引用而构成本文件必不可少的条款。其中，注日期的引用文件，仅该日期对应的版本适用于本文件；不注日期的引用文件，其最新版本（包括所有的修改单）适用于本文件。

GB/T 1601　农药 pH 的测定方法

GB/T 1604　商品农药验收规则

GB/T 1605—2001　商品农药采样方法

GB 3796　农药包装通则

GB/T 8170—2008　数值修约规则与极限数值的表示和判定

GB/T 14825—2006　农药悬浮率测定方法

GB/T 16150—1995　农药粉剂、可湿性粉剂细度测定方法

GB/T 19136—2021　农药热储稳定性测定方法

GB/T 19137—2003　农药低温稳定性测定方法

GB/T 28137　农药持久起泡性测定方法

GB/T 31737　农药倾倒性测定方法

GB/T 32776—2016　农药密度测定方法

3 术语和定义

本文件没有需要界定的术语和定义。

4 技术要求

4.1 外观

可流动的，易测量体积的悬浮液体；存放过程中可能出现沉淀，但经过摇动后，应恢复原状，不应有结块。

4.2 技术指标

应符合表 1 的要求。

表 1　虫螨腈悬浮剂控制项目指标

项　目	指　标					
	100 g/L 规格	10% 规格	21% 规格	240 g/L 规格	30% 规格	360 g/L 规格
虫螨腈质量分数[a]，%	$9.5^{+0.9}_{-0.9}$	$10.0^{+1.0}_{-1.0}$	$21.0^{+1.2}_{-1.2}$	$22.0^{+1.3}_{-1.3}$	$30.0^{+1.5}_{-1.5}$	$31.8^{+1.5}_{-1.5}$
或质量浓度（20 ℃），g/L	100^{+10}_{-10}	—	—	240^{+14}_{-14}	—	360^{+18}_{-18}

表 1 （续）

项　　目		指　　标					
		100 g/L 规格	10% 规格	21% 规格	240 g/L 规格	30% 规格	360 g/L 规格
pH		5.0～9.0					
倾倒性	倾倒后残余物，%	≤5.0					
	洗涤后残余物，%	≤0.5					
悬浮率，%		≥90					
湿筛试验(通过 75 μm 试验筛)，%		≥98					
持久起泡性(1 min 后泡沫量)，mL		≤60					
低温稳定性[b]		低温储存后，悬浮率和湿筛试验结果均符合本文件要求					
热储稳定性[b]		热储后，虫螨腈质量分数应不低于热储前测得质量分数的 95%，悬浮率、pH、倾倒性、湿筛试验仍应符合本文件要求					

[a] 当质量发生争议时，以虫螨腈质量分数为仲裁。
[b] 正常生产时，低温稳定性、热储稳定性试验每 3 个月至少测定 1 次。

5 试验方法

警示：使用本文件的人员应有实验室工作的实践经验。本文件并未指出所有的安全问题。使用者有责任采取适当的安全和健康措施。

5.1 一般规定

本文件所用试剂和水在没有注明其他要求时，均指分析纯试剂和蒸馏水。检验结果的判定按 GB/T 8170—2008 中 4.3.3 的规定执行。

5.2 取样

按 GB/T 1605—2001 中 5.3.2 的规定执行。用随机数表法确定取样的包装件；最终取样量应不少于 1 000 mL。

5.3 鉴别试验

液相色谱法——本鉴别试验可与虫螨腈质量分数的测定同时进行。在相同的色谱操作条件下，试样溶液中某色谱峰的保留时间与虫螨腈标样溶液中虫螨腈色谱峰的保留时间，其相对差值应在 1.5%以内。

5.4 外观的测定

采用目测法测定。

5.5 虫螨腈质量分数(质量浓度)的测定

5.5.1 方法提要

试样用乙腈溶解，以乙腈＋水＋冰乙酸为流动相，使用以 C_{18} 为填料的不锈钢柱和紫外检测器，在波长 260 nm 下，对试样中的虫螨腈进行反相高效液相色谱分离，外标法定量。

5.5.2 试剂和溶液

5.5.2.1 乙腈：色谱级。

5.5.2.2 冰乙酸：色谱级。

5.5.2.3 水：新蒸二次蒸馏水或超纯水。

5.5.2.4 虫螨腈标样：已知虫螨腈质量分数，$\omega \geq 98.0\%$。

5.5.3 仪器

5.5.3.1 高效液相色谱仪：具有紫外可变波长检测器。

5.5.3.2 色谱数据处理机或工作站。

5.5.3.3 色谱柱：150 mm×4.6 mm (内径)不锈钢柱，内装 C_{18}、5 μm 填充物(或具同等效果的色谱柱)。

5.5.3.4 过滤器：滤膜孔径 0.45 μm。

5.5.3.5 定量进样管：5 μL。

5.5.3.6 超声波清洗器。

5.5.4 高效液相色谱操作条件

5.5.4.1 流动相：体积比 $\psi_{(乙腈:水:冰乙酸)}$=75∶25∶0.1，经滤膜过滤，并进行脱气。

5.5.4.2 流速：1.0 mL/min。

5.5.4.3 柱温：室温（温度变化应不大于 2 ℃）。

5.5.4.4 检测波长：260 nm。

5.5.4.5 进样体积：5 μL。

5.5.4.6 保留时间：虫螨腈约 5.5 min。

5.5.4.7 上述操作参数是典型的，可根据不同仪器特点，对给定的操作参数作适当调整，以期获得最佳效果。典型的虫螨腈悬浮剂高效液相色谱图见图 1。

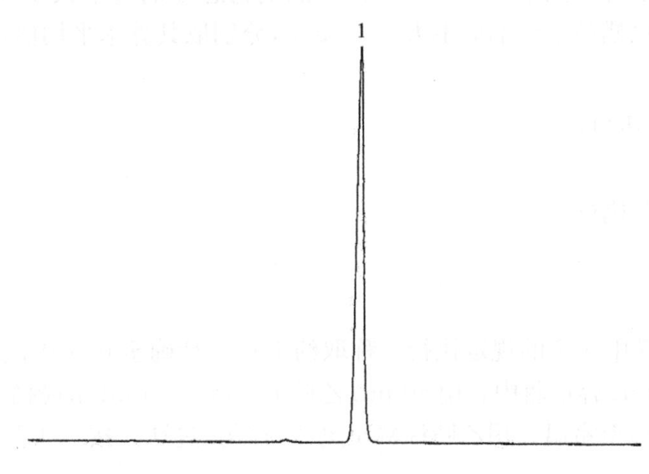

标引序号说明：

1——虫螨腈。

图 1 虫螨腈悬浮剂的高效液相色谱图

5.5.5 测定步骤

5.5.5.1 标样溶液的制备

称取 0.05 g（精确至 0.000 1 g）虫螨腈标样，置于 100 mL 容量瓶中，加入 80 mL 乙腈，超声振荡 5 min，冷却至室温，用乙腈定容至刻度，摇匀。

5.5.5.2 试样溶液的制备

称取含虫螨腈 0.05 g（精确至 0.000 1 g）的试样于 100 mL 容量瓶中，加入 5 mL 蒸馏水振摇，再加入 80 mL 乙腈，超声振荡 5 min，冷却至室温，用乙腈定容至刻度，摇匀，过滤。

5.5.5.3 测定

在上述操作条件下，待仪器稳定后，连续注入数针标样溶液，直至相邻两针虫螨腈峰面积相对变化小于 1.2%后，按照标样溶液、试样溶液、试样溶液、标样溶液的顺序进行测定。

5.5.5.4 计算

将测得的两针试样溶液以及试样前后两针标样溶液中虫螨腈峰面积分别进行平均，试样中虫螨腈的质量分数按公式（1）计算，质量浓度按公式（2）计算。

$$\omega_1 = \frac{A_2 \times m_1 \times \omega_b}{A_1 \times m_2} \quad \cdots\cdots (1)$$

$$\rho_1 = \frac{A_2 \times m_1 \times \rho \times \omega_b \times 10}{A_1 \times m_2} \quad \cdots\cdots (2)$$

式中：

ω_1 ——试样中虫螨腈的质量分数，单位为百分号(%)；
A_2 ——试样溶液中虫螨腈的峰面积的平均值；
m_1 ——虫螨腈标样质量的数值，单位为克(g)；
ω_b ——标样中虫螨腈的质量分数，单位为百分号(%)；
A_1 ——标样溶液中虫螨腈的峰面积的平均值；
m_2 ——试样质量的数值，单位为克(g)；
ρ_1 ——20 ℃时试样中虫螨腈质量浓度的数值，单位为克每升(g/L)；
ρ ——20 ℃时试样密度的数值，单位为克每毫升(g/mL)(按 GB/T 32776—2016 中 3.3 或 3.4 的规定执行)。

5.5.5.5 允许差

虫螨腈质量分数(质量浓度)2 次平行测定结果之差，10%和 100 g/L 虫螨腈悬浮剂应不大于 0.4%(4 g/L)，21%虫螨腈悬浮剂应不大于 0.6%，240 g/L 虫螨腈悬浮剂应不大于 8 g/L，30%虫螨腈悬浮剂应不大于 1.0%，360 g/L 虫螨腈悬浮剂应不大于 12 g/L，分别取其算术平均值作为测定结果。

5.6 pH 的测定

按 GB/T 1601 的规定执行。

5.7 倾倒性试验

按 GB/T 31737 的规定执行。

5.8 悬浮率的测定

5.8.1 测定

按 GB/T 14825—2006 中 4.2 的规定执行。称取约 1.0 g(精确至 0.000 1 g)试样，将剩余的 1/10 悬浮液及沉淀物转移至 100 mL 容量瓶中。用 50 mL 乙腈分 3 次将 25 mL 的剩余物全部洗入 100 mL 容量瓶中，超声振荡 5 min，冷却至室温。用乙腈稀释至刻线，摇匀，过滤。按 5.1 测定虫螨腈的质量，计算其悬浮率。

5.8.2 计算

试样的悬浮率按公式(3)计算。

$$\omega_2 = \frac{m_4 \times \omega_1 - (A_4 \times m_3 \times \omega_b) \div A_3}{m_4 \times \omega_1} \times \frac{10}{9} \times 100 \quad \cdots\cdots\cdots (3)$$

式中：

ω_2 ——悬浮率，单位为百分号(%)；
m_4 ——试样质量的数值，单位为克(g)；
ω_1 ——试样中虫螨腈的质量分数，单位为百分号(%)；
A_4 ——试样溶液中虫螨腈峰面积的平均值；
m_3 ——虫螨腈标样质量的数值，单位为克(g)；
ω_b ——标样中虫螨腈质量分数，单位为百分号(%)；
A_3 ——标样溶液中虫螨腈峰面积的平均值。

5.9 湿筛试验

按 GB/T 16150—1995 中 2.2 的规定执行。

5.10 持久起泡性试验

按 GB/T 28137 的规定执行。

5.11 低温稳定性试验

按 GB/T 19137—2003 中 2.2 的规定执行。

5.12 热储稳定性试验

按 GB/T 19136—2021 中 4.4.1 的规定执行，储存量不低于 800 mL。

6 检验规则

6.1 出厂检验

每批产品均应做出厂检验，经检验合格签发合格证后，方可出厂。出厂检验项目为表1中除低温稳定性和热储稳定性以外的所有项目。

6.2 型式检验

型式检验项目为第4章中的全部项目，在正常连续生产情况下，每3个月至少进行1次。有下述情况之一，应进行型式检验：

a) 原料有较大改变，可能影响产品质量时；

b) 生产地址、生产设备或生产工艺有较大改变，可能影响产品质量时；

c) 停产后又恢复生产时；

d) 国家法定质量监管机构提出型式检验要求时。

6.3 判定规则

按第4章技术要求对产品进行出厂检验和型式检验，任一项目不符合指标要求，则判定该批次产品为不合格。

7 验收和质量保证期

7.1 验收

应符合 GB/T 1604 的规定。

7.2 质量保证期

在规定的储运条件下，虫螨腈悬浮剂的质量保证期从生产之日算起为2年。在质量保证期内，各项指标均应符合本文件要求。

8 标志、标签、包装、储运

8.1 标志、标签、包装

虫螨腈悬浮剂的标志、标签、包装应符合 GB 3796 的规定；虫螨腈悬浮剂采用清洁、干燥的带外盖的塑料瓶，外用瓦楞纸箱包装。或可根据用户要求或订货协议采用其他形式的包装，但需符合 GB 3796 的规定。

8.2 储运

虫螨腈悬浮剂包装件应储存在通风、干燥的库房中；储运时，严防潮湿和日晒，不得与食物、种子、饲料混放，避免与皮肤、眼睛接触，防止由口鼻吸入。

附　录　A
（资料性）
虫螨腈的其他名称、结构式和基本物化参数

中文通用名：虫螨腈。

ISO 通用名：Chlorfenapyr。

CAS 登录号：122453-73-0。

CIPAC 数字代码：570。

其他名称：溴虫腈。

IUPAC 化学名称：4-溴-2-(4-氯苯基)-1-乙氧基甲基-5-三氟甲基吡咯-3-腈。

结构式：

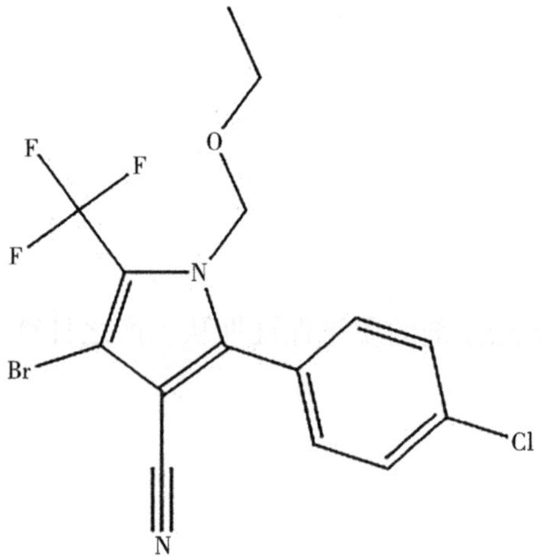

实验式：$C_{13}H_8Cl_2N_2O_4$。

相对分子质量：407.6。

生物活性：杀虫剂。

熔点：101 ℃～102 ℃（纯品为白色固体）。

饱和蒸气压（mPa，20 ℃）：＜0.012。

正辛醇/水分配系数：logPow＝4.83。

溶解度（20 ℃，g/L）：水中 0.11 mg/L（pH 7），正己烷中 6.85，甲醇中 50.6，乙腈中 394，甲苯中 490，丙酮中 697，二氯甲烷中 744，乙酸乙酯中 514。

稳定性：在 50℃，pH 4、pH 7、pH 9 条件下均稳定；光解为 DT_{50} 5 d～8 d（pH 5、pH 7、pH 9）。

ICS 65.100.10
CCS G 25

中华人民共和国农业行业标准

NY/T 4099—2022

虫螨腈原药

Chlorfenapyr technical material

2022-07-11 发布　　2022-10-01 实施

中华人民共和国农业农村部 发布

前　言

本文件按照GB/T 1.1—2020《标准化工作导则　第1部分：标准化文件的结构和起草规则》的规定起草。

请注意本文件的某些内容可能涉及专利。本文件的发布机构不承担识别专利的责任。

本文件由农业农村部种植业管理司提出。

本文件由全国农药标准化技术委员会(SAC/TC 133)归口。

本文件起草单位：开封博凯生物化工有限公司、山东省联合农药工业有限公司、山东潍坊双星农药有限公司、陕西美邦药业集团股份有限公司、巴斯夫欧洲公司、沈阳化工研究院有限公司、沈阳沈化院测试技术有限公司。

本文件主要起草人：赵清华、张佳庆、李秋平、刘杰、柳全文、屈飞艳、成玉红、郭中献。

虫螨腈原药

1 范围

本文件规定了虫螨腈原药的技术要求、试验方法、检验规则、验收和质量保证期以及标志、标签、包装、储运。

本文件适用于虫螨腈原药产品的质量控制。

注:虫螨腈的其他名称、结构式和基本物化参数见附录 A。

2 规范性引用文件

下列文件中的内容通过文中的规范性引用而构成本文件必不可少的条款。其中,注日期的引用文件,仅该日期对应的版本适用于本文件;不注日期的引用文件,其最新版本(包括所有的修改单)适用于本文件。

GB/T 1600—2021 农药水分测定方法

GB/T 1601 农药 pH 的测定方法

GB/T 1604 商品农药验收规则

GB/T 1605—2001 商品农药采样方法

GB 3796 农药包装通则

GB/T 8170—2008 数值修约规则与极限数值的表示和判定

GB/T 19138 农药丙酮不溶物测定方法

3 术语和定义

本文件没有需要界定的术语和定义。

4 技术要求

4.1 外观

白色至淡黄色粉末。

4.2 技术指标

应符合表 1 的要求。

表 1 虫螨腈原药控制项目指标

项 目	指 标
虫螨腈质量分数,%	≥97.0
水分,%	≤0.5
丙酮不溶物[a],%	≤0.5
pH	5.0~9.0
[a] 正常生产时,丙酮不溶物每 3 个月至少测定 1 次。	

5 试验方法

警示:使用本文件的人员应有实验室工作的实践经验。本文件并未指出所有的安全问题。使用者有责任采取适当的安全和健康措施。

5.1 一般规定

本文件所用试剂和水在没有注明其他要求时,均指分析纯试剂和蒸馏水。检验结果的判定按 GB/T

8170—2008 中 4.3.3 的规定执行。

5.2 取样

按 GB/T 1605—2001 中 5.3.1 的规定执行。用随机数表法确定取样的包装件;最终取样量应不少于 100 g。

5.3 鉴别试验

5.3.1 红外光谱法

虫螨腈原药与虫螨腈标样在 4 000/cm~400/cm 范围的红外吸收光谱图应没有明显区别。虫螨腈标样红外光谱图见图 1。

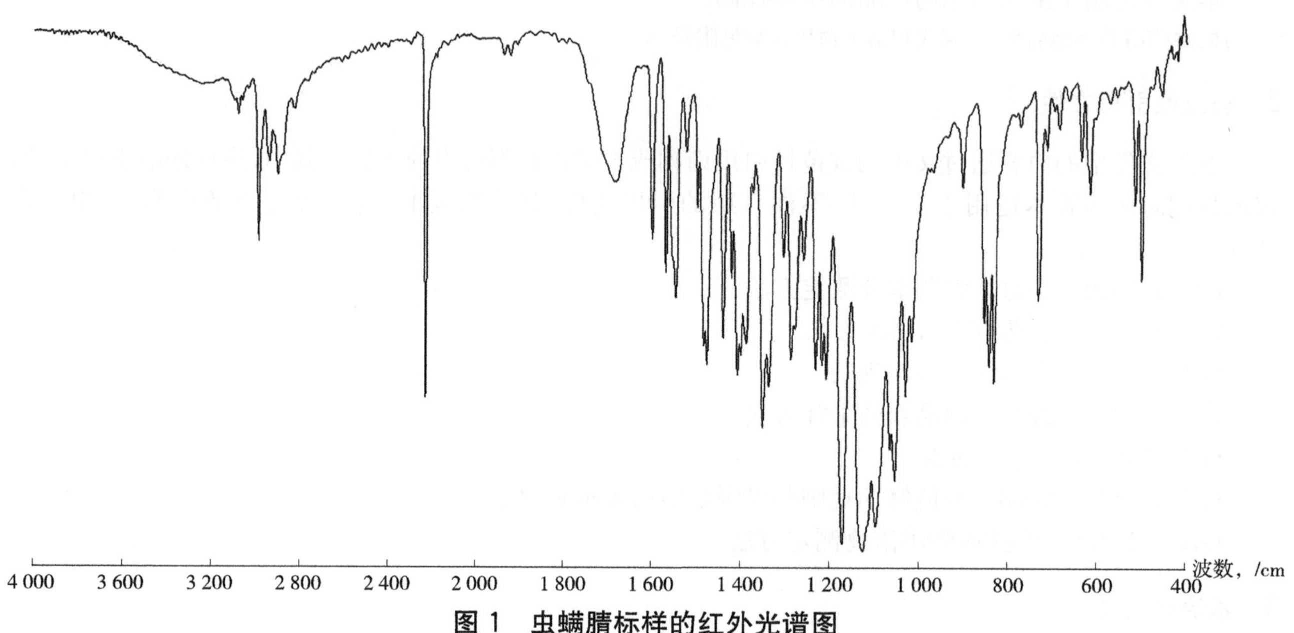

图 1 虫螨腈标样的红外光谱图

5.3.2 液相色谱法

本鉴别试验可与虫螨腈质量分数的测定同时进行。在相同的色谱操作条件下,试样溶液中某色谱峰的保留时间与标样溶液中虫螨腈的色谱峰的保留时间,其相对差值应在 1.5%以内。

5.4 外观的测定

采用目测法测定。

5.5 虫螨腈质量分数的测定

5.5.1 方法提要

试样用乙腈溶解,以乙腈+水+冰乙酸为流动相,使用以 C_{18} 为填料的不锈钢柱和紫外检测器,在波长 260 nm 下,对试样中的虫螨腈进行反相高效液相色谱分离,外标法定量。

5.5.2 试剂和溶液

5.5.2.1 乙腈:色谱级。

5.5.2.2 冰乙酸:色谱级。

5.5.2.3 水:新蒸二次蒸馏水或超纯水。

5.5.2.4 虫螨腈标样:已知虫螨腈质量分数,$\omega \geqslant 98.0\%$。

5.5.3 仪器

5.5.3.1 高效液相色谱仪:具有可变波长紫外检测器。

5.5.3.2 色谱柱:150 mm×4.6 mm(内径)不锈钢柱,内装 C_{18}、5 μm 填充物(或具同等效果的色谱柱)。

5.5.3.3 过滤器:滤膜孔径约 0.45 μm。

5.5.3.4 定量进样管:5 μL。

5.5.3.5 超声波清洗器。

5.5.4 高效液相色谱操作条件

5.5.4.1 流动相:体积比 $\psi_{(乙腈:水:冰乙酸)}$=75∶25∶0.1。

5.5.4.2 流速:1.0 mL/ min。

5.5.4.3 柱温:室温(温度变化应不大于 2 ℃)。

5.5.4.4 检测波长:260 nm。

5.5.4.5 进样体积:5 μL。

5.5.4.6 保留时间:虫螨腈约 5.5 min。

5.5.4.7 上述操作参数是典型的,可根据不同仪器特点对给定的操作参数作适当调整,以期获得最佳效果。典型的虫螨腈原药高效液相色谱图见图 2。

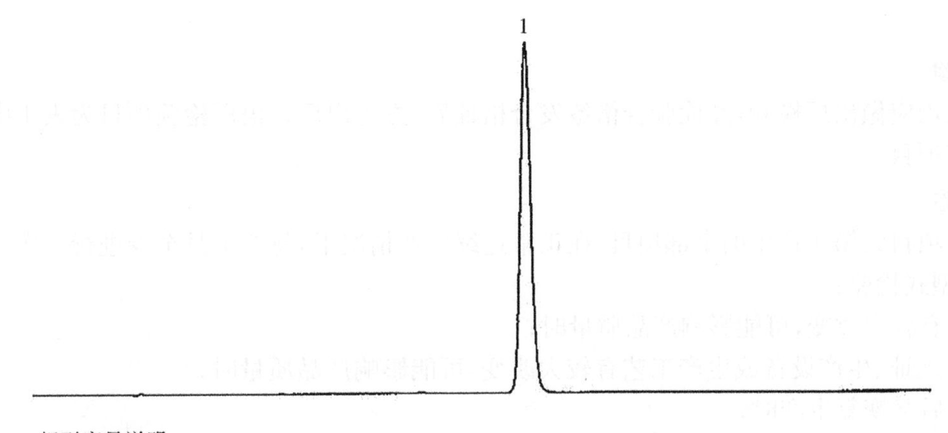

标引序号说明:
1——虫螨腈。

图 2 虫螨腈原药的高效液相色谱图

5.5.5 测定步骤

5.5.5.1 标样溶液的制备

称取 0.05 g(精确至 0.000 1 g)虫螨腈标样,置于 100 mL 容量瓶中,加入 80 mL 乙腈超声振荡 5 min,冷却至室温,用乙腈稀释至刻度,摇匀。

5.5.5.2 试样溶液的制备

称取含虫螨腈 0.05 g(精确至 0.000 1 g)的试样,置于 100 mL 容量瓶中,加入 80 mL 乙腈超声振荡 5 min,冷却至室温,用乙腈稀释至刻度,摇匀。

5.5.5.3 测定

在上述操作条件下,待仪器稳定后,连续注入数针标样溶液,直至相邻两针虫螨腈峰面积相对变化小于 1.2%后,按照标样溶液、试样溶液、试样溶液、标样溶液的顺序进行测定。

5.5.6 计算

将测得的两针试样溶液以及试样前后两针标样溶液中虫螨腈峰面积分别进行平均,试样中虫螨腈的质量分数按公式(1)计算。

$$\omega_1 = \frac{A_2 \times m_1 \times \omega_b}{A_1 \times m_2} \quad \cdots\cdots (1)$$

式中:

ω_1 ——虫螨腈的质量分数,单位为百分号(%);

A_2 ——试样溶液中虫螨腈峰面积的平均值;

m_1 ——标样质量的数值,单位为克(g);

ω_b ——标样中虫螨腈的质量分数,单位为百分号(%);

A_1 ——标样溶液中虫螨腈峰面积的平均值；

m_2 ——试样质量的数值，单位为克(g)。

5.5.7 允许差

虫螨腈质量分数 2 次平行测定结果之差应不大于 1.2%，取其算术平均值作为测定结果。

5.6 水分的测定

按 GB/T 1600—2021 中 4.2 的规定执行。

5.7 丙酮不溶物的测定

按 GB/T 19138 的规定执行。

5.8 pH 的测定

按 GB/T 1601 的规定执行。

6 检验规则

6.1 出厂检验

每批产品均应做出厂检验，经检验合格签发合格证后，方可出厂。出厂检验项目为表 1 中除丙酮不溶物以外的所有项目。

6.2 型式检验

型式检验项目为第 4 章中的全部项目，在正常连续生产情况下，每 3 个月至少进行一次。有下述情况之一，应进行型式检验：

a) 原料有较大改变，可能影响产品质量时；

b) 生产地址、生产设备或生产工艺有较大改变，可能影响产品质量时；

c) 停产后又恢复生产时；

d) 国家法定质量监管机构提出型式检验要求时。

6.3 判定规则

按第 4 章技术指标对产品进行出厂检验和型式检验。任一项目不符合技术指标要求，则判定该批次产品为不合格。

7 验收和质量保证期

7.1 验收

应符合 GB/T 1604 的规定。

7.2 质量保证期

在规定的储运条件下，虫螨腈原药的质量保证期从生产之日算起为 2 年。在质量保证期内，各项指标均应符合本文件要求。

8 标志、标签、包装、储运

8.1 标志、标签、包装

虫螨腈原药的标志、标签、包装应符合 GB 3796 的规定；虫螨腈原药采用清洁、干燥内衬塑料袋的编织袋或内衬保护层的铁桶或纸板桶包装。每袋净含量一般为 20 kg，每桶净含量一般为 50 kg、100 kg。也可根据用户要求或订货协议采用其他形式的包装，但需符合 GB 3796 的规定。

8.2 储运

虫螨腈原药包装件应储存在通风、干燥的库房中；储运时，严防潮湿和日晒，不得与食物、种子、饲料混放，避免与皮肤、眼睛接触，防止由口鼻吸入。

附　录　A
（资料性）
虫螨腈的其他名称、结构式和基本物化参数

中文通用名：虫螨腈。

ISO 通用名：Chlorfenapyr。

CAS 登录号：122453-73-0。

CIPAC 数字代码：570。

其他名称：溴虫腈。

IUPAC 化学名称：4-溴-2-(4-氯苯基)-1-乙氧基甲基-5-三氟甲基吡咯-3-腈。

结构式：

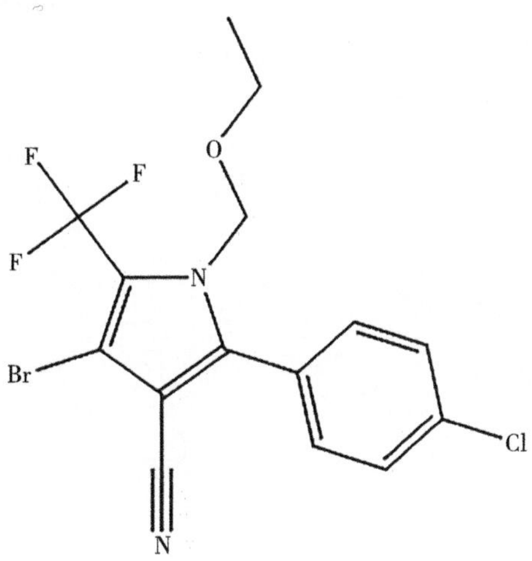

实验式：$C_{13}H_{8}Cl_{2}N_{2}O_{4}$。

相对分子质量：407.6。

生物活性：杀虫剂。

熔点：101 ℃～102 ℃（纯品为白色固体）。

饱和蒸气压(mPa，20 ℃)：＜0.012。

正辛醇/水分配系数：logPow＝4.83。

溶解度(20 ℃，g/L)：水中 0.11 mg/L (pH7)，正己烷中 6.85，甲醇中 50.6，乙腈中 394，甲苯中 490，丙酮中 697，二氯甲烷中 744，乙酸乙酯中 514。

稳定性：在 50 ℃，pH 4、pH 7、pH 9 条件下均稳定；光解 DT_{50} 为 5d ～8 d(pH 5、pH 7、pH 9)。

ICS 65.100.10
CCS G 25

中华人民共和国农业行业标准

NY/T 4100—2022

杀螺胺(杀螺胺乙醇胺盐)可湿性粉剂

Niclosamide (Niclosamide-olamine) wettable powder

2022-07-11 发布　　2022-10-01 实施

中华人民共和国农业农村部　发布

前　　言

本文件按照 GB/T 1.1—2020《标准化工作导则　第 1 部分：标准化文件的结构和起草规则》的规定起草。

请注意本文件的某些内容可能涉及专利。本文件的发布机构不承担识别专利的责任。

本文件由农业农村部种植业管理司提出。

本文件由全国农药标准化技术委员会(SAC/TC 133)归口。

本文件起草单位：广西田园生化股份有限公司、安徽丰乐农化有限责任公司、安徽亚华医药化工有限公司、江苏莱科化学有限公司、四川省化工研究设计院、恒诚制药集团淮南有限公司、南通罗森化工有限公司、上海沪联生物药业(夏邑)股份有限公司、江苏艾津作物科技集团有限公司、沈阳沈化院测试技术有限公司、沈阳化工研究院有限公司。

本文件主要起草人：梅宝贵、郑伟、王毅、冯兵、张中泽、魏华羽、黄梅、庄奇生、祝志凯、黄燕羽、韦红慧、邢君。

杀螺胺(杀螺胺乙醇胺盐)可湿性粉剂

1 范围

本文件规定了杀螺胺(杀螺胺乙醇胺盐)可湿性粉剂的技术要求、试验方法、检验规则、验收和质量保证期以及标志、标签、包装、储运。

本文件适用于杀螺胺(杀螺胺乙醇胺盐)可湿性粉剂产品的质量控制。

注:杀螺胺、杀螺胺乙醇胺盐、乙醇胺的其他名称、结构式和基本物化参数见附录 A。

2 规范性引用文件

下列文件中的内容通过文中的规范性引用而构成本文件必不可少的条款。其中,注日期的引用文件,仅该日期对应的版本适用于本文件;不注日期的引用文件,其最新版本(包括所有的修改单)适用于本文件。

GB/T 1600—2021 农药水分测定方法

GB/T 1601 农药 pH 的测定方法

GB/T 1604 商品农药验收规则

GB/T 1605—2001 商品农药采样方法

GB 3796 农药包装通则

GB/T 5451 农药可湿性粉剂润湿性测定方法

GB/T 8170—2008 数值修约规则与极限数值的表示和判定

GB/T 14825—2006 农药悬浮率测定方法

GB/T 16150—1995 农药粉剂、可湿性粉剂细度测定方法

GB/T 19136—2021 农药热储稳定性测定方法

GB/T 28137 农药持久起泡性测定方法

3 术语和定义

本文件没有需要界定的术语和定义。

4 技术要求

4.1 外观

均匀的疏松粉末,不应有团块。

4.2 技术指标

杀螺胺可湿性粉剂、杀螺胺乙醇胺盐可湿性粉剂应分别符合表 1 和表 2 的要求。

表 1 杀螺胺可湿性粉剂技术指标

项 目	指 标
杀螺胺质量分数,%	$70.0^{+2.5}_{-2.5}$
水分,%	≤3.0
pH	7.0~9.5
湿筛试验(通过 75 mm 试验筛),%	≥98
悬浮率,%	≥75
润湿时间,s	≤60
持久起泡性(1 min 后泡沫量),mL	≤60
热储稳定性[a]	热储后,杀螺胺质量分数应不低于热储前测得质量分数的95%,pH、湿筛试验、悬浮率和润湿时间仍应符合本文件要求

[a] 正常生产时,热储稳定性每 3 个月至少测定 1 次。

表 2 杀螺胺乙醇胺盐可湿性粉剂技术指标

项目	指标			
	50%规格	60%规格	70%规格	80%规格
杀螺胺质量分数,%	$42.1^{+2.1}_{-2.1}$	$50.6^{+2.5}_{-2.5}$	$59.0^{+2.5}_{-2.5}$	$67.4^{+2.5}_{-2.5}$
杀螺胺乙醇胺盐质量分数,%	$50.0^{+2.5}_{-2.5}$	$60.0^{+2.5}_{-2.5}$	$70.0^{+2.5}_{-2.5}$	$80.0^{+2.5}_{-2.5}$
乙醇胺质量分数,%	≥7.3	≥8.8	≥10.3	≥11.9
水分,%	≤3.0			
pH	7.0～9.5			
湿筛试验(通过 75 μm 试验筛),%	≥98			
悬浮率,%	≥75			
润湿时间,s	≤60			
持久起泡性(1 min 后泡沫量),mL	≤60			
热储稳定性[a]	热储后,杀螺胺乙醇胺盐质量分数应不低于热储前测得质量分数的 95%,pH、湿筛试验、悬浮率和润湿时间仍应符合本文件要求			
[a] 正常生产时,热储稳定性每 3 个月至少测定 1 次。				

5 试验方法

警示:使用本文件的人员应有实验室工作的实践经验。本文件并未指出所有的安全问题。使用者有责任采取适当的安全和健康措施。

5.1 一般规定

本文件所用试剂和水在没有注明其他要求时,均指分析纯试剂和蒸馏水。检验结果的判定按 GB/T 8170—2008 中 4.3.3 的规定执行。

5.2 取样

按 GB/T 1605—2001 中 5.3.3 的规定执行。用随机数表法确定取样的包装件;最终取样量应不少于 200 g。

5.3 鉴别试验

5.3.1 杀螺胺鉴别的高效液相色谱法

本鉴别试验可与杀螺胺(杀螺胺乙醇胺盐)质量分数的测定同时进行。在相同的色谱操作条件下,试样溶液中某色谱峰的保留时间与杀螺胺标样溶液中杀螺胺的色谱峰的保留时间,其相对差值应在 1.5%以内。

5.3.2 乙醇胺鉴别的离子色谱法

本鉴别试验可与乙醇胺质量分数的测定同时进行。在相同的色谱操作条件下,试样溶液中某色谱峰的保留时间与乙醇胺标样溶液中乙醇胺离子的色谱峰的保留时间,其相对差值应在 1.5%以内。

5.4 外观的测定

采用目测法测定。

5.5 杀螺胺(杀螺胺乙醇胺盐)质量分数的测定

5.5.1 方法提要

试样用甲醇溶解,以甲醇+水+冰乙酸为流动相,使用以 C_{18} 为填料的不锈钢柱和紫外检测器(236 nm),对试样中的杀螺胺进行高效液相色谱分离,外标法定量。

5.5.2 试剂和溶液

5.5.2.1 甲醇:色谱级。

5.5.2.2 冰乙酸:色谱级。

5.5.2.3 水:新蒸二次蒸馏水或超纯水。

5.5.2.4 杀螺胺标样：已知杀螺胺质量分数，$\omega \geqslant 98.0\%$。

5.5.3 仪器

5.5.3.1 高效液相色谱仪：具有可变波长紫外检测器。

5.5.3.2 色谱柱：150 mm×4.6 mm(内径)不锈钢柱，内装 C_{18}、5 μm 填充物(或具同等效果的色谱柱)。

5.5.3.3 过滤器：滤膜孔径约 0.45 μm。

5.5.3.4 定量进样管：5 μL。

5.5.3.5 超声波清洗器。

5.5.4 高效液相色谱操作条件

5.5.4.1 流动相：体积比 $\psi_{(甲醇:水:冰乙酸)}$=80：20：0.1。

5.5.4.2 流速：1.0 mL/min。

5.5.4.3 柱温：室温(温度变化应不大于 2 ℃)。

5.5.4.4 检测波长：236 nm。

5.5.4.5 进样体积：5 μL。

5.5.4.6 保留时间：杀螺胺约 8.4 min。

5.5.4.7 上述操作参数是典型的，可根据不同仪器特点，对给定的操作参数作适当调整，以期获得最佳效果。典型的杀螺胺(杀螺胺乙醇胺盐)可湿性粉剂高效液相色谱图分别见图 1 和图 2。

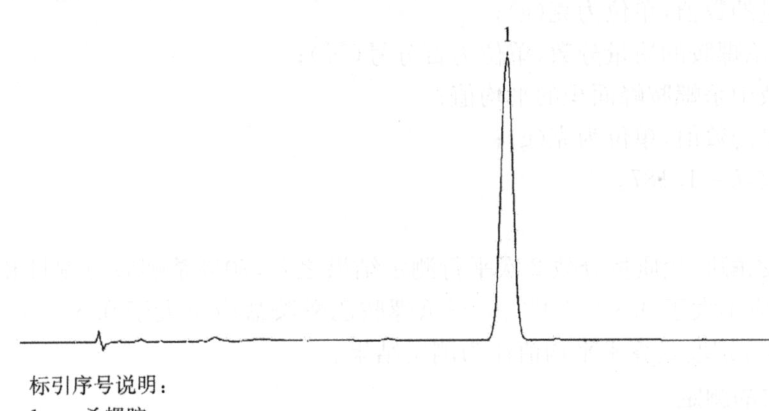

标引序号说明：
1——杀螺胺。

图 1 杀螺胺可湿性粉剂的高效液相色谱图

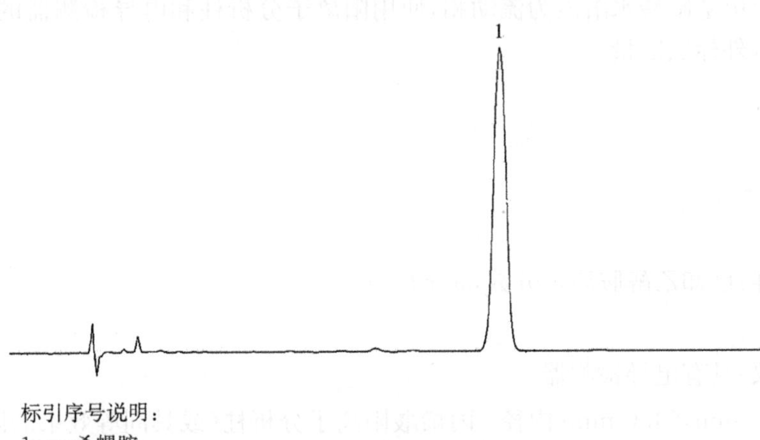

标引序号说明：
1——杀螺胺。

图 2 杀螺胺乙醇胺盐可湿性粉剂的高效液相色谱图

5.5.5 测定步骤

5.5.5.1 标样溶液的制备

称取 0.05 g(精确至 0.000 1 g)杀螺胺标样，置于 100 mL 容量瓶中，加入 80 mL 甲醇超声振荡 5 min 使之溶解，冷却至室温，用甲醇稀释至刻度，摇匀。

5.5.5.2 **试样溶液的制备**

称取含杀螺胺 0.05 g(精确至 0.000 1 g)的试样,置于 100 mL 容量瓶中,加入 80 mL 甲醇超声振荡 5 min,冷却至室温,用甲醇稀释至刻度,摇匀、过滤。

5.5.5.3 **测定**

在上述操作条件下,待仪器稳定后,连续注入数针标样溶液,直至相邻两针杀螺胺峰面积相对变化小于 1.2%后,按照标样溶液、试样溶液、试样溶液、标样溶液的顺序进行测定。

5.5.6 **计算**

将测得的两针试样溶液以及试样前后两针标样溶液中杀螺胺峰面积分别进行平均,试样中杀螺胺的质量分数按公式(1)计算,杀螺胺乙醇胺盐质量分数按公式(2)计算。

$$\omega_1 = \frac{A_2 \times m_1 \times \omega_{b1}}{A_1 \times m_2} \quad \cdots\cdots (1)$$

$$\omega_2 = \frac{A_2 \times m_1 \times \omega_{b1}}{A_1 \times m_2} \times k \quad \cdots\cdots (2)$$

式中:

ω_1 ——杀螺胺的质量分数,单位为百分号(%);

ω_2 ——杀螺胺乙醇胺盐的质量分数,单位为百分号(%);

A_2 ——试样溶液中杀螺胺峰面积的平均值;

m_1 ——标样质量的数值,单位为克(g);

ω_{b1} ——标样中,杀螺胺的质量分数,单位为百分号(%);

A_1 ——标样溶液中杀螺胺峰面积的平均值;

m_2 ——试样质量的数值,单位为克(g);

k ——换算系数,k=1.187。

5.5.7 **允许差**

杀螺胺或杀螺胺乙醇胺盐质量分数 2 次平行测定结果之差,70%杀螺胺可湿性粉剂应不大于 0.8%;20%杀螺胺乙醇胺盐应不大于 0.3%、50%、60%杀螺胺乙醇胺盐应不大于 0.6%、70%、80%杀螺胺乙醇胺盐应不大于 1.0%,分别取其算术平均值作为测定结果。

5.6 **乙醇胺质量分数的测定**

5.6.1 **方法提要**

试样用水溶解,以甲基磺酸水溶液为流动相,使用阳离子分析柱和电导检测器的离子色谱仪,对试样中的乙醇胺进行分离,外标法定量。

5.6.2 **试剂和溶液**

5.6.2.1 甲基磺酸。

5.6.2.2 甲醇:色谱纯。

5.6.2.3 水:超纯水。

5.6.2.4 乙醇胺标样:已知乙醇胺质量分数,$\omega \geqslant 99.0\%$。

5.6.3 **仪器**

5.6.3.1 离子色谱仪:具有电导检测器。

5.6.3.2 色谱柱:250 mm×4.0 mm(内径) 丙烯酸阳离子分析柱(或具同等效果的阳离子分析柱)。

5.6.3.3 过滤器:滤膜孔径约 0.22 μm。

5.6.3.4 超声波清洗器。

5.6.4 **离子色谱操作条件**

5.6.4.1 淋洗液:甲基磺酸水溶液,$C_{(甲基磺酸)}$=20 mmol/L。

5.6.4.2 流速:1.0 mL/min。

5.6.4.3 柱温：室温(温度变化应不大于 2 ℃)。

5.6.4.4 电导池温度：35 ℃。

5.6.4.5 进样体积：10 μL。

5.6.4.6 保留时间(min)：乙醇胺离子约 5.0。

5.6.4.7 上述操作参数是典型的，可根据不同仪器进行调整，以期获得最佳效果，典型的杀螺胺乙醇胺盐可湿性粉剂的阳离子色谱图见图 3。

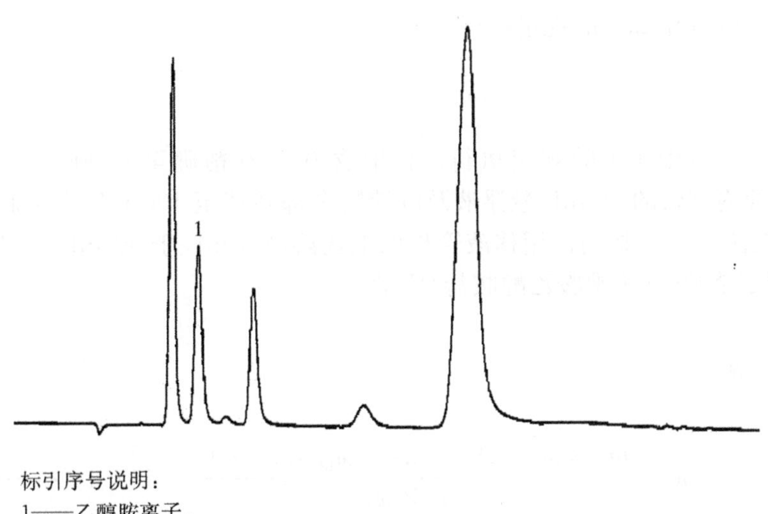

标引序号说明：
1——乙醇胺离子。

图 3 杀螺胺乙醇胺盐可湿性粉剂的阳离子色谱图

5.6.5 测定步骤

5.6.5.1 标样溶液的制备

称取 0.01 g(精确至 0.000 01 g)乙醇胺标样，置于 100 mL 容量瓶中，加入 80 mL 甲醇超声振荡 5 min，冷却至室温，用甲醇稀释至刻度，摇匀。用移液管吸取 1 mL 上述溶液于 100 mL 容量瓶中，用水稀释至刻度，摇匀。

5.6.5.2 试样溶液的制备

称取含乙醇胺 0.01 g(精确至 0.000 01 g)的试样，置于 100 mL 容量瓶中，加入 80 mL 甲醇超声振荡 5 min，冷却至室温，用甲醇稀释至刻度，摇匀。用移液管吸取上述溶液 1 mL 于 100 mL 容量瓶中，用水稀释至刻度，摇匀、过滤。

5.6.5.3 测定

在上述操作条件下，待仪器稳定后，连续注入数针乙醇胺标样溶液，直至相邻两针乙醇胺离子峰面积相对变化小于 2%后，按照标样溶液、试样溶液、试样溶液、标样溶液的顺序进行测定。

5.6.6 计算

试样中乙醇胺的质量分数按公式(3)计算。

$$\omega_3 = \frac{A_4 \times m_3 \times \omega_{b2}}{A_3 \times m_4} \quad \cdots\cdots (3)$$

式中：

ω_3 ——乙醇胺的质量分数，单位为百分号(%)；

A_4 ——试样溶液中乙醇胺离子峰面积的平均值；

m_3 ——乙醇胺标样质量的数值，单位为克(g)；

ω_{b2} ——乙醇胺标样中乙醇胺的质量分数，单位为百分号(%)；

A_3 ——标样溶液中乙醇胺离子峰面积的平均值；

m_4 ——试样质量的数值，单位为克(g)。

5.6.7 允许差

2 次平行测定结果之相对差应不大于 5.0%，取其算术平均值作为测定结果。

5.7 水分的测定

按 GB/T 1600—2021 中 4.3 的规定执行。

5.8 pH 的测定

按 GB/T 1601 的规定执行。

5.9 湿筛试验

按 GB/T 16150—1995 中 2.2 的规定执行。

5.10 悬浮率的测定

5.10.1 测定

按 GB/T 14825—2006 中 4.1 的规定执行。称取含 0.5 g(精确至 0.000 1 g)杀螺胺的试样。用 60 mL四氢呋喃将量筒内剩余的 25 mL 悬浮液及沉淀物全部转移至 100 mL 容量瓶中，用四氢呋喃定容至刻度，在超声波下振荡 5 min，摇匀。用移液管移取上述溶液 5 mL 于 50 mL 容量瓶中，用甲醇稀释至刻度，摇匀，按 5.5 测定杀螺胺(杀螺胺乙醇胺盐)质量。

5.10.2 计算

悬浮率按式(4)计算。

$$\omega_4 = \frac{m_6 \times \omega_1 - A_6 \times m_5 \times \omega_{b1} \times n \div A_5}{m_6 \times \omega_1} \times 111.1 \quad \cdots\cdots\cdots (4)$$

式中：

ω_4 ——悬浮率，单位为百分号(%)；

m_6 ——试样质量的数值，单位为克(g)；

ω_1 ——试样中杀螺胺的质量分数，单位为百分号(%)；

A_6 ——试样溶液中杀螺胺峰面积的平均值；

m_5 ——杀螺胺标样质量的数值，单位为克(g)；

ω_{b1} ——标样中杀螺胺的质量分数，单位为百分号(%)；

n ——试样的稀释倍数，$n=10$；

A_5 ——标样溶液中杀螺胺峰面积的平均值。

5.11 润湿时间的测定

按 GB/T 5451 的规定执行。

5.12 持久起泡性的测定

按 GB/T 28137 的规定执行。

5.13 热储稳定性试验

按 GB/T 19136—2021 中 4.4.1 的规定执行。

6 检验规则

6.1 出厂检验

每批产品均应做出厂检验，经检验合格签发合格证后，方可出厂。出厂检验项目为 4.2 中除热储稳定性以外的所有项目。

6.2 型式检验

型式检验项目为第 4 章中的全部项目，在正常连续生产情况下，每 3 个月至少进行 1 次。有下述情况之一，应进行型式检验：

a) 原料有较大改变，可能影响产品质量时；

b) 生产地址、生产设备或生产工艺有较大改变，可能影响产品质量时；

c) 停产后又恢复生产时；

d) 国家法定质量监管机构提出型式检验要求时。

6.3 判定规则

按第 4 章技术要求对产品进行出厂检验和型式检验，任一项目不符合指标要求判为该批次产品不合格。

7 验收和质量保证期

7.1 验收

应符合 GB/T 1604 的规定。

7.2 质量保证期

在规定的储运条件下，杀螺胺(杀螺胺乙醇胺盐)可湿性粉剂的质量保证期从生产日期算起为 2 年。质量保证期内，各项指标均应符合本文件要求。

8 标志、标签、包装、储运

8.1 标志、标签、包装

杀螺胺(杀螺胺乙醇胺盐)可湿性粉剂的标志、标签、包装应符合 GB 3796 的规定；杀螺胺(杀螺胺乙醇胺盐)可湿性粉剂的包装采用清洁、干燥的复合膜袋或铝箔袋包装，每袋净含量 50 g、100 g、200 g、500 g。也可根据用户要求或订货协议采用其他形式的包装，但需符合 GB 3796 的规定。

8.2 储运

杀螺胺(杀螺胺乙醇胺盐)可湿性粉剂包装件应储存在通风、干燥的库房中；储运时，严防潮湿和日晒，不得与食物、种子、饲料混放，避免与皮肤、眼睛接触，防止由口鼻吸入。

附 录 A
(资料性)
杀螺胺、杀螺胺乙醇胺盐、乙醇胺的其他名称、结构式和基本物化参数

A.1 杀螺胺

ISO 通用名称:Niclosamide。

CAS 登录号:50-65-7。

CIPAC 数字代码:738。

化学名称:*N*-(2-氯-4-硝基苯基)-2-羟基-5-氯苯甲酰胺。

结构式:

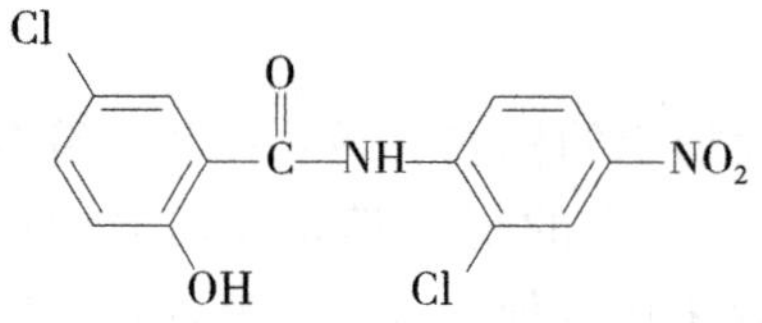

实验式:$C_{13}H_8Cl_2N_2O_4$。

相对分子质量:327.1。

生物活性:杀螺。

熔点:230 ℃。

蒸气压(21 ℃):8×10^{-8} mPa。

溶解度(20 ℃):水中 0.005 mg/L(pH 4),0.2 mg/L(pH 7),40 mg/L(pH 9)。溶于通常的有机溶剂。

稳定性:在 pH 5～8.7 稳定。

A.2 杀螺胺乙醇胺盐

ISO 通用名称:Niclosamide-olamine。

CAS 登录号:1420-04-8。

CIPAC 数字代码:738。

化学名称:*N*-(2-氯-4-硝基苯基)-2-羟基-5-氯苯甲酰胺乙醇胺盐。

结构式:

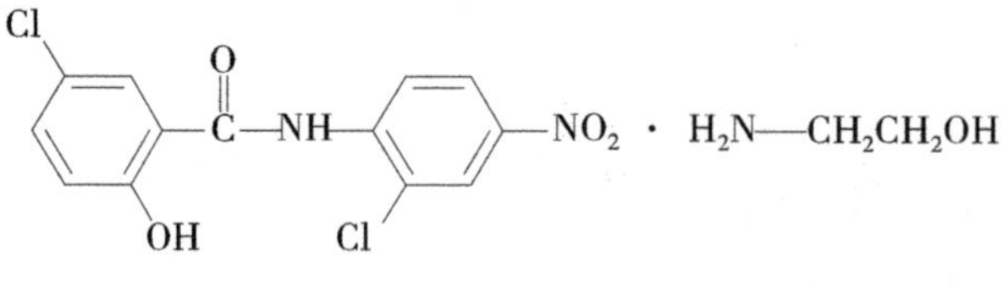

实验式:$C_{15}H_{15}Cl_2N_3O_5$。

相对分子质量:388.2。

生物活性:杀螺。

熔点:208 ℃分解。

蒸气压(20 ℃):3.9×10^{-3} mPa。

A.3 乙醇胺

CAS 登录号:141-43-5。

化学名称:2-氨基乙醇。

结构式:

$$H_2N—CH_2—CH_2—OH$$

实验式:C_2H_7NO。

相对分子质量:61.08。

ICS 65.100.10
CCS G 25

中华人民共和国农业行业标准

NY/T 4101—2022

杀螺胺(杀螺胺乙醇胺盐)原药

Niclosamide(Niclosamide-olamine) technical material

2022-07-11 发布　　　　2022-10-01 实施

中华人民共和国农业农村部　发布

前　言

本文件按照 GB/T 1.1—2020《标准化工作导则　第 1 部分：标准化文件的结构和起草规则》的规定起草。

请注意本文件的某些内容可能涉及专利。本文件的发布机构不承担识别专利的责任。

本文件由农业农村部种植业管理司提出。

本文件由全国农药标准化技术委员会(SAC/TC 133)归口。

本文件起草单位：内蒙古莱科作物保护有限公司、安徽亚华医药化工有限公司、沈阳沈化院测试技术有限公司、四川省化工研究设计院、恒诚制药集团淮南有限公司、沈阳化工研究院有限公司。

本文件主要起草人：梅宝贵、朱亚群、冯兵、魏华羽、黄梅、张中泽、孙洪峰。

杀螺胺(杀螺胺乙醇胺盐)原药

1 范围

本文件规定了杀螺胺(杀螺胺乙醇胺盐)原药的技术要求、试验方法、检验规则、验收和质量保证期以及标志、标签、包装、储运。

本文件适用于杀螺胺(杀螺胺乙醇胺盐)原药产品的质量控制。

注:杀螺胺、杀螺胺乙醇胺盐、乙醇胺的其他名称、结构式和基本物化参数见附录 A。

2 规范性引用文件

下列文件中的内容通过文中的规范性引用而构成本文件必不可少的条款。其中,注日期的引用文件,仅该日期对应的版本适用于本文件;不注日期的引用文件,其最新版本(包括所有的修改单)适用于本文件。

GB/T 1600—2021 农药水分测定方法

GB/T 1601 农药 pH 的测定方法

GB/T 1604 商品农药验收规则

GB/T 1605—2001 商品农药采样方法

GB 3796 农药包装通则

GB/T 8170—2008 数值修约规则与极限数值的表示和判定

3 术语和定义

本文件没有需要界定的术语和定义。

4 技术要求

4.1 外观

杀螺胺原药为白色至淡黄色粉末;杀螺胺乙醇胺盐原药为黄色至棕色粉末。

4.2 技术指标

杀螺胺原药、杀螺胺乙醇胺盐原药应分别符合表 1 和表 2 的要求。

表 1 杀螺胺原药技术指标

项　　目	指　　标
杀螺胺质量分数,%	≥98.0
水分,%	≤1.0
N,*N*-二甲基甲酰胺不溶物[a],%	≤0.2
pH	5.0~8.0
[a] 正常生产时,*N*,*N*-二甲基甲酰胺不溶物每 3 个月至少测定 1 次。	

表 2 杀螺胺乙醇胺盐原药技术指标

项　　目	指　　标
杀螺胺乙醇胺盐质量分数,%	≥98.0
杀螺胺质量分数,%	≥82.6
乙醇胺质量分数	≥15.0
水分,%	≤1.0
N,*N*-二甲基甲酰胺不溶物[a],%	≤0.2
pH	7.5~10.0
[a] 正常生产时,*N*,*N*-二甲基甲酰胺不溶物每 3 个月至少测定 1 次。	

5 试验方法

警示:使用本文件的人员应有实验室工作的实践经验。本文件并未指出所有的安全问题。使用者有责任采取适当的安全和健康措施。

5.1 一般规定

本文件所用试剂和水在没有注明其他要求时,均指分析纯试剂和蒸馏水。检验结果的判定按 GB/T 8170—2008 中 4.3.3 的规定执行。

5.2 取样

按 GB/T 1605—2001 中 5.3.1 的规定执行。用随机数表法确定取样的包装件;最终取样量应不少于 100 g。

5.3 鉴别试验

5.3.1 红外光谱法

杀螺胺原药(杀螺胺乙醇胺盐原药)与杀螺胺标样在 4 000/cm～400/cm 范围的红外吸收光谱图应没有明显区别。杀螺胺标样红外光谱图见图 1。

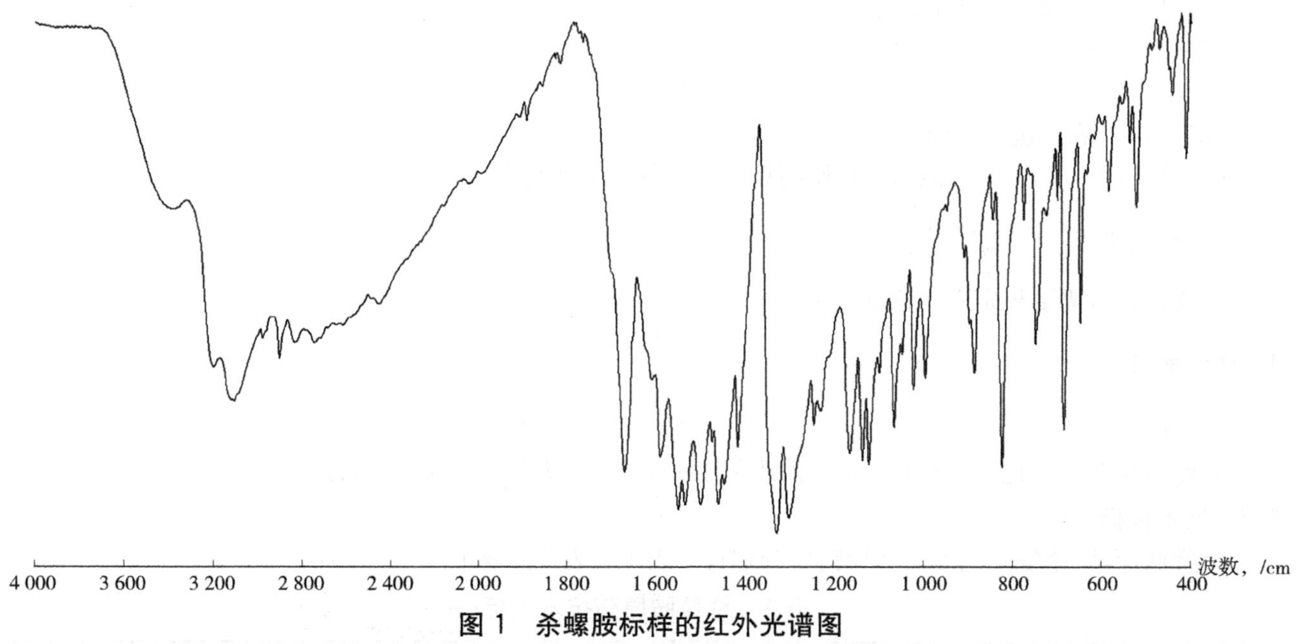

图 1 杀螺胺标样的红外光谱图

5.3.2 杀螺胺鉴别的高效液相色谱法

本鉴别试验可与杀螺胺(杀螺胺乙醇胺盐)质量分数的测定同时进行。在相同的色谱操作条件下,试样溶液中某色谱峰的保留时间与杀螺胺标样溶液中杀螺胺的色谱峰的保留时间,其相对差值应在 1.5%以内。

5.3.3 乙醇胺鉴别的离子色谱法

本鉴别试验可与乙醇胺离子质量分数的测定同时进行。在相同的色谱操作条件下,试样溶液中某色谱峰的保留时间与乙醇胺标样溶液中乙醇胺离子的色谱峰的保留时间,其相对差值应在 1.5%以内。

5.4 外观的测定

采用目测法测定。

5.5 杀螺胺(杀螺胺乙醇胺盐)质量分数的测定

5.5.1 方法提要

试样用甲醇溶解,以甲醇＋水＋冰乙酸为流动相,使用以 C_{18} 为填料的不锈钢柱和紫外检测器(236 nm),对试样中的杀螺胺进行高效液相色谱分离,外标法定量。

5.5.2 **试剂和溶液**

5.5.2.1 甲醇:色谱级。

5.5.2.2 冰乙酸:色谱级。

5.5.2.3 水:新蒸二次蒸馏水或超纯水。

5.5.2.4 杀螺胺标样:已知杀螺胺质量分数,$\omega \geqslant 98.0\%$。

5.5.3 **仪器**

5.5.3.1 高效液相色谱仪:具有可变波长紫外检测器。

5.5.3.2 色谱柱:150 mm×4.6 mm(内径)不锈钢柱,内装 C_{18}、5 μm 填充物(或具同等效果的色谱柱)。

5.5.3.3 过滤器:滤膜孔径约 0.45 μm。

5.5.3.4 定量进样管:5 μL。

5.5.3.5 超声波清洗器。

5.5.4 **高效液相色谱操作条件**

5.5.4.1 流动相:体积比 $\psi_{(甲醇:水:冰乙酸)}$=80∶20∶0.1。

5.5.4.2 流速:1.0 mL/min。

5.5.4.3 柱温:室温(温度变化应不大于 2 ℃)。

5.5.4.4 检测波长:236 nm。

5.5.4.5 进样体积:5 μL。

5.5.4.6 保留时间:杀螺胺约 8.4 min。

5.5.4.7 上述操作参数是典型的,可根据不同仪器特点,对给定的操作参数作适当调整,以期获得最佳效果。典型的杀螺胺(杀螺胺乙醇胺盐)原药高效液相色谱图分别见图 2 和图 3。

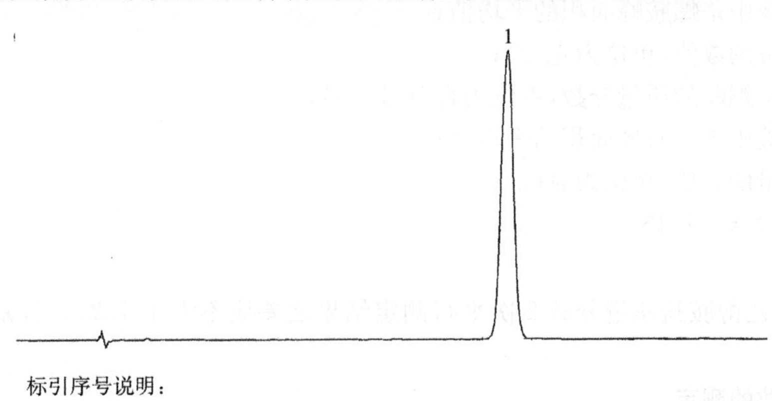

标引序号说明:

1——杀螺胺。

图 2 杀螺胺原药的高效液相色谱图

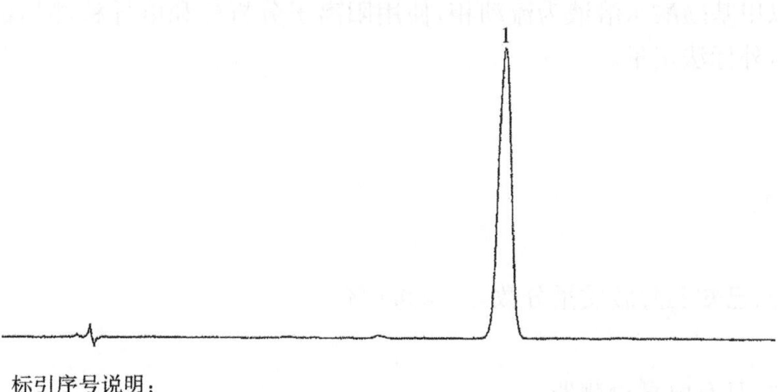

标引序号说明:

1——杀螺胺。

图 3 杀螺胺乙醇胺盐原药的高效液相色谱图

5.5.5 测定步骤

5.5.5.1 标样溶液的制备

称取0.05 g(精确至0.000 1 g)杀螺胺标样,置于100 mL容量瓶中,加入80 mL甲醇超声振荡5 min使之溶解,冷却至室温,用甲醇稀释至刻度,摇匀。

5.5.5.2 试样溶液的制备

称取含杀螺胺0.05 g(精确至0.000 1 g)的试样,置于100 mL容量瓶中,加入80 mL甲醇超声振荡5 min使之溶解,冷却至室温,用甲醇稀释至刻度,摇匀。

5.5.5.3 测定

在上述操作条件下,待仪器稳定后,连续注入数针标样溶液,直至相邻两针杀螺胺峰面积相对变化小于1.2%后,按照标样溶液、试样溶液、试样溶液、标样溶液的顺序进行测定。

5.5.6 计算

将测得的两针试样溶液以及试样前后两针标样溶液中杀螺胺峰面积分别进行平均,试样中杀螺胺的质量分数按公式(1)计算,杀螺胺乙醇胺盐质量分数按公式(2)计算。

$$\omega_1=\frac{A_2\times m_1\times \omega_{b1}}{A_1\times m_2} \cdots\cdots (1)$$

$$\omega_2=\frac{A_2\times m_1\times \omega_{b1}}{A_1\times m_2}\times k \cdots\cdots (2)$$

式中:

ω_1 ——杀螺胺的质量分数,单位为百分号(%);

ω_2 ——杀螺胺乙醇胺盐的质量分数,单位为百分号(%);

A_2 ——试样溶液中杀螺胺峰面积的平均值;

m_1 ——标样质量的数值,单位为克(g);

ω_{b1} ——标样中杀螺胺的质量分数,单位为百分号(%);

A_1 ——标样溶液中杀螺胺峰面积的平均值;

m_2 ——试样质量的数值,单位为克(g);

k ——换算系数,k=1.187。

5.5.7 允许差

杀螺胺或杀螺胺乙醇胺盐质量分数2次平行测定结果之差应不大于1.2%,分别取其算术平均值作为测定结果。

5.6 乙醇胺质量分数的测定

5.6.1 方法提要

试样用水溶解,以甲基磺酸水溶液为流动相,使用阳离子分析柱和电导检测器的离子色谱仪,对试样中的乙醇胺进行分离,外标法定量。

5.6.2 试剂和溶液

5.6.2.1 甲基磺酸。

5.6.2.2 甲醇:色谱纯。

5.6.2.3 水:超纯水。

5.6.2.4 乙醇胺标样:已知乙醇胺质量分数,$\omega \geqslant$99.0%。

5.6.3 仪器

5.6.3.1 离子色谱仪:具有电导检测器。

5.6.3.2 色谱柱:250 mm×4.0 mm(内径)丙烯酸阳离子分析柱(或具同等效果的阳离子分析柱)。

5.6.3.3 过滤器:滤膜孔径约0.22 μm。

5.6.3.4 超声波清洗器。

5.6.4 离子色谱操作条件

5.6.4.1 淋洗液：甲基磺酸水溶液，$C_{(甲基磺酸)}$=20 mmol/L。

5.6.4.2 流速：1.0 mL/min。

5.6.4.3 柱温：室温(温度变化应不大于 2 ℃)。

5.6.4.4 电导池温度：35 ℃。

5.6.4.5 进样体积：10 μL。

5.6.4.6 保留时间(min)：乙醇胺离子约 5.0。

5.6.4.7 上述操作参数是典型的，可根据不同仪器进行调整，以期获得最佳效果，典型的杀螺胺乙醇胺盐原药的阳离子色谱图见图 4。

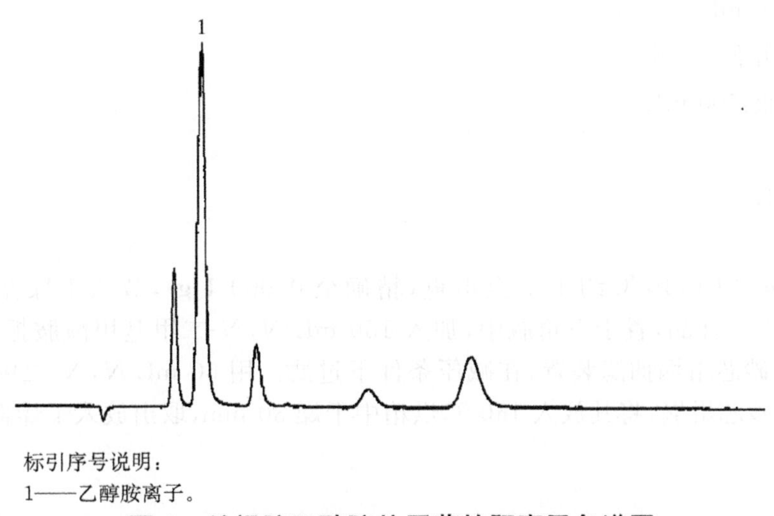

标引序号说明：

1——乙醇胺离子。

图 4 杀螺胺乙醇胺盐原药的阳离子色谱图

5.6.5 测定步骤

5.6.5.1 标样溶液的制备

称取 0.01 g(精确至 0.000 01 g)乙醇胺标样，置于 100 mL 容量瓶中，加入 80 mL 甲醇超声振荡 5 min，冷却至室温，用甲醇稀释至刻度，摇匀。用移液管吸取 1 mL 上述溶液于 100 mL 容量瓶中，用水稀释至刻度，摇匀。

5.6.5.2 试样溶液的制备

称取含乙醇胺 0.01 g(精确至 0.000 01 g)的试样，置于 100 mL 容量瓶中，加入 80 mL 甲醇超声振荡 5 min，冷却至室温，用甲醇稀释至刻度，摇匀。用移液管吸取上述溶液 1 mL 于 100 mL 容量瓶中，用水稀释至刻度，摇匀。

5.6.5.3 测定

在上述操作条件下，待仪器稳定后，连续注入数针乙醇胺标样溶液，直至相邻两针乙醇胺离子峰面积相对变化小于 2%后，按照标样溶液、试样溶液、试样溶液、标样溶液的顺序进行测定。

5.6.6 计算

试样中乙醇胺的质量分数按公式(3)计算。

$$\omega_3 = \frac{A_4 \times m_3 \times \omega_{b2}}{A_3 \times m_4} \tag{3}$$

式中：

ω_3 ——乙醇胺的质量分数，单位为百分号(%)；

A_4 ——试样溶液中乙醇胺离子峰面积的平均值；

m_3 ——乙醇胺标样质量的数值，单位为克(g)；

ω_{b2} ——乙醇胺标样中乙醇胺的质量分数，单位为百分号(%)；

A_3 ——标样溶液中乙醇胺离子峰面积的平均值；

m_4 ——试样质量的数值，单位为克(g)。

5.6.7 **允许差**

2 次平行测定结果之差应不大于 0.5%，取其算术平均值作为测定结果。

5.7 水分的测定

按 GB/T 1600—2021 中 4.2 的规定执行。

5.8 *N*,*N*-二甲基甲酰胺不溶物的测定

5.8.1 **试剂与仪器**

5.8.1.1 *N*,*N*-二甲基甲酰胺。

5.8.1.2 三角瓶：250 mL。

5.8.1.3 玻璃砂芯坩埚：G3 型。

5.8.1.4 锥形抽滤瓶：500 mL。

5.8.1.5 烘箱。

5.8.1.6 玻璃干燥器。

5.8.1.7 **测定步骤**

将玻璃砂芯坩埚烘干(110 ℃约 1 h)至恒重(精确至 0.000 1 g)，放入干燥器中冷却待用。称取 10 g(精确至 0.000 1 g)样品，置于三角瓶中，加入 150 mL *N*,*N*-二甲基甲酰胺振摇，100 ℃水浴中加热 5 min。装配玻璃砂芯坩埚抽滤装置，在减压条件下过滤。用 60 mL *N*,*N*-二甲基甲酰胺分 3 次洗涤，抽干后取下玻璃砂芯坩埚，将其放入 160 ℃烘箱中干燥 30 min，取出放入干燥器中，冷却后称重(精确至 0.000 1 g)。

5.8.2 **计算**

N,*N*-二甲基甲酰胺不溶物按公式(4)计算。

$$\omega_4 = \frac{m_6 - m_5}{m_7} \times 100 \quad \cdots\cdots (4)$$

式中：

ω_4 ——*N*,*N*-二甲基甲酰胺不溶物，单位为百分号(%)；

m_6 ——不溶物与玻璃砂芯坩埚质量的数值，单位为克(g)；

m_5 ——玻璃砂芯坩埚质量的数值，单位为克(g)；

m_7 ——试样质量的数值，单位为克(g)。

5.8.3 **允许差**

2 次平行测定结果相对差应不大于 20%，取其算术平均值作为测定结果。

5.9 pH 的测定

按 GB/T 1601 的规定执行。

6 检验规则

6.1 出厂检验

每批产品均应做出厂检验，经检验合格签发合格证后，方可出厂。出厂检验项目为 4.2 中除 *N*,*N*-二甲基甲酰胺不溶物以外的所有项目。

6.2 型式检验

型式检验项目为第 4 章中的全部项目，在正常连续生产情况下，每 3 个月至少进行 1 次。有下述情况之一，应进行型式检验：

a) 原料有较大改变，可能影响产品质量时；

b) 生产地址、生产设备或生产工艺有较大改变,可能影响产品质量时;

c) 停产后又恢复生产时;

d) 国家法定质量监管机构提出型式检验要求时。

6.3 判定规则

按第 4 章对产品进行出厂检验和型式检验,任一项目不符合指标要求判为该批次产品不合格。

7 验收和质量保证期

7.1 验收

应符合 GB/T 1604 的规定。

7.2 质量保证期

在规定的储运条件下,杀螺胺(杀螺胺乙醇胺盐)原药的质量保证期从生产日期算起为 2 年。质量保证期内,各项指标均应符合本文件要求。

8 标志、标签、包装、储运

8.1 标志、标签、包装

杀螺胺(杀螺胺乙醇胺盐)原药的标志、标签、包装应符合 GB 3796 的规定;杀螺胺(杀螺胺乙醇胺盐)原药采用清洁、干燥内衬塑料袋的编织袋或内衬保护层的铁桶或纸板桶包装。每袋净含量一般 20 kg,每桶净含量一般 50 kg、100 kg。也可根据用户要求或订货协议采用其他形式的包装,但需符合 GB 3796 的规定。

8.2 储运

杀螺胺(杀螺胺乙醇胺盐)原药包装件应储存在通风、干燥的库房中;储运时,严防潮湿和日晒,不得与食物、种子、饲料混放,避免与皮肤、眼睛接触,防止由口鼻吸入。

附 录 A
（资料性）
杀螺胺、杀螺胺乙醇胺盐、乙醇胺的其他名称、结构式和基本物化参数

A.1 杀螺胺

ISO 通用名称：Niclosamide。

CAS 登录号：50-65-7。

CIPAC 数字代码：738。

化学名称：*N*-(2-氯-4-硝基苯基)-2-羟基-5-氯苯甲酰胺。

结构式：

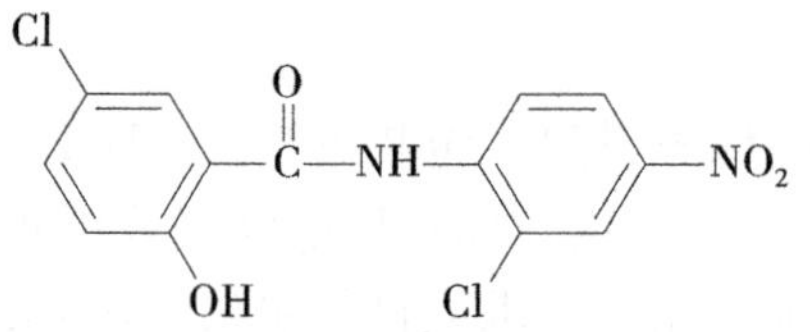

实验式：$C_{13}H_8Cl_2N_2O_4$。

相对分子质量：327.1。

生物活性：杀螺。

熔点：230 ℃。

蒸气压(21 ℃)：8×10^{-8} mPa。

溶解度(20 ℃)：水中 0.005 mg/L(pH 4)，0.2 mg/L(pH 7)，40 mg/L(pH 9)。溶于通常的有机溶剂。

稳定性：在 pH 5～8.7 稳定。

A.2 杀螺胺乙醇胺盐

ISO 通用名称：Niclosamide-olamine。

CAS 登录号：1420-04-8。

CIPAC 数字代码：738。

化学名称：*N*-(2-氯-4-硝基苯基)-2-羟基-5-氯苯甲酰胺乙醇胺盐。

结构式：

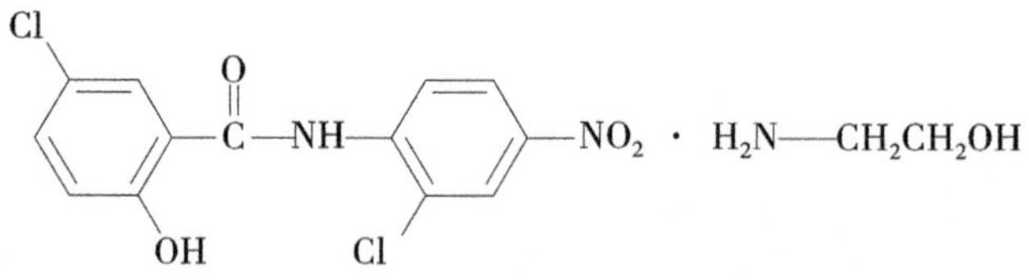

实验式：$C_{15}H_{15}Cl_2N_3O_5$。

相对分子质量：388.2。

生物活性：杀螺。

熔点：208 ℃分解。

蒸气压(20 ℃)：3.9×10^{-3} mPa。

A.3 乙醇胺

CAS登录号:141-43-5。

化学名称:2-氨基乙醇。

结构式:

$$H_2N—CH_2—CH_2—OH$$

实验式:C_2H_7NO。

相对分子质量:61.08。

ICS 65.100.10
CCS G 25

中华人民共和国农业行业标准

NY/T 4102—2022

乙螨唑悬浮剂

Etoxazole suspension concentrate

2022-07-11 发布 2022-10-01 实施

中华人民共和国农业农村部 发布

前　　言

本文件按照 GB/T 1.1—2020《标准化工作导则　第 1 部分：标准化文件的结构和起草规则》的规定起草。

请注意本文件的某些内容可能涉及专利。本文件的发布机构不承担识别专利的责任。

本文件由农业农村部种植业管理司提出。

本文件由全国农药标准化技术委员会(SAC/TC 133)归口。

本文件起草单位：华北制药集团爱诺有限公司、合肥高尔生命健康科学研究院有限公司、上海生农生化制品股份有限公司、深圳诺普信农化股份有限公司、上海悦联生物科技有限公司、沈阳沈化院测试技术有限公司、沈阳化工研究院有限公司。

本文件主要起草人：王克华、张佳庆、陈碧云、季福平、戴兰芳、曹俊丽、侯德粉、李静、曹坎涛、侯影、董雪梅。

乙螨唑悬浮剂

1 范围

本文件规定了乙螨唑悬浮剂的技术要求、试验方法、检验规则、验收和质量保证期以及标志、标签、包装和储运。

本文件适用于乙螨唑悬浮剂产品的质量控制。

注：乙螨唑的其他名称、结构式和基本物化参数见附录 A。

2 规范性引用文件

下列文件中的内容通过文中的规范性引用而构成本文件必不可少的条款。其中，注日期的引用文件，仅该日期对应的版本适用于本文件；不注日期的引用文件，其最新版本（包括所有的修改单）适用于本文件。

GB/T 1601　农药 pH 的测定方法

GB/T 1604　商品农药验收规则

GB/T 1605—2001　商品农药采样方法

GB 3796　农药包装通则

GB/T 8170—2008　数值修约规则与极限数值的表示和判定

GB/T 14825—2006　农药悬浮率测定方法

GB/T 16150—1995　农药粉剂、可湿性粉剂细度测定方法

GB/T 19136—2021　农药热储稳定性测定方法

GB/T 19137—2003　农药低温稳定性测定方法

GB/T 28137　农药持久起泡性测定方法

GB/T 31737　农药倾倒性测定方法

GB/T 32776—2016　农药密度测定方法

3 术语和定义

本文件没有需要界定的术语和定义。

4 技术要求

4.1 外观

应是可流动、易测量体积的悬浮液体；存放过程中可能出现沉淀，但经手摇动，应恢复原状，不应有结块。

4.2 技术指标

应符合表 1 的要求。

表 1　乙螨唑悬浮剂控制项目指标

项　　目	指　　标			
	110 g/L 规格	15%规格	20%规格	30%规格
乙螨唑质量分数，%	$10.0^{+1.0}_{-1.0}$	$15.0^{+0.9}_{-0.9}$	$20.0^{+1.2}_{-1.2}$	$30.0^{+1.5}_{-1.5}$
或乙螨唑质量浓度[a]，g/L	110^{+11}_{-11}	—	—	—
pH	5.0～9.0			

表 1 （续）

项　　目		指　　标			
		110 g/L 规格	15%规格	20%规格	30%规格
倾倒性	倾倒后残余物，%	≤5.0			
	洗涤后残余物，%	≤0.5			
悬浮率，%		≥90			
湿筛试验(通过 75 μm 标准筛)，%		≥98			
持久起泡性(1 min 后泡沫量)，mL		≤50			
低温稳定性[b]		冷储后，湿筛试验、悬浮率符合本文件要求			
热储稳定性[b]		热储后，乙螨唑质量分数应不低于热储前的 95%，pH、悬浮率、倾倒性和湿筛试验仍符合本文件要求			

[a] 当质量发生争议时，以质量分数为仲裁。

[b] 正常生产时，低温稳定性和热储稳定性每 3 个月进行 1 次。

5 试验方法

警示：使用本文件的人员应有实验室工作的实践经验。本文件并未指出所有的安全问题。使用者有责任采取适当的安全和健康措施。

5.1 一般规定

本文件所用试剂和水在没有注明其他要求时，均指分析纯试剂和蒸馏水。检验结果的判定按 GB/T 8170—2008 中 4.3.3 的规定执行。

5.2 取样

按 GB/T 1605—2001 中 5.3.2 的规定执行。用随机数表法确定取样的包装件；最终取样量应不少于 1 000 g。

5.3 鉴别试验

液相色谱法——本鉴别试验可与乙螨唑质量分数的测定同时进行。在相同的色谱操作条件下，试样溶液中某色谱峰的保留时间与标样溶液中乙螨唑的色谱峰的保留时间，其相对差值应在 1.5%以内。

5.4 外观的测定

采用目测法测定。

5.5 乙螨唑质量分数(质量浓度)的测定

5.5.1 方法提要

试样用流动相溶解，以乙腈＋水为流动相，使用以 C_{18} 为填料的色谱柱和紫外检测器，在波长 225 nm 下，对试样中的乙螨唑进行反相高效液相色谱分离，外标法定量。

5.5.2 试剂和溶液

5.5.2.1 乙腈：色谱纯。

5.5.2.2 水：超纯水或新蒸二次蒸馏水。

5.5.2.3 乙螨唑标样：已知乙螨唑质量分数，$\omega \geq 99.0\%$。

5.5.3 仪器

5.5.3.1 高效液相色谱仪：具有可变波长紫外检测器。

5.5.3.2 色谱数据处理机或色谱工作站。

5.5.3.3 色谱柱：250 mm×4.6 mm(内径)不锈钢柱，内装 C_{18}、5 μm 填充物(或具同等效果的色谱柱)。

5.5.3.4 过滤器：滤膜孔径约 0.45 μm。

5.5.3.5 定量进样管：5 μL。

5.5.3.6 超声波清洗器。

5.5.4 **液相色谱操作条件**

5.5.4.1 流动相:体积比 $\psi_{(乙腈:水)}$=80∶20,经滤膜过滤,并进行脱气。

5.5.4.2 流速:1.0 mL/min。

5.5.4.3 柱温:室温(温度变化应不大于 2 ℃)。

5.5.4.4 检测波长:225 nm。

5.5.4.5 进样体积:5 μL。

5.5.4.6 保留时间:乙螨唑约 12.7 min。

5.5.4.7 上述操作参数是典型的,可根据不同仪器特点,对给定的操作参数作适当调整,以期获得最佳效果。典型的乙螨唑悬浮剂的高效液相色谱图见图 1。

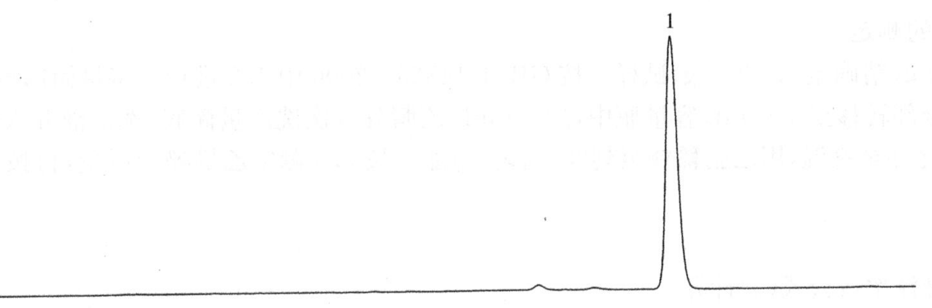

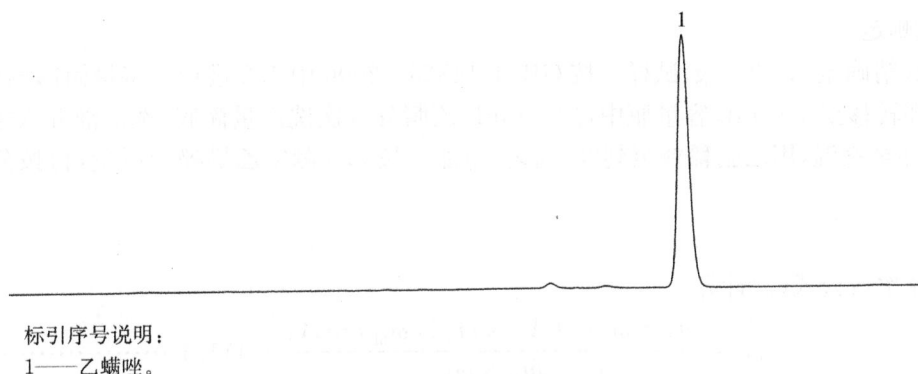

标引序号说明:

1——乙螨唑。

图 1 乙螨唑悬浮剂的高效液相色谱图

5.5.5 **测定步骤**

5.5.5.1 **标样溶液的制备**

称取乙螨唑标样 0.05 g(精确至 0.000 1 g)于 100 mL 容量瓶中,加入 80 mL 流动相,超声 3 min,冷却至室温,用流动相稀释至刻度,摇匀。

5.5.5.2 **试样溶液的制备**

称取含乙螨唑 0.05 g(精确至 0.000 1 g)的试样于 100 mL 容量瓶中,加入 80 mL 流动相,超声 3 min,冷却至室温,用流动相稀释至刻度,摇匀,过滤。

5.5.5.3 **测定**

在上述操作条件下,待仪器稳定后,连续注入数针标样溶液,直至相邻两针乙螨唑峰面积相对变化小于 1.2%后,按照标样溶液、试样溶液、试样溶液、标样溶液的顺序进行测定。

5.5.5.4 **计算**

将测得的两针试样溶液以及试样前后两针标样溶液中乙螨唑峰面积分别进行平均。试样中乙螨唑的质量分数按公式(1)计算,质量浓度按公式(2)计算。

$$\omega_1 = \frac{A_2 \times m_1 \times \omega_{b1}}{A_1 \times m_2} \quad \cdots\cdots (1)$$

$$\rho_1 = \frac{A_2 \times m_1 \times \omega_{b1} \times \rho \times 10}{A_1 \times m_2} \quad \cdots\cdots (2)$$

式中:

ω_1 ——试样中乙螨唑的质量分数,单位为百分号(%);

A_2 ——试样溶液中乙螨唑峰面积的平均值;

m_1 ——标样质量的数值,单位为克(g);

ω_{b1} ——标样中乙螨唑的质量分数,单位为百分号(%);

A_1 ——标样溶液中乙螨唑峰面积的平均值;

m_2 ——试样质量的数值,单位为克(g);

ρ_1 ——20 ℃时试样中乙螨唑质量浓度的数值，单位为克每升(g/L)；

ρ ——20 ℃时试样密度的数值，单位为克每毫升(g/mL)(按 GB/T 32776—2016 中 3.3 或 3.4 的规定执行)。

5.5.6 允许差

2 次平行测定结果之差，乙螨唑质量分数应不大于 0.6%，乙螨唑质量浓度 2 次平行测定结果之差应不大于 3 g/L，分别取其算术平均值作为测定结果。

5.6 pH 的测定

按 GB/T 1601 的规定执行。

5.7 倾倒性的测定

按 GB/T 31737 的规定执行。

5.8 悬浮率的测定

称取 1.0 g(精确至 0.000 1 g)试样。按 GB/T 14825—2006 中 4.2 进行。将量筒内剩余的 25 mL 悬浮液及沉淀全部转移至 100 mL 容量瓶中，用 50 mL 乙腈分 3 次洗涤量筒底，洗涤液并入容量瓶，超声波振荡 5 min，冷却至室温，用乙腈稀释至刻度，摇匀，过滤。按 5.5 测定乙螨唑的质量，再按公式(3)计算其悬浮率。

5.8.1 计算

试样的悬浮率按公式(3)计算。

$$\omega_3 = \frac{m_4 \times \omega_1 - (A_4 \times m_3 \times \omega_{b1}) \div A_3}{m_4 \times \omega_1} \times 111.1 \quad (3)$$

式中：

ω_3 ——悬浮率，单位为百分号(%)；

m_4 ——试样质量的数值，单位为克(g)；

ω_1 ——试样中乙螨唑的质量分数，单位为百分号(%)；

A_4 ——试样溶液中乙螨唑峰面积的平均值；

m_3 ——乙螨唑标样质量的数值，单位为克(g)；

ω_{b1} ——标样中乙螨唑的质量分数，单位为百分号(%)；

A_3 ——标样溶液中乙螨唑峰面积的平均值。

5.9 湿筛试验的测定

按 GB/T 16150—1995 中 2.2 的规定执行。

5.10 持久起泡性的测定

按 GB/T 28137 的规定执行。

5.11 低温稳定性

按 GB/T 19137—2003 中 2.2 的规定执行。

5.12 热储稳定性试验

按 GB/T 19136—2021 中 4.4.1 的规定执行。

6 检验规则

6.1 出厂检验

每批产品均应做出厂检验，经检验合格签发合格证后，方可出厂。出厂检验项目为表 1 中除低温稳定性和热储稳定性以外的所有项目。

6.2 型式检验

型式检验项目为第 4 章中的全部项目，在正常连续生产情况下，每 3 个月至少进行 1 次。有下述情况之一，应进行型式检验：

a) 原料有较大改变，可能影响产品质量时；

b) 生产地址、生产设备或生产工艺有较大改变，可能影响产品质量时；

c) 停产后又恢复生产时；

d) 国家法定质量监管机构提出型式检验要求时。

6.3 判定规则

按第4章对产品进行出厂检验和型式检验，任一项目不符合指标要求判为该批次产品不合格。

7 验收和质量保证期

7.1 验收

应符合GB/T 1604的规定。

7.2 质量保证期

在规定的储运条件下，乙螨唑悬浮剂的质量保证期从生产日期算起为2年。质量保证期内，各项指标均应符合本文件要求。

8 标志、标签、包装、储运

8.1 标志、标签、包装

乙螨唑悬浮剂的标志、标签、包装应符合GB 3796的规定。

乙螨唑悬浮剂包装采用清洁的铝箔袋或复合膜袋包装。每袋净含量50 mL(g)、100 mL(g)、250 mL(g)。也可根据用户要求或订货协议采用其他形式的包装，但需符合GB 3796的规定。

8.2 储运

乙螨唑悬浮剂包装件应储存在通风、干燥的库房中。储运时，严防潮湿和日晒，不得与食物、种子、饲料混放，避免与皮肤、眼睛接触，防止由口鼻吸入。

附 录 A
（资料性）
乙螨唑的其他名称、结构式和基本物化参数

ISO 通用名称：Etoxazole。

CAS 登录号：153233-91-1。

化学名称：(*RS*)-5-叔丁基-2-(2-(2,6-二氟苯基)-4,5-二氢-1,3-噁唑-4-基)苯乙醚。

结构式：

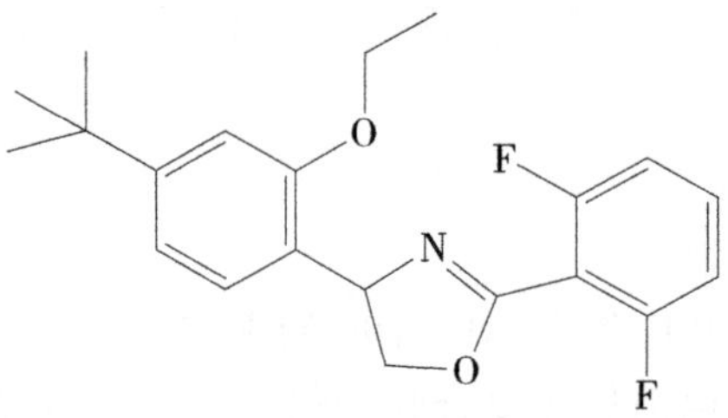

F
N
O
O
F

实验式：$C_{21}H_{23}F_2NO_2$。

相对分子质量：359.4。

生物活性：杀螨。

熔点：101 ℃～102 ℃。

溶解度(20 ℃～25 ℃)：水中 0.0754 mg/L。丙酮 300 g/L、乙腈 80 g/L、环己酮 500 g/L、乙醇 90 g/L、乙酸乙酯 250 g/L、正庚烷 13 g/L、正己烷 13 g/L、甲醇 90 g/L、四氢呋喃 750 g/L、二甲苯 250 g/L。

稳定性：DT_{50}为 9.6 d(pH 5、20 ℃)、150 d(pH 7、20 ℃)、190 d(pH 9、20 ℃)。30 d(50 ℃)不分解。

ICS 65.100.10
CCS G 25

中华人民共和国农业行业标准

NY/T 4103—2022

乙螨唑原药

Etoxazole technical material

2022-07-11 发布　　2022-10-01 实施

中华人民共和国农业农村部　发布

前　言

本文件按照 GB/T 1.1—2020《标准化工作导则　第 1 部分:标准化文件的结构和起草规则》的规定起草。

请注意本文件的某些内容可能涉及专利。本文件的发布机构不承担识别专利的责任。

本文件由农业农村部种植业管理司提出。

本文件由全国农药标准化技术委员会(SAC/TC 133)归口。

本文件起草单位:沈阳沈化院测试技术有限公司、安徽美兰农业发展股份有限公司、沈阳化工研究院有限公司。

本文件主要起草人:侯德粉、徐长才、张佳庆、张俊、董雪梅。

乙螨唑原药

1 范围

本文件规定了乙螨唑原药的技术要求、试验方法、检验规则、验收和质量保证期，以及标志、标签、包装、储运。

本文件适用于乙螨唑原药产品的质量控制。

注：乙螨唑的其他名称、结构式和基本物化参数见附录 A。

2 规范性引用文件

下列文件中的内容通过文中的规范性引用而构成本文件必不可少的条款。其中，注日期的引用文件，仅该日期对应的版本适用于本文件；不注日期的引用文件，其最新版本（包括所有的修改单）适用于本文件。

GB/T 1600—2021 农药水分测定方法

GB/T 1601 农药 pH 的测定方法

GB/T 1604 商品农药验收规则

GB/T 1605—2001 商品农药采样方法

GB 3796 农药包装通则

GB/T 8170—2008 数值修约规则与极限数值的表示和判定

GB/T 19138 农药丙酮不溶物测定方法

3 术语和定义

本文件没有需要界定的术语和定义。

4 技术要求

4.1 外观

白色至浅黄色固体。

4.2 技术指标

应符合表 1 的要求。

表 1 乙螨唑原药控制项目指标

项 目	指 标
乙螨唑质量分数，%	≥96.0
水分，%	≤0.3
丙酮不溶物[a]，%	≤0.2
pH	5.0～8.0
[a] 正常生产时，丙酮不溶物每 3 个月至少测定 1 次。	

5 试验方法

警示：使用本文件的人员应有实验室工作的实践经验。本文件并未指出所有的安全问题。使用者有责任采取适当的安全和健康措施。

5.1 一般规定

本文件所用试剂和水在没有注明其他要求时，均指分析纯试剂和蒸馏水。检验结果的判定按 GB/T

8170—2008 中 4.3.3 的规定执行。

5.2 取样

按 GB/T 1605—2001 中 5.3.1 的规定执行。用随机数表法确定取样的包装件；最终取样量应不少于 100 g。

5.3 鉴别试验

5.3.1 红外光谱法

乙螨唑原药与乙螨唑标样在 4 000/cm～400/cm 范围的红外吸收光谱图应没有明显区别。乙螨唑标样红外光谱图见图 1。

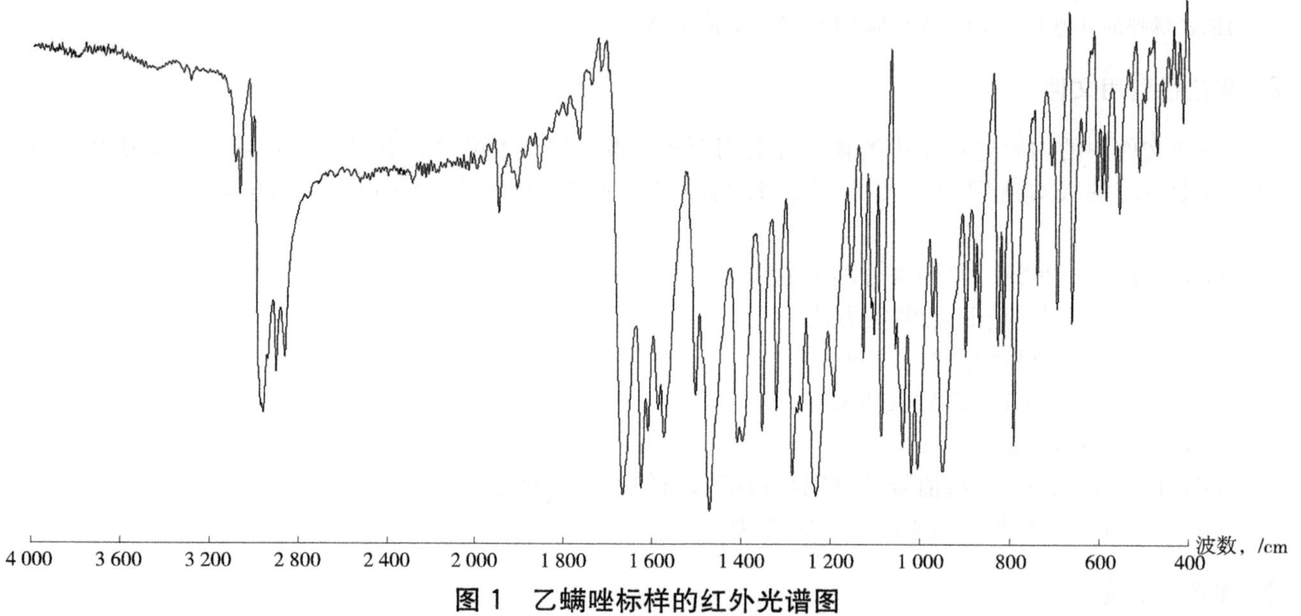

图 1 乙螨唑标样的红外光谱图

5.3.2 液相色谱法

本鉴别试验可与乙螨唑质量分数的测定同时进行。在相同的色谱操作条件下，试样溶液中某色谱峰的保留时间与标样溶液中乙螨唑的色谱峰的保留时间，其相对差值应在 1.5%以内。

5.4 外观的测定

采用目测法测定。

5.5 乙螨唑质量分数的测定

5.5.1 方法提要

试样用流动相溶解，以乙腈＋水为流动相，使用以 C_{18} 为填料的色谱柱和紫外检测器，在波长 225 nm 下，对试样中的乙螨唑进行反相高效液相色谱分离，外标法定量。

5.5.2 试剂和溶液

5.5.2.1 乙腈：色谱纯。

5.5.2.2 水：超纯水或新蒸二次蒸馏水。

5.5.2.3 乙螨唑标样：已知乙螨唑质量分数，$\omega \geq 99.0\%$。

5.5.3 仪器

5.5.3.1 高效液相色谱仪：具有可变波长紫外检测器。

5.5.3.2 色谱数据处理机或色谱工作站。

5.5.3.3 色谱柱：250 mm×4.6 mm(内径)不锈钢柱，内装 C_{18}、5 μm 填充物(或具同等效果的色谱柱)。

5.5.3.4 过滤器：滤膜孔径约 0.45 μm。

5.5.3.5 定量进样管：5 μL。

5.5.3.6 超声波清洗器。

5.5.4 液相色谱操作条件

5.5.4.1 流动相：体积比 $\psi_{(乙腈:水)}=80:20$，经滤膜过滤，并进行脱气。

5.5.4.2 流速：1.0 mL/min。

5.5.4.3 柱温：室温（温度变化应不大于 2 ℃）。

5.5.4.4 检测波长：225 nm。

5.5.4.5 进样体积：5 μL。

5.5.4.6 保留时间：乙螨唑约 12.7 min。

5.5.4.7 上述操作参数是典型的，可根据不同仪器特点对给定的操作参数作适当调整，以期获得最佳效果。典型的乙螨唑原药的高效液相色谱图见图 2。

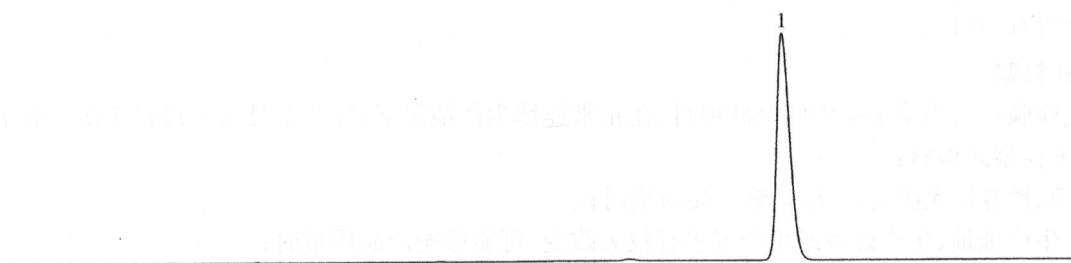

标引序号说明：
1——乙螨唑。

图 2 乙螨唑原药的高效液相色谱图

5.5.5 测定步骤

5.5.5.1 标样溶液的制备

称取乙螨唑标样 0.05 g（精确至 0.000 1 g）于 100 mL 容量瓶中，加入 80 mL 流动相，超声振荡 3 min，冷却至室温，用流动相稀释至刻度，摇匀。

5.5.5.2 试样溶液的制备

称取含乙螨唑 0.05 g（精确至 0.000 1 g）的试样于 100 mL 容量瓶中，加入 80 mL 流动相，超声振荡 3 min，冷却至室温，用流动相稀释至刻度，摇匀。

5.5.5.3 测定

在上述操作条件下，待仪器稳定后，连续注入数针标样溶液，直至相邻两针乙螨唑峰面积相对变化小于 1.2%后，按照标样溶液、试样溶液、试样溶液、标样溶液的顺序进行测定。

5.5.5.4 计算

将测得的两针试样溶液以及试样前后两针标样溶液中乙螨唑峰面积分别进行平均。试样中乙螨唑的质量分数按公式(1)计算。

$$\omega_1=\frac{A_2\times m_1\times\omega_{b1}}{A_1\times m_2} \qquad (1)$$

式中：

ω_1 ——试样中乙螨唑的质量分数，单位为百分号（%）；

A_2 ——试样溶液中乙螨唑峰面积的平均值；

m_1 ——标样质量的数值，单位为克（g）；

ω_{b1} ——乙螨唑标样中乙螨唑的质量分数，单位为百分号（%）；

A_1 ——标样溶液中乙螨唑峰面积的平均值；

m_2 ——试样质量的数值，单位为克（g）。

5.5.6 允许差

2次平行测定结果之差应不大于1.2%，取其算术平均值作为测定结果。

5.6 水分的测定

按GB/T 1600—2021中4.2的规定执行。

5.7 丙酮不溶物的测定

按GB/T 19138的规定执行。

5.8 pH的测定

按GB/T 1601的规定执行。

6 检验规则

6.1 出厂规则

每批产品均应做出厂检验，经检验合格签发合格证后，方可出厂。出厂检验项目为表1中除丙酮不溶物以外的所有项目。

6.2 型式检验

型式检验项目为第4章中的全部项目，在正常连续生产情况下，每3个月至少进行1次。有下述情况之一，应进行型式检验：

a) 原料有较大改变，可能影响产品质量时；

b) 生产地址、生产设备或生产工艺有较大改变，可能影响产品质量时；

c) 停产后又恢复生产时；

d) 国家法定质量监管机构提出型式检验要求时。

6.3 判定规则

按第4章对产品进行出厂检验和型式检验，任一项目不符合指标要求判为该批次产品不合格。

7 验收和质量保证期

7.1 验收

应符合GB/T 1604的规定。

7.2 质量保证期

在规定的储运条件下，乙螨唑原药的质量保证期从生产日期算起为2年。质量保证期内，各项指标均应符合本文件要求。

8 标志、标签、包装、储运

8.1 标志、标签、包装

乙螨唑原药的标志、标签和包装应符合GB 3796的规定。乙螨唑原药应采用清洁、干燥、内衬塑料袋的编织袋或铁桶包装，每袋净含量一般不超过25 kg，每桶净含量一般50 kg、100 kg。也可根据用户要求或订货协议采用其他形式的包装，但需符合GB 3796的规定。

8.2 储运

乙螨唑原药包装件应储存在通风、干燥的库房中。储运时，严防潮湿和日晒，不得与食物、种子、饲料混放，避免与皮肤、眼睛接触，防止由口鼻吸入。

附　录　A
（资料性）
乙螨唑的其他名称、结构式和基本物化参数

ISO 通用名称：Etoxazole。

CAS 登录号：153233-91-1。

化学名称：(*RS*)-5-叔丁基-2-(2-(2,6-二氟苯基)-4,5-二氢-1,3-噁唑-4-基)苯乙醚。

结构式：

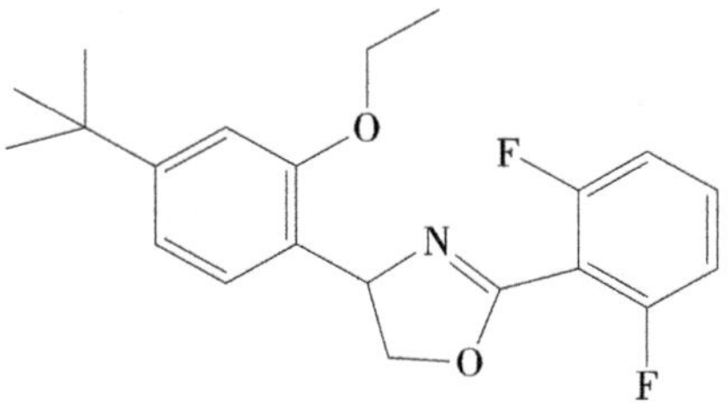

实验式：$C_{21}H_{23}F_2NO_2$。

相对分子质量：359.4。

生物活性：杀螨。

熔点：101 ℃～102 ℃。

溶解度(20 ℃～25 ℃)：水中 0.0754 mg/L。丙酮 300 g/L、乙腈 80 g/L、环己酮 500 g/L、乙醇 90 g/L、乙酸乙酯 250 g/L、正庚烷 13 g/L、正己烷 13 g/L、甲醇 90 g/L、四氢呋喃 750 g/L、二甲苯 250 g/L。

稳定性：DT_{50}为 9.6 d(pH 5、20 ℃)、150 d(pH 7、20 ℃)、190 d(pH 9、20 ℃)。30 d(50 ℃)不分解。

ICS 65.100.10
CCS G 25

中华人民共和国农业行业标准

NY/T 4104—2022

唑螨酯原药

Fenpyroximate technical material

2022-07-11 发布　　　　2022-10-01 实施

中华人民共和国农业农村部　发布

前　言

本文件按照 GB/T 1.1—2020《标准化工作导则　第 1 部分:标准化文件的结构和起草规则》的规定起草。

请注意本文件的某些内容可能涉及专利。本文件的发布机构不承担识别专利的责任。

本文件由农业农村部种植业管理司提出。

本文件由全国农药标准化技术委员会(SAC/TC 133)归口。

本文件起草单位:沈阳化工研究院有限公司、安徽昆吾九鼎生物工程有限公司、江苏东宝农化股份有限公司、山西绿海农药科技有限公司、沈阳沈化院测试技术有限公司。

本文件主要起草人:尹秀娥、马亚光、汪峰、徐开云、姜欣、董雪梅。

唑螨酯原药

1 范围

本文件规定了唑螨酯原药的技术要求、试验方法、检验规则、验收和质量保证期以及标志、标签、包装、储运。

本文件适用于唑螨酯原药产品的质量控制。

注:唑螨酯的其他名称、结构式和基本物化参数见附录 A。

2 规范性引用文件

下列文件中的内容通过文中的规范性引用而构成本文件必不可少的条款。其中,注日期的引用文件,仅该日期对应的版本适用于本文件;不注日期的引用文件,其最新版本(包括所有的修改单)适用于本文件。

GB/T 1600—2021 农药水分测定方法

GB/T 1601 农药 pH 的测定方法

GB/T 1604 商品农药验收规则

GB/T 1605—2001 商品农药采样方法

GB 3796 农药包装通则

GB/T 8170—2008 数值修约规则与极限数值的表示和判定

GB/T 19138 农药丙酮不溶物测定方法

3 术语和定义

本文件没有需要界定的术语和定义。

4 技术要求

4.1 外观

白色至类白色粉末。

4.2 技术指标

应符合表 1 的要求。

表 1 唑螨酯原药技术指标

项 目	指 标
唑螨酯质量分数,%	≥96.0
水分,%	≤0.5
丙酮不溶物[a],%	≤0.2
pH	5.0～8.0
[a] 正常生产时,丙酮不溶物每 3 个月至少测定 1 次。	

5 试验方法

警示:使用本文件的人员应有实验室工作的实践经验。本文件并未指出所有的安全问题。使用者有责任采取适当的安全和健康措施。

5.1 一般规定

本文件所用试剂和水在没有注明其他要求时,均指分析纯试剂和蒸馏水。检验结果的判定按 GB/T

8170—2008 中 4.3.3 的规定执行。

5.2 取样

按 GB/T 1605—2001 中 5.3.1 的规定执行。用随机数表法确定取样的包装件;最终取样量应不少于 100 g。

5.3 鉴别试验

5.3.1 红外光谱法

唑螨酯原药与唑螨酯标样在 4 000/cm～400/cm 范围内的红外吸收光谱图应没有明显区别。唑螨酯标样红外光谱图见图 1。

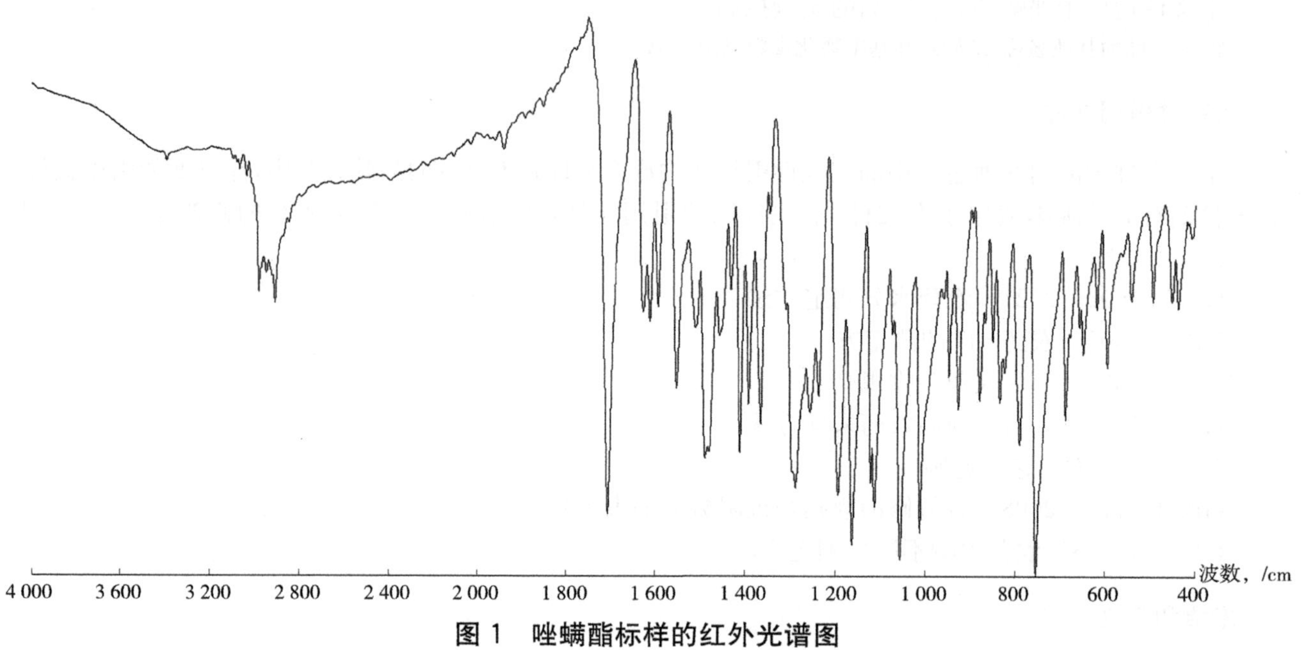

图 1 唑螨酯标样的红外光谱图

5.3.2 液相色谱法

本鉴别试验可与唑螨酯质量分数的测定同时进行。在相同的色谱操作条件下,试样溶液中某色谱峰的保留时间与标样溶液中唑螨酯的色谱峰的保留时间,其相对差值应在 1.5%以内。

5.4 外观的测定

采用目测法测定。

5.5 唑螨酯质量分数的测定

5.5.1 方法提要

试样用乙腈溶解,以乙腈+水为流动相,使用以 C_{18} 为填料的不锈钢柱和紫外检测器(260 nm),对试样中的唑螨酯进行高效液相色谱分离,外标法定量。

5.5.2 试剂和溶液

5.5.2.1 乙腈:色谱级。

5.5.2.2 唑螨酯标样:已知唑螨酯质量分数,$\omega \geqslant 98.0\%$。

5.5.3 仪器

5.5.3.1 高效液相色谱仪:具有可变波长紫外检测器。

5.5.3.2 色谱柱:250 mm×4.6 mm(内径)不锈钢柱,内装 C_{18}、5 μm 填充物(或具同等效果的色谱柱)。

5.5.3.3 定量进样管:5 μL。

5.5.3.4 超声波清洗器。

5.5.4 高效液相色谱操作条件

5.5.4.1 流动相:体积比 $\psi_{(乙腈:水)}=75:25$。

5.5.4.2 流速：1.2 mL/min。

5.5.4.3 柱温：室温(温度变化应不大于 2 ℃)。

5.5.4.4 检测波长：260 nm。

5.5.4.5 进样体积：5 μL。

5.5.4.6 保留时间：唑螨酯约 13.5 min。

5.5.4.7 上述操作参数是典型的，可根据不同仪器特点对给定的操作参数作适当调整，以期获得最佳效果。典型的唑螨酯原药液相色谱图见图 2。

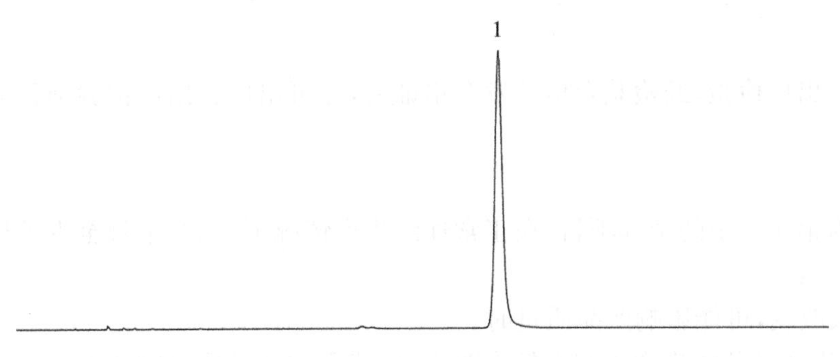

标引序号说明：

1——唑螨酯。

图 2 唑螨酯原药的液相色谱图

5.5.5 测定步骤

5.5.5.1 标样溶液的制备

称取 0.05 g(精确至 0.000 1 g)唑螨酯标样，置于 50 mL 容量瓶中，加入 40 mL 乙腈超声振荡5 min 使之溶解，冷却至室温，用乙腈稀释至刻度，摇匀。取上述溶液 10 mL 置于 50 mL 容量瓶中，用乙腈稀释至刻度，摇匀。

5.5.5.2 试样溶液的制备

称取含唑螨酯 0.05 g(精确至 0.000 1 g)的试样，置于 50 mL 容量瓶中，加入 40 mL 乙腈超声振荡 5 min 使之溶解，冷却至室温，用乙腈稀释至刻度，摇匀。取上述溶液 10 mL 置于 50 mL 容量瓶中，用乙腈稀释至刻度，摇匀。

5.5.5.3 测定

在上述操作条件下，待仪器稳定后，连续注入数针标样溶液，直至相邻两针唑螨酯峰面积相对变化小于 1.2%后，按照标样溶液、试样溶液、试样溶液、标样溶液的顺序进行测定。

5.5.6 计算

将测得的两针试样溶液以及试样溶液前后两针标样溶液中唑螨酯峰面积分别进行平均，试样中唑螨酯的质量分数按公式(1)计算。

$$\omega_1 = \frac{A_2 \times m_1 \times \omega_{b1}}{A_1 \times m_2} \quad \cdots\cdots (1)$$

式中：

ω_1 ——唑螨酯的质量分数，单位为百分号(%)；

A_2 ——试样溶液中唑螨酯峰面积的平均值；

m_1 ——标样质量的数值，单位为克(g)；

ω_{b1} ——标样中唑螨酯的质量分数，单位为百分号(%)；

A_1 ——标样溶液中唑螨酯峰面积的平均值；

m_2 ——试样质量的数值，单位为克(g)。

5.5.7 允许差

唑螨酯质量分数 2 次平行测定结果之差应不大于 1.2%，取其算术平均值作为测定结果。

5.6 水分的测定

按 GB/T 1600—2021 中 4.2 的规定执行。

5.7 丙酮不溶物的测定

按 GB/T 19138 的规定执行。

5.8 pH 的测定

按 GB/T 1601 的规定执行。

6 检验规则

6.1 出厂检验

每批产品均应做出厂检验，经检验合格签发合格证后，方可出厂。出厂检验项目为表 1 中除丙酮不溶物以外的所有项目。

6.2 型式检验

型式检验项目为第 4 章中的全部项目，在正常连续生产情况下，每 3 个月至少进行 1 次。有下述情况之一，应进行型式检验：

a) 原料有较大改变，可能影响产品质量时；

b) 生产地址、生产设备或生产工艺有较大改变，可能影响产品质量时；

c) 停产后又恢复生产时；

d) 国家法定质量监管机构提出型式检验要求时。

6.3 判定规则

按第 4 章对产品进行出厂检验和型式检验，任一项目不符合指标要求判为该批次产品不合格。

7 验收和质量保证期

7.1 验收

应符合 GB/T 1604 的规定。

7.2 质量保证期

在规定的储运条件下，唑螨酯原药的质量保证期从生产日期算起为 2 年。在质量保证期内，各项指标均应符合本文件要求。

8 标志、标签、包装、储运

8.1 标志、标签、包装

唑螨酯原药的标志、标签、包装应符合 GB 3796 的规定；唑螨酯原药应采用清洁、干燥内衬塑料袋的编织袋或内衬保护层的铁桶或纸板桶包装。每袋净含量一般 20 kg、25 kg，每桶净含量一般不超过 50 kg。也可根据用户要求或订货协议采用其他形式的包装，但需符合 GB 3796 的规定。

8.2 储运

唑螨酯原药包装件应储存在通风、干燥的库房中；储运时，严防潮湿和日晒，不得与食物、种子、饲料混放，避免与皮肤、眼睛接触，防止由口鼻吸入。

附 录 A
(资料性)
唑螨酯的其他名称、结构式和基本物化参数

ISO 通用名称:Fenpyroximate。

CAS 登录号:134098-61-6。

CIPAC 数字代码:695。

化学名称:(*E*)-α-(1,3-二甲基-5-苯氧基吡唑-4-基亚甲基氨基氧)-4-甲基苯甲酸叔丁酯。

结构式:

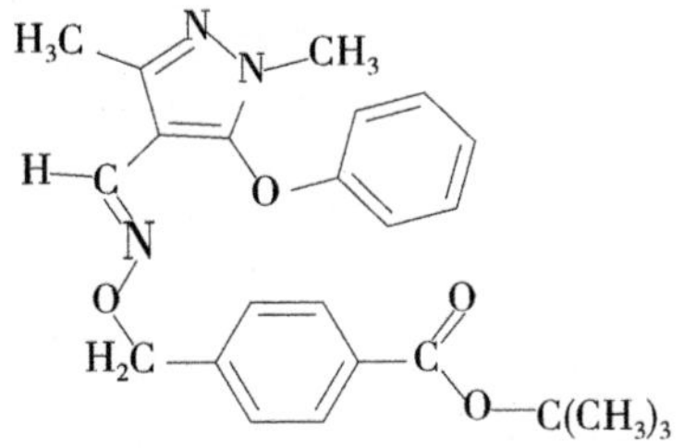

实验式:$C_{24}H_{27}N_3O_4$。

相对分子质量:421.5。

生物活性:杀螨。

熔点:101.1 ℃~102.4 ℃。

蒸气压(25 ℃):7.5×10^{-6} mPa。

溶解度(20 ℃):水中 0.001 5 mg/L,溶于通常的有机溶剂。

稳定性:在 pH 5~8 稳定。

ICS 65.100.10
CCS G 25

中华人民共和国农业行业标准

NY/T 4105—2022

唑螨酯悬浮剂

Fenpyroximate suspension concentrate

2022-07-11 发布 2022-10-01 实施

中华人民共和国农业农村部 发布

前　言

本文件按照 GB/T 1.1—2020《标准化工作导则　第1部分：标准化文件的结构和起草规则》的规定起草。

请注意本文件的某些内容可能涉及专利。本文件的发布机构不承担识别专利的责任。

本文件由农业农村部种植业管理司提出。

本文件由全国农药标准化技术委员会(SAC/TC 133)归口。

本文件起草单位：安徽丰乐农化有限责任公司、沈阳化工研究院有限公司、沈阳沈化院测试技术有限公司、江苏东宝农化股份有限公司。

本文件主要起草人：尹秀娥、胡华海、马亚光、徐成辰、王玮、董雪梅。

唑螨酯悬浮剂

1 范围

本文件规定了唑螨酯悬浮剂的技术要求、试验方法、检验规则、验收和质量保证期以及标志、标签、包装、储运。

本文件适用于唑螨酯悬浮剂产品的质量控制。

注：唑螨酯的其他名称、结构式和基本物化参数见附录A。

2 规范性引用文件

下列文件中的内容通过文中的规范性引用而构成本文件必不可少的条款。其中，注日期的引用文件，仅该日期对应的版本适用于本文件；不注日期的引用文件，其最新版本（包括所有的修改单）适用于本文件。

GB/T 1601 农药pH的测定方法

GB/T 1604 商品农药验收规则

GB/T 1605—2001 商品农药采样方法

GB 3796 农药包装通则

GB/T 8170—2008 数值修约规则与极限数值的表示和判定

GB/T 14825—2006 农药悬浮率测定方法

GB/T 16150—1995 农药粉剂、可湿性粉剂细度测定方法

GB/T 19136—2021 农药热储稳定性测定方法

GB/T 19137—2003 农药低温稳定性测定方法

GB/T 28137 农药持久起泡性测定方法

GB/T 31737 农药倾倒性测定方法

3 术语和定义

本文件没有需要界定的术语和定义。

4 技术要求

4.1 外观

可流动的悬浮液体；存放过程中可能出现沉淀，但经手摇动，应恢复原状，不应有结块。

4.2 技术指标

应符合表1的要求。

表1 唑螨酯悬浮剂技术指标

项目		指标		
唑螨酯质量分数，%		5%规格	20%规格	28%规格
		$5.0^{+0.5}_{-0.5}$	$20.0^{+1.2}_{-1.2}$	$28.0^{+1.4}_{-1.4}$
pH		5.0～8.0		
倾倒性	倾倒后残余物，%	≤5.0		
	洗涤后残余物，%	≤0.5		
悬浮率，%		≥90		
湿筛试验（通过75 μm试验筛），%		≥98		

表 1 （续）

项　　目	指　　标
持久起泡性(1 min后泡沫量)，mL	≤50
低温稳定性[a]	冷储后，悬浮率、湿筛试验仍应符合本文件要求
热储稳定性[a]	热储后，唑螨酯质量分数应不低于热储前测得质量分数的95%，pH、倾倒性、悬浮率、湿筛试验仍应符合本文件要求
[a] 正常生产时，低温稳定性和热储稳定性每 3 个月至少测定 1 次。	

5 试验方法

警示：使用本文件的人员应有实验室工作的实践经验。本文件并未指出所有的安全问题。使用者有责任采取适当的安全和健康措施。

5.1 一般规定

本文件所用试剂和水在没有注明其他要求时，均指分析纯试剂和蒸馏水。检验结果的判定按 GB/T 8170—2008 中 4.3.3 的规定执行。

5.2 取样

按 GB/T 1605—2001 中 5.3.3 的规定执行。用随机数表法确定取样的包装件；最终取样量应不少于 1 000 g。

5.3 鉴别试验

本鉴别试验采用高效液相色谱法，可与唑螨酯质量分数的测定同时进行。在相同的色谱操作条件下，试样溶液中某色谱峰的保留时间与标样溶液中唑螨酯的色谱峰的保留时间，其相对差值应在 1.5%以内。

5.4 外观的测定

采用目测法测定。

5.5 唑螨酯质量分数的测定

5.5.1 方法提要

试样用乙腈溶解，以乙腈＋水为流动相，使用以 C_{18} 为填料的不锈钢柱和紫外检测器(260 nm)，对试样中的唑螨酯进行高效液相色谱分离，外标法定量。

5.5.2 试剂和溶液

5.5.2.1 乙腈：色谱级。

5.5.2.2 唑螨酯标样：已知唑螨酯质量分数，$\omega \geqslant 98.0\%$。

5.5.3 仪器

5.5.3.1 高效液相色谱仪：具有可变波长紫外检测器。

5.5.3.2 色谱柱：250 mm×4.6 mm(内径)不锈钢柱，内装 C_{18}、5 μm 填充物(或具同等效果的色谱柱)。

5.5.3.3 过滤器：滤膜孔径约 0.45 μm。

5.5.3.4 定量进样管：5 μL。

5.5.3.5 超声波清洗器。

5.5.4 高效液相色谱操作条件

5.5.4.1 流动相：体积比 $\psi_{(乙腈:水)}$＝75：25。

5.5.4.2 流速：1.2 mL/min。

5.5.4.3 柱温：室温(温度变化应不大于 2 ℃)。

5.5.4.4 检测波长：260 nm。

5.5.4.5 进样体积：5 μL。

5.5.4.6 保留时间：唑螨酯约 13.5 min。

5.5.4.7 上述操作参数是典型的，可根据不同仪器特点对给定的操作参数作适当调整，以期获得最佳效果。典型的唑螨酯悬浮剂液相色谱图见图1。

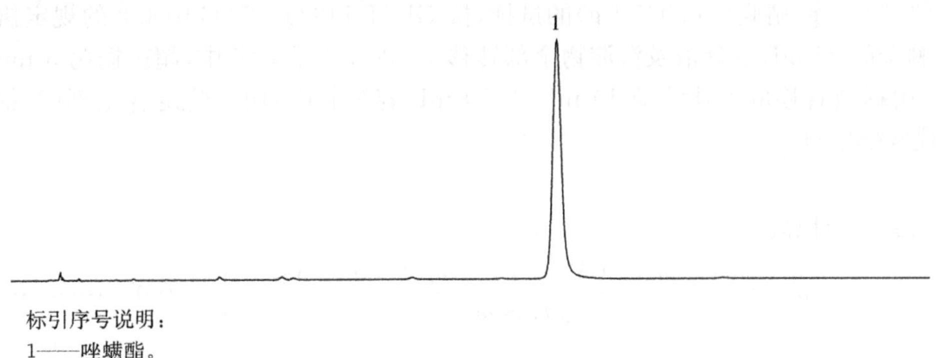

标引序号说明：
1——唑螨酯。

图1 唑螨酯悬浮剂的液相色谱图

5.5.5 测定步骤

5.5.5.1 标样溶液的制备

称取0.05 g(精确至0.000 1 g)唑螨酯标样，置于50 mL容量瓶中，加入40 mL乙腈超声振荡5 min使之溶解，冷却至室温，用乙腈稀释至刻度，摇匀。取上述溶液10 mL置于50 mL容量瓶中，用乙腈稀释至刻度，摇匀。

5.5.5.2 试样溶液的制备

称取含唑螨酯0.05 g(精确至0.000 1 g)的试样，置于50 mL容量瓶中，先加入5 mL水使试样分散均匀，再加入40 mL乙腈超声振荡5 min，冷却至室温，用乙腈稀释至刻度，摇匀。取上述溶液10 mL置于50 mL容量瓶中，用乙腈稀释至刻度，摇匀，过滤。

5.5.5.3 测定

在上述操作条件下，待仪器稳定后，连续注入数针标样溶液，直至相邻两针唑螨酯峰面积相对变化小于1.2%后，按照标样溶液、试样溶液、试样溶液、标样溶液的顺序进行测定。

5.5.6 计算

将测得的两针试样溶液以及试样溶液前后两针标样溶液中唑螨酯峰面积分别进行平均，试样中唑螨酯的质量分数按公式(1)计算。

$$\omega_1 = \frac{A_2 \times m_1 \times \omega_{b1}}{A_1 \times m_2} \quad \cdots\cdots (1)$$

式中：

ω_1 ——唑螨酯的质量分数，单位为百分号(%)；
A_2 ——试样溶液中唑螨酯峰面积的平均值；
m_1 ——标样质量的数值，单位为克(g)；
ω_{b1} ——标样中唑螨酯的质量分数，单位为百分号(%)；
A_1 ——标样溶液中唑螨酯峰面积的平均值；
m_2 ——试样质量的数值，单位为克(g)。

5.5.7 允许差

唑螨酯质量分数2次平行测定结果之差，5%唑螨酯悬浮剂应不大于0.3%；20%唑螨酯悬浮剂应不大于0.4%，28%唑螨酯悬浮剂应不大于0.5%，分别取其算术平均值作为测定结果。

5.6 pH的测定

按GB/T 1601的规定执行。

5.7 倾倒性试验

按GB/T 31737的规定执行。

5.8 悬浮率的测定

5.8.1 测定

称取含唑螨酯 0.1 g(精确至 0.000 1 g)的试样,按 GB/T 14825—2006 中 4.2 的规定执行。用60 mL乙腈将量筒内剩余的 25 mL 悬浮液及沉淀物全部转移至 100 mL 容量瓶中,超声振荡 5 min,用乙腈定容至刻度,摇匀。用移液管移取上述溶液 10 mL 于 50 mL 容量瓶中,用乙腈定容至刻度,摇匀,过滤。按 5.5 方法测定唑螨酯质量。

5.8.2 计算

悬浮率按公式(2)计算。

$$\omega_2 = \frac{m_4 \times \omega_1 - (A_4 \times m_3 \times \omega_{b1}) \times n \div A_3}{m_4 \times \omega_1} \times \frac{10}{9} \times 100 \quad \cdots\cdots (2)$$

式中:

ω_2 ——悬浮率,单位为百分号(%);

m_4 ——试样质量的数值,单位为克(g);

ω_1 ——试样中唑螨酯的质量分数,单位为百分号(%);

A_4 ——试样溶液中唑螨酯峰面积的平均值;

m_3 ——标样质量的数值,单位为克(g);

ω_{b1} ——标样中唑螨酯的质量分数,单位为百分号(%);

A_3 ——标样溶液中唑螨酯峰面积的平均值;

n ——试样的稀释倍数,$n=2$。

5.9 湿筛试验

按 GB/T 16150—1995 中 2.2 的规定执行。

5.10 持久起泡性

按 GB/T 28137 的规定执行。

5.11 热储稳定性试验

按 GB/T 19136—2021 中 4.4.1 的规定执行。

5.12 低温稳定性试验

按 GB/T 19137—2003 中 2.2 的规定执行。

6 检验规则

6.1 出厂检验

每批产品均应做出厂检验,经检验合格签发合格证后,方可出厂。出厂检验项目为表 1 中除热储稳定性和低温稳定性以外的所有项目。

6.2 型式检验

型式检验项目为第 4 章中的全部项目,在正常连续生产情况下,每 3 个月至少进行 1 次。有下述情况之一,应进行型式检验:

a) 原料有较大改变,可能影响产品质量时;

b) 生产地址、生产设备或生产工艺有较大改变,可能影响产品质量时;

c) 停产后又恢复生产时;

d) 国家法定质量监管机构提出型式检验要求时。

6.3 判定规则

按第 4 章对产品进行出厂检验和型式检验,任一项目不符合指标要求判为该批次产品不合格。

7 验收和质量保证期

7.1 验收

应符合 GB/T 1604 的规定。

7.2 质量保证期

在规定的储运条件下，唑螨酯悬浮剂的质量保证期从生产日期算起为 2 年。在质量保证期内，各项指标均应符合本文件要求。

8 标志、标签、包装、储运

8.1 标志、标签、包装

唑螨酯悬浮剂的标志、标签、包装应符合 GB 3796 的规定；唑螨酯悬浮剂采用清洁、干燥的棕色玻璃瓶或聚酯瓶包装，每瓶净含量一般为 100 mL、150 mL、250 mL、500 mL。外用防震材料，紧密排列于纸箱或钙塑箱内，每箱净含量不得超过 10 kg。也可根据用户要求或订货协议采用其他形式的包装，但需符合 GB 3796 的规定。

8.2 储运

唑螨酯悬浮剂包装件应储存在通风、干燥的库房中；储运时，严防潮湿和日晒，不得与食物、种子、饲料混放，避免与皮肤、眼睛接触，防止由口鼻吸入。

附 录 A
（资料性）
唑螨酯的其他名称、结构式和基本物化参数

ISO 通用名称：Fenpyroximate。

CAS 登录号：134098-61-6。

CIPAC 数字代码：695。

化学名称：(*E*)-α-(1,3-二甲基-5-苯氧基吡唑-4-基亚甲基氨基氧)-4-甲基苯甲酸叔丁酯。

结构式：

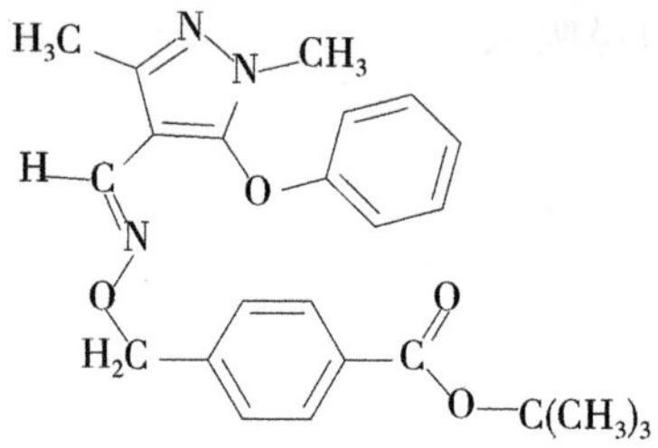

实验式：$C_{24}H_{27}N_3O_4$。

相对分子质量：421.5。

生物活性：杀螨。

熔点：101.1 ℃～102.4 ℃。

蒸气压(25 ℃)：7.5×10^{-6} mPa。

溶解度(20 ℃)：水中 0.001 5 mg/L，溶于通常的有机溶剂。

稳定性：在 pH 5～8 稳定。

ICS 65.100.30
CCS G 25

中华人民共和国农业行业标准

NY/T 4106—2022

氟吡菌胺原药

Fluopicolide technical material

2022-07-11 发布　　　　2022-10-01 实施

中华人民共和国农业农村部　发布

前　言

本文件按照 GB/T 1.1—2020《标准化工作导则　第 1 部分:标准化文件的结构和起草规则》的规定起草。

请注意本文件的某些内容可能涉及专利。本文件的发布机构不承担识别专利的责任。

本文件由农业农村部种植业管理司提出。

本文件由全国农药标准化技术委员会(SAC/TC 133)归口。

本文件起草单位:德州绿霸精细化工有限公司、江苏省农药研究所股份有限公司、山东滨农科技有限公司、拜耳作物科学(中国)有限公司、沈阳沈化院测试技术有限公司、沈阳化工研究院有限公司。

本文件主要起草人:于亮、张学忠、曹杨、孟令涛、谢毅、孙洪峰、吕世荣、魏艳、董雪梅。

氟吡菌胺原药

1 范围

本文件规定了氟吡菌胺原药的技术要求、试验方法、检验规则、验收和质量保证期以及标志、标签、包装、储运。

本文件适用于氟吡菌胺原药产品的质量控制。

注:氟吡菌胺的其他名称、结构式和基本物化参数见附录 A。

2 规范性引用文件

下列文件中的内容通过文中的规范性引用而构成本文件必不可少的条款。其中,注日期的引用文件,仅该日期对应的版本适用于本文件;不注日期的引用文件,其最新版本(包括所有的修改单)适用于本文件。

GB/T 1601　农药 pH 的测定方法

GB/T 1604　商品农药验收规则

GB/T 1605—2001　商品农药采样方法

GB 3796　农药包装通则

GB/T 8170—2008　数值修约规则与极限数值的表示和判定

GB/T 19138　农药丙酮不溶物的测定方法

GB/T 30361—2013　农药干燥减量的测定方法

3 术语和定义

本文件没有需要界定的术语和定义。

4 技术要求

4.1 外观

白色至灰白色粉末。

4.2 技术指标

氟吡菌胺原药应符合表 1 的要求。

表 1　氟吡菌胺原药技术指标

项　目	指　标
氟吡菌胺质量分数,%	≥97.0
干燥减量,%	≤0.3
丙酮不溶物[a],%	≤0.3
pH	5.0～8.0
[a] 正常生产时,丙酮不溶物每 3 个月至少测定 1 次。	

5 试验方法

警示:使用本文件的人员应有实验室工作的实践经验。本文件并未指出所有的安全问题。使用者有责任采取适当的安全和健康措施,并保证符合国家有关法规的规定。

5.1 一般规定

本文件所用试剂和水在没有注明其他要求时,均指分析纯试剂和蒸馏水。检验结果的判定按 GB/T 8170—2008 中 4.3.3 的规定进行。

5.2 取样

按 GB/T 1605—2001 中 5.3.1 的规定进行。用随机数表法确定取样的包装件;最终取样量应不少于 100 g。

5.3 鉴别试验

5.3.1 红外光谱法

试样与氟吡菌胺标样在 4 000/cm～400/cm 范围的红外吸收光谱图应没有明显区别。氟吡菌胺标样红外光谱图见图 1。

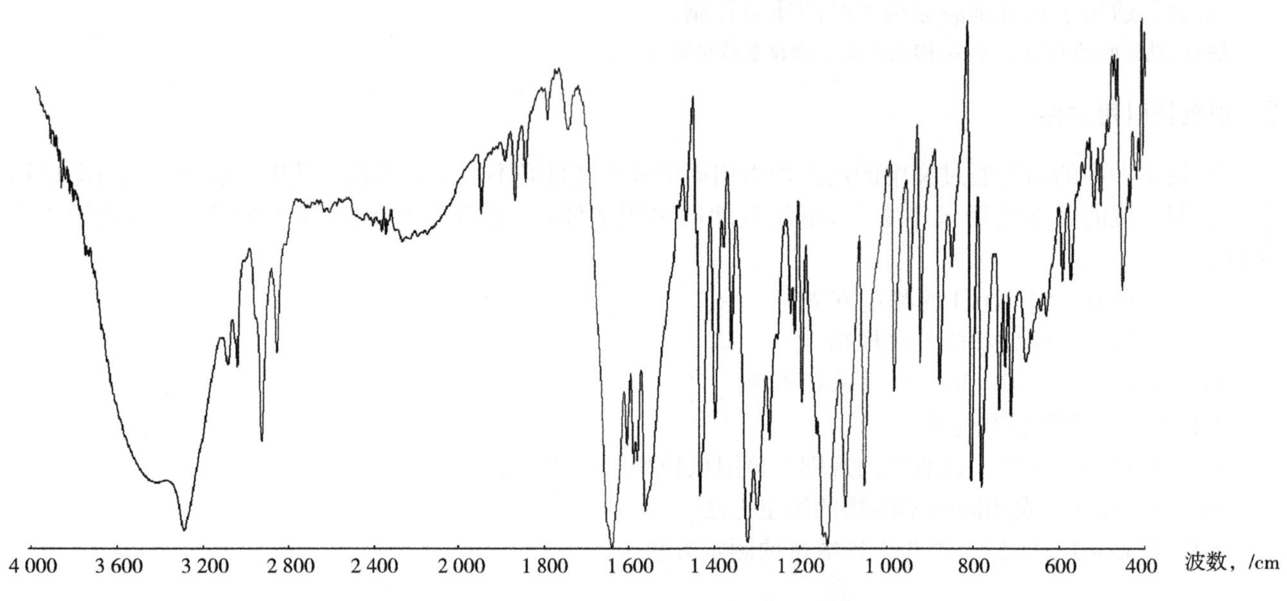

图 1　氟吡菌胺标样的红外光谱图

5.3.2 液相色谱法

本鉴别试验可与氟吡菌胺质量分数的测定同时进行。在相同的色谱操作条件下,试样溶液中某色谱峰的保留时间与标样溶液中氟吡菌胺的色谱峰的保留时间,其相对差值应在 1.5%以内。

5.4 外观的测定

采用目测法测定。

5.5 氟吡菌胺质量分数的测定

5.5.1 方法提要

试样用甲醇溶解,以甲醇＋水为流动相,使用以 C_{18} 为填料的不锈钢柱和紫外检测器(270 nm),对试样中的氟吡菌胺进行高效液相色谱分离,外标法定量。

5.5.2 试剂和溶液

5.5.2.1　甲醇:色谱级。

5.5.2.2　水:新蒸二次蒸馏水或超纯水。

5.5.2.3　氟吡菌胺标样:已知氟吡菌胺质量分数,$\omega \geqslant 98.0\%$。

5.5.3 仪器

5.5.3.1　高效液相色谱仪:具有可变波长紫外检测器。

5.5.3.2　色谱柱:150 mm×4.6 mm(内径)不锈钢柱,内装 C_{18}、5 μm 填充物(或具同等效果的色谱柱)。

5.5.3.3　过滤器:滤膜孔径约 0.45 μm。

5.5.3.4　定量进样管:5 μL。

5.5.3.5　超声波清洗器。

5.5.4 高效液相色谱操作条件

5.5.4.1 流动相:体积比 $\psi_{(甲醇:水)}=70:30$。

5.5.4.2 流速:1.0 mL/min。

5.5.4.3 柱温:室温(温度变化应不大于 2 ℃)。

5.5.4.4 检测波长:270 nm。

5.5.4.5 进样体积:5 μL。

5.5.4.6 保留时间:氟吡菌胺约 9.7 min。

5.5.4.7 上述操作参数是典型的,可根据不同仪器特点,对给定的操作参数作适当调整,以期获得最佳效果。典型的氟吡菌胺原药高效液相色谱图见图 2。

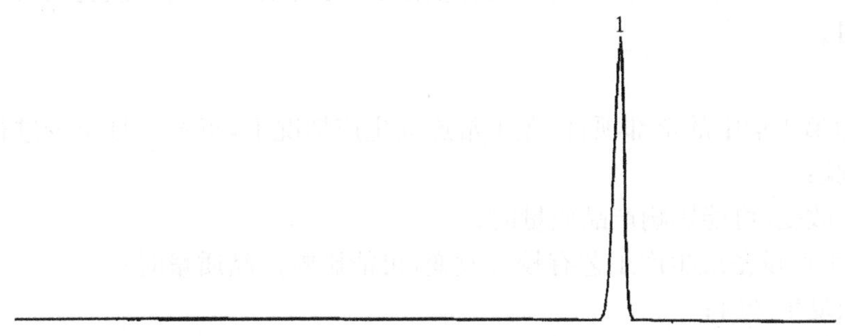

标引序号说明:

1——氟吡菌胺。

图 2 氟吡菌胺原药的高效液相色谱图

5.5.5 测定步骤

5.5.5.1 标样溶液的制备

称取 0.05 g 氟吡菌胺标样(精确至 0.000 1 g),置于 100 mL 容量瓶中,加入 80 mL 甲醇超声振荡 5 min使之溶解,冷却至室温,用甲醇稀释至刻度,摇匀。

5.5.5.2 试样溶液的制备

称取含氟吡菌胺 0.05 g 的试样(精确至 0.000 1 g),置于 100 mL 容量瓶中,加入 80 mL 甲醇超声振荡 5 min 使之溶解,冷却至室温,用甲醇稀释至刻度,摇匀。

5.5.5.3 测定

在上述操作条件下,待仪器稳定后,连续注入数针标样溶液,直至相邻两针氟吡菌胺峰面积相对变化小于 1.2%后,按照标样溶液、试样溶液、试样溶液、标样溶液的顺序进行测定。

5.5.6 计算

将测得的两针试样溶液以及试样前后两针标样溶液中氟吡菌胺峰面积分别进行平均,试样中氟吡菌胺的质量分数按公式(1)计算。

$$\omega_1=\frac{A_2\times m_1\times\omega_{b1}}{A_1\times m_2} \quad\cdots\cdots(1)$$

式中:

ω_1 ——氟吡菌胺质量分数的数值,单位为百分号(%);

A_2——试样溶液中,氟吡菌胺峰面积的平均值;

m_1——标样质量的数值,单位为克(g);

ω_{b1}——标样中氟吡菌胺质量分数的数值,单位为百分号(%);

A_1——标样溶液中,氟吡菌胺峰面积的平均值;

m_2——试样质量的数值,单位为克(g);

5.5.7 允许差

氟吡菌胺质量分数 2 次平行测定结果之差应不大于 1.2%,取其算术平均值作为测定结果。

5.6 干燥减量的测定

按 GB/T 30361—2013 中 2.1 的规定进行。

5.7 丙酮不溶物的测定

称取 5.0 g(精确至 0.000 1 g)试样,按 GB/T 19138 的规定进行。

5.8 pH 的测定

按 GB/T 1601 的规定进行。

6 检验规则

6.1 出厂检验

每批产品均应做出厂检验,经检验合格签发合格证后,方可出厂。出厂检验项目为第 4 章中除丙酮不溶物以外的所有项目。

6.2 型式检验

型式检验项目为第 4 章中的全部项目,在正常连续生产情况下,每 3 个月至少进行 1 次。有下述情况之一,应进行型式检验:

a) 原料有较大改变,可能影响产品质量时;

b) 生产地址、生产设备或生产工艺有较大改变,可能影响产品质量时;

c) 停产后又恢复生产时;

d) 国家法定质量监管机构提出型式检验要求时。

6.3 判定规则

按第 4 章对产品进行出厂检验或型式检验,任一项目不符合指标要求判为该批次产品不合格。

7 验收和质量保证期

7.1 验收

应符合 GB/T 1604 的要求。

7.2 质量保证期

在规定的储运条件下,氟吡菌胺原药的质量保证期从生产日期算起为 2 年。质量保证期内,各项指标均应符合本文件的要求。

8 标志、标签、包装、储运

8.1 标志、标签、包装

氟吡菌胺原药的标志、标签、包装应符合 GB 3796 的要求;氟吡菌胺原药采用清洁、干燥内衬塑料袋的编织袋或内衬保护层的铁桶或纸板桶包装。每袋净含量一般 20 kg,每桶净含量一般 50 kg、100 kg。也可根据用户要求或订货协议可采用其他形式的包装,但需符合 GB 3796 的要求。

8.2 储运

氟吡菌胺原药包装件应储存在通风、干燥的库房中;储运时,严防潮湿和日晒,不得与食物、种子、饲料混放,避免与皮肤、眼睛接触,防止由口鼻吸入。

附　录　A
（资料性）
氟吡菌胺的其他名称、结构式和基本物化参数

氟吡菌胺的其他名称、结构式和基本物化参数如下：

ISO 通用名称：fluopicolide。

CAS 登录号：239110-15-7。

化学名称：2,6-二氯-*N*-[3-氯-5-(三氟甲基)-2-吡啶甲基]苯甲酰胺。

结构式：

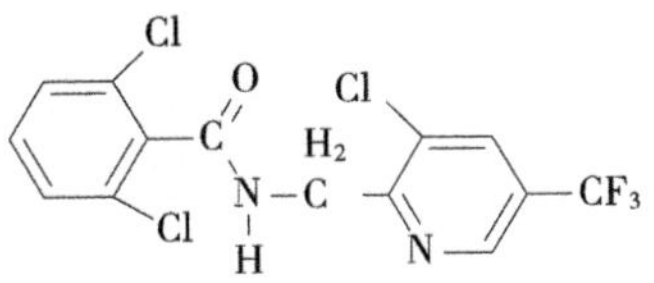

实验式：$C_{14}H_8Cl_3F_3N_2O$。

相对分子质量：295.7。

生物活性：杀菌。

熔点：150 ℃。

溶解度(20 ℃，g/L)：水中小于 4 mg/L，乙醇 19.2 g/L、正己烷 0.20 g/L、二氯甲烷 126 g/L、乙酸乙酯 37.7 g/L、丙酮 74.7 g/L、甲醇 4.7 g/L、二甲亚砜 183 g/L。

稳定性(22 ℃)：对光稳定，水中半衰期可达 365 d。

ICS 65.100.20
CCS G 25

中华人民共和国农业行业标准

NY/T 4107—2022

氟噻草胺原药

Flufenacet technical material

2022-07-11 发布　　2022-10-01 实施

中华人民共和国农业农村部 发布

前　言

本文件按照 GB/T 1.1—2020《标准化工作导则　第 1 部分:标准化文件的结构和起草规则》的规定起草。

请注意本文件的某些内容可能涉及专利。本文件的发布机构不承担识别专利的责任。

本文件由农业农村部种植业管理司提出。

本文件由全国农药标准化技术委员会(SAC/TC 133)归口。

本文件起草单位:河北兴柏农业科技有限公司、江苏快达农化股份有限公司、京博农化科技有限公司、沈阳沈化院测试技术有限公司、沈阳化工研究院有限公司、拜耳作物科学(中国)有限公司。

本文件主要起草人:黎娜、刘月、刘中须、陈杰、曹同波、鲁忠华、成道泉。

氟噻草胺原药

1 范围

本文件规定了氟噻草胺原药的技术要求、试验方法、检验规则、验收和质量保证期以及标志、标签、包装、储运。

本文件适用于氟噻草胺原药产品的质量控制。

注：氟噻草胺的其他名称、结构式和基本物化参数见附录 A。

2 规范性引用文件

下列文件中的内容通过文中的规范性引用而构成本文件必不可少的条款。其中，注日期的引用文件，仅该日期对应的版本适用于本文件；不注日期的引用文件，其最新版本（包括所有的修改单）适用于本文件。

GB/T 1600—2021 农药水分测定方法

GB/T 1601 农药 pH 的测定方法

GB/T 1604 商品农药验收规则

GB/T 1605—2001 商品农药采样方法

GB 3796 农药包装通则

GB/T 8170—2008 数值修约规则与极限数值的表示和判定

GB/T 19138 农药丙酮不溶物测定方法

3 术语和定义

本文件没有需要界定的术语和定义。

4 技术要求

4.1 外观

白色至棕色粉末。

4.2 技术指标

氟噻草胺原药应符合表 1 的要求。

表 1 氟噻草胺原药技术指标

项 目	指 标
氟噻草胺质量分数，%	≥95.0
水分，%	≤0.6
丙酮不溶物[a]，%	≤0.2
pH	4.0～7.0
[a] 正常生产时，丙酮不溶物每 3 个月至少测定 1 次。	

5 试验方法

警示：使用本文件的人员应有实验室工作的实践经验。本文件并未指出所有的安全问题。使用者有责任采取适当的安全和健康措施。

5.1 一般规定

本文件所用试剂和水在没有注明其他要求时，均指分析纯试剂和蒸馏水。检验结果的判定按 GB/T 8170—2008 中 4.3.3 的规定进行。

5.2 取样

按 GB/T 1605—2001 中 5.3.1 的规定进行。用随机数表法确定取样的包装件;最终取样量应不少于 100 g。

5.3 鉴别试验

5.3.1 红外光谱法

氟噻草胺原药与氟噻草胺标样在 4 000/cm～400/cm 范围的红外吸收光谱图应没有明显区别。氟噻草胺标样红外光谱图见图 1。

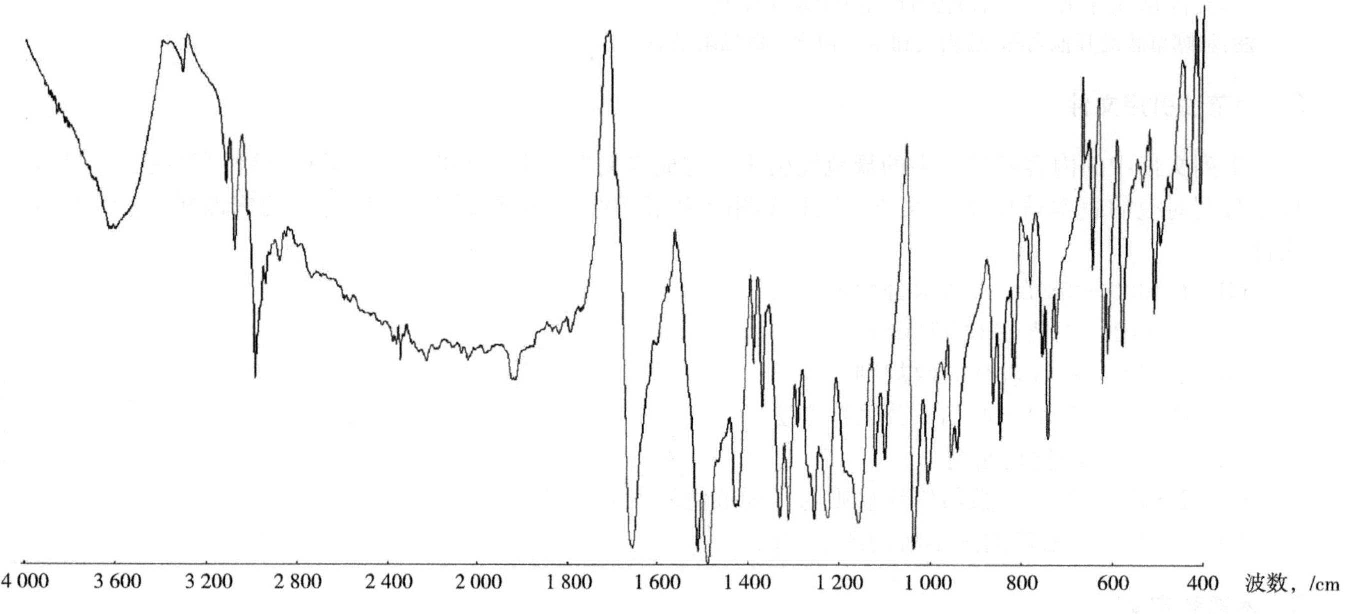

图 1 氟噻草胺标样的红外光谱图

5.3.2 液相色谱法

本鉴别试验可与氟噻草胺质量分数的测定同时进行。在相同的色谱操作条件下,试样溶液中某色谱峰的保留时间与标样溶液中氟噻草胺的色谱峰的保留时间,其相对差值应在 1.5%以内。

5.4 外观的测定

采用目测法测定。

5.5 氟噻草胺质量分数的测定

5.5.1 方法提要

试样用甲醇溶解,以甲醇+水为流动相,使用以 C_{18} 为填料的不锈钢柱和紫外检测器(230 nm),对试样中的氟噻草胺进行高效液相色谱分离,外标法定量。

5.5.2 试剂和溶液

5.5.2.1 甲醇:色谱级。

5.5.2.2 水:新蒸二次蒸馏水或超纯水。

5.5.2.3 氟噻草胺标样:已知氟噻草胺质量分数,$\omega \geq 98.0\%$。

5.5.3 仪器

5.5.3.1 高效液相色谱仪:具有可变波长紫外检测器。

5.5.3.2 色谱柱:150 mm×4.6 mm(内径)不锈钢柱,内装 C_{18}、5 μm 填充物(或具同等效果的色谱柱)。

5.5.3.3 过滤器:滤膜孔径约 0.22 μm。

5.5.3.4 定量进样管:5 μL。

5.5.3.5 超声波清洗器。

5.5.4 **高效液相色谱操作条件**

5.5.4.1 流动相:体积比 $\psi_{(甲醇:水)}$=65∶35。

5.5.4.2 流速:1.0 mL/min。

5.5.4.3 柱温:室温(温度变化应不大于 2 ℃)。

5.5.4.4 检测波长:230 nm。

5.5.4.5 进样体积:5 μL。

5.5.4.6 保留时间:氟噻草胺约 9.0 min。

5.5.4.7 上述操作参数是典型的,可根据不同仪器特点,对给定的操作参数作适当调整,以期获得最佳效果。典型的氟噻草胺原药高效液相色谱图见图 2。

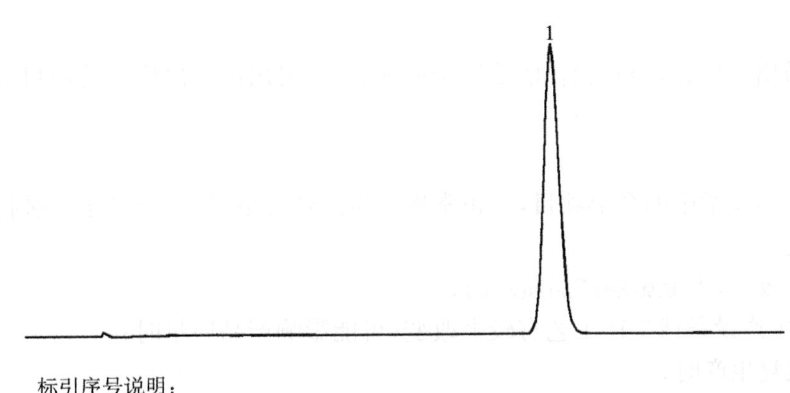

标引序号说明:

1——氟噻草胺。

图 2 氟噻草胺原药的高效液相色谱图

5.5.5 **测定步骤**

5.5.5.1 **标样溶液的制备**

称取 0.05 g 氟噻草胺标样(精确至 0.000 1 g),置于 100 mL 容量瓶中,加入 80 mL 甲醇,超声振荡 5 min使之溶解,冷却至室温,用甲醇稀释至刻度,摇匀。

5.5.5.2 **试样溶液的制备**

称取含氟噻草胺 0.05 g 的原药试样(精确至 0.000 1 g),置于 100 mL 容量瓶中,加入 80 mL 甲醇,超声振荡 5 min 使之溶解,冷却至室温,用甲醇稀释至刻度,摇匀,过滤。

5.5.5.3 **测定**

在上述操作条件下,待仪器稳定后,连续注入数针标样溶液,直至相邻两针氟噻草胺峰面积相对变化小于 1.2%后,按照标样溶液、试样溶液、试样溶液、标样溶液的顺序进行测定。

5.5.6 **计算**

将测得的两针试样溶液以及试样前后两针标样溶液中氟噻草胺峰面积分别进行平均,试样中氟噻草胺的质量分数按公式(1)计算。

$$\omega_1 = \frac{A_2 \times m_1 \times \omega_{b1}}{A_1 \times m_2} \quad \cdots\cdots (1)$$

式中:

ω_1 ——氟噻草胺质量分数的数值,单位为百分号(%);

A_2——试样溶液中,氟噻草胺峰面积的平均值;

m_1——标样质量的数值,单位为克(g);

ω_{b1}——标样中氟噻草胺质量分数的数值,单位为百分号(%);

A_1——标样溶液中,氟噻草胺峰面积的平均值;

m_2——试样质量的数值,单位为克(g)。

5.5.7 允许差

2 次平行测定结果之差应不大于 1.2%，取其算术平均值作为测定结果。

5.6 水分的测定

按 GB/T 1600—2021 中 4.2 的规定进行。

5.7 丙酮不溶物的测定

按 GB/T 19138 的规定进行。

5.8 pH 的测定

按 GB/T 1601 的规定进行。

6 检验规则

6.1 出厂检验

每批产品均应做出厂检验，经检验合格签发合格证后，方可出厂。出厂检验项目为第 4 章中除丙酮不溶物以外的所有项目。

6.2 型式检验

型式检验项目为第 4 章中的全部项目，在正常连续生产情况下，每 3 个月至少进行 1 次。有下述情况之一，应进行型式检验：

a) 原料有较大改变，可能影响产品质量时；

b) 生产地址、生产设备或生产工艺有较大改变，可能影响产品质量时；

c) 停产后又恢复生产时；

d) 国家法定质量监管机构提出型式检验要求时。

6.3 判定规则

按第 4 章对产品进行出厂检验和型式检验，任一项目不符合指标要求判为该批次产品不合格。

7 验收和质量保证期

7.1 验收

应符合 GB/T 1604 的要求。

7.2 质量保证期

在规定的储运条件下，氟噻草胺原药的质量保证期从生产日期算起为 2 年。质量保证期内，各项指标均应符合本文件的要求。

8 标志、标签、包装、储运

8.1 标志、标签、包装

氟噻草胺原药的标志、标签、包装应符合 GB 3796 的要求；氟噻草胺原药采用清洁、干燥内衬塑料袋的编织袋或内衬保护层的铁桶或纸板桶包装。每袋净含量一般为 20 kg，每桶净含量一般 50 kg、100 kg。也可根据用户要求或订货协议可采用其他形式的包装，但需符合 GB 3796 的要求。

8.2 储运

氟噻草胺原药包装件应储存在通风、干燥的库房中；储运时，严防潮湿和日晒，不得与食物、种子、饲料混放，避免与皮肤、眼睛接触，防止由口鼻吸入。

附　录　A
（资料性）
氟噻草胺的其他名称、结构式和基本物化参数

氟噻草胺的其他名称、结构式和基本物化参数如下：

ISO 通用名称：Flufenacet。

CAS 登录号：142459-58-3。

CIPAC 数字代码：588。

化学名称：4′-氟-*N*-异丙基-2-(5-三氟甲基-1,3,4-噻二唑-2-基氧)乙酰苯胺。

结构式：

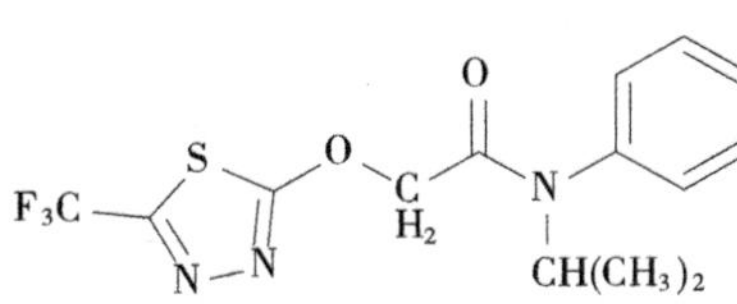

实验式：$C_{14}H_{13}F_4N_3O_2S$。

相对分子质量：363.3。

生物活性：除草。

熔点：76 ℃～79 ℃。

蒸气压(20 ℃)：0.09 mPa。

溶解度(20 ℃～25 ℃)：水中 0.054 g/L(pH 9)；0.056 g/L(pH 4 和 pH 7)；丙酮、二氯甲烷、*N*,*N*-二甲基甲酰胺、二甲亚砜、甲苯中大于 200 g/L；正己烷中 8.7 g/L，异丙醇中 170 g/L，正辛醇中88 g/L，聚乙二醇中 74 g/L。

稳定性：pH 5～9 水溶液中稳定，pH 5 条件下对光稳定。

ICS 65.100.20
CCS G 25

中华人民共和国农业行业标准

NY/T 4108—2022

嗪草酮可湿性粉剂

Metribuzin wettable powders

2022-07-11 发布　　　　2022-10-01 实施

中华人民共和国农业农村部　发布

前　言

本文件按照 GB/T 1.1—2020《标准化工作导则　第 1 部分：标准化文件的结构和起草规则》的规定起草。

请注意本文件的某些内容可能涉及专利。本文件的发布机构不承担识别专利的责任。

本文件由农业农村部种植业管理司提出。

本文件由全国农药标准化技术委员会(SAC/TC 133)归口。

本文件起草单位：沈阳化工研究院有限公司、沈阳沈化院测试技术有限公司、创新美兰(合肥)股份有限公司。

本文件主要起草人：张嘉月、王婉秋、徐长才、董雪梅。

嗪草酮可湿性粉剂

1 范围

本文件规定了嗪草酮可湿性粉剂的技术要求、试验方法、检验规则、验收和质量保证期以及标志、标签、包装、储运。

本文件适用于嗪草酮可湿性粉剂产品的质量控制。

注：嗪草酮的其他名称、结构式和基本物化参数见附录 A。

2 规范性引用文件

下列文件中的内容通过文中的规范性引用而构成本文件必不可少的条款。其中，注日期的引用文件，仅该日期对应的版本适用于本文件；不注日期的引用文件，其最新版本（包括所有的修改单）适用于本文件。

GB/T 1600—2021 农药水分测定方法

GB/T 1601 农药 pH 的测定方法

GB/T 1604 商品农药验收规则

GB/T 1605—2001 商品农药采样方法

GB 3796 农药包装通则

GB/T 5451 农药可湿性粉剂润湿性测定方法

GB/T 8170—2008 数值修约规则与极限数值的表示和判定

GB/T 14825—2006 农药悬浮率测定方法

GB/T 16150—1995 农药粉剂、可湿性粉剂湿筛试验测定方法

GB/T 19136—2021 农药热储稳定性测定方法

GB/T 28137 农药持久起泡性测定方法

3 术语和定义

本文件没有需要界定的术语和定义。

4 技术要求

4.1 外观

均匀的疏松粉末，不应有团块。

4.2 技术指标

嗪草酮可湿性粉剂应符合表 1 的要求。

表 1 嗪草酮可湿性粉剂控制项目指标

项 目	指 标	
	50%规格	70%规格
嗪草酮质量分数，%	$50.0^{+2.5}_{-2.5}$	$70.0^{+2.5}_{-2.5}$
水分，%	≤3.0	
pH	6.0～9.0	
湿筛试验（通过 75 μm 试验筛），%	≥98	
悬浮率，%	≥80	
润湿时间，s	≤120	

表 1（续）

项　目	指　标	
	50%规格	70%规格
持久起泡性(1 min后泡沫量),mL	≤60	
热储稳定性[a]	热储后,嗪草酮质量分数应不低于热储前测得质量分数的95%,悬浮率、pH、湿筛试验和润湿时间仍应符合本文件的要求	
[a] 正常生产时,热储稳定性每3个月至少测定1次。		

5 试验方法

警示:使用本文件的人员应有实验室工作的实践经验。本文件并未指出所有的安全问题。使用者有责任采取适当的安全和健康措施。

5.1 一般规定

本文件所用试剂和水在没有注明其他要求时,均指分析纯试剂和蒸馏水。检验结果的判定按 GB/T 8170—2008 中 4.3.3 的规定进行。

5.2 取样

按 GB/T 1605—2001 中 5.3.3 的规定进行。用随机数表法确定取样的包装件;最终取样量应不少于300 g。

5.3 鉴别试验

5.3.1 气相色谱法

本鉴别试验可与嗪草酮质量分数的测定同时进行。在相同的色谱操作条件下,试样溶液中某个色谱峰的保留时间与标样溶液中嗪草酮的色谱峰的保留时间,其相对差值应在 1.5%以内。

5.3.2 高效液相色谱法

本鉴别试验可与嗪草酮质量分数的测定同时进行。在相同的色谱操作条件下,试样溶液中某色谱峰的保留时间与标样溶液中嗪草酮的色谱峰的保留时间,其相对差值应在 1.5%以内。

5.4 外观的测定

采用目测法测定。

5.5 嗪草酮质量分数的测定

5.5.1 气相色谱法(仲裁法)

5.5.1.1 方法提要

试样用丙酮溶解,以邻苯二甲酸二丁酯为内标物,使用(5%-苯基)-甲基聚硅氧烷涂壁的毛细管柱和氢火焰检测器,对试样中的嗪草酮进行气相色谱分离,内标法定量。

5.5.1.2 试剂和溶液

5.5.1.2.1 丙酮。

5.5.1.2.2 嗪草酮标样:已知嗪草酮质量分数,$\omega \geq 98.0\%$。

5.5.1.2.3 邻苯二甲酸二丁酯,应没有干扰分析的杂质。

5.5.1.2.4 内标溶液:称取邻苯二甲酸二丁酯 1.6 g 于 1 000 mL 容量瓶中,用丙酮溶解并稀释至刻度,摇匀。

5.5.1.3 仪器

5.5.1.3.1 气相色谱仪:具有氢火焰离子化检测器。

5.5.1.3.2 色谱处理机或工作站。

5.5.1.3.3 色谱柱:30 m×0.32 mm(内径)毛细管柱,内壁涂(5%-苯基)-甲基聚硅氧烷,膜厚 0.25 μm(或具同等效果的色谱柱)。

5.5.1.4 **气相色谱操作条件**

5.5.1.4.1 温度(℃):柱温 200,气化室 250,检测室 300。

5.5.1.4.2 气体流量(mL/min):载气(N_2)2.0,氢气 30,空气 400,补偿气 25。

5.5.1.4.3 分流比:20∶1。

5.5.1.4.4 进样体积:1.0 μL。

5.5.1.4.5 保留时间:嗪草酮约 4.1 min,内标物约 4.8 min。

5.5.1.4.6 上述操作参数是典型的,可根据不同仪器特点,对给定的操作参数作适当调整,以期获得最佳效果。典型的嗪草酮可湿性粉剂与内标物的气相色谱图见图 1。

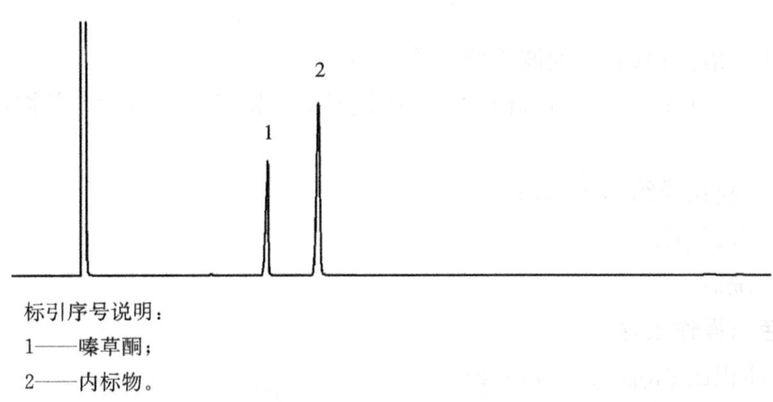

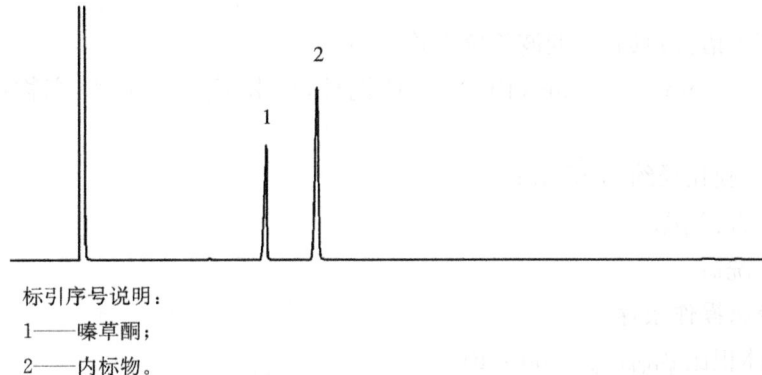

标引序号说明:

1——嗪草酮;

2——内标物。

图 1 嗪草酮可湿性粉剂与内标物的气相色谱图

5.5.1.5 **测定步骤**

5.5.1.5.1 **标样溶液的制备**

称取含 0.05 g 嗪草酮标样(精确至 0.000 1 g),置于 50 mL 具塞瓶中,准确加入 25 mL 内标溶液,摇匀。

5.5.1.5.2 **试样溶液的制备**

称取含嗪草酮 0.05 g 的试样(精确至 0.000 1 g),置于 50 mL 具塞瓶中,准确加入 25 mL 内标溶液,超声波振荡 5 min。摇匀,过滤。

5.5.1.5.3 **测定**

在上述操作条件下,待仪器稳定后,连续注入数针标样溶液,直至相邻两针嗪草酮与内标物的峰面积之比相对变化小于 1.2%后,按照标样溶液、试样溶液、试样溶液、标样溶液的顺序进行测定。

5.5.1.6 **计算**

将测得的两针试样溶液以及试样前后两针标样溶液中嗪草酮峰面积与内标物峰面积之比,分别进行平均,试样中嗪草酮的质量分数按公式(1)计算。

$$\omega_1 = \frac{r_2 \times m_1 \times \omega_{b1}}{r_1 \times m_2} \quad \cdots\cdots (1)$$

式中:

ω_1 ——试样中嗪草酮质量分数的数值,单位为百分号(%);

r_2 ——试样溶液中,嗪草酮与内标物峰面积比的平均值;

m_1——嗪草酮标样质量的数值,单位为克(g);

ω_{b1}——标样中嗪草酮质量分数的数值,单位为百分号(%);

r_1 ——标样溶液中,嗪草酮与内标物峰面积比的平均值;

m_2——试样质量的数值,单位为克(g)。

5.5.1.7 **允许差**

嗪草酮质量分数 2 次平行测定结果之差,70%嗪草酮可湿性粉剂应不大于 1.0%;50%嗪草酮可湿性粉剂应不大于 0.8%,分别取其算术平均值作为测定结果。

5.5.2 **液相色谱法**

5.5.2.1 **方法提要**

试样用甲醇溶解，以甲醇＋水为流动相，使用以 C_{18} 为填料的不锈钢柱和紫外检测器(290 nm)，对试样中的嗪草酮进行高效液相色谱分离，外标法定量。

5.5.2.2 **试剂和溶液**

5.5.2.2.1 甲醇：色谱纯。

5.5.2.2.2 水：新蒸二次蒸馏水或超纯水。

5.5.2.2.3 嗪草酮标样：已知嗪草酮质量分数，$\omega \geqslant 98.0\%$。

5.5.2.3 **仪器**

5.5.2.3.1 高效液相色谱仪：具有可变波长紫外检测器。

5.5.2.3.2 色谱柱：250 mm×4.6 mm(内径)不锈钢柱，内装 C_{18}、5 μm 填充物(或具同等效果的色谱柱)。

5.5.2.3.3 过滤器：滤膜孔径约 0.45 μm。

5.5.2.3.4 定量进样管：5 μL。

5.5.2.3.5 超声波清洗器。

5.5.2.4 **高效液相色谱操作条件**

5.5.2.4.1 流动相：体积比 $\psi_{(甲醇:水)}$＝60∶40。

5.5.2.4.2 流速：1.0 mL/min。

5.5.2.4.3 柱温：室温(温度变化应不大于 2 ℃)。

5.5.2.4.4 检测波长：290 nm。

5.5.2.4.5 进样体积：5 μL。

5.5.2.4.6 保留时间：嗪草酮约 8.2 min。

5.5.2.4.7 上述操作参数是典型的，可根据不同仪器特点，对给定的操作参数作适当调整，以期获得最佳效果。典型的嗪草酮可湿性粉剂高效液相色谱图见图 2。

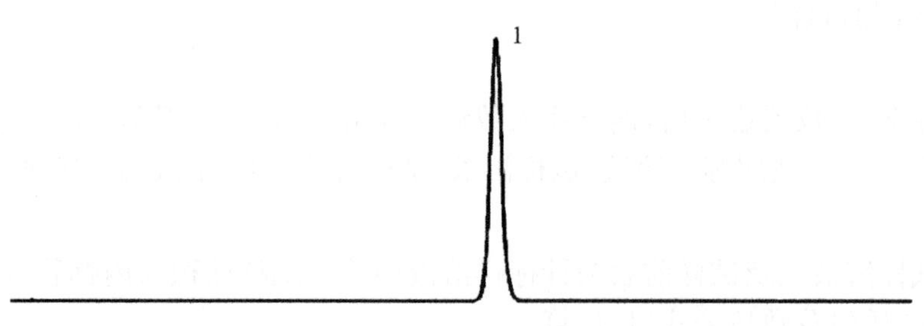

标引序号说明：

1——嗪草酮。

图 2 嗪草酮可湿性粉剂的高效液相色谱图

5.5.2.5 **测定步骤**

5.5.2.5.1 **标样溶液的制备**

称取 0.1 g 嗪草酮标样(精确至 0.000 1 g)，置于 50 mL 容量瓶中，加入 40 mL 甲醇，超声波振荡 5 min，冷却至室温，用甲醇定容至刻度，摇匀。用移液管移取上述溶液 10 mL 于 50 mL 容量瓶中，用甲醇稀释至刻度，摇匀。

5.5.2.5.2 **试样溶液的制备**

称取含嗪草酮 0.1 g 的试样(精确至 0.000 1 g)，置于 50 mL 容量瓶中，加入 40 mL 甲醇，超声波振荡 5 min，冷却至室温，用甲醇定容至刻度，摇匀，过滤。用移液管移取上述过滤液 10 mL 于 50 mL 容量瓶中，用甲醇稀释至刻度，摇匀。

5.5.2.5.3 测定

在上述操作条件下，待仪器稳定后，连续注入数针标样溶液，直至相邻两针嗪草酮峰面积相对变化小于1.2%后，按照标样溶液、试样溶液、试样溶液、标样溶液的顺序进行测定。

5.5.2.6 计算

将测得的两针试样溶液以及试样前后两针标样溶液中嗪草酮峰面积分别进行平均，试样中嗪草酮的质量分数按公式(2)计算。

$$\omega_1 = \frac{A_2 \times m_3 \times \omega_{b1}}{A_1 \times m_4} \quad \cdots\cdots (2)$$

式中：

A_2——试样溶液中，嗪草酮的峰面积的平均值；

m_3——嗪草酮标样质量的数值，单位为克(g)；

A_1——标样溶液中，嗪草酮的峰面积的平均值；

m_4——试样质量的数值，单位为克(g)。

5.5.2.7 允许差

嗪草酮质量分数2次平行测定结果之差，70%嗪草酮可湿性粉剂应不大于1.0%；50%嗪草酮可湿性粉剂应不大于0.8%，分别取其算术平均值作为测定结果。

5.6 水分的测定

按GB/T 1600—2021中4.2的规定进行。

5.7 pH的测定

按GB/T 1601的规定进行。

5.8 湿筛试验

按GB/T 16150—1995中2.2的规定进行。

5.9 悬浮率的测定

5.9.1 测定

按GB/T 14825—2006中4.1进行。称取1.0 g试样(精确至0.000 1 g)。如用气相色谱法测定，用20 mL三氯甲烷对剩余的25 mL悬浮液及沉淀物进行萃取，将萃取液全部转移至100 mL具塞瓶中，加入25 mL内标溶液，混匀。如用高效液相色谱法测定，则将剩余的25 mL的悬浮液及沉淀物用60 mL甲醇分3次全部洗入100 mL容量瓶中，在超声下振荡5 min，恢复至室温，用甲醇定容，摇匀，过滤。用移液管移取上述滤液10 mL于50 mL容量瓶中，用甲醇稀释至刻度，摇匀。按5.5测定嗪草酮的质量，计算其悬浮率。

5.9.2 计算

气相色谱法测定悬浮率按公式(3)计算。

$$\omega_2 = \frac{m_6 \times \omega_1 - r_4 \times m_5 \times \omega_{b1} \div r_3}{m_4 \times \omega_1} \times 111.1 \quad \cdots\cdots (3)$$

式中：

ω_2——悬浮率，单位为百分号(%)；

m_6——试样质量的数值，单位为克(g)；

r_4——试样溶液中，嗪草酮与内标物峰面积比的平均值；

m_5——嗪草酮标样质量的数值，单位为克(g)；

r_3——标样溶液中，嗪草酮与内标物峰面积比的平均值。

液相色谱法测定悬浮率按公式(4)计算。

$$\omega_2 = \frac{m_8 \times \omega_1 - A_4 \times m_7 \times \omega_{b1} \times n \div A_3}{m_8 \times \omega_1} \times 111.1 \quad \cdots\cdots (4)$$

式中：

A_4——试样溶液中，嗪草酮峰面积的平均值；

m_7——嗪草酮标样质量的数值，单位为克(g)；

A_3——标样溶液中，嗪草酮峰面积的平均值；

n ——试样的稀释倍数，$n=2$。

5.10 润湿时间的测定

按 GB/T 5451 的规定进行。

5.11 持久起泡性的测定

按 GB/T 28137 的规定进行。

5.12 热储稳定性

按 GB/T 19136—2021 中的 4.4.1 的规定进行。

6 检验规则

6.1 出厂检验

每批产品均应做出厂检验，经检验合格签发合格证后，方可出厂。出厂检验项目为第 4 章中除热储稳定性以外的所有项目。

6.2 型式检验

型式检验项目为第 4 章中的全部项目，在正常连续生产情况下，每 3 个月至少进行 1 次。有下述情况之一，应进行型式检验：

a) 原料有较大改变，可能影响产品质量时；

b) 生产地址、生产设备或生产工艺有较大改变，可能影响产品质量时；

c) 停产后又恢复生产时；

d) 国家法定质量监管机构提出型式检验要求时。

6.3 判定规则

按第 4 章对产品进行出厂检验和型式检验，任一项目不符合指标要求判为该批次产品不合格。

7 验收和质量保证期

7.1 验收

应符合 GB/T 1604 的要求。

7.2 质量保证期

在规定的储运条件下，嗪草酮可湿性粉剂的质量保证期从生产日期算起为 2 年。质量保证期内，各项指标均应符合本文件的要求。

8 标志、标签、包装、储运

8.1 标志、标签、包装

嗪草酮可湿性粉剂的标志、标签、包装应符合 GB 3796 的要求；嗪草酮可湿性粉剂采用清洁干燥内衬塑料袋的编织袋或内衬保护层的铁桶或纸板桶包装。每袋净含量一般 20 kg，每桶净含量一般 50 kg、100 kg。也可根据用户要求或订货协议采用其他形式的包装，但需符合 GB 3796 的要求。

8.2 储运

嗪草酮可湿性粉剂包装件应储存在通风、干燥的库房中；储运时，严防潮湿和日晒，不得与食物、种子、饲料混放，避免与皮肤、眼睛接触，防止由口鼻吸入。

附 录 A
(资料性)
嗪草酮的其他名称、结构式和基本物化参数

嗪草酮的其他名称、结构式和基本物化参数如下：

ISO 通用名称：Metribuzin。

CAS 登录号：21087-64-9。

化学名称：4-氨基-6-叔丁基-3-甲硫基-1,2,4-三嗪-5(4*H*)-酮。

结构式：

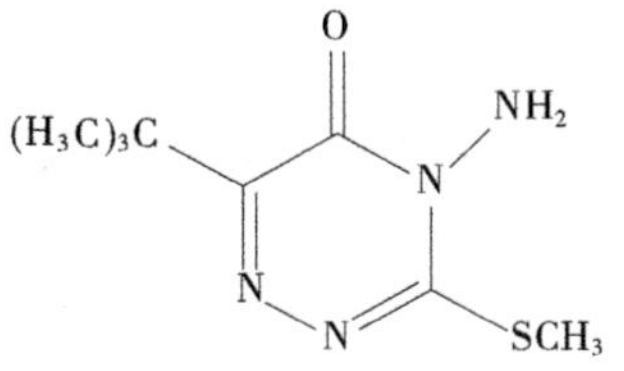

O, NH_2, $(H_3C)_3C$, N, N, N, SCH_3

实验式：$C_8H_{14}N_4OS$。

相对分子质量：214.3。

生物活性：除草。

熔点(℃)：126。

沸点(℃)：132。

蒸气压(mPa)：0.058(20 ℃)。

溶解度(20 ℃～25 ℃)：水中 1.05 g/L，丙酮中大于 250 g/L，苯中 220 g/L，乙腈中大于 250 g/L，二甲基亚砜中大于 250 g/L，乙酸乙酯中大于 250 g/L，异丙醇中大于 250 g/L，正辛醇中 54 g/L，聚乙二醇中大于 250 g/L，二甲苯中 60 g/L。

稳定性：紫外光照射下相对稳定，20 ℃时在稀酸、稀碱条件下稳定。

ICS 65.100.20
CCS G 25

中华人民共和国农业行业标准

NY/T 4109—2022

嗪草酮水分散粒剂

Metribuzin water dispersible granules

2022-07-11 发布 2022-10-01 实施

中华人民共和国农业农村部 发布

前　　言

本文件按照 GB/T 1.1—2020《标准化工作导则　第 1 部分:标准化文件的结构和起草规则》的规定起草。

请注意本文件的某些内容可能涉及专利。本文件的发布机构不承担识别专利的责任。

本文件由农业农村部种植业管理司提出。

本文件由全国农药标准化技术委员会(SAC/TC 133)归口。

本文件起草单位:沈阳沈化院测试技术有限公司、中科美兰(合肥)生物工程有限公司、沈阳化工研究院有限公司、河北兰升生物科技有限公司。

本文件主要起草人:王婉秋、张嘉月、毛堂富、魏敬怀、张志虎、许峰、董雪梅。

嗪草酮水分散粒剂

1 范围

本文件规定了嗪草酮水分散粒剂的技术要求、试验方法、检验规则、验收和质量保证期以及标志、标签、包装、储运。

本文件适用于嗪草酮水分散粒剂产品的质量控制。

注：嗪草酮的其他名称、结构式和基本物化参数见附录 A。

2 规范性引用文件

下列文件中的内容通过文中的规范性引用而构成本文件必不可少的条款。其中，注日期的引用文件，仅该日期对应的版本适用于本文件；不注日期的引用文件，其最新版本（包括所有的修改单）适用于本文件。

GB/T 1600—2021　农药水分测定方法

GB/T 1601　农药 pH 的测定方法

GB/T 1604　商品农药验收规则

GB/T 1605—2001　商品农药采样方法

GB 3796　农药包装通则

GB/T 5451　农药可湿性粉剂润湿性测定方法

GB/T 8170—2008　数值修约规则与极限数值的表示和判定

GB/T 14825—2006　农药悬浮率测定方法

GB/T 16150—1995　农药粉剂、可湿性粉剂细度测定方法

GB/T 19136—2021　农药热储稳定性测定方法

GB/T 28137　农药持久起泡性测定方法

GB/T 30360　颗粒状农药粉尘测定方法

GB/T 32775　农药分散性测定方法

GB/T 33031　农药水分散粒剂耐磨性测定方法

3 术语和定义

本文件没有需要界定的术语和定义。

4 技术要求

4.1 外观

干燥的、能自由流动的固体颗粒。

4.2 技术指标

嗪草酮水分散粒剂应符合表 1 的要求。

表 1　嗪草酮水分散粒剂控制项目指标

项　目	指　标	
	70%规格	75%规格
嗪草酮质量分数，%	$70.0^{+2.5}_{-2.5}$	$75.0^{+2.5}_{-2.5}$
水分，%	≤3.0	
pH	6.0～9.0	

表 1（续）

项　目	指　标	
	70%规格	75%规格
湿筛试验(通过 75 μm 试验筛),%	≥98	
分散性,%	≥80	
悬浮率,%	≥80	
润湿时间,s	≤90	
持久起泡性(1 min 后泡沫量),mL	≤60	
耐磨性,%	≥90	
粉尘,mg	≤30	
热储稳定性[a]	热储后,嗪草酮质量分数应不低于热储前测得质量分数的 95%,pH、湿筛试验、分散性、悬浮率、粉尘、耐磨性仍应符合本文件的要求	

[a] 正常生产时,热储稳定性每 3 个月至少测定 1 次。

5 试验方法

警示:使用本文件的人员应有实验室工作的实践经验。本文件并未指出所有的安全问题。使用者有责任采取适当的安全和健康措施。

5.1 一般规定

本文件所用试剂和水在没有注明其他要求时,均指分析纯试剂和蒸馏水。检验结果的判定按 GB/T 8170—2008 中 4.3.3 的规定进行。

5.2 取样

按 GB/T 1605—2001 中 5.3.3 的规定进行。用随机数表法确定取样的包装件;最终取样量应不少于 600 g。

5.3 鉴别试验

5.3.1 气相色谱法

本鉴别试验可与嗪草酮质量分数的测定同时进行。在相同的色谱操作条件下,试样溶液中某个色谱峰的保留时间与标样溶液中嗪草酮的色谱峰的保留时间,其相对差值应在 1.5%以内。

5.3.2 高效液相色谱法

本鉴别试验可与嗪草酮质量分数的测定同时进行。在相同的色谱操作条件下,试样溶液中某色谱峰的保留时间与标样溶液中嗪草酮的色谱峰的保留时间,其相对差应在 1.5%以内。

5.4 外观的测定

采用目测法测定。

5.5 嗪草酮质量分数的测定

5.5.1 气相色谱法(仲裁法)

5.5.1.1 方法提要

试样用丙酮溶解,以邻苯二甲酸二丁酯为内标物,使用 (5%-苯基)-甲基聚硅氧烷涂壁的毛细管柱和氢火焰检测器,对试样中的嗪草酮进行气相色谱分离,内标法定量。

5.5.1.2 试剂和溶液

5.5.1.2.1 丙酮。

5.5.1.2.2 嗪草酮标样:已知嗪草酮质量分数,$\omega \geq 98.0\%$。

5.5.1.2.3 邻苯二甲酸二丁酯:应没有干扰分析的杂质。

5.5.1.2.4 内标溶液:称取邻苯二甲酸二丁酯 1.6 g 于 1 000 mL 容量瓶中,用丙酮溶解并稀释至刻度,摇匀。

5.5.1.3 仪器

5.5.1.3.1 气相色谱仪:具有氢火焰离子化检测器。

5.5.1.3.2 色谱处理机或工作站。

5.5.1.3.3 色谱柱：30 m×0.32 mm 内径毛细管柱，内壁涂(5%-苯基)-甲基聚硅氧烷，膜厚 0.25 μm(或具同等效果的色谱柱)。

5.5.1.4 **气相色谱操作条件**

5.5.1.4.1 温度(℃)：柱温 200，气化室 250，检测室 300。

5.5.1.4.2 气体流量(mL/min)：载气(N_2)2.0，氢气 30，空气 400，补偿气 25。

5.5.1.4.3 分流比：20∶1。

5.5.1.4.4 进样体积：1.0 μL。

5.5.1.4.5 保留时间：嗪草酮约 4.1 min，内标物约 4.8 min。

5.5.1.4.6 上述操作参数是典型的，可根据不同仪器特点，对给定的操作参数作适当调整，以期获得最佳效果。典型的嗪草酮水分散粒剂与内标物的气相色谱图见图 1。

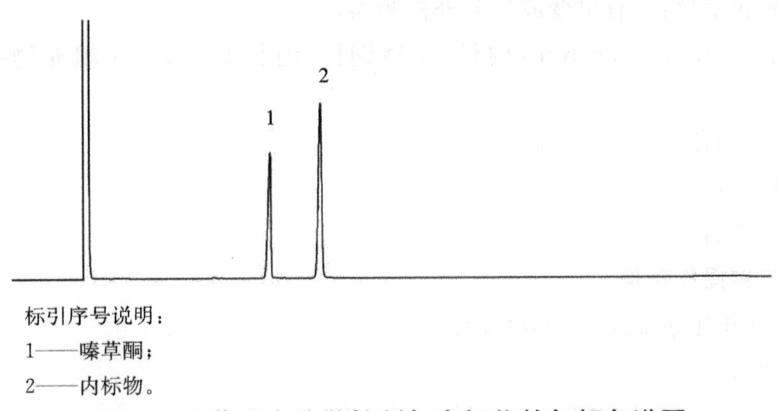

标引序号说明：

1——嗪草酮；

2——内标物。

图 1 嗪草酮水分散粒剂与内标物的气相色谱图

5.5.1.5 **测定步骤**

5.5.1.5.1 **标样溶液的制备**

称取 0.05 g 嗪草酮标样(精确至 0.000 1 g)，置于 50 mL 具塞瓶中，准确加入 25 mL 内标溶液，摇匀。

5.5.1.5.2 **试样溶液的制备**

取适量样品，先用研钵进行研磨，称取含嗪草酮 0.05 g(精确至 0.000 1 g)的研磨成粉末的试样，置于 50 mL 具塞瓶中，准确加入 25 mL 内标溶液，摇匀，过滤。

5.5.1.5.3 **测定**

在上述操作条件下，待仪器稳定后，连续注入数针标样溶液，直至相邻两针嗪草酮与内标物的峰面积之比相对变化小于 1.2%后，按照标样溶液、试样溶液、试样溶液、标样溶液的顺序进行测定。

5.5.1.6 **计算**

将测得的两针试样溶液以及试样前后两针标样溶液中嗪草酮峰面积与内标物峰面积之比，分别进行平均，试样中嗪草酮的质量分数按公式(1)计算。

$$\omega_1 = \frac{r_2 \times m_1 \times \omega_{b1}}{r_1 \times m_2} \quad \cdots\cdots (1)$$

式中：

ω_1——试样中嗪草酮质量分数的数值，单位为百分号(%)；

r_2——试样溶液中，嗪草酮与内标物峰面积比的平均值；

m_1——嗪草酮标样质量的数值，单位为克(g)；

ω_{b1}——标样中嗪草酮质量分数的数值，单位为百分号(%)；

r_1——标样溶液中，嗪草酮与内标物峰面积比的平均值；

m_2——试样质量的数值，单位为克(g)。

5.5.1.7 **允许差**

嗪草酮质量分数 2 次平行测定结果之差应不大于 1.0%，取其算术平均值作为测定结果。

5.5.2 **液相色谱法**

5.5.2.1 **方法提要**

试样用甲醇溶解，以甲醇+水为流动相，使用以 C_{18} 为填料的不锈钢柱和紫外检测器(290 nm)，对试样中的嗪草酮进行高效液相色谱分离，外标法定量。

5.5.2.2 **试剂和溶液**

5.5.2.2.1 甲醇：色谱纯。

5.5.2.2.2 水：新蒸二次蒸馏水或超纯水。

5.5.2.2.3 嗪草酮标样：已知嗪草酮质量分数，$\omega \geqslant 98.0\%$。

5.5.2.3 **仪器**

5.5.2.3.1 高效液相色谱仪：具有可变波长紫外检测器。

5.5.2.3.2 色谱柱：250 mm×4.6 mm(内径)不锈钢柱，内装 C_{18}、5 μm 填充物(或具同等效果的色谱柱)。

5.5.2.3.3 过滤器：滤膜孔径约 0.45 μm。

5.5.2.3.4 定量进样管：5 μL。

5.5.2.3.5 超声波清洗器。

5.5.2.4 **高效液相色谱操作条件**

5.5.2.4.1 流动相：体积比 $\psi_{(甲醇:水)}$=60∶40。

5.5.2.4.2 流速：1.0 mL/min。

5.5.2.4.3 柱温：室温(温度变化应不大于 2 ℃)。

5.5.2.4.4 检测波长：290 nm。

5.5.2.4.5 进样体积：5 μL。

5.5.2.4.6 保留时间：嗪草酮约 8.2 min。

5.5.2.4.7 上述操作参数是典型的，可根据不同仪器特点，对给定的操作参数作适当调整，以期获得最佳效果。典型的嗪草酮水分散粒剂高效液相色谱图见图 2。

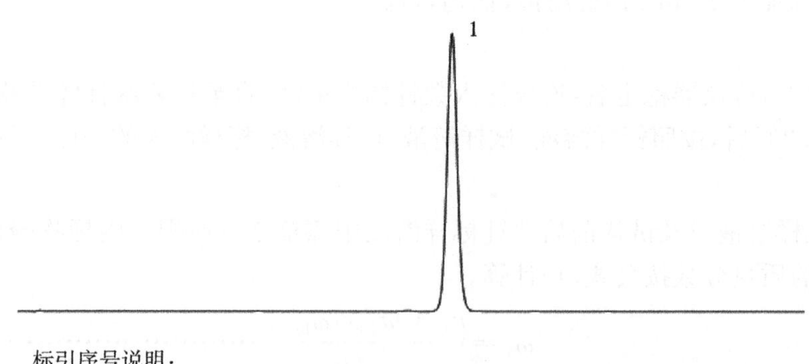

标引序号说明：

1——嗪草酮。

图 2 嗪草酮水分散粒剂的高效液相色谱图

5.5.2.5 **测定步骤**

5.5.2.5.1 **标样溶液的制备**

称取 0.1 g 嗪草酮标样(精确至 0.000 1 g)，置于 50 mL 容量瓶中，加入 40 mL 甲醇，超声波振荡 5 min，冷却至室温，用甲醇定容至刻度，摇匀。用移液管移取上述溶液 10 mL 于 50 mL 容量瓶中，用甲醇稀释至刻度，摇匀。

5.5.2.5.2 试样溶液的制备

取适量样品，先用研钵进行研磨，称取含嗪草酮 0.1 g(精确至 0.000 1 g)研磨成粉末的试样，置于 50 mL容量瓶中，加入 40 mL 甲醇，超声波振荡 5 min，冷却至室温，用甲醇定容至刻度，摇匀，过滤。用移液管移取上述过滤液 10 mL 于 50 mL 容量瓶中，用甲醇稀释至刻度，摇匀。

5.5.2.5.3 测定

在上述操作条件下，待仪器稳定后，连续注入数针标样溶液，直至相邻两针嗪草酮峰面积相对变化小于 1.2%后，按照标样溶液、试样溶液、试样溶液、标样溶液的顺序进行测定。

5.5.2.6 计算

将测得的两针试样溶液以及试样前后两针标样溶液中嗪草酮峰面积分别进行平均，试样中嗪草酮的质量分数按公式(2)计算。

$$\omega_1=\frac{A_2\times m_3\times \omega_{b1}}{A_1\times m_4} \quad\cdots\cdots\cdots\cdots (1)$$

式中：

A_2——试样溶液中，嗪草酮的峰面积的平均值；

m_3——嗪草酮标样质量的数值，单位为克(g)；

A_1——标样溶液中，嗪草酮的峰面积的平均值；

m_4——试样质量的数值，单位为克(g)。

5.5.2.7 允许差

嗪草酮质量分数 2 次平行测定结果之差应不大于 1.0%，取其算术平均值作为测定结果。

5.6 水分的测定

按 GB/T 1600—2021 中 4.2 的规定进行。

5.7 pH 的测定

按 GB/T 1601 的规定进行。

5.8 湿筛试验

按 GB/T 16150—1995 中 2.2 的规定进行。

5.9 分散性的测定

按 GB/T 32775 的规定进行。

5.10 悬浮率的测定

5.10.1 测定

按 GB/T 14825—2006 中 4.3 的规定进行。称取 1.0 g 试样(精确至 0.000 1 g)。如用气相色谱法测定，用 20 mL 三氯甲烷对剩余的 25 mL 悬浮液及沉淀物进行萃取，将萃取液全部转移至 100 mL 具塞瓶中，加入 25 mL 内标溶液，混匀。如用高效液相色谱法测定，则将剩余的 25 mL 的悬浮液及沉淀物用 60 mL甲醇分 3 次全部洗入 100 mL 容量瓶中，在超声下振荡 5 min，恢复至室温，用甲醇定容，摇匀，过滤。用移液管移取上述滤液 10 mL 于 50 mL 容量瓶中，用甲醇稀释至刻度，摇匀。按 5.5 测定嗪草酮的质量，计算其悬浮率。

5.10.2 计算

气相色谱法测定悬浮率按公式(3)计算。

$$\omega_2=\frac{m_6\times\omega_1-r_4\times m_5\times\omega_{b1}\div r_3}{m_6\times\omega_1}\times 111.1 \quad\cdots\cdots\cdots\cdots (3)$$

式中：

ω_2——悬浮率，单位为百分号(%)；

m_6——试样质量的数值，单位为克(g)；

r_4——试样溶液中，嗪草酮与内标物峰面积比的平均值；

m_5——嗪草酮标样质量的数值，单位为克(g)；

r_3——标样溶液中,嗪草酮与内标物峰面积比的平均值。

液相色谱法测定悬浮率按公式(4)计算。

$$\omega_2=\frac{m_8\times\omega_1-A_4\times m_7\times\omega_{b1}\times n\div A_3}{m_8\times\omega_1}\times 111.1 \quad\cdots\cdots(4)$$

式中:

m_8——试样质量的数值,单位为克(g);

A_4——试样溶液中,嗪草酮峰面积的平均值;

m_7——嗪草酮标样质量的数值,单位为克(g);

A_3——标样溶液中,嗪草酮峰面积的平均值;

n——试样的稀释倍数,$n=2$。

5.11 润湿时间的测定

按 GB/T 5451 的规定进行。

5.12 持久起泡性的测定

按 GB/T 28137 的规定进行。

5.13 粉尘的测定

按 GB/T 30360 的规定进行。

5.14 耐磨性的测定

按 GB/T 33031 的规定进行。

5.15 热储稳定性

按 GB/T 19136—2021 中的 4.4.1 的规定进行。

6 检验规则

6.1 出厂检验

每批产品均应做出厂检验,经检验合格签发合格证后,方可出厂。出厂检验项目为第 4 章技术指标中除热储稳定性以外的所有项目。

6.2 型式检验

型式检验项目为第 4 章中的全部项目,在正常连续生产情况下,每 3 个月至少进行 1 次。有下述情况之一,应进行型式检验:

a) 原料有较大改变,可能影响产品质量时;

b) 生产地址、生产设备或生产工艺有较大改变,可能影响产品质量时;

c) 停产后又恢复生产时;

d) 国家法定质量监管机构提出型式检验要求时。

6.3 判定规则

按第 4 章对产品进行出厂检验和型式检验,任一项目不符合指标要求判为该批次产品不合格。

7 验收和质量保证期

7.1 验收

应符合 GB/T 1604 的要求。

7.2 质量保证期

在规定的储运条件下,嗪草酮水分散粒剂的质量保证期从生产日期算起为 2 年。质量保证期内,各项指标均应符合本文件的要求。

8 标志、标签、包装、储运

8.1 标志、标签、包装

嗪草酮水分散粒剂的标志、标签、包装应符合 GB 3796 的要求;嗪草酮水分散粒剂采用干燥的塑料瓶包装,每瓶净含量 50 g、100 g、500 g,外包装用纸箱、瓦楞纸板箱或钙塑箱,每箱净重 10 kg。也可根据用户要求或订货协议采用其他形式的包装,但需符合 GB 3796 的要求。

8.2 储运

嗪草酮水分散粒剂包装件应储存在通风、干燥的库房中;储运时,严防潮湿和日晒,不得与食物、种子、饲料混放,避免与皮肤、眼睛接触,防止由口鼻吸入。

附　录　A
(资料性)
嗪草酮的其他名称、结构式和基本物化参数

嗪草酮的其他名称、结构式和基本物化参数如下：

ISO通用名称：Metribuzin。

CAS登录号：21087-64-9。

化学名称：4-氨基-6-叔丁基-3-甲硫基-1,2,4-三嗪-5(4*H*)-酮。

结构式：

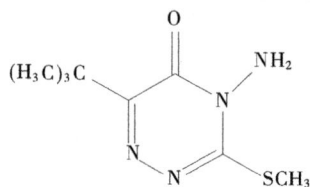

O
$(H_3C)_3C$
NH_2
N
N
N
SCH_3

实验式：$C_8H_{14}N_4OS$。

相对分子质量：214.3。

生物活性：除草。

熔点(℃)：126。

沸点(℃)：132。

蒸气压(mPa)：0.058(20 ℃)。

溶解度(20 ℃～25 ℃)：水中1.05 g/L，丙酮中大于250 g/L，苯中220 g/L，乙腈中大于250 g/L，二甲基亚砜中大于250 g/L，乙酸乙酯中大于250 g/L，异丙醇中大于250 g/L，正辛醇中54 g/L，聚乙二醇中大于250 g/L，二甲苯中60 g/L。

稳定性：紫外光照射下相对稳定，20 ℃时在稀酸、稀碱条件下稳定。

ICS 65.100.20
CCS G 25

中华人民共和国农业行业标准

NY/T 4110—2022

嗪草酮悬浮剂

Metribuzin suspension concentrates

2022-07-11 发布 2022-10-01 实施

中华人民共和国农业农村部 发布

前　　言

本文件按照 GB/T 1.1—2020《标准化工作导则　第 1 部分:标准化文件的结构和起草规则》的规定起草。

请注意本文件的某些内容可能涉及专利。本文件的发布机构不承担识别专利的责任。

本文件由农业农村部种植业管理司提出。

本文件由全国农药标准化技术委员会(SAC/TC 133)归口。

本文件起草单位:沈阳沈化院测试技术有限公司、合肥高尔生命健康科学研究院有限公司、沈阳化工研究院有限公司。

本文件主要起草人:王婉秋、张嘉月、韩枫、唐键锋、董雪梅。

嗪草酮悬浮剂

1 范围

本文件规定了嗪草酮悬浮剂的技术要求、试验方法、检验规则、验收和质量保证期以及标志、标签、包装、储运。

本文件适用于嗪草酮悬浮剂产品的质量控制。

注：嗪草酮的其他名称、结构式和基本物化参数见附录 A。

2 规范性引用文件

下列文件中的内容通过文中的规范性引用而构成本文件必不可少的条款。其中，注日期的引用文件，仅该日期对应的版本适用于本文件；不注日期的引用文件，其最新版本（包括所有的修改单）适用于本文件。

GB/T 1601　农药 pH 的测定方法

GB/T 1604　商品农药验收规则

GB/T 1605—2001　商品农药采样方法

GB 3796　农药包装通则

GB/T 8170—2008　数值修约规则与极限数值的表示和判定

GB/T 14825—2006　农药悬浮率测定方法

GB/T 16150—1995　农药粉剂、可湿性粉剂细度测定方法

GB/T 19136—2021　农药热储稳定性测定方法

GB/T 19137—2003　农药低温稳定性测定方法

GB/T 28137　农药持久起泡性测定方法

GB/T 31737　农药倾倒性测定方法

GB/T 32776—2016　农药密度测定方法

3 术语和定义

本文件没有需要界定的术语和定义。

4 技术要求

4.1 外观

可流动、易测量体积的悬浮液体；存放过程中可能出现沉淀，但经手摇动应恢复原状；不应有结块。

4.2 技术指标

嗪草酮悬浮剂应符合表 1 的要求。

表 1　嗪草酮悬浮剂控制项目指标

项　目	指　标	
	480 g/L 规格	600 g/L 规格
嗪草酮质量分数[a]，%	$42.0^{+2.0}_{-2.0}$	$52.0^{+2.5}_{-2.5}$
或质量浓度（20 ℃），g/L	480^{+24}_{-24}	600^{+25}_{-25}
pH	6.0～9.0	
悬浮率，%	≥90	

表 1（续）

项　目		指　标	
		480 g/L 规格	600 g/L 规格
倾倒性	倾倒后残余物，%	≤5.0	
	洗涤后残余物，%	≤0.5	
湿筛试验(通过 75 μm 试验筛)，%		≥98	
持久起泡性(1 min 后泡沫量)，mL		≤50	
低温稳定性[b]		低温储存后，悬浮率和湿筛试验符合本文件要求	
热储稳定性[b]		热储后，嗪草酮质量分数应不低于热储前测得质量分数的 95%，pH、悬浮率、倾倒性、湿筛试验仍应符合本文件的要求	

[a] 发生质量争议时，以嗪草酮质量分数测定结果为仲裁。

[b] 正常生产时，低温稳定性、热储稳定性每 3 个月至少测定 1 次。

5 试验方法

警示：使用本文件的人员应有实验室工作的实践经验。本文件并未指出所有的安全问题。使用者有责任采取适当的安全和健康措施。

5.1 一般规定

本文件所用试剂和水在没有注明其他要求时，均指分析纯试剂和蒸馏水。检验结果的判定按 GB/T 8170—2008 中 4.3.3 的规定进行。

5.2 取样

按 GB/T 1605—2001 中 5.3.2 的规定进行。用随机数表法确定取样的包装件；最终取样量应不少于 1 000 mL。

5.3 鉴别试验

5.3.1 气相色谱法

本鉴别试验可与嗪草酮质量分数的测定同时进行。在相同的色谱操作条件下，试样溶液中某个色谱峰的保留时间与标样溶液中嗪草酮的色谱峰的保留时间，其相对差值应在 1.5%以内。

5.3.2 高效液相色谱法

本鉴别试验可与嗪草酮质量分数的测定同时进行。在相同的色谱操作条件下，试样溶液中某色谱峰的保留时间与标样溶液中嗪草酮的色谱峰的保留时间，其相对差值应在 1.5%以内。

5.4 外观的测定

采用目测法测定。

5.5 嗪草酮质量分数的测定

5.5.1 气相色谱法(仲裁法)

5.5.1.1 方法提要

试样用丙酮溶解，以邻苯二甲酸二丁酯为内标物，使用 (5%-苯基)-甲基聚硅氧烷涂壁的毛细管柱和氢火焰检测器，对试样中的嗪草酮进行气相色谱分离，内标法定量。

5.5.1.2 试剂和溶液

5.5.1.2.1 丙酮。

5.5.1.2.2 嗪草酮标样：已知嗪草酮质量分数，$\omega \geq 98.0\%$。

5.5.1.2.3 邻苯二甲酸二丁酯：应没有干扰分析的杂质。

5.5.1.2.4 内标溶液：称取邻苯二甲酸二丁酯 1.6 g 于 1 000 mL 容量瓶中，用丙酮溶解并稀释至刻度，摇匀。

5.5.1.3 **仪器**

5.5.1.3.1 气相色谱仪:具有氢火焰离子化检测器。

5.5.1.3.2 色谱处理机或工作站。

5.5.1.3.3 色谱柱:30 m×0.32 mm(内径)毛细管柱,内壁涂(5%-苯基)-甲基聚硅氧烷,膜厚 0.25 μm(或具同等效果的色谱柱)。

5.5.1.4 **气相色谱操作条件**

5.5.1.4.1 温度(℃):柱温 200,气化室 250,检测室 300。

5.5.1.4.2 气体流量(mL/min):载气(N_2)2.0,氢气 30,空气 400,补偿气 25。

5.5.1.4.3 分流比:20∶1。

5.5.1.4.4 进样体积:1.0 μL。

5.5.1.4.5 保留时间:嗪草酮约 4.1 min,内标物约 4.8 min。

5.5.1.4.6 上述操作参数是典型的,可根据不同仪器特点,对给定的操作参数作适当调整,以期获得最佳效果。典型的嗪草酮悬浮剂与内标物的气相色谱图见图 1。

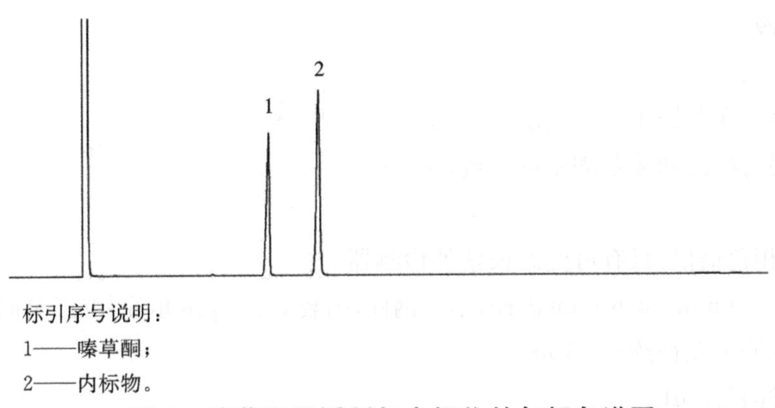

标引序号说明:
1——嗪草酮;
2——内标物。

图 1 嗪草酮悬浮剂与内标物的气相色谱图

5.5.1.5 **测定步骤**

5.5.1.5.1 **标样溶液的制备**

称取 0.05 g 嗪草酮标样(精确至 0.000 1 g),置于 50 mL 具塞瓶中,用移液管加入 25 mL 内标溶液,摇匀。

5.5.1.5.2 **试样溶液的制备**

称取含嗪草酮 0.05 g 的试样(精确至 0.000 1 g),置于 50 mL 具塞瓶中,用移液管加入 25 mL 内标溶液,摇匀。

5.5.1.5.3 **测定**

在上述操作条件下,待仪器稳定后,连续注入数针标样溶液,直至相邻两针嗪草酮与内标物的峰面积之比相对变化小于 1.2%后,按照标样溶液、试样溶液、试样溶液、标样溶液的顺序进行测定。

5.5.1.6 **计算**

将测得的两针试样溶液以及试样前后两针标样溶液中嗪草酮峰面积与内标物峰面积之比,分别进行平均,试样中嗪草酮的质量分数按公式(1)计算,质量浓度按公式(2)计算。

$$\omega_1 = \frac{r_2 \times m_1 \times \omega_{b1}}{r_1 \times m_2} \quad \cdots\cdots (1)$$

$$\rho_1 = \frac{r_2 \times m_1 \times \omega_{b1} \times \rho}{r_1 \times m_2} \times 10 \quad \cdots\cdots (2)$$

式中:

ω_1 ——试样中嗪草酮质量分数的数值,单位为百分号(%);

r_2 ——试样溶液中,嗪草酮与内标物峰面积比的平均值;

m_1——嗪草酮标样质量的数值,单位为克(g);

ω_{b1}——标样中嗪草酮质量分数的数值,单位为百分号(%);

r_1——标样溶液中,嗪草酮与内标物峰面积比的平均值;

m_2——试样质量的数值,单位为克(g);

ρ_1——20 ℃时试样中嗪草酮质量浓度的数值,单位为克每升(g/L);

ρ——20 ℃时试样密度的数值,单位为克每毫升(g/mL)(按 GB/T 32776—2016 中 3.3 或 3.4 的规定进行)。

5.5.1.7 允许差

嗪草酮质量分数(质量浓度)2 次平行测定结果之差,480 g/L 嗪草酮悬浮剂应不大于 0.6%(6 g/L);600 g/L 嗪草酮悬浮剂应不大于 0.8%(8 g/L),分别取其算术平均值作为测定结果。

5.5.2 液相色谱法

5.5.2.1 方法提要

试样用甲醇溶解,以甲醇+水为流动相,使用以 C_{18} 为填料的不锈钢柱和紫外检测器(290 nm),对试样中的嗪草酮进行高效液相色谱分离,外标法定量。

5.5.2.2 试剂和溶液

5.5.2.2.1 甲醇:色谱纯。

5.5.2.2.2 水:新蒸二次蒸馏水或超纯水。

5.5.2.2.3 嗪草酮标样:已知嗪草酮质量分数,$\omega \geq 98.0\%$。

5.5.2.3 仪器

5.5.2.3.1 高效液相色谱仪:具有可变波长紫外检测器。

5.5.2.3.2 色谱柱:250 mm×4.6 mm(内径)不锈钢柱,内装 C_{18}、5 μm 填充物(或具同等效果的色谱柱)。

5.5.2.3.3 过滤器:滤膜孔径约 0.45 μm。

5.5.2.3.4 定量进样管:5 μL。

5.5.2.3.5 超声波清洗器。

5.5.2.4 高效液相色谱操作条件

5.5.2.4.1 流动相:体积比 $\psi_{(甲醇:水)}$=60∶40。

5.5.2.4.2 流速:1.0 mL/min。

5.5.2.4.3 柱温:室温(温度变化应不大于 2 ℃)。

5.5.2.4.4 检测波长:290 nm。

5.5.2.4.5 进样体积:5 μL。

5.5.2.4.6 保留时间:嗪草酮约 8.2 min。

5.5.2.4.7 上述操作参数是典型的,可根据不同仪器特点,对给定的操作参数作适当调整,以期获得最佳效果。典型的嗪草酮悬浮剂高效液相色谱图见图 2。

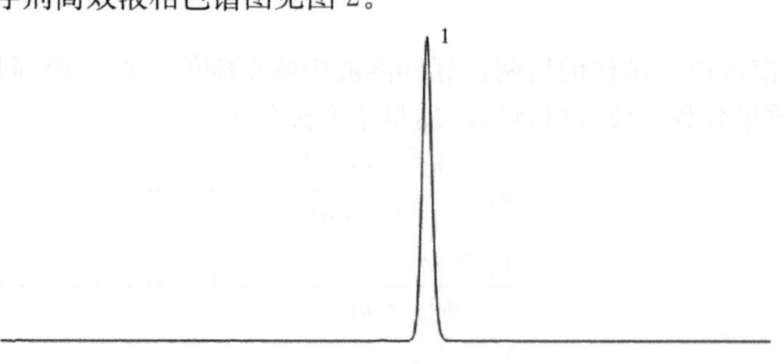

标引序号说明:

1——嗪草酮。

图 2 嗪草酮悬浮剂的高效液相色谱图

5.5.2.5 测定步骤

5.5.2.5.1 标样溶液的制备

称取 0.1 g 嗪草酮标样(精确至 0.000 1 g),置于 50 mL 容量瓶中,加入 40 mL 甲醇,超声波振荡 5 min,冷却至室温,用甲醇定容至刻度,摇匀。用移液管移取上述溶液 10 mL 于 50 mL 容量瓶中,用甲醇稀释至刻度,摇匀。

5.5.2.5.2 试样溶液的制备

称取含嗪草酮 0.1 g 的试样(精确至 0.000 1 g),置于 50 mL 容量瓶中,加入 40 mL 甲醇,超声波振荡 5 min,冷却至室温,用甲醇定容至刻度,摇匀。用移液管移取上述过滤液 10 mL 于 50 mL 容量瓶中,用甲醇稀释至刻度,摇匀,过滤。

5.5.2.5.3 测定

在上述操作条件下,待仪器稳定后,连续注入数针标样溶液,直至相邻两针嗪草酮峰面积相对变化小于 1.2%后,按照标样溶液、试样溶液、试样溶液、标样溶液的顺序进行测定。

5.5.2.6 计算

将测得的两针试样溶液以及试样前后两针标样溶液中嗪草酮峰面积分别进行平均,试样中嗪草酮的质量分数按公式(3)计算,质量浓度按公式(4)计算。

$$\omega_1 = \frac{A_2 \times m_3 \times \omega_{b1}}{A_1 \times m_4} \quad \cdots\cdots (3)$$

$$\rho_1 = \frac{A_2 \times m_3 \times \omega_{b1} \times \rho}{A_1 \times m_4} \times 10 \quad \cdots\cdots (4)$$

式中:

A_2——试样溶液中,嗪草酮的峰面积的平均值;

m_3——嗪草酮标样质量的数值,单位为克(g);

A_1——标样溶液中,嗪草酮的峰面积的平均值;

m_4——试样质量的数值,单位为克(g)。

5.5.2.7 允许差

嗪草酮质量分数(质量浓度)2 次平行测定结果之差,480 g/L 嗪草酮悬浮剂应不大于 0.6%(6 g/L);600 g/L 嗪草酮悬浮剂应不大于 0.8%(8 g/L),分别取其算术平均值作为测定结果。

5.6 pH 的测定

按 GB/T 1601 的规定进行。

5.7 悬浮率的测定

5.7.1 测定

按 GB/T 14825—2006 中 4.2 的规定进行。称取 1.0 g 试样(精确至 0.000 1 g)。如用气相色谱法测定,用 20 mL 三氯甲烷对剩余的 25 mL 悬浮液及沉淀物进行萃取,将萃取液全部转移至 100 mL 具塞瓶中,加入 25 mL 内标溶液,混匀。如用高效液相色谱法测定,则将剩余的 25 mL 的悬浮液及沉淀物用 60 mL 甲醇分 3 次全部洗入 100 mL 容量瓶中,在超声下振荡 5 min,恢复至室温,用甲醇定容,摇匀,过滤。用移液管移取上述滤液 10 mL 于 50 mL 容量瓶中,用甲醇稀释至刻度,摇匀。按 5.5 测定嗪草酮的质量,计算其悬浮率。

5.7.2 计算

气相色谱法测定悬浮率按公式(5)计算。

$$\omega_2 = \frac{m_6 \times \omega_1 - r_4 \times m_5 \times \omega_{b1} \div r_3}{m_6 \times \omega_1} \times 111.1 \quad \cdots\cdots (5)$$

式中:

ω_2——悬浮率,单位为百分号(%);

m_6——试样质量的数值,单位为克(g);

r_4——试样溶液中,嗪草酮与内标物峰面积比的平均值;

m_5——嗪草酮标样质量的数值,单位为克(g);

r_3——标样溶液中,嗪草酮与内标物峰面积比的平均值。

液相色谱法测定悬浮率按公式(6)计算。

$$\omega_2 = \frac{m_8 \times \omega_1 - A_4 \times m_7 \times \omega_{b1} \times n \div A_3}{m_8 \times \omega_1} \times 111.1 \quad \cdots\cdots (6)$$

式中:

m_8——试样质量的数值,单位为克(g);

A_4——试样溶液中,嗪草酮峰面积的平均值;

m_7——嗪草酮标样质量的数值,单位为克(g);

A_3——标样溶液中,嗪草酮峰面积的平均值;

n ——试样的稀释倍数,$n=2$。

5.8 倾倒性的测定

按 GB/T 31737 的规定进行。

5.9 湿筛试验

按 GB/T 16150—1995 中 2.2 的规定进行。

5.10 持久起泡性的测定

按 GB/T 28137 的规定进行。

5.11 低温稳定性

按 GB/T 19137—2003 中 2.2 的规定进行。

5.12 热储稳定性

按 GB/T 19136—2021 中 4.4.1 的规定进行,热储样品的储样量不低于 800 mL。

6 检验规则

6.1 出厂检验

每批产品均应做出厂检验,经检验合格签发合格证后,方可出厂。出厂检验项目为第 4 章技术指标中除低温稳定性和热储稳定性以外的所有项目。

6.2 型式检验

型式检验项目为第 4 章中的全部项目,在正常连续生产情况下,每 3 个月至少进行 1 次。有下述情况之一,应进行型式检验:

a) 原料有较大改变,可能影响产品质量时;

b) 生产地址、生产设备或生产工艺有较大改变,可能影响产品质量时;

c) 停产后又恢复生产时;

d) 国家法定质量监管机构提出型式检验要求时。

6.3 判定规则

按第 4 章对产品进行出厂检验和型式检验,任一项目不符合指标要求判为该批次产品不合格。

7 验收和质量保证期

7.1 验收

应符合 GB/T 1604 的要求。

7.2 质量保证期

在规定的储运条件下,嗪草酮悬浮剂的质量保证期从生产日期算起为 2 年。质量保证期内,各项指标均应符合本文件的要求。

8 标志、标签、包装、储运

8.1 标志、标签、包装

嗪草酮悬浮剂的标志、标签、包装应符合 GB 3796 的要求;嗪草酮悬浮剂采用清洁、干燥的带外盖的塑料瓶,外用瓦楞纸箱包装。或可根据用户要求或订货协议采用其他形式的包装,但需符合 GB 3796 的要求。

8.2 储运

嗪草酮悬浮剂包装件应储存在通风、干燥的库房中;储运时,严防潮湿和日晒,不得与食物、种子、饲料混放,避免与皮肤、眼睛接触,防止由口鼻吸入。

附　录　A
（资料性）
嗪草酮的其他名称、结构式和基本物化参数

嗪草酮的其他名称、结构式和基本物化参数如下：

ISO 通用名称：Metribuzin。

CAS 登录号：21087-64-9。

化学名称：4-氨基-6-叔丁基-3-甲硫基-1，2，4-三嗪-5（4*H*）-酮。

结构式：

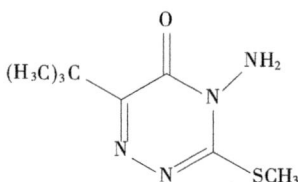

O
$(H_3C)_3C$　NH_2
N
N　N　SCH_3

实验式：$C_8H_{14}N_4OS$。

相对分子质量：214.3。

生物活性：除草。

熔点（℃）：126。

沸点（℃）：132。

蒸气压（mPa）：0.058（20 ℃）。

溶解度（20 ℃～25 ℃）：水中 1.05 g/L，丙酮中大于 250 g/L，苯中 220 g/L，乙腈中大于 250 g/L，二甲基亚砜中大于 250 g/L，乙酸乙酯中大于 250 g/L，异丙醇中大于 250 g/L，正辛醇中 54 g/L，聚乙二醇中大于 250 g/L，二甲苯中 60 g/L。

稳定性：紫外光照射下相对稳定，20 ℃时在稀酸、稀碱条件下稳定。

ICS 65.100.20
CCS G 25

中华人民共和国农业行业标准

NY/T 4111—2022

嗪草酮原药

Metribuzin technical material

2022-07-11 发布　　　　2022-10-01 实施

中华人民共和国农业农村部　发布

前　言

本文件按照 GB/T 1.1—2020《标准化工作导则　第 1 部分:标准化文件的结构和起草规则》的规定起草。

请注意本文件的某些内容可能涉及专利。本文件的发布机构不承担识别专利的责任。

本文件由农业农村部种植业管理司提出。

本文件由全国农药标准化技术委员会(SAC/TC 133)归口。

本文件起草单位:沈阳沈化院测试技术有限公司、江苏七洲绿色化工股份有限公司、沈阳化工研究院有限公司、河北兰升生物科技有限公司、江苏剑牌农化股份有限公司。

本文件主要起草人:张嘉月、王婉秋、周文、董志鹏、刘志勇、王石华、董雪梅。

嗪草酮原药

1 范围

本文件规定了嗪草酮原药的技术要求、试验方法、检验规则、验收和质量保证期以及标志、标签、包装、储运。

本文件适用于嗪草酮原药产品生产的质量控制。

注:嗪草酮的其他名称、结构式和基本物化参数见附录 A。

2 规范性引用文件

下列文件中的内容通过文中的规范性引用而构成本文件必不可少的条款。其中,注日期的引用文件,仅该日期对应的版本适用于本文件;不注日期的引用文件,其最新版本(包括所有的修改单)适用于本文件。

GB/T 1600—2021 农药水分测定方法

GB/T 1601 农药 pH 的测定方法

GB/T 1604 商品农药验收规则

GB/T 1605—2001 商品农药采样方法

GB 3796 农药包装通则

GB/T 8170—2008 数值修约规则与极限数值的表示和判定

GB/T 19138 农药丙酮不溶物测定方法

3 术语和定义

本文件没有需要界定的术语和定义。

4 技术要求

4.1 外观

淡黄色至白色晶体或粉末。

4.2 技术指标

嗪草酮原药应符合表 1 的要求。

表 1 嗪草酮原药控制项目指标

项 目	指 标
嗪草酮质量分数,%	≥95.0
水分,%	≤0.5
丙酮不溶物[a],%	≤0.3
pH	6.0~9.0
[a] 正常生产时,丙酮不溶物每 3 个月至少测定 1 次。	

5 试验方法

警示:使用本文件的人员应有实验室工作的实践经验。本文件并未指出所有的安全问题。使用者有责任采取适当的安全和健康措施。

5.1 一般规定

本文件所用试剂和水在没有注明其他要求时,均指分析纯试剂和蒸馏水。检验结果的判定按 GB/T 8170—2008 中 4.3.3 的规定进行。

5.2 取样

按 GB/T 1605—2001 中 5.3.1 的规定进行。用随机数表法确定取样的包装件;最终取样量应不少于 100 g。

5.3 鉴别试验

5.3.1 红外光谱法

嗪草酮原药与嗪草酮标样在 4 000/cm～400/cm 范围的红外吸收光谱图应没有明显区别。嗪草酮标样红外光谱图见图 1。

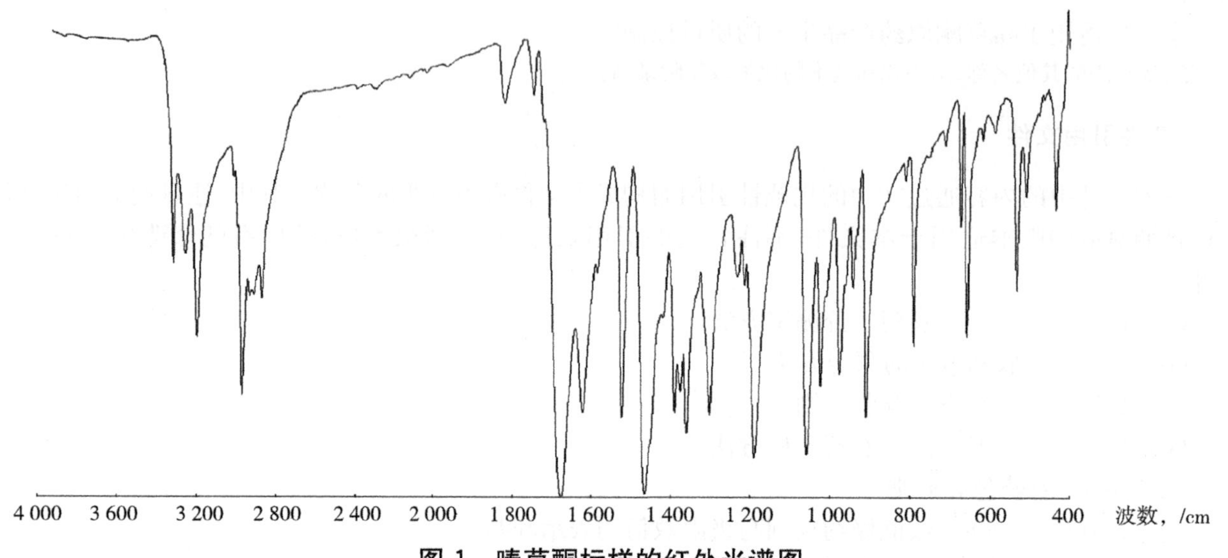

图 1 嗪草酮标样的红外光谱图

5.3.2 气相色谱法

本鉴别试验可与嗪草酮质量分数的测定同时进行。在相同的色谱操作条件下,试样溶液中某个色谱峰的保留时间与标样溶液中嗪草酮的色谱峰的保留时间,其相对差值应在 1.5%以内。

5.3.3 高效液相色谱法

本鉴别试验可与嗪草酮质量分数的测定同时进行。在相同的色谱操作条件下,试样溶液中某色谱峰的保留时间与标样溶液中嗪草酮的色谱峰的保留时间,其相对差值应在 1.5%以内。

5.4 外观的测定

采用目测法测定。

5.5 嗪草酮质量分数的测定

5.5.1 气相色谱法(仲裁法)

5.5.1.1 方法提要

试样用丙酮溶解,以邻苯二甲酸二丁酯为内标物,使用(5%-苯基)-甲基聚硅氧烷涂壁的毛细管柱和氢火焰检测器,对试样中的嗪草酮进行气相色谱分离和测定,内标法定量。

5.5.1.2 试剂和溶液

5.5.1.2.1 丙酮。

5.5.1.2.2 邻苯二甲酸二丁酯,应没有干扰分析的杂质。

5.5.1.2.3 内标溶液:称取邻苯二甲酸二丁酯 1.6 g 于 1 000 mL 容量瓶中,用丙酮溶解并稀释至刻度,摇匀。

5.5.1.2.4 嗪草酮标样:已知嗪草酮质量分数,$\omega \geqslant 98.0\%$。

5.5.1.3 仪器

5.5.1.3.1 气相色谱仪:具有氢火焰离子化检测器。

5.5.1.3.2 色谱处理机或工作站。

5.5.1.3.3 色谱柱：30 m×0.32 mm(内径)毛细管柱，内壁涂(5%-苯基)-甲基聚硅氧烷，膜厚 0.25 μm(或具同等效果的色谱柱)。

5.5.1.4 **气相色谱操作条件**

5.5.1.4.1 温度(℃)：柱温 200，气化室 250，检测室 300。

5.5.1.4.2 气体流量(mL/min)：载气(N_2)2.0，氢气 30，空气 400，补偿气 25。

5.5.1.4.3 分流比：20∶1。

5.5.1.4.4 进样体积：1.0 μL。

5.5.1.4.5 保留时间：嗪草酮约 4.1 min，内标物约 4.8 min。

5.5.1.4.6 上述操作参数是典型的，可根据不同仪器特点，对给定的操作参数作适当调整，以期获得最佳效果。典型的嗪草酮原药与内标物气相色谱图见图 2。

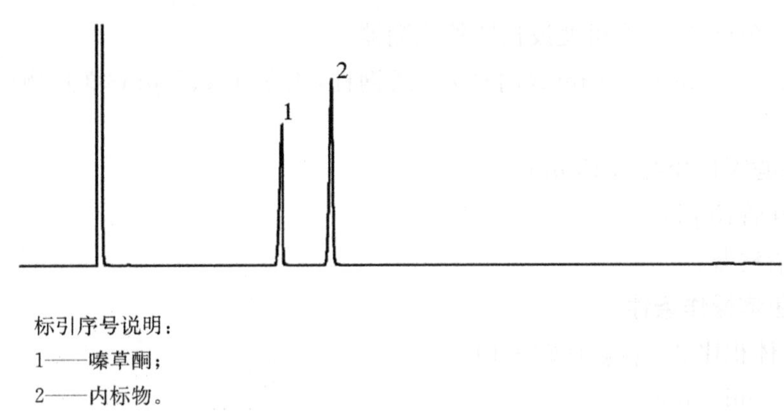

标引序号说明：
1——嗪草酮；
2——内标物。

图 2 嗪草酮原药与内标物的气相色谱图

5.5.1.5 **测定步骤**

5.5.1.5.1 **标样溶液的制备**

称取 0.05 g 嗪草酮标样(精确至 0.000 1 g)，置于 50 mL 具塞瓶中，用移液管加入 25 mL 内标溶液，摇匀。

5.5.1.5.2 **试样溶液的制备**

称取含嗪草酮 0.05 g 的试样(精确至 0.000 1 g)，置于 50 mL 具塞瓶中，用移液管加入 25 mL 内标溶液，摇匀。

5.5.1.5.3 **测定**

在上述操作条件下，待仪器稳定后，连续注入数针标样溶液，直至相邻两针嗪草酮与内标物的峰面积之比相对变化小于 1.2%后，按照标样溶液、试样溶液、试样溶液、标样溶液的顺序进行测定。

5.5.1.6 **计算**

将测得的两针试样溶液以及试样前后两针标样溶液中嗪草酮峰面积与内标物峰面积之比，分别进行平均，试样中嗪草酮的质量分数按公式(1)计算。

$$\omega_1 = \frac{r_2 \times m_1 \times \omega_{b1}}{r_1 \times m_2} \quad \cdots\cdots (1)$$

式中：

ω_1 ——试样中嗪草酮质量分数的数值，单位为百分号(%)；

r_2 ——试样溶液中，嗪草酮与内标物峰面积比的平均值；

m_1 ——嗪草酮标样质量的数值，单位为克(g)；

ω_{b1}——标样中嗪草酮质量分数的数值，单位为百分号(%)；

r_1 ——标样溶液中，嗪草酮与内标物峰面积比的平均值；

m_2 ——试样质量的数值，单位为克(g)。

5.5.1.7 **允许差**

2 次平行测定结果之差应不大于 1.2%，取其算术平均值作为测定结果。

5.5.2 **液相色谱法**

5.5.2.1 **方法提要**

试样用甲醇溶解，以甲醇＋水为流动相，使用以 C_{18} 为填料的不锈钢柱和紫外检测器(290 nm)，对试样中的嗪草酮进行高效液相色谱分离，外标法定量。

5.5.2.2 **试剂和溶液**

5.5.2.2.1 甲醇：色谱纯。

5.5.2.2.2 水：新蒸二次蒸馏水或超纯水。

5.5.2.2.3 嗪草酮标样：已知嗪草酮质量分数，$\omega \geq 98.0\%$。

5.5.2.3 **仪器**

5.5.2.3.1 高效液相色谱仪：具有可变波长紫外检测器。

5.5.2.3.2 色谱柱：250 mm×4.6 mm(内径)不锈钢柱，内装 C_{18}、5 μm 填充物(或具同等效果的色谱柱)。

5.5.2.3.3 过滤器：滤膜孔径约 0.45 μm。

5.5.2.3.4 定量进样管：5 μL。

5.5.2.3.5 超声波清洗器。

5.5.2.4 **高效液相色谱操作条件**

5.5.2.4.1 流动相：体积比 $\psi_{(甲醇:水)}$＝60∶40。

5.5.2.4.2 流速：1.0 mL/min。

5.5.2.4.3 柱温：室温(温度变化应不大于 2 ℃)。

5.5.2.4.4 检测波长：290 nm。

5.5.2.4.5 进样体积：5 μL。

5.5.2.4.6 保留时间：嗪草酮约 8.2 min。

5.5.2.4.7 上述操作参数是典型的，可根据不同仪器特点，对给定的操作参数作适当调整，以期获得最佳效果。典型的嗪草酮原药高效液相色谱图见图 3。

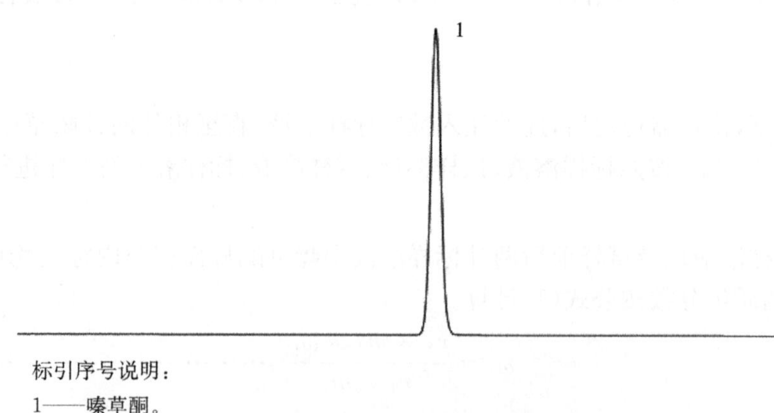

标引序号说明：

1——嗪草酮。

图 3 嗪草酮原药的高效液相色谱图

5.5.2.5 **测定步骤**

5.5.2.5.1 **标样溶液的制备**

称取 0.1 g 嗪草酮标样(精确至 0.000 1 g)，置于 50 mL 容量瓶中，加入 40 mL 甲醇，超声波振荡 5 min，冷却至室温，用甲醇定容至刻度，摇匀。用移液管移取上述溶液 10 mL 于 50 mL 容量瓶中，用甲醇稀释至刻度，摇匀。

5.5.2.5.2 试样溶液的制备

称取含嗪草酮 0.1 g 的试样(精确至 0.000 1 g),置于 50 mL 容量瓶中,加入 40 mL 甲醇,超声波振荡 5 min,冷却至室温,用甲醇定容至刻度,摇匀。用移液管移取上述溶液 10 mL 于 50 mL 容量瓶中,用甲醇稀释至刻度,摇匀。

5.5.2.5.3 测定

在上述操作条件下,待仪器稳定后,连续注入数针标样溶液,直至相邻两针嗪草酮峰面积相对变化小于 1.2%后,按照标样溶液、试样溶液、试样溶液、标样溶液的顺序进行测定。

5.5.2.6 计算

将测得的两针试样溶液以及试样前后两针标样溶液中嗪草酮峰面积分别进行平均,试样中嗪草酮的质量分数按公式(2)计算。

$$\omega_1=\frac{A_2\times m_3\times \omega_{b1}}{A_1\times m_4} \cdots\cdots (2)$$

式中:

A_2——试样溶液中,嗪草酮的峰面积的平均值;

m_3——嗪草酮标样质量的数值,单位为克(g);

A_1——标样溶液中,嗪草酮的峰面积的平均值;

m_4——试样质量的数值,单位为克(g)。

5.5.2.7 允许差

嗪草酮质量分数 2 次平行测定结果之差应不大于 1.2%,取其算术平均值作为测定结果。

5.6 水分的测定

按 GB/T 1600—2021 中 4.2 的规定进行。

5.7 丙酮不溶物的测定

按 GB/T 19138 的规定进行。

5.8 pH 的测定

按 GB/T 1601 的规定进行。

6 检验规则

6.1 出厂检验

每批产品均应做出厂检验,经检验合格签发合格证后,方可出厂。出厂检验项目为第 4 章中除丙酮不溶物以外的所有项目。

6.2 型式检验

型式检验项目为第 4 章中的全部项目,在正常连续生产情况下,每 3 个月至少进行 1 次。有下述情况之一,应进行型式检验:

a) 原料有较大改变,可能影响产品质量时;

b) 生产地址、生产设备或生产工艺有较大改变,可能影响产品质量时;

c) 停产后又恢复生产时;

d) 国家法定质量监管机构提出型式检验要求时。

6.3 判定规则

按第 4 章对产品进行出厂检验和型式检验,任一项目不符合指标要求判为该批次产品不合格。

7 验收和质量保证期

7.1 验收

应符合 GB/T 1604 的要求。

7.2 质量保证期

在规定的储运条件下，嗪草酮原药的质量保证期从生产日期算起为2年。质量保证期内，各项指标均应符合本文件的要求。

8 标志、标签、包装、储运

8.1 标志、标签、包装

嗪草酮原药的标志、标签、包装应符合GB 3796的要求；嗪草酮原药采用清洁干燥内衬塑料袋的编织袋或内衬保护层的铁桶或纸板桶包装。每桶净含量一般50 kg或100 kg。也可根据用户要求或订货协议采用其他形式的包装，但需符合GB 3796的要求。

8.2 储运

嗪草酮原药包装件应储存在通风、干燥的库房中；储运时，严防潮湿和日晒，不得与食物、种子、饲料混放，避免与皮肤、眼睛接触，防止由口鼻吸入。

附 录 A
(资料性)
嗪草酮的其他名称、结构式和基本物化参数

嗪草酮的其他名称、结构式和基本物化参数如下：

ISO 通用名称：Metribuzin。

CAS 登录号：21087-64-9。

化学名称：4-氨基-6-叔丁基-3-甲硫基-1,2,4-三嗪-5(4*H*)-酮。

结构式：

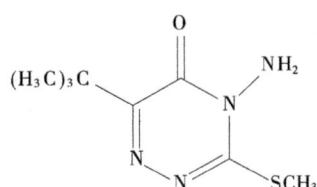

实验式：$C_8H_{14}N_4OS$。

相对分子质量：214.3。

生物活性：除草。

熔点(℃)：126。

沸点(℃)：132。

蒸气压(mPa)：0.058(20 ℃)。

溶解度(20 ℃～25 ℃)：水中 1.05 g/L，丙酮中大于 250 g/L，苯中 220 g/L，乙腈中大于 250 g/L，二甲基亚砜中大于 250 g/L，乙酸乙酯中大于 250 g/L，异丙醇中大于 250 g/L，正辛醇中 54 g/L，聚乙二醇中大于 250 g/L，二甲苯中 60 g/L。

稳定性：紫外光照射下相对稳定，20 ℃时在稀酸、稀碱条件下稳定。

ICS 65.100.10
CCS G 25

中华人民共和国农业行业标准

NY/T 4112—2022

二嗪磷颗粒剂

Diazinon granule

2022-07-11 发布　　2022-10-01 实施

中华人民共和国农业农村部　发布

前　　言

本文件按照 GB/T 1.1—2020《标准化工作导则　第 1 部分:标准化文件的结构和起草规则》的规定起草。

请注意本文件的某些内容可能涉及专利。本文件的发布机构不承担识别专利的责任。

本文件由农业农村部种植业管理司提出。

本文件由全国农药标准化技术委员会(SAC/TC 133)归口。

本文件起草单位:南通江山农药化工股份有限公司、安徽博海生物科技有限公司、沈阳沈化院测试技术有限公司、农业农村部农药检定所。

本文件主要起草人:姜宜飞、陈银银、聂果、黄伟、石凯威、王胜翔、刘为东、许映蓉、冯岳峰、董雪梅。

二嗪磷颗粒剂

1 范围

本文件规定了二嗪磷颗粒剂的技术要求、试验方法、检验规则、验收和质量保证期,以及标志、标签、包装、储运。

本文件适用于二嗪磷颗粒剂产品的质量控制。

注:二嗪磷及其相关杂质治螟磷和 *O*,*O*,*O*',*O*'-四乙基硫代焦磷酸酯的其他名称、结构式和基本物化参数见附录 A。

2 规范性引用文件

下列文件中的内容通过文中的规范性引用而构成本文件必不可少的条款。其中,注日期的引用文件,仅该日期对应的版本适用于本文件;不注日期的引用文件,其最新版本(包括所有的修改单)适用于本文件。

GB/T 1600—2021 农药水分测定方法

GB/T 1601 农药 pH 的测定方法

GB/T 1604 商品农药验收规则

GB/T 1605—2001 商品农药采样方法

GB 3796 农药包装通则

GB/T 8170—2008 数值修约规则与极限数值的表示和判定

GB/T 19136—2021 农药热储稳定性测定方法

GB/T 30360 颗粒状农药粉尘测定方法

GB/T 33031 农药水分散粒剂耐磨性测定方法

GB/T 33810 农药堆密度测定方法要求

3 术语和定义

本文件没有需要界定的术语和定义。

4 技术要求

4.1 外观

干燥、可自由流动的颗粒,无可见的外来物和硬块,基本无粉尘。

4.2 技术指标

二嗪磷颗粒剂还应符合表 1 的要求。

表 1 二嗪磷颗粒剂控制项目指标

项目		指标	
		5%规格	10%规格
二嗪磷质量分数,%		$5.0^{+0.5}_{-0.5}$	$10.0^{+1.0}_{-1.0}$
治螟磷质量分数[a],%		≤0.014	≤0.028
O,*O*,*O*',*O*'-四乙基硫代焦磷酸酯质量分数[a],%		≤0.001	≤0.002
水分,%		≤3.0	
pH		6.0~9.0	
堆密度	松密度,g/mL	0.7~1.3	
	实密度,g/mL	0.8~1.4	
粒度范围(孔径之比为 4∶1 两个标准筛[b] 之间物),%		≥85	
粉尘,mg		≤30	

表 1（续）

项目	指标	
	5%规格	10%规格
耐磨性，%	≥97	
热储稳定性[a]	热储后，二嗪磷质量分数应不低于热储前测得质量分数的90%，治螟磷质量分数、*O*,*O*,*O'*,*O'*-四乙基硫代焦磷酸酯质量分数、粒度范围、pH、粉尘和耐磨性仍应符合本文件要求	
[a] 正常生产时，治螟磷、*O*,*O*,*O'*,*O'*-四乙基硫代焦磷酸酯质量分数，热储稳定性试验每 3 个月至少进行一次。 [b] 标准筛的孔径根据具体产品确定。		

5 试验方法

警示：使用本文件的人员应有实验室工作的实践经验。本文件并未指出所有的安全问题。使用者有责任采取适当的安全和健康措施。

5.1 一般规定

本文件所用试剂和水在没有注明其他要求时，均指分析纯试剂和蒸馏水。检验结果的判定按 GB/T 8170—2008 中 4.3.3 的规定执行。

5.2 取样

按 GB/T 1605—2001 中 5.3.3 的规定执行。用随机数表法确定取样的包装件，最终取样量应不少于 600 g。

5.3 鉴别试验

气相色谱法：本鉴别试验可与二嗪磷质量分数的测定同时进行。在相同的色谱操作条件下，试样溶液中某色谱峰的保留时间与标样溶液中二嗪磷的保留时间，其相对差值应在 1.5%以内。

5.4 外观的测定

采用目测法测定。

5.5 二嗪磷质量分数的测定

5.5.1 方法提要

试样用内标溶液溶解，以邻苯二甲酸二丁酯为内标物，使用以(5%-苯基)-甲基聚硅氧烷涂壁的石英毛细管柱和氢火焰离子化检测器，对试样中的二嗪磷进行气相色谱分离，内标法定量。

5.5.2 试剂和溶液

5.5.2.1 丙酮：色谱级。

5.5.2.2 内标物：邻苯二甲酸二丁酯，应不含有干扰分析的杂质。

5.5.2.3 内标溶液：称取 2.5 g 邻苯二甲酸二丁酯，置于 500 mL 容量瓶中，用丙酮溶解并稀释至刻度，摇匀。

5.5.2.4 二嗪磷标样：已知质量分数，$\omega \geq 98.0\%$。

5.5.3 仪器

5.5.3.1 气相色谱仪：具有氢火焰离子化检测器。

5.5.3.2 色谱柱：30 m×0.32 mm(内径)毛细管柱，内壁涂(5%-苯基)-甲基聚硅氧烷固定液，膜厚 0.25 μm(或具同等效果的色谱柱)。

5.5.3.3 过滤器：滤膜孔径约 0.45 μm。

5.5.3.4 超声波清洗器。

5.5.4 气相色谱操作条件

5.5.4.1 温度(℃)：柱温 200，气化室 230，检测器 270。

5.5.4.2 气体流量(mL/min)：载气(N_2)1.5，氢气 30，空气 300。

5.5.4.3 分流比：50∶1。

5.5.4.4 进样体积：1.0 μL。

5.5.4.5 保留时间：二嗪磷约 3.7 min、邻苯二甲酸二丁酯约 5.4 min。

5.5.4.6 上述操作参数是典型的，可根据不同仪器特点，对给定的操作参数作适当调整，以期获得最佳效果。典型的二嗪磷颗粒剂与内标物的气相色谱图见图 1。

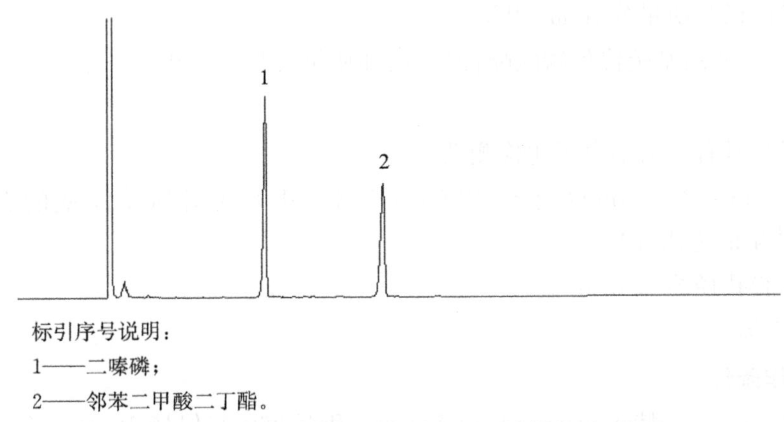

标引序号说明：

1——二嗪磷；

2——邻苯二甲酸二丁酯。

图 1 二嗪磷颗粒剂与内标物的气相色谱图

5.5.5 测定步骤

5.5.5.1 标样溶液的制备

称取 0.05 g（精确至 0.000 1 g）二嗪磷标样，置于 25 mL 容量瓶中，用移液管移入 5 mL 内标溶液，摇匀。

5.5.5.2 试样溶液的制备

称取试样前需对样品进行充分研磨，以保证试样均匀，称取含 0.05 g（精确至 0.000 1 g）二嗪磷的试样，置于 25 mL 容量瓶中，与 5.5.5.1 用同一支移液管移入 5 mL 内标溶液，超声波振荡 5 min，冷却至室温，摇匀，过滤。

5.5.5.3 测定

在上述操作条件下，待仪器稳定后，连续注入数针标样溶液，直至相邻两针二嗪磷与内标物峰面积比的相对变化小于 1.2%后，按照标样溶液、试样溶液、试样溶液、标样溶液的顺序进行测定。

5.5.6 计算

将测得的两针试样溶液以及试样前后两针标样溶液中二嗪磷与内标物的峰面积比分别进行平均。试样中二嗪磷的质量分数按公式（1）计算。

$$\omega_1 = \frac{r_2 \times m_1 \times \omega_{b1}}{r_1 \times m_2} \quad \cdots\cdots (1)$$

式中：

ω_1 ——试样中二嗪磷质量分数的数值，单位为百分号（%）；

r_2 ——试样溶液中二嗪磷与内标物峰面积比的平均值；

m_1 ——标样质量的数值，单位为克（g）；

ω_{b1} ——标样中二嗪磷质量分数的数值，单位为百分号（%）；

r_1 ——标样溶液中二嗪磷与内标物峰面积比的平均值；

m_2 ——试样质量的数值，单位为克（g）。

5.5.7 允许差

二嗪磷质量分数 2 次平行测定结果之差应不大于 0.2%，取其算术平均值作为测定结果。

5.6 治螟磷和 *O,O,O',O'*-四乙基硫代焦磷酸酯质量分数的测定

5.6.1 方法提要

试样用丙酮溶解，以正十六烷为内标物，使用以（5%-苯基）-甲基聚硅氧烷涂壁的石英毛细管柱和氢火焰离子化检测器，对试样中的治螟磷和 *O,O,O',O'*-四乙基硫代焦磷酸酯进行气相色谱分离，内标法定量。

5.6.2 试剂和溶液

5.6.2.1 丙酮:色谱级。

5.6.2.2 内标物:正十六烷,应不含有干扰分析的杂质。

5.6.2.3 内标溶液:称取 0.05 g 正十六烷,置于 100 mL 容量瓶中,用丙酮溶解并稀释至刻度,摇匀。

5.6.2.4 治螟磷标样:已知质量分数,$\omega \geqslant 97.0\%$。

5.6.2.5 *O*,*O*,*O*',*O*'-四乙基硫代焦磷酸酯标样:已知质量分数,$\omega \geqslant 95.0\%$。

5.6.3 仪器

5.6.3.1 气相色谱仪:具有氢火焰离子化检测器。

5.6.3.2 色谱柱:30 m×0.32 mm(内径)以(5%-苯基)-甲基聚硅氧烷涂壁的石英毛细管柱,膜厚 0.25 μm(或具同等效果的色谱柱)。

5.6.3.3 过滤器:滤膜孔径约 0.45 μm。

5.6.3.4 超声波清洗器。

5.6.4 气相色谱操作条件

5.6.4.1 温度:柱温 140 ℃保持 15 min,以 30 ℃/min 升至 260 ℃保持 10 min,气化室 230 ℃,检测器 280 ℃。

5.6.4.2 气体流量(mL/min):载气(N_2)2.0,氢气 30,空气 300。

5.6.4.3 分流比:5∶1。

5.6.4.4 进样体积:1.0 μL。

5.6.4.5 保留时间:正十六烷约 8.9 min、*O*,*O*,*O*',*O*'-四乙基硫代焦磷酸酯约 10.7 min、治螟磷约 13.6 min。

5.6.4.6 上述操作参数是典型的,可根据不同仪器特点,对给定的操作参数作适当调整,以期获得最佳效果。典型的二嗪磷颗粒剂中治螟磷、*O*,*O*,*O*',*O*'-四乙基硫代焦磷酸酯与内标物气相色谱图见图 2。

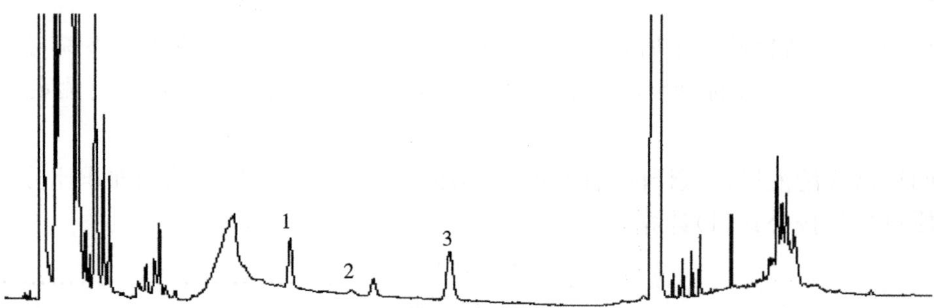

标引序号说明:

1——正十六烷;

2——*O*,*O*,*O*',*O*'-四乙基硫代焦磷酸酯;

3——治螟磷。

图 2 二嗪磷颗粒剂中治螟磷、*O*,*O*,*O*',*O*'-四乙基硫代焦磷酸酯与内标物的气相色谱图

5.6.5 测定步骤

5.6.5.1 标样溶液的制备

称取 0.02 g(精确至 0.000 01 g)*O*,*O*,*O*',*O*'-四乙基硫代焦磷酸酯标样,置于 10 mL 容量瓶中,用丙酮溶解并稀释至刻度,摇匀。称取 0.025 g(精确至 0.000 01 g)治螟磷标样,置于另一 10 mL 容量瓶中,用移液管移入 1 mL 上述溶液,用丙酮溶解并稀释至刻度,摇匀,作为母液。用移液管移取 1 mL 母液、1 mL 内标溶液于 25 mL 容量瓶中,用丙酮稀释至刻度,摇匀。

5.6.5.2 试样溶液的制备

称取试样前需对样品进行充分研磨,以保证试样均匀,称取含 1.0 g(精确至 0.000 1 g)二嗪磷的试样,置于具塞锥形瓶中,用移液管移入 1 mL 内标溶液,加入 25 mL 丙酮,超声波振荡 5 min,冷却至室温,摇匀,过滤。

5.6.5.3 测定

在上述操作条件下,待仪器稳定后,连续注入数针标样溶液,直至相邻两针治螟磷(O,O,O',O'-四乙基硫代焦磷酸酯)与内标物峰面积比的相对变化小于2%后,按照标样溶液、试样溶液、试样溶液、标样溶液的顺序进行测定。

5.6.6 计算

将测得的两针试样溶液以及试样前后两针标样溶液中治螟磷(O,O,O',O'-四乙基硫代焦磷酸酯)与内标物的峰面积比分别进行平均。试样中治螟磷(O,O,O',O'-四乙基硫代焦磷酸酯)的质量分数按公式(2)计算。

$$\omega_2=\frac{r_4\times m_3\times \omega_{b2}}{r_3\times m_4\times n} \quad \cdots\cdots (2)$$

式中:

ω_2 ——试样中治螟磷(O,O,O',O'-四乙基硫代焦磷酸酯)质量分数的数值,单位为百分号(%);
r_4 ——试样溶液中治螟磷(O,O,O',O'-四乙基硫代焦磷酸酯)与内标物峰面积比的平均值;
m_3——治螟磷(O,O,O',O'-四乙基硫代焦磷酸酯)标样质量的数值,单位为克(g);
ω_{b2}——标样中治螟磷(O,O,O',O'-四乙基硫代焦磷酸酯)质量分数的数值,单位为百分号(%);
r_3 ——标样溶液中治螟磷(O,O,O',O'-四乙基硫代焦磷酸酯)与内标物峰面积比的平均值;
m_4——试样质量的数值,单位为克(g);
n ——当计算治螟磷质量分数时,$n=10$;当计算O,O,O',O'-四乙基硫代焦磷酸酯质量分数时,$n=100$。

5.6.7 允许差

治螟磷、O,O,O',O'-四乙基硫代焦磷酸酯质量分数2次平行测定结果相对偏差应不大于30%,取其算术平均值作为测定结果。

5.7 水分的测定

按GB/T 1600—2021中4.3的规定执行。

5.8 pH的测定

按GB/T 1601的规定执行。

5.9 堆密度的测定

按GB/T 33810的规定执行。

5.10 粒度范围的测定

5.10.1 仪器

5.10.1.1 标准筛组:孔径之比为4:1的2个标准筛,并配有筛底和筛盖,标准筛孔径根据样品粒度确定。

5.10.1.2 振筛机:振幅36 mm,振荡次数240次/min。

5.10.2 测定步骤

将标准筛上下叠装,大孔径筛置于小孔径筛的上面,筛下装筛底,同时将组合好的筛组固定在振筛机上,称取100 g(精确至0.1 g)试样,置于上面筛上,加盖密封,启动振筛机振荡10 min,收集小孔径筛上物称量。

5.10.3 计算

试样的粒度范围按公式(3)计算。

$$\omega_3=\frac{m_5}{m_6}\times 100 \quad \cdots\cdots (3)$$

式中:

ω_3 ——试样粒度范围的数值,单位为百分号(%);
m_5 ——小孔径筛上物质量的数值,单位为克(g);

m_6 ——试样质量的数值,单位为克(g)。

5.11 粉尘的测定

按 GB/T 30360 的规定执行。

5.12 耐磨性的测定

按 GB/T 33031 的规定执行。称取 50 g(精确至 0.1 g)过筛后的颗粒剂试样,加入等量玻璃珠(直径为 4.0 mm±0.2 mm)。转动完毕后将玻璃珠上黏附的样品和玻璃瓶中样品全部转移至 125 μm 标准筛中。

5.13 热储稳定性试验

按 GB/T 19136—2021 中 4.4.1 的规定执行。

6 检验规则

6.1 出厂检验

每批产品均应做出厂检验,经检验合格签发合格证后,方可出厂。出厂检验项目为第 4 章技术指标中除治螟磷、*O*,*O*,*O'*,*O'*-四乙基硫代焦磷酸酯质量分数和热储稳定性以外的所有项目。

6.2 型式检验

型式检验项目为第 4 章中的全部项目,在正常连续生产情况下,每 3 个月至少进行一次。有下述情况之一,应进行型式检验:

a) 原料有较大改变,可能影响产品质量时;

b) 生产地址、生产设备或生产工艺有较大改变,可能影响产品质量时;

c) 停产后又恢复生产时;

d) 国家法定质量监管机构提出型式检验要求时。

6.3 判定规则

按第 4 章技术要求对产品进行出厂检验和型式检验,任一项目不符合指标要求判为该批次产品不合格。

7 验收和质量保证期

7.1 验收

应符合 GB/T 1604 的规定。

7.2 质量保证期

在规定的储运条件下,二嗪磷颗粒剂的质量保证期从生产日期算起为 2 年。质量保证期内,各项指标均应符合本文件要求。

8 标志、标签、包装、储运

8.1 标志、标签和包装

二嗪磷颗粒剂的标志、标签和包装,应符合 GB 3796 的规定。

二嗪磷颗粒剂应用清洁、干燥、内衬塑料袋或铝箔袋包装,每袋净含量 500 g。也可以根据用户要求和订货协议,采用其他形式的包装,但应符合 GB 3796 中的有关规定。

8.2 储运

二嗪磷颗粒剂包装件应储存在通风、干燥的库房中。储运时,严防潮湿和日晒,不得与食物、种子、饲料混放,避免与皮肤、眼睛接触,防止由口、鼻吸入。

附　录　A
（资料性）
二嗪磷、治螟磷、*O*,*O*,*O*',*O*'-四乙基硫代焦磷酸酯的其他名称、结构式和基本物化参数

本产品有效成分二嗪磷，相关杂质治螟磷、*O*,*O*,*O*',*O*'-四乙基硫代焦磷酸酯的其他名称、结构式和基本物化参数如下。

A.1　二嗪磷

ISO 通用名称：Diazinon。

CAS 登录号：333-41-5。

CIPAC 数字代码：15。

化学名称：*O*,*O*-二乙基-*O*-(2-异丙基-6-甲基嘧啶-4-基)硫代磷酸酯。

结构式：

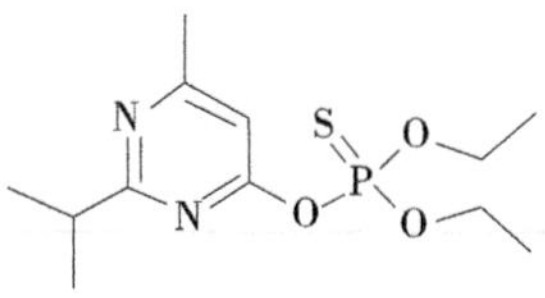

分子式：$C_{12}H_{21}N_2O_3PS$。

相对分子质量：304.3。

生物活性：杀虫。

沸点：125 ℃(133.322 Pa)。

闪点：>62 ℃。

蒸气压：12 mPa(25 ℃)。

相对密度：1.11(20 ℃～25 ℃)。

溶解度：水中溶解度(mg/L，20 ℃～25 ℃)60；可溶于丙酮、二氯甲烷、乙醇、苯、环己烷、乙醚、正己烷、石油、甲苯等有机溶剂(20 ℃～25 ℃)。

稳定性：超过 100 ℃易被氧化，在中性介质中稳定，在碱性介质中被慢慢水解，在酸性介质中快速水解，DT_{50} 11.77 h(pH 3.1，20 ℃)、185 d(pH 7.4，20 ℃)、6.0 d(pH 10.4，20 ℃)，分解温度 120 ℃。

A.2　治螟磷

ISO 通用名称：Sulfotep。

CAS 登录号：3689-24-5。

化学名称：*O*,*O*,*O*',*O*'-四乙基二硫代焦磷酸酯。

结构式：

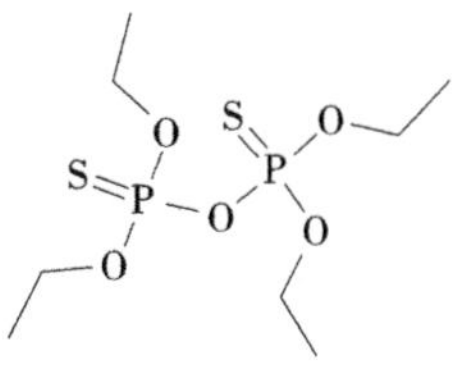

分子式：$C_8H_{20}O_5P_2S_2$。

相对分子质量：322.3。

蒸气压：1.4×10^4 Pa(20 ℃)。

溶解度：水中溶解度(mg/L)10，易溶于大多数有机溶剂。

稳定性(22 ℃)：不易水解，DT_{50} 10.7 d(pH 4)、8.2 d(pH 7)和 9.1 d(pH 9)。

A.3 *O*,*O*,*O*',*O*'-四乙基硫代焦磷酸酯

ISO 通用名称：Monothiono TEPP。

CAS 登录号：645-78-3。

化学名称：*O*,*O*,*O*',*O*'-四乙基硫代焦磷酸酯。

结构式：

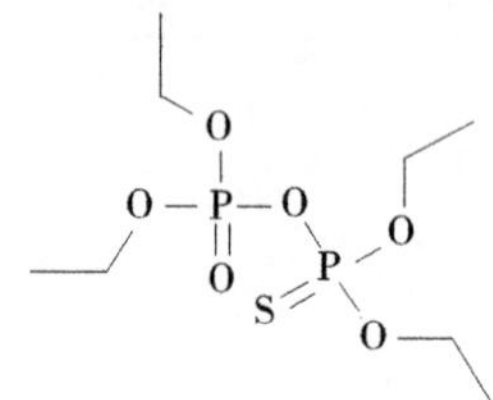

分子式：$C_8H_{20}O_6P_2S$。

相对分子质量：306.25。

沸点：110 ℃。

ICS 65.100.10
CCS G 25

中华人民共和国农业行业标准

NY/T 4113—2022

二嗪磷乳油

Diazinon emulsifiable concentrate

2022-07-11 发布　　2022-10-01 实施

中华人民共和国农业农村部　发布

前　言

本文件按照 GB/T 1.1—2020《标准化工作导则　第 1 部分:标准化文件的结构和起草规则》的规定起草。

请注意本文件的某些内容可能涉及专利。本文件的发布机构不承担识别专利的责任。

本文件由农业农村部种植业管理司提出。

本文件由全国农药标准化技术委员会(SAC/TC 133)归口。

本文件起草单位:南通江山农药化工股份有限公司、安徽天成基农业科学研究院有限责任公司、安达市海纳尔化工有限公司、江苏东宝农化股份有限公司、农业农村部农药检定所。

本文件主要起草人:段丽芳、黄伟、陈银银、石凯威、刘莹、刘为东、陈芸芸、陈碧云、郭启双、宋钰。

二嗪磷乳油

1 范围

本文件规定了二嗪磷乳油的技术要求、试验方法、检验规则、验收和质量保证期,以及标志、标签、包装、储运。

本文件适用于二嗪磷乳油产品的质量控制。

注:二嗪磷及其相关杂质治螟磷和 *O*,*O*,*O'*,*O'*-四乙基硫代焦磷酸酯的其他名称、结构式和基本物化参数见附录 A。

2 规范性引用文件

下列文件中的内容通过文中的规范性引用而构成本文件必不可少的条款。其中,注日期的引用文件,仅该日期对应的版本适用于本文件;不注日期的引用文件,其最新版本(包括所有的修改单)适用于本文件。

GB/T 1600—2021 农药水分测定方法

GB/T 1603 农药乳液稳定性测定方法

GB/T 1604 商品农药验收规则

GB/T 1605—2001 商品农药采样方法

GB 4838 农药乳油包装

GB/T 8170—2008 数值修约规则与极限数值的表示和判定

GB/T 19136—2021 农药热储稳定性测定方法

GB/T 19137—2003 农药低温稳定性测定方法

GB/T 28135 农药酸(碱)度测定方法 指示剂法

GB/T 28137 农药持久起泡性测定方法

3 术语和定义

本文件没有需要界定的术语和定义。

4 技术要求

4.1 外观

稳定的黄色均相液体,无可见的悬浮物和沉淀物。

4.2 技术指标

二嗪磷乳油应符合表 1 的要求。

表 1 二嗪磷乳油控制项目指标

项目	指标			
	25%规格	30%规格	50%规格	60%规格
二嗪磷质量分数,%	$25.0^{+1.5}_{-1.5}$	$30.0^{+1.5}_{-1.5}$	$50.0^{+2.5}_{-2.5}$	$60.0^{+2.5}_{-2.5}$
治螟磷质量分数[a],%	≤0.07	≤0.08	≤0.14	≤0.17
O,*O*,*O'*,*O'*-四乙基硫代焦磷酸酯质量分数[a],%	≤0.006	≤0.007	≤0.011	≤0.013
水分,%	≤0.3			
酸度(以 H_2SO_4 计),%	≤0.3			
乳液稳定性(稀释 200 倍)	量筒中无浮油(膏)、沉油和沉淀析出			
持久起泡性(1 min 后泡沫量),mL	≤50			
低温稳定性[a]	冷储后,离心管底部离析物的体积不大于 0.3 mL			

表 1（续）

项目	指标			
	25%规格	30%规格	50%规格	60%规格
热储稳定性[a]	热储后，二嗪磷质量分数不低于储前的 90%，治螟磷质量分数、*O*,*O*,*O'*,*O'*-四乙基硫代焦磷酸酯质量分数、酸度（以 H_2SO_4 计）、乳液稳定性仍应符合本文件要求			
[a] 正常生产时，治螟磷、*O*,*O*,*O'*,*O'*-四乙基硫代焦磷酸酯质量分数，低温稳定性和热储稳定性试验每 3 个月至少进行一次。				

5 试验方法

警示：使用本文件的人员应有实验室工作的实践经验。本文件并未指出所有的安全问题。使用者有责任采取适当的安全和健康措施。

5.1 一般规定

本文件所用试剂和水在没有注明其他要求时，均指分析纯试剂和蒸馏水。检验结果的判定按 GB/T 8170—2008 中 4.3.3 的规定执行。

5.2 取样

按 GB/T 1605—2001 中 5.3.2 的规定执行。用随机数表法确定取样的包装件，最终取样量应不少于 200 mL。

5.3 鉴别试验

气相色谱法：本鉴别试验可与二嗪磷质量分数的测定同时进行。在相同的色谱操作条件下，试样溶液中某色谱峰的保留时间与标样溶液中二嗪磷的色谱峰的保留时间，其相对差值应在 1.5%以内。

5.4 外观的测定

采用目测法测定。

5.5 二嗪磷质量分数的测定

5.5.1 方法提要

试样用内标溶液溶解，以邻苯二甲酸二丁酯为内标物，使用以（5%-苯基）-甲基聚硅氧烷涂壁的石英毛细管柱和氢火焰离子化检测器，对试样中的二嗪磷进行气相色谱分离，内标法定量。

5.5.2 试剂和溶液

5.5.2.1 丙酮：色谱级。

5.5.2.2 内标物：邻苯二甲酸二丁酯，应不含有干扰分析的杂质。

5.5.2.3 内标溶液：称取 2.5 g 邻苯二甲酸二丁酯，置于 500 mL 容量瓶中，用丙酮溶解并稀释至刻度，摇匀。

5.5.2.4 二嗪磷标样：已知质量分数，$\omega \geq 98.0\%$。

5.5.3 仪器

5.5.3.1 气相色谱仪：具有氢火焰离子化检测器。

5.5.3.2 色谱柱：30 m×0.32 mm（内径）毛细管柱，内壁涂（5%-苯基）-甲基聚硅氧烷固定液，膜厚 0.25 μm（或具同等效果的色谱柱）。

5.5.3.3 过滤器：滤膜孔径约 0.45 μm。

5.5.3.4 超声波清洗器。

5.5.4 气相色谱操作条件

5.5.4.1 温度（℃）：柱温 200，气化室 230，检测器室 270。

5.5.4.2 气体流量（mL/min）：载气（N_2）1.5，氢气 30，空气 300。

5.5.4.3 分流比：50∶1。

5.5.4.4 进样体积：1.0 μL。

5.5.4.5 保留时间(min)：二嗪磷约 3.7、邻苯二甲酸二丁酯约 5.4。

5.5.4.6 上述操作参数是典型的，可根据不同仪器特点对给定的操作参数作适当调整，以期获得最佳效果。典型的二嗪磷乳油与内标物的气相色谱图见图 1。

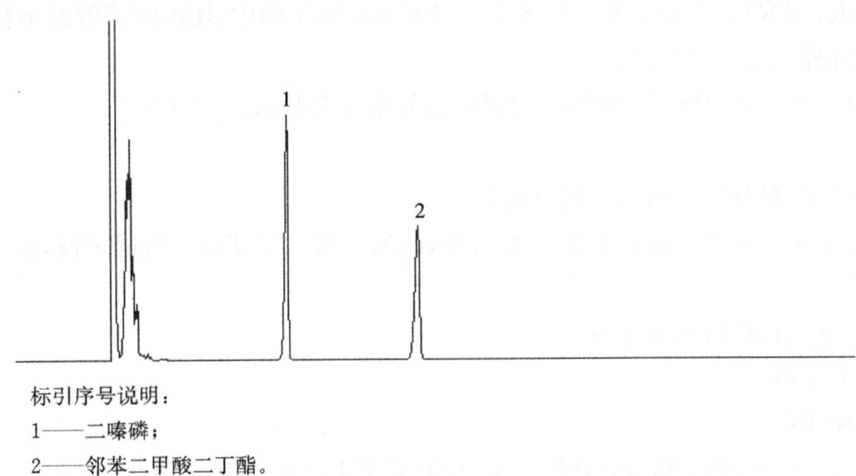

标引序号说明：
1——二嗪磷；
2——邻苯二甲酸二丁酯。

图 1 二嗪磷乳油与内标物的气相色谱图

5.5.5 测定步骤

5.5.5.1 标样溶液的制备

称取 0.05 g(精确至 0.000 1 g)二嗪磷标样，置于 25 mL 容量瓶中，用移液管移入 5 mL 内标溶液，摇匀。

5.5.5.2 试样溶液的制备

称取含 0.05 g(精确至 0.000 1 g)二嗪磷的试样，置于 25 mL 容量瓶中，与 5.5.5.1 用同一支移液管移入 5 mL 内标溶液，超声波振荡 5 min，冷却至室温，摇匀，过滤。

5.5.6 计算

在上述操作条件下，待仪器稳定后，连续注入数针标样溶液，直至相邻两针二嗪磷与内标物峰面积比的相对变化小于 1.2%后，按照标样溶液、试样溶液、试样溶液、标样溶液的顺序进行测定。

将测得的两针试样溶液以及试样前后两针标样溶液中二嗪磷与内标物的峰面积比分别进行平均。试样中二嗪磷的质量分数按式(1)计算。

$$\omega_1 = \frac{r_2 \times m_1 \times \omega_{b1}}{r_1 \times m_2} \quad \cdots\cdots (1)$$

式中：

ω_1 ——试样中二嗪磷质量分数的数值，单位为百分号(%)；

r_2 ——试样溶液中二嗪磷与内标物峰面积比的平均值；

m_1 ——标样质量的数值，单位为克(g)；

ω_{b1} ——标样中二嗪磷质量分数的数值，单位为百分号(%)；

r_1 ——标样溶液中二嗪磷与内标物峰面积比的平均值；

m_2 ——试样质量的数值，单位为克(g)。

5.5.7 允许差

二嗪磷质量分数 2 次平行测定结果之差，25%和 30%二嗪磷乳油应不大于 0.3%，50%和 60%二嗪磷乳油应不大于 0.6%，取其算术平均值作为测定结果。

5.6 治螟磷和 *O*,*O*,*O*',*O*'-四乙基硫代焦磷酸酯质量分数的测定

5.6.1 方法提要

试样用丙酮溶解，以磷酸三丁酯为内标物，使用以 100%聚二甲基硅氧烷涂壁的石英毛细管柱和氢火焰离子化检测器，对试样中的治螟磷和 *O*,*O*,*O*',*O*'-四乙基硫代焦磷酸酯进行气相色谱分离，内标法定量。

5.6.2 试剂和溶液

5.6.2.1 丙酮:色谱级。

5.6.2.2 内标物:磷酸三丁酯,应不含有干扰分析的杂质。

5.6.2.3 内标溶液:称取 0.05 g 磷酸三丁酯,置于 100 mL 容量瓶中,用丙酮溶解并稀释至刻度,摇匀。

5.6.2.4 治螟磷标样:已知质量分数,$\omega \geqslant 97.0\%$。

5.6.2.5 *O*,*O*,*O'*,*O'*-四乙基硫代焦磷酸酯标样:已知质量分数,$\omega \geqslant 95.0\%$。

5.6.3 仪器

5.6.3.1 气相色谱仪:具有氢火焰离子化检测器。

5.6.3.2 色谱柱:30 m×0.32 mm(内径)毛细管柱,内壁涂聚二甲基硅氧烷固定液,膜厚 0.25 μm(或具同等效果的色谱柱)。

5.6.3.3 过滤器:滤膜孔径约 0.45 μm。

5.6.3.4 超声波清洗器。

5.6.4 气相色谱操作条件

5.6.4.1 温度:柱温 90 ℃保持 15 min,以 20 ℃/min 升至 150 ℃保持 20 min,以 30 ℃/min 升至 280 ℃保持 10 min,气化室 230 ℃,检测器 280 ℃。

5.6.4.2 气体流量(mL/min):载气(N_2)1.0,氢气 30,空气 300。

5.6.4.3 分流比:5∶1。

5.6.4.4 进样体积:1.0 μL。

5.6.4.5 保留时间:*O*,*O*,*O'*,*O'*-四乙基硫代焦磷酸酯约 30.7 min,磷酸三丁酯约 32.8 min,治螟磷约 34.8 min。

5.6.4.6 上述操作参数是典型的,可根据不同仪器特点,对给定的操作参数作适当调整,以期获得最佳效果。典型的二嗪磷乳油中治螟磷、*O*,*O*,*O'*,*O'*-四乙基硫代焦磷酸酯与内标物气相色谱图见图 2。

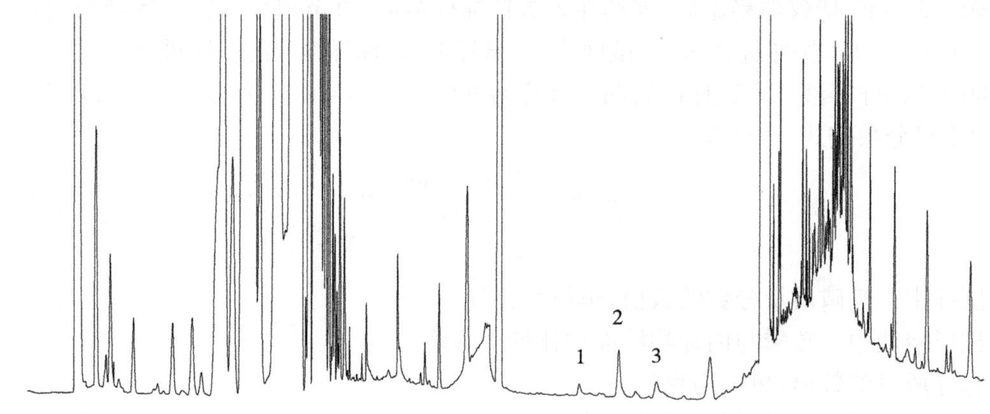

标引序号说明:

1——*O*,*O*,*O'*,*O'*-四乙基硫代焦磷酸酯;

2——磷酸三丁酯;

3——治螟磷。

图 2 二嗪磷乳油中治螟磷、*O*,*O*,*O'*,*O'*-四乙基硫代焦磷酸酯与内标物的气相色谱图

5.6.5 测定步骤

5.6.5.1 标样溶液的制备

称取 0.02 g(精确至 0.000 01 g)*O*,*O*,*O'*,*O'*-四乙基硫代焦磷酸酯标样,置于 10 mL 容量瓶中,用丙酮溶解并稀释至刻度,摇匀。称取 0.025 g(精确至 0.000 01 g)治螟磷标样,置于 10 mL 容量瓶中,用移液管移入 1 mL 上述溶液,用丙酮溶解并稀释至刻度,摇匀,作为母液。用移液管移取 1 mL 母液、1 mL 内标溶液于 10 mL 容量瓶中,用丙酮稀释至刻度,摇匀。

5.6.5.2 试样溶液的制备

称取含 1.0 g(精确至 0.000 1 g)二嗪磷的试样,置于 10 mL 容量瓶中,用移液管移入 1 mL 内标溶液,超声波振荡 5 min,冷却至室温,用丙酮稀释至刻度,摇匀,过滤。

5.6.5.3 测定

在上述操作条件下,待仪器稳定后,连续注入数针标样溶液,直至相邻两针治螟磷(*O*,*O*,*O*',*O*'-四乙基硫代焦磷酸酯)与内标物峰面积比的相对变化小于 10%后,按照标样溶液、试样溶液、试样溶液、标样溶液的顺序进行测定。

5.6.5.4 计算

将测得的两针试样溶液以及试样前后两针标样溶液中治螟磷(*O*,*O*,*O*',*O*'-四乙基硫代焦磷酸酯)与内标物的峰面积比分别进行平均。试样中治螟磷(*O*,*O*,*O*',*O*'-四乙基硫代焦磷酸酯)的质量分数按公式(2)计算。

$$\omega_2 = \frac{r_4 \times m_3 \times \omega_{b2}}{r_3 \times m_4 \times n} \quad \cdots\cdots (2)$$

式中:

ω_2 ——试样中治螟磷(*O*,*O*,*O*',*O*'-四乙基硫代焦磷酸酯)质量分数的数值,单位为百分号(%);

r_4 ——试样溶液中治螟磷(*O*,*O*,*O*',*O*'-四乙基硫代焦磷酸酯)与内标物峰面积比的平均值;

m_3 ——标样质量的数值,单位为克(g);

ω_{b2} ——标样中治螟磷(*O*,*O*,*O*',*O*'-四乙基硫代焦磷酸酯)质量分数的数值,单位为百分号(%);

r_3 ——标样溶液中治螟磷(*O*,*O*,*O*',*O*'-四乙基硫代焦磷酸酯)与内标物峰面积比的平均值;

m_4 ——试样质量的数值,单位为克(g);

n ——当计算治螟磷质量分数时,$n=10$;当计算 *O*,*O*,*O*',*O*'-四乙基硫代焦磷酸酯质量分数时,$n=100$。

5.6.6 允许差

治螟磷、*O*,*O*,*O*',*O*'-四乙基硫代焦磷酸酯质量分数 2 次平行测定结果相对偏差应不大于 30%,取其算术平均值作为测定结果。

5.7 水分的测定

按 GB/T 1600—2021 中 4.2 的规定执行。

5.8 酸度的测定

按 GB/T 28135 的规定执行。

5.9 乳液稳定性试验

按 GB/T 1603 的规定执行。

5.10 持久起泡性的测定

按 GB/T 28137 的规定执行。

5.11 低温稳定性试验

按 GB/T 19137—2003 中 2.1 的规定执行。

5.12 热储稳定性试验

按 GB/T 19136—2021 中 4.4.1 的规定执行。

6 检验规则

6.1 出厂检验

每批产品均应做出厂检验,经检验合格签发合格证后,方可出厂。出厂检验项目为第 4 章技术指标中除治螟磷质量分数、*O*,*O*,*O*',*O*'-四乙基硫代焦磷酸酯质量分数、热储稳定性和低温稳定性以外的所有项目。

6.2 型式检验

型式检验项目为第 4 章中的全部项目，在正常连续生产情况下，每 3 个月至少进行一次。有下述情况之一，应进行型式检验：

a) 原料有较大改变，可能影响产品质量时；

b) 生产地址、生产设备或生产工艺有较大改变，可能影响产品质量时；

c) 停产后又恢复生产时；

d) 国家法定质量监管机构提出型式检验要求时。

6.3 判定规则

按第 4 章技术要求对产品进行出厂检验和型式检验，任一项目不符合指标要求判为该批次产品不合格。

7 验收和质量保证期

7.1 验收

应符合 GB/T 1604 的规定。

7.2 质量保证期

在规定的储运条件下，二嗪磷乳油的质量保证期从生产日期算起为 2 年。质量保证期内，各项指标均应符合本文件要求。

8 标志、标签、包装、储运

8.1 标志、标签和包装

二嗪磷乳油的标志、标签和包装应符合 GB 4838 的规定。

二嗪磷乳油采用清洁、干燥的棕色玻璃瓶或聚酯瓶包装，每瓶净含量 100 mL，外包装有钙塑箱或瓦楞纸箱，每箱净含量应不超过 15 kg。也可根据用户要求或订货协议，采用其他形式的包装，但应符合 GB 4838 的规定。

8.2 储运

二嗪磷乳油包装件应储存在通风、干燥的库房中。储运时，严防潮湿和日晒，不得与食物、种子、饲料混放，避免与皮肤、眼睛接触，防止由口、鼻吸入。

附　录　A
（资料性）
二嗪磷、治螟磷、*O*,*O*,*O'*,*O'*-四乙基硫代焦磷酸酯的其他名称、结构式和基本物化参数

本产品有效成分二嗪磷，相关杂质治螟磷、*O*,*O*,*O'*,*O'*-四乙基硫代焦磷酸酯的其他名称、结构式和基本物化参数如下。

A.1　二嗪磷

ISO 通用名称：Diazinon。

CAS 登录号：333-41-5。

CIPAC 数字代码：15。

化学名称：*O*,*O*-二乙基-*O*-(2-异丙基-6-甲基嘧啶-4-基)硫代磷酸酯。

结构式：

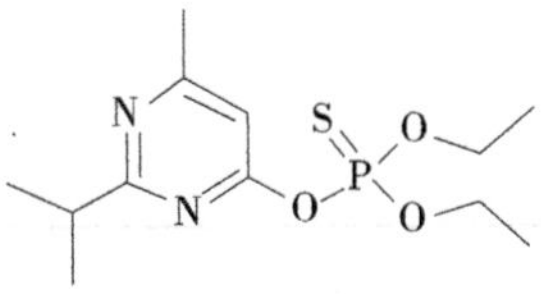

分子式：$C_{12}H_{21}N_2O_3PS$。

相对分子质量：304.3。

生物活性：杀虫。

沸点：125 ℃(133.322 Pa)。

闪点：>62 ℃。

蒸气压：12 mPa(25 ℃)。

相对密度：1.11(20 ℃～25 ℃)。

溶解度：水中溶解度(mg/L,20 ℃～25 ℃)60；可溶于丙酮、二氯甲烷、乙醇、苯、环己烷、乙醚、正己烷、石油、甲苯等有机溶剂(20 ℃～25 ℃)。

稳定性：超过 100 ℃易被氧化，在中性介质中稳定，在碱性介质中被慢慢水解，在酸性介质中快速水解，DT_{50} 11.77 h(pH 3.1,20 ℃)、185 d(pH 7.4,20 ℃)、6.0 d(pH 10.4,20 ℃)，分解温度 120 ℃。

A.2　治螟磷

ISO 通用名称：Sulfotep。

CAS 登录号：3689-24-5。

化学名称：*O*,*O*,*O'*,*O'*-四乙基二硫代焦磷酸酯。

结构式：

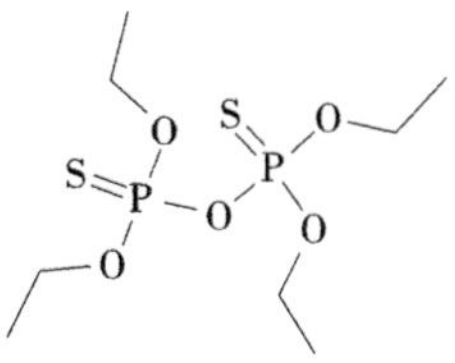

分子式：$C_8H_{20}O_5P_2S_2$。

相对分子质量：322.3。

蒸气压：1.4×10^4 Pa(20 ℃)。

溶解度：水中溶解度(mg/L)10，易溶于大多数有机溶剂。

稳定性(22 ℃)：不易水解，DT_{50} 10.7 d(pH 4)、8.2 d(pH 7)和 9.1 d(pH 9)。

A.3 *O,O,O',O'*-四乙基硫代焦磷酸酯

ISO 通用名称：Monothiono TEPP。

CAS 登录号：645-78-3。

结构式：

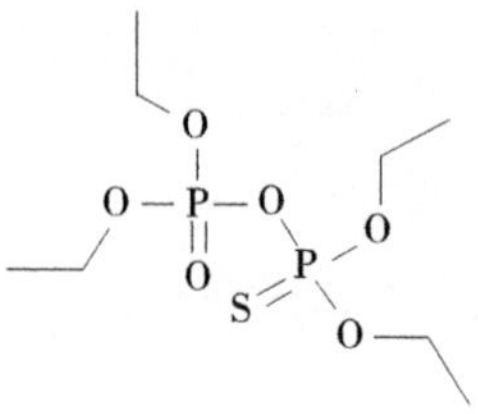

分子式：$C_8H_{20}O_6P_2S$。

相对分子质量：306.25。

沸点：110 ℃。

ICS 65.100.10
CCS G 25

中华人民共和国农业行业标准

NY/T 4114—2022

二嗪磷原药

Diazinon technical material

2022-07-11 发布　　　　2022-10-01 实施

中华人民共和国农业农村部　发布

前　　言

本文件按照 GB/T 1.1—2020《标准化工作导则　第 1 部分：标准化文件的结构和起草规则》的规定起草。

请注意本文件的某些内容可能涉及专利。本文件的发布机构不承担识别专利的责任。

本文件由农业农村部种植业管理司提出。

本文件由全国农药标准化技术委员会(SAC/TC 133)归口。

本文件起草单位：南通江山农药化工股份有限公司、沈阳沈化院测试技术有限公司、安达市海纳贝尔化工有限公司、江苏省农业科学院、农业农村部农药检定所。

本文件主要起草人：姜宜飞、黄伟、陈银银、邢宇俊、聂果、石凯威、王胜翔、刘为东、陆雪芳、董雪梅、郭启双。

二嗪磷原药

1 范围

本文件规定了二嗪磷原药的技术要求、试验方法、检验规则、验收和质量保证期，以及标志、标签、包装、储运。

本文件适用于二嗪磷原药产品的质量控制。

注：二嗪磷及其相关杂质治螟磷和 *O*,*O*,*O'*,*O'*-四乙基硫代焦磷酸酯的其他名称、结构式和基本物化参数见附录 A。

2 规范性引用文件

下列文件中的内容通过文中的规范性引用而构成本文件必不可少的条款。其中，注日期的引用文件，仅该日期对应的版本适用于本文件；不注日期的引用文件，其最新版本（包括所有的修改单）适用于本文件。

GB/T 1600—2021 农药水分测定方法

GB/T 1604 商品农药验收规则

GB/T 1605—2001 商品农药采样方法

GB 3796 农药包装通则

GB/T 8170—2008 数值修约规则与极限数值的表示和判定

GB/T 19138 农药丙酮不溶物测定方法

GB/T 28135 农药酸（碱）度测定方法 指示剂法

3 术语和定义

本文件没有需要界定的术语和定义。

4 技术要求

4.1 外观

黄色至棕色液体。

4.2 技术指标

二嗪磷原药还应符合表 1 的要求。

表 1 二嗪磷原药控制项目指标

项目	指标
二嗪磷质量分数，%	≥95.0
治螟磷质量分数[a]，%	≤0.25
O,*O*,*O'*,*O'*-四乙基硫代焦磷酸酯质量分数[a]，%	≤0.02
水分，%	≤0.1
丙酮不溶物[a]，%	≤0.2
酸度（以 H_2SO_4 计），%	≤0.2
[a] 正常生产时，治螟磷、*O*,*O*,*O'*,*O'*-四乙基硫代焦磷酸酯质量分数和丙酮不溶物每 3 个月至少测定一次。	

5 试验方法

警示：使用本文件的人员应有实验室工作的实践经验。本文件并未指出所有的安全问题。使用者有责任采取适当的安全和健康措施。

5.1　一般规定

本文件所用试剂和水在没有注明其他要求时，均指分析纯试剂和蒸馏水。检验结果的判定按 GB/T 8170—2008 中 4.3.3 的规定执行。

5.2　取样

按 GB/T 1605—2001 中 5.3.1 的规定执行。用随机数表法确定取样的包装件；最终取样量应不少于 100 g。

5.3　鉴别试验

5.3.1　红外光谱法

二嗪磷原药与二嗪磷标样在 4 000/cm～650/cm 范围的红外吸收光谱图应无明显区别。二嗪磷标样的红外光谱图见图 1。

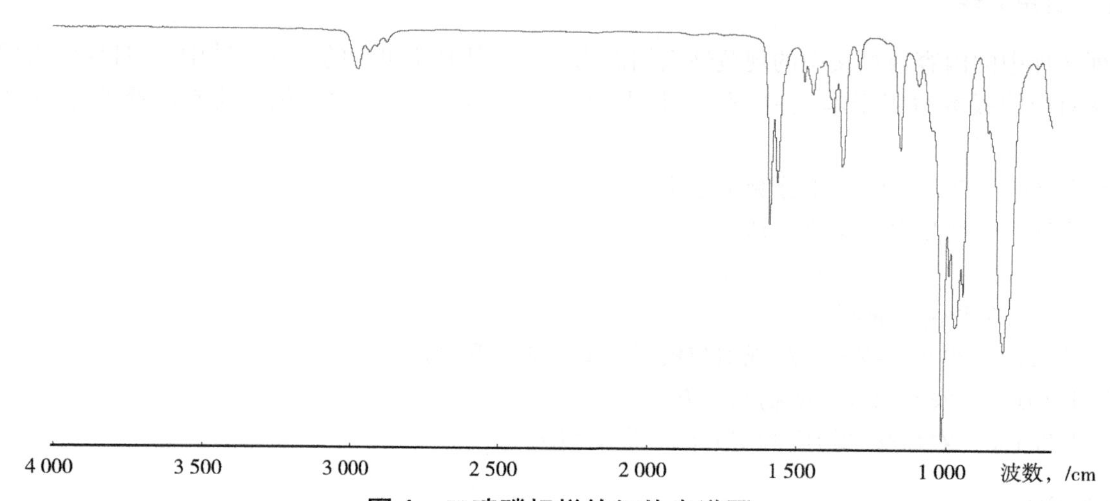

图 1　二嗪磷标样的红外光谱图

5.3.2　气相色谱法

本鉴别试验可与二嗪磷质量分数的测定同时进行。在相同的色谱操作条件下，试样溶液中某色谱峰的保留时间与标样溶液中二嗪磷的色谱峰的保留时间，其相对差值应在 1.5%以内。

5.4　外观的测定

采用目测法测定。

5.5　二嗪磷质量分数的测定

5.5.1　方法提要

试样用内标溶液溶解，以邻苯二甲酸二丁酯为内标物，使用以(5%-苯基)-甲基聚硅氧烷涂壁的石英毛细管柱和氢火焰离子化检测器，对试样中的二嗪磷进行气相色谱分离，内标法定量。

5.5.2　试剂和溶液

5.5.2.1　丙酮：色谱级。

5.5.2.2　内标物：邻苯二甲酸二丁酯，应不含有干扰分析的杂质。

5.5.2.3　内标溶液：称取 2.5 g 邻苯二甲酸二丁酯，置于 500 mL 容量瓶中，用丙酮溶解并稀释至刻度，摇匀。

5.5.2.4　二嗪磷标样：已知质量分数，$\omega \geqslant 98.0\%$。

5.5.3　仪器

5.5.3.1　气相色谱仪：具有氢火焰离子化检测器。

5.5.3.2　色谱柱：30 m×0.32 mm(内径)毛细管柱，内壁涂(5%-苯基)-甲基聚硅氧烷固定液，膜厚 0.25 μm(或具同等效果的色谱柱)。

5.5.3.3　超声波清洗器。

5.5.4　气相色谱操作条件

5.5.4.1　温度(℃):柱温 200,气化室 230,检测器 270。

5.5.4.2　气体流量(mL/min):载气(N_2)1.5,氢气 30,空气 300。

5.5.4.3　分流比:50∶1。

5.5.4.4　进样体积:1.0 μL。

5.5.4.5　保留时间:二嗪磷约 3.7 min、邻苯二甲酸二丁酯约 5.4 min。

5.5.4.6　上述操作参数是典型的,可根据不同仪器特点,对给定的操作参数作适当调整,以期获得最佳效果。典型的二嗪磷原药与内标物的气相色谱图见图 2。

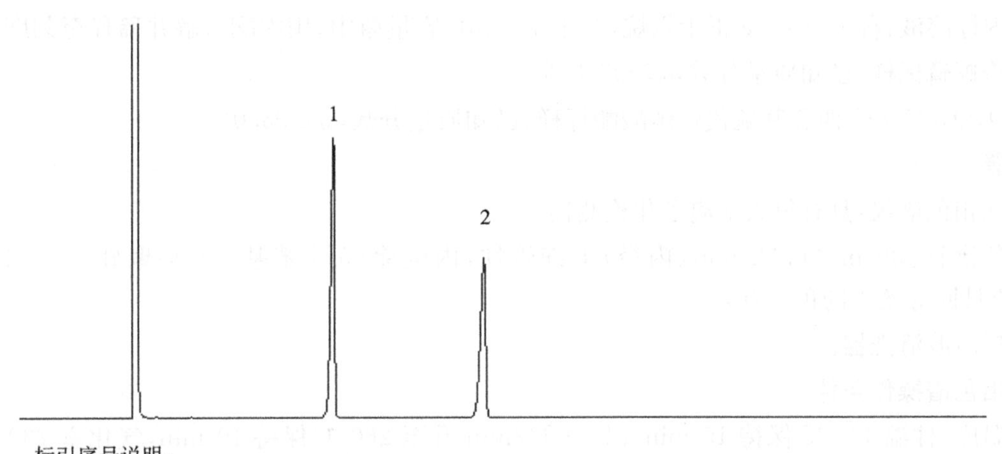

标引序号说明:

1——二嗪磷;

2——邻苯二甲酸二丁酯。

图 2　二嗪磷原药与内标物的气相色谱图

5.5.5　测定步骤

5.5.5.1　标样溶液的制备

称取 0.05 g(精确至 0.000 1 g)二嗪磷标样,置于 25 mL 容量瓶中,用移液管移入 5 mL 内标溶液,摇匀。

5.5.5.2　试样溶液的制备

称取含 0.05 g(精确至 0.000 1 g)二嗪磷的试样,置于 25 mL 容量瓶中,与 5.5.5.1 用同一支移液管移入 5 mL 内标溶液,超声波振荡 5 min,冷却至室温,摇匀。

5.5.5.3　测定

在上述操作条件下,待仪器稳定后,连续注入数针标样溶液,直至相邻两针二嗪磷与内标物峰面积比的相对变化小于 1.2%后,按照标样溶液、试样溶液、试样溶液、标样溶液的顺序进行测定。

5.5.6　计算

将测得的两针试样溶液以及试样前后两针标样溶液中二嗪磷与内标物的峰面积比分别进行平均。试样中二嗪磷的质量分数按公式(1)计算。

$$\omega_1 = \frac{r_2 \times m_1 \times \omega_{b1}}{r_1 \times m_2} \quad \cdots\cdots (1)$$

式中:

ω_1 ——试样中二嗪磷质量分数的数值,单位为百分号(%);

r_2 ——试样溶液中二嗪磷与内标物峰面积比的平均值;

m_1——标样质量的数值,单位为克(g);

ω_{b1}——标样中二嗪磷质量分数的数值,单位为百分号(%);

r_1 ——标样溶液中二嗪磷与内标物峰面积比的平均值;

m_2——试样质量的数值,单位为克(g)。

5.5.7 **允许差**

二嗪磷质量分数2次平行测定结果之差应不大于1.2%，取其算术平均值作为测定结果。

5.6 **治螟磷和*O*,*O*,*O'*,*O'*-四乙基硫代焦磷酸酯质量分数的测定**

5.6.1 **方法提要**

试样用丙酮溶解，以正十六烷为内标物，使用以(5%-苯基)-甲基聚硅氧烷涂壁的石英毛细管柱和氢火焰离子化检测器，对试样中的治螟磷和*O*,*O*,*O'*,*O'*-四乙基硫代焦磷酸酯进行气相色谱分离，内标法定量。

5.6.2 **试剂和溶液**

5.6.2.1 丙酮：色谱级。

5.6.2.2 内标物：正十六烷，应不含有干扰分析的杂质。

5.6.2.3 内标溶液：称取0.05 g正十六烷，置于100 mL容量瓶中，用丙酮溶解并稀释至刻度，摇匀。

5.6.2.4 治螟磷标样：已知质量分数，$\omega \geqslant 97.0\%$。

5.6.2.5 *O*,*O*,*O'*,*O'*-四乙基硫代焦磷酸酯标样：已知质量分数，$\omega \geqslant 95.0\%$。

5.6.3 **仪器**

5.6.3.1 气相色谱仪：具有氢火焰离子化检测器。

5.6.3.2 色谱柱：30 m×0.32 mm(内径)毛细管柱，内壁涂(5%-苯基)-甲基聚硅氧烷固定液，膜厚0.25 μm(或具同等效果的色谱柱)。

5.6.3.3 超声波清洗器。

5.6.4 **气相色谱操作条件**

5.6.4.1 温度：柱温140 ℃保持15 min，以30 ℃/min升至260 ℃保持10 min，气化室230 ℃，检测器280 ℃。

5.6.4.2 气体流量(mL/min)：载气(N_2)2.0，氢气30，空气300。

5.6.4.3 分流比：5∶1。

5.6.4.4 进样体积：1.0 μL。

5.6.4.5 保留时间：正十六烷约8.9 min、*O*,*O*,*O'*,*O'*-四乙基硫代焦磷酸酯约10.7 min、治螟磷约13.6 min。

5.6.4.6 上述操作参数是典型的，可根据不同仪器特点，对给定的操作参数作适当调整，以期获得最佳效果。典型的二嗪磷原药中治螟磷、*O*,*O*,*O'*,*O'*-四乙基硫代焦磷酸酯与内标物的气相色谱图见图3。

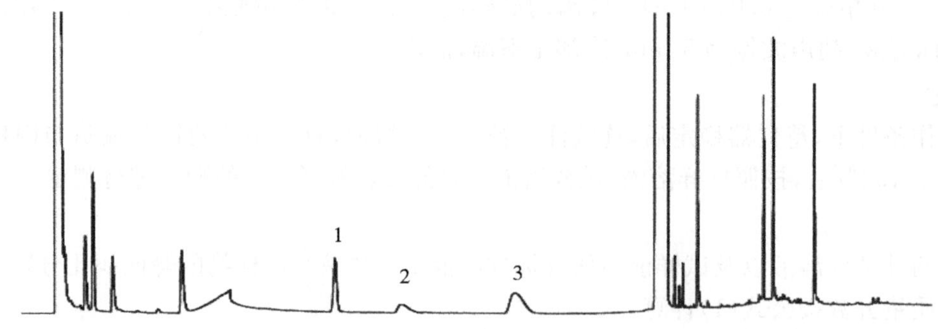

标引序号说明：

1——正十六烷；

2——*O*,*O*,*O'*,*O'*-四乙基硫代焦磷酸酯；

3——治螟磷。

图3 二嗪磷原药中治螟磷、*O*,*O*,*O'*,*O'*-四乙基硫代焦磷酸酯与内标物的气相色谱图

5.6.5 **测定步骤**

5.6.5.1 **标样溶液的制备**

称取0.02 g(精确至0.000 01 g)*O*,*O*,*O'*,*O'*-四乙基硫代焦磷酸酯标样，置于10 mL容量瓶中，用丙酮溶解并稀释至刻度，摇匀。称取0.025 g(精确至0.000 01 g)治螟磷标样，置于另一10 mL容量瓶中，用移液管移入 1 mL 上述溶液，用丙酮溶解并稀释至刻度，摇匀，作为母液。用移液管移取 1 mL 母液、1 mL 内标溶液于 25 mL 容量瓶中，用丙酮稀释至刻度，摇匀。

5.6.5.2 试样溶液的制备

称取含 1.0 g(精确至 0.000 1 g)二嗪磷的试样，置于 25 mL 容量瓶中，用移液管移入 1 mL 内标溶液，加入 20 mL 丙酮，超声波振荡 5 min，冷却至室温，用丙酮稀释至刻度，摇匀。

5.6.5.3 测定

在上述操作条件下，待仪器稳定后，连续注入数针标样溶液，直至相邻两针治螟磷(*O*,*O*,*O*',*O*'-四乙基硫代焦磷酸酯)与内标物峰面积比的相对变化小于 2%后，按照标样溶液、试样溶液、试样溶液、标样溶液的顺序进行测定。

5.6.6 计算

将测得的两针试样溶液以及试样前后两针标样溶液中治螟磷(*O*,*O*,*O*',*O*'-四乙基硫代焦磷酸酯)与内标物的峰面积比分别进行平均。试样中治螟磷(*O*,*O*,*O*',*O*'-四乙基硫代焦磷酸酯)的质量分数按公式(2)计算。

$$\omega_2=\frac{r_4\times m_3\times \omega_{b2}}{r_3\times m_4\times n} \quad \cdots\cdots (2)$$

式中：

ω_2 ——试样中治螟磷(*O*,*O*,*O*',*O*'-四乙基硫代焦磷酸酯)质量分数的数值，单位为百分号(%)；

r_4 ——试样溶液中治螟磷(*O*,*O*,*O*',*O*'-四乙基硫代焦磷酸酯)与内标物峰面积比的平均值；

m_3 ——治螟磷(*O*,*O*,*O*',*O*'-四乙基硫代焦磷酸酯)标样质量的数值，单位为克(g)；

ω_{b2} ——标样中治螟磷(*O*,*O*,*O*',*O*'-四乙基硫代焦磷酸酯)质量分数的数值，单位为百分号(%)；

r_3 ——标样溶液中治螟磷(*O*,*O*,*O*',*O*'-四乙基硫代焦磷酸酯)与内标物峰面积比的平均值；

m_4 ——试样质量的数值，单位为克(g)；

n ——当计算治螟磷质量分数时，$n=10$；当计算 *O*,*O*,*O*',*O*'-四乙基硫代焦磷酸酯质量分数时，$n=100$。

5.6.7 允许差

治螟磷、*O*,*O*,*O*',*O*'-四乙基硫代焦磷酸酯质量分数 2 次平行测定结果相对偏差应不大于 30%，取其算术平均值作为测定结果。

5.7 水分的测定

按 GB/T 1600—2021 中 4.2 的规定执行。

5.8 丙酮不溶物的测定

按 GB/T 19138 的规定执行。

5.9 酸度的测定

按 GB/T 28135 的规定执行。

6 检验规则

6.1 出厂检验

每批产品均应做出厂检验，经检验合格签发合格证后，方可出厂。出厂检验项目为第 4 章技术指标中除治螟磷、*O*,*O*,*O*',*O*'-四乙基硫代焦磷酸酯质量分数和丙酮不溶物以外的所有项目。

6.2 型式检验

型式检验项目为第 4 章中的全部项目，在正常连续生产情况下，每 3 个月至少进行一次。有下述情况之一，应进行型式检验：

a) 原料有较大改变，可能影响产品质量时；

b) 生产地址、生产设备或生产工艺有较大改变，可能影响产品质量时；

c) 停产后又恢复生产时；

d) 国家法定质量监管机构提出型式检验要求时。

6.3 判定规则

按第 4 章技术要求对产品进行出厂检验和型式检验,任一项目不符合指标要求判为该批次产品不合格。

7 验收和质量保证期

7.1 验收

应符合 GB/T 1604 的规定。

7.2 质量保证期

在规定的储运条件下,二嗪磷原药的质量保证期,从生产日期算起为 2 年。质量保证期内,各项指标均应符合本文件要求。

8 标志、标签、包装、储运

8.1 标志、标签和包装

二嗪磷原药的标志、标签和包装应符合 GB 3796 的规定。

二嗪磷原药采用清洁、干燥内衬保护层的铁桶包装,每桶净含量一般为 200 kg。也可根据用户要求或订货协议,采用其他形式的包装,但应符合 GB 3796 的规定。

8.2 储运

二嗪磷原药包装件应储存在通风、干燥的库房中。储运时,严防潮湿和日晒,不得与食物、种子、饲料混放,避免与皮肤、眼睛接触,防止由口、鼻吸入。

附 录 A
（资料性）
二嗪磷、治螟磷、*O*,*O*,*O'*,*O'*-四乙基硫代焦磷酸酯的其他名称、结构式和基本物化参数

本产品有效成分二嗪磷，相关杂质治螟磷、*O*,*O*,*O'*,*O'*-四乙基硫代焦磷酸酯的其他名称、结构式和基本物化参数如下。

A.1 二嗪磷

ISO 通用名称：Diazinon。

CAS 登录号：333-41-5。

CIPAC 数字代码：15。

化学名称：*O*,*O*-二乙基-*O*-(2-异丙基-6-甲基嘧啶-4-基)硫代磷酸酯。

结构式：

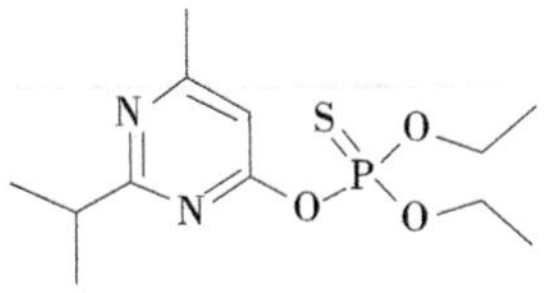

分子式：$C_{12}H_{21}N_2O_3PS$。

相对分子质量：304.3。

生物活性：杀虫。

沸点：125 ℃(133.322 Pa)。

闪点：>62 ℃。

蒸气压：12 mPa(25 ℃)。

相对密度：1.11(20 ℃～25 ℃)。

溶解度：水中溶解度(mg/L,20 ℃～25 ℃)60；可溶于丙酮、二氯甲烷、乙醇、苯、环己烷、乙醚、正己烷、石油、甲苯等有机溶剂(20 ℃～25 ℃)。

稳定性：超过 100 ℃易被氧化，在中性介质中稳定，在碱性介质中被慢慢水解，在酸性介质中快速水解，DT_{50} 11.77 h(pH 3.1,20 ℃)、185 d(pH 7.4,20 ℃)、6.0 d(pH 10.4,20 ℃)，分解温度 120 ℃。

A.2 治螟磷

ISO 通用名称：Sulfotep。

CAS 登录号：3689-24-5。

化学名称：*O*,*O*,*O'*,*O'*-四乙基二硫代焦磷酸酯。

结构式：

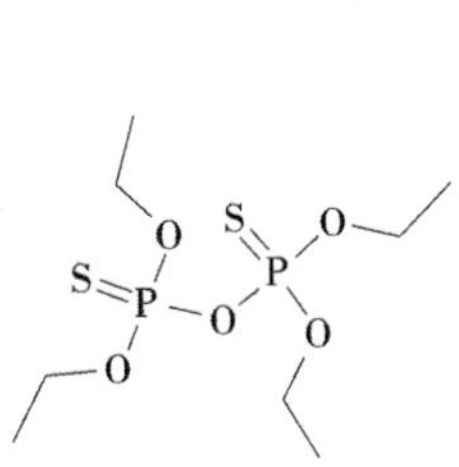

分子式：$C_8H_{20}O_5P_2S_2$。

相对分子质量：322.3。

蒸气压：1.4×10^4 Pa(20 ℃)。

溶解度：水中溶解度(mg/L)10，易溶于大多数有机溶剂。

稳定性(22 ℃)：不易水解，DT_{50} 10.7 d(pH 4)、8.2 d(pH 7)和 9.1 d(pH 9)。

A.3 *O*,*O*,*O*',*O*'-四乙基硫代焦磷酸酯

ISO 通用名称：Monothiono TEPP。

CAS 登录号：645-78-3。

化学名称：*O*,*O*,*O*',*O*'-四乙基硫代焦磷酸酯。

结构式：

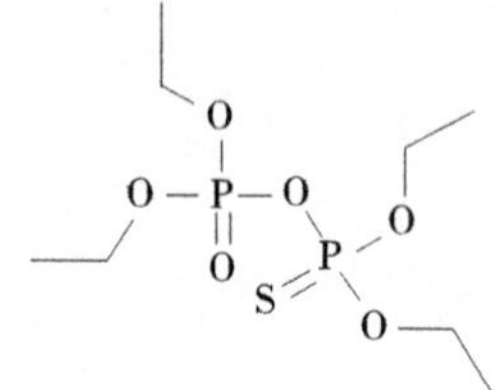

分子式：$C_8H_{20}O_6P_2S$。

相对分子质量：306.25。

沸点：110 ℃。

ICS 65.100
CCS G 25

中华人民共和国农业行业标准

NY/T 4115—2022

胺鲜酯(胺鲜酯柠檬酸盐)可溶液剂

Diethyl aminoethyl hexanoate (diethyl aminoethyl hexanoate-citrate) soluble liquid

2022-07-11 发布 2022-10-01 实施

中华人民共和国农业农村部 发布

前　言

本文件按照 GB/T 1.1—2020《标准化工作导则　第 1 部分：标准化文件的结构和起草规则》的规定起草。

请注意本文件的某些内容可能涉及专利。本文件的发布机构不承担识别专利的责任。

本文件由农业农村部种植业管理司提出。

本文件由全国农药标准化技术委员会(SAC/TC 133)归口。

本文件起草单位：鹤壁全丰生物科技有限公司、合肥六福农业科技有限公司、广东植物龙生物技术股份有限公司、孟州农达生化制品有限公司、沈阳沈化院测试技术有限公司、沈阳化工研究院有限公司。

本文件主要起草人：尹秀娥、徐雪松、李多才、蔡凤英、马亚光、王志国、李冰清、朱朝印、王建伟。

胺鲜酯(胺鲜酯柠檬酸盐)可溶液剂

1 范围

本文件规定了胺鲜酯(胺鲜酯柠檬酸盐)可溶液剂(不含水剂)的技术要求、试验方法、检验规则、验收和质量保证期,以及标志、标签、包装、储运。

本文件适用于胺鲜酯(胺鲜酯柠檬酸盐)可溶液剂产品的质量控制。

注:胺鲜酯、胺鲜酯柠檬酸盐和柠檬酸的其他名称、结构式和基本物化参数见附录A。

2 规范性引用文件

下列文件中的内容通过文中的规范性引用而构成本文件必不可少的条款。其中,注日期的引用文件,仅该日期对应的版本适用于本文件;不注日期的引用文件,其最新版本(包括所有的修改单)适用于本文件。

GB/T 1600—2021 农药水分测定方法

GB/T 1601 农药pH的测定方法

GB/T 1604 商品农药验收规则

GB/T 1605—2001 商品农药采样方法

GB 3796 农药包装通则

GB/T 8170—2008 数值修约规则与极限数值的表示和判定

GB/T 19136—2021 农药热储稳定性测定方法

GB/T 19137—2003 农药低温稳定性测定方法

GB/T 28137 农药持久起泡性测定方法

3 术语和定义

本文件没有需要界定的术语和定义。

4 技术要求

4.1 外观

均相透明液体,无可见悬浮物和沉淀。

4.2 技术指标

胺鲜酯可溶液剂和胺鲜酯柠檬酸盐可溶液剂应分别符合表1和表2的要求。

表1 胺鲜酯可溶液剂技术指标

项目	指标			
	1.6%规格	2%规格	5%规格	8%规格
胺鲜酯质量分数,%	$1.6^{+0.2}_{-0.2}$	$2.0^{+0.3}_{-0.3}$	$5.0^{+0.5}_{-0.5}$	$8.0^{+0.8}_{-0.8}$
pH	3.0~6.0			
水分,%	≤0.5			
稀释稳定性(稀释20倍)	稀释液均一,无析出物质			
持久起泡性(1 min后泡沫量),mL	≤50			
低温稳定性[a]	冷储后,离心管底部离析物体积不大于0.3 mL			
热储稳定性[a]	热储后,胺鲜酯质量分数应不低于热储前测得质量分数的95%,pH、稀释稳定性仍应符合本文件要求			
[a] 正常生产时,低温稳定性和热储稳定性每3个月至少测定一次。				

表 2 胺鲜酯柠檬酸盐可溶液剂技术指标

项目	指标			
	1.6%规格	2%规格	5%规格	8%规格
胺鲜酯质量分数,%	$1.6^{+0.2}_{-0.2}$	$2.0^{+0.3}_{-0.3}$	$5.0^{+0.5}_{-0.5}$	$8.0^{+0.8}_{-0.8}$
胺鲜酯柠檬酸盐质量分数,%	$3.0^{+0.3}_{-0.3}$	$3.8^{+0.4}_{-0.4}$	$9.5^{+0.9}_{-0.9}$	$15.1^{+0.9}_{-0.9}$
柠檬酸质量分数,%	≥1.2	≥1.5	≥4.0	≥6.4
pH	3.0~6.0			
水分,%	≤0.5			
稀释稳定性(稀释 20 倍)	稀释液均一,无析出物质			
持久起泡性(1 min 后泡沫量),mL	≤50			
低温稳定性[a]	冷储后离心管底部离析物体积不大于 0.3 mL			
热储稳定性[a]	热储后,胺鲜酯质量分数应不低于热储前测得质量分数的 95%,pH、稀释稳定性仍应符合本文件要求			
[a] 正常生产时,低温稳定性和热储稳定性每 3 个月至少测定一次。				

5 试验方法

警示:使用本文件的人员应有实验室工作的实践经验。本文件并未指出所有的安全问题。使用者有责任采取适当的安全和健康措施。

5.1 一般规定

本文件所用试剂和水在没有注明其他要求时,均指分析纯试剂和蒸馏水。检验结果的判定按 GB/T 8170—2008 中 4.3.3 的规定执行。

5.2 取样

按 GB/T 1605—2001 中 5.3.3 的规定执行。用随机数表法确定取样的包装件;最终取样量应不少于 200 g。

5.3 鉴别试验

5.3.1 气相色谱法

本鉴别试验可与胺鲜酯质量分数的测定同时进行。在相同的色谱操作条件下,试样溶液中某色谱峰的保留时间与标样溶液中胺鲜酯的色谱峰的保留时间,其相对差值应在 1.5%以内。

5.3.2 液相色谱法

本鉴别试验可与柠檬酸质量分数的测定同时进行。在相同的色谱操作条件下,试样溶液中某色谱峰的保留时间与标样溶液中柠檬酸的色谱峰的保留时间,其相对差值应在 1.5%以内。

5.4 外观的测定

采用目测法测定。

5.5 胺鲜酯(胺鲜酯柠檬酸盐)质量分数的测定

5.5.1 方法提要

试样用丙酮溶解,以邻苯二甲酸二乙酯为内标物,使用含 5%苯基的甲基聚硅氧烷为填料的毛细管柱和氢火焰离子化检测器,对试样中的胺鲜酯进行气相色谱分离,内标法定量。

5.5.2 试剂和溶液

5.5.2.1 丙酮。

5.5.2.2 内标物:邻苯二甲酸二乙酯。

5.5.2.3 内标物溶液:称取邻苯二甲酸二乙酯 2.5 g 置于 500 mL 容量瓶中,加入丙酮稀释至刻度,摇匀,密封保存。

5.5.2.4 胺鲜酯标样:已知胺鲜酯质量分数,ω≥98.0%。

5.5.3 仪器

5.5.3.1 气相色谱仪:具有氢火焰离子化检测器。

5.5.3.2　色谱柱：30 m×0.32 mm(内径)，0.25 μm 毛细管柱，内装含 5%苯基的甲基聚硅氧烷填充物(或具同等效果的色谱柱)。

5.5.4　**气相色谱操作条件**

5.5.4.1　柱温：起始柱温 160 ℃，保持 2 min，以 30 ℃/min 的速率升温至 280 ℃，保持 5 min。

5.5.4.2　气化室温度：285 ℃。

5.5.4.3　检测室温度：300 ℃。

5.5.4.4　气体流量(mL/min)：载气(N_2)2.0，氢气 40，空气 400，尾吹气 25。

5.5.4.5　分流比：20∶1。

5.5.4.6　进样体积：1.0 μL。

5.5.4.7　保留时间：胺鲜酯约 3.0 min，内标物约 3.8 min。

5.5.4.8　上述操作参数是典型的，可根据不同仪器特点，对给定的操作参数作适当调整，以期获得最佳效果。典型的胺鲜酯可溶液剂及胺鲜酯柠檬酸盐可溶液剂与内标物的气相色谱图分别见图 1 和图 2。

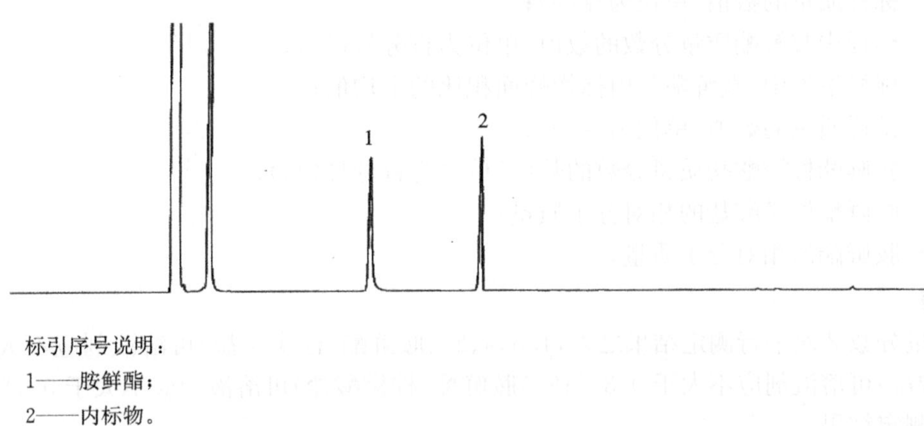

标引序号说明：

1——胺鲜酯；

2——内标物。

图 1　胺鲜酯可溶液剂与内标物的气相色谱图

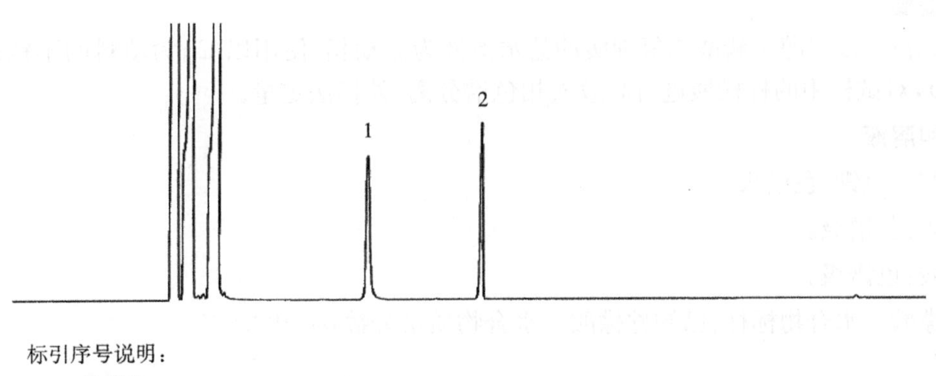

标引序号说明：

1——胺鲜酯；

2——内标物。

图 2　胺鲜酯柠檬酸盐可溶液剂与内标物的气相色谱图

5.5.5　**测定步骤**

5.5.5.1　**标样溶液的制备**

称取 0.05 g 胺鲜酯标样(精确至 0.000 1 g)，置于 25 mL 容量瓶中，用移液管加入 10 mL 内标物溶液，用丙酮定容至刻度，摇匀。

5.5.5.2　**试样溶液的制备**

称取含胺鲜酯 0.05 g 的胺鲜酯(胺鲜酯柠檬酸盐)可溶液剂试样(精确至 0.000 1 g)，置于 25 mL 容量瓶中，用移液管加入 10 mL 内标物溶液，用丙酮定容至刻度，摇匀。

5.5.5.3 测定

在上述操作条件下，待仪器稳定后，连续注入数针标样溶液，直至相邻两针胺鲜酯峰面积相对变化小于1.2%后，按照标样溶液、试样溶液、试样溶液、标样溶液的顺序进行测定。

5.5.6 计算

将测得的两针试样溶液以及试样溶液前后两针标样溶液中胺鲜酯峰面积分别进行平均，试样中胺鲜酯的质量分数按公式(1)计算，试样中胺鲜酯柠檬酸盐质量分数按公式(2)计算。

$$\omega_1 = \frac{\gamma_2 \times m_1 \times \omega_{b1}}{\gamma_1 \times m_2} \quad\cdots\cdots(1)$$

$$\omega_2 = \frac{\gamma_2 \times m_1 \times \omega_{b2}}{\gamma_1 \times m_2} \times \frac{407.46}{215.33} \quad\cdots\cdots(2)$$

式中：

ω_1 ——胺鲜酯的质量分数的数值，单位为百分号(%)；
γ_2 ——试样溶液中，胺鲜酯与内标物峰面积比的平均值；
m_1 ——标样质量的数值，单位为克(g)；
ω_{b1} ——标样中胺鲜酯质量分数的数值，单位为百分号(%)；
γ_1 ——标样溶液中，胺鲜酯与内标物峰面积比的平均值；
m_2 ——试样质量的数值，单位为克(g)；
ω_2 ——胺鲜酯柠檬酸盐质量分数的数值，单位为百分号(%)；
407.46——胺鲜酯柠檬酸盐的相对分子质量；
215.33——胺鲜酯的相对分子质量。

5.5.7 允许差

胺鲜酯质量分数2次平行测定结果之差，1.6%、2%胺鲜酯(柠檬酸盐)可溶液剂应不大于0.2%；5%胺鲜酯(柠檬酸盐)可溶液剂应不大于0.3%；8%胺鲜酯(柠檬酸盐)可溶液剂应不大于0.4%，分别取其算术平均值作为测定结果。

5.6 柠檬酸质量分数的测定

5.6.1 方法提要

试样用水溶解，以甲醇+磷酸二氢钾缓冲盐水溶液为流动相，使用以C_{18}为填料的不锈钢柱和紫外检测器(210 nm)，对试样中的柠檬酸进行高效液相色谱分离，外标法定量。

5.6.2 试剂和溶液

5.6.2.1 磷酸二氢钾：色谱级。

5.6.2.2 甲醇：色谱级。

5.6.2.3 磷酸：色谱级。

5.6.2.4 柠檬酸一水合物标样：已知柠檬酸一水合物质量分数，$\omega \geq 98.0\%$。

5.6.3 仪器

5.6.3.1 高效液相色谱仪：具有可变波长紫外检测器。

5.6.3.2 色谱柱：250 mm×4.6 mm(内径)不锈钢柱，内装C_{18}、5 μm填充物(或具同等效果的色谱柱)。

5.6.3.3 过滤器：滤膜孔径约0.45 μm。

5.6.3.4 定量进样管：20 μL。

5.6.3.5 超声波清洗器。

5.6.4 高效液相色谱操作条件

5.6.4.1 流动相A：称取2.47 g磷酸二氢钾，溶解于1 000 mL水中，用磷酸调节pH至2.2。

5.6.4.2 流动相B：甲醇。

5.6.4.3 梯度洗脱程序如表3所示。

表 3　流动相梯度洗脱程序

时间,min	流动相 A,%	流动相 B,%
0	96	4
5.0	96	4
5.1	20	80
9.0	20	80
9.1	96	4
13.0	96	4

5.6.4.4　流速:1.0 mL/min。

5.6.4.5　柱温:室温(温度变化应不大于 2 ℃)。

5.6.4.6　检测波长:210 nm。

5.6.4.7　进样体积:20 μL。

5.6.4.8　保留时间:柠檬酸约 6.8 min。

5.6.4.9　上述操作参数是典型的,可根据不同仪器进行调整,以期获得最佳效果,典型的测定柠檬酸的胺鲜酯柠檬酸盐可溶液剂的液相色谱图见图 3。

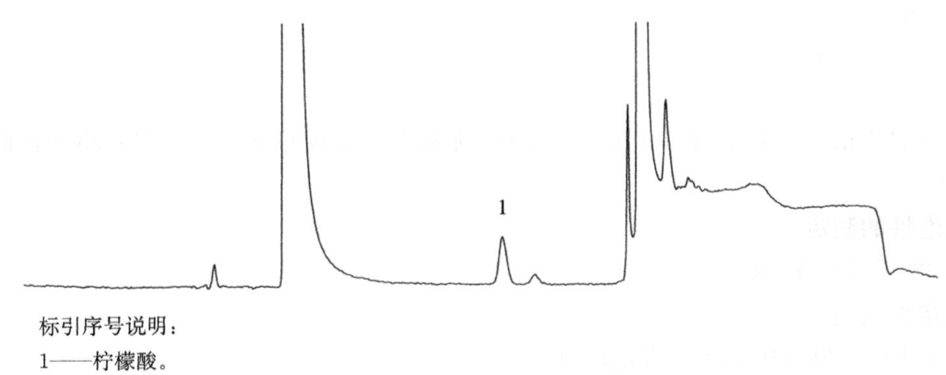

标引序号说明:

1——柠檬酸。

图 3　测定柠檬酸的胺鲜酯柠檬酸盐可溶液剂的液相色谱图

5.6.5　**测定步骤**

5.6.5.1　**标样溶液的制备**

称取 0.1 g 柠檬酸一水合物标样(精确至 0.000 1 g),置于 50 mL 容量瓶中,加入 40 mL 水超声振荡 5 min 使之溶解,冷却至室温,用水稀释至刻度,摇匀。

5.6.5.2　**试样溶液的制备**

称取含柠檬酸 0.09 g 的胺鲜酯柠檬酸盐可溶液剂试样(精确至 0.000 1 g),置于 50 mL 容量瓶中,用水稀释至刻度,摇匀,过滤。

5.6.5.3　**测定**

在上述操作条件下,待仪器稳定后,连续注入数针标样溶液,直至相邻两针柠檬酸峰面积相对变化小于 2.0%后,按照标样溶液、试样溶液、试样溶液、标样溶液的顺序进行测定。

5.6.6　**计算**

试样中柠檬酸的质量分数按公式(3)计算。

$$\omega_3=\frac{A_2\times m_3\times\omega_{b2}}{A_1\times m_4}\times\frac{192.12}{210.13}\quad\cdots\cdots(3)$$

式中:

ω_3　——柠檬酸质量分数的数值,单位为百分号(%);

A_2　——试样溶液中,柠檬酸峰面积的平均值;

m_3　——柠檬酸一水合物标样质量的数值,单位为克(g);

ω_{b2}　——柠檬酸一水合物标样质量分数的数值,单位为百分号(%);

A_1 ——标样溶液中,柠檬酸峰面积的平均值;

m_4 ——试样质量的数值,单位为克(g);

192.12——柠檬酸的相对分子质量;

210.13——柠檬酸一水合物的相对分子质量。

5.6.7 允许差

柠檬酸质量分数2次平行测定结果之差,1.6%、2%胺鲜酯柠檬酸盐可溶液剂应不大于0.1%;5%胺鲜酯柠檬酸盐可溶液剂应不大于0.2%;8%胺鲜酯柠檬酸盐可溶液剂应不大于0.3%,分别取其算术平均值作为测定结果。

5.7 pH的测定

按GB/T 1601的规定执行。

5.8 水分的测定

按GB/T 1600—2021中4.2的规定执行。

5.9 稀释稳定性试验

5.9.1 试剂与仪器

标准硬水:$\rho(Ca^{2+}+Mg^{2+})=342$ mg/L。

量筒:100 mL。

恒温水浴:(30±2)℃。

5.9.2 测定

用移液管吸取5 mL试样,置于100 mL量筒中,加标准硬水稀释至刻度,混匀,将此量筒放入恒温水浴中,静置1 h。

5.10 持久起泡性的测定

按GB/T 28137的规定执行。

5.11 低温稳定性试验

按GB/T 19137—2003中2.1的规定执行。

5.12 热储稳定性试验

按GB/T 19136—2021中4.4.1的规定执行。

6 检验规则

6.1 出厂检验

每批产品均应做出厂检验,经检验合格签发合格证后,方可出厂。出厂检验项目为第4章技术指标中除低温稳定性和热储稳定性以外的所有项目。

6.2 型式检验

型式检验项目为第4章中的全部项目,在正常连续生产情况下,每3个月至少进行一次。有下述情况之一,应进行型式检验:

a) 原料有较大改变,可能影响产品质量时;

b) 生产地址、生产设备或生产工艺有较大改变,可能影响产品质量时;

c) 停产后又恢复生产时;

d) 国家法定质量监管机构提出型式检验要求时。

6.3 判定规则

按第4章技术要求对产品进行出厂检验和型式检验,任一项目不符合指标要求判为该批次产品不合格。

7 验收和质量保证期

7.1 验收

应符合 GB/T 1604 的规定。

7.2 质量保证期

在规定的储运条件下，胺鲜酯(胺鲜酯柠檬酸盐)可溶液剂的质量保证期从生产日期算起为 2 年。质量保证期内，各项指标均应符合本文件要求。

8 标志、标签、包装、储运

8.1 标志、标签、包装

胺鲜酯(胺鲜酯柠檬酸盐)可溶液剂的标志、标签、包装应符合 GB 3796 的规定；胺鲜酯(胺鲜酯柠檬酸盐)可溶液剂的最小包装采用具有隔水功能且耐有机溶剂的包装瓶或铝箔袋。也可根据用户要求或订货协议采用其他形式的包装，但需符合 GB 3796 的规定。

8.2 储运

胺鲜酯(胺鲜酯柠檬酸盐)可溶液剂包装件应储存在通风、干燥的库房中。储运时，严防潮湿和日晒，不得与食物、种子、饲料混放，避免与皮肤、眼睛接触，防止由口、鼻吸入。

附 录 A
（资料性）
胺鲜酯、胺鲜酯柠檬酸盐、柠檬酸的其他名称、结构式和基本物化参数

胺鲜酯、胺鲜酯柠檬酸盐、柠檬酸的其他名称、结构式和基本物化参数如下。

A.1 胺鲜酯

ISO 通用名称：Diethyl aminoethyl hexanoate。

CAS 登录号：10369-83-2。

化学名称：己酸二乙氨基乙醇酯。

结构式：

O
H_3C O N

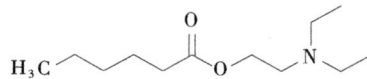

实验式：$C_{12}H_{25}NO_2$。

相对分子质量：215.33。

生物活性：植物生长调节剂。

溶解度：微溶于水，易溶于乙醇、丙酮、三氯甲烷等有机溶剂。

稳定性：在水溶液、醇类溶剂中不稳定，在碱性溶液中易分解。

A.2 胺鲜酯柠檬酸盐

ISO 通用名称：Diethyl aminoethyl hexanoate-citrate。

CAS 登录号：220439-24-7。

化学名称：己酸二乙氨基乙醇酯柠檬酸盐。

结构式：

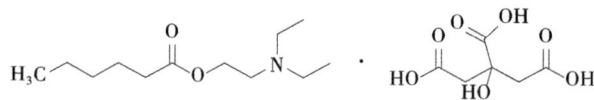

O O OH O
H_3C O N · HO HO OH

实验式：$C_{18}H_{33}NO_9$。

相对分子质量：407.46。

生物活性：植物生长调节剂。

溶解度：易溶于水，可溶于甲醇、乙醇、丙酮等有机溶剂。

稳定性：在水溶液、醇类溶剂中不稳定，在碱性溶液中易分解。

A.3 柠檬酸

CAS 登录号：77-92-9。

化学名称：3-羟基-1,3,5-戊三酸。

结构式：

O OH
O O
HO OH
HO

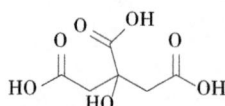

实验式：$C_6H_8O_7$。

相对分子质量：192.12。

ICS 65.100
CCS G 25

中华人民共和国农业行业标准

NY/T 4116—2022

胺鲜酯(胺鲜酯柠檬酸盐)原药

Diethyl aminoethyl hexanoate (diethyl aminoethyl hexanoate-citrate) technical material

2022-07-11 发布　　　　2022-10-01 实施

中华人民共和国农业农村部　发布

前　　言

本文件按照 GB/T 1.1—2020《标准化工作导则　第 1 部分：标准化文件的结构和起草规则》的规定起草。

请注意本文件的某些内容可能涉及专利。本文件的发布机构不承担识别专利的责任。

本文件由农业农村部种植业管理司提出。

本文件由全国农药标准化技术委员会(SAC/TC 133)归口。

本文件起草单位：广东植物龙生物技术股份有限公司、郑州郑氏化工产品有限公司、鹤壁全丰生物科技有限公司、四川润尔科技有限公司、孟州农达生化制品有限公司、沈阳沈化院测试技术有限公司、沈阳化工研究院有限公司。

本文件主要起草人：尹秀娥、庄智敏、郑昊、张朋飞、马亚光、伍智华、朱朝印、杨春燕、许伟长、王秀琼。

胺鲜酯(胺鲜酯柠檬酸盐)原药

1 范围

本文件规定了胺鲜酯(胺鲜酯柠檬酸盐)原药的技术要求、试验方法、检验规则、验收和质量保证期,以及标志、标签、包装、储运。

本文件适用于胺鲜酯(胺鲜酯柠檬酸盐)原药产品的质量控制。

注:胺鲜酯、胺鲜酯柠檬酸盐和柠檬酸的其他名称、结构式和基本物化参数见附录 A。

2 规范性引用文件

下列文件中的内容通过文中的规范性引用而构成本文件必不可少的条款。其中,注日期的引用文件,仅该日期对应的版本适用于本文件;不注日期的引用文件,其最新版本(包括所有的修改单)适用于本文件。

GB/T 1600—2021 农药水分测定方法

GB/T 1601 农药 pH 的测定方法

GB/T 1604 商品农药验收规则

GB/T 1605—2001 商品农药采样方法

GB 3796 农药包装通则

GB/T 8170—2008 数值修约规则与极限数值的表示和判定

GB/T 19138 农药丙酮不溶物测定方法

GB/T 28136—2011 农药水不溶物测定方法

3 术语和定义

本文件没有需要界定的术语和定义。

4 技术要求

4.1 外观

胺鲜酯原药为无色至淡黄色液体;胺鲜酯柠檬酸盐原药为白色至类白色固体结晶。

4.2 技术指标

胺鲜酯原药和胺鲜酯柠檬酸盐原药应分别符合表 1 和表 2 的要求。

表 1 胺鲜酯原药技术指标

项目	指标
胺鲜酯质量分数,%	≥98.0
水分,%	≤0.3
丙酮不溶物[a],%	≤0.2
pH	8.0～10.0
[a] 正常生产时,丙酮不溶物每 3 个月至少测定一次。	

表 2 胺鲜酯柠檬酸盐原药技术指标

项目	指标
胺鲜酯柠檬酸盐质量分数,%	≥98.0

表 2（续）

项目	指标
胺鲜酯质量分数，%	≥51.8
柠檬酸质量分数，%	≥46.2
水分，%	≤0.3
水不溶物[a]，%	≤0.2
pH	3.0～5.0
[a] 正常生产时，水不溶物每 3 个月至少测定一次。	

5 试验方法

警示：使用本文件的人员应有实验室工作的实践经验。本文件并未指出所有的安全问题。使用者有责任采取适当的安全和健康措施。

5.1 一般规定

本文件所用试剂和水在没有注明其他要求时，均指分析纯试剂和蒸馏水。检验结果的判定按 GB/T 8170—2008 中 4.3.3 的规定执行。

5.2 取样

按 GB/T 1605—2001 中 5.3.1 的规定执行。用随机数表法确定取样的包装件；最终取样量应不少于 100 g。

5.3 鉴别试验

5.3.1 红外光谱法

胺鲜酯（胺鲜酯柠檬酸盐）原药与胺鲜酯（胺鲜酯柠檬酸盐）标样在 4 000/cm～400/cm 范围内的红外吸收光谱图应没有明显区别。胺鲜酯和胺鲜酯柠檬酸盐标样红外光谱图分别见图 1、图 2。

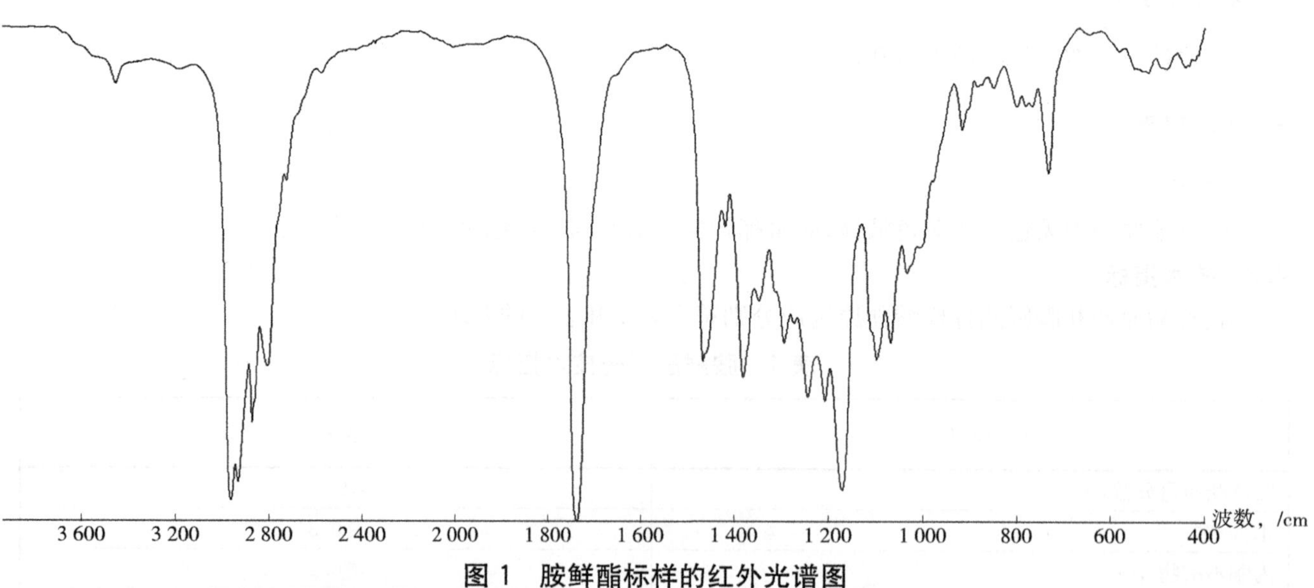

图 1 胺鲜酯标样的红外光谱图

5.3.2 胺鲜酯鉴别的气相色谱法

本鉴别试验可与胺鲜酯质量分数的测定同时进行。在相同的色谱操作条件下，试样溶液中某色谱峰的保留时间与标样溶液中胺鲜酯的色谱峰的保留时间，其相对差值应在 1.5%以内。

5.3.3 柠檬酸鉴别的液相色谱法

本鉴别试验可与柠檬酸质量分数的测定同时进行。在相同的色谱操作条件下，试样溶液中某色谱峰的保留时间与标样溶液中柠檬酸的色谱峰的保留时间，其相对差值应在 1.5%以内。

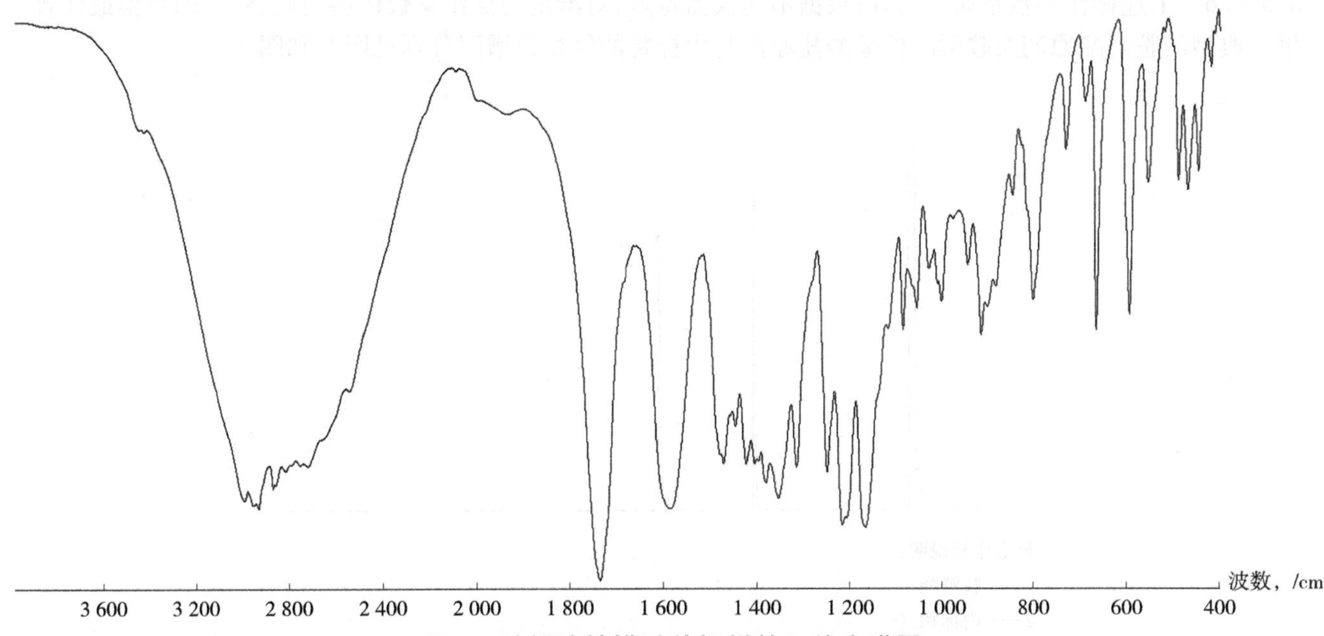

图 2　胺鲜酯柠檬酸盐标样的红外光谱图

5.4　外观的测定

采用目测法测定。

5.5　胺鲜酯(胺鲜酯柠檬酸盐)质量分数的测定

5.5.1　方法提要

试样用丙酮溶解(或先用适量 *N*,*N*-二甲基甲酰胺将样品润湿后用再丙酮溶解)，以邻苯二甲酸二乙酯为内标物，使用含 5%苯基的甲基聚硅氧烷为填料的毛细管柱和氢火焰离子化检测器，对试样中的胺鲜酯进行气相色谱分离，内标法定量。

5.5.2　试剂和溶液

5.5.2.1　丙酮。

5.5.2.2　*N*,*N*-二甲基甲酰胺。

5.5.2.3　内标物：邻苯二甲酸二乙酯。

5.5.2.4　内标物溶液：称取邻苯二甲酸二乙酯 2.5 g 置于 500 mL 容量瓶中，加入丙酮稀释至刻度，摇匀，密封保存。

5.5.2.5　胺鲜酯标样：已知胺鲜酯质量分数，$\omega \geq 98.0\%$。

5.5.3　仪器

5.5.3.1　气相色谱仪：具有氢火焰离子化检测器。

5.5.3.2　色谱柱：30 m×0.32 mm(内径)，0.25 μm 毛细管柱，内装含 5%苯基的甲基聚硅氧烷填充物(或具同等效果的色谱柱)。

5.5.4　气相色谱操作条件

5.5.4.1　柱温：起始柱温 160 ℃，保持 2 min，以 30 ℃/min 的速率升温至 280 ℃，保持 5 min。

5.5.4.2　气化室温度：285 ℃。

5.5.4.3　检测室温度：300 ℃。

5.5.4.4　气体流量(mL/min)：载气(N_2)2.0，氢气 40，空气 400，尾吹气 25。

5.5.4.5　分流比：20∶1。

5.5.4.6　进样体积：1.0 μL。

5.5.4.7　保留时间：胺鲜酯约 3.0 min，内标物约 3.8 min。

5.5.4.8 上述操作参数是典型的，可根据不同仪器特点，对给定的操作参数作适当调整，以期获得最佳效果。典型的胺鲜酯原药及胺鲜酯柠檬酸盐原药与内标物的气相色谱图分别见图 3 和图 4。

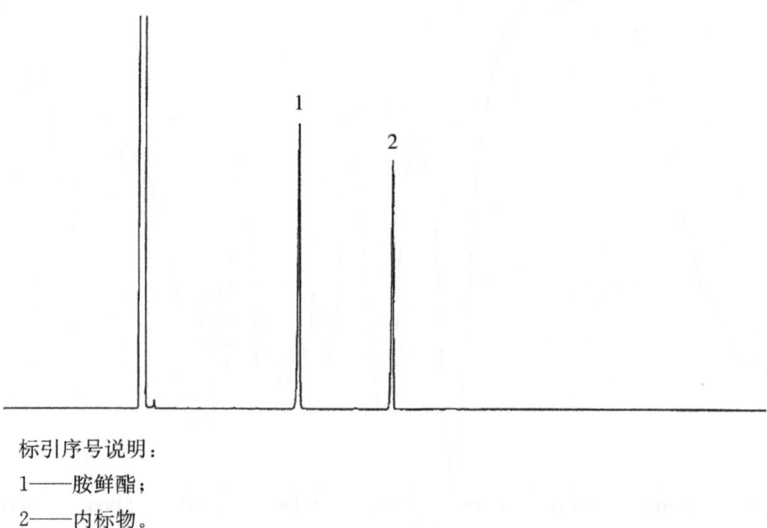

标引序号说明：
1——胺鲜酯；
2——内标物。

图 3　胺鲜酯原药与内标物的气相色谱图

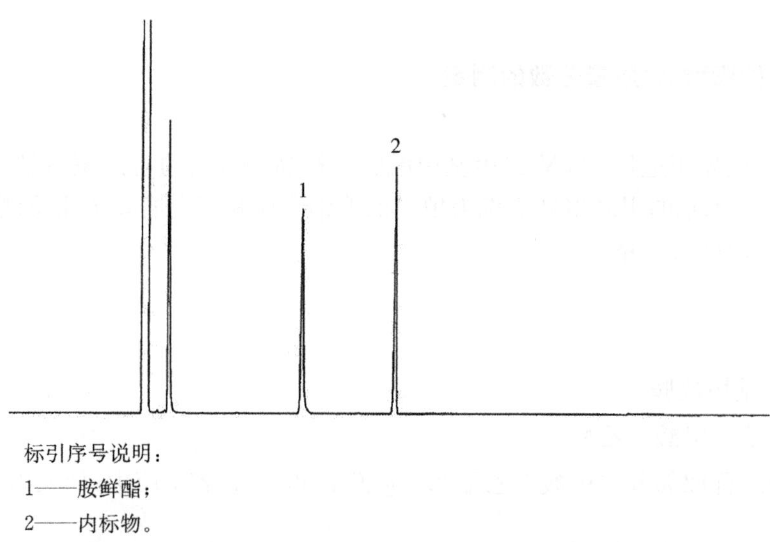

标引序号说明：
1——胺鲜酯；
2——内标物。

图 4　胺鲜酯柠檬酸盐原药与内标物的气相色谱图

5.5.5 测定步骤

5.5.5.1 标样溶液的制备

称取 0.05 g 胺鲜酯标样(精确至 0.000 1 g)，置于 25 mL 容量瓶中，用移液管加入 10 mL 内标物溶液，用丙酮定容至刻度，摇匀。

5.5.5.2 试样溶液的制备

称取含胺鲜酯 0.05 g 的胺鲜酯原药试样(精确至 0.000 1 g)，置于 25 mL 容量瓶中，用移液管加入 10 mL内标物溶液，用丙酮定容至刻度，摇匀。

称取含胺鲜酯 0.05 g 的胺鲜酯柠檬酸盐原药试样(精确至 0.000 1 g)，置于 25 mL 容量瓶中，加入 1 mL的 N,N-二甲基甲酰胺将样品润湿，超声至完全溶解，用移液管加入 10 mL 内标物溶液，用丙酮定容至刻度，摇匀。

5.5.5.3 测定

在上述操作条件下，待仪器稳定后，连续注入数针标样溶液，直至相邻两针胺鲜酯峰面积相对变化小于 1.2%后，按照标样溶液、试样溶液、试样溶液、标样溶液的顺序进行测定。

5.5.6 计算

将测得的两针试样溶液以及试样溶液前后两针标样溶液中胺鲜酯峰面积分别进行平均，试样中胺鲜酯的质量分数按公式(1)计算，试样中胺鲜酯柠檬酸盐质量分数按公式(2)计算。

$$\omega_1 = \frac{\gamma_2 \times m_1 \times \omega_{b1}}{\gamma_1 \times m_2} \quad\cdots\cdots\cdots\cdots (1)$$

$$\omega_2 = \frac{\gamma_2 \times m_1 \times \omega_{b2}}{\gamma_1 \times m_2} \times \frac{407.46}{215.33} \quad\cdots\cdots\cdots\cdots (2)$$

式中：

ω_1 ——胺鲜酯质量分数的数值，单位为百分号(%)；

γ_2 ——试样溶液中，胺鲜酯与内标物峰面积比的平均值；

m_1 ——标样质量的数值，单位为克(g)；

ω_{b1} ——标样中胺鲜酯质量分数的数值，单位为百分号(%)；

γ_1 ——标样溶液中，胺鲜酯与内标物峰面积比的平均值；

m_2 ——试样质量的数值，单位为克(g)；

ω_2 ——胺鲜酯柠檬酸盐质量分数的数值，单位为百分号(%)；

407.46——胺鲜酯柠檬酸盐的相对分子质量；

215.33——胺鲜酯的相对分子质量。

5.5.7 允许差

胺鲜酯(胺鲜酯柠檬酸盐)原药中胺鲜酯(胺鲜酯柠檬酸盐)质量分数 2 次平行测定结果之差应不大于 1.2%，取其算术平均值作为测定结果。

5.6 柠檬酸质量分数的测定

5.6.1 方法提要

试样用水溶解，以甲醇+磷酸二氢钾缓冲盐水溶液为流动相，使用以 C_{18} 为填料的不锈钢柱和紫外检测器(210 nm)，对试样中的柠檬酸进行高效液相色谱分离，外标法定量。

5.6.2 试剂和溶液

5.6.2.1 磷酸二氢钾：色谱级。

5.6.2.2 甲醇：色谱级。

5.6.2.3 磷酸：色谱级。

5.6.2.4 柠檬酸一水合物标样：已知柠檬酸一水合物质量分数，$\omega \geq 98.0\%$。

5.6.3 仪器

5.6.3.1 高效液相色谱仪：具有可变波长紫外检测器。

5.6.3.2 色谱柱：250 mm×4.6 mm(内径)不锈钢柱，内装 C_{18}、5 μm 填充物(或具同等效果的色谱柱)。

5.6.3.3 过滤器：滤膜孔径约 0.45 μm。

5.6.3.4 定量进样管：20 μL。

5.6.3.5 超声波清洗器。

5.6.4 高效液相色谱操作条件

5.6.4.1 流动相 A：称取 2.47 g 磷酸二氢钾，溶解于 1 000 mL 水中，用磷酸调节 pH 至 2.2。

5.6.4.2 流动相 B：甲醇。

5.6.4.3 梯度洗脱程序如表 3 所示。

表 3 流动相梯度洗脱程序

时间，min	流动相 A，%	流动相 B，%
0	96	4

表 3（续）

时间,min	流动相 A,%	流动相 B,%
5.0	96	4
5.1	20	80
9.0	20	80
9.1	96	4
13.0	96	4

5.6.4.4 流速：1.0 mL/min。

5.6.4.5 柱温：室温（温度变化应不大于 2 ℃）。

5.6.4.6 检测波长：210 nm。

5.6.4.7 进样体积：20 μL。

5.6.4.8 保留时间：柠檬酸约 6.8 min。

5.6.4.9 上述操作参数是典型的，可根据不同仪器进行调整，以期获得最佳效果，典型的测定柠檬酸的胺鲜酯柠檬酸盐原药的液相色谱图见图 5。

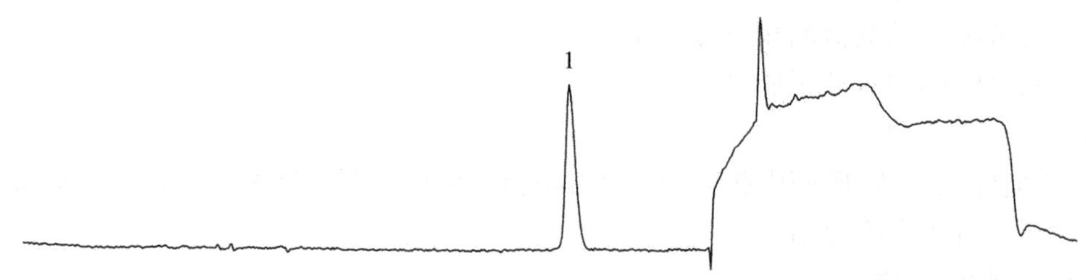

标引序号说明：

1——柠檬酸。

图 5 测定柠檬酸的胺鲜酯柠檬酸盐原药的液相色谱图

5.6.5 测定步骤

5.6.5.1 标样溶液的制备

称取 0.1 g 柠檬酸一水合物标样（精确至 0.000 1 g），置于 50 mL 容量瓶中，加入 40 mL 水超声振荡 5 min 使之溶解，冷却至室温，用水稀释至刻度，摇匀。

5.6.5.2 试样溶液的制备

称取 0.2 g 胺鲜酯柠檬酸盐原药试样（精确至 0.000 1 g），置于 50 mL 容量瓶中，加入 40 mL 水超声振荡 5 min 使之溶解，冷却至室温，用水稀释至刻度，摇匀。

5.6.5.3 测定

在上述操作条件下，待仪器稳定后，连续注入数针标样溶液，直至相邻两针柠檬酸峰面积相对变化小于 2.0%后，按照标样溶液、试样溶液、试样溶液、标样溶液的顺序进行测定。

5.6.6 计算

试样中柠檬酸的质量分数按公式（3）计算。

$$\omega_3 = \frac{A_2 \times m_3 \times \omega_{b2}}{A_1 \times m_4} \times \frac{192.12}{210.13} \quad \cdots\cdots (3)$$

式中：

ω_3 ——柠檬酸质量分数的数值，单位为百分号（%）；

A_2 ——试样溶液中，柠檬酸峰面积的平均值；

m_3 ——柠檬酸一水合物标样质量的数值，单位为克（g）；

ω_{b2} ——柠檬酸一水合物标样质量分数的数值，单位为百分号（%）；

A_1 ——标样溶液中，柠檬酸峰面积的平均值；

m_4 ——试样质量的数值，单位为克（g）；

192.12——柠檬酸的相对分子质量；

210.13——柠檬酸一水合物的相对分子质量。

5.6.7 允许差

2 次平行测定结果之差应不大于 1.0%，取其算术平均值作为测定结果。

5.7 水分的测定

按 GB/T 1600—2021 中 4.2 的规定执行。

5.8 丙酮不溶物的测定

按 GB/T 19138 的规定执行。

5.9 水不溶物的测定

称取胺鲜酯柠檬酸盐原药试样 3.0 g(精确至 0.01 g)，按 GB/T 28136—2011 中 3.3 的规定执行。

5.10 pH 的测定

按 GB/T 1601 的规定执行。

6 检验规则

6.1 出厂检验

每批产品均应做出厂检验，经检验合格签发合格证后，方可出厂。出厂检验项目为第 4 章技术指标中除丙酮不溶物和水不溶物以外的所有项目。

6.2 型式检验

型式检验项目为第 4 章中的全部项目，在正常连续生产情况下，每 3 个月至少进行一次。有下述情况之一，应进行型式检验：

a) 原料有较大改变，可能影响产品质量时；

b) 生产地址、生产设备或生产工艺有较大改变，可能影响产品质量时；

c) 停产后又恢复生产时；

d) 国家法定质量监管机构提出型式检验要求时。

6.3 判定规则

按第 4 章技术要求对产品进行出厂检验和型式检验，任一项目不符合指标要求判为该批次产品不合格。

7 验收和质量保证期

7.1 验收

应符合 GB/T 1604 的规定。

7.2 质量保证期

在规定的储运条件下，胺鲜酯(胺鲜酯柠檬酸盐)原药的质量保证期从生产日期算起为 6 个月。质量保证期内，各项指标均应符合本文件要求。

8 标志、标签、包装、储运

8.1 标志、标签、包装

胺鲜酯(胺鲜酯柠檬酸盐)原药的标志、标签、包装应符合 GB 3796 的规定；胺鲜酯原药产品内包装为铝膜塑料袋，用洁净干燥的铁桶包装；胺鲜酯柠檬酸盐原药采用内衬铝膜塑料袋的编织袋、铁桶或纸板桶包装，每桶净含量一般 25 kg、50 kg。也可根据用户要求或订货协议采用其他形式的包装，但需符合 GB 3796 的规定。

8.2 储运

胺鲜酯(胺鲜酯柠檬酸盐)原药包装件应储存在通风、干燥的库房中。储运时，严防潮湿和日晒，不得与食物、种子、饲料混放，避免与皮肤、眼睛接触，防止由口、鼻吸入。

附　录　A
（资料性）
胺鲜酯、胺鲜酯柠檬酸盐、柠檬酸的其他名称、结构式和基本物化参数

胺鲜酯、胺鲜酯柠檬酸盐、柠檬酸的其他名称、结构式和基本物化参数如下。

A.1　胺鲜酯

ISO通用名称：Diethyl aminoethyl hexanoate。

CAS登录号：10369-83-2。

化学名称：己酸二乙氨基乙醇酯。

结构式：

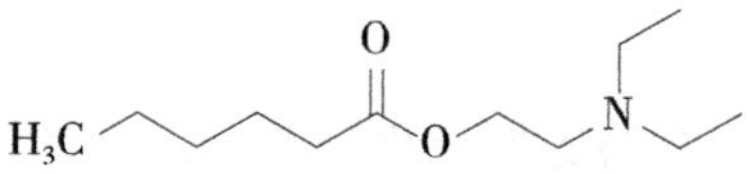

实验式：$C_{12}H_{25}NO_2$。

相对分子质量：215.33。

生物活性：植物生长调节剂。

溶解度：微溶于水，易溶于乙醇、丙酮、三氯甲烷等有机溶剂。

稳定性：在水溶液、醇类溶剂中不稳定，在碱性溶液中易分解。

A.2　胺鲜酯柠檬酸盐

ISO通用名称：Diethyl aminoethyl hexanoate-citrate。

CAS登录号：220439-24-7。

化学名称：己酸二乙氨基乙醇酯柠檬酸盐。

结构式：

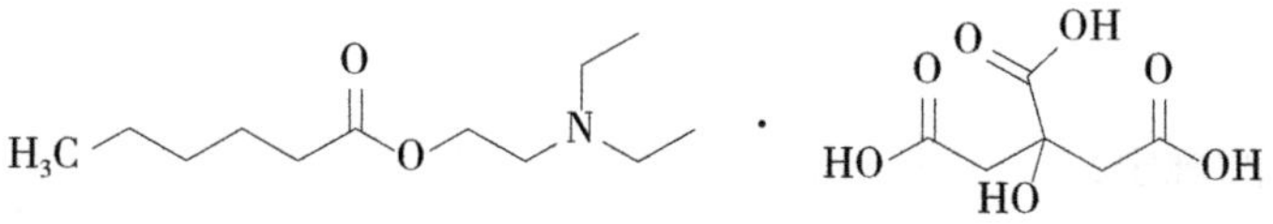

实验式：$C_{18}H_{33}NO_9$。

相对分子质量：407.46。

生物活性：植物生长调节剂。

溶解度：易溶于水，可溶于甲醇、乙醇、丙酮等有机溶剂。

稳定性：在水溶液、醇类溶剂中不稳定，在碱性溶液中易分解。

A.3　柠檬酸

CAS登录号：77-92-9。

化学名称：3-羟基-1,3,5-戊三酸。

结构式：

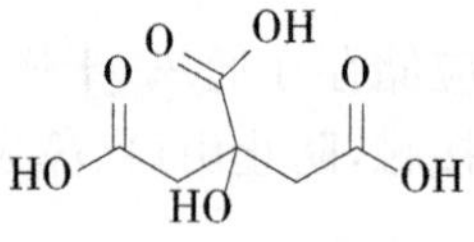

实验式:$C_6H_8O_7$。

相对分子质量:192.12。

ICS 65.100.20
CCS G 25

中华人民共和国农业行业标准

NY/T 4117—2022

乳氟禾草灵乳油

Lactofen emulsifiable concentrate

2022-07-11 发布

2022-10-01 实施

中华人民共和国农业农村部 发布

前　　言

本文件按照 GB/T 1.1—2020《标准化工作导则　第 1 部分：标准化文件的结构和起草规则》的规定起草。

请注意本文件的某些内容可能涉及专利。本文件的发布机构不承担识别专利的责任。

本文件由农业农村部种植业管理司提出。

本文件由全国农药标准化技术委员会(SAC/TC 133)归口。

本文件起草单位：山东滨农科技有限公司、沈阳沈化院测试技术有限公司、安徽丰乐农化有限责任公司、农业农村部农药检定所。

本文件主要起草人：石凯威、段丽芳、迟归兵、余晓江、李向阳、刘莹、武鹏、黄伟、郭海霞、孟令涛、董雪梅、金立。

乳氟禾草灵乳油

1 范围

本文件规定了乳氟禾草灵乳油的技术要求、试验方法、检验规则、验收和质量保证期，以及标志、标签、包装、储运。

本文件适用于乳氟禾草灵乳油产品的质量控制。

注：乳氟禾草灵的其他名称、结构式和基本物化参数见附录 A。

2 规范性引用文件

下列文件中的内容通过文中的规范性引用而构成本文件必不可少的条款。其中，注日期的引用文件，仅该日期对应的版本适用于本文件；不注日期的引用文件，其最新版本（包括所有的修改单）适用于本文件。

GB/T 1600—2021 农药水分测定方法

GB/T 1601 农药 pH 的测定方法

GB/T 1603 农药乳液稳定性测定方法

GB/T 1604 商品农药验收规则

GB/T 1605—2001 商品农药采样方法

GB 4838 农药乳油包装

GB/T 8170—2008 数值修约规则与极限数值的表示和判定

GB/T 19136—2021 农药热储稳定性测定方法

GB/T 19137—2003 农药低温稳定性测定方法

GB/T 28137 农药持久起泡性测定方法

GB/T 32776 农药密度测定方法

3 术语和定义

本文件没有需要界定的术语和定义。

4 技术要求

4.1 外观

褐色或棕黄色均相液体，无可见的悬浮物和沉淀。

4.2 技术指标

乳氟禾草灵乳油还应符合表 1 的要求。

表 1 乳氟禾草灵乳油控制项目指标

项目	指标
	240 g/L 规格
乳氟禾草灵质量浓度(20 ℃)，g/L 或质量分数[a]，%	240^{+14}_{-14} $24.2^{+1.4}_{-1.4}$
水分，%	≤0.5
pH	5.0～8.0
乳液稳定性(稀释 200 倍)	量筒中无浮油(膏)、沉油和沉淀析出
持久起泡性(1 min 后泡沫量)，mL	≤60
低温稳定性[b]	冷储后，离心管底部离析物体积不大于 0.3 mL

表 1 (续)

项目	指标
	240 g/L 规格
热储稳定性[b]	热储后,乳氟禾草灵质量分数应不低于热储前测得质量分数的 95%,pH、乳液稳定性仍应符合本文件要求
[a] 当质量发生争议时,以质量分数为仲裁依据。 [b] 正常生产时,低温稳定性和热储稳定性试验每 3 个月至少进行一次。	

5 试验方法

警示:使用本文件的人员应有实验室工作的实践经验。本文件并未指出所有的安全问题。使用者有责任采取适当的安全和健康措施。

5.1 一般规定

本文件所用试剂和水,在没有注明其他要求时,均指分析纯试剂和蒸馏水。检验结果的判定按 GB/T 8170—2008 中 4.3.3 的规定执行。

5.2 取样

按 GB/T 1605—2001 中 5.3.2 的规定执行。用随机数表法确定取样的包装件;最终取样量应不少于 200 mL。

5.3 鉴别试验

5.3.1 液相色谱法

本鉴别试验可与乳氟禾草灵质量分数的测定同时进行。在相同的色谱操作条件下,试样溶液中某色谱峰的保留时间与标样溶液中乳氟禾草灵的色谱峰的保留时间,其相对差值应在 1.5%以内。

5.3.2 气相色谱法

本鉴别试验可与乳氟禾草灵质量分数的测定同时进行。在相同的色谱操作条件下,试样溶液中某色谱峰的保留时间与标样溶液中乳氟禾草灵的色谱峰的保留时间,其相对差值应在 1.5%以内。

5.4 外观的测定

采用目测法测定。

5.5 乳氟禾草灵质量分数的测定

5.5.1 方法提要

试样用乙腈溶解,以乙腈+水为流动相,使用以 C_{18} 为填料的不锈钢柱和紫外检测器,在波长 292 nm 下对试样中的乳氟禾草灵进行高效液相色谱分离,外标法定量。也可采用气相色谱法测定乳氟禾草灵的质量分数,按附录 B 描述的方法测定。

5.5.2 试剂和溶液

5.5.2.1 乙腈:色谱级。

5.5.2.2 水:新蒸二次蒸馏水或超纯水。

5.5.2.3 乳氟禾草灵标样:已知质量分数,$\omega \geq 98.0\%$。

5.5.3 仪器

5.5.3.1 高效液相色谱仪:具有可变波长紫外检测器。

5.5.3.2 色谱柱:150 mm×4.6 mm(内径)不锈钢柱,内装 C_{18}、5 μm 填充物(或具有同等效果的色谱柱)。

5.5.3.3 过滤器:滤膜孔径约 0.45 μm。

5.5.3.4 定量进样管:5 μL。

5.5.3.5 超声波清洗器。

5.5.4 高效液相色谱操作条件

5.5.4.1 流动相:ψ(乙腈:水)=70:30。

5.5.4.2 流速:1.0 mL/min。

5.5.4.3 柱温：(30±2)℃。

5.5.4.4 检测波长：292 nm。

5.5.4.5 进样体积：5 μL。

5.5.4.6 保留时间：乳氟禾草灵约 8.6 min。

5.5.4.7 上述操作参数是典型的，可根据不同仪器特点对给定的操作参数作适当调整，以期获得最佳效果。典型的乳氟禾草灵乳油高效液相色谱图见图 1。

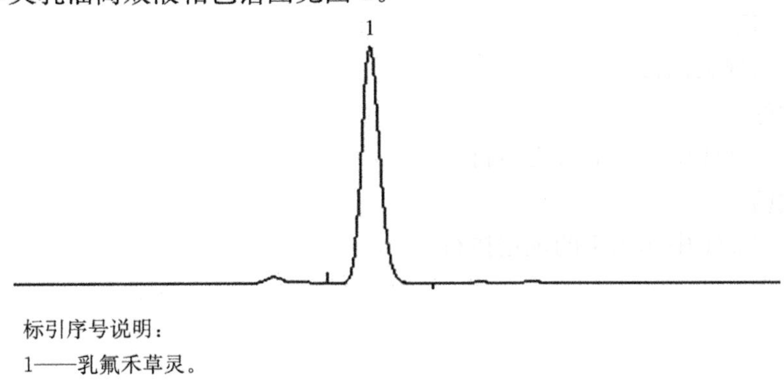

标引序号说明：

1——乳氟禾草灵。

图 1 乳氟禾草灵乳油高效液相色谱图

5.5.5 测定步骤

5.5.5.1 标样溶液的制备

称取 0.05 g(精确至 0.000 1 g)乳氟禾草灵标样，置于 50 mL 容量瓶中，加入 40 mL 乙腈，超声波振荡 5 min，冷却至室温，用乙腈稀释至刻度，摇匀。

5.5.5.2 试样溶液的制备

称取含 0.05 g(精确至 0.000 1 g)乳氟禾草灵的试样，置于 50 mL 容量瓶中，加入 40 mL 乙腈，超声波振荡 5 min，冷却至室温，用乙腈稀释至刻度，摇匀，过滤。

5.5.5.3 测定

在上述操作条件下，待仪器稳定后，连续注入数针标样溶液，直至相邻两针乳氟禾草灵峰面积相对变化小于 1.2%时，按照标样溶液、试样溶液、试样溶液、标样溶液的顺序进行测定。

5.5.6 计算

将测得的两针试样溶液以及试样前后两针标样溶液中乳氟禾草灵峰面积分别进行平均。试样中乳氟禾草灵质量分数按公式(1)计算，质量浓度按公式(2)计算。

$$\omega_1 = \frac{A_2 \times m_1 \times \omega_{b1}}{A_1 \times m_2} \tag{1}$$

$$\rho = \frac{A_2 \times m_1 \times \omega}{A_1 \times m_2} \times d \times 10 \tag{2}$$

式中：

ω_1 ——试样中乳氟禾草灵质量分数的数值，单位为百分号(%)；

A_2 ——试样溶液中乳氟禾草灵峰面积的平均值；

m_1 ——标样质量的数值，单位为克(g)；

ω_{b1} ——标样中乳氟禾草灵质量分数的数值，单位为百分号(%)；

A_1 ——标样溶液中乳氟禾草灵峰面积的平均值；

m_2 ——试样质量的数值，单位为克(g)；

ρ ——试样中乳氟禾草灵质量浓度的数值，单位为克每升(g/L)；

d ——20 ℃时试样密度的数值，单位为克每毫升(g/mL)(按 GB/T 32776 的规定进行测定)。

5.5.7 允许差

乳氟禾草灵质量分数 2 次平行测定结果之差应不大于 0.3%，取其算术平均值作为测定结果。

5.6 水分的测定

按 GB/T 1600—2021 中 4.2 的规定执行。

5.7 pH 的测定

按 GB/T 1601 的规定执行。

5.8 乳液稳定性试验

按 GB/T 1603 的规定执行。

5.9 持久起泡性的测定

按 GB/T 28137 的规定执行。

5.10 低温稳定性试验

按 GB/T 19137—2003 中 2.1 的规定执行。

5.11 热储稳定性试验

按 GB/T 19136—2021 中 4.4.1 的规定执行。

6 检验规则

6.1 出厂检验

每批产品均应做出厂检验,经检验合格签发合格证后,方可出厂。出厂检验项目为第 4 章技术指标中除热储稳定性和低温稳定性以外的所有项目。

6.2 型式检验

型式检验项目为第 4 章中的全部项目,在正常连续生产情况下,每 3 个月至少进行一次。有下述情况之一,应进行型式检验:

a) 原料有较大改变,可能影响产品质量时;

b) 生产地址、生产设备或生产工艺有较大改变,可能影响产品质量时;

c) 停产后又恢复生产时;

d) 国家法定质量监管机构提出型式检验要求时。

6.3 判定规则

按第 4 章技术要求对产品进行出厂检验和型式检验,任一项目不符合指标要求判为该批次产品不合格。

7 验收和质量保证期

7.1 验收

应符合 GB/T 1604 的规定。

7.2 质量保证期

在规定的储运条件下,乳氟禾草灵乳油的质量保证期从生产日期算起为 2 年。质量保证期内,各项指标均应符合本文件要求。

8 标志、标签、包装、储运

8.1 标志、标签和包装

乳氟禾草灵乳油的标志、标签和包装,应符合 GB 4838 的规定。

乳氟禾草灵乳油采用塑料瓶或聚酯瓶包装,每瓶净含量 100 mL,外包装用钙塑箱或瓦楞纸箱,每箱净含量不超过 12 kg;也可根据用户要求或订货协议,采用其他形式的包装,但应符合 GB 4838 的规定。

8.2 储运

乳氟禾草灵乳油包装件应储存在通风、干燥的库房中。储运时,严防潮湿和日晒,不得与食物、种子、饲料混放,避免与皮肤、眼睛接触,防止由口、鼻吸入。

附 录 A
(资料性)
乳氟禾草灵的其他名称、结构式和基本物化参数

乳氟禾草灵的其他名称、结构式和基本物化参数如下。

ISO 通用名称:Lactofen。

CAS 登录号:77501-63-4。

化学名称:*O*-[5-(2-氯-4-三氟甲基苯氧基)-2-硝基苯甲酰基]-*DL*-乳酸乙酯。

结构式:

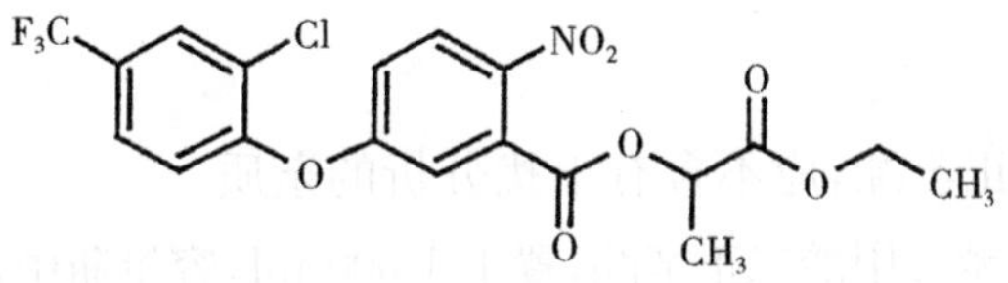

分子式:$C_{19}H_{15}ClF_3NO_7$。

相对分子质量:461.8。

生物活性:除草。

熔点:44 ℃～46 ℃。

蒸气压(20 ℃):0.009 3 mPa。

溶解度:水中溶解度(20 ℃～25 ℃)<1.0 mg/L。

稳定性:室温下放置 6 个月不分解。

附 录 B
（规范性）
乳氟禾草灵质量分数的气相色谱测定方法

B.1 方法提要

试样用丙酮溶解，以邻苯二甲酸二正辛酯为内标物，使用以5%苯甲基硅酮涂壁的石英毛细管柱和氢火焰离子化检测器，对试样中的乳氟禾草灵进行气相色谱分离，内标法定量。

B.2 试剂和溶液

B.2.1 丙酮：色谱级。

B.2.2 内标物：邻苯二甲酸二正辛酯，应不含有干扰分析的杂质。

B.2.3 内标溶液：称取8.0 g邻苯二甲酸二正辛酯，置于1 000 mL容量瓶中，用丙酮溶解并稀释至刻度，摇匀。

B.2.4 乳氟禾草灵标样：已知质量分数，$\omega \geqslant 98.0\%$。

B.3 仪器

B.3.1 气相色谱仪：具有氢火焰离子化检测器。

B.3.2 色谱柱：30 m×0.32 mm（内径）毛细管柱，内壁涂5%苯甲基硅酮固定液，膜厚0.25 μm（或具同等效果的色谱柱）。

B.3.3 过滤器：滤膜孔径约0.45 μm。

B.4 气相色谱操作条件

B.4.1 温度（℃）：柱室225，气化室250，检测器270。

B.4.2 气体流量（mL/min）：载气（N_2）1.2，氢气30，空气300。

B.4.3 分流比：20∶1。

B.4.4 进样体积：1.0 μL。

B.4.5 保留时间：乳氟禾草灵约13.9 min，邻苯二甲酸二正辛酯约18.9 min。

B.4.6 上述操作参数是典型的，可根据不同仪器特点对给定的操作参数作适当调整，以期获得最佳效果。典型的乳氟禾草灵乳油与内标物的气相色谱图见图B.1。

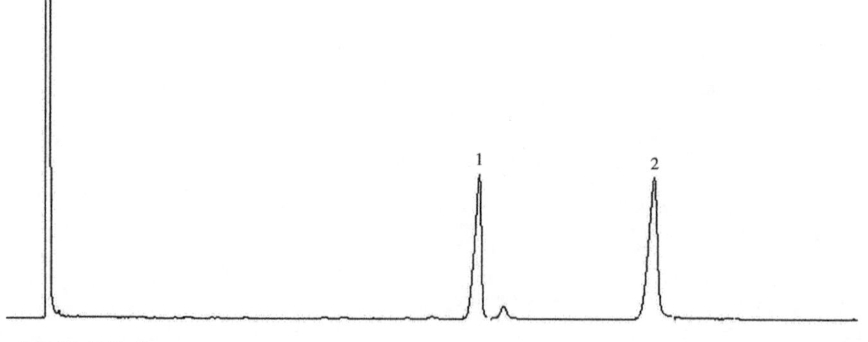

标引序号说明：

1——乳氟禾草灵；

2——邻苯二甲酸二正辛酯。

图B.1 乳氟禾草灵乳油与内标物气相色谱图

B.5 测定步骤

B.5.1 标样溶液的制备

称取 0.05 g(精确至 0.000 1 g)乳氟禾草灵标样，置于 25 mL 容量瓶中，用移液管移入 5 mL 内标溶液，用丙酮稀释至刻度，摇匀。

B.5.2 试样溶液的制备

称取含 0.05 g(精确至 0.000 1 g)乳氟禾草灵的试样于 25 mL 容量瓶中，与 B.5.1 用同一支移液管移入 5 mL 内标溶液，用丙酮稀释至刻度，摇匀，过滤。

B.5.3 测定

在上述操作条件下，待仪器稳定后，连续注入数针标样溶液，直至相邻两针乳氟禾草灵与内标物峰面积比的相对变化小于 1.2%后，按照标样溶液、试样溶液、试样溶液、标样溶液的顺序进行测定。

B.6 计算

将测得的两针试样溶液以及试样前后两针标样溶液中乳氟禾草灵与内标物的峰面积比分别进行平均。试样中乳氟禾草灵的质量分数按公式(B.1)计算，质量浓度按公式(B.2)计算。

$$\omega_1 = \frac{r_2 \times m_1 \times \omega_{b1}}{r_1 \times m_2} \quad \cdots\cdots (B.1)$$

$$\rho = \frac{r_2 \times m_1 \times \omega}{r_1 \times m_2} \times d \times 10 \quad \cdots\cdots (B.2)$$

式中：

ω_1 ——试样中乳氟禾草灵质量分数的数值，单位为百分号(%)；

r_2 ——试样溶液中乳氟禾草灵与内标物峰面积比的平均值；

m_1 ——标样质量的数值，单位为克(g)；

ω_{b1}——标样中乳氟禾草灵质量分数的数值，单位为百分号(%)；

r_1 ——标样溶液中乳氟禾草灵与内标物峰面积比的平均值；

m_2 ——试样质量的数值，单位为克(g)；

ρ ——试样中乳氟禾草灵质量浓度的数值，单位为克每升(g/L)；

d ——20 ℃时试样密度的数值，单位为克每毫升(g/mL)(按 GB/T 32776 的规定测定)。

B.7 允许差

乳氟禾草灵质量分数 2 次平行测定结果之差应不大于 0.3%，取其算术平均值作为测定结果。

ICS 65.100.20
CCS G 25

中华人民共和国农业行业标准

NY/T 4118—2022

乳氟禾草灵原药

Lactofen technical material

2022-07-11 发布　　　　2022-10-01 实施

中华人民共和国农业农村部 发布

前　　言

本文件按照 GB/T 1.1—2020《标准化工作导则　第 1 部分：标准化文件的结构和起草规则》的规定起草。

请注意本文件的某些内容可能涉及专利。本文件的发布机构不承担识别专利的责任。

本文件由农业农村部种植业管理司提出。

本文件由全国农药标准化技术委员会(SAC/TC 133)归口。

本文件起草单位：江苏长青农化股份有限公司、沈阳沈化院测试技术有限公司、农业农村部农药检定所。

本文件主要起草人：石凯威、黄伟、李向阳、余晓江、迟归兵、武鹏、刘莹、郭海霞、姜宜飞、樊丽莉、董雪梅。

乳氟禾草灵原药

1 范围

本文件规定了乳氟禾草灵原药的技术要求、试验方法、检验规则、验收和质量保证期以及标志、标签、包装、储运。

本文件适用于乳氟禾草灵原药产品的质量控制。

注:乳氟禾草灵的其他名称、结构式和基本物化参数见附录 A。

2 规范性引用文件

下列文件中的内容通过文中的规范性引用而构成本文件必不可少的条款。其中,注日期的引用文件,仅该日期对应的版本适用于本文件;不注日期的引用文件,其最新版本(包括所有的修改单)适用于本文件。

GB/T 1600—2021　农药水分测定方法
GB/T 1604　商品农药验收规则
GB/T 1605—2001　商品农药采样方法
GB 3796　农药包装通则
GB/T 8170—2008　数值修约规则与极限数值的表示和判定
GB/T 19138　农药丙酮不溶物测定方法
GB/T 28135　农药酸(碱)度测定方法指示剂法

3 术语和定义

本文件没有需要界定的术语和定义。

4 技术要求

4.1 外观

淡黄色至棕色黏稠液体,长时间放置会出现固化或结晶现象。

4.2 技术指标

乳氟禾草灵原药还应符合表 1 的要求。

表 1　乳氟禾草灵原药控制项目指标

项目	指标
乳氟禾草灵质量分数,%	≥95.0
酸度(以 H_2SO_4 计),%	≤0.2
水分,%	≤0.5
丙酮不溶物[a],%	≤0.2

[a] 正常生产时,丙酮不溶物每 3 个月至少测定一次。

5 试验方法

警示:使用本文件的人员应有实验室工作的实践经验。本文件并未指出所有的安全问题。使用者有责任采取适当的安全和健康措施。

5.1 一般规定

本文件所用试剂和水在没有注明其他要求时,均指分析纯试剂和蒸馏水。检验结果的判定按 GB/T 8170—

2008 中 4.3.3 的规定执行。

5.2 取样

按 GB/T 1605—2001 中 5.3.1 的规定执行。用随机数表法确定取样的包装件;最终取样量应不少于 100 g。

5.3 鉴别试验

5.3.1 红外光谱法

乳氟禾草灵原药与乳氟禾草灵标样在 4 000/cm～650/cm 范围的红外吸收光谱图应没有明显区别。乳氟禾草灵标样红外光谱图见图 1。

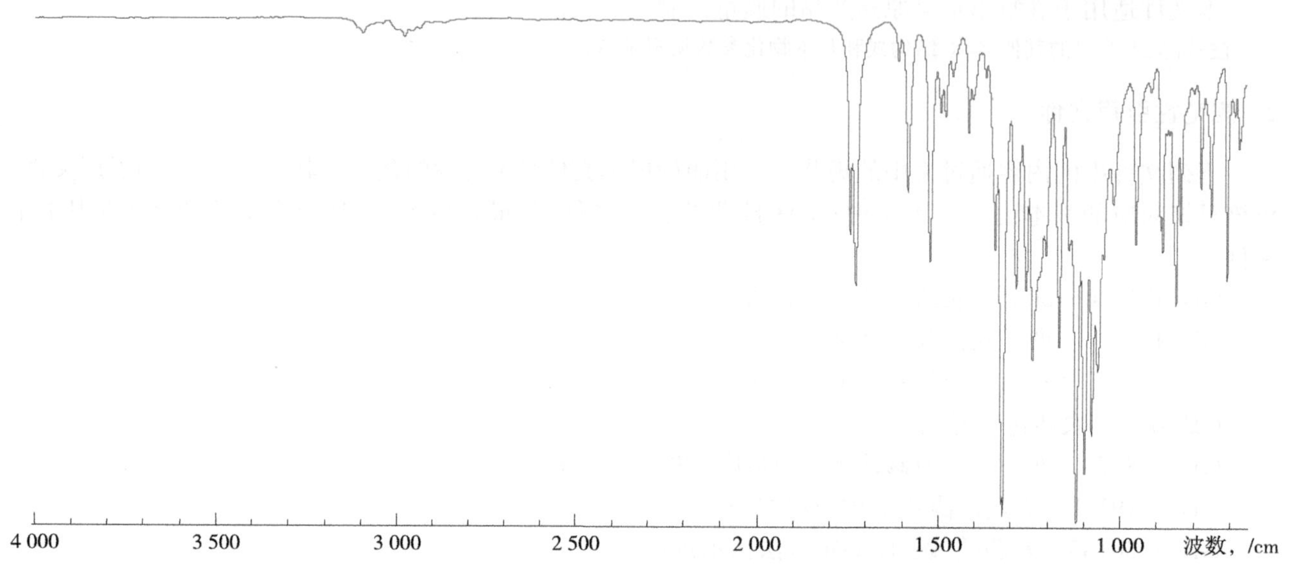

图 1　乳氟禾草灵标样的红外光谱图

5.3.2 液相色谱法

本鉴别试验可与乳氟禾草灵质量分数的测定同时进行。在相同的色谱操作条件下,试样溶液中某色谱峰的保留时间与标样溶液中乳氟禾草灵色谱峰的保留时间,其相对差值应在 1.5%以内。

5.3.3 气相色谱法

本鉴别试验可与乳氟禾草灵质量分数的测定同时进行。在相同的色谱操作条件下,试样溶液中某色谱峰的保留时间与标样溶液中乳氟禾草灵色谱峰的保留时间,其相对差值应在 1.5%以内。

5.4 外观的测定

采用目测法测定。

5.5 乳氟禾草灵质量分数的测定

5.5.1 方法提要

试样用乙腈溶解,以乙腈+水为流动相,使用以 C_{18} 为填料的不锈钢柱和紫外检测器,在波长 292 nm 下对试样中的乳氟禾草灵进行高效液相色谱分离,外标法定量。也可采用气相色谱法测定乳氟禾草灵的质量分数,按附录 B 描述的方法测定。

5.5.2 试剂和溶液

5.5.2.1 乙腈:色谱级。

5.5.2.2 水:新蒸二次蒸馏水或超纯水。

5.5.2.3 乳氟禾草灵标样:已知质量分数,$\omega \geqslant 98.0\%$。

5.5.3 仪器

5.5.3.1 高效液相色谱仪:具有可变波长紫外检测器。

5.5.3.2 色谱柱:150 mm×4.6 mm(内径)不锈钢柱,内装 C_{18}、5 μm 填充物(或具有同等效果的色谱柱)。

5.5.3.3 过滤器：滤膜孔径约 0.45 μm。

5.5.3.4 定量进样管：5 μL。

5.5.3.5 超声波清洗器。

5.5.4 高效液相色谱操作条件

5.5.4.1 流动相：ψ（乙腈：水）=70：30。

5.5.4.2 流速：1.0 mL/min。

5.5.4.3 柱温：(30±2)℃。

5.5.4.4 检测波长：292 nm。

5.5.4.5 进样体积：5 μL。

5.5.4.6 保留时间：乳氟禾草灵约 8.6 min。

5.5.4.7 上述操作参数是典型的，可根据不同仪器特点，对给定的操作参数作适当调整，以期获得最佳效果。典型的乳氟禾草灵原药高效液相色谱图见图 2。

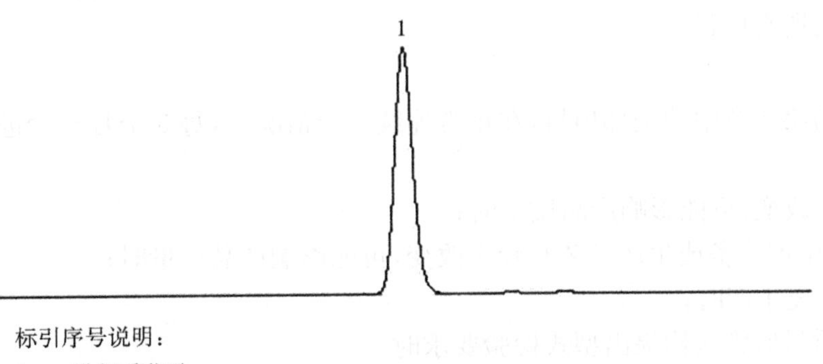

标引序号说明：
1——乳氟禾草灵。

图 2 乳氟禾草灵原药高效液相色谱图

5.5.5 测定步骤

5.5.5.1 标样溶液的制备

称取 0.05 g(精确至 0.000 1 g)乳氟禾草灵标样，置于 50 mL 容量瓶中，加入 40 mL 乙腈，超声波振荡 5 min，冷却至室温，用乙腈稀释至刻度，摇匀。

5.5.5.2 试样溶液的制备

称取含 0.05 g(精确至 0.000 1 g)乳氟禾草灵的试样，置于 50 mL 容量瓶中，加入 40 mL 乙腈，超声波振荡 5 min，冷却至室温，用乙腈稀释至刻度，摇匀。

5.5.5.3 测定

在上述操作条件下，待仪器稳定后，连续注入数针标样溶液，直至相邻两针乳氟禾草灵峰面积相对变化小于 1.2%时，按照标样溶液、试样溶液、试样溶液、标样溶液的顺序进行测定。

5.5.6 计算

将测得的两针试样溶液以及试样前后两针标样溶液中乳氟禾草灵峰面积分别进行平均。试样中乳氟禾草灵质量分数按公式(1)计算。

$$\omega_1 = \frac{A_2 \times m_1 \times \omega_{b1}}{A_1 \times m_2} \quad \cdots\cdots (1)$$

式中：

ω_1 ——试样中乳氟禾草灵质量分数的数值，单位为百分号(%)；

A_2——试样溶液中乳氟禾草灵峰面积的平均值；

m_1——标样质量的数值，单位为克(g)；

ω_{b1}——标样中乳氟禾草灵质量分数的数值，单位为百分号(%)；

A_1——标样溶液中乳氟禾草灵峰面积的平均值；

m_2——试样质量的数值,单位为克(g)。

5.5.7 允许差

乳氟禾草灵质量分数 2 次平行测定结果之差应不大于 1.2%,取其算术平均值作为测定结果。

5.6 酸度的测定

按 GB/T 28135 的规定执行。

5.7 水分的测定

按 GB/T 1600—2021 中 4.2 的规定执行。

5.8 丙酮不溶物的测定

按 GB/T 19138 的规定执行。

6 检验规则

6.1 出厂检验

每批产品均应做出厂检验,经检验合格签发合格证后,方可出厂。出厂检验项目为第 4 章技术指标中除丙酮不溶物以外的所有项目。

6.2 型式检验

型式检验项目为第 4 章中的全部项目,在正常连续生产情况下,每 3 个月至少进行一次。有下述情况之一,应进行型式检验:

a) 原料有较大改变,可能影响产品质量时;

b) 生产地址、生产设备或生产工艺有较大改变,可能影响产品质量时;

c) 停产后又恢复生产时;

d) 国家法定质量监管机构提出型式检验要求时。

6.3 判定规则

按第 4 章技术要求对产品进行出厂检验和型式检验,任一项目不符合指标要求判为该批次产品不合格。

7 验收和质量保证期

7.1 验收

应符合 GB/T 1604 的规定。

7.2 质量保证期

在规定的储运条件下,乳氟禾草灵原药的质量保证期从生产日期算起为 2 年。质量保证期内,各项指标均应符合本文件要求。

8 标志、标签、包装、储运

8.1 标志、标签、包装

乳氟禾草灵原药的标志、标签和包装应符合 GB 3796 的规定。

乳氟禾草灵原药采用清洁、干燥内衬塑料袋的铁桶包装。每桶净含量一般为 250 kg。也可根据用户要求或订货协议,采用其他形式的包装,但应符合 GB 3796 的规定。

8.2 储运

乳氟禾草灵原药包装件应储存在通风、干燥的库房中。储运时,严防潮湿和日晒,不得与食物、种子、饲料混放,避免与皮肤、眼睛接触,防止由口、鼻吸入。

附 录 A
(资料性)
乳氟禾草灵的其他名称、结构式和基本物化参数

乳氟禾草灵的其他名称、结构式和基本物化参数如下。

ISO 通用名称:Lactofen。

CAS 登录号:77501-63-4。

化学名称:*O*-[5-(2-氯-4-三氟甲基苯氧基)-2-硝基苯甲酰基]-*DL*-乳酸乙酯。

结构式:

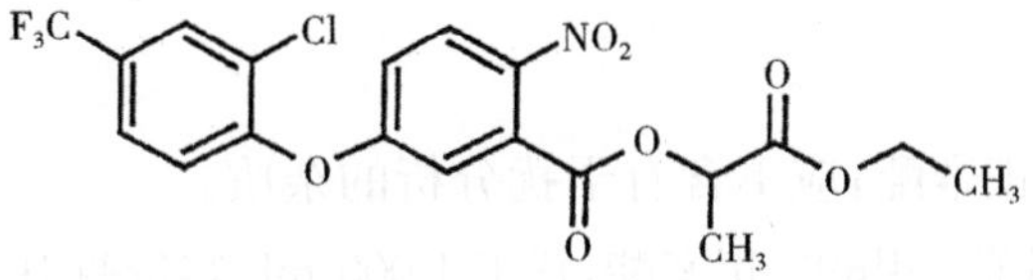

分子式:$C_{19}H_{15}ClF_3NO_7$。

相对分子质量:461.8。

生物活性:除草。

熔点:44 ℃~46 ℃。

蒸气压(20 ℃):0.009 3 mPa 。

溶解度:水中溶解度(20 ℃~25 ℃)<1.0 mg/L。

稳定性:室温下放置 6 个月不分解。

附　录　B
（规范性）
乳氟禾草灵质量分数的气相色谱测定方法

B.1　方法提要

试样用丙酮溶解，以邻苯二甲酸二正辛酯为内标物，使用以5%苯甲基硅酮涂壁的石英毛细管柱和氢火焰离子化检测器，对试样中的乳氟禾草灵进行气相色谱分离，内标法定量。

B.2　试剂和溶液

B.2.1　丙酮：色谱级。

B.2.2　内标物：邻苯二甲酸二正辛酯，应不含有干扰分析的杂质。

B.2.3　内标溶液：称取8.0 g邻苯二甲酸二正辛酯，置于1 000 mL容量瓶中，用丙酮溶解并稀释至刻度，摇匀。

B.2.4　乳氟禾草灵标样：已知质量分数，$\omega \geqslant 98.0\%$。

B.3　仪器

B.3.1　气相色谱仪：具有氢火焰离子化检测器。

B.3.2　色谱柱：30 m×0.32 mm（内径）毛细管柱，内壁涂5%苯甲基硅酮固定液，膜厚0.25 μm（或具同等效果的色谱柱）。

B.4　气相色谱操作条件

B.4.1　温度（℃）：柱温225，气化室250，检测器270。

B.4.2　气体流量（mL/min）：载气（N_2）1.2，氢气30，空气300。

B.4.3　分流比：20∶1。

B.4.4　进样体积：1.0 μL。

B.4.5　保留时间：乳氟禾草灵约13.9 min，邻苯二甲酸二正辛酯约18.9 min。

B.4.6　上述操作参数是典型的，可根据不同仪器、不同剂型产品特点对给定的操作参数作适当调整，以期获得最佳效果。典型的乳氟禾草灵原药与内标物的气相色谱图见图B.1。

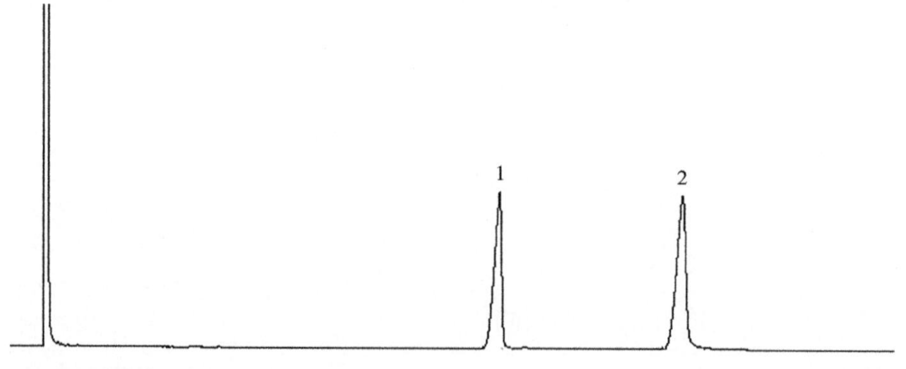

标引序号说明：

1——乳氟禾草灵；

2——邻苯二甲酸二正辛酯。

图B.1　乳氟禾草灵原药与内标物的气相色谱图

B.5 测定步骤

B.5.1 标样溶液的制备

称取 0.05 g(精确至 0.000 1 g)乳氟禾草灵标样，置于 25 mL 容量瓶中，用移液管移入 5 mL 内标溶液，用丙酮稀释至刻度，摇匀。

B.5.2 试样溶液的制备

称取含 0.05 g(精确至 0.000 1 g)乳氟禾草灵的试样于 25 mL 容量瓶中，与 B.5.1 用同一支移液管移入 5 mL 内标溶液，用丙酮稀释至刻度，摇匀。

B.5.3 测定

在上述操作条件下，待仪器稳定后，连续注入数针标样溶液，直至相邻两针乳氟禾草灵与内标物峰面积比的相对变化小于 1.2%后，按照标样溶液、试样溶液、试样溶液、标样溶液的顺序进行测定。

B.6 计算

将测得的两针试样溶液以及试样前后两针标样溶液中乳氟禾草灵与内标物的峰面积比分别进行平均。试样中乳氟禾草灵的质量分数按公式(B.1)计算。

$$\omega_1 = \frac{r_2 \times m_1 \times \omega_{b1}}{r_1 \times m_2} \qquad \text{(B.1)}$$

式中：

ω_1 ——试样中乳氟禾草灵质量分数的数值，单位为百分号(%)；

r_2 ——试样溶液中乳氟禾草灵与内标物峰面积比的平均值；

m_1——标样质量的数值，单位为克(g)；

ω_{b1}——标样中乳氟禾草灵质量分数的数值，单位为百分号(%)；

r_1 ——标样溶液中乳氟禾草灵与内标物峰面积比的平均值；

m_2——试样质量的数值，单位为克(g)。

B.7 允许差

乳氟禾草灵质量分数 2 次平行测定结果之差应不大于 1.2%，取其算术平均值作为测定结果。

ICS 65.100
CCS G 23

中华人民共和国农业行业标准

NY/T 4119—2022

农药产品中有效成分含量测定通用分析方法 高效液相色谱法

General methods for determination of active ingredient content of pesticides—High performance liquid chromatography(HPLC)

2022-07-11 发布 2022-10-01 实施

中华人民共和国农业农村部 发布

前　言

本文件按照 GB/T 1.1—2020《标准化工作导则　第 1 部分：标准化文件的结构和起草规则》的规定起草。

请注意本文件的某些内容可能涉及专利。本文件的发布机构不承担识别专利的责任。

本文件由农业农村部种植业管理司提出并归口。

本文件起草单位：农业农村部农药检定所、中国农业大学、贵州大学、北京工业大学、中国矿业大学(北京)、杨凌农科大农药研究所有限责任公司、沈阳农业大学、黑龙江大学、山东大学、沈阳化工研究院有限公司、浙江省农业科学院、江苏省产品质量监督检验研究院、浙江省化工产品质量检验站有限公司、江苏省农产品质量检验测试中心、贵州省无公害植物保护工程技术研究中心、北京颖泰嘉和分析技术有限公司、湖南加法检测有限公司、山东省农药科学研究院、贵州健安德科技有限公司、北京乾元铂归科技有限公司、江苏艾科姆检测有限公司、江苏中谱检测有限公司、江苏衡谱分析检测技术有限公司、江苏恒生检测有限公司、中化化工科学技术研究总院有限公司、上海晓明检测技术服务有限公司、山东威瑞信试验检测有限公司、青岛滕润翔检测评价有限公司、浙江禾本科技有限公司、广西速竞科技有限公司、伊萌检测技术服务有限公司、江苏扬农化工股份有限公司、江苏利民检测技术有限公司。

本文件主要起草人：季颖、吴进龙、张宏军、段丽芳、姜宜飞、刘丰茂、石凯威、刘莹、黄伟、武鹏、刘东晖、吴剑、卢平、张芳、赵鹏跃、于彩虹、尹承南、于福利、王素琴、纪明山、王宇颖、周芹、李岩、张晓丽、陈静、侯春青、梅宝贵、俞建忠、赵学平、包素萍、顾爱国、张钦杰、吴航俊、徐成辰、杨淑娴、朱峰、廖国会、李红霞、杨铎、黄路、胡礼、张再、吴培、林波、高杰、何智宇、何钰、陈银银、夏承建、杨莹莹、赵鹏、王雯、徐锦忠、张倩、贾明宏、石隆平、万宏剑、陈思思、张继伟、王鹏思、覃柳琼、陈荣妹、赵广义、宋朋、汤永娇、殷雪婷、廖文斌、刘雪芬、丁培芳、韦红慧、董丽娟、郭天伟、姜友法、史卫莲、李林虎、裴玲玲。

引　言

本文件为农药产品中有效成分含量测定通用分析方法系列标准之一。

本文件描述了462种农药有效成分含量测定的高效液相色谱通用分析方法，其中：

a) 265种农药有效成分是通过开展实验室内方法确认和实验室间协同验证试验，新建的液相色谱分析方法。本文件中新建方法应描述方法提要(以“注”的方式说明特殊试验要求)、使用的试剂和溶液、具体操作条件等无法在通用要求中进行统一规定的内容，具体操作条件包括流动相、色谱柱规格和型号、流速、柱温、检测波长、进样体积、有效成分推荐浓度和线性范围、保留时间等信息；对于溶液制备过程比较特殊的个别农药品种，则在方法中详细描述溶液制备过程。

b) 158种农药有效成分为直接引用国家标准和行业标准的试验方法，在本文件中未描述方法具体内容，只注明引用的国家标准和行业标准号；其中氟啶脲、腐霉利、己唑醇、噻虫胺、噻虫啉、噻呋酰胺、噻菌灵、印楝素8种农药有效成分的相关产品已完成国家标准和行业标准报批还未发布实施，因此依据标准报批稿按照新建方法要求描述相应内容。本文件中引用的国家标准和行业标准均列入规范性引用文件。

c) 39种农药有效成分使用重新起草法修改采用国际农药分析协作委员会(CIPAC)方法，按照新建方法要求描述方法相应内容，但线性范围依据CIPAC原文基本未能提供。本文件在方法提要中以“注”的形式说明参考的CIPAC方法并列入参考文献。

本文件中有效成分以某种盐(如甲基碘磺隆钠盐、咪鲜胺铜盐)或络合物(如噻菌铜)形式存在时，对配对反离子或总金属离子也建立分析方法，并进行了方法确认和协同验证，分析方法主要为离子色谱法、化学滴定法和分光光度法，具体方法作为相应农药有效成分的附录列入本文件。因为不同有效成分可能具有相同配对反离子或总金属离子，其分析方法基本相同，本文件一般对其中某个有效成分的配对反离子或总金属离子建立分析方法，其他有效成分可直接引用。部分已发布的农药产品国家标准和行业标准中也有配对反离子的分析方法，具有相同配对反离子的有效成分可直接引用。

农药产品中有效成分含量测定通用分析方法 高效液相色谱法

1 范围

本文件描述了14-羟基芸薹素甾醇等462种农药有效成分含量测定的高效液相色谱通用分析方法。

本文件适用于农药产品中14-羟基芸薹素甾醇等462种有效成分含量的测定。

2 规范性引用文件

下列文件中的内容通过文中的规范性引用而构成本文件必不可少的条款。其中，注日期的引用文件，仅该日期对应的版本适用于本文件；不注日期的引用文件，其最新版本（包括所有的修改单）适用于本文件。

GB/T 334 敌百虫原药

GB/T 601 化学试剂 标准滴定溶液的制备

GB/T 603 化学试剂 试验方法中所用制剂及制品的制备

GB/T 8200 杀虫双可溶液剂

GB/T 9556 辛硫磷原药

GB/T 10501 多菌灵原药

GB/T 12686 草甘膦原药

GB/T 15955 赤霉酸原药

GB 19307 百草枯母药

GB/T 19336 阿维菌素原药

GB/T 19604 毒死蜱原药

GB 20678 溴敌隆原药

GB 20682 杀扑磷原药

GB/T 20683 苯磺隆原药

GB 20685 硫丹原药

GB/T 20686 草甘膦可溶粉(粒)剂

GB 20690 溴鼠灵原药

GB/T 20693 甲氨基阿维菌素苯甲酸盐原药

GB/T 20695 高效氯氟氰菊酯原药

GB/T 20697 13% 2甲4氯钠水剂

GB/T 22167 氟磺胺草醚原药

GB/T 22168 吡嘧磺隆原药

GB/T 22172 多效唑原药

GB/T 22175 烯唑醇原药

GB/T 22177 二甲戊灵原药

GB/T 22602 戊唑醇原药

GB 22609 丁硫克百威原药

GB/T 22612 杀螟丹原药

GB/T 22614 烯草酮原药

GB/T 22616 精噁唑禾草灵原药

GB/T 22621 霜霉威原药

GB/T 22622 霜霉威盐酸盐水剂
GB/T 24749 丙环唑原药
GB/T 24751 异噁草松原药
GB 24752 灭多威原药
GB 24753 水胺硫磷原药
GB/T 24755 甲基硫菌灵原药
GB/T 24757 苄嘧磺隆原药
GB/T 24758 噻吩磺隆原药
GB/T 28126 吡虫啉原药
GB/T 28127 氯磺隆原药
GB/T 28128 杀虫单原药
GB/T 28129 乙羧氟草醚原药
GB/T 28130 哒螨灵原药
GB/T 28131 溴氰菊酯原药
GB/T 28134 绿麦隆原药
GB/T 29382 硝磺草酮原药
GB/T 29383 烟嘧磺隆原药
GB 29384 乙酰甲胺磷原药
GB/T 29385 嘧霉胺原药
GB/T 31746 涕灭威有效成分含量的测定方法液相色谱法
GB/T 31750 莎稗磷乳油有效成分含量的测定方法　液相色谱法
GB/T 32341 嘧菌酯原药
GB/T 33808 草铵膦原药
GB/T 33809 噻虫嗪原药
GB/T 34155 井冈霉素原药
GB/T 34156 吡蚜酮原药
GB/T 34157 高效氟吡甲禾灵原药
GB/T 34758 春雷霉素原药
GB/T 34760 精吡氟禾草原药
GB/T 35668 2甲4氯原药
GB/T 35672 氯氟吡氧乙酸异辛酯原药
GB/T 39651 三环唑
GB/T 39671 咪鲜胺
GB/T 39672 代森锰锌
HG/T 2848 二氯喹啉酸原药
HG/T 3293 三唑酮原药
HG 3306 氧乐果原药
HG/T 3619 仲丁威原药
HG 3621 克百威原药
HG/T 3624 2,4-滴原药
HG/T 3627 氯氰菊酯原药
HG/T 3629 高效氯氰菊酯原药
HG/T 3699 三氯杀螨醇原药
HG/T 3717 氯嘧磺隆原药
HG/T 3719 苯噻酰草胺原药

HG/T 3755　啶虫脒原药
HG/T 3757　福美双原药
HG/T 3764　腈菌唑原药
HG/T 3765　炔螨特原药
HG/T 4460　苯醚甲环唑原药
HG/T 4464　虫酰肼原药
HG/T 4468　草除灵原药
HG/T 4575　氯氟醚菊酯原药
HG/T 4810　咪唑乙烟酸原药
HG/T 4813　氰氟草酯原药
HG/T 4922　芸薹素乳油
HG/T 4925　右旋胺菊酯原药
HG/T 4926　氨基寡糖素原药
HG/T 4927　氟氯氰菊酯原药
HG/T 4928　高效氟氯氰菊酯原药
HG/T 4929　麦草畏原药
HG/T 4933　茚虫威原药
HG/T 4939　2,4-滴二甲胺盐水剂
HG/T 4940　双草醚原药
HG/T 4943　灭草松原药
HG/T 5121　敌草隆原药
HG/T 5124　乙氧氟草醚原药
HG/T 5126　异菌脲原药
HG/T 5130　二氯吡啶酸原药
HG/T 5134　霜脲氰原药
HG/T 5232　醚菌酯原药
HG/T 5235　吡唑醚菌酯原药
HG/T 5237　噻苯隆原药
HG/T 5239　吡丙醚原药
HG/T 5242　双氟磺草胺原药
HG/T 5244　氯菊酯原药
HG/T 5245　敌草快母药
HG/T 5421　噻唑膦原药
HG/T 5423　环嗪酮原药
HG/T 5425　精异丙甲草胺原药
HG/T 5427　啶酰菌胺原药
HG/T 5429　氟环唑原药
HG/T 5431　螺螨酯原药
HG/T 5433　炔草酯原药
HG/T 5435　虱螨脲原药
HG/T 5438　烯啶虫胺原药
HG/T 5446　苦参碱可溶液剂
NY/T 3572　右旋苯醚菊酯原药
NY/T 3573　棉隆原药
NY/T 3574　肟菌酯原药

NY/T 3578 除虫脲原药
NY/T 3580 砜嘧磺隆原药
NY/T 3582 呋虫胺原药
NY/T 3585 氟啶胺原药
NY/T 3587 咯菌腈原药
NY/T 3591 五氟磺草胺原药
NY/T 3594 精喹禾灵原药
NY/T 3596 硫磺悬浮剂
NY/T 3597 三乙膦酸铝原药
NY/T 3769 氰霜唑原药
NY/T 3772 吡氟酰草胺原药
NY/T 3774 氟硅唑原药
NY/T 3776 硫双威原药
NY/T 3778 嘧啶肟草醚原药
NY/T 3780 烯酰吗啉原药
NY/T 3783 唑嘧磺草胺原药

3 术语和定义

本文件没有需要界定的术语和定义。

4 通用要求

警告:使用本文件的人员应有实验室工作的实践经验。本文件并未指出所有的安全问题。使用者有责任采取适当的安全和健康措施。

4.1 试剂和溶液

本文件所用试剂和水,在没有注明其他要求时,均指分析纯试剂和超纯水或新蒸二次蒸馏水。

4.2 仪器设备

高效液相色谱仪:具有可变波长紫外检测器。

离子色谱仪:具有电导检测器和抑制器/脉冲安培检测器。

色谱柱:应根据被分离物质的性质选择合适的色谱柱,常用色谱柱有反相色谱柱、正相色谱柱、离子交换色谱柱、手性色谱柱等。

色谱数据处理机或色谱工作站。

过滤器:滤膜孔径约 0.45 μm。

超声波清洗器。

4.3 流动相

应根据被分离物质的性质选择合适的流动相,一般采用等度洗脱,若采用梯度洗脱应注意梯度结束后,用初始流动相冲洗柱子平衡一段时间,使系统恢复到初始状态。

4.4 溶液的制备

对于采用外标法测定农药产品中有效成分含量的一般农药品种,本文件中未逐一详细描述溶液制备过程。一般制备过程为:分别称取适量标样和试样,置于容量瓶中,用适宜溶剂、溶液或流动相溶解后稀释至刻度,或视溶解情况进行超声处理后稀释至刻度。必要时,按一定倍数进行稀释。

对于溶液制备过程比较特殊的个别农药品种,则在方法中详细描述溶液制备过程。

注 1:称样量≥0.05 g 应精确至 0.000 1 g,称样量<0.05 g 应精确至 0.000 01 g。

注 2:对于低含量固体样品,称样量对定容体积有影响的,应采用添加定量溶剂法。

注 3:使用正相高效液相色谱法对水基试样进行分离和测定时,宜采用适当方法除去试样中的水分,如溶剂萃取或添加干燥剂等。

注 4：部分剂型需采用特殊的前处理方法，如水分散粒剂、悬浮剂，通常需要先添加少量水使试样分散后再溶解定容，颗粒剂、片状制剂、饵剂、蚊香等不均匀固体制剂通常需要研磨后再取样。

4.5 测定

4.5.1 流动相和试样溶液的过滤

本文件所有流动相，均应经 0.45 μm 滤膜过滤，并进行脱气。

本文件所有试样溶液，在进样前均应经 0.45 μm 滤膜过滤。

4.5.2 色谱条件的优化

本文件中测定农药产品中有效成分含量的操作参数是典型的，给出色谱柱的具体型号只是为了方便本文件的使用，并不表示对该色谱柱的认可，使用者可选择具有同等效果的色谱柱；在实际应用中除流动相组分、检测器类型和检测波长不得改变外，其余如色谱柱内径与长度、填料粒径、流动相流速、流动相组分比例、柱温、进样量、检测器灵敏度等，均可根据不同仪器、不同剂型产品特点作适当调整，以期获得最佳效果。

4.5.3 色谱系统的平衡与进样

在规定的操作条件下，待仪器稳定后，连续注入数针标样溶液，直至相邻两针目标物峰面积（或目标物与内标物峰面积比）相对变化小于 1.2%时，按照标样溶液、试样溶液、试样溶液、标样溶液的顺序进行测定。

4.6 计算

4.6.1 说明

本文件采用外标法测定农药产品中有效成分含量的，计算见 4.6.2；采用内标法测定农药产品中有效成分含量的，计算见 4.6.3。

当有效成分存在对映异构体时，采用手性高效液相色谱外标法直接测定有效成分含量的，计算同 4.6.2；也可先采用外标法测定混合体含量（计算同 4.6.2），再通过手性分离测定异构体比例（计算参考 4.6.4），最后用混合体含量乘以异构体比例，计算得到有效成分含量。

当有效成分以某种盐或配合物形式存在时，采用离子色谱外标法测定配对反离子或金属离子含量的，计算同 4.6.2。

4.6.2 外标法

将测得的两针试样溶液以及试样前后两针标样溶液中目标物峰面积分别进行平均。试样中目标物的质量分数按公式（1）计算。

$$\omega_1 = \frac{A_2 \times m_1 \times \omega}{A_1 \times m_2} \quad \cdots\cdots (1)$$

式中：

ω_1——试样中目标物质量分数的数值，单位为百分号（%）；

A_2——试样溶液中目标物峰面积的平均值；

m_1——标样质量的数值，单位为克（g）；

ω ——标样中目标物质量分数的数值，单位为百分号（%）；

A_1——标样溶液中目标物峰面积的平均值；

m_2——试样质量的数值，单位为克（g）。

注 1：如目标物存在异构体，质量分数计算公式应乘以相应异构体比例系数；异构体比例计算参考 4.6.4。

注 2：如标样、样品溶液制备时存在稀释的情况，质量分数计算公式应考虑稀释倍数。

注 3：如标样和试样中目标物存在形式不同时，质量分数计算公式应考虑分子量换算系数。

4.6.3 内标法

将测得两针试样溶液以及试样前后标样溶液中目标物与内标物峰面积比分别进行平均。试样中目标物的质量分数按公式（2）计算。

$$\omega_2 = \frac{r_2 \times m_1 \times \omega}{r_1 \times m_2} \quad \cdots\cdots (2)$$

式中：

ω_2——试样中目标物质量分数的数值，单位为百分号（%）；

r_2——试样溶液中目标物与内标物峰面积比的平均值；

m_1——标样质量的数值，单位为克（g）；

ω——标样中目标物质量分数的数值，单位为百分号（%）；

r_1——标样溶液中目标物与内标物峰面积比的平均值；

m_2——试样质量的数值，单位为克（g）。

4.6.4 异构体比例

试样中目标物的比例按公式（3）计算。

$$K=\frac{A_1}{A_1+A_2} \quad (3)$$

式中：

K——试样中目标物的比例；

A_1——试样溶液中目标物峰面积的平均值；

A_2——试样溶液中目标物异构体峰面积的平均值。

注：若目标物具有多个手性中心，计算异构体比例时应加和目标物峰面积和所有异构体峰面积。

5 试验方法

5.1 14-羟基芸薹素甾醇（14-hydroxylated brassinosteroid）

按 HG/T 4922 中“芸薹素质量分数的测定”进行。

5.2 2-(乙酰氧基)苯甲酸（aspirin）

5.2.1 方法提要

试样用稀释溶剂溶解，以甲醇＋冰乙酸溶液为流动相，使用以 Innoval C_{18} 为填料的不锈钢柱和紫外检测器，在波长 276 nm 下对试样中的 2-(乙酰氧基)苯甲酸进行反相高效液相色谱分离，外标法定量。

5.2.2 试剂和溶液

甲醇：色谱纯。

冰乙酸。

冰乙酸溶液：Ψ(冰乙酸：水)＝1：1000。

稀释溶剂：Ψ(冰乙酸：甲醇)＝1：100。

2-(乙酰氧基)苯甲酸标样：已知质量分数，$\omega \geqslant 98.0\%$。

5.2.3 操作条件

流动相：Ψ(甲醇：冰乙酸溶液)＝45：55。

色谱柱：250 mm×4.6 mm(内径)不锈钢柱，内装 Innoval C_{18}、5 μm 填充物。

流速：1.0 mL/min。

柱温：室温(温度变化应不大于 2 ℃)。

检测波长：276 nm。

进样体积：5 μL。

有效成分推荐浓度：800 mg/L，线性范围为 201 mg/L～2 016 mg/L。

保留时间：2-(乙酰氧基)苯甲酸约 6.6 min。

5.3 2,4-滴（2,4-D）

按 HG/T 3624 中“2,4-滴质量分数的测定”进行。

5.4 2,4-滴二甲胺盐（2,4-D dimethylamine salt）

按 HG/T 4939 中“2,4-滴二甲胺盐质量分数的测定”进行。

2,4-滴二甲胺盐中二甲胺离子按 GB/T 20686 中“二甲胺离子质量分数的测定”进行。

5.5 2,4-滴钠盐(2,4-D Na)

2,4-滴钠盐中 2,4-滴按 HG/T 3624 中“2,4-滴质量分数的测定”进行。

2,4-滴钠盐中钠离子按 GB/T 20686 中“钠离子质量分数的测定”进行。

5.6 2,4-滴三乙醇胺盐

2,4-滴三乙醇胺盐中 2,4-滴按 HG/T 3624 中“2,4-滴质量分数的测定”进行。

2,4-滴三乙醇胺盐中三乙醇胺离子按附录 A 进行测定。

5.7 22,23,24-表芸薹素内酯(22,23,24-trisepibrassinolide)

按 HG/T 4922 中“芸薹素质量分数的测定”进行。

5.8 24-表芸薹素内酯(24-epibrassinolide)

按 HG/T 4922 中“芸薹素质量分数的测定”进行。

5.9 28-表高芸薹素内酯(28-epihomobrassinolide)

按 HG/T 4922 中“芸薹素质量分数的测定”进行。

5.10 28-高芸薹素内酯(28-homobrassinolide)

按 HG/T 4922 中“芸薹素质量分数的测定”进行。

5.11 2 甲 4 氯(MCPA)

按 GB/T 35668 中“2 甲 4 氯质量分数的测定”进行。

5.12 2 甲 4 氯二甲胺盐(MCPA-dimethylamine salt)

2 甲 4 氯二甲胺盐中 2 甲 4 氯按 GB/T 35668 中“2 甲 4 氯质量分数的测定”进行。

2 甲 4 氯二甲胺盐中二甲胺离子按 GB/T 20686 中“二甲胺离子质量分数的测定”进行。

5.13 2 甲 4 氯钠(MCPA-sodium)

按 GB/T 20697 中“2 甲 4 氯钠质量分数的测定”进行。

2 甲 4 氯钠中钠离子按 GB/T 20686 中“钠离子质量分数的测定”进行。

5.14 *R*-烯唑醇(diniconazole-M)

5.14.1 方法提要

试样用异丙醇溶解,以正己烷+异丙醇为流动相,使用以 Chiral INB 为填料的不锈钢柱和紫外检测器,在波长 253 nm 下对试样中的 *R*-烯唑醇进行正相高效液相色谱手性分离,外标法定量。

5.14.2 试剂和溶液

正己烷:色谱纯。

异丙醇:色谱纯。

R-烯唑醇标样:已知质量分数,$\omega \geqslant 98.0\%$。

5.14.3 操作条件

流动相:Ψ(正己烷∶异丙醇)=97∶3。

色谱柱:250 mm×4.6 mm(内径)不锈钢柱,内装 Chiral INB、5 μm 填充物。

流速:1.0 mL/min。

柱温:室温(温度变化应不大于 2 ℃)。

检测波长:253 nm。

进样体积:5 μL。

有效成分推荐浓度:1 000 mg/L,线性范围为 102 mg/L~2 009 mg/L。

保留时间:*R*-烯唑醇约 17.3 min,*S*-烯唑醇约 19.3 min。

5.15 *S*-诱抗素[(+)-abscisic acid]

5.15.1 诱抗素质量分数的测定

5.15.1.1 方法提要

试样用甲醇溶解,以甲醇+甲酸溶液为流动相,使用以 TC-C_{18} 为填料的不锈钢柱和紫外检测器,在波长 254 nm 下对试样中的诱抗素进行反相高效液相色谱分离,外标法定量。

5.15.1.2 **试剂和溶液**

甲醇:色谱纯。

甲酸。

甲酸溶液:Ψ(甲酸∶水)=1∶1 000。

诱抗素标样:已知质量分数,ω≥98.0%。

5.15.1.3 **操作条件**

流动相:Ψ(甲醇∶甲酸溶液)=55∶45。

色谱柱:250 mm×4.6 mm(内径)不锈钢柱,内装 TC-C_{18}、5 μm 填充物。

流速:1.0 mL/min。

柱温:室温(温度变化应不大于 2 ℃)。

检测波长:254 nm。

进样体积:5 μL。

有效成分推荐浓度:50 mg/L,线性范围为 10 mg/L~98 mg/L。

保留时间:诱抗素约 7.4 min。

5.15.2 ***S*-诱抗素比例的测定**

5.15.2.1 **方法提要**

试样用异丙醇溶解,以正己烷+三氟乙酸异丙醇溶液为流动相,使用以 CHIRALPAK IC 为填料的不锈钢柱和紫外检测器,在波长 254 nm 下对试样中的 *S*-诱抗素进行正相高效液相色谱手性分离和测定。

5.15.2.2 **试剂和溶液**

正己烷:色谱纯。

异丙醇:色谱纯。

三氟乙酸。

三氟乙酸异丙醇溶液:Ψ(三氟乙酸∶异丙醇)=5∶1 000。

诱抗素外消旋体标样:已知质量分数,ω≥98.0%。

5.15.2.3 **操作条件**

流动相:Ψ(正己烷∶三氟乙酸异丙醇溶液)=80∶20。

色谱柱:250 mm×4.6 mm(内径)不锈钢柱,内装 CHIRALPAK IC、5 μm 填充物。

流速:1.0 mL/min。

柱温:室温(温度变化应不大于 2 ℃)。

检测波长:254 nm。

进样体积:5 μL。

保留时间:*R*-诱抗素约 5.2 min,*S*-诱抗素约 6.2 min。

5.16 ***zeta*-氯氰菊酯(zeta-cypermethrin)**

5.16.1 **氯氰菊酯质量分数的测定**

5.16.1.1 **方法提要**

试样用正己烷溶解,以正己烷+乙酸乙酯为流动相,使用以 ZORBAX RX-SIL 为填料的不锈钢柱和紫外检测器,在波长 278 nm 下对试样中的氯氰菊酯进行正相高效液相色谱分离,外标法定量。

5.16.1.2 **试剂和溶液**

正己烷:色谱纯。

乙酸乙酯:色谱纯。

氯氰菊酯标样:已知质量分数,ω≥98.0%。

5.16.1.3 **操作条件**

流动相:Ψ(正己烷∶乙酸乙酯)=99∶1。

色谱柱：250 mm×4.6 mm(内径)不锈钢柱，内装 ZORBAX RX-SIL、5 μm 填充物。

流速：2.0 mL/min。

柱温：室温(温度变化应不大于 2 ℃)。

检测波长：278 nm。

进样体积：5 μL。

有效成分推荐浓度：1 000 mg/L，线性范围为 71 mg/L～2 187 mg/L。

保留时间：氯氰菊酯低效顺式体约 8.6 min、高效顺式体约 9.8 min、低效反式体约 11.7 min、高效反式体约 13.3 min。

注：计算氯氰菊酯有效成分质量分数时，目标物峰面积为低效顺式体、高效顺式体、低效反式体、高效反式体 4 个峰面积之和。

5.16.2 *zeta*-氯氰菊酯比例的测定

5.16.2.1 方法提要

试样用正己烷溶解，以正己烷+异丙醇为流动相，使用以 Chiral COD 为填料的不锈钢柱和紫外检测器，在波长 278 nm 下对试样中的 *zeta*-氯氰菊酯进行正相高效液相色谱手性分离和测定。

5.16.2.2 试剂和溶液

正己烷：色谱纯。

异丙醇：色谱纯。

zeta-氯氰菊酯标样：已知质量分数，ω≥98.0%。

5.16.2.3 操作条件

流动相：Ψ(正己烷：异丙醇)=99.5：0.5。

色谱柱：150 mm×4.6 mm(内径)不锈钢柱，内装 Chiral COD、3 μm 填充物。

流速：0.6 mL/min。

柱温：室温(温度变化应不大于 2 ℃)。

检测波长：278 nm。

进样体积：5 μL。

保留时间：*zeta*-氯氰菊酯约 18.0 min、21.4 min、22.8 min、29.8 min，*R*-对映体约 16.3 min、34.9 min。

注：计算 *zeta*-氯氰菊酯比例时，目标物峰面积为保留时间 18.0 min、21.4 min、22.8 min、29.8 min 4 个峰面积之和。

5.17 阿维菌素(abamectin)

按 GB/T 19336 中“阿维菌素质量分数的测定”进行。

5.18 桉油精(eucalyptol)

5.18.1 方法提要

试样用乙腈溶解，以乙腈+水为流动相，使用以 HC-C_8 为填料的不锈钢柱和紫外检测器，在波长 195 nm下，对试样中的桉油精进行反相高效液相色谱分离，外标法定量。

注：制备桉油精挥散芯试样溶液时，因该产品具有强烈的挥发性，应采用差量法称量样品，制备过程见 5.18.4。

5.18.2 试剂和溶液

乙腈：色谱纯。

桉油精标样：已知质量分数，ω≥98.0%。

5.18.3 操作条件

流动相：Ψ(乙腈：水)=36：64。

色谱柱：250 mm×4.6 mm(内径)不锈钢柱，内装 HC-C_8、5 μm 填充物。

流速：1.0 mL/min。

柱温：室温(温度变化应不大于 2 ℃)。

检测波长：195 nm。

进样体积:10 μL。

有效成分推荐浓度:800 mg/L,线性范围为 248 mg/L～1 319 mg/L。

保留时间:桉油精约 23.8 min。

5.18.4 桉油精挥散芯试样溶液的制备

称取 1 片包装完好的桉油精挥散芯试样 m_1(精确至 0.000 01 g),然后打开包装迅速取出挥散芯置于 100 mL 具塞锥形瓶中,加入 15 mL 乙腈,盖紧瓶塞。超声波振荡 3 min,冷却至室温,将提取液转入 50 mL容量瓶中。重复超声提取 3 次,合并提取液。用 5 mL 乙腈洗涤挥散芯,洗涤液转移至容量瓶中,用乙腈稀释至刻度,摇匀,过滤。

称取挥散芯包装袋质量 m_0(精确至 0.000 01 g),用差量法计算挥散芯质量 $m(m=m_1-m_0)$。

5.19 氨氟乐灵(prodiamine)

5.19.1 方法提要

试样用乙腈溶解,以乙腈＋水为流动相,使用以 Durashell C_{18} 为填料的不锈钢柱和紫外检测器,在波长 280 nm 下对试样中的氨氟乐灵进行反相高效液相色谱分离,外标法定量。

5.19.2 试剂和溶液

乙腈:色谱纯。

氨氟乐灵标样:已知质量分数,ω≥98.0%。

5.19.3 操作条件

流动相:Ψ(乙腈∶水)＝80∶20。

色谱柱:250 mm×4.6 mm(内径)不锈钢柱,内装 Durashell C_{18}、5 μm 填充物。

流速:1.0 mL/min。

柱温:室温(温度变化应不大于 2 ℃)。

检测波长:280 nm。

进样体积:5 μL。

有效成分推荐浓度:500 mg/L,线性范围为 221 mg/L～1 255 mg/L。

保留时间:氨氟乐灵约 9.3 min。

5.20 氨磺乐灵(oryzalin)

5.20.1 方法提要

试样用乙腈溶解,以乙腈＋水为流动相,使用以 BP-C_{18} 为填料的不锈钢柱和紫外检测器,在波长 280 nm下对试样中的氨磺乐灵进行反相高效液相色谱分离,外标法定量。

5.20.2 试剂和溶液

乙腈:色谱纯。

氨磺乐灵标样:已知质量分数,ω≥98.0%。

5.20.3 操作条件

流动相:Ψ(乙腈∶水)＝70∶30。

色谱柱:250 mm×4.6 mm(内径)不锈钢柱,内装 BP-C_{18}、5 μm 填充物。

流速:1.0 mL/min。

柱温:室温(温度变化应不大于 2 ℃)。

检测波长:280 nm。

进样体积:5 μL。

有效成分推荐浓度:400 mg/L,线性范围为 40 mg/L～1 605 mg/L。

保留时间:氨磺乐灵约 6.3 min。

5.21 氨基寡糖素(oligosaccharins)

按 HG/T 4926 中"氨基寡糖素质量分数的测定"进行。

5.22 氨氯吡啶酸(picloram)

5.22.1 方法提要

试样用乙腈溶解，以乙腈＋水＋冰乙酸为流动相，苯甲酰胺为内标物，使用以 YMC ODS-AQ 为填料的不锈钢柱和紫外检测器，在波长 240 nm 下对试样中的氨氯吡啶酸进行反相高效液相色谱分离，内标法定量。

注：本方法参照 CIPAC 174/TC/(M)。

5.22.2 试剂和溶液

乙腈：色谱纯。

冰乙酸。

内标物：苯甲酰胺，应没有干扰分析的杂质。

内标溶液：称取 0.6 g(精确至 0.01 g)苯甲酰胺，用 600 mL 水和 400 mL 乙腈溶解，混合均匀。

氨氯吡啶酸标样：已知质量分数，$\omega \geqslant 98.0\%$。

5.22.3 操作条件

流动相：Ψ(乙腈：水：冰乙酸)＝15：83：2。

色谱柱：150 mm×4.6 mm(内径)不锈钢柱，内装 YMC ODS-AQ、5 μm 填充物。

流速：1.5 mL/min。

柱温：室温(温度变化应不大于 2 ℃)。

检测波长：240 nm。

进样体积：10 μL。

有效成分推荐浓度：500 mg/L。

保留时间：氨氯吡啶酸约 6.0 min，苯甲酰胺约 3.5 min。

5.22.4 溶液的制备

5.22.4.1 标样溶液的制备

称取 0.05 g(精确至 0.000 1 g)氨氯吡啶酸标样，置于 150 mL 具塞锥形瓶中，用移液管移入 100 mL 内标溶液，超声波振荡 5 min，冷却至室温，摇匀。

5.22.4.2 试样溶液的制备

称取含 0.05 g(精确至 0.000 1 g)氨氯吡啶酸的试样，置于 150 mL 具塞锥形瓶中，与 5.22.4.1 用同一支移液管移入 100 mL 内标溶液，超声波振荡 5 min，冷却至室温，摇匀，过滤。

5.23 氨唑草酮(amicarbazone)

5.23.1 方法提要

试样用乙腈溶解，以乙腈＋水为流动相，使用以 BP-C_{18} 为填料的不锈钢柱和紫外检测器，在波长 230 nm下对试样中的氨唑草酮进行反相高效液相色谱分离，外标法定量。

5.23.2 试剂和溶液

乙腈：色谱纯。

氨唑草酮标样：已知质量分数，$\omega \geqslant 98.0\%$。

5.23.3 操作条件

流动相：Ψ(乙腈：水)＝45：55。

色谱柱：250 mm×4.6 mm(内径)不锈钢柱，内装 BP-C_{18}、5 μm 填充物。

流速：1.0 mL/min。

柱温：室温(温度变化应不大于 2 ℃)。

检测波长：230 nm。

进样体积：5 μL。

有效成分推荐浓度：500 mg/L，线性范围为 47 mg/L～1 909 mg/L。

保留时间：氨唑草酮约 5.9 min。

5.24 胺苯磺隆(ethametsulfuron)

5.24.1 方法提要

试样用稀释溶剂溶解,以乙腈+磷酸溶液为流动相,使用以 BP-C_{18} 为填料不锈钢柱和紫外检测器,在波长 220 nm 下对试样中的胺苯磺隆进行反相高效液相色谱分离,外标法定量。

5.24.2 试剂和溶液

甲醇:色谱纯。

乙腈:色谱纯。

氨水。

磷酸。

稀释溶剂:Ψ(甲醇:水:氨水)=300:300:1。

磷酸溶液:Ψ(磷酸:水)=1:1 000。

胺苯磺隆标样:已知质量分数,$\omega\geqslant$98.0%。

5.24.3 操作条件

流动相:Ψ(乙腈:磷酸溶液)=60:40。

色谱柱:250 mm×4.6 mm(内径)不锈钢柱,内装 BP-C_{18}、5 μm 填充物。

流速:1.0 mL/min。

柱温:(30±2)℃。

检测波长:220 nm。

进样体积:5 μL。

有效成分推荐浓度:100 mg/L,线性范围为 20 mg/L~418 mg/L。

保留时间:胺苯磺隆约 5.0 min。

5.25 百草枯(paraquat)

按 GB 19307 中"百草枯质量分数的测定"进行。

5.26 百草枯二氯化物(paraquat dichloride)

百草枯二氯化物中百草枯按 GB 19307 中"百草枯质量分数的测定"进行。

百草枯二氯化物中氯离子按附录 C 进行测定。

5.27 拌种灵(amicarthiazol)

5.27.1 方法提要

试样用甲醇溶解,以甲醇+氨水溶液为流动相,使用以 BP-C_{18} 为填料的不锈钢柱和紫外检测器,在波长 310 nm 下对试样中的拌种灵进行反相高效液相色谱分离,外标法定量。

5.27.2 试剂和溶液

甲醇:色谱纯。

氨水。

氨水溶液:Ψ(氨水:水)=1:1 000。

拌种灵标样:已知质量分数,$\omega\geqslant$98.0%。

5.27.3 操作条件

流动相:Ψ(甲醇:氨水溶液)=55:45。

色谱柱:250 mm×4.6 mm(内径)不锈钢柱,内装 BP-C_{18}、5 μm 填充物。

流速:1.0 mL/min。

柱温:室温(温度变化应不大于 2 ℃)。

检测波长:310 nm。

进样体积:5 μL。

有效成分推荐浓度:250 mg/L,线性范围为 25 mg/L~1 027 mg/L。

保留时间:拌种灵约 6.5 min。

5.28 苯丙烯菌酮(isobavachalcone)

5.28.1 方法提要

试样用甲醇溶解，以甲醇＋水为流动相，使用以 BP-C_{18} 为填料的不锈钢柱和紫外检测器，在波长 370 nm下对试样中的苯丙烯菌酮进行反相高效液相色谱分离，外标法定量。

5.28.2 试剂和溶液

甲醇：色谱纯。

苯丙烯菌酮标样：已知质量分数，$\omega \geqslant 98.0\%$。

5.28.3 操作条件

流动相：Ψ(甲醇∶水)＝80∶20。

色谱柱：250 mm×4.6 mm(内径)不锈钢柱，内装 BP-C_{18}、5 μm 填充物。

流速：1.0 mL/min。

柱温：室温(温度变化应不大于 2 ℃)。

检测波长：370 nm。

进样体积：10 μL。

有效成分推荐浓度：200 mg/L，线性范围为 16 mg/L～673 mg/L。

保留时间：苯丙烯菌酮约 8.4 min。

5.29 苯并烯氟菌唑(benzovindiflupyr)

5.29.1 方法提要

试样用乙腈溶解，以乙腈＋磷酸溶液为流动相，使用以 BP-C_{18} 为填料不锈钢柱和紫外检测器，在波长 255 nm 下对试样中的苯并烯氟菌唑进行反相高效液相色谱分离，外标法定量。

5.29.2 试剂和溶液

乙腈：色谱纯。

磷酸。

磷酸溶液：Ψ(磷酸∶水)＝1∶1 000。

苯并烯氟菌唑标样：已知质量分数，$\omega \geqslant 98.0\%$。

5.29.3 操作条件

流动相：Ψ(乙腈∶磷酸溶液)＝80∶20。

色谱柱：250 mm×4.6 mm(内径)不锈钢柱，内装 BP-C_{18}、5 μm 填充物。

流速：1.0 mL/min。

柱温：室温(温度变化应不大于 2 ℃)。

检测波长：255 nm。

进样体积：5 μL。

有效成分推荐浓度：500 mg/L，线性范围为 53 mg/L～2 122 mg/L。

保留时间：苯并烯氟菌唑约 5.2 min。

5.30 苯丁锡(fenbutatin oxide)

5.30.1 方法提要

试样用适量三氯甲烷溶解、乙腈稀释，以乙腈＋氯化钠溶液为流动相，使用以 BP-C_{18} 为填料的不锈钢柱和紫外检测器，在波长 220 nm 下对试样中的苯丁锡进行反相高效液相色谱分离，外标法定量。

苯丁锡中锡离子按附录 I 进行测定。

注：制备苯丁锡溶液时，应先加入定容体积 1/10 左右的三氯甲烷溶解。

5.30.2 试剂和溶液

乙腈：色谱纯。

三氯甲烷：色谱纯。

浓盐酸。

氯化钠。

氯化钠溶液：称取5 g(精确至0.01 g)氯化钠，溶于1 000 mL水中，再加入100 μL浓盐酸，混合均匀。

苯丁锡标样：已知质量分数，ω≥98.0%。

5.30.3 操作条件

流动相：Ψ(乙腈：氯化钠溶液)＝95：5。

色谱柱：250 mm×4.6 mm(内径)不锈钢柱，内装BP-C_{18}、5 μm填充物。

流速：1.0 mL/min。

柱温：(30±2)℃。

检测波长：220 nm。

进样体积：5 μL。

有效成分推荐浓度：800 mg/L，线性范围为79 mg/L～3 183 mg/L。

保留时间：苯丁锡约13.2 min。

5.31 苯磺隆(tribenuron-methyl)

按GB/T 20683中"苯磺隆质量分数的测定"进行。

5.32 苯菌灵(benomyl)

5.32.1 方法提要

试样用稀释溶剂溶解，以乙腈＋冰乙酸溶液为流动相，使用以C_{18}为填料的不锈钢柱和紫外检测器，在波长290 nm(或280 nm)下对试样中的苯菌灵进行反相高效液相色谱分离，外标法定量。

注：本方法参照CIPAC 206/TC/(M)。

5.32.2 试剂和溶液

乙腈：色谱纯。

异氰酸正丁酯。

冰乙酸。

冰乙酸溶液：Ψ(冰乙酸：水)＝20：1 000。

稀释溶剂：Ψ(异氰酸正丁酯：乙腈)＝3：100。

苯菌灵标样：已知质量分数，ω≥98.0%。

5.32.3 操作条件

流动相：Ψ(乙腈：冰乙酸溶液)＝80：20。

色谱柱：250 mm×4.6 mm(内径)不锈钢柱，内装C_{18}、10 μm填充物。

流速：1.0 mL/min。

柱温：室温(温度变化应不大于2 ℃)。

检测波长：290 nm(或280 nm)。

进样体积：10 μL。

有效成分推荐浓度：500 mg/L。

保留时间：苯菌灵4.0 min～6.0 min。

5.33 苯菌酮(metrafenone)

5.33.1 方法提要

试样用甲醇溶解，以甲醇＋水为流动相，使用以ZORBAX Eclipse Plus C_{18}为填料的不锈钢柱和紫外检测器，在波长285 nm下对试样中的苯菌酮进行反相高效液相色谱分离，外标法定量。

5.33.2 试剂和溶液

甲醇：色谱纯。

苯菌酮标样：已知质量分数，ω≥98.0%。

5.33.3 操作条件

流动相：Ψ(甲醇：水)＝75：25。

色谱柱：150 mm×4.6 mm(内径)不锈钢柱，内装ZORBAX Eclipse Plus C_{18}、5 μm填充物。

流速:1.0 mL/min。

柱温:(30±2)℃。

检测波长:285 nm。

进样体积:5 μL。

有效成分推荐浓度:500 mg/L,线性范围为 123 mg/L~1 974 mg/L。

保留时间:苯菌酮约 7.1 min。

5.34 苯醚甲环唑(difenoconazole)

按 HG/T 4460 中"苯醚甲环唑质量分数的测定"进行。

5.35 苯醚菌酯

5.35.1 方法提要

试样用甲醇溶解,以甲醇+水为流动相,使用以 ZORBAX Eclipse XDB-C_{18}为填料的不锈钢柱和紫外检测器,在波长 220 nm 下对试样中的苯醚菌酯进行反相高效液相色谱分离,外标法定量。

5.35.2 试剂和溶液

甲醇:色谱纯。

苯醚菌酯标样:已知质量分数,$\omega \geqslant 98.0\%$。

5.35.3 操作条件

流动相:Ψ(甲醇:水)=75:25。

色谱柱:150 mm×4.6 mm(内径)不锈钢柱,内装 ZORBAX Eclipse XDB-C_{18}、5 μm 填充物。

流速:1.0 mL/min。

柱温:(30±2)℃。

检测波长:220 nm。

进样体积:5 μL。

有效成分推荐浓度:200 mg/L,线性范围为 52 mg/L~843 mg/L。

保留时间:苯醚菌酯约 8.1 min。

5.36 苯嘧磺草胺(saflufenacil)

5.36.1 方法提要

试样用甲醇溶解,以甲醇+磷酸溶液为流动相,使用以 ZORBAX SB-C_{18}为填料的不锈钢柱和紫外检测器,在波长 270 nm 下对试样中的苯嘧磺草胺进行反相高效液相色谱分离,外标法定量。

5.36.2 试剂和溶液

甲醇:色谱纯。

磷酸。

磷酸溶液:Ψ(磷酸:水)=1:1 000。

苯嘧磺草胺标样:已知质量分数,$\omega \geqslant 98.0\%$。

5.36.3 操作条件

流动相:Ψ(甲醇:磷酸溶液)=70:30。

色谱柱:250 mm×4.6 mm(内径)不锈钢柱,内装 ZORBAX SB-C_{18}、5 μm 填充物。

流速:1.0 mL/min。

柱温:(30±2)℃。

检测波长:270 nm。

进样体积:5 μL。

有效成分推荐浓度:250 mg/L,线性范围为 62 mg/L~1 002 mg/L。

保留时间:苯嘧磺草胺约 5.7 min。

5.37 苯嗪草酮(metamitron)

5.37.1 方法提要

试样用甲醇溶解,以甲醇+磷酸二氢钠溶液为流动相,使用以 LiChrosorb RP-8 为填料的不锈钢柱和紫外检测器,在波长 254 nm 下对试样中的苯嗪草酮进行反相高效液相色谱分离,外标法定量。

注:本方法参照 CIPAC 381/TC/(M)。

5.37.2 试剂和溶液

甲醇:色谱纯。

磷酸二氢钠。

磷酸二氢钠溶液:$\rho(NaH_2PO_4)$=2 g/L。

苯嗪草酮标样:已知质量分数,$\omega \geqslant 98.0\%$。

5.37.3 操作条件

流动相:Ψ(甲醇∶磷酸二氢钠溶液)=30∶70。

色谱柱:250 mm×4.0 mm(内径)不锈钢柱,内装 LiChrosorb RP-8、7 μm 填充物。

流速:2.5 mL/min。

柱温:(50±2)℃。

检测波长:254 nm。

进样体积:20 μL。

有效成分推荐浓度:2 000 mg/L。

保留时间:苯嗪草酮约 3.0 min。

5.38 苯噻酰草胺(mefenacet)

按 HG/T 3719 中"苯噻酰草胺质量分数的测定"进行。

5.39 苯肽胺酸(phthalanillic acid)

5.39.1 方法提要

试样用甲醇溶解,以甲醇+磷酸溶液为流动相,使用以 ZORBAX SB-C_{18} 为填料的不锈钢柱和紫外检测器,在波长 254 nm 下对试样中的苯肽胺酸进行反相高效液相色谱分离,外标法定量。

5.39.2 试剂和溶液

甲醇:色谱纯。

磷酸。

磷酸溶液:Ψ(磷酸∶水)=1∶1 000。

苯肽胺酸标样:已知质量分数,$\omega \geqslant 98.0\%$。

5.39.3 操作条件

流动相:Ψ(甲醇∶磷酸溶液)=50∶50。

色谱柱:250 mm×4.6 mm(内径)不锈钢柱,内装 ZORBAX SB-C_{18}、5 μm 填充物。

流速:1.0 mL/min。

柱温:(30±2)℃。

检测波长:254 nm。

进样体积:5 μL。

有效成分推荐浓度:250 mg/L,线性范围为 62 mg/L~1 003 mg/L。

保留时间:苯肽胺酸约 6.0 min。

5.40 苯酰菌胺(zoxamide)

5.40.1 方法提要

试样用甲醇溶解,以乙腈+水为流动相,使用以 ZORBAX SB-C_{18} 为填料的不锈钢柱和紫外检测器,在波长 240 nm 下对试样中的苯酰菌胺进行反相高效液相色谱分离,外标法定量。

5.40.2 试剂和溶液

甲醇:色谱纯。

乙腈:色谱纯。

苯酰菌胺标样：已知质量分数，ω≥98.0%。

5.40.3 操作条件

流动相：Ψ(乙腈：水)=65：35。

色谱柱：250 mm×4.6 mm(内径)不锈钢柱，内装 ZORBAX SB-C_{18}、5 μm 填充物。

流速：1.0 mL/min。

柱温：室温(温度变化应不大于 2 ℃)。

检测波长：240 nm。

进样体积：5 μL。

有效成分推荐浓度：400 mg/L，线性范围为 100 mg/L～1 601 mg/L。

保留时间：苯酰菌胺约 10.4 min。

5.41 苯线磷(fenamiphos)

5.41.1 方法提要

试样用乙腈溶解，以乙腈+水为流动相，使用以 ZORBAX Eclipse XDB-C_{18} 为填料的不锈钢柱和紫外检测器，在波长 250 nm 下对试样中的苯线磷进行反相高效液相色谱分离，外标法定量。

5.41.2 试剂和溶液

乙腈：色谱纯。

苯线磷标样：已知质量分数，ω≥98.0%。

5.41.3 操作条件

流动相：Ψ(乙腈：水)=45：55。

色谱柱：250 mm×4.6 mm(内径)不锈钢柱，内装 ZORBAX Eclipse XDB-C_{18}、5 μm 填充物。

流速：1.0 mL/min。

柱温：(30±2)℃。

检测波长：250 nm。

进样体积：5 μL。

有效成分推荐浓度：200 mg/L，线性范围为 49 mg/L～789 mg/L。

保留时间：苯线磷约 9.9 min。

5.42 苯氧威(fenoxycarb)

5.42.1 方法提要

试样用甲醇溶解，以乙腈+甲酸溶液为流动相，使用以 ZORBAX SB-C_{18} 为填料的不锈钢柱和紫外检测器，在波长 230 nm 下对试样中的苯氧威进行反相高效液相色谱分离，外标法定量。

5.42.2 试剂和溶液

甲醇：色谱纯。

乙腈：色谱纯。

甲酸。

甲酸溶液：Ψ(甲酸：水)=1：1 000。

苯氧威标样：已知质量分数，ω≥98.0%。

5.42.3 操作条件

流动相：Ψ(乙腈：甲酸溶液)=80：20。

色谱柱：250 mm×4.6 mm(内径)不锈钢柱，内装 ZORBAX SB-C_{18}、5 μm 填充物。

流速：1.0 mL/min。

柱温：(30±2)℃。

检测波长：230 nm。

进样体积：5 μL。

有效成分推荐浓度：125 mg/L，线性范围为 31 mg/L～498 mg/L。

保留时间：苯氧威约 4.1 min。

5.43　苯唑草酮(topramezone)

5.43.1　方法提要

试样用流动相溶解，以甲醇＋乙酸铵溶液为流动相，使用以 TC-C_{18} 为填料的不锈钢柱和紫外检测器，在波长 255 nm 下对试样中的苯唑草酮进行反相高效液相色谱分离，外标法定量。

5.43.2　试剂和溶液

甲醇：色谱纯。

乙酸铵。

乙酸铵溶液：$\rho(CH_3COONH_4)=1$ g/L。

苯唑草酮标样：已知质量分数，$\omega\geqslant98.0\%$。

5.43.3　操作条件

流动相：Ψ(甲醇：乙酸铵溶液)＝80：20。

色谱柱：250 mm×4.6 mm(内径)不锈钢柱，内装 TC-C_{18}、5 μm 填充物。

流速：1.0 mL/min。

柱温：(30±2)℃。

检测波长：255 nm。

进样体积：5 μL。

有效成分推荐浓度：50 mg/L，线性范围为 15 mg/L～251 mg/L。

保留时间：苯唑草酮约 3.1 min。

5.44　苯唑氟草酮

5.44.1　方法提要

试样用乙腈溶解，以乙腈＋磷酸溶液为流动相，使用以 XTerra MS C_{18} 为填料的不锈钢柱和紫外检测器，在波长 220 nm 下对试样中的苯唑氟草酮进行反相高效液相色谱分离，外标法定量。

5.44.2　试剂和溶液

乙腈：色谱纯。

磷酸。

磷酸溶液：Ψ(磷酸：水)＝1：1 000。

苯唑氟草酮标样：已知质量分数，$\omega\geqslant98.0\%$。

5.44.3　操作条件

流动相：Ψ(乙腈：磷酸溶液)＝58：42。

色谱柱：250 mm×4.6 mm(内径)不锈钢柱，内装 XTerra MS C_{18}、5 μm 填充物。

流速：1.0 mL/min。

柱温：(30±2)℃。

检测波长：220 nm。

进样体积：5 μL。

有效成分推荐浓度：500 mg/L，线性范围为 50 mg/L～1 006 mg/L。

保留时间：苯唑氟草酮约 5.6 min。

5.45　吡丙醚(pyriproxyfen)

按 HG/T 5239 中"吡丙醚质量分数的测定"进行。

5.46　吡草醚(pyraflufen-ethyl)

5.46.1　方法提要

试样用甲醇溶解，以乙腈＋水为流动相，使用以 ZORBAX SB-C_{18} 为填料的不锈钢柱和紫外检测器，在波长 243 nm 下对试样中的吡草醚进行反相高效液相色谱分离，外标法定量。

5.46.2　试剂和溶液

甲醇:色谱纯。

乙腈:色谱纯。

吡草醚标样:已知质量分数,ω≥98.0%。

5.46.3 操作条件

流动相:Ψ(乙腈∶水)=65∶35。

色谱柱:250 mm×4.6 mm(内径)不锈钢柱,内装 ZORBAX SB-C_{18}、5 μm 填充物。

流速:1.0 mL/min。

柱温:(30±2)℃。

检测波长:243 nm。

进样体积:5 μL。

有效成分推荐浓度:62.5 mg/L,线性范围为 15 mg/L～251 mg/L。

保留时间:吡草醚约 9.5 min。

5.47 吡虫啉(imidacloprid)

按 GB/T 28126 中"吡虫啉质量分数的测定"进行。

5.48 吡氟酰草胺(diflufenican)

按 NY/T 3772 中"吡氟酰草胺质量分数的测定"进行。

5.49 吡嘧磺隆(pyrazosulfuron-ethyl)

按 GB/T 22168 中"吡嘧磺隆质量分数的测定"进行。

5.50 吡噻菌胺(penthiopyrad)

5.50.1 方法提要

试样用甲醇溶解,以甲醇+水为流动相,使用以 ZORBAX Eclipse XDB-C_{18} 为填料的不锈钢柱和紫外检测器,在波长 250 nm 下对试样中的吡噻菌胺进行反相高效液相色谱分离,外标法定量。

5.50.2 试剂和溶液

甲醇:色谱纯。

吡噻菌胺标样:已知质量分数,ω≥98.0%。

5.50.3 操作条件

流动相:Ψ(甲醇∶水)=75∶25。

色谱柱:150 mm×4.6 mm(内径)不锈钢柱,内装 ZORBAX Eclipse XDB-C_{18}、5 μm 填充物。

流速:1.0 mL/min。

柱温:(30±2)℃。

检测波长:250 nm。

进样体积:5 μL。

有效成分推荐浓度:500 mg/L,线性范围为 107 mg/L～1 720 mg/L。

保留时间:吡噻菌胺约 4.9 min。

5.51 吡蚜酮(pymetrozine)

按 GB/T 34156 中"吡蚜酮质量分数的测定"进行。

5.52 吡唑草胺(metazachlor)

5.52.1 方法提要

试样用甲醇溶解,以甲醇+水为流动相,使用以 LiChrosorb RP-18 为填料的不锈钢柱和紫外检测器,在波长 263 nm 下对试样中的吡唑草胺进行反相高效液相色谱分离,外标法定量。

注:本方法参照 CIPAC 411/TC/M。

5.52.2 试剂和溶液

甲醇:色谱纯。

吡唑草胺标样:已知质量分数,ω≥98.0%。

5.52.3 操作条件

流动相：Ψ(甲醇∶水)＝60∶40。

色谱柱：250 mm×4.0 mm(内径)不锈钢柱，内装 LiChrosorb RP-18、7 μm 填充物。

流速：1.1 mL/min。

柱温：室温(温度变化应不大于 2 ℃)。

检测波长：263 nm。

进样体积：10 μL。

有效成分推荐浓度：5 400 mg/L。

保留时间：吡唑草胺约 7.0 min。

5.53 吡唑醚菌酯(pyraclostrobin)

按 HG/T 5235 中"吡唑醚菌酯质量分数的测定"进行。

5.54 吡唑萘菌胺(isopyrazam)

5.54.1 方法提要

试样用甲醇溶解，以甲醇＋水为流动相，使用以 ZORBAX SB-C_{18} 为填料的不锈钢柱和紫外检测器，在波长 254 nm 下对试样中的吡唑萘菌胺进行反相高效液相色谱分离，外标法定量。

5.54.2 试剂和溶液

甲醇：色谱纯。

吡唑萘菌胺标样：已知质量分数，ω≥98.0％。

5.54.3 操作条件

流动相：梯度洗脱条件见表 1。

表 1 吡唑萘菌胺梯度洗脱条件

时间 min	甲醇(V/V) %	水(V/V) %
0.0	50	50
5.0	50	50
8.0	65	35
13.0	65	35
21.0	75	25
24.0	75	25
25.0	50	50
30.0	50	50

色谱柱：250 mm×4.6 mm(内径)不锈钢柱，内装 ZORBAX SB-C_{18}、5 μm 填充物。

流速：1.2 mL/min。

柱温：(25±2)℃。

检测波长：254 nm。

进样体积：5 μL。

有效成分推荐浓度：200 mg/L，线性范围为 51 mg/L～1 011 mg/L。

保留时间：吡唑萘菌胺反式体约 16.9 min、顺式体约 17.4 min。

注：计算吡唑萘菌胺质量分数时，目标物峰面积为反式体、顺式体 2 个峰面积之和。

5.55 避蚊胺(diethyltoluamide)

5.55.1 方法提要

试样用甲醇溶解，以甲醇＋水为流动相，使用以 ZORBAX SB-C_{18} 为填料的不锈钢柱和紫外检测器，在波长 220 nm 下对试样中的避蚊胺进行反相高效液相色谱分离，外标法定量。

5.55.2 试剂和溶液

甲醇：色谱纯。

避蚊胺标样：已知质量分数，$\omega \geqslant 98.0\%$。

5.55.3　**操作条件**

流动相：Ψ(甲醇：水)＝65：35。

色谱柱：250 mm×4.6 mm(内径)不锈钢柱，内装 ZORBAX SB-C_{18}、5 μm 填充物。

流速：1.0 mL/min。

柱温：(25±2)℃。

检测波长：220 nm。

进样体积：5 μL。

有效成分推荐浓度：200 mg/L，线性范围为 53 mg/L～963 mg/L。

保留时间：避蚊胺约 4.3 min。

5.56　**苄氨基嘌呤(6-benzylamino-purine)**

5.56.1　**方法提要**

试样用流动相溶解，以甲醇＋磷酸溶液为流动相，使用以 ZORBAX SB-C_{18} 为填料的不锈钢柱和紫外检测器，在波长 275 nm 下对试样中的苄氨基嘌呤进行反相高效液相色谱分离，外标法定量。

5.56.2　**试剂和溶液**

甲醇：色谱纯。

磷酸。

磷酸溶液：Ψ(磷酸：水)＝2：1000。

苄氨基嘌呤标样：已知质量分数，$\omega \geqslant 98.0\%$。

5.56.3　**操作条件**

流动相：Ψ(甲醇：磷酸溶液)＝40：60。

色谱柱：250 mm×4.6 mm(内径)不锈钢柱，内装 ZORBAX SB-C_{18}、5 μm 填充物。

流速：1.0 mL/min。

柱温：(25±2)℃。

检测波长：275 nm。

进样体积：5 μL。

有效成分推荐浓度：200 mg/L，线性范围为 42 mg/L～420 mg/L。

保留时间：苄氨基嘌呤约 6.1 min。

5.57　**苄嘧磺隆(bensulfuron-methyl)**

按 GB/T 24757 中"苄嘧磺隆质量分数的测定"进行。

5.58　**丙环唑(propiconazol)**

按 GB/T 24749 中"丙环唑质量分数的测定"进行。

5.59　**丙硫菌唑(prothioconazole)**

5.59.1　**方法提要**

试样用甲醇溶解，以甲醇＋磷酸溶液为流动相，使用以 ZORBAX SB-C_{18} 为填料的不锈钢柱和紫外检测器，在波长 256 nm 下对试样中的丙硫菌唑进行反相高效液相色谱分离，外标法定量。

5.59.2　**试剂和溶液**

甲醇：色谱纯。

磷酸。

磷酸溶液：Ψ(磷酸：水)＝1：1 000。

丙硫菌唑标样：已知质量分数，$\omega \geqslant 98.0\%$。

5.59.3　**操作条件**

流动相：Ψ(甲醇：磷酸溶液)＝80：20。

色谱柱：250 mm×4.6 mm(内径)不锈钢柱，内装 ZORBAX SB-C_{18}、5 μm 填充物。

流速:1.0 mL/min。

柱温:(25±2)℃。

检测波长:256 nm。

进样体积:5 μL。

有效成分推荐浓度:200 mg/L,线性范围为 50 mg/L～802 mg/L。

保留时间:丙硫菌唑约 8.6 min。

5.60 丙硫克百威(benfuracarb)

5.60.1 方法提要

试样用乙腈溶解,以乙腈+水为流动相,正壬基酰苯为内标物,使用以 ZORBAX C_{18} 为填料的不锈钢柱和紫外检测器,在波长 280 nm 下对试样中的丙硫克百威进行反相高效液相色谱分离,内标法定量。

注:本方法参照 CIPAC 501/TC/(M)。

5.60.2 试剂和溶液

乙腈:色谱纯。

内标物:正壬基酰苯,应没有干扰分析的杂质。

内标溶液:称取 10 g(精确至 0.01 g)正壬基酰苯,置于 250 mL 容量瓶中,用乙腈溶解并稀释至刻度,摇匀。

丙硫克百威标样:已知质量分数,$\omega \geq 98.0\%$。

5.60.3 操作条件

流动相:Ψ(乙腈∶水)=75∶25。

色谱柱:250 mm×4.6 mm(内径)不锈钢柱,内装 ZORBAX C_{18} 填充物。

流速:1.0 mL/min。

柱温:(40±2)℃。

检测波长:280 nm。

进样体积:10 μL。

有效成分推荐浓度:800 mg/L。

保留时间:丙硫克百威约 7.9 min,正壬基酰苯约 14.8 min。

5.60.4 溶液的制备

5.60.4.1 标样溶液的制备

称取 0.2 g(精确至 0.000 1 g)丙硫克百威标样,置于 50 mL 容量瓶中,用移液管移入 10 mL 内标溶液,用乙腈稀释至刻度,摇匀。用另一支移液管移取 10 mL 上述溶液,置于 50 mL 容量瓶中,用乙腈稀释至刻度,摇匀。

5.60.4.2 试样溶液的制备

称取含 0.2 g(精确至 0.000 1 g)丙硫克百威的试样,置于 50 mL 容量瓶中,与 5.60.4.1 用同一支移液管移入 10 mL 内标溶液,用乙腈稀释至刻度,摇匀。用另一支移液管移取 10 mL 上述溶液,置于 50 mL 容量瓶中,用乙腈稀释至刻度,摇匀,过滤。

5.61 丙硫唑(albendazole)

5.61.1 方法提要

试样用甲醇溶解,以甲醇+冰乙酸溶液为流动相,使用以 Diamonsil C_{18} 为填料的不锈钢柱和紫外检测器,在波长 295 nm 下对试样中的丙硫唑进行反相高效液相色谱分离,外标法定量。

5.61.2 试剂和溶液

甲醇:色谱纯。

冰乙酸。

冰乙酸溶液:Ψ(冰乙酸∶水)=1∶1 000。

丙硫唑标样:已知质量分数,$\omega \geq 98.0\%$。

5.61.3 **操作条件**

流动相：Ψ(甲醇：冰乙酸溶液)=70：30。

色谱柱：250 mm×4.6 mm(内径)不锈钢柱，内装 Diamonsil C_{18}、5 μm 填充物。

流速：1.0 mL/min。

柱温：(25±2)℃。

检测波长：295 nm。

进样体积：5 μL。

有效成分推荐浓度：200 mg/L，线性范围为 48 mg/L～755 mg/L。

保留时间：丙硫唑约 7.8 min。

5.62 丙嗪嘧磺隆(propyrisulfuron)

5.62.1 **方法提要**

试样用乙腈溶解，以乙腈+冰乙酸溶液为流动相，使用以 Diamonsil C_{18} 为填料的不锈钢柱和紫外检测器，在波长 231 nm 下对试样中的丙嗪嘧磺隆进行反相高效液相色谱分离，外标法定量。

5.62.2 **试剂和溶液**

乙腈：色谱纯。

冰乙酸。

冰乙酸溶液：Ψ(冰乙酸：水)=1：1 000。

丙嗪嘧磺隆标样：已知质量分数，ω≥98.0%。

5.62.3 **操作条件**

流动相：Ψ(乙腈：冰乙酸溶液)=55：45。

色谱柱：250 mm×4.6 mm(内径)不锈钢柱，内装 Diamonsil C_{18}、5 μm 填充物。

流速：1.0 mL/min。

柱温：(25±2)℃。

检测波长：231 nm。

进样体积：5 μL。

有效成分推荐浓度：200 mg/L，线性范围为 51 mg/L～812 mg/L。

保留时间：丙嗪嘧磺隆约 9.1 min。

5.63 丙炔噁草酮(oxadiargyl)

5.63.1 **方法提要**

试样用乙腈溶解，以乙腈+水为流动相，使用以 ZORBAX SB-C_{18} 为填料的不锈钢柱和紫外检测器，在波长 290 nm 下对试样中的丙炔噁草酮进行反相高效液相色谱分离，外标法定量。

5.63.2 **试剂和溶液**

乙腈：色谱纯。

丙炔噁草酮标样：已知质量分数，ω≥98.0%。

5.63.3 **操作条件**

流动相：Ψ(乙腈：水)=75：25。

色谱柱：250 mm×4.6 mm(内径)不锈钢柱，内装 ZORBAX SB-C_{18}、5 μm 填充物。

流速：1.0 mL/min。

柱温：(25±2)℃。

检测波长：290 nm。

进样体积：5 μL。

有效成分推荐浓度：500 mg/L，线性范围为 99 mg/L～994 mg/L。

保留时间：丙炔噁草酮约 6.4 min。

5.64 丙炔氟草胺(flumioxazin)

5.64.1 **方法提要**

试样用乙腈溶解，以乙腈＋水为流动相，使用以 Gemini C_{18} 为填料的不锈钢柱和紫外检测器，在波长 288 nm 下对试样中的丙炔氟草胺进行反相高效液相色谱分离，外标法定量。

注：本方法参照 CIPAC 578/TC/m。

5.64.2 **试剂和溶液**

乙腈：色谱纯。

丙炔氟草胺标样：已知质量分数，$\omega \geq 98.0\%$。

5.64.3 **操作条件**

流动相：Ψ(乙腈：水)＝50：50。

色谱柱：250 mm×4.6 mm(内径)不锈钢柱，内装 Gemini C_{18}、5 μm 填充物。

流速：1.0 mL/min。

柱温：(40±2)℃。

检测波长：288 nm。

进样体积：10 μL。

有效成分推荐浓度：500 mg/L。

保留时间：丙炔氟草胺约 11.0 min。

5.65 **丙酯草醚(pyribambenz-propyl)**

5.65.1 **方法提要**

试样用流动相溶解，以甲醇＋水为流动相，使用以 ZORBAX SB-C_{18} 为填料的不锈钢柱和紫外检测器，在波长 299 nm 下对试样中的丙酯草醚进行反相高效液相色谱分离，外标法定量。

5.65.2 **试剂和溶液**

甲醇：色谱纯。

丙酯草醚标样：已知质量分数，$\omega \geq 98.0\%$。

5.65.3 **操作条件**

流动相：Ψ(甲醇：水)＝80：20。

色谱柱：250 mm×4.6 mm(内径)不锈钢柱，内装 ZORBAX SB-C_{18}、5 μm 填充物。

流速：1.0 mL/min。

柱温：(25±2)℃。

检测波长：299 nm。

进样体积：5 μL。

有效成分推荐浓度：500 mg/L，线性范围为 105 mg/L～1 053 mg/L。

保留时间：丙酯草醚约 9.0 min。

5.66 **残杀威(propoxur)**

5.66.1 **方法提要**

试样用乙腈溶解，以乙腈＋水为流动相，正丁基苯酚为内标，使用以 Partisil-10 ODS-3 为填料的不锈钢柱和紫外检测器，在波长 280 nm 下对试样中的残杀威进行反相高效液相色谱分离，内标法定量。

注：本方法参照 CIPAC 80/TC/M2。

5.66.2 **试剂和溶液**

乙腈：色谱纯。

内标物：正丁基苯酚，应没有干扰分析的杂质。

内标溶液：称取 6 g(精确至 0.01 g)正丁基苯酚，置于 200 mL 容量瓶中，用乙腈溶解并稀释至刻度，摇匀。

残杀威标样：已知质量分数，$\omega \geq 98.0\%$。

5.66.3 **操作条件**

流动相：Ψ(乙腈∶水)＝60∶40。

色谱柱：250 mm×4.6 mm(内径)不锈钢柱，内装 Partisil-10 ODS-3、10 μm 填充物。

流速：1.5 mL/min。

柱温：室温(温度变化应不大于 2 ℃)。

检测波长：280 nm。

进样体积：20 μL。

有效成分推荐浓度：600 mg/L。

保留时间：残杀威约 5.5 min，正丁基苯酚约 6.5 min。

5.66.4 溶液的制备

5.66.4.1 标样溶液的制备

称取 0.3 g(精确至 0.000 1 g)残杀威标样，置于 50 mL 容量瓶中，用移液管移入 10 mL 内标溶液，用乙腈稀释至刻度，摇匀。用另一支移液管移取 10 mL 上述溶液，置于 100 mL 容量瓶中，用乙腈稀释至刻度，摇匀。

5.66.4.2 试样溶液的制备

称取含 0.3 g(精确至 0.000 1 g)残杀威的试样，置于 50 mL 容量瓶中，与 5.66.4.1 用同一支移液管移入 10 mL 内标溶液，用乙腈稀释至刻度，摇匀。用另一支移液管移取 10 mL 上述溶液，置于 100 mL 容量瓶中，用乙腈稀释至刻度，摇匀，过滤。

5.67 草铵膦(glufosinate-ammonium)

按 GB/T 33808 中"草铵膦质量分数的测定"进行。

草铵膦中铵离子按 GB/T 33808 中"铵离子的离子色谱鉴别方法"进行。

5.68 草除灵(benazolin-ethyl)

按 HG/T 4468 中"草除灵质量分数的测定"进行。

5.69 草甘膦(glyphosate)

按 GB/T 12686 中"草甘膦质量分数的测定"进行。

5.70 草甘膦铵盐(glyphosate ammonium)

草甘膦铵盐中草甘膦按 GB/T 20686 中"草甘膦质量分数的测定"进行。

草甘膦铵盐中铵离子按 GB/T 20686 中"铵离子质量分数的测定"进行。

5.71 草甘膦二甲胺盐(glyphosate dimethylamine salt)

草甘膦二甲胺盐中草甘膦按 GB/T 20686 中"草甘膦质量分数的测定"进行。

草甘膦二甲胺盐中二甲胺离子按 GB/T 20686 中"二甲胺离子质量分数的测定"进行。

5.72 草甘膦钾盐(glyphosate potassium salt)

草甘膦钾盐中草甘膦按 GB/T 20686 中"草甘膦质量分数的测定"进行。

草甘膦钾盐中钾离子按 GB/T 20686 中"钾离子质量分数的测定"进行。

5.73 草甘膦钠盐(glyphosate-Na)

草甘膦钠盐中草甘膦按 GB/T 20686 中"草甘膦质量分数的测定"进行。

草甘膦钠盐中钠离子按 GB/T 20686 中"钠离子质量分数的测定"进行。

5.74 草甘膦异丙胺盐(glyphosate-isopropylammonium)

草甘膦异丙胺盐中草甘膦按 GB/T 20686 中"草甘膦质量分数的测定"进行。

草甘膦异丙胺盐中异丙胺离子按 GB/T 20686 中"异丙胺离子质量分数的测定"进行。

5.75 赤霉酸(gibberellic acid)

按 GB/T 15955 中"赤霉酸质量分数的测定"进行。

5.76 赤霉酸 A4＋A7(gibberellic acid A4,A7)

5.76.1 方法提要

试样用甲醇溶解，以甲醇＋磷酸溶液为流动相，使用以 ZORBAX Extend-C_{18} 为填料的不锈钢柱和紫外检测器，在波长 210 nm 下对试样中的赤霉酸 A4＋A7 进行反相高效液相色谱分离，外标法定量。

5.76.2 试剂和溶液

甲醇：色谱纯。

磷酸。

磷酸溶液：Ψ(磷酸：水)＝0.5：1 000。

赤霉酸 A4＋A7 标样：已知质量分数，$\omega \geqslant 98.0\%$。

5.76.3 操作条件

流动相：Ψ(甲醇：磷酸溶液)＝72：28。

色谱柱：250 mm×4.6 mm(内径)不锈钢柱，内装 ZORBAX Extend-C_{18}、5 μm 填充物。

流速：1.0 mL/min。

柱温：(25±2)℃。

检测波长：210 nm。

进样体积：10 μL。

有效成分推荐浓度：500 mg/L，线性范围为 100 mg/L～1 005 mg/L。

保留时间：赤霉酸 A7 约 4.7 min、赤霉酸 A4 约 5.3 min。

注：计算赤霉酸 A4＋A7 质量分数时，目标物峰面积为赤霉酸 A4、赤霉酸 A7 2 个峰面积之和。

5.77 虫螨腈(chlorfenapyr)

5.77.1 方法提要

试样用乙腈溶解，以冰乙酸乙腈溶液＋冰乙酸溶液为流动相，使用以 HALO C_{18} 为填料的不锈钢柱和紫外检测器，在波长 300 nm 下对试样中的虫螨腈进行反相高效液相色谱分离，外标法定量。

注：本方法参照 CIPAC 570/TC/M。

5.77.2 试剂和溶液

乙腈：色谱纯。

冰乙酸。

冰乙酸溶液：Ψ(冰乙酸：水)＝0.5：1 000。

冰乙酸乙腈溶液：Ψ(冰乙酸：乙腈)＝0.5：1 000。

虫螨腈标样：已知质量分数，$\omega \geqslant 98.0\%$。

5.77.3 操作条件

流动相：Ψ(冰乙酸乙腈溶液：冰乙酸溶液)＝60：40。

色谱柱：50 mm×4.6 mm(内径)不锈钢柱，内装 HALO C_{18}、2.7 μm 填充物。

流速：2.0 mL/min。

柱温：(25±2)℃。

检测波长：300 nm。

进样体积：5 μL。

有效成分推荐浓度：500 mg/L。

保留时间：虫螨腈约 2.6 min。

5.78 虫酰肼(tebufenozide)

按 HG/T 4464 中“虫酰肼质量分数的测定”进行。

5.79 除草定(bromacil)

5.79.1 方法提要

试样用乙腈溶解，以乙腈＋水为流动相，使用以 ZORBAX Extend-C_{18} 为填料的不锈钢柱和紫外检测器，在波长 276 nm 下对试样中的除草定进行反相高效液相色谱分离，外标法定量。

5.79.2 试剂和溶液

乙腈:色谱纯。

除草定标样:已知质量分数,ω≥98.0%。

5.79.3 **操作条件**

流动相:Ψ(乙腈∶水)=40∶60。

色谱柱:250 mm×4.6 mm(内径)不锈钢柱,内装 ZORBAX Extend-C_{18}、5 μm 填充物。

流速:1.0 mL/min。

柱温:(25±2)℃。

检测波长:276 nm。

进样体积:5 μL。

有效成分推荐浓度:500 mg/L,线性范围为 101 mg/L～1 015 mg/L。

保留时间:除草定约 5.1 min。

5.80 **除草醚(nitrofen)**

5.80.1 **方法提要**

试样用甲醇溶解,以甲醇+水为流动相,使用以 ZORBAX SB-C_{18} 为填料的不锈钢柱和紫外检测器,在波长 290 nm 下对试样中的除草醚进行反相高效液相色谱分离,外标法定量。

5.80.2 **试剂和溶液**

甲醇:色谱纯。

除草醚标样:已知质量分数,ω≥98.0%。

5.80.3 **操作条件**

流动相:Ψ(甲醇∶水)=80∶20。

色谱柱:150 mm×4.6 mm(内径)不锈钢柱,内装 ZORBAX SB-C_{18}、5 μm 填充物。

流速:1.0 mL/min。

柱温:(30±2)℃。

检测波长:290 nm。

进样体积:5 μL。

有效成分推荐浓度:500 mg/L,线性范围为 107 mg/L～862 mg/L。

保留时间:除草醚约 6.2 min。

5.81 **除虫脲(diflubenzuron)**

按 NY/T 3578 中"除虫脲质量分数的测定"进行。

5.82 **春雷霉素(kasugamycin)**

按 GB/T 34758 中"春雷霉素质量分数的测定"进行。

春雷霉素以盐酸盐水合物的形式存在,氯离子按附录 C 进行测定。

5.83 **哒螨灵(pyridaben)**

按 GB/T 28130 中"哒螨灵质量分数的测定"进行。

5.84 **大黄素甲醚(physcion)**

5.84.1 **方法提要**

试样用丙酮溶解,以甲醇+磷酸溶液为流动相,使用以 ZORBAX SB-C_{18} 为填料的不锈钢柱和紫外检测器,在波长 225 nm 下对试样中的大黄素甲醚进行反相高效液相色谱分离,外标法定量。

5.84.2 **试剂和溶液**

甲醇:色谱纯。

丙酮:色谱纯。

磷酸。

磷酸溶液:Ψ(磷酸∶水)=5∶1 000。

大黄素甲醚标样:已知质量分数,ω≥98.0%。

5.84.3 操作条件

流动相：Ψ(甲醇∶磷酸溶液)＝85∶15。

色谱柱：150 mm×4.6 mm(内径)不锈钢柱，内装 ZORBAX SB-C_{18}、5 μm 填充物。

流速：1.0 mL/min。

柱温：(30±2)℃。

检测波长：225 nm。

进样体积：5 μL。

有效成分推荐浓度：100 mg/L，线性范围为 40 mg/L～162 mg/L。

保留时间：大黄素甲醚约 7.4 min。

5.85 大蒜素(allicin)

5.85.1 方法提要

试样用甲醇溶解，以乙腈＋水为流动相，使用以 ZORBAX SB-C_{18} 为填料的不锈钢柱和紫外检测器，在波长 230 nm 下对试样中的二烯丙基二硫醚、二烯丙基三硫醚进行反相高效液相色谱分离，外标法定量。

注：大蒜素由二烯丙基二硫醚、二烯丙基三硫醚 2 个成分组成，大蒜素含量为 2 个组分含量之和。由于二烯丙基二硫醚标样中含有少量二烯丙基三硫醚，二烯丙基三硫醚标样中含有少量二烯丙基二硫醚，应分别制备标样溶液进行测定。

5.85.2 试剂和溶液

甲醇：色谱纯。

乙腈：色谱纯。

二烯丙基二硫醚标样：已知质量分数，ω≥90.0％。

二烯丙基三硫醚标样：已知质量分数，ω≥90.0％。

5.85.3 操作条件

流动相：Ψ(乙腈∶水)＝60∶40。

色谱柱：150 mm×4.6 mm(内径)不锈钢柱，内装 ZORBAX SB-C_{18}、5 μm 填充物。

流速：1.0 mL/min。

柱温：(30±2)℃。

检测波长：230 nm。

进样体积：5 μL。

有效成分推荐浓度：二烯丙基二硫醚为 500 mg/L，线性范围为 280 mg/L～654 mg/L；二烯丙基三硫醚为 300 mg/L，线性范围为 128 mg/L～542 mg/L。

保留时间：二烯丙基二硫醚约 7.6 min，二烯丙基三硫醚约 12.2 min。

5.86 代森锰锌(mancozeb)

按 GB/T 39672 中“代森锰锌质量分数的测定”进行。

5.87 单甲脒盐酸盐(semiamitraz chloride)

5.87.1 方法提要

试样用甲醇溶解，以甲醇＋乙酸铵溶液为流动相，使用以 Kromasil C_8 为填料的不锈钢柱和紫外检测器，在波长 240nm 下对试样中的单甲脒进行反相高效液相色谱分离，外标法定量。

单甲脒盐酸盐中氯离子按附录 C 进行测定。

5.87.2 试剂和溶液

甲醇：色谱纯。

乙酸铵。

乙酸铵溶液：ρ(CH_3COONH_4)＝2 g/L。

单甲脒盐酸盐标样：已知质量分数，ω≥98.0％。

5.87.3 操作条件

流动相：Ψ(甲醇：乙酸铵溶液)＝60：40。

色谱柱：250 mm×4.6 mm(内径)不锈钢柱，内装 Kromasil C_8、5 μm 填充物。

流速：0.8 mL/min。

柱温：(30±2)℃。

检测波长：240 nm。

进样体积：5 μL。

有效成分推荐浓度：500 mg/L，线性范围为 332 mg/L～727 mg/L。

保留时间：单甲脒约 5.6 min。

5.88 单嘧磺隆(monosulfuron)

5.88.1 方法提要

试样用四氢呋喃溶解，以甲醇＋磷酸溶液为流动相，使用以 ZORBAX SB-C_{18} 为填料的不锈钢柱和紫外检测器，在波长 235 nm 下对试样中的单嘧磺隆进行反相高效液相色谱分离，外标法定量。

5.88.2 试剂和溶液

甲醇：色谱纯。

四氢呋喃：色谱纯。

磷酸。

磷酸溶液：Ψ(磷酸：水)＝5：1 000。

单嘧磺隆标样：已知质量分数，ω≥98.0%。

5.88.3 操作条件

流动相：Ψ(甲醇：磷酸溶液)＝45：55。

色谱柱：150 mm×4.6 mm(内径)不锈钢柱，内装 ZORBAX SB-C_{18}、5 μm 填充物。

流速：1.0 mL/min。

柱温：(30±2)℃。

检测波长：235 nm。

进样体积：5 μL。

有效成分推荐浓度：100 mg/L，线性范围为 39 mg/L～158 mg/L。

保留时间：单嘧磺隆约 6.6 min。

5.89 单嘧磺酯(monosulfuron-ester)

5.89.1 方法提要

试样用四氢呋喃溶解，以甲醇＋磷酸溶液为流动相，使用以 ZORBAX SB-C_{18} 为填料的不锈钢柱和紫外检测器，在波长 240 nm 下对试样中的单嘧磺酯进行反相高效液相色谱分离，外标法定量。

5.89.2 试剂和溶液

甲醇：色谱纯。

四氢呋喃：色谱纯。

磷酸。

磷酸溶液：Ψ(磷酸：水)＝5：1 000。

单嘧磺酯标样：已知质量分数，ω≥98.0%。

5.89.3 操作条件

流动相：Ψ(甲醇：磷酸溶液)＝45：55。

色谱柱：150 mm×4.6 mm(内径)不锈钢柱，内装 ZORBAX SB-C_{18}、5 μm 填充物。

流速：1.0 mL/min。

柱温：(30±2)℃。

检测波长：240 nm。

进样体积：5 μL。

有效成分推荐浓度:500 mg/L,线性范围为 199 mg/L～799 mg/L。

保留时间:单嘧磺酯约 6.7 min。

5.90 单氰胺(cyanamide)

5.90.1 方法提要

试样用水溶解,以甲醇+水+氨水为流动相,使用以 ZORBAX SB-C_{18} 为填料的不锈钢柱和紫外检测器,在波长 220 nm 下对试样中的单氰胺进行反相高效液相色谱分离,以外标法定量。

注:因单氰胺晶体标样含量不均匀,可将其置于 50 ℃水浴中加热至完全熔化为液体,再制备单氰胺标样溶液。

5.90.2 试剂和溶液

甲醇:色谱纯。

氨水。

单氰胺标样:已知质量分数,ω≥98.0%。

5.90.3 操作条件

流动相:Ψ(甲醇∶水∶氨水)=5∶95∶0.3。

色谱柱:250 mm×4.6 mm(内径)不锈钢柱,内装 ZORBAX SB-C_{18}、5 μm 填充物。

流速:0.7 mL/min。

柱温:(30±2)℃。

检测波长:220 nm。

进样体积:5 μL。

有效成分推荐浓度:1 000 mg/L,线性范围为 449 mg/L～1 797 mg/L。

保留时间:单氰胺约 2.9 min,双氰胺约 3.9 min。

5.91 胆钙化醇(cholecalciferol)

5.91.1 方法提要

试样用甲醇溶解,以甲醇+水为流动相,使用以 ZORBAX SB-C_{18} 为填料的不锈钢柱和紫外检测器,在波长 264nm 下对试样中的胆钙化醇进行反相高效液相色谱分离,外标法定量。

注:制备胆钙化醇饵粒试样溶液时,应在(55±2)℃条件下超声波振荡 35 min。

5.91.2 试剂和溶液

甲醇:色谱纯。

胆钙化醇标样:已知质量分数,ω≥98.0%。

5.91.3 操作条件

流动相:Ψ(甲醇∶水)=95∶5。

色谱柱:150 mm×4.6 mm(内径)不锈钢柱,内装 ZORBAX SB-C_{18}、5 μm 填充物。

流速:1.0 mL/min。

柱温:(30±2)℃。

检测波长:264 nm。

进样体积:5 μL。

有效成分推荐浓度:20 mg/L,线性范围为 6 mg/L～63 mg/L。

保留时间:胆钙化醇约 12.6 min。

5.92 稻瘟酰胺(fenoxanil)

5.92.1 方法提要

试样用甲醇溶解,以甲醇+水为流动相,使用以 ZORBAX Eclipse XDB-C_{18} 为填料的不锈钢柱和紫外检测器,在波长 230 nm 下对试样中的稻瘟酰胺进行反相高效液相色谱分离,外标法定量。

5.92.2 试剂和溶液

甲醇:色谱纯。

稻瘟酰胺标样:已知质量分数,ω≥98.0%。

5.92.3 操作条件

流动相：Ψ(甲醇：水)＝65：35。

色谱柱：150 mm×4.6 mm(内径)不锈钢柱，内装 ZORBAX Eclipse XDB-C_{18}、5 μm 填充物。

流速：1.0 mL/min。

柱温：(30±2)℃。

检测波长：230 nm。

进样体积：5 μL。

有效成分推荐浓度：1 000 mg/L，线性范围为 349 mg/L～1 579 mg/L。

保留时间：稻瘟酰胺[含(*R*)-(*R*,*S*)异构体和(*S*)-(*R*,*S*)异构体]约 11.2 min、12.0 min。

注：计算稻瘟酰胺质量分数时，目标物峰面积为保留时间 11.2 min、12.0 min 2 个峰面积之和。

5.93 敌百虫(trichlorfon)

按 GB/T 334 中"敌百虫质量分数的测定"进行。

5.94 敌稗(propanil)

5.94.1 方法提要

试样用甲醇溶解，以甲醇＋磷酸溶液为流动相，使用以 ZORBAX SB-C_{18} 为填料的不锈钢柱和紫外检测器，在波长 252 nm 下对试样中的敌稗进行反相高效液相色谱分离，外标法定量。

5.94.2 试剂和溶液

甲醇：色谱纯。

磷酸。

磷酸溶液：Ψ(磷酸：水)＝1：1 000。

敌稗标样：已知质量分数，ω≥98.0%。

5.94.3 操作条件

流动相：Ψ(甲醇：磷酸溶液)＝75：25。

色谱柱：250 mm×4.6 mm(内径)不锈钢柱，内装 ZORBAX SB-C_{18}、5 μm 填充物。

流速：1.0 mL/min。

柱温：(30±2)℃。

检测波长：252 nm。

进样体积：5 μL。

有效成分推荐浓度：500 mg/L，线性范围为 98 mg/L～1 484 mg/L。

保留时间：敌稗约 5.5 min。

5.95 敌草快(diquat)

按 HG/T 5245 中"敌草快二溴化物质量分数的测定"进行。

5.96 敌草隆(diuron)

按 HG/T 5121 中"敌草隆质量分数的测定"进行。

5.97 敌枯双

5.97.1 方法提要

试样用乙腈溶解，以乙腈＋水为流动相，使用以 TC-C_{18} 为填料的不锈钢柱和紫外检测器，在波长 260 nm下对试样中的敌枯双进行反相高效液相色谱分离，外标法定量。

5.97.2 试剂和溶液

乙腈：色谱纯。

敌枯双标样：已知质量分数，ω≥98.0%。

5.97.3 操作条件

流动相：Ψ(乙腈：水)＝10：90。

色谱柱：250 mm×4.6 mm(内径)不锈钢柱，内装 TC-C_{18}、5 μm 填充物。

流速:0.9 mL/min。

柱温:(30±2)℃。

检测波长:260 nm。

进样体积:5 μL。

有效成分推荐浓度:50 mg/L,线性范围为 24 mg/L～246 mg/L。

保留时间:敌枯双约 6.0 min。

5.98 丁吡吗啉(pyrimorph)

5.98.1 方法提要

试样用乙腈溶解,以乙腈+水为流动相,使用以 ZORBAX SB-C_{18} 为填料的不锈钢柱和紫外检测器,在波长 240 nm 下对试样中的丁吡吗啉进行反相高效液相色谱分离,外标法定量。

5.98.2 试剂和溶液

乙腈:色谱纯。

丁吡吗啉标样:已知质量分数,ω≥98.0%。

5.98.3 操作条件

流动相:Ψ(乙腈∶水)=60∶40。

色谱柱:250 mm×4.6 mm(内径)不锈钢柱,内装 ZORBAX SB-C_{18}、5 μm 填充物。

流速:1.0 mL/min。

柱温:(30±2)℃。

检测波长:240 nm。

进样体积:5 μL。

有效成分推荐浓度:1 000 mg/L,线性范围为 250 mg/L～4 017 mg/L。

保留时间:丁吡吗啉约 10.5 min。

5.99 丁虫腈(flufiprole)

5.99.1 方法提要

试样用乙腈溶解,以乙腈+磷酸溶液为流动相,使用以 ZORBAX SB-C_{18} 为填料的不锈钢柱和紫外检测器,在波长 287 nm 下对试样中的丁虫腈进行反相高效液相色谱分离,外标法定量。

5.99.2 试剂和溶液

乙腈:色谱纯。

磷酸。

磷酸溶液:Ψ(磷酸∶水)=1∶1 000。

丁虫腈标样:已知质量分数,ω≥98.0%。

5.99.3 操作条件

流动相:Ψ(乙腈∶磷酸溶液)=75∶25。

色谱柱:250 mm×4.6 mm(内径)不锈钢柱,内装 ZORBAX SB-C_{18}、5 μm 填充物。

流速:1.0 mL/min。

柱温:(30±2)℃。

检测波长:287 nm。

进样体积:5 μL。

有效成分推荐浓度:500 mg/L,线性范围为 100 mg/L～2 484 mg/L。

保留时间:丁虫腈约 5.8 min。

5.100 丁氟螨酯(cyflumetofen)

5.100.1 方法提要

试样用乙腈溶解,以乙腈+磷酸溶液为流动相,使用以 ZORBAX Extend-C_{18} 为填料的不锈钢柱和紫外检测器,在波长 220 nm 下对试样中的丁氟螨酯进行反相高效液相色谱分离,外标法定量。

5.100.2 试剂和溶液

乙腈:色谱纯。

磷酸。

磷酸溶液:Ψ(磷酸:水)=1:1 000。

丁氟螨酯标样:已知质量分数,ω≥98.0%。

5.100.3 操作条件

流动相:Ψ(乙腈:磷酸溶液)=70:30。

色谱柱:250 mm×4.6 mm(内径)不锈钢柱,内装 ZORBAX Extend-C_{18}、5 μm 填充物。

流速:1.0 mL/min。

柱温:(30±2)℃。

检测波长:220 nm。

进样体积:5 μL。

有效成分推荐浓度:500 mg/L,线性范围为 95 mg/L~958 mg/L。

保留时间:丁氟螨酯约 8.3 min。

5.101 丁硫克百威(carbosulfan)

按 GB 22609 中“丁硫克百威质量分数的测定”进行。

5.102 丁醚脲(diafenthiuron)

5.102.1 方法提要

试样用甲醇溶解,以甲醇+乙腈+磷酸溶液为流动相,使用以 Nova-pak C_{18} 为填料的不锈钢柱和紫外检测器,在波长 250 nm 下对试样中的丁醚脲进行反相高效液相色谱分离,外标法定量。

5.102.2 试剂和溶液

甲醇:色谱纯。

乙腈:色谱纯。

磷酸。

磷酸溶液:Ψ(磷酸:水)=1:1 000。

丁醚脲标样:已知质量分数,ω≥98.0%。

5.102.3 操作条件

流动相:Ψ(甲醇:乙腈:磷酸溶液)=30:35:35。

色谱柱:150 mm×3.9 mm(内径)不锈钢柱,内装 Nova-pak C_{18}、5 μm 填充物。

流速:1.0 mL/min。

柱温:(30±2)℃。

检测波长:250 nm。

进样体积:5 μL。

有效成分推荐浓度:1 000 mg/L,线性范围为 250 mg/L~4 001 mg/L。

保留时间:丁醚脲约 10.4 min。

5.103 丁噻隆(tebuthiuron)

5.103.1 方法提要

试样用乙腈溶解,以乙腈+水为流动相,使用以 TC-C_{18} 为填料的不锈钢柱和紫外检测器,在波长 254 nm下对试样中的丁噻隆进行反相高效液相色谱分离,外标法定量。

5.103.2 试剂和溶液

乙腈:色谱纯。

丁噻隆标样:已知质量分数,ω≥98.0%。

5.103.3 操作条件

流动相:Ψ(乙腈:水)=30:70。

色谱柱:150 mm×4.6 mm(内径)不锈钢柱,内装 TC-C_{18}、5 μm 填充物。

流速:1.0 mL/min。

柱温:(30±2)℃。

检测波长:254 nm。

进样体积:5 μL。

有效成分推荐浓度:1 000 mg/L,线性范围为 214 mg/L~2 102 mg/L。

保留时间:丁噻隆约 6.1 min。

5.104 丁酰肼(daminozide)

5.104.1 方法提要

试样用甲醇溶解,以甲醇+磷酸溶液为流动相,使用以 TC-C_{18}为填料的不锈钢柱和紫外检测器,在波长 210 nm 下对试样中的丁酰肼进行反相高效液相色谱分离,外标法定量。

5.104.2 试剂和溶液

甲醇:色谱纯。

磷酸。

磷酸溶液:Ψ(磷酸:水)=1:1 000。

丁酰肼标样:已知质量分数,ω≥98.0%。

5.104.3 操作条件

流动相:Ψ(甲醇:磷酸溶液)=25:75。

色谱柱:250 mm×4.6 mm(内径)不锈钢柱,内装 TC-C_{18}、5 μm 填充物。

流速:0.8 mL/min。

柱温:(30±2)℃。

检测波长:210 nm。

进样体积:5 μL。

有效成分推荐浓度:1 000 mg/L,线性范围为 197 mg/L~1 980 mg/L。

保留时间:丁酰肼约 4.0 min。

5.105 丁香菌酯(coumoxystrobin)

5.105.1 方法提要

试样用乙腈溶解,以乙腈+水为流动相,使用以 ZORBAX SB-C_{18}为填料的不锈钢柱和紫外检测器,在波长 236 nm 下对试样中的丁香菌酯进行反相高效液相色谱分离,外标法定量。

5.105.2 试剂和溶液

乙腈:色谱纯。

丁香菌酯标样:已知质量分数,ω≥98.0%。

5.105.3 操作条件

流动相:Ψ(乙腈:水)=85:15。

色谱柱:250 mm×4.6 mm(内径)不锈钢柱,内装 ZORBAX SB-C_{18}、5 μm 填充物。

流速:1.0 mL/min。

柱温:(30±2)℃。

检测波长:236 nm。

进样体积:5 μL。

有效成分推荐浓度:1 000 mg/L,线性范围为 248 mg/L~1 989 mg/L。

保留时间:丁香菌酯约 5.9 min。

5.106 丁子香酚(eugenol)

5.106.1 方法提要

试样用甲醇溶解,以甲醇+磷酸溶液为流动相,使用以 ZORBAX SB-C_{18}为填料的不锈钢柱和紫外检测器，在波长 282 nm 下对试样中的丁子香酚进行反相高效液相色谱分离，外标法定量。

5.106.2 **试剂和溶液**

甲醇：色谱纯。

磷酸。

磷酸溶液：Ψ(磷酸：水)＝1：1 000。

丁子香酚标样：已知质量分数，$\omega \geq 98.0\%$。

5.106.3 **操作条件**

流动相：Ψ(甲醇：磷酸溶液)＝75：25。

色谱柱：250 mm×4.6 mm(内径)不锈钢柱，内装 ZORBAX SB-C_{18}、5 μm 填充物。

流速：1.0 mL/min。

柱温：(30±2)℃。

检测波长：282 nm。

进样体积：5 μL。

有效成分推荐浓度：500 mg/L，线性范围为 104 mg/L～1 001 mg/L。

保留时间：丁子香酚约 4.3 min。

5.107 **啶虫脒(acetamiprid)**

按 HG/T 3755 中“啶虫脒质量分数的测定”进行。

5.108 **啶磺草胺(pyroxsulam)**

5.108.1 **方法提要**

试样用乙腈溶解，以乙腈＋磷酸溶液为流动相，使用以 ZORBAX SB-C_{18} 为填料的不锈钢柱和紫外检测器，在波长 280 nm 下对试样中的啶磺草胺进行反相高效液相色谱分离，外标法定量。

5.108.2 **试剂和溶液**

乙腈：色谱纯。

磷酸。

磷酸溶液：Ψ(磷酸：水)＝1：1 000。

啶磺草胺标样：已知质量分数，$\omega \geq 98.0\%$。

5.108.3 **操作条件**

流动相：Ψ(乙腈：磷酸溶液)＝65：35。

色谱柱：250 mm×4.6 mm(内径)不锈钢柱，内装 ZORBAX SB-C_{18}、5 μm 填充物。

流速：1.0 mL/min。

柱温：(30±2)℃。

检测波长：280 nm。

进样体积：5 μL。

有效成分推荐浓度：500 mg/L，线性范围为 101 mg/L～1 031 mg/L。

保留时间：啶磺草胺约为 4.0 min。

5.109 **啶菌噁唑(pyrisoxazole)**

5.109.1 **方法提要**

试样用甲醇溶解，以甲醇＋水为流动相，使用以 WondaSil C_{18} 为填料的不锈钢柱和紫外检测器，在波长 220 nm 下对试样中的啶菌噁唑进行反相高效液相色谱分离，外标法定量。

5.109.2 **试剂和溶液**

甲醇：色谱纯。

啶菌噁唑标样：已知质量分数，$\omega \geq 98.0\%$。

5.109.3 **操作条件**

流动相：Ψ(甲醇：水)＝78：22。

色谱柱:250 mm×4.6 mm(内径)不锈钢柱,内装 WondaSil C_{18}、5 μm 填充物。

流速:1.0 mL/min。

柱温:(35±2)℃。

检测波长:220 nm。

进样体积:5 μL。

有效成分推荐浓度:500 mg/L,线性范围为 102 mg/L~1 024 mg/L。

保留时间:啶菌噁唑 Z 体约 13.2 min、E 体约 14.7 min。

注:计算啶菌噁唑质量分数时,目标物峰面积为 Z 体、E 体 2 个峰面积之和。

5.110 啶嘧磺隆(flazasulfuron)

5.110.1 方法提要

试样用乙腈溶解,以乙腈+冰乙酸溶液为流动相,使用以 ZORBAX Eclipse XDB-C_{18} 为填料的不锈钢柱和紫外检测器,在波长 260 nm 下对试样中的啶嘧磺隆进行反相高效液相色谱分离,外标法定量。

注:本方法参照 CIPAC 595/TC/M。

5.110.2 试剂和溶液

乙腈:色谱纯。

冰乙酸。

冰乙酸溶液:Ψ(冰乙酸:水)=0.5:1 000。

啶嘧磺隆标样:已知质量分数,ω≥98.0%。

5.110.3 操作条件

流动相:Ψ(乙腈:冰乙酸溶液)=55:45。

色谱柱:250 mm×4.6 mm(内径)不锈钢柱,内装 ZORBAX Eclipse XDB-C_{18}、5 μm 填充物。

流速:1.0 mL/min。

柱温:(40±2)℃。

检测波长:260 nm。

进样体积:10 μL。

有效成分推荐浓度:400 mg/L,线性范围为 40 mg/L~1 065 mg/L。

保留时间:啶嘧磺隆约 6.0 min。

5.111 啶酰菌胺(boscalid)

按 HG/T 5427 中"啶酰菌胺质量分数的测定"进行。

5.112 啶氧菌酯(picoxystrobin)

5.112.1 方法提要

试样用乙腈溶解,以乙腈+水为流动相,使用以 Symmetry C_{18} 为填料的不锈钢柱和紫外检测器,在波长 220 nm 下对试样中的啶氧菌酯进行反相高效液相色谱分离,外标法定量。

5.112.2 试剂和溶液

乙腈:色谱纯。

啶氧菌酯标样:已知质量分数,ω≥98.0%。

5.112.3 操作条件

流动相:Ψ(乙腈:水)=80:20。

色谱柱:250 mm×4.6 mm(内径)不锈钢柱,内装 Symmetry C_{18}、5 μm 填充物。

流速:1.0 mL/min。

柱温:(30±2)℃。

检测波长:220 nm。

进样体积:5 μL。

有效成分推荐浓度:500 mg/L,线性范围为 100 mg/L~1 000 mg/L。

保留时间：啶氧菌酯约 5.8 min。

5.113 毒氟磷

5.113.1 方法提要

试样用甲醇溶解，以甲醇＋水为流动相，使用以 ZORBAX SB-C_{18}为填料的不锈钢柱和紫外检测器，在波长 270 nm 下对试样中的毒氟磷进行反相高效液相色谱分离，外标法定量。

5.113.2 试剂和溶液

甲醇：色谱纯。

毒氟磷标样：已知质量分数，$\omega \geqslant 98.0\%$。

5.113.3 操作条件

流动相：Ψ(甲醇：水)＝80：20。

色谱柱：250 mm×4.6 mm(内径)不锈钢柱，内装 ZORBAX SB-C_{18}、5 μm 填充物。

流速：1.0 mL/min。

柱温：(35±2)℃。

检测波长：270 nm。

进样体积：5 μL。

有效成分推荐浓度：500 mg/L，线性范围为 101 mg/L～1 006 mg/L。

保留时间：毒氟磷约 8.1 min。

5.114 毒死蜱(chlorpyrifos)

按 GB/T 19604 中"毒死蜱质量分数的测定"进行。

5.115 对二氯苯(p-dichlorobenzene)

5.115.1 方法提要

试样用甲醇溶解，以甲醇＋水为流动相，使用以 WondaSil C_{18}为填料的不锈钢柱和紫外检测器，在波长 225 nm 下对试样中的对二氯苯进行反相高效液相色谱分离，外标法定量。

5.115.2 试剂和溶液

甲醇：色谱纯。

对二氯苯标样：已知质量分数，$\omega \geqslant 98.0\%$。

5.115.3 操作条件

流动相：Ψ(甲醇：水)＝80：20。

色谱柱：250 mm×4.6 mm(内径)不锈钢柱，内装 WondaSil C_{18}、5 μm 填充物。

流速：1.0 mL/min。

柱温：(35±2)℃。

检测波长：225 nm。

进样体积：5 μL。

有效成分推荐浓度：500 mg/L，线性范围为 100 mg/L～1 000 mg/L。

保留时间：对二氯苯约 7.3 min。

5.116 对氯苯氧乙酸钠(sodium 4-CPA)

5.116.1 方法提要

试样用乙腈溶解，以乙腈＋磷酸溶液为流动相，使用以 Symmetry C_{18}为填料的不锈钢柱和紫外检测器，在波长 225 nm 下对试样中的对氯苯氧乙酸进行反相高效液相色谱分离，外标法定量。

对氯苯氧乙酸钠中钠离子按 GB/T 20686 中"钠离子质量分数的测定"进行。

5.116.2 试剂和溶液

乙腈：色谱纯。

磷酸。

磷酸溶液：Ψ(磷酸：水)＝1：1 000。

对氯苯氧乙酸钠标样：已知质量分数，$\omega \geqslant 98.0\%$。

5.116.3 操作条件

流动相：Ψ(乙腈∶磷酸溶液)＝65∶35。

色谱柱：250 mm×4.6 mm(内径)不锈钢柱，内装 Symmetry C_{18}、5 μm 填充物。

流速：1.0 mL/min。

柱温：(30±2)℃。

检测波长：225 nm。

进样体积：5 μL。

有效成分推荐浓度：100 mg/L，线性范围为 20 mg/L～499 mg/L。

保留时间：对氯苯氧乙酸约 3.8 min。

5.117 多菌灵(carbendazim)

按 GB/T 10501 中"多菌灵质量分数的测定"进行。

5.118 多抗霉素 B(polyoxin B)

5.118.1 方法提要

试样用水溶解，以甲醇＋三氟乙酸溶液为流动相，使用以 WondaSil C_{18} 为填料的不锈钢柱和紫外检测器，在波长 260 nm 下对试样中的多抗霉素 B 进行反相高效液相色谱分离，外标法定量。

5.118.2 试剂和溶液

甲醇：色谱纯。

三氟乙酸。

三氟乙酸溶液：Ψ(三氟乙酸∶水)＝1∶1 000。

多抗霉素 B 标样：已知质量分数，$\omega \geqslant 98.0\%$。

5.118.3 操作条件

流动相：Ψ(甲醇∶三氟乙酸溶液)＝0.5∶99.5。

色谱柱：250 mm×4.6 mm(内径)不锈钢柱，内装 WondaSil C_{18}、5 μm 填充物。

流速：0.8 mL/min。

柱温：(35±2)℃。

检测波长：260 nm。

进样体积：5 μL。

有效成分推荐浓度：500 mg/L，线性范围为 100 mg/L～1 000 mg/L。

保留时间：多抗霉素 B 约 6.6 min。

5.119 多杀霉素(spinosad)

5.119.1 方法提要

试样用甲醇溶解，以甲醇＋乙腈＋缓冲溶液为流动相，使用以 YMC ODS-AQ 为填料的不锈钢柱和紫外检测器，在波长 250 nm 下对试样中的多杀霉素进行反相高效液相色谱分离，外标法定量。

注：本方法参照 CIPAC 636/TC/(M)。

5.119.2 试剂和溶液

甲醇：色谱纯。

乙腈：色谱纯。

冰乙酸。

乙酸铵。

缓冲溶液：称取 20 g(精确至 0.01 g)乙酸铵，溶于 1 000 mL 水中，用冰乙酸调 pH 至 5.3。

多杀霉素标样：已知质量分数，$\omega \geqslant 98.0\%$。

5.119.3 操作条件

流动相：Ψ(甲醇∶乙腈∶缓冲溶液)＝40∶40∶20。

色谱柱:150 mm×4.6 mm(内径)不锈钢柱,内装 YMC ODS-AQ、5 μm 填充物。

流速:1.5 mL/min。

柱温:(35±2)℃。

检测波长:250 nm。

进样体积:20 μL。

有效成分推荐浓度:250 mg/L。

保留时间:多杀霉素 A 约 9.0 min、多杀霉素 D 约 12.0 min。

注:计算多杀霉素质量分数时,目标物峰面积为多杀霉素 A、多杀霉素 D 2 个峰面积之和。

5.120 多效唑(paclobutrazol)

按 GB/T 22172 中"多效唑质量分数的测定"进行。

5.121 莪术醇(curcumol)

5.121.1 方法提要

试样用乙腈溶解,以乙腈+甲酸溶液为流动相,使用以 Symmetry C_{18} 为填料的不锈钢柱和紫外检测器,在波长 210 nm 下对试样中的莪术醇进行反相高效液相色谱分离,外标法定量。

5.121.2 试剂和溶液

乙腈:色谱纯。

甲酸。

甲酸溶液:Ψ(甲酸:水)=1:1 000。

莪术醇标样:已知质量分数,ω≥98.0%。

5.121.3 操作条件

流动相:Ψ(乙腈:甲酸溶液)=85:15。

色谱柱:250 mm×4.6 mm(内径)不锈钢柱,内装 Symmetry C_{18}、5 μm 填充物。

流速:1.0 mL/min。

柱温:(30±2)℃。

检测波长:210 nm。

进样体积:5 μL。

有效成分推荐浓度:100 mg/L,线性范围为 20 mg/L~499 mg/L。

保留时间:莪术醇约 5.3 min。

5.122 噁草酸(propanoic acid)

5.122.1 方法提要

试样用甲醇溶解,以甲醇+水为流动相,使用以 WondaSil C_{18} 为填料的不锈钢柱和紫外检测器,在波长 235 nm 下对试样中的噁草酸进行反相高效液相色谱分离,外标法定量。

5.122.2 试剂和溶液

甲醇:色谱纯。

噁草酸标样:已知质量分数,ω≥98.0%。

5.122.3 操作条件

流动相:Ψ(甲醇:水)=80:20。

色谱柱:250 mm×4.6 mm(内径)不锈钢柱,内装 WondaSil C_{18}、5 μm 填充物。

流速:1.0 mL/min。

柱温:(35±2)℃。

检测波长:235 nm。

进样体积:5 μL。

有效成分推荐浓度:500 mg/L,线性范围为 100 mg/L~1 003 mg/L。

保留时间:噁草酸约 11.3 min。

5.123 噁虫酮(metoxadiazone)

5.123.1 方法提要

试样用乙腈溶解,以乙腈+磷酸溶液为流动相,使用以 Symmetry C_{18} 为填料的不锈钢柱和紫外检测器,在波长 280 nm 下对试样中的噁虫酮进行反相高效液相色谱分离,外标法定量。

5.123.2 试剂和溶液

乙腈:色谱纯。

磷酸。

磷酸溶液:Ψ(磷酸∶水)=1∶1 000。

噁虫酮标样:已知质量分数,ω≥98.0%。

5.123.3 操作条件

流动相:Ψ(乙腈∶磷酸溶液)=65∶35。

色谱柱:250 mm×4.6 mm(内径)不锈钢柱,内装 Symmetry C_{18}、5 μm 填充物。

流速:1.0 mL/min。

柱温:(30±2)℃。

检测波长:280 nm。

进样体积:5 μL。

有效成分推荐浓度:500 mg/L,线性范围为 101 mg/L~1 001 mg/L。

保留时间:噁虫酮约 4.4 min。

5.124 噁虫威(bendiocarb)

5.124.1 方法提要

试样用乙腈溶解,以乙腈+水为流动相,苯丙酮为内标物,使用以 Partisil-10 ODS-2 为填料的不锈钢柱和紫外检测器,在波长 254 nm 下对试样中的噁虫威进行反相高效液相色谱分离,内标法定量。

注:本方法参照 CIPAC 232/TC/(M)。

5.124.2 试剂和溶液

乙腈:色谱纯。

内标物:苯丙酮,应没有干扰分析的杂质。

内标溶液:称取 1 g(精确至 0.01 g)苯丙酮,置于 1 000 mL 容量瓶中,用乙腈溶解并稀释至刻度,摇匀。

噁虫威标样:已知质量分数,ω≥98.0%。

5.124.3 操作条件

流动相:Ψ(乙腈∶水)=60∶40。

色谱柱:250 mm×4.6 mm(内径)不锈钢柱,内装 Partisil-10 ODS-2、10 μm 填充物。

流速:2.0 mL/min。

柱温:室温(温度变化应不大于 2 ℃)。

检测波长:254 nm。

进样体积:5 μL。

有效成分推荐浓度:500 mg/L。

保留时间:噁虫威 3 min~5 min,苯丙酮 4.5 min~7.5 min。

5.124.4 溶液的制备

5.124.4.1 标样溶液的制备

称取 0.05 g(精确至 0.000 1 g)噁虫威标样,置于 100 mL 容量瓶中,用移液管移入 25 mL 内标溶液,用乙腈稀释至刻度,摇匀。

5.124.4.2 试样溶液的制备

称取含 0.05 g(精确至 0.000 1 g)噁虫威的试样,置于 100 mL 容量瓶中,与 5.124.4.1 用同一支移液管移入 25 mL 内标溶液,用乙腈稀释至刻度,摇匀,过滤。

5.125 噁霉灵(hymexazol)

5.125.1 方法提要

试样用甲醇溶解,以甲醇+水为流动相,使用以 ZORBAX SB-C_{18}为填料的不锈钢柱和紫外检测器,在波长 210 nm 下对试样中的噁霉灵进行反相高效液相色谱分离,外标法定量。

5.125.2 试剂和溶液

甲醇:色谱纯。

噁霉灵标样:已知质量分数,$\omega \geq 98.0\%$。

5.125.3 操作条件

流动相:Ψ(甲醇:水)=60:40。

色谱柱:250 mm×4.6 mm(内径)不锈钢柱,内装 ZORBAX SB-C_{18}、5 μm 填充物。

流速:0.8 mL/min。

柱温:(25±2)℃。

检测波长:210 nm。

进样体积:10 μL。

有效成分推荐浓度:100 mg/L,线性范围为 63 mg/L~148 mg/L。

保留时间:噁霉灵约 3.6 min。

5.126 噁嗪草酮(oxaziclomefone)

5.126.1 方法提要

试样用甲醇溶解,以甲醇+磷酸溶液为流动相,使用以 ZORBAX SB-C_{18}为填料的不锈钢柱和紫外检测器,在波长 220 nm 下对试样中的噁嗪草酮进行反相高效液相色谱分离,外标法定量。

5.126.2 试剂和溶液

甲醇:色谱纯。

磷酸。

磷酸溶液:Ψ(磷酸:水)=1:1 000。

噁嗪草酮标样:已知质量分数,$\omega \geq 98.0\%$。

5.126.3 操作条件

流动相:Ψ(甲醇:磷酸溶液)=80:20。

色谱柱:250 mm×4.6 mm(内径)不锈钢柱,内装 ZORBAX SB-C_{18}、5 μm 填充物。

流速:1.0 mL/min。

柱温:(25±2)℃。

检测波长:220 nm。

进样体积:10 μL。

有效成分推荐浓度:100 mg/L,线性范围为 60 mg/L~141 mg/L。

保留时间:噁嗪草酮约 9.6 min。

5.127 噁霜灵(oxadixyl)

5.127.1 方法提要

试样用乙腈溶解,以乙腈+水为流动相,苯甲酮为内标物,使用以 Hibar LiChrosorb RP-Select B 为填料的不锈钢柱和紫外检测器,在波长 267 nm 下对试样中的噁霜灵进行反相高效液相色谱分离,内标法定量。

注:本方法参照 CIPAC 397/TC/M。

5.127.2 试剂和溶液

乙腈:色谱纯。

内标物:苯甲酮,应没有干扰分析的杂质。

内标溶液：称取 0.14 g(精确至 0.001 g)苯甲酮，置于 1 000 mL 容量瓶中，用乙腈溶解并稀释至刻度，摇匀。

噁霜灵标样：已知质量分数，$\omega \geqslant 98.0\%$。

5.127.3 **操作条件**

流动相：Ψ(乙腈：水)＝40：60。

色谱柱：250 mm×4.0 mm(内径)不锈钢柱，内装 Hibar LiChrosorb RP-Select B、5 μm 填充物。

流速：1.5 mL/min。

柱温：(35±2)℃。

检测波长：267 nm。

进样体积：5 μL。

有效成分推荐浓度：2 600 mg/L。

保留时间：噁霜灵约 4.8 min，苯甲酮约 20.6 min。

5.127.4 **溶液的制备**

5.127.4.1 **标样溶液的制备**

称取 0.13 g(精确至 0.000 1 g)噁霜灵标样，置于 100 mL 具塞锥形瓶中，用移液管移入 50 mL 内标溶液，超声波振荡 10 min，冷却至室温，摇匀。

5.127.4.2 **试样溶液的制备**

称取含 0.13 g(精确至 0.000 1 g)噁霜灵的试样，置于 100 mL 具塞锥形瓶中，与 5.127.4.1 用同一支移液管移入 50 mL 内标溶液，超声波振荡 10 min，冷却至室温，摇匀，过滤。

5.128 **噁唑菌酮(famoxadone)**

5.128.1 **方法提要**

试样用甲醇溶解，以甲醇＋水为流动相，使用以 Hypersil GOLD-C_{18} 为填料的不锈钢柱和紫外检测器，在波长 228 nm 下对试样中的噁唑菌酮进行反相高效液相色谱分离，外标法定量。

5.128.2 **试剂和溶液**

甲醇：色谱纯。

噁唑菌酮标样：已知质量分数，$\omega \geqslant 98.0\%$。

5.128.3 **操作条件**

流动相：Ψ(甲醇：水)＝80：20。

色谱柱：250 mm×4.6 mm(内径)不锈钢柱，内装 Hypersil GOLD-C_{18}、5 μm 填充物。

流速：1.0 mL/min。

柱温：(30±2)℃。

检测波长：228 nm。

进样体积：5 μL。

有效成分推荐浓度：400 mg/L，线性范围为 8 mg/L～798 mg/L。

保留时间：噁唑菌酮约 5.5 min。

5.129 **噁唑酰草胺(metamifop)**

5.129.1 **噁唑酰草胺混合体质量分数的测定**

5.129.1.1 **方法提要**

试样用甲醇溶解，以甲醇＋水为流动相，使用以 Hypersil GOLD-C_{18} 为填料的不锈钢柱和紫外检测器，在波长 237 nm 下对试样中的噁唑酰草胺混合体进行反相高效液相色谱分离，外标法定量。

5.129.1.2 **试剂和溶液**

甲醇：色谱纯。

噁唑酰草胺标样：已知噁唑酰草胺混合体(*R*-对映体＋*S*-对映体)质量分数，$\omega \geqslant 98.0\%$。

5.129.1.3 **操作条件**

流动相：Ψ(甲醇：水)＝80：20。

色谱柱：250 mm×4.6 mm(内径)不锈钢柱，内装 Hypersil GOLD-C_{18}、5 μm 填充物。

流速：1.0 mL/min。

柱温：(30±2)℃。

检测波长：237 nm。

进样体积：5 μL。

有效成分推荐浓度：400 mg/L，线性范围为 7 mg/L～983 mg/L。

保留时间：嘧唑酰草胺混合体约 7.6 min。

5.129.2 嘧唑酰草胺比例的测定

5.129.2.1 方法提要

试样用正己烷溶解，以正己烷＋二乙醇胺乙醇溶液为流动相，使用以 CHIRALPAK IG 为填料的不锈钢柱和紫外检测器，在波长 254 nm 下对试样中的嘧唑酰草胺进行正相高效液相色谱手性分离和测定。

5.129.2.2 试剂和溶液

正己烷：色谱纯。

乙醇：色谱纯。

二乙醇胺。

二乙醇胺乙醇溶液：Ψ(二乙醇胺：乙醇)＝1：1 000。

嘧唑酰草胺外消旋体标样：已知质量分数，ω≥98.0%。

5.129.2.3 操作条件

流动相：Ψ(正己烷：二乙醇胺乙醇溶液)＝60：40。

色谱柱：150 mm×4.6 mm(内径)不锈钢柱，内装 CHIRALPAK IG、5 μm 填充物。

流速：1.0 mL/min。

柱温：(25±2)℃。

检测波长：254 nm。

进样体积：10 μL。

保留时间：嘧唑酰草胺约 7.4 min，*S*-对映体约 9.9 min。

5.130 二甲戊灵(pendimethalin)

按 GB/T 22177 中“二甲戊灵质量分数的测定”进行。

5.131 二氯吡啶酸(clopyralid)

按 HG/T 5130 中“二氯吡啶酸质量分数的测定”进行。

5.132 二氯喹啉草酮(quintrione)

5.132.1 方法提要

试样用流动相溶解，以乙腈＋冰乙酸溶液为流动相，使用以 ZORBAX SB-C_{18}为填料的不锈钢柱和紫外检测器，在波长 230 nm 下对试样中的二氯喹啉草酮进行反相高效液相色谱分离，外标法定量。

5.132.2 试剂和溶液

乙腈：色谱纯。

冰乙酸。

冰乙酸溶液：Ψ(冰乙酸：水)＝3：1 000。

二氯喹啉草酮标样：已知质量分数，ω≥98.0%。

5.132.3 操作条件

流动相：Ψ(乙腈：冰乙酸溶液)＝55：45。

色谱柱：150 mm×4.6 mm(内径)不锈钢柱，内装 ZORBAX SB-C_{18}、3.5 μm 填充物。

流速：1.0 mL/min。

柱温：(25±2)℃。

检测波长：230 nm。

进样体积：5 μL。

有效成分推荐浓度：200 mg/L，线性范围为 40 mg/L～400 mg/L。

保留时间：二氯喹啉草酮约 8.8 min。

5.133 二氯喹啉酸(quinclorac)

按 HG/T 2848 中“二氯喹啉酸质量分数的测定”进行。

5.134 二氢卟吩铁(iron chlorine e6)

5.134.1 方法提要

试样用甲醇溶解，以乙腈＋缓冲溶液为流动相，使用以 ZORBAX Extend-C_{18} 为填料的不锈钢柱和紫外检测器，在波长 392 nm 下对试样中的二氢卟吩铁进行反相高效液相色谱分离，外标法定量。

注：二氢卟吩铁溶液易光解且稳定性差，在制备二氢卟吩铁标样溶液和试样溶液时，应在避光条件下使用棕色容量瓶进行配制，且环境温度不得高于 20 ℃，制备好的溶液应在(20±2)℃条件下 1 h 内完成测定。

5.134.2 试剂和溶液

甲醇：色谱纯。

乙腈：色谱纯。

十二水合磷酸氢二钠。

四甲基氯化铵。

缓冲溶液：称取 7 g(精确至 0.01 g)十二水合磷酸氢二钠，溶于 1 000 mL 水中，用磷酸调 pH 至 2.0，再加入 2 g(精确至 0.01 g)四甲基氯化铵，混合均匀。

二氢卟吩铁标样：已知质量分数，$\omega \geq 93.0\%$。

5.134.3 操作条件

流动相：Ψ(乙腈：缓冲溶液)＝38：62。

色谱柱：250 mm×4.6 mm(内径)不锈钢柱，内装 ZORBAX Extend-C_{18}、5 μm 填充物。

流速：1.0 mL/min。

柱温：(20±2)℃。

检测波长：392 nm。

进样体积：20 μL。

有效成分推荐浓度：40 mg/L，线性范围为 9 mg/L～194 mg/L。

保留时间：二氢卟吩铁约 14.5 min。

5.135 二氰蒽醌(dithianon)

5.135.1 方法提要

试样用二噁烷溶解、乙腈稀释，以乙腈＋水为流动相，使用以 ODS Hypersil 为填料的不锈钢柱和紫外检测器，在波长 254 nm 下对试样中的二氰蒽醌进行反相高效液相色谱分离，外标法定量。

注：本方法参照 CIPAC 153/TC/M2。

5.135.2 试剂和溶液

乙腈：色谱纯。

二噁烷：色谱纯。

二氰蒽醌标样：已知质量分数，$\omega \geq 98.0\%$。

5.135.3 操作条件

流动相：Ψ(乙腈：水)＝75：25。

色谱柱：250 mm×4.6 mm(内径)不锈钢柱，内装 ODS Hypersil、5 μm 填充物。

流速：1.0 mL/min。

柱温：(22±2)℃。

检测波长:254 nm。

进样体积:10 μL。

有效成分推荐浓度:100 mg/L。

保留时间:二氰蒽醌约 7.9 min。

5.135.4 溶液的制备

5.135.4.1 标样溶液的制备

称取 0.05 g(精确至 0.000 1 g)二氰蒽醌标样,置于 25 mL 容量瓶中,加入 20 mL 二噁烷,超声波振荡 3 min,冷却至室温,用二噁烷稀释至刻度,摇匀。用移液管移取 5 mL 上述溶液,置于 100 mL 容量瓶中,用乙腈稀释至刻度,摇匀。

5.135.4.2 试样溶液的制备

称取含 0.05 g(精确至 0.000 1 g)二氰蒽醌的试样,置于 25 mL 容量瓶中,加入 20 mL 二噁烷,超声波振荡 3 min,冷却至室温,用二噁烷稀释至刻度,摇匀。用移液管移取 5 mL 上述溶液,置于 100 mL 容量瓶中,用乙腈稀释至刻度,摇匀,过滤。

5.136 粉唑醇(flutriafol)

5.136.1 方法提要

试样用甲醇溶解,以甲醇+水为流动相,使用 Hypersil GOLD-C_{18} 为填料的不锈钢柱和紫外检测器,在波长 261 nm 下对试样中的粉唑醇进行反相高效液相色谱分离,外标法定量。

5.136.2 试剂和溶液

甲醇:色谱纯。

粉唑醇标样:已知质量分数,ω≥98.0%。

5.136.3 操作条件

流动相:Ψ(甲醇∶水)=60∶40。

色谱柱:250 mm×4.6 mm(内径)不锈钢柱,内装 Hypersil GOLD-C_{18}、5 μm 填充物。

流速:1.0 mL/min。

柱温:(30±2)℃。

检测波长:261 nm。

进样体积:5 μL。

有效成分推荐浓度:1 000 mg/L,线性范围为 19 mg/L~1 950 mg/L。

保留时间:粉唑醇约 7.8 min。

5.137 砜吡草唑(pyroxasulfone)

5.137.1 方法提要

试样用流动相溶解,以乙腈+水为流动相,使用以 ZORBAX SB-C_{18} 为填料的不锈钢柱和紫外检测器,在波长 226 nm 下对试样中的砜吡草唑进行反相高效液相色谱分离,外标法定量。

5.137.2 试剂和溶液

乙腈:色谱纯。

砜吡草唑标样:已知质量分数,ω≥98.0%。

5.137.3 操作条件

流动相:Ψ(乙腈∶水)=65∶35。

色谱柱:250 mm×4.6 mm(内径)不锈钢柱,内装 ZORBAX SB-C_{18}、5 μm 填充物。

流速:1.0 mL/min。

柱温:(25±2)℃。

检测波长:226 nm。

进样体积:5 μL。

有效成分推荐浓度:1 000 mg/L,线性范围为 200 mg/L~2 003 mg/L。

保留时间:砜吡草唑约 4.9 min。

5.138 砜嘧磺隆(rimsulfuron)

按 NY/T 3580 中“砜嘧磺隆质量分数的测定”进行。

5.139 呋草酮(flurtamone)

5.139.1 方法提要

试样用乙腈溶解,以乙腈+磷酸溶液为流动相,使用以 ZORBAX SB-C_{18} 为填料的不锈钢柱和紫外检测器,在波长 275 nm 下对试样中的呋草酮进行反相高效液相色谱分离,外标法定量。

5.139.2 试剂和溶液

乙腈:色谱纯。

磷酸。

磷酸溶液:Ψ(磷酸:水)=1:1 000。

呋草酮标样:已知质量分数,$\omega \geqslant 98.0\%$。

5.139.3 操作条件

流动相:Ψ(乙腈:磷酸溶液)=65:35。

色谱柱:250 mm×4.6 mm(内径)不锈钢柱,内装 ZORBAX SB-C_{18}、5 μm 填充物。

流速:1.0 mL/min。

柱温:(25±2)℃。

检测波长:275 nm。

进样体积:10 μL。

有效成分推荐浓度:100 mg/L,线性范围为 53 mg/L~143 mg/L。

保留时间:呋草酮约 4.8 min。

5.140 呋虫胺(dinotefuran)

按 NY/T 3582 中“呋虫胺质量分数的测定”进行。

5.141 呋喃虫酰肼(furan tebufenozide)

5.141.1 方法提要

试样用流动相溶解,以甲醇+水为流动相,使用以 ZORBAX SB-C_{18} 为填料的不锈钢柱和紫外检测器,在波长 220 nm 下对试样中的呋喃虫酰肼进行反相高效液相色谱分离,外标法定量。

5.141.2 试剂和溶液

甲醇:色谱纯。

呋喃虫酰肼标样:已知质量分数,$\omega \geqslant 98.0\%$。

5.141.3 操作条件

流动相:Ψ(甲醇:水)=70:30。

色谱柱:150 mm×4.6 mm(内径)不锈钢柱,内装 ZORBAX SB-C_{18}、3.5 μm 填充物。

流速:1.0 mL/min。

柱温:(25±2)℃。

检测波长:220 nm。

进样体积:5 μL。

有效成分推荐浓度:500 mg/L,线性范围为 100 mg/L~1 006 mg/L。

保留时间:呋喃虫酰肼约 6.4 min。

5.142 呋喃磺草酮(tefuryltrione)

5.142.1 方法提要

试样用乙腈溶解,以甲醇+磷酸溶液为流动相,使用以 ZORBAX SB-C_{18} 为填料的不锈钢柱和紫外检测器,在波长 285 nm 下对试样中的呋喃磺草酮进行反相高效液相色谱分离,外标法定量。

5.142.2 试剂和溶液

甲醇:色谱纯。

乙腈:色谱纯。

磷酸。

磷酸溶液:Ψ(磷酸:水)=0.5:1 000。

呋喃磺草酮标样:已知质量分数,$\omega \geqslant 98.0\%$。

5.142.3 操作条件

流动相:Ψ(甲醇:磷酸溶液)=50:50。

色谱柱:150 mm×4.6 mm(内径)不锈钢柱,内装 ZORBAX SB-C_{18}、5 μm 填充物。

流速:1.2 mL/min。

柱温:室温(温度变化应不大于 2 ℃)。

检测波长:285 nm。

进样体积:5 μL。

有效成分推荐浓度:500 mg/L,线性范围:157 mg/L~1 310 mg/L。

保留时间:呋喃磺草酮约 11.5 min。

5.143 氟胺磺隆(triflusulfuron-methyl)

5.143.1 方法提要

试样用乙腈溶解,以乙腈+磷酸溶液为流动相,使用以 Wondasil C_{18}-WR 为填料的不锈钢柱和紫外检测器,在波长 225 nm 下对试样中的氟胺磺隆进行反相高效液相色谱分离,外标法定量。

5.143.2 试剂和溶液

乙腈:色谱纯。

磷酸。

磷酸溶液:Ψ(磷酸:水)=1:1 000。

氟胺磺隆标样:已知质量分数,$\omega \geqslant 98.0\%$。

5.143.3 操作条件

流动相:Ψ(乙腈:磷酸溶液)=60:40。

色谱柱:250 mm×4.6 mm(内径)不锈钢柱,内装 Wondasil C_{18}-WR、5 μm 填充物。

流速:1.0 mL/min。

柱温:(35±2)℃。

检测波长:225 nm。

进样体积:5 μL。

有效成分推荐浓度:400 mg/L,线性范围为 103 mg/L~1 570 mg/L。

保留时间:氟胺磺隆约 8.0 min。

5.144 氟苯虫酰胺(flubendiamide)

5.144.1 方法提要

试样用甲醇溶解,以乙腈+水为流动相,使用以 Acclaim 120 C_{18} 为填料的不锈钢柱和紫外检测器,在波长 254 nm 下对试样中的氟苯虫酰胺进行反相高效液相色谱分离,外标法定量。

5.144.2 试剂和溶液

乙腈:色谱纯。

甲醇:色谱纯。

氟苯虫酰胺标样:已知质量分数,$\omega \geqslant 98.0\%$。

5.144.3 操作条件

流动相:Ψ(乙腈:水)=70:30。

色谱柱:250 mm×4.6 mm(内径)不锈钢柱,内装 Acclaim 120 C_{18}、5 μm 填充物。

流速:1.0 mL/min。

柱温:室温(温度变化应不大于 2 ℃)。

检测波长:254 nm。

进样体积:5 μL。

有效成分推荐浓度:600 mg/L,线性范围为 119 mg/L～2 982 mg/L。

保留时间:氟苯虫酰胺约 7.6 min。

5.145 氟吡呋喃酮(flupyradifurone)

5.145.1 方法提要

试样用乙腈溶解,以乙腈+水为流动相,使用以 ZORBAX Eclipse Plus C_{18} 为填料的不锈钢柱和紫外检测器,在波长 260 nm 下对试样中的氟吡呋喃酮进行反相高效液相色谱分离,外标法定量。

5.145.2 试剂和溶液

乙腈:色谱纯。

氟吡呋喃酮标样:已知质量分数,$\omega \geq 98.0\%$。

5.145.3 操作条件

流动相:Ψ(乙腈∶水)=40∶60。

色谱柱:250 mm×4.6 mm(内径)不锈钢柱,内装 ZORBAX Eclipse Plus C_{18}、5 μm 填充物。

流速:1.0 mL/min。

柱温:(30±2)℃。

检测波长:260 nm。

进样体积:10 μL。

有效成分推荐浓度:100 mg/L,线性范围为 59 mg/L～162 mg/L。

保留时间:氟吡呋喃酮约 4.9 min。

5.146 氟吡磺隆(flucetosulfuron)

5.146.1 方法提要

试样用流动相溶解,以乙腈+缓冲溶液为流动相,使用以 Acclaim 120 C_{18} 为填料的不锈钢柱和紫外检测器,在波长 254 nm 下对试样中的氟吡磺隆进行反相高效液相色谱分离,外标法定量。

5.146.2 试剂和溶液

乙腈:色谱纯。

冰乙酸。

乙酸铵。

缓冲溶液:称取 1.5 g(精确至 0.01 g)乙酸铵和 0.6 g(精确至 0.01 g)冰乙酸,溶于 1 000 mL 水中,混合均匀。

氟吡磺隆标样:已知质量分数,$\omega \geq 98.0\%$。

5.146.3 操作条件

流动相:Ψ(乙腈∶缓冲溶液)=32∶68。

色谱柱:150 mm×4.6 mm(内径)不锈钢柱,内装 Acclaim 120 C_{18}、5 μm 填充物。

流速:1.0 mL/min。

柱温:室温(温度变化应不大于 2 ℃)。

检测波长:254 nm。

进样体积:5 μL。

有效成分推荐浓度:400 mg/L,线性范围为 78 mg/L～1 964 mg/L。

保留时间:氟吡磺隆 E 体约 5.2 min、Z 体约 7.3 min。

注:计算氟吡磺隆质量分数时,目标物峰面积为 E 体、Z 体 2 个峰面积之和。

5.147 氟吡菌胺(fluopicolide)

5.147.1 方法提要

试样用乙腈溶解，以乙腈＋水为流动相，使用以 ZORBAX Eclipse Plus C_{18} 为填料的不锈钢柱和紫外检测器，在波长 270 nm 下对试样中的氟吡菌胺进行反相高效液相色谱分离，外标法定量。

5.147.2 试剂和溶液

乙腈：色谱纯。

氟吡菌胺标样：已知质量分数，$\omega \geqslant 98.0\%$。

5.147.3 操作条件

流动相：Ψ（乙腈：水）＝60：40。

色谱柱：250 mm×4.6 mm（内径）不锈钢柱，内装 ZORBAX Eclipse Plus C_{18}、5 μm 填充物。

流速：1.0 mL/min。

柱温：(30±2)℃。

检测波长：270 nm。

进样体积：10 μL。

有效成分推荐浓度：500 mg/L，线性范围为 155 mg/L～989 mg/L。

保留时间：氟吡菌胺约 7.8 min。

5.148 氟吡菌酰胺(fluopyram)

5.148.1 方法提要

试样用甲醇溶解，以甲醇＋水为流动相，使用以 ZORBAX SB-C_{18} 为填料的不锈钢柱和紫外检测器，在波长 210 nm 下对试样中的氟吡菌酰胺进行反相高效液相色谱分离，外标法定量。

5.148.2 试剂和溶液

甲醇：色谱纯。

氟吡菌酰胺标样：已知质量分数，$\omega \geqslant 98.0\%$。

5.148.3 操作条件

流动相：Ψ（甲醇：水）＝70：30。

色谱柱：250 mm×4.6 mm（内径）不锈钢柱，内装 ZORBAX SB-C_{18}、5 μm 填充物。

流速：1.0 mL/min。

柱温：(30±2)℃。

检测波长：210 nm。

进样体积：10 μL。

有效成分推荐浓度：100 mg/L，线性范围为 56 mg/L～132 mg/L。

保留时间：氟吡菌酰胺约 8.4 min。

5.149 氟吡酰草胺(picolinafen)

5.149.1 方法提要

试样用乙腈溶解，以乙腈＋水为流动相，使用以 ZORBAX SB-C_{18} 为填料的不锈钢柱和紫外检测器，在波长 290 nm 下对试样中的氟吡酰草胺进行反相高效液相色谱分离，外标法定量。

5.149.2 试剂和溶液

乙腈：色谱纯。

氟吡酰草胺标样：已知质量分数，$\omega \geqslant 98.0\%$。

5.149.3 操作条件

流动相：Ψ（乙腈：水）＝80：20。

色谱柱：250 mm×4.6 mm（内径）不锈钢柱，内装 ZORBAX SB-C_{18}、5 μm 填充物。

流速：1.0 mL/min。

柱温：(30±2)℃。

检测波长：290 nm。

进样体积：10 μL。

有效成分推荐浓度:100 mg/L,线性范围为 62 mg/L～145 mg/L。

保留时间:氟吡酰草胺约 6.8 min。

5.150 氟丙菊酯(acrinathrin)

5.150.1 氟丙菊酯总酯质量分数的测定

5.150.1.1 方法提要

试样用甲醇溶解,以甲醇+水为流动相,使用以 ZORBAX Eclipse XDB-C_8 为填料的不锈钢柱和紫外检测器,在波长 235 nm 下对试样中的氟丙菊酯总酯进行反相高效液相色谱分离,外标法定量。

5.150.1.2 试剂和溶液

甲醇:色谱纯。

氟丙菊酯标样:已知氟丙菊酯总酯质量分数,$\omega \geq 98.0\%$。

5.150.1.3 操作条件

流动相:Ψ(甲醇∶水)=83∶17。

色谱柱:150 mm×4.6 mm(内径)不锈钢柱,内装 ZORBAX Eclipse XDB-C_8、5 μm 填充物。

流速:1.0 mL/min。

柱温:(30±2)℃。

检测波长:235 nm。

进样体积:5 μL。

有效成分推荐浓度:250 mg/L,线性范围为 90 mg/L～512 mg/L。

保留时间:氟丙菊酯总酯约 8.3 min。

5.150.2 氟丙菊酯比例的测定

5.150.2.1 方法提要

试样用流动相溶解,以正戊烷+四氢呋喃为流动相,使用以 Luna Silica 为填料的不锈钢柱和紫外检测器,在波长 235 nm 下对试样中氟丙菊酯进行正相高效液相色谱分离和测定。

5.150.2.2 试剂和溶液

正戊烷:色谱纯。

四氢呋喃。

氟丙菊酯混合体标样:已知质量分数,$\omega \geq 98.0\%$。

5.150.2.3 操作条件

流动相:Ψ(正戊烷∶四氢呋喃)=98∶2。

色谱柱:250 mm×4.6 mm(内径)不锈钢柱,内装 Luna Silica、5 μm 填充物。

流速:1.0 mL/min。

柱温:(30±2)℃。

检测波长:235 nm。

进样体积:10 μL。

保留时间:氟丙菊酯约 6.6 min,R-异构体约 4.6 min。

5.151 氟虫腈(fipronil)

5.151.1 方法提要

试样用异丙醇溶解,以乙腈+水为流动相,使用以 Nucleosil C_{18} 为填料的不锈钢柱和紫外检测器,在波长 280 nm 下对试样中的氟虫腈进行反相高效液相色谱分离,外标法定量。

注:本方法参照 CIPAC 581/TC/M。

5.151.2 试剂和溶液

乙腈:色谱纯。

异丙醇:色谱纯。

氟虫腈标样:已知质量分数,$\omega \geq 98.0\%$。

5.151.3 操作条件

流动相：Ψ(乙腈：水)＝65：35。

色谱柱：250 mm×4.0 mm(内径)不锈钢柱，内装 Nucleosil C_{18}、5 μm 填充物。

流速：1.0 mL/min。

柱温：(40±2)℃。

检测波长：280 nm。

进样体积：5 μL。

有效成分推荐浓度：250 mg/L。

保留时间：氟虫腈约 6.0 min。

5.152 氟虫脲(flufenoxuron)

5.152.1 方法提要

试样用四氢呋喃溶解、稀释溶剂稀释，以甲醇＋缓冲溶液为流动相，使用以 Phenyl-Hexyl 为填料的不锈钢柱和紫外检测器，在波长 270 nm 下对试样中的氟虫脲进行反相高效液相色谱分离，外标法定量。

注：本方法参照 CIPAC 704/TC/M。

5.152.2 试剂和溶液

四氢呋喃：色谱纯。

甲醇：色谱纯。

氢氧化钠。

磷酸。

冰乙酸。

冰乙酸溶液：$c(CH_3COOH)=0.1$ mol/L。

磷酸溶液：$c(H_3PO_4)=0.1$ mol/L。

氢氧化钠溶液：$c(NaOH)=5$ mol/L。

缓冲溶液：移取 250 mL 磷酸溶液和 250 mL 冰乙酸溶液，用水稀释至 1 000 mL，用氢氧化钠溶液调 pH 至 2.5，混合均匀。

稀释溶剂：Ψ(四氢呋喃：水)＝75：25。

氟虫脲标样：已知质量分数，$\omega \geqslant 98.0\%$。

5.152.3 操作条件

流动相：Ψ(甲醇：缓冲溶液)＝80：20。

色谱柱：250 mm×4.6 mm(内径)不锈钢柱，内装 Phenyl-Hexyl、5 μm 填充物。

流速：1.0 mL/min。

柱温：室温(温度变化应不大于 2 ℃)。

检测波长：270 nm。

进样体积：15 μL。

有效成分推荐浓度：200 mg/L。

保留时间：氟虫脲约 21.2 min。

5.152.4 溶液的制备

5.152.4.1 标样溶液的制备

称取 0.1 g(精确至 0.000 1 g)氟虫脲标样，置于 100 mL 容量瓶中，加入 70 mL 四氢呋喃，超声波振荡 5 min，冷却至室温，用四氢呋喃稀释至刻度，摇匀。用移液管移取 10 mL 上述溶液，置于 50 mL 容量瓶中，用稀释溶剂稀释至刻度，摇匀。

5.152.4.2 试样溶液的制备

称取含 0.1 g(精确至 0.000 1 g)氟虫脲的试样，置于 100 mL 容量瓶中，加入 70 mL 四氢呋喃，超声波振荡 5 min，冷却至室温，用四氢呋喃稀释至刻度，摇匀。用移液管移取 10 mL 上述溶液，置于 50 mL

容量瓶中,用稀释溶剂稀释至刻度,摇匀,过滤。

5.153 氟啶胺(fluazinam)

按 NY/T 3585 中"氟啶胺质量分数的测定"进行。

5.154 氟啶草酮(fluridone)

5.154.1 方法提要

试样用流动相溶解,以乙腈+冰乙酸溶液为流动相,使用以 ZORBAX SB-C_{18} 为填料的不锈钢柱和紫外检测器,在波长 235 nm 下对试样中的氟啶草酮进行反相高效液相色谱分离,外标法定量。

5.154.2 试剂和溶液

乙腈:色谱纯。

冰乙酸。

冰乙酸溶液:Ψ(冰乙酸:水)=5:1 000。

氟啶草酮标样:已知质量分数,$\omega \geqslant 98.0\%$。

5.154.3 操作条件

流动相:Ψ(乙腈:冰乙酸溶液)=60:40。

色谱柱:250 mm×4.6 mm(内径)不锈钢柱,内装 ZORBAX SB-C_{18}、5 μm 填充物。

流速:1.0 mL/min。

柱温:(30±2)℃。

检测波长:235 nm。

进样体积:5 μL。

有效成分推荐浓度:300 mg/L,线性范围为 54 mg/L~537 mg/L。

保留时间:氟啶草酮约 5.8 min。

5.155 氟啶虫胺腈(sulfoxaflor)

5.155.1 方法提要

试样用流动相溶解,以乙腈+冰乙酸溶液为流动相,使用以 XTerra MS C_{18} 为填料的不锈钢柱和紫外检测器,在波长 260 nm 下对试样中的氟啶虫胺腈进行反相高效液相色谱分离,外标法定量。

5.155.2 试剂和溶液

乙腈:色谱纯。

冰乙酸。

冰乙酸溶液:Ψ(冰乙酸:水)=2:1 000。

氟啶虫胺腈标样:已知质量分数,$\omega \geqslant 98.0\%$。

5.155.3 操作条件

流动相:Ψ(乙腈:冰乙酸溶液)=30:70。

色谱柱:150 mm×4.6 mm(内径)不锈钢柱,内装 XTerra MS C_{18}、5 μm 填充物。

流速:1.0 mL/min。

柱温:(25±2)℃。

检测波长:260 nm。

进样体积:5 μL。

有效成分推荐浓度:500 mg/L,线性范围为 52 mg/L~1 059 mg/L。

保留时间:氟啶虫胺腈(含一对非对映体)约 5.4 min、5.8 min。

注:计算氟啶虫胺腈质量分数时,目标物峰面积为保留时间 5.4 min、5.8 min 2 个峰面积之和。

5.156 氟啶虫酰胺(flonicamid)

5.156.1 方法提要

试样用甲醇溶解,以甲醇+水为流动相,使用以 XTerra MS C_{18} 为填料的不锈钢柱和紫外检测器,在波长 265 nm 下对试样中的氟啶虫酰胺进行反相高效液相色谱分离,外标法定量。

5.156.2 **试剂和溶液**

甲醇：色谱纯。

氟啶虫酰胺标样：已知质量分数，$\omega \geqslant 98.0\%$。

5.156.3 **操作条件**

流动相：Ψ(甲醇∶水)＝30∶70。

色谱柱：250 mm×4.6 mm(内径)不锈钢柱，内装 XTerra MS C_{18}、5 μm 填充物。

流速：1.0 mL/min。

柱温：(25±2)℃。

检测波长：265 nm。

进样体积：5 μL。

有效成分推荐浓度：500 mg/L，线性范围为 49 mg/L～995 mg/L。

保留时间：氟啶虫酰胺约 6.0 min。

5.157 **氟啶脲(chlorfluazuron)**

5.157.1 **方法提要**

试样用甲醇溶解，以甲醇＋水为流动相，使用以 ZORBAX Extend-C_{18} 为填料的不锈钢柱和紫外检测器，在波长 254 nm 下对试样中的氟啶脲进行反相高效液相色谱分离，外标法定量。

5.157.2 **试剂和溶液**

甲醇：色谱纯。

氟啶脲标样：已知质量分数，$\omega \geqslant 98.0\%$。

5.157.3 **操作条件**

流动相：Ψ(甲醇∶水)＝85∶15。

色谱柱：250 mm×4.6 mm(内径)不锈钢柱，内装 ZORBAX Extend-C_{18}、5 μm 填充物。

流速：1.0 mL/min。

柱温：室温(温度变化应不大于 2 ℃)。

检测波长：254 nm。

进样体积：5 μL。

有效成分推荐浓度：200 mg/L，线性范围为 77 mg/L～1 144 mg/L。

保留时间：氟啶脲约 8.2 min。

5.158 **氟硅菊酯(silafluofen)**

5.158.1 **方法提要**

试样用甲醇溶解，以甲醇＋水为流动相，使用以 XTerra MS C_{18} 为填料的不锈钢柱和紫外检测器，在波长 230 nm 下对试样中的氟硅菊酯进行反相高效液相色谱分离，外标法定量。

5.158.2 **试剂和溶液**

甲醇：色谱纯。

氟硅菊酯标样：已知质量分数，$\omega \geqslant 98.0\%$。

5.158.3 **操作条件**

流动相：Ψ(甲醇∶水)＝95∶5。

色谱柱：250 mm×4.6 mm(内径)不锈钢柱，内装 XTerra MS C_{18}、5 μm 填充物。

流速：1.0 mL/min。

柱温：(25±2)℃。

检测波长：230 nm。

进样体积：5 μL。

有效成分推荐浓度：200 mg/L，线性范围为 48 mg/L～977 mg/L。

保留时间：氟硅菊酯约 6.6 min。

5.159　氟硅唑(flusilazole)

按 NY/T 3774 中"氟硅唑质量分数的测定"进行。

5.160　氟环唑(epoxiconazole)

按 HG/T 5429 中"氟环唑质量分数的测定"进行。

5.161　氟磺胺草醚(fomesafen)

按 GB/T 22167 中"氟磺胺草醚质量分数的测定"进行。

5.162　氟节胺(flumetralin)

5.162.1　方法提要

试样用乙腈溶解，以乙腈＋水为流动相，使用以 XTerra MS C_{18} 为填料的不锈钢柱和紫外检测器，在波长 270 nm 下对试样中的氟节胺进行反相高效液相色谱分离，外标法定量。

5.162.2　试剂和溶液

乙腈：色谱纯。

氟节胺标样：已知质量分数，$\omega \geq 98.0\%$。

5.162.3　操作条件

流动相：Ψ(乙腈：水)＝85：15。

色谱柱：250 mm×4.6 mm(内径)不锈钢柱，内装 XTerra MS C_{18}、5 μm 填充物。

流速：1.0 mL/min。

柱温：(25±2)℃。

检测波长：270 nm。

进样体积：5 μL。

有效成分推荐浓度：500 mg/L，线性范围为 49 mg/L～994 mg/L。

保留时间：氟节胺约 5.2 min。

5.163　氟菌唑(triflumizole)

5.163.1　方法提要

试样用甲醇溶解，以甲醇＋水为流动相，使用以 ZORBAX Eclipse Plus C_{18} 为填料的不锈钢柱和紫外检测器，在波长 238 nm 下对试样中的氟菌唑进行反相高效液相色谱分离，外标法定量。

5.163.2　试剂和溶液

甲醇：色谱纯。

氟菌唑标样：已知质量分数，$\omega \geq 98.0\%$。

5.163.3　操作条件

流动相：Ψ(甲醇：水)＝85：15。

色谱柱：250 mm×4.6 mm(内径)不锈钢柱，内装 ZORBAX Eclipse Plus C_{18}、5 μm 填充物。

流速：1.0 mL/min。

柱温：(30±2)℃。

检测波长：238 nm。

进样体积：5 μL。

有效成分推荐浓度：500 mg/L，线性范围为 50 mg/L～1 014 mg/L。

保留时间：氟菌唑约 6.3 min。

5.164　氟铃脲(hexaflumuron)

5.164.1　方法提要

试样用乙腈溶解，以乙腈＋水为流动相，使用以 ZORBAX Eclipse Plus C_{18} 为填料的不锈钢柱和紫外检测器，在波长 254 nm 下对试样中的氟铃脲进行反相高效液相色谱分离，外标法定量。

5.164.2　试剂和溶液

乙腈：色谱纯。

氟铃脲标样：已知质量分数，ω≥98.0%。

5.164.3 操作条件

流动相：Ψ（乙腈：水）=83：17。

色谱柱：250 mm×4.6 mm（内径）不锈钢柱，内装 ZORBAX Eclipse Plus C_{18}、5 μm 填充物。

流速：1.0 mL/min。

柱温：（25±2）℃。

检测波长：254 nm。

进样体积：5 μL。

有效成分推荐浓度：500 mg/L，线性范围为 50 mg/L～1 017 mg/L。

保留时间：氟铃脲约 4.3 min。

5.165 氟硫草定（dithiopyr）

5.165.1 方法提要

试样用乙腈溶解，以乙腈+水为流动相，使用以 ZORBAX Eclipse Plus C_{18} 为填料的不锈钢柱和紫外检测器，在波长 240 nm 下对试样中的氟硫草定进行反相高效液相色谱分离，外标法定量。

5.165.2 试剂和溶液

乙腈：色谱纯。

氟硫草定标样：已知质量分数，ω≥98.0%。

5.165.3 操作条件

流动相：Ψ（乙腈：水）=60：40。

色谱柱：250 mm×4.6 mm（内径）不锈钢柱，内装 ZORBAX Eclipse Plus C_{18}、5 μm 填充物。

流速：1.2 mL/min。

柱温：（30±2）℃。

检测波长：240 nm。

进样体积：5 μL。

有效成分推荐浓度：200 mg/L，线性范围为 20 mg/L～403 mg/L。

保留时间：氟硫草定约 22.9 min。

5.166 氟氯苯菊酯（flumethrin）

5.166.1 方法提要

试样用乙腈溶解，以乙腈+水为流动相，使用以 XTerra MS C_{18} 为填料的不锈钢柱和紫外检测器，在波长 265 nm 下对试样中的氟氯苯菊酯进行反相高效液相色谱分离，外标法定量。

5.166.2 试剂和溶液

乙腈：色谱纯。

氟氯苯菊酯标样：已知质量分数，ω≥98.0%。

5.166.3 操作条件

流动相：Ψ（乙腈：水）=90：10。

色谱柱：250 mm×4.6 mm（内径）不锈钢柱，内装 XTerra MS C_{18}、5 μm 填充物。

流速：1.0 mL/min。

柱温：（25±2）℃。

检测波长：265 nm。

进样体积：5 μL。

有效成分推荐浓度：200 mg/L，线性范围为 53 mg/L～1 072 mg/L。

保留时间：氟氯苯菊酯约 6.9 min。

5.167 氟氯吡啶酯（halauxifen-methyl）

5.167.1 方法提要

试样用稀释溶剂溶解,以甲醇+磷酸溶液为流动相,使用以 ZORBAX Eclipse Plus C_8 为填料的不锈钢柱和紫外检测器,在波长 250 nm 下对试样中的氟氯吡啶酯进行反相高效液相色谱分离,外标法定量。

5.167.2 试剂和溶液

甲醇:色谱纯。

乙腈:色谱纯。

磷酸。

稀释溶剂:Ψ(乙腈:水)=50:50。

磷酸溶液:Ψ(磷酸:水)=1:1 000。

氟氯吡啶酯标样:已知质量分数,$\omega \geqslant 98.0\%$。

5.167.3 操作条件

流动相:Ψ(甲醇:磷酸溶液)=60:40。

色谱柱:250 mm×4.6 mm(内径)不锈钢柱,内装 ZORBAX Eclipse Plus C_8、5 μm 填充物。

流速:1.0 mL/min。

柱温:(30±2)℃。

检测波长:250 nm。

进样体积:5 μL。

有效成分推荐浓度:100 mg/L,线性范围为 42 mg/L~160 mg/L。

保留时间:氟氯吡啶酯约 9.8 min。

5.168 氟氯氰菊酯(cyfluthrin)

按 HG/T 4927 中"氟氯氰菊酯质量分数的测定"进行。

5.169 氟吗啉(flumorph)

5.169.1 方法提要

试样用甲醇溶解,以甲醇+磷酸溶液为流动相,使用以 Acclaim 120 C_{18} 为填料的不锈钢柱和紫外检测器,在波长 236 nm 下对试样中的氟吗啉进行反相高效液相色谱分离,外标法定量。

5.169.2 试剂和溶液

甲醇:色谱纯。

磷酸。

磷酸溶液:Ψ(磷酸:水)=1:1 000。

氟吗啉标样:已知质量分数,$\omega \geqslant 98.0\%$。

5.169.3 操作条件

流动相:Ψ(甲醇:磷酸溶液)=58:42。

色谱柱:250 mm×4.6 mm(内径)不锈钢柱,内装 Acclaim 120 C_{18}、5 μm 填充物。

流速:1.0 mL/min。

柱温:室温(温度变化应不大于 2 ℃)。

检测波长:236 nm。

进样体积:10 μL。

有效成分推荐浓度:200 mg/L,线性范围为 103 mg/L~2 582 mg/L。

保留时间:氟吗啉 E 体约 5.5 min、Z 体约 8.9 min。

注:计算氟吗啉质量分数时,目标物峰面积为 E 体、Z 体 2 个峰面积之和。

5.170 氟醚菌酰胺(fluopimomide)

5.170.1 方法提要

试样用流动相溶解,以甲醇+水为流动相,使用以 Syncronis C_{18} 为填料的不锈钢柱和紫外检测器,在波长 230 nm 下对试样中的氟醚菌酰胺进行反相高效液相色谱分离,外标法定量。

5.170.2 试剂和溶液

甲醇:色谱纯。

氟醚菌酰胺标样:已知质量分数,ω≥98.0%。

5.170.3 操作条件

流动相:Ψ(甲醇:水)=70:30。

色谱柱:150 mm×4.6 mm(内径)不锈钢柱,内装 Syncronis C_{18}、5 μm 填充物。

流速:1.0 mL/min。

柱温:(30±2)℃。

检测波长:230 nm。

进样体积:5 μL。

有效成分推荐浓度:400 mg/L,线性范围为 115 mg/L~602 mg/L。

保留时间:氟醚菌酰胺约 7.2 min。

5.171 氟嘧菌酯(fluoxastrobin)

5.171.1 方法提要

试样用乙腈溶解,以甲醇+乙腈+水为流动相,使用以 ZORBAX Eclipse Plus C_{18} 为填料的不锈钢柱和紫外检测器,在波长 254 nm 下对试样中的氟嘧菌酯进行反相高效液相色谱分离,外标法定量。

5.171.2 试剂和溶液

甲醇:色谱纯。

乙腈:色谱纯。

氟嘧菌酯标样:已知质量分数,ω≥98.0%。

5.171.3 操作条件

流动相:Ψ(甲醇:乙腈:水)=30:30:40。

色谱柱:250 mm×4.6 mm(内径)不锈钢柱,内装 ZORBAX Eclipse Plus C_{18}、5 μm 填充物。

流速:1.0 mL/min。

柱温:(30±2)℃。

检测波长:254 nm。

进样体积:5 μL。

有效成分推荐浓度:500 mg/L,线性范围为 196 mg/L~752 mg/L。

保留时间:氟嘧菌酯约 17.7 min。

5.172 氟噻草胺(flufenacet)

5.172.1 方法提要

试样用流动相溶解,以乙腈+水为流动相,使用以 ZORBAX Eclipse Plus C_{18} 为填料的不锈钢柱和紫外检测器,在波长 230 nm 下对试样中的氟噻草胺进行反相高效液相色谱分离,外标法定量。

5.172.2 试剂和溶液

乙腈:色谱纯。

氟噻草胺标样:已知质量分数,ω≥98.0%。

5.172.3 操作条件

流动相:Ψ(乙腈:水)=65:35。

色谱柱:250 mm×4.6 mm(内径)不锈钢柱,内装 ZORBAX Eclipse Plus C_{18}、5 μm 填充物。

流速:1.0 mL/min。

柱温:(30±2)℃。

检测波长:230 nm。

进样体积:5 μL。

有效成分推荐浓度:500 mg/L,线性范围为 246 mg/L~788 mg/L。

保留时间:氟噻草胺约 7.2 min。

5.173 **氟噻唑吡乙酮(oxathiapiprolin)**

5.173.1 **方法提要**

试样用乙腈溶解,以乙腈+水为流动相,使用以 ZORBAX Eclipse Plus C_8 为填料的不锈钢柱和紫外检测器,在波长 260 nm 下对试样中的氟噻唑吡乙酮进行反相高效液相色谱分离,外标法定量。

5.173.2 **试剂和溶液**

乙腈:色谱纯。

氟噻唑吡乙酮标样:已知质量分数,$\omega \geqslant 98.0\%$。

5.173.3 **操作条件**

流动相:Ψ(乙腈:水)=55:45。

色谱柱:250 mm×4.6 mm(内径)不锈钢柱,内装 ZORBAX Eclipse Plus C_8、5 μm 填充物。

流速:1.0 mL/min。

柱温:(30±2)℃。

检测波长:260 nm。

进样体积:5 μL。

有效成分推荐浓度:500 mg/L,线性范围为 152 mg/L~996 mg/L。

保留时间:氟噻唑吡乙酮约 10.1 min。

5.174 **氟鼠灵(flocoumafen)**

5.174.1 **方法提要**

试样用甲醇溶解,以乙腈+冰乙酸溶液为流动相,使用以 ZORBAX Eclipse Plus C_{18} 为填料的不锈钢柱和紫外检测器,在波长 220 nm 下对试样中的氟鼠灵进行反相高效液相色谱分离,外标法定量。

5.174.2 **试剂和溶液**

乙腈:色谱纯。

甲醇:色谱纯。

冰乙酸。

冰乙酸溶液:Ψ(冰乙酸:水)=2:1 000。

氟鼠灵标样:已知质量分数,$\omega \geqslant 98.0\%$。

5.174.3 **操作条件**

流动相:Ψ(乙腈:冰乙酸溶液)=80:20。

色谱柱:250 mm×4.6 mm(内径)不锈钢柱,内装 ZORBAX Eclipse Plus C_{18}、5 μm 填充物。

流速:1.0 mL/min。

柱温:(30±2)℃。

检测波长:220 nm。

进样体积:20 μL。

有效成分推荐浓度:20 mg/L,线性范围为 5 mg/L~50 mg/L。

保留时间:氟鼠灵顺式体约 7.7 min、反式体约 9.0 min。

注:计算氟鼠灵质量分数时,目标物峰面积为顺式体、反式体 2 个峰面积之和。

5.175 **氟酮磺草胺(triafamone)**

5.175.1 **方法提要**

试样用乙腈溶解,以乙腈+磷酸溶液为流动相,使用以 ZORBAX Eclipse Plus C_{18} 为填料的不锈钢柱和紫外检测器,在波长 260 nm 下对试样中的氟酮磺草胺进行反相高效液相色谱分离,外标法定量。

5.175.2 **试剂和溶液**

乙腈:色谱纯。

磷酸。

磷酸溶液：Ψ(磷酸：水)＝1：1 000。

氟酮磺草胺标样：已知质量分数，ω≥98.0%。

5.175.3 操作条件

流动相：Ψ(乙腈：磷酸溶液)＝40：60。

色谱柱：250 mm×4.6 mm(内径)不锈钢柱，内装 ZORBAX Eclipse Plus C_{18}、5 μm 填充物。

流速：1.0 mL/min。

柱温：(30±2)℃。

检测波长：260 nm。

进样体积：5 μL。

有效成分推荐浓度：500 mg/L，线性范围为 228 mg/L～750 mg/L。

保留时间：氟酮磺草胺约 19.1 min。

5.176 氟烯线砜(fluensulfone)

5.176.1 方法提要

试样用甲醇溶解，以甲醇＋磷酸溶液为流动相，使用以 ZORBAX Eclipse Plus C_{18} 为填料的不锈钢柱和紫外检测器，在波长 270 nm 下对试样中的氟烯线砜进行反相高效液相色谱分离，外标法定量。

5.176.2 试剂和溶液

甲醇：色谱纯。

磷酸。

磷酸溶液：Ψ(磷酸：水)＝2：1 000。

氟烯线砜标样：已知质量分数，ω≥98.0%。

5.176.3 操作条件

流动相：Ψ(甲醇：磷酸溶液)＝55：45。

色谱柱：250 mm×4.6 mm(内径)不锈钢柱，内装 ZORBAX Eclipse Plus C_{18}、5 μm 填充物。

流速：1.0 mL/min。

柱温：(30±2)℃。

检测波长：270 nm。

进样体积：5 μL。

有效成分推荐浓度：400 mg/L，线性范围为 163 mg/L～863 mg/L。

保留时间：氟烯线砜约 11.2 min。

5.177 氟酰胺(flutolanil)

5.177.1 方法提要

试样用甲醇溶解，以甲醇＋水为流动相，使用以 ZORBAX Eclipse Plus C_{18} 为填料的不锈钢柱和紫外检测器，在波长 248 nm 下对试样中的氟酰胺进行反相高效液相色谱分离，外标法定量。

5.177.2 试剂和溶液

甲醇：色谱纯。

氟酰胺标样：已知质量分数，ω≥98.0%。

5.177.3 操作条件

流动相：Ψ(甲醇：水)＝65：35。

色谱柱：250 mm×4.6 mm(内径)不锈钢柱，内装 ZORBAX Eclipse Plus C_{18}、5 μm 填充物。

流速：1.0 mL/min。

柱温：(30±2)℃。

检测波长：248 nm。

进样体积：5 μL。

有效成分推荐浓度：500 mg/L，线性范围为 185 mg/L～1 000 mg/L。

保留时间：氟酰胺约 9.9 min。

5.178 氟酰脲(novaluron)

5.178.1 方法提要

试样用乙腈溶解，以乙腈＋水为流动相，使用 LiChrospher RP-18e 为填料的不锈钢柱和紫外检测器，在波长 260 nm 下对试样中的氟酰脲进行反相高效液相色谱分离，外标法定量。

注：本方法参照 CIPAC 672/TC/(M)。

5.178.2 试剂和溶液

乙腈：色谱纯。

氟酰脲标样：已知质量分数，$\omega \geqslant 98.0\%$。

5.178.3 操作条件

流动相：Ψ(乙腈：水)＝65：35。

色谱柱：250 mm×4.0 mm(内径)不锈钢柱，内装 LiChrospher RP-18e、5 μm 填充物。

流速：1.5 mL/min。

柱温：(40±2)℃。

检测波长：260 nm。

进样体积：10 μL。

有效成分推荐浓度：500 mg/L。

保留时间：氟酰脲 7.0 min～8.0 min。

5.179 氟蚁腙(hydramethylnon)

5.179.1 方法提要

试样用甲醇溶解，以甲醇＋三乙胺溶液为流动相，使用以 Inertsil ODS-3 为填料的不锈钢柱和紫外检测器，在波长 298 nm 下对试样中的氟蚁腙进行反相高效液相色谱分离，外标法定量。

5.179.2 试剂和溶液

甲醇：色谱纯。

三乙胺。

三乙胺溶液：Ψ(三乙胺：水)＝10：1 000。

氟蚁腙标样：已知质量分数，$\omega \geqslant 98.0\%$。

5.179.3 操作条件

流动相：Ψ(甲醇：三乙胺溶液)＝90：10。

色谱柱：250 mm×4.6 mm(内径)不锈钢柱，内装 Inertsil ODS-3、5 μm 填充物。

流速：1.2 mL/min。

柱温：(35±2)℃。

检测波长：298 nm。

进样体积：5 μL。

有效成分推荐浓度：1 000 mg/L，线性范围为 105 mg/L～3 165 mg/L。

保留时间：氟蚁腙约 7.8 min。

5.180 氟唑环菌胺(sedaxane)

5.180.1 方法提要

试样用甲醇溶解，以甲醇＋磷酸溶液为流动相，使用以 Inertsil ODS-3 为填料的不锈钢柱和紫外检测器，在波长 220 nm 下对试样中的氟唑环菌胺进行反相高效液相色谱分离，外标法定量。

5.180.2 试剂和溶液

甲醇：色谱纯。

磷酸。

磷酸溶液：Ψ(磷酸：水)＝1：1 000。

氟唑环菌胺标样：已知质量分数，$\omega \geq 98.0\%$。

5.180.3 操作条件

流动相：Ψ（甲醇：磷酸溶液）=75：25。

色谱柱：250 mm×4.6 mm（内径）不锈钢柱，内装 Inertsil ODS-3、5 μm 填充物。

流速：1.0 mL/min。

柱温：(35±2)℃。

检测波长：220 nm。

进样体积：5 μL。

有效成分推荐浓度：500 mg/L，线性范围为 101 mg/L～2 034 mg/L。

保留时间：氟唑环菌胺反式体约 8.2 min、顺式体约 9.9 min。

注：计算氟唑环菌胺质量分数时，目标物峰面积为反式体、顺式体 2 个峰面积之和。

5.181 氟唑磺隆(flucarbazone-Na)

5.181.1 方法提要

试样用甲醇溶解，以乙腈+磷酸溶液为流动相，使用以 Inertsil ODS-3 为填料的不锈钢柱和紫外检测器，在波长 223 nm 下对试样中的氟唑磺隆进行反相高效液相色谱分离，外标法定量。

5.181.2 试剂和溶液

乙腈：色谱纯。

甲醇：色谱纯。

磷酸。

磷酸溶液：Ψ（磷酸：水）=1：1 000。

氟唑磺隆标样：已知质量分数，$\omega \geq 98.0\%$。

5.181.3 操作条件

流动相：Ψ（乙腈：磷酸溶液）=60：40。

色谱柱：250 mm×4.6 mm（内径）不锈钢柱，内装 Inertsil ODS-3、5 μm 填充物。

流速：1.0 mL/min。

柱温：(35±2)℃。

检测波长：223 nm。

进样体积：5 μL。

有效成分推荐浓度：1 000 mg/L，线性范围为 200 mg/L～3 020 mg/L。

保留时间：氟唑磺隆约 6.6 min。

5.182 氟唑菌苯胺(penflufen)

5.182.1 方法提要

试样用乙腈溶解，以乙腈+磷酸溶液为流动相，使用以 XTerra MS C_{18} 为填料的不锈钢柱和紫外检测器，在波长 240 nm 下对试样中的氟唑菌苯胺进行反相高效液相色谱分离，外标法定量。

5.182.2 试剂和溶液

乙腈：色谱纯。

磷酸。

磷酸溶液：Ψ（磷酸：水）=1：1 000。

氟唑菌苯胺标样：已知质量分数，$\omega \geq 98.0\%$。

5.182.3 操作条件

流动相：Ψ（乙腈：磷酸溶液）=65：35。

色谱柱：250 mm×4.6 mm（内径）不锈钢柱，内装 XTerra MS C_{18}、5 μm 填充物。

流速：1.0 mL/min。

柱温：(30±2)℃。

检测波长:240 nm。

进样体积:5 μL。

有效成分推荐浓度:500 mg/L,线性范围为 49 mg/L~994 mg/L。

保留时间:氟唑菌苯胺约 6.7 min。

5.183 氟唑菌酰胺(fluxapyroxad)

5.183.1 方法提要

试样用甲醇溶解,以甲醇+水为流动相,使用以 Acclaim 120 C_{18} 为填料的不锈钢柱和紫外检测器,在波长 230 nm 下对试样中的氟唑菌酰胺进行反相高效液相色谱分离,外标法定量。

5.183.2 试剂和溶液

甲醇:色谱纯。

氟唑菌酰胺标样:已知质量分数,ω≥98.0%。

5.183.3 操作条件

流动相:Ψ(甲醇:水)=65:35。

色谱柱:250 mm×4.6 mm(内径)不锈钢柱,内装 Acclaim 120 C_{18}、5 μm 填充物。

流速:1.0 mL/min。

柱温:(35±2)℃。

检测波长:230 nm。

进样体积:5 μL。

有效成分推荐浓度:200 mg/L,线性范围为 20 mg/L~601 mg/L。

保留时间:氟唑菌酰胺约 13.9 min。

5.184 氟唑菌酰羟胺(pydiflumetofen)

5.184.1 方法提要

试样用乙腈溶解,以乙腈+磷酸溶液为流动相,使用以 Diamonsil C_{18} 为填料的不锈钢柱和紫外检测器,在波长 210 nm 下对试样中的氟唑菌酰羟胺进行反相高效液相色谱分离,外标法定量。

5.184.2 试剂和溶液

乙腈:色谱纯。

磷酸。

磷酸溶液:Ψ(磷酸:水)=1:1 000。

氟唑菌酰羟胺标样:已知质量分数,ω≥98.0%。

5.184.3 操作条件

流动相:Ψ(乙腈:磷酸溶液)=70:30。

色谱柱:250 mm×4.6 mm(内径)不锈钢柱,内装 Diamonsil C_{18}、5 μm 填充物。

流速:1.5 mL/min。

柱温:(35±2)℃。

检测波长:210 nm。

进样体积:5 μL。

有效成分推荐浓度:237 mg/L,线性范围为 47 mg/L~951 mg/L。

保留时间:氟唑菌酰羟胺约 7.8 min。

5.185 福美双(thiram)

按 HG/T 3757 中"福美双质量分数的测定"进行。

5.186 腐霉利(procymidone)

5.186.1 方法提要

试样用流动相溶解,以乙腈+水为流动相,使用以 ZORBAX Extend-C_{18} 为填料的不锈钢柱和紫外检测器,在波长 225 nm 下对试样中的腐霉利进行反相高效液相色谱分离,外标法定量。

5.186.2 试剂和溶液

乙腈:色谱纯。

腐霉利标样:已知质量分数,$\omega \geq 98.0\%$。

5.186.3 操作条件

流动相:Ψ(乙腈:水)=60:40。

色谱柱:250 mm×4.6 mm(内径)不锈钢柱,内装 ZORBAX Extend-C_{18}、5 μm 填充物。

流速:1.0 mL/min。

柱温:室温(温度变化应不大于 2 ℃)。

检测波长:225 nm。

进样体积:5 μL。

有效成分推荐浓度:500 mg/L,线性范围为 156 mg/L~1 280 mg/L。

保留时间:腐霉利约 9.6 min。

5.187 复硝酚钠(sodium nitrophenolate)

5.187.1 方法提要

试样用流动相溶解,以甲醇+磷酸溶液为流动相,使用以 Inertsil ODS-3 为填料的不锈钢柱和紫外检测器,在波长 210 nm 下对试样中的5-硝基邻甲氧基苯酚钠、对硝基苯酚钠、邻硝基苯酚钠进行反相高效液相色谱分离,外标法定量。

复硝酚钠中钠离子按 GB/T 20686 中"钠离子质量分数的测定"进行,操作条件适当调整:甲基磺酸溶液 $c(CH_4O_3S)$=20 mmol/L,进样体积 25 μL,有效成分推荐浓度 10 mg/L,线性范围 1 mg/L~48 mg/L。

注:复硝酚钠由5-硝基邻甲氧基苯酚钠、对硝基苯酚钠、邻硝基苯酚钠 3 个成分组成,复硝酚钠含量为 3 个组分含量之和。

5.187.2 试剂和溶液

甲醇:色谱纯。

磷酸。

磷酸溶液:Ψ(磷酸:水)=1.5:1 000。

5-硝基邻甲氧基苯酚钠标样:已知质量分数,$\omega \geq 98.0\%$。

对硝基苯酚钠标样:已知质量分数,$\omega \geq 98.0\%$。

邻硝基苯酚钠标样:已知质量分数,$\omega \geq 98.0\%$。

5.187.3 操作条件

流动相:Ψ(甲醇:磷酸溶液)=55:45。

色谱柱:250 mm×4.6 mm(内径)不锈钢柱,内装 Inertsil ODS-3、5 μm 填充物。

流速:1.0 mL/min。

柱温:(30±2)℃。

检测波长:210 nm。

进样体积:10 μL。

有效成分推荐浓度:5-硝基邻甲氧基苯酚钠为 40 mg/L,线性范围为 7 mg/L~61 mg/L;对硝基苯酚钠为 180 mg/L,线性范围为 37 mg/L~302 mg/L;邻硝基苯酚钠为 80 mg/L,线性范围为 15 mg/L~121 mg/L。

保留时间:5-硝基邻甲氧基苯酚约 7.4 min,对硝基苯酚约 8.2 min,邻硝基苯酚约 12.4 min。

5.188 高效反式氯氰菊酯(theta-cypermethrin)

按 HG/T 3629 中"高效氯氰菊酯质量分数的测定"进行。

5.189 高效氟吡甲禾灵(haloxyfop-P-methyl)

按 GB/T 34157 中"高效氟吡甲禾灵质量分数的测定"进行。

5.190 高效氟氯氰菊酯(beta-cyfluthrin)

按 HG/T 4928 中“氟氯氰菊酯质量分数及四个非对映异构体比例的测定”进行。

5.191 高效氯氟氰菊酯(lambda-cyhalothrin)

按 GB/T 20695 中“高效氯氟氰菊酯质量分数的测定”进行。

5.192 高效氯氰菊酯(beta-cypermethrin)

按 HG/T 3629 中“高效氯氰菊酯质量分数的测定”进行。

5.193 咯菌腈(fludioxonil)

按 NY/T 3587 中“咯菌腈质量分数的测定”进行。

5.194 硅噻菌胺(silthiopham)

5.194.1 方法提要

试样用甲醇溶解,以甲醇+水为流动相,使用以 Inertsil ODS-3 为填料的不锈钢柱和紫外检测器,在波长 245 nm 下对试样中的硅噻菌胺进行反相高效液相色谱分离,外标法定量。

5.194.2 试剂和溶液

甲醇:色谱纯。

硅噻菌胺标样:已知质量分数,$\omega \geq 98.0\%$。

5.194.3 操作条件

流动相:Ψ(甲醇∶水)=80∶20。

色谱柱:250 mm×4.6 mm(内径)不锈钢柱,内装 Inertsil ODS-3、5 μm 填充物。

流速:1.0 mL/min。

柱温:(30±2)℃。

检测波长:245 nm。

进样体积:10 μL。

有效成分推荐浓度:400 mg/L,线性范围为 78 mg/L~630 mg/L。

保留时间:硅噻菌胺约 7.7 min。

5.195 琥胶肥酸铜[copper(succinate+glutarate+adipate)]

5.195.1 方法提要

试样用流动相溶解,以甲醇+磷酸二氢钾溶液为流动相,使用以 Ultimate LP-C_{18} 为填料的不锈钢柱和紫外检测器,在波长 210 nm 下对试样中的丁二酸、戊二酸、己二酸进行反相高效液相色谱分离,外标法定量。

琥胶肥酸铜中铜离子按附录 B 进行测定。

注:琥胶肥酸铜由丁二酸铜、戊二酸铜、己二酸铜 3 个成分组成,琥胶肥酸铜含量为 3 个组分含量之和。

5.195.2 试剂和溶液

甲醇:色谱纯。

磷酸。

磷酸二氢钾。

丁二酸标样:已知质量分数,$\omega \geq 98.0\%$。

戊二酸标样:已知质量分数,$\omega \geq 98.0\%$。

己二酸标样:已知质量分数,$\omega \geq 98.0\%$。

5.195.3 操作条件

流动相:称取 0.27 g(精确至 0.001 g)磷酸二氢钾,溶于 1 000 mL 水中,用磷酸调 pH 至 2.3,再加入 42 mL 甲醇,混合均匀。

色谱柱:250 mm×4.6 mm(内径)不锈钢柱,内装 Ultimate LP-C_{18}、5 μm 填充物。

流速:1.0 mL/min。

柱温:(35±2)℃。

检测波长:210 nm。

进样体积:10 μL。

有效成分推荐浓度:根据试样中丁二酸铜、戊二酸铜和己二酸铜的实际比例,制备合适浓度的标样和试样溶液;丁二酸、戊二酸和己二酸的线性范围为 220 mg/L～5 000 mg/L。

保留时间:丁二酸约 7.3 min,戊二酸约 13.7 min,己二酸约 36.4 min。

5.196 环吡氟草酮(cypyrafluone)

5.196.1 方法提要

试样用乙腈溶解,以乙腈＋磷酸溶液为流动相,使用以 Inertsil ODS-3 为填料的不锈钢柱和紫外检测器,在波长 270nm 下对试样中的环吡氟草酮进行反相高效液相色谱分离,外标法定量。

5.196.2 试剂和溶液

乙腈:色谱纯。

磷酸。

磷酸溶液:Ψ(磷酸∶水)＝1.5∶1 000。

环吡氟草酮标样:已知质量分数,ω≥98.0%。

5.196.3 操作条件

流动相:Ψ(乙腈∶磷酸溶液)＝50∶50。

色谱柱:250 mm×4.6 mm(内径)不锈钢柱,内装 Inertsil ODS-3、5 μm 填充物。

流速:1.0 mL/min。

柱温:(30±2)℃。

检测波长:270 nm。

进样体积:10 μL。

有效成分推荐浓度:400 mg/L,线性范围为 81 mg/L～651 mg/L。

保留时间:环吡氟草酮约 6.7 min。

5.197 环丙唑醇(cyproconazole)

5.197.1 方法提要

试样用甲醇溶解,以乙腈＋甲醇＋水为流动相,使用以 ZORBAX Rx C_{18} 为填料的不锈钢柱和紫外检测器,在波长 220 nm 下对试样中的环丙唑醇进行反相高效液相色谱分离,外标法定量。

注:本方法按 CIPAC 600/TC/M。

5.197.2 试剂和溶液

乙腈:色谱纯。

甲醇:色谱纯。

环丙唑醇标样:已知质量分数,ω≥98.0%。

5.197.3 操作条件

流动相:Ψ(乙腈∶甲醇∶水)＝35∶10∶55。

色谱柱:250 mm×4.6 mm(内径)不锈钢柱,内装 ZORBAX Rx C_{18}、5 μm 填充物。

流速:1.5 mL/min。

柱温:20 ℃～35 ℃。

检测波长:220 nm。

进样体积:10 μL。

有效成分推荐浓度:1 000 mg/L。

保留时间:环丙唑醇非对映体 B 约 14.0 min、非对映体 A 约 15.0 min。

注:计算环丙唑醇质量分数时,目标物峰面积为非对映体 B、非对映体 A 2 个峰面积之和。

5.198 环虫酰肼(chromafenozide)

5.198.1 方法提要

试样用乙腈溶解,以乙腈＋水为流动相,使用以 Inertsil ODS-3 为填料的不锈钢柱和紫外检测器,在波长 210 nm 下对试样中的环虫酰肼进行反相高效液相色谱分离，外标法定量。

5.198.2 试剂和溶液

乙腈：色谱纯。

环虫酰肼标样：已知质量分数，$\omega \geqslant 98.0\%$。

5.198.3 操作条件

流动相：Ψ(乙腈：水)＝70：30。

色谱柱：250 mm×4.6 mm(内径)不锈钢柱，内装 Inertsil ODS-3、5 μm 填充物。

流速：1.0 mL/min。

柱温：(30±2)℃。

检测波长：210 nm。

进样体积：10 μL。

有效成分推荐浓度：400 mg/L，线性范围为 83 mg/L～606 mg/L。

保留时间：环虫酰肼约 7.6 min。

5.199 环氟菌胺(cyflufenamid)

5.199.1 方法提要

试样用甲醇溶解，以甲醇＋磷酸溶液为流动相，使用以 ZORBAX SB-C_{18} 为填料的不锈钢柱和紫外检测器，在波长 240 nm 下对试样中的环氟菌胺进行反相高效液相色谱分离，外标法定量。

5.199.2 试剂和溶液

甲醇：色谱纯。

磷酸。

磷酸溶液：Ψ(磷酸：水)＝1：1 000。

环氟菌胺标样：已知质量分数，$\omega \geqslant 98.0\%$。

5.199.3 操作条件

流动相：Ψ(甲醇：磷酸溶液)＝70：30。

色谱柱：150 mm×4.6 mm(内径)不锈钢柱，内装 ZORBAX SB-C_{18}、5 μm 填充物。

流速：1.0 mL/min。

柱温：(30±2)℃。

检测波长：240 nm。

进样体积：5 μL。

有效成分推荐浓度：500 mg/L，线性范围为 288 mg/L～786 mg/L。

保留时间：环氟菌胺约 10.2 min。

5.200 环嗪酮(hexazinone)

按 HG/T 5423 中“环嗪酮质量分数的测定”进行。

5.201 环戊噁草酮(pentoxazone)

5.201.1 方法提要

试样用流动相溶解，以乙腈＋磷酸溶液为流动相，使用以 ZORBAX SB-C_{18} 为填料的不锈钢柱和紫外检测器，在波长 248 nm 下对试样中的环戊噁草酮进行反相高效液相色谱分离，外标法定量。

5.201.2 试剂和溶液

乙腈：色谱纯。

磷酸。

磷酸溶液：Ψ(磷酸：水)＝1：1 000。

环戊噁草酮标样：已知质量分数，$\omega \geqslant 98.0\%$。

5.201.3 操作条件

流动相：Ψ(乙腈：磷酸溶液)＝70：30。

色谱柱：150 mm×4.6 mm(内径)不锈钢柱，内装 ZORBAX SB-C_{18}、5 μm 填充物。

流速：1.0 mL/min。

柱温：(30±2)℃。

检测波长：248 nm。

进样体积：5 μL。

有效成分推荐浓度：100 mg/L，线性范围为 34 mg/L～129 mg/L。

保留时间：环戊噁草酮约 7.6 min。

5.202 环氧虫啶(cycloxaprid)

5.202.1 方法提要

试样用乙腈溶解，以乙腈＋缓冲溶液为流动相，使用以 ZORBAX SB-C_{18} 为填料的不锈钢柱和紫外检测器，在波长 340 nm 下对试样中的环氧虫啶进行反相高效液相色谱分离，外标法定量。

5.202.2 试剂和溶液

乙腈：色谱纯。

冰乙酸。

乙酸铵。

冰乙酸溶液：Ψ(冰乙酸：水)＝50：50。

缓冲溶液：称取 1.54 g(精确至 0.001 g)乙酸铵，溶于 1 000 mL 水中，用冰乙酸溶液调 pH 至 7.0。

环氧虫啶标样：已知质量分数，$\omega \geq 98.0\%$。

5.202.3 操作条件

流动相：Ψ(乙腈：缓冲溶液)＝20：80。

色谱柱：150 mm×4.6 mm(内径)不锈钢柱，内装 ZORBAX SB-C_{18}、5 μm 填充物。

流速：1.0 mL/min。

柱温：(30±2)℃。

检测波长：340 nm。

进样体积：5 μL。

有效成分推荐浓度：200 mg/L，线性范围为 79 mg/L～392 mg/L。

保留时间：环氧虫啶约 4.6 min。

5.203 环酯草醚(pyriftalid)

5.203.1 方法提要

试样用流动相溶解，以乙腈＋磷酸溶液为流动相，使用以 ZORBAX SB-C_{18} 为填料的不锈钢柱和紫外检测器，在波长 240 nm 下对试样中的环酯草醚进行反相高效液相色谱分离，外标法定量。

5.203.2 试剂和溶液

乙腈：色谱纯。

磷酸。

磷酸溶液：Ψ(磷酸：水)＝1：1 000。

环酯草醚标样：已知质量分数，$\omega \geq 98.0\%$。

5.203.3 操作条件

流动相：Ψ(乙腈：磷酸溶液)＝55：45。

色谱柱：150 mm×4.6 mm(内径)不锈钢柱，内装 ZORBAX SB-C_{18}、5 μm 填充物。

流速：1.0 mL/min。

柱温：(30±2)℃。

检测波长：240 nm。

进样体积：2 μL。

有效成分推荐浓度：500 mg/L，线性范围为 229 mg/L～839 mg/L。

保留时间:环酯草醚约 5.8 min。

5.204 **磺草酮(sulcotrione)**

5.204.1 **方法提要**

试样用甲醇溶解,以乙腈+磷酸溶液为流动相,使用以 ZORBAX SB-C_{18}为填料的不锈钢柱和紫外检测器,在波长 284 nm 下对试样中的磺草酮进行反相高效液相色谱分离,外标法定量。

5.204.2 **试剂和溶液**

甲醇:色谱纯。

乙腈:色谱纯。

磷酸。

磷酸溶液:Ψ(磷酸∶水)=1∶1 000。

磺草酮标样:已知质量分数,ω≥98.0%。

5.204.3 **操作条件**

流动相:Ψ(乙腈∶磷酸溶液)=40∶60。

色谱柱:150 mm×4.6 mm(内径)不锈钢柱,内装 ZORBAX SB-C_{18}、5 μm 填充物。

流速:1.0 mL/min。

柱温:(30±2)℃。

检测波长:284 nm。

进样体积:5 μL。

有效成分推荐浓度:500 mg/L,线性范围为 192 mg/L~962 mg/L。

保留时间:磺草酮约 5.4 min。

5.205 **混灭威(dimethacarb)**

5.205.1 **方法提要**

试样用乙腈溶解,以乙腈+水为流动相,使用以 ZORBAX SB-C_{18}为填料的不锈钢柱和紫外检测器,在波长 264 nm 下对试样中的混灭威进行反相高效液相色谱分离,外标法定量。

注:混灭威含有灭杀威和灭除威 2 种异构体,混灭威含量为 2 种异构体含量之和。

5.205.2 **试剂和溶液**

乙腈:色谱纯。

混灭威标样:已知质量分数,ω≥98.0%。

5.205.3 **操作条件**

流动相:Ψ(乙腈∶水)=30∶70。

色谱柱:150 mm×4.6 mm(内径)不锈钢柱,内装 ZORBAX SB-C_{18}、5 μm 填充物。

流速:1.0 mL/min。

柱温:(30±2)℃。

检测波长:264 nm。

进样体积:10 μL。

有效成分推荐浓度:2 000 mg/L,线性范围为 953 mg/L~3 059 mg/L。

保留时间:灭杀威约 13.3 min、灭除威约 14.6 min。

注:计算混灭威质量分数时,目标物峰面积为灭杀威、灭除威 2 个峰面积之和。

5.206 **己唑醇(hexaconazole)**

5.206.1 **方法提要**

试样用流动相溶解,以甲醇+水为流动相,使用以 ZORBAX Extend-C_{18}为填料的不锈钢柱和紫外检测器,在波长 230 nm 下对试样中的己唑醇进行反相高效液相色谱分离,外标法定量。

5.206.2 **试剂和溶液**

甲醇:色谱纯。

己唑醇标样:已知质量分数,$\omega \geqslant 98.0\%$。

5.206.3 **操作条件**

流动相:Ψ(甲醇:水)=75:25。

色谱柱:250 mm×4.6 mm(内径)不锈钢柱,内装 ZORBAX Extend-C_{18}、5 μm 填充物。

流速:1.2 mL/min。

柱温:室温(温度变化应不大于 2 ℃)。

检测波长:230 nm。

进样体积:5 μL。

有效成分推荐浓度:200 mg/L,线性范围为 103 mg/L~1 816 mg/L。

保留时间:己唑醇约 11.0 min。

5.207 **甲氨基阿维菌素(abamectin-aminomethyl)**

按 GB/T 20693 中"甲氨基阿维菌素苯甲酸盐(甲氨基阿维菌素)质量分数的测定"进行。

5.208 **甲氨基阿维菌素苯甲酸盐(emamectin benzoate)**

按 GB/T 20693 中"甲氨基阿维菌素苯甲酸盐(甲氨基阿维菌素)质量分数的测定"进行。

甲氨基阿维菌素苯甲酸盐中苯甲酸按 GB/T 20693 中"苯甲酸质量分数的测定"进行。

5.209 **甲胺磷(methamidophos)**

5.209.1 **方法提要**

试样用水溶解,以乙腈+水为流动相,使用以 LiChrospher 100 RP-8 为填料的不锈钢柱和紫外检测器,在波长 210 nm 下对试样中的甲胺磷进行反相高效液相色谱分离,外标法定量。

注:本方法参照 CIPAC 355/TC/M。

5.209.2 **试剂和溶液**

乙腈:色谱纯。

甲胺磷标样:已知质量分数,$\omega \geqslant 98.0\%$。

5.209.3 **操作条件**

流动相:Ψ(乙腈:水)=6:94。

色谱柱:250 mm×4.6 mm(内径)不锈钢柱,内装 LiChrospher 100 RP-8、5 μm 填充物。

流速:1.5 mL/min。

柱温:(35±2)℃。

检测波长:210 nm。

进样体积:20 μL。

有效成分推荐浓度:2 500 mg/L。

保留时间:甲胺磷约 3.2 min。

5.210 **甲磺草胺(sulfentrazone)**

5.210.1 **方法提要**

试样用乙腈溶解,以乙腈+磷酸溶液为流动相,使用以 ZORBAX SB-C_{18} 为填料的不锈钢柱和紫外检测器,在波长 230 nm 下对试样中的甲磺草胺进行反相高效液相色谱分离,外标法定量。

5.210.2 **试剂和溶液**

乙腈:色谱纯。

磷酸。

磷酸溶液:Ψ(磷酸:水)=1:1 000。

甲磺草胺标样:已知质量分数,$\omega \geqslant 98.0\%$。

5.210.3 **操作条件**

流动相:Ψ(乙腈:磷酸溶液)=60:40。

色谱柱:150 mm×4.6 mm(内径)不锈钢柱,内装 ZORBAX SB-C_{18}、5 μm 填充物。

流速:0.8 mL/min。

柱温:(30±2)℃。

检测波长:230 nm。

进样体积:5 μL。

有效成分推荐浓度:80 mg/L,线性范围为 42 mg/L~117 mg/L。

保留时间:甲磺草胺约 3.1 min。

5.211 甲磺隆(metsulfuron-methyl)

按 GB/T 20683 中"甲磺隆质量分数的测定"进行。

5.212 甲基吡噁磷(azamethiphos)

5.212.1 方法提要

试样用流动相溶解,以乙腈+磷酸溶液为流动相,使用以 ZORBAX SB-C_{18}为填料的不锈钢柱和紫外检测器,在波长 294 nm 下对试样中的甲基吡噁磷进行反相高效液相色谱分离,外标法定量。

5.212.2 试剂和溶液

乙腈:色谱纯。

磷酸。

磷酸溶液:Ψ(磷酸:水)=1:1 000。

甲基吡噁磷标样:已知质量分数,ω≥98.0%。

5.212.3 操作条件

流动相:Ψ(乙腈:磷酸溶液)=35:65。

色谱柱:150 mm×4.6 mm(内径)不锈钢柱,内装 ZORBAX SB-C_{18}、5 μm 填充物。

流速:1.0 mL/min。

柱温:(30±2)℃。

检测波长:294 nm。

进样体积:5 μL。

有效成分推荐浓度:1 000 mg/L,线性范围为 20 mg/L~1 992 mg/L。

保留时间:甲基吡噁磷约 5.9 min。

5.213 甲基碘磺隆钠盐(iodosulfuron-methyl-sodium)

5.213.1 方法提要

试样用甲醇溶解,以乙腈+磷酸溶液为流动相,使用以 ZORBAX SB-C_{18}为填料的不锈钢柱和紫外检测器,在波长 226 nm 下对试样中的甲基碘磺隆进行反相高效液相色谱分离,外标法定量。

甲基碘磺隆钠盐中钠离子按 GB/T 20686 中"钠离子质量分数的测定"进行,进样体积调整为 25 μL。

5.213.2 试剂和溶液

甲醇:色谱纯。

乙腈:色谱纯。

磷酸。

磷酸溶液:Ψ(磷酸:水)=1:1 000。

甲基碘磺隆钠盐标样:已知质量分数,ω≥98.0%。

5.213.3 操作条件

流动相:Ψ(乙腈:磷酸溶液)=45:55。

色谱柱:150 mm×4.6 mm(内径)不锈钢柱,内装 ZORBAX SB-C_{18}、5 μm 填充物。

流速:1.0 mL/min。

柱温:(30±2)℃。

检测波长:226 nm。

进样体积:5 μL。

有效成分推荐浓度：100 mg/L，线性范围为 33 mg/L～186 mg/L。

保留时间：甲基碘磺隆约 7.4 min。

5.214 甲基二磺隆(mesosulfuron-methyl)

5.214.1 方法提要

试样用乙腈溶解，以乙腈＋磷酸溶液为流动相，使用以 ZORBAX SB-C_{18} 为填料的不锈钢柱和紫外检测器，在波长 236 nm 下对试样中的甲基二磺隆进行反相高效液相色谱分离，外标法定量。

5.214.2 试剂和溶液

乙腈：色谱纯。

磷酸。

磷酸溶液：Ψ(磷酸：水)＝1：1 000。

甲基二磺隆标样：已知质量分数，$\omega \geqslant 98.0\%$。

5.214.3 操作条件

流动相：Ψ(乙腈：磷酸溶液)＝40：60。

色谱柱：150 mm×4.6 mm(内径)不锈钢柱，内装 ZORBAX SB-C_{18}、5 μm 填充物。

流速：1.0 mL/min。

柱温：(30±2)℃。

检测波长：236 nm。

进样体积：5 μL。

有效成分推荐浓度：1 000 mg/L，线性范围为 258 mg/L～1 383 mg/L。

保留时间：甲基二磺隆约 6.6 min。

5.215 甲基立枯磷(tolclofos-methyl)

5.215.1 方法提要

试样用乙腈溶解，以乙腈＋磷酸溶液为流动相，使用以 TC-C_{18}(2)为填料的不锈钢柱和紫外检测器，在波长 205 nm 下对试样中的甲基立枯磷进行反相高效液相色谱分离，外标法定量。

5.215.2 试剂和溶液

乙腈：色谱纯。

磷酸。

磷酸溶液：Ψ(磷酸：水)＝5：1 000。

甲基立枯磷标样：已知质量分数，$\omega \geqslant 98.0\%$。

5.215.3 操作条件

流动相：Ψ(乙腈：磷酸溶液)＝70：30。

色谱柱：250 mm×4.6 mm(内径)不锈钢柱，内装 TC-C_{18}(2)、5 μm 填充物。

流速：1.0 mL/min。

柱温：(25±2)℃。

检测波长：205 nm。

进样体积：5 μL。

有效成分推荐浓度：200 mg/L，线性范围为 53 mg/L～428 mg/L。

保留时间：甲基立枯磷约 10.4 min。

5.216 甲基硫环磷(phosfolan-methyl)

5.216.1 方法提要

试样用甲醇溶解，以甲醇＋水为流动相，使用以 TC-C_{18}(2)为填料的不锈钢柱和紫外检测器，在波长 254 nm 下对试样中的甲基硫环磷进行反相高效液相色谱分离，外标法定量。

5.216.2 试剂和溶液

甲醇：色谱纯。

甲基硫环磷标样:已知质量分数,ω≥98.0%。

5.216.3 操作条件

流动相:Ψ(甲醇:水)=40:60。

色谱柱:250 mm×4.6 mm(内径)不锈钢柱,内装 TC-C_{18}(2)、5 μm 填充物。

流速:1.0 mL/min。

柱温:(30±2)℃。

检测波长:254 nm。

进样体积:5 μL。

有效成分推荐浓度:200 mg/L,线性范围为 48 mg/L~778 mg/L。

保留时间:甲基硫环磷约 5.2 min。

5.217 甲基硫菌灵(thiophanate-methyl)

按 GB/T 24755 中"甲基硫菌灵质量分数的测定"进行。

5.218 甲咪唑烟酸(imazapic)

5.218.1 方法提要

试样用乙腈溶解,以乙腈+磷酸溶液为流动相,使用以 TC-C_{18}(2)为填料的不锈钢柱和紫外检测器,在波长 254 nm 下对试样中的甲咪唑烟酸进行反相高效液相色谱分离,外标法定量。

5.218.2 试剂和溶液

乙腈:色谱纯。

磷酸。

磷酸溶液:Ψ(磷酸:水)=5:1 000。

甲咪唑烟酸标样:已知质量分数,ω≥98.0%。

5.218.3 操作条件

流动相:Ψ(乙腈:磷酸溶液)=40:60。

色谱柱:250 mm×4.6 mm(内径)不锈钢柱,内装 TC-C_{18}(2)、5 μm 填充物。

流速:1.0 mL/min。

柱温:(30±2)℃。

检测波长:254 nm。

进样体积:5 μL。

有效成分推荐浓度:200 mg/L,线性范围为 102 mg/L~512 mg/L。

保留时间:甲咪唑烟酸约 4.3 min。

5.219 甲嘧磺隆(sulfometuron-methyl)

5.219.1 方法提要

试样用甲醇溶解,以乙腈+磷酸溶液为流动相,苯甲酰胺为内标物,使用以 YMC ODS-AQ 为填料的不锈钢柱和紫外检测器,在波长 234 nm 下对试样中的甲嘧磺隆进行反相高效液相色谱分离,内标法定量。

注:本方法参照 CIPAC 610/TC/M。

5.219.2 试剂和溶液

乙腈:色谱纯。

甲醇:色谱纯。

磷酸。

磷酸溶液:用磷酸将水的 pH 调至 3.0。

内标物:苯甲酰胺,应没有干扰分析的杂质。

内标溶液:称取 5 g(精确至 0.01 g)苯甲酰胺,置于 500 mL 容量瓶中,用乙腈溶解并稀释至刻度,摇匀。

甲嘧磺隆标样：已知质量分数，ω≥98.0%。

5.219.3 操作条件

流动相：Ψ(乙腈：磷酸溶液)=40：60。

色谱柱：150 mm×4.6 mm(内径)不锈钢柱，内装 YMC ODS-AQ、5 μm 填充物。

流速：1.5 mL/min。

柱温：(40±2)℃。

检测波长：234 nm。

进样体积：5 μL。

有效成分推荐浓度：750 mg/L。

保留时间：甲嘧磺隆约 4.7 min，苯甲酰胺约 6.9 min。

5.219.4 溶液的制备

5.219.4.1 标样溶液的制备

称取 0.075 g(精确至 0.000 1 g)甲嘧磺隆标样，置于 100 mL 容量瓶中，用移液管移入 10 mL 内标溶液，用乙腈稀释至刻度，超声波振荡 15 min，冷却至室温，摇匀。

5.219.4.2 试样溶液的制备

称取含 0.075 g(精确至 0.000 1 g)甲嘧磺隆的试样，置于 100 mL 容量瓶中，与 5.219.4.1 用同一支移液管移入 10 mL 内标溶液，用乙腈稀释至刻度，超声波振荡 15 min，冷却至室温，摇匀，过滤。

5.220 甲萘威(carbaryl)

5.220.1 方法提要

试样用乙腈溶解，以乙腈+水为流动相，使用以 ZORBAX SB-C_{18}为填料的不锈钢柱和紫外检测器，在波长 280 nm 下对试样中的甲萘威进行反相高效液相色谱分离，外标法定量。

注：本方法参照 CIPAC 26/TC/M2。

5.220.2 试剂和溶液

乙腈：色谱纯。

甲萘威标样：已知质量分数，ω≥98.0%。

5.220.3 操作条件

流动相：Ψ(乙腈：水)=45：55。

色谱柱：250 mm×4.6 mm(内径)不锈钢柱，内装 ZORBAX SB-C_{18}、5 μm 填充物。

流速：1.5 mL/min。

柱温：(40±2)℃。

检测波长：280 nm。

进样体积：5 μL。

有效成分推荐浓度：500 mg/L。

保留时间：甲萘威约 5.0 min。

5.221 甲噻诱胺(methiadinil)

5.221.1 方法提要

试样用乙腈溶解，以乙腈+磷酸溶液为流动相，使用以 HC-C_{18}(2)为填料的不锈钢柱和紫外检测器，在波长 340 nm 下对试样中的甲噻诱胺进行反相高效液相色谱分离，外标法定量。

5.221.2 试剂和溶液

乙腈：色谱纯。

磷酸。

磷酸溶液：Ψ(磷酸：水)=1：1 000。

甲噻诱胺：已知质量分数，ω≥98.0%。

5.221.3 操作条件

流动相：Ψ(乙腈：磷酸溶液)＝70：30。

色谱柱：250 mm×4.6 mm(内径)不锈钢柱，内装 HC-C_{18}(2)、5 μm 填充物。

流速：1.0 mL/min。

柱温：(30±2)℃。

检测波长：340 nm。

进样体积：5 μL。

有效成分推荐浓度：200 mg/L，线性范围为 52 mg/L～417 mg/L。

保留时间：甲噻诱胺约 3.4 min。

5.222 甲羧除草醚(bifenox)

5.222.1 方法提要

试样用甲醇溶解，以甲醇＋冰乙酸溶液为流动相，苯甲酮为内标物，使用以 Lichrospher C_8 为填料的不锈钢柱和紫外检测器，在波长 280 nm 下对试样中的甲羧除草醚进行反相高效液相色谱分离，内标法定量。

注：本方法参照 CIPAC 413/TC/M。

5.222.2 试剂和溶液

甲醇：色谱纯。

冰乙酸。

冰乙酸溶液：Ψ(冰乙酸：水)＝1：1 000。

内标物：苯甲酮，应没有干扰分析的杂质。

内标溶液：称取 0.3 g(精确至 0.01 g)苯甲酮，置于 100 mL 容量瓶中，用甲醇溶解并稀释至刻度，摇匀。

甲羧除草醚标样：已知质量分数，ω≥98.0%。

5.222.3 操作条件

流动相：Ψ(甲醇：冰乙酸溶液)＝62：38。

色谱柱：250 mm×4.6 mm(内径)不锈钢柱，内装 Lichrospher C_8、5 μm 填充物。

流速：1.5 mL/min。

柱温：(40±2)℃。

检测波长：280 nm。

进样体积：10 μL。

有效成分推荐浓度：2 666 mg/L。

保留时间：苯甲酮约 8.2 min，甲羧除草醚约 20.2 min。

5.222.4 溶液的制备

5.222.4.1 标样溶液的制备

称取 0.08 g(精确至 0.000 1 g)甲羧除草醚标样，置于 100 mL 具塞锥形瓶中，用移液管移入 10 mL 内标溶液，再加入 20 mL 甲醇，超声波振荡 5 min，冷却至室温，摇匀。

5.222.4.2 试样溶液的制备

称取含 0.08 g(精确至 0.000 1 g)甲羧除草醚的试样，置于 100 mL 具塞锥形瓶中，与 5.222.4.1 用同一支移液管移入 10 mL 内标溶液，再加入 20 mL 甲醇，超声波振荡 5 min，冷却至室温，摇匀，过滤。

5.223 甲酰氨基嘧磺隆(foramsulfuron)

5.223.1 方法提要

试样用甲醇溶解，以甲醇＋磷酸溶液为流动相，使用以 TC-C_{18}(2)为填料的不锈钢柱和紫外检测器，在波长 232 nm 下对试样中的甲酰氨基嘧磺隆进行反相高效液相色谱分离，外标法定量。

5.223.2 试剂和溶液

甲醇：色谱纯。

磷酸。

磷酸溶液：Ψ(磷酸：水)＝5：1 000。

甲酰氨基嘧磺隆标样：已知质量分数，$\omega \geqslant 98.0\%$。

5.223.3 操作条件

流动相：Ψ(甲醇：磷酸溶液)＝50：50。

色谱柱：250 mm×4.6 mm(内径)不锈钢柱，内装 TC-C_{18}(2)、5 μm 填充物。

流速：1.0 mL/min。

柱温：(30±2)℃。

检测波长：232 nm。

进样体积：5 μL。

有效成分推荐浓度：200 mg/L，线性范围为 51 mg/L～614 mg/L。

保留时间：甲酰氨基嘧磺隆约 13.0 min。

5.224 甲氧虫酰肼(methoxyfenozide)

5.224.1 方法提要

试样用乙腈溶解，以乙腈＋磷酸溶液为流动相，使用以 TC-C_{18}(2)为填料的不锈钢柱和紫外检测器，在波长 230 nm 下对试样中的甲氧虫酰肼进行反相高效液相色谱分离，外标法定量。

5.224.2 试剂和溶液

乙腈：色谱纯。

磷酸。

磷酸溶液：Ψ(磷酸：水)＝5：1 000。

甲氧虫酰肼标样：已知质量分数，$\omega \geqslant 98.0\%$。

5.224.3 操作条件

流动相：Ψ(乙腈：磷酸溶液)＝80：20。

色谱柱：250 mm×4.6 mm(内径)不锈钢柱，内装 TC-C_{18}(2)、5 μm 填充物。

流速：1.0 mL/min。

柱温：(30±2)℃。

检测波长：230 nm。

进样体积：5 μL。

有效成分推荐浓度：200 mg/L，线性范围为 10 mg/L～400 mg/L。

保留时间：甲氧虫酰肼约 4.3 min。

5.225 甲氧咪草烟(imazamox)

5.225.1 方法提要

试样用乙腈溶解，以乙腈＋磷酸溶液为流动相，使用以 TC-C_{18}(2)为填料的不锈钢柱和紫外检测器，在 240 nm 波长下对试样中的甲氧咪草烟进行反相高效液相色谱分离，外标法定量。

5.225.2 试剂和溶液

乙腈：色谱纯。

磷酸。

磷酸溶液：Ψ(磷酸：水)＝1：1 000。

甲氧咪草烟标样：已知质量分数，$\omega \geqslant 98.0\%$。

5.225.3 操作条件

流动相：Ψ(乙腈：磷酸溶液)＝30：70。

色谱柱：250 mm×4.6 mm(内径)不锈钢柱，内装 TC-C_{18}(2)、5 μm 填充物。

流速：1.0 mL/min。

柱温：(30±2)℃。

检测波长:240 nm。

进样体积:5 μL。

有效成分推荐浓度:200 mg/L,线性范围为 19 mg/L～397 mg/L。

保留时间:甲氧咪草烟约 5.6 min。

5.226 腈吡螨酯(cyenopyrafen)

5.226.1 方法提要

试样用乙腈溶解,以乙腈+水为流动相,使用以 TC-C_{18}(2)为填料的不锈钢柱和紫外检测器,在波长 280 nm 下对试样中的腈吡螨酯进行反相高效液相色谱分离,外标法定量。

5.226.2 试剂和溶液

乙腈:色谱纯。

腈吡螨酯标样:已知质量分数,ω≥98.0%。

5.226.3 操作条件

流动相:Ψ(乙腈∶水)=90∶10。

色谱柱:250 mm×4.6 mm(内径)不锈钢柱,内装 TC-C_{18}(2)、5 μm 填充物。

流速:1.0 mL/min。

柱温:(30±2)℃。

检测波长:280 nm。

进样体积:5 μL。

有效成分推荐浓度:200 mg/L,线性范围为 100 mg/L～502 mg/L。

保留时间:腈吡螨酯约 6.5 min。

5.227 腈菌唑(myclobutanil)

按 HG/T 3764 中"腈菌唑质量分数的测定"进行。

5.228 精苯霜灵(benalaxyl-M)

5.228.1 苯霜灵质量分数的测定

5.228.1.1 方法提要

试样用乙腈溶解,以乙腈+水为流动相,使用以 TC-C_{18}(2)为填料的不锈钢柱和紫外检测器,在波长 200 nm 下对试样中的苯霜灵进行反相高效液相色谱分离,外标法定量。

5.228.1.2 试剂和溶液

乙腈:色谱纯。

苯霜灵标样:已知质量分数,ω≥98.0%。

5.228.1.3 操作条件

流动相:Ψ(乙腈∶水)=60∶40。

色谱柱:250 mm×4.6 mm(内径)不锈钢柱,内装 TC-C_{18}(2)、5 μm 填充物。

流速:1.0 mL/min。

柱温:(30±2)℃。

检测波长:206 nm。

进样体积:5 μL。

有效成分推荐浓度:100 mg/L,线性范围为 20 mg/L～199 mg/L。

保留时间:苯霜灵约 13.0 min。

5.228.2 精苯霜灵比例的测定

5.228.2.1 方法提要

试样用流动相溶解,以正己烷+异丙醇为流动相,使用以 CHIRALPAK IA 的不锈钢柱和紫外检测器,在波长 206 nm 下对试样中的精苯霜灵进行正相高效液相色谱手性分离和测定,外标法定量。

5.228.2.2 试剂和溶液

正己烷：色谱纯。

异丙醇：色谱纯。

苯霜灵外消旋体标样：已知质量分数，ω≥98.0%。

5.228.2.3 **操作条件**

流动相：Ψ(正己烷∶异丙醇)＝85∶15。

色谱柱：250 mm×4.6 mm(内径)不锈钢柱，内装 CHIRALPAK IA、5μm 填充物。

流速：1.0 mL/min。

柱温：(30±2)℃。

检测波长：206 nm。

进样体积：5 μL。

保留时间：苯霜灵 S-对映体约 5.6 min，精苯霜灵约 6.9 min。

5.229 **精吡氟禾草灵(fluazifop-P-butyl)**

按 GB/T 34760 中"精吡氟禾草灵质量分数的测定"进行。

5.230 **精草铵膦(glufosinate-p)**

5.230.1 **草铵膦质量分数的测定**

5.230.1.1 **方法提要**

试样用流动相溶解，以乙腈＋硫酸铜溶液为流动相，使用 $HC\text{-}C_{18}$(2)为填料的不锈钢柱和紫外检测器，在波长 254 nm 下对试样中的草铵膦进行反相高效液相色谱分离，外标法定量。

草铵膦也可按 GB/T 33808 中"草铵膦质量分数的测定"进行。

5.230.1.2 **试剂和溶液**

乙腈：色谱纯。

硫酸铜。

草铵膦标样：已知质量分数，ω≥98.0%。

5.230.1.3 **操作条件**

流动相：称取 0.5 g(精确至 0.01 g)硫酸铜，溶于 1 000 mL 水中，加入 3 mL 乙腈，混合均匀。

色谱柱：250 mm×4.6 mm(内径)不锈钢柱，内装 $HC\text{-}C_{18}$(2)、5 μm 填充物。

流速：0.7 mL/min。

柱温：(30±2)℃。

检测波长：254 nm。

进样体积：5 μL。

有效成分推荐浓度：400 mg/L，线性范围为 96 mg/L～967 mg/L。

保留时间：草铵膦约 3.8 min。

5.230.2 **精草铵膦比例的测定**

5.230.2.1 **方法提要**

试样用流动相溶解，以高氯酸溶液为流动相，使用以 CROWNPAK CR(＋)为填料的不锈钢柱和紫外检测器，在波长 210 nm 下对试样中的精草铵膦进行反相高效液相色谱手性分离和测定。

5.230.2.2 **试剂和溶液**

高氯酸。

高氯酸溶液：用高氯酸将水的 pH 调至 1.0。

草铵膦外消旋体标样：已知质量分数，ω≥98.0%。

5.230.2.3 **操作条件**

流动相：高氯酸溶液。

色谱柱：150 mm×4.6 mm(内径)不锈钢柱，内装 CROWNPAK CR(＋)、5μm 填充物。

流速：0.3 mL/min。

柱温：室温（温度变化应不大于 2 ℃）。

检测波长：210 nm。

进样体积：20 μL。

保留时间：*D*-草铵膦约 4.8 min，精草铵膦约 6.5 min。

5.231 精噁唑禾草灵(fenoxaprop-P-ethyl)

按 GB/T 22616 中“精噁唑禾草灵质量分数的测定”进行。

5.232 精高效氯氟氰菊酯(gamma cyhalothrin)

5.232.1 方法提要

试样用异丙醇溶解，以正己烷＋异丙醇为流动相，使用以 CHIRALCEL OD-H 为填料的不锈钢柱和紫外检测器，在波长 225 nm 下对试样中的精高效氯氟氰菊酯进行正相高效液相色谱手性分离，外标法定量。

5.232.2 试剂和溶液

正己烷：色谱纯。

异丙醇：色谱纯。

精高效氯氟氰菊酯标样：已知质量分数，$\omega \geqslant 98.0\%$。

5.232.3 操作条件

流动相：Ψ(正己烷：异丙醇)＝98：2。

色谱柱：250 mm×4.6 mm(内径)不锈钢柱，内装 CHIRALCEL OD-H、5 μm 填充物。

流速：1.5 mL/min。

柱温：(30±2)℃。

检测波长：225 nm。

进样体积：5 μL。

有效成分推荐浓度：500 mg/L，线性范围为 247 mg/L～742 mg/L。

保留时间：精高效氯氟氰菊酯约 6.5 min。

5.233 精甲霜灵(metalaxyl-M)

5.233.1 甲霜灵质量分数的测定

5.233.1.1 方法提要

试样用乙腈溶解，以乙腈＋磷酸溶液为流动相，使用以 ZORBAX Eclipse XDB-C_8 为填料的不锈钢柱和紫外检测器，在波长 215 nm 下对试样中的甲霜灵进行反相高效液相色谱分离，外标法定量。

5.233.1.2 试剂和溶液

乙腈：色谱纯。

磷酸。

磷酸溶液：Ψ(磷酸：水)＝0.08：1 000。

甲霜灵标样：已知质量分数，$\omega \geqslant 98.0\%$。

5.233.1.3 操作条件

流动相：Ψ(乙腈：磷酸溶液)＝40：60。

色谱柱：150 mm×4.6 mm(内径)不锈钢柱，内装 ZORBAX Eclipse XDB-C_8、5 μm 填充物。

流速：1.0 mL/min。

柱温：(25±2)℃。

检测波长：215 nm。

进样体积：5 μL。

有效成分推荐浓度：1 000 mg/L，线性范围为 398 mg/L～1 826 mg/L。

保留时间：甲霜灵约 6.5 min。

5.233.2 精甲霜灵比例的测定

5.233.2.1 **方法提要**

试样用流动相溶解，以正己烷+异丙醇为流动相，使用以 CHIRALCEL OD-H 为填料的不锈钢柱和紫外检测器，在波长 215nm 下对试样中的精甲霜灵进行正相高效液相色谱手性分离和测定。

5.233.2.2 **试剂和溶液**

正己烷：色谱纯。

异丙醇：色谱纯。

甲霜灵外消旋体标样：已知质量分数，$\omega \geq 98.0\%$。

5.233.2.3 **操作条件**

流动相：Ψ(正己烷：异丙醇)=50：50。

色谱柱：250 mm×4.6 mm(内径)不锈钢柱，内装 CHIRALCEL OD-H、5 μm 填充物。

流速：1.0 mL/min。

柱温：(25±2)℃。

检测波长：215 nm。

进样体积：5 μL。

保留时间：甲霜灵 S-对映体约 5.4 min，精甲霜灵约 10.4 min。

5.234 **精喹禾灵(quizalofop-P-ethyl)**

按 NY/T 3594 中"精喹禾灵质量分数的测定"进行。

5.235 **精异丙甲草胺(s-metolachlor)**

按 HG/T 5425 中"精异丙甲草胺质量分数的测定"进行。

5.236 **井冈霉素(jingangmycin)**

按 GB/T 34155 中"井冈霉素 A 质量分数的测定"进行。

5.237 **井冈霉素 A(jingangmycin A)**

按 GB/T 34155 中"井冈霉素 A 质量分数的测定"进行。

5.238 **久效磷(monocrotophos)**

5.238.1 **方法提要**

试样用甲醇溶解，以乙腈+甲醇+水为流动相，使用以 Lichrosorb RP-18 为填料的不锈钢柱和紫外检测器，在波长 230 nm 下对试样中的久效磷进行反相高效液相色谱分离，外标法定量。

注：本方法参照 CIPAC 287/TC/M。

5.238.2 **试剂和溶液**

乙腈：色谱纯。

甲醇：色谱纯。

久效磷标样：已知质量分数，$\omega \geq 98.0\%$。

5.238.3 **操作条件**

流动相：Ψ(乙腈：甲醇：水)=10：10：80。

色谱柱：250 mm×4.6 mm(内径)不锈钢柱，内装 Lichrosorb RP-18、10 μm 填充物。

流速：1.5 mL/min。

柱温：室温(温度变化应不大于 2 ℃)。

检测波长：230 nm。

进样体积：10 μL。

有效成分推荐浓度：1 000 mg/L。

保留时间：久效磷约 5.8 min。

5.239 **抗倒酯(trinexapac-ethyl)**

5.239.1 **方法提要**

试样用乙腈溶解，以乙腈+冰乙酸溶液为流动相，使用以 ZORBAX Eclipse XDB-C_{18} 为填料的不锈钢柱和紫外检测器，在波长 258 nm 下对试样中的抗倒酯进行反相高效液相色谱分离，外标法定量。

5.239.2 试剂和溶液

乙腈：色谱纯。

冰乙酸。

冰乙酸溶液：Ψ(冰乙酸：水)=1：1 000。

抗倒酯标样：已知质量分数，$\omega \geqslant 98.0\%$。

5.239.3 操作条件

流动相：Ψ(乙腈：冰乙酸溶液)=50：50。

色谱柱：150 mm×4.6 mm(内径)不锈钢柱，内装 ZORBAX Eclipse XDB-C_{18}、5 μm 填充物。

流速：1.0 mL/min。

柱温：(25±2)℃。

检测波长：258 nm。

进样体积：5 μL。

有效成分推荐浓度：400 mg/L，线性范围为 159 mg/L～615 mg/L。

保留时间：抗倒酯约 5.2 min。

5.240 克百威(carbofuran)

按 HG 3621 中"克百威质量分数的测定"进行。

5.241 苦参碱(matrine)

按 HG/T 5446 中"苦参碱质量分数的测定"进行。

5.242 苦皮藤素(celastrus angulatus)

5.242.1 方法提要

试样用甲醇溶解，以甲醇+水为流动相，使用以 ZORBAX Eclipse XDB-C_8 为填料的不锈钢柱和紫外检测器，在波长 230 nm 下对试样中的苦皮藤素进行反相高效液相色谱分离，外标法定量。

5.242.2 试剂和溶液

甲醇：色谱纯。

苦皮藤素标样：已知质量分数，$\omega \geqslant 98.0\%$。

5.242.3 操作条件

流动相：梯度洗脱条件见表 2。

表 2 苦皮藤素梯度洗脱条件

时间 min	甲醇(V/V) %	水(V/V) %
0.0	55	45
15.0	70	30
25.0	83	17
27.0	90	10
30.0	90	10
30.1	55	45
35.0	55	45

色谱柱：150 mm×4.6 mm(内径)不锈钢柱，内装 ZORBAX Eclipse XDB-C_8、5 μm 填充物。

流速：1.0 mL/min。

柱温：(30±2)℃。

检测波长：230 nm。

进样体积：5 μL。

有效成分推荐浓度：500 mg/L，线性范围为 119 mg/L～1 580 mg/L。

保留时间：苦皮藤素约 21.1 min。

5.243 喹草酸(quinmerac)

5.243.1 方法提要

试样用四氢呋喃+硫酸溶液溶解、乙腈+水稀释,以乙腈+水+硫酸溶液为流动相,使用以 Nucleosil C_{18} 为填料的不锈钢柱和紫外检测器,在波长 241 nm 下对试样中的喹草酸进行反相高效液相色谱分离,外标法定量。

注:本方法参照 CIPAC 563/TC/M。

5.243.2 试剂和溶液

乙腈:色谱纯。

四氢呋喃:色谱纯。

硫酸。

硫酸溶液:$c(H_2SO_4)$=0.5 mol/L。

喹草酸标样:已知质量分数,ω≥98.0%。

5.243.3 操作条件

流动相:Ψ(乙腈:水:硫酸溶液)=15:85:0.5。

色谱柱:125 mm×4.0 mm 或 4.6 mm(内径)不锈钢柱,内装 Nucleosil C_{18}、5 μm 填充物。

流速:1.5 mL/min。

柱温:室温(温度变化应不大于 2 ℃)。

检测波长:241 nm。

进样体积:10 μL。

有效成分推荐浓度:50 mg/L。

保留时间:喹草酸 3.0 min~4.0 min。

5.243.4 溶液的制备

5.243.4.1 标样溶液的制备

称取 0.05 g(精确至 0.000 1 g)喹草酸标样,置于 100 mL 容量瓶中,加入 5 mL 硫酸溶液和 40 mL 四氢呋喃,超声波振荡 15 min,冷却至室温,用四氢呋喃稀释至刻度,摇匀。用移液管移取 5 mL 上述溶液,置于 50 mL 容量瓶中,加入 10 mL 乙腈,用水稀释至刻度,摇匀。

5.243.4.2 试样溶液的制备

称取含 0.05 g(精确至 0.000 1 g)喹草酸的试样,置于 100 mL 容量瓶中,加入 5 mL 硫酸溶液和 40 mL四氢呋喃,超声波振荡 15 min,冷却至室温,用四氢呋喃稀释至刻度,摇匀。用移液管移取 5 mL 上述溶液,置于 50 mL 容量瓶中,加入 10 mL 乙腈,用水稀释至刻度,摇匀,过滤。

5.244 喹禾糠酯(quizalofop-P-tefuryl)

5.244.1 方法提要

试样用乙醇溶解,以甲醇+乙醇为流动相,使用以 CHIRALCEL AY-H 为填料的不锈钢柱和紫外检测器,在波长 235 nm 下对试样中的喹禾糠酯进行正相高效液相色谱手性分离,外标法定量。

5.244.2 试剂和溶液

甲醇:色谱纯。

乙醇:色谱纯。

喹禾糠酯标样:已知质量分数,ω≥98.0%。

5.244.3 操作条件

流动相:Ψ(甲醇:乙醇)=25:75。

色谱柱:250 mm×4.6 mm(内径)不锈钢柱,内装 CHIRALCEL AY-H、5 μm 填充物。

流速:0.8 mL/min。

柱温:(40±2)℃。

检测波长:235 nm。

进样体积:10 μL。

有效成分推荐浓度:500 mg/L,线性范围为 235 mg/L~746 mg/L。

保留时间:S-异构体约 9.3 min、13.6 min,喹禾糠酯约 10.3 min、18.5 min。

注:计算喹禾糠酯质量分数时,目标物峰面积为保留时间 10.3 min、18.5 min 2 个峰面积之和。

5.245 喹啉铜(oxine-copper)

5.245.1 方法提要

试样用二氯甲烷溶解,以乙腈+磷酸溶液为流动相,使用以 Obelisc N 为填料的不锈钢柱和紫外检测器,在波长 263 nm 下对试样中的喹啉铜进行反相高效液相色谱分离,以外标法定量。

5.245.2 试剂和溶液

乙腈:色谱纯。

二氯甲烷:色谱纯。

磷酸。

磷酸溶液:Ψ(磷酸∶水)=0.5∶1 000。

喹啉铜标样:已知质量分数,ω≥98.0%。

5.245.3 操作条件

流动相:Ψ(乙腈∶磷酸溶液)=60∶40。

色谱柱:250 mm×4.6 mm(内径)不锈钢柱,内装 Obelisc N、5 μm 填充物。

流速:1.0 mL/min。

柱温:(30±2)℃。

检测波长:263 nm。

进样体积:5 μL。

有效成分推荐浓度:390 mg/L,线性范围为 316 mg/L~472 mg/L。

保留时间:喹啉铜约 15.4 min。

5.246 喹螨醚(fenazaquin)

5.246.1 方法提要

试样用甲醇溶解,以乙腈+水为流动相,使用以 ZORBAX RX-C_{18} 为填料的不锈钢柱和紫外检测器,在波长 220 nm 下对试样中的喹螨醚进行反相高效液相色谱分离,外标法定量。

5.246.2 试剂和溶液

乙腈:色谱纯。

甲醇:色谱纯。

喹螨醚标样:已知质量分数,ω≥98.0%。

5.246.3 操作条件

流动相:Ψ(乙腈∶水)=75∶25。

色谱柱:250 mm×4.6 mm(内径)不锈钢柱,内装 ZORBAX RX-C_{18}、5 μm 填充物。

流速:1.2 mL/min。

柱温:(30±2)℃。

检测波长:220 nm。

进样体积:10 μL。

有效成分推荐浓度:100 mg/L,线性范围为 79 mg/L~120 mg/L。

保留时间:喹螨醚约 12.0 min。

5.247 狼毒素(neochamaejasmin)

5.247.1 方法提要

试样用乙腈溶解,以乙腈+冰乙酸溶液为流动相,使用以 SunFire C_{18} 为填料的不锈钢柱和紫外检测器,在波长 220 nm 下对试样中的狼毒素进行反相高效液相色谱分离,外标法定量。

5.247.2 试剂和溶液

乙腈:色谱纯。

冰乙酸。

冰乙酸溶液:Ψ(冰乙酸∶水)=5∶1 000。

狼毒素标样:已知质量分数,ω≥98.0%。

5.247.3 操作条件

流动相:Ψ(乙腈∶冰乙酸溶液)=80∶20。

色谱柱:250 mm×4.6 mm(内径)不锈钢柱,内装 SunFire C_{18}、5 μm 填充物。

流速:1.0 mL/min。

柱温:(25±2)℃。

检测波长:220 nm。

进样体积:5 μL。

有效成分推荐浓度:1 200 mg/L,线性范围为 347 mg/L~2 290 mg/L。

保留时间:狼毒素约 4.9 min。

5.248 雷公藤甲素(triptolide)

5.248.1 方法提要

试样用甲醇溶解,以乙腈+水为流动相,使用以 AichromBond-AQ C_{18} 为填料的不锈钢柱和紫外检测器,在波长 225 nm 下对试样中的雷公藤甲素进行反相高效液相色谱分离,外标法定量。

注:制备雷公藤甲素母药和颗粒剂试样溶液时,因有效成分含量低、杂质干扰大,应严格按照 5.248.4.2 进行前处理。

5.248.2 试剂和溶液

乙腈:色谱纯。

甲醇:色谱纯。

乙酸乙酯:色谱纯。

雷公藤甲素标样:已知质量分数,ω≥98.0%。

5.248.3 操作条件

流动相:Ψ(乙腈∶水)=30∶70。

色谱柱:250 mm×4.6 mm(内径)不锈钢柱,内装 AichromBond-AQ C_{18}、5 μm 填充物。

流速:1.0 mL/min。

柱温:(30±2)℃。

检测波长:225 nm。

进样体积:20 μL。

有效成分推荐浓度:10 mg/L(母药)、1 mg/L(颗粒剂),线性范围为 0.4 mg/L~49 mg/L。

保留时间:雷公藤甲素约 17.4 min。

5.248.4 溶液的制备

5.248.4.1 标样溶液的制备

称取 0.01 g(精确至 0.000 01 g)雷公藤甲素标样,置于 50 mL 容量瓶中,加入 20 mL 甲醇,超声波振荡 3 min,冷却至室温,用甲醇稀释至刻度,摇匀,作为标样母液。

准确移取 1 mL 标样母液,置于 20 mL 容量瓶中,用甲醇稀释至刻度,摇匀,作为母药中雷公藤甲素含量测定的标样溶液。

准确移取 100 μL 标样母液,置于 20 mL 容量瓶中,用甲醇稀释至刻度,摇匀,作为颗粒剂中雷公藤甲素含量测定的标样溶液。

5.248.4.2 试样溶液的制备

5.248.4.2.1 母药

称取含 50 μg(精确至 0.000 1 g)雷公藤甲素的母药,置于 50 mL 具塞锥形瓶中,加入 30 mL 甲醇,超声波振荡 20 min，抽滤，用甲醇重复洗涤滤饼至滤液几近无色，合并滤液。将滤液浓缩近干，冷却后，用 3 mL 甲醇分 3 次，将浓缩液转移至用甲醇湿法装好的中性氧化铝柱(3 g，直径 1.0 cm)，用 30 mL 甲醇洗脱，收集流出液和洗脱液，浓缩近干。用 4 mL 甲醇分 4 次，将浓缩液转移至 5 mL 容量瓶中，用甲醇稀释至刻度，摇匀，过滤。

5.248.4.2.2 颗粒剂

称取含 5 μg(精确至 0.000 1 g)雷公藤甲素的颗粒剂，置于玻璃坩埚中，在 105 ℃下干燥 30 min，冷却至室温，将试样全部转移至 50 mL 具塞锥形瓶中，加入 30 mL 甲醇，超声波振荡 20 min，抽滤，用约 20 mL 甲醇重复洗涤滤饼至滤液几近无色，合并滤液。将滤液浓缩近干，冷却后，用 3 mL 乙酸乙酯分 3 次，将浓缩液转移至用乙酸乙酯湿法装好的中性氧化铝柱(4 g，直径 1.0 cm)，用 30 mL 乙酸乙酯洗脱，收集流出液和洗脱液，浓缩近干。用 4 mL 甲醇分 4 次，将浓缩液转移至 5 mL 容量瓶中，用甲醇稀释至刻度，摇匀，过滤。

5.249 藜芦胺(veratramine)

5.249.1 方法提要

试样用甲醇溶解，以乙腈＋氨水溶液为流动相，使用以 ZORBAX Extend-C_{18}为填料的不锈钢柱和紫外检测器，在波长 220 nm 下对试样中的藜芦胺进行反相高效液相色谱分离，外标法定量。

5.249.2 试剂和溶液

乙腈：色谱纯。

甲醇：色谱纯。

氨水。

氨水溶液：Ψ(氨水：水)＝2：1 000。

藜芦胺标样：已知质量分数，ω≥98.0%。

5.249.3 操作条件

流动相：Ψ(乙腈：氨水溶液)＝50：50。

色谱柱：250 mm×4.6 mm(内径)不锈钢柱，内装 ZORBAX Extend-C_{18}、5 μm 填充物。

流速：1.0 mL/min。

柱温：(35±2)℃。

检测波长：220 nm。

进样体积：10 μL。

有效成分推荐浓度：200 mg/L，线性范围为 39 mg/L～390 mg/L。

保留时间：藜芦胺约 10.2 min。

5.250 利谷隆(linuron)

5.250.1 方法提要

试样用甲醇溶解，以甲醇＋水溶液为流动相，使用以 ZORBAX SB-C_{18}为填料的不锈钢柱和紫外检测器，在波长 250 nm 下对试样中的利谷隆进行反相高效液相色谱分离，外标法定量。

5.250.2 试剂和溶液

甲醇：色谱纯。

利谷隆标样：已知质量分数，ω≥98.0%。

5.250.3 操作条件

流动相：Ψ(甲醇：水)＝65：35。

色谱柱：150 mm×4.6 mm(内径)不锈钢柱，内装 ZORBAX SB-C_{18}、5 μm 填充物。

流速：1.0 mL/min。

柱温：(30±2)℃。

检测波长：250 nm。

进样体积：5 μL。

有效成分推荐浓度:200 mg/L,线性范围为 40 mg/L～402 mg/L。

保留时间:利谷隆约 6.2 min。

5.251 联苯肼酯(bifenazate)

5.251.1 方法提要

试样用乙腈溶解,以甲醇+水为流动相,使用以 ZORBAX SB-C_{18}为填料的不锈钢柱和紫外检测器,在波长 230 nm 下对试样中的联苯肼酯进行反相高效液相色谱分离,外标法定量。

5.251.2 试剂和溶液

甲醇:色谱纯。

乙腈:色谱纯。

联苯肼酯标样:已知质量分数,ω≥98.0%。

5.251.3 操作条件

流动相:Ψ(甲醇∶水)=75∶25。

色谱柱:250 mm×4.6 mm(内径)不锈钢柱,内装 ZORBAX SB-C_{18}、5 μm 填充物。

流速:1.0 mL/min。

柱温:(30±2)℃。

检测波长:230 nm。

进样体积:5 μL。

有效成分推荐浓度:250 mg/L,线性范围为 100 mg/L～502 mg/L。

保留时间:联苯肼酯约 6.1 min。

5.252 磷胺(phosphamidon)

5.252.1 方法提要

试样用流动相溶解,以乙腈+甲醇+水+缓冲溶液为流动相,使用以 Nucleosil C_{18}为填料的不锈钢柱和紫外检测器,在波长 218 nm 下对试样中的磷胺进行反相高效液相色谱分离,外标法定量。

注:本方法参照 CIPAC 110/TC/M。

5.252.2 试剂和溶液

乙腈:色谱纯。

甲醇:色谱纯。

磷酸二氢钾。

磷酸氢二钠。

缓冲溶液:称取适量磷酸二氢钾和磷酸氢二钠,溶于一定量的水中,配制成 0.071 mol/L 磷酸二氢钾和 0.010 mol/L 磷酸氢二钠溶液,混合均匀。

磷胺标样:已知质量分数,ω≥98.0%。

5.252.3 操作条件

流动相:Ψ(乙腈∶甲醇∶水∶缓冲溶液)=27∶5∶34∶34。

色谱柱:250 mm×4.6 mm(内径)不锈钢柱,内装 Nucleosil C_{18}、10 μm 填充物。

流速:2.0 mL/min。

柱温:室温(温度变化应不大于 2 ℃)。

检测波长:218 nm。

进样体积:10 μL。

有效成分推荐浓度:1 200 mg/L。

保留时间:脱氯磷胺约 3.6 min,磷胺约 5.95 min,γ-氯磷胺约 11.1 min。

5.253 硫丹(endosulfan)

按 GB 20685 中"硫丹质量分数的测定"进行。

5.254 硫磺(sulfur)

按 NY/T 3596 中“硫磺质量分数的测定”进行。

5.255 **硫双威(thiodicarb)**

按 NY/T 3776 中“硫双威质量分数的测定”进行。

5.256 **硫酸血根碱(sanguinarine Sulphate)**

5.256.1 **方法提要**

试样用稀释溶剂溶解,以乙腈+三氟乙酸溶液为流动相,使用以 ZORBAX SB-C_{18} 为填料的不锈钢柱和紫外检测器,在波长 275 nm 下对试样中的硫酸血根碱进行反相高效液相色谱分离,外标法定量。

硫酸血根碱中硫酸根离子按附录 N 进行测定。

注:由于硫酸血根碱标样难以获取,本方法使用盐酸血根碱标样进行质量分数测定,计算血根碱、硫酸血根碱质量分数时应考虑分子量换算系数。

5.256.2 **试剂和溶液**

乙腈:色谱纯。

三氟乙酸。

三氟乙酸溶液:Ψ(三氟乙酸:水)=0.5:1 000。

稀释溶剂:Ψ(乙腈:水)=50:50。

盐酸血根碱标样:已知质量分数,ω≥98.0%。

5.256.3 **操作条件**

流动相:(乙腈:三氟乙酸溶液)=28:72。

色谱柱:250 mm×4.6 mm(内径)不锈钢柱,内装 ZORBAX SB-C_{18}、5 μm 填充物。

流速:1.0 mL/min。

柱温:(30±2)℃。

检测波长:275 nm。

进样体积:5 μL。

血根碱推荐浓度:100 mg/L,线性范围为 20 mg/L~200 mg/L。

保留时间:血根碱约 14.0 min。

5.257 **螺虫乙酯(spirotetramat)**

5.257.1 **方法提要**

试样用乙腈溶解,以乙腈+水为流动相,使用以 ZORBAX SB-C_{18} 为填料的不锈钢柱和紫外检测器,在波长 240 nm 下对试样中的螺虫乙酯进行反相高效液相色谱分离,外标法定量。

5.257.2 **试剂和溶液**

乙腈:色谱纯。

螺虫乙酯标样:已知质量分数,ω≥98.0%。

5.257.3 **操作条件**

流动相:Ψ(乙腈:水)=60:40。

色谱柱:250 mm×4.6 mm(内径)不锈钢柱,内装 ZORBAX SB-C_{18}、5 μm 填充物。

流速:1.0 mL/min。

柱温:(30±2)℃。

检测波长:240 nm。

进样体积:5 μL。

有效成分推荐浓度:500 mg/L,线性范围为 100 mg/L~1 007 mg/L。

保留时间:螺虫乙酯约 6.5 min。

5.258 **螺螨双酯(spirobudiclofen)**

5.258.1 **方法提要**

试样用乙腈溶解,以乙腈+水为流动相,使用以 ZORBAX SB-C_{18} 为填料的不锈钢柱和紫外检测器,在波长 245 nm 下对试样中的螺螨双酯进行反相高效液相色谱分离，外标法定量。

5.258.2 试剂和溶液

乙腈：色谱纯。

螺螨双酯标样：已知质量分数，$\omega \geq 98.0\%$。

5.258.3 操作条件

流动相：Ψ(乙腈：水)＝85：15。

色谱柱：150 mm×4.6 mm(内径)不锈钢柱，内装 ZORBAX SB-C_{18}、5 μm 填充物。

流速：1.0 mL/min。

柱温：(30±2)℃。

检测波长：245 nm。

进样体积：5 μL。

有效成分推荐浓度：500 mg/L，线性范围为 102 mg/L～1 026 mg/L。

保留时间：螺螨双酯约 5.0 min。

5.259 螺螨酯(spirodiclofen)

按 HG/T 5431 中"螺螨酯质量分数的测定"进行。

5.260 绿麦隆(chlortoluron)

按 GB/T 28134 中"绿麦隆质量分数的测定"进行。

5.261 氯氨吡啶酸(aminopyralid)

5.261.1 方法提要

试样用甲醇溶解，以甲醇＋磷酸溶液为流动相，使用以 ZORBAX Eclipse Plus C_{18} 为填料的不锈钢柱和紫外检测器，在波长 250 nm 下对试样中的氯氨吡啶酸进行反相高效液相色谱分离，外标法定量。

5.261.2 试剂和溶液

甲醇：色谱纯。

磷酸。

磷酸溶液：Ψ(磷酸：水)＝1：1 000。

氯氨吡啶酸标样：已知质量分数，$\omega \geq 98.0\%$。

5.261.3 操作条件

流动相：Ψ(甲醇：磷酸溶液)＝20：80。

色谱柱：150 mm×4.6 mm(内径)不锈钢柱，内装 ZORBAX Eclipse Plus C_{18}、5 μm 填充物。

流速：1.0 mL/min。

柱温：(30±2)℃。

检测波长：250 nm。

进样体积：5 μL。

有效成分推荐浓度：500 mg/L，线性范围为 100 mg/L～968 mg/L。

保留时间：氯氨吡啶酸约 4.2 min。

5.262 氯吡嘧磺隆(halosulfuron-methyl)

5.262.1 方法提要

试样用乙腈溶解，以乙腈＋磷酸溶液为流动相，使用以 ZORBAX Eclipse Plus C_{18} 为填料的不锈钢柱和紫外列检测器，在波长 240 nm 下对试样中的氯吡嘧磺隆进行反相高效液相色谱分离，外标法定量。

5.262.2 试剂和溶液

乙腈：色谱纯。

磷酸。

磷酸溶液：Ψ(磷酸：水)＝0.5：1 000。

氯吡嘧磺隆标样：已知质量分数，$\omega \geq 98.0\%$。

5.262.3 操作条件

流动相:Ψ(乙腈∶磷酸溶液)=55∶45。

色谱柱:150 mm×4.6 mm(内径)不锈钢柱,内装 ZORBAX Eclipse Plus C_{18}、5 μm 填充物。

流速:1.0 mL/min。

柱温:(30±2)℃。

检测波长:240 nm。

进样体积:5 μL。

有效成分推荐浓度:500 mg/L,线性范围为 98 mg/L~986 mg/L。

保留时间:氯吡嘧磺隆约 5.7 min。

5.263 氯吡脲(forchlorfenuron)

5.263.1 方法提要

试样用甲醇溶解,以甲醇+磷酸溶液为流动相,使用以 Shim-pack GIST-C_{18} 为填料的不锈钢柱和紫外检测器,在波长 254 nm 下对试样中的氯吡脲进行反相高效液相色谱分离,外标法定量。

5.263.2 试剂和溶液

甲醇:色谱纯。

磷酸。

磷酸溶液:Ψ(磷酸∶水)=1∶1 000。

氯吡脲标样:已知质量分数,ω≥98.0%。

5.263.3 操作条件

流动相:Ψ(甲醇∶磷酸溶液)=60∶40。

色谱柱:150 mm×4.6 mm(内径)不锈钢柱,内装 Shim-pack GIST-C_{18}、5 μm 填充物。

流速:1.0 mL/min。

柱温:(25±2)℃。

检测波长:254 nm。

进样体积:5 μL。

有效成分推荐浓度:100 mg/L,线性范围为 20 mg/L~182 mg/L。

保留时间:氯吡脲约 9.0 min。

5.264 氯丙嘧啶酸(aminocyclopyrachlor)

5.264.1 方法提要

试样用稀释溶剂溶解,以甲醇+磷酸溶液为流动相,使用以 Shim-pack GIST-C_{18} 为填料的不锈钢柱和紫外检测器,在波长 310 nm 下对试样中的氯丙嘧啶酸进行反相高效液相色谱分离,外标法定量。

5.264.2 试剂和溶液

甲醇:色谱纯。

磷酸。

磷酸溶液:Ψ(磷酸∶水)=1∶1 000。

稀释溶剂:Ψ(甲醇∶水)=90∶10。

氯丙嘧啶酸标样:已知质量分数,ω≥98.0%。

5.264.3 操作条件

流动相:Ψ(甲醇∶磷酸溶液)=10∶90。

色谱柱:250 mm×4.6 mm(内径)不锈钢柱,内装 Shim-pack GIST-C_{18}、5 μm 填充物。

流速:1.0 mL/min。

柱温:(40±2)℃。

检测波长:245 nm。

进样体积:5 μL。

有效成分推荐浓度:1 000 mg/L,线性范围为 203 mg/L～2 034 mg/L。

保留时间:氯丙嘧啶酸约 7.4 min。

5.265 氯虫苯甲酰胺(chlorantraniliprole)

5.265.1 方法提要

试样用乙腈溶解,以乙腈+磷酸溶液为流动相,使用以 Shim-pack GIST-C_{18} 为填料的不锈钢柱和紫外检测器,在波长 220 nm 下对试样中的氯虫苯甲酰胺进行反相高效液相色谱分离,外标法定量。

注:制备氯虫苯甲酰胺微囊悬浮-悬浮剂试样溶液时,需加入定容体积 1/10 左右的 N,N-二甲基甲酰胺并超声波振荡 10 min。

5.265.2 试剂和溶液

乙腈:色谱纯。

磷酸。

磷酸溶液:Ψ(磷酸∶水)=1∶1 000。

氯虫苯甲酰胺标样:已知质量分数,$\omega \geqslant 98.0\%$。

5.265.3 操作条件

流动相:Ψ(乙腈∶磷酸溶液)=50∶50。

色谱柱:250 mm×4.6 mm(内径)不锈钢柱,内装 Shim-pack GIST-C_{18}、5 μm 填充物。

流速:1.0 mL/min。

柱温:(30±2)℃。

检测波长:220 nm。

进样体积:5 μL。

有效成分推荐浓度:500 mg/L,线性范围为 102 mg/L～920 mg/L。

保留时间:氯虫苯甲酰胺约 9.7 min。

5.266 氯啶菌酯(triclopyricarb)

5.266.1 方法提要

试样用甲醇溶解,以甲醇+水为流动相,使用以 Shim-pack GIST-C_{18} 为填料的不锈钢柱和紫外检测器,在波长 235 nm 下对试样中的氯啶菌酯进行反相高效液相色谱分离,外标法定量。

5.266.2 试剂和溶液

甲醇:色谱纯。

氯啶菌酯标样:已知质量分数,$\omega \geqslant 98.0\%$。

5.266.3 操作条件

流动相:Ψ(甲醇∶水)=80∶20。

色谱柱:250 mm×4.6 mm(内径)不锈钢柱,内装 Shim-pack GIST-C_{18}、5 μm 填充物。

流速:1.0 mL/min。

柱温:(35±2)℃。

检测波长:235 nm。

进样体积:5 μL。

有效成分推荐浓度:400 mg/L,线性范围为 86 mg/L～861 mg/L。

保留时间:氯啶菌酯约 14.6 min。

5.267 氯氟吡啶酯(florpyrauxifen-benzyl)

5.267.1 方法提要

试样用甲醇溶解,以乙腈+水为流动相,使用以 Shim-pack GIST-C_{18} 为填料的不锈钢柱和紫外检测器,在波长 245 nm 下对试样中的氯氟吡啶酯进行反相高效液相色谱分离,外标法定量。

5.267.2 试剂和溶液

甲醇:色谱纯。

乙腈：色谱纯。

氯氟吡啶酯标样：已知质量分数，ω≥98.0%。

5.267.3 操作条件

流动相：Ψ(乙腈：水)=65：35。

色谱柱：250 mm×4.6 mm(内径)不锈钢柱，内装 Shim-pack GIST-C_{18}、5 μm 填充物。

流速：1.0 mL/min。

柱温：(35±2)℃。

检测波长：245 nm。

进样体积：5 μL。

有效成分推荐浓度：500 mg/L，线性范围为 193 mg/L～1 034 mg/L。

保留时间：氯氟吡啶酯约 14.6 min。

5.268 氯氟吡氧乙酸异辛酯(fluroxypyr-meptyl)

按 GB/T 35672 中"氯氟吡氧乙酸异辛酯质量分数的测定"进行。

5.269 氯氟醚菊酯(meperfluthrin)

按 HG/T 4575 中"氯氟醚菊酯质量分数的测定"进行。

5.270 氯氟醚菌唑

5.270.1 方法提要

试样用乙腈溶解，以乙腈+水为流动相，使用以 Inertsil ODS-3 为填料的不锈钢柱和紫外检测器，在波长 230 nm 下对试样中的氯氟醚菌唑进行反相高效液相色谱分离，外标法定量。

5.270.2 试剂和溶液

乙腈：色谱纯。

氯氟醚菌唑标样：已知质量分数，ω≥98.0%。

5.270.3 操作条件

流动相：Ψ(乙腈：水)=80：20。

色谱柱：250 mm×4.6 mm(内径)不锈钢柱，内装 Inertsil ODS-3、5 μm 填充物。

流速：1.0 mL/min。

柱温：(30±2)℃。

检测波长：230 nm。

进样体积：10 μL。

有效成分推荐浓度：200 mg/L，线性范围为 39 mg/L～317 mg/L。

保留时间：氯氟醚菌唑约 5.0 min。

5.271 氯氟氰菊酯(cyhalothrin)

5.271.1 方法提要

试样用适量异丙醇和流动相溶解，以正己烷+乙酸乙酯为流动相，使用以 HRC-SIL 为填料的不锈钢柱和紫外检测器，在波长 278 nm 下对试样中的氯氟氰菊酯进行正相高效液相色谱分离，外标法定量。

注：为了避免出现分层现象，在制备液体制剂试样溶液时，应先加入定容体积 1/10 左右的异丙醇。

5.271.2 试剂和溶液

正己烷：色谱纯。

异丙醇：色谱纯。

乙酸乙酯：色谱纯。

氯氟氰菊酯标样：已知质量分数，ω≥98.0%。

5.271.3 操作条件

流动相：Ψ(正己烷：乙酸乙酯)=99.3：0.7。

色谱柱：250 mm×4.6 mm(内径)不锈钢柱，内装 HRC-SIL、5 μm 填充物。

流速：2.0 mL/min。

柱温：(30±2)℃。

检测波长：278 nm。

进样体积：20 μL。

有效成分推荐浓度：500 mg/L，线性范围为 310 mg/L～1 551 mg/L。

保留时间：氯氟氰菊酯低效体约 14.6 min、高效体约 17.4 min。

注：计算氯氟氰菊酯质量分数时，目标物峰面积为低效体、高效体 2 个峰面积之和。

5.272 氯化胆碱(choline chloride)

5.272.1 方法提要

试样用水溶解，以甲基磺酸溶液为淋洗液，使用阳离子分析柱和电导检测器，对试样中的胆碱离子进行离子色谱分离，外标法定量。

氯化胆碱中氯离子按附录 C 进行测定。

5.272.2 试剂和溶液

甲基磺酸。

氯化胆碱标样：已知质量分数，ω≥98.0%。

5.272.3 操作条件

淋洗液：甲基磺酸溶液，$c(CH_4O_3S)$=15.4 mmol/L。

色谱柱：250 mm×4.0 mm(内径)Dionex IonPac CS12A 阳离子分析柱。

流速：1.0 mL/min。

柱温：室温(温度变化应不大于 2 ℃)。

电导池温度：(35±2)℃。

进样体积：10 μL。

胆碱离子推荐浓度：4.4 mg/L，线性范围为 2.2 mg/L～6.6 mg/L。

保留时间：胆碱离子约 10.9 min。

5.273 氯磺隆(chlorsulfuron)

按 GB/T 28127 中“氯磺隆质量分数的测定”进行。

5.274 氯菊酯(permethrin)

按 HG/T 5244 中“氯菊酯质量分数的测定”进行。

5.275 氯嘧磺隆(chlorimuron-ethyl technical)

按 HG/T 3717 中“氯嘧磺隆质量分数的测定”进行。

5.276 氯氰菊酯(cypermethrin)

按 HG/T 3627 中“氯氰菊酯质量分数的测定”进行。

5.277 氯噻啉(imidaclothiz)

5.277.1 方法提要

试样用甲醇溶解，以甲醇+水为流动相，使用以 Shim-pack GIST-C_{18} 为填料的不锈钢柱和紫外检测器，在波长 268 nm 下对试样中的氯噻啉进行反相高效液相色谱分离，外标法定量。

5.277.2 试剂和溶液

甲醇：色谱纯。

氯噻啉标样：已知质量分数，ω≥98.0%。

5.277.3 操作条件

流动相：Ψ(甲醇：水)=50：50。

色谱柱：250 mm×4.6 mm(内径)不锈钢柱，内装 Shim-pack GIST-C_{18}、5 μm 填充物。

流速：1.0 mL/min。

柱温：(30±2)℃。

检测波长:268 nm。

进样体积:5 μL。

有效成分推荐浓度:500 mg/L,线性范围为 99 mg/L～993 mg/L。

保留时间:氯噻啉约 5.7 min。

5.278 氯酯磺草胺(cloransulam-methyl)

5.278.1 方法提要

试样用乙腈溶解,以乙腈+冰乙酸溶液为流动相,使用以 ZORBAX Extend-C_{18} 为填料的不锈钢柱和紫外检测器,在波长 250 nm 下对试样中的氯酯磺草胺进行反相高效液相色谱分离,外标法定量。

5.278.2 试剂和溶液

乙腈:色谱纯。

冰乙酸。

冰乙酸溶液:Ψ(冰乙酸:水)=1:1 000。

氯酯磺草胺标样:已知质量分数,ω≥98.0%。

5.278.3 操作条件

流动相:Ψ(乙腈:冰乙酸溶液)=60:40。

色谱柱:250 mm×4.6 mm(内径)不锈钢柱,内装 ZORBAX Extend-C_{18}、5 μm 填充物。

流速:1.0 mL/min。

柱温:(30±2)℃。

检测波长:250 nm。

进样体积:5 μL。

有效成分推荐浓度:500 mg/L,线性范围为 49 mg/L～993 mg/L。

保留时间:氯酯磺草胺约 4.5 min。

5.279 氯唑磷(isazophos)

5.279.1 方法提要

试样用甲醇溶解,以乙腈+水为流动相,使用以 ZORBAX Extend-C_{18} 为填料的不锈钢柱和紫外检测器,在波长 210 nm 下对试样中的氯唑磷进行反相高效液相色谱分离,外标法定量。

5.279.2 试剂和溶液

甲醇:色谱纯。

乙腈:色谱纯。

氯唑磷标样:已知质量分数,ω≥98.0%。

5.279.3 操作条件

流动相:Ψ(乙腈:水)=60:40。

色谱柱:250 mm×4.6 mm(内径)不锈钢柱,内装 ZORBAX Extend-C_{18}、5 μm 填充物。

流速:1.0 mL/min。

柱温:(30±2)℃。

检测波长:210 nm。

进样体积:5 μL。

有效成分推荐浓度:400 mg/L,线性范围为 79 mg/L～1 592 mg/L。

保留时间:氯唑磷约 10.8 min。

5.280 麦草畏(dicamba)

按 HG/T 4929 中"麦草畏质量分数的测定"进行。

5.281 咪鲜胺(prochloraz)

按 GB/T 39671 中"咪鲜胺质量分数的测定"进行。

5.282 咪鲜胺锰盐(prochloraz-manganese chloride complex)

咪鲜胺锰盐中咪鲜胺按 GB/T 39671 中"咪鲜胺质量分数的测定"进行。

咪鲜胺锰盐中锰离子按附录 D 进行测定。

5.283　咪鲜胺铜盐(prochloraz copper chloride complex)

咪鲜胺铜盐中咪鲜胺按 GB/T 39671 中"咪鲜胺质量分数的测定"进行。

咪鲜胺铜盐中铜离子按附录 B 进行测定。

5.284　咪唑喹啉酸(imazaquin)

5.284.1　方法提要

试样用甲醇溶解，以甲醇+磷酸溶液为流动相，使用以 Inertisil ODS-SP 为填料的不锈钢柱和紫外检测器，在波长 250 nm 下对试样中的咪唑喹啉酸进行反相高效液相色谱分离，外标法定量。

5.284.2　试剂和溶液

甲醇：色谱纯。

磷酸。

磷酸溶液：Ψ(磷酸：水)=2：1 000。

咪唑喹啉酸标样：已知质量分数，$\omega \geqslant 98.0\%$。

5.284.3　操作条件

流动相：Ψ(甲醇：磷酸溶液)=60：40。

色谱柱：250 mm×4.6 mm(内径)不锈钢柱，内装 Inertisil ODS-SP、5 μm 填充物。

流速：1.0 mL/min。

柱温：室温(温度变化应不大于 2 ℃)。

检测波长：250 nm。

进样体积：5 μL。

有效成分推荐浓度：200 mg/L，线性范围为 25 mg/L～405 mg/L。

保留时间：咪唑喹啉酸约 9.5 min。

5.285　咪唑烟酸(imazapyr)

5.285.1　方法提要

试样用乙腈溶解，以乙腈+磷酸溶液为流动相，使用以 ZORBAX SB-C_{18} 为填料的不锈钢柱和紫外检测器，在波长 254 nm 下对试样中的咪唑烟酸进行反相高效液相色谱分离，外标法定量。

5.285.2　试剂和溶液

乙腈：色谱纯。

磷酸。

磷酸溶液：Ψ(磷酸：水)=0.5：1 000。

咪唑烟酸标样：已知质量分数，$\omega \geqslant 98.0\%$。

5.285.3　操作条件

流动相：Ψ(乙腈：磷酸溶液)=30：70。

色谱柱：250 mm×4.6 mm(内径)不锈钢柱，内装 ZORBAX SB-C_{18}、5 μm 填充物。

流速：1.0 mL/min。

柱温：室温(温度变化应不大于 2 ℃)。

检测波长：254 nm。

进样体积：5 μL。

有效成分推荐浓度：300 mg/L，线性范围为 99 mg/L～501 mg/L。

保留时间：咪唑烟酸约 4.9 min。

5.286　咪唑乙烟酸(imazethapyr)

按 HG/T 4810 中"咪唑乙烟酸质量分数的测定"进行。

5.287　醚磺隆(cinosulfuron)

5.287.1 方法提要

试样用甲醇溶解，以甲醇＋冰乙酸溶液为流动相，使用以 ZORBAX Extend-C_{18} 为填料的不锈钢柱和紫外检测器，在波长 230 nm 下对试样中的醚磺隆进行反相高效液相色谱分离，外标法定量。

5.287.2 试剂和溶液

甲醇：色谱纯。

冰乙酸。

冰乙酸溶液：Ψ(冰乙酸∶水)＝1∶1 000。

醚磺隆标样：已知质量分数，$\omega \geq 98.0\%$。

5.287.3 操作条件

流动相：Ψ(甲醇∶冰乙酸溶液)＝50∶50。

色谱柱：250 mm×4.6 mm(内径)不锈钢柱，内装 ZORBAX Extend-C_{18}、5 μm 填充物。

流速：1.0 mL/min。

柱温：室温(温度变化应不大于 2 ℃)。

检测波长：230 nm。

进样体积：5 μL。

有效成分推荐浓度：200 mg/L，线性范围为 25 mg/L～496 mg/L。

保留时间：醚磺隆约 8.5 min。

5.288 醚菌酯(kresoxim-methyl)

按 HG/T 5232 中"醚菌酯质量分数的测定"进行。

5.289 嘧苯胺磺隆(orthosulfamuron)

5.289.1 方法提要

试样用甲醇溶解，以甲醇＋磷酸溶液为流动相，使用以 ZORBAX SB-C_{18} 为填料的不锈钢柱和紫外检测器，在波长 235 nm 下对试样中的嘧苯胺磺隆进行反相高效液相色谱分离，外标法定量。

5.289.2 试剂和溶液

甲醇：色谱纯。

磷酸。

磷酸溶液：Ψ(磷酸∶水)＝1∶1 000。

嘧苯胺磺隆标样：已知质量分数，$\omega \geq 98.0\%$。

5.289.3 操作条件

流动相：Ψ(甲醇∶磷酸溶液)＝60∶40。

色谱柱：250 mm×4.6 mm(内径)不锈钢柱，内装 ZORBAX SB-C_{18}、5 μm 填充物。

流速：1.0 mL/min。

柱温：(30±2)℃。

检测波长：235 nm。

进样体积：5 μL。

有效成分推荐浓度：500 mg/L，线性范围为 97 mg/L～2 461 mg/L。

保留时间：嘧苯胺磺隆约 9.8 min。

5.290 嘧草醚(pyriminobac-methyl)

5.290.1 方法提要

试样用乙腈溶解，以乙腈＋水为流动相，使用以 Diamonsil C_{18} 为填料的不锈钢柱和紫外检测器，在波长 254 nm 下对试样中的嘧草醚进行反相高效液相色谱分离，外标法定量。

5.290.2 试剂和溶液

乙腈：色谱纯。

嘧草醚标样：已知质量分数，$\omega \geq 98.0\%$。

5.290.3 操作条件

流动相：Ψ(乙腈∶水)＝65∶35。

色谱柱：250 mm×4.6 mm(内径)不锈钢柱，内装 Diamonsil C_{18}、5 μm 填充物。

流速：1.0 mL/min。

柱温：(25±2)℃。

检测波长：254 nm。

进样体积：5 μL。

有效成分推荐浓度：500 mg/L，线性范围为 101 mg/L～2 034 mg/L。

保留时间：嘧草醚约 7.7 min。

5.291 **嘧啶肟草醚(pyribenzoxim)**

按 NY/T 3778 中"嘧啶肟草醚质量分数的测定"进行。

5.292 **嘧菌环胺(cyprodinil)**

5.292.1 **方法提要**

试样用乙腈溶解，以乙腈＋三氟乙酸溶液为流动相，使用以 Nucleosil C_{18} 或 Macherey-Nage 为填料的不锈钢柱和紫外检测器，在波长 254 nm 下对试样中的嘧菌环胺进行反相高效液相色谱分离，外标法定量。

注：本方法参照 CIPAC 511/TC/M。

5.292.2 **试剂和溶液**

乙腈：色谱纯。

三氟乙酸。

三氟乙酸溶液：Ψ(三氟乙酸∶水)＝10∶1 000。

嘧菌环胺标样：已知质量分数，ω≥98.0%。

5.292.3 **操作条件**

流动相：Ψ(乙腈∶三氟乙酸溶液)＝40∶60。

色谱柱：250 mm×4.0 mm(内径)不锈钢柱，内装 Nucleosil C_{18} 或 Macherey-Nagel、5 μm 填充物。

流速：1.2 mL/min。

柱温：室温(温度变化应不大于 2 ℃)。

检测波长：254 nm。

进样体积：10 μL。

有效成分推荐浓度：100 mg/L。

保留时间：嘧菌环胺约 9.0 min。

5.293 **嘧菌酯(azoxystrobin)**

按 GB/T 32341 中"嘧菌酯质量分数的测定"进行。

5.294 **嘧霉胺(pyrimethanil)**

按 GB/T 29385 中"嘧霉胺质量分数的测定"进行。

5.295 **棉隆(dazomet)**

按 NY/T 3573 中"棉隆质量分数的测定"进行。

5.296 **灭草松(bentazone)**

按 HG/T 4943 中"灭草松质量分数的测定"进行。

5.297 **灭多威(methomyl)**

按 GB 24752 中"灭多威质量分数的测定"进行。

5.298 **灭菌丹(folpet)**

5.298.1 **方法提要**

试样用甲醇溶解，以甲醇＋磷酸溶液为流动相，使用以 Diamonsil C_{18} 为填料的不锈钢柱和紫外检测器,在波长 220 nm 下对试样中的灭菌丹进行反相高效液相色谱分离,外标法定量。

5.298.2 试剂和溶液

甲醇:色谱纯。

磷酸。

磷酸溶液:Ψ(磷酸∶水)=0.15∶1 000。

灭菌丹标样:已知质量分数,ω≥98.0%。

5.298.3 操作条件

流动相:Ψ(甲醇∶磷酸溶液)=72∶28。

色谱柱:250 mm×4.6 mm(内径)不锈钢柱,内装 Diamonsil C_{18}、5 μm 填充物。

流速:1.0 mL/min。

柱温:(30±2)℃。

检测波长:220 nm。

进样体积:5 μL。

有效成分推荐浓度:120 mg/L,线性范围为 23 mg/L~467 mg/L。

保留时间:灭菌丹约 7.8 min。

5.299 灭菌唑(triticonazole)

5.299.1 方法提要

试样用乙腈溶解,以乙腈+水为流动相,使用以 Diamonsil C_{18} 为填料的不锈钢柱和紫外检测器,在波长 254 nm 下对试样中的灭菌唑进行反相高效液相色谱分离,外标法定量。

5.299.2 试剂和溶液

乙腈:色谱纯。

灭菌唑标样:已知质量分数,ω≥98.0%。

5.299.3 操作条件

流动相:Ψ(乙腈∶水)=70∶30。

色谱柱:250 mm×4.6 mm(内径)不锈钢柱,内装 Diamonsil C_{18}、5 μm 填充物。

流速:1.0 mL/min。

柱温:(30±2)℃。

检测波长:254 nm。

进样体积:5 μL。

有效成分推荐浓度:500 mg/L,线性范围为 109 mg/L~2 193 mg/L。

保留时间:灭菌唑约 5.1 min。

5.300 灭蝇胺(cyromazine)

5.300.1 方法提要

试样用甲醇溶解、流动相稀释,以甲醇+缓冲溶液为流动相,使用以 Nucleosil C_{18} 为填料的不锈钢柱和紫外检测器,在波长 230 nm 下对试样中的灭蝇胺进行反相高效液相色谱分离,外标法定量。

注:本方法参照 CIPAC 420/TC/M。

5.300.2 试剂和溶液

甲醇:色谱纯。

磷酸二氢钾。

磷酸氢二钠。

缓冲溶液:称取适量磷酸二氢钾和磷酸氢二钠,溶于一定量的水中,配制成 0.028 mol/L 磷酸二氢钾和 0.041 mol/L 磷酸氢二钠溶液,混合均匀;移取 10 mL 上述溶液,用水稀释至 1 000 mL,混合均匀。

灭蝇胺标样:已知质量分数,ω≥98.0%。

5.300.3 操作条件

流动相：Ψ(甲醇：缓冲溶液)=40：60。

色谱柱：250 mm×4.0 mm(内径)不锈钢柱，内装 Nucleosil C_{18}、10 μm 填充物。

流速：1.5 mL/min。

柱温：室温(温度变化应不大于 2 ℃)。

检测波长：230 nm。

进样体积：10 μL。

有效成分推荐浓度：50 mg/L。

保留时间：灭蝇胺约 2.6 min。

5.300.4 溶液的制备

5.300.4.1 标样溶液的制备

称取 0.1 g(精确至 0.000 1 g)灭蝇胺标样，置于 100 mL 容量瓶中，加入 80 mL 甲醇，超声波振荡 10 min，冷却至室温，用甲醇稀释至刻度，摇匀。用移液管移取 5 mL 上述溶液，置于 100 mL 容量瓶中，用流动相稀释至刻度，摇匀。

5.300.4.2 试样溶液的制备

称取含 0.1 g(精确至 0.000 1 g)灭蝇胺的试样，置于 100 mL 容量瓶中，加入 80 mL 甲醇，超声波振荡 10 min，冷却至室温，用甲醇稀释至刻度，摇匀。用移液管移取 5 mL 上述溶液，置于 100 mL 容量瓶中，用流动相稀释至刻度，摇匀，过滤。

5.301 灭幼脲(chlorbenzuron)

5.301.1 方法提要

试样用乙腈溶解，以乙腈+水为流动相，使用以 Diamonsil C_{18} 为填料的不锈钢柱和紫外检测器，在波长 254 nm 下对试样中的灭幼脲进行反相高效液相色谱分离，外标法定量。

5.301.2 试剂和溶液

乙腈：色谱纯。

灭幼脲标样：已知质量分数，ω≥98.0%。

5.301.3 操作条件

流动相：Ψ(乙腈：水)=68：32。

色谱柱：250 mm×4.6 mm(内径)不锈钢柱，内装 Diamonsil C_{18}、5 μm 填充物。

流速：1.0 mL/min。

柱温：(25±2)℃。

检测波长：254 nm。

进样体积：5 μL。

有效成分推荐浓度：400 mg/L，线性范围为 100 mg/L～2 007 mg/L。

保留时间：灭幼脲约 8.1 min。

5.302 萘乙酸(1-naphthyl acetic acid)

5.302.1 方法提要

试样用甲醇溶解，以甲醇+磷酸溶液为流动相，使用以 SilGreen C_{18} 为填料的不锈钢柱和紫外检测器，在波长 220 nm 下对试样中的萘乙酸进行反相高效液相色谱分离，外标法定量。

5.302.2 试剂和溶液

甲醇：色谱纯。

磷酸。

磷酸溶液：Ψ(磷酸：水)=0.5：1 000。

萘乙酸标样：已知质量分数，ω≥98.0%。

5.302.3 操作条件

流动相：Ψ(甲醇：磷酸溶液)=52：48。

色谱柱：150 mm×4.6 mm(内径)不锈钢柱，内装 SilGreen C_{18}、5 μm 填充物。

流速：1.0 mL/min。

柱温：(25±2)℃。

检测波长：220 nm。

进样体积：5 μL。

有效成分推荐浓度：10 mg/L，线性范围为 3 mg/L～57 mg/L。

保留时间：萘乙酸约 10.8 min。

5.303 哌虫啶

5.303.1 方法提要

试样用乙腈溶解，以乙腈＋水为流动相，使用以 Diamonsil C_{18} 为填料的不锈钢柱和紫外检测器，在波长 345nm 下对试样中的哌虫啶进行反相高效液相色谱分离，外标法定量。

5.303.2 试剂和溶液

乙腈：色谱纯。

哌虫啶标样：已知质量分数，$\omega \geq 98.0\%$。

5.303.3 操作条件

流动相：Ψ(乙腈：水)＝40：60。

色谱柱：250 mm×4.6 mm(内径)不锈钢柱，内装 Diamonsil C_{18}、5 μm 填充物。

流速：1.0 mL/min。

柱温：(25±2)℃。

检测波长：345 nm。

进样体积：10 μL。

有效成分推荐浓度：100 mg/L，线性范围为 20 mg/L～403 mg/L。

保留时间：哌虫啶(含一对非对映体)约 5.1 min、8.0 min。

注：计算哌虫啶质量分数时，目标物峰面积为保留时间 5.1 min、8.0 min 2 个峰面积之和。

5.304 羟烯腺嘌呤(oxyenadenine)

5.304.1 方法提要

试样用稀释溶剂溶解，以甲醇＋磷酸二氢钾溶液为流动相，使用以 ZORBAX SB-Aq 为填料的不锈钢柱和紫外检测器，在波长 270 nm 下对试样中的羟烯腺嘌呤进行反相高效液相色谱分离，外标法定量。

5.304.2 试剂和溶液

甲醇：色谱纯。

磷酸二氢钾。

氢氧化钠。

氢氧化钠溶液：$c(NaOH)=0.1$ mol/L。

磷酸二氢钾溶液：称取 1.36 g(精确至 0.001 g)磷酸二氢钾，溶于 1 000 mL 水中，用氢氧化钠溶液调 pH 至 6.5，混合均匀。

稀释溶剂：Ψ(甲醇：水)＝50：50。

羟烯腺嘌呤标样：已知质量分数，$\omega \geq 98.0\%$。

5.304.3 操作条件

流动相：Ψ(甲醇：磷酸二氢钾溶液)＝35：65。

色谱柱：150 mm×4.6 mm(内径)不锈钢柱，内装 ZORBAX SB-Aq、5 μm 填充物。

流速：1.0 mL/min。

柱温：(30±2)℃。

检测波长：270 nm。

进样体积：50 μL。

有效成分推荐浓度：0.4 mg/L，线性范围为 0.1 mg/L～5.1 mg/L。

保留时间：羟烯腺嘌呤约 12.5 min。

5.304.4 溶液的制备

5.304.4.1 标样溶液的制备

称取 0.01 g（精确至 0.000 01 g）羟烯腺嘌呤标样，置于 250 mL 容量瓶中，加入 150 mL 稀释溶剂，超声波振荡 5 min，冷却至室温，用稀释溶剂稀释至刻度，摇匀。用移液管移取 1 mL 上述溶液，置于 100 mL 容量瓶中，用稀释溶剂稀释至刻度，摇匀。

5.304.4.2 试样溶液的制备

5.304.4.2.1 固体试样

称取含 40 μg（精确至 0.000 1 g）羟烯腺嘌呤的试样，置于 150 mL 具塞锥形瓶中，用移液管移取 100 mL稀释溶剂，40 ℃水浴振荡 20 min，冷却至室温，过滤。

5.304.4.2.2 液体试样

称取含 10 μg（精确至 0.000 1 g）羟烯腺嘌呤的试样，置于 25 mL 容量瓶中，用稀释溶剂稀释至刻度，摇匀，过滤。

5.305 嗪吡嘧磺隆（metazosulfuron）

5.305.1 方法提要

试样用乙腈溶解，以乙腈＋磷酸溶液为流动相，使用以 ZORBAX Eclipse Plus C_{18} 为填料的不锈钢柱和紫外检测器，在波长 240 nm 下对试样中的嗪吡嘧磺隆进行反相高效液相色谱分离，外标法定量。

5.305.2 试剂和溶液

乙腈：色谱纯。

磷酸。

磷酸溶液：Ψ（磷酸：水）＝1：1 000。

嗪吡嘧磺隆标样：已知质量分数，ω≥98.0%。

5.305.3 操作条件

流动相：Ψ（乙腈：磷酸溶液）＝50：50。

色谱柱：150 mm×4.6 mm（内径）不锈钢柱，内装 ZORBAX Eclipse Plus C_{18}、3.5 μm 填充物。

流速：1.0 mL/min。

柱温：（25±2）℃。

检测波长：240 nm。

进样体积：5 μL。

有效成分推荐浓度：500 mg/L，线性范围为 352 mg/L～654 mg/L。

保留时间：嗪吡嘧磺隆约 7.5 min。

5.306 嗪草酸甲酯（fluthiacet-methyl）

5.306.1 方法提要

试样用乙腈溶解，以乙腈＋水为流动相，使用以 ZORBAX Eclipse Plus C_{18} 为填料的不锈钢柱和紫外检测器，在波长 230 nm 下对试样中的嗪草酸甲酯进行反相高效液相色谱分离，外标法定量。

5.306.2 试剂和溶液

乙腈：色谱纯。

嗪草酸甲酯标样：已知质量分数，ω≥98.0%。

5.306.3 操作条件

流动相：Ψ（乙腈：水）＝45：55。

色谱柱：150 mm×4.6 mm（内径）不锈钢柱，内装 ZORBAX Eclipse Plus C_{18}、3.5 μm 填充物。

流速：1.0 mL/min。

柱温：（25±2）℃。

检测波长:230 nm。

进样体积:5 μL。

有效成分推荐浓度:25 mg/L,线性范围为 5 mg/L～102 mg/L。

保留时间:嗪草酸甲酯约 15.8 min。

5.307 氰草津(cyanazine)

5.307.1 方法提要

试样用二氯甲烷溶解,以二氯甲烷+异丙醇为流动相,使用以 Lichrosorb-NH_2 为填料的不锈钢柱和紫外检测器,在波长 254 nm 下对试样中的氰草津进行正相高效液相色谱分离,外标法定量。

注:本方法参照 CIPAC 230/TC/M。

5.307.2 试剂和溶液

二氯甲烷:色谱纯。

异丙醇:色谱纯。

氰草津标样:已知质量分数,$\omega \geq 98.0\%$。

5.307.3 操作条件

流动相:Ψ(二氯甲烷:异丙醇)=99:1。

色谱柱:250 mm×4.6 mm(内径)不锈钢柱,内装 Lichrosorb-NH_2、10 μm 填充物。

流速:1.2 mL/min。

柱温:室温(温度变化应不大于 2 ℃)。

检测波长:254 nm。

进样体积:10 μL。

有效成分推荐浓度:1 000 mg/L。

保留时间:氰草津 5.6 min。

5.308 氰氟草酯(cyhalofop-butyl)

按 HG/T 4813 中"氰氟草酯质量分数的测定"进行。

5.309 氰氟虫腙(metaflumizone)

5.309.1 方法提要

试样用乙腈溶解,以乙腈+磷酸溶液为流动相,使用以 ZORBAX SB-C_{18} 为填料的不锈钢柱和紫外检测器,在波长 284 nm 下对试样中的氰氟虫腙进行反相高效液相色谱分离,外标法定量。

5.309.2 试剂和溶液

乙腈:色谱纯。

磷酸。

磷酸溶液:Ψ(磷酸:水)=0.5:1 000。

氰氟虫腙标样:已知质量分数,$\omega \geq 98.0\%$。

5.309.3 操作条件

流动相:Ψ(乙腈:磷酸溶液)=70:30。

色谱柱:150 mm×4.6 mm(内径)不锈钢柱,内装 ZORBAX SB-C_{18}、5 μm 填充物。

流速:1.0 mL/min。

柱温:(30±2)℃。

检测波长:284 nm。

进样体积:5 μL。

有效成分推荐浓度:500 mg/L,线性范围为 297 mg/L～700 mg/L。

保留时间:氰氟虫腙 Z 体约 5.7 min、E 体约 6.4 min。

注:计算氰氟虫腙质量分数时,目标物峰面积为 Z 体、E 体 2 个峰面积之和。

5.310 氰霜唑(cyazofamid)

按 NY/T 3769 中"氰霜唑质量分数的测定"进行。

5.311 **氰烯菌酯(phenamacril)**

5.311.1 **方法提要**

试样用乙腈溶解,以乙腈+水为流动相,使用以 ZORBAX SB-C_8为填料的不锈钢柱和紫外检测器,在波长 290 nm 下对试样中的氰烯菌酯进行反相高效液相色谱分离,外标法定量。

5.311.2 **试剂和溶液**

乙腈:色谱纯。

氰烯菌酯标样:已知质量分数,$\omega \geqslant 98.0\%$。

5.311.3 **操作条件**

流动相:Ψ(乙腈:水)=60:40。

色谱柱:250 mm×4.6 mm(内径)不锈钢柱,内装 ZORBAX SB-C_8、5 μm 填充物。

流速:1.0 mL/min。

柱温:(25±2)℃。

检测波长:290 nm。

进样体积:5 μL。

有效成分推荐浓度:300 mg/L,线性范围为 105 mg/L~602 mg/L。

保留时间:氰烯菌酯约 4.2 min。

5.312 **炔苯酰草胺(propyzamide)**

5.312.1 **方法提要**

试样用甲醇溶解,以甲醇+磷酸溶液为流动相,使用以 ZORBAX SB-C_{18}为填料的不锈钢柱和紫外检测器,在波长 240 nm 下对试样中的炔苯酰草胺进行反相高效液相色谱分离,外标法定量。

5.312.2 **试剂和溶液**

甲醇:色谱纯。

磷酸。

磷酸溶液:Ψ(磷酸:水)=0.5:1 000。

炔苯酰草胺标样:已知质量分数,$\omega \geqslant 98.0\%$。

5.312.3 **操作条件**

流动相:Ψ(甲醇:磷酸溶液)=65:35。

色谱柱:150 mm×4.6 mm(内径)不锈钢柱,内装 ZORBAX SB-C_{18}、5 μm 填充物。

流速:1.0 mL/min。

柱温:(30±2)℃。

检测波长:240 nm。

进样体积:5 μL。

有效成分推荐浓度:600 mg/L,线性范围为 402 mg/L~798 mg/L。

保留时间:炔苯酰草胺约 7.4 min。

5.313 **炔草酯(clodinafop-propargyl)**

按 HG/T 5433 中"炔草酯质量分数的测定"进行。

5.314 **炔螨特(propargite)**

按 HG/T 3765 中"炔螨特质量分数的测定"进行。

5.315 **壬菌铜(cuppric nonyl phenolsulfonate)**

5.315.1 **方法提要**

试样用缓冲溶液溶解、甲醇稀释,以甲醇+磷酸氢二钠溶液为流动相,使用以 ZORBAX Extend-C_{18}为填料的不锈钢柱和紫外检测器,在波长 290 nm 下对试样中的壬菌铜进行反相高效液相色谱分离,外标法定量。

壬菌铜中铜离子按附录 E 进行测定。

注:制备壬菌铜溶液时,应加入定容体积 2/5 左右的缓冲溶液溶解,解离生成壬基酚磺酸。

5.315.2 试剂和溶液

甲醇:色谱纯。

乙二胺四乙酸二钠。

磷酸氢二钠。

氢氧化钠。

磷酸氢二钠溶液:$c(Na_2HPO_4)=0.01$ moL/L。

氢氧化钠溶液:$\rho(NaOH)=50$ g/L。

缓冲溶液:称取 3.72 g(精确至 0.001 g)乙二胺四乙酸二钠和 1.42 g(精确至 0.001 g)磷酸氢二钠,溶于 1 000 mL 水中,用氢氧化钠溶液调 pH 至 11.0,混合均匀。

壬菌铜标样:已知质量分数,$\omega \geqslant 90.0\%$。

5.315.3 操作条件

流动相:Ψ(甲醇∶磷酸氢二钠溶液)=80∶20。

色谱柱:250 mm×4.6 mm(内径)不锈钢柱,内装 ZORBAX Extend-C_{18}、5 μm 填充物。

流速:1.0 mL/min。

柱温:室温(温度变化应不大于 2 ℃)。

检测波长:290 nm。

进样体积:5 μL。

有效成分推荐浓度:1 000 mg/L,线性范围为 475 mg/L~1 646 mg/L。

保留时间:壬基酚磺酸约 3.2 min。

5.316 乳氟禾草灵(lactofen)

5.316.1 方法提要

试样用乙腈溶解,以甲醇+乙腈+水为流动相,使用以 ZORBAX SB-C_{18} 为填料的不锈钢柱和紫外检测器,在波长 292 nm 下对试样中的乳氟禾草灵进行反相高效液相色谱分离,外标法定量。

5.316.2 试剂和溶液

甲醇:色谱纯。

乙腈:色谱纯。

乳氟禾草灵标样:已知质量分数,$\omega \geqslant 98.0\%$。

5.316.3 操作条件

流动相:Ψ(乙腈∶甲醇∶水)=55∶25∶20。

色谱柱:150 mm×4.6 mm(内径)不锈钢柱,内装 ZORBAX SB-C_{18}、3.5 μm 填充物。

流速:1.5 mL/min。

柱温:(25±2)℃。

检测波长:292 nm。

进样体积:5 μL。

有效成分推荐浓度:1 000 mg/L,线性范围为 699 mg/L~1 298 mg/L。

保留时间:乳氟禾草灵约 3.7 min。

5.317 噻苯隆(thidiazuron)

按 HG/T 5237 中"噻苯隆质量分数的测定"进行。

5.318 噻虫胺(clothianidin)

5.318.1 方法提要

试样用流动相溶解,以乙腈+水为流动相,使用以 ZORBAX Extend-C_{18} 为填料的不锈钢柱和紫外检测器,在波长 269 nm 下对试样中的噻虫胺进行反相高效液相色谱分离,外标法定量。

5.318.2 **试剂和溶液**

乙腈:色谱纯。

噻虫胺标样:已知质量分数,$\omega \geq 98.0\%$。

5.318.3 **操作条件**

流动相:Ψ(乙腈∶水)=15∶85。

色谱柱:150 mm×4.6 mm(内径)不锈钢柱,内装 ZORBAX Extend-C_{18}、5 μm 填充物。

流速:1.5 mL/min。

柱温:室温(温度变化应不大于 2 ℃)。

检测波长:269 nm。

进样体积:5 μL。

有效成分推荐浓度:400 mg/L,线性范围为 160 mg/L~800 mg/L。

保留时间:噻虫胺约 7.5 min。

5.319 **噻虫啉(thiacloprid)**

5.319.1 **方法提要**

试样用甲醇溶解,以甲醇+水为流动相,使用以 ZORBAX SB-C_{18} 为填料的不锈钢柱和紫外检测器,在波长 245 nm 下对试样中的噻虫啉进行高效液相色谱分离,外标法定量。

5.319.2 **试剂和溶液**

甲醇:色谱纯。

噻虫啉标样:已知质量分数,$\omega \geq 98.0\%$。

5.319.3 **操作条件**

流动相:Ψ(甲醇∶水)=50∶50。

色谱柱:250 mm×4.6 mm(内径)不锈钢柱,内装 ZORBAX SB-C_{18}、5 μm 填充物。

流速:1.0 mL/min。

柱温:(30±2)℃。

检测波长:245 nm。

进样体积:5 μL。

有效成分推荐浓度:50 mg/L,线性范围为 10 mg/L~106 mg/L。

保留时间:噻虫啉约 5.5 min。

5.320 **噻虫嗪(thiamethoxam)**

按 GB/T 33809 中"噻虫嗪质量分数的测定"进行。

5.321 **噻吩磺隆(thifensulfuron-methyl)**

按 GB/T 24758 中"噻吩磺隆质量分数的测定"进行。

5.322 **噻呋酰胺(thifluzamide)**

5.322.1 **方法提要**

试样用甲醇溶解,以甲醇+水为流动相,使用以 ZORBAX Extend-C_{18} 为填料的不锈钢柱和紫外检测器,在波长 230 nm 下对试样中的噻呋酰胺进行反相高效液相色谱分离,外标法定量。

5.322.2 **试剂和溶液**

甲醇:色谱纯。

噻呋酰胺标样:已知质量分数,$\omega \geq 98.0\%$。

5.322.3 **操作条件**

流动相:Ψ(甲醇∶水)=75∶25。

色谱柱:250 mm×4.6 mm(内径)不锈钢柱,内装 ZORBAX Extend-C_{18}、5 μm 填充物。

流速:1.0 mL/min。

柱温:室温(温度变化应不大于 2 ℃)。

检测波长:230 nm。

进样体积:5 μL。

有效成分推荐浓度:200 mg/L,线性范围为 45 mg/L～1 229 mg/L。

保留时间:噻呋酰胺约 6.5 min。

5.323 噻菌灵(thiabendazole)

5.323.1 方法提要

试样用甲醇溶解,以甲醇+乙酸铵溶液为流动相,使用以 ZORBAX Extend-C_{18} 为填料的不锈钢柱和紫外检测器,在波长 302 nm 下对试样中的噻菌灵进行反相高效液相色谱分离,外标法定量。

5.323.2 试剂和溶液

甲醇:色谱纯。

乙酸铵。

乙酸铵溶液:称取 0.77 g(精确至 0.01 g)乙酸铵,溶于 1 000 mL 水中,混合均匀。

噻菌灵标样:已知质量分数,$\omega \geqslant 98.0\%$。

5.323.3 操作条件

流动相:Ψ(甲醇∶乙酸铵溶液)=50∶50。

色谱柱:250 mm×4.6 mm(内径)不锈钢柱,内装 ZORBAX Extend-C_{18}、5 μm 填充物。

流速:1.5 mL/min。

柱温:室温(温度变化应不大于 2 ℃)。

检测波长:302 nm。

进样体积:5 μL。

有效成分推荐浓度:200 mg/L,线性范围为 76 mg/L～608 mg/L。

保留时间:噻菌灵约 7.2 min。

5.324 噻菌铜(thiodiazole copper)

5.324.1 方法提要

试样用稀释溶剂溶解,用 Na_2S 溶液碱解生成噻二唑,以乙腈+甲酸溶液为流动相,使用以 SVEA C_{18} Opal 为填料的不锈钢柱和紫外检测器,在波长 313 nm 下对试样中噻菌铜碱解生成的噻二唑进行反相高效液相色谱分离,外标法定量。

噻菌铜中铜离子按附录 F 进行测定。

注:本方法使用噻二唑标样进行质量分数测定,计算噻菌铜质量分数时应考虑分子量换算系数。

5.324.2 试剂和溶液

乙腈:色谱纯。

九水合硫化钠。

甲酸。

硫化钠溶液:$c(Na_2S \cdot 9H_2O)=0.1\ mol/L$。

甲酸溶液:Ψ(甲酸∶水)=1∶1 000。

稀释溶剂:Ψ(乙腈∶水)=2∶1。

2-氨基-5-巯基-1,3,4-噻二唑(简称噻二唑):已知质量分数,$\omega \geqslant 98.0\%$。

5.324.3 操作条件

流动相:Ψ(乙腈∶甲酸溶液)=5∶95。

色谱柱:250 mm×4.6 mm(内径)不锈钢柱,内装 SVEA C_{18} Opal、5 μm 填充物。

流速:1.0 mL/min。

柱温:(30±2)℃。

检测波长:313 nm。

进样体积:5 μL。

噻二唑推荐浓度：200 mg/L，线性范围为 103 mg/L～287 mg/L。

保留时间：噻二唑约 6.5 min。

5.324.4 溶液的制备

5.324.4.1 标样溶液的制备

称取 0.01 g（精确至 0.000 01 g）噻二唑标样，置于 50 mL 容量瓶中，加入 20 mL 稀释溶剂，超声波振荡 5 min，冷却至室温，用稀释溶剂稀释至刻度，摇匀。

5.324.4.2 试样溶液的制备

称取含 0.012 g（精确至 0.000 01 g）噻菌铜的试样，置于 50 mL 容量瓶中，加入 12 mL 稀释溶剂，超声波振荡 5 min，加入 4 mL 硫化钠溶液，超声波振荡 5 min，冷却至室温，用稀释溶剂稀释至刻度，摇匀，过滤。

5.325 噻螨酮（hexythiazox）

5.325.1 方法提要

试样用甲醇溶解，以甲醇＋水为流动相，使用以 SVEA C_{18} Opal 为填料的不锈钢柱和紫外检测器，在波长 226 nm 下对试样中的噻螨酮进行反相高效液相色谱分离，外标法定量。

5.325.2 试剂和溶液

甲醇：色谱纯。

噻螨酮标样：已知质量分数，$\omega \geqslant 98.0\%$。

5.325.3 操作条件

流动相：Ψ（甲醇：水）＝85：15。

色谱柱：250 mm×4.6 mm（内径）不锈钢柱，内装 SVEA C_{18} Opal、5 μm 填充物。

流速：1.0 mL/min。

柱温：（30±2）℃。

检测波长：226 nm。

进样体积：10 μL。

有效成分推荐浓度：200 mg/L，线性范围为 102 mg/L～308 mg/L。

保留时间：噻螨酮约 9.4 min。

5.326 噻霉酮（benziothiazolinone）

5.326.1 方法提要

试样用稀释溶剂溶解，以乙腈＋磷酸溶液为流动相，使用以 SVEA C_{18} Opal 为填料的不锈钢柱和紫外检测器，在波长 320 nm 下对试样中的噻霉酮进行反相高效液相色谱分离，外标法定量。

5.326.2 试剂和溶液

乙腈：色谱纯。

磷酸。

磷酸溶液：Ψ（磷酸：水）＝0.1：1 000。

稀释溶剂：Ψ（乙腈：水）＝25：75。

噻霉酮标样：已知质量分数，$\omega \geqslant 98.0\%$。

5.326.3 操作条件

流动相：Ψ（乙腈：磷酸溶液）＝25：75。

色谱柱：250 mm×4.6 mm（内径）不锈钢柱，内装 SVEA C_{18} Opal、5 μm 填充物。

流速：1.0 mL/min。

柱温：（35±2）℃。

检测波长：320 nm。

进样体积：10 μL。

有效成分推荐浓度：200 mg/L，线性范围为 103 mg/L～308 mg/L。

保留时间：噻霉酮约 6.0 min。

5.327 噻森铜(thiosen copper)

5.327.1 方法提要

试样用稀释溶剂溶解，用硫化钠溶液碱解生成噻二唑，以乙腈+甲酸溶液为流动相，使用以 SVEA C_{18} Opal 为填料的不锈钢柱和紫外检测器，在波长 313 nm 下对试样中噻森铜碱解生成的噻二唑进行反相高效液相色谱分离，外标法定量。

噻森铜中铜离子按附录 F 进行测定。

注：本方法使用噻二唑标样进行质量分数测定，由于噻森铜不能 100%碱解得到噻二唑，计算噻森铜质量分数时应考虑分子量换算系数和碱解转化系数。

5.327.2 试剂和溶液

乙腈：色谱纯。

九水合硫化钠。

甲酸。

硫化钠溶液：$c(Na_2S \cdot 9H_2O)=0.1$ mol/L。

甲酸溶液：Ψ(甲酸：水)=1：1 000。

稀释溶剂：Ψ(乙腈：水)=2：1。

2-氨基-5-巯基-1,3,4-噻二唑(简称噻二唑)：已知质量分数，$\omega \geq 98.0\%$。

5.327.3 操作条件

流动相：Ψ(乙腈：甲酸溶液)=5：95。

色谱柱：250 mm×4.6 mm(内径)不锈钢柱，内装 SVEA C_{18} Opal、5 μm 填充物。

流速：1.0 mL/min。

柱温：(30±2)℃。

检测波长：313 nm。

进样体积：5 μL。

噻二唑推荐浓度：200 mg/L，线性范围为 100 mg/L～309 mg/L。

保留时间：噻二唑约 6.5 min。

5.327.4 溶液的制备

5.327.4.1 标样溶液的制备

称取 0.01 g(精确至 0.000 01 g)噻二唑标样，置于 50 mL 容量瓶中，加入 20 mL 稀释溶剂，超声波振荡 5 min，冷却至室温，用稀释溶剂稀释至刻度，摇匀。

5.327.4.2 试样溶液的制备

称取含 0.023 g(精确至 0.000 01 g)噻森铜的试样，置于 50 mL 容量瓶中，加入 12 mL 稀释溶剂，超声波振荡 5 min，加入 4 mL 硫化钠溶液，超声波振荡 5 min，室温静置反应 24 h，用稀释溶剂稀释至刻度，摇匀，过滤。

5.327.5 计算

将测得的两针试样溶液以及试样前后两针标样溶液中噻二唑峰面积分别进行平均。试样中噻二唑和噻森铜的质量分数分别按公式(4)和公式(5)计算。

$$\omega_1=\frac{A_2 \times m_1 \times \omega}{A_1 \times m_2} \quad \cdots\cdots (4)$$

$$\omega_2=\omega_1 \times \frac{339.9}{133.2 \times 2 \times 0.5814} \quad \cdots\cdots (5)$$

式中：

ω_1 ——试样中噻二唑质量分数的数值，单位为百分号(%)；

A_2 ——试样溶液中噻二唑峰面积的平均值；

m_1 ——标样质量的数值，单位为克(g)；

ω ——标样中噻二唑质量分数的数值，单位为百分号(%)；

A_1 ——标样溶液中噻二唑峰面积的平均值；

ω_2 ——试样中噻森铜质量分数的数值，单位为百分号(%)；

m_2 ——试样质量的数值，单位为克(g)；

339.9 ——噻森铜的相对分子质量；

133.2 ——噻二唑的相对分子质量；

2 ——噻森铜碱解为 2 个噻二唑；

0.581 4——噻森铜碱解为噻二唑的转化系数。

5.328 噻酮磺隆(thiencarbazone-methyl)

5.328.1 方法提要

试样用稀释溶剂溶解，以乙腈＋磷酸溶液为流动相，使用以 SVEA C_{18} Opal 为填料的不锈钢柱和紫外检测器，在波长 215 nm 下对试样中的噻酮磺隆进行反相高效液相色谱分离，外标法定量。

5.328.2 试剂和溶液

乙腈：色谱纯。

磷酸。

磷酸溶液：Ψ(磷酸：水)＝0.5：1 000。

稀释溶剂：Ψ(乙腈：水)＝60：40。

噻酮磺隆标样：已知质量分数，$\omega \geq 98.0\%$。

5.328.3 操作条件

流动相：Ψ(乙腈：磷酸溶液)＝55：45。

色谱柱：250 mm×4.6 mm(内径)不锈钢柱，内装 SVEA C_{18} Opal、5 μm 填充物。

流速：1.0 mL/min。

柱温：(30±2)℃。

检测波长：215 nm。

进样体积：5 μL。

有效成分推荐浓度：200 mg/L，线性范围为 99 mg/L～298 mg/L。

保留时间：噻酮磺隆约 4.7 min。

5.329 噻唑膦(fosthiazate)

按 HG/T 5421 中"噻唑膦质量分数的测定"进行。

5.330 噻唑锌(zinc thiozole)

5.330.1 方法提要

试样用稀释溶剂溶解，以乙腈＋三氟乙酸溶液为流动相，使用以 SVEA C_{18} Opal 为填料的不锈钢柱和紫外检测器，在波长 310 nm 下对试样中的噻唑锌进行反相高效液相色谱分离，外标法定量。

噻唑锌中锌离子按附录 G 进行测定。

5.330.2 试剂和溶液

乙腈：色谱纯。

三氟乙酸。

三氟乙酸溶液：Ψ(三氟乙酸：水)＝2：1 000。

稀释溶剂：Ψ(乙腈：三氟乙酸溶液)＝30：70。

噻唑锌标样：已知质量分数，$\omega \geq 98.0\%$。

5.330.3 操作条件

流动相：Ψ(乙腈：三氟乙酸溶液)＝5：95。

色谱柱：250 mm×4.6 mm(内径)不锈钢柱，内装 SVEA C_{18} Opal、5 μm 填充物。

流速：1.0 mL/min。

柱温:(30±2)℃。

检测波长:310 nm。

进样体积:10 μL。

有效成分推荐浓度:200 mg/L,线性范围为 105 mg/L~309 mg/L。

保留时间:噻唑锌约 6.5 min。

5.331 三苯基乙酸锡(fentin acetate)

5.331.1 方法提要

试样用内标溶液溶解、流动相稀释,以乙腈+缓冲溶液为流动相,使用以 Superspher 100 RP 18e 为填料的不锈钢柱和紫外检测器,在波长 220 nm 下对试样中的三苯基乙酸锡进行反相高效液相色谱分离,内标法定量。

三苯基乙酸锡中锡离子按附录 I 进行测定。

注:本方法参照 CIPAC 489(103A.2a)+61/WP/M2。

5.331.2 试剂和溶液

乙腈:色谱纯。

浓盐酸。

四甲基溴化铵。

氯化钠。

内标物:1,4-二溴苯,应没有干扰分析的杂质。

内标溶液:称取 2.5 g(精确至 0.01 g)1,4-二溴苯,置于 1 000 mL 容量瓶中,用乙腈溶解并稀释至刻度,摇匀。

盐酸溶液:c(HCl)=5 moL/L。

缓冲溶液:称取 0.3 g(精确至 0.01 g)氯化钠和 0.06 g(精确至 0.001 g)四丁基溴化铵,溶于 300 mL 水中,用盐酸溶液调 pH 至 2.5,混合均匀。

三苯基乙酸锡:已知质量分数,$\omega \geqslant 98.0\%$。

5.331.3 操作条件

流动相:Ψ(乙腈:缓冲溶液)=70:30。

色谱柱:125 mm×4.0 mm(内径)不锈钢柱,内装 Superspher 100 RP18e、4 μm 填充物。

流速:1.0 mL/min。

柱温:室温(温度变化应不大于 2 ℃)。

检测波长:220 nm。

进样体积:10 μL。

有效成分推荐浓度:13 mg/L。

保留时间:三苯基乙酸锡约 2.5 min,1,4-二溴苯约 4.4 min。

5.331.4 溶液的制备

5.331.4.1 标样溶液的制备

称取 0.05 g(精确至 0.000 1 g)三苯基乙酸锡标样,置于 50 mL 具塞锥形瓶中,用移液管移入 20 mL 内标溶液,超声波振荡 10 min,冷却至室温,摇匀。用移液管移取 1 mL 上述溶液,置于 100 mL 容量瓶中,用流动相稀释至刻度,摇匀。

5.331.4.2 试样溶液的制备

称取含 0.05 g(精确至 0.000 1 g)三苯基醋酸锡的试样,置于 50 mL 具塞锥形瓶中,与 5.331.4.1 用同一支移液管移入 20 mL 内标溶液,超声波振荡 10 min,冷却至室温,摇匀。用移液管移取 1 mL 上述溶液,置于 100 mL 容量瓶中,用流动相稀释至刻度,摇匀,过滤。

5.332 三氟苯嘧啶(triflumezopyrim)

5.332.1 方法提要

试样用甲醇溶解，以乙腈+磷酸溶液为流动相，使用以 SVEA C_{18} Opal 为填料的不锈钢柱和紫外检测器，在波长 233 nm 下对试样中的三氟苯嘧啶进行反相高效液相色谱分离，外标法定量。

5.332.2 试剂和溶液

甲醇：色谱纯。

乙腈：色谱纯。

磷酸。

磷酸溶液：Ψ(磷酸：水)=0.5：1 000。

三氟苯嘧啶标样：已知质量分数，ω≥98.0%。

5.332.3 操作条件

流动相：Ψ(乙腈：磷酸溶液)=45：55。

色谱柱：250 mm×4.6 mm(内径)不锈钢柱，内装 SVEA C_{18} Opal、5 μm 填充物。

流速：1.0 mL/min。

柱温：(30±2)℃。

检测波长：233 nm。

进样体积：10 μL。

有效成分推荐浓度：200 mg/L，线性范围为 102 mg/L～302 mg/L。

保留时间：三氟苯嘧啶约 5.0 min。

5.333 三氟啶磺隆钠盐(trifloxysulfuron sodium)

5.333.1 方法提要

试样用甲醇溶解，以乙腈+磷酸溶液为流动相，使用以 Inertsustain C_{18} 为填料的不锈钢柱和紫外检测器，在波长 240 nm 下对试样中的三氟啶磺隆钠盐进行反相高效液相色谱分离，外标法定量。

三氟啶磺隆钠盐中钠离子按 GB/T 20686 中"钠离子质量分数的测定"进行，操作条件适当调整：进样体积 10 μL，钠离子推荐浓度 13 mg/L，线性范围为 2 mg/L～30 mg/L。

5.333.2 试剂和溶液

甲醇：色谱纯。

乙腈：色谱纯。

磷酸。

磷酸溶液：Ψ(磷酸：水)=1：1 000。

三氟啶磺隆钠盐标样：已知质量分数，ω≥98.0%。

5.333.3 操作条件

流动相：Ψ(乙腈：磷酸溶液)=35：65。

色谱柱：150 mm×4.6 mm(内径)不锈钢柱，内装 Inertsustain C_{18}、5 μm 填充物。

流速：1.0 mL/min。

柱温：(30±2)℃。

检测波长：240 nm。

进样体积：10 μL。

有效成分推荐浓度：200 mg/L，线性范围为 108 mg/L～325 mg/L。

保留时间：三氟啶磺隆钠盐约 8.4 min。

5.334 三氟甲吡醚(pyridalyl)

5.334.1 方法提要

试样用乙腈溶解，以乙腈+水为流动相，使用以 Inertsustain C_{18} 为填料的不锈钢柱和紫外检测器，在波长 230 nm 下对试样中的三氟甲吡醚进行反相高效液相色谱分离，外标法定量。

5.334.2 试剂和溶液

乙腈：色谱纯。

三氟甲吡醚标样:已知质量分数,$\omega \geqslant 98.0\%$。

5.334.3 操作条件

流动相:Ψ(乙腈:水)=85:15。

色谱柱:150 mm×4.6 mm(内径)不锈钢柱,内装 Inertsustain C_{18}、5 μm 填充物。

流速:1.0 mL/min。

柱温:(40±2)℃。

检测波长:230 nm。

进样体积:5 μL。

有效成分推荐浓度:200 mg/L,线性范围为 97 mg/L~324 mg/L。

保留时间:三氟甲吡醚约 9.5 min。

5.335 三氟羧草醚(acifluorfen)

5.335.1 方法提要

试样用甲醇溶解,以甲醇+磷酸溶液为流动相,使用以 Shim-pack GIST-C_{18} 为填料的不锈钢柱和紫外检测器,在波长 290 nm 下对试样中的三氟羧草醚进行反相高效液相色谱分离,外标法定量。

5.335.2 试剂和溶液

甲醇:色谱纯。

磷酸。

磷酸溶液:Ψ(磷酸:水)=0.5:1 000。

三氟羧草醚标样:已知质量分数,$\omega \geqslant 98.0\%$。

5.335.3 操作条件

流动相:Ψ(甲醇:磷酸溶液)=60:40。

色谱柱:150 mm×4.6 mm(内径)不锈钢柱,内装 Shim-pack GIST-C_{18}、5 μm 填充物。

流速:1.5 mL/min。

柱温:(40±2)℃。

检测波长:290 nm。

进样体积:5 μL。

有效成分推荐浓度:1 000 mg/L,线性范围为 199 mg/L~1 995 mg/L。

保留时间:三氟羧草醚约 12.1 min。

5.336 三环唑(tricyclazole)

按 GB/T 39651 中"三环唑质量分数的测定"进行。

5.337 三甲苯草酮(tralkoxydim)

5.337.1 方法提要

试样用乙腈溶解,以甲醇+乙腈+冰乙酸溶液为流动相,使用以 Inertsustain C_{18} 为填料的不锈钢柱和紫外检测器,在波长 258 nm 下对试样中的三甲苯草酮进行反相高效液相色谱分离,外标法定量。

5.337.2 试剂和溶液

乙腈:色谱纯。

甲醇:色谱纯。

冰乙酸。

冰乙酸溶液:Ψ(冰乙酸:水)=0.5:800。

三甲苯草酮标样:已知质量分数,$\omega \geqslant 98.0\%$。

5.337.3 操作条件

流动相:Ψ(甲醇:乙腈:冰乙酸溶液)=70:6:24。

色谱柱:150 mm×4.6 mm(内径)不锈钢柱,内装 Inertsustain C_{18}、5 μm 填充物。

流速:1.0 mL/min。

柱温:(30±2)℃。

检测波长:258 nm。

进样体积:5 μL。

有效成分推荐浓度:600 mg/L,线性范围为 149 mg/L~1 000 mg/L。

保留时间:三甲苯草酮 *Z* 体约 4.3 min、*E* 体约 16.0 min。

注:计算三甲苯草酮质量分数时,目标物峰面积为 *Z* 体、*E* 体 2 个峰面积之和。

5.338 三氯吡氧乙酸(triclopyr)

5.338.1 方法提要

试样用流动相溶解,以乙腈+磷酸溶液为流动相,使用以 Wondasil C_{18} Superb 为填料的不锈钢柱和紫外检测器,在波长 230 nm 下对试样中的三氯吡氧乙酸进行反相高效液相色谱分离,外标法定量。

三氯吡氧乙酸以三乙胺盐、钠盐或钾盐的形式存在,三乙胺离子按附录 H 进行测定、钠离子按 GB/T 20686中"钠离子质量分数的测定"进行、钾离子按 GB/T 20686 中"钾离子质量分数的测定"进行。

注:三氯吡氧乙酸易光解,在制备标样溶液和试样溶液时,应使用棕色容量瓶。

5.338.2 试剂和溶液

乙腈:色谱纯。

磷酸。

磷酸溶液:Ψ(磷酸:水)=1:1 000。

三氯吡氧乙酸标样:已知质量分数,ω≥98.0%。

5.338.3 操作条件

流动相:Ψ(乙腈:磷酸溶液)=45:55。

色谱柱:250 mm×4.6 mm(内径)不锈钢柱,内装 Wondasil C_{18} Superb、5 μm 填充物。

流速:1.0 mL/min。

柱温:(30±2)℃。

检测波长:230 nm。

进样体积:5 μL。

三氯吡氧乙酸推荐浓度:500 mg/L,线性范围为 203 mg/L~814 mg/L。

保留时间:三氯吡氧乙酸约 13.7 min。

5.339 三氯吡氧乙酸丁氧基乙酯(triclopyr-butotyl)

5.339.1 方法提要

试样用乙腈溶解,以乙腈+磷酸溶液为流动相,使用以 ZORBAX SB-C_{18} 为填料的不锈钢柱和紫外检测器,在波长 230 nm 下对试样中的三氯吡氧乙酸丁氧基乙酯进行反相高效液相色谱分离,外标法定量。

注:三氯吡氧乙酸丁氧基乙酯易光解且在甲醇中易分解,在制备标样溶液和试样溶液时,应使用棕色容量瓶、避免使用甲醇做溶剂。

5.339.2 试剂和溶液

乙腈:色谱纯。

磷酸。

磷酸溶液:Ψ(磷酸:水)=1:1 000。

三氯吡氧乙酸丁氧基乙酯标样:已知质量分数,ω≥98.0%。

5.339.3 操作条件

流动相:Ψ(乙腈:磷酸溶液)=65:35。

色谱柱:150 mm×4.6 mm(内径)不锈钢柱,内装 ZORBAX SB-C_{18}、5 μm 填充物。

流速:1.0 mL/min。

柱温:(30±2)℃。

检测波长:230 nm。

进样体积:5 μL。

有效成分推荐浓度:400 mg/L,线性范围为 199 mg/L～598 mg/L。

保留时间:三氯吡氧乙酸丁氧基乙酯约 11.5 min。

5.340 三氯杀螨醇(dicofol)

按 HG/T 3699 中"三氯杀螨醇质量分数的测定"进行。

5.341 三乙膦酸铝(fosetyl-aluminium)

按 NY/T 3597 中"三乙膦酸铝质量分数的测定"进行。

5.342 三唑磺草酮

5.342.1 方法提要

试样用甲醇溶解,以甲醇+磷酸溶液为流动相,使用以 ZORBAX Extend-C_{18} 为填料的不锈钢柱和紫外检测器,在波长 240 nm 下对试样中的三唑磺草酮进行反相高效液相色谱分离,外标法定量。

5.342.2 试剂和溶液

甲醇:色谱纯。

磷酸。

磷酸溶液:用磷酸将水的 pH 调至 4.0。

三唑磺草酮标样:已知质量分数,ω≥98.0%。

5.342.3 操作条件

流动相:Ψ(甲醇∶磷酸溶液)=58∶42。

色谱柱:150 mm×4.6 mm(内径)不锈钢柱,内装 ZORBAX Extend-C_{18}、3.5 μm 填充物。

流速:0.8 mL/min。

柱温:(30±2)℃。

检测波长:240 nm。

进样体积:5 μL。

有效成分推荐浓度:400 mg/L,线性范围为 80 mg/L～804 mg/L。

保留时间:三唑磺草酮约 9.2 min。

5.343 三唑酮(triadimefon)

按 HG/T 3293 中"三唑酮质量分数的测定"进行。

5.344 三唑锡(azocyclotin)

5.344.1 方法提要

试样用甲醇+磷酸+丙酮溶解,以甲醇+缓冲溶液为流动相,使用以 Inertsil ODS-SP 为填料的不锈钢柱和紫外检测器,在波长 220 nm 下对试样中的三唑锡进行反相高效液相色谱分离,外标法定量。

注:三唑锡中锡离子按附录 I 进行测定。

5.344.2 试剂和溶液

甲醇:色谱纯。

丙酮:色谱纯。

磷酸。

浓盐酸。

氯化钠。

盐酸溶液:c(HCl)=12 mol/L。

缓冲溶液:称取 7.35 g(精确至 0.001 g)氯化钠,溶于 1 000 mL 水中,加入 2.5 mL 盐酸溶液,混合均匀。

三唑锡标样:已知质量分数,ω≥98.0%。

5.344.3 操作条件

流动相:Ψ(甲醇∶缓冲溶液)=90∶10。

色谱柱:250 mm×4.6 mm(内径)不锈钢柱,内装 Inertsil ODS-SP、5 μm 填充物。

流速:1.0 mL/min。

柱温:(30±2)℃。

检测波长:220 nm。

进样体积:5 μL。

有效成分推荐浓度:400 mg/L,线性范围为 164 mg/L~822 mg/L。

保留时间:三唑锡约 13.4 min。

5.344.4 溶液的制备

5.344.4.1 标样溶液的制备

称取 0.04 g(精确至 0.000 01 g)三唑锡标样,置于 100 mL 容量瓶中,加入 0.4 mL 磷酸、3 mL 丙酮和 10 mL 甲醇,超声波振荡 5 min,冷却至室温,用甲醇稀释至刻度,摇匀。

5.344.4.2 试样溶液的制备

称取含 0.04 g(精确至 0.000 01 g)三唑锡的试样,置于 100 mL 容量瓶中,加入 0.4 mL 磷酸、3 mL 丙酮和 10 mL 甲醇,超声波振荡 5 min,冷却至室温,用甲醇稀释至刻度,摇匀,过滤。

5.345 杀虫单(monosultap)

按 GB/T 28128 中"杀虫单质量分数的测定"进行。

5.346 杀虫环(thiocyclam-hydrogenoxalate)

5.346.1 方法提要

试样用流动相溶解,以甲醇+磷酸二氢钾溶液为流动相,使用以 Hypersil SAX 为填料的不锈钢柱和紫外检测器,在波长 260 nm 下对试样中的杀虫环进行反相高效液相色谱分离,外标法定量。

杀虫环中草酸根离子按附录 J 进行测定。

5.346.2 试剂和溶液

甲醇:色谱纯。

磷酸。

磷酸二氢钾。

杀虫环标样:已知质量分数,$\omega \geq 98.0\%$。

5.346.3 操作条件

流动相:称取 0.27 g(精确至 0.001 g)磷酸二氢钾,溶于 970 mL 水中,加入 30 mL 甲醇,再加入 1.25 mL磷酸,混合均匀。

色谱柱:250 mm×4.6 mm(内径),内装 Hypersil SAX、5 μm 填充物。

流速:1.0 mL/min。

柱温:(30±2)℃。

检测波长:260 nm。

进样体积:10 μL。

有效成分推荐浓度:400 mg/L,线性范围为 176 mg/L~586 mg/L。

保留时间:杀虫环约 3.3 min。

5.347 杀虫双(bisultap)

按 GB/T 8200 中"杀虫双质量分数的测定"进行。

5.348 杀铃脲(triflumuron)

5.348.1 方法提要

试样用稀释溶剂溶解,以乙腈+水为流动相,使用以 Lichrosphere 100 RP_{18} 为填料的不锈钢柱和紫外检测器,在波长 250 nm 下对试样中的杀铃脲进行反相高效液相色谱分离,外标法定量。

注:本方法参照 CIPAC 548/TC/M。

5.348.2 试剂和溶液

乙腈:色谱纯。

四氢呋喃:色谱纯。

稀释溶剂:Ψ(四氢呋喃:乙腈:水)=45:45:10。

杀铃脲:已知质量分数,ω≥98.0%。

5.348.3 操作条件

流动相:Ψ(乙腈:水)=63:37。

色谱柱:250 mm×4.6 mm(内径)不锈钢柱,内装 Lichrosphere 100 RP_{18}、5 μm 填充物。

流速:1.0 mL/min。

柱温:室温(温度变化应不大于 2 ℃)。

检测波长:250 nm。

进样体积:5 μL。

有效成分推荐浓度:800 mg/L。

保留时间:杀铃脲约 8.0 min。

5.349 杀螺胺(niclosamide)

5.349.1 方法提要

试样用甲醇溶解,以甲醇+磷酸二氢钾溶液为流动相,使用以 Symmetry C_8 为填料的不锈钢柱和紫外检测器,在波长 236 nm 下对试样中的杀螺胺进行反相高效液相色谱分离,外标法定量。

注:本方法参照 CIPAC 599/TC/M;杀螺胺也可按 5.350 进行测定。

5.349.2 试剂和溶液

甲醇:色谱纯。

磷酸二氢钾。

磷酸。

杀螺胺标样:已知质量分数,ω≥98.0%。

5.349.3 操作条件

流动相:称取 1 g(精确至 0.01 g)磷酸二氢钾,溶于 300 mL 水中,加入 700 mL 甲醇,再加入 1 mL 磷酸,混合均匀。

色谱柱:150 mm×3.9mm(内径)不锈钢柱,内装 Symmetry C_8、5 μm 填充物。

流速:1.0 mL/min。

柱温:室温(温度变化应不大于 2 ℃)。

检测波长:236 nm。

进样体积:5 μL。

有效成分推荐浓度:500 mg/L。

保留时间:杀螺胺约 12.0 min。

5.350 杀螺胺乙醇胺盐(niclosamide ethanolamine)

5.350.1 方法提要

试样用甲醇溶解,以乙腈+磷酸溶液为流动相,使用以 Shim-pack GIST-C_{18} 为填料的不锈钢柱和紫外检测器,在波长 230 nm 下对试样中的杀螺胺进行反相高效液相色谱分离,外标法定量。

杀螺胺乙醇胺盐中乙醇胺离子按附录 K 进行测定。

5.350.2 试剂和溶液

乙腈:色谱纯。

甲醇:色谱纯。

磷酸。

磷酸溶液:Ψ(磷酸:水)=1:1 000。

杀螺胺乙醇胺盐标样:已知质量分数,ω≥98.0%。

5.350.3 操作条件

流动相：Ψ(乙腈：磷酸溶液)=70：30。

色谱柱：150 mm×4.6 mm(内径)不锈钢柱，内装 Shim-pack GIST-C_{18}、5 μm 填充物。

流速：0.8 mL/min。

柱温：(40±2)℃。

检测波长：230 nm。

进样体积：5 μL。

有效成分推荐浓度：600 mg/L，线性范围为 253 mg/L～1 231 mg/L。

保留时间：杀螺胺约 5.6 min。

5.351 **杀螟丹(cartap)**

按 GB/T 22612 中“杀螟丹质量分数的测定”进行。

杀螟丹以盐酸盐的形式存在，氯离子按附录 C 进行测定。

5.352 **杀扑磷(methidathion)**

按 GB 20682 中“杀扑磷质量分数的测定”进行。

5.353 **杀鼠灵(warfarin)**

5.353.1 **方法提要**

试样用甲醇溶解，以乙腈+冰乙酸溶液为流动相，使用以 Shim-pack GIST-C_{18} 为填料的不锈钢柱和紫外检测器，在波长 265 nm 下对试样中的杀鼠灵进行反相高效液相色谱分离，外标法定量。

5.353.2 **试剂和溶液**

乙腈：色谱纯。

甲醇：色谱纯。

冰乙酸。

冰乙酸溶液：Ψ(冰乙酸：水)=1：1 000。

杀鼠灵标样：已知质量分数，ω≥98.0%。

5.353.3 **操作条件**

流动相：Ψ(乙腈：冰乙酸溶液)=75：25。

色谱柱：150 mm×4.6 mm(内径)不锈钢柱，内装 Shim-pack GIST-C_{18}、5 μm 填充物。

流速：0.8 mL/min。

柱温：(40±2)℃。

检测波长：265 nm。

进样体积：10 μL。

有效成分推荐浓度：40 mg/L，线性范围为 7 mg/L～136 mg/L。

保留时间：杀鼠灵约 7.1 min。

5.354 **杀鼠醚(coumatetralyl)**

5.354.1 **方法提要**

试样用适宜溶剂溶解，以乙腈+冰乙酸溶液为流动相，使用以 LiChrosorb RP-18 为填料的不锈钢柱和紫外检测器，在波长 310 nm 下对试样中的杀鼠醚进行反相高效液相色谱分离，外标法定量。

注：本方法参照 CIPAC 189/TC/M。

5.354.2 **试剂和溶液**

乙腈：色谱纯。

甲醇：色谱纯。

四氢呋喃：色谱纯。

冰乙酸。

冰乙酸溶液：Ψ(冰乙酸：水)=5：1 000。

稀释溶剂Ⅰ:Ψ(甲醇:水)=50:50。

稀释溶剂Ⅱ:Ψ(甲醇:四氢呋喃)=50:50。

杀鼠醚标样:已知质量分数,ω≥98.0%。

5.354.3 操作条件

流动相:Ψ(乙腈:冰乙酸溶液)=50:50。

色谱柱:250 mm×4.6 mm(内径)不锈钢柱,内装 LiChrosorb RP-18、5 μm 填充物。

流速:2.0 mL/min。

柱温:(50±2)℃。

检测波长:310 nm。

进样体积:20 μL。

有效成分推荐浓度:40 mg/L。

保留时间:杀鼠醚约 5.0 min。

5.354.4 溶液的制备

5.354.4.1 标样溶液的制备

称取 0.08 g(精确至 0.000 1 g)杀鼠醚标样,置于 100 mL 容量瓶中,加入 50 mL 甲醇,超声波振荡 5 min,冷却至室温,用乙腈稀释至刻度,摇匀。用移液管移取 5 mL 上述溶液,置于 100 mL 容量瓶中,用稀释溶剂Ⅰ稀释至刻度,摇匀。

5.354.4.2 试样溶液的制备

5.354.4.2.1 原药(母药)

称取含 0.08 g(精确至 0.000 1 g)杀鼠醚的试样,置于 100 mL 容量瓶中,加入 50 mL 乙腈,超声波振荡 5 min,冷却至室温,用乙腈稀释至刻度,摇匀。用移液管移取 5 mL 上述溶液,置于 100 mL 容量瓶中,用稀释溶剂Ⅰ稀释至刻度,摇匀,过滤。

5.354.4.2.2 TRACKING POWDERS(TP)

称取含 0.004 g(精确至 0.000 1 g)杀鼠醚的试样,置于 300 mL 具塞锥形瓶中,用移液管移入 100 mL 稀释溶剂Ⅰ,超声波振荡 15 min,冷却至室温,过滤。

5.354.4.2.3 GRAIN BAITS(AB)

称取含 0.004 g(精确至 0.000 1 g)杀鼠醚的试样,置于 300 mL 具塞锥形瓶中,用移液管移入 100 mL 甲醇,超声波振荡 30 min,冷却至室温,过滤。

5.354.4.2.4 BLOCK BAITS(BB)

称取含 0.004 g(精确至 0.000 1 g)杀鼠醚的试样,置于 300 mL 具塞锥形瓶中,用移液管移入 100 mL 稀释溶剂Ⅱ,超声波振荡 30 min,冷却至室温,过滤。

5.355 莎稗磷(anilofos)

按 GB/T 31750 中"莎稗磷质量分数的测定"进行。

5.356 蛇床子素(cnidiadin)

5.356.1 方法提要

试样用甲醇溶解,以乙腈+水为流动相,使用以 Shim-pack GIST-C_{18} 为填料的不锈钢柱和紫外检测器,在波长 322 nm 下对试样中的蛇床子素进行反相高效液相色谱分离,外标法定量。

5.356.2 试剂和溶液

乙腈:色谱纯。

甲醇:色谱纯。

蛇床子素标样:已知质量分数,ω≥98.0%。

5.356.3 操作条件

流动相:Ψ(乙腈:水)=60:40。

色谱柱:150 mm×4.6 mm(内径)不锈钢柱,内装 Shim-pack GIST-C_{18}、5 μm 填充物。

流速:1.0 mL/min。

柱温:(40±2)℃。

检测波长:322 nm。

进样体积:20 μL。

有效成分推荐浓度:5 mg/L,线性范围为 1 mg/L～16 mg/L。

保留时间:蛇床子素约 7.3 min。

5.357 申嗪霉素(phenazino-1-carboxylic acid)

5.357.1 方法提要

试样用适量四氢呋喃溶解、甲醇稀释,以乙腈+磷酸溶液为流动相,使用以 Shim-pack GIST-C_{18} 为填料的不锈钢柱和紫外检测器,在波长 235 nm 下对试样中的申嗪霉素进行反相高效液相色谱分离,外标法定量。

注:制备申嗪霉素溶液时,应先加入定容体积 1/10 左右的四氢呋喃溶解。

5.357.2 试剂和溶液

乙腈:色谱纯。

甲醇:色谱纯。

四氢呋喃:色谱纯。

磷酸。

磷酸溶液:Ψ(磷酸∶水)=1∶1 000。

申嗪霉素标样:已知质量分数,ω≥98.0%。

5.357.3 操作条件

流动相:Ψ(乙腈∶磷酸溶液)=50∶50。

色谱柱:150 mm×4.6 mm(内径)不锈钢柱,内装 Shim-pack GIST-C_{18}、5 μm 填充物。

流速:1.0 mL/min。

柱温:(40±2)℃。

检测波长:235 nm。

进样体积:5 μL。

有效成分推荐浓度:80 mg/L,线性范围为 18 mg/L～373 mg/L。

保留时间:申嗪霉素约 4.5 min。

5.358 虱螨脲(lufenuron)

按 HG/T 5435 中"虱螨脲质量分数的测定"进行。

5.359 十三烷苯酚酸

5.359.1 方法提要

试样用甲醇溶解,以甲醇+磷酸溶液为流动相,使用以 Shim-pack GIST-C_{18} 为填料的不锈钢柱和紫外检测器,在波长 210 nm 下对试样中的十三烷苯酚酸进行反相高效液相色谱分离,外标法定量。

5.359.2 试剂和溶液

甲醇:色谱纯。

磷酸。

磷酸溶液:Ψ(磷酸∶水)=1∶1 000。

十三烷苯酚酸标样:已知质量分数,ω≥98.0%。

5.359.3 操作条件

流动相:Ψ(甲醇∶磷酸溶液)=90∶10。

色谱柱:150 mm×4.6 mm(内径)不锈钢柱,内装 Shim-pack GIST-C_{18}、5 μm 填充物。

流速:1.0 mL/min。

柱温:(40±2)℃。

检测波长:210 nm。

进样体积:10 μL。

有效成分推荐浓度:20 mg/L,线性范围为 4 mg/L～40 mg/L。

保留时间:十三烷苯酚酸约 11.0 min。

5.360 十五烯苯酚酸

5.360.1 方法提要

试样用甲醇溶解,以甲醇+磷酸溶液为流动相,使用以 Shim-pack GIST-C_{18} 为填料的不锈钢柱和紫外检测器,在波长 210 nm 下对试样中的十五烯苯酚酸进行反相高效液相色谱分离,外标法定量。

5.360.2 试剂和溶液

甲醇:色谱纯。

磷酸。

磷酸溶液:Ψ(磷酸∶水)=1∶1 000。

十五烯苯酚酸标样:已知质量分数,ω≥98.0%。

5.360.3 操作条件

流动相:Ψ(甲醇∶磷酸溶液)=90∶10。

色谱柱:150 mm×4.6 mm(内径)不锈钢柱,内装 Shim-pack GIST-C_{18}、5 μm 填充物。

流速:1.0 mL/min。

柱温:(40±2)℃。

检测波长:210 nm。

进样体积:10 μL。

有效成分推荐浓度:100 mg/L,线性范围为 20 mg/L～205 mg/L。

保留时间:十五烯苯酚酸约 11.9 min。

5.361 双丙环虫酯(afidopyropen)

5.361.1 方法提要

试样用乙腈溶解,以乙腈+磷酸溶液为流动相,使用以 ZORBAX SB-C_{18} 为填料的不锈钢柱和紫外检测器,在波长 230 nm 下对试样中的双丙环虫酯进行反相高效液相色谱分离,外标法定量。

5.361.2 试剂和溶液

乙腈:色谱纯。

磷酸。

磷酸溶液:Ψ(磷酸∶水)=1∶1 000。

双丙环虫酯标样:已知质量分数,ω≥98.0%。

5.361.3 操作条件

流动相:Ψ(乙腈∶磷酸溶液)=40∶60。

色谱柱:150 mm×4.6 mm(内径)不锈钢柱,内装 ZORBAX SB-C_{18}、5 μm 填充物。

流速:1.0 mL/min。

柱温:(30±2)℃。

检测波长:230 nm。

进样体积:5 μL。

有效成分推荐浓度:100 mg/L,线性范围为 20 mg/L～486 mg/L。

保留时间:双丙环虫酯约 4.7 min。

5.362 双草醚(bispyribac-sodium)

按 HG/T 4940 中"双草醚质量分数的测定"进行。

5.363 双氟磺草胺(florasulam)

按 HG/T 5242 中"双氟磺草胺质量分数的测定"进行。

5.364 双胍三辛烷基苯磺酸盐[iminoctadine tris(albesilate)]

5.364.1 方法提要

试样用稀释溶剂溶解,以乙腈+氨水-高氯酸溶液为流动相,使用以 ZORBAX Eclipse XDB-C_8 为填料的不锈钢柱和紫外检测器,在波长 205 nm 下对试样中的双胍辛胺进行高效液相色谱分离,外标法定量。

双胍三辛烷基苯磺酸盐中烷基苯磺酸按附录 L 进行测定。

注:制备标样和试样溶液时,应在(55±2)℃条件下超声波振荡 30 min。

5.364.2 试剂和溶液

甲醇:色谱纯。

乙腈:色谱纯。

氨水。

浓盐酸。

高氯酸。

盐酸溶液:Ψ(浓盐酸:水)=30:70。

稀释溶剂:Ψ(甲醇:盐酸溶液)=50:50。

氨水-高氯酸溶液:移取 10 mL 氨水,溶于 1 000 mL 水中,用高氯酸调 pH 至 2.5,混合均匀。

双胍三辛烷基苯磺酸盐标样:已知质量分数,ω≥98.0%。

5.364.3 操作条件

流动相:Ψ(乙腈:氨水-高氯酸溶液)=26:74。

色谱柱:250 mm×4.6 mm(内径)不锈钢柱,内装 ZORBAX Eclipse XDB-C_8、5 μm 填充物。

流速:0.6 mL/min。

柱温:(30±2)℃。

检测波长:205 nm。

进样体积:5 μL。

有效成分推荐浓度:1 200 mg/L,线性范围为 406 mg/L~2 025 mg/L。

保留时间:双胍辛胺约 21.4 min。

5.365 双环磺草酮(benzobicyclon)

5.365.1 方法提要

试样用乙腈溶解,以乙腈+磷酸溶液为流动相,使用以 ZORBAX SB-C_{18} 为填料的不锈钢柱和紫外检测器,在波长 254 nm 下对试样中的双环磺草酮进行反相高效液相色谱分离,外标法定量。

5.365.2 试剂和溶液

乙腈:色谱纯。

磷酸。

磷酸溶液:Ψ(磷酸:水)=1:1 000。

双环磺草酮标样:已知质量分数,ω≥98.0%。

5.365.3 操作条件

流动相:Ψ(乙腈:磷酸溶液)=60:40。

色谱柱:150 mm×4.6 mm(内径)不锈钢柱,内装 ZORBAX SB-C_{18}、5 μm 填充物。

流速:1.0 mL/min。

柱温:(30±2)℃。

检测波长:254 nm。

进样体积:5 μL。

有效成分推荐浓度:500 mg/L,线性范围为 185 mg/L~1 402 mg/L。

保留时间:双环磺草酮约 5.5 min。

5.366 双硫磷(temephos)

5.366.1 **方法提要**

试样用乙酸乙酯＋正己烷溶解，以乙酸乙酯＋正己烷为流动相，4-硝基苯甲酸-4-硝基苯酯为内标物，使用以 μ-Porasil 为填料的不锈钢柱和紫外检测器，在波长 254 nm 下对试样中的双硫磷进行正相高效液相色谱分离，内标法定量。

注：本方法参照 CIPAC 340/TC/M。

5.366.2 **试剂和溶液**

乙酸乙酯：色谱纯。

正己烷：色谱纯。

内标物：4-硝基苯甲酸-4-硝基苯酯，应没有干扰分析的杂质。

内标溶液：称取 1.5 g(精确至 0.01 g)4-硝基苯二甲酸二甲酯，置于 250 mL 容量瓶中，用乙酸乙酯溶解并稀释至刻度，摇匀。

双硫磷标样：已知质量分数，$\omega \geq 98.0\%$。

5.366.3 **操作条件**

流动相：Ψ(正己烷：乙酸乙酯)＝10：90。

色谱柱：300 mm×3.9 mm(内径)不锈钢柱，内装 μ-Porasil、10 μm 填充物。

流速：1.0 mL/min。

柱温：室温(温度变化应不大于 2 ℃)。

检测波长：254 nm。

进样体积：5 μL。

有效成分推荐浓度：1 200 mg/L。

保留时间：内标物约 9.6 min，双硫磷约 11.5 min。

5.366.4 **溶液的制备**

5.366.4.1 **标样溶液的制备**

称取 0.06 g(精确至 0.000 1 g)双硫磷标样，置于 50 mL 容量瓶中，用移液管移入 5 mL 内标溶液，加入 25 mL 乙酸乙酯，用正己烷稀释至刻度，摇匀。

5.366.4.2 **试样溶液的制备**

称取含 0.06 g(精确至 0.000 1 g)双硫磷的试样，置于 50 mL 容量瓶中，与 5.366.4.1 用同一支移液管移入 5 mL 内标溶液，加入 25 mL 乙酸乙酯，用正己烷稀释至刻度，摇匀，过滤。

5.367 **双氯磺草胺(diclosulam)**

5.367.1 **方法提要**

试样用乙腈溶解，以乙腈＋磷酸溶液为流动相，使用以 ZORBAX SB-C_{18} 为填料的不锈钢柱和紫外检测器，在波长 254 nm 下对试样中的双氯磺草胺进行反相高效液相色谱分离，外标法定量。

5.367.2 **试剂和溶液**

乙腈：色谱纯。

磷酸。

磷酸溶液：Ψ(磷酸：水)＝1：1 000。

双氯磺草胺标样：已知质量分数，$\omega \geq 98.0\%$。

5.367.3 **操作条件**

流动相：Ψ(乙腈：磷酸溶液)＝50：50。

色谱柱：150 mm×4.6 mm(内径)不锈钢柱，内装 ZORBAX SB-C_{18}、5 μm 填充物。

流速：1.0 mL/min。

柱温：(30±2)℃。

检测波长：254 nm。

进样体积：5 μL。

有效成分推荐浓度:500 mg/L,线性范围为 165 mg/L～1 364 mg/L。

保留时间:双氯磺草胺约 5.0 min。

5.368　双炔酰菌胺(mandipropamid)

5.368.1　方法提要

试样用乙腈溶解,以乙腈+磷酸溶液为流动相,使用以 ZORBAX SB-C_{18} 为填料的不锈钢柱和紫外检测器,在波长 220 nm 下对试样中的双炔酰菌胺进行反相高效液相色谱分离,外标法定量。

5.368.2　试剂和溶液

乙腈:色谱纯。

磷酸。

磷酸溶液:Ψ(磷酸∶水)=1∶1 000。

双炔酰菌胺标样:已知质量分数,$\omega \geq 98.0\%$。

5.368.3　操作条件

流动相:Ψ(乙腈∶磷酸溶液)=50∶50。

色谱柱:150 mm×4.6 mm(内径)不锈钢柱,内装 ZORBAX SB-C_{18}、5 μm 填充物。

流速:1.0 mL/min。

柱温:(30±2)℃。

检测波长:220 nm。

进样体积:5 μL。

有效成分推荐浓度:100 mg/L,线性范围为 20 mg/L～493 mg/L。

保留时间:双炔酰菌胺约 8.1 min。

5.369　双唑草腈(pyraclonil)

5.369.1　方法提要

试样用乙腈溶解,以乙腈+磷酸溶液为流动相,使用以 ZORBAX SB-C_{18} 为填料的不锈钢柱和紫外检测器,在波长 235 nm 下对试样中的双唑草腈进行反相高效液相色谱分离,外标法定量。

5.369.2　试剂和溶液

乙腈:色谱纯。

磷酸。

磷酸溶液:Ψ(磷酸∶水)=1∶1 000。

双唑草腈标样:已知质量分数,$\omega \geq 98.0\%$。

5.369.3　操作条件

流动相:Ψ(乙腈∶磷酸溶液)=50∶50。

色谱柱:150 mm×4.6 mm(内径)不锈钢柱,内装 ZORBAX SB-C_{18}、5 μm 填充物。

流速:1.0 mL/min。

柱温:(30±2)℃。

检测波长:235 nm。

进样体积:5 μL。

有效成分推荐浓度:100 mg/L,线性范围为 21 mg/L～494 mg/L。

保留时间:双唑草腈约 5.4 min。

5.370　双唑草酮(bipyrazone)

5.370.1　方法提要

试样用乙腈溶解,以乙腈+磷酸溶液为流动相,使用以 ZORBAX SB-C_{18} 为填料的不锈钢柱和紫外检测器,在波长 254 nm 下对试样中的双唑草酮进行反相高效液相色谱分离,外标法定量。

5.370.2　试剂和溶液

乙腈:色谱纯。

磷酸。

磷酸溶液：Ψ(磷酸：水)=1：1 000。

双唑草酮标样：已知质量分数，ω≥98.0%。

5.370.3 操作条件

流动相：Ψ(乙腈：磷酸溶液)=50：50。

色谱柱：150 mm×4.6 mm(内径)不锈钢柱，内装 ZORBAX SB-C_{18}、5 μm 填充物。

流速：1.0 mL/min。

柱温：(30±2)℃。

检测波长：254 nm。

进样体积：5 μL。

有效成分推荐浓度：500 mg/L，线性范围为 137 mg/L～1 321 mg/L。

保留时间：双唑草酮约 3.5 min。

5.371 **霜霉威(propamocarb)**

按 GB/T 22621 中"霜霉威质量分数的测定"进行。

5.372 **霜霉威盐酸盐(propamocarb hydrochloride)**

按 GB/T 22622 中"霜霉威盐酸盐质量分数的测定"进行。

霜霉威盐酸盐中氯离子按附录 C 进行测定。

5.373 **霜脲氰(cymoxanil)**

按 HG/T 5134 中"霜脲氰质量分数的测定"进行。

5.374 **水胺硫磷(isocarbophos)**

按 GB 24753 中"水胺硫磷质量分数的测定"进行。

5.375 **四氟醚唑(tetraconazole)**

5.375.1 方法提要

试样用甲醇溶解，以甲醇+水为流动相，使用以 InerSustain C_{18} 为填料的不锈钢柱和紫外检测器，在波长 220 nm 下对试样中的四氟醚唑进行反相高效液相色谱分离，外标法定量。

5.375.2 试剂和溶液

甲醇：色谱纯。

四氟醚唑标样：已知质量分数，ω≥98.0%。

5.375.3 操作条件

流动相：Ψ(甲醇：水)=75：25。

色谱柱：150 mm×4.6 mm(内径)不锈钢柱，内装 InerSustain C_{18}、5 μm 填充物。

流速：1.0 mL/min。

柱温：(30±2)℃。

检测波长：220 nm。

进样体积：5 μL。

有效成分推荐浓度：400 mg/L，线性范围为 81 mg/L～810 mg/L。

保留时间：四氟醚唑约 4.9 min。

5.376 **四氯虫酰胺(tetrachlorantraniliprole)**

5.376.1 方法提要

试样用乙腈溶解，以乙腈+磷酸溶液为流动相，使用以 ZORBAX SB-C_{18} 为填料的不锈钢柱和紫外检测器，在波长 254 nm 下对试样中的四氯虫酰胺进行反相高效液相色谱分离，外标法定量。

5.376.2 试剂和溶液

乙腈：色谱纯。

磷酸。

磷酸溶液：用磷酸将水的 pH 调至 2.0。

四氯虫酰胺标样：已知质量分数，ω≥98.0%。

5.376.3 操作条件

流动相：Ψ(乙腈∶磷酸溶液)＝45∶55。

色谱柱：150 mm×4.6 mm(内径)不锈钢柱，内装 ZORBAX SB-C_{18}、5 μm 填充物。

流速：1.0 mL/min。

柱温：室温(温度变化应不大于 2 ℃)。

检测波长：254 nm。

进样体积：10 μL。

有效成分推荐浓度：400 mg/L，线性范围为 155 mg/L～1 162 mg/L。

保留时间：四氯虫酰胺约 15.9 min。

5.377 四螨嗪(clofentezine)

5.377.1 方法提要

试样用稀释溶剂溶解，以乙腈＋水为流动相，邻苯二甲酸丁苄酯为内标物，使用以 Spherisorb ODS-2 为填料的不锈钢柱和紫外检测器，在波长 235 nm 下对试样中的四螨嗪进行反相高效液相色谱分离，内标法定量。

注：本方法参照 CIPAC 418/TC/M。

5.377.2 试剂和溶液

丙酮：色谱纯。

乙腈：色谱纯。

磷酸。

稀释溶剂：称取 1 g(精确至 0.01 g)磷酸，溶于 1 000 mL 丙酮中，混合均匀。

内标物：邻苯二甲酸丁苄酯，应没有干扰分析的杂质。

内标溶液：称取 4 g(精确至 0.01 g)邻苯二甲酸丁苄酯，置于 500 mL 容量瓶中，用稀释溶剂稀释至刻度，摇匀。

四螨嗪标样：已知质量分数，ω≥98.0%。

5.377.3 操作条件

流动相：Ψ(乙腈∶水)＝65∶35。

色谱柱：250 mm×4.0 mm(内径)不锈钢柱，内装 Spherisorb ODS-2、5 μm 填充物。

流速：1.4 mL/min。

柱温：室温(温度变化应不大于 2 ℃)。

检测波长：235 nm。

进样体积：5 μL。

有效成分推荐浓度：1 250 mg/L。

保留时间：四螨嗪约 6.3 min，邻苯二甲酸丁苄酯 7.8 min。

5.377.4 溶液的制备

5.377.4.1 标样溶液的制备

称取 0.1 g(精确至 0.000 1 g)四螨嗪标样，置于 100 mL 具塞锥形瓶中，用移液管移入 20 mL 内标溶液，加入 60 mL 稀释溶剂，超声波振荡溶解后，冷却至室温，摇匀。

5.377.4.2 试样溶液的制备

称取含 0.1 g(精确至 0.000 1 g)四螨嗪的试样，置于 100 mL 具塞锥形瓶中，与 5.377.4.1 用同一支移液管移入 20 mL 内标溶液，加入 60 mL 稀释溶剂，超声波振荡溶解后，冷却至室温，摇匀，过滤。

5.378 松脂酸钠(sodium pimaric acid)

5.378.1 方法提要

试样用甲醇溶解，以乙腈+磷酸溶液为流动相，使用以 ZORBAX Eclipse Plus C_{18} 为填料的不锈钢柱和紫外检测器，在波长 245 nm 下对试样中的松脂酸进行反相高效液相色谱分离，外标法定量。

松脂酸钠中钠离子按 GB/T 20686 中“钠离子质量分数的测定”进行。

5.378.2 试剂和溶液

甲醇：色谱纯。

乙腈：色谱纯。

磷酸。

磷酸溶液：Ψ(磷酸：水)=1：1 000。

松脂酸钠标样：已知质量分数，$\omega \geq 98.0\%$。

5.378.3 操作条件

流动相：Ψ(乙腈：磷酸溶液)=70：30。

色谱柱：250 mm×4.6 mm(内径)不锈钢柱，内装 ZORBAX Eclipse Plus C_{18}、5 μm 填充物。

流速：1.0 mL/min。

柱温：(30±2)℃。

检测波长：245 nm。

进样体积：10 μL。

有效成分推荐浓度：40 mg/L，线性范围为 9 mg/L～95 mg/L。

保留时间：松脂酸约 27.6 min。

5.379 松脂酸铜(copper abietate)

5.379.1 方法提要

试样用适量 N,N-二甲基甲酰胺溶解、甲醇稀释，以乙腈+磷酸溶液为流动相，使用以 ZORBAX Eclipse Plus C_{18} 为填料的不锈钢柱和紫外检测器，在波长 245 nm 下对试样中的松脂酸进行反相高效液相色谱分离，外标法定量。

松脂酸铜中铜离子按附录 B 进行测定。

注 1：由于松脂酸铜标样无法获得，本方法使用松脂酸钠进行质量分数测定，计算松脂酸铜质量分数时应考虑分子量换算系数。

注 2：制备松脂酸铜试样溶液时，应加入定容体积 1/4 左右的 N,N-二甲基甲酰胺溶解。

5.379.2 试剂和溶液

甲醇：色谱纯。

乙腈：色谱纯。

N,N-二甲基甲酰胺。

磷酸。

磷酸溶液：Ψ(磷酸：水)=1：1 000。

松脂酸钠标样：已知质量分数，$\omega \geq 98.0\%$。

5.379.3 操作条件

流动相：Ψ(乙腈：磷酸溶液)=70：30。

色谱柱：250 mm×4.6 mm(内径)不锈钢柱，内装 ZORBAX Eclipse Plus C_{18}、5 μm 填充物。

流速：1.0 mL/min。

柱温：(30±2)℃。

检测波长：245 nm。

进样体积：5 μL。

有效成分推荐浓度：500 mg/L，线性范围为 40 mg/L～966 mg/L。

保留时间：松脂酸约 27.6 min。

5.380 涕灭威(aldicarb)

按 GB/T 31746 中“涕灭威质量分数的测定”进行。

5.381 甜菜安(desmedipham)

5.381.1 方法提要

试样用甲醇溶解，以甲醇＋水为流动相，使用以 InertSustain C_{18} 为填料的不锈钢柱和紫外检测器，在波长 235 nm 下对试样中的甜菜安进行反相高效液相色谱分离，外标法定量。

5.381.2 试剂和溶液

甲醇：色谱纯。

甜菜安标样：已知质量分数，$\omega \geqslant 98.0\%$。

5.381.3 操作条件

流动相：Ψ(甲醇：水)＝60：40。

色谱柱：250 mm×4.6 mm(内径)不锈钢柱，内装 InertSustain C_{18}、5 μm 填充物。

流速：1.0 mL/min。

柱温：(30±2)℃。

检测波长：235 nm。

进样体积：5 μL。

有效成分推荐浓度：200 mg/L，线性范围为 39 mg/L～392 mg/L。

保留时间：甜菜安约 14.2 min。

5.382 甜菜宁(phenmedipham)

5.382.1 方法提要

试样用乙腈溶解，以二噁烷＋乙腈＋水为流动相，以苯甲酸丁酯为内标物，使用以 Bondapak C_{18} 为填料的不锈钢柱和紫外检测器，在波长 238 nm 下对试样中的甜菜宁进行反相高效液相色谱分离，内标法定量。

注：本方法参照 CIPAC 77/TC/M。

5.382.2 试剂和溶液

乙腈：色谱纯。

二噁烷：色谱纯。

内标物：苯甲酸丁酯，应没有干扰分析的杂质。

内标溶液：称量 0.5 g(精确至 0.01 g)苯甲酸丁酯，置于 500 mL 容量瓶中，用乙腈溶解并稀释至刻度，摇匀。

甜菜宁标样：已知质量分数，$\omega \geqslant 98.0\%$。

5.382.3 操作条件

流动相：Ψ(二噁烷：乙腈：水)＝1：52：48。

色谱柱：300 mm×3.9 mm(内径)不锈钢柱，内装 Bondapak C_{18}、10 μm 填充物。

流速：2.0 mL/min。

柱温：(20±2)℃。

检测波长：238 nm。

进样体积：10 μL。

有效成分推荐浓度：1 000 mg/L。

保留时间：甜菜宁约 12.1 min，苯甲酸丁酯约 25.7 min。

5.382.4 溶液的制备

5.382.4.1 标样溶液的制备

称取 0.5 g(精确至 0.000 1 g)甜菜宁标样，置于 50 mL 容量瓶中，用乙腈溶解并稀释至刻度，摇匀。用移液管移取 10 mL 上述溶液和 20 mL 内标溶液，置于 100 mL 容量瓶中，用流动相稀释至刻度，摇匀。

5.382.4.2 试样溶液的制备

称取含 0.5 g(精确至 0.000 1 g)甜菜宁的试样,置于 50 mL 容量瓶中,用乙腈溶解并稀释至刻度,摇匀。用移液管移取 10 mL 上述溶液和 20 mL 内标溶液,置于 100 mL 容量瓶中,用流动相稀释至刻度,摇匀,过滤。

5.383 调环酸钙(prohexadione calcium)

5.383.1 方法提要

试样用稀释溶剂溶解,以乙腈+磷酸溶液为流动相,使用以 InertSustain C_{18} 为填料的不锈钢柱和紫外检测器,在波长 270 nm 下对试样中的调环酸钙进行反相高效液相色谱分离,外标法定量。

调环酸钙中钙离子按附录 M 进行测定。

5.383.2 试剂和溶液

乙腈:色谱纯。

磷酸。

磷酸溶液:Ψ(磷酸:水)=1:1 000。

稀释溶剂:Ψ(乙腈:水:磷酸)=30:70:0.2。

调环酸钙标样:已知质量分数,$\omega \geq 98.0\%$。

5.383.3 操作条件

流动相:Ψ(乙腈:磷酸溶液)=30:70。

色谱柱:250 mm×4.6 mm(内径)不锈钢柱,内装 InertSustain C_{18}、5 μm 填充物。

流速:1.0 mL/min。

柱温:(30±2)℃。

检测波长:270 nm。

进样体积:5 μL。

有效成分推荐浓度:500 mg/L,线性范围为 201 mg/L~817 mg/L。

保留时间:调环酸钙约 9.4 min。

5.384 萎锈灵(carboxin)

5.384.1 方法提要

试样用甲醇溶解,以甲醇+磷酸溶液为流动相,使用以 InertSustain C_{18} 为填料的不锈钢柱和紫外检测器,在波长 254 nm 下对试样中的萎锈灵进行反相高效液相色谱分离,外标法定量。

5.384.2 试剂和溶液

甲醇:色谱纯。

磷酸。

磷酸溶液:Ψ(磷酸:水)=1:1 000。

萎锈灵标样:已知质量分数,$\omega \geq 98.0\%$。

5.384.3 操作条件

流动相:Ψ(甲醇:磷酸溶液)=60:40。

色谱柱:250 mm×4.6 mm(内径)不锈钢柱,内装 InertSustain C_{18}、5 μm 填充物。

流速:1.0 mL/min。

柱温:(30±2)℃。

检测波长:254 nm。

进样体积:5 μL。

有效成分推荐浓度:200 mg/L,线性范围为 41 mg/L~410 mg/L。

保留时间:萎锈灵约 9.2 min。

5.385 肟菌酯(trifloxystrobin)

按 NY/T 3574 中"肟菌酯质量分数的测定"进行。

5.386 五氟磺草胺(penoxsulam)

按 NY/T 3591 中“五氟磺草胺质量分数的测定”进行。

5.387 戊菌唑(penconazole)

5.387.1 方法提要

试样用甲醇溶解，以甲醇＋水为流动相，使用以 ZORBAX SB-C_{18}为填料的不锈钢柱和紫外检测器，在波长 220 nm 下对试样中的戊菌唑进行反相高效液相色谱分离，外标法定量。

5.387.2 试剂和溶液

甲醇：色谱纯。

戊菌唑标样：已知质量分数，$\omega \geqslant 98.0\%$。

5.387.3 操作条件

流动相：Ψ(甲醇：水)＝75：25。

色谱柱：250 mm×4.6 mm(内径)不锈钢柱，内装 ZORBAX SB-C_{18}、5 μm 填充物。

流速：1.0 mL/min。

柱温：(30±2)℃。

检测波长：220 nm。

进样体积：10 μL。

有效成分推荐浓度：100 mg/L，线性范围为 61 mg/L～143 mg/L。

保留时间：戊菌唑约 8.9 min。

5.388 戊唑醇(tebuconazole)

按 GB/T 22602 中“戊唑醇质量分数的测定”进行。

5.389 烯草酮(clethodim)

按 GB/T 22614 中“烯草酮质量分数的测定”进行。

5.390 烯啶虫胺(nitenpyram)

按 HG/T 5438 中“烯啶虫胺质量分数的测定”进行。

5.391 烯禾啶(sethoxydim)

5.391.1 方法提要

试样用冰乙酸溶液溶解、正己烷萃取，以正己烷＋乙酸乙酯＋冰乙酸＋乙醇为流动相，麝香草酚为内标物，使用以 Lichrosorb CN 为填料的不锈钢柱和紫外检测器，在波长 280 nm 下对试样中的烯禾啶进行正相高效液相色谱分离，内标法定量。

注 1：本方法参照 CIPAC 401/TC/M。

注 2：本方法使用烯禾啶锂盐标样进行质量分数测定，计算烯禾啶质量分数时应考虑分子量换算系数。

5.391.2 试剂和溶液

正己烷：色谱纯。

乙酸乙酯：色谱纯。

乙醇：色谱纯。

冰乙酸。

冰乙酸溶液：$\rho(CH_3COOH)=200$ g/L。

内标物：麝香草酚，应没有干扰分析的杂质。

内标溶液：称取 2 g(精确至 0.01 g)麝香草酚，置于 100 mL 容量瓶中，用正己烷溶解并稀释至刻度，摇匀。

烯禾啶锂盐标样：已知质量分数，$\omega \geqslant 98.0\%$。

5.391.3 操作条件

流动相：Ψ(正己烷：乙酸乙酯：冰乙酸：乙醇)＝1 000：10：10：0.5。

色谱柱：250 mm×4.0 mm(内径)不锈钢柱，内装 Lichrosorb CN、5 μm 填充物。

流速：2.0 mL/min。

柱温:室温(温度变化应不大于 2 ℃)。

检测波长:280 nm。

进样体积:3 μL。

有效成分推荐浓度:1 000 mg/L。

保留时间:烯禾啶约 3.3 min,麝香草酚约 4.4 min。

5.391.4 溶液的制备

5.391.4.1 标样溶液的制备

称取 0.2 g(精确至 0.000 1 g)烯禾啶锂盐标样,置于 50 mL 具塞锥形瓶中,加入 1 mL 冰乙酸溶液,静置 5 min,用移液管移入 20 mL 内标溶液和 20 mL 正己烷,振荡 5 min,静置约 1 h 直至正己烷层澄清透明。用微量移液器移取 200 μL 上清液,置于 4 mL 样品瓶中,加入 1 mL 正己烷,摇匀。

5.391.4.2 试样溶液的制备

称取含 0.2 g(精确至 0.000 1 g)烯禾啶的试样,置于 50 mL 具塞锥形瓶中,加入 1 mL 冰乙酸溶液,静置 5 min,用移液管移入 20 mL 内标溶液和 20 mL 正己烷,振荡 5 min,静置约 1 h 直至正己烷层澄清透明。用微量移液器移取 200 μL 上清液,置于 4 mL 样品瓶中,加入 1 mL 正己烷,摇匀,过滤。

5.392 烯肟菌胺(fenaminstrobin)

5.392.1 方法提要

试样用甲醇溶解,以乙腈+水为流动相,使用以 ZORBAX Extend-C_{18} 为填料的不锈钢柱和紫外检测器,在波长 273 nm 下对试样中的烯肟菌胺进行反相高效液相色谱分离,外标法定量。

5.392.2 试剂和溶液

甲醇:色谱纯。

乙腈:色谱纯。

烯肟菌胺标样:已知质量分数,$\omega \geqslant 98.0\%$。

5.392.3 操作条件

流动相:Ψ(乙腈:水)=70:30。

色谱柱:250 mm×4.6 mm(内径)不锈钢柱,内装 ZORBAX Extend-C_{18}、5 μm 填充物。

流速:1.0 mL/min。

柱温:室温(温度变化应不大于 2 ℃)。

检测波长:273 nm。

进样体积:5 μL。

有效成分推荐浓度:500 mg/L,线性范围为 125 mg/L~1 351 mg/L。

保留时间:烯肟菌胺约 8.9 min。

5.393 烯肟菌酯(enostroburin)

5.393.1 方法提要

试样用甲醇溶解,以甲醇+水为流动相,使用以 ZORBAX Extend-C_{18} 为填料的不锈钢柱和紫外检测器,在波长 290 nm 下对试样中的烯肟菌酯进行反相高效液相色谱分离,外标法定量。

5.393.2 试剂和溶液

甲醇:色谱纯。

烯肟菌酯标样:已知质量分数,$\omega \geqslant 98.0\%$。

5.393.3 操作条件

流动相:Ψ(甲醇:水)=75:25。

色谱柱:150 mm×4.6 mm(内径)不锈钢柱,内装 ZORBAX Extend-C_{18}、5 μm 填充物。

流速:1.0 mL/min。

柱温:室温(温度变化应不大于 2 ℃)。

检测波长:290 nm。

进样体积：5 μL。

有效成分推荐浓度：500 mg/L，线性范围为 178 mg/L～1 271 mg/L。

保留时间：烯肟菌酯约 9.0 min。

5.394 烯酰吗啉(dimethomorph)

按 NY/T 3780 中"烯酰吗啉质量分数的测定"进行。

5.395 烯腺嘌呤(enadenine)

5.395.1 方法提要

试样用稀释溶剂溶解，以甲醇＋磷酸二氢钾溶液为流动相，使用以 ZORBAX SB-Aq 为填料的不锈钢柱和紫外检测器，在波长 270 nm 下对试样中的烯腺嘌呤进行反相高效液相色谱分离，外标法定量。

5.395.2 试剂和溶液

甲醇：色谱纯。

磷酸二氢钾。

氢氧化钠。

氢氧化钠溶液：c(NaOH)＝0.1 mol/L。

磷酸二氢钾溶液：称取 1.36 g(精确至 0.001 g)磷酸二氢钾，溶于 1 000 mL 水中，用氢氧化钠溶液调 pH 至 6.5，混合均匀。

稀释溶剂：Ψ(甲醇∶水)＝50∶50。

烯腺嘌呤标样：已知质量分数，ω≥98.0%。

5.395.3 操作条件

流动相：Ψ(甲醇∶磷酸二氢钾溶液)＝45∶55。

色谱柱：150 mm×4.6 mm(内径)不锈钢柱，内装 ZORBAX SB-Aq、5 μm 填充物。

流速：1.0 mL/min。

柱温：(30±2)℃。

检测波长：270 nm。

进样体积：50 μL。

有效成分推荐浓度：0.4 mg/L，线性范围为 0.1 mg/L～5.1 mg/L。

保留时间：烯腺嘌呤约 18.6 min。

5.395.4 溶液的制备

5.395.4.1 标样溶液的制备

称取 0.01 g(精确至 0.000 01 g)烯腺嘌呤标样，置于 250 mL 容量瓶中，加入 150 mL 稀释溶剂，超声波振荡 5 min，冷却至室温，用稀释溶剂稀释至刻度，摇匀。移取 1 mL 上述溶液，置于 100 mL 容量瓶中，用稀释溶剂稀释至刻度，摇匀。

5.395.4.2 试样溶液的制备

5.395.4.2.1 固体试样

称取含 40 μg(精确至 0.000 1 g)烯腺嘌呤的试样，置于 150 mL 具塞锥形瓶中，用移液管移取 100 mL 稀释溶剂，40 ℃超声波振荡 20 min，冷却至室温，过滤。

5.395.4.2.2 液体试样

称取含 10 μg(精确至 0.000 1 g)烯腺嘌呤的试样，置于 25 mL 容量瓶中，用稀释溶剂稀释至刻度，摇匀，过滤。

5.396 烯效唑(uniconazole)

5.396.1 方法提要

试样用甲醇溶解，以甲醇＋水为流动相，使用以 ZORBAX SB-C_{18} 为填料的不锈钢柱和紫外检测器，在波长 254 nm 下对试样中的烯效唑进行反相高效液相色谱分离，外标法定量。

5.396.2 试剂和溶液

甲醇:色谱纯。

烯效唑标样:已知质量分数,$\omega \geqslant 98.0\%$。

5.396.3 操作条件

流动相:Ψ(甲醇:水)=75:25。

色谱柱:250 mm×4.6 mm(内径)不锈钢柱,内装 ZORBAX SB-C_{18}、5 μm 填充物。

流速:1.0 mL/min。

柱温:(30±2)℃。

检测波长:254 nm。

进样体积:10 μL。

有效成分推荐浓度:100 mg/L,线性范围为 61 mg/L~142 mg/L。

保留时间:烯效唑约 7.5 min。

5.397 烯唑醇(diniconazole)

按 GB/T 22175 进行中"烯唑醇质量分数的测定"。

5.398 酰嘧磺隆(amidosulfuron)

5.398.1 方法提要

试样用乙腈溶解,以乙腈+磷酸溶液为流动相,使用以 ZORBAX SB-C_{18} 为填料的不锈钢柱和紫外检测器,在波长 254 nm 下对试样中的酰嘧磺隆进行反相高效液相色谱分离,外标法定量。

5.398.2 试剂和溶液

乙腈:色谱纯。

磷酸。

磷酸溶液:Ψ(磷酸:水)=1:1 000。

酰嘧磺隆标样:已知质量分数,$\omega \geqslant 98.0\%$。

5.398.3 操作条件

流动相:Ψ(乙腈:磷酸溶液)=50:50。

色谱柱:250 mm×4.6 mm(内径)不锈钢柱,内装 ZORBAX SB-C_{18}、5 μm 填充物。

流速:1.0 mL/min。

柱温:(30±2)℃。

检测波长:254 nm。

进样体积:10 μL。

有效成分推荐浓度:100 mg/L,线性范围为 59 mg/L~139 mg/L。

保留时间:酰嘧磺隆约 5.7 min。

5.399 香芹酚(carvacrol)

5.399.1 方法提要

试样用乙腈溶解,以乙腈+磷酸溶液为流动相,使用以 ZORBAX SB-C_{18} 为填料的不锈钢柱和紫外检测器,在波长 275 nm 下对试样中的香芹酚进行反相高效液相色谱分离,外标法定量。

5.399.2 试剂和溶液

乙腈:色谱纯。

磷酸。

磷酸溶液:Ψ(磷酸:水)=1:1 000。

香芹酚标样:已知质量分数,$\omega \geqslant 98.0\%$。

5.399.3 操作条件

流动相:Ψ(乙腈:磷酸溶液)=55:45。

色谱柱:250 mm×4.6 mm(内径)不锈钢柱,内装 ZORBAX SB-C_{18}、5 μm 填充物。

流速:1.0 mL/min。

柱温:(30±2)℃。

检测波长:275 nm。

进样体积:20 μL。

有效成分推荐浓度:100 mg/L,线性范围为 65 mg/L~152 mg/L。

保留时间:香芹酚约 9.0 min。

5.400 硝苯菌酯(meptyldinocap)

5.400.1 方法提要

试样用甲醇溶解,以甲醇+水为流动相,使用以 TC-C_{18}(2)为填料的不锈钢柱和紫外检测器,在波长 235 nm 下对试样中的硝苯菌酯进行反相高效液相色谱分离,外标法定量。

5.400.2 试剂和溶液

甲醇:色谱纯。

硝苯菌酯标样:已知质量分数,ω≥98.0%。

5.400.3 操作条件

流动相:Ψ(甲醇:水)=80:20。

色谱柱:250 mm×4.6 mm(内径)不锈钢柱,内装 TC-C_{18}(2)、5 μm 填充物。

流速:1.0 mL/min。

柱温:(25±2)℃。

检测波长:235 nm。

进样体积:5 μL。

有效成分推荐浓度:200 mg/L,线性范围为 108 mg/L~2 168 mg/L。

保留时间:硝苯菌酯约 21.3min。

5.401 硝虫硫磷(xiaochongthion)

5.401.1 方法提要

试样用甲醇溶解,以甲醇+磷酸溶液为流动相,使用以 TC-C18(2)为填料的不锈钢柱和紫外检测器,在波长 230 nm 下对试样中的硝虫硫磷进行反相高效液相色谱分离,外标法定量。

5.401.2 试剂和溶液

甲醇:色谱纯。

磷酸。

磷酸溶液:Ψ(磷酸:水)=1:1 000。

硝虫硫磷标样:已知质量分数,ω≥98.0%。

5.401.3 操作条件

流动相:Ψ(甲醇:磷酸溶液)=85:15。

色谱柱:250 mm×4.6 mm(内径)不锈钢柱,内装 ZORBAX SB-C_{18}、5 μm 填充物。

流速:1.0 mL/min。

柱温:(25±2)℃。

检测波长:230 nm。

进样体积:5 μL。

有效成分推荐浓度:200 mg/L,线性范围为 53 mg/L~1 058 mg/L。

保留时间:硝虫硫磷约 10.6 min。

5.402 硝磺草酮(mesotrione)

按 GB/T 29382 中“硝磺草酮质量分数的测定”进行。

5.403 小檗碱(berberine)

5.403.1 方法提要

试样用水溶解,以乙腈+磷酸二氢钾溶液为流动相,使用以 TC-C_{18}(2)为填料的不锈钢柱和紫外检测器，在波长 265 nm 下对试样中的小檗碱进行反相高效液相色谱分离，外标法定量。

小檗碱以盐酸盐或硫酸盐的形式存在，氯离子按附录 C、硫酸根离子按附录 N 进行测定。

注：本方法使用盐酸小檗碱标样进行质量分数测定，计算小檗碱质量分数时应考虑分子量换算系数。

5.403.2 试剂和溶液

乙腈：色谱纯。

磷酸二氢钾。

磷酸二氢钾溶液：$c(KH_2PO_4)=0.033$ mol/L。

盐酸小檗碱标样：已知质量分数，$\omega\geqslant98.0\%$。

5.403.3 操作条件

流动相：Ψ(乙腈：磷酸二氢钾溶液)＝70：30。

色谱柱：250 mm×4.6 mm(内径)不锈钢柱，内装 TC-C_{18}(2)、5 μm 填充物。

流速：1.0 mL/min。

柱温：(25±2)℃。

检测波长：265 nm。

进样体积：5 μL。

有效成分推荐浓度：200 mg/L，线性范围为 50 mg/L～1 006 mg/L。

保留时间：小檗碱约 3.1 min。

5.404 缬菌胺(valifenalate)

5.404.1 方法提要

试样用甲醇溶解，以甲醇＋水为流动相，使用以 TC-C_{18}(2))为填料的不锈钢柱和紫外检测器，在波长 225 nm 下对试样中的缬菌胺进行反相高效液相色谱分离，外标法定量。

5.404.2 试剂和溶液

甲醇：色谱纯。

缬菌胺标样：已知质量分数，$\omega\geqslant98.0\%$。

5.404.3 操作条件

流动相：Ψ(甲醇：水)＝60：40。

色谱柱：250 mm×4.6 mm(内径)不锈钢柱，内装 TC-C_{18}(2)、5 μm 填充物。

流速：1.0 mL/min。

柱温：(25±2)℃。

检测波长：225 nm。

进样体积：5 μL。

有效成分推荐浓度：600 mg/L，线性范围为 156 mg/L～6 050 mg/L。

保留时间：缬菌胺(含一对非对映体)约 19.6 min、22.1 min。

注：计算缬菌胺质量分数时，目标物峰面积为保留时间 19.6 min、22.1 min 2 个峰面积之和。

5.405 缬霉威(iprovalicarb)

5.405.1 方法提要

试样用乙腈溶解，以乙腈＋水为流动相，使用以 TC-C_{18}(2)为填料的不锈钢柱和紫外检测器，在波长 220 nm 下对试样中的缬霉威进行反相高效液相色谱分离，外标法定量。

5.405.2 试剂和溶液

乙腈：色谱纯。

缬霉威标样：已知质量分数，$\omega\geqslant98.0\%$。

5.405.3 操作条件

流动相：Ψ(乙腈：水)＝70：30。

色谱柱：250 mm×4.6 mm(内径)不锈钢柱，内装 TC-C_{18}(2)、5 μm 填充物。

流速：1.0 mL/min。

柱温：(25±2)℃。

检测波长：220 nm。

进样体积：5 μL。

有效成分推荐浓度：200 mg/L，线性范围为 53 mg/L～1 004 mg/L。

保留时间：缬霉威约 5.4 min。

5.406 辛硫磷(phoxim)

按 GB/T 9556 中"辛硫磷质量分数的测定"进行。

5.407 辛酰碘苯腈(ioxynil octanoate)

5.407.1 方法提要

试样用甲醇溶解，以乙腈＋磷酸溶液为流动相，使用以 TC-C_{18}(2)为填料的不锈钢柱和紫外检测器，在波长 230 nm 下对试样中的辛酰碘苯腈进行反相高效液相色谱分离，外标法定量。

5.407.2 试剂和溶液

甲醇：色谱纯。

乙腈：色谱纯。

磷酸。

磷酸溶液：用磷酸将水的 pH 调至 3.0。

辛酰碘苯腈标样：已知质量分数，ω≥98.0%。

5.407.3 操作条件

流动相：Ψ(乙腈：磷酸溶液)＝90：10。

色谱柱：250 mm×4.6 mm(内径)不锈钢柱，内装 TC-C_{18}(2)、5 μm 填充物。

流速：1.0 mL/min。

柱温：(25±2)℃。

检测波长：230 nm。

进样体积：5 μL。

有效成分推荐浓度：1 000 mg/L，线性范围为 253 mg/L～2 024 mg/L。

保留时间：辛酰碘苯腈约 8.2 min。

5.408 溴敌隆(bromadiolone)

按 GB 20678 中"溴敌隆质量分数的测定"进行。

5.409 溴菌腈(bromothalonil)

5.409.1 方法提要

试样用甲醇溶解，以甲醇＋水为流动相，使用以 TC-C_{18}(2)为填料的不锈钢柱和紫外检测器，在波长 220 nm 下对试样中的溴菌腈进行反相高效液相色谱分离，外标法定量。

5.409.2 试剂和溶液

甲醇：色谱纯。

溴菌腈标样：已知质量分数，ω≥98.0%。

5.409.3 操作条件

流动相：Ψ(甲醇：水)＝70：30。

色谱柱：250 mm×4.6 mm(内径)不锈钢柱，内装 TC-C_{18}(2)、5 μm 填充物。

流速：1.0 mL/min。

柱温：(25±2)℃。

检测波长：220 nm。

进样体积：5 μL。

有效成分推荐浓度：2 000 mg/L，线性范围为 500 mg/L～20 100 mg/L。

保留时间:溴菌腈约 3.9 min。

5.410 溴螨酯(bromopropylate)

5.410.1 方法提要

试样用甲醇溶解,以乙腈+甲醇+水为流动相,使用以 VP-ODS 为填料的不锈钢柱和紫外检测器,在波长 235 nm 下对试样中的溴螨酯进行反相高效液相色谱分离,外标法定量。

5.410.2 试剂和溶液

甲醇:色谱纯。

乙腈:色谱纯。

溴螨酯标样:已知质量分数,$\omega \geqslant 98.0\%$。

5.410.3 操作条件

流动相:Ψ(乙腈:甲醇:水)=40:35:25。

色谱柱:150 mm×4.6 mm(内径)不锈钢柱,内装 VP-ODS、5 μm 填充物。

流速:1.0 mL/min。

柱温:(35±2)℃。

检测波长:235 nm。

进样体积:5 μL。

有效成分推荐浓度:600 mg/L,线性范围为 103 mg/L~1 184 mg/L。

保留时间:溴螨酯约 11.8 min。

5.411 溴氰虫酰胺(cyantraniliprole)

5.411.1 方法提要

试样用甲醇溶解,以甲醇+磷酸溶液为流动相,使用以 VP-ODS 为填料的不锈钢柱和紫外检测器,在波长 260 nm 下对试样中的溴氰虫酰胺进行反相高效液相色谱分离,外标法定量。

5.411.2 试剂和溶液

甲醇:色谱纯。

磷酸。

磷酸溶液:Ψ(磷酸:水)=0.5:1 000。

溴氰虫酰胺标样:已知质量分数,$\omega \geqslant 98.0\%$。

5.411.3 操作条件

流动相:Ψ(甲醇:磷酸溶液)=55:45。

色谱柱:150 mm×4.6 mm(内径)不锈钢柱,内装 VP-ODS、5 μm 填充物。

流速:1.0 mL/min。

柱温:(35±2)℃。

检测波长:260 nm。

进样体积:5 μL。

有效成分推荐浓度:400 mg/L,线性范围为 61 mg/L~825 mg/L。

保留时间:溴氰虫酰胺约 5.7 min。

5.412 溴氰菊酯(deltamethrin)

按 GB/T 28131 中"溴氰菊酯质量分数的测定"进行。

5.413 溴鼠灵(brodifacoum)

按 GB 20690 中"溴鼠灵质量分数的测定"进行。

5.414 溴硝醇(bronopol)

5.414.1 方法提要

试样用甲醇溶解,以甲醇+磷酸溶液为流动相,使用以 ZORBAX SB-C_{18} 为填料的不锈钢柱和紫外检测器,在波长 210 nm 下对试样中的溴硝醇进行反相高效液相色谱分离,外标法定量。

5.414.2 试剂和溶液

甲醇:色谱纯。

磷酸。

磷酸溶液:Ψ(磷酸:水)=0.5:1 000。

溴硝醇标样:已知质量分数,ω≥98.0%。

5.414.3 操作条件

流动相:Ψ(甲醇:磷酸溶液)=15:85。

色谱柱:250 mm×4.6 mm(内径)不锈钢柱,内装 ZORBAX SB-C_{18}、5 μm 填充物。

流速:1.0 mL/min。

柱温:(35±2)℃。

检测波长:210 nm。

进样体积:5 μL。

有效成分推荐浓度:1 000 mg/L,线性范围为 104 mg/L~1 994 mg/L。

保留时间:溴硝醇约 6.0 min。

5.415 亚胺唑(imibenconazole)

5.415.1 方法提要

试样用甲醇溶解,以甲醇+磷酸溶液为流动相,使用以 VP-ODS 为填料的不锈钢柱和紫外检测器,在波长 245 nm 下对试样中的亚胺唑进行反相高效液相色谱分离,外标法定量。

5.415.2 试剂和溶液

甲醇:色谱纯。

磷酸。

磷酸溶液:Ψ(磷酸:水)=0.5:1 000。

亚胺唑标样:已知质量分数,ω≥98.0%。

5.415.3 操作条件

流动相:Ψ(甲醇:磷酸溶液)=78:22。

色谱柱:150 mm×4.6 mm(内径)不锈钢柱,内装 VP-ODS、5 μm 填充物。

流速:1.0 mL/min。

柱温:(35±2)℃。

检测波长:245 nm。

进样体积:5 μL。

有效成分推荐浓度:400 mg/L,线性范围为 60 mg/L~801 mg/L。

保留时间:亚胺唑约 10.0 min。

5.416 烟碱(nicotine)

5.416.1 方法提要

试样用甲醇溶解,以乙腈+缓冲溶液为流动相,使用以 ZORBAX SB-C_{18} 为填料的不锈钢柱和紫外检测器,在波长 260 nm 下对试样中的烟碱进行反相高效液相色谱分离,外标法定量。

5.416.2 试剂和溶液

甲醇:色谱纯。

乙腈:色谱纯。

乙酸铵。

三乙胺。

缓冲溶液:称取 5 g(精确至 0.01 g)乙酸铵,溶于 1 000 mL 水中,加入 10 mL 三乙胺,混合均匀。

烟碱标样:已知质量分数,ω≥98.0%。

5.416.3 操作条件

流动相:Ψ(乙腈：缓冲溶液)＝50：50。

色谱柱:250 mm×4.6 mm(内径)不锈钢柱,内装 ZORBAX SB-C_{18}、5 μm 填充物。

流速:1.0 mL/min。

柱温:(30±2)℃。

检测波长:260 nm。

进样体积:10 μL。

有效成分推荐浓度:400 mg/L,线性范围为 98 mg/L～1 177 mg/L。

保留时间:烟碱约 4.5 min。

5.417 烟嘧磺隆(nicosulfuron)

按 GB/T 29383 中"烟嘧磺隆质量分数的测定"进行。

5.418 盐酸吗啉胍(moroxydine hydrochloride)

5.418.1 方法提要

试样用甲醇溶解,以甲醇＋缓冲溶液流动相,使用以 ZORBAX SB-C_{18} 为填料的不锈钢柱和紫外检测器,在波长 240 nm 下对试样中的盐酸吗啉胍进行反相高效液相色谱分离,外标法定量。

盐酸吗啉胍中氯离子按附录 C 进行测定。

5.418.2 试剂和溶液

甲醇:色谱纯。

乙酸铵。

冰乙酸。

缓冲溶液:称取 1 g(精确至 0.01 g)乙酸铵,溶于 1 000 mL 水中,加入 1 mL 冰乙酸,混合均匀。

盐酸吗啉胍标样:已知质量分数,$\omega \geqslant 98.0\%$。

5.418.3 操作条件

流动相:Ψ(甲醇：缓冲溶液)＝5：95。

色谱柱:250 mm×4.6 mm(内径)不锈钢柱,内装 ZORBAX SB-C_{18}、5 μm 填充物。

流速:0.8 mL/min。

柱温:(35±2)℃。

检测波长:240 nm。

进样体积:5 μL。

有效成分推荐浓度:600 mg/L,线性范围为 102 mg/L～1 211 mg/L。

保留时间:盐酸吗啉胍约 4.5 min。

5.419 氧乐果(omethoate)

按 HG 3306 中"氧乐果质量分数的测定"进行。

5.420 野燕枯(difenzoquat)

5.420.1 方法提要

试样用甲醇溶解,以乙腈＋缓冲溶液为流动相,使用以 VP-ODS 为填料的不锈钢柱和紫外检测器,在波长 254 nm 下对试样中的野燕枯进行反相高效液相色谱分离,外标法定量。

5.420.2 试剂和溶液

乙腈:色谱纯。

甲醇:色谱纯。

异丙醇:色谱纯。

磷酸。

磷酸氢二钠。

缓冲溶液:称取 3.58 g(精确至 0.001 g)磷酸氢二钠,溶于 1 000 mL 水中,加入 1 mL 磷酸,再加入 50 mL异丙醇,混合均匀。

野燕枯标样:已知质量分数,ω≥98.0%。

5.420.3 **操作条件**

流动相:Ψ(乙腈∶缓冲溶液)=30∶70。

色谱柱:150 mm×4.6 mm(内径)不锈钢柱,内装 VP-ODS、5 μm 填充物。

流速:1.0 mL/min。

柱温:(30±2)℃。

检测波长:254 nm。

进样体积:5 μL。

有效成分推荐浓度:600 mg/L,线性范围为 107 mg/L~1 293 mg/L。

保留时间:野燕枯约 4.0 min。

5.421 **叶菌唑(metconazole)**

5.421.1 **方法提要**

试样用流动相溶解,以乙腈+水为流动相,使用以 X-Peonyx AQ-C_{18} 为填料的不锈钢柱和紫外检测器,在波长 220 nm 下对试样中的叶菌唑进行反相高效液相色谱分离,外标法定量。

5.421.2 **试剂和溶液**

乙腈:色谱纯。

叶菌唑标样:已知质量分数,ω≥98.0%。

5.421.3 **操作条件**

流动相:Ψ(乙腈∶水)=55∶45。

色谱柱:250 mm×4.6 mm(内径)不锈钢柱,内装 X-Peonyx AQ-C_{18}、5 μm 填充物。

流速:1.0 mL/min。

柱温:(30±2)℃。

检测波长:220 nm。

进样体积:5 μL。

有效成分推荐浓度:1 000 mg/L,线性范围为 213 mg/L~1 993 mg/L。

保留时间:叶菌唑反式体约 15.1 min、顺式体约 15.9 min。

注:计算叶菌唑质量分数时,目标物峰面积为反式体、顺式体 2 个峰面积之和。

5.422 **依维菌素(ivermectin)**

5.422.1 **方法提要**

试样用乙腈溶解,以乙腈+水为流动相,使用以 X-Peonyx AQ-C_{18} 为填料的不锈钢柱和紫外检测器,在波长 245 nm 下对试样中的依维菌素进行反相高效液相色谱分离,外标法定量。

5.422.2 **试剂和溶液**

乙腈:色谱纯。

依维菌素标样:已知质量分数,ω≥98.0%。

5.422.3 **操作条件**

流动相:Ψ(乙腈∶水)=85∶15。

色谱柱:250 mm×4.6 mm(内径)不锈钢柱,内装 X-Peonyx AQ-C_{18}、5 μm 填充物。

流速:1.0 mL/min。

柱温:(30±2)℃。

检测波长:245 nm。

进样体积:5 μL。

有效成分推荐浓度:1 000 mg/L,线性范围为 187 mg/L~2 926 mg/L。

保留时间:依维菌素 B_{1b} 约 17.2 min、依维菌素 B_{1a} 约 22.1 min。

注:计算依维菌素质量分数时,目标物峰面积为依维菌素 B_{1b}、依维菌素 B_{1a} 2 个峰面积之和。

5.423 乙虫腈(ethiprole)

5.423.1 方法提要

试样用甲醇溶解,以甲醇+冰乙酸溶液为流动相,使用以 X-Peonyx AQ-C_{18}为填料的不锈钢柱和紫外检测器,在波长 280 nm 下对试样中的乙虫腈进行反相高效液相色谱分离,外标法定量。

5.423.2 试剂和溶液

甲醇:色谱纯。

冰乙酸。

冰乙酸溶液:Ψ(冰乙酸∶水)=5∶1 000。

乙虫腈标样:已知质量分数,ω≥98.0%。

5.423.3 操作条件

流动相:Ψ(甲醇∶冰乙酸溶液)=65∶35。

色谱柱:250 mm×4.6 mm(内径)不锈钢柱,内装 X-Peonyx AQ-C_{18}、5 μm 填充物。

流速:1.0 mL/min。

柱温:(30±2)℃。

检测波长:280 nm。

进样体积:5 μL。

有效成分推荐浓度:1 000 mg/L,线性范围为 203 mg/L~2 267 mg/L。

保留时间:乙虫腈约 11.7 min。

5.424 乙基多杀菌素(spinetoram)

5.424.1 方法提要

试样用甲醇溶解,以甲醇+乙腈+乙酸铵溶液为流动相,使用以 X-Peonyx AQ-C_{18}为填料的不锈钢柱和紫外检测器,在波长 245 nm 下对试样中的乙基多杀菌素进行反相高效液相色谱分离,外标法定量。

5.424.2 试剂和溶液

甲醇:色谱纯。

乙腈:色谱纯。

乙酸铵。

乙酸铵溶液:$\rho(CH_3COONH_4)$=2 g/L。

乙基多杀菌素标样:已知质量分数,ω≥98.0%。

5.424.3 操作条件

流动相:Ψ(甲醇∶乙腈∶乙酸铵溶液)=45∶45∶10。

色谱柱:250 mm×4.6 mm(内径)不锈钢柱,内装 X-Peonyx AQ-C_{18}、5 μm 填充物。

流速:1.0 mL/min。

柱温:(30±2)℃。

检测波长:245 nm。

进样体积:5 μL。

有效成分推荐浓度:1 000 mg/L,线性范围为 178 mg/L~1 872 mg/L。

保留时间:乙基多杀菌素-J 约 17.5 min、乙基多杀菌素-L 约 22.4 min。

注:计算乙基多杀菌素质量分数时,目标物峰面积为乙基多杀菌素-J、乙基多杀菌素-L 2 个峰面积之和。

5.425 乙螨唑(etoxazole)

5.425.1 方法提要

试样用乙腈溶解,以乙腈+水为流动相,使用以 X-Peonyx AQ-C_{18}为填料的不锈钢柱和紫外检测器,在波长 225 nm 下对试样中的乙螨唑进行反相高效液相色谱分离,外标法定量。

5.425.2 试剂和溶液

乙腈:色谱纯。

乙螨唑标样:已知质量分数,$\omega \geqslant 98.0\%$。

5.425.3 **操作条件**

流动相:Ψ(乙腈∶水)=85∶15。

色谱柱:250 mm×4.6 mm(内径)不锈钢柱,内装 X-Peonyx AQ-C_{18}、5 μm 填充物。

流速:1.0 mL/min。

柱温:(30±2)℃。

检测波长:225 nm。

进样体积:5 μL。

有效成分推荐浓度:200 mg/L,线性范围为 81 mg/L~465 mg/L。

保留时间:乙螨唑约 9.7 min。

5.426 **乙霉威(diethofencarb)**

5.426.1 **方法提要**

试样用甲醇溶解,以甲醇+水为流动相,使用以 X-Peonyx AQ-C_{18} 为填料的不锈钢柱和紫外检测器,在波长 245 nm 下对试样中的乙霉威进行反相高效液相色谱分离,外标法定量。

5.426.2 **试剂和溶液**

甲醇:色谱纯。

乙霉威标样:已知质量分数,$\omega \geqslant 98.0\%$。

5.426.3 **操作条件**

流动相:Ψ(甲醇∶水)=63∶37。

色谱柱:250 mm×4.6 mm(内径)不锈钢柱,内装 X-Peonyx AQ-C_{18}、5 μm 填充物。

流速:1.0 mL/min。

柱温:(30±2)℃。

检测波长:245 nm。

进样体积:5 μL。

有效成分推荐浓度:200 mg/L,线性范围为 38 mg/L~794 mg/L。

保留时间:乙霉威约 13.0 min。

5.427 **乙蒜素(ethylicin)**

5.427.1 **方法提要**

试样用乙腈溶解,以乙腈+水为流动相,使用以 X-Peonyx AQ-C_{18} 为填料的不锈钢柱和紫外检测器,在波长 210 nm 下对试样中的乙蒜素进行反相高效液相色谱分离,外标法定量。

5.427.2 **试剂和溶液**

乙腈:色谱纯。

乙蒜素标样:已知质量分数,$\omega \geqslant 98.0\%$。

5.427.3 **操作条件**

流动相:Ψ(乙腈∶水)=30∶70。

色谱柱:250 mm×4.6 mm(内径)不锈钢柱,内装 X-Peonyx AQ-C_{18}、5 μm 填充物。

流速:1.0 mL/min。

柱温:(30±2)℃。

检测波长:210 nm。

进样体积:5 μL。

有效成分推荐浓度:1 000 mg/L,线性范围为 382 mg/L~2 088 mg/L。

保留时间:乙蒜素约 13.0 min。

5.428 **乙羧氟草醚(fluoroglycofen-ethyl)**

按 GB/T 28129 中"乙羧氟草醚质量分数的测定"进行。

5.429 乙酰甲胺磷(acephate)

按 GB 29384 中“乙酰甲胺磷质量分数的测定”进行。

5.430 乙氧呋草黄(ethofumesate)

5.430.1 方法提要

试样用甲醇溶解,以乙腈+水+四氢呋喃为流动相,苯甲酸乙酯为内标物,使用以 Prodigy ODS-3 为填料的不锈钢柱和紫外检测器,在波长 225 nm 下对试样中的乙氧呋草黄进行反相高效液相色谱分离,内标法定量。

注:本方法参照 CIPAC 233/TC/M。

5.430.2 试剂和溶液

乙腈:色谱纯。

甲醇:色谱纯。

四氢呋喃:色谱纯。

一水合柠檬酸。

内标物:苯甲酸乙酯,应没有干扰分析的杂质。

内标溶液:称取 0.088 g(精确至 0.000 1 g)苯甲酸乙酯,置于 100 mL 容量瓶中,用甲醇溶解并稀释至刻度,摇匀。

乙氧呋草黄标样:已知质量分数,$\omega \geqslant 98.0\%$。

5.430.3 操作条件

流动相:Ψ(乙腈∶四氢呋喃∶水)=325∶100∶575,用一水合柠檬酸调 pH 至 4.0。

色谱柱:150 mm×4.6 mm(内径)不锈钢柱,内装 Prodigy ODS-3、5 μm 填充物。

流速:2.0 mL/min。

柱温:室温(温度变化应不大于 2 ℃)。

检测波长:225 nm。

进样体积:5 μL。

有效成分推荐浓度:480 mg/L。

保留时间:苯甲酸乙酯约 5.6 min,乙氧呋草黄约 9.0 min。

5.430.4 溶液的制备

5.430.4.1 标样溶液的制备

称取 0.25 g(精确至 0.000 1 g)乙氧呋草黄标样,置于 50 mL 具塞锥形瓶中,加入 0.1 g 一水合柠檬酸和 20 mL 甲醇,用移液管移入 10 mL 内标溶液,超声波振荡 5 min,冷却至室温。用移液管移取 1 mL 上述溶液,置于 10 mL 容量瓶中,用甲醇稀释至刻度,摇匀。

5.430.4.2 试样溶液的制备

称取含 0.25 g(精确至 0.000 1 g)乙氧呋草黄的试样,置于 50 mL 具塞锥形瓶中,加入 0.1 g 一水合柠檬酸和 20 mL 甲醇,与 5.430.4.1 用同一支移液管移入 10 mL 内标溶液,超声波振荡 5 min,冷却至室温。用移液管移取 1 mL 上述溶液,置于 10 mL 容量瓶中,用甲醇稀释至刻度,摇匀,过滤。

5.431 乙氧氟草醚(oxyfluorfen)

按 HG/T 5124 中“乙氧氟草醚质量分数的测定”进行。

5.432 乙氧磺隆(ethoxysulfuron)

5.432.1 方法提要

试样用流动相溶解,以乙腈+磷酸溶液为流动相,使用以 Shim-pack GIST-C_{18} 为填料的不锈钢柱和紫外检测器,在波长 240 nm 下对试样中的乙氧磺隆进行反相高效液相色谱分离,外标法定量。

5.432.2 试剂和溶液

乙腈:色谱纯。

磷酸。

磷酸溶液：Ψ(磷酸：水)=1：1 000。

乙氧磺隆标样：已知质量分数，ω≥98.0%。

5.432.3 操作条件

流动相：Ψ(乙腈：磷酸溶液)=55：45。

色谱柱：250 mm×4.6 mm(内径)不锈钢柱，内装 Shim-pack GIST-C_{18}、5 μm 填充物。

流速：1.2 mL/min。

柱温：(30±2)℃。

检测波长：240 nm。

进样体积：5 μL。

有效成分推荐浓度：400 mg/L，线性范围为 106 mg/L～1 471 mg/L。

保留时间：乙氧磺隆约 10.3 min。

5.433 乙唑螨腈(cyetpyrafen)

5.433.1 方法提要

试样用乙腈溶解，以乙腈+磷酸溶液为流动相，使用以 ZORBAX SB-C_{18} 为填料的不锈钢柱和紫外检测器，在波长 230 nm 下对试样中的乙唑螨腈进行反相高效液相色谱分离，外标法定量。

注：乙唑螨腈易光解，在制备标样溶液和试样溶液时，应使用棕色容量瓶。

5.433.2 试剂和溶液

乙腈：色谱纯。

磷酸。

磷酸溶液：Ψ(磷酸：水)=0.5：1 000。

乙唑螨腈标样：已知质量分数，ω≥98.0%。

5.433.3 操作条件

流动相：Ψ(乙腈：磷酸溶液)=80：20。

色谱柱：150 mm×4.6 mm(内径)不锈钢柱，内装 ZORBAX SB-C_{18}、5 μm 填充物。

流速：1.0 mL/min。

柱温：室温(温度变化应不大于 2 ℃)。

检测波长：230 nm。

进样体积：5 μL。

有效成分推荐浓度：500 mg/L，线性范围为 141 mg/L～1 307 mg/L。

保留时间：乙唑螨腈约 7.9 min。

5.434 异丙隆(isoproturon)

5.434.1 方法提要

试样用二氯甲烷溶解，以正庚烷+三氯甲烷+乙醇为流动相，乙酰苯胺为内标物，使用以 LiChrosorb Si 100 为填料的不锈钢柱和紫外检测器，在波长 254 nm 下对试样中的异丙隆进行正相高效液相色谱分离，内标法定量。

注：本方法参照 CIPAC 336/TC/M。

5.434.2 试剂和溶液

三氯甲烷：色谱纯。

乙醇：色谱纯。

正庚烷：色谱纯。

二氯甲烷：色谱纯。

内标物：乙酰苯胺，应没有干扰分析的杂质。

内标溶液：称取 2.5 g(精确至 0.01 g)乙酰苯胺，置于 1 000 mL 容量瓶中，用二氯甲烷溶解并稀释至刻度，摇匀。

异丙隆标样：已知质量分数，$\omega \geq 98.0\%$。

5.434.3　**操作条件**

流动相：Ψ(正庚烷：三氯甲烷：乙醇)=70：15：1。

色谱柱：250 mm×4.6 mm(内径)不锈钢柱，内装 LiChrosorb Si 100、5 μm 填充物。

流速：3.0 mL/min。

柱温：室温(温度变化应不大于 2 ℃)。

检测波长：254 nm。

进样体积：10 μL。

有效成分推荐浓度：1 000 mg/L。

保留时间：异丙隆约 7.5 min，乙酰苯胺约 12 min。

5.434.4　**溶液的制备**

5.434.4.1　**标样溶液的制备**

称取 0.25 g(精确至 0.000 1 g)异丙隆标样，置于 250 mL 容量瓶中，用移液管移入 50 mL 内标溶液，用二氯甲烷稀释至刻度，摇匀。

5.434.4.2　**试样溶液的制备**

称取含 0.25 g(精确至 0.000 1 g)异丙隆的试样，置于 250 mL 容量瓶中，与 5.434.4.1 用同一支移液管移入 50 mL 内标溶液，用二氯甲烷稀释至刻度，摇匀，过滤。

5.435　**异丙酯草醚(pyribambenz-isopropyl)**

5.435.1　**方法提要**

试样用乙腈溶解，以乙腈+水为流动相，使用以 Wondasil C_{18}-WR 为填料的不锈钢柱和紫外检测器，在波长 300 nm 下对试样中的异丙酯草醚进行反相高效液相色谱分离，外标法定量。

5.435.2　**试剂和溶液**

乙腈：色谱纯。

异丙酯草醚标样：已知质量分数，$\omega \geq 98.0\%$。

5.435.3　**操作条件**

流动相：Ψ(乙腈：水)=80：20。

色谱柱：250 mm×4.6 mm(内径)不锈钢柱，内装 Wondasil C_{18}-WR、5 μm 填充物。

流速：1.0 mL/min。

柱温：(35±2)℃。

检测波长：300 nm。

进样体积：5 μL。

有效成分推荐浓度：400 mg/L，线性范围为 98 mg/L～1 206 mg/L。

保留时间：异丙酯草醚约 6.4 min。

5.436　**异噁草松(clomazone)**

按 GB/T 24751 中“异噁草松质量分数的测定”进行。

5.437　**异噁唑草酮(isoxaflutole)**

5.437.1　**方法提要**

试样用乙腈溶解，以乙腈+水为流动相，使用以 Shim-pack GIST-C_{18} 为填料的不锈钢柱和紫外检测器，在波长 270 nm 下对试样中的异噁唑草酮进行反相高效液相色谱分离，外标法定量。

5.437.2　**试剂和溶液**

乙腈：色谱纯。

异噁唑草酮标样：已知质量分数，$\omega \geq 98.0\%$。

5.437.3　**操作条件**

流动相：Ψ(乙腈：水)=55：45。

色谱柱:250 mm×4.6 mm(内径)不锈钢柱,内装 Shim-pack GIST-C_{18}、5 μm 填充物。

流速:1.2 mL/min。

柱温:(30±2)℃。

检测波长:270 nm。

进样体积:5 μL。

有效成分推荐浓度:400 mg/L,线性范围为 113 mg/L~1 517 mg/L。

保留时间:异噁唑草酮约 10.2 min。

5.438 异菌脲(iprodione)

按 HG/T 5126 中"异菌脲质量分数的测定"进行。

5.439 异噻菌胺(isotianil)

5.439.1 方法提要

试样用乙腈溶解,以乙腈+磷酸溶液为流动相,使用以 Wondasil C_{18}-WR 为填料的不锈钢柱和紫外检测器,在波长 254 nm 下对试样中的异噻菌胺进行反相高效液相色谱分离,外标法定量。

5.439.2 试剂和溶液

乙腈:色谱纯。

磷酸。

磷酸溶液:Ψ(磷酸:水)=1:1 000。

异噻菌胺标样:已知质量分数,ω≥98.0%。

5.439.3 操作条件

流动相:Ψ(乙腈:磷酸溶液)=70:30。

色谱柱:250 mm×4.6 mm(内径)不锈钢柱,内装 Wondasil C_{18}-WR、5 μm 填充物。

流速:1.0 mL/min。

柱温:(35±2)℃。

检测波长:254 nm。

进样体积:5 μL。

有效成分推荐浓度:400 mg/L,线性范围为 119 mg/L~1 500 mg/L。

保留时间:异噻菌胺约 6.1 min。

5.440 抑霉唑硫酸盐(imazalil sulfate)

5.440.1 方法提要

试样用甲醇溶解,以甲醇+缓冲溶液为流动相,使用以 Wondasil C_{18}-WR 为填料的不锈钢柱和紫外检测器,在波长 225 nm 下对试样中的抑霉唑进行反相高效液相色谱分离,外标法定量。

抑霉唑硫酸盐中硫酸根离子按附录 N 进行测定。

5.440.2 试剂和溶液

甲醇:色谱纯。

磷酸。

磷酸二氢钾。

缓冲溶液:称取 1.35 g(精确至 0.001 g)磷酸二氢钾,溶于 1 000 mL 水中,用磷酸调 pH 至 3.0,混合均匀。

抑霉唑标样:已知质量分数,ω≥98.0%。

5.440.3 操作条件

流动相:Ψ(甲醇:缓冲溶液)=65:35。

色谱柱:250 mm×4.6 mm(内径)不锈钢柱,内装 Wondasil C_{18}-WR、5 μm 填充物。

流速:0.8 mL/min。

柱温:(35±2)℃。

检测波长:225 nm。

进样体积:5 μL。

有效成分推荐浓度:400 mg/L,线性范围为 102 mg/L～1 411 mg/L。

保留时间:抑霉唑约 7.5 min。

5.441 抑食肼

5.441.1 方法提要

试样用乙腈溶解,以乙腈＋磷酸溶液为流动相,使用以 Wondasil C_{18}-WR 为填料的不锈钢柱和紫外检测器,在波长 230 nm 下对试样中的抑食肼进行反相高效液相色谱分离,外标法定量。

5.441.2 试剂和溶液

乙腈:色谱纯。

磷酸。

磷酸溶液:Ψ(磷酸∶水)＝1∶1 000。

抑食肼标样:已知质量分数,ω≥98.0%。

5.441.3 操作条件

流动相:Ψ(乙腈∶磷酸溶液)＝70∶30。

色谱柱:250 mm×4.6 mm(内径)不锈钢柱,内装 Wondasil C_{18}-WR、5 μm 填充物。

流速:1.0 mL/min。

柱温:(35±2)℃。

检测波长:230 nm。

进样体积:5 μL。

有效成分推荐浓度:400 mg/L,线性范围为 106 mg/L～1 595 mg/L。

保留时间:抑食肼约 4.3 min。

5.442 抑芽丹(maleic hydrazide)

5.442.1 方法提要

试样用适量氢氧化钠溶液溶解、水稀释,以硫酸钠＋磷酸二氢钾溶液为流动相,使用以 XBrige C_{18} 为填料的不锈钢柱和紫外检测器,在波长 285 nm 下对试样中的抑芽丹进行反相高效液相色谱分离,外标法定量。

注:制备抑芽丹标样和原药溶液时,应先加入定容体积 1%左右的 1 mol/L 氢氧化钠溶液溶解。

5.442.2 试剂和溶液

硫酸钠。

磷酸二氢钾。

氢氧化钠。

氢氧化钠溶液:$c(NaOH)=1$ mol/L。

抑芽丹标样:已知质量分数,ω≥98.0%。

5.442.3 操作条件

流动相:称取 14.2 g(精确至 0.01 g)硫酸钠和 6.8 g(精确至 0.01 g)磷酸二氢钾,溶于 1 000 mL 水中,混合均匀。

色谱柱:250 mm×4.6 mm(内径)不锈钢柱,内装 XBrige C_{18}、5 μm 填充物。

流速:1.0 mL/min。

柱温:(30±2)℃。

检测波长:285 nm。

进样体积:5 μL。

有效成分推荐浓度:400 mg/L,线性范围为 211 mg/L～801 mg/L。

保留时间:抑芽丹约 5.7 min。

5.443 吲哚丁酸(4-indol-3-ylbutyric acid)

5.443.1 方法提要

试样用适量乙醇溶解、乙腈稀释,以乙腈+甲酸溶液为流动相,使用以 XBrige C_{18} 为填料的不锈钢柱和紫外检测器,在波长 280 nm 下对试样中的吲哚丁酸进行反相高效液相色谱分离,外标法定量。

注:制备吲哚丁酸溶液时,应先加入定容体积 1/10 左右的乙醇溶解。

5.443.2 试剂和溶液

乙腈:色谱纯。

乙醇:色谱纯。

甲酸。

甲酸溶液:Ψ(甲酸:水)=1:1 000。

吲哚丁酸标样:已知质量分数,ω≥98.0%。

5.443.3 操作条件

流动相:Ψ(乙腈:甲酸溶液)=40:60。

色谱柱:250 mm×4.6 mm(内径)不锈钢柱,内装 XBrige C_{18}、5 μm 填充物。

流速:1.0 mL/min。

柱温:(30±2)℃。

检测波长:280 nm。

进样体积:5 μL。

有效成分推荐浓度:40 mg/L,线性范围为 20 mg/L~80 mg/L。

保留时间:吲哚丁酸约 6.7 min。

5.444 吲哚乙酸(indol-3-ylacetic acid)

5.444.1 方法提要

试样用乙醇溶解,以乙腈+甲酸溶液为流动相,使用以 ZORBAX Eclipse XDB-C_{18} 为填料的不锈钢柱和紫外检测器,在波长 280 nm 下对试样中的吲哚乙酸进行反相高效液相色谱分离,外标法定量。

5.444.2 试剂和溶液

乙腈:色谱纯。

乙醇:色谱纯。

甲酸。

甲酸溶液:Ψ(甲酸:水)=1:1 000。

吲哚乙酸标样:已知质量分数,ω≥98.0%。

5.444.3 操作条件

流动相:Ψ(乙腈:甲酸溶液)=25:75。

色谱柱:150 mm×4.6 mm(内径)不锈钢柱,内装 ZORBAX Eclipse XDB-C_{18}、5 μm 填充物。

流速:1.0 mL/min。

柱温:(30±2)℃。

检测波长:280 nm。

进样体积:5 μL。

有效成分推荐浓度:4 mg/L,线性范围为 1 mg/L~20 mg/L。

保留时间:吲哚乙酸约 6.3 min。

5.445 印楝素(azadirachtin)

5.445.1 方法提要

试样用稀释溶剂溶解,以乙腈+水为流动相,使用以 Luna(2)为填料的不锈钢柱和紫外检测器,在波长 214 nm 下对试样中的印楝素 A 进行反相高效液相色谱分离,外标法定量。

5.445.2 试剂和溶液

甲醇：色谱纯。

乙腈：色谱纯。

稀释溶剂：Ψ(甲醇∶水)＝50∶50

印楝素标样：已知印楝素 A 质量分数，ω≥90.0%。

5.445.3 操作条件

流动相：Ψ(乙腈∶水)＝35∶65。

色谱柱：150 mm×4.6 mm(内径)不锈钢柱，内装 Luna(2)、3 μm 填充物。

流速：1.0 mL/min。

柱温：(30±2)℃。

检测波长：214 nm。

进样体积：20 μL。

有效成分推荐浓度：100 mg/L。

保留时间：印楝素 A 约 14.2 min。

5.446 茚虫威(indoxacarb)

按 HG/T 4933 中"印虫威质量分数的测定"进行。

5.447 蝇毒磷(coumaphos)

5.447.1 方法提要

试样用甲醇溶解，以甲醇＋水为流动相，使用以 XBrige C_{18} 为填料的不锈钢柱和紫外检测器，在波长 282 nm 下对试样中的蝇毒磷进行反相高效液相色谱分离，外标法定量。

5.447.2 试剂和溶液

甲醇：色谱纯。

蝇毒磷标样：已知质量分数，ω≥98.0%。

5.447.3 操作条件

流动相：Ψ(甲醇∶水)＝70∶30。

色谱柱：250 mm×4.6 mm(内径)不锈钢柱，内装 XBrige C_{18}、5 μm 填充物。

流速：1.0 mL/min。

柱温：(30±2)℃。

检测波长：282 nm。

进样体积：5 μL。

有效成分推荐浓度：50 mg/L，线性范围为 19 mg/L～98 mg/L。

保留时间：蝇毒磷约 11.6 min。

5.448 右旋胺菊酯(d-tetramethrin)

按 HG/T 4925 中"胺菊酯质量分数的测定""右旋体比例的测定"进行。

5.449 右旋苯醚菊酯(d-phenothrin)

按 NY/T 3572 中"苯醚菊酯质量分数的测定""右旋体比例的测定"进行。

5.450 鱼藤酮(rotenone)

5.450.1 方法提要

试样用二噁烷溶解，以甲醇＋水为流动相，使用以 Partisil-5 ODS-3 为填料的不锈钢柱和紫外检测器，在波长 270 nm 下对试样中的鱼藤酮进行反相高效液相色谱分离，外标法定量。

注：本方法参照 CIPAC 38/DP/(M)。

5.450.2 试剂和溶液

甲醇：色谱纯。

二噁烷：色谱纯。

鱼藤酮标样：已知质量分数，ω≥98.0%。

5.450.3 操作条件

流动相:Ψ(甲醇:水)=75:25。

色谱柱:250 mm×4.6 mm(内径)不锈钢柱,内装 Partisil-5 ODS-3、5 μm 填充物。

流速:1.0 mL/min。

柱温:室温(温度变化应不大于 2 ℃)。

检测波长:280 nm。

进样体积:5 μL。

有效成分推荐浓度:400 mg/L。

保留时间:鱼藤酮约 10.8 min。

5.451 甾烯醇(β-sitosterol)

5.451.1 方法提要

试样用甲醇溶解,以甲醇为流动相,使用以 ZORBAX Eclipse XDB-C_{18}为填料的不锈钢柱和紫外检测器,在波长 208 nm 下对试样中的甾烯醇进行反相高效液相色谱分离,外标法定量。

5.451.2 试剂和溶液

甲醇:色谱纯。

甾烯醇标样:已知质量分数,ω≥90.0%。

5.451.3 操作条件

流动相:甲醇。

色谱柱:150 mm×4.6 mm(内径)不锈钢柱,内装 ZORBAX Eclipse XDB-C_{18}、5 μm 填充物。

流速:1.0 mL/min。

柱温:(30±2)℃。

检测波长:208 nm。

进样体积:10 μL。

有效成分推荐浓度:50 mg/L,线性范围为 20 mg/L~103 mg/L。

保留时间:甾烯醇约 11.2 min。

5.452 樟脑(camphor)

5.452.1 方法提要

试样用乙醇溶解,以乙腈+水为流动相,使用以 ZORBAX Eclipse XDB-C_{18}为填料的不锈钢柱和紫外检测器,在波长 290 nm 下对试样中的樟脑进行反相高效液相色谱分离,外标法定量。

5.452.2 试剂和溶液

乙腈:色谱纯。

乙醇:色谱纯。

樟脑标样:已知质量分数,ω≥98.0%。

5.452.3 操作条件

流动相:Ψ(乙腈:水)=45:55。

色谱柱:150 mm×4.6 mm(内径)不锈钢柱,内装 ZORBAX Eclipse XDB-C_{18}、5 μm 填充物。

流速:1.0 mL/min。

柱温:(30±2)℃。

检测波长:290 nm。

进样体积:20 μL。

有效成分推荐浓度:200 mg/L,线性范围为 83 mg/L~418 mg/L。

保留时间:樟脑约 5.2 min。

5.453 种菌唑(ipconazole)

5.453.1 方法提要

试样用甲醇溶解，以甲醇＋乙腈＋水为流动相，使用以 ZORBAX SB-C_{18} 为填料的不锈钢柱和紫外检测器，在波长 221 nm 下对试样中的种菌唑进行反相高效液相色谱分离，外标法定量。

5.453.2 试剂和溶液

乙腈：色谱纯。

甲醇：色谱纯。

种菌唑标样：已知质量分数，$\omega \geqslant 98.0\%$。

5.453.3 操作条件

流动相：Ψ(甲醇：乙腈：水)＝60：15：25。

色谱柱：250 mm×4.6 mm(内径)不锈钢柱，内装 ZORBAX SB-C_{18}、5 μm 填充物。

流速：1.2 mL/min。

柱温：室温(温度变化应不大于 2 ℃)。

检测波长：221 nm。

进样体积：10 μL。

有效成分推荐浓度：400 mg/L，线性范围为 155 mg/L～1 167 mg/L。

保留时间：种菌唑反式体约 9.7 min、顺式体约 10.6 min。

注：计算种菌唑质量分数时，目标物峰面积为反式体、顺式体 2 个峰面积之和。

5.454 仲丁灵(butralin)

5.454.1 方法提要

试样用乙腈溶解，以乙腈＋磷酸溶液为流动相，使用以 Infinity Lab Poroshell 120 EC-C_{18} 为填料的不锈钢柱和紫外检测器，在波长 236 nm 下对试样中的仲丁灵进行反相高效液相色谱分离，外标法定量。

5.454.2 试剂和溶液

乙腈：色谱纯。

磷酸。

磷酸溶液：用磷酸将水的 pH 调至 3.0。

仲丁灵标样：已知质量分数，$\omega \geqslant 98.0\%$。

5.454.3 操作条件

流动相：Ψ(乙腈：磷酸溶液)＝70：30。

色谱柱：150 mm×4.6 mm(内径)不锈钢柱，内装 Infinity Lab Poroshell 120 EC-C_{18}、3.5 μm 填充物。

流速：0.8 mL/min。

柱温：(30±2)℃。

检测波长：236 nm。

进样体积：10 μL。

有效成分推荐浓度：100 mg/L，线性范围为 19 mg/L～198 mg/L。

保留时间：仲丁灵约 12.8 min。

5.455 仲丁威(fenobucarb)

按 HG/T 3619 中"仲丁威质量分数的测定"进行。

5.456 唑草酮(carfentrazone-ethyl)

5.456.1 方法提要

试样用甲醇溶解，以甲醇＋磷酸溶液为流动相，使用以 InfinityLab Poroshell 120 SB-C_{18} 为填料的不锈钢柱和紫外检测器，在波长 245 nm 下对试样中的唑草酮进行反相高效液相色谱分离，外标法定量。

5.456.2 试剂和溶液

甲醇：色谱纯。

磷酸。

磷酸溶液：Ψ(磷酸：水)＝1：1 000。

唑草酮标样:已知质量分数,$\omega \geqslant$98.0%。

5.456.3 操作条件

流动相:梯度洗脱条件见表3。

表3 唑草酮梯度洗脱条件

时间 min	甲醇(V/V) %	磷酸溶液(V/V) %
0.0	55	45
10.0	65	35
24.0	65	35
24.1	100	0
34.0	100	0
34.1	55	45
40.0	55	45

色谱柱:150 mm×4.6 mm(内径)不锈钢柱,内装 InfinityLab Poroshell 120 SB-C_{18}、2.7 μm 填充物。

流速:0.6 mL/min。

柱温:(40±2)℃。

检测波长:245 nm。

进样体积:5 μL。

有效成分推荐浓度:200 mg/L,线性范围为40 mg/L~402 mg/L。

保留时间:唑草酮约18.5 min。

5.457 唑虫酰胺(tolfenpyrad)

5.457.1 方法提要

试样用甲醇溶解,以甲醇+磷酸溶液为流动相,使用以 ZORBAX Eclipse Plus C_{18} 为填料的不锈钢柱和紫外检测器,在波长230 nm下对试样中的唑虫酰胺进行反相高效液相色谱分离,外标法定量。

5.457.2 试剂和溶液

甲醇:色谱纯。

磷酸。

磷酸溶液:Ψ(磷酸∶水)=1∶1 000。

唑虫酰胺标样:已知质量分数,$\omega \geqslant$98.0%。

5.457.3 操作条件

流动相:梯度洗脱条件见表4。

表4 唑虫酰胺梯度洗脱条件

时间 min	甲醇(V/V) %	磷酸溶液(V/V) %
0.0	60	40
11.0	75	25
20.0	75	25
20.1	90	10
24.0	90	10
24.1	60	40
30.0	60	40

色谱柱:150 mm×4.6 mm(内径)不锈钢柱,内装 ZORBAX Eclipse Plus C_{18}、5 μm 填充物。

流速:1.0 mL/min。

柱温:(35±2)℃。

检测波长:230 nm。

进样体积:5 μL。

有效成分推荐浓度:200 mg/L,线性范围为 40 mg/L~401 mg/L。

保留时间:唑虫酰胺约 18.0 min。

5.458 唑菌酯(pyraoxystrobin)

5.458.1 方法提要

试样用乙腈溶解,以乙腈+水为流动相,使用以 ZORBAX SB-C_{18} 为填料的不锈钢柱和紫外检测器,在波长 280 nm 下对试样中的唑菌酯进行反相高效液相色谱分离,外标法定量。

注:本方法参照 CIPAC 964/TC/(M)。

5.458.2 试剂和溶液

乙腈:色谱纯。

唑菌酯标样:已知质量分数,ω≥98.0%。

5.458.3 操作条件

流动相:Ψ(乙腈:水)=60:40。

色谱柱:150 mm×4.6 mm(内径)不锈钢柱,内装 ZORBAX SB-C_{18}、5 μm 填充物。

流速:1.3 mL/min。

柱温:(30±2)℃。

检测波长:280 nm。

进样体积:5 μL。

有效成分推荐浓度:400 mg/L。

保留时间:唑菌酯约 6.4 min。

5.459 唑啉草酯(pinoxaden)

5.459.1 方法提要

试样用乙腈溶解,以乙腈+磷酸溶液为流动相,使用以 ZORBAX Extend-C_{18} 为填料的不锈钢柱和紫外检测器,在波长 260 nm 下对试样中的唑啉草酯进行反相高效液相色谱分离,外标法定量。

5.459.2 试剂和溶液

乙腈:色谱纯。

磷酸。

磷酸溶液:Ψ(磷酸:水)=1:1 000。

唑啉草酯标样:已知质量分数,ω≥98.0%。

5.459.3 操作条件

流动相:梯度洗脱条件见表 5。

表 5 唑啉草酯梯度洗脱条件

时间 min	乙腈(V/V) %	磷酸溶液(V/V) %
0.0	60	40
9.0	90	10
14.0	90	10
14.1	60	40
20.0	60	40

色谱柱:150 mm×4.6 mm(内径)不锈钢柱,内装 ZORBAX Extend-C_{18}、3.5 μm 填充物。

流速:1.0 mL/min。

柱温:(40±2)℃。

检测波长:260 nm。

进样体积:10 μL。

有效成分推荐浓度:120 mg/L,线性范围为 24 mg/L～192 mg/L。

保留时间:唑啉草酯约 4.2 min。

5.460 唑螨酯(fenpyroximate)

5.460.1 方法提要

试样用甲醇溶解,以甲醇+水为流动相,使用以 ZORBAX Eclipse Plus C_{18} 为填料的不锈钢柱和紫外检测器,在波长 236 nm 下对试样中的唑螨酯进行反相高效液相色谱分离,外标法定量。

5.460.2 试剂和溶液

甲醇:色谱纯。

唑螨酯标样:已知质量分数,$\omega \geqslant 98.0\%$。

5.460.3 操作条件

流动相:Ψ(甲醇∶水)=80∶20。

色谱柱:150 mm×4.6 mm(内径)不锈钢柱,内装 ZORBAX Eclipse Plus C_{18}、5 μm 填充物。

流速:1.5 mL/min。

柱温:(30±2)℃。

检测波长:236 nm。

进样体积:10 μL。

有效成分推荐浓度:250 mg/L,线性范围为 50 mg/L～377 mg/L。

保留时间:唑螨酯约 7.9 min。

5.461 唑嘧磺草胺(flumetsulam)

按 NY/T 3783 中"唑嘧磺草胺质量分数的测定"进行。

5.462 唑嘧菌胺(initium)

5.462.1 方法提要

试样用甲醇溶解,以甲醇+磷酸溶液为流动相,使用以 ZORBAX Eclipse Plus C_{18} 为填料的不锈钢柱和紫外检测器,在波长 294 nm 下对试样中的唑嘧菌胺进行反相高效液相色谱分离,外标法定量。

5.462.2 试剂和溶液

甲醇:色谱纯。

磷酸。

磷酸溶液:Ψ(磷酸∶水)=1∶1 000。

唑嘧菌胺标样:已知质量分数,$\omega \geqslant 98.0\%$。

5.462.3 操作条件

流动相:梯度洗脱条件见表 6。

表 6 唑嘧菌胺梯度洗脱条件

时间 min	甲醇(V/V) %	磷酸溶液(V/V) %
0.0	10	90
1.0	70	30
3.0	80	20
12.0	80	20
12.1	10	90
17.0	10	90

色谱柱:150 mm×4.6 mm(内径)不锈钢柱,内装 ZORBAX Eclipse Plus C_{18}、5 μm 填充物。

流速:1.0 mL/min。

柱温:(35±2)℃。

检测波长:294 nm。

进样体积:5 μL。
有效成分推荐浓度:100 mg/L,线性范围为 19 mg/L～195 mg/L。
保留时间:唑嘧菌胺约 7.1 min。

附 录 A
（规范性）
2,4-滴三乙醇胺盐中三乙醇胺离子质量分数的测定（离子色谱法）

A.1 方法提要

试样用水溶解，以甲基磺酸溶液为淋洗液，使用阳离子分析柱和电导检测器，对试样中的三乙醇胺离子进行离子色谱分离，外标法定量。

A.2 试剂和溶液

甲基磺酸。

三乙醇胺标样：已知质量分数，$\omega \geqslant 98.0\%$。

A.3 操作条件

淋洗液：甲基磺酸溶液，$c(CH_4O_3S)=15$ mmol/L。

色谱柱：250 mm×5.0 mm（内径）Dionex IonPac CS16 阳离子分析柱。

流速：2.0 mL/min。

柱温：(30±2)℃。

电导池温度：(30±2)℃。

进样体积：25 μL。

三乙醇胺离子推荐浓度：20 mg/L，线性范围为 5 mg/L～100 mg/L。

保留时间：三乙醇胺离子约 13.1 min。

附　录　B
（规范性）
琥胶肥酸铜中铜离子质量分数的测定（化学滴定法）

B.1　方法提要

试样在酸性介质中溶解，加入适量的碘化钾与二价铜作用，析出等量碘，用硫代硫酸钠标准溶液滴定析出的碘，从消耗硫代硫酸钠标准溶液的体积，计算试样中铜离子的质量分数。

B.2　试剂和溶液

硫酸。

硫代硫酸钠。

氟化钠。

碘化钾。

硫氰酸铵。

硫酸溶液：Ψ（硫酸：水）＝10：90。

硫代硫酸钠标准滴定溶液：$c(Na_2S_2O_3)=0.1$ mol/L，按 GB/T 601 配制。

可溶性淀粉溶液：10 g/L，按 GB/T 603 配制。

B.3　测定步骤

称取含 0.1 g（精确至 0.000 1 g）铜离子的试样，置于 250 mL 锥形瓶中，缓慢加入 50 mL 硫酸溶液，充分搅拌，转移到漏斗中，过滤。滤液收集于 250 mL 碘量瓶中，用 30 mL 硫酸溶液分 3 次洗涤锥形瓶和滤渣，收集滤液置于上述碘量瓶中，加入 1.0 g 氟化钠充分溶解后，加入 2.0 g 碘化钾，立即水封瓶口，摇匀，避光放置 10 min，用硫代硫酸钠标准滴定溶液滴定至浅黄色时，加入 1 g（精确至 0.01 g）硫氰酸铵，摇匀，加入 2 mL 可溶性淀粉溶液，继续滴定至蓝色消失。同时做空白测定。

B.4　计算

试样中铜离子的质量分数按公式（B.1）计算。

$$\omega=\frac{c\times(V_1-V_0)\times M}{m\times 1000}\times 100 \quad \cdots\cdots\cdots\cdots (B.1)$$

式中：

ω ——试样中铜离子质量分数的数值，单位为百分号（%）；

c ——硫代硫酸钠标准滴定溶液实际浓度的数值，单位为摩尔每升（mol/L）；

V_1 ——滴定试样溶液消耗硫代硫酸钠标准滴定溶液体积的数值，单位为毫升（mL）；

V_0 ——滴定空白溶液消耗硫代硫酸钠标准滴定溶液体积的数值，单位为毫升（mL）；

M ——铜的摩尔质量的数值，单位为克每摩尔（g/mol）（M＝63.55）；

m ——试样质量的数值，单位为克（g）；

1 000 ——换算系数。

附 录 C
(规范性)
氯化胆碱中氯离子质量分数的测定(离子色谱法)

C.1 方法提要

试样用水溶解,以氢氧化钾溶液为淋洗液,使用阴离子分析柱和电导检测器,对试样中的氯离子进行离子色谱分离,外标法定量。

C.2 试剂和溶液

氢氧化钾。

氯化钠标样:已知质量分数,$\omega \geqslant 98.0\%$。

C.3 操作条件

淋洗液:氢氧化钾溶液,$c(KOH)=12$ mmol/L。

色谱柱:250 mm×4.0 mm(内径)Dionex IonPac AS11-HC 阴离子分析柱。

流速:1.0 mL/min。

柱温:室温(温度变化应不大于 2 ℃)。

电导池温度:(35±2)℃。

进样体积:10 μL。

氯离子推荐浓度:1.4 mg/L,线性范围为 0.7 mg/L~2.2 mg/L。

保留时间:氯离子约 5.8 min。

附 录 D
（规范性）
咪鲜胺锰盐中锰离子质量分数的测定(离子色谱法)

D.1 方法提要

试样用盐酸溶液和水溶解,以甲基磺酸溶液为淋洗液,使用阳离子分析柱和电导检测器,对试样中的锰离子进行离子色谱分离,外标法定量。

D.2 试剂和溶液

甲基磺酸。
浓盐酸。
盐酸溶液:c(HCl)=1.2 mol/L。
氯化锰标样:已知质量分数,$\omega \geqslant 98.0\%$。

D.3 操作条件

淋洗液:甲基磺酸溶液,$c(CH_4O_3S)$=12 mmol/L。
色谱柱:250 mm×4.0 mm(内径)Dionex IonPac CS12A 阳离子分析柱。
流速:1.0 mL/min。
柱温:(25±2)℃。
电导池温度:(35±2)℃。
进样体积:10 μL。
锰离子推荐浓度:10 mg/L,线性范围为 1 mg/L～20 mg/L。
保留时间:锰离子约 22.0 min。

D.4 溶液的制备

D.4.1 标样溶液的制备

称取 0.024 g(精确至 0.000 01 g)氯化锰标样,置于 50 mL 容量瓶中,加入 30 mL 水,超声波振荡 10 min,冷却至室温,用水稀释至刻度。用移液管移取 5 mL 上述溶液,置于 100 mL 容量瓶中,用水稀释至刻度,摇匀。

D.4.2 试样溶液的制备

称取含 0.01 g(精确至 0.000 1 g)锰离子的试样,置于 50 mL 容量瓶中,加入 5 mL 盐酸溶液和30 mL 水,超声波振荡 10 min,冷却至室温,用水稀释至刻度。用移液管移取 5 mL 上述溶液,置于 100 mL 容量瓶中,用水稀释至刻度,摇匀,过滤。

附 录 E
(规范性)
壬菌铜中铜离子质量分数的测定(化学滴定法)

E.1 方法提要

试样在 pH 9～10 的条件下,加入氨-氯化铵缓冲溶液,以 1-(2-吡啶偶氮)-2-萘酚为指示剂,用乙二胺四乙酸二钠标准滴定溶液滴定,测定试样中铜离子的质量分数。

E.2 试剂和溶液

异丙醇。

一水合柠檬酸。

氨水。

无水乙醇。

乙二胺四乙酸二钠。

1-(2-吡啶偶氮)-2-萘酚。

柠檬酸溶液:$\rho(C_6H_8O_7 \cdot H_2O)=200$ g/L。

氨水溶液:Ψ(氨水∶水)=50∶50。

氨-氯化铵缓冲溶液(pH≈10):称取 54 g(精确至 0.01 g)氯化铵,溶于水中,加入 350 mL 氨水,用水稀释至 1 000 mL,混合均匀。

乙二胺四乙酸二钠(EDTA)标准滴定溶液:c(EDTA)=0.05 mol/L,按 GB/T 601 配制。

1-(2-吡啶偶氮)-2-萘酚指示剂:称取 0.2 g(精确至 0.01 g)1-(2-吡啶偶氮)-2-萘酚,用无水乙醇溶解并稀释至 100 mL,混合均匀。

E.3 测定步骤

称取含 0.5 g(精确至 0.000 1 g)壬菌铜的试样,置于 250 mL 锥形瓶中,加入 50 mL 水,摇匀后加入 15 mL 异丙醇和 5 mL 柠檬酸溶液,滴加氨水溶液至溶液呈深蓝色,依次加入 10 mL 氨-氯化铵缓冲溶液、10 滴 1-(2-吡啶偶氮)-2-萘酚指示液,用乙二胺四乙酸二钠标准滴定溶液滴定至溶液由紫红色变为绿色为终点。同时做空白测定。

E.4 计算

试样中铜离子的质量分数按公式(E.1)计算。

$$\omega=\frac{c \times (V_1 - V_0) \times M}{m \times 1000} \times 100 \qquad \text{(E.1)}$$

式中:

ω ——试样中铜离子质量分数的数值,单位为百分号(%);

c ——乙二胺四乙酸二钠标准滴定溶液实际浓度的数值,单位为摩尔每升(mol/L);

V_1 ——滴定试样溶液消耗乙二胺四乙酸二钠标准滴定溶液体积的数值,单位为毫升(mL);

V_0 ——滴定空白溶液消耗乙二胺四乙酸二钠标准滴定溶液体积的数值,单位为毫升(mL);

M ——铜的摩尔质量的数值,单位为克每摩尔(g/mol)(M=63.55);

m ——试样质量的数值,单位为克(g);

1 000 ——换算系数。

附 录 F
(规范性)
噻菌铜中铜离子质量分数的测定(分光光度法)

F.1 方法提要

试样用硝酸+过氧化氢消解后,加入氨-氯化铵缓冲溶液与铜离子反应形成蓝色络合物,使用紫外-可见分光光度计在625 nm下测定吸光度,计算试样中铜离子的质量分数。

F.2 试剂和溶液

硝酸。

过氧化氢。

氯化铵。

氨水。

硝酸溶液:Ψ(硝酸∶水)=50∶50。

氨-氯化铵缓冲溶液(pH≈10):称取54 g(精确至0.01 g)氯化铵,溶于水中,加入350 mL氨水,用水稀释至1 000 mL,混合均匀。

铜粉标样:已知质量分数,$\omega \geqslant 98.0\%$。

铜离子标准储备溶液:称取1.2 g(精确至0.000 1 g)铜粉,置于烧杯中,缓慢加入30 mL硝酸溶液溶解,冷却至室温,转移至500 mL容量瓶中,用水稀释至刻度,摇匀。

F.3 仪器和设备

恒温湿式消解仪。

紫外-可见分光光度计。

石英比色皿:1 cm。

F.4 测定步骤

F.4.1 标准曲线的绘制

用移液管移取1 mL、2 mL、3 mL、4 mL、5 mL铜离子标准储备溶液,分别置于25 mL容量瓶中,用移液管移入15 mL氨-氯化铵缓冲溶液,用水稀释至刻度,摇匀,静置15 min。同时制备标样空白溶液。

以标样空白溶液为参比,于波长625 nm处测定各标样溶液的吸光度,以铜离子质量浓度为横坐标,吸光度为纵坐标绘制标准曲线。

F.4.2 试样的测定

称取含0.2 g(精确至0.000 1 g)噻菌铜的试样,置于50 mL玻璃消解管中,缓慢加入8 mL硝酸和1 mL过氧化氢,130 ℃加热消解至近干,冷却至室温,用水转移至25 mL容量瓶中,用水稀释至刻度,摇匀。上述溶液使用定性滤纸过滤,前5 mL滤液舍弃,收集后续滤液。用移液管移取后续滤液5 mL,置于25 mL容量瓶中,用移液管移入15 mL氨-氯化铵缓冲溶液,用水稀释至刻度,摇匀,静置15 min。同时制备试样空白溶液。

以试样空白溶液为参比,于波长625 nm处测定试样溶液的吸光度,在标准曲线上查得相应的铜离子质量浓度。

F.4.3 计算

试样中铜离子的质量分数按公式(F.1)计算。

$$\omega = \frac{c \times V \times 5}{m \times 1000} \times 100 \qquad \text{(F. 1)}$$

式中：

ω ——试样中铜离子质量分数的数值，单位为百分号（%）；

c ——试样溶液中铜离子质量浓度的数值，单位为毫克每毫升（mg/mL）；

V ——试样消解后定容体积的数值，单位为毫升（mL）（V=25）；

5 ——试样稀释倍数；

m ——试样质量的数值，单位为克（g）；

1 000 ——换算系数。

附 录 G
（规范性）
噻唑锌中锌离子质量分数的测定（分光光度法）

G.1 方法提要

试样用浓硝酸＋过氧化氢加热消解后，加入锌试剂与锌离子发生显色反应，使用紫外-可见分光光度计在 620 nm 下测定吸光度，计算试样中锌离子的质量分数。

G.2 试剂和溶液

硝酸。
过氧化氢。
浓盐酸。
锌试剂。
硼酸。
氯化钾。
氢氧化钠。
氢氧化钠溶液：$c(NaOH)=1$ mol/L。
20%盐酸溶液：按 GB/T 603 配制。
0.2%锌试剂溶液：称取 0.2 g（精确至 0.01 g）锌试剂，置于 100 mL 棕色容量瓶中，加入 2 mL 氢氧化钠溶液，用水稀释至刻度，摇匀（该溶液必须使用前配制）。
缓冲溶液（pH 8.8～9.0）：称取 37.3 g（精确至 0.01 g）氯化钾、31 g（精确至 0.01 g）硼酸和 8.4 g（精确至 0.01 g）氢氧化钠，溶于 1 000 mL 水中，混合均匀。
氧化锌标样：已知质量分数，$\omega\geqslant 98.0\%$。［使用前应在（800±50）℃高温炉中灼烧至恒重］。
锌离子标准储备溶液［$\rho(Zn^{2+})=0.1$ g/L］：称取 0.12 g（精确至 0.000 1 g）氧化锌标样，置于 1 000 mL容量瓶中，加入 6 mL 盐酸溶液溶解，用水稀释至刻度，摇匀。
锌离子标准工作溶液［$\rho(Zn^{2+})=0.01$ g/L］：用移液管移取 10 mL 锌离子标准储备溶液，置于 100 mL容量瓶中，用水稀释至刻度，摇匀。

G.3 仪器和设备

恒温湿式消解仪。
高温炉。
紫外-可见分光光度计。
石英比色皿：1 cm。

G.4 测定步骤

G.4.1 标准曲线的绘制

用移液管移取 1 mL、2 mL、3 mL、4 mL、5 mL 锌离子标准工作溶液，分别置于 50 mL 棕色容量瓶中，加入 30 mL 水，用移液管移入 10 mL 缓冲溶液，摇匀；用移液管移入 2 mL 0.2%锌试剂溶液，用水稀释至刻度，摇匀，静置 10 min。同时制备标样空白溶液。

以标样空白溶液为参比，于波长 620 nm 处测定各标样溶液的吸光度，以锌离子质量浓度为横坐标、吸光度为纵坐标绘制标准曲线。

G.4.2 试样的测定

称取含 0.2 g(精确至 0.000 1 g)噻唑锌的试样,置于 50 mL 玻璃消解管中,缓慢加入 8 mL 硝酸和 1 mL过氧化氢,轻轻摇匀,130 ℃加热消解至近干,冷却至室温,用 6 mL 盐酸溶液转移至 1 000 mL 容量瓶中,用水稀释至刻度,摇匀。用移液管移取 1 mL 上述溶液,置于 50 mL 棕色容量瓶中,加入 30 mL 水,用移液管移入 10 mL 缓冲溶液,摇匀;用移液管移入 2 mL 0.2%锌试剂溶液,用水稀释至刻度,摇匀,静置 10 min。同时制备试样空白溶液。

以试样空白溶液为参比,于波长 620 nm 处测定试样溶液的吸光度,在标准曲线上查得相应的锌离子质量浓度。

G.4.3 计算

试样中锌离子的质量分数按公式(G.1)计算。

$$\omega=\frac{c\times V\times 50}{m\times 1000}\times 100 \qquad \text{(G.1)}$$

式中:

ω ——试样中锌离子质量分数的数值,单位为百分号(%);

c ——试样溶液中锌离子质量浓度的数值,单位为毫克每毫升(mg/mL);

V ——试样消解后定容体积的数值,单位为毫升(mL)(V=1 000);

50 ——试样稀释倍数;

m ——试样质量的数值,单位为克(g);

1 000 ——换算系数。

附　录　H
（规范性）
三氯吡氧乙酸三乙胺盐中三乙胺离子质量分数的测定（离子色谱法）

H.1　方法提要

试样用水溶解，以甲基磺酸溶液为淋洗液，使用阳离子分析柱和电导检测器，对试样中的三乙胺离子进行离子色谱分离，外标法定量。

H.2　试剂和溶液

甲基磺酸。

三乙胺盐酸盐标样：已知质量分数，$\omega \geqslant 98.0\%$。

H.3　操作条件

淋洗液：甲基磺酸溶液，$c(CH_4O_3S)=60$ mmol/L。

色谱柱：250 mm×4.0 mm（内径）Dionex IonPac CS12A 阳离子分析柱。

流速：1.0 mL/min。

柱温：(30±2)℃。

电导池温度：(35±2)℃。

进样体积：10 μL。

三乙胺离子推荐浓度：100 mg/L，线性范围为 21 mg/L～316 mg/L。

保留时间：三乙胺离子约 9.0 min。

附 录 I
（规范性）
三唑锡中锡离子质量分数的测定（分光光度法）

I.1 方法提要

试样经消化后，在弱酸性溶液中四价锡离子与苯芴酮形成微溶性橙红色络合物，在保护性胶体存在下于 490 nm 处测定其吸光度，计算试样中锡离子的质量分数。

I.2 试剂和溶液

乙醇：色谱纯。

甲醇：色谱纯。

酒石酸。

抗坏血酸。

酚酞。

氨水。

硫酸。

硝酸。

高氯酸。

苯芴酮。

动物胶（明胶）。

酒石酸溶液：ρ=100 g/L。

抗坏血酸溶液：ρ=10 g/L。（该溶液必须使用前配制）

动物胶溶液：ρ=5 g/L。（该溶液必须使用前配制）

氨水溶液：Ψ（氨水：水）=50：50。

硫酸溶液：Ψ（硫酸：水）=10：90。

硝酸-高氯酸混合酸：Ψ（硝酸：高氯酸）=4：1。

苯芴酮溶液：称取 0.01 g（精确至 0.001 g）苯芴酮，置于 100 mL 容量瓶中，加入少量甲醇及数滴硫酸溶解，用甲醇稀释至刻度，摇匀。

酚酞指示剂：ρ=10 g/L，按 GB/T 603 配制。

金属锡标样：已知质量分数，$\omega \geqslant$98.0%。

锡标准储备溶液：称取 0.25 g（精确至 0.000 1 g）金属锡标样，置于 100 mL 烧杯中，加入 10 mL 硫酸，盖上表面皿，加热至 120 ℃至锡完全溶解，移去表面皿，继续加热至 180 ℃产生浓白烟后，冷却至室温，缓慢加入 50 mL 水，转移至 100 mL 容量瓶中，用硫酸溶液多次洗涤烧杯，将洗涤液并入容量瓶中，用硫酸溶液稀释至刻度，摇匀。

锡标准工作溶液：用移液管移取 1 mL 锡标准储备溶液，置于 250 mL 容量瓶中，用硫酸溶液稀释至刻度，摇匀。

I.3 仪器和设备

分光光度计。

控温加热板。

石英比色皿：2 cm。

比色管:25 mL。

I.4 测定步骤

I.4.1 标准曲线的绘制

用吸量管移取 0.1mL、0.2 mL、0.4 mL、0.6 mL、0.8 mL、1.0 mL 锡标准工作溶液,分别置于 25 mL 比色管中,加入 0.5 mL 酒石酸溶液和 1 滴酚酞指示剂,摇匀;加入适量氨水溶液中和至淡红色,加入3 mL 硫酸溶液、1 mL 动物胶溶液和 2.5 mL 抗坏血酸溶液,用水稀释至刻度,摇匀;加入 2 mL 苯芴酮溶液,摇匀,静置 1 h。同时制备标样空白溶液。

以标样空白溶液为参比,于波长 490 nm 处测定各标样溶液的吸光度,以锡离子质量为横坐标、吸光度为纵坐标绘制标准曲线。

I.4.2 试样的测定

称取含 0.005 g(精确至 0.000 01 g)锡的试样,置于 50 mL 高脚烧杯中,加入 10 mL 硝酸-高氯酸混合酸、2.5 mL 硫酸和 3 粒玻璃珠,混合均匀,盖上表面皿;室温通风放置 24 h 后,加热至 120 ℃微沸,保持微沸消化 4 h,移去表面皿;继续加热至 180 ℃消化,若溶液过少或溶液变成黑色时,可加入适量硝酸;继续消化至冒白烟,待溶液澄清,体积近 2.5 mL 时,冷却至室温;将澄清液转移至 1 000 mL 容量瓶中,用 75 mL 硫酸溶液分 3 次洗涤烧杯,每次超声波振荡 5 min;将洗涤液并入 1 000 mL 容量瓶中,用水稀释至刻度,摇匀。用移液管移取 1 mL 上述溶液,置于 25 mL 比色管中,加入 0.5 mL 酒石酸溶液和 1 滴酚酞指示剂,摇匀;加入适量氨水溶液中和至淡红色,加入 3 mL 硫酸溶液、1 mL 动物胶溶液和 2.5 mL 抗坏血酸溶液,用水稀释至刻度,摇匀;加入 2 mL 苯芴酮溶液,摇匀,静置 1 h。

同时制备试样空白溶液。

以试样空白溶液为参比,于波长 490 nm 处测定试样溶液的吸光度,在标准曲线上查得相应的锡离子质量。

I.4.3 计算

试样中锡离子的质量分数按公式(I.1)计算。

$$\omega = \frac{m_1 \times V_1}{m_2 \times V_2 \times 10000} \quad \cdots\cdots (I.1)$$

式中:

ω ——试样中锡离子质量分数的数值,单位为百分号(%);

m_1 ——试样溶液中锡离子质量的数值,单位为微克(μg);

V_1 ——试样消化液定容体积的数值,单位为毫升(mL)(V_1=1 000);

m_2 ——试样质量的数值,单位为克(g);

V_2 ——测定用试样消化液体积的数值,单位为毫升(mL)(V_2=1);

10 000 ——换算系数。

附 录 J
（规范性）
杀虫环中草酸根离子质量分数的测定（离子色谱法）

J.1 方法提要

试样用水溶解，以碳酸盐缓冲溶液为淋洗液，使用阴离子分析柱和电导检测器，对试样中的草酸根离子进行草酸根离子分离，以外标法定量。

J.2 试剂和溶液

碳酸钠。

碳酸氢钠。

碳酸盐缓冲溶液：称取适量碳酸钠和碳酸氢钠，溶于一定量的水中，配制成 4.0 mmol/L 碳酸钠和 1.2 mmol/L 碳酸氢钠溶液，混合均匀。

草酸钠标样：已知质量分数，$\omega \geqslant 98.0\%$。

J.3 操作条件

淋洗液：碳酸盐缓冲溶液。

色谱柱：250 mm×4.0 mm（内径）Dionex IonPac AS19 阴离子分析柱。

流速：1.0 mL/min。

柱温：(30±2)℃。

电导池温度：(35±2)℃。

进样体积：10 μL。

草酸根离子推荐浓度：100 mg/L，线性范围为 20 mg/L～201 mg/L。

保留时间：草酸根离子约 27.8 min。

附 录 K
（规范性）
杀螺胺乙醇胺盐中乙醇胺离子质量分数的测定（离子色谱法）

K.1 方法提要

试样用水溶解，以甲基磺酸溶液为淋洗液，使用阳离子分析柱和电导检测器，对试样中的乙醇胺离子进行离子色谱分离，外标法定量。

K.2 试剂和溶液

甲基磺酸。

乙醇胺标样：已知质量分数，$\omega \geqslant 98.0\%$。

K.3 操作条件

淋洗液：甲基磺酸溶液，$c(CH_4O_3S)=20$ mmol/L。

色谱柱：250 mm×4.0 mm（内径）Dionex IonPac CS12A 阳离子分析柱。

流速：1.0 mL/min。

柱温：(35±2)℃。

电导池温度：(35±2)℃。

进样体积：2 μL。

乙醇胺离子推荐浓度：25 mg/L，线性范围为 5 mg/L～47 mg/L。

保留时间：乙醇胺离子约 4.8 min。

附 录 L
(规范性)
双胍三辛烷基苯磺酸盐中烷基苯磺酸质量分数的测定(液相色谱法)

L.1 方法提要

试样用稀释溶剂溶解,以乙腈+缓冲溶液为流动相,使用以 ZORBAX SB-C_{18}为填料的不锈钢柱和紫外检测器,在波长 205 nm 下对试样中的烷基苯磺酸进行反相高效液相色谱分离,外标法定量。

注:本方法中烷基苯磺酸为 C_{10}~C_{13}的混合物。

L.2 试剂和溶液

乙腈:色谱纯。

稀释溶剂:Ψ(乙腈:水)=40:60。

缓冲溶液:称取 0.5 g(精确至 0.01 g)1-辛烷磺酸钠和 1 g(精确至 0.01 g)甲烷磺酸,溶于 1 000 mL 水中,混合均匀。

烷基苯磺酸(C_{10}~C_{13})标样:已知质量分数,ω≥98.0%。

L.3 操作条件

流动相:梯度洗脱条件见表 L.1。

表 L.1 烷基苯磺酸梯度洗脱条件

时间 min	乙腈(V/V) %	缓冲溶液(V/V) %
0.0	20	80
3.0	20	80
4.0	53	47
50.0	53	47
50.1	20	80
60.0	20	80

色谱柱:150 mm×4.6 mm(内径)不锈钢柱,内装 ZORBAX SB-C_{18}、5 μm 填充物。

流速:0.8 mL/min。

柱温:(30±2)℃。

检测波长:205 nm。

进样体积:5 μL。

有效成分推荐浓度:600 mg/L,线性范围为 196 mg/L~981 mg/L。

保留时间:烷基苯磺酸 15.0 min~45.0 min。

附 录 M
（规范性）
调环酸钙中钙离子质量分数的测定（离子色谱法）

M.1 方法提要

试样用盐酸溶液溶解、水稀释，以甲基磺酸溶液为淋洗液，使用阳离子分析柱和电导检测器，对试样中的钙离子进行离子色谱分离，外标法定量。

M.2 试剂和溶液

甲基磺酸。

浓盐酸。

盐酸溶液：c(HCl)＝0.1 mol/L。

氯化钙标样：已知质量分数，$\omega \geqslant 98.0\%$。

M.3 操作条件

淋洗液：甲基磺酸溶液，$c(CH_4O_3S)$＝20 mmol/L。

色谱柱：250 mm×4.0 mm（内径）Dionex IonPac CS12A 阳离子分析柱。

流速：1.0 mL/min。

柱温：室温（温度变化应不大于 2 ℃）。

电导池温度：（35±2）℃。

进样体积：25 μL。

钙离子推荐浓度：1 mg/L，线性范围为 0.4 mg/L～2 mg/L。

保留时间：钙离子约 11.2 min。

M.4 溶液的制备

M.4.1 标样溶液的制备

称取 0.03 g（精确至 0.000 01 g）氯化钙标样，置于 100 mL 容量瓶中，用水溶解并稀释至刻度，摇匀。用移液管移取 1 mL 上述溶液，置于 100 mL 容量瓶中，用水稀释至刻度，摇匀。

M.4.2 试样溶液的制备

称取含 0.07 g（精确至 0.000 01 g）调环酸钙的试样，置于 100 mL 容量瓶中，加入 5 mL 盐酸溶液溶解，用水稀释至刻度，摇匀。用移液管移取 1 mL 上述溶液，置于 100 mL 容量瓶中，用水稀释至刻度，摇匀。

附 录 N
（规范性）
抑霉唑硫酸盐中硫酸根离子质量分数的测定（离子色谱法）

N.1 方法提要

试样用水溶解，以氢氧化钾溶液为淋洗液，使用阴离子分析柱和电导检测器，对试样中的硫酸根离子进行离子色谱分离，外标法定量。

N.2 试剂和溶液

氢氧化钾。

硫酸钠标样：已知质量分数，$\omega \geqslant 98.0\%$。

N.3 操作条件

淋洗液：氢氧化钾溶液，c(KOH)＝20 mmol/L。

色谱柱：250 mm×4.6 mm(内径)SH-AC-11 阴离子分析柱。

流速：1.0 mL/min。

柱温：(35±2)℃。

电导池温度：(35±2)℃。

进样体积：25 μL。

硫酸根离子推荐浓度：5 mg/L，线性范围为 1 mg/L～20 mg/L。

保留时间：硫酸根离子约 10.6 min。

参 考 文 献

[1] CIPAC 26/TC/M2 CARBARYL TECHNICAL
[2] CIPAC 38/DP/(M) ROTENONE DUSTABLE POWDER
[3] CIPAC 77/TC/M PHENMEDIPHAM TECHNICAL
[4] CIPAC 80/TC/M2 PROPOXUR TECHNICAL
[5] CIPAC 110/TC/M PHOSPHAMIDON TECHNICAL
[6] CIPAC 153/TC/M2 DITHIANON TECHNICAL
[7] CIPAC 174/TC/(M) PICLORAM TECHNICAL
[8] CIPAC 189/TC/M COUMATETRALYL TECHNICAL
[9] CIPAC 206/TC/(M) BENOMYL TECHNICAL
[10] CIPAC 230/TC/M CYANAZINE TECHNICAL
[11] CIPAC 232/TC/(M) BENDIOCARB TECHNICAL
[12] CIPAC 233/TC/M ETHOFUMESATE TECHNICAL
[13] CIPAC 287/TC/M MONOCROTOPHOS TECHNICAL
[14] CIPAC 336/TC/M ISOPROTURON TECHNICAL
[15] CIPAC 340/TC/M TEMEPHOS TECHNICAL
[16] CIPAC 355/TC/M METHAMIDOPHOS TECHNICAL
[17] CIPAC 381/TC/(M) METAMITRON TECHNICAL
[18] CIPAC 397/TC/M OXADIXYL TECHNICAL
[19] CIPAC 401/TC/M SETHOXYDIM TECHNICAL
[20] CIPAC 411/TC/M METAZACHLOR TECHNICAL
[21] CIPAC 413/TC/M BIFENOX TECHNICAL
[22] CIPAC 418/TC/M CLOFENTEZINE TECHNICAL
[23] CIPAC 420/TC/M CYROMAZINE TECHNICAL
[24] CIPAC 489(103A. 2a)+61/WP/M2 FENTIN ACETATE + MANEB WETTABLE POWDERS
[25] CIPAC 501/TC/(M) BENFURACARB TECHNICAL
[26] CIPAC 511/TC/M CYPRODINIL TECHNICAL
[27] CIPAC 548/TC/M TRIFLUMURON TECHNICAL
[28] CIPAC 563/TC/M QUINMERAC TECHNICAL
[29] CIPAC 570/TC/M CHLORFENAPYR TECHNICAL
[30] CIPAC 578/TC/M FLUMIOXAZIN TECHNICAL
[31] CIPAC 581/TC/M FIPRONIL TECHNICAL
[32] CIPAC 595/TC/M FLAZASULFURON TECHNICAL
[33] CIPAC 599/TC/M NICLOSAMIDE TECHNICAL
[34] CIPAC 600/TC/M CYPROCONAZOLE TECHNICAL
[35] CIPAC 610/TC/M SULFOMETURON-METHYL TECHNICAL
[36] CIPAC 636/TC/(M) SPINOSAD TECHNICAL
[37] CIPAC 672/TC/(M) NOVALURON TECHNICAL
[38] CIPAC 704/TC/M LUFENURON TECHNICAL
[39] CIPAC 964/TC/(M) PYRAOXYSTROBIN TECHNICAL

ICS 65.020.01
CCS B 04

中华人民共和国农业行业标准

NY/T 4156—2022

外来入侵杂草精准监测与变量施药技术规范

Technical specifications of accurate monitoring & variable spraying for alien invasive weed

2022-07-11 发布　　2022-10-01 实施

中华人民共和国农业农村部　发布

前　言

本文件按照 GB/T 1.1—2020《标准化工作导则　第 1 部分：标准化文件的结构和起草规则》的规定起草。

本文件由农业农村部科技教育司提出并归口。

本文件起草单位：中国农业科学院农业环境与可持续发展研究所、农业农村部农业生态与资源保护总站。

本文件主要起草人：付卫东、张国良、宋振、孙玉芳、王忠辉、刘龙、张宏斌、李垚奎、陈宝雄、黄宏坤、郭朝贺、田平。

外来入侵杂草精准监测与变量施药技术规范

1 范围

本文件规定了利用无人机技术对外来入侵杂草进行精确监测和变量施药的技术和方法。

本文件适用于利用无人机对农田、湿地、草地、水域等生境外来入侵杂草精准监测与防控。

2 规范性引用文件

下列文件中的内容通过文中的规范性引用而构成本文件必不可少的条款。其中，注日期的引用文件，仅该日期的版本适用于本文件；不注日期的引用文件，其最新版本（包括所有的修改单）适用于本文件。

GB 4285　农药安全使用标准

GB/T 8321　农药合理使用准则

GB/T 14950　摄影测量与遥感术语

CH/Z 3001　无人机航摄安全作业基本要求

MH/T 1069　无人驾驶航空器系统作业飞行技术规范

NY/T 3213　植保无人飞机质量评价技术规范

3 术语定义

GB/T 14950 界定的以及下列术语和定义适用于本文件。

3.1

无人机低空遥感　UAV low-altitude remote sensing

利用无人机搭载不同类型的传感器，飞行高度≤120 m，结合遥感技术快速获取地物信息的方法。

3.2

精准监测　accurate monitoring

通过无人机搭载光学成像设备，获取监测区域内外来入侵杂草的空间位置、种类等信息。

3.3

施药网格　spraying grid

依据植保机的作业参数设定施药的基本单元。在同一施药单元用统一施药量，不同施药单元间施药量可以不同。

3.4

施药处方图　pesticide application prescription map

根据无人机搭载成像设备获取的入侵杂草监测数据，通过云端服务器进行数据处理与模型识别，获得外来入侵杂草在监测区内的分布信息，结合植保机施药精度按一定网格模板生成标注施药位置和施药量的分布图。

3.5

变量施药　variable spraying

根据精准监测的入侵杂草空间分布及发生程度，确定不同施药网格的施药量。

4 总体流程

包括无人机低空遥感监测、监测数据的上传、数据处理与分析、模型识别、生成监测图、生成施药处方图、施药处方图下载、植保机变量施药。总体流程图见附录 A。

5 精准监测

5.1 监测数据采集

5.1.1 监测无人机

用于监测的无人机除应符合 T/CCAATB—0001 的相关规定，还应符合下列要求：

a) 工作环境温度：0 ℃～40 ℃；

b) 最大上升速度≥5 m/s；

c) 最大下降速度≤3 m/s；

d) 最小水平飞行速度≥50 km/h；

e) 最小搭载重量≥1 000 g；

f) 遥控器控制距离≥5 000 m；

g) 飞行续航时间≥15 min/次；

h) 最大抗风等级≥4 级；

i) 使用≥4 个旋翼的无人机。

5.1.2 成像设备

无人机搭载的成像传感器参考以下技术参数：

a) 蓝光：中心波长 450 nm～475 nm，光谱带宽 20 nm～40 nm；

b) 绿光：中心波长 550 nm～570 nm，光谱带宽 20 nm～40 nm；

c) 红光：中心波长 660 nm～670 nm，光谱带宽 10 nm～40 nm；

d) 红边光：中心波长 720 nm～740 nm，光谱带宽 10 nm～20 nm；

e) 近红外光：中心波长 790 nm～840 nm，光谱带宽 20 nm～40 nm；

f) 光感传感器应有自行校准功能；

g) 视场角：50°～75°为宜；

h) 总像素应≥2×10^6 pixel；

i) 工作环境温度：－10 ℃～40 ℃。

5.1.3 飞行条件

5.1.3.1 环境要求

a) 作业环境应符合 MH/T 1069 的相关规定；

b) 作业时应符合 MD-TM-2016-004 的相关规定；

c) 作业环境应避让斜拉索等障碍物；

d) 作业区域应选择开阔环境，远离人群、畜群，周围无高大建筑物，避免全球卫星导航系统（GNSS）信号遮挡；

e) 作业区域及附近应避开高压线、通信基站或发射塔等，避免电磁干扰；

f) 作业区域周围应远离机场、军警单位或其他航空管制区域。

5.1.3.2 监测作业要求

a) 雪天、雨天、雾天（可见距离≤800 m）不宜飞行；

b) 空气湿度≥90%、风速≥5 m/s 时不宜飞行；

c) 海拔应＜4 000 m；

d) 地形坡度应≤45°。

5.1.4 监测数据采集

a) 进行数据采集作业时应符合 CH/Z 3001 的规定；

b) 无人机操作人员应符合 AC-61-FS-2018-20R2 的规定；

c) 选择在监测对象最容易被发现的生育期（如营养生长期、花期）进行监测；

d) 空间分辨率≤25 cm/pixel；

e) 航线间重叠率≥60%；

f) 航线方向重叠率≥60%。

5.2 数据传输

a) 监测数据传输须在传输有效期内完成，数据传输有效期的计算方法见附录 B；

b) 监测数据传输有效期应≤5 h。

5.3 数据处理与识别

5.3.1 光谱数据库及服务系统的建立

a) 采集入侵杂草不同生育期(苗期、营养生长期、花期、果实期)的光谱数据；

b) 建立入侵杂草全生育期光谱图像数据库，搭建数据服务系统；

c) 数据服务系统架构见附录 C。

5.3.2 数据处理与识别

对监测数据进行影像拼接、校正、转换、裁剪等处理，利用识别模型(人工智能)，结合全生育期光谱数据库服务系统，进行精准识别。

5.4 监测结果

a) 提供入侵杂草的监测矢量图；

b) 提供统计监测报表见附录 D 中的 D.1，包括监测总面积、物种名称、发生面积、发生斑块数、发生程度(%)等；

c) 监测总面积和发生面积的计算方法见 D.3。

5.5 生成施药处方图

a) 根据监测图的识别结果，获取入侵杂草的区域分布空间位置及发生程度；

b) 对入侵杂草发生点及发生程度进行标注，创建入侵杂草施药处方图；

c) 施药处方图以网格形式生成，规定了每个施药网格的空间位置以及施药量的多少；

d) 网格施药量单位可以是百分号(%)，亩用量(g 有效成分/亩)；

e) 网格模板尺寸应控制在 3 m(含)～7 m(含)内为佳；

f) 处方图的格式支持标准 GeoTIFF 和 Shapefile 格式。

5.6 识别精准度评价

a) 利用召回率(R，Recall)评价对监测对象识别的准确度；

b) 利用虚警率(F_{alarm})评价对监测对象在所识别目标中错误目标的比例；

c) 召回率应≥85%，虚警率应≤5%；

d) 计算公式见附录 E。

6 变量施药

6.1 施药处方图下载

下载施药处方图，将数据传输于植保机控制系统。

6.2 施药植保无人机

6.2.1 作业环境与飞行条件

变量植保无人机作业环境与飞行条件应符合 MH/T 1069 的规定。

6.2.2 变量植保无人机

a) 根据入侵杂草特点、作业环境及作业量选择适宜变量植保无人飞机，质量应符合 NY/T 3213 的要求；

b) 施药作业安全应符合 T/NANTEA—0013 的规定；

c) 操作人员应符合 AC-61-FS-2018-20R2 的规定；

d) 作业时应符合 MD-TM-2016-004 的相关规定。

6.2.3 施药作业条件

根据气象预报安排植保无人机施药作业，应考虑以下气象因素：

a) 风力和风向。采取侧向风施药或迎风施药，风速应<5 m/s。

b) 云高。云高>1 000 m，无雷雨云。

c) 能见度。水平能见度>5 000 m。

d) 温度。最适喷药时气温为 24 ℃～30 ℃，当气温超过 35 ℃时应暂停作业。

e) 湿度。空气湿度应≥60%，空气湿度应<60%时，不宜施药。

f) 降雨。内吸型农药在施药期间 5 h～12 h、一般化学农药 24 h、生物农药 48 h～72 h 内没有降雨才能作业。

6.2.4 变量施药

a) 作业用药应选择安全、高效、低残留农药，符合 GB 4285、GB/T 8321 的要求；

b) 差分定位系统精度以控制到厘米级为佳；

c) 变量效果空间匹配度：决定系统(R2)应>80%；

d) 喷幅宽度以 3 m(含)～7 m(含)为宜；

e) 雾化颗粒 250 μm～400 μm 为宜；

f) 飞行速度控制在 4 m/s～6 m/s 为宜；

g) 喷洒高度：距目标植物顶端 1 m～3 m 为宜；

h) 施药量精度误差应<5%。

6.3 效果评价

6.3.1 防治效果评价

选择药效评价对植保无人机施药防治效果进行评价，计算方法见附录 F 中的 F.1。

6.3.2 安全性评价

作业结束后，在 5 d～15 d 内，对作业区内作物及周边临近区域内的其他作物的安全性进行评价，观察有无枯斑、黄化、白化、退绿、矮化等药害症状。作物药害安全等级划分见 F.2。

6.3.3 节药效果评价

采用施药整体节药率对植保机变量节药效果进行评价，计算方法见 F.3。

附 录 A
（资料性）
总体流程

外来入侵杂草精准监测与变量施药总体流程如图 A.1。

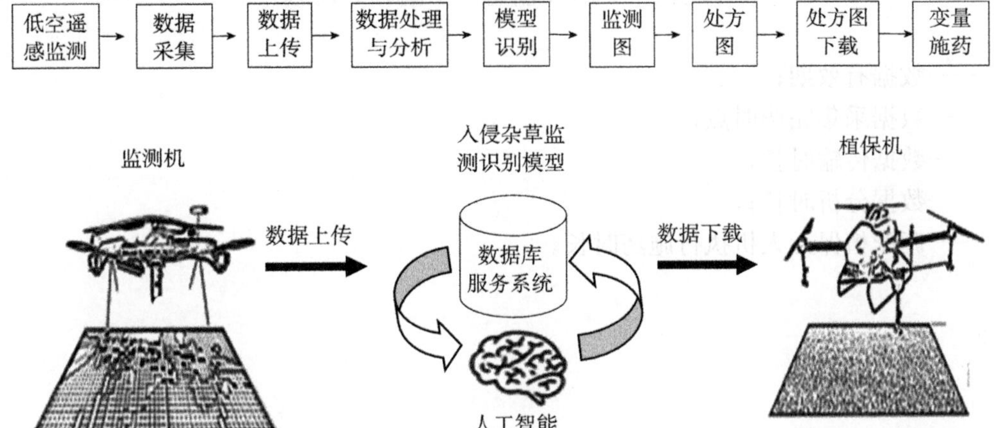

图 A.1 总体流程

附 录 B
（资料性）
数据传输有效期计算

数据传输有效期按公式(B.1)计算。

$$T_{\text{indate}} = T_0 + T_{\text{transmit}} + T_{\text{analysis}} + T_{\text{spray}} \qquad \text{(B.1)}$$

式中：

T_{indate} ——数据有效期；

T_0 ——数据采集完毕时点；

T_{transmit} ——数据传输时长；

T_{analysis} ——数据分析时长；

T_{spray} ——调派植保无人机执行施药时长。

附 录 C
（资料性）
数据库服务系统架构

外来入侵杂草全生育期数据库服务系统架构如图 C.1。

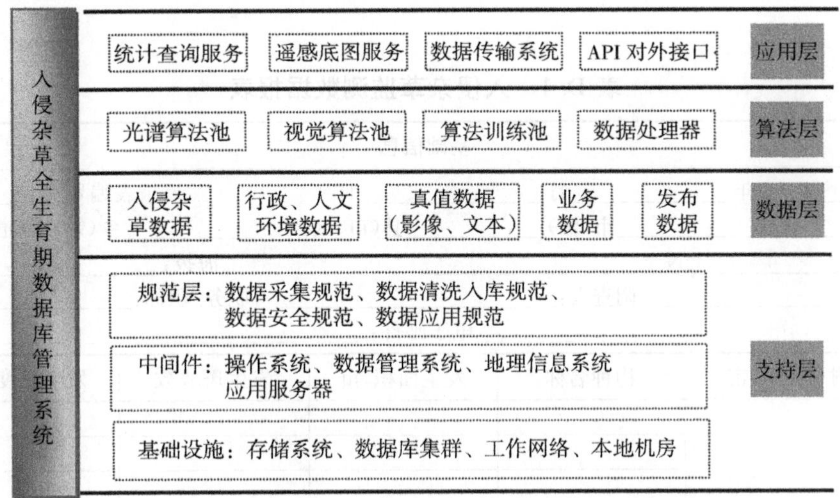

图 C.1 外来入侵杂草全生育期数据库服务系统架构

附 录 D
(规范性)
监测数据报表格式

D.1 外来入侵杂草监测数据报表

见表 D.1。

表 D.1 入侵杂草监测数据报表

<table>
<tr><td colspan="7">基础信息</td></tr>
<tr><td colspan="7">监测时间:________年________月________日　　　报表编号:________
监测点位置:________省________市(盟)________县(市、区、旗)________乡(镇)/街道________村
经纬度:E________N________　　　海拔:________m
监测单位:________　调查人:________　职务/职称:________
电　话:________电子邮件:________</td></tr>
<tr><td>生境类型</td><td>监测总面积,亩</td><td>物种名称</td><td>发生面积,亩</td><td>发生斑块数</td><td>发生程度,%</td><td>备注</td></tr>
<tr><td rowspan="3"></td><td rowspan="3"></td><td></td><td></td><td></td><td></td><td></td></tr>
<tr><td></td><td></td><td></td><td></td><td></td></tr>
<tr><td></td><td></td><td></td><td></td><td></td></tr>
<tr><td rowspan="3"></td><td rowspan="3"></td><td></td><td></td><td></td><td></td><td></td></tr>
<tr><td></td><td></td><td></td><td></td><td></td></tr>
<tr><td></td><td></td><td></td><td></td><td></td></tr>
<tr><td>合计</td><td></td><td></td><td></td><td></td><td></td><td></td></tr>
</table>

D.2 斑块

斑块是指在监测区内,外来入侵杂草发生相对均质的非线性区域。发生斑块示意图如图 D.1。

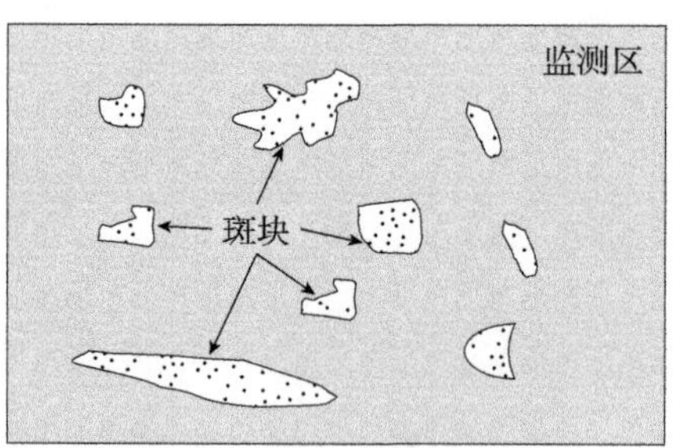

图 D.1 发生斑块示意图

D.3 监测面积、发生面积的计算方法

按公式(D.1)~公式(D.3)计算。

$$S_{监测面积}= 监测图总像素\times像素点面积 \quad (D.1)$$

$$S_{斑块面积}= 斑块总像素\times像素点面积 \quad (D.2)$$

$$S_{发生面积}= S_{斑块1}+S_{斑块2}+S_{斑块3}+\cdots\cdots+S_{斑块n} \quad (D.3)$$

注:像素点面积由无人机监测时设定的空间分辨率确定。

附　录　E
（资料性）
识别精准度评价

E.1　召回率

按公式(E.1)计算。

$$R = \frac{TP}{TP + FN} \times 100 \quad \text{(E.1)}$$

式中：

R ——召回率；

TP——被正确识别的目标数目；

FN——被识别为非目标的目标数目。

E.2　虚警率

按公式(E.2)计算。

$$F_{alarm} = \frac{FP}{TP + FP} \times 100 \quad \text{(E.2)}$$

式中：

F_{alarm}——虚警率；

FP ——被识别为目标的非目标数目；

TP ——被正确识别的目标数目。

附 录 F
（资料性）
施药效果评价

F.1 药效评价

按公式(F.1)、公式(F.2)计算。

$$\Delta INF = INF_{after} - INF_{before} \qquad (F.1)$$

$$E_{effect} = \frac{\Delta INF_{control} - \Delta INF_{experiment}}{\Delta INF_{control}} \times 100 \qquad (F.2)$$

式中：

ΔINF ——危害程度变化量；

INF_{before} ——施药前危害程度；

INF_{after} ——施药后危害程度；

E_{effect} ——药效，单位为百分号(%)；

$\Delta INF_{control}$ ——CK 前后危害程度变化量；

$\Delta INF_{experiment}$ ——变量作业区域作业前后危害程度变化量。

F.2 作物药害安全等级

见表 F.1。

表 F.1 作物药害安全等级

级别	药害症状
0	无症状
Ⅰ	作物生长正常，无任何受害症状
Ⅱ	作物轻微药害，药害少于10%
Ⅲ	作物中等药害，以后能恢复，不影响产量
Ⅳ	作物药害较重，难以恢复，造成减产
Ⅴ	作物药害严重，不能恢复，造成明显减产或绝产

F.3 整体节药率

按公式(F.3)计算。

$$F_{save} = \frac{A \times N - \sum_{j}^{C} \sum_{i}^{R} a_{i,j}}{A \times N} \times 100 \qquad (F.3)$$

式中：

F_{save}——整体节药率，单位为百分号(%)；

A ——均匀施药情况下，每个施药网格理论施药量，单位为升(L)；

N ——施药网格个数；

C ——施药网格总列数；

R ——施药网格总行数；

i ——单一施药网格的行号；

j ——单一施药网格的列号；

$a_{i,j}$ ——变量模式下，每个施药网格的实际施药量，单位为升（L）。

ICS 65.020.01
CCS B 15

中华人民共和国农业行业标准

NY/T 4179—2022

小麦茎基腐病测报技术规范

Technical specification for monitoring and forecast of wheat crown rot

2022-11-11 发布　　　　2023-03-01 实施

中华人民共和国农业农村部 发布

前　言

本文件按照 GB/T 1.1—2020《标准化工作导则　第 1 部分：标准化文件的结构和起草规则》的规定起草。

请注意本文件的某些内容可能涉及专利。本文件的发布机构不承担识别专利的责任。

本文件由农业农村部种植业管理司提出并归口。

本文件主要起草单位：山东省农业技术推广中心、山东省植物保护协会、全国农业技术推广服务中心。

本文件主要起草人：孙永忠、李佩玲、黄冲、勾建军、彭红、谢飞舟、于玲雅、高庆刚、宫瑞杰、张晓林、杜宝江、关秀敏、石朝鹏。

小麦茎基腐病测报技术规范

1 范围

本文件规定了小麦茎基腐病发病程度记载项目和分级指标、病情系统调查和普查方法、预测方法、数据汇总和汇报方法的要求。

本文件适用于小麦茎基腐病的测报调查和预测预报。

2 规范性引用文件

本文件没有规范性引用文件。

3 术语和定义

下列术语和定义适用于本文件。

3.1

病株率 incidence

田间调查发病株数(本文件中株与茎意义相同,均指单蘖或单穗)占调查总株数的百分率。

3.2

病田率 disease incidence

调查发病田块数占调查总田块数的百分率。

3.3

病情严重度 severity of disease

表示单株小麦发生茎基腐病严重程度,根据小麦地上部分茎秆及穗部病变情况进行分级。

4 病情严重度

灌浆期开始调查,根据病状进行分级。

0 级:植株叶鞘及茎秆无变褐现象;

1 级:下部叶鞘明显变褐,但茎部无变褐现象;

2 级:基部第 1 节间有变褐现象;

3 级:基部第 2 节间有变褐现象,但无枯白穗;

4 级:基部第 3 节间以上有变褐现象,但无枯白穗;

5 级:枯白穗或无穗。

5 病情指数

采用公式(1)计算。

$$I = \frac{\sum (d_i \times l_i)}{L \times 5} \times 100 \quad (1)$$

式中:

I ——病情指数;

d_i ——各严重度级值;

l_i ——为各级病株数;

L ——为调查总株数。

6 发生程度分级指标

发生程度分为 5 级，分别为轻发生(1 级)、偏轻发生(2 级)、中等发生(3 级)、偏重发生(4 级)、大发生(5 级)，以普查的平均病株率为主要分级指标，白穗率为参考指标。具体指标见表 1。

表 1 小麦茎基腐病发生程度分级指标

发生程度	1 级	2 级	3 级	4 级	5 级
病株率(X),%	$0.1 \leqslant X \leqslant 5$	$5 < X \leqslant 15$	$15 < X \leqslant 25$	$25 < X \leqslant 35$	$X > 35$
白穗率(Y),%	$0.01 \leqslant Y \leqslant 0.5$	$0.5 < Y \leqslant 2$	$2 < Y \leqslant 5$	$5 < Y \leqslant 10$	$Y > 10$

7 系统调查

7.1 调查时间

小麦返青期开始每 7 d 调查 1 次，直到灌浆期。

7.2 调查田块

根据当地小麦品种的布局状况及生态类型，在适宜发病、有代表性品种中选择上年发病重的 2 块地作为系统观测田，每块田面积应大于 $2 \times 667\ m^2$。

7.3 调查方法

每块田对角线 5 点取样，每点 50 株，调查病株数。灌浆期开始调查严重度和病情指数，每点随机选择 20 株，逐一调查严重度，计算病情指数，记录结果并汇入表 2。

表 2 小麦茎基腐病病情系统调查表

<table>
<tr><th rowspan="2">调查日期</th><th rowspan="2">茬口</th><th rowspan="2">品种</th><th rowspan="2">播期</th><th rowspan="2">生育期</th><th colspan="3">发病情况</th><th colspan="7">各级严重度株数(灌浆期)</th><th rowspan="2">备 注</th></tr>
<tr><th>调查株数</th><th>病株数</th><th>病株率
%</th><th>0 级</th><th>1 级</th><th>2 级</th><th>3 级</th><th>4 级</th><th>5 级</th><th>病情指数</th></tr>
<tr><td></td><td></td><td></td><td></td><td></td><td></td><td></td><td></td><td></td><td></td><td></td><td></td><td></td><td></td><td></td><td></td></tr>
<tr><td></td><td></td><td></td><td></td><td></td><td></td><td></td><td></td><td></td><td></td><td></td><td></td><td></td><td></td><td></td><td></td></tr>
</table>

8 大田普查

8.1 普查时间

分别在小麦秋苗期、返青期、拔节期和灌浆期调查。每年普查时间应大致相同。

8.2 普查田块

依据小麦栽培区划和常年发病情况选定若干代表性区域，在每个区域内选择 10 块以上不同品种、茬口、播期和耕作方式的地块。

8.3 普查方法

每块田对角线 5 点取样，每点 50 株，调查病株数。灌浆期调查严重度和白穗数。根据调查结果计算病株率、病情指数等，记录结果并汇入表 3。

表 3 小麦茎基腐病病情普查表

<table>
<tr><th rowspan="2">调查日期</th><th rowspan="2">调查地点</th><th rowspan="2">茬口</th><th rowspan="2">品种</th><th rowspan="2">播期</th><th rowspan="2">耕作方式</th><th rowspan="2">生育期</th><th colspan="6">发病情况</th><th colspan="7">各级严重度株数(灌浆期)</th></tr>
<tr><th>病田率
%</th><th>调查株数</th><th>病株数</th><th>病株率
%</th><th>白穗数</th><th>白穗率
%</th><th>0 级</th><th>1 级</th><th>2 级</th><th>3 级</th><th>4 级</th><th>5 级</th><th>病情指数</th></tr>
<tr><td></td><td></td><td></td><td></td><td></td><td></td><td></td><td></td><td></td><td></td><td></td><td></td><td></td><td></td><td></td><td></td><td></td><td></td><td></td><td></td></tr>
<tr><td></td><td></td><td></td><td></td><td></td><td></td><td></td><td></td><td></td><td></td><td></td><td></td><td></td><td></td><td></td><td></td><td></td><td></td><td></td><td></td></tr>
</table>

9 预测方法

9.1 长期预测

根据秋苗期病情、冬季和来年春季气象预报，结合耕作方式、品种抗病性和麦田土壤类型等因素，对比近年病情数据资料，进行综合分析，作出来年小麦茎基腐病发生程度和面积的长期预测。

9.2 中短期预测

小麦返青期后，根据田间发病情况、近期气象预报，结合田间苗情、品种抗病性、田间灌溉排水和施肥状况等因素综合分析，作出病情中短期预测。

10 测报资料收集、汇总和报送

10.1 资料收集

收集小麦种植面积、主栽品种、播种期和其他必需的栽培管理资料，以及当地气象台(站)主要气象要素的预测值和实测值。

10.2 资料汇总

对小麦不同生育期内茎基腐病的发生情况进行统计汇总。同时，记载小麦种植和茎基腐病发生、防治情况，总结发生特点，进行原因分析，结果记入小麦茎基腐病发生情况年度统计表(附录B中的表B.1)。

10.3 资料报送

全国区域性测报站每年定时填写小麦茎基腐病模式报表(附录B中的表B.2、表B.3)报上级测报部门。

附 录 A
（资料性）
小麦茎基腐病症状识别与发病影响因素

A.1 小麦茎基腐病田间症状

小麦茎基腐病是一类复合侵染性真菌病害，其主要病原菌为假禾谷镰孢菌（*Fusarium pseudograminearum*）、禾谷镰孢菌（*Fusarium graminearum*）等。主要症状包括：

苗期受到侵染后，幼苗茎基部叶鞘和茎秆变褐，地下根部正常（与小麦根腐病相区别），无云纹状病斑（与小麦纹枯病相区别），严重时引起麦苗发黄、枯死。

拔节期后，由基部叶鞘逐渐向上蔓延，变褐（巧克力色）腐烂，潮湿条件下病株叶鞘或茎秆可见粉红色霉层。

成株期发病严重时会导致植株产生失水状枯死和白穗，出现不同程度的秕籽，甚至无籽，下部或全部茎秆变褐（巧克力色）易折断（与小麦全蚀病相区别）。在潮湿条件下，茎秆节间部位可见粉红色霉层，由于腐生菌的作用，枯白穗变暗。

A.2 小麦茎基腐病发病影响因素

A.2.1 气象条件

小麦生长前期高温、后期低温多雨均有利于小麦茎基腐病的发生。

A.2.2 品种抗性

小麦主栽品种中缺乏对茎基腐病的抗病品种，是近几年发病逐步加重的重要原因。

A.2.3 耕作制度

小麦-玉米连作和秸秆还田有利于小麦茎基腐病的发生。采用机械深耕技术且耙细、耙匀、上松下实的麦田发病相对较轻。

A.2.4 土壤类型

小麦茎基腐病在任何土壤类型中都有可能发生，但是黏性、盐碱地土壤最易发病。地势低洼、排水不良也可促进其发病。

A.2.5 营养状况

氮肥施用过多、植物缺锌均有利于小麦茎基腐病的发生，适当增施锌肥可有效减轻茎基腐病的发生。

附　录　B
（规范性）
小麦茎基腐病发生情况年度统计表及模式报表

B.1　小麦茎基腐病发生情况年度统计表见表 B.1。

表 B.1　小麦茎基腐病发生情况年度统计表

填报单位：

秋苗期			返青期			拔节期			灌浆期					发生程度级	发生面积 hm²	备注
调查时间（月/日）	平均病株率 %	平均病田率 %	调查时间（月/日）	平均病株率 %	平均病田率 %	调查时间（月/日）	平均病株率 %	平均病田率 %	调查时间（月/日）	平均病株率 %	病情指数	平均白穗率 %	平均病田率 %			

B.2　小麦茎基腐病秋季模式报表(MQJFA)见表 B.2。

表 B.2　小麦茎基腐病秋季模式报表(MQJFA)

汇报时间：　　月　　日

序号	查　报　内　容	查报结果
1	病虫模式报表名称	
2	调查日期(月/日)	
3	平均病田率,%	
4	平均病株率,%	
5	病株率比常年增减比率,+%或−%	
6	一、二类苗比率比常年增减比率,+%或−%	
7	预计翌年发生程度,级	
8	调查汇报单位	

B.3　小麦茎基腐病春季模式报表(MCJFA)见表 B.3。

表 B.3　小麦茎基腐病春季模式报表(MCJFA)

汇报时间：　　月　　日

序号	查　报　内　容	查报结果
1	病虫模式报表名称	
2	病害始发期(月/日)	
3	始发期比常年早晚天数,+d 或−d	
4	调查日期(月/日)	
5	平均病田率,%	
6	平均病株率,%	

表 B.3 （续）

序号	查 报 内 容	查报结果
7	病株率比常年增减比率，+%或−%	
8	一、二类苗比率比常年增减比率，+%或−%	
9	预计发生程度，级	
10	调查汇报单位	

ICS 65.020.01
CCS B 16

中华人民共和国农业行业标准

NY/T 4180—2022

梨火疫病监测规范

Specification for surveillance of fire blight of pear

2022-11-11 发布　　2023-03-01 实施

中华人民共和国农业农村部 发布

前　　言

本文件按照 GB/T 1.1—2020《标准化工作导则　第 1 部分：标准化文件的结构和起草规则》的规定起草。

请注意本文件的某些内容可能涉及专利。本文件的发布机构不承担识别专利的责任。

本文件由农业农村部种植业管理司提出。

本文件由全国植物检疫标准化技术委员会(SAC/TC 271)归口。

本文件起草单位：全国农业技术推广服务中心、南京农业大学、新疆维吾尔自治区植物保护站、甘肃省植保植检站。

本文件主要起草人：冯晓东、胡白石、李潇楠、王晓亮、姜培、陈冉冉、田艳丽、王俊、胡琴。

梨火疫病监测规范

1 范围

本文件规定了梨火疫病的田间监测原理、区域及植物、时期、方法、诊断、报告、样品与菌株的保存处理等。

本文件适用于梨火疫病的田间监测。

2 规范性引用文件

下列文件中的内容通过文中的规范性引用而构成本文件必不可少的条款。其中，注日期的引用文件，仅该日期对应的版本适用于本文件；不注日期的引用文件，其最新版本（包括所有的修改单）适用于本文件。

GB/T 27618 植物有害生物调查监测指南

GB/T 27619 植物有害生物发生状况确定指南

3 术语和定义

下列术语和定义适用于本文件。

3.1

梨火疫病 fire blight of pear

由梨火疫病菌[*Erwinia amylovora*(Burrill,1883)Winslow et al.,1920]引起的病害。

3.2

梨火疫病菌 *Erwinia amylovora*(Burrill,1883)Winslow et al.,1920

属原核生物界(Prokaryotae)，变形细菌门(Proteobacteria)，α-变形细菌亚纲(Alpha-Proteobacteria)，肠杆菌目(Enterobacterales)，欧文菌科(Erwiniaceae)，欧文氏菌属(*Erwinia*)，解淀粉欧文氏菌(*Erwinia amylovora*)，是危害梨、苹果、杜梨、山楂、海棠、榅桲等蔷薇科植物的检疫性有害生物。

4 原理

梨火疫病的田间症状，致病菌的生理生化反应、致病性测试和分子生物学反应特征等，是监测、检测与鉴定的重要依据。

5 区域及植物

梨火疫病发生区及传入风险高的未发生区。发生区重点监测有代表性果园和边缘区果园，未发生区重点监测寄主植物采穗圃和苗圃、与发生区相邻的周边果园等。监测调查植物包括梨、苹果、杜梨、山楂、海棠、榅桲等蔷薇科果树、砧木等。

6 时期

每年4月—7月，重点在果树落花期到果实膨大中期病害发生、危害症状明显时期，尤其是雨后或浇水后。

7 方法

7.1 访问调查

向当地植保员、农技员、果农等相关人员询问调查梨、苹果等梨火疫病寄主植物种植和病虫害发生情况，应重点关注苗木来源果园有无梨火疫病疑似症状(附录A)及其发生地点、发生时间、危害情况等信息，判断是否存在可疑发生区。每年至少在花期和幼果期各调查 1 次。

7.2 踏查

对访问调查过程中发现的可疑发生区和其他有代表性的梨、苹果等种植田块进行踏查，观察田间有无梨火疫病发病症状，见附录 A。踏查发现可疑病害症状立即进行标记，对疑似病株先照相后取样，样品进行实验室鉴定。

7.3 重点监测

7.3.1 基本要求

对传入风险高的果园、采穗圃或苗圃进行重点监测，在监测时期每 15 d 调查 1 次，按以下取样方法进行重点监测，发现疑似症状的，应取样进行实验室鉴定。

7.3.2 果园

果园面积小于 50 亩*的设置 1 个调查点，面积不少于 5 亩，采取随机或平行线法调查，调查株数不少于 100 株；果园面积大于 50 亩，调查点面积原则上不少于总面积的 5%，每个调查点的调查株数不少于总株数的 20%。

7.3.3 采穗圃和苗圃

逐行逐株调查。

7.4 定点监测

对于发生区，应选择有代表性的果园(采穗圃和苗圃)进行定点调查。采用 5 点取样法，每个点随机调查不少于 10 株，统计病株率。

8 诊断

8.1 田间初判

主要检查嫩梢、花、果和枝干，与梨火疫病的典型症状进行比较，也可采用梨火疫病菌快速检测试纸条做初筛，符合典型症状或快速检测结果为阳性的可初步判定并送实验室鉴定。采集样本装在牛皮信封内，样本信息按照附录 B 填写。

8.2 实验室鉴定

按照附录 C 执行。记录实验室鉴定结果，按照附录 D 填写。

9 监测报告

按照附录 E 填写，植物检疫机构对监测结果进行整理汇总形成监测报告。

10 样品与菌株的保存处理

样品应在 4 ℃条件下保存 2 个月，其中梨火疫病样品应保存不少于 6 个月，保存期满后，应经灭活处理。

---

* 亩为非法定计量单位，1 亩=1/15 公顷。

附 录 A
(资料性)
梨火疫病典型症状

A.1 开花期

花腐症状。花腐初期为水渍状病斑,花基部或花柄呈暗色,逐渐变褐色或黑褐色,不久萎蔫。病菌可由单朵花扩展至花梗及花簇中其他的花。在温暖潮湿的条件下,花梗上会有菌脓渗出。

A.2 果实膨大期

重点调查嫩梢、枝干、果实症状。嫩梢受侵染的最初症状是梢表皮发黑,后叶片、枝尖萎蔫,但萎蔫前不褪色,呈"牧羊鞭"状,潮湿时,枝条、叶柄上出现菌脓,几天内即可造成整枝的死亡。随着病菌不断深入和侵染主干,皮层收缩、下陷,会形成溃疡斑。幼果在感病初期果实呈水渍状,湿度大时可见大量乳白色至褐色的菌脓,发病后期变黑褐色,呈僵果状。

A.3 苗期

重点调查嫩梢是否出现萎蔫枯死,枯叶不落的"牧羊鞭"症状。

嫩梢、叶片、花器、幼果、枝干症状见图 A.1~图 A.4。

图 A.1 嫩梢叶片症状

图 A.1 （续）

图 A.2　花器症状

图 A.3　幼果症状

图 A.4　枝干症状

附 录 B
（规范性）
样品采集记录表

样品采集记录表见表B.1。

表B.1 样品采集记录表

采样机构： 采样时间： 采样人：

编号	采样地点	作物种类	作物品种	作物生育期	采样部位	发病症状	发病面积亩	备注
1								
2								
3								
4								
5								
6								
7								
8								
9								
10								

附 录 C
（规范性）
梨火疫病菌实验室鉴定方法

C.1 免疫学检测

采用商品化 ELISA 试剂盒进行检测，按照产品说明书进行操作及结果判定。若检测结果为阴性，判定为未检出梨火疫病菌。若检测结果为阳性，且有典型症状，判定为检出梨火疫病菌；若检测结果为阳性，而症状非典型，应进行分离培养及致病性测定鉴定。

C.2 分子生物学检测

根据实验室条件，可选择 PCR 凝胶电泳检测、实时荧光 PCR 检测等。

C.2.1 PCR 凝胶电泳检测

C.2.1.1 PCR 引物序列

见表 C.1。

表 C.1 PCR 引物序列

引物	序列	目标
pEA29A	5′-CGGTTTTTAACGCTGGG-3′	pEA29 质粒
pEA29B	5′-GGGCAAATACTCGGATT-3′	

C.2.1.2 PCR 反应体系及扩增条件

25 μL 反应体系：2×PCR 反应预混液 12.5 μL，上游引物（10 μmol/L）1 μL，下游引物（10 μmol/L）1 μL，模板 1 μL，补充超纯水至 25 μL。

PCR 反应程序：94 ℃ 5 min，94 ℃ 1 min，52℃ 1 min，72 ℃ 1 min，35 个循环；72 ℃ 10 min；4 ℃保存。

C.2.1.3 琼脂糖凝胶电泳

PCR 产物用 1.5%琼脂糖凝胶进行电泳，电泳结束后，凝胶成像系统观察、拍照。扩增产物片段为 900 bp。

结果判定：在阳性对照在预期大小位置产生明显条带，阴性对照和空白对照在预期大小位置未产生条带的情况下，如果检测样品出现与阳性对照大小一致的条带，则为阳性；如果检测样品没有出现与阳性对照大小一致的条带，则为阴性。

C.2.2 实时荧光 PCR

C.2.2.1 实时荧光 PCR 引物及探针序列

根据实际情况选择引物和探针，实时荧光 PCR 引物及探针序列见表 C.2。

表 C.2 实时荧光 PCR 引物及探针序列

序号	引物或探针	序列
1	Ea-lscF	5′-CGCTAACAGCAGATCGCA-3′
	Ea-lscR	5′-AAATACGCGCACGACCAT-3′
	Ea-lscP	FAM-5′-CTGATAATCCGCAATTCCAGGATG-3′-BHQ
2	hpEaF	5′-CCGTGGAGACCGATCTTTTA-3′
	hpEaR	5′-AAGTTTCTCCGCCCTACGAT-3′
	hpEaP	FAM—5′-TCGTCGAATGCTGCCTCTCT-3′-MGB

C.2.2.2 **实时荧光 PCR 反应体系及程序**

20 μL 反应体系:2×Premix 10 μL,引物(10 μmol/L)各 1 μL,探针(10 μmol/L)1 μL,模板 1 μL,补充超纯水至 20 μL。

实时荧光 PCR 反应程序:第一个循环为 95 ℃ 5 min;随后 40 个循环,95 ℃ 10 s,60 ℃ 1 min。

注:不同仪器可根据仪器要求将反应参数作适当调整。

C.2.2.3 **结果判定**

在阳性对照 $Ct \leqslant 34$,阴性对照和空白对照的 $Ct \geqslant 40$ 前提下:

如果检测样品的 $Ct \leqslant 35$ 时,则判定为阳性;

如果检测样品的 $Ct \geqslant 40$ 时,则判定为阴性;

如果 $35 < Ct < 40$ 时,增加模板用量 2 倍～5 倍再次测试,$Ct \leqslant 35$,判定为阳性;其余情况判定为阴性。检测结果若为阴性,判定为未检出梨火疫病菌。若检测结果为阳性,且有典型症状,判定为检出梨火疫病菌;若检测结果为阳性,而症状非典型,应进行分离培养及致病性测定鉴定。

C.3 分离培养鉴定

将制备样品悬浮液或样品富集培养液,在 LB 培养基平板上划线分离,菌落白色,较大而凸起,光滑呈透镜状。在 25 ℃恒温培养 24 h～48 h,挑取可疑单菌落进行纯化,转接 2 次～3 次,随后进行致病性测定、Biolog 鉴定、免疫学或分子生物学鉴定。

C.4 Biolog 鉴定

利用 Biolog 微生物自动鉴定系统对分离纯化的菌株进行鉴定,按照产品说明书进行操作及结果判定。

C.5 致病性测定

根据实验室条件,可选择杜梨苗、梨苗、未成熟梨幼果或梨嫩枝梢接种试验,进行致病性测定。

附 录 D
（规范性）
植物有害生物样本鉴定报告

植物有害生物样本鉴定报告见表 D.1。

表 D.1 植物有害生物样本鉴定报告

<table>
<tr><td>样品编号</td><td></td><td>植物名称</td><td></td><td>品种名称</td><td></td></tr>
<tr><td>植物生育期</td><td></td><td>样品数量</td><td></td><td>取样部位</td><td></td></tr>
<tr><td>样品来源</td><td></td><td>送检日期</td><td></td><td>送检人</td><td></td></tr>
<tr><td>送检单位</td><td colspan="3"></td><td>联系电话</td><td></td></tr>
<tr><td colspan="6">鉴定方法：</td></tr>
<tr><td colspan="6">鉴定结果：</td></tr>
<tr><td colspan="6">备注：</td></tr>
<tr><td colspan="6">鉴定人（签名）：
审核人（签名）：
鉴定单位盖章：
年 月 日</td></tr>
<tr><td colspan="6">注：本单一式三份，检测单位、受检单位和检疫机构各一份。</td></tr>
</table>

附 录 E
（规范性）
梨火疫病田间调查记录表

梨火疫病田间调查记录表见表E.1。

表E.1 梨火疫病田间调查记录表

调查机构： 调查时间： 调查人：

编号	调查地点	作物	生育期	种植面积 亩	调查面积 亩	发生面积 亩	调查株数 株	发病株数 株	病株率 %	备注
1										
2										
3										
4										
5										
6										
7										
8										
9										
10										
注：备注栏可填写田间症状描述、抽样检测情况等信息。										

ICS 65.020.01
CCS B 15

中华人民共和国农业行业标准

NY/T 4181—2022

草地贪夜蛾抗药性监测技术规程

Technical code of practice for insecticide resistance monitoring of *Spodoptera frugiperda*

2022-11-11 发布 2023-03-01 实施

中华人民共和国农业农村部 发布

前　言

本文件按照 GB/T 1.1—2020《标准化工作导则　第 1 部分:标准化文件的结构和起草规则》的规定起草。

请注意本文件的某些内容可能涉及专利。本文件的发布机构不承担识别专利的责任。

本文件由农业农村部种植业管理司提出并归口。

本文件起草单位:全国农业技术推广服务中心、中国农业大学、南京农业大学、广东省农业有害生物预警防控中心、山西省植物保护植物检疫中心。

本文件主要起草人:张帅、高希武、吴益东、谷少华、秦萌、张雷、杨亦桦、梁沛、任宗杰、史雪岩、范兰兰、沈晓强。

草地贪夜蛾抗药性监测技术规程

1 范围

本文件规定了草地贪夜蛾[*Spodoptera frugiperda* (J. E. Smith)]抗药性监测的基本方法。

本文件适用于草地贪夜蛾对常用化学杀虫剂和 Bt 蛋白的抗性监测。

2 规范性引用文件

下列文件中的内容通过文中的规范性引用而构成本文件必不可少的条款。其中,注日期的引用文件,仅该日期对应的版本适用于本文件;不注日期的引用文件,其最新版本(包括所有的修改单)适用于本文件。

GB/T 6682 分析实验室用水规格和试验方法

NY/T 1154.1 农药杀虫剂室内生物测定实验准则 第1部分:触杀活性试验点滴法

NY/T 1154.14 农药杀虫剂室内生物测定实验准则 第14部分:活性试验叶片药膜法

NY/T 1667.3 农药登记管理术语 第3部分:农药药效

3 术语和定义

NY/T 1667.3 界定的以及下列术语和定义适用于本文件。

3.1

饲料药膜法 diet surface overlay method

用磷酸盐缓冲液或者 Triton X-100 水溶液稀释的药液,均匀平铺涂布于 24 孔板内的人工饲料表面,使幼虫取食涂布有药液的人工饲料,计算昆虫死亡率的生物测定方法。

3.2

点滴法 topical application method

用微量点滴装置点滴药液于幼虫的前胸背板上,计算昆虫死亡率的生物测定方法。

3.3

叶片药膜法 leaf dipping method

使幼虫取食浸过药液并晾干的新鲜玉米叶片,计算昆虫死亡率的生物测定方法。

4 试剂与材料

除非另有说明,所用试剂均为分析纯。实验室用水符合 GB/T 6682 规定的二级水要求。

4.1 聚乙二醇辛基苯基醚($C_{34}H_{62}O_{11}$,CAS 号:9002-93-1,简写为 Triton X-100)。

4.2 三羟甲基氨基甲烷($C_4H_{11}NO_3$,CAS 号:1185-53-1,简写为 Tris)。

4.3 碳酸钠(Na_2CO_3,CAS 号:497-19-8)。

4.4 碳酸氢钠($NaHCO_3$,CAS 号:144-55-8)。

4.5 氯化钠(NaCl,CAS 号:7647-14-5)。

4.6 氯化钾(KCl,CAS 号:7447-40-7)。

4.7 氢氧化钠(NaOH,CAS 号:1310-73-2)。

4.8 盐酸(HCl,CAS 号:7647-01-0)。

4.9 磷酸氢二钠(Na_2HPO_4,CAS 号:7558-79-4)。

4.10 磷酸二氢钾(KH_2PO_4,CAS 号:7778-77-0)。

4.11 丙酮(C_3H_6O,CAS 号:67-64-1)。

4.12 二甲基亚砜(C_2H_6OS,CAS 号:67-68-5)。

4.13 化学杀虫剂原粉或原油。

4.14 Bt 蛋白:Vip3Aa、Cry1Fa 或 Cry1Ab。

4.15 琼脂。

4.16 1.5%的琼脂:取 1.5 g 的琼脂(4.15)于 100 mL 的去离子水中加热至完全溶解。

4.17 0.05% Triton X-100 水溶液:取 0.5 g Triton X-100(4.1)加入 1 000 mL 水中,混匀。

4.18 0.02 mol/L、pH 8.0 的 Tris-HCl 缓冲液:取 2.42 g Tris(4.2)溶于 1 000 mL 去离子水中混匀,并用 HCl(4.8)调节 pH 至 8.0。

4.19 0.05 mol/L、pH 11.0 的 Na_2CO_3 缓冲液:取 1.59 g Na_2CO_3(4.3)和 2.94 g $NaHCO_3$(4.4)溶于 1 000 mL去离子水中混匀,并用 NaOH(4.7)调节 pH 至 11.0。

4.20 0.01 mol/L、pH 7.4 的磷酸盐缓冲液:取 8 g NaCl(4.5),0.2 g KCl(4.6),1.44 g Na_2HPO_4(4.9)和 0.24 g KH_2PO_4(4.10)溶于 1 000 mL 的去离子水中混匀,并用 HCl(4.8)调节 pH 至 7.4。

4.21 化学杀虫剂原药母液:取适量化学杀虫剂原药(4.13),非水溶性药剂用丙酮(4.11)或二甲基亚砜(4.12)等溶解,混匀。

4.22 化学杀虫剂梯度稀释液:取适量化学杀虫剂原药母液(4.21),用 0.05% Triton X-100 水溶液(4.17)逐级稀释为梯度稀释液。

4.23 Bt 蛋白液:将 Bt 蛋白(4.14)分别溶于 0.02 mol/L、pH 8.0 的 Tris-HCl 缓冲液(4.18)或 0.05 mol/L、pH 11.0 的 Na_2CO_3缓冲液(4.19)中配制成 1 mg/mL 的母液,然后用 0.01 mol/L、pH 7.4 的磷酸盐缓冲液(4.20)对 Bt 蛋白母液逐级稀释为梯度稀释液。

5 仪器设备

5.1 电子天平:感量 0.1 mg。

5.2 微量点滴器:最小点滴量小于或等于 0.2 μL。

5.3 12 孔细胞培养板:直径 20 mm。

5.4 24 孔细胞培养板:直径 15.6 mm。

5.5 细菌培养皿:直径 9 cm。

6 试样

6.1 监测对象

草地贪夜蛾幼虫。

6.2 供试植物

未接触任何杀虫剂的非转基因玉米。

6.3 试虫采集

选监测地区具有代表性的 1 周内未施用杀虫剂的玉米田块,按五点随机取样方法,采集草地贪夜蛾幼虫,每点采集幼虫 100 头以上或卵块 10 块以上建立供试种群。

7 试验步骤

7.1 试虫饲养

将采自不同地点的供试种群统一在室内(26±1)℃、相对湿度 70%±5%、光暗周期 16L:8D 条件下饲养,在室内不接触任何药剂的情况下采用人工饲料,人工饲料配方见附录 A。连续饲养 1 代~3 代用于测定。

7.2 药剂处理

7.2.1 饲料药膜法(化学杀虫剂)

24 孔培养板每孔分别加入冷却至 60 ℃左右的液态人工饲料 1 mL(孔壁、孔口不得黏结饲料),并置于室温下 2 h～4 h 使其自然晾干固化。24 孔培养板每孔加入 50 μL 不同浓度的药液使其均匀涂布于饲料表面，室温晾干后，每孔接入 1 头经过饥饿处理 2 h 的 2 龄幼虫(＜24 h)(体重约 1.5 mg)，每个处理重复 4 次，每个重复不少于 10 头幼虫，以 0.05% Triton X-100 水溶液(4.17)处理作为空白对照。接虫后的培养板用 2 层纸覆盖，盖上培养板盖，并扎紧以防止试虫逃逸。

7.2.2 饲料药膜法(Bt 蛋白)

24 孔培养板饲料处理方法同 7.2.1。24 孔培养板每孔加入 100 μL 的 Bt 蛋白液(4.23)到饲料表面，室温晾干后，每孔接入 1 头初孵幼虫(＜24 h)，每个处理不少于 48 头幼虫，以磷酸盐缓冲液(4.20)处理作为空白对照。接虫后的培养板用 2 层纸覆盖，盖上培养板盖，并扎紧以防止试虫逃逸。

7.2.3 点滴法

按 NY/T 1154.1 的规定，略做修改。用微量点滴器点滴于 3 龄幼虫(＜24 h)(平均体重约5 mg)的前胸背板上，每头点滴 0.2 μL。将点滴后的试虫转入直径 9 cm 的培养皿中，放入足量人工饲料正常饲养。每个处理重复 4 次，每个重复不少于 10 头幼虫，以相应溶剂点滴处理作为空白对照。

7.2.4 叶片药膜法

按 NY/T 1154.14 的规定，略做修改。将小喇叭口期的非转基因新鲜玉米叶片剪成长、宽均为 1 cm 的叶段，分别在不同浓度的药液中浸泡 20 s 后取出，放在干净滤纸上阴干后，置于 12 孔培养板中。12 孔培养板每孔预先倒入 1 mL 1.5%琼脂(4.16)保湿。每孔放 6 个叶段，接入 1 头 3 龄幼虫(＜24 h)(平均体重约 5 mg)。每个处理重复 4 次，每个重复不少于 10 头幼虫，以 0.05% Triton X-100 水溶液(4.17)处理作为空白对照。

7.3 结果调查

7.3.1 化学杀虫剂

饲料药膜法中除昆虫生长调节剂类药剂在处理 96 h 后检查结果外，其余药剂均在处理 48 h 后检查结果；点滴法所有药剂在处理 24 h 后检查结果；叶片药膜法中除昆虫生长调节剂类药剂和双酰胺类药剂在处理 96 h 后检查结果外，其余药剂均在处理 48 h 后检查结果。用毛笔轻触幼虫无反应或有明显的中毒症状(畸形、颤搐、停止取食等)则视为死亡。

7.3.2 Bt 蛋白

处理 7 d 后检查结果，幼虫生长发育被严重抑制(仍停留在 1 龄)者视为死亡。

8 数据统计与分析

8.1 死亡率

根据检查数据，计算各处理的校正死亡率。若对照死亡率＜5%，无需校正；对照死亡率＞20%，试验需重做；对照死亡率在 5%～20%，应按公式(1)进行校正，计算结果均保留到小数点后两位：

$$P_1(\%)=\frac{P_t-P_0}{100-P_0}\times 100 \quad\cdots\cdots(1)$$

式中：

P_1——校正死亡率，单位为百分号(%)；

P_t——处理死亡率，单位为百分号(%)；

P_0——对照死亡率，单位为百分号(%)。

8.2 毒力回归方程和致死中量(LD_{50})或致死中浓度(LC_{50})

使用概率值分析法，计算每种药剂的毒力回归方程式、LD_{50}或 LC_{50}及其 95%置信限、斜率(b)及其标准误。

8.3 抗性倍数(RR)

根据敏感性基线和测试种群的 LC_{50}或 LD_{50}，按公式(2)计算测试种群的抗性倍数。

$$RR=\frac{T}{S} \quad\cdots\cdots(2)$$

式中：

RR ——测试种群的抗性倍数；

T ——测试种群的 LC_{50} 或 LD_{50}；

S ——相对敏感种群的 LC_{50} 或 LD_{50}。

9 抗药性水平评价

9.1 部分化学杀虫剂的相对敏感性基线

草地贪夜蛾对部分化学杀虫剂和 Bt 蛋白的相对敏感性基线见附录 B。

9.2 抗药性水平分级标准

根据抗药性倍数的计算结果，按照害虫抗药性水平的分级标准，对测试种群的抗药性水平做出评估。

表 1 抗药性水平分级标准

抗药性水平分级	抗性倍数，倍
低水平抗性	$5.0<RR\leqslant 10.0$
中等水平抗性	$10.0<RR\leqslant 100.0$
高水平抗性	$RR>100.0$

10 建立抗药性监测档案

10.1 建立档案

草地贪夜蛾抗药性监测应对采集地点、时间、作物生育期、当地用药水平、生物测定方法及结果、抗性倍数等数据资料进行归档，建立抗药性监测档案。

10.2 保存时间

根据草地贪夜蛾抗药性监测需求，相关杀虫剂抗性监测档案保存至少 10 年。

附 录 A
（资料性）
草地贪夜蛾人工饲料配制方法

A.1 玉米粉 2 100 g、黄豆粉 300 g、酵母粉 600 g，完全混匀，放到蒸锅中，蒸 30 min。

A.2 称量琼脂 150 g，加水 7 800 mL，在电磁炉上煮 30 min 至完全融化，放凉至 60 ℃左右备用。

A.3 维生素 C 粉 60 g、复合维生素 B 9 g、山梨酸 9 g、柠檬酸 15 g、红霉素 450 mg、白糖 60 g，混入凉开水中搅拌均匀备用（约 200 mL）。

A.4 琼脂放凉后，加入 30 mL 丙酸，搅拌混匀，之后加入已经混合好的维生素水溶液 200 mL，搅拌均匀。

A.5 将蒸好的材料倒入琼脂溶液中，多次搅拌完全混匀后，将饲料倒入准备好的容器中。

A.6 待饲料冷却凝固后盖上保鲜膜，置于冰箱 4 ℃冷藏。

附 录 B
(资料性)
草地贪夜蛾幼虫对部分杀虫剂的相对敏感性基线

B.1 草地贪夜蛾幼虫对部分杀虫剂的相对敏感性基线(饲料药膜法)见表B.1。

表B.1 草地贪夜蛾幼虫对部分杀虫剂的相对敏感性基线(饲料药膜法)

杀虫剂	处理时间 h	斜率±标准误	LC_{50}(95%CL) μg/cm²	卡方值	自由度
甲氨基阿维菌素苯甲酸盐	48	1.484±0.181	0.003(0.002～0.004)	19.255	22
乙基多杀菌素	48	1.277±0.161	0.017(0.012～0.024)	12.942	18
虫螨腈	48	3.060±0.345	0.066(0.056～0.078)	11.388	18
茚虫威	48	2.147±0.300	0.238(0.186～0.304)	11.221	18
四氯虫酰胺	48	1.895±0.215	0.042(0.032～0.052)	10.905	22
虱螨脲	96	1.226±0.171	0.010(0.007～0.014)	14.482	18
氯虫苯甲酰胺	48	2.114±0.265	0.030(0.024～0.037)	15.420	18
Vip3Aa 原毒素	168	1.645±0.094	46.902(32.150～69.161)	22.372	5
Cry1Fa 原毒素	168	1.819±0.154	2.311(1.951～2.738)	2.751	5
注:生测使用的24孔板每孔中饲料的表面积为2 cm²。					

B.2 草地贪夜蛾幼虫对部分杀虫剂的相对敏感性基线(点滴法)见表B.2。

表B.2 草地贪夜蛾幼虫对部分杀虫剂的相对敏感性基线(点滴法)

杀虫剂	处理时间 h	斜率±标准误	LD_{50}(95%CL) μg/g	卡方值	自由度
甲氨基阿维菌素苯甲酸盐	24	1.830±0.273	0.355(0.275～0.465)	12.199	18
乙基多杀菌素	24	2.162±0.261	0.518(0.416～0.651)	12.199	22
虫螨腈	24	2.552±0.337	2.097(1.736～2.553)	14.584	18
茚虫威	24	1.787±0.266	4.707(3.491～6.125)	10.408	18
四氯虫酰胺	24	2.293±0.407	1.244(1.024～1.550)	4.103	18
氯虫苯甲酰胺	24	1.139±0.234	0.410(0.229～0.602)	3.425	18

B.3 草地贪夜蛾幼虫对部分杀虫剂的相对敏感性基线(叶片药膜法)见表B.3。

表B.3 草地贪夜蛾幼虫对部分杀虫剂的相对敏感性基线(叶片药膜法)

杀虫剂	处理时间 h	斜率±标准误	LC_{50}(95%CL) mg/L	卡方值	自由度
甲氨基阿维菌素苯甲酸盐	48	1.533±0.227	0.054(0.035～0.076)	5.506	16
乙基多杀菌素	48	1.302±0.225	0.580(0.292～0.889)	5.333	16
虫螨腈	48	2.356±0.299	1.946(1.489～2.449)	6.018	16
茚虫威	48	2.152±0.303	12.131(8.723～15.886)	4.347	16
四氯虫酰胺	96	3.636±0.752	0.254(0.179～0.312)	5.773	16
虱螨脲	96	3.350±0.378	0.112(0.092～0.135)	16.390	16
氯虫苯甲酰胺	96	1.449±0.216	0.276(0.181～0.379)	6.825	16

ICS 65.020.01
CCS B 15

中华人民共和国农业行业标准

NY/T 4182—2022

农作物病虫害监测设备技术参数与性能要求

Technical specifications and performance requirements for crop pest monitoring equipment

2022-11-11 发布 2023-03-01 实施

中华人民共和国农业农村部 发布

前　言

本文件按照GB/T 1.1—2020《标准化工作导则　第1部分：标准化文件的结构和起草规则》的规定起草。

请注意本文件的某些内容可能涉及专利。本文件的发布机构不承担识别专利的责任。

本文件由农业农村部种植业管理司提出并归口。

本文件起草单位：全国农业技术推广服务中心。

本文件主要起草人：曾娟、刘杰、姜玉英、黄冲、卞悦、张熠玚、张政兵、司兆胜、朱凤、檀志全、黄晓燕、黄德超、蒲颇。

农作物病虫害监测设备技术参数与性能要求

1 范围

本文件规定了常规测报灯、智能测报灯、高空测报灯、常规性诱监测设备、自动计数性诱监测设备、病虫观测场远程实时监测设备、田间气象自动观测设备及基于气象因子的流行性病害预报器、农作物有害生物监控信息系统的参数和性能等内容。

本文件适用于规范农作物病虫害监测设备的参数和性能。

2 规范性引用文件

本文件没有规范性引用文件。

3 术语和定义

下列术语和定义适用于本文件。

3.1

农作物病虫害监测设备 crop pest monitoring equipment

监测农作物病虫害发生动态、预测发生趋势所需的仪器设备、信息化平台等，包括本文件所述第4～11章。

3.2

农作物病虫害物联网监测设备 crop pest monitoring equipment based on internet of things

基于物联网技术，自动采集、存储和远程控制、传输相关数据的农作物病虫害监测设备，包括本文件所述第5章、第8章、第9章、第10章。

3.3

技术参数 technical specifications

农作物病虫害监测设备的制作材料、结构尺寸、测量精度、耐用程度等物理性状参数。

3.4

性能要求 performance requirements

农作物病虫害监测设备采集样本、处理或分析数据时应达到的效率效能。

3.5

图片采集率 acquisition rate of photographing

当日图片采集的目标害虫总数量占当日灯下诱集的目标害虫实际总数量的比率，按公式(1)计算。

$$A=\frac{P}{T}\times 100 \qquad (1)$$

式中：

A——图片采集率，单位为百分号(%)；

P——当日图片采集的目标害虫总数量，单位为头；

T——当日灯下诱集的目标害虫实际总数量，单位为头。

3.6

图片识别计数准确率 accuracy of auto-identification and counting based on photographing

当日依据图片自动识别出的目标害虫数量与当日人工验证的图片中目标害虫实际数量之差，占当日人工验证的图片中目标害虫实际数量的比率，按公式(2)计算。

$$R_1=[1-ABS\frac{C-M}{M}]\times 100 \qquad (2)$$

式中：

R_1——图片识别计数准确率，单位为百分号(%)；

C ——当日依据图片自动识别出的目标害虫数量，单位为头；

M——当日人工验证的图片中目标害虫实际数量，单位为头。

3.7

性诱目标害虫诱集比率　ratio of the target pests in sex-pheromone trapping

一定时期内，性诱监测设备中，诱集到的目标害虫数量占昆虫总数量的比率，按公式(3)计算。

$$R_2 = \frac{Ta}{S} \times 100 \quad (3)$$

R_2 ——性诱目标害虫诱集比率，单位为百分号(%)；

Ta ——性诱监测设备诱集到的目标害虫数量，单位为头；

S ——性诱监测设备诱集到的昆虫总数量，单位为头。

3.8

性诱自动计数准确率　accuracy of automatic counting

自动计数性诱监测设备中当日目标害虫总数量与当日人工验证的目标害虫实际数量之差占当日人工验证的目标害虫实际数量的比率，按公式(4)计算。

$$R_3 = [1 - ABS\frac{AC - MC}{MC}] \times 100 \quad (4)$$

式中：

R_3 ——性诱自动识别计数准确率，单位为百分号(%)；

AC ——自动计数性诱监测设备中当日目标害虫总数量，单位为头；

MC——自动计数性诱监测设备中当日人工验证的目标害虫实际数量，单位为头。

4　常规测报灯

4.1　光源为 20 W 黑光灯，主波长为 365 nm；灯管周围无影响光线发散的遮挡物。

4.2　具备杀虫和虫体烘干功能，烘干温度和时间可以调节；次日收集时，诱集昆虫致死率≥90%，且虫体完整率≥95%。

4.3　具有稳压装置，工作电压 AC 220 V；如采用太阳能供电，连续阴雨条件下正常工作≥15 d。

4.4　采用光控或时控开关，设置开、关灯时间。

4.5　具备按天收集虫体功能，可连续收集 7 d，集虫器透水透气。

4.6　具有漏电保护、避雷和防雨装置，雨天可正常工作，集虫器内不积水。

4.7　整体结构采用 304 及以上质量的不锈钢，按照使用说明操作，使用年限≥5 年。

5　智能测报灯

5.1　具备常规测报灯功能。

5.2　具图像采集功能，内置高清工业照相机(图像像素≥1 500 万)，可自动拍照和手动拍照，并可通过 PC 机、手机等终端进行远程控制；能根据虫体数量自动调节拍照间隔时间；接虫装置具备定期清除功能，保证虫体均匀平铺、减少堆叠，目标害虫盛发期的图片采集率在 80%以上；采集的图片具备比例尺，用以判断虫体大小。

5.3　具昆虫种类自动识别和计数功能，可识别一类农作物病虫害名录中 90%以上以及当地二类农作物病虫害名录中 80%以上的趋光性害虫种类，且每一种害虫盛发期的图片识别计数准确率≥80%。

5.4　具备远程传输数据的功能，并按要求接入当地、省级、国家级相关农作物有害生物监控信息系统。

6　高空测报灯

6.1　光源为 1 000 W 的金属卤化物灯(自带平面有机玻璃外罩)，主波长为 500 nm～600 nm，光柱呈圆锥状向空中照射、垂直高度不低于 500 m，光束扩散仰角 30°～45°。

6.2 具备杀虫和虫体烘干功能，烘干温度和时间可以调节；翌日收集时，诱集昆虫致死率≥90%，且虫体完整率≥90%。

6.3 光源灯罩边缘与接虫口边缘之间距离（20±5）cm，底部落虫口直径（5±1）cm。

6.4 工作电压 AC 220 V，绝缘电阻≥2.5 MΩ，配备不低于国标 2.5 mm^2 铜芯电线，电线布置齐整，灯具工作期间每小时耗电量不超过 2 kW·h。

6.5 采用光控或时控开关，设置开、关灯时间。

6.6 具有漏电保护、避雷和防雨装置，雨天可正常工作；集虫器内不积水，容积≥0.1 m^3。

6.7 整体结构采用 304 及以上质量的不锈钢，按照使用说明操作，使用年限≥5 年。

7 常规性诱监测设备

7.1 对目标害虫诱集量大、专一性强，盛发期性诱目标害虫诱集比率≥90%。

7.2 诱芯性信息素均匀释放，持效期≥30 d。

7.3 根据目标害虫的飞行轨迹和陷落方式，配置钟罩倒置漏斗型、圆形菱形入口式、罐式、桶形等新型干式诱捕器。

7.4 集虫器为透明材质，容积≥1 000 mL，具备防虫逃逸装置。

7.5 支架材质为包胶（塑）钢杆，直径≥10 mm，整杆高度可调节，且最大高度超出目标作物可达高度 20 cm以上。

7.6 按照使用说明操作，使用年限≥5 年。

8 自动计数性诱监测设备

8.1 具备常规性诱监测设备功能。

8.2 具备自动计数功能，目标害虫性诱自动计数准确率≥85%。

8.3 采用太阳能电池板或蓄电池进行自主供电，连续阴雨条件下正常工作≥30 d。

8.4 具备远程传输数据的功能，并按要求接入当地、省级、国家级相关农作物有害生物监控信息系统。

9 病虫观测场远程实时监测设备

9.1 可通过高清摄像头，远程实时查看病虫观测场一定范围内的作物生长状态、受害状以及监测设备运行状态。其中，高清镜头可 30 倍以上光学变焦、水平转角 360°、垂直旋转≥90°，具红外夜视、室外防水、电子防抖、电子雾透等功能；白天可视距离≥500 m，当监测半径为 20 m 时可清晰分辨 10 mm×10 mm 的物体；夜视距离≥50 m，当监测半径为 8 m 时可清晰分辨 10 mm×10 mm 的物体；视频像素≥500 万（或图片像素≥1 000 万）；具备视频存储、视频回放等功能，并可通过 PC 机、手机等终端进行远程控制。

9.2 具备数据采集、存储和传输功能，本地储存容量≥4 TB；数据按要求接入当地、省级、国家级相关农作物有害生物监控信息系统。

9.3 支架材质采用 304 及以上不锈钢，高度≥5 m。

9.4 可采用太阳能＋蓄电池供电或市电供电，设备具有避雷和抗风支撑装置。

9.5 按照使用说明操作，使用年限≥5 年。

10 田间气象自动观测设备及基于气象因子的流行性病害预报器

10.1 可自动采集空气温度、空气相对湿度、降水量、风速、风向、露点温度、日照强度、日照时数、土壤含水量、土壤温度、叶片表面湿润时间等气象参数，传感器符合气象行业标准或国家标准，气象参数采集时间间隔可调节。其中，空气温度测量范围－40 ℃～65 ℃，分辨力 0.1 ℃，误差＜0.3 ℃；空气相对湿度测量范围 0～100%，分辨力 1%，误差＜3%；降水量日测量范围 0 mm～9 999 mm，分辨力 0.2 mm，误差＜4%；

风速测量范围 1 m/s～67 m/s，分辨力 0.1 m/s，误差＜5%；风向测量范围 0°～360°，分辨力 1°，误差＜7°；露点温度测量范围－76 ℃～54 ℃，分辨力 1 ℃，误差＜1.5 ℃；日照强度测量范围 0 W/m²～2 000 W/m²，误差＜3%；日照时数测量范围 0 h～24 h，误差＜0.1 min；土壤含水量测量范围 0～100%，误差＜4%；土壤温度测量范围－40 ℃～65 ℃，分辨力 0.1 ℃，误差＜0.3 ℃；叶片表面湿润时间测量范围 0 h～24 h，分辨力 0.1 h，误差＜0.2 h。

10.2 基于气象因子的流行性病害预报器，可根据不同种类病害的发生流行规律，提供预测模型并实现自动计算，并提前 5 d 以上作出防治适期预警。其中，马铃薯晚疫病预测模型可自动分析继代侵染数据、生成侵染曲线，预测田间中心病株出现时间的准确率≥80%；小麦赤霉病预测模型利用初始菌源量、小麦生育期和相关气象因子监测病情动态，预测发生程度的准确率≥80%。

10.3 具备数据自动储存和远程传输功能，采集的数据可按小时储存 3 个月以上，兼容 5G/4G/GPRS 通信，并按要求接入当地、省级、国家级农作物有害生物监控信息系统。

10.4 如采用太阳能供电，连续阴雨条件下正常工作≥30 d。

10.5 按照使用说明操作，使用年限≥5 年。

11 农作物有害生物监控信息系统

11.1 功能性要求

11.1.1 数据填报、采集和查询

提供数据在线填报、数据导入等功能；可接入农作物病虫害物联网监测设备自动采集的数据。提供对所填报或采集数据的查询功能，查询结果以表格、图形等形式展示，并提供导出、打印等功能。

11.1.2 数据汇总和分析

可对人工填报和自动采集的数据等进行汇总和分析，提供指标求和、平均值、加权平均值等分析方法，能对给定条件的数据进行分析比较，并以数据表、点线图、柱状图等形式展示，提供导出、打印等功能。

11.1.3 GIS 展示

可实现数据在 GIS 地图上图形化展示和动态推演展示，提供点位标记、区域填充、插值分析、专题分析等功能。

11.1.4 模型化预报

提供农作物病虫害发生基数、气象条件、寄主条件等多因子数据库的数据接口和储存空间，满足植入多因子计算预测模型的承载条件。

11.1.5 任务、用户和设备管理

可对监测任务进行管理，实现修改、删除、批量设置、填报统计等任务管理功能，支持导出、打印等操作。可对系统用户的功能权限、报表权限等进行管理。可对农作物病虫害物联网监测设备进行动态管理。

11.2 系统性要求

11.2.1 数据对接

采用统一的数据接入协议和数据接口，实现地方-省级-国家级农作物有害生物监控信息系统的数据同步填报、无缝对接和统一调度，并能与满足要求的农作物病虫害物联网监测设备进行数据对接。

11.2.2 承载量

满足未来 5 年系统所有功能涵盖的数据存储和应用需求。国家级系统应具备同时承载至少 25 万台物联网监测设备以及 2.5 万个用户的能力；省级系统应具备同时承载至少 8 000 台物联网监测设备以及 800 个用户的能力；地方系统应具备同时承载至少 100 台物联网监测设备以及 10 个用户的能力。

11.2.3 响应时间

在多设备承载和多用户使用模式下，各项操作响应时间＜3 s。

11.2.4 兼容性

支持采用主流 CPU 架构、操作系统、数据库、中间件的服务器端环境跨平台部署，支持采用主流 CPU

架构、操作系统、浏览器的计算机终端使用，技术选型上优先考虑安全可控的软硬件平台。

11.2.5 安全保障

符合国家有关信息系统等级保护要求。

11.2.6 运行维护

保障每天连续 24 h 不间断运行，保障 5 年正常运行。系统崩溃、严重缺陷等造成业务中断的故障应在 2 h 之内解决，一般故障应在 24 h 之内解决。

ICS 65.020.01
CCS B 17

中华人民共和国农业行业标准

NY/T 4183—2022

农药使用人员个体防护指南

Guidelines for personal protection of pesticide users

2022-11-11 发布

2023-03-01 实施

中华人民共和国农业农村部 发布

前　　言

本文件按照 GB/T 1.1—2020《标准化工作导则　第 1 部分:标准化文件的结构和起草规则》的规定起草。

请注意本文件的某些内容可能涉及专利。本文件的发布机构不承担识别专利的责任。

本文件由农业农村部种植业管理司提出并归口。

本文件起草单位:农业农村部农药检定所。

本文件主要起草人:刘然、黄岚、张丽英、黄修柱、张宏军、陶岭梅、环飞、周志万、贠和平、艾合买提江·买买提。

农药使用人员个体防护指南

1 范围

本文件规定了农药使用人员个体防护的基本要求，以及常用个体防护装备及其配备、使用、清洗、维护、存放和回收处置。

本文件适用于指导农药使用人员的个体防护。

2 规范性引用文件

下列文件中的内容通过文中的规范性引用而构成本文件必不可少的条款。其中，注日期的引用文件，仅该日期对应的版本适用于本文件；不注日期的引用文件，其最新版本(包括所有的修改单)适用于本文件。

GB 2890 呼吸防护 自吸过滤式防毒面具

GB 6220 呼吸防护 长管呼吸器

GB 12475 农药贮运、销售和使用的防毒规程

GB/T 12903 个体防护装备术语

NY/T 1276 农药安全使用规范 总则

3 术语和定义

GB/T 12903 界定的以及下列术语和定义适用于本文件。

3.1

个体防护装备 personal protective equipment

农药使用人员为防御物理、化学、生物等外界因素伤害所穿戴、配备和使用的防护用品的总称。

[来源:GB/T 12903,3.1,有修改]

3.2

一般防护服 working wear (overalls)

防御普通伤害和农药污染的躯体防护用品。

[来源:GB/T 12903,10.1.2,有修改]

3.3

化学品防护服 chemical protective clothing

避免皮肤接触或暴露于农药，使人体免受化学农药伤害的防护用品。

注:该服装可以覆盖整个或绝大部分人体，可以提供对躯干、手臂、腿部的防护。化学品防护服可以是多件具有防护功能服装的组合，也可以和不同类型其他的防护装备相连接。

[来源:GB/T 12903,10.1.3,有修改]

3.4

围裙 apron

用橡胶或聚氯乙烯等材质做成的保护胸腹部免受农药污染的防护用品。

3.5

防化学品手套 chemical protective glove

防御手部免受农药伤害的防护用品。

[来源:GB/T 12903,8.1.25,有修改]

3.6

防化学品鞋 chemical resistant footwear

用单一或复合型材料做成的保护脚或腿部免受农药伤害的防护用品。

［来源：GB/T 12903，9.1.3，有修改］

3.7

呼吸防护装备　respiratory protective equipment

防御缺氧空气和农药污染物进入呼吸道的装备。

［来源：GB/T 12903，5.1.1，有修改］

3.8

过滤式防颗粒物呼吸器　air-purifying particle respirator

利用净化部件的吸附、吸收或过滤等作用除去环境空气中颗粒状有害物质的净气式防护用品。

3.9

过滤式防毒面具　air-purifying respirator

利用净化部件的吸附、吸收、催化或过滤等作用防御有毒、有害农药气体或蒸气、颗粒物（如毒烟、毒雾）等危害呼吸系统或眼面部的净气式防护用品。

3.10

长管呼吸器　long tube breathing apparatus

使佩戴者的呼吸器官与周围空气隔绝，并通过长管输送清洁空气供呼吸的防护用品。

［来源：GB/T 12903，5.1.8］

3.11

防护面罩　protective mask

（眼面部防护）保护面部和眼部的防护用品，可以直接戴在头上或者连接在防护头盔上，既可以保护眼部，还可以保护面部、喉部和颈部。

［来源：GB/T 12903，6.1.3］

3.12

防水帽　waterproof hat

防御农药透过或漏入头部的防护用品。

3.13

护目镜　goggle

戴在脸上并紧紧围住眼眶的防护用品。

［来源：GB/T 12903，6.1.4］

3.14

耳塞　ear plug

塞入外耳道内（耳内的）或戴在耳甲腔中对准外耳道口的（半耳内的）听力防护用品。

［来源：GB/T 12903，7.1.2］

3.15

耳罩　ear-muff

压在耳廓周围包围耳廓的具有降低噪声伤害的听力防护用品。

注：通常由耳壳、衬垫、头带等组成。

［来源：GB/T 12903，7.1.3］

4　农药使用人员个体防护基本要求

4.1　使用农药前，应仔细阅读标签和说明书等，了解产品的有效成分、含量、剂型、毒性分级、皮肤和眼睛刺激性/腐蚀性、致敏性、施药方法、推荐用药量及注意事项等信息，并结合上述信息以及拟使用的施药器械选择相适宜的个体防护装备。

4.2 在开启包装、配制和施用农药等相关作业中，使用人员应穿戴必要的个体防护装备。严禁用手直接接触农药，谨防农药进入眼睛、接触皮肤或吸入体内。

4.3 农药使用人员应经过安全防护培训，培训内容涵盖个体防护装备的正确选择、使用、清洗、维护、存放和回收处置。

4.4 农药的配制、施用等操作要求应执行 GB 12475 和 NY/T 1276 的相关规定。

5 个体防护装备的配备

5.1 使用农药时至少应配备最基本的个体防护装备，包括长袖上衣、长裤、鞋、防化学品手套，并应符合附录 A 表 A.1 的基本要求。实际操作过程中，可在个体防护装备的基本要求上，增加防护装备或用更有效的防护装备替代。

5.2 个体防护装备本身不应导致其他额外的风险。配备个体防护装备时，应在保证有效防护的基础上，兼顾舒适性。需要同时配备多种个体防护装备时，应考虑使用的兼容性和功能替代性，确保防护有效。

5.3 使用高毒、剧毒农药时应根据农药特性选择符合 GB 2890 或 GB 6220 的呼吸防护装备，使用对皮肤或眼睛有刺激性/腐蚀性的农药时应佩戴护目镜或防护面罩。

6 个体防护装备使用的通用要求

6.1 应使用符合标准或国家委托质检部门检验合格的个体防护装备，并严格按照说明书使用。

6.2 每次使用前，应检查防护装备是否有渗漏、撕破或磨损，如有应立即更换。

6.3 使用呼吸防护装备在装备破损或感到呼吸不畅时，应立即停止作业并更换。

6.4 个体防护装备应专用，不应与其他衣物、鞋、帽等混用；呼吸防护装备应专人专用。

6.5 农药作业项目完毕后，应按以下顺序脱摘个体防护装备：

a) 清洗手套；

b) 摘去头部和面部防护装备，如面罩、口罩、护目镜；

c) 脱去防护服；

d) 脱鞋；

e) 脱去手套；

f) 洗手；

g) 有条件时淋浴。

7 常用个体防护装备的使用要点

7.1 躯体防护

7.1.1 防护服

农药使用人员应穿着覆盖绝大部分身体（包括躯干、手臂和腿部）的防护服，可为连体式或分体式（长袖上衣和长裤），也可为连帽款。可重复使用的棉或棉涤纶材质的一般防护服和经防水或防油处理的一般防护服适用于风险较低时，提供最基础的防护；当风险较高时，可作为基础防护与其他防护装备一起使用。化学品防护服适用于使用高毒或剧毒农药、对皮肤或眼睛有腐蚀性的农药等风险较高的情况。防护服的领口和袖口处应与皮肤紧密贴合。

7.1.2 围裙

进行开启农药容器、配制、装载等施药准备工作时，应在防护服外穿从胸部覆盖至膝盖的围裙，防止药液污染防护服。

7.1.3 防化学品手套

农药使用人员应穿戴防化学品手套。常见防化学品手套材质及适用范围见附录 B 表 B.1。应选用柔软有弹性、易于穿脱、尺寸合适的手套。手套应穿戴在袖口外面，且覆盖到手腕部。进行农药配制、装载及清洗器械等操作时，应穿戴至少 30 cm 长的手套。

7.1.4 **鞋**

使用化学农药时，应穿防化学品鞋，如橡胶靴；使用非化学农药时，可穿覆盖脚部全部皮肤的鞋。裤腿下缘应覆盖鞋外侧。

7.2 呼吸防护

7.2.1 进行喷洒、喷雾、喷粉和熏蒸操作，特别是在密闭场所（如温室、仓库、畜厩等）作业时，应佩戴呼吸防护装备。

7.2.2 过滤式防颗粒物呼吸器一般可用于防护固体颗粒物和液体粒子。应选用 KN90、KP90 以上级别或同等过滤效率的过滤式防颗粒物呼吸器，不宜选用一次性使用医用口罩、医用外科口罩及日常防护型口罩。常见过滤式防颗粒物呼吸器类别和适用范围见附录 C 表 C.1。

7.2.3 过滤式防毒面具可以防护剧毒、高毒农药蒸汽、气体，可用于密闭场所的气雾剂或熏蒸操作、使用挥发性农药等情况。应根据所使用农药特性选择合适类型的过滤式防毒面具。常见过滤式防毒面具类别和适用范围见附录 D 表 D.1。

7.2.4 在密闭场所中把高毒、中等毒农药作为气雾剂或熏蒸剂使用时，宜佩戴携气式呼吸防护器或长管呼吸器；如药剂对皮肤或眼睛有刺激性/腐蚀性，应佩戴全面罩呼吸防护装备。

7.2.5 佩戴呼吸防护装备应将口、鼻、下颌完全包住，压紧鼻夹，使呼吸防护装备与眼面部完全贴合。

7.3 头、面部、眼睛及耳部防护

7.3.1 进行农药配制、装载、喷洒等作业时应戴宽沿防水帽。

7.3.2 开启农药容器、配制、装载、喷洒农药以及使用粉剂时应佩戴透明可视防护面罩或护目镜。

7.3.3 如使用的施药器械产生 85 dB 以上的噪声时，应佩戴耳塞或耳罩。

8 个体防护装备的清洗、维护、存放和回收处置

8.1 个体防护装备使用完毕后，应及时按照说明书进行清洗，应与其他衣物分开清洗并远离施药区域。如无特殊说明，应用中性洗涤剂和清水清洗。

8.2 应按照说明书及相关标准对个体防护装备做定期检查和维护。

8.3 出现以下情况之一的个体防护装备应判废并更换新品。

a) 经检验或检查被判定不合格；
b) 超过有效期；
c) 防护功能已经失效；
d) 使用说明书中规定的其他判废或更换条件。

8.4 个体防护装备应保存在清洁、干燥并相对固定的区域。应与农药产品、施药器械等分开存放，远离其他衣物、食物、饲料及饮用水。

8.5 一次性和被判废的个体防护装备不得再次使用，应带离作业场所，按照要求放置在指定位置。

8.6 清洗个体防护装备的废液应按国家有关规定处置，不得擅自倾倒。

附　录　A
（规范性）
农药使用人员个体防护装备基本要求

农药使用人员应根据不同作业项目按表 A.1 的要求配备个体防护装备。

表 A.1　农药使用人员个体防护装备基本要求

农药作业项目	防护服	鞋	防化学品手套	面罩/护目镜	围裙	帽子	呼吸防护装备[a]	耳部防护装备
开启包装	√	√	√	√	√	○	○	
配制/装载	√	√	√	√	√	√	○	
配制/装载(高毒/剧毒产品)	√	√	√	√	√	√	√	
操作手持喷杆喷雾器	√	√	√	√	○	√	√	
操作有封闭驾驶舱的拖拉机	√	√	√	○	○	○	○	○
操作无封闭驾驶舱的拖拉机	√	√	√	○	○	√	√	○
操作弥雾机、烟雾机(大田)	√	√	√	√	○	√	√	√
操作弥雾机、热雾机、烟雾机(温室、仓库)	√	√	√	√	○	√	√	√
操作植保无人机	√	√	√	√		√	√	
室内滞留喷洒	√	√	√	○	○	√	√	
施用颗粒剂、播种包衣种子	√	√	√	○	○	○	√	
更换喷头	√	√	√	○	○	○	○	
清洗器械、农药包装	√	√	√	○	√	○	○	
清洗个体防护装备	√	√	√	○	○	○	○	
注：√为必选装备，○为可选装备。								
[a] 呼吸防护装备的选配应综合考虑农药产品的剂型、施药方法等，具体见 7.2。								

附　录　B
（资料性）
常见防化学品手套材质及适用范围

常见防化学品手套材质及适用范围见表B.1。

表B.1　常见防化学品手套材质及适用范围

材质	适用范围
丁腈	适用于多数使用氯代芳香族溶剂的农药产品，包括一次性薄手套和可重复使用的厚手套
氯丁橡胶	具有腐蚀性的农药产品应使用此类防化手套，耐油、油脂、醇类、树脂、碱、有机酸等，但对氯代芳香族溶剂、酚类、酮类防护性差，不适用于熏蒸剂
丁基橡胶	耐气体和水蒸气，可用于特定种类的熏蒸剂

附 录 C
（资料性）
常见过滤式防颗粒物呼吸器类别和适用范围

常见过滤式防颗粒物呼吸器类别和适用范围见表 C.1。

表 C.1 常见过滤式防颗粒物呼吸器类别和适用范围

产品遵循的标准	过滤级别	防护效率	适用范围
GB 2626 呼吸防护 自吸过滤式防颗粒物呼吸器	KN90	≥90.0%	适用于过滤非油性颗粒物
	KN95	≥95.0%	
	KN100	≥99.97%	
	KP90	≥90.0%	适用于过滤油性和非油性颗粒物
	KP95	≥95.0%	
	PK100	≥99.97%	
GB 19083 医用防护口罩技术要求	1 级	≥95.0%	适用于过滤非油性颗粒物
	2 级	≥99.0%	
	3 级	≥99.97%	
NOISH 颗粒物防护口罩的选择和使用指南	N95	≥95.0%	适用于过滤非油性颗粒物
	N99	≥99.0%	
	N100	≥99.97%	
	R95	≥95.0%	适用于过滤油性和非油性颗粒物，防护时限 8 h
	R99	≥99.0%	
	R100	≥99.97%	
EN 149-2001＋A1-2009 呼吸防护装置 颗粒防护用过滤半面罩要求、测试和标记	FFP1	≥80.0%	适用于过滤油性和非油性颗粒物
	FFP2	≥94.0%	
	FFP3	≥99.0%	

附 录 D
(资料性)
常见过滤式防毒面具类别和适用范围

常见过滤式防毒面具类别和适用范围见表 D.1。

表 D.1 常见过滤式防毒面具类别和适用范围

类别	适用范围
A 型	用于防护有机气体或蒸气
B 型	用于防护无机气体或蒸气
E 型	用于防护二氧化硫和其他酸性气体或蒸气
K 型	用于防护氨及氨的有机衍生物
CO 型	用于防护一氧化碳气体
Hg 型	用于防护汞蒸气
H_2S 型	用于防护硫化氢气体

ICS 65.020
CCS B 17

中华人民共和国农业行业标准

NY/T 4184—2022

蜜蜂中57种农药及其代谢物残留量的测定 液相色谱-质谱联用法和气相色谱-质谱联用法

Determination of 57 pesticides and their metabolites residues in honeybee—Liquid chromatography-tandem mass spectrometry and gas chromatography-tandem mass spectrometry method

2022-11-11 发布 2023-03-01 实施

中华人民共和国农业农村部 发布

前　言

本文件按照 GB/T 1.1—2020《标准化工作导则　第 1 部分:标准化文件的结构和起草规则》的规定起草。

请注意本文件的某些内容可能涉及专利。本文件的发布机构不承担识别专利的责任。

本文件由农业农村部种植业管理司提出并归口。

本文件起草单位:农业农村部农药检定所、中国农业科学院蜜蜂研究所。

本文件主要起草人:张金振、袁善奎、周欣欣、宋梓豪、赵文、陈朗、周艳明、韩平、毛连纲、蓝帅、刘伟。

蜜蜂中57种农药及其代谢物残留量的测定　液相色谱-质谱联用法和气相色谱-质谱联用法

1　范围

本文件规定了蜜蜂中57种农药及其代谢物残留量的液相色谱-质谱联用和气相色谱-质谱联用测定方法。

注:57种农药及其代谢物的种类见附录A。

本文件适用于蜜蜂中57种农药及其代谢物残留量的测定。

2　规范性引用文件

下列文件中的内容通过文中的规范性引用而构成本文件必不可少的条款。其中,注日期的引用文件,仅该日期对应的版本适用于本文件;不注日期的引用文件,其最新版本(包括所有的修改单)适用于本文件。

GB/T 6682　分析实验室用水规格和试验方法

3　术语和定义

本文件没有需要界定的术语和定义。

4　原理

试样用乙腈提取,提取液经分散固相萃取净化,液相色谱-质谱联用仪和气相色谱-质谱联用仪测定,外标法定量。

5　试剂和材料

以下所用试剂,除非另有说明,均为分析纯,水为符合GB/T 6682规定的一级水。

5.1　试剂

5.1.1　甲醇(CH_3OH,CAS号:67-56-1):色谱纯。

5.1.2　乙腈(CH_3CN,CAS号:75-05-8):色谱纯。

5.1.3　乙酸乙酯($CH_3COOC_2H_5$,CAS号:141-78-6):色谱纯。

5.1.4　甲酸(HCOOH,CAS号:64-18-6):优级纯。

5.1.5　乙酸铵(CH_3COONH,CAS号:631-61-8):优级纯。

5.1.6　氟化铵(NH_4F,CAS号:12125-01-8):优级纯。

5.1.7　无水硫酸镁($MgSO_4$,CAS号:7487-88-9)。

5.1.8　氯化钠(NaCl,CAS号:7647-14-5)。

5.1.9　柠檬酸钠($C_6H_5Na_3O_7$,CAS号:6132-04-3)。

5.1.10　柠檬酸氢二钠($C_6H_8Na_2O_8$,CAS号:6132-05-4)。

5.2　溶液配制

5.2.1　5 mol/L乙酸铵溶液:称取38.5 g乙酸铵,加水溶解并定容至100 mL。

5.2.2　500 mmol/L氟化铵溶液:称取1.9 g氟化铵,加水溶解并定容至100 mL。

5.3　标准品

57种农药及其代谢物:纯度≥95%。

5.4 标准溶液配制

5.4.1 标准储备液(1 000 mg/L):准确称取 10 mg(精确至 0.01 mg)各农药标准品,农药标准品的相关信息见附录 A。根据标准品的溶解度选择甲醇、丙酮或乙腈等溶剂溶解并定容至 10 mL,避光−18 ℃保存,有效期 6 个月。

5.4.2 混合标准储备液(10 mg/L):吸取一定量的农药标准储备液(5.4.1)于容量瓶中用乙腈定容至刻度,避光−18 ℃保存,有效期 6 个月。

5.4.3 混合中间液(1 mg/L):吸取一定量的混合标准储备液(5.4.2)于容量瓶中,用乙腈定容至刻度,避光−18 ℃保存,有效期 1 个月。

5.5 材料

5.5.1 乙二胺-N-丙基硅烷化硅胶(PSA):40 μm~60 μm,60Å。

5.5.2 封端的十八烷基硅烷键合硅胶(C_{18}):40 μm~60 μm,60Å。

5.5.3 惰化处理陶瓷均质子:2 cm(长)× 1 cm(外径)。

5.5.4 PTFE 滤膜(水相有机相兼容):0.22 μm。

6 仪器和设备

6.1 液相色谱-质谱联用仪:配电喷雾离子源(ESI)。

6.2 气相色谱-质谱联用仪:配电子轰击源(EI)。

6.3 分析天平:感量 0.01 mg 和 0.01 g。

6.4 涡旋振荡器。

6.5 冷冻离心机:转速不低于 9 000 r/min。

6.6 研磨机。

6.7 氮吹仪。

6.8 具塞离心管:10 mL、15 mL、50 mL。

7 试样的制备和保存

将蜜蜂样品称重并计数,在干冰或液氮等冷冻条件下放入研磨机充分研磨,并置于−18 ℃条件下保存备用。在试样制备过程中应防止样品污染或残留物含量发生变化。

8 分析步骤

8.1 提取

称取 5 g 试样(精确至 0.01 g)于 50 mL 塑料离心管中,加入 10 mL 水及 1 颗陶瓷质子(5.5.3)涡旋混匀 1 min,静置 30 min。加入 10 mL 乙腈(5.1.2)涡旋混匀 1 min,于−18 ℃冷冻 30 min 降温,再加入 4 g无水硫酸镁、1 g 氯化钠、1 g 柠檬酸钠、0.5 g 柠檬酸氢二钠,剧烈振荡 1 min,于4 ℃,9 000 r/min 离心 10 min。

8.2 净化

称取 1.2 g 无水硫酸镁(5.1.7)、0.4 g PSA(5.5.1)及 0.4 g C_{18}(5.5.2)于 15 mL 塑料离心管中,准确吸取 7 mL 上清液加入其中,涡旋混匀 1 min,于 4 ℃,9 000 r/min 离心 10 min。准确吸取0.5 mL上清液,加入 0.5 mL 水稀释混匀,过微孔滤膜(5.5.4)待液相色谱-质谱联用仪测定。准确吸取 1.5 mL 上清液于 10 mL 试管中,40 ℃水浴中氮气吹至近干。加入 1 mL 乙酸乙酯复溶,过微孔滤膜(5.5.4)待气相色谱-质谱联用仪测定。

8.3 测定

8.3.1 色谱-质谱参考条件

8.3.1.1 A 组农药及其代谢物液相色谱-串联质谱条件

a） 色谱柱：C_{18}（150 mm×3.0 mm，1.8 μm）或相当者；

b） 流动相：A 为水溶液（含 2 mmol/L 乙酸铵，0.05％甲酸），B 为甲醇（含 0.05％甲酸）；流动相梯度洗脱条件见表 1；

表 1 流动相及梯度洗脱条件

步骤	时间 min	流速 mL/min	流动相 A %	流动相 B %
1	0	0.4	80	20
2	3	0.4	50	50
3	13	0.4	0	100
4	17	0.4	0	100
5	17.1	0.4	80	20
6	23	0.4	80	20

c） 柱温：40 ℃；

d） 进样量：3 μL；

e） 电离方式：电喷雾电离；

f） 扫描方式：正离子扫描；

g） 雾化气：氮气；

h） 雾化气压力：35 psi；

i） 离子喷雾电压：3 500 V；

j） 干燥器温度：250 ℃；

k） 干燥气流速：7 L/min；

l） 检测方式：动态多反应监测（DMRM），监测离子对、碰撞能见附录 B。

8.3.1.2 B 组农药及其代谢物液相色谱-串联质谱条件

a） 色谱柱：C_8（100 mm×2.1 mm，2.7 μm）或相当者；

b） 流动相：A 为水溶液（含有 5 mmol/L 乙酸铵，0.1％甲酸），B 为乙腈（含有 5 mmol/L 乙酸铵，10％水，0.1％甲酸），流动相梯度洗脱条件见表 2；

表 2 流动相及梯度洗脱条件

步骤	时间 min	流速 mL/min	流动相 A %	流动相 B %
1	0	0.3	95	5
2	2.5	0.3	10	90
3	2.6	0.3	5	95
4	7.5	0.3	5	95
5	8	0.3	95	5
6	13	0.3	95	5

c） 柱温：40 ℃；

d） 进样量：25 μL；

e） 电离方式：电喷雾电离；

f） 扫描方式：正离子扫描；

g） 雾化气：氮气；

h） 雾化气压力：30 psi；

i） 离子喷雾电压：4 000 V；

j） 干燥器温度：200 ℃；

k） 干燥气流速：7 L/min；

l) 检测方式:多反应监测(MRM),监测离子对、碰撞能见附录 B。

8.3.1.3 **C 组农药及其代谢物液相色谱-串联质谱条件**

a) 色谱柱:C_{18}(100 mm×2.1 mm,3.5 μm)或相当者;

b) 流动相:A 为水溶液(含 0.5 mmol/L 氟化铵),B 为甲醇,流动相梯度洗脱条件见表 3;

表 3 流动相及梯度洗脱条件

步骤	时间 min	流速 mL/min	流动相 A %	流动相 B %
1	0	0.4	60	40
2	2	0.4	40	60
3	5	0.4	5	95
4	9	0.4	5	95
5	9.5	0.4	0	100
6	11.5	0.4	0	100
7	11.6	0.4	60	40
8	17	0.4	60	40

c) 柱温:40 ℃;

d) 进样量:5 μL;

e) 电离方式:电喷雾电离;

f) 扫描方式:负离子扫描;

g) 雾化气:氮气;

h) 雾化气压力:35 psi;

i) 离子喷雾电压:3 500 V;

j) 干燥器温度:250 ℃;

k) 干燥气流速:7 L/min;

l) 检测方式:多反应监测(MRM),监测离子对、碰撞能见附录 B。

8.3.1.4 **D 组农药及其代谢物气相色谱-串联质谱条件**

a) 色谱柱:5%二苯基-95%二甲基聚硅氧烷石英毛细管柱:30 m×250 μm×0.25 μm,或相当者;

b) 色谱柱温度:初始温度为 50 ℃保持 1 min,然后以 25 ℃/min 程序升温至 125 ℃,再以 10 ℃/min 升温至 300 ℃,保持 5 min;

c) 载气:氦气,纯度≥99.999%,流速:1.0 mL/min;

d) 进样口温度:250 ℃;

e) 进样量:1 μL;

f) 进样方式:不分流进样;

g) 电子轰击源:70 eV;

h) 离子源温度:200 ℃;

i) 传输线温度:300 ℃;

j) 溶剂延迟:4 min;

k) 检测方式:多反应监测(MRM),监测离子对、碰撞能见附录 B。

8.3.2 **标准工作曲线**

空白样品按照 8.1～8.2 条进行前处理,得到空白基质溶液,精确吸取一定量的混合中间液(5.4.3),逐级用空白基质溶液稀释成质量浓度为 2.5×10^{-4} mg/L～0.05 mg/L 的基质匹配标准工作液,根据化合物在仪器上的响应,选择至少 5 个浓度点,以基质匹配标准工作液浓度为横坐标、定量离子峰面积为纵坐标,绘制标准工作曲线。

8.3.3 **定性及定量**

8.3.3.1 **定性测定**

在相同的实验条件下进行样品测定时，如果检出的色谱峰的保留时间与基质标准溶液相对误差在±2.5%，而且所选择的相对离子丰度与质量浓度相当的基质标准溶液相比，其允许偏差不超过表4规定的范围，则可判断样品中存在目标化合物。

表4　定性测定时相对离子丰度的最大允许偏差

相对离子丰度，%	>50	>20～50	>10～20	≤10
允许相对偏差，%	±20	±25	±30	±50

8.3.3.2　定量测定

将混合基质标准工作液和试样溶液依次注入液相色谱质谱联用仪和气相色谱质谱联用仪中，测得定量离子峰面积，并使待测试样中农药及其代谢物的响应值均在仪器的线性范围内，如果超过线性范围，应用空白基质溶液进行适当稀释后测定。采用标准曲线或单点法定量计算。

8.4　平行试验

按上述步骤对同一试样进行平行试验。

8.5　空白试验

除不加试样外，按上述步骤进行试验。

9　结果计算

9.1　农药及其代谢物质量分数

试样中农药及其代谢物的含量以质量分数 ω 计，单位为毫克每千克(mg/kg)，按公式(1)或公式(2)计算。

$$单点校准:\omega=\frac{\rho_s\times A_i\times V\times 1000}{A_s\times m\times 1000} \quad\cdots\cdots(1)$$

式中：

ω　——试样中被测物残留量，单位为毫克每千克(mg/kg)；

ρ_s　——标准溶液中目标化合物的浓度，单位为毫克每升(mg/L)；

A_i　——试样溶液中目标化合物的峰面积；

A_s　——标准溶液中目标化合物的峰面积；

V　——定容体积，单位为毫升(mL)；

m　——试样质量，单位为克(g)；

1 000 ——换算系数。

$$标准曲线校准:\omega=\frac{\rho_i\times V\times 1000}{m\times 1000} \quad\cdots\cdots(2)$$

式中：

ω　——试样中被测物残留量，单位为毫克每千克(mg/kg)；

ρ_i　——由标准曲线得出的试样溶液中目标化合物的浓度，单位为毫克每升(mg/L)；

V　——定容体积，单位为毫升(mL)；

m　——试样质量，单位为克(g)；

1 000 ——换算系数。

注：计算结果保留2位有效数字。含量超过1 mg/kg时，保留3位有效数字。

9.2　蜜蜂个体平均残留量

试样中农药及其代谢物的含量以蜜蜂个体平均残留量 I 计，单位为微克每只蜜蜂(μg/只)，按公式(3)计算。

$$I=\frac{\omega\times 1000}{n\times 1000} \quad\cdots\cdots(3)$$

式中：

I ——蜜蜂个体平均残留量,单位为微克每只蜜蜂(μg/只);
ω ——试样中被测物残留量,单位为毫克每千克(mg/kg);
n ——每克蜜蜂试样的数量,单位为蜜蜂数每克(只/g);
1 000——换算系数。

10 精密度

在重复性条件下,2 次独立测定结果的绝对差不大于重复性限(r),见附录 D。

在再现性条件下,2 次独立测定结果的绝对差不大于再现性限(R),见附录 D。

11 定量限

方法的定量限见附录 A。

附 录 A
（资料性）
57 种农药及其代谢物中英文名称、CAS 号、分子式、溶剂、定量限和分组

57 种农药及其代谢物中英文名称、CAS 号、分子式、溶剂、定量限和分组见表 A.1。

表 A.1 57 种农药及其代谢物中英文名称、CAS 号、分子式、溶剂、定量限和分组

序号	中文名称	英文名称	CAS 号	分子式	溶剂	定量限 mg/kg
A 组						
1	乙酰甲胺磷	acephate	30560-19-1	$C_4H_{10}NO_3PS$	甲醇	0.005
2	啶虫脒	acetamiprid	135410-20-7	$C_{10}H_{11}ClN_4$	甲醇	0.001
3	涕灭威	aldicarb	116-06-3	$C_7H_{14}N_2O_2S$	甲醇	0.001
4	甲萘威	carbaryl	63-25-2	$C_{12}H_{11}NO_2$	甲醇	0.001
5	克百威	carbofuran	1563-66-2	$C_{12}H_{15}NO_3$	甲醇	0.001
6	丁硫克百威	carbosulfan	55285-14-8	$C_{20}H_{32}N_2O_3S$	甲醇	0.001
7	噻虫胺	clothianidin	210880-92-5	$C_6H_8ClN_5O_2S$	甲醇	0.001
8	溴氰虫酰胺	cyantraniliprole	736994-63-1	$C_{19}H_{14}BrClN_6O_2$	甲醇	0.001
9	丁醚脲	diafenthiuron	80060-09-9	$C_{23}H_{32}N_2OS$	甲醇	0.005
10	二嗪磷	diazinon	333-41-5	$C_{12}H_{21}N_2O_3PS$	甲醇	0.001
11	敌敌畏	dichlorvos	62-73-7	$C_4H_7Cl_2O_4P$	甲醇	0.005
12	乐果	dimethoate	60-51-5	$C_5H_{12}NO_3PS_2$	甲醇	0.001
13	呋虫胺	dinotefuran	165252-70-0	$C_7H_{14}N_4O_3$	甲醇	0.001
14	倍硫磷	fenthion	55-38-9	$C_{10}H_{15}O_3PS_2$	甲醇	0.005
15	氟吡呋喃酮	flupyradifurone	951659-40-8	$C_{12}H_{11}ClF_2N_2O_2$	甲醇	0.001
16	噻唑膦	fosthiazate	98886-44-3	$C_9H_{18}NO_3PS_2$	甲醇	0.001
17	吡虫啉	imidacloprid	138261-41-3	$C_9H_{10}ClN_5O_2$	甲醇	0.001
18	氯噻啉	imidaclothiz	105843-36-5	$C_7H_8ClN_5O_2S$	甲醇	0.001
19	茚虫威	indoxacarb	144171-61-9	$C_{22}H_{17}ClF_3N_3O_7$	甲醇	0.001
20	马拉硫磷	malathion	121-75-5	$C_{10}H_{19}O_6PS_2$	甲醇	0.001
21	灭多威	methomyl	16752-77-5	$C_5H_{10}N_2O_2S$	甲醇	0.001
22	E-烯啶虫胺	E-nitenpyram	150824-47-8	$C_{11}H_{15}ClN_4O_2$	甲醇	0.001
23	氧乐果	omethoate	1113-02-6	$C_5H_{12}NO_4PS$	甲醇	0.001
24	亚胺硫磷	phosmet	732-11-6	$C_{11}H_{12}NO_4PS_2$	甲醇	0.001
25	丙溴磷	profenofos	41198-08-7	$C_{11}H_{15}BrClO_3PS$	甲醇	0.001
26	哒螨灵	pyridaben	96489-71-3	$C_{19}H_{25}ClN_2OS$	甲醇	0.001
27	喹硫磷	quinalphos	13593-03-8	$C_{12}H_{15}N_2O_3PS$	甲醇	0.001
28	氟啶虫胺腈	sulfoxaflor	946578-00-3	$C_{10}H_{10}F_3N_3OS$	甲醇	0.001
29	噻虫啉	thiacloprid	111988-49-9	$C_{10}H_9ClN_4S$	甲醇	0.001
30	噻虫嗪	thiamethoxam	153719-23-4	$C_8H_{10}ClN_5O_3S$	甲醇	0.001
31	唑虫酰胺	tolfenpyrad	129558-76-5	$C_{21}H_{22}ClN_3O_2$	甲醇	0.001
32	三唑磷	triazophos	24017-47-8	$C_{12}H_{16}N_3O_3PS$	甲醇	0.001
33	三氟苯嘧啶	triflumezopyrim	1263133-33-0	$C_{20}H_{13}F_3N_4O_2$	甲醇	0.001
B 组						
34	阿维菌素 B1a	abamectin B1a	65195-55-3	$C_{48}H_{72}O_{14}$	甲醇	0.002
35	甲氨基阿维菌素 B1a	emamectin B1a	121124-29-6	$C_{49}H_{75}NO_{13}$	甲醇	0.001
36	N-脱甲基-乙基多杀菌素-J	N-demethyl-XDE-175-J	1382419-14-8	$C_{41}H_{67}NO_{10}$	甲醇	0.001
37	N-甲酰基-乙基多杀菌素-J	N-formyl-XDE-175-J	1382419-20-6	$C_{42}H_{67}NO_{11}$	甲醇	0.005
38	乙基多杀菌素 J	spinetoram J	187166-40-1	$C_{42}H_{69}NO_{10}$	甲醇	0.001

表 A.1 （续）

序号	中文名称	英文名称	CAS 号	分子式	溶剂	定量限 mg/kg
B 组						
39	乙基多杀菌素 L	spinetoram L	187166-15-0	$C_{43}H_{69}NO_{10}$	甲醇	0.001
40	多杀霉素 A	spinosad A	131929-60-7	$C_{41}H_{65}NO_{10}$	甲醇	0.001
41	多杀霉素 D	spinosad D	131929-63-0	$C_{42}H_{67}NO_{10}$	甲醇	0.001
C 组						
42	氟虫腈	fipronil	120068-37-3	$C_{12}H_4Cl_2F_6N_4OS$	甲醇	0.001
43	氟甲腈	fipronil-desulfinyl	205650-65-3	$C_{12}H_4Cl_2F_6N_4$	甲醇	0.001
44	氟虫腈亚砜	fipronil-sulfide	120067-83-6	$C_{12}H_4Cl_2F_6N_4S$	甲醇	0.001
45	氟虫腈砜	fipronil-sulfone	120068-36-2	$C_{12}H_4Cl_2F_6N_4O_2S$	甲醇	0.001
46	四唑虫酰胺	tetraniliprole	1229654-66-3	$C_{22}H_{16}ClF_3N_{10}O_2$	甲醇	0.002
D 组						
47	联苯菊酯	bifenthrin	82657-04-3	$C_{23}H_{22}ClF_3O_2$	丙酮	0.005
48	虫螨腈	chlorfenapyr	122453-73-0	$C_{15}H_{11}BrClF_3N_2O$	丙酮	0.01
49	毒死蜱	chlorpyrifos	2921-88-2	$C_9H_{11}Cl_3NO_3PS$	丙酮	0.005
50	甲基毒死蜱	chlorpyrifos-methyl	5598-13-0	$C_7H_7Cl_3NO_3PS$	丙酮	0.005
51	氟氯氰菊酯	cyfluthrin	68359-37-5	$C_{22}H_{18}Cl_2FNO_3$	丙酮	0.005
52	氯氟氰菊酯	cyhalothrin	68085-85-8	$C_{23}H_{19}ClF_3NO_3$	丙酮	0.005
53	氯氰菊酯	cypermethrin	52315-07-8	$C_{22}H_{19}Cl_2NO_3$	丙酮	0.005
54	溴氰菊酯	deltamethrin	52918-63-5	$C_{22}H_{19}Br_2NO_3$	丙酮	0.01
55	醚菊酯	etofenprox	80844-07-1	$C_{25}H_{28}O_3$	丙酮	0.005
56	杀螟硫磷	fenitrothion	122-14-5	$C_9H_{12}NO_5PS$	丙酮	0.01
57	氰戊菊酯	fenvalerate	51630-58-1	$C_{25}H_{22}ClNO_3$	丙酮	0.01

附 录 B
（资料性）
57 种农药及其代谢物的保留时间、定量离子对、定性离子对、源内碎裂电压和碰撞能

B.1 A 组农药及其代谢物的保留时间、定量离子对、定性离子对、源内碎裂电压和碰撞能见表 B.1。

表 B.1 A 组农药及其代谢物的保留时间、定量离子对、定性离子对、源内碎裂电压和碰撞能

序号	化合物名称	保留时间 min	定量离子对	定性离子对	源内碎裂电压 V	碰撞能 V
1	乙酰甲胺磷	2.8	184.0-143.0	184.0-125.0	80	5;17
2	啶虫脒	5.1	223.1-126.0	223.1-56.2	97	17;13
3	涕灭威	6.3	208.1-116.0	208.1-89.1	55	1;9
4	甲萘威	7.7	202.1-145.0	202.1-127.1	60	5;29
5	克百威	7.3	222.1-165.0	222.1-123.1	82	5;17
6	丁硫克百威	14.5	381.1-160.0	381.1-118.0	80	15;15
7	噻虫胺	4.8	250.2-169.0	250.2-132.0	80	10;15
8	溴氰虫酰胺	7.8	473.0-442.0	473.0-284.0	100	10;15
9	丁醚脲	13.7	385.1-329.0	385.1-278.0	140	17;40
10	二嗪磷	11.7	305.1-169.0	305.1-153.0	140	20;20
11	敌敌畏	7.1	221.0-145.0	221.0-109.0	120	15;16
12	乐果	5.2	230.0-199.0	230.0-125.0	92	2;17
13	呋虫胺	3.2	203.3-129.0	203.3-87.1	80	5;10
14	倍硫磷	11.5	279.1-247.1	279.1-169.1	100	10;15
15	氟吡呋喃酮	5.1	288.8-125.8	288.8-89.9	130	22;34
16	噻唑膦	8.1	284.0-228.0	284.0-104.0	80	5;20
17	吡虫啉	4.7	256.1-209.1	256.1-175.1	92	9;17
18	氯噻啉	4.9	262.0-181.0	262.0-180.0	100	15;15
19	茚虫威	12.2	528.1-293.0	528.1-249.0	120	10;10
20	马拉硫磷	10.1	331.1-127.1	331.1-99.1	110	5;21
21	灭多威	3.9	163.1-106.1	163.1-88.1	60	5;5
22	E-烯啶虫胺	3.5	271.1-126.0	271.1-56.1	110	30;35
23	氧乐果	3.0	214.0-182.9	214-124.9	92	5;17
24	亚胺硫磷	9.3	318.0-160.0	318.0-133.0	70	35;30
25	丙溴磷	12.7	373.0-303.0	373.0-128.0	130	15;40
26	哒螨灵	14.1	365.0-309.0	365.0-147.0	80	10;20
27	喹硫磷	11.4	299.0-163.0	299.0-147.0	130	20;20
28	氟啶虫胺腈	5.3	278.1-174.0	278.1-154.0	100	15;20
29	噻虫啉	5.6	253.0-186.0	253.0-126.0	120	10;15
30	噻虫嗪	4.0	292.0-211.1	292.0-181.1	82	5;21
31	唑虫酰胺	13.0	384.0-197.0	384.0-117.0	140	23;32
32	三唑磷	10.4	314.0-162.0	314.0-119.0	112	17;37
33	三氟苯嘧啶	7.4	399.0-277.9	399.0-121.0	160	35;35

B.2 B 组农药及其代谢物的保留时间、定量离子对、定性离子对、源内碎裂电压和碰撞能见表 B.2。

表 B.2 B组农药及其代谢物的保留时间、定量离子对、定性离子对、源内碎裂电压和碰撞能

序号	化合物名称	保留时间 min	定量离子对	定性离子对	源内碎裂电压 V	碰撞能 V
34	阿维菌素 B1a	3.4	890.6-305.3	890.6-567.3	140	20;35
35	甲氨基阿维菌素 B1a	3.6	886.4-157.9	886.4-81.6	140	50;80
36	N-脱甲基-乙基多杀菌素-J	3.5	734.5-128.2	734.5-84.2	200	25;45
37	N-甲酰基-乙基多杀菌素-J	4.2	784.5-629.4	784.5-517.4	200	45;45
38	乙基多杀菌素 J	4.6	748.5-142.1	748.5-98.1	175	30;70
39	乙基多杀菌素 L	4.6	760.5-142.2	760.5-98.1	170	30;40
40	多杀霉素 A	4.3	732.5-142.0	732.5-98.0	140	25;60
41	多杀霉素 D	4.5	746.4-142.0	746.4-98.1	135	29;55

B.3 C组农药及其代谢物的保留时间、定量离子对、定性离子对、源内碎裂电压和碰撞能见表B.3。

表 B.3 C组农药及其代谢物的保留时间、定量离子对、定性离子对、源内碎裂电压和碰撞能

序号	化合物名称	保留时间 min	定量离子对	定性离子对	源内碎裂电压 V	碰撞能 V
42	氟虫腈	5.9	434.9-330.0	434.9-250.0	120	15;30
43	氟甲腈	4.4	386.9-351.0	386.9-282.0	100	10;35
44	氟虫腈亚砜	4.6	418.9-383.0	418.9-262.0	110	10;30
45	氟虫腈砜	6.2	450.9-415.0	450.9-282.0	135	15;30
46	四唑虫酰胺	4.8	543.0-137.0	543.0-109.0	180	20;65

B.4 D组农药及其代谢物的保留时间、定量离子对、定性离子对、源内碎裂电压和碰撞能见表B.4。

表 B.4 D组农药及其代谢物的保留时间、定量离子对、定性离子对、源内碎裂电压和碰撞能

序号	化合物名称	保留时间 min	定量离子对	碰撞能 V	定性离子对	碰撞能 V
47	联苯菊酯	17.9	181.1-166.1	25	181.1-179.1	10
48	虫螨腈	15.9	247.1-227.0	15	247.1-200.0	30
49	毒死蜱	13.6	313.9-257.9	15	313.9-285.9	15
50	甲基毒死蜱	12.7	285.9-93.0	15	285.9-270.9	25
51	氟氯氰菊酯	20.2	226.1-206.1	15	226.1-199.1	40
		20.3	226.1-206.1	15	226.1-199.1	40
		20.4	226.1-206.1	15	226.1-199.1	40
		20.5	226.1-206.1	15	226.1-199.1	40
52	氯氟氰菊酯	18.7	197.0-161.0	25	197.0-141.0	10
		18.9	197.0-161.0	25	197.0-141.0	10
53	氯氰菊酯	20.5	181.1-152.1	15	181.1-127.1	30
		20.6	181.1-152.1	15	181.1-127.1	30
		20.7	181.1-152.1	15	181.1-127.1	30
		20.8	181.1-152.1	15	181.1-127.1	30
54	溴氰菊酯	22.3	252.9-93.0	15	252.9-171.9	5
55	醚菊酯	20.9	163.1-135.1	20	163.1-107.1	10
56	杀螟硫磷	13.5	277.0-260.0	15	277.0-109.1	5
57	氰戊菊酯	21.5	419.1-225.1	5	419.1-167.1	15
		21.7	419.1-225.1	5	419.1-167.1	15

附　录　C
（资料性）
57 种农药及其代谢物多反应监测（MRM）色谱图

C.1　A 组、B 组和 C 组农药及其代谢物多反应监测（MRM）色谱图见图 C.1。

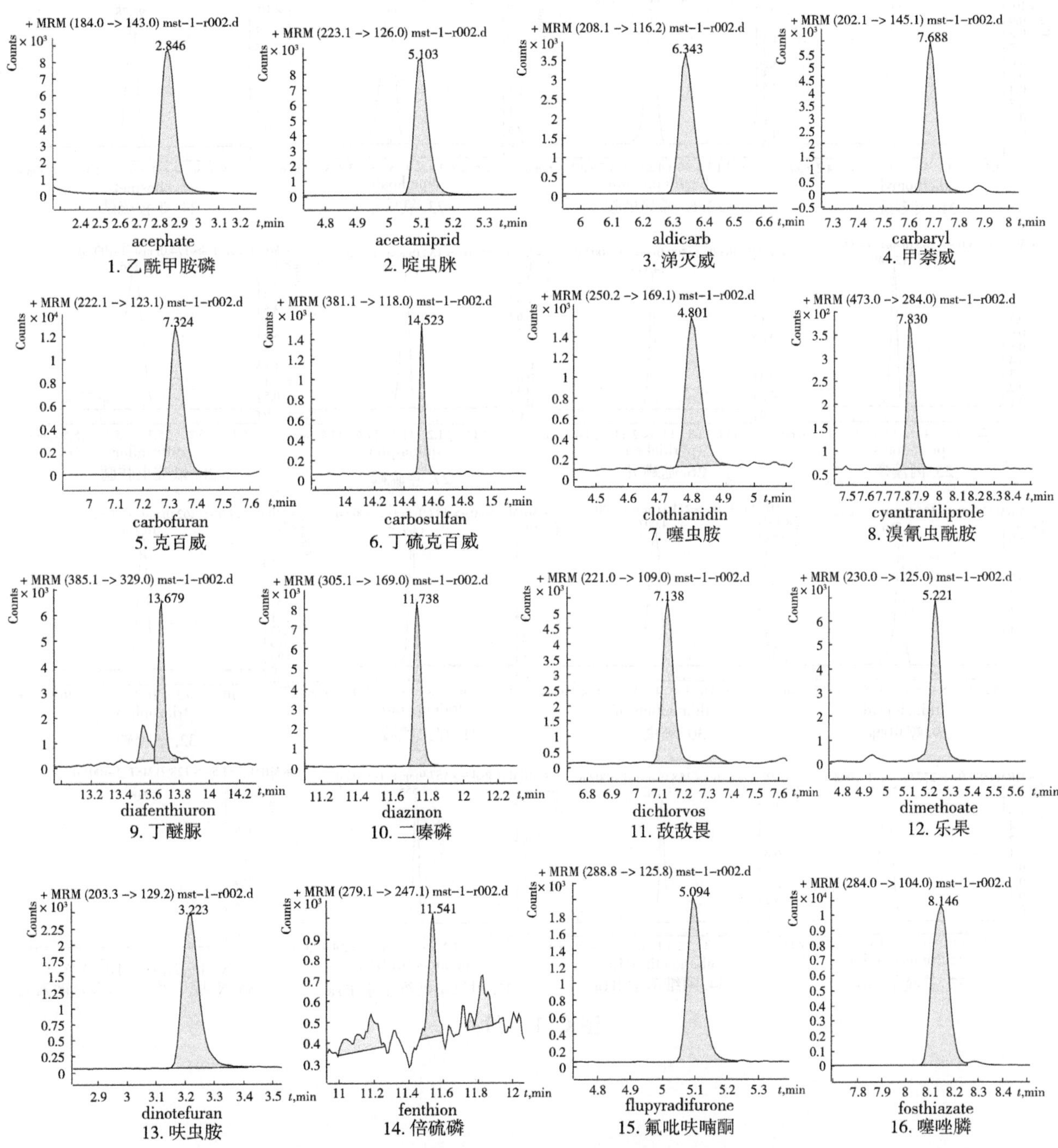

图 C.1　A 组、B 组和 C 组农药及其代谢物多反应监测（MRM）色谱图（0.005 mg/L）

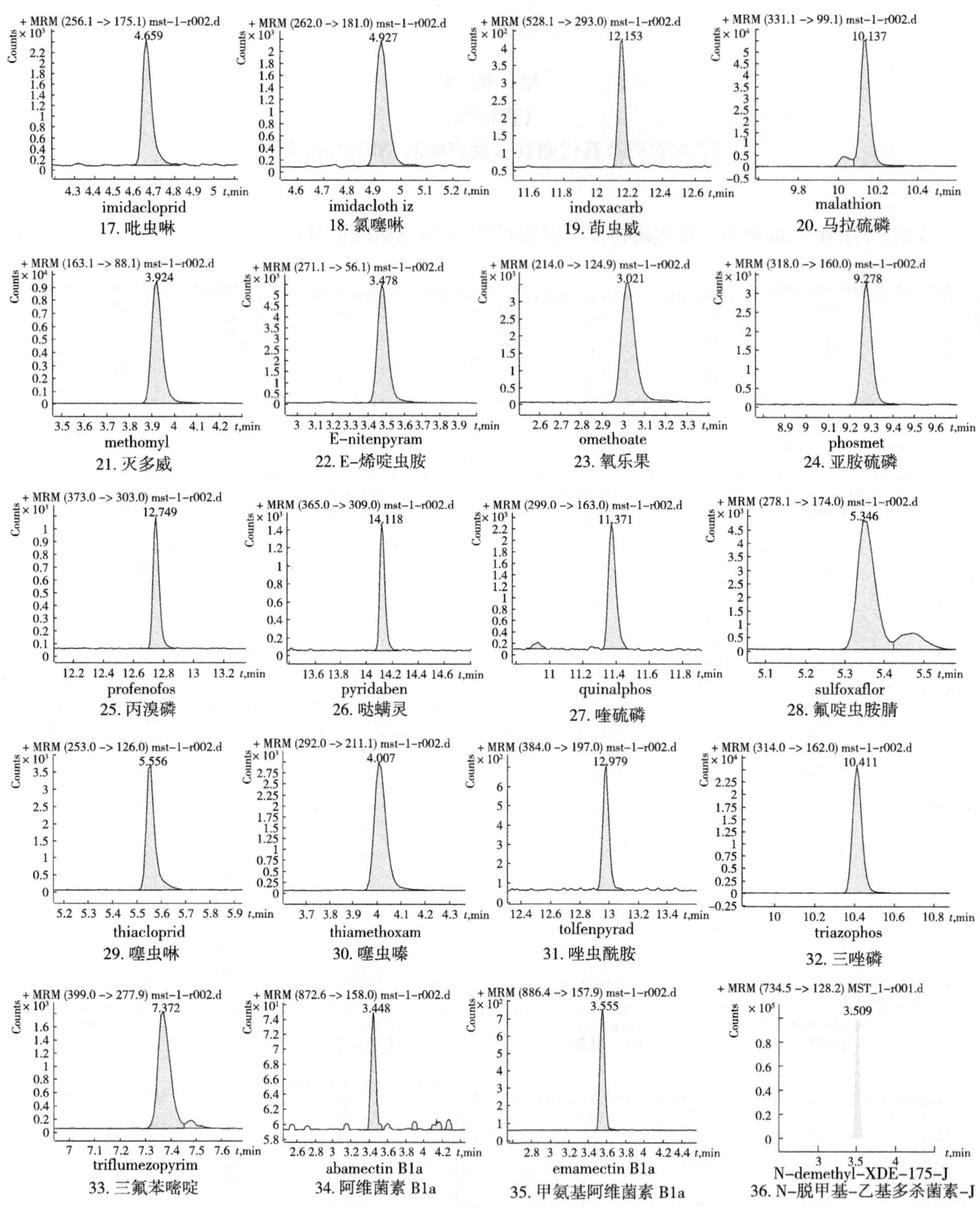
+ MRM (256.1 -> 175.1) mst-1-r002.d
4.659
imidacloprid
17. 吡虫啉
+ MRM (262.0 -> 181.0) mst-1-r002.d
4.927
imidacloth iz
18. 氯噻啉
+ MRM (528.1 -> 293.0) mst-1-r002.d
12.153
indoxacarb
19. 茚虫威
+ MRM (331.1 -> 99.1) mst-1-r002.d
10.137
malathion
20. 马拉硫磷
+ MRM (163.1 -> 88.1) mst-1-r002.d
3.924
methomyl
21. 灭多威
+ MRM (271.1 -> 56.1) mst-1-r002.d
3.478
E-nitenpyram
22. E-烯啶虫胺
+ MRM (214.0 -> 124.9) mst-1-r002.d
3.021
omethoate
23. 氧乐果
+ MRM (318.0 -> 160.0) mst-1-r002.d
9.278
phosmet
24. 亚胺硫磷
+ MRM (373.0 -> 303.0) mst-1-r002.d
12.749
profenofos
25. 丙溴磷
+ MRM (365.0 -> 309.0) mst-1-r002.d
14.118
pyridaben
26. 哒螨灵
+ MRM (299.0 -> 163.0) mst-1-r002.d
11.371
quinalphos
27. 喹硫磷
+ MRM (278.1 -> 174.0) mst-1-r002.d
5.346
sulfoxaflor
28. 氟啶虫胺腈
+ MRM (253.0 -> 126.0) mst-1-r002.d
5.556
thiacloprid
29. 噻虫啉
+ MRM (292.0 -> 211.1) mst-1-r002.d
4.007
thiamethoxam
30. 噻虫嗪
+ MRM (384.0 -> 197.0) mst-1-r002.d
12.979
tolfenpyrad
31. 唑虫酰胺
+ MRM (314.0 -> 162.0) mst-1-r002.d
10.411
triazophos
32. 三唑磷
+ MRM (399.0 -> 277.9) mst-1-r002.d
7.372
triflumezopyrim
33. 三氟苯嘧啶
+ MRM (872.6 -> 158.0) mst-1-r002.d
3.448
abamectin B1a
34. 阿维菌素 B1a
+ MRM (886.4 -> 157.9) mst-1-r002.d
3.555
emamectin B1a
35. 甲氨基阿维菌素 B1a
+ MRM (734.5 -> 128.2) MST_1-r001.d
3.509
N-demethyl-XDE-175-J
36. N-脱甲基-乙基多杀菌素-J

图 C.1 （续）

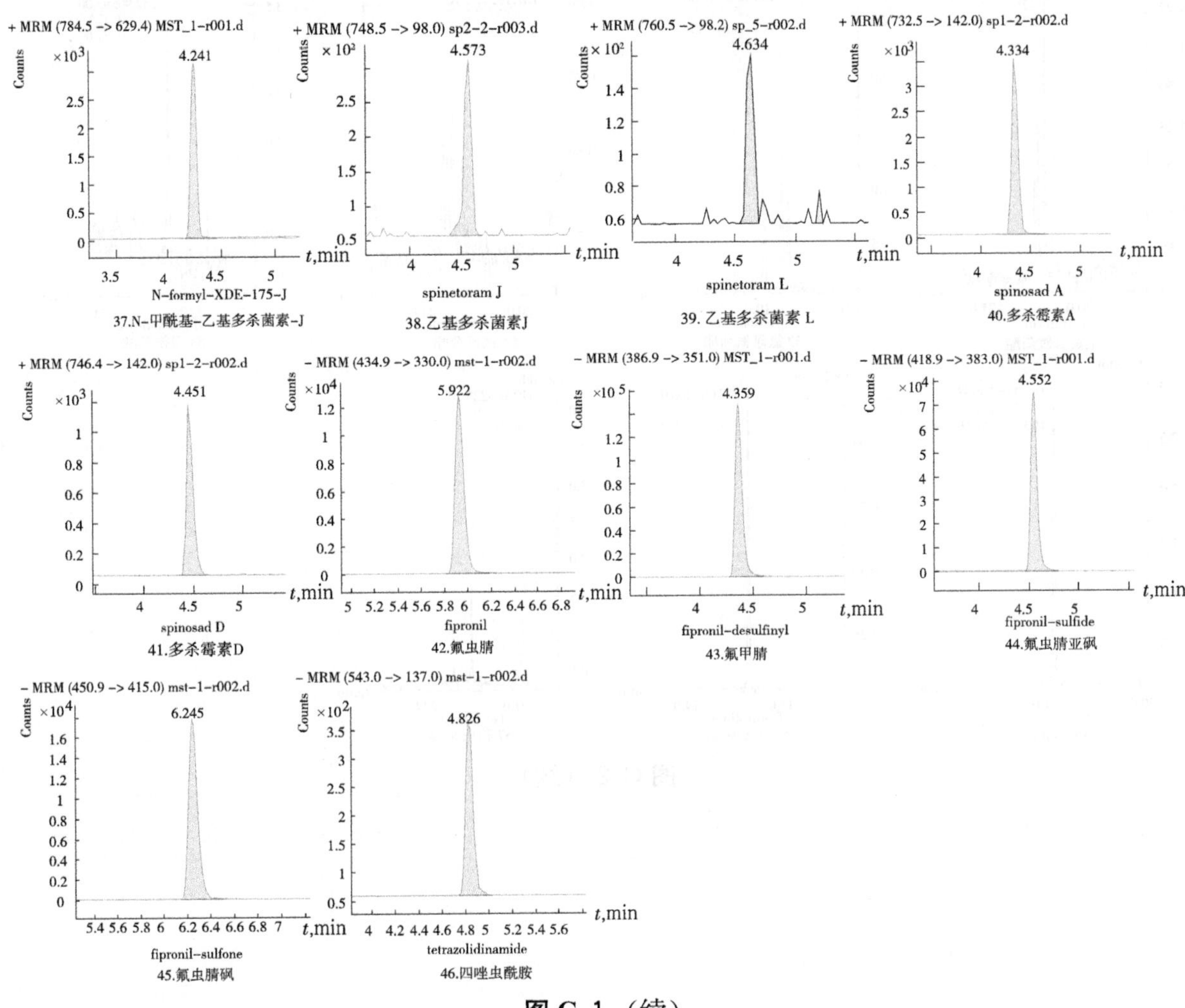

图 C.1 （续）

C.2 D组农药及其代谢物多反应监测(MRM)色谱图见图 C.2。

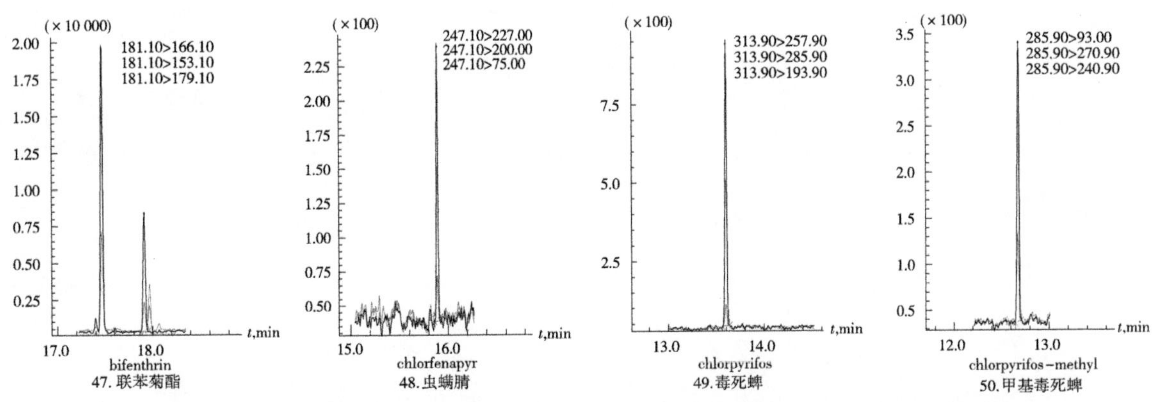

图 C.2　D组农药及其代谢物多反应监测(MRM)色谱图(0.020 mg/L)

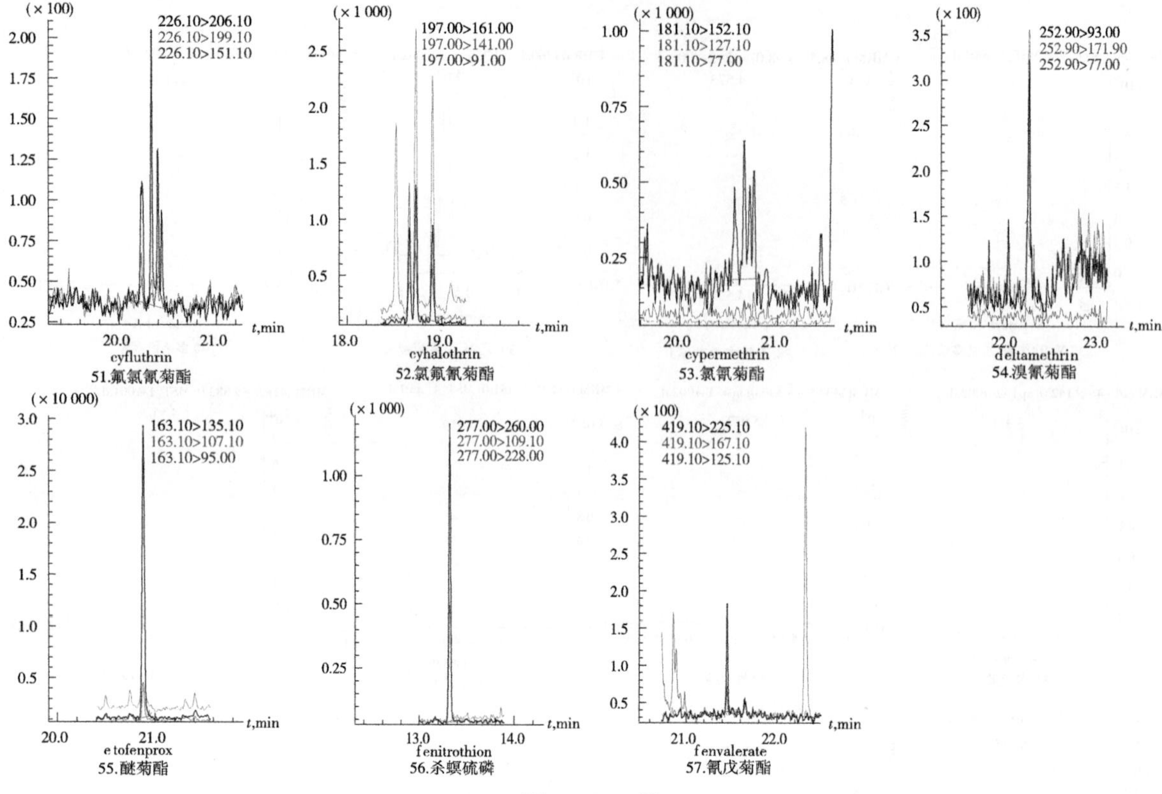

226.10>206.10
226.10>199.10
226.10>151.10
cyfluthrin
51.氟氯氰菊酯
197.00>161.00
197.00>141.00
197.00>91.00
cyhalothrin
52.氯氟氰菊酯
181.10>152.10
181.10>127.10
181.10>77.00
cypermethrin
53.氯氰菊酯
252.90>93.00
252.90>171.90
252.90>77.00
deltamethrin
54.溴氰菊酯
163.10>135.10
163.10>107.10
163.10>95.00
etofenprox
55.醚菊酯
277.00>260.00
277.00>109.10
277.00>228.00
fenitrothion
56.杀螟硫磷
419.10>225.10
419.10>167.10
419.10>125.10
fenvalerate
57.氰戊菊酯
t,min

图 C.2 （续）

附 录 D
（资料性）
重复性限（*r*）和再现性限（*R*）数据表

D.1 重复性限（*r*）数据见表 D.1。

表 D.1 重复性限（*r*）

序号	化合物名称	重复性限（*r*）		
		1 LOQ mg/kg	2 LOQ mg/kg	5 LOQ mg/kg
1	乙酰甲胺磷	0.000 3	0.002 0	0.003 3
2	啶虫脒	0.000 2	0.000 5	0.001 1
3	涕灭威	0.000 2	0.000 4	0.001 0
4	甲萘威	0.000 2	0.000 6	0.001 4
5	克百威	0.000 3	0.000 7	0.001 2
6	丁硫克百威	0.000 2	0.000 4	0.000 9
7	噻虫胺	0.000 3	0.000 7	0.001 5
8	溴氰虫酰胺	0.000 2	0.000 7	0.001 1
9	丁醚脲	0.000 4	0.001 2	0.002 5
10	二嗪磷	0.000 2	0.000 5	0.000 9
11	敌敌畏	0.001 1	0.002 6	0.007 1
12	乐果	0.000 3	0.000 7	0.001 4
13	呋虫胺	0.000 2	0.000 5	0.001 2
14	倍硫磷	0.001 0	0.002 4	0.004 5
15	氟吡呋喃酮	0.000 3	0.000 5	0.001 0
16	噻唑膦	0.000 3	0.000 7	0.001 4
17	吡虫啉	0.000 3	0.000 8	0.001 9
18	氯噻啉	0.000 3	0.000 8	0.002 0
19	茚虫威	0.000 3	0.000 5	0.001 3
20	马拉硫磷	0.000 3	0.000 8	0.001 5
21	灭多威	0.000 2	0.000 4	0.001 1
22	E-烯啶虫胺	0.000 2	0.000 5	0.001 3
23	氧乐果	0.000 3	0.000 5	0.000 8
24	亚胺硫磷	0.000 3	0.000 6	0.001 4
25	丙溴磷	0.000 3	0.000 6	0.001 0
26	哒螨灵	0.000 4	0.000 9	0.002 0
27	喹硫磷	0.000 3	0.000 5	0.001 2
28	氟啶虫胺腈	0.000 2	0.000 5	0.001 6
29	噻虫啉	0.000 3	0.000 5	0.001 0
30	噻虫嗪	0.000 3	0.000 6	0.001 4
31	唑虫酰胺	0.000 4	0.000 9	0.002 3
32	三唑磷	0.000 3	0.000 8	0.001 5
33	三氟苯嘧啶	0.000 2	0.000 6	0.001 8
34	阿维菌素 B1a	0.000 4	0.000 7	0.001 5
35	甲氨基阿维菌素苯甲酸盐 B1a	0.000 4	0.000 7	0.001 6
36	N-脱甲基-乙基多杀菌素-J	0.000 3	0.000 6	0.001 5
37	N-甲酰基-乙基多杀菌素-J	0.000 3	0.000 8	0.001 8

表 D.1 （续）

序号	化合物名称	重复性限(r)		
		1 LOQ mg/kg	2 LOQ mg/kg	5 LOQ mg/kg
38	乙基多杀菌素 J	0.000 3	0.000 8	0.002 0
39	乙基多杀菌素 L	0.000 3	0.000 8	0.001 8
40	多杀霉素 A	0.000 3	0.000 8	0.001 8
41	多杀霉素 D	0.000 3	0.000 7	0.001 8
42	氟虫腈	0.000 3	0.000 4	0.000 9
43	氟甲腈	0.000 3	0.000 5	0.001 0
44	氟虫腈亚砜	0.000 3	0.000 5	0.001 2
45	氟虫腈砜	0.000 3	0.000 4	0.001 2
46	四唑虫酰胺	0.000 4	0.001 2	0.002 5
47	联苯菊酯	0.001 0	0.001 8	0.003 5
48	虫螨腈	0.002 3	0.004 2	0.005 8
49	毒死蜱	0.000 7	0.001 5	0.003 3
50	甲基毒死蜱	0.000 9	0.001 6	0.002 6
51	氟氯氰菊酯	0.001 1	0.002 8	0.005 2
52	氯氟氰菊酯	0.001 5	0.003 0	0.003 4
53	氯氰菊酯	0.001 9	0.002 8	0.005 1
54	溴氰菊酯	0.001 6	0.003 0	0.005 4
55	醚菊酯	0.000 4	0.000 9	0.001 9
56	杀螟硫磷	0.001 0	0.002 2	0.006 6
57	氰戊菊酯	0.001 8	0.003 3	0.012 9
注:LOQ 为方法定量限。				

D.2 再现性限(*R*)数据见表 D.2。

表 D.2 再现性限(*R*)

序号	化合物名称	再现性限(R)		
		1 LOQ mg/kg	2 LOQ mg/kg	5 LOQ mg/kg
1	乙酰甲胺磷	0.001 8	0.003 4	0.005 4
2	啶虫脒	0.000 4	0.000 8	0.002 5
3	涕灭威	0.000 5	0.001 4	0.003 8
4	甲萘威	0.000 4	0.000 9	0.002 0
5	克百威	0.000 6	0.001 3	0.003 7
6	丁硫克百威	0.000 4	0.000 8	0.001 9
7	噻虫胺	0.000 4	0.001 8	0.003 4
8	溴氰虫酰胺	0.000 5	0.001 2	0.003 2
9	丁醚脲	0.001 4	0.002 0	0.003 4
10	二嗪磷	0.000 5	0.001 4	0.003 2
11	敌敌畏	0.002 8	0.004 2	0.007 3
12	乐果	0.000 6	0.001 0	0.002 4
13	呋虫胺	0.000 5	0.001 2	0.002 5
14	倍硫磷	0.003 4	0.006 8	0.013 0
15	氟吡呋喃酮	0.000 5	0.001 0	0.002 7
16	噻唑膦	0.000 4	0.000 7	0.001 8
17	吡虫啉	0.000 6	0.001 4	0.002 7
18	氯噻啉	0.000 5	0.001 2	0.002 6

表 D.2 （续）

序号	化合物名称	再现性限(*R*)		
		1 LOQ mg/kg	2 LOQ mg/kg	5 LOQ mg/kg
19	茚虫威	0.000 4	0.001 0	0.002 8
20	马拉硫磷	0.000 4	0.001 1	0.002 5
21	灭多威	0.000 4	0.000 9	0.002 6
22	E-烯啶虫胺	0.000 4	0.000 9	0.002 0
23	氧乐果	0.000 4	0.000 8	0.001 9
24	亚胺硫磷	0.000 5	0.001 3	0.002 2
25	丙溴磷	0.000 5	0.001 5	0.003 1
26	哒螨灵	0.000 5	0.001 3	0.002 4
27	喹硫磷	0.000 5	0.001 1	0.002 8
28	氟啶虫胺腈	0.000 4	0.000 8	0.001 8
29	噻虫啉	0.000 5	0.000 8	0.002 0
30	噻虫嗪	0.000 4	0.001 0	0.002 3
31	唑虫酰胺	0.000 4	0.000 9	0.002 8
32	三唑磷	0.000 5	0.001 0	0.002 0
33	三氟苯嘧啶	0.000 5	0.001 3	0.003 4
34	阿维菌素 B1a	0.000 4	0.001 0	0.002 6
35	甲氨基阿维菌素苯甲酸盐 B1a	0.000 8	0.002 2	0.005 1
36	N-脱甲基-乙基多杀菌素-J	0.000 5	0.000 8	0.002 0
37	N-甲酰基-乙基多杀菌素-J	0.000 5	0.000 8	0.002 0
38	乙基多杀菌素 J	0.000 4	0.000 9	0.002 0
39	乙基多杀菌素 L	0.000 4	0.000 8	0.002 2
40	多杀霉素 A	0.000 5	0.000 9	0.002 4
41	多杀霉素 D	0.000 5	0.000 8	0.002 5
42	氟虫腈	0.000 6	0.001 0	0.002 8
43	氟甲腈	0.000 6	0.001 3	0.002 7
44	氟虫腈亚砜	0.000 5	0.001 1	0.002 0
45	氟虫腈砜	0.000 6	0.001 2	0.002 4
46	四唑虫酰胺	0.000 9	0.003 6	0.004 8
47	联苯菊酯	0.001 5	0.003 0	0.005 6
48	虫螨腈	0.004 5	0.008 4	0.015 5
49	毒死蜱	0.002 4	0.003 2	0.011 1
50	甲基毒死蜱	0.001 3	0.02 6	0.011 4
51	氟氯氰菊酯	0.002 2	0.005 5	0.010 2
52	氯氟氰菊酯	0.003 0	0.005 8	0.011 9
53	氯氰菊酯	0.001 9	0.004 2	0.009 0
54	溴氰菊酯	0.005 8	0.007 6	0.019 4
55	醚菊酯	0.002 8	0.007 8	0.02 6
56	杀螟硫磷	0.004 5	0.006 2	0.020 2
57	氰戊菊酯	0.004 4	0.014 8	0.030 2
注:LOQ 为方法定量限。				

ICS 65.020
CCS B 17

中华人民共和国农业行业标准

NY/T 4185—2022

易挥发化学农药对蚯蚓急性毒性试验准则

Volatile chemical pesticide—Guideline for earthworm

2022-11-11 发布　　　　2023-03-01 实施

中华人民共和国农业农村部　发布

前　　言

本文件按照 GB/T 1.1—2020《标准化工作导则　第1部分：标准化文件的结构和起草规则》的规定起草。

请注意本文件的某些内容可能涉及专利。本文件的发布机构不承担识别专利的责任。

本文件由农业农村部种植业管理司提出并归口。

本文件负责起草单位：农业农村部农药检定所、中国农业科学院植物保护研究所。

本文件主要起草人：毛连纲、周欣欣、袁善奎、程燕、张兰、卜元卿、张燕宁、王宏伟、陈朗、陈红英、田建利。

易挥发化学农药对蚯蚓急性毒性试验准则

1 范围

本文件规定了易挥发化学农药对蚯蚓急性毒性试验的方法、质量控制、试验报告等的基本要求。

本文件适用于为易挥发化学农药(熏蒸剂类)登记而进行的蚯蚓急性毒性试验。

2 规范性引用文件

下列文件中的内容通过文中的规范性引用而构成本文件必不可少的条款。其中,注日期的引用文件,仅该日期对应的版本适用于本文件;不注日期的引用文件,其最新版本(包括所有的修改单)适用于本文件。

GB/T 2890 呼吸防护 自吸过滤式防毒面具

GB/T 6682 分析实验室用水规格和试验方法

3 术语和定义

下列术语和定义适用于本文件。

3.1

生殖带 clitellum

蚯蚓身体前端表皮上的一种腺体,为鞍状或环带状,通常可通过颜色与蚯蚓身体其他部分区分开。

3.2

成蚓 adult worm

身体前端呈现出生殖带的蚯蚓。

3.3

易挥发化学农药 volatile chemical pesticides

自身易挥发或在施入土壤后容易产生易挥发物质的一类化学农药,而易挥发物质即亨利常数(H)或空气/水分配系数大于 1 或蒸气压在 25 ℃时超过 0.013 3 Pa 的物质。

3.4

半数致死浓度 median lethal concentration

引起 50%供试生物死亡时的供试物浓度,用 LC_{50} 表示。

注:单位为毫克有效成分每千克干土(mg a.i./kg 干土)。

4 试验概述

在含有适量人工土壤的密闭容器中放入蚯蚓,待蚯蚓钻入土壤后,施用被试物,在适宜条件下密闭培养 2 周,并观察记录蚯蚓的中毒症状和死亡数,求出农药对蚯蚓的半致死浓度 LC_{50} 及 95%置信限。

5 试验方法

试验操作人员在称量和施用被试物过程中,应佩戴对被试物具有阻隔效果的防毒面具并穿戴防护服。防毒面具性能应符合 GB/T 2890 的要求。施药过程中如有刺激流泪现象或闻到刺激性气味,应立即离开施药区域,并检查或更换防毒面具。

5.1 材料和仪器

除另有规定外,水为符合 GB/T 6682 中规定的一级水。

5.1.1 **供试生物**

推荐选择赤子爱胜蚯蚓(*Eisenia fetida*)成蚓进行试验,体重在 0.30 g～0.60 g。

5.1.2 **供试土壤**

人工土壤,配制方法见附录 A。

5.1.3 **被试物**

被试物为易挥发化学农药制剂或原药。难溶于水的液体类药剂可用少量对蚯蚓毒性小的有机溶剂助溶后再溶于水进行稀释;固体类药剂可以通过适量的石英砂(50 μm～200 μm 颗粒含量大于 50%)来稀释并混匀。

5.1.4 **仪器设备**

5.1.4.1 人工气候室。

5.1.4.2 电子天平(感量 0.000 1 g)。

5.1.4.3 移液器。

5.1.4.4 密闭容器(推荐玻璃干燥器,规格为器口内径 160 mm,对应容积 2.5 L)。

5.1.4.5 防毒面具。

5.1.4.6 容量瓶等。

5.2 **试验步骤**

5.2.1 **预试验**

按正式试验的条件,以较大的间距设若干组浓度,求出被试物对蚯蚓全致死的最低浓度和全存活的最高浓度,在此范围内设置正式试验的浓度。

5.2.2 **正式试验**

5.2.2.1 在预试验确定的浓度范围内按一定级差等比设置 5 个～7 个浓度组(最大级差不超过 2),并设置一个空白对照组(使用助溶剂的应增设溶剂对照组),每个浓度组均至少设 3 个重复。

5.2.2.2 用蒸馏水调节人工土壤含水量至其最大持水量(测定方法见附录 B)的 65%～85%,称取相当于 500 g 干土重的上述已配制人工土壤放入干燥器中,每个重复放入 10 条蚯蚓。

5.2.2.3 液体类药剂直接通过移液器移取后注射入容器中间位置的土壤中;用量非常低而无法直接量取时,易溶于水的液体类药剂可以通过溶于水进行稀释;难溶于水的液体类药剂可用少量对蚯蚓毒性小的有机溶剂助溶后再溶于水进行稀释,有机溶剂用量一般不得超过 0.1 mL/L。固体类药剂直接通过电子天平称取所需用量后均匀混入土壤中;用量非常低而无法直接称取时,固体类药剂可以通过适量的石英砂来稀释。

5.2.2.4 施入药剂后,迅速密闭容器,将干燥器放置于(20±2) ℃、光照度 400 lx～800 lx 的人工气候室中。14 d 后倒出瓶内土壤,观察记录蚯蚓的中毒症状和死亡数(用针轻触蚯蚓尾部,蚯蚓无反应则为死亡)。根据蚯蚓 14 d 的死亡率,求出农药对蚯蚓的毒性 LC_{50} 及 95%置信限。

5.2.3 **限度试验**

设置上限浓度 1 000 mg a.i./kg 干土,若未见蚯蚓死亡,则无需继续进行试验。

5.2.4 **参比试验**

为检验实验室的设备、条件、方法、供试生物、供试土壤的质量是否合乎要求,应设置参比物质作为本准则方法学上的可靠性检验,参比物质为棉隆。

5.3 **数据处理**

5.3.1 **统计分析方法的选择**

可采用寇氏法、直线内插法或概率单位图解法计算得到每一观察时间(14 d)的 LC_{50} 和 95%置信限,也可应用有关毒性数据计算软件进行分析和计算。

5.3.2 **寇氏法**

用寇氏法可求出蚯蚓在 14 d 的 LC_{50} 及 95%置信限。

LC_{50}的计算见公式(1)。

$$\lg LC_{50}=X_m-i\ (\sum P-0.5) \tag{1}$$

式中：

X_m ——最高浓度的对数；

i ——相邻浓度比值的对数；

$\sum P$ ——各组死亡率的总和(以小数表示)。

95%置信限的计算见公式(2)。

$$95\%置信限=\lg LC_{50}\pm 1.96S\ \lg LC_{50} \tag{2}$$

式中：

S——标准误。

标准误的计算见公式(3)。

$$S\lg LC_{50}=i\sqrt{\sum \frac{pq}{n}} \tag{3}$$

式中：

p ——1个组的死亡率，单位为百分号(%)；

q ——$1-p$，单位为百分号(%)；

n ——各浓度组蚯蚓的数量，单位为条。

5.3.3 直线内插法

采用线性刻度坐标，绘制死亡百分率对被试物浓度的曲线，求出50%死亡时的LC_{50}。

5.3.4 概率单位图解法

用半对数纸，以浓度对数为横坐标，死亡百分率对应的概率单位为纵坐标绘图。将各实测值在图上用目测法画一条相关直线，从直线中读出致死50%的浓度对数，估算出LC_{50}。

6 质量控制

质量控制条件应包括：

a) 空白对照组或溶剂对照组死亡率均不超过10%；

b) 参比试验中棉隆对蚯蚓试验开始后14 d的LC_{50}应在1 mg a. i. /kg干土～8 mg a. i. /kg干土。

7 试验报告

试验报告至少应包括下列内容：

a) 被试物的信息，包括被试农药的通用名、化学名称、结构式、CAS号、纯度、基本理化性质、来源等；

b) 被试生物的名称、来源、大小及健康情况；

c) 试验条件，包括试验温度、光照等；

d) 被试土壤中的被试物浓度及试验开始后14 d的LC_{50}和95%置信限，并给出所采用的计算方法；

e) 对照组蚯蚓的死亡率、行为反应异常的比例；

f) 注明人工土壤配方与配制方法。

附　录　A
（资料性）
人工土壤组成成分及配比

人工土壤组成成分及配比见表 A.1

表 A.1　人工土壤组成成分及配比

成分	含量，%	说明
泥炭藓	10	pH 5.5～6.0
高岭土	20	高岭石含量大于 30%
石英砂	68	50 μm～200 μm 颗粒含量大于 50%
碳酸钙	2	调节人工土壤 pH 至 6.0 ± 0.5

附　录　B
（规范性）
土壤最大持水量测定方法

B.1　用合适的取样装置（螺旋管等）取定量（如 50 g～100 g）的试验土壤介质。

B.2　用浸满水的滤纸将螺旋管的底部盖住后放在水槽的架子上。水平面最初应低于管上端的管口。稍后应使水平面高于管口。装有土壤的管子留在水中约 3 h。

B.3　将装有土壤样品的管子放在湿润的石英砂上 2 h 让多余的水分流掉，石英砂装在有盖子的容器里（防止石英砂蒸干）。

B.4　称量样品，将样品在（105±2）℃烘箱中烘至恒重。最大持水量（*WHC*）按照公式（B.1）计算。

$$WHC=\frac{S-T-D}{D}\times 100 \qquad (B.1)$$

式中：

WHC ——最大持水量（干物质的百分含量），单位为百分号（%）；

S ——水饱和介质＋管子的重量＋滤纸的重量，单位为克（g）；

T ——净重（管子的重量＋滤纸的重量），单位为克（g）；

D ——介质的干重，单位为克（g）。

参 考 文 献

[1] GB/T 31270.15—2014 化学农药环境安全评价试验准则 第15部分:蚯蚓急性毒性试验

[2] OECD (1984), Test No. 207: Earthworm, Acute Toxicity Tests, OECD Guidelines for the Testing of Chemicals, Section 2, OECO Publishing, Paris

[3] US EPA 712-C-024—2012. Earthworm Subchronic Toxicity Test (OCSPP 850.3100). Ecological effects test guidelines. Washington DC, United States of America

[4] ISO-11268-1—2012. Soil quality-Effects of pollutants on earthworms-Part 1: Determination of acute toxicity to *Eisenia fetida/Eisenia andrei*

[5] Mao L, Zhang L, Zhang Y, Jiang H. Ecotoxicity of 1,3-dichloropropene, metam sodium, and dazomet on the earthworm *Eisenia fetida* with modified artificial soil test and natural soil test[J]. Environmental Science and Pollution Research, 2017(24): 18692-18698

ICS 65.020
CCS B 17

中华人民共和国农业行业标准

NY/T 4186—2022

化学农药　鱼类早期生活阶段毒性试验准则

Chemical pesticide—Guideline for fish, early-life stage toxicity test

2022-11-11 发布　　2023-03-01 实施

中华人民共和国农业农村部　发布

前　　言

本文件按照 GB/T 1.1—2020《标准化工作导则　第 1 部分：标准化文件的结构和起草规则》的规定起草。

请注意本文件的某些内容可能涉及专利。本文件的发布机构不承担识别专利的责任。

本文件由农业农村部种植业管理司提出并归口。

本文件负责起草单位：农业农村部农药检定所、中国农业科学院植物保护研究所。

本文件主要起草人：陈朗、周欣欣、吴声敢、杨海荣、刘新刚、胡秀卿、韩雪、陈超、李肇丽、袁善奎。

化学农药 鱼类早期生活阶段毒性试验准则

1 范围

本文件规定了化学农药对鱼类早期生活阶段毒性试验的材料、条件、仪器设备、试验步骤、数据处理、质量控制和试验报告等的基本要求。

本文件适用于为化学农药登记而进行的鱼类早期生活阶段毒性试验,其他类型的农药可参照使用。

2 规范性引用文件

本文件没有规范性引用文件。

3 术语和定义

下列术语和定义适用于本文件。

3.1

最低可观察效应浓度 lowest observed effect concentration, LOEC

在一定暴露期内,与对照组相比,对受试生物在统计学意义上($P<0.05$)产生显著影响的最低试验浓度,用 LOEC 表示。

注:单位为毫克有效成分每升(mg a.i./L)或微克有效成分每升(μg a.i./L)。

3.2

无可观察效应浓度 no observed effect concentration, NOEC

在一定暴露期内,与对照组相比,对受试生物在统计学意义上($P<0.05$)无显著影响的最高试验浓度,用 NOEC 表示,即仅低于 LOEC 的被试物浓度。

注:单位为毫克有效成分每升(mg a.i./L)或微克有效成分每升(μg a.i./L)。

3.3

x%效应浓度 x% effective concentration, EC_x

在一定暴露期内,引起受试生物产生 x%毒性效应的被试物浓度,用 EC_x 表示。例如,半数效应浓度以 EC_{50} 表示,10%效应浓度以 EC_{10} 表示。

注:单位为毫克有效成分每升(mg a.i./L)或微克有效成分每升(μg a.i./L)。

3.4

标准长 standard length, SL

指从受试生物吻端到尾鳍前端(不含尾鳍)的长度。

3.5

全长 total length, TL

指从受试生物吻端到尾鳍最长叶端的直线长度。

4 试验概述

采用流水式或半静态试验法,将受试生物暴露于一定浓度范围的试验溶液中进行鱼类早期生活阶段的毒性测试。从将鱼受精卵加入试验溶液中开始试验,至对照组中受试鱼生长至某一特定生活阶段时(如所有的鱼均能自由摄食 2 周后)结束试验。通过评价试验期间被试物对受试鱼的致死毒性效应和亚致死毒性效应并与对照组进行比较,获得被试物对鱼类早期生活阶段的最低可观察效应浓度(LOEC)和无可观察效应浓度(NOEC)。如可能,计算 x%效应浓度 EC_x(如 EC_{10}、EC_{20}、EC_{50})及其置信区间。

5 试验方法

5.1 材料和条件

5.1.1 **被试物**

农药原药或制剂。试验前应收集被试物的基本信息,包括但不限于以下数据:

a) 溶解性。

b) 蒸汽压。

c) 鱼类急性毒性试验结果。

d) 鱼类胚胎和卵黄囊仔鱼阶段的短期毒性试验结果等。

5.1.2 **试验用水**

5.1.2.1 试验用水应满足鱼类长期生存与正常生长的需要,并保持水质恒定。

5.1.2.2 定期(如每年 2 次)进行水质检测。试验用水的水质指标要求应符合附录 A 的要求。

5.1.3 **试验条件**

根据受试鱼的种类选择适宜的试验条件(如温度、光照等),具体要求见附录 B。

5.1.4 **试验容器**

试验容器应采用玻璃、不锈钢或其他化学惰性材质,尽量避免硅酮管、硅胶密封圈等与试验用水接触。容器尺寸应满足承载量要求。

5.1.5 **鱼种选择**

推荐鱼种见表 1,包括 4 种淡水鱼类和 2 种海水鱼类。如果选用其他鱼种作为受试鱼,应根据其生理习性选择适宜的饲育和试验条件,并在试验报告中详细说明试验鱼种的选择理由、来源、驯养与繁育情况,以及试验方法。

表 1 推荐使用的鱼种

淡水鱼类	海水鱼类
Oncorhynchus mykiss,虹鳟	*Cyprinodon variegatus*,杂色鳉
Pimephales promelas,胖头鱥	*Menidia* sp,月银汉鱼属
Danio rerio, 斑马鱼	—
Oryzias latipes, 青鳉	—

5.1.6 **试验鱼种的驯养**

受试生物亲鱼的驯养条件见附录 B。

6 主要仪器设备

6.1 天平(感量 0.000 1 g 以上)。

6.2 溶解氧仪。

6.3 pH 计。

6.4 温度监控设备。

6.5 分析仪器。

6.6 烘箱。

6.7 显微镜。

6.8 硬度计。

6.9 盐度计(海水鱼试验)。

6.10 鱼类繁殖装置等。

7 试验步骤

7.1 试验方法的选择

7.1.1 根据被试物的特性选择半静态法或流水式法进行试验。采用半静态法时,试验溶液中被试物的浓度应保持在设定浓度或初始测定浓度的±20%。对于难处理农药(难溶或略溶于水、易挥发、易降解、易被吸附、疏水性、离子型或多组分农药等),参考 NY/T 3273 选择试验方法。

7.1.2 半静态试验更换试验溶液时,宜将受试生物留在试验容器内,至少更新 2/3 试验溶液,也可将受试生物轻轻地移入盛有新配制试验溶液的清洁容器中。

7.1.3 采用流水式方法时,试验前应对试验系统的药液输送与稀释能力进行校准和确认。试验过程中应定期检查储备液与稀释用水的流量,使试验溶液中被试物的浓度变化控制在±10%,且每 24 h 流量应超过试验容器容积的 5 倍。

7.1.4 试验溶液制备过程应优先采用简单方法,如搅拌或超声。不推荐使用有机溶剂或分散剂(助溶剂),如需使用,其用量应尽可能≤ 100 mg/L 或≤ 0.1 mL/L,且各试验容器中的用量应尽可能保持一致。

7.2 试验浓度

7.2.1 根据被试物的已知毒性数据和预试验结果等确定正式试验的浓度范围。

7.2.2 按一定比例间距设置至少 5 个处理组(几何级差控制在 3.2 倍以内),以及空白对照组。若使用助溶剂,应同时设置溶剂对照组。每个处理组和对照组至少 4 个重复。试验容器的摆放应符合完全随机或随机区组设计。

7.2.3 限度试验的浓度为所测试鱼种的 96 h LC_{50}或 10 mg a. i. /L(二者取较低值)。

7.3 试验周期

应于鱼卵受精后立即开始试验。将受精卵在开始卵裂之前(或尽可能接近这一阶段之后)浸泡在试验溶液中(斑马鱼受精卵初期发育阶段见附录 B)。试验周期视受试鱼种而定(见附录 B)。

7.4 承载量

7.4.1 试验开始时,将受精卵随机分配至各处理组中,每个处理组至少 80 粒卵,平均分配到至少 4 个重复中。

7.4.2 承载量不宜过高,以保证试验溶液中的溶解氧浓度保持在空气饱和值(*ASV*)的 60%以上。采用流水式方法时,24 h 流量的承载量不应超过 0.5 g 湿重/L,且容器内溶液的承载量不应超过 5 g 湿重/L。

7.5 受试生物的转移

胚胎和新孵出的仔鱼最初可在小号玻璃或不锈钢容器内进行暴露。然后,在适宜阶段将受试生物转移至大号试验容器中。转移时间视受试鱼种而异(见附录 C),转移过程中应保持受试生物始终在水中。

7.6 饲喂

针对受试生物的不同生长阶段,适时、适量地投喂相应的饵料,投饵量在确保使鱼吃饱的同时应尽量减少残饵量。试验过程中,应及时清除残饵和粪便。饲喂方案见附录 C。

7.7 水质测定与化学分析

7.7.1 试验开始前,应建立试验溶液中被试物的分析方法,并进行方法验证。

7.7.2 试验期间,至少每周测定 1 次所有试验容器中试验溶液的溶解氧、pH 和温度。在试验开始和结束时,测定硬度和盐度(适用于海水鱼试验)。同时,对试验温度进行持续监测(至少监测其中 1 个试验容器)。

7.7.3 试验期间,至少应定期进行 5 批次以上浓度分析。试验周期超过 1 个月的,至少每周测定 1 次。每次至少测定 1 个重复试验溶液中的被试物浓度,各重复轮流采样。分析样品采集后,可进行过滤(如 0.45 μm 滤膜)或离心处理,以去除颗粒物质。采取过滤处理方式时,宜先取一定量的样品过滤使滤膜达到饱和,再取续滤液用于分析。

7.7.4 若测定浓度未超出设定浓度的 80%~120%,可用测定浓度或理论浓度表示试验结果。若测定浓度超出设定浓度的 80%~120%,流水式试验中以测定浓度的算术平均值表示试验结果,半静态试验中以测定浓度的几何平均值表示试验结果。

7.8 观察与测定

7.8.1 试验开始时,应记录受精卵的发育时期。

7.8.2 试验期间,应每天观察并记录受试生物的孵化数与存活数,并将死亡个体移走。胚胎发育早期(试验开始 2 d 内)出现真菌感染的卵也应移除并记录。移走死亡个体时应避免磕碰周围的卵/仔鱼。

7.8.3 判断不同生活阶段受试生物死亡的标准是:

a) 受精卵:半透明状消失,变白。

b) 胚胎、仔鱼和幼鱼:出现静止不动、无呼吸运动、无心脏跳动、对机械刺激无反应等 1 种或多种症状。

7.8.4 试验期间,应每天记录受试生物出现畸形或异常的数量。当畸形或异常严重且无恢复的可能时,可将其从试验容器中移走并进行安乐死处理。后续数据分析中该类个体视为死亡个体。

7.8.5 试验期间,应每天记录受试生物的异常行为,如呼吸急促、游动失调、反常的静止或异常摄食等。

7.8.6 试验结束时,以每个重复(每个试验容器)为 1 组,记录受试生物的存活数,称重,并计算平均体重。测定湿重(吸干水分后称量)或干重(60 ℃烘干 24 h 后称量)。

7.8.7 试验结束时,逐一测量受试生物的体长。宜测定全长(TL),出现尾鳍腐烂或蚀损等情况时以标准长(SL)代替。测量工具可选用卡尺、数码相机或校准过的目镜测微尺等。体长数据应符合附录 B 要求。

8 数据处理

8.1 根据方差齐性和正态分布检验结果,选择合适的统计方法比较处理组与对照组之间各观测指标的差异,详见附录 D。基于单个试验容器(各重复)的试验数据进行统计分析。

8.2 当毒性效应数据呈现为单调性浓度-效应关系时,对于连续变量,采用 step-down Jonckheere-Terpstra 检验或 Williams 检验方法;对于二分类变量,当超二项方差不显著时,采用 step-down Cochran-Armitage 检验,否则,采用 Rao-Scott 改良的 Cochran-Armitage 检验、William' s 检验、Dunnett's 检验(对数据进行正弦平方根转换后)或 Jonckheere-Terpstra 检验等方法。

8.3 当毒性效应数据呈现为非单调的浓度-效应关系时,对于连续变量,采用 Dunnett's、Dunn' s 或 Mann-Whitney 检验方法,对于二分类变量,采用 Fisher's Exact 检验方法。

8.4 理论上,与对照组相比,对受试生物产生了具有统计学意义($P<0.05$)显著影响的最低试验浓度即为 LOEC,且高于 LOEC 的所有试验浓度均应产生大于或等于 LOEC 的有害影响。当上述 2 个条件不能同时满足时,应在报告中对所选择的 LOEC 和 NOEC 进行详细解释与说明。

9 质量控制

质量控制条件包括以下内容。

a) 试验期间,溶解氧应始终大于 60%的空气饱和度;

b) 试验期间,水温应保持在受试生物适宜的温度范围内(附录 B),且日温变化不应超过1.5 ℃;

c) 空白对照组和溶剂对照组(如有)中,受精卵的总存活率以及孵化后的存活率应大于或等于附录 B 中规定的限值。

10 试验报告

10.1 被试物

被试物名称、标称值、剂型、样品批号、外观、重量、生产日期、有效日期、来样日期、生产企业、生产企业地址、储存条件和稳定性等。

10.2 有效成分

中英文通用名称、CAS 号、化学名称、分子式、结构式、相对分子量、外观、溶解度和稳定性等,并注明出处。

10.3 受试生物

名称、品系、大小、来源,受精卵的收集及其后续处理方法。

10.4 试验条件

a) 试验程序，如半静态法或流水式法，承载量等；

b) 光照周期；

c) 试验设计，如处理组的数量、每个处理组的重复数、每个重复中的胚胎数、试验容器的材质和尺寸、每个容器中试验溶液的体积等；

d) 储备液制备方法；

e) 试验溶液更新频率，如使用了助溶剂，还包括其名称和浓度等；

f) 被试物暴露方法，流水式试验中应包括泵和稀释系统等信息；

g) 分析方法的定量限、检测限、添加回收样品的标称浓度及其回收率，实测浓度平均值及其标准差等；

h) 试验浓度、平均实测值及其标准偏差；

i) 试验用水的 pH、硬度、温度、溶解氧、残氯量、总有机碳、悬浮颗粒物、盐度以及其他测量指标；

j) 试验期间水质情况，如 pH、硬度、温度和溶解氧等；

k) 饲喂信息，如饲料种类、来源、饲喂量和饲喂频率等。

10.5 试验结果

a) 空白对照组满足试验有效性标准的证据；

b) 受试生物在不同阶段(胚胎、仔鱼和幼鱼)的死亡率及累积死亡率；

c) 孵化开始时间、结束时间，孵化期间每天的孵化数；

d) 试验结束时健康幼鱼数量；

e) 存活幼鱼的体长和体重数据；

f) 有关受试生物形态异常的描述，包括发生率和症状等；

g) 有关受试生物行为异常的描述，包括发生率和症状等；

h) 数据处理与统计分析方法；

i) 每种效应的 NOEC；

j) 每种效应的 LOEC($P<0.05$)；如可能，计算每种效应的 EC_x 及其置信区间(如 95%)，并报告所采用的统计模型、浓度-效应曲线斜率、回归模型公式，模型参数估计值及其标准误差等。

附 录 A
（规范性）
试验用水的水质指标

试验用水的水质指标见表 A.1。

表 A.1 试验用水的水质指标

指标	限量浓度
颗粒物	5.0 mg/L
总有机碳	2.0 mg/L
非离子氨	1.0 μg/L
残留氯	10.0 μg/L
总有机磷农药	50.0 ng/L
总有机氯农药与多氯联苯	50.0 ng/L
总有机氯	25.0 ng/L
铝	1.0 μg/L
砷	1.0 μg/L
铬	1.0 μg/L
钴	1.0 μg/L
铜	1.0 μg/L
铁	1.0 μg/L
铅	1.0 μg/L
镍	1.0 μg/L
锌	1.0 μg/L
镉	100.0 ng/L
汞	100.0 ng/L
银	100.0 ng/L

附 录 B
(规范性)
推荐试验鱼种的试验条件、试验周期和存活率标准

B.1 斑马鱼受精卵的初期发育阶段见图 B.1。

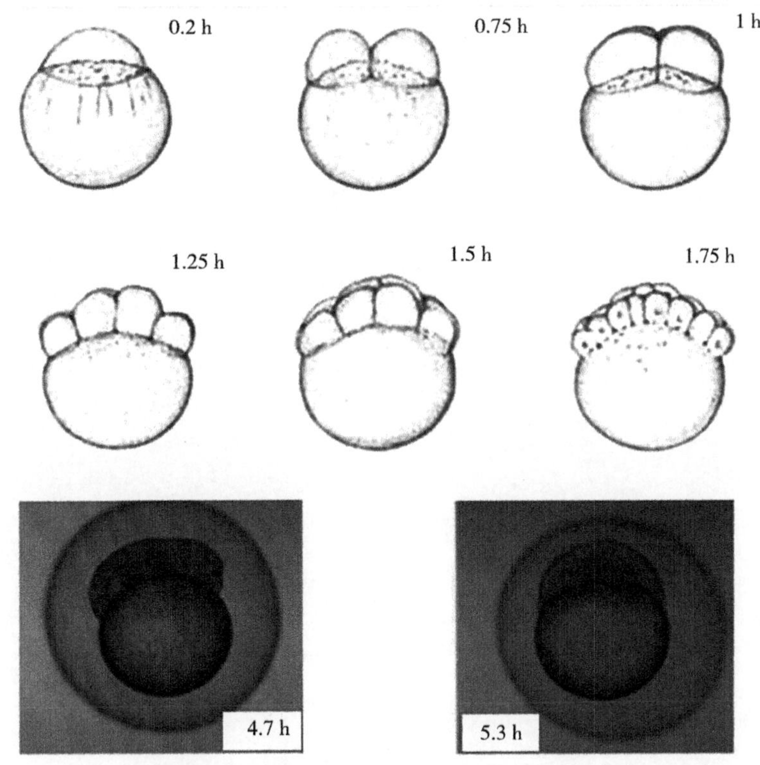

图 B.1 斑马鱼受精卵的初期发育阶段

B.2 推荐试验鱼种的试验条件、试验周期和存活率标准见表 B.1。

表 B.1 推荐试验鱼种的试验条件、试验周期和存活率标准

受试鱼种		试验条件			推荐试验周期	试验结束时对照组鱼的最短全长标准[a] mm	对照组存活率(最低要求)	
		温度 ℃	盐度	光周期 h			孵化率 %	孵化后存活率%
淡水鱼	虹鳟	10±1.5[b]	—	12～16[c]	孵化后 60 d	40	75	75
	胖头鳚	25±1.5	—	16	试验开始后 32 d (或孵化后 28 d)	18	70	75
	斑马鱼	26±1.5	—	12～16[d]	孵化后 30 d	11	70	75
	青鳉	25±2	—	12～16[d]	孵化后 30 d	17	80	80
海水鱼	杂色鳉	25±1.5	15～35[e]	12～16[d]	试验开始后 32 d (或孵化后 28 d)	17	75	80
	月银汉鱼	23.5±1.5	15～35[e]	13	28 d	20	80	60

表 B.1 （续）

<table>
<tr><td rowspan="2">受试鱼种</td><td colspan="3">试验条件</td><td rowspan="2">推荐试验周期</td><td rowspan="2">试验结束时对照组鱼的最短全长标准[a]
mm</td><td colspan="2">对照组存活率
（最低要求）</td></tr>
<tr><td>温度
℃</td><td>盐度</td><td>光周期
h</td><td>孵化率
%</td><td>孵化后存活率%</td></tr>
<tr><td colspan="8">[a] 鱼的最短体长不是有效性标准，但低于此数据，应评估受试鱼的敏感性。
[b] 虹鳟在其他温度范围下进行试验时，应保证亲鱼和鱼卵的温度相同。如购买鱼卵进行试验，则鱼卵到达实验室后应至少在试验温度下适应 1 h ～2 h。
[c] 虹鳟幼鱼应在黑暗下培养至孵化后 1 周（观察时间除外），然后保持 12 h～16 h 光照周期至试验结束。
[d] 试验过程中光照周期应保持一致。
[e] 试验过程中盐度变化范围应保持在±2‰。</td></tr>
</table>

附 录 C
（资料性）
亲鱼、仔鱼和幼鱼的喂食方案以及仔鱼转移时间

亲鱼、仔鱼和幼鱼的喂食方案以及仔鱼转移时间见表C.1。

表C.1 亲鱼、仔鱼和幼鱼的喂食方案以及仔鱼转移时间

<table>
<tr><th colspan="2" rowspan="2">鱼种</th><th colspan="4">饲料类型[a]</th><th rowspan="2">孵化后转移时间</th><th rowspan="2">初次饲喂时间</th></tr>
<tr><th>亲鱼</th><th>初孵仔鱼</th><th>幼鱼</th><th>饲喂频率</th></tr>
<tr><td rowspan="4">淡水鱼</td><td>虹鳟</td><td>专用饲料</td><td>不饲喂</td><td>开口饲料，BSN[c]</td><td>2次/d～4次/d</td><td>孵化后14 d～16 d或开始游动时（可选）</td><td>孵化后19 d或开始游动时</td></tr>
<tr><td>胖头鲅</td><td>BSN，片状食物，FBS[b]</td><td>BSN</td><td>BSN48[d]，片状食物</td><td>2次/d～3次/d</td><td>孵化率达到90%</td><td>孵化后2 d</td></tr>
<tr><td>斑马鱼</td><td>BSN，片状食物</td><td>商业仔鱼饲料，原生动物，发酵蛋白颗粒</td><td>BSN48，片状食物</td><td>BSN1次/d；片状饲料2次/d</td><td>孵化率达到90%</td><td>孵化后2 d</td></tr>
<tr><td>青鳉</td><td>片状食物</td><td>BSN，片状饲料（或原生动物/轮虫）</td><td>BSN48，片状食物（或轮虫）</td><td>BSN1次/d，片状饲料2次/d，或片状饲料和轮虫1次/d</td><td>不适用</td><td>产卵后6 d～7 d</td></tr>
<tr><td rowspan="2">海水鱼</td><td>杂色鳉</td><td>BSN，片状食物，FBS</td><td>BSN</td><td>BSN48</td><td>2次/d～3次/d</td><td>不适用</td><td>孵化后1 d或开始游动时</td></tr>
<tr><td>月银汉鱼</td><td>BSN48，片状食物</td><td>BSN</td><td>BSN48</td><td>2次/d～3次/d</td><td>不适用</td><td>孵化后1 d或开始游动时</td></tr>
<tr><td colspan="8">[a] 视情况饲喂，饲喂后多余的饲料残渣和排泄物应及时移除，避免废物堆积。
[b] FBS：冷冻丰年虾。
[c] BSN：新孵化的丰年虾。
[d] BSN48：孵化48 h的丰年虾。</td></tr>
</table>

附 录 D
(资料性)
统计分析方法

D.1 概述

统计分析均基于不同处理组的各个重复(单个容器)的数据进行。对于连续变量(如体长、体重),计算各重复的平均值或中值后再用于分析。重复内及重复间试验数据的变异系数(CV)应满足表D.1要求。

表D.1 不同鱼种的变异系数要求

鱼种	测试指标	重复内变异系数(CV) %	重复间变异系数(CV) %
虹鳟	体长	17.4	9.8
	体重	10.1	28
胖头鱥	体长	16.9	13.5
	体重	11.7	38.7
斑马鱼	体长	43.7	11.7
	体重	11.9	32.8

D.2 溶剂对照组数据处理

当设置了溶剂对照组时,首先应采用T检验或Mann-Whitney检验对溶剂对照组和空白对照组的各个统计指标(体长、体重、卵孵化率或幼鱼死亡率、幼鱼异常发生率,以及孵化开始时间和孵化结束时间等)进行差异显著性比较(P=0.05)。当差异不显著时,将两组数据进行合并处理;差异显著时,则仅使用溶剂对照组数据进行统计分析。

D.3 体长和体重等连续变量的NOEC统计

D.3.1 该类数据主要是各重复的体长和体重等,其NOEC统计方法见图D.1。统计分析前,先对试验数据是否属于单调的浓度-效应关系进行直观判断。然后,根据试验数据是否服从正态分布以及方差是否齐性选择适宜的统计检验方法,以比较处理组与对照组之间的差异。正态分布检验可采用Shapiro-Wilk方法或Anderson-Darling方法等;方差齐性检验可采用Levene’s方法等。

D.3.2 当数据(或经转换后的数据)服从正态分布且方差齐性时,选择参数检验方法,如step-down Jonckheere-Terpstra检验、Williams检验或Dunnett检验等;否则,推荐采用Dunn’s检验、Mann-Whitney检验或Tamhane- Dunnett检验等方法。

D.3.3 关注数据异常值,并分析其对统计结果的影响。异常值的判断可采用Tukey离群值测试法,或通过残差直方图/茎叶图/散点图进行直观判断。剔除离群值时应谨慎。

D.4 孵化和存活等二分类变量的NOEC统计

D.4.1 孵化率、幼鱼存活率等数据的NOEC统计方法见图D.2。统计分析前,先对试验数据是否属于单调的浓度-效应关系进行直观判断。然后,根据试验数据是否服从正态分布、方差是否齐性,以及超二项方差是否显著[Tarone’s C(α)检验或卡方检验(Chi-square test)]选择统计检验方法,比较处理组与对照组之间的差异。

D.4.2 当毒性效应呈现为单调的浓度-效应关系且超二项方差不显著时,采用step-down Cochran-Armitage检验法;超二项方差显著时,采用Rao-Scott改良的Cochran-Armitage检验法。此外,还可采用

step-down Jonckheere-Terpstra 检验或 Williams 检验等方法。

D.4.3 当试验数据(或经平方根反正弦转换后的数据)呈现为非单调的浓度-效应关系、服从正态分布,且方差齐性时,采用 Dunnett 检验,否则,采用 Dunn's 检验或 Mann-Whitney 检验方法。

D.5 孵化开始时间和结束时间的 NOEC 统计

通常采用 step-down Jonckheere-Terpstra 检验。但当数据呈现为非常明显的非单调的浓度-效应关系时,也可采用 Dunn's 检验。

D.6 异常个体的 NOEC 统计

通常采用 step-down Jonckheere-Terpstra 检验。但当数据呈现为非常明显的非单调的浓度-效应关系时,也可采用 Dunn' s 检验。

D.7 EC_x 统计

如可能,采用合适的回归分析方法计算 $EC_{10}/EC_{20}/EC_{50}$ 及其置信区间。

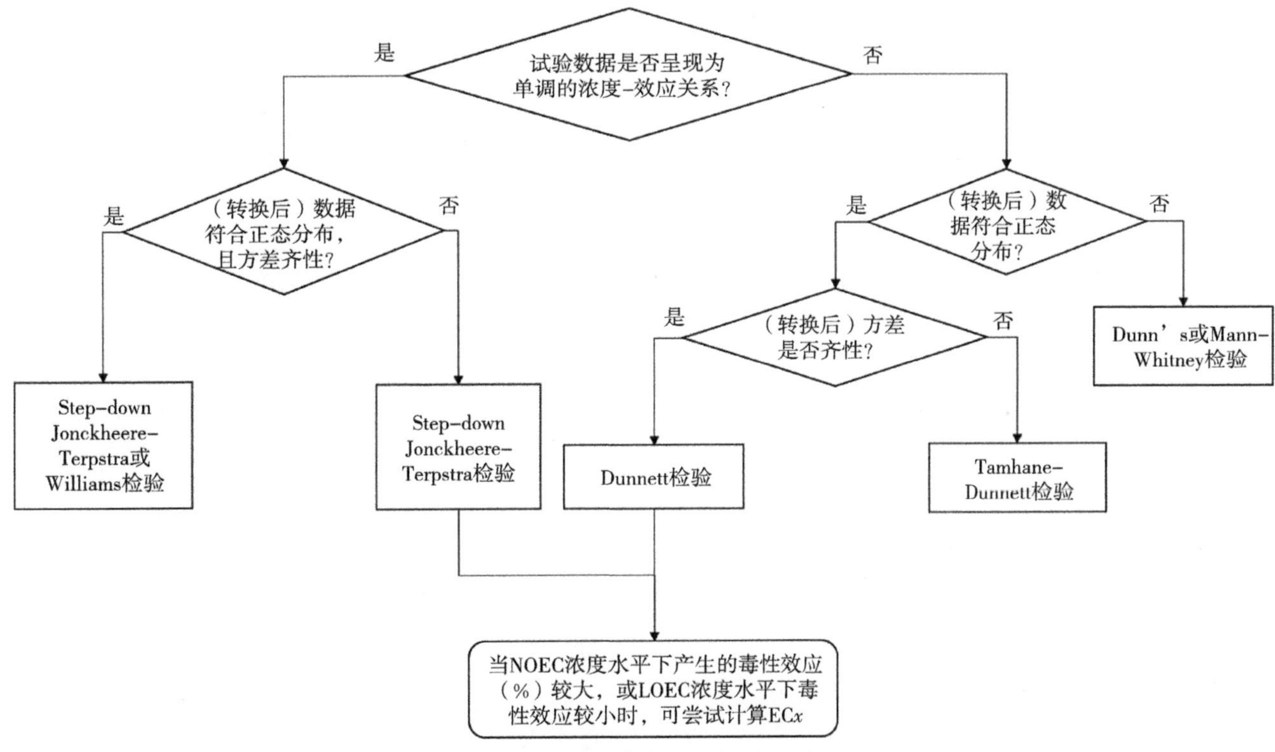

图 D.1 NOEC 统计流程图(体长和体重等指标)

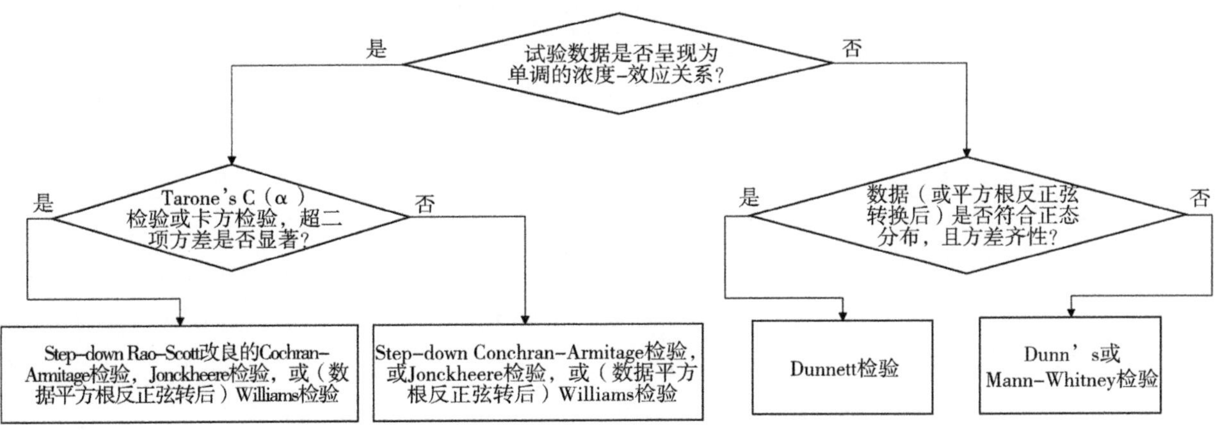

图 D.2 NOEC 统计流程图(孵化和存活指标)

参 考 文 献

［1］ NY/T 3273 难处理农药水生生物毒性试验指南
［2］ Organisation for Economic Co-operation and Development，2013. Guidelines for the testing of chemicals：Fish，Early-life Stage Toxicity Test
［3］ Kimmel C B，Ballard W W，Kimmel S R，et al.，1995. Stages of embryonic development of the zebrafish［J］. Dev. Dyn.（203）：253-310
［4］ Braunbeck T，Lammer E，2006. Detailed review paper "Fish embryo toxicity assays". UBA report under contract no. 20385422 German Federal Environment Agency，Berlin. 298 pp

ICS 65.020
CCS B 17

中华人民共和国农业行业标准

NY/T 4187—2022

化学农药　鸟类繁殖试验准则

Chemical pesticide—Guideline for avian reproduction test

2022-11-11 发布　　2023-03-01 实施

中华人民共和国农业农村部　发布

前　言

本文件按照 GB/T 1.1—2020《标准化工作导则　第 1 部分：标准化文件的结构和起草规则》的规定起草。

请注意本文件的某些内容可能涉及专利。本文件的发布机构不承担识别专利的责任。

本文件由农业农村部种植业管理司提出并归口。

本文件起草单位：农业农村部农药检定所。

本文件主要起草人：周欣欣、陈朗、袁善奎、单炜力、宋雯、李兆利、程燕、吴长兴、杨海荣、赵学平、王胜翔、师丽红。

化学农药　鸟类繁殖试验准则

1　范围

本文件规定了鸟类繁殖试验的材料与条件、方法、质量控制、试验报告等的基本要求。

本文件适用于为化学农药登记而进行的鸟类繁殖试验，其他类型的农药可参照使用。

本文件不适用于易挥发和不稳定的化学农药。

2　规范性引用文件

下列文件中的内容通过文中的规范性引用而构成本文件必不可少的条款。其中，注日期的引用文件，仅该日期对应的版本适用于本文件；不注日期的引用文件，其最新版本（包括所有的修改单）适用于本文件。

GB/T 31270.9　化学农药环境安全评价试验准则　第9部分：鸟类急性毒性试验

3　术语和定义

下列术语和定义适用于本文件。

3.1

环境驯养　acclimation

一种受试鸟在生理或行为上对受试环境条件（如鸟舍与食物）的适应过程。

3.2

光周期　photoperiod

24 h 内的光照/黑暗的周期替换。通常表达为 16 h 光照/8 h 黑暗或者 16 hL/8 hD。

3.3

产蛋量　eggs laid

在整个测试过程中，供试鸟进入繁殖后 10 周内的产蛋总数。

注：单位为个。

3.4

破裂蛋　eggs cracked

灯光下检查时发现蛋壳有裂缝的蛋。

注：单位为个。

3.5

入孵蛋　eggs set

用于孵化的蛋，即产蛋总量减去破裂蛋和用于测量蛋壳厚度的蛋。

注：单位为个。

3.6

胚胎发育率　percent of viable embryos

受精后胚胎发育的入孵蛋占受精入孵蛋总数的比例，以百分数表示。

注：单位为百分号（%）。

3.7

蛋壳厚度　eggshell thickness

蛋壳和蛋膜的厚度和。测量时在最大直径处打开，冲洗内含物，然后使蛋壳和蛋膜在室温下自然干燥 48 h，沿直径最大横断面取若干点来测量。结果用测定值的平均值表示。

注：单位为毫米（mm）。

3.8

孵化率 hatchability

孵化出壳禽数占入孵蛋的百分率。

注:单位为百分号(%)。

3.9

14 日龄的幼鸟存活率 14-day-old survivors

14 日龄幼鸟的存活数占全部孵化出壳幼鸟总数的百分率。

注:单位为百分号(%)。

3.10

最低可观察效应浓度 lowest observed effect concentration,LOEC

在一定暴露期内,与对照组相比,对受试鸟在统计学意义上($P<5$)产生显著影响的最低被试物浓度。用 LOEC 表示。

注:单位为毫克有效成分每千克饲料(mg a.i./kg 饲料)。

3.11

无可观察效应浓度 no-observed effect concentration,NOEC

在一定暴露期内,与对照组相比,对受试鸟在统计学意义上($P<5$)无显著影响的最高被试物浓度。用 NOEC 表示。

注:单位为毫克有效成分每千克饲料(mg a.i./kg 饲料)。

3.12

最低观察效应剂量 lowest observed effect dose,LOED

在一定暴露期内,与对照组相比,对受试鸟在统计学意义上($P<5$)产生显著影响的最低被试物剂量。用 LOED 表示。

注:单位为毫克有效成分每千克体重(mg a.i./kg 体重)。

3.13

无可观察效应剂量 no-observed effect dose,NOED

在一定暴露期内,与对照组相比,对受试鸟在统计学意义上($P<5$)无显著影响的最高被试物剂量。用 NOED 表示。

注:单位为毫克有效成分每千克体重(mg a.i./kg 体重)。

4 试验概述

在不少于 20 周试验期内,用含不同浓度被试物的供试食物投喂受试鸟,用未经处理的基本食物投喂对照组。试验期间,通过调控光周期,诱导受试鸟下蛋。收集 10 周内产的蛋,置于人工孵化器内,孵出幼鸟后,饲喂不含供试物的基本食物 14 d。比较处理组和对照组之间成鸟死亡率、产蛋量、破裂蛋数、蛋壳厚度、胚胎发育率、孵化率和幼鸟存活率等指标的差异,确定 LOEC、NOEC、LOED 和 NOED。

本试验包括 3 个阶段:

短日照暴露阶段:给受试组成年种鸟投食供试食物,一般持续 8 周。

光刺激暴露阶段:光照从初始阶段的每天 7 h 或 8 h,增加到 16 h~18 h,使雌鸟进入产蛋期。这个阶段直到产蛋终止结束,一般持续 2 周~4 周。

繁殖与孵化阶段:以鸟蛋的入孵开始,一般持续 8 周(以 10 周为宜),入孵蛋孵化后应继续观察 14 d。

5 试验方法

5.1 材料和条件

5.1.1 供试生物

5.1.1.1 供试生物可自行繁殖,也可购买标准化繁殖试材,推荐的物种条件应符合附录 A。受试鸟应来源于亲代已知的同一种群且健康状况良好(通过动物检疫、确保无任何疾病、无明显畸形,且发育正常)。

试验前，将受试鸟随机分配到对照组和处理组中，并进行饲养装置、设施和基本食物的环境适应，环境驯养时间不短于2周，在驯养第1周内，可对难以相处的鸟再次进行随机分配。

5.1.1.2 不得选用有下列情况的鸟：对被试物有阻抗作用的；预试验（无论是对照组和处理组）中使用过的；以前测试中（除对照组）受试鸟的后代；在驯养期间，任一性别的鸟的死亡率超过3%，或受试鸟变得衰弱。

5.1.2 被试物

被试物应使用农药原药或制剂。

被试物信息至少应包括：

a) 化学结构式；

b) 纯度；

c) 水溶性；

d) 水中、光中和食物中的稳定性；

e) pKa；

f) Kow；

g) 蒸气压；

h) 生物降解性；

i) 定量分析方法；

j) 溶解性。

5.1.3 试验食物

5.1.3.1 基本食物

基本食物是未经处理的，不加入任何稀释剂、助溶剂、被试物等其他化学物质，适合并满足受试鸟营养需求的食物。采用标准的商业种鸟、幼鸟饲料，或与其营养水平相当的饲料。种鸟和幼鸟的食物或饮用水中不应含有抗生素或其他药物。应选择未被污染的食物，检测每批食物农药、重金属或其他污染物的含量，以及食物的营养成分（定量组成）。试验期间出生的幼鸟应投喂基本食物，必要时，可在幼鸟的饮用水中加入杆菌肽或其类似物。

5.1.3.2 供试食物

供试食物是由一定量的被试物和成年种鸟的基本食物均匀混合而成的。可以采用水、玉米油以及其他已有充分证据表明不会干扰被试物毒性的物质作为被试物载体，以确保混合均匀。试验中如果使用了载体，用量不应超过食物重量的2%，且应在对照组的食物中加入同样的载体。对易挥发或不稳定的被试物，应随时配制供试食物以保证食物中被试物的浓度不低于设定含量的80%。

5.1.4 仪器设备

主要仪器设备如下：

a) 鸟类饲养装置；

b) 幼鸟育雏器；

c) 孵化器；

d) 鸟蛋储存装置；

e) 电子天平（感量0.001 g）；

f) 移液器等。

5.1.5 试验条件

试验应在通风良好，环境清洁的条件下进行。可采用自动控时器控制光照时间，应采用与日光光谱相似的光源，避免采用与日光光谱不同的短波长的"冷白"荧光光源。驯养期间，除基本食物不含被试物外，其他环境条件应与试验条件相同。应避免使用其他的药剂和药品。如果一旦使用，则应在结果报告中注明。应防止干扰，以避免鸟类行为的改变。供试生物驯化及试验条件应符合附录A。

5.2 试验步骤

5.2.1 处理组设置

以GB/T 31270.9鸟类饲喂毒性试验结果为依据，设置至少3个浓度，并设空白对照。最高浓度约为

鸟类饲喂毒性 LC_{10} 的 50%，浓度梯度设置按照最高浓度的几何级数递减设置(如 1/6 和 1/36)。

5.2.2 试验分组

以 1 对，或 1 雄 2 雌(鹌鹑)或 1 雄 3 雌(绿头鸭)为 1 组，置于鸟舍(笼)中饲养，也可采用其他合理分组安排。处理组和对照组应在相同的条件下饲养。对于以 1 对鸟作为供试单位的，每个处理组和对照组应至少设置 12 个重复，对于以 1 组为供试单位的，每个处理组和对照组，绿头鸭至少设置 8 个重复，鹌鹑至少设置 12 个重复。

5.2.3 正式试验

5.2.3.1 短日照暴露阶段(8 周)

试验开始后，受试鸟应在短日照条件下(每天 7 h～8 h 光照)连续投喂供试食物 8 周。在此期间的黑暗期，应不受任何光的干扰和中断。

5.2.3.2 光刺激暴露阶段(2 周～4 周)

试验开始 8 周后，调整光照周期，增加光照时间至每天 16 h～18 h，以诱使鸟进入繁殖状态。此阶段继续投喂供试食物，持续 2 周～4 周。受试鸟开始产蛋后，每天收集并储存鸟蛋，并将鸟笼编号标记在蛋的钝端。如果试验是在室外自然条件下进行的，则试验的时间应与该鸟种在当地的自然繁殖季节相一致，且在正常产蛋之前，供试鸟应投喂供试食物至少 10 周。

5.2.3.3 繁殖与孵化阶段(8 周～10 周)

5.2.3.3.1 产蛋开始后，继续投喂供试食物 8 周～10 周(以 10 周为宜)。每周或每 2 周进行孵化，在孵化之前，取出储存的鸟蛋，置于照明灯光下检查蛋壳有无破裂，如有破裂则不能进行孵化，孵化条件见附录 B。孵化 6 d～11 d 之后应对所孵化的鸟蛋再次进行检查，观察胚胎是否存活。

5.2.3.3.2 孵出的雏鸟应按照原先标记的笼号分别饲养，或者对每一个体标记后群养。雏鸟应投喂基本食物至 14 d。幼鸟的环境条件应符合附录 B。光照周期为每天 14 h 光照、10 h 黑暗。光照与黑暗模式变更时，宜设 15 min～30 min 过渡期。

5.2.4 限度试验

设置 1 000 mg a. i. /kg 饲料为上限浓度，进行限度试验。在此浓度下未观察到对鸟类繁殖的影响，可判定被试物对鸟类繁殖无显著影响。限度试验中，对照组和处理组重复数参照 5.2.2 设置。

5.3 稳定性测试

5.3.1 应监测被试物浓度，以确认其在试验体系中的稳定性，食物中的被试物浓度应维持在设定浓度的 80%以上。试验开始第 1 周，应测定最高和最低处理组 0 h 及饲喂后 4 h 内饲料中被试物浓度，之后定期测定，至被试物在饲料中的稳定性可以明确为止。若第 1 周浓度测定结果表明，按照某个频率更换饲料，被试物浓度可维持在目标浓度的 80%以上，则后续试验可按照该频率更换，无需再进行浓度测定。

5.3.2 若测定结果表明，饲料中被试物的浓度低于设定浓度的 80%，应调整配制的起始浓度或者增加更换饲料的频率，以保证调整后的浓度达到设定浓度的 80%以上。无论饲料中被试物的稳定性如何，应至少每周更换 1 次饲料。若被试物的稳定性只能靠每天更换饲料来维持，则该试验方法不适用。

5.4 观测与记录

试验过程中，观测并记录各处理组及对照组的下列情况。

a) 每天成鸟的死亡数和中毒症状。
b) 成鸟的体重：在试验暴露期开始，产蛋开始前以及试验结束。
c) 幼鸟孵出后 0 d 和 14 d 的体重。
d) 成鸟的饲料消耗量：计算试验期间每间隔 1 周或 2 周的平均食物消耗量。
e) 所有成鸟进行大体解剖。
f) 产蛋量、破裂蛋、入孵蛋、胚胎发育率、孵化率、孵化正常的胚胎数。
g) 每只雌鸟所产 14 日龄幼鸟的存活率。
h) 蛋壳厚度：从每个鸟笼中取出至少 2 只蛋以测定蛋壳的厚度(如第 3 只蛋和第 10 只蛋)，或者任选 3 d(如第 5 d、第 20 d、第 35 d)每个鸟笼所收集的所有的蛋。破裂的蛋不能用于测定蛋壳厚度,但其数量应统计在产蛋量内。

6 数据处理与分析

采用合适的统计方法对试验中各处理组和对照组进行比较,统计分析方法的选择见附录 C。繁殖参数的正常数值见附录 D,如果对照组与这些参数不相符合,则应检查试验程序和条件。

7 质量控制

试验期间质量控制包括下列内容:

a) 试验结束时,对照组鸟的死亡率不超过 10%;

b) 对照组每笼孵出的 14 日龄幼鸟的平均数,分别不少于:绿头鸭 14 只,北美鹌鹑 12 只,日本鹌鹑 24 只;

c) 对照组蛋壳的平均厚度分别不小于:绿头鸭 0.34 mm,北美鹌鹑 0.19 mm,日本鹌鹑 0.19 mm;

d) 投喂供试食物期间,应保证供试食物中的被试物浓度维持恒定,被试物的含量不应低于配制浓度的 80%。

8 试验报告

试验报告应至少包括下列内容。

a) 被试物的信息,包括:
   1) 供试农药的物理状态及相关理化特性,包括通用名、化学名称、结构式、水溶解度等;
   2) 化学识别数据(如 CAS 号)、纯度(杂质)。

b) 供试生物:学名及品系、来源、试验开始时的鸟龄(以周计或月计)、所有的预处理等。

c) 试验条件,包括:
   1) 驯养条件:鸟笼的材料、大小和类型,鸟舍的温度、湿度,光照周期和光照度,通风条件,以及试验过程中试验条件的变化;
   2) 基本食物:来源、组成、制造商提供的营养成分分析(蛋白质、糖、脂肪、钙、磷等),以及所使用的添加剂和载体等;
   3) 供试食物:制备方法,处理组数量,每个处理组的配制浓度和实测浓度,测定方法,混合和更换食物的频率,所使用的载体,储存条件,投喂方法等;
   4) 每一试验鸟笼(舍)中鸟的数量,每一处理组和对照组的重复数;
   5) 鸟和鸟蛋的标记方法;
   6) 鸟蛋储存、孵化出雏的条件,包括温度、湿度和翻转频率等。

d) 试验结果,包括:
   1) 受试生物中毒症状、频率、持续时间,影响程度,受影响的个体数量等;
   2) 成鸟的食物消耗量和体重;
   3) 幼鸟孵出后 0 d 和 14 d 的体重;
   4) 病理检查描述;
   5) 鸟组织和蛋中被试物的残留分析(对于 lg Kow>3.0 的被试物应视情况进行相关组织中被试物的残留分析);
   6) 成鸟的死亡率、产蛋量、破裂蛋数、蛋壳厚度、胚胎发育率、孵化率(包括正常孵化)、14 日龄幼鸟存活率、孵化率等;
   7) 统计分析方法和结果分析;
   8) NOEC 和 NOED 及其他具显著统计学意义的效应值;
   9) 试验中的异常或其他可能影响试验结果的相关信息。

附　录　A
（规范性）
鸟类推荐物种和成鸟试验条件

鸟类推荐物种和成鸟试验条件见表 A.1。

表 A.1　鸟类推荐物种和成鸟试验条件

推荐物种	推荐测试条件				
	温度,℃	相对湿度,%	试验开始时鸟龄	试验中鸟龄的变异范围,周	每对鸟的最小笼底面积[a],m^2
Anas platyrhynchos（绿头鸭）	22±5	50～75	9 个月～12 个月	±2	1
Colinus virginianus（北美鹌鹑）	22±5	50～75	20 周～24 周	±1	0.25
Coturnix coturnix japonica（日本鹌鹑）	22±5	50～75	6 周～8 周[b]	$\pm\frac{1}{2}$	0.15

[a] 如果使用较大的鸟群,则应按比例增加鸟笼的底面积。
[b] 建议在使用之前保证日本鹌鹑是种鸟。

附　录　B
（规范性）
入孵蛋和幼鸟试验条件

孵化持续的时间应达到这 3 种鸟类孵化的条件，绿头鸭 25 d～27 d，北美鹌鹑为 23 d～24 d，日本鹌鹑为 17 d～18 d。入孵蛋和幼鸟试验条件见表 B.1。

表 B.1　入孵蛋和幼鸟试验条件

鸟种	试验阶段	温度，℃	相对湿度，%	是否翻蛋
Anas platyrhynchos （绿头鸭）	储存	14～16	60～85	可选择
	孵化	37.5	60～75	是
	出雏	37.5	75～85	否
	幼鸟，第 1 周	32～35	60～85	—
	幼鸟，第 2 周	28～32	60～85	—
Colinus virginianus （北美鹌鹑）	储存	15～16	55～75	可选择
	孵化	37.5	50～65	是
	出雏	37.5	70～75	否
	幼鸟，第 1 周	35～38	50～75	—
	幼鸟，第 2 周	30～32	50～75	—
Coturnix coturnix Japonica （日本鹌鹑）	储存	15～16	55～75	可选择
	孵化	37.5	50～70	是
	出雏	37.5	70～75	否
	幼鸟，第 1 周	35～38	50～75	—
	幼鸟，第 2 周	30～32	50～75	—

注：表 B.1 中所列出的温度和湿度是对强制通风的孵化器和育雏器而言，对无对流、靠重力换气的孵化器和育雏器，温度应高 1.5 ℃～2 ℃，相对湿度增加 10%左右。在海拔较高的地方也应该增加相对湿度。应在距笼底2.5 cm～4 cm处测量孵化器中的温度。

附 录 C
(资料性)
统计分析方法

C.1 概述

统计分析均基于不同处理组各个重复(单个鸟笼)的数据进行,选用合适的统计方法对处理组与对照组之间的差异进行比较。在做 Jonckheere-Terpstra 或 Mann-Whitney U 检验时,使用中位数;做方差分析(Dunnett 法或 Tamhane's T2 法或 Dunnett's T3 法检验)时,使用平均数。剂量-反应关系的单调性可以通过对重复和处理组的平均值或中位值直观判断。对照组或处理组的重复少于 5 时,需采用精确检验法,如 Fisher's 精确检验、Jonckheere-Terpstra 精确检验或 Mann-Whitney 精确检验。

C.2 二分类变量的 NOEC/NOED 的统计方法

C.2.1 该类数据主要包括死亡率、胚胎发育率、破壳率、孵化率、14 日龄幼鸟的存活率等,统计方法见图 C.1。

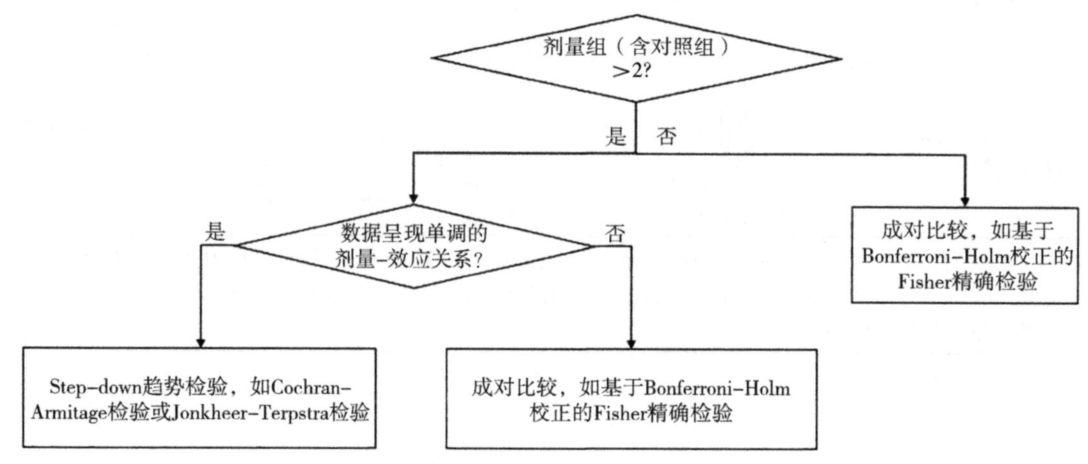

图 C.1 二分类变量的 NOEC/NOED 统计方法

C.2.2 统计分析前,先判断试验数据是否呈现单调的剂量反应关系,可直观判断。剂量反应关系具备单调性时,宜采用基于 Step-down 的趋势检验方法,如 Cochran-Armitage 检验或 Jonkheer-Terpstra 检验;剂量反应关系不具备单调性时,宜采用成对比较检验方法,如基于 Bonferroni-Holm 校正的 Fisher 精确检验。

C.3 连续变量的 NOEC/NOED 的统计方法

C.3.1 该类数据主要包括体重、食物消耗量、产蛋量、蛋壳厚度、14 日龄存活数等,统计方法见图 C.2。

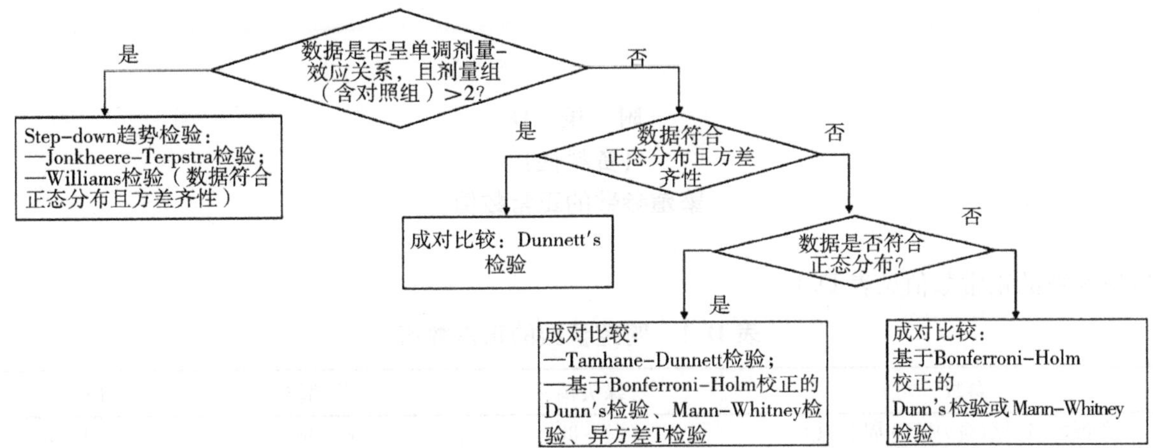

图 C.2　连续变量的 NOEC/NOED 统计方法

C.3.2　统计分析前，先判断试验数据是否呈现单调的剂量反应关系，可直观判断。

C.3.3　剂量反应关系具备单调性时，采用基于 Step-down 的趋势检验方法，且需根据试验数据是否服从正态分布以及方差是否齐性，选择适宜的统计检验方法。正态性检验可采用 Shapiro-Wilk 或 Anderson-Darling 方法等；方差齐性检验可采用 Levene's 方法。

当数据(包括经转换后的数据)服从正态分布且方差齐性时，可采用参数检验方法如 Williams 检验，或非参数方法如 Jonkheer-Terpstra 检验；否则，采用非参数检验方法，如 Jonkheer-Terpstra 检验。

C.3.4　剂量反应关系不具备单调性时，采用成对比较检验方法，且需根据试验数据是否服从正态分布以及方差是否齐性，选择适宜的统计检验方法。

当数据(包括经转换后的数据)服从正态分布且方差齐性时，可采用参数检验方法如 Dunnett 检验；当数据(包括经转换后的数据)服从正态分布，但方差非齐性时，可采用参数检验方法如 Tamhane-Dunnett 检验；当数据(包括经转换后的数据)不服从正态分布时，可采用非参数检验方法如基于 Bonferroni-Holm 校正的 Dunn's 检验或 Mann-Whitney 检验或 Dunnett 检验等方法。

C.3.5　关注数据异常值，并分析其对统计结果的影响。异常值的判断可采用 Tukey 离群值测试法。剔除离群值时应谨慎。

C.4　限度试验的 NOEC/NOED 的统计方法

限度试验数据采用 T 检验分析。二分类变量的统计分析流程见图 C.1，连续变量分析流程见图 C.2。

附　录　D
（资料性）
繁殖参数的正常数值

繁殖参数的正常数值见表 D.1。

表 D.1　繁殖参数的正常数值

参数	绿头鸭	北美鹌鹑	日本鹌鹑
产蛋数[每笼(舍)中 10 周]，只	28～38	28～38	40～65
破裂蛋的百分数，%	0.6～6	0.6～2	—
胚胎成活率(入孵蛋胚胎的发育百分率)，%	85～98	75～90	80～92
孵化率，%	50～90	50～90	65～80
14 日龄幼鸟的存活率，%	94～99	75～90	93
每笼孵出雏鸟到 14 日龄时的存活数，只	16～30	14～25	28～38
蛋壳厚度，mm	0.35～0.39	0.19～0.24	0.19～0.23
注：这些参数为一般值。如果对照组与这些参数不相符合或相差很大，则应检查试验程序和条件，以发现潜在的问题。			

参 考 文 献

[1] OECD Guidelines for Testing of Chemicals, Test No. 206, Avian Reproduction Test, Adopted 4th April, 1984

[2] OECD Guideline No. 54: Current approaches in the statistical analysis ofecotoxicity data: a guidance to application, 2006

ICS 65.020
CCS B 17

中华人民共和国农业行业标准

NY/T 4188—2022

化学农药　大型溞繁殖试验准则

Chemical pesticides—Guideline for *Daphnia magna* reproduction test

2022-11-11 发布　　　　2023-03-01 实施

中华人民共和国农业农村部　发布

前　言

本文件按照 GB/T 1.1—2020《标准化工作导则　第 1 部分:标准化文件的结构和起草规则》的规定起草。

请注意本文件的某些内容可能涉及专利。本文件的发布机构不承担识别专利的责任。

本文件由农业农村部种植业管理司提出并归口。

本文件起草单位:农业农村部农药检定所。

本文件主要起草人:黄健、陈朗、周欣欣、安雪花、赵榆、常艳茹、吕露、王菲迪、杜丽娜、袁善奎、刘琼。

化学农药　大型溞繁殖试验准则

1　范围

本文件规定了化学农药对大型溞繁殖影响试验的材料与条件、主要仪器设备、试验步骤、质量控制、数据分析和试验报告等的基本要求。

本文件适用于为化学农药登记而进行的大型溞繁殖影响试验，其他类型的农药可参照使用。

2　规范性引用文件

本文件没有规范性引用文件。

3　术语和定义

下列术语和定义适用于本文件。

3.1

亲溞　parent animals

试验开始时的受试雌溞。

3.2

冬卵　dormant egg

大型溞进行有性生殖所产受精卵。

3.3

繁殖量　reproductive output

试验期间亲溞所产的存活幼溞数。

3.4

无可观察效应浓度　no observed effect concentration, NOEC

在一定暴露期内，与对照组相比，对受试大型溞在统计学意义上（$P<0.05$）未产生显著影响的最高被试物浓度。

注：单位为毫克有效成分每升（mg a. i. /L）或微克有效成分每升（μg a. i. /L）。

3.5

最低可观察效应浓度　lowest observed effect concentration, LOEC

在一定暴露期内，与对照组相比，对受试大型溞（繁殖量和死亡率）在统计学意义上（$P<0.05$）产生显著影响的最低被试物浓度。

注：单位为毫克有效成分每升（mg a. i. /L）或微克有效成分每升（μg a. i. /L）。

3.6

x%效应浓度　x% effective concentration, EC_x

在一定暴露期内，引起大型溞繁殖量下降 x%的被试物浓度。

注：单位为毫克有效成分每升（mg a. i. /L）或微克有效成分每升（μg a. i. /L）。

4　试验概述

将被试物按等比配制一系列不同浓度的试验溶液，将出生 24 h 内的非头胎幼雌溞（亲溞）暴露于试验溶液中开始试验。从亲溞开始繁殖第 1 批幼溞开始，每天对每只亲溞所产幼溞的存活数和死亡数（包括死胎数）进行计数与记录。试验周期为 21 d。试验结束时，对每只存活亲溞繁殖的存活幼溞总数和每只亲溞从头胎开始每天所产的存活幼溞数进行统计分析，确定无可观察效应浓度（NOEC）、最低可观察效应浓度（LOEC）和 x%效应浓度（EC_x，如可能），评价被试物对大型溞繁殖能力的影响。

5 材料和条件

5.1 受试生物

5.1.1 受试生物为大型溞(*Daphnia magna* Straus)。大型溞保种期间应保持良好的培养条件,使其处于孤雌生殖状态,避免出现雄溞和冬卵,以及死亡率高(> 5%)、头胎延迟、体色异常等现象。

5.1.2 试验前,大型溞应在试验条件下驯养至少 3 周。驯养期间,大型溞的培养条件(如光照、温度、培养液、饲喂量等)应与试验条件相似。

5.1.3 试验开始时,应选用同一个健康母系所产、出生 24 h 内的非头胎幼雌溞作为受试亲溞。

5.2 被试物

农药原药或制剂。试验前应收集被试物的基本信息,包括但不限于以下数据。

a) 结构式;
b) 纯度;
c) 溶解性;
d) 蒸气压;
e) 光化学稳定性;
f) 试验条件下的稳定性;
g) *pKa*;
h) 正辛醇/水的分配系数(*Pow*);
i) 大型溞急性毒性试验结果等。

5.3 试验容器

试验容器应采用玻璃、不锈钢或其他化学惰性材质,尽量避免硅酮管、硅胶密封圈等与大型溞培养液及试验溶液接触。

5.4 培养液

5.4.1 除被试物含有金属离子外,一般情况下宜使用 Elendt M4 和 Elendt M7 培养液,配制方法按附录 A 执行。如使用其他培养液,其组分中不应含有海藻、土壤提取液等组分不明确的添加物。

5.4.2 培养液中含有组分不明确的添加物(尤其是含有碳组分)时,应在试验报告中详细说明。

5.4.3 添加藻类食物之前应测定培养液/试验液中的总有机碳(TOC)和/或化学需氧量(COD),TOC 应<2 mg/L。

5.5 饲喂

5.5.1 饲料选择

试验期间应选用浓缩的藻细胞悬浮液作为亲溞食物,如普通小球藻(*Chlorella vulgaris*)、近头状尖胞藻(*Raphidocelis subcapitata*)(原名 *Pseudokirchneriella subcapitata*, *Selenastrum capricornutum*)或近具刺链带藻(*Desmodesmus subspicatus*)(原名 *Scenedesums subspicatus*)。可先对藻细胞液进行离心处理,去除上清液后再加入大型溞培养液以获得浓缩的藻细胞悬浮液。

5.5.2 饲喂量

5.5.2.1 大型溞饲喂量宜为每天每溞 0.1 mg C(有机碳)~0.2 mg C。

5.5.2.2 藻细胞悬浮液的碳含量可通过替代指标 (如藻细胞数或吸光度)进行测量和计算。各实验室应建立碳含量与替代指标之间的线性图,详见附录 B。该线性图应至少每年校准一次,且当藻类的培养条件发生变化时,应增加校准频率。

5.5.3 饲喂频率

5.5.3.1 宜每天饲喂。半静态试验中,应至少每周饲喂 3 次(如更换试验溶液时)。

5.5.3.2 尽量使用充分浓缩的藻细胞悬浮液,减少食物添加对暴露浓度的稀释。流水式试验中应详细描述饲喂量。

5.6 负载率

5.6.1 半静态试验中，亲溞应分开培养，即每个容器1只，容器中试验溶液体积为50 mL～100 mL。

5.6.2 可根据被试物浓度分析的需要适当增加试验溶液体积，也可将各重复试验溶液合并后进行分析。

5.6.3 若试验溶液体积超过100 mL，需加大饲喂量，使其满足饲喂量标准。

5.7 光照条件

光照/黑暗时间比为16 h∶8 h。水面处光强15 $\mu E/m^2/s$～20 $\mu E/m^2/s$(或1 000 lx～1 500 lx)。

5.8 温度条件

试验溶液的温度应控制在18 ℃～22 ℃。同一个试验中，试验溶液的每日温度变化范围不应超过2 ℃(如19 ℃～21 ℃)，试验中宜增加1个试验容器专门用于实际水温的持续监测。

5.9 其他条件

试验开始时和试验期间溶解氧浓度应＞3 mg/L。pH应在6～9，且同一个试验中变化范围不应超过1.5个单位。硬度应＞140 mg/L(以$CaCO_3$计)。试验期间不应进行曝气处理。

6 主要仪器设备

6.1 电子天平(感量0.000 1 g以上)。

6.2 显微镜。

6.3 pH计。

6.4 溶解氧测定仪。

6.5 照度计。

6.6 硬度计。

6.7 分析仪器。

6.8 TOC测定仪或COD测定仪。

6.9 环境条件控制和监测的相关设施与设备等。

7 试验步骤

7.1 试验方法的选择

根据被试物的特性选择半静态法或流水式法进行试验。采用半静态法时，试验溶液中被试物的浓度应保持在设定浓度或初始测定浓度的±20％。对于难处理农药(难溶或略溶于水、易挥发、易降解、易被吸附、疏水性、离子型或多组分农药等)，参考NY/T 3273选择试验方法。

7.2 预试验

参考被试物及其类似化合物对溞类或其他水生生物的毒性等资料，视需要开展预试验。预试验按正式试验条件，以较大间距设置若干组浓度。试验周期为21 d，当根据阶段性试验结果能够预估出毒性效应水平时，可提前结束预试验。

7.3 正式试验

7.3.1 正式试验应至少设置5个处理组和1个空白对照组。处理组浓度按几何级数排列，公比≤3.2。对于难溶于水的被试物，可用少量对大型溞无毒的有机溶剂(如丙酮、N，N-二甲基甲酰胺等)、乳化剂或分散剂助溶，但助溶剂/助分散剂的用量应尽可能小(≤100 mg/L或≤0.1 mL/L)，且在各处理组和对照组中的用量一般应尽可能保持一致。此外，还应增设助溶剂/助分散剂对照组。

7.3.2 对于半静态试验，每一处理组和对照组应至少10只溞，单只培养。对于流水式试验，每一处理组和对照组至少20只溞(以40只为宜)，分配到至少4个重复中。

7.3.3 试验开始时，应将亲溞随机分配至各试验容器中。

7.3.4 试验周期为21 d。

7.4 限度试验

7.4.1 限度试验浓度为 10 mg a.i./L 或最大溶解度浓度(二者取较低值)。

7.4.2 限度试验中,处理组与对照组的各项观测指标应在统计学意义上无显著差异($P<0.05$)。

7.5 染毒

7.5.1 用培养液将被试物配制成一系列不同浓度的试验溶液,加入试验容器中。

7.5.2 向试验容器中加入试验用幼溞。使用宽口径吸管将幼溞加到液面以下。

7.5.3 将试验容器置于光照培养箱或人工气候室等设备/设施中,随机摆放。

7.6 半静态试验中培养液的更换频率

7.6.1 半静态试验中培养液的更换频率取决于被试物的稳定性,但至少每周更换 3 次(如每周一、周三和周五)。若被试物在最长的更换周期内(如 3 d)不稳定(浓度变化范围超出设定浓度或初始测定浓度的 80%～120%),则应增加更换频率,或使用流水式暴露系统。

7.6.2 更换试验溶液时,应采用宽口径吸管将亲溞从暴露后的试验溶液(旧液)转移至新配制的试验溶液(新液)中。转移时,随溞转移的旧液体积应尽可能小,尽可能不改变新液体积。

7.7 观察与测定

7.7.1 亲溞死亡率

试验期间应每天记录受试亲溞的死亡或受抑制情况。大型溞死亡或受抑制的判定标准是:不能游动,或轻晃试验容器 15 s 内未观察到附肢或后腹活动。

7.7.2 繁殖量

记录受试亲溞的头胎时间及之后几胎的繁殖时间。从头胎开始,应每天从试验容器中移出幼溞,并记录存活幼溞数、死亡幼溞数、死胎数,以及出现雄溞(雄溞的鉴别见附录 C)和冬卵的情况等。

7.7.3 其他参数

7.7.3.1 试验结束时,测定亲溞体长(不含尾刺,精确至 0.1 mm)。

7.7.3.2 宜测定的其他参数还包括每只亲溞的产溞次数和产溞总数、每只亲溞每胎产溞数、雄性幼溞数和冬卵数等。

7.7.4 水质测定

定期测定对照组和最高浓度处理组新液与旧液中的溶解氧浓度、温度、硬度及 pH,至少每周测定 1 次。

7.7.5 被试物浓度检测

7.7.5.1 半静态试验中,试验浓度可保持在设定浓度的±20%时,可在试验第 1 周更换试验溶液前后测定最高和最低浓度处理组新、旧试验溶液中的被试物浓度,之后至少每周测定 1 次;否则,应测定所有浓度处理组新、旧试验溶液中的被试物浓度。但有充分证据表明初始浓度可重复且稳定时(旧液浓度保持在初始测定浓度的 80%～120%),第 2 周～3 周可仅测定最高和最低浓度处理组中的被试物浓度。试验溶液更换前的旧液可仅测定各处理组的其中 1 个重复。

7.7.5.2 流水式试验开始前,应对流水式系统的药液输送和稀释能力进行确认。试验期间,应每天检查试验液与储备液的流速。试验第 1 周应进行至少 3 次试验液浓度测定,此后至少每周 1 次。

7.7.5.3 试验期间,若被试物浓度偏差保持在设定浓度或初始测定浓度的±20%,以设定浓度或初始浓度表示试验结果;若被试物浓度偏差超出设定浓度或初始测定浓度的±20%,应以时间加权平均浓度表示试验结果(时间加权平均浓度的计算方法见附录 D)。

8 质量控制

质量控制条件包括:

a) 试验结束时,对照组亲溞死亡率应≤20%;

b) 试验结束时,对照组平均每只存活亲溞所产存活幼溞数应≥60 只,且变异系数(CV)≤25%;

c) 当试验中雄性幼溞数量表现为敏感指标时,对照组的雄性幼溞率应≤5%。

9 数据分析

9.1 数据整理

9.1.1 繁殖量指标应基于每个重复中亲溞所产的存活幼溞总数来计算。

9.1.2 若亲溞在试验期间意外死亡(因意外导致的、与被试物无关的死亡)或偶然死亡(不知道原因的、与被试物无关的死亡),或转化成雄溞,则数据分析过程中应排除此重复。

9.1.3 采用以下 2 个繁殖量指标分别统计繁殖效应的 LOEC、NOEC 和 EC_x 及其置信区间(如可能):

a) 试验期间每只非偶然、非意外死亡的亲溞所产存活幼溞总数,包括由于剂量效应死亡的亲溞和存活的亲溞所产存活幼溞总数;

b) 每只存活亲溞所产存活幼溞总数。

9.1.4 从上述 2 种统计方式得到的结果中选择 LOEC、NOEC 和 EC_x 的较低值表征被试物对大型溞繁殖的影响。

9.2 统计方法

9.2.1 统计分析前,先对浓度-效应关系进行直观判断(是否表现为单调性),再对试验数据进行正态分布性检验(如 Shapiro-Wilk 检验)和方差齐性检验(如 Levene's 检验),并选用适宜的统计方法比较处理组与对照组之间的差异。

9.2.2 当毒性效应数据呈现为非单调性浓度-效应关系时,如果数据(或经转换后的数据)服从正态分布且方差齐性,采用 Dunnett 检验法对处理组与对照组之间的差异进行比较,否则,采用配对检验方法(如 Dunn's 检验或 Mann-Whitney 检验等)。

9.2.3 当毒性效应数据呈现为单调性浓度-效应关系时,如果数据(或经转换后的数据)服从正态分布且方差齐性,采用 Williams 检验法对处理组与对照组之间的差异进行比较,否则,采用 step-down Jonckheere-Terpstra 检验等方法。

9.2.4 当限度试验数据服从正态分布且方差齐性时,采用 Student's T 检验比较处理组与对照组之间的差异,否则,采用 Welch 检验或 Mann-Whitney 检验等方法。

9.2.5 若设置了溶剂对照组,应首先采用 T 检验或 Mann-Whitney 检验等方法对溶剂对照组和空白对照组的统计指标进行差异显著性比较($P=0.05$)。当差异不显著时,将 2 组数据合并后再与处理组进行比较;当差异显著时,应仅使用溶剂对照组数据进行统计分析。

10 试验报告

试验报告应至少包括下列内容。

a) 被试物:

通用名、标称含量、剂型、样品批号、外观、重量、生产日期、有效日期、来样日期、生产企业、生产企业地址、储存条件等。

b) 有效成分:

中英文通用名称、美国化学文摘号(CAS 号)、化学名称、分子式、结构式、相对分子量、外观、溶解度、稳定性等内容,并注明出处。

c) 受试生物:

中文学名、拉丁名称和来源等。

d) 试验条件:

1) 试验程序(半静态或流水式试验,体积,负载率等);
2) 温度、光照周期与光强;
3) 试验设计(重复数,每一重复受试大型溞数量);
4) 所用培养液;
5) 培养液中如包含额外的有机添加物,报告其成分、来源、制备方法、储备液中的 TOC/COD,

试验液中 TOC/COD 的估算值；

6） 饲喂的详细资料，包括数量和食物类型（如藻名、品系、培养条件、藻液浓度）等；

7） 储备液和试验溶液的制备方法和更换频率，包括任何有机溶剂、分散剂的使用等。

e） 试验结果：

1） 被试物稳定性；

2） 被试物浓度分析结果，分析方法的回收率、检出限与定量限等；

3） 水质测定结果（pH、温度、溶解氧、TOC 和/或 COD、硬度等）；

4） 每只亲溞所产存活幼溞数；

5） 亲溞死亡数及其死亡时间；

6） 对照组繁殖量的变异系数（基于试验结束时每只存活亲溞所产存活幼溞总数）；

7） 被试物胁迫下每只非偶然/意外死亡的亲溞所产存活幼溞总数的剂量效应曲线；

8） LOEC、NOEC 及其统计分析方法及相关统计参数（如 P）。并说明该结果为基于试验期间每只非偶然/意外死亡的亲溞所产存活幼溞总数还是每只存活亲溞所产存活幼溞总数统计而来；

9） 如可能，EC_x 及其置信区间（如 90%或者 95%），剂量-效应曲线，曲线斜率及其标准误差；

10） 其他可观察或测定的生物学效应：如亲溞生长情况等，并对观察到的结果予以解释；

11） 试验偏离及相关的解释说明。

附 录 A
（规范性）
Elendt M4 和 Elendt M7 培养液

A.1 储备液的配制

先用合格的去离子水、蒸馏水或反向渗透水（电导率＜10 $\mu S/cm$）配制储备液Ⅰ，再用储备液Ⅰ制备储备液Ⅱ，详见表 A.1。

表 A.1 储备液Ⅰ、储备液Ⅱ的配制

组分		浓度，mg/L	与 M4 培养液的浓度关系	储备液Ⅱ 将储备液Ⅰ加入水中的量，mL/L	
				Elendt M4	Elendt M7
储备液Ⅰ（单一物质）	H_3BO_3	57 190	20 000 倍	1.0	0.25
	$MnCl_2 \cdot 4H_2O$	7 210	20 000 倍	1.0	0.25
	$LiCl$	6 120	20 000 倍	1.0	0.25
	$RbCl$	1 420	20 000 倍	1.0	0.25
	$SrCl_2 \cdot 6H_2O$	3 040	20 000 倍	1.0	0.25
	$NaBr$	320	20 000 倍	1.0	0.25
	$Na_2MoO_4 \cdot 2H_2O$	1 260	20 000 倍	1.0	0.25
	$CuCl_2 \cdot 2H_2O$	335	20 000 倍	1.0	0.25
	$ZnCl_2$	260	20 000 倍	1.0	1.0
	$CoCl_2 \cdot 6H_2O$	200	20 000 倍	1.0	1.0
	KI	65	20 000 倍	1.0	1.0
	Na_2SeO_3	43.8	20 000 倍	1.0	1.0
	NH_4VO_3	11.5	20 000 倍	1.0	1.0
Fe-EDTA 溶液[a]		—	1 000 倍	20.0	5.0

[a] 分别制备 5 000 mg/L Na_2EDTA 和 1 991 mg/L $FeSO_4$，等体积混合后立即灭菌，即得到 Fe-EDTA 溶液。

A.2 M4 和 M7 培养液的配制

用储备液Ⅱ、表 A.2 指定的常量元素和维生素配制 Elendt M4 和 Elendt M7。

表 A.2 Elendt M4 和 Elendt M7 的配制

组分		浓度，mg/L	与 Elendt M4 培养液的浓度关系	为制备 Elendt M4 和 Elendt M7 培养液，水中加入各组分的量，mL/L	
				Elendt M4	Elendt M7
储备液Ⅱ（微量元素混合液）		—	20 倍	50	50
常量营养储备液（单一物质）	$CaCl_2 \cdot 2H_2O$	293 800	1 000 倍	1.0	1.0
	$MgSO_4 \cdot 7H_2O$	246 600	2 000 倍	0.5	0.5
	KCl	58 000	10 000 倍	0.1	0.1
	$NaHCO_3$	64 800	1 000 倍	1.0	1.0
	$Na_2SiO_3 \cdot 9H_2O$	50 000	5 000 倍	0.2	0.2
	$NaNO_3$	2 740	10 000 倍	0.1	0.1
	KH_2PO_4	1 430	10 000 倍	0.1	0.1
	K_2HPO_4	1 840	10 000 倍	0.1	0.1

表 A.2 （续）

组分	浓度，mg/L	与 Elendt M4 培养液的浓度关系	为制备 Elendt M4 和 Elendt M7 培养液，水中加入各组分的量，mL/L	
			Elendt M4	Elendt M7
混合维生素储备液[a]	—	10 000 倍	0.1	0.1
[a] 混合维生素储备液由盐酸硫胺（维生素 B_1）、氰钴胺（维生素 B_{12}）和钙长石（维生素 H）配制而成，浓度分别为盐酸硫胺（维生素 B_1）750 mg/L、氰钴胺（维生素 B_{12}）10 mg/L、钙长石（维生素 H）7.5 mg/L。混合维生素储备液应小瓶分装并冷藏保存。				

A.3 培养液的更换

若试验所用培养液与日常培养液不同，试验前应设置至少 1 个月驯养期。驯养期间，将大型溞从原培养液中取出，转入含 30%新培养液的培养液中，然后逐步增大新培养液的比例到 60%，最后到 100%。

附 录 B
（资料性）
总有机碳(TOC)分析与藻细胞悬浮液中 TOC 的线性图绘制

B.1 藻细胞悬浮液的 TOC 含量可通过绘制线性图，并测定替代指标（藻细胞数或吸光度）进行计算而获得。

B.2 通过离心，将藻细胞从不同浓度的藻细胞悬浮液中分离，然后用蒸馏水重新悬浮，每个样本 3 个重复。

B.3 测定藻细胞悬浮液和蒸馏水的 TOC 浓度和替代指标（藻细胞数或吸光度）。

B.4 计算藻细胞悬浮液的 TOC 浓度时，应扣除蒸馏水中的检出浓度。

B.5 线性图的线性范围应满足碳含量测定范围的需求，见图 B.1、图 B.2、图 B.3。

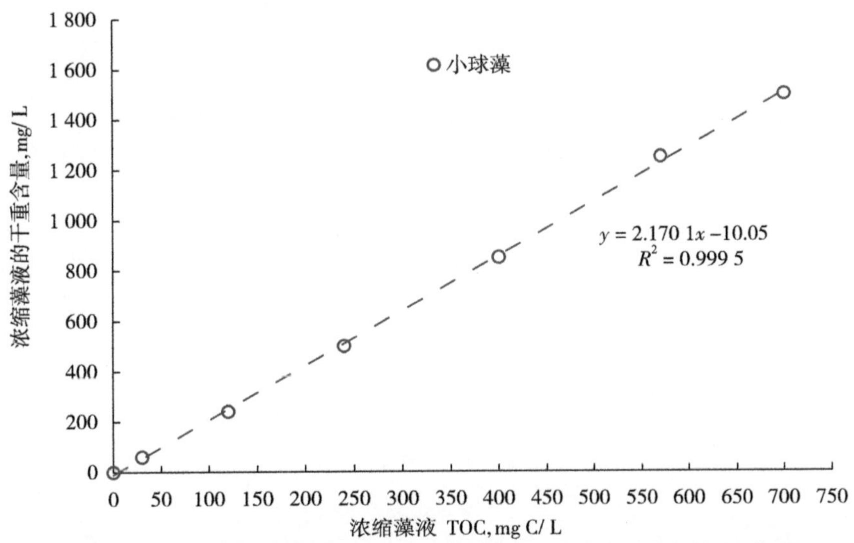

图 B.1 藻细胞悬浮液的 TOC 浓度与替代参数测定值示意图

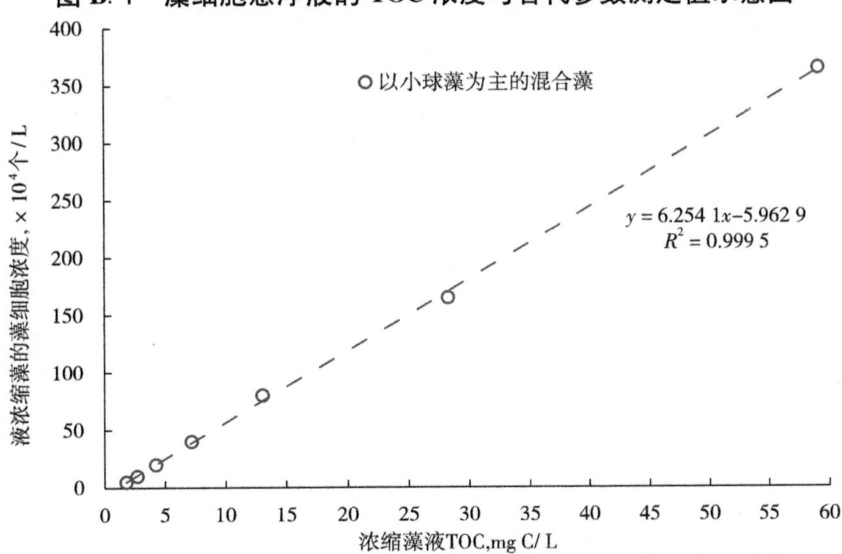

图 B.2 藻细胞悬浮液的 TOC 浓度与替代参数测定值示意图

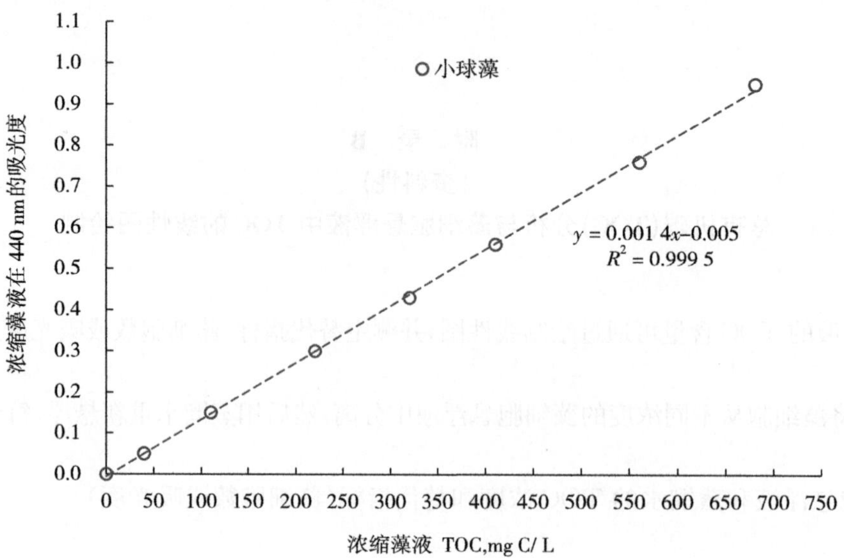

图 B.3　藻细胞悬浮液的 TOC 浓度与替代参数测定值示意图

附　录　C
（资料性）
幼溞性别鉴定指南

根据形态学特征区分大型溞的性别。用吸管将幼溞转移至有少量培养液的培养皿中。培养液体积应尽可能小，以防止幼溞移动。在立体显微镜（10×～60×）下观察幼溞的第一触角，雄溞的第一触角明显长于雌溞（图 C.1）。

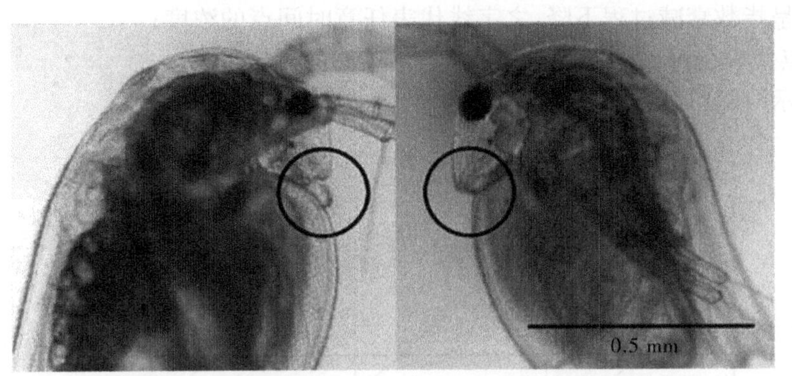

注：如圆圈中所示，雄溞的第一触角比雌溞长。

图 C.1　溞龄为 24 h 的雄溞（左）和雌溞（右）

附　录　D
（资料性）
时间-加权平均值的计算

D.1　时间-加权平均浓度的简单示例见图 D.1，该图中：

a）　试验周期为 7 d，在第 0 d、第 2 d、第 4 d 更换培养液；

b）　假定浓度呈指数衰减过程下降，之字线代表任意时间点的浓度；

c）　6 个方形点代表在每一个更换周期开始与结束时的测定浓度；

d）　粗实线表示时间-加权浓度。

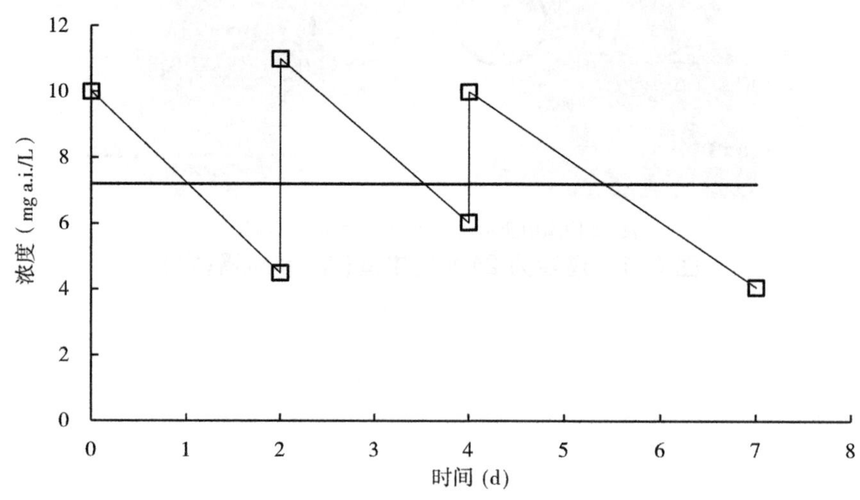

图 D.1　时间-加权平均浓度的示例

D.2　按公式(D.1)计算每一个培养液更换周期内指数曲线下的面积(S)，数据示例见表 D.1。

$$S=\frac{C_0-C_1}{\ln(C_0)-\ln(C_1)}\times x \quad \cdots\cdots (D.1)$$

式中：

x　　——培养液更换周期内的天数；

C_0　　——培养液更换周期开始时的测定浓度；

C_1　　——培养液更换周期结束时的测定浓度；

$\ln(C_0)$——浓度 0 的自然对数；

$\ln(C_1)$——浓度 1 的自然对数。

D.3　计算时间-加权平均浓度：试验周期内指数曲线下方的总面积除以总天数(如 21 d)。

D.4　当被试物在培养液中的降解过程遵循指数衰减以外的其他过程，也可采用与之相应的面积计算方法。在缺乏相关信息和数据的情况下，首选指数衰减模型。

表 D.1　时间-加权平均计算

更换试验液	间隔天数,d	浓度 0	浓度 1	ln (浓度 0)	ln (浓度 1)	面积
1	2	10	4.493	2.303	1.503	13.767
2	2	11	6.037	2.398	1.798	16.544
3	3	10	4.066	2.303	1.403	19.781
共计	7 d					总面积:50.092
						时间-加权平均:7.156

参 考 文 献

[1] NY/T 3273 难处理农药水生生物毒性试验指南
[2] OECD (2012), Guidelines for the Testing of Chemicals, Test No. 211, *Daphnia magna* Reproduction Test, Adopted 2 October 2012

ICS 65.020
CCS B 17

中华人民共和国农业行业标准

NY/T 4189—2022

化学农药　两栖类动物变态发育试验准则

Chemical pesticide—Test guideline on the amphibian metamorphosis assay

2022-11-11 发布　　　　2023-03-01 实施

中华人民共和国农业农村部　发布

前　言

本文件按照 GB/T 1.1—2020《标准化工作导则　第 1 部分:标准化文件的结构和起草规则》的规定起草。

请注意本文件的某些内容可能涉及专利。本文件的发布机构不承担识别专利的责任。

本文件由农业农村部种植业管理司提出并归口。

本文件起草单位:农业农村部农药检定所、浙江省农业科学院农产品质量标准研究所。

本文件主要起草人:陈丽萍、尹晓辉、袁善奎、孙健、宋雯、曹玲、吴长兴、程涵智、周欣欣、王胜翔、赵秀振。

化学农药　两栖类动物变态发育试验准则

1　范围

本文件规定了化学农药对两栖类动物变态发育试验的材料、条件、操作、质量控制、数据处理、试验报告等的基本要求。

本文件适用于测试和评价化学农药对两栖类动物变态发育的影响，其他类型的农药可参照使用。

本文件不适用于易挥发和难溶解的化学农药。

2　规范性引用文件

下列文件中的内容通过文中的规范性引用而构成本文件必不可少的条款。其中，注日期的引用文件，仅该日期对应的版本适用于本文件；不注日期的引用文件，其最新版本（包括所有的修改单）适用于本文件。

NY/T 3273　难处理农药水生生物毒性试验指南

3　术语和定义

下列术语和定义适用于本文件。

3.1

吻泄距　snout to vent length，SVL

口至肛门的长度。

注：单位为毫米（mm）。

3.2

不同步性发育　developmental asynchronization

特定组织与其他组织在发育过程中出现了偏差的现象。

3.3

Nieuwkoop/Faber 的分期标准　the staging criteria of Nieuwkoop and Faber

1994 年 Pieter D. Nieuwkoop 和 J. Faber 将非洲爪蟾生长发育时期（在 23 ℃的温度下）的不同阶段进行拍照记录，并形成一套标准的发育数据表。该分期标准将非洲爪蟾从胚胎发育至成蛙共历经的 58d，根据显著形态学标志分成 66 期发育阶段。

4　试验概述

采用流水式或半静态法，将处于 51 期（蝌蚪腿芽刚刚出现的发育阶段）的非洲爪蟾蝌蚪暴露于系列浓度的被试物溶液中 21 d，测定和观察后肢长度（HLL）、吻泄距（SVL）、湿重、日死亡数、发育阶段、甲状腺组织学，评估被试物是否干扰了蝌蚪变态发育进程和甲状腺组织形态。

5　试验方法

5.1　材料和条件

5.1.1　供试生物

5.1.1.1　供试生物的选择

供试生物为非洲爪蟾（*Xenopus laevis*）蝌蚪。选择受精后 17 d 内，发育至 51 期的健康的、表观正常的蝌蚪。

5.1.1.2　成体爪蟾的繁殖与管理

在实验室条件下，成体爪蟾可自然产卵，也可通过注射人绒毛膜促性腺激素（HCG）促进产卵以获得试验蝌蚪。选择3对～5对成体爪蟾注射HCG（由0.6%～0.9%生理盐水溶解）催产，雌性注射800 IU～1 000 IU，雄性注射600 IU～800 IU。将配对爪蟾置于单独的水缸中，避免干扰以促其抱对。容器底部应具有不锈钢或塑料材质的网筛假底，蛙卵应能通过网筛落至缸底。产卵结束并完成受精后，应立即移走成体爪蟾。

5.1.1.3 蝌蚪选择

收集受精卵并从每窝受精卵中取样评估其质量。选用最佳的2窝～3窝受精卵（总数量至少1 500个用于培养蝌蚪），分别转移至一个大的平盘或碟中孵化，并用吸管移除死亡或不正常受精卵。4 d后，将健康的蝌蚪移至合适数量的饲养容器中（22±1）℃，同一个试验中用到的全部蝌蚪应来源自同一批次受精卵。此外，还需准备额外的蝌蚪以替换首周饲养期间可能死亡的蝌蚪，保持蝌蚪的饲养密度一致。

5.1.1.4 蝌蚪培养与饲喂

在驯养和试验周期内均用合适的饵料（如丰年虾、草履虫及商用饲料等）饲喂蝌蚪。每天应多次少量（至少2次），并记录饲喂频率。投饵量在确保蝌蚪吃饱的同时应尽量减少残饵量，用虹吸法及时清除残饵和粪便。驯养过程若使用静水系统，培养液至少每周完全更换2次，驯养密度每升水不超过4只；若使用流水系统，则每升水不超过10只（流速为50 mL/min）。在移动、清理以及处理蝌蚪的过程中，降低干扰。饲养期间，避免噪声、震动饲养容器、环境条件的急剧变化（如光照、温度、pH、溶解氧、水流速等）。受精卵发育到蝌蚪51期应不超过17 d。发育过程中每日都要进行观察，以便确定试验开始的时间。

5.1.2 被试物

试验前应收集被试物的基本信息，如CAS号、分子式、结构式、相对分子量、水溶解度、稳定性及蒸气压等，并建立可靠的定量分析方法（包括添加回收率、仪器检测限等）和暴露方式。

5.1.3 主要仪器设备

5.1.3.1 玻璃或不锈钢水系统装置。

5.1.3.2 繁殖缸。

5.1.3.3 控温装置。

5.1.3.4 双目解剖显微镜。

5.1.3.5 数码相机。

5.1.3.6 图像数字化软件。

5.1.3.7 天平。

5.1.3.8 温度计。

5.1.3.9 溶解氧仪。

5.1.3.10 pH计。

5.1.3.11 硬度仪。

5.1.3.12 照度计。

5.1.3.13 各种实验室常用玻璃器皿及工具。

5.1.3.14 移液器。

5.1.3.15 分析仪器等。

5.1.4 试验用水

试验用水应适合非洲爪蟾蝌蚪正常生长和发育，可采用泉水或活性炭过滤的自来水等。试验开始前应检测水质，水中不应含铜、氯、氯胺、氟化物、高氯酸盐和氯酸盐等物质。试验用水的碘离子（I^-）浓度应在0.5 μg/L～10 μg/L。若试验用水碘离子未达到最低值，需通过加碘至最低浓度0.5 μg/L，并记录试验用水中碘或其他盐类的添加情况。

5.1.5 试验容器

试验容器应采用玻璃、不锈钢或其他化学惰性材质。容量为4 L～10 L，水深10 cm～15 cm，流水装置的流速应恒定。

5.1.6 试验条件

使用荧光灯照明，光照度 600 lx～2 000 lx，光暗周期为 12 h 光照/12 h 黑暗。水温(22±1) ℃，pH 6.5～8.5，溶解氧(DO)＞3.5 mg/L(＞空气饱和值的 40%)。试验条件应符合附录 A 的要求。

6 试验步骤

6.1 暴露方法的选择

根据被试农药的特性、稳定性或预备试验结果选择半静态法或流水式方法，优先选择流水式。对于难处理农药(难溶或略溶于水、易挥发、易降解、易被吸收、易被吸附、疏水性、离子型或多组分农药等)，按照 NY/T 3273 选择试验方法执行。采用半静态法时，蝌蚪在试验前及试验过程都应使用同一种水，试验药液的浓度应保持在设计浓度±20%。采用流水式试验时，应定期检查储备液与稀释用水的流量，以确保试验液的变化范围控制在 10%以内，流量应为 25 mL/min。

溶液制备过程应优先采用简单方法，如搅拌或超声。不推荐使用溶剂或分散剂(助溶剂)，如需使用，其用量应小于 0.1 mL(g)/L，且各试验容器中的用量应保持一致。

6.2 试验浓度

从最大溶解度、急性毒性试验的最大耐受浓度(maximum tolerated concentration，急性毒性死亡率低于 10%时被试物的最高浓度)和 100 mg/L 三者中选取最低的浓度作为蝌蚪变态发育试验(AMA)的最高浓度。浓度梯度按 3 倍～10 倍设置至少 3 个浓度组及一个空白对照组。最大试验浓度和最小试验浓度之间的差异至少为 1 个数量级。若使用溶剂，应同时设置溶剂对照组。每个处理组和对照组(包括空白对照和溶剂对照)均应设至少 4 个重复。

6.3 试验周期

蝌蚪发育至 51 期开始试验，持续染毒 21 d 结束试验。

6.4 承载量

20 只/5 L。

6.5 染毒

试验开始时(0 d)，将满足发育标准的 51 期蝌蚪随机分发到每一暴露容器中，每处理至少 4 个重复，每重复 20 只。然后观察是否存在异常(受伤、异常游动行为等)，移除表观异常的蝌蚪并及时补充正常的蝌蚪。51 期蝌蚪的选择具体要求见附录 B。

6.6 水质测定

试验期间，至少每周测定 1 次所有试验容器中的溶解氧、pH 和温度。同时，对试验温度进行连续监测(至少监测其中 1 个试验容器)。

6.7 浓度分析

试验开始前，应建立被试物在试验溶液中的分析方法及其定量限(LOQ)、标准曲线和回收率等，并进行方法验证，以确认被试物在试验溶液中的稳定性。半静态法试验期间，每周至少取样 1 次(至少 4 个样品)进行分析。若采用流水系统，更换储备液时需进行浓度分析，若处理组全部浓度中均检测不到被试物时，应测定储备液浓度并记录系统流速以便计算理论浓度。若测定浓度超出设定浓度的 80%～120%，流水式试验中采用测定浓度的算术平均值表示有效浓度，半静态试验中以测定浓度的几何平均值来表示有效浓度。

6.8 观察与指标测量

6.8.1 第 7 d 测量

于试验第 7 d 从每一重复中随机抽取 5 只蝌蚪，用 150 mg/L～250 mg/L 的 MS-222(以碳酸氢钠缓冲调节 pH 至 7.0)进行麻醉，并用水漂洗且吸干，测量每只蝌蚪的 HLL 和 SVL，并称重(精确至毫克级)，宜在双目解剖显微镜下观察发育阶段。处理后的蝌蚪不再放回试验体系。

6.8.2 第21 d测量

试验结束时(第21 d),按上述方法麻醉各重复蝌蚪,用水漂洗且吸干,测量每只蝌蚪的HLL和SVL,并称重(精确至毫克级)。将所有蝌蚪的全身或包含下颚的头部组织样本置于Davidson's固定液中固定48 h或72 h,选其中5只蝌蚪单独固定,用于组织病理学分析。单独固定的5只蝌蚪依据空白对照组发育期中位数进行选择。

a) 若一个重复中合适发育期的蝌蚪大于5只,则从中随机选择。

b) 若一个重复中合适发育期的蝌蚪小于5只:

  1) 暴露组延缓了发育程度,则从发育期略低于对照组中位数的蝌蚪中选择补充;

  2) 暴露组加速了发育程度,则从发育期略高于对照组中位数的蝌蚪中选择补充。

若处理组蝌蚪的所有发育期与对照组的中位数没有交集,则选择与对照组中位数发育期不同,但符合本重复发育期的蝌蚪样本,用于甲状腺组织病理学分析。此外,若发育阶段不明确(如各部位发育不同步),则从每个重复随机选择5只蝌蚪用于组织病理学分析。应在报告中说明不依据对照中位数发育期进行蝌蚪取样的理由。

6.8.3 终点指标

6.8.3.1 终点指标观察时期

于试验第7 d和第21 d测量主要终点值,同时1 d～21 d每天观察死亡数。按表1要求的时间点,进行AMA试验各指标调查测量,其中,发育阶段、HLL、SVL和湿重是AMA试验的终点指标。

表1 AMA试验主要终点观察时间

终点指标	1 d～21 d(每天)	第7 d	第21 d
死亡数	√		
发育阶段		√	√
后肢长(HLL)		√	√
吻泄距(SVL)		√	√
湿重		√	√
甲状腺组织			√

6.8.3.2 蝌蚪发育阶段

采用表2中Nieuwkoop/Faber的分期标准方法,确定蝌蚪的发育期,具体蝌蚪发育分期标志图见附录C。根据发育期数据可确定蝌蚪发育加快、不同步、延缓或无影响。比较处理组与对照组蝌蚪的中位数发育期,判断发育过程的加快或延缓。在组织检验没有畸形或异常而出现发育不同步的状况应写入报告,但不需记录个别蝌蚪的形态形成时间差异或组织发育干扰。

表2 Nieuwkoop/Faber分期标准方法的显著形态学分期标志

显著形态学标志	发育阶段(期)															
	51	52	53	54	55	56	57	58	59	60	61	62	63	64	65	66
后肢	√	√	√	√	√	√	√									
前肢						√	√	√	√	√						
颅面结构										√	√	√	√			
嗅觉神经形态学											√	√	√			
尾长													√	√	√	√

6.8.3.3 体长与湿重

应在试验的第7 d、第21 d分别测量SVL与湿重。通过与对照组的比较,这2个指标的变化可以评估被试物对蝌蚪生长速度的影响。SVL测量方法见图1。

6.8.3.4 后肢长度

应在试验的第7 d、第21 d分别测量左后肢的长度,见图1,第7 d可直接测量HLL。第21 d时应将后肢贴于身体并沿其中线测量。长度的测量可通过图像分析软件获得。若HLL在第7 d出现明显变化,即使 21 d 变化不明显，仍视为甲状腺活动受影响。

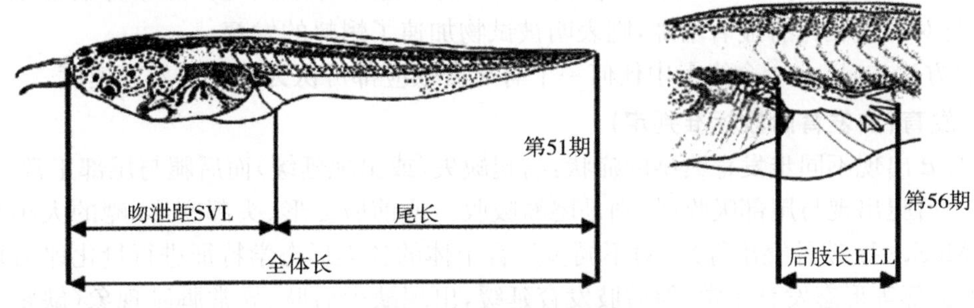

图 1　蝌蚪长度测量

6.8.3.5　甲状腺组织学

a）第一步，进行甲状腺病理学诊断。
   1）若发育加速或不同步性发育的作用终点变化显著时，不必分析甲状腺作组织病理学；
   2）若缺少明显的形态学变化或发育延缓的证据时，需进行病理学分析。

b）第二步，若需进行病理学分析，则需开展甲状腺病理切片的制作，详细步骤见附录 D，甲状腺组织学制备指南。

c）第三步，对组织切片的分析和诊断，详细诊断标准、严重程度分级和图谱见附录 E。病理学诊断的标准包括：
   1）甲状腺肿大或萎缩；
   2）滤泡细胞肥大或增生；
   3）其他定性标准：滤泡内腔面积、胶体质量及滤泡细胞高度或形状，还需记录严重性分级（4 级），甲状腺病理学分级标准按附录 E 执行。

6.8.3.6　死亡率

应每天观察容器中蝌蚪的死亡情况，记录日期、浓度、容器编号及死亡的数量。及时清除死亡的蝌蚪。

6.8.3.7　其他指标

应记录蝌蚪的异常行为与可见的畸形或损伤。包括日期、浓度、容器编号等。

正常行为特征：蝌蚪悬浮在水中时尾部高于头部、尾鳍有节奏的拍打、周期性的浮出水面、鳃盖正常活动、应激性等。

异常行为特征：蝌蚪浮在水面、躺在容器底部、反向或不规则游动、缺少浮出水面的行为、无应激反应等。

肉眼可见畸形和损伤特征：形态学异常（如肢体变形）、出血损伤、细菌或真菌感染及其他症状。这些应被视为类似于疾病/应激的临床体征，并与对照组进行比较。

应记录处理组间食物消耗总量的差异。若处理组比对照组产生症状的概率大，则应视为被试物有明显的毒性作用。

6.9　AMA 试验的判定逻辑

6.9.1　判定逻辑

AMA 试验的判定逻辑见附录 F。

加速发育：以下 4 个终点的统计学分析结果可用于评价受试蝌蚪相对于对照蝌蚪发育速度是否有所加快。

a）7 d 归化值（HLL/SVL）；
b）21 d 归化值（HLL/SVL）；
c）7 d 发育阶段；
d）21 d 发育阶段。

后肢长的统计分析应以左后肢长度为准。采用蝌蚪个体的后肢长与吻泄距比值（HLL/SVL）作为后肢长的归化值。比较每个处理归化值（HLL/SVL）的平均数，如果暴露组 7 d 或 21 d 后肢长（归化值）的平均数显著大于对照组，则说明被试物显著加速了蝌蚪的发育。

发育阶段的统计分析应依据 Nieuwkoop 和 Faber 的形态学标准判定。如果分析显示暴露组 7 d 或 21 d 发育阶段与对照组相比有显著增加，则表明被试物加速了蝌蚪的发育。

AMA 试验方法中，以上 4 个终点中任何一个有显著效应都可认为加快了发育速度。

6.9.2 不同步发育（由发育阶段标准判定）

当 7 d 或 21 d 出现不同步发育典型的症状：前腿缺失（或出现延缓）而后腿与尾部正常（或加速发育），或鳃部吸收早于后腿出现与尾部吸收（特别是尾鳍吸收），或前肢变形、头部变形（鳃的大小与鳃吸收的程度、下颚变形、Meckel's 软骨突出等）。对不同步发育个体的各类形态学特征进行量化评估并记录。

前肢、尾和头部等形态发育正常，但后肢发育延缓，出现缺少后肢、异常脚趾现象（缺趾、多趾）或其他明显的畸形肢，不应判定为不同步发育。

6.9.3 组织病理学

若被试物没有明显的毒性效应，且没有加速发育、引起不同步发育或没有出现发育延缓，均应进行甲状腺的组织病理学分析。若甲状腺出现组织病理学改变，则可认为该被试物具有甲状腺活性；若未发现发育延缓或甲状腺组织损伤，则认为该被试物不具有甲状腺活性。组织病理学终点不能进行统计分析，应由病理学家判断相关效应是否与被试物的暴露有关。

6.9.4 延缓发育（根据发育阶段、HLL、湿重和 SVL 判定）

应排除试验的非甲状腺毒性，需结合发育阶段和甲状腺病理学，还需要考虑其他观察终点，包括水肿、出血损伤、游动减少、食物消耗量降低、异常游动行为等。若所有试验浓度都具有明显的毒性作用，应设计较低浓度以重新评价被试物是否具有潜在的甲状腺活性。

统计结果显示明显的发育延缓，且无其他明显毒性效应的症状，则表明被试物具有甲状腺活性（拮抗作用）。若差异无统计学意义，应在甲状腺病理学分析中进一步验证。

6.10 数据处理

6.10.1 统计分析

以至少 3 个重复为分析单元，选用合适的统计方法对处理组与对照组之间的差异进行比较。在做 Jonckheere-Terpstra 或 Mann-Whitney U 检验时，使用中位数；做方差分析（Dunnett 法或 Tamhane's T2 法或 Dunnett's T3 法检验）时，使用平均数。剂量-效应关系的单调性可以通过对重复和处理组的平均值或中位值直观判断。对照组或处理组的重复少于 5 时，需采用 Jonckheere-Terpstra 和 Mann-Whitney 精确检验。上述所有检验方法所选用的统计学显著性水平均为 0.05。

6.10.1.1 连续性数值变量（HLL、SVL、湿重）

连续性数值变量统计流程见附录 G。如剂量-效应关系符合单调性，用 Jonckheere-Terpstra 检验分析差异显著性，用 step-down 法进行多重比较。

如剂量-效应关系不符合单调性，首先进行正态性检验（推荐用 Shapiro-Wilk 或 Anderson-Darlin 检验）和方差齐性检验（推荐用 Levene 方法检验）。也可根据专家经验判断，但只作为备选方案。如发现数据非正态或方差不齐时，应尝试进行数据转换。

a) 如数据（或转化后的数据）满足正态性和方差齐性，采用 Dunnett 检验分析处理效应的显著性。

b) 如数据（或转化后的数据）具有正态性，但方差不齐性，采用 Tamhane's T2 或 Dunnett's T3 检验分析处理效应的显著性；也可用 Mann-Whitney-Wilcoxon U 检验。

c) 如数据不能进行正态转换，用 Mann-Whitney-Wilcoxon U 检验处理效应的显著性，并用 Bonferroni-Holm 法校正 P 值。

6.10.1.2 死亡率

试验中不宜出现显著的死亡率，但如果出现，则进行以下分析：

a) 如剂量-效应关系符合单调性，采用 Cochran-Armitage（step-down 法）或趋势卡方检验（Linear-by-Linear Association 法）分析差异显著性；

b) 如剂量-效应关系不符合单调性，采用经 Bonferroni-Holm 校正的 Fisher 精确检验法分析差异显著性。

6.10.1.3 发育阶段数据

用Jonckheere-Terpstra检验分析差异显著性，用step-down法进行多重比较。分析优先选用第20百分位至第80百分位数据，也可用中位数。

6.10.2 特殊数据的分析

6.10.2.1 缺陷处理的使用

将具有明显毒性作用的重复或整个处理组作为缺陷处理，并从分析中剔除。判断重复或处理组是否具有明显毒性，应考虑多种因素：

a) 重复中蝌蚪死亡数大于2只，其死亡是由被试物毒性引起的而非技术失误造成；

b) 其他明显毒性表现还包括出血、异常行为、异常游动姿势、厌食和其他疾病的症状；

c) 对于亚致死的毒性标志，需要进行量化评估(仅参照空白对照组)。

6.10.2.2 溶剂对照

当使用了助溶剂，应同时设置溶剂对照组。试验结束时，通过溶剂对照与空白对照的统计学比较(如发育阶段、SVL、湿重)评价溶剂的潜在效应。若空白对照与溶剂对照出现了明显的差异，则在判断毒性效应试验终点时应用溶剂对照。若无明显差异，判断毒性效应试验终点时则采用空白对照和溶剂对照的数据合并分析。

6.10.2.3 处理组发育超过60期

蝌蚪60期后，蝌蚪组织开始吸收，引起形体大小与体重下降。因此，蝌蚪的湿重与SVL数据不能用于生长速率差异的统计分析。在计算重复平均值和中位数时，剔除大于60期蝌蚪的湿重和体长数据。使用以下2种方法分析这类生长相关的参数：

a) 只有少部分蝌蚪(≤20%)超过60期时，统计分析湿重或SVL数据，只考虑发育期≤60期蝌蚪的数据；

b) 1个或多个处理中存在较多数量蝌蚪(>20%)发育超过60期，运用双因素嵌套方差分析，充分利用全部数据评估被试物对蝌蚪的生长效应，同时考虑超期发育对生长的影响。双因素嵌套方差分析方法见附录H。

6.11 质量控制

质量控制应满足以下条件：

a) 无明显毒性的试验浓度≥2个；

b) 试验结束时，对照组发育阶段分布的第10百分位与第90百分位的差异不得超过4期，且发育阶段(中位数)≥57期；

c) 半静态法时，试验液更新间隔不得超过72 h；

d) 甲状腺效应为阴性的有效试验，任一处理(包括对照)死亡率≤10%，每个重复死亡蝌蚪不得超过3只，否则作为缺陷重复；至少2组处理的所有4个重复不存在缺陷重复，至少具有2组处理没有明显毒性；

e) 对于测定甲状腺活性为阳性的有效试验，对照组蝌蚪每个重复死亡数不得超过2只。

7 试验报告

试验报告应至少包括以下内容：

a) 被试物：

   1) 被试物特性：物理化学性质、稳定性和生物降解性的相关信息；

   2) 溶剂(非水溶剂)：选择溶剂的合理性、溶剂的特性(性质与使用的浓度)。

b) 供试蝌蚪：

   名称、品系、大小、来源，受精卵的收集及其后续处理方法。

c) 试验条件：

1） 试验程序，如半静态法或流水式法，承载量等；
2） 光照周期；
3） 试验设计（如处理组的数量，每个处理组的重复数，每个重复中的数量，试验容器的材质和尺寸、每个容器中水的体积等）；
4） 储备液制备方法，试验液更新频率（如使用了助溶剂，还须给出其名称及浓度）；
5） 被试物暴露装置（如泵、循环计数、压力）；
6） 分析方法：定量限、检测限、添加回收样品的添加水平及其回收率、实测浓度平均值及其标准偏差等；
7） 试验浓度、平均实测值及其标准偏差；
8） 试验用水特性：pH、温度、溶解氧、总碘以及其他测量指标（包括铜、氯、氯胺、氟化物、高氯酸盐和氯酸盐等）；
9） 试验期间水质情况：pH、硬度、温度和溶解氧等；
10） 饲喂信息：饲料种类、来源、饲喂量和饲喂频率。

d） 结果：
1） 生物学观察结果与数据：每日死亡数、食物消耗量、异常游动行为、游动减少、游动失调、畸形、损伤等，定期观察症状并记录，包括发育阶段、HLL、SVL、湿重；
2） 统计分析方法：统计分析结果（推荐以表格形式呈现）；
3） 组织学数据：叙述性的描述、严重度分级以及特定观察现象发生的概率；
4） 附加的观察：上面观察范围之外的叙述性的描述；
5） 试验偏离；
6） 结果讨论，通过终点指标的统计分析结果以及组织学数据的分析，运用 AMA 试验的判定逻辑评价被试物对两栖类动物是否具有甲状腺活性。

附 录 A
(规范性)
AMA-21 d试验条件

AMA-21 d试验条件见表A.1。

表A.1 AMA-21 d试验条件

<table>
<tr><th>项目</th><th colspan="2">要求</th></tr>
<tr><td>试验动物</td><td colspan="2">非洲爪蟾蝌蚪</td></tr>
<tr><td>初始蝌蚪发育阶段</td><td colspan="2">NF51期</td></tr>
<tr><td>暴露周期</td><td colspan="2">21 d</td></tr>
<tr><td>蝌蚪选择标准</td><td colspan="2">发育阶段与全体长(可选)</td></tr>
<tr><td>试验浓度</td><td colspan="2">1个数量级至少3个浓度梯度</td></tr>
<tr><td>暴露条件</td><td colspan="2">流水式(建议用)或半静态系统</td></tr>
<tr><td>试验系统流速</td><td colspan="2">25 mL/min(大概2.7 h可完全更新原溶液)</td></tr>
<tr><td rowspan="6">主要终点</td><td>死亡率</td><td>每天</td></tr>
<tr><td>发育阶段</td><td>7 d、21 d</td></tr>
<tr><td>HLL</td><td>7 d、21 d</td></tr>
<tr><td>SVL</td><td>7 d、21 d</td></tr>
<tr><td>湿重</td><td>7 d、21 d</td></tr>
<tr><td>甲状腺组织学</td><td>21 d</td></tr>
<tr><td>稀释水/实验室控制</td><td colspan="2">去氯自来水(活性炭过滤)或实验室的同等资源</td></tr>
<tr><td>蝌蚪密度</td><td colspan="2">20只/5 L</td></tr>
<tr><td>试验溶液/试验容器</td><td colspan="2">4 L～10 L(水深10 cm～15 cm)/玻璃或不锈钢容器</td></tr>
<tr><td>重复设置</td><td colspan="2">至少4个重复</td></tr>
<tr><td>对照组可接受的死亡率</td><td colspan="2">每容器≤10%</td></tr>
<tr><td rowspan="3">甲状腺固定</td><td>固定数目</td><td>全部蝌蚪(初始评价5只/重复)</td></tr>
<tr><td>部位</td><td>头部或整个身体</td></tr>
<tr><td>固定液</td><td>Davidson's固定液</td></tr>
<tr><td rowspan="2">饲喂</td><td>食物</td><td>丰年虾、草履虫、商用饲料等</td></tr>
<tr><td>数量/频率</td><td>至少2次/d</td></tr>
<tr><td rowspan="2">光照</td><td>光周期</td><td>12 h光/12 h暗</td></tr>
<tr><td>光照</td><td>600 lx～2 000 lx(在水表面测量)</td></tr>
<tr><td>水温</td><td colspan="2">(22±1)℃</td></tr>
<tr><td>pH</td><td colspan="2">6.5～8.5(重复间差异不超过0.5)</td></tr>
<tr><td>溶解氧</td><td colspan="2">>3.5 mg/L(>40%空气饱和值)</td></tr>
<tr><td>样品分析频率</td><td colspan="2">至少每周1次(4样品/试验)</td></tr>
</table>

附 录 B
（资料性）
51 期蝌蚪的选择

B.1 将健康、表观正常的蝌蚪集中至一个容器。进行发育期判定时，将蝌蚪单独转移到盛有培养水的容器中（如培养皿）观察。必要时，可使用 100 mg/L 三卡因间氨苯酸乙酯甲磺酸（MS-222，使用前用 pH 7.0 的碳酸氢钠稀释）进行麻醉后观察判定。可用双目解剖显微镜观察，选择 51 期蝌蚪，其最显著的特征是出现后肢芽，见图 B.1。

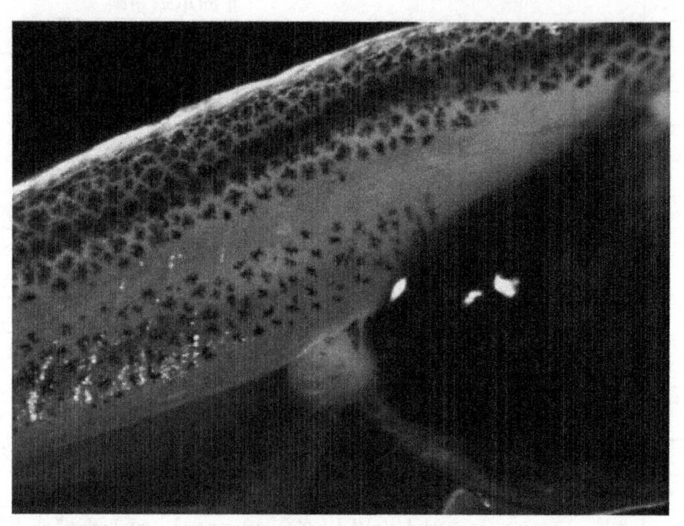

图 B.1 非洲爪蟾蝌蚪 51 期后肢形态学特征

B.2 除 51 期发育特征外，选择试验蝌蚪还应考虑蝌蚪体长因素。在 0 d 染毒前随机测量 20 只 51 期蝌蚪的全体长（全体长测量方法见图 1），选取长度为平均值±3 mm 范围内的蝌蚪（正常发育 51 期的蝌蚪全体长平均值为 24.0 mm～28.1 mm）。将筛选出的试验蝌蚪放入同一容器。

附 录 C
（资料性）
蝌蚪发育分期标志图

C.1 蝌蚪47期～54期发育分期标志见图C.1。

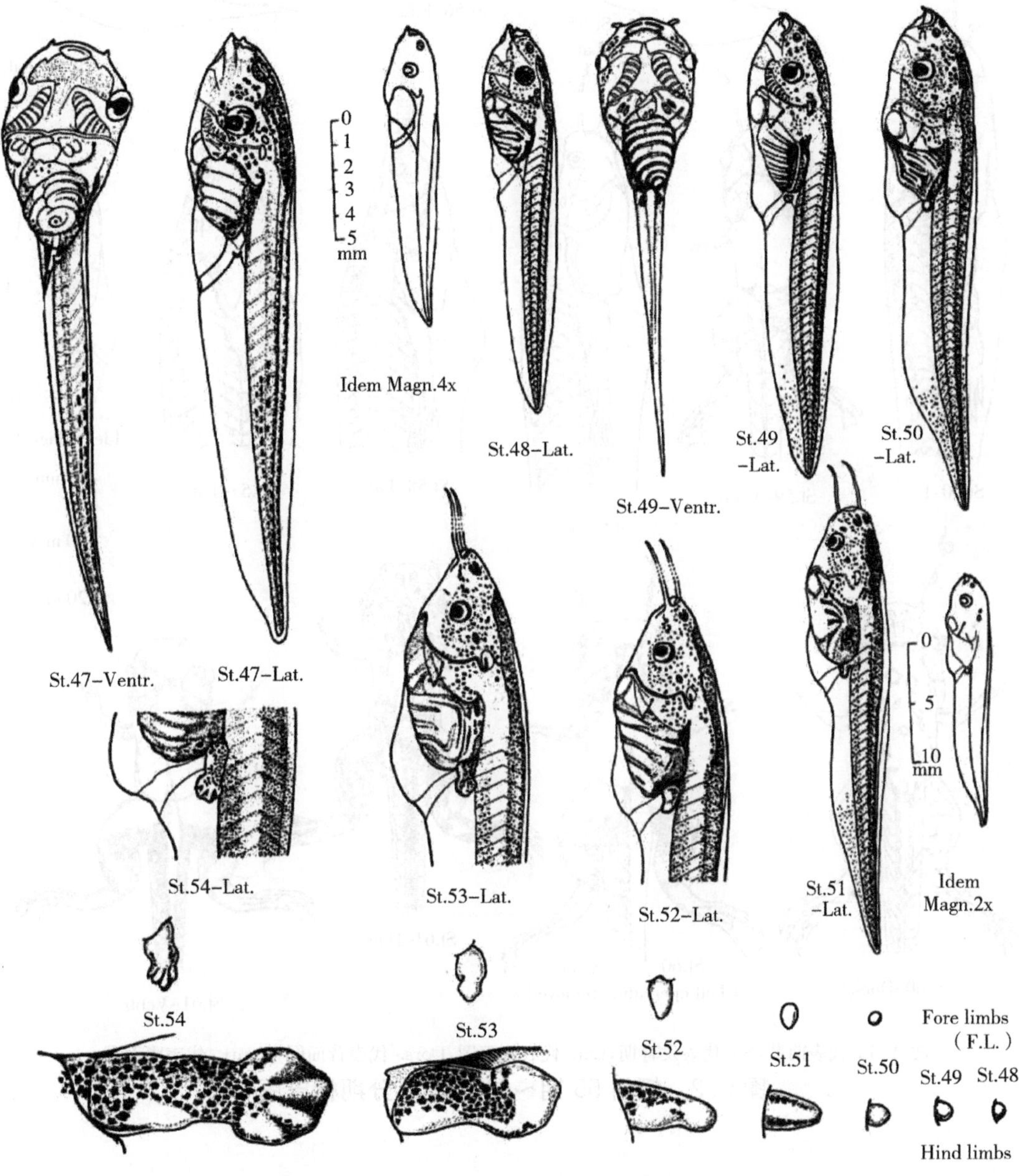

注：小图表示后肢形态，St. 代表发育期，Lat. 代表侧面图，Ventr. 代表腹面图。

图C.1 蝌蚪47期～54期发育分期标志图

C.2　蝌蚪 55 期～61 期发育分期标志见图 C.2。

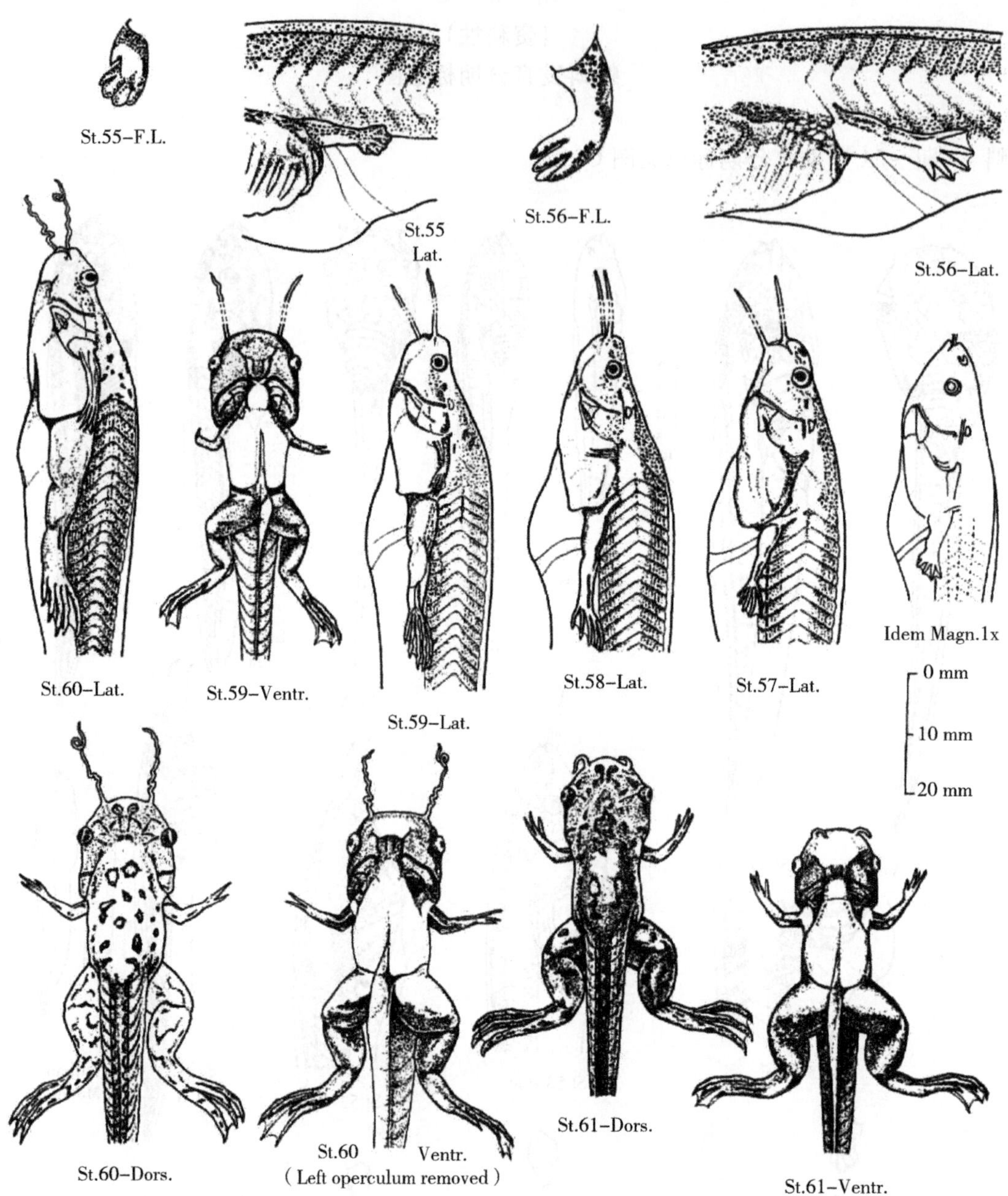

注:F.L. 代表前肢,St. 代表发育期,Lat. 代表侧面图,Dors. 代表背面图,Ventr. 代表腹面图。

图 C.2　蝌蚪 55 期～61 期发育分期标志图

C.3 蝌蚪 61 期～66 期发育分期标志见图 C.3。

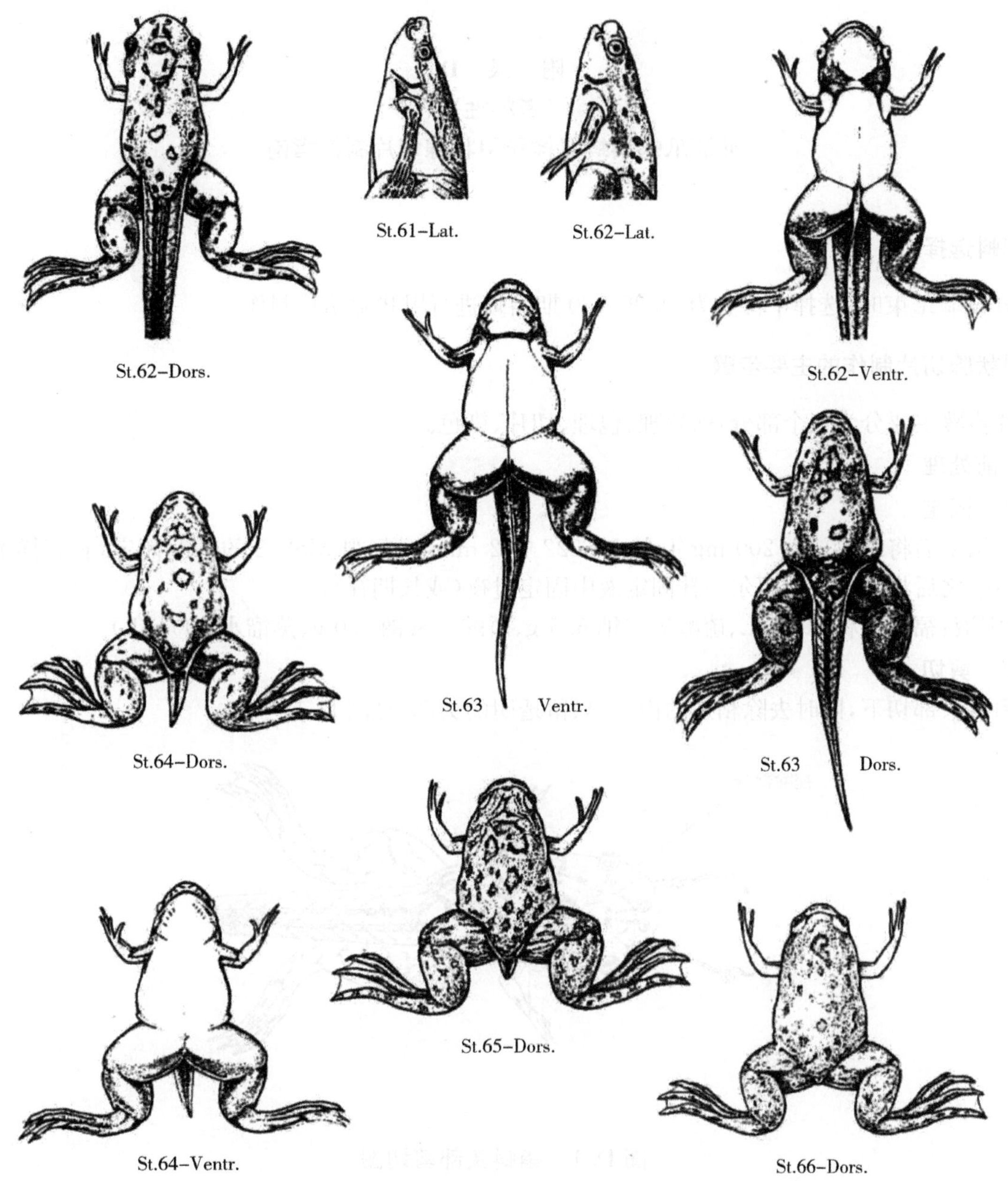

注：St. 代表发育期，Lat. 代表侧面图，Dors. 代表背面图，Ventr. 代表腹面图。

图 C.3 蝌蚪 61 期～66 期发育分期标志图

附　录　D
（资料性）
非洲爪蟾蝌蚪取样和甲状腺切片制作指南

D.1　蝌蚪选择

21 d 试验结束时，选择中位数为 56 期～60 期蝌蚪进行甲状腺切片制作。

D.2　甲状腺切片制作的主要步骤

切片步骤主要分为 4 个部分：前处理、包埋、切片、染色。

D.2.1　前处理

D.2.1.1　固定

试验结束后将蝌蚪放入 200 mg/L 的 MS222 中 2 min（时间视 MS222 的情况而定，直到样本死亡即可）安乐死，之后将样本放入福尔马林固定液中固定过夜（或长期存）。

（固定液：福尔马林 100 mL、硫酸氢二钠 6.5 g、磷酸二氢钠 4.0 g、蒸馏水 900 mL）

D.2.1.2　剪切

将蝌蚪头部切下，同时去除粘连的内脏，只留透明的头部，见图 D.1。

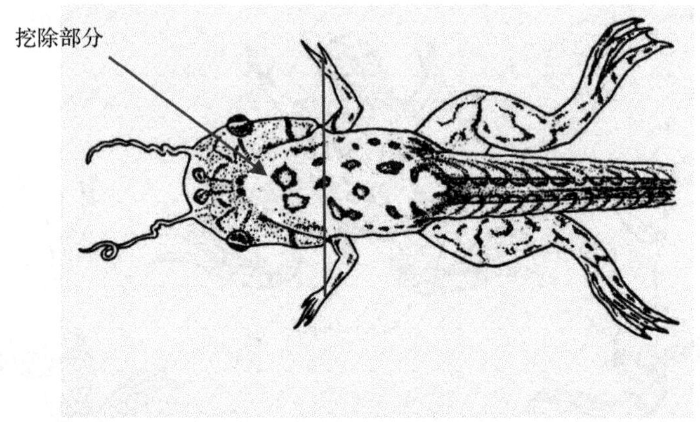

图 D.1　蝌蚪头部剪切图

D.2.1.3　脱水和透明

将已切下的样本按不同浓度组放入不同小盒中，用标签编号（铅笔），每只小盒中所放样品不宜过多，依样品大小而定，每盒放 3 个～5 个样品。将编号的小盒依次放入酒精中，每放 1 组记录 1 次时间，保证在每个溶液中停留规定的时间。按以下顺序依次脱水和透明样本：

a）　80%酒精，60 min，室温；

b）　80%酒精，60 min，室温；

c）　90%酒精，60 min，室温；

d）　90%酒精，60 min，室温；

e）　95%酒精，60 min，室温；

f）　95%酒精，60 min，室温；

g）　100%酒精，60 min，室温；

h）　100%酒精，60 min，室温；

i）　100%二甲苯，80 min，室温（通风橱）；

j） 100％二甲苯，80 min，室温（通风橱）；

k） 100％石蜡，30 min，65 ℃水浴（水浴锅设置为 67 ℃）；

l） 100％石蜡，30 min，65 ℃水浴（水浴锅设置为 67 ℃）。

D.2.2 包埋

包埋前提前准备好工具和材料，包括包埋盒、镊子、酒精灯以及浇注用石蜡（提前熔融）。选择平整水平的台面操作，最好在台面上铺 1 层报纸。先将包埋盒放在酒精灯上烘烤几秒，防止石蜡倒入后就凝固。按以下步骤进行包埋。

a） 向包埋盒中倒一层石蜡，高度不超过包埋盒的 1/4（过高会使样本漂浮，无法固定），将样本轻轻放入包埋盒，待石蜡快凝固时，用镊子小心调整样本姿势直至石蜡半凝固（晃动包埋盒样本不移动）；

b） 用石蜡将包埋盒注满，扣上小盒子，盒子中再注入 1 层石蜡固定；

c） 将包埋好的石蜡盒先室温冷却，待触摸包埋盒外壁不烫手后，再整个放入冷水中冷却，最后可放入冰柜中，冷却 1 min～2 min 可直接取出包埋好的蜡块。

D.2.3 切片

切片前先调整夹子的位置，要尽量使夹子的平面与台面垂直。取刀片卡入刀口[每片刀可使用 4 次，（左半边＋右半边）×2 正反面]。按以下步骤进行切片。

a） 将蜡块卡在夹子上（一定要顶到底，与夹子间不留空隙），先以 10 μm～15 μm 的厚度粗切，直至切到有组织出现为止。

b） 将粗切好的蜡块倒置于冰块上冷却 3 min～5 min，再夹住，以 10 μm 的厚度重新进刀，直到切出完整蜡带。

c） 厚度调整为 3 μm～4 μm 切片。每切 5 片～10 片后，以 10 μm 向前进几刀，再调到 3 μm～4 μm 切片。如此反复直至将蝌蚪的眼睛切到不可见为止。

d） 切好的蜡片用毛笔或镊子轻轻地放入冷水中展片，展开后用载玻片捞起，放入 40 ℃水浴锅中再展片。

e） 展好的切片放在水浴锅边预干燥，放入切片架后，在烘箱（60 ℃）中过夜干燥（或 5 h 以上）。

此时可在强光下粗略观察下是否已经切到甲状腺部位，即不是“Y”型而是饱满的“U”型，且内部纹理比较清晰，有镂空，不是一整块。

D.2.4 染色

切片过夜干燥，从烘箱中取出后，依次放入以下溶液中染色：

a） 100％二甲苯，5 min；

b） 100％二甲苯，5 min；

c） 100％酒精，5 min；

d） 100％酒精，5 min；

e） 95％酒精，5 min；

f） 80％酒精，5 min；

g） 40 ℃温水，5 min；

h） 苏木精，5 min（滴染），15 min（侵染）；

i） 流水，15 min；

j） 伊红，3 min（滴染），5 min（侵染）；

k） 冷水，1 min；

l） 80％酒精，30 s；

m） 90％酒精，30 s；

n） 95％酒精，30 s；

o） 100％酒精，10 min；

p） 100％酒精，10 min；

q) 二甲苯,30 min;

r) 二甲苯,30 min。

从二甲苯中取出切片后,在组织上滴一滴树脂,用盖玻片盖住即可镜检。滴染要将载玻片放置在平整水平的台面上(暗色底),将染色剂覆盖所有样本后静置。静置结束后将载玻片放入切片架,放入水中清洗。苏木精和伊红操作都如此。苏木精和伊红在清洗完后可直接拿去镜检,检查染色是否充分(颜色要略重一些,在之后的脱水过程中可能会褪去一点颜色)。如盖玻片很脏,需要先用酒精浸泡然后擦干。以上所用的所有试剂都要保证其中没有悬浮的杂质,包括展片时和冲洗染色剂时使用到的水。

附 录 E
（规范性）
甲状腺病理学分级标准

E.1 核心标准

E.1.1 甲状腺肥大或萎缩：由于滤泡细胞数目或尺寸变化引起的甲状腺肥大或者萎缩。

E.1.2 滤泡细胞的肥大：滤泡细胞肥大是指基于高柱状细胞变异的百分率进行分级的，正常两栖动物的甲状腺滤泡细胞形状是在鳞状细胞到柱状细胞之间变化，即由柱状细胞排列的。

E.1.3 滤泡细胞的增生：出现滤泡细胞拥挤、分层、单个或多个乳头状滤泡细胞内折。

E.2 核心标准严重度分级

甲状腺病理学严重度分级标准见表D.1。

表D.1 甲状腺病理学严重度分级标准

等级	描述	甲状腺肥大严重程度分级标准	甲状腺萎缩严重程度分级标准	滤泡细胞肥大严重程度分级标准	滤泡细胞增生严重程度分级标准
0	不显著	与对照相比腺体肥大小于20%	与对照相比腺体萎缩小于20%	小于20%的滤泡细胞出现肥大	小于20%的滤泡细胞局灶性或弥漫性增生
1	轻度	与对照相比腺体肥大30%～50%	与对照相比腺体萎缩30%～50%	30%～50%的滤泡细胞出现肥大	30%～50%滤泡细胞局灶性或弥漫性增生，和或单个或多个乳头状滤泡细胞层
2	中度	与对照相比腺体肥大60%～80%	与对照相比腺体萎缩60%～80%	60%～80%的滤泡细胞出现肥大	60%～80%的滤泡细胞局灶增生，假分层或滤泡上皮细胞分层(可能存在乳头内折)
3	重度	与对照相比腺体肥大超过80%，2个腺体中间已连接，超出正常值，并进入周围组织的空间	与对照相比腺体萎缩超过80%	超过80%的滤泡细胞出现肥大	超过80%的滤泡细胞广泛增生，分2层～3层(乳头内折现象)

E.3 附加标准

E.3.1 滤泡腔面积增加或减少：使用上述分级标准记录相关变化。

E.3.2 滤泡胶体质量：记录胶体质量的变化，如均质、非均质、网眼状或颗粒状。也可由病理学家判定胶体的着色质量。

E.3.3 滤泡细胞高度或形状：滤泡细胞高度或形状可以从鳞状到立方形，从低柱状到高柱状。滤泡上皮细胞高度增加(从立方体向柱状发展)可导致腺体肥大。如有必要，可记录主要细胞的形状(鳞状、立方体、低柱状、高柱状)。

附 录 F
（资料性）
AMA 试验的判定逻辑

AMA 试验的判定逻辑见图 F.1。

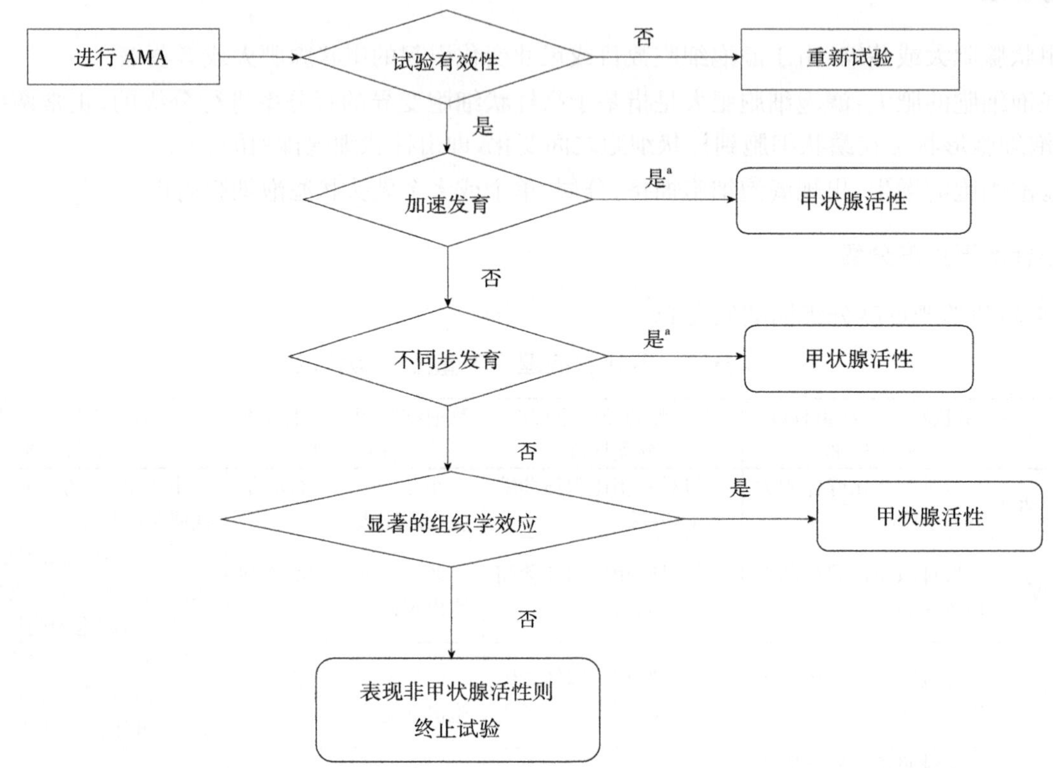

[a] 表示尽管加速发育与不同步发育发生了显著的变化，但是某些权威机构还要求进行组织学分析。试验人员应咨询相应的管理部门以确定哪些试验终点是必需的。

图 F.1 AMA 试验的判定逻辑流程图

附　录　G
（资料性）
连续性数值变量统计流程图

连续性数值变量统计流程见图 G. 1。

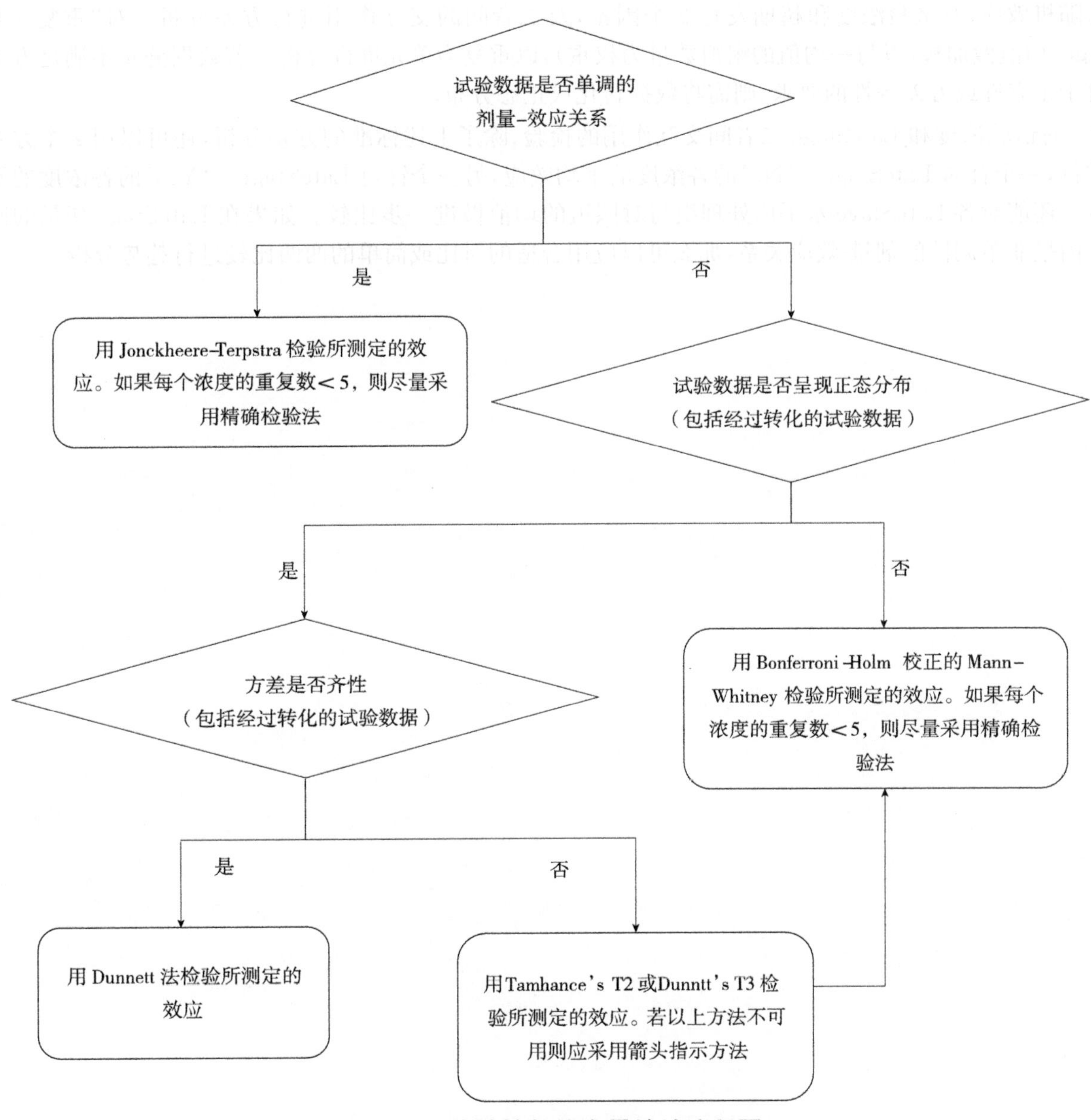
试验数据是否单调的
剂量-效应关系
是
否
用 Jonckheere-Terpstra 检验所测定的效应。如果每个浓度的重复数<5，则尽量采用精确检验法
试验数据是否呈现正态分布
（包括经过转化的试验数据）
是
否
方差是否齐性
（包括经过转化的试验数据）
用 Bonferroni-Holm 校正的 Mann-Whitney 检验所测定的效应。如果每个浓度的重复数<5，则尽量采用精确检验法
是
否
用 Dunnett 法检验所测定的效应
用Tamhance's T2 或Dunntt's T3 检验所测定的效应。若以上方法不可用则应采用箭头指示方法

图 G. 1　连续性数值变量统计流程图

附 录 H
(资料性)
双因素嵌套方差分析

H.1 双因素嵌套方差分析:如发育阶段≥61期,定义 LateStage='Yes',反之为'No'。以浓度水平和蝌蚪为随机效应,对试验浓度和超期发育2个因素,及二者间的交互作用进行方差分析。对"重复 * LateStage"均值做加权(以每一均值的蝌蚪数量为权重),以重复为单元进行分析。若数据分布不满足方差分析对于正态性或方差齐性的要求,则需将数据转化成正态分布。

H.2 对试验浓度和 LateStage 二者间交互作用的检验,除了上述标准的方差分析,还可以用2个方差分析进行,一个针对 LateStage='No'的各浓度的平均效应,另一个针对 LateStage='Yes'的各浓度的平均效应。还能对各 LateStage 水平内处理组与对照组的均值做进一步比较。如果在 LateStage 变量的同一水平内呈非单调性的剂量-效应关系,那么可以应用合适的对比或简单的两两比较进行趋势分析。

参 考 文 献

[1] P. D. Nieuwkoop & J. Faber. (1994) Normal Table of *Xenopus Laevis* (Daudin). Garland Publishing, New York

[2] OECD(2007). Test NO. 82: Guidance Docμment on Amphibian Thyroid Histology

[3] OECD(2009). Test NO. 231: Amphibian Metamorphosis Assay. OECD Guidelines fortesting of chemicals

[4] US EPA (2009). Amphibian Metamorphosis (Frog) (OPPTS890. 1100). Endocrine Disruptor Screening Program Test Guidelines

[5] OECD(2004). Test NO. 46: Detailed Review Paper on Amphibian Metamorphosis Assay for the Detection of Thyroid Active Substances

[6] ASTM(2014). Standard Guide for Conducting Acute Toxicity Tests on Test Materials with Fishes, Macroinvertebrates, and Amphibians. American Society for Testing and Materials, ASTM International E729-96(2014), West Conshohocken, PA

ICS 65.020
CCS B 17

中华人民共和国农业行业标准

NY/T 4190—2022

化学农药　蚯蚓田间试验准则

Chemical pesticide—Guideline for earthworm field test

2022-11-11 发布　　2023-03-01 实施

中华人民共和国农业农村部　发布

前　　言

本文件按照 GB/T 1.1—2020《标准化工作导则　第 1 部分：标准化文件的结构和起草规则》的规定起草。

请注意本文件的某些内容可能涉及专利。本文件的发布机构不承担识别专利的责任。

本文件由农业农村部种植业管理司提出并归口。

本文件负责起草单位：农业农村部农药检定所。

本文件主要起草人：周艳明、王胜翔、袁善奎、周欣欣、单炜力、王寿山、宋伟华、赵秀振、王红。

化学农药　蚯蚓田间试验准则

1　范围

本文件规定了在田间条件下测定化学农药对蚯蚓影响试验的概述、试剂与材料、仪器设备、试验准备、试验步骤、数据评估、计算和结果表达以及试验报告等的基本要求。

本文件适用于为化学农药登记而进行的蚯蚓田间试验。

2　规范性引用文件

下列文件中的内容通过文中的规范性引用而构成本文件必不可少的条款。其中，注日期的引用文件，仅该日期对应的版本适用于本文件；不注日期的引用文件，其最新版本（包括所有的修改单）适用于本文件。

GB/T 6682　分析实验室用水规格和试验方法

LY/T 1225　森林土壤颗粒组成（机械组成）的测定

NY/T 1121.2　土壤检测　第 2 部分：土壤 pH 的测定

NY/T 1121.6　土壤检测　第 6 部分：土壤有机质的测定

NY/T 2882.8　农药登记　环境风险评估指南　第 8 部分：土壤生物

NY/T 3150　农药登记　环境降解动力学评估及计算指南

ISO 11274　土壤质量　持水能力的测定　实验室方法（Soil quality-Determination of water-retention characteristic-Laboratory methods）

3　术语和定义

下列术语和定义适用于本文件。

3.1

丰度　abundance

单位面积上某一蚯蚓物种的个体数量。

4　试验概述

4.1　在各试验小区采集蚯蚓，并比较被试物处理组与空白组、对照物组中蚯蚓的物种、数量和生物量。根据被试物的性质确定试验周期，宜为 1 年。应在蚯蚓的活跃时期采样。

4.2　每个处理组应由 4 个随机分布的重复组成。对每次采集的各种蚯蚓的数量开展统计分析，通过比较对照组和处理组的丰度、生物量和多样性确定被试物对蚯蚓的影响。

注：可在处理组采集蚯蚓样品并检测蚯蚓体内的被试物浓度。

5　试剂与材料

除另有规定外，所有试剂均为分析纯，水为符合 GB/T 6682 中规定的三级水。

5.1　试剂

5.1.1　异丙醇[$(CH_3)_2CHOH$，CAS 号：67-63-0]。

5.1.2　乙醇（CH_3CH_2OH，CAS 号：64-17-5）。

5.1.3　异硫氰酸烯丙酯（$C_4H_5N_S$，CAS 号：57-06-7）：＞94％（体积分数）。

5.1.4　4％甲醛水溶液（HCHO，CAS 号：50-00-0）：10％福尔马林固定液。

5.1.5　多菌灵制剂。

5.2 溶液配制

5.2.1 乙醇水溶液(70%):量取 736.8 mL 乙醇(5.1.2)于 1 000 mL 容量瓶中,用水定容至刻度,混匀。

5.2.2 异硫氰酸烯丙酯水溶液:称取 1 g 异硫氰酸烯丙酯(5.1.3)于 100 mL 烧杯中,加 50 mL 异丙醇溶解,用自来水稀释至 10 L。现配现用。

6 仪器设备

6.1 天平:感量 0.01 g。

6.2 解剖显微镜:10 倍~40 倍。

6.3 温度计。

6.4 烘箱。

6.5 塑料容器:250 mL、500 mL。

6.6 镊子。

6.7 厚塑料薄膜。1 m^2~2 m^2。

6.8 锹或铲。

6.9 水罐:宜为 20 L。

7 试验准备

7.1 试验点的选择

7.1.1 试验点应在水平地面,作物和土壤性质应与周边区域相同,不应选择以下区域作为试验点:

a) 坡地;

b) 临近沟渠或树林的区域;

c) 压实的耕作路;

d) 土壤类型特殊的地点。例如,沙粒或黏粒含量过高的土壤。

7.1.2 试验点宜选择草地。草地试验点蚯蚓的密度应不低于 100 条/m^2,密度不足时应增加采样量。不宜选择果园作为试验点,若以果园为试验点,应增加采样量或限制在特定区域采样。

7.1.3 若需要被试物在裸土中对蚯蚓影响的信息,可选择耕地作为试验点,耕地试验点试验开始前蚯蚓的密度应不低于 60 条/m^2。

7.1.4 试验点应有所选择环境类型中常见的蚯蚓种群。例如,在农业区,重要的深栖类和内栖类蚯蚓物种应不少于各类蚯蚓总量的 10%。

7.1.5 为满足上述要求,试验前应在选中的试验点采样并初步研究蚯蚓的物种分布概况。

7.2 试验点信息

7.2.1 对试验点的描述应包含以下信息:

a) 土壤颗粒组成,按照 LY/T 1225 测定;

b) 土壤有机质含量,按照 NY/T 1121.6 测定;

c) 土壤 pH,按照 NY/T 1121.2 测定;

d) 土壤最大持水量,按照 ISO 11274 测定;

e) 植被分布。

7.2.2 应全年记录气温和降水量,并在施药后每天记录土壤温度、含水率和日照时间。

7.2.3 应了解试验点的耕作历史和农药、化肥、污泥历史使用情况。

7.3 试验设计

7.3.1 根据试验目的和试验点的情况设计试验。至少设置 1 个空白组(仅用水喷雾)、1 个对照组(用对照物喷雾)和 1 个处理组(施用被试物,与 7.3.5 重复)。设置多个不同剂量的被试物处理组更有助于环境风险评估。

7.3.2 试验应采用随机完全区组设计。应根据被试物处理组数量和采样时间确定试验小区重复数量及试验地的面积。

7.3.3 每个小区的面积至少 100 m^2(10 m×10 m)。应在小区的中部采样,以保证采样区域周边有 1 m～2 m 宽的被试物或对照物处理过的边缘地带,小区布置示意图见图 1。

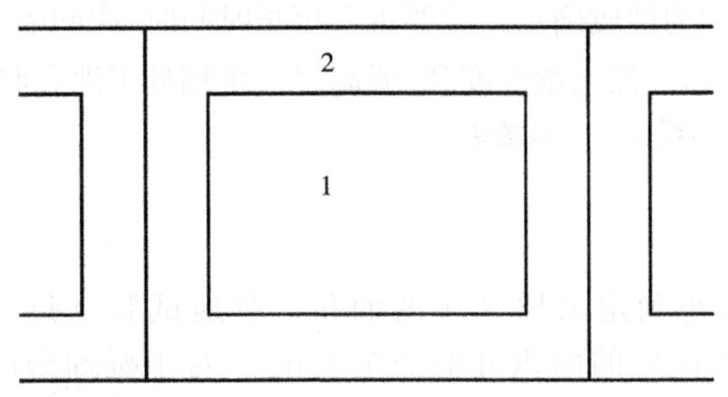

标引序号说明:
1——采样区域;
2——边缘地带。

图 1 试验小区示意图

7.3.4 同一天采样的 2 个采样区域应相距至少 2 m,后续采样时不应在已采样过的区域采样。

7.3.5 根据蚯蚓种群的密度和分布确定采样区域的数量。每组至少设置 4 个重复,每个重复取 4 个随机样品(每组 16 个独立样品)。

7.3.6 对于在田间 $DisT_{90}$<365 d 的农药($DisT_{90}$ 按照 NY/T 3150 计算),宜按单次被试物用量设计处理组,必要时根据被试物的使用方法单独设计额外的处理组,单独设计额外的处理组时应考虑作物的叶面拦截系数。对于田间 $DisT_{90}$>365 d 的被试物,也宜按单次用量设计处理组,必要时根据被试物的使用方法单独设计额外的处理组,但第一次施药时也应包含按土壤深度为 10 cm 计算的稳态坪浓度(稳态坪浓度按照 NY/T 2882.8 计算),除第一次施药外,施药时应考虑作物的叶面拦截系数。

7.4 试验地的日常维护

7.4.1 草地试验点应定期(每年 2 次～6 次)用覆盖式割草机割草,割下的草应保留在原地。割草应在施用被试物前 1 周～2 周进行。可仅保留施药前最后一次割下的草。

7.4.2 当试验在耕地上进行时,应按常规农事操作进行,但试验期间应避免翻耕或其他土壤处理措施。

7.4.3 试验小区不应使用被试物之外的农药,如必须使用,应选择对蚯蚓低毒且风险可接受的农药;若被试物为除草剂,耕地或草地(含对照组)在试验开始前应先用另一种除草剂(非被试物)处理、耕地、再播种,施用除草剂(非被试物)和除草剂(被试物)应间隔至少 1 周。在解释试验结果时,应注意即使是使用对蚯蚓无影响的农药,其与被试物之间也可能发生相互作用。

7.4.4 若施药后 3 d 内降水量很少或没有降水,应喷灌。灌溉应安排在采样前 1 周～2 周。灌溉量应根据试验地的气候条件确定,并在试验区域内均匀分布。施药后 3 d 内,降水量和灌溉量总计达到 10 mm 为宜。

8 试验步骤

8.1 施药

根据委托方提供的被试物的施药剂量、剂型、施用方法等信息施药。施药设备宜与农业生产中所用设备相近(例如,使用相同的喷雾器、相同的药液量),使用前应校准施药器具。按被试物可能使用的最大用量施药。多次施药时,根据推荐的施药次数和间隔时间,按上述方法施药。宜在春季进行施药。

8.2 采样

8.2.1 采样时间

8.2.1.1 施药前应全面采样以获取蚯蚓物种组成、密度、均匀性等方面的信息。

8.2.1.2 每次施药后 1 d～2 d 或灌溉后，应收集土壤表面的蚯蚓。

8.2.1.3 施用被试物后，应在蚯蚓活跃期至少采样 3 次，其采样时间如下：

a) 第 1 次采样：施药后 1 个月～3 个月；

b) 第 2 次采样：施药后 4 个月～6 个月；

c) 第 3 次采样：施药后 12 个月。

8.2.1.4 试验时间根据被试物的性质确定。需要观察更长时间时，应间隔半年，并在蚯蚓的活跃期采样。

8.2.1.5 不应在环境条件不适宜（低土壤湿度和/或高温），蚯蚓处于滞育状态时采样。

注：在温带，不适宜的环境条件出现在冬季和盛夏。

8.2.2 采样方法

8.2.2.1 徒手分离法

8.2.2.1.1 根据蚯蚓个体大小确定采样区域的面积。草地试验点每个采样区域的面积可设置为 0.25 m^2；耕地试验点每个采样区域的面积可增加至 1 m^2。对于蚯蚓密度低的地区（如土壤 pH 低于 4.5），应设置更大的采样区域，如 1 m^2。蚯蚓密度高的地区（如温带草地），采样区域可设为 0.125 m^2。更小的采样区域（如 0.062 5 m^2），需要增加采样区域的数量（如 16 个采样区域）。

8.2.2.1.2 在草地试验点，采样前应移除采样区域的植被；试验人员应避免在采样区域内走动。

8.2.2.1.3 根据选择的采样区域面积，用金属或塑料围成高 10 cm～15 cm 方形或圆形围挡。用锹或铲将表层土壤挖出，深度根据土壤性质确定，温带试验点宜取表层 20 cm 土壤。挖出的土壤铺在塑料薄膜上，将蚯蚓挑出。戴乳胶手套徒手挑出大蚯蚓，用镊子挑出小蚯蚓，置于塑料容器中，应仅接触蚯蚓的前部。若挖土时蚯蚓被铲断，应将 2 段全部采集以测定准确的生物量，但统计物种数量时，仅前段计数。

注：根据环带的位置可判断成蚓的前段，环带总是更接近头部。

8.2.2.2 异硫氰酸烯丙酯刺激分离法

8.2.2.2.1 将 5 L～10 L 异硫氰酸烯丙酯水溶液（5.2.2）分 2 次～3 次小心、均匀地施用于已移除表层土壤的采样区域。根据土壤性质确定异硫氰酸烯丙酯水溶液的量；当采样区域的面积＞0.25 m^2时，应相应增加异硫氰酸烯丙酯水溶液的量。在施用硫氰酸烯丙酯水溶液的过程中，应注意观察，以确定采集到采样区域内所有出现在土壤表面的蚯蚓。最后 1 次施用硫氰酸烯丙酯水溶液后 30 min，停止采样。

8.2.2.2.2 戴乳胶手套徒手挑出大蚯蚓，用镊子挑出小蚯蚓。应仅采集身体大部分（宜全部）出现的蚯蚓，应仅接触蚯蚓的前部，宜仅接触环带之前。

注 1：在黏粒含量高的土壤中，在挖掘表层土壤时，可能会使蚯蚓洞堵塞，从而阻碍异硫氰酸烯丙酯的下渗和/或深栖类蚯蚓出现在土壤表面。出现此情况时，在施用异硫氰酸烯丙酯水溶液前，可先用小刀清理蚯蚓洞口。

注 2：使用时，应采用必要的防护措施，以避免吸入或皮肤暴露导致的危害。根据异硫氰酸烯丙酯的产品安全数据单，该化合物具有眼睛和皮肤刺激性并对水生生物有毒。

8.2.2.3 采样方法的选择

8.2.2.3.1 宜先用徒手分离法采集表层土壤中的蚯蚓，然后在已移除表层土壤的采样区域继续采用异硫氰酸烯丙酯刺激分离法采样，采样结束后，应将挖掘出的土壤回填。

8.2.2.3.2 当试验点中有巨蚓科蚯蚓时，可仅采用异硫氰酸烯丙酯刺激分离法。在巨蚓科蚯蚓栖息地 4 m^2的范围内施用异硫氰酸烯丙酯水溶液，在施用前应先移除土壤表面的杂草和杂物。

8.2.2.3.3 通过观察洞口（直径约 0.5 cm）的排泄物，确定是否有深栖类蚯蚓。当试验点中没有深栖类蚯蚓（如正蚓 *Lumbricus terrestris*、长流蚓 *Aporrectodea longa*）时（如强酸性土壤），可不采用异硫氰酸烯丙酯刺激分离法。

8.2.3 标本的保存

8.2.3.1 从同一采样点用不同方法采集到的蚯蚓标本应储存在不同的塑料容器中。

8.2.3.2 采集到的蚯蚓应立即放入 35 ℃～45 ℃的温水中约 1 min，使蚯蚓松弛后再放入 250 mL 或 500 mL容器内用 70％乙醇（5.2.1）固定，时间至少 0.5 h，但不应超过 24 h。容器应有标识，并应记录观察到的现象。

8.2.3.3 可采用以下方法保存蚯蚓标本。

a) 固定后，浸泡在4%甲醛水溶液(5.1.4)中至少4 d，推荐1周~2周，然后在70%乙醇(5.2.1)溶液中长期保存；

b) 采集后用70%乙醇溶液(5.2.1)和4%甲醛水溶液(5.1.4)的混合物(98：2，体积比)固定，并在采样完成后用新配制的溶液置换。

8.3 对照物

对照物应使用多菌灵，当施药剂量为6 kg a.i./hm^2~10 kg a.i./hm^2时，在至少1次采样中，对照组的蚯蚓丰度或生物量与空白组相比差异应大于50%。若对照组未对蚯蚓产生显著影响，试验结果不能用于风险评估。

注1：若前2次采样中，已观察到对照物对蚯蚓产生显著影响，对照组可不安排第3次采样。

注2：在蚯蚓不活跃或滞育时，多菌灵的影响会显著降低，在试验设计时应考虑此因素。

9 数据评估

9.1 试验终点

每次采样时对蚯蚓群落的评估应包括以下内容。

a) 每平方米蚯蚓的丰度和生物量。

b) 优势种(>10%的物种或至少10条~15条蚯蚓每平方米)的丰度和生物量。若某次采样中内栖类或深栖类没有优势种，可将相同生态类群(如内栖类)或相同形态类群(如口前叶为穿入叶式和口前叶为上叶式)的蚯蚓合并统计。应在物种或每个生态类群或形态类群水平开展评估。

c) 非优势种幼蚓和成蚓的丰度和生物量。同一属的幼蚓通常难以区分到种，因此可只评估到形态类群。

注：试验期间优势种可能发生变化。

9.2 蚯蚓物种的鉴别

对蚯蚓物种的鉴别应根据相关文献，并采用系统命名法。同一物种的成蚓和幼蚓应分别计数。难以区分到种的幼蚓至少应区分到形态类群。

注：口前叶的形态变化是重要的分类学依据。口前叶是蚯蚓身体前端肉质的叶状突起，有摄食、掘土和触觉功能。突出于口，未包含在体节数内；口前叶既不是蚯蚓的起端，也不是它的体节构成。如果没有1条沟与第1节区分，为合叶式；如果能够区别，但没有侵占第1节，分割沟是1直横，为前叶式；如果侵占了，但只占第1节很少，为前上叶式；如果侵占更加明显，为上叶式。后部伸入第1节的区域叫做舌，如果舌回到第1节和第2节之间的节间沟上，为穿入叶式。

9.3 含胃含物的生物量的测定

用保存的标本测定生物量。将蚯蚓用水清洗5 min，用滤纸吸干体表水分后用天平称重。再用70%乙醇溶液或乙醇-甲醛混合液保存。不同物种的成蚓和幼蚓体重应分别记录。干重按公式(1)计算。

$$M_d = M_f \times 0.15 \tag{1}$$

式中：

M_d ——蚯蚓干重的数值，单位为克(g)；

M_f ——蚯蚓鲜重的数值，单位为克(g)；

0.15——换算系数。

10 计算和结果的表达

10.1 统计每次采样时每种蚯蚓成蚓和幼蚓的数量及生物量。采用合适的统计方法比较处理组与空白对照组之间的差异。根据试验数据是否服从正态分布、方差是否齐性选择统计检验与推断方法。

10.2 正态性检验和方差齐性检验分别采用Shapiro-wilk方法、Levene's方法。对于符合正态分布、方差齐性的数据，应进行随机完全区组设计多重比较，如Dunnett's检验、William's检验($\alpha = 0.05$，单尾)；若属于单调剂量-效应关系应使用William's检验，否则应使用Dunnett's检验。如果数据不服从正态分布，可对数据进行转换（如对数转换、平方根转换），或使用广义线性模型、非参数检验方法来进行评估，如 Bonferroni U 检验、Step-down Jonckheere-Terpstra 检验。当试验中仅设置了一个被试物处理组时，若试验数据满足参数检验的前置条件（正态分布、方差齐性），采用 T 检验法进行比较，否则，采用 Mann-Whitney U 检验法。此外，除上述单变量统计方法外，还可采用多变量统计工具，如 PRC（主响应曲线）方法等。

11 试验报告

试验报告至少应包括下列内容：

a） 被试物的详细信息及有助于解释试验结果的物理化学性质；

b） 对试验点的描述；

c） 试验设计及试验点的管理（试验小区大小、重复数、样品数）；

d） 试验期间的气象条件；

e） 采样方法；

f） 所有采集时间的蚯蚓总丰度和生物量；

g） 显示与空白组相比，每个处理组及采样时间蚯蚓总丰度和总生物量百分比的表格；

h） 所有采集时间，每个物种的蚯蚓总丰度和总生物量；

i） 显示与空白组相比，每次采样、每种蚯蚓的丰度和生物量的百分比的表格；

j） 表现试验期间每种蚯蚓的丰度和生物量变化的图；

k） 对照组的试验结果；

l） 试验结果。

参 考 文 献

[1] 徐芹,肖能文. 中国陆栖蚯蚓[M]. 北京:中国农业出版社,2011

[2] ISO 11268-3—2014 Soil quality-Effects of pollutants on earthworms-Part3:Guidance on the determination of effects in field situations

[3] ISO 23611-1—2018 Soil quality-Sampling of soil invertebrates-Part 1: Hand-sorting and extraction of earthworms

ICS 65.020
CCS B 17

中华人民共和国农业行业标准

NY/T 4191—2022

化学农药　土壤代谢试验准则

Chemical pesticide—Guideline for soil metabolism test

2022-11-11 发布　　2023-03-01 实施

中华人民共和国农业农村部　发布

前　言

本文件按照 GB/T 1.1—2020《标准化工作导则　第 1 部分:标准化文件的结构和起草规则》的规定起草。

请注意本文件的某些内容可能涉及专利。本文件的发布机构不承担识别专利的责任。

本文件由农业农村部种植业管理司提出并归口。

本文件起草单位:农业农村部农药检定所。

本文件主要起草人:周艳明、袁善奎、单炜力、周欣欣、陈朗、蓝帅。

化学农药　土壤代谢试验准则

1　范围

本文件规定了化学农药土壤代谢试验的试验方法。

本文件适用于挥发性较小或不具有挥发性的农药，不适用于在试验条件下不能保持在土壤中的极易挥发的农药。

2　规范性引用文件

下列文件中的内容通过文中的规范性引用而构成本文件必不可少的条款。其中，注日期的引用文件，仅该日期对应的版本适用于本文件；不注日期的引用文件，其最新版本（包括所有的修改单）适用于本文件。

GB/T 32723　土壤微生物生物量的测定　底物诱导呼吸法

GB/T 32726—2016　土壤质量-野外土壤描述

GB/T 39228　土壤微生物生物量的测定　熏蒸提取法

LY/T 1215　森林土壤水分-物理性质的测定

LY/T 1225　森林土壤颗粒组成（机械组成）的测定

LY/T 1243　森林土壤阳离子交换量的测定

NY/T 1121.2　土壤检测　第 2 部分：土壤 pH 的测定

NY/T 1121.4　土壤检测　第 4 部分：土壤容重的测定

NY/T 1121.6　土壤检测　第 6 部分：土壤有机质的测定

NY/T 3150　农药登记　环境降解动力学评估及计算指南

ISO 11274　土壤质量　持水能力的测定　实验室方法（Soil quality-Determination of water-retention characteristic-Laboratory methods）

3　术语和定义

下列术语和定义适用于本文件。

3.1

主要代谢物　major metabolite

在土壤代谢试验中，在任何一次检测时间点中摩尔分数或放射性活度比例大于 10%的代谢物。

3.2

结合残留　bound residues

用不改变其化学结构或土壤基质结构的方法不能提取出的残留物。

3.3

已提取残留　extracted residues

已从土壤中提取出的残留物。

3.4

未提取残留　unextracted residues

未从土壤中提取出的残留物。

3.5

矿化　mineralisation

有机物在好氧条件下完全降解为二氧化碳和水或在厌氧条件下完全降解为甲烷、二氧化碳和水的过程。本文件中，当使用^{14}C标记的被试物时，矿化指被标记碳原子被氧化并释放出二氧化碳的过程。

4 试验概述

将被试物添加至土壤中，在恒定的温度和土壤水分含量的条件下避光培养，用适当的吸收装置收集挥发性产物。定期取样检测土壤和吸收装置中的母体及代谢物，明确矿化率、结合残留和质量平衡回收率，确定主要代谢物、计算母体和主要代谢物的50%降解时间（DT_{50}）和90%降解时间（DT_{90}）。

5 仪器与试剂

5.1 仪器

5.1.1 气体流动式培养装置构成见附录A。

5.1.2 定性定量分析仪器，如气相色谱仪、高效液相色谱仪、质谱仪、气相色谱-质谱联用仪、高效液相色谱-质谱联用仪、核磁共振仪等。

5.1.3 液体闪烁计数仪。

5.1.4 氧化燃烧仪。

5.1.5 离心机。

5.1.6 提取、浓缩设备。

5.2 试剂

除另有规定外，所有试剂均为分析纯。

5.2.1 氢氧化钠（NaOH，CAS号：1310-73-2），2 mol/L或其他合适的碱液，如氢氧化钾（KOH，CAS号：1310-58-3）、2-羟基乙胺[$HO(CH_2)_2NH_2$，CAS号：141-43-5]。

5.2.2 硫酸（H_2SO_4，CAS号：7664-93-9），0.05 mol/L。

5.2.3 乙二醇[$(CH_2OH)_2$，CAS号：107-21-1]。

6 被试物与对照物

6.1 被试物

6.1.1 应使用同位素标记的被试物，宜使用^{14}C标记。标记的位置应在化合物的最稳定部分。对含有一个环状结构的化合物，标记位点应选择在该环状结构；对含有多个环状结构的化合物，应在化合物不同环状位置分别标记、分别开展试验。

6.1.2 仅测定降解速率时，可使用同位素标记的被试物，也可使用非标记的被试物。

6.1.3 使用同位素标记的被试物时，其放射化学纯度应≥95%；使用非标记的被试物时，其含量应≥95%。

6.1.4 试验开始前，应了解被试物的以下信息：

a） 水中溶解度；

b） 有机溶剂中的溶解度；

c） 饱和蒸汽压；

d） 正辛醇/水分配系数；

e） 在黑暗条件下的化学稳定性（水解）；

f） 解离常数（对于易质子化或去质子化的被试物）；

g） 土壤微生物毒性（如有）；

h） 被试物及其代谢物的定性和定量分析方法（包括提取和净化方法）。

6.2 对照物

农药母体和代谢物的标准物质，不需同位素标记。

7 试验用土壤

7.1 土壤的选择

应使用能代表农药使用区域的土壤。使用多种土壤时，土壤的有机碳含量、pH、黏粒含量和微生物量应有一定差异。土壤的理化性质宜满足以下要求：

a) 土壤质地为沙质壤土、粉壤土、壤土或壤质沙土；

b) 土壤 pH 为 5.0～8.0；

c) 土壤有机碳含量为 0.5%～2.5%；

d) 土壤微生物生物量＞土壤总有机碳的 1%。

7.2 土壤的采集

7.2.1 4 年内使用过被试物或与被试物结构类似农药的土壤不应用于试验。

7.2.2 应按 GB/T 32726—2016 附录 C 采集 A 发生层(或采集土壤表层 20 cm)的土壤。除水稻土外，应避免采集以下土壤：

a) 处于干旱、冰冻条件的土壤或被水覆盖的土壤；

b) 刚刚结束长期(＞30 d)干旱、冰冻条件或长期被水覆盖的土壤。

7.2.3 应记录采集区的地理位置、植被、农药和肥料使用情况及其他污染情况。

7.3 土壤的运输与处理

7.3.1 土壤样品在运输过程中应尽量保持土壤水分含量不发生变化，并置于黑暗通风处。可使用聚乙烯袋储存，但袋口不宜系紧。

7.3.2 土壤采集后应尽快处理。先去除较大的动植物残体和石块，然后过 2 mm 筛。过筛前不应过分干燥或碾压土壤。

7.4 土壤的保存

宜使用新鲜土壤开展试验，必须保存时，应采用以下保存方式：

a) 将土壤储存于温室中，并种植草、苜蓿等植物；

b) 将已处理过的土壤置于(4±2) ℃条件下保存，最长可保存 3 个月。

7.5 土壤性质的测定

至少应测定以下项目：

a) 土壤质地，按 LY/T 1225 测定；

b) pH，按 NY/T 1121.2 测定；

c) 阳离子交换量，按 LY/T 1243 测定；

d) 总有机碳，按 NY/T 1121.6 测定；

e) 土壤容重，按 NY/T 1121.4 测定；

f) 持水能力或最大持水量；持水能力按 ISO 11274 测定，最大持水量按 LY/T 1215 测定；

g) 土壤微生物生物量，宜按 GB/T 39228 测定，也可按 GB/T 32723 测定。

7.6 土壤预培养

试验开始前，土壤应先进行预培养，预培养期间温度与湿度应与试验条件一致。预培养期间应去除发芽的种子。预培养时间为 2 d～28 d，土壤保存与预培养的总时间不应超过土壤保存期限。对于水稻土培养条件和水稻土厌氧培养条件，预培养时间应＞2 周。

8 试验条件

8.1 温度

整个试验周期内，土壤应在黑暗、恒温条件下培养，试验温度宜为(20±2) ℃。如用同种土壤在(10±2) ℃下开展平行试验可按 NY/T 3150 计算该被试物的 Q_{10}。

8.2 土壤水分含量

8.2.1 对于好氧培养条件下的代谢试验,土壤水分含量应保持在土壤最大持水量的 40%～60%或pF2～pF2.5(土壤水势为 1×10^4 Pa～3.3×10^4 Pa)。土壤水分含量应以 g 水/kg 干土(克水每千克干土壤)表示。应定期(如每 2 周)测定培养瓶的质量并补水,补水时宜使用灭菌水。补水时应注意避免被试物和代谢物的挥发或光解。

8.2.2 对于厌氧培养条件、水稻土培养条件和水稻土厌氧培养条件下的代谢试验,应保持土壤表面有水层。

8.3 培养条件

8.3.1 好氧培养条件

使用气体流动式培养装置时,应连续或间隙通入空气。

8.3.2 厌氧培养条件

添加被试物后,先在好氧培养条件下培养 30 d 或 1 个好氧 DT_{50}(取二者较短者),然后加水至土壤表面有 1 cm ～3 cm 水层并通入惰性气体(如 N_2或 Ar)。培养系统应满足测定 pH、溶解氧、氧化还原电位的需要。

8.3.3 灭菌好氧培养条件

将土壤和被试物灭菌,并按 8.3.1 或 8.3.4 的条件培养。

8.3.4 水稻土培养条件

保持土壤表面有 1 cm～5 cm 的水层,宜为 5 cm。培养系统应与空气联通,并应满足测定 pH、溶解氧、氧化还原电位的需要。

8.3.5 水稻土厌氧培养条件

保持土壤表面有 1 cm～2 cm 水层,宜为 1 cm,并通入惰性气体(如 N_2或 Ar)。培养系统应满足测定 pH、溶解氧、氧化还原电位的需要。

8.3.6 培养条件的选择

一般应进行好氧培养条件和厌氧培养条件的试验,根据农药使用方法、环境风险评估需要和委托方要求,可进行额外试验:

a) 进行灭菌好氧培养条件的试验可获得被试物的非生物代谢信息;
b) 进行水稻土培养条件的试验可获得被试物在水稻田的代谢信息;
c) 进行水稻土厌氧培养条件的试验可获得被试物在水稻田厌氧层土壤中的代谢信息,其 DT_{50}可用于对水生生态系统的风险评估。

8.4 试验周期

满足以下条件之一时,试验可终止:

a) 当试验目的仅为获得降解速率时,母体降解率≥90%且矿化率≥5%;
b) 当试验目的为获得代谢途径时,母体降解率≥90%、矿化率≥5%,且已明确主要代谢物的生成和降解;
c) 试验已经持续 120 d。但为明确被试物的降解和主要代谢物的生成及降解,可延长试验周期(如延长至 6 个月或 1 年),同时应在试验报告中说明理由,并提供试验期间和试验结束时土壤微生物生物量的检测数据。

9 添加被试物

9.1 被试物配制方法

将被试物溶于去离子水或蒸馏水中,必要时可使用少量丙酮或其他有机溶剂助溶。有机溶剂的加入量不应显著影响土壤微生物的活性,不应使用三氯甲烷、二氯甲烷及其他卤代溶剂等对微生物具有抑制作用的溶剂。也可将被试物与石英砂或少量风干灭菌的土壤混匀后加至试验土壤中;如使用有机溶剂,应待有机溶剂挥发后再将混有被试物的石英砂或土壤添加至试验土壤中。

9.2 被试物添加方法

9.2.1 每个培养瓶中添加 50 g ～200 g 土壤(以干重计),经预培养后,添加被试物,并用不锈钢铲搅拌或摇动培养瓶使被试物与土壤混匀。也可将被试物添加至 1 kg～2 kg 的大份土壤中，并用合适的搅拌设备混合均匀后分成 50 g～200 g 的小份，再装入培养瓶中。

9.2.2 水稻土培养条件的试验，被试物应添加至水层，并应在添加被试物后将水相与土壤一起搅拌混合。水稻土厌氧培养条件的试验，被试物用注射器均匀添加至土层，不应搅拌。

9.2.3 从添加过被试物的土壤中取出一小部分(如 1 g)用于分析以确定被试物在土壤中分布的均匀性。

9.2.4 被试物用有机溶剂溶解后添加的，添加被试物后应轻轻摇动培养瓶，并在瓶口通过柔和的气流以使溶剂挥发。使用气体流动式培养装置时，可不进行该操作。

9.3 被试物添加量

按公式(1)计算被试物的添加浓度 C_{soil}，单位为毫克每千克(mg/kg)。当公式(1)计算出的浓度不足以鉴别主要代谢物时，可适当提高被试物添加量，但应避免影响土壤微生物的活性。

$$C_{soil}=\frac{A}{L\times d\times 100} \tag{1}$$

式中：

A ——被试物的推荐用量，单位为克每公顷(g/hm²)；

L ——土层厚度的数值，单位为厘米(cm)。当农药施用方法为叶面喷雾或土壤喷雾时，$L=2.5$ cm；当农药施用方法为种子处理、沟施、穴施等时，L 根据实际施药深度确定；

d ——土壤容重的数值，单位为克每立方厘米(g/cm³)，默认值为 1 g/cm³；

100 ——单位换算系数。

9.4 对照组

9.4.1 对于好氧培养条件的试验，应同时设置未加被试物的空白对照组，与处理组在相同条件下培养，用于试验期间和试验结束后测定土壤微生物生物量。

9.4.2 被试物用有机溶剂溶解后添加的，还应设置添加相同量有机溶剂但不添加被试物的溶剂对照组，用于试验开始、试验期间和试验结束后测定土壤微生物生物量。

10 采样与检测

10.1 在合适的时间间隔取 2 个培养瓶，用不同极性的有机溶剂提取检测土壤中的被试物和代谢物。除 0 d 外，还应至少测定 5 次。应根据被试物的降解和代谢物的生成和降解情况确定采样时间间隔，如 0 d、1 d、3 d、7 d、14 d、21 d、30 d、60 d、90 d 等。

10.2 应定期测定每个培养装置的吸收液或吸附剂中的挥发性产物，测定频率如下：

a) 试验开始后的第 1 个月，每 7 d 测定 1 次；

b) 试验开始后第 2 个月至试验结束前，每 14 d 测定 1 次；

c) 试验结束时测定。

10.3 当使用 ^{14}C 标记时，每次采样均应氧化燃烧后测定未提取残留以计算质量平衡回收率。

10.4 厌氧培养条件、水稻土培养条件和水稻土厌氧培养条件，可将土壤和水相合并测定，也可过滤或离心后再分别提取测定。

10.5 当未提取残留＞初始添加放射性的 10%时，应按附录 B 确定提取方法的合理性。

11 数据处理

11.1 每次采样检测的被试物、代谢物、未提取残留的量可用添加放射性的比例(%AR)表示也可用 mg/kg干土表示，挥发性物质以%AR 表示。每次采样均应计算质量平衡回收率，以%AR 表示。

11.2 主要代谢物均应定性。

11.3 应按 NY/T 3150 评估被试物的降解动力学并计算被试物和主要代谢物的 DT_{50}、DT_{90}。

12 质量控制

12.1 分析方法的回收率

被试物加入土壤后应立即提取检测至少2个土壤样品，以验证分析方法的重现性和被试物添加的一致性。使用同位素标记的被试物时，平衡回收率应为90%～110%；使用非标记被试物时，回收率应为70%～110%。

12.2 分析方法的重现性

使被试物在土壤中充分培养生成代谢物，通过重复测定土壤提取物的方式验证被试物和代谢物定量分析方法的重现性。

12.3 分析方法的灵敏度

被试物及其代谢物分析方法的检出限(*LOD*)应≤0.01 mg/kg干土或1%AR(取低值)。

13 试验报告

试验报告至少应包括以下内容。

a) 被试物：
   1) 通用名、化学名、化学文摘登录号(CAS号)、结构式(对于放射性标记的被试物，应指出标记位置)及相关的理化性质；
   2) 含量；
   3) 放射化学纯度和比活度。

b) 对照物：用于对代谢产物进行表征或鉴别的对照物的化学名和结构式。

c) 试验用土壤：
   1) 确切的采集地点；
   2) 采集时间和采集方法；
   3) 土壤性质，如pH、有机碳含量、质地、阳离子交换量、容重、持水能力和微生物生物量等，可参照附录C的表C.1提供上述数据；
   4) 储存时间和储存条件。

d) 试验条件：
   1) 试验时间；
   2) 被试物添加量；
   3) 所用溶剂及添加被试物的方法；
   4) 土壤的初始质量及每次采样检测的质量；
   5) 培养装置；
   6) 空气流速(对于气体流动式培养装置)；
   7) 试验温度；
   8) 土壤水分含量；
   9) 试验开始、试验期间、试验结束时的土壤微生物生物量(对于好氧培养条件)；
   10) 试验开始、试验期间、试验结束时的pH、溶解氧、氧化还原电位(对于厌氧培养条件、水稻土培养条件和水稻土厌氧培养条件)；
   11) 提取方法；
   12) 土壤和吸收剂中被试物及其代谢物的定性定量方法；
   13) 处理组和对照组的数量。

e) 试验结果：
   1) 分析方法的重现性及灵敏度；
   2) 分析方法的回收率；
   3) 分别以%AR和mg/kg干土表示的试验结果的表格，可参照附录C的表C.2提供以%AR

表示的试验结果；

4） 质量平衡回收率，可参照附录C的表C.3提供；

5） 土壤中未提取残留的表征；

6） CO_2及其他挥发性化合物的量；

7） 土壤中被试物及其代谢物的浓度-时间图；

8） 被试物的降解动力学、被试物及其代谢物的DT_{50}、DT_{90}；

9） 代谢途径；

10） 原始数据（典型谱图、降解动力学评估报告、代谢物的定性方法）。

附 录 A
(资料性)
气体流动式培养装置

A.1 气体流动式培养装置见图 A.1。

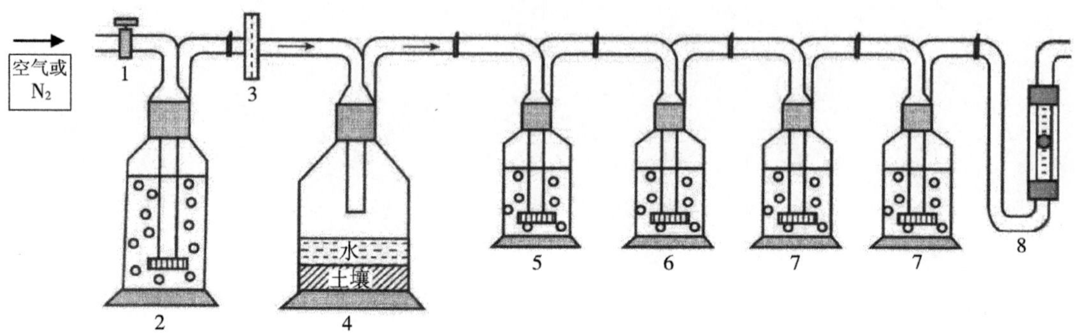

标引序号说明：
1——针型阀；
2——水；
3——0.2 μm 滤膜(仅在灭菌培养条件下使用)；
4——土壤培养瓶(仅在厌氧或水稻土厌氧条件下保持土壤表面有水层)；
5——乙二醇用于收集挥发性有机物；
6——硫酸用于收集碱性挥发物；
7——氢氧化钠用于收集 CO_2 及其他酸性挥发物；
8——流量计。

图 A.1 气体流动式培养装置

附 录 B
（规范性）
提取方法的合理性判定

B.1 提取离子化合物时，提取剂体系中应包括极性溶剂；提取中性有机化合物时，提取剂体系中应包括非极性溶剂；混用多种溶剂，包括弱酸或弱碱，可提高提取效率。试验期间每种土壤均应尝试用多种极性和非极性溶剂提取，不应以单一提取溶剂中添加碳酸铵、强酸或强碱或使用高温、高压、剧烈震荡、超声等提取条件或索氏提取代替该操作，但可在使用多种不同极性溶剂的同时使用超声提取或索氏提取的方法。提取不应改变被试物及其代谢物的化学结构，如对酸性条件下易水解的被试物不应使用酸性溶剂提取。

B.2 当未提取残留＞10％AR 时，提取剂体系中应包括对母体溶解性最好的溶剂（根据在有机溶剂中的溶解性试验确定），通常应从以下 3 个介电常数范围内至少各选择 1 种溶剂：

a） 介电常数为 18～80 的极性溶剂，如水、甲酸、甲醇、乙醇、异丙醇、丙酮、乙腈、二甲基亚砜等；

b） 介电常数为 6.0～9.1 的极性溶剂，如乙酸、乙酸乙酯、四氢呋喃、二氯甲烷等；

c） 介电常数为 1.9～4.8 的非极性溶剂，如正己烷、苯、甲苯、1,4-二氧六环，三氯甲烷、乙醚等。

B.3 选择提取剂时还应注意介电常数以外的其他因素。例如，在溶剂中较难溶解的化合物可通过形成乳状液的方式提取。当被试物在酸性或碱性条件下性质有差异时，应调节提取剂的 pH 使回收率最大。

B.4 可在试验的后期使用额外的提取剂体系，但土壤样品应同时用前期使用的提取剂体系提取。如结果表明新提取剂体系的提取效率显著高于原提取剂体系，应重新开展试验并在整个试验周期内同时使用 2 种提取剂体系。

B.5 在 0 d 时回收率较低或重复性较差或试验期间未提取残留出现减少的趋势，可判定提取方法不合理。

附 录 C
(资料性)
试验报告中相关表格

C.1 土壤理化性质

试验报告中可按表C.1提供土壤的理化性质数据。

表C.1 土壤理化性质数据

	土壤1	土壤2	土壤3	土壤4
土壤质地				
沙粒(2.0 mm~0.05 mm)含量,%				
粉粒(0.05 mm~0.002 mm)含量,%				
黏粒(<0.002 mm)含量,%				
pH及测定方法				
有机碳含量及测定方法,%				
阳离子交换量				
pF2和pF2.5时的土壤含水量或土壤最大持水量				
容重,g/cm^3				
试验开始时土壤微生物生物量				
试验期间土壤微生物生物量				
试验结束时土壤微生物生物量				

C.2 试验结果

试验报告中可按表C.2提供以%AR表示的试验结果。

表C.2 [被试物]在[土壤类型]的代谢试验结果(以%AR表示)

采样间隔,d	0											
重复	1	2	1	2	1	2	1	2	1	2	1	2
母体												
代谢物1												
代谢物2												
其他												
总已提取残留												
未提取残留												
CO_2												
挥发性有机物												
质量平衡回收率												
注:[]中的内容可替换为试验中实际使用的被试物和沉积物。												

C.3 质量平衡回收率

试验报告中可按表C.3提供质量平衡回收率的数据。

表 C.3 [被试物]在[土壤类型]中的质量平衡回收率

采样间隔,d		0											
重复		1	2	1	2	1	2	1	2	1	2	1	2
挥发物	CO_2												
	挥发性有机物												
	合计												
土壤中已提取残留	第一次提取												
	第二次提取												
	第三次提取												
	第四次提取												
	总已提取残留												
未提取残留													
质量平衡回收率													

注:[]中的内容可替换为试验中实际使用的被试物和沉积物。

参 考 文 献

[1] OECD(2002). Guideline for the Testing of Chemicals No. 307 Aerobic and Anaerobic Transformation in Soil
[2] US EPA(2012). Guidance for Reviewing Environmental Fate Studies
[3] US EPA(2014). Guidance for Addressing Unextracted Pesticide Residues in Laboratory Studies

ICS 65.020
CCS B 17

中华人民共和国农业行业标准

NY/T 4192—2022

化学农药　水-沉积物系统代谢试验准则

Chemical pesticide—Guideline for aquatic sediment system metabolism test

2022-11-11 发布　　2023-03-01 实施

中华人民共和国农业农村部　发布

前　言

本文件按照GB/T 1.1—2020《标准化工作导则　第1部分:标准化文件的结构和起草规则》的规定起草。

请注意本文件的某些内容可能涉及专利。本文件的发布机构不承担识别专利的责任。

本文件由农业农村部种植业管理司提出并归口。

本文件起草单位:农业农村部农药检定所。

本文件主要起草人:周艳明、单炜力、袁善奎、陈朗、周欣欣、蓝帅。

化学农药 水-沉积物系统代谢试验准则

1 范围

本文件规定了化学农药水-沉积物系统代谢试验的试验方法。

本文件适用于挥发性较小或不具有挥发性的农药，不适用于在试验条件下不能保持在水或沉积物中的极易挥发的农药。

2 规范性引用文件

下列文件中的内容通过文中的规范性引用而构成本文件必不可少的条款。其中，注日期的引用文件，仅该日期对应的版本适用于本文件；不注日期的引用文件，其最新版本（包括所有的修改单）适用于本文件。

GB/T 32723 土壤微生物生物量的测定 底物诱导呼吸法

GB/T 39228 土壤微生物生物量的测定 熏蒸提取法

LY/T 1225 森林土壤颗粒组成（机械组成）的测定

NY/T 1121.2 土壤检测 第2部分：土壤pH的测定

NY/T 1121.6 土壤检测 第6部分：土壤有机质的测定

NY/T 3150 农药登记 环境降解动力学评估及计算指南

3 术语和定义

下列术语和定义适用于本文件。

3.1

主要代谢物 major metabolite

在水-沉积物系统代谢试验中，在任何一次检测时间点中摩尔分数或放射性活度比例大于10%的代谢物。

3.2

结合残留 bound residues

用不改变其化学结构或沉积物基质结构的方法不能提取出的残留物。

3.3

已提取残留 extracted residues

已从沉积物中提取出的残留物。

3.4

未提取残留 unextracted residues

未从沉积物中提取出的残留物。

3.5

矿化 mineralisation

有机物在好氧条件下完全降解为二氧化碳和水或在厌氧条件下完全降解为甲烷、二氧化碳和水的过程。本文件中，当使用^{14}C标记的被试物时，矿化指被标记碳原子被氧化并释放出二氧化碳或被还原并释放出甲烷的过程。

4 试验概述

将被试物添加至水-沉积物系统中，在恒定的温度条件下避光培养，用适当的吸收装置收集挥发性产物。定期取样检测水、沉积物、吸收装置和容器中的母体和代谢物，明确矿化率、结合残留和质量平衡回收率，确定主要代谢物、计算母体和主要代谢物的50%降解时间(DT_{50})和90%降解时间(DT_{90})。

5 仪器与试剂

5.1 仪器

5.1.1 气体流动式培养装置构成见附录A。

5.1.2 定性定量分析仪器，如气相色谱仪、高效液相色谱仪、质谱仪、气相色谱-质谱联用仪、高效液相色谱-质谱联用仪、核磁共振仪等。

5.1.3 液体闪烁计数仪。

5.1.4 氧化燃烧仪。

5.1.5 离心机。

5.1.6 提取、浓缩设备。

5.2 试剂

除另有规定外，所有试剂均为分析纯。

5.2.1 氢氧化钠(NaOH，CAS号：1310-73-2)，1 mol/L。

5.2.2 氢氧化钾(KOH，CAS号：1310-58-3)，1 mol/L。

5.2.3 乙二醇[$(CH_2OH)_2$，CAS号：107-21-1]。

5.2.4 2-羟基乙胺[$HO(CH_2)_2NH_2$，CAS号：141-43-5]。

5.2.5 硫酸(H_2SO_4，CAS号：7664-93-9)，0.05 mol/L。

6 被试物与参照物

6.1 被试物

6.1.1 应使用同位素标记的被试物，宜使用^{14}C标记。标记的位置应在化合物的最稳定部分。对含有一个环状结构的化合物，标记位点应选择在该环状结构；对含有多个环状结构的化合物，应在化合物不同环状位置分别标记、分别开展试验。被试物的含量和放射化学纯度应≥95%。

6.1.2 不宜使用制剂作为被试物，但被试物水溶解度低时可使用制剂作为被试物。

6.1.3 试验开始前，应了解被试物的以下信息：

a) 水中溶解度；

b) 有机溶剂中的溶解度；

c) 饱和蒸气压；

d) 正辛醇/水分配系数；

e) 吸附系数；

f) 水解特性；

g) 解离常数(对于易质子化或去质子化的被试物)；

h) 土壤微生物毒性(如有)；

i) 快速生物降解性或固有生物降解性(如有)；

g) 在土壤中的代谢(如有)；

k) 被试物及其代谢物的定性和定量分析方法(包括提取和净化方法)。

6.2 对照物

农药母体和代谢物的标准物质，不需同位素标记。

7 试验用沉积物

7.1 沉积物的选择

7.1.1 应使用2种有机碳含量和质地不同的沉积物系统，其中一种为高有机碳含量(2.5%～7.5%)细质地([黏粒+粉粒]>50%),另一种为低有机碳含量(0.5%~2.5%)粗质地([黏粒+粉粒]<50%)。2种沉积物的有机碳含量差异宜>2%,[黏粒+粉粒]的差异宜>20%。

注:[黏粒+粉粒]指沉积物中粒径<0.05 mm的矿物组分。

7.1.2 当资料表明被试物在不同pH条件下的土壤代谢或土壤吸附有显著差异时,选择沉积物时应考虑pH的影响。

7.2 水和沉积物的采集

4年内受被试物或与被试物结构类似的农药污染的沉积物不应用于试验。宜从距岸边至少1 m、水深至少0.3 m处采集水和沉积物。应采集表层5 cm~10 cm的沉积物,并同时采集足量水样。

7.3 沉积物的处理

先过滤分离水和沉积物,再用采样地的水将沉积物湿筛至<2 mm,用于湿筛的水不应继续用于试验。

7.4 水和沉积物的保存

宜使用新鲜的水和沉积物开展试验,必须保存时,应将已处理过的沉积物与水一起(水层深度为6 cm~10 cm)在(4±2) ℃、黑暗条件下保存,最长可保存4周。用于好氧代谢试验的水和沉积物,储存时应保持通风,如可储存于敞口容器中。水和沉积物运输和储存过程中不应冷冻。

7.5 水和沉积物理化性质的测定

至少应按附录B测定试验用水和沉积物的性质,其中:

a) 沉积物的总有机碳(TOC)按NY/T 1121.6测定;

b) 沉积物的pH按NY/T 1121.2测定;

c) 沉积物的粒径分布按LY/T 1225测定;

d) 好氧代谢试验中沉积物的微生物生物量宜按GB/T 39228测定,也可按GB/T 32723或平板菌落计数法测定;

e) 厌氧代谢试验中沉积物的微生物生物量宜按GB/T 39228测定,也可通过检测甲烷生成率测定。

7.6 水-沉积物系统预培养

试验开始前,水-沉积物系统应先进行预培养。将沉积物和水按一定比例依次加入培养瓶,在与试验条件相同的环境下预培养。通过测定pH、溶解氧以及水和沉积物的氧化还原电位判断水-沉积物系统是否已达到稳定状态。除处理组和对照组外,每种沉积物系统应额外设置1个培养瓶用于预培养期间水和沉积物理化性质的测定。预培养时间宜为1周~2周,不应超过4周。

8 试验方法

8.1 培养装置

8.1.1 培养装置应使用玻璃容器,但正辛醇/水分配系数或土壤吸附等资料表明被试物可吸附在玻璃表面时,可使用聚四氟乙烯等替代材料,也可采用以下方法处理:

a) 测定吸附在玻璃器皿表面的被试物和代谢物;

b) 试验结束时用溶剂清洗玻璃容器并测定放射性;

c) 以制剂为被试物;

d) 增加助溶剂的量。

8.1.2 应使O_2或N_2在水中分布均匀,如可使培养瓶中进气管略低于水面,但应避免扰动沉积物。不应去除空气中的CO_2,以免提高水的pH。

8.1.3 可用NaOH或KOH等吸收CO_2,乙二醇或2-羟基乙胺等吸收挥发性有机物,H_2SO_4吸收碱性挥发性物质。厌氧代谢试验中,用分子筛吸收甲烷。

8.2 试验条件

8.2.1 培养瓶中水和沉积物的体积比为(3∶1)~(4∶1),沉积物层深度为(2.5±0.5)cm。每个培养瓶中沉积物干重宜≥50 g。

8.2.2 整个试验周期内,水-沉积物系统应在黑暗、10 ℃~30 ℃恒温条件下培养,试验温度宜为(20±2) ℃。

8.2.3 好氧代谢试验中，应通入空气，并保持溶解氧浓度为 7 mg/L～10 mg/L；厌氧代谢试验中，应通入 N_2，并保持水和沉积物的氧化还原电位(Eh)＜－100 mV。

8.3 添加被试物

8.3.1 被试物添加量

8.3.1.1 直接用于水体的农药，根据农药最大推荐用量和培养瓶中水体面积按公式(1)计算被试物添加量。其他情况根据农药在水体中的预测浓度确定被试物的添加浓度。

$$m = A \times \pi \times \left(\frac{\varphi}{2}\right)^2 \times \frac{d}{D} \div 100 \quad \cdots\cdots (1)$$

式中：

m ——每个培养瓶中被试物的初始添加量，单位为微克(μg)；

A ——被试物的推荐用量，单位为克每公顷(g/hm²)；

φ ——培养瓶内径，单位为厘米(cm)；

d ——培养瓶中水层深度，单位为厘米(cm)；

D ——环境中水层深度，单位为厘米(cm)，默认值为 100 cm；

100 ——单位换算系数。

8.3.1.2 满足以下条件之一的，应提高被试物的初始添加量(如提高 10 倍)，但不应对水-沉积物系统中微生物活性造成显著的负面影响：

a) 计算出的被试物的添加浓度接近母体检测方法的 LOD；

b) 无法准确测定相当于被试物添加浓度 10%的主要代谢物。

8.3.2 被试物添加方法

将被试物配成水溶液加至培养瓶的水层，必要时可使用少量丙酮、乙醇等有机溶剂助溶。有机溶剂的加入量不应超过培养瓶中水体积的 1%，也不应对水-沉积物系统中微生物活性造成显著的负面影响。添加被试物后应轻轻搅动水相使被试物分布均匀，但不应扰动沉积物。

8.3.3 对照组

应同时设置未加被试物的空白对照组，与处理组在相同条件下培养，用于试验结束后测定微生物的生物量。被试物用有机溶剂溶解后添加的，还应设置添加相同量有机溶剂但不添加被试物的溶剂对照组，用于测定微生物的生物量。

8.4 预试验

当不能通过被试物的其他相关试验结果估计试验周期和采样时间时，可进行预试验。预试验的试验条件与正式试验相同。如进行了预试验，在试验报告中应简要描述预试验的试验条件和结果。

8.5 试验周期

试验周期不宜超过 100 d，满足以下条件之一时，试验可终止：

a) 已明确代谢途径及在水和沉积物中的分配模式；

b) 90%的被试物已降解或挥发。

8.6 采样与检测

8.6.1 在合适的时间间隔取 2 个培养瓶，沉积物用不同极性的有机溶剂多次提取，检测水和沉积物中的被试物和代谢物。除 0 d 外，还应至少测定 5 次。应根据被试物的其他试验结果或预试验结果确定采样时间间隔。对于疏水性被试物，在试验开始阶段应增加采样点以确定被试物在水和沉积物间的分配速率。

8.6.2 沉积物和上覆水应分别测定，分离上覆水时应尽量避免扰动沉积物。取样时应注意吸附在培养容器和收集挥发物的连通管路上的物质。

8.6.3 同时应测定吸收装置中的 CO_2 和其他挥发性有机物。每次采样均应氧化燃烧后测定沉积物中的未提取残留。当未提取残留＞添加放射性的 10%时，应按附录 C 确定提取方法的合理性。

9 数据处理

9.1 每次采样检测的被试物、代谢物、未提取残留的量可用添加放射性的比例(%AR)表示也可用mg/kg

表示，挥发性物质以%AR 表示。每次采样均应计算质量平衡回收率，以%AR 表示。

9.2 主要代谢物均应定性。对试验结束时虽<10%AR 但浓度持续增加的代谢物，应根据具体情况决定是否对其定性，并在报告中说明原因。

9.3 按 NY/T 3150 评估被试物的降解动力学并计算被试物和主要代谢物的 DT_{50}、DT_{90}。

10 质量控制

10.1 分析方法的回收率

被试物加入水-沉积物系统后应立即提取检测至少 2 个水和沉积物样品，以验证分析方法的重现性和被试物添加的一致性。使用同位素标记的被试物时，平衡回收率应为 90%～110%；使用非标记被试物时，回收率应为 70%～110%。

10.2 分析方法的重现性

使被试物在水或沉积物中充分培养生成代谢物，通过重复测定水或沉积物提取物的方式验证被试物和代谢物定量分析方法的重现性。

10.3 分析方法的灵敏度

被试物及其代谢物分析方法的检出限(LOD)应≤0.01 mg/kg 或 1%AR(取低值)。

11 试验报告

试验报告至少应包括以下内容：

a) 被试物：
   1) 通用名、化学名、化学文摘登录号(CAS 号)、结构式(对于放射性标记的被试物，应指出标记位置)及相关的理化性质；
   2) 纯度；
   3) 放射化学纯度和比活度。

b) 参照物：化学名、结构式。

c) 试验用水-沉积物系统：
   1) 确切的采集地点；
   2) 采集时间和采集方法；
   3) 水和沉积物的理化性质，可参照附录 D 的表 D.1、表 D.2 提供；
   4) 储存时间和储存条件。

d) 试验条件：
   1) 培养系统(气体流速、搅拌方法、水体积、沉积物质量、水层和沉积物层的深度、培养瓶尺寸等)；
   2) 被试物添加：添加浓度、处理组和对照组的重复数、被试物添加方法；
   3) 培养温度；
   4) 采样次数和时间；
   5) 提取方法和提取效率、分析方法及其检测限；
   6) 代谢物的定性方法。

e) 试验结果：
   1) 典型谱图；
   2) 分析方法的重现性及灵敏度；
   3) 分析方法的回收率；
   4) 分别以%AR 和 mg/kg 表示的试验结果的表格，可参照附录 D 的表 D.3 提供以%AR 表示的试验结果；
   5) 质量平衡回收率，可参照附录 D 的表 D.4 提供；

6) 水、沉积物及整个系统中被试物及其代谢物的质量(或%AR)-时间图;
7) 矿化率;
8) 被试物的降解动力学、被试物及其代谢物的 DT_{50}、DT_{90};
9) 代谢途径。

附 录 A
（资料性）
气体流动式培养装置

气体流动式培养装置见图 A.1。

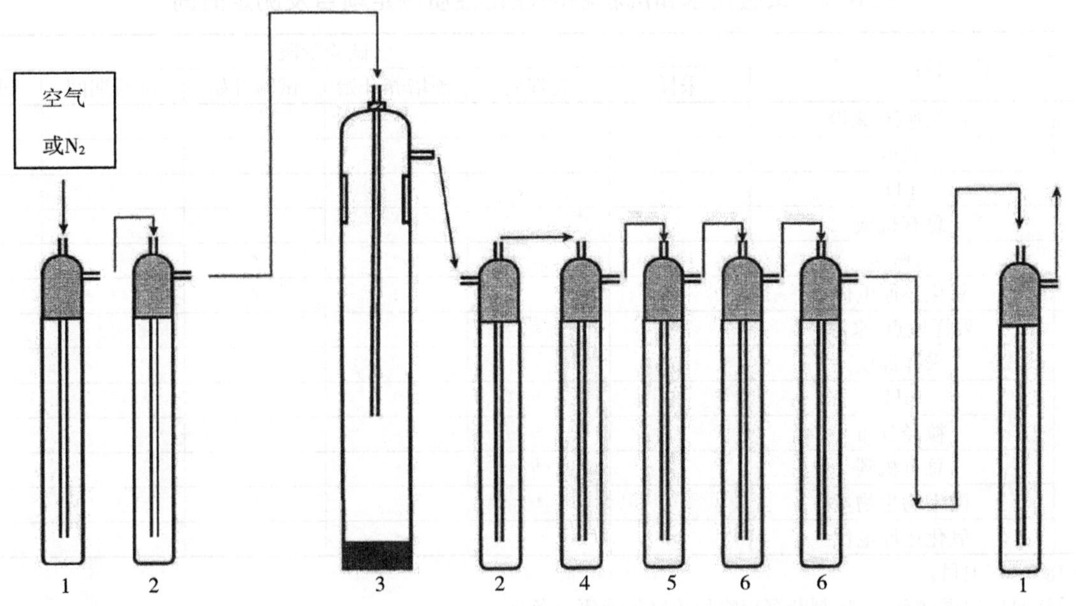

标引序号说明：

1——去离子水；

2——安全瓶；

3——培养瓶；

4——乙二醇用于收集挥发性有机物；

5——硫酸用于收集碱性挥发物；

6——氢氧化钠用于收集 CO_2 及其他酸性挥发物。

图 A.1 气体流动式培养装置

附 录 B
(规范性)
试验用水和沉积物的理化性质测定

试验用水和沉积物的理化性质测定应按表 B.1 规定的项目和时间测定。

表 B.1 试验用水和沉积物的理化性质测定项目及测定时间

测定项目		试验阶段					
		采样	处理后	预培养开始	试验开始	试验期间	试验结束
水	采样地点/来源	[a]					
	温度	[a]					
	pH	[a]		[a]	[a]	[a]	[a]
	总有机碳			[a]			[a]
	溶解氧	[a]		[a]	[a]	[a]	[a]
	氧化还原电位			[a]	[a]	[a]	[a]
沉积物	采样地点/来源	[a]					
	采样深度	[a]					
	pH		[a]	[a]	[a]	[a]	[a]
	粒径分布		[a]				
	总有机碳		[a]	[a]			[a]
	微生物生物量		[a]		[a]		[a]
	氧化还原电位	[b]		[a]	[a]	[a]	[a]

[a] 应测定该项目。

[b] 采样时应根据颜色、气味判断沉积物处于好氧或厌氧条件。

附　录　C
（规范性）
提取方法的合理性判定

C.1　提取离子化合物时，提取剂体系中应包括极性溶剂；提取中性有机化合物时，提取剂体系中应包括非极性溶剂；混用多种溶剂，包括弱酸或弱碱，可提高提取效率。试验期间每种沉积物均应尝试用多种极性和非极性溶剂提取，不应以单一提取溶剂中添加碳酸铵、强酸或强碱或使用高温、高压、剧烈震荡、超声等提取条件或索氏提取代替该操作，但可在使用多种不同极性溶剂的同时使用超声提取或索氏提取的方法。提取不应改变被试物及其代谢物的化学结构，如对酸性条件下易水解的被试物不应使用酸性溶剂提取。

C.2　当未提取残留＞10％AR时，提取剂体系中应包括对母体溶解性最好的溶剂（根据在有机溶剂中的溶解性试验确定），通常应从以下3个介电常数范围内至少各选择1种溶剂：

a）　介电常数为18～80的极性溶剂，如水、甲酸、甲醇、乙醇、异丙醇、丙酮、乙腈、二甲基亚砜等；

b）　介电常数为6.0～9.1的极性溶剂，如乙酸、乙酸乙酯、四氢呋喃、二氯甲烷等；

c）　介电常数为1.9～4.8的非极性溶剂，如正己烷、苯、甲苯、1,4-二氧六环，三氯甲烷、乙醚等。

C.3　选择提取剂时还应注意介电常数以外的其他因素，如在溶剂中较难溶解的化合物可通过形成乳状液的方式提取。当被试物在酸性或碱性条件下性质有差异时，应调节提取剂的pH使回收率最大。

C.4　可在试验的后期使用额外的提取剂体系，但沉积物样品应同时用前期使用的提取剂体系提取。如结果表明新提取剂体系的提取效率显著高于原提取剂体系，应重新开展试验并在整个试验周期内同时使用2种提取剂体系。

C.5　在0 d时回收率较低或重复性较差或试验期间未提取残留出现减少的趋势，可判定提取方法不合理。

附 录 D
(资料性)
试验报告中相关表格

D.1 水和沉积物的理化性质

试验报告中可按表 D.1、表 D.2 提供水和沉积物的理化性质数据。

表 D.1 水和沉积物的理化性质

参数		系统 1	系统 2
采样地点			
水	pH		
	TOC,mg/L		
沉积物	取样深度,cm		
	pH 及其测定方法		
	沙粒(2.0 mm～0.05 mm)含量,%		
	粉粒(0.05 mm～0.002 mm)含量,%		
	黏粒(<0.002 mm)含量,%		
	TOC,g/kg		
	试验开始时微生物生物量		
	试验结束时微生物生物量		

表 D.2 [水-沉积物系统类型]的 pH、溶解氧含量和氧化还原电位

采样间隔,d	重复	溶解氧含量,mg/L	氧化还原电位,mV		pH(水)
			水	沉积物	
0	1				
	2				
	1				
	2				
	1				
	2				
	1				
	2				
	1				
	2				
	1				
	2				
注:[]中的内容可替换为试验中实际使用的被试物和沉积物。					

D.2 试验结果

试验报告中可按表 D.3 提供以%AR 试验结果。

表 D.3 [被试物]在[水-沉积物系统类型]的代谢试验结果(以%AR 表示)

采样间隔,d		0											
重复		1	2	1	2	1	2	1	2	1	2	1	2
母体	水												
	沉积物												
	合计												

表 D.3（续）

采样间隔,d		0											
重复		1	2	1	2	1	2	1	2	1	2	1	2
代谢物 1	水												
	沉积物												
	合计												
代谢物 2	水												
	沉积物												
	合计												
其他	水												
	沉积物												
	合计												
总可提取残留	水												
	沉积物												
	合计												
未提取残留													
CO_2													
挥发性有机物													
容器													
质量平衡回收率													
注：[]中的内容可替换为试验中实际使用的被试物和沉积物。													

D.3 质量平衡回收率

试验报告中可按表 D.4 提供质量平衡回收率的数据。

表 D.4 [被试物]在[水-沉积物类型]中的质量平衡回收率

采样间隔,d		0											
重复		1	2	1	2	1	2	1	2	1	2	1	2
挥发物	CO_2												
	挥发性有机物												
	合计												
水													
沉积物中已提取残留	第 1 次提取												
	第 2 次提取												
	第 3 次提取												
	第 4 次提取												
	总已提取残留												
未提取残留													
容器													
质量平衡回收率													
注：[]中的内容可替换为试验中实际使用的被试物和沉积物。													

参 考 文 献

[1] OECD(2002). Guideline for the Testing of Chemicals No. 308 Aerobic and Anaerobic Transformation in Aquatic Sediment Systems
[2] US EPA(2012). Guidance for Reviewing Environmental Fate Studies
[3] US EPA(2014). Guidance for Addressing Unextracted Pesticide Residues in Laboratory Studies

ICS 65.020
CCS B 17

中华人民共和国农业行业标准

NY/T 4193—2022

化学农药　高效液相色谱法估算土壤吸附系数试验准则

Chemical pesticide—Guideline for estimation of the adsorption coefficient (K_{OC}) on soil using high performance liquid chromatography (HPLC)

2022-11-11 发布　　2023-03-01 实施

中华人民共和国农业农村部　发布

前　言

本文件按照GB/T 1.1—2020《标准化工作导则　第1部分：标准化文件的结构和起草规则》的规定起草。

请注意本文件的某些内容可能涉及专利。本文件的发布机构不承担识别专利的责任。

本文件由农业农村部种植业管理司提出并归口。

本文件负责起草单位：农业农村部农药检定所。

本文件主要起草人：周艳明、单炜力、袁善奎、马晓东、刘新刚、袁野、王娇、陈超、刘辉辉、刘永利、刘雁雨、魏京华。

化学农药　高效液相色谱法估算土壤吸附系数试验准则

1　范围

本文件规定了高效液相色谱法估算化学农药土壤吸附系数试验的方法原理、试剂与仪器、试验方法和试验报告等的基本要求。

本文件适用于估算 $\lg K_{OC}$ 范围为 1.5～5.0 化学农药的土壤吸附系数试验。

2　规范性引用文件

下列文件中的内容通过文中的规范性引用而构成本文件必不可少的条款。其中，注日期的引用文件，仅该日期对应的版本适用于本文件；不注日期的引用文件，其最新版本（包括所有的修改单）适用于本文件。

GB/T 6682　分析实验室用水规格和试验方法

GB/T 31270.4　化学农药环境安全评价试验准则　第 4 部分：土壤吸附/解吸试验

3　术语和定义

下列术语和定义适用于本文件。

3.1

分配系数　distribution coefficient

在固液两相间的分配达到平衡时，被试物在固液两相的浓度之比。以 K_d 表示，见公式(1)。

$$K_d = \frac{C_S}{C_W} \tag{1}$$

式中：

K_d——分配系数的数值，单位为毫升每克(mL/g)；

C_S——平衡时固相中被试物浓度的数值，单位为微克每克(μg/g)；

C_W——平衡时液相中被试物浓度的数值，单位为微克每毫升(μg/mL)。

3.2

弗仑德利奇吸附系数　Freundlich adsorption coefficient

液相中平衡浓度为 1 μg/mL 时，固相中被试物的浓度。以 K_f 表示，见公式(2)。

$$\lg C_S = \lg K_f + \frac{1}{n} \times \lg C_W \tag{2}$$

式中：

K_f——弗仑德利奇吸附系数，无量纲；

$1/n$——弗仑德利奇吸附等温线的斜率，无量纲。

3.3

有机碳吸附系数　organic carbon adsorption coefficient

将 K_d 或 K_f 按吸附剂的有机碳含量归一化，以 K_{OC} 表示，见公式(3)。

$$K_{OC} = \frac{K_d}{OC} \times 100 \text{ 或 } \frac{K_f}{OC} \times 100 \tag{3}$$

式中：

K_{OC}——有机碳吸附系数的数值，单位为毫升每克(mL/g)或无量纲；

OC——土壤有机碳含量的数值，单位为百分号(%)。

3.4

容量因子　capacity factor

样品组分的物质的量在两相中分配的比值，以 k' 表示，见公式(4)；根据高效液相色谱的分配系数、保留体积、固定相体积、流动相体积、流动相流速、保留时间、死时间等参数，k' 可表示为调整保留时间和死时间的比值，见公式(5)。

$$k' = \frac{n_s}{n_m} \tag{4}$$

式中：

k'——容量因子，无量纲；

n_s——固定相中样品组分物质的量的数值，单位为摩尔(mol)；

n_m——流动相中样品组分物质的量的数值，单位为摩尔(mol)。

$$k' = \frac{t_R - t_0}{t_0} \tag{5}$$

式中：

t_R——保留时间的数值，单位为分(min)；

t_0——死时间的数值，单位为分(min)。

4 方法原理

利用氰基柱的固定相同时含有极性和非极性 2 种基团，可与被试物的极性和非极性基团相互作用，建立保留时间与吸附系数之间的关系。

首先建立一系列参照物的 $\lg K_{OC}$ 与 $\lg k'$ 之间的校准曲线，然后测定被试物的 k'，并估算被试物的 K_{OC}。

注：本方法用高效液相色谱法估算农药在土壤中的吸附系数 K_{OC}，与定量构效关系方法相比，本方法具有更高的可靠性，但作为一种估算方法，本方法不能完全代替批平衡试验方法(GB/T 31270.4)。

5 试剂与仪器

5.1 试剂

除另有规定外，所有试剂均为分析纯，水为符合 GB/T 6682 中规定的一级水。

5.1.1 甲醇(CH_3OH，CAS 号：67-56-1)：色谱纯。

5.1.2 甲酰胺(CH_3NO，CAS 号：75-12-7)。

5.1.3 尿素[$CO(NH_2)_2$，CAS 号：57-13-6]。

5.1.4 硝酸钠($NaNO_3$，CAS 号：7631-99-4)。

5.1.5 柠檬酸钠($Na_3C_6H_5O_7 \cdot 2H_2O$，CAS 号：6132-04-3)。

5.1.6 柠檬酸($C_6H_8O_7 \cdot H_2O$，CAS 号：77-92-9)。

5.2 0.01 mol/L pH 6 柠檬酸盐缓冲溶液的配制

准确称取柠檬酸钠(5.1.5)29.41 g 于 100 mL 烧杯中，用水溶解后转移到 1 000 mL 容量瓶中，用水定容至刻度，混匀，配制成 0.1 mol/L 柠檬酸钠储备液。准确称取柠檬酸(5.1.6)21.0 g 于 100 mL 烧杯中，用水溶解后转移到 1 000 mL 容量瓶中，用水定容至刻度，混匀，配制成 0.1 mol/L 柠檬酸储备液。准确量取 9.5 mL 柠檬酸盐储备液、40.5 mL 柠檬酸储备液于 500 mL 容量瓶中，用水定容至刻度，混匀。

5.3 流动相

流动相可采用甲醇-水(55+45，体积比)或甲醇-0.01 mol/L pH 6.0 柠檬酸盐缓冲溶液(55+45，体积比)，若不适用，可尝试其他有机溶剂-水体系。使用前应脱气，并采用等度洗脱。

对于离子型农药，宜使用甲醇-柠檬酸盐缓冲溶液，但应避免盐析出或柱效降低。

5.4 参照物

应至少选择 6 种参照物建立校准曲线，其中高于和低于被试物预期 K_{OC} 的参照物各至少 1 个。宜选择与被试物结构相似的参照物，部分可作为参照物的化合物见附录 A。

5.5 仪器

5.5.1 配备氰基柱的高效液相色谱仪。当使用甲醇-水流动相时，若 $\lg K_{OC}=3.0$，$\lg k'$应＞0.0；若 $\lg K_{OC}=2.0$，$\lg k'$应＞－0.4。

5.5.2 电子天平：感量 0.001 g。

6 试验方法

6.1 被试物与参照物溶液配制

被试物与参照物均应用流动相配制。

6.2 死时间的测定

6.2.1 无保留物质法

通过不被液相色谱柱保留的惰性物质(如甲酰胺、尿素或硝酸钠)测定。测定时应至少重复进样 2 次。

6.2.2 同系物法

测定一系列同系物(如正烷基甲基酮)中，约 7 种化合物的保留时间。以保留时间 $t_{R(nC+1)}$ 对 $t_{R(nC)}$ 作图，将试验结果线性回归，并根据截距和斜率计算 t_0，见公式(6)。

$$t_{R(nC+1)}=A\times t_{R(nC)}+(1-A)\times t_0 \quad (6)$$

式中：

nC ——碳原子数目；

$t_{R(nC+1)}$ ——碳原子数目为 $nC+1$ 的化合物的保留时间；

$t_{R(nC)}$ ——碳原子数目为 nC 的化合物的保留时间；

A ——常数。

6.3 保留时间的测定

进样顺序为：校准曲线、被试物、被试物、校准曲线；参照物混合进样时，其色谱峰的分离度应＞1.5。

6.4 数据处理

根据公式(5)，使用死时间 t_0 和保留时间 t_R(平均值)计算各参照物和被试物的容量因子 k'。

用参照物的 $\lg K_{OC}$(按 GB/T 31270.4 的要求测定，见附录 A 中的表 A.1)与 $\lg k'$作图并线性回归，建立校准曲线，见公式(7)。

$$\lg K_{OC}=a\times \lg k'+b \quad (7)$$

式中：

a ——校准曲线的斜率；

b ——校准曲线的截距。

根据公式(7)，用被试物的 k'计算其 $\lg K_{OC}$。

7 试验报告

试验报告至少应包括下列内容：

a) 被试物和参照物的化学名、通用名、化学文摘登录号和纯度，如果相关，还应提供 pKa；
b) 试验仪器和操作条件；
c) 死时间及其测定方法；
d) 被试物和参照物的进样量；
e) 用于建立校准曲线的参照物保留时间；
f) 校准曲线；
g) 被试物的平均保留时间和估算的 $\lg K_{OC}$；
h) 色谱图。

附 录 A
（资料性）
可作为参照物的化合物及其土壤吸附系数

可作为参照物的化合物及其土壤吸附系数(批平衡法)的数据见表 A. 1。

表 A. 1 可作为参照物的化合物及其土壤吸附数据

名称	英文名称	CAS 号	$\lg K_{oc}$
乙酰苯胺	acetanilide	103-84-4	1.25
苯酚	phenol	108-95-2	1.32
2-硝基苯甲酰胺	2-nitrobenzamide	610-15-1	1.45
N,N-二甲基苯甲酰胺	N,N-dimethylbenzamide	611-74-5	1.52
4-甲基苯甲酰胺	4-methylbenzamide	619-55-6	1.78
苯甲酸甲酯	methylbenzoate	93-58-3	1.80
莠去津	atrazine	1912-24-9	1.81
异丙隆	isoproturon	34123-59-6	1.86
3-硝基苯甲酰胺	3-nitrobenzamide	645-09-0	1.95
苯胺	aniline	62-53-3	2.07
3,5-二硝基苯甲酰胺	3,5-dinitrobenzamide	121-81-3	2.31
多菌灵	carbendazim	10605-21-7	2.35
三唑醇	triadimenol	55219-65-3	2.40
咪唑嗪	triazoxide	72459-58-6	2.44
三唑磷	triazophos	24017-47-8	2.55
利谷隆	linuron	330-55-2	2.59
萘	naphthalene	91-20-3	2.75
硫丹二醇	endosulfan-diol	2157-19-9	3.02
甲硫威	methiocarb	2032-65-7	3.10
酸性黄 219	acid yellow 219	63405-85-6	3.16
1,2,3-三氯苯	1,2,3-trichlorobenzene	87-61-6	3.16
林丹	γ-HCH	58-89-9	3.23
倍硫磷	fenthion	55-38-9	3.31
直接红 81	direct red 81	2610-11-9	3.43
吡菌磷	pyrazophos	13457-18-6	3.65
α-硫丹	α-endosulfan	959-98-8	4.09
禾草灵	diclofop-methyl	51338-27-3	4.20
菲	phenanthrene	85-1-8	4.09
碱性蓝 41(混合物)	basic blue 41 (mix)	26850-47-5 12270-13-2	4.89
滴滴涕	DDT	50-29-3	5.63

参 考 文 献

[1] OECD(2001). Guidelines for the Testing of Chemicals No. 121: Estimation of the Adsorption Coefficient (Koc) on Soil and on Sewage Sludge using High Performance Liquid Chromatography (HPLC)

ICS 65.020
CCS B 17

中华人民共和国农业行业标准

NY/T 4194.1—2022

化学农药 鸟类急性经口毒性试验准则 第1部分：序贯法

Chemical pesticide—Guideline for avian acute oral toxicity test—
Part 1: Sequential procedure

2022-11-11 发布 2023-03-01 实施

中华人民共和国农业农村部 发布

前　言

本文件按照 GB/T 1.1—2020《标准化工作导则　第 1 部分：标准化文件的结构和起草规则》的规定起草。

本文件是 NY/T 4194《化学农药　鸟类急性经口试验准则》的第 1 部分。NY/T 4194 已经发布了以下部分：

——第 1 部分：序贯法；

——第 2 部分：经典剂量效应法。

请注意本文件的某些内容可能涉及专利。本文件的发布机构不承担识别专利的责任。

本文件由农业农村部种植业管理司提出并归口。

本文件负责起草单位：农业农村部农药检定所。

本文件主要起草人：周艳明、袁善奎、刘伟、单炜力、周欣欣、陈朗、蓝帅。

化学农药　鸟类急性经口毒性试验准则
第1部分:序贯法

1　范围

本文件规定了用序贯法测定鸟类急性经口毒性的试验方法。

本文件适用于测试化学农药对鸟类的急性毒性,生物化学农药和植物源农药可参照执行,不适用于微生物农药。

2　规范性引用文件

下列文件中的内容通过文中的规范性引用而构成本文件必不可少的条款。其中,注日期的引用文件,仅该日期对应的版本适用于本文件;不注日期的引用文件,其最新版本(包括所有的修改单)适用于本文件。

NY/T 2882.3　农药登记　环境风险评估指南　第3部分:鸟类

3　术语和定义

下列术语和定义适用于本文件。

3.1

逆转　reversal

在2个相邻的处理组中,低剂量处理组的死亡率高于高剂量处理组死亡率的现象。

3.2

部分死亡　partial kill

多只受试鸟给予同样剂量的被试物,死亡率介于0%～100%的现象。

4　试验概述

试验由多个阶段组成,每个阶段将被试物按设计剂量经口灌喂至受试鸟嗉囊或腺胃。给药后,观察14 d,通常根据给药后3 d各处理组受试鸟的死亡情况估算半致死剂量(LD_{50})并设置下一阶段的试验剂量。以全部阶段的试验结果计算被试物对受试鸟的LD_{50}、置信区间和剂量-效应曲线斜率。

5　试验方法

5.1　受试鸟选择

受试鸟应满足以下要求:

a)　物种宜选择吐食习性低的鸟类,如鸡形目的日本鹌鹑(*Coturnix japonica*)或山齿鹑(*Colinus virginianus*);为开展物种敏感性分布或在风险评估中使用毒性终点的几何平均值,可选择雁形目的绿头鸭(*Anas platyrhynchos*)、鸽形目的原鸽(*Columba livia*)、雀形目的斑胸草雀(*Taeniopygia guttata*,曾用名:*Poephila guttata*)、鹦形目的虎皮鹦鹉(*Melopsittacus undulatus*)等鸟类;

b)　受试鸟在本实验室中的自然死亡率应≤1%;

c)　应选择人工繁育的鸟类,不应使用野生鸟类;

d)　受试鸟应为不处于繁殖期的成鸟;

e)　宜使用野生表型的鸟类,不能使用野生表型时应选择不同表型杂交的鸟类;

f)　受试鸟应为同一来源、同一繁殖种群,宜定期远亲交配以保持遗传异质性;

g)　受试鸟日龄应大致相同。

试验可使用单一性别受试鸟,也可混用雌鸟和雄鸟。对于可能导致雌雄鸟类敏感性差异的被试物,试验设计应能分别计算对雌性和雄性的LD_{50}。

5.2 受试鸟驯养和试验条件

5.2.1 每处理1只受试鸟时，应单笼饲养；每处理多只受试鸟时，至少在给药后前3 d应单笼饲养以便观察并记录每只受试鸟的症状。对斑胸草雀等群居物种，鸟笼应紧靠在一起，其他物种也宜将鸟笼紧靠在一起，除非鸟表现出攻击行为。每只鸟最小栖息面积为：原鸽3 333 cm^2、绿头鸭2 000 cm^2、日本鹌鹑和山齿鹑1 000 cm^2、斑胸草雀和虎皮鹦鹉500 cm^2。鸟笼底部应为网状结构，网眼大小应能使粪便落下且不应影响鸟类活动。原鸽、斑胸草雀和虎皮鹦鹉的鸟笼中应设置栖木。

5.2.2 试验可在人工控制的环境下进行，也可在符合要求的温度和湿度下进行。日本鹌鹑、山齿鹑和绿头鸭的试验温度应为15 ℃～27 ℃，但试验期间波动应尽可能小。鸟类饲养和观察室内应通风良好，空气每小时至少交换10次。日本鹌鹑、山齿鹑和绿头鸭每日光照时间为8 h，其他鸟类可延长至10 h。应提供充足的饲料和水，并及时更换。可使用商品饲料和维生素，但应符合所用物种的营养需求。试验期间和给药前14 d应避免药物治疗。饲料和水应定期测定重金属（如砷、镉、铅、汞、硒等）和持久性农药（如有机氯农药等）等污染物。

5.3 受试鸟准备

每只受试鸟均应有单独标识。试验开始前应在试验条件下预养至少14 d，预养期间死亡率＞5%的鸟类不应用于试验。

5.4 给药

5.4.1 被试物置于胶囊中或溶解、分散于合适的载体后，经口灌喂至受试鸟嗉囊或腺胃；对于液体制剂，也可直接经口灌喂至受试鸟嗉囊或腺胃。当被试物可被水溶解或分散时，应首先考虑使用水作为载体，其次可考虑溶解或乳化于玉米油等食用油中，均不可行时再考虑其他载体。使用水以外的载体时，应了解载体的毒性，载体不应引起吐食。

注：可用食用色素亮蓝（CAS号：3844-45-9）等与粪便颜色明显不同的无毒染料使饲料染色，以观察是否出现吐食现象。吐食可能与给药技术或被试物性质有关，减少给药体积、使用胶囊或更换载体可能消除或降低吐食频率。特别是使用雀形目鸟类时，宜先进行预试验来评估受试鸟的吐食习性，如果仍然存在吐食现象应考虑更换另一种鸟类。受试鸟存在吐食现象时不能精确计算出LD_{50}，仅能得出被试物的LD_{50}大于引发吐食和死亡的最低剂量。

5.4.2 每只受试鸟的给药剂量应根据给药前24 h内该鸟所测个体体重确定。给药体积应尽量小，不应超过1 mL/100 g体重，处理组和对照组的所有受试鸟的给药体积/体重比应相同。给药前一晚受试鸟应禁食12 h～15 h，日本鹌鹑等较大的受试鸟宜整夜禁食，体重≤50 g的受试鸟应禁食2 h。

5.5 观察

5.5.1 给药后按以下要求确定观察频率和时间：

a) 给药后0 h～2 h应持续观察受试鸟的中毒症状及是否出现吐食；
b) 给药后2 h～1 d应在光照期内至少等间隔观察3次中毒症状；
c) 给药后1 d～14 d每日应至少观察1次中毒症状；
d) 给药后14 d仍能观察到中毒症状或死亡时，应延长观察时间至无中毒症状，某一试验阶段延长观察时间，后续试验阶段也应延长观察时间。

5.5.2 应观察记录每只受试鸟的吐食、中毒症状及缓解表现、异常行为、体重，受试鸟出现死亡时应记录死亡时间。

5.5.3 物理损伤等明显不是被试物导致的偶然死亡应在结果计算中排除。对照组出现偶然死亡时，应增加对照组的受试鸟数量。

5.5.4 应在给药前及给药后3 d、7 d和14 d测定受试鸟的体重；给药后0 d～3 d应每日测定食物消耗量，其后应测定3 d～7 d和7 d～14 d的食物消耗量。若延长观察时间，最后一次体重和食物消耗量应在试验结束时测定。所有死亡受试鸟应进行大体解剖、试验结束时对处理组和对照组的未死亡受试鸟进行大体解剖以鉴别偶然死亡和中毒症状，处理组和对照组均未出现死亡和明显中毒症状时可不解剖。

5.5.5 试验期间，按附录A判断受试鸟状态，其有明显疼痛或处于濒死状态时，经试验项目负责人评估继续观察不能得出对试验有用的信息时，应实施安乐死并计入死亡数。

6 试验程序

6.1 限度试验

6.1.1 对毒性可能较低的被试物，宜开展限度试验。按 NY/T 2882.3 计算出的鸟类 PED_{acute} 的 10 倍或 2 000 mg 被试物/kg 体重(取高值)设置限度试验剂量，处理组和对照组各 5 只鸟，给药后观察 14 d。若处理组受试鸟均未死亡，表明在 95%置信水平下被试物的 LD_{50} >限度剂量，试验可终止。限度试验的流程按附录 B 的 B.1 操作。

6.1.2 若处理组中有 1 只受试鸟死亡，其他受试鸟未出现中毒症状，可再用 5 只鸟按限度剂量给药并观察 14 d。第 2 次限度剂量给药或序贯法试验可在 14 d 观察期内开始。若整个处理组 10 只受试鸟中仅有 1 只死亡且其他受试鸟未出现中毒症状，表明在 95%置信水平下被试物的 LD_{50} >限度剂量，试验可终止。经试验项目负责人和委托方协商也可不进行第 2 次限度剂量给药，直接进行序贯法试验第 2 阶段试验。

6.1.3 若处理组受试鸟全部死亡，进行序贯法试验的第 1 阶段试验。

6.1.4 若 5 只受试鸟的处理组中有 1 只受试鸟死亡且其余受试鸟出现中毒症状，或有 2 只～4 只受试鸟死亡，或 10 只受试鸟的处理组中出现 2 只或 2 只以上死亡时，进行序贯法试验的第 2 阶段试验。按附录 C 估算 LD_{50}，当限度剂量为 2 000 mg 被试物/kg 体重时可按表 1 估算。

表 1 根据限度试验死亡率估算 LD_{50}

死亡率，%	10	20	30	40	50	60	70	80	90
预估 LD_{50}，mg 被试物/kg 体重	3 606	2 944	2 541	2 244	2 000	1 782	1 574	1 358	1 109

6.2 序贯法试验

6.2.1 序贯法试验概述

6.2.1.1 对毒性可能较高的被试物，可直接开展序贯法试验。序贯法试验的流程见附录 B 的 B.2，典型的 4 个阶段试验、14 天观察期的时间线示例见附录 D。

6.2.1.2 当试验目的是为开展物种敏感性分布而获得 LD_{50} 时，可仅进行第 1 阶段和第 2 阶段的试验，并计算 LD_{50}，但此时无法得出置信区间。

6.2.1.3 当 2 个以上处理组出现部分死亡或逆转时，采用最大似然法计算被试物对受试鸟的 LD_{50}。判断部分死亡和逆转的示例见附录 E。

6.2.2 第 1 阶段试验

6.2.2.1 确定剂量

按以下要求确定第 1 阶段试验的试验剂量：

a) 根据被试物对啮齿类动物或其他鸟类的试验结果，或限度试验结果预估 LD_{50}；

b) 最低剂量(剂量 1)＝0.141 4×预估 LD_{50}、最高剂量(剂量 4)＝7.071×预估 LD_{50}；

c) 当最高剂量>3 330 mg 被试物/kg 体重时，最高剂量设定为 3 330 mg 被试物/kg 体重，并重新计算最低剂量(最低剂量＝最高剂量/50)；

d) 公比为 3.679；

e) 根据最低剂量和公比计算剂量 2 和剂量 3，剂量 2＝剂量 1×公比，剂量 3＝剂量 2×公比。

6.2.2.2 给药

根据 6.2.2.1 计算的剂量，按 5.4 的要求给药，每剂量 1 只鸟。

6.2.2.3 观察

观察一段时间(通常为 3 d)，记录受试鸟死亡情况并按表 2 估算 LD_{50}，继续观察至 14 d。若观察到延迟效应，应延长观察时间。若根据第 3 d 的情况判断仍可能出现受试鸟死亡，应待所有存活受试鸟恢复后再估算 LD_{50}。若估算 LD_{50} 前的观察期延长，后续阶段也应在估算 LD_{50} 前相应延长观察期。

表 2 根据第 1 阶段结果估算 LD_{50} 的方法

剂量 1	剂量 2	剂量 3	剂量 4	估算的 LD_{50}
O[a]	O	O	O	(剂量 4×剂量 5[c])$^{1/2}$
O	O	O	X[b]	(剂量 3×剂量 4)$^{1/2}$
O	O	X	O	(剂量 3×剂量 4)$^{1/2}$
O	X	O	O	剂量 3
X	O	O	O	(剂量 2×剂量 3)$^{1/2}$
O	O	X	X	(剂量 2×剂量 3)$^{1/2}$
O	X	X	O	剂量 3
X	X	O	O	(剂量 2×剂量 3)$^{1/2}$
O	X	O	X	(剂量 2×剂量 3)$^{1/2}$
X	O	X	O	(剂量 2×剂量 3)$^{1/2}$
X	O	O	X	剂量 2
O	X	X	X	(剂量 1×剂量 2)$^{1/2}$
X	O	X	X	(剂量 1×剂量 2)$^{1/2}$
X	X	O	X	剂量 2
X	X	X	O	(剂量 2×剂量 3)$^{1/2}$
X	X	X	X	(剂量 0[d]×剂量 1)$^{1/2}$

a “O”代表受试鸟存活。

b “X”代表受试鸟死亡。

c 仅用于估算 LD_{50}，剂量 5＝剂量 4×公比。

d 仅用于估算 LD_{50}，剂量 0＝剂量 1/公比。

6.2.3 第 2 阶段试验

6.2.3.1 确定剂量

按以下要求确定第 2 阶段试验的试验剂量：

a) 根据第 1 阶段试验结果或出现部分死亡的限度试验结果估算 LD_{50}；

b) 最低剂量(剂量 1)＝0.342 5×预估 LD_{50}、最高剂量(剂量 10)＝2.919×预估 LD_{50}；

c) 当最高剂量＞3 330 mg 被试物/kg 体重时，最高剂量设定为 3 330 mg 被试物/kg 体重，并重新计算最低剂量(最低剂量＝最高剂量/8.5)；

d) 公比＝(最高剂量/最低剂量)$^{1/9}$；

e) 按公式(1)计算 8 个中间剂量，i＝2～9。

$$dose_i = ldose \times step^{i-1} \tag{1}$$

式中：

$dose_i$——第 i 个剂量；

$ldose$——最低剂量；

$step$——公比。

6.2.3.2 给药

根据 6.2.3.1 计算的剂量，按 5.4 的要求给药，每剂量 1 只鸟。

6.2.3.3 观察

6.2.3.3.1 观察一段时间(通常为 3 d，但若第 1 阶段延长观察时间时，应相应延长观察时间)，记录受试鸟死亡情况、统计逆转数，用限度试验、第 1 阶段和第 2 阶段的数据按多元概率比回归模型(probit 模型)估算 LD_{50} 及剂量-效应曲线的斜率(斜率)，继续观察至 14 d。若 14 d 后观察到延迟效应，应延长观察时间。若根据第 3 d 的情况判断仍可能出现受试鸟死亡，应待所有存活受试鸟恢复后再估算 LD_{50}。若估算 LD_{50} 前的观察期延长，后续阶段也应在估算 LD_{50} 前相应延长观察期。若逆转≥2，进行第 3a 阶段试验，否则进行第 3b 阶段试验。

6.2.3.3.2 当试验目的是为开展物种敏感性分布而获得 LD_{50} 时，观察至 14 d，用限度试验、第 1 阶段和第 2 阶段的数据按多元概率比回归模型计算 LD_{50}，试验结束。

6.2.4 **第 3a 阶段试验**

6.2.4.1 **确定剂量**

按以下要求确定第 3a 阶段试验的试验剂量：

a) 第 2 阶段试验估算出的斜率＞15 时，斜率设定为 15；斜率＜1 时，斜率设定为 1；不能计算斜率时，斜率设定为 5；

b) 低剂量＝$10^{(-1.036/斜率)}$×预估 LD_{50}，高剂量＝$10^{(1.036/斜率)}$×预估 LD_{50}；

c) 当高剂量＞3 330 mg 被试物/kg 体重时，高剂量设定为 3 330 mg 被试物/kg 体重并重新计算低剂量［低剂量＝高剂量/$10^{(2.072/斜率)}$］。

6.2.4.2 **给药**

根据 6.2.4.1 计算的剂量，按 5.4 的要求给药，每剂量 5 只鸟。

6.2.4.3 **观察**

观察至 14 d(若第 1 阶段或第 2 阶段延长观察时间，应相应延长观察时间)，用限度试验、第 1 阶段、第 2 阶段和第 3a 阶段的数据按多元概率比回归模型计算 LD_{50}和斜率，试验结束。若不符合多元概率比回归模型，应在报告中说明，并以死亡率最接近 50％的剂量(低于 50％和高于 50％各 1 个)的几何平均值作为 LD_{50}，也可用插值法或移动平均法估算 LD_{50}。

6.2.5 **第 3b 阶段试验**

6.2.5.1 **确定剂量**

按以下要求确定第 3b 阶段试验的试验剂量：

a) 最低剂量(剂量 1)＝0.620 5×预估 LD_{50}、最高剂量(剂量 5)＝1.611 3×预估 LD_{50}；

b) 当最高剂量＞3 330 mg 被试物/kg 体重时，最高剂量设定为 3 330 mg 被试物/kg 体重并重新计算最低剂量(最低剂量＝最高剂量/2.6)；

c) 公比＝$(最高剂量/最低剂量)^{1/4}$；

d) 按公式(1)计算 3 个中间剂量，i＝2～4。

6.2.5.2 **给药**

根据 6.2.5.1 计算的剂量，按 5.4 的要求给药，每剂量 2 只鸟。

6.2.5.3 **观察**

观察一段时间(通常为 3 d，但若第 1、2 阶段延长观察时间应相应延长观察时间)，记录受试鸟死亡情况，用限度试验、第 1、2、3b 阶段的数据按多元概率比回归模型估算 LD_{50}及斜率，继续观察至 14 d。若 14 d 后观察到延迟效应，应延长观察时间。若根据第 3 d 的情况判断仍可能出现受试鸟死亡，应待所有存活受试鸟恢复后再估算 LD_{50}。若估算 LD_{50}前的观察期延长，后续阶段也应在估算 LD_{50}前相应延长观察期。若逆转≥2 或部分死亡≥2，不需进行第 4 阶段试验；观察至 14 d，用限度试验、第 1 阶段、第 2 阶段和第 3b 阶段的数据按多元概率比回归模型计算 LD_{50}和斜率，试验结束。

6.2.6 **第 4 阶段试验**

6.2.6.1 **确定剂量**

按以下要求确定第 4 阶段试验的试验剂量：

a) 最低剂量(剂量 1)＝0.620 5×预估 LD_{50}、最高剂量(剂量 5)＝1.611 3×预估 LD_{50}；

b) 当最高剂量＞3 330 mg 被试物/kg 体重时，最高剂量设定为 3 330 mg 被试物/kg 体重并重新计算最低剂量(最低剂量＝最高剂量/2.6)；

c) 公比＝$(最高剂量/最低剂量)^{1/4}$；

d) 按公式(1)计算 3 个中间剂量，i＝2～4。

6.2.6.2 **给药**

根据 6.2.6.1 计算的剂量，按 5.4 的要求给药，每剂量 2 只鸟。

6.2.6.3 **观察**

观察至 14 d，用限度试验、第 1 阶段、第 2 阶段、第 3b 阶段、第 4 阶段的数据按多元概率比回归模型计

算 LD_{50}和斜率，试验结束。若在第 4 阶段结束后不能得出最大似然估计，应在报告中说明，并以死亡率最接近 50%的剂量(低于 50%和高于 50%各 1 个)的几何平均值作为 LD_{50}，也可用插值法或移动平均法估算 LD_{50}。

6.3 对照组

6.3.1 对照组应使用 5 只与处理组同批孵化的鸟，采用与处理组相同的载体(或胶囊)虚拟给药，并在与处理组相同的环境条件下观察。在虚拟给药前、给药后第 3 d、第 7 d、第 14 d 称重。虚拟给药应安排在处理组第 1 次给药当天。

6.3.2 出现以下情况时，对照组应再增加 5 只鸟：

a) 新试验阶段受试鸟与试验最初受试鸟不是同批孵化的，应以该批次受试鸟设置对照组。

b) 不同试验阶段给药体积不同时，应以该阶段给药体积为对照组虚拟给药。该情况可能出现在最高剂量增加时，需要更大体积来得到合适的溶液或悬浮液。

c) 各阶段间隔时间延长或有明显区别时，应在序贯法试验中间阶段(如第 2 阶段或第 3 阶段)开始时为对照组虚拟给药。

7 数据处理

7.1 原始数据

应以表格形式记录并报告每只受试鸟的试验数据，包括剂量、受试鸟数量、中毒症状、死亡数和实施安乐死的数量、每只受试鸟的死亡时间、中毒症状出现和终止的时间、体重、食物消耗量、大体解剖结果。

7.2 统计方法

7.2.1 应使用多元概率比回归模型计算 LD_{50}和斜率。若第 4 阶段试验结果不能得出最大似然估计，应在报告中说明，并以死亡率最接近 50%的剂量(低于 50%和高于 50%各 1 个)的几何平均值作为 LD_{50}，也可用插值法或移动平均法估算 LD_{50}。

7.2.2 使用 Fieller 定理、似然比法或二项式法计算 LD_{50}的置信区间。

7.2.3 当试验目的是为开展物种敏感性分布而获得 LD_{50}，仅进行至第 2 阶段试验时，也应使用多元概率比回归模型计算 LD_{50}，但不应在报告中提供剂量-效应曲线的斜率和 LD_{50}的置信区间。

7.2.4 可使用序贯设计计算器(Sequential Design Calculator，SEDEC)设计试验剂量并计算试验结果。

8 质量控制

对照组受试鸟死亡率不应>10%。

9 试验报告

试验报告至少应包括以下内容：

a) 被试物：
   1) 通用名、化学名、化学文摘登录号(CAS 号)、结构式、纯度；
   2) 来源、批号、有效期、稳定性；
   3) 物理性状、水中溶解度及其他相关的理化性质。

b) 试验方法和试验体系：
   1) 试验类型；
   2) 受试鸟的物种、品系、来源、日龄、体重及健康状况；
   3) 试验方法的详细描述。

c) 试验过程：
   1) 试验浓度设计(处理组和重复的数量、是否单笼饲养)；
   2) 实验动物驯养时间和分配程序；
   3) 给药方法(是否采用胶囊、采用的载体、单位体重给药体积)；

4） 实验动物饲养条件（鸟笼的规格和材料、温度、湿度、光照时间、光照度）；

5） 饲料和饮用水（适用性、标识、来源、组成、热量值、污染物测定结果）；

6） 观察的频率、时间和方法（健康/死亡、体重、食物摄入量）；

7） 统计方法。

d） 试验结果：

1） 死亡（死亡时间、中毒症状）；

2） 分别以 mg a.i./kg 体重和 mg 被试物/kg 体重计的 LD_{50}、剂量-效应曲线的斜率、置信区间；

3） 回归模型拟合度的指标描述；

4） 症状出现和终止的时间（记录时间应精确至分钟）；

5） 大体解剖检查结果；

6） 每只受试鸟的体重数据；

7） 饲料消耗量数据。

附　录　A
（规范性）
受试鸟明显疼痛和濒死状态的判定

A.1　明显疼痛的判定

受试鸟出现以下症状之一时，可认定受试鸟出现明显的疼痛：

a）异常发声；
b）异常攻击性；
c）异常姿势；
d）对触摸的异常反应；
e）异常动作；
f）自残；
g）开放性伤口或皮肤溃疡；
h）呼吸困难；
i）角膜溃疡；
j）骨折；
k）不愿移动；
l）外观异常；
m）体重快速减轻、快速消瘦或严重脱水；
n）大量出血。

A.2　濒死状态的判定

受试鸟出现以下症状之一时，可认定受试鸟处于濒死状态：

a）长时间行走障碍使鸟类无法饮水进食或长期厌食；
b）严重体重减轻、极端消瘦或严重脱水；
c）大量失血；
d）证据表明出现不可逆器官衰竭；
e）长期对外部刺激缺乏自主反应；
f）持续出现呼吸困难；
g）长时间无法保持站立；
h）持续性抽搐；
i）自残；
j）长时间腹泻；
k）体温显著持续下降。

附 录 B
（规范性）
限度试验流程

B.1 限度试验流程

限度试验流程见图 B.1，图中仅显示了处理组。

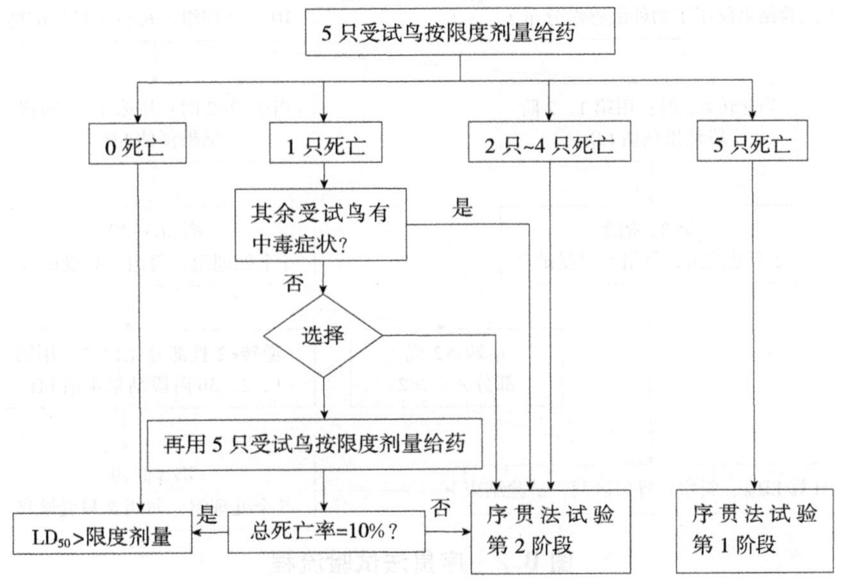

图 B.1 限度试验流程

B.2 序贯法试验流程

序贯法试验流程见图 B.2,图中仅显示了处理组。

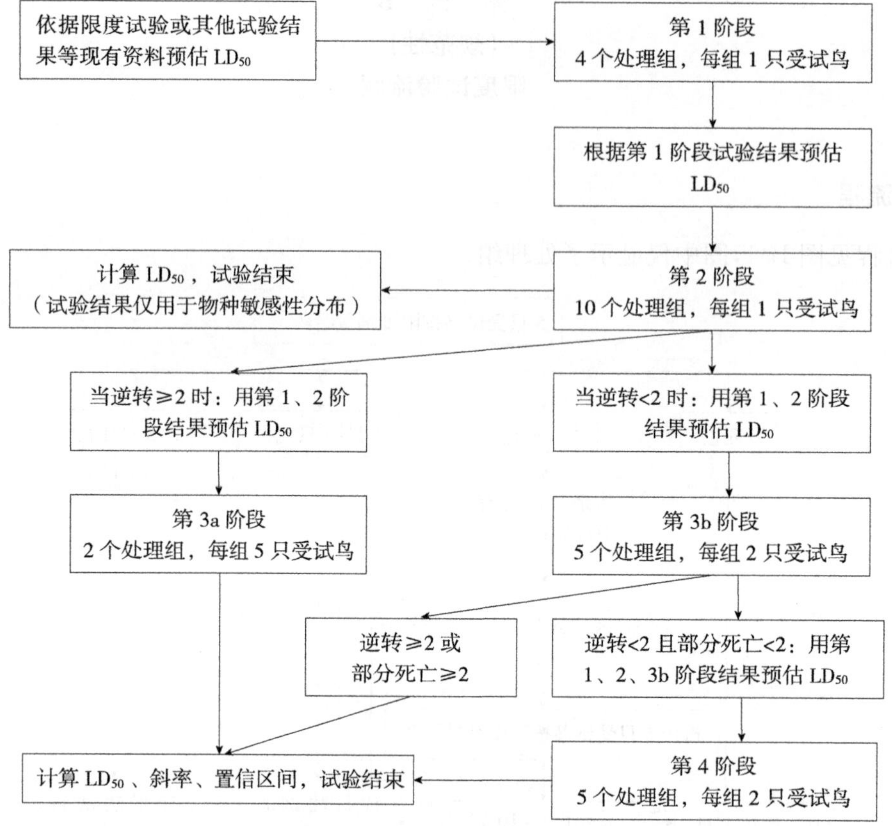

图 B.2 序贯法试验流程

附　录　C
（规范性）
根据限度试验结果估算 LD_{50} 的方法

按公式(C.1)估算 LD_{50}。

$$LD_{50}=10^{\left(\frac{probit-5}{5}+\lg ld\right)} \qquad (C.1)$$

式中：

probit ——概率单位，根据限度试验的受试鸟死亡率按表 C.1 选择；

ld ——限度剂量，单位为毫克被试物每千克体重(mg 被试物/kg 体重)。

表 C.1　概率单位的选择

死亡率，%	10	20	30	40	50	60	70	80	90
probit	3.72	4.16	4.48	4.75	5	5.25	5.52	5.84	6.28

附 录 D
（资料性）
序贯法试验时间线示例

序贯法试验时间线示例见图 D.1,图中仅显示了处理组。

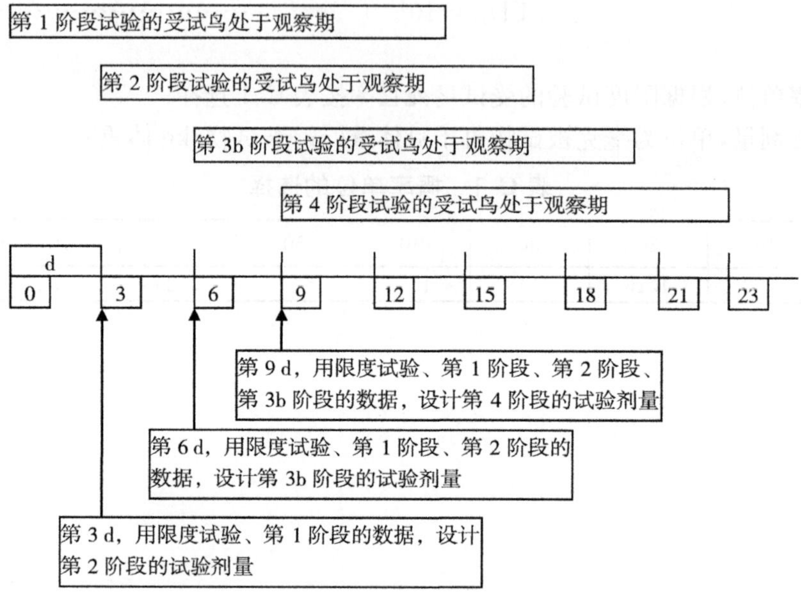

图 D.1　4 阶段序贯法试验时间线示例

附　录　E
（资料性）
确定部分死亡和逆转个数的示例

本附录给出确定部分死亡和逆转个数的示例。其中，剂量从左至右依次增加，部分死亡用“ * ”标记，逆转用表格中阴影部分表示。

示例 1：

第 1 阶段使用 4 只鸟，第 2 阶段使用 10 只鸟，共 14 只鸟、14 个剂量。共有 0 个部分死亡、2 个逆转，进行第 3a 阶段试验。见表 E. 1。

表 E. 1　完成第 2 阶段进行第 3a 阶段试验的示例

死亡数量	0	0	0	0	0	1	0	1	1	0	1	1	1	1
鸟类数量	1	1	1	1	1	1	1	1	1	1	1	1	1	1
死亡率，%	0	0	0	0	0	100	0	100	100	0	100	100	100	100

示例 2：

第 1 阶段使用 4 只鸟，2 阶段使用 10 只鸟，共 14 只鸟；两个阶段最低和最高剂量相同，共 12 个剂量。共有 0 个部分死亡、1 个逆转，进行第 3b 阶段试验。见表 E. 2。

表 E. 2　完成第 2 阶段进行第 3b 阶段试验的示例

死亡数量	0	0	0	0	0	1	0	1	1	1	1	2
鸟类数量	2	1	1	1	1	1	1	1	1	1	1	2
死亡率，%	0	0	0	0	0	100	0	100	100	100	100	100

示例 3：

第 1 阶段使用 4 只鸟，第 2 阶段使用 10 只鸟，第 3 阶段使用 10 只鸟，共 24 只鸟、19 个剂量。共有 2 个部分死亡、3 个逆转，试验结束。见表 E. 3。

表 E. 3　2 个部分死亡、3 个逆转的示例

死亡数量	0	0	0	1	0	0	0	1	1	0	2	1	1	2	0	1	1	1	1
鸟类数量	1	1	1	2	1	2	1	2	1	1	2	1	1	2	1	1	1	1	1
死亡率，%	0	0	0	50*	0	0	0	50*	100	0	100	100	100	100	0	100	100	100	100

示例 4：

第 1 阶段使用 4 只鸟，第 2 阶段使用 10 只鸟，第 3 阶段使用 10 只鸟，共 24 只鸟、19 个剂量）。共有 1 个部分死亡、2 个逆转，试验结束。见表 E. 4。

表 E. 4　1 个部分死亡、2 个逆转的示例

死亡数量	0	0	0	0	0	0	0	1	1	0	2	1	1	2	0	1	1	1	1
鸟类数量	1	1	1	2	1	2	1	2	1	1	2	1	1	2	1	1	1	1	1
死亡率，%	0	0	0	0	0	0	0	50*	100	0	100	100	100	100	0	100	100	100	100

示例 5：

第 1 阶段使用 4 只鸟，第 2 阶段使用 10 只鸟，第 3 阶段使用 10 只鸟，共 24 只鸟、19 个剂量）。共有 1 个部分死亡、1 个逆转，进行第 4 阶段试验。见表 E. 5。

表 E.5　1 个部分死亡、1 个逆转的示例

死亡数量	0	0	0	0	0	1	1	2	1	1	2	1	1	2	0	1	1	1	1
鸟类数量	1	1	1	2	1	2	1	2	1	1	2	1	1	2	1	1	1	1	1
死亡率,%	0	0	0	0	0	50*	100	100	100	100	100	100	100	100	0	100	100	100	100

参 考 文 献

[1] OECD(2016). Guideline for the Testing of Chemicals No. 223 Avian Acute Oral Toxicity Test

[2] OECD(2000). OECD Series on Testing and Assessment ,No. 19 Guidance Document On the Recognition, Assessment, and Use of Clinical Signs As Humane Endpoints for Experimental Animals Used In Safety Evaluation

[3] US EPA(2012). Ecological Effects Test Guidelines OCSPP 850.2100: Avian Acute Oral Toxicity Test

[4] OECD(2009). Sequential Design Calculator A Tool for Use with OECD TG 223: Avian Acute Oral Toxicity Test

ICS 65.020
CCS B 17

中华人民共和国农业行业标准

NY/T 4194.2—2022

化学农药　鸟类急性经口毒性试验准则
第2部分:经典剂量效应法

Chemical pesticide—Guideline for avian acute oral toxicity test—
Part 2: Classical dose-response method

2022-11-11 发布　　　　2023-03-01 实施

中华人民共和国农业农村部　发布

前　言

本文件按照 GB/T 1.1—2020《标准化工作导则　第 1 部分:标准化文件的结构和起草规则》的规定起草。

本文件是 NY/T 4194《化学农药　鸟类急性经口试验准则》的第 2 部分。NY/T 4194 已经发布以下部分:

——第 1 部分:序贯法;

——第 2 部分:经典剂量效应法。

请注意本文件的某些内容可能涉及专利。本文件的发布机构不承担识别专利的责任。

本文件由农业农村部种植业管理司提出并归口。

本文件起草单位:农业农村部农药检定所。

本文件主要起草人:周艳明、袁善奎、刘伟、单炜力、周欣欣、陈朗、蓝帅。

化学农药　鸟类急性经口毒性试验准则
第2部分:经典剂量效应法

1　范围

本文件规定了用经典剂量效应法测定鸟类急性经口毒性的试验方法。

本文件适用于测试化学农药对鸟类的急性毒性,生物化学农药和植物源农药可参照执行,不适用于微生物农药。

2　规范性引用文件

下列文件中的内容通过文中的规范性引用而构成本文件必不可少的条款。其中,注日期的引用文件,仅该日期对应的版本适用于本文件;不注日期的引用文件,其最新版本(包括所有的修改单)适用于本文件。

NY/T 2882.3　农药登记　环境风险评估指南　第3部分:鸟类

3　术语和定义

本文件没有需要界定的术语和定义。

4　试验概述

将被试物按设计剂量经口灌喂至受试鸟嗉囊或腺胃,定期观察受试鸟的中毒与死亡情况,计算被试物对受试鸟的半致死剂量(LD_{50})、置信区间和剂量-效应曲线斜率。

5　试验方法

5.1　受试鸟选择

受试鸟应满足以下要求:

a)　物种宜选择吐食习性低的鸟类,如鸡形目的日本鹌鹑(*Coturnix japonica*)或山齿鹑(*Colinus virginianus*);为开展物种敏感性分布或在风险评估中使用毒性终点的几何平均值,可选择雁形目的绿头鸭(*Anas platyrhynchos*)、鸽形目的原鸽(*Columba livia*)、雀形目的斑胸草雀(*Taeniopygia guttata*,曾用名:*Poephila guttata*)、鹦形目的虎皮鹦鹉(*Melopsittacus undulatus*)等鸟类;

b)　受试鸟在本实验室中的自然死亡率应≤1%;

c)　应选择人工繁育的鸟类,不应使用野生鸟类;

d)　受试鸟应为不处于繁殖期的成鸟;

e)　宜使用野生表型的鸟类,不能使用野生表型时应选择不同表型杂交的鸟类;

f)　受试鸟应为同一来源、同一繁殖种群,宜定期远亲交配以保持遗传异质性;

g)　受试鸟的日龄应大致相同(±1周);

h)　所有受试鸟的体重不应超过受试鸟平均体重的±10%。

5.2　受试鸟驯养和试验条件

5.2.1　对斑胸草雀等群居物种,鸟笼应紧靠在一起,其他物种也宜将鸟笼紧靠在一起,除非鸟表现出攻击行为。每只鸟最小栖息面积为:原鸽3 333 cm^2、绿头鸭2 000 cm^2、日本鹌鹑、山齿鹑、斑胸草雀和虎皮鹦鹉500 cm^2。鸟笼底部应为网状结构,网眼大小应能使粪便落下且不应影响鸟类活动。原鸽、斑胸草雀和虎皮鹦鹉的鸟笼中应设置栖木。

5.2.2　试验可在人工控制的环境下进行,也可在符合要求的温度和湿度下进行。日本鹌鹑、山齿鹑和绿头鸭的试验温度应为 15 ℃～27 ℃、相对湿度应为 45%～70%，但试验期间波动应尽可能小。受试鸟饲养和观察室内应通风良好，空气每小时至少交换 10 次。日本鹌鹑、山齿鹑和绿头鸭每日光照时间为 8 h，其他鸟类可延长至 10 h。应提供充足的饲料和水，并及时更换。可使用商品饲料和维生素，但应符合所用物种的营养需求。试验期间和给药前 14 d 应避免药物治疗。饲料和水应定期测定重金属（如砷、镉、铅、汞、硒等）和持久性农药（如有机氯农药等）等污染物。

5.3 受试鸟准备

每只受试鸟均应有单独标识。试验开始前应在试验条件下预养至少 14 d，预养期间死亡率＞5%的鸟类不应用于试验。

5.4 受试鸟数量

5.4.1 正式试验和限度试验中，处理组和对照组每组至少使用 10 只鸟，通常雌雄各半。当研究被试物的化学特异性和部位特异性时，可在完成常规试验的基础上额外开展试验并根据研究目的确定受试鸟的性别和年龄（例如，农药使用方法导致繁殖期雌鸟的风险不可接受，可考虑采用该生长阶段的雌鸟开展试验）。每个处理组（含对照组）应使用同样数量的受试鸟。

5.4.2 受试鸟应随机分配至各处理组和对照组。同一处理组（含对照组）的受试鸟宜按性别分两笼饲养。随机分配宜在给药前称重时进行，也可在驯养前进行。

5.5 给药

5.5.1 被试物置于胶囊中或溶解、分散于合适的载体后，经口灌喂至受试鸟嗉囊或腺胃；对于液体制剂，也可直接经口灌喂至受试鸟嗉囊或腺胃。当被试物可被水溶解或分散时，应首先考虑使用水作为载体，其次可考虑溶解或乳化于玉米油等食用油中，均不可行时再考虑其他载体。使用水以外的载体时，应了解载体的毒性，载体不应引起吐食。

注：可用食用色素亮蓝（CAS 号：3844-45-9）等与粪便颜色明显不同的无毒染料使饲料染色，以观察是否出现吐食现象。吐食可能与给药技术或被试物性质有关，减少给药体积、使用胶囊或更换载体可能消除或降低吐食频率。特别是使用雀形目鸟类时，宜先进行预试验来评估受试鸟的吐食习性，如果仍然存在吐食现象应考虑更换另一种鸟类。受试鸟存在吐食现象时不能精确计算出 LD_{50}，仅能得出被试物的 LD_{50} 大于引发吐食和死亡的最低剂量。

5.5.2 每只鸟的给药剂量应根据给药前 24 h 内该鸟所测个体体重确定。给药体积应尽量小，不应超过 1 mL/100 g体重，处理组和对照组的所有受试鸟的给药体积/体重比应相同。给药前一晚受试鸟应禁食 12 h～15 h，日本鹌鹑等较大的受试鸟宜整夜禁食，体重≤50 g 的受试鸟应禁食 2 h。

5.6 观察

5.6.1 给药后按以下要求确定观察频率和时间：

a) 给药后 0 h～2 h 应持续观察受试鸟的中毒症状及是否出现吐食；

b) 给药后 2 h～1 d 应在光照期内至少等间隔观察 3 次中毒症状；

c) 给药后 1 d～14 d 每日应至少观察 1 次中毒症状；

d) 给药后 14 d 仍能观察到中毒症状或死亡时，应延长观察时间至无中毒症状。

5.6.2 应观察记录每只受试鸟的吐食、中毒症状及缓解表现、异常行为、体重，受试鸟出现死亡时应记录死亡时间。

5.6.3 物理损伤等明显不是被试物导致的偶然死亡应在结果计算中排除。

5.6.4 应在给药前（确定给药剂量时）及给药后 3 d、7 d 和 14 d 测定受试鸟的体重；给药后 0 d～3 d 应每日测定食物消耗量，其后应测定 3 d～7 d 和 7 d～14 d 的食物消耗量。若延长观察时间，最后 1 次体重和食物消耗量应在试验结束时测定。建议给药前 7 d 额外测定 1 次受试鸟体重以提供基线数据。

5.6.5 所有死亡受试鸟应进行大体解剖，试验结束时还应从处理组未死亡受试鸟中随机选取足够数量进行大体解剖。对照组未死亡受试鸟应至少随机选择 3 只进行大体解剖。处理组和对照组均未出现死亡和明显中毒症状时可不解剖。

5.6.6 试验期间，按附录 A 判断受试鸟状态，其有明显的疼痛或处于濒死状态时，经试验项目负责人评估继续观察不能得出对试验有用的信息时，应实施安乐死并计入死亡数。

6 试验程序

6.1 预试验

应开展预试验确定正式试验的给药剂量，当已知被试物的大致毒性时可不开展预试验。按正式试验的条件，用少量受试鸟以较大的间距设置 3 个～5 个处理组，建议设置为 2 mg 被试物/kg 体重、20 mg 被试物/kg 体重、200 mg 被试物/kg 体重和 2 000 mg 被试物/kg 体重，给药后观察并记录鸟类中毒症状和死亡情况。

6.2 正式试验

正式试验应至少设置 5 个处理组和 1 个对照组。处理组应按一定的几何级数设置，以充分描述整个剂量-效应曲线。至少应有 3 个处理组的受试鸟死亡率介于 0%～100%。给药后观察（见 5.6）并记录受试鸟中毒症状和死亡情况。

6.3 限度试验

对毒性可能较低的被试物，宜开展限度试验。限度试验设置 1 个处理组和 1 个对照组。限度剂量为 2 000 mg 被试物/kg 体重或按 NY/T 2882.3 计算出的鸟类 PED_{acute} 的 10 倍（取高值）。给药后观察（见 5.6）并记录受试鸟中毒症状和死亡情况。若处理组受试鸟均未死亡，表明在 95% 置信水平下被试物的 LD_{50} ＞限度剂量，试验可终止。

7 数据处理

7.1 环境条件

应计算试验期间温度和湿度的平均值、标准偏差、相对标准偏差、最小值和最大值。

7.2 死亡数

应以表格形式给出各处理组和对照组每次观察的累积死亡数。若同时使用了雌鸟和雄鸟，应分别提供。

7.3 体重

按公式（1）计算每只受试鸟在 2 次称重期间的体重变化和试验期间的总体重变化。应计算出各处理组和对照组在各次称重期间及试验期间体重变化的平均值和标准偏差。若同时使用了雌性和雄性受试鸟，应分别提供。

$$d_{i-j} = w_j - w_i \tag{1}$$

式中：

d_{i-j}——第 i 和第 j 次称重期间的受试鸟体重变化的数值，单位为克（g）；

w_j ——第 j 次称重时，受试鸟体重的数值，单位为克（g）；

w_i ——第 i 次称重时，受试鸟体重的数值，单位为克（g）。

7.4 食物消耗量

应计算各处理组和对照组受试鸟在各次观察期间和试验期间的平均食物消耗量，单位为克饲料每只鸟每天[g 饲料/（只・d）]。

7.5 中毒症状

应以表格形式给出各处理组和对照组在每次观察时出现中毒症状的受试鸟数量和观察到的中毒症状，若同时使用了雌鸟和雄鸟，应分别提供。同时，记录存活受试鸟的中毒症状恢复和异常行为停止情况。

7.6 大体解剖

应以表格形式给出各处理组死亡或存活受试鸟大体解剖的数量及观察到的症状，若同时使用了雌鸟和雄鸟，应分别提供。

7.7 死亡率

试验结束时应计算处理组和对照组的累积死亡率。对照组出现死亡时，应计算校正死亡率。

7.8 剂量效应曲线、斜率和 LD_{50}

使用合适的统计方法计算 LD_{50}、置信区间和剂量效应曲线斜率，宜使用多元概率比回归模型（probit 模型）计算 LD_{50} 和斜率，宜使用 Fieller 定理、似然比法或二项式法计算 LD_{50} 的置信区间。

8 质量控制

质量控制条件包括：

a） 受试鸟应随机分配至各处理组和对照组；

b） 对照组受试鸟死亡率不应＞10％；

c） 每个处理组和对照组至少使用 10 只受试鸟；

d） 正式试验至少设置 5 个处理组和 1 个对照组。

9 试验报告

试验报告至少应包括以下内容：

a） 被试物：
   1） 通用名、化学名、化学文摘登录号(CAS 号)、结构式、纯度；
   2） 来源、批号、有效期、稳定性；
   3） 物理性状、水中溶解度及其他相关的理化性质。

b） 试验方法和试验体系：
   1） 试验类型；
   2） 受试鸟的物种、品系、来源、日龄、体重及健康状况；
   3） 试验方法的详细描述。

c） 试验过程：
   1） 试验浓度设计（处理组数量、每个处理组和对照组受试鸟数量、每笼受试鸟数量）；
   2） 受试鸟驯养时间和分配程序；
   3） 给药方法（是否采用胶囊、采用的载体、单位体重给药体积）；
   4） 受试鸟饲养条件（鸟笼的规格和材料、温度、湿度、光照时间、光照度）；
   5） 饲料和饮用水（适用性、标识、来源、组成、热量值、污染物测定结果）；
   6） 观察的频率、时间和方法（健康/死亡、体重、食物摄入量）；
   7） 统计方法。

d） 试验结果：
   1） 死亡（死亡时间、中毒症状）；
   2） 分别以 mg a.i./kg 体重和 mg 被试物/kg 体重计的 LD_{50}、剂量-效应曲线的斜率、置信区间；
   3） 回归模型拟合度的指标描述；
   4） 症状出现和终止的时间（记录时间应精确至分钟）；
   5） 大体解剖检查结果；
   6） 每只受试鸟的体重数据；
   7） 饲料消耗量数据。

附 录 A
(规范性)
受试鸟明显疼痛和濒死状态的判定

A.1 明显疼痛的判定

受试鸟出现以下症状之一时,可认定受试鸟出现明显的疼痛:

a) 异常发声;
b) 异常攻击性;
c) 异常姿势;
d) 对触摸的异常反应;
e) 异常动作;
f) 自残;
g) 开放性伤口或皮肤溃疡;
h) 呼吸困难;
i) 角膜溃疡;
j) 骨折;
k) 不愿移动;
l) 外观异常;
m) 体重快速减轻、快速消瘦或严重脱水;
n) 大量出血。

A.2 濒死状态的判定

受试鸟出现以下症状之一时,可认定受试鸟处于濒死状态:

a) 长时间行走障碍使鸟类无法饮水进食或长期厌食;
b) 严重体重减轻、极端消瘦或严重脱水;
c) 大量失血;
d) 证据表明出现不可逆器官衰竭;
e) 长期对外部刺激缺乏自主反应;
f) 持续出现呼吸困难;
g) 长时间无法保持站立;
h) 持续性抽搐;
i) 自残;
j) 长时间腹泻;
k) 体温显著持续下降。

参 考 文 献

[1] US EPA(2012). Ecological Effects Test Guidelines OCSPP 850.2100: Avian Acute Oral Toxicity Test

[2] OECD(2016). Guideline for the Testing of Chemicals No. 223 Avian Acute Oral Toxicity Test

[3] OECD(2000). OECD Series on Testing and Assessment, No. 19 Guidance Document On the Recognition, Assessment, and Use of Clinical Signs As Humane Endpoints for Experimental Animals Used In Safety Evaluation

ICS 65.020
CCS B 17

中华人民共和国农业行业标准

NY/T 4195.1—2022

农药登记环境影响试验生物试材培养 第1部分：蜜蜂

Guidance on the housing and care of organisms used for environmental impact test of pesticide registration—Part 1: *Apis mellifera*

2022-11-11 发布　　　　2023-03-01 实施

中华人民共和国农业农村部　发布

前　言

本文件按照 GB/T 1.1—2020《标准化工作导则　第 1 部分:标准化文件的结构和起草规则》的规定起草。

本文件是 NY/T 4194《农药登记环境影响试验生物试材培养》的第 1 部分。NY/T 4194 已经发布以下部分:

——第 1 部分:蜜蜂;

——第 2 部分:日本鹌鹑;

——第 3 部分:斑马鱼;

——第 4 部分:家蚕;

——第 5 部分:大型溞;

——第 6 部分:近头状尖胞藻;

——第 7 部分:浮萍;

——第 8 部分:赤子爱胜蚓。

请注意本文件的某些内容可能涉及专利。本文件的发布机构不承担识别专利的责任。

本文件由农业农村部种植业管理司提出并归口。

本文件起草单位:农业农村部农药检定所。

本文件主要起草人:周欣欣、袁善奎、单炜力、赵学平、杨海荣、郭海坤、周艳明、张天竞、吕露、苍涛、周倩。

农药登记环境影响试验生物试材培养
第1部分:蜜蜂

1 范围

本文件规定了农药登记环境影响试验用蜜蜂的引入、验收和饲养管理等技术方法,以及记录资料等要求。

本文件适用于意大利蜜蜂(*Apis mellifera*)的实验室饲养,其他品种的蜜蜂可参照使用。

2 规范性引用文件

本文件没有规范性引用文件。

3 术语和定义

下列术语和定义适用于本文件。

3.1

蜂群 honeybee colony

蜜蜂自然生存繁衍和蜂场饲养管理的基本单位,由蜂王、雄蜂和工蜂组成的有机群体。

3.2

蜂王 queen

由王台(蜂王房)里的受精卵发育,是蜂群内唯一生殖器官发育完全的雌性蜂。其终身职责是负责产卵、维持蜂巢内合理水平的信息素浓度,组织控制蜂巢内的群体分工生活。

3.3

工蜂 worker bee

由工蜂房里的受精卵发育而成的雌性蜂,但生殖器发育不完全。根据职责可为筑巢蜂、保育蜂和采蜜蜂。

3.4

雄蜂 drone

由产自雄蜂房内的未受精卵发育而成的雄性蜂,其职责仅为与处女蜂王交尾。

3.5

蜜蜂巢脾 honeybee comb

蜂巢的组成部分,由蜜蜂筑造而成的双面布满巢房的蜡质结构。蜜蜂蜂巢通常由几片到几十片巢脾组成。人工养殖的蜂箱中,1个框为1个巢脾。按功能可分为粉脾、蜜脾和子脾。

3.6

蜜蜂幼虫 honeybee larva

蜜蜂卵孵化后至变态化蛹前的虫态,蠕虫型,无足、体弯曲,由13个环节组成,头部较小,未分化出胸部和腹部,三型蜂的幼虫期不同,蜂王约7 d,工蜂约9 d,雄蜂约9 d。

3.7

蛹 pupa

蜜蜂老熟幼虫停止取食至成虫羽化前的一个发育阶段。化蛹时,幼虫结构解体,成虫结构形成,初次出现翅。三型蜂的蛹期持续时间不同,蜂王约6 d,工蜂约9 d,雄蜂12 d。

3.8

插花子脾 shot brood

子脾上空巢房、蜂卵、不同龄期幼虫和蛹呈花杂排列的现象,主要由病虫害、营养不良或蜂王产卵能力低下引起。

4 引入与验收

4.1 蜂群引入

应从专业养蜂场成箱引入蜂王产卵量高、工蜂采集能力强、营养状况良好的健康蜜蜂，并选择蜂群处于繁殖期、外界气温和蜜粉源条件较好时引入，南方宜在 2 月—4 月或 9 月—10 月；北方宜在 4 月—5 月。其他时间引入蜂群时，应确保蜂箱内食物充足。

4.2 蜂群验收

4.2.1 形态检查

意大利蜜蜂腹部细长，体表绒毛淡黄色，工蜂在第 2～4 腹节背板具棕黄色环带，黄色区域的大小和色泽深浅有很大变化，一般以 2 个黄环为最多，吻较长（6.3 mm～6.6 mm）。蜂王的腹部多为黄色至暗棕色，尾部黑色，只有少数全部为黄色。工蜂体长 12 mm～15 mm，雄蜂体长 15 mm～17 mm，产卵蜂王的体长 20 mm～25 mm。

4.2.2 健康检查

对所引入蜂群的健康状态进行检查，具体标准如下：

a） 蜂王：腹大尾略尖，四翅六足健全，行动稳重；

b） 工蜂：体色鲜艳、飞行敏捷、表现温顺；

c） 蜂群应健康无病。

5 饲养管理

5.1 饲养场所

5.1.1 饲养场所分为室内和室外。气候适宜时，可将蜂箱置于室外通风阴凉处，如树荫、凉棚下。

5.1.2 冬季时，可根据当地气候情况采取适当措施进行蜂箱内或蜂箱外保温。室外气候不适宜蜂群生存时，可将蜂群移入（温）室内。

5.1.3 夏季时，采取遮阳、洒水等措施为蜂群生产和繁殖创造适宜的温、湿度条件，保持蜂群群势增长。同时，应毁掉自然王台，加强通风，防止自然分蜂。

5.1.4 定期清除箱底死蜂、蜡渣、霉变物，保持箱体清洁。

5.2 蜜蜂饲喂

5.2.1 室外饲养时，蜂群从自然界中自采自食、自产自繁，一般无须特殊饲喂；定期检查蜂箱，食物不足时，应补充饲喂花粉、糖浆等。

5.2.2 室内饲养时，应定期进行人工饲喂，用饲喂器饲以优质糖浆、蜂蜜。在越冬后期及早春时节，宜补充饲喂花粉，保证食物充足。

5.2.3 饲养场所应始终保持饮用水供应，设置喂水器并定期进行清洗。

5.3 健康检查

5.3.1 箱外观察

5.3.1.1 观察频率

每周至少观察 2 次（冬季可适当减少观察频率）蜂箱巢门及附近场地上蜜蜂的形态与行为。

5.3.1.2 观察内容

5.3.1.2.1 蜜蜂形态有无异常；有无死蜂（包括幼虫尸体、死蛹）出现；如有，观察其有无瘦小、翅残、白垩状、腹部异常膨大等异常形态。

5.3.1.2.2 蜜蜂飞行有无异常，有无急躁不安、无力爬行、下痢等异常表现。

5.3.2 箱内观察

5.3.2.1 观察频率

试验期间每周进行 1 次箱内观察。

5.3.2.2 **观察内容**

5.3.2.2.1 观察箱内蜜蜂有无异常形态或行为，蜂箱箱底有无死蜂、幼虫尸体及死蛹。

5.3.2.2.2 提脾检查，观察蜜蜂身体上有无蜂螨。提出子脾（每箱蜂取子脾 2 张以上），观察卵、幼虫分布与发育情况，以及有无插花子脾、幼虫体色异常或死亡幼虫出现。

5.3.2.2.3 观察封盖子脾表面有无蜂螨和穿孔；如有，则打开房盖挑出蜂蛹，查看蛹体及巢房内有无蜂螨。

5.3.3 蜜蜂常见疾病、诊断与防治方法参考《蜜蜂医学概论》。

5.3.4 大量蜜蜂出现不明原因死亡时，应做好深埋、焚烧等无害化处理，必要时，应取样送至相关实验室检测，以查明原因。

5.4 **人工分蜂**

5.4.1 当蜂群发展到足够的群势，巢内积累起大量青、幼年蜂，雄蜂开始大量出巢，且外界有充足蜜粉源、气候温暖时，可进行人工分蜂。

5.4.2 分蜂方法可采用等分法和补强交尾群法。

5.4.2.1 采用等分法时，将原群里的子脾、蜜脾、粉脾和蜜蜂提一半到另一个空蜂箱中，蜂王留在原群或提到空蜂箱均可。过半天后，给无王群诱入一只新产卵王。2 个蜂箱放置在原群蜂箱位置的两侧，并适时根据外勤蜂返巢情况调整蜂箱位置，使飞入 2 个蜂箱中的蜜蜂大致相等。

5.4.2.2 若已交尾的蜂王产卵性能良好，可采用补强交尾群法分蜂。每次从强群中提 1 张～2 张带幼蜂的封盖子脾补给交尾群，等封盖子脾上的蜜蜂基本出房后，再从另一强群中提 1 张～2 张带幼蜂的封盖子脾继续进行补充。采用此法，使蜂群较短时间内变强。

5.4.3 新分群群势较弱。气温较低时，需加强保暖；气温较高时，需采取适当的降温措施。同时，确保巢内食物充足，并适当缩小巢门防止盗蜂。

6 记录与资料

对于每批次蜜蜂，实验室应保存完整的饲养记录，至少包括以下材料，见附录 A。

a) 引入与验收记录；

b) 饲养记录；

c) 健康检查记录；

d) 环境条件监测记录；

e) 预防和治疗用药情况（如有）等。

附　录　A
（资料性）
记录表格(示例)

A.1　蜜蜂引入与验收记录

见表A.1。

表A.1　引入与验收记录

引入日期：
引入数量：
品种确认：
蜂王健康状态：
工蜂健康状态：
蜂群健康状态是否满足要求(检查记录按表A.3填写)：
蜜蜂来源地：
提供单位：
运输方式：
验收者/日期：
实验室内批号：

A.2　蜜蜂饲养记录

见表A.2。

表A.2　饲养记录

批号：					放置场所：				
日期	食物配制				蜂箱号/喂食量	温度 ℃	相对湿度 %	饮用水添加 mL	操作者/日期
	食物类型	等级/批号	用量/仪器编号	加入清水量 mL					
	蜂蜜								
	糖浆								
	花粉								
	蜂蜜								
	糖浆								
	花粉								
备注(其他日常管理情况)：									

A.3　蜜蜂健康检查记录

见表A.3。

表 A.3　健康检查记录

批号：						
放置场所：						
检查日期/时间：						
蜂箱外蜜蜂行为：						
蜂箱外的蜜蜂形态：						
蜂箱号						
箱内蜜蜂形态与行为						
箱底有无死蜂/蜂幼虫						
子脾数						
空脾数						
卵、幼虫分布与发育情况是否正常						
有无蜂螨寄生						
有无插花子现象						
有无其他异常症状						
健康检查结果						
疾病确诊结果(如有)						
疾病处理情况(如有)						
预防或处理用药情况(如有)						
检查人/日期						

参 考 文 献

[1] 周婷. 蜜蜂医学概论[M]. 北京:中国农业科学技术出版社,2014

[2] OECD(2007). Test No. 75:Guidance document on the honey bee (Apis mellifera L.) brood test under semi-field conditions

[3] OECD(1998). Test No. 213: Honeybees,Acute Oral Toxicity Test

[4] OECD(1998). Test No. 214: Honeybees,Acute Contact Toxicity Test

[5] OECD(2017). Test No. 245: Honey Bee (Apis mellifera L.),Chronic Oral Toxicity Test (10-day feeding)

ICS 65.020
CCS B 17

中华人民共和国农业行业标准

NY/T 4195.2—2022

农药登记环境影响试验生物试材培养 第2部分:日本鹌鹑

Guidance on the housing and care of organisms used for environmental impact test of pesticide registration—Part 2: *Coturnix japonica*

2022-11-11 发布　　　　2023-03-01 实施

中华人民共和国农业农村部　发布

前　言

本文件按照 GB/T 1.1—2020《标准化工作导则　第 1 部分：标准化文件的结构和起草规则》的规定起草。

本文件是 NY/T 4195《农药登记环境影响试验生物试材培养》的第 2 部分。NY/T 4195 已经发布了以下部分：

——第 1 部分：蜜蜂；

——第 2 部分：日本鹌鹑；

——第 3 部分：斑马鱼；

——第 4 部分：家蚕；

——第 5 部分：大型溞；

——第 6 部分：近头状尖胞藻；

——第 7 部分：浮萍；

——第 8 部分：赤子爱胜蚓。

请注意本文件的某些内容可能涉及专利。本文件的发布机构不承担识别专利的责任。

本文件由农业农村部种植业管理司提出并归口。

本文件起草单位：农业农村部农药检定所。

本文件主要起草人：单炜力、袁善奎、陈朗、赵榆、周欣欣、周艳明、赵汉卿、韩雪、王寿山。

农药登记环境影响试验生物试材培养
第2部分:日本鹌鹑

1 范围

本文件规定了农药登记环境影响试验用日本鹌鹑(*Coturnix japonica*)的引入、验收、驯养、饲养和繁育等技术方法,以及记录资料要求。

本文件适用于日本鹌鹑的实验室饲养与繁育,其他品种的鹌鹑可参照使用。

2 规范性引用文件

下列文件中的内容通过文中的规范性引用而构成本文件必不可少的条款。其中,注日期的引用文件,仅该日期对应的版本适用于本文件;不注日期的引用文件,其最新版本(包括所有的修改单)适用于本文件。

GB/T 5749 生活饮用水卫生标准

GB/T 14924.1 实验动物配合饲料通用质量标准

GB/T 31270.9 化学农药环境安全评价试验准则 第9部分:鸟类急性毒性试验

NY/T 3152.1 微生物农药 环境风险评价试验准则 第1部分:鸟类

NY/T 4187 化学农药 鸟类繁殖试验准则

3 术语和定义

下列术语和定义适用于本文件。

3.1

育雏期 brooding period

从雏鹑出壳至换羽完成前的整个生长阶段,通常为孵化后1 d~20 d。

3.2

育成期 growing period

从幼鹑换羽完成至开产前的整个生长阶段。

3.3

成鹑 adult quail

日本鹌鹑通常35日龄~40日龄开产。开产后即为成鹑。

4 引入、验收与驯养

4.1 引入与运输

4.1.1 从无传染病和寄生虫病流行的地区选择相对稳定,且持有《种畜禽生产经营许可证》和《动物防疫条件合格证》的供应单位。

4.1.2 应向供应单位索取其所在地动物检疫监督机构出具的检疫证明,以及品种、日龄/月龄、性别等信息。要求同一批次的日本鹌鹑来自同一个亲本种群,且同一天孵化。

4.1.3 运输过程中应保持运输箱内通气良好。运输雏鹑时应根据季节采取相应的保温/防暑措施。雏鹑到达后开始喂食前,宜先饲以含量为5%~8%的葡萄糖水。

4.2 隔离饲养

日本鹌鹑到达实验室后应进行隔离饲养。隔离饲养间内的笼具、水盒、食盒和地面等应提前进行消毒处理(例如,使用体积比为1∶1 000~1∶2 000的苯扎溴铵溶液)。隔离期间,对进出隔离饲养间的人员、物品采取隔离措施，人员应穿戴工作服和手套，物品应进行消毒处理。

4.3 验收

品种确认和健康检查内容详见附录A，验收合格后方可将日本鹌鹑转入饲养室内饲养。

4.4 驯养

日本鹌鹑用于试验前，应设置驯养期，在与试验相同的条件下进行驯养。不同类别试验的驯养期所需天数及死亡率要求见表1。不同类别试验的试验条件按照GB/T 31270.9、NY/T 3152.1和NY/T 4187的相关规定。

表1 驯养期要求

试验类别	驯养天数	死亡率
急性经口毒性试验	至少14 d	≤5%[a]
短期饲喂毒性试验	至少7 d	≤5%[a]
繁殖毒性试验	至少14 d	雌鹑死亡率和雄鹑死亡率均≤3%[a]
[a] 须同时满足：鸟群生长状态符合生长规律，无疾病、衰弱表现。		

5 饲养管理

5.1 设施设备

5.1.1 饲养室

饲养室应具备较好的采光条件和通风条件。饲养室内换气频率宜≥10次/h（饲养密度低时可减少至8次/h），并保持安静、卫生。每天更换垫料，清扫承粪板，定期消毒。

5.1.2 饲料储藏室

饲料储藏室内应控温防潮，保持通风，防虫防鼠，并避免阳光直射。

5.1.3 养殖笼具

养殖笼具应由不锈钢、镀锌钢等化学惰性材料和非吸水性材料制成，容积适宜，且便于饲喂、观察和清洁。同时，配备食盒、水槽，并根据需要，配备集蛋槽、捕罩、孵化设备、育雏箱等。

5.2 环境条件

日本鹌鹑不同生长发育阶段所需环境条件和饲育密度见附录B。

5.3 饲料与饮水

5.3.1 饲料

5.3.1.1 选择能够满足日本鹌鹑正常生长发育所需的饲料。可根据需要适当补充维生素。

5.3.1.2 商业饲料应来源明确。配制饲料可采用试差法、对角线法或计算机配料法进行配制。

5.3.1.3 饲料原料应符合GB/T 14924.1的要求，不得掺入抗生素、驱虫剂、防腐剂、色素、促生长剂以及激素等药物及添加剂。饲料中推荐的营养物质含量指标见附录C。

5.3.1.4 饲料应妥善保存。气候潮湿的南方地区，饲料储存时间不宜超过4周；北方地区，饲料储存时间不宜超过8周。

5.3.2 饮水

供给饮用水，水质应符合GB/T 5749的规定。

5.4 饲喂

5.4.1 保持饲料和饮水不间断供给。

5.4.2 视需要，可每15 d投喂1次直径约1 mm的细沙粒。投喂量为日粮标准的1%～2%。

5.4.3 对于28日龄～40日龄的雌鹑，可适当控制饲喂量，将饲料中的蛋白质含量控制在约20%，喂料量控制在日粮标准的约80%。

5.4.4 投喂湿饲料时，每次添加新料前应清除食盒中的剩料，并冲洗干净。

5.5 疾病与治疗

5.5.1 每天早晨检查日本鹌鹑的健康状况,检查方法见附录 A。

5.5.2 对于病鹑,均进行安乐死处理。对于出现异常症状但症状不明显的日本鹌鹑,可选择继续进行正常饲养或隔离饲养,并根据需要对该饲养室内的日本鹌鹑进行疾病防治,防治方法见附录 A。

5.5.3 当出现大批量病鹑时(染病率超过 40%或死亡率超过 10%),该饲养室内的日本鹌鹑均不可用于试验,应实施安乐死处理,并对饲养房间、养殖笼具等进行消毒处理。

5.5.4 对于接受过药物进行疾病防治的日本鹌鹑,停止用药至少 14 d 后方能用于急性毒性试验,至少 21 d后方能用于繁殖试验。

5.6 安乐死

5.6.1 病鹑或其他淘汰的日本鹌鹑(包括不符合试验要求的日本鹌鹑、试验后仍然存活的日本鹌鹑等)可采用戊巴比妥钠注射法、乙醚麻醉法和二氧化碳麻醉法等方法进行安乐死处理。

5.6.2 安乐死处理后的日本鹌鹑,按照生物医学实验垃圾进行处置。

6 繁育管理

6.1 亲本选择

6.1.1 亲本应来源清楚,有较完整的背景资料,包括来源、孵化日期等。

6.1.2 应挑选发育良好的健康成鹑作为亲本,以 2 月龄~8 月龄为宜。

6.2 合笼繁殖

6.2.1 按 1 雄 1 雌~1 雄 4 雌的比例合笼繁殖,先放入雄鹑,后放入雌鹑。繁殖期间,饲养室环境条件见附录 B 表 B.1。

6.2.2 繁殖期间,每笼中的成鹑数量应≤10 只,且密度适宜。底面积为 0.25 m^2的笼具内,最多安置 4 只日本鹌鹑。

6.2.3 繁殖期间,每天收集鹌鹑蛋,并按批次储存。

6.3 鹌鹑蛋的储存与运输

6.3.1 鹌鹑蛋宜在产蛋后 7 d 内进行孵化。

6.3.2 鹌鹑蛋的储存条件见附录 B 表 B.1。储存期间,将鹌鹑蛋小头朝下放置,保持空气均匀流通。储存时间超过 7 d 时,每天应 90°翻蛋 1 次直至入孵前夕。入孵前 18 h,应保持鹌鹑蛋小头朝下。

6.3.3 鹌鹑蛋应轻拿轻放。运输过程中应采用具有缓冲和减震作用的包装材料与填充物。

6.4 孵化

6.4.1 挑选蛋形正常(椭圆形)、蛋壳质量好、表面清洁的鹌鹑蛋进行孵化,淘汰过大或过小的蛋,淘汰表面粗糙不平、有破裂纹的蛋。

6.4.2 放入孵化箱前,鹌鹑蛋应在室温下预热 6 h~12 h。孵化箱内的环境条件要求见附录 B 表 B.1。

6.4.3 孵化期间,应每 2 h 90°翻蛋 1 次,直至落盘后(入孵后第 16 d 左右)。

6.4.4 入孵后第 7 d 开始,每周照蛋 1 次,及时拣出未受精、未发育的蛋以及死胚蛋。照蛋应快速进行,避免鹌鹑蛋冷却。

6.4.5 落盘后,将鹌鹑蛋移入出雏盘中。通常在入孵后第 17 d~18 d 出雏。

6.5 育雏

6.5.1 雏鹑挑选

雏鹑出壳、绒毛基本干燥后,将其从孵化设备转入暂养箱中。选择质量合格的雏鹑进行培养,要求无畸形、脐部愈合良好、未脱水、绒毛颜色正常、站得稳、灵活矫健。

6.5.2 育雏环境

育雏期间,环境条件见附录 B 表 B.1,饲养密度见附录 B 表 B.2。

6.5.3 饲喂

6.5.3.1 雏鹑出壳后，应在 24 h 内供给温饮用水。

6.5.3.2 当 60%～90%雏鹑可随意走动和出现啄食行为时，开始饲喂。饲喂时，将饲料铺开，确保所有雏鹑均可自由采食。

6.5.3.3 开食 5 d 后，可更换小食盒进行饲喂。每天至少饲喂 4 次，饲喂量应保证雏鹑可随时、自由采食。

6.5.4 育成期管理

幼鹑达到 21 日龄后，可转入笼具内饲养。育成期环境条件见附录 B 表 B.1。一般 35 日龄～40 日龄后进入产蛋期，成为成鹑。

7 记录资料

7.1 应制定饲养室、孵化箱、育雏箱等设施设备的使用与维护标准操作规程，规范操作，并保存维护与使用记录。

7.2 对于每批次日本鹌鹑，实验室应保存完整的饲养与繁育记录，相关原始记录表格见附录 D。主要记录包括：

a) 引入与验收记录；
b) 健康检查记录；
c) 驯养观察记录；
d) 饲喂记录；
e) 饲料购入记录；
f) 饲料配制记录；
g) 饲养室环境条件记录；
h) 饲养室洗刷、消毒记录；
i) 繁殖记录；
j) 鹌鹑蛋收集记录；
k) 孵化与育雏记录；
l) 领用与处理记录；
m) 安乐死处理记录；
n) 饲料与饮水检测记录(如检测报告)等。

附 录 A
(资料性)
品种确认与健康检查

A.1 品种确认

A.1.1 形态学特征

日本鹌鹑成鹑体型较小，酷似雏鸡，体羽紧贴体躯。羽毛多呈栗褐色，夹杂黄黑相间的条纹，头部黑褐色，中央有3条淡色直纹。喙细长而尖，无冠，背羽赤褐色，均匀散布着黄色直条纹和暗色横纹，腹部色泽较浅。胫无距。尾羽短而下垂。

A.1.2 性别辨认

A.1.2.1 初生鹑

对出雏后6 h内的日本鹌鹑进行空腹鉴别。将初生鹑固定后，观察其泄殖腔。雄鹑泄殖腔黏膜呈黄色，其下壁的中央有一小的生殖突起。雌雏鹑泄殖腔呈淡黑色，无生殖突起。

A.1.2.2 2周龄～3周龄雏鹑

2周龄～3周龄的日本鹌鹑雄鹑胸部开始长出红褐色胸羽，其上偶有黑色斑点。雌鹑胸羽为淡灰褐色，其上密布大小不等的黑色斑点。

A.1.2.3 1月龄鹑

1月龄时，日本鹌鹑基本换好永久体羽，雄鹑的眼睑、下颌和喉部开始呈赤褐色，胸羽为淡红褐色，其上镶有小黑斑点，胸部较宽，腹部呈淡黄色。雌鹑的眼睑呈黄白色，下颌白色，胸部淡褐色，缀有鸡心状黑色小斑点，腹部淡白色。以下颌的颜色最易于区分。雄鹑鸣声短促而响亮，雌鹑鸣声低，似蟋蟀叫声。

A.1.2.4 成鹑

外貌鉴别与1月龄鹑相似。雄鹑的眼睑、下颌和喉部为赤褐色，胸羽为砖红色。雌鹑的眼睑呈淡褐色，下颌灰白色，个体大于雄鹑。雄鹑的泄殖腔背部具发达的泄殖腔腺，稍加压迫可排出白色泡沫状分泌物。雌鹑的泄殖腔腺不发达。

A.2 健康检查

A.2.1 群体检查

从整批日本鹌鹑的活动状态、耗食情况、饮水情况，以及鸣叫声(有无喘鸣或异常声响)等方面进行群体检查。上述方面出现异常时，对日本鹌鹑进行个体检查。

A.2.2 个体检查

主要从以下方面进行检查：

a) 精神是否异常，是否出现精神沉郁、反应迟钝、羽毛蓬乱、走动减少、双眼迟呆、眼角和鼻孔有黏稠分泌物附着等现象；
b) 是否出现食欲减退，采食缓慢等现象；
c) 运动功能是否异常，是否出现容易捉拿、逃避性差、频繁垂头等症状；
d) 是否出现羽毛暗淡、无光、松乱异常、脱毛等现象；
e) 是否出现粪便异常、肛门红肿突出、泄殖腔周围羽毛沾有粪便等现象；
f) 是否出现嗉囊异常，如采食后呕吐、倒提时留出酸臭液体、口腔黏膜过干、发臭或者流出黏液，不时打哈欠等；
g) 呼吸是否平稳，是否出现啰音、流鼻液、咳嗽、气喘等现象；

h) 是否出现皮肤发绀(呈紫黑色)、皮温(翅膀两侧胸部)过高或过低(正常成鹑体温 40.5 ℃～42 ℃,雏鹑略低,第 0 d～5 d 雏鹑体温约比成鹑低 3 ℃)等。

A.2.3 疾病判断

对于个体检查中发现异常的日本鹌鹑,参照表 A.1 判断其是否染病及其疾病类型。

表 A.1 常见疾病病因、临床症状及治疗方法

主要疾病	病因	临床症状	防治方案
新城疫(亚洲鸡瘟)	由新城疫病毒引起的急性败血性传染病,可经由呼吸道和消化道感染	食欲减退,精神沉郁,羽毛松乱,缩头呆卧,伴有扭头、歪颈、转圈、瘫痪、张口伸颈等神经症状 雏鹑出现头向后背,或偏瘫、呼吸声音异常等症状,或不明原因死亡率突然增高 粪便呈绿色或白色稀状	抗新城疫高免血清肌肉注射,0.5 mL～1 mL/只 抗新城疫高免蛋黄,1 mL/只,第 7 d用新城疫 IV 系饮水或滴鼻、点眼
白痢病	由鸡白痢沙门氏菌引起的烈性传染病	精神沉郁,缩头怕冷,翅膀下垂,羽毛干燥而无光泽,食欲大减,呆立不动,发出连续不断的轻声鸣叫 伴有拉稀、肛门周围有白色黏稠粪便	饮水中每日添加 3 000 U 链霉素/只,连用 5 d～7 d。饲料中添加 0.1%氯霉素原粉,连喂 5 d 饮水中每天添加 5 000 U 庆大霉素/只,连用 5 d～7 d
曲霉病	感染曲霉所引起的慢性霉菌病	呼吸困难,呼吸道出现炎症,肺和气囊出现针尖至米粒大的灰黄色小结节 精神沉郁,缩头闭眼,张口伸颈 腹部和两翅伴随呼吸动作发生明显扇动,不时发出“呼噜呼噜”声 还可能伴有下痢、泄殖腔周围沾有污粪、眼睑肿胀、食欲减退、摄食量明显减少、饮水量明显增加等症状	制霉菌素每天 1.5 万 U/只～2.0 万 U/只拌料喂食,连喂 5 d,并在饮水中加入水溶多维(2 g/L)及葡萄糖(0.6 g/L)

附 录 B
（资料性）
不同生长发育阶段日本鹌鹑的饲养条件

不同生长发育阶段日本鹌鹑的饲养条件见表B.1，饲养密度见表B.2。

表B.1 饲养条件

饲育阶段	推荐条件
成鹑饲养期	温度：(21±6) ℃ 相对湿度：50%～75% 自然光照或人工光照，每日光照12 h～16 h；需减缓产蛋时，每日光照时间可减少至8 h
成鹑繁殖期	温度：(22±5) ℃ 相对湿度：50%～75% 光照：每日光照16 h～18 h
鹌鹑蛋储存	温度：15 ℃～16 ℃ 相对湿度：55%～75%
鹌鹑蛋孵化期	温度：37.8 ℃（确保鹌鹑蛋在孵化箱内受热均匀） 相对湿度：50%～60%
出雏期	温度：37.2 ℃ 相对湿度：70%～75%
育雏期	1） 温湿度条件： 1日～3日龄：温度38 ℃，相对湿度60%～75% 4日～7日龄：温度逐步降至35 ℃～37 ℃，相对湿度50%～75% 8日～14日龄：温度30 ℃～32 ℃，相对湿度50%～75% 15日～21日龄：温度25 ℃～28 ℃，相对湿度50%～75% 2） 光照条件： 1日～5日龄：每日光照24 h（宜在育雏设备中设置躲避仓，供雏鹑休息） 6日～14日龄：每日光照20 h～22 h 15日～21日龄：每日光照12 h～16 h
育成期	饲养条件同成鹑，但雏鹑刚从育雏设备中转出培养时，室内温度不应低于24 ℃

表B.2 饲养密度

日龄，d	密度，只/m^2
1～7	≤160
8～14	≤140
15～21	≤120
22～28	≤100
29～35	≤80
35以上	≤60
注：本文件中推荐值仅适用于日常饲育期间，不同毒性试验培养过程中的要求不同，见GB/T 31270.9、NY/T 3152.1、NY/T 4187。	

附 录 C
（资料性）
饲料中营养物质的推荐含量

饲料中营养物质的推荐含量见表C.1。

表C.1 饲料中营养物质的推荐含量

营养物质	雏鹑或幼鹑	成鹑
代谢能，MJ/kg	12.13	12.13
粗蛋白质，%	24	20
精氨酸，%	1.25	1.26
甘氨酸+丝氨酸，%	1.15	1.17
组氨酸，%	0.36	0.42
异亮氨酸，%	0.98	0.9
亮氨酸，%	1.69	1.42
赖氨酸，%	1.3	1
蛋氨酸，%	0.5	0.45
蛋氨酸+胱氨酸，%	0.75	0.7
苯丙氨酸，%	0.96	0.78
苯丙氨酸+酪氨酸，%	1.8	1.4
苏氨酸，%	1.02	0.74
色氨酸，%	0.22	0.19
缬氨酸，%	0.95	0.92
亚油酸，%	1	1
钙，%	0.8	2.5
氯，%	0.14	0.14
非植酸磷，%	0.3	0.35
钾，%	0.4	0.4
钠，%	0.15	0.15
镁，mg/kg	300	500
铜，mg/kg	5	5
碘，mg/kg	0.3	0.3
铁，mg/kg	120	60
锰，mg/kg	60	60
硒，mg/kg	0.2	0.2
锌，mg/kg	25	50
维生素A，IU/kg	1 650	3 300
维生素D，IU/kg	750	900
维生素E，IU/kg	12	25
维生素K，mg/kg	1	1
维生素 B_{12}，mg/kg	0.003	0.003
生物素，mg/kg	0.3	0.15
胆碱，mg/kg	2 000	1 500
叶酸，mg/kg	1	1
烟酸，mg/kg	40	20
泛酸，mg/kg	10	15
吡哆酸，mg/kg	3	3
核黄素，mg/kg	4	4
硫胺素，mg/kg	2	2

附 录 D
（资料性）
记录表格（示例）

D.1 引入与验收记录

见表D.1。

表D.1 引入与验收记录

<table>
<tr><td colspan="8">品系：</td></tr>
<tr><td colspan="4">引入日期：</td><td colspan="4">批次：</td></tr>
<tr><td colspan="4">提供单位：</td><td colspan="4">许可证&合格证号：</td></tr>
<tr><td colspan="4">计划引入数量：</td><td colspan="4">实际引入数量：</td></tr>
<tr><td colspan="4">要求周龄/体重：</td><td colspan="4">实际周龄/体重：</td></tr>
<tr><td colspan="4">合格动物数量：</td><td colspan="4">异常动物数量：</td></tr>
<tr><td colspan="8">品系确认：</td></tr>
<tr><td colspan="4">接收人员：</td><td colspan="4">复核人员：</td></tr>
<tr><td colspan="8">引入时体重抽查记录/测定仪器编号：</td></tr>
<tr><td colspan="4">雄鹑</td><td colspan="4">雌鹑</td></tr>
<tr><td>编号</td><td>体重，g</td><td>编号</td><td>体重，g</td><td>编号</td><td>体重，g</td><td>编号</td><td>体重，g</td></tr>
<tr><td></td><td></td><td></td><td></td><td></td><td></td><td></td><td></td></tr>
<tr><td></td><td></td><td></td><td></td><td></td><td></td><td></td><td></td></tr>
<tr><td></td><td></td><td></td><td></td><td></td><td></td><td></td><td></td></tr>
<tr><td colspan="4">随机抽查平均体重：</td><td colspan="4">随机抽查平均体重：</td></tr>
<tr><td colspan="8">操作人员/日期：</td></tr>
</table>

D.2 健康检查记录

见表D.2。

表D.2 健康检查记录

<table>
<tr><td colspan="3">品系</td><td colspan="2">数量</td><td>等级</td><td>周龄</td><td>批次</td></tr>
<tr><td colspan="3"></td><td colspan="2"></td><td></td><td></td><td></td></tr>
<tr><td rowspan="2">检查日期</td><td colspan="2">状态正常数量</td><td colspan="2">状态异常数量</td><td rowspan="2">异常动物症状描述</td><td rowspan="2">异常动物处理方法</td><td rowspan="2">检查人员/
日期</td></tr>
<tr><td>雄</td><td>雌</td><td>雄</td><td>雌</td></tr>
<tr><td></td><td></td><td></td><td></td><td></td><td></td><td></td><td></td></tr>
<tr><td></td><td></td><td></td><td></td><td></td><td></td><td></td><td></td></tr>
<tr><td colspan="8">备注（疾病防治情况等）：</td></tr>
</table>

D.3 驯养观察记录

见表D.3。

表 D.3 驯养观察记录

批次：			驯养地点：		
日期	观察时间	异常数量，只	异常症状描述	异常动物处理方法	观察人员/日期
备注(死亡数等)：					

D.4 饲喂记录

见表D.4。

表 D.4 饲喂记录

批次：			驯养地点：			
日期	时间	是否添加饲料或水	是否 更换垫料	是否 清洁承粪板	操作人员/日期	备注 (死亡数等)
		饲料□ 饮水□				
		饲料□ 饮水□				

D.5 饲料购入记录

见表D.5。

表 D.5 饲料购入记录

购入日期	饲料名称	数量，kg	批号	保质期	生产厂家	储存地点	接收人/日期

D.6 饲料配制记录

见表D.6。

表 D.6 饲料配制记录

配制日期	饲料类别	饲料总重	称重仪器编号	玉米，kg	豆饼，kg	……	存放地点	配制人/日期

D.7 饲养室环境条件记录

见表D.7。

表 D.7 饲养室环境条件记录

批次：			驯养地点：		
日期	时间	温度，℃ 最低-最高	相对湿度，% 最低-最高	光照周期： h光/h暗	记录人/日期

D.8 饲养室洗刷、消毒记录

见表D.8。

表 D.8 饲养室洗刷、消毒记录

日 期	时 间	洗刷/消毒[a]	物品名称	操作人员/日期
			笼具□ 食盒□ 水盒□ 地面□	
			笼具□ 食盒□ 水盒□ 地面□	
[a] 实验室应同时保存消毒液配制记录。				

D.9 繁殖记录

见表 D.9。

表 D.9 繁殖记录

日期	亲本 批号	雌雄 比例	组数	合笼 开始时间	笼具编号	温度 ℃	光照 周期	操作者 /日期

D.10 鹌鹑蛋收集记录

见表 D.10。

表 D.10 鹌鹑蛋收集记录

日期	亲本 批号	笼具 编号	产蛋量 个	子代 批号	保存地点	操作者/日期	备注

D.11 孵化与育雏记录

见表 D.11。

表 D.11 孵化与育雏记录

品系		批次				鹌鹑蛋数量,个		
日期/ 时间	位置/ 仪器编号	温度	湿度	光照 周期	饲料 种类	添加 饮水	其他 操作	操作者/ 日期

D.12 领用与处理记录

见表 D.12。

表 D.12 领用与处理记录

批次:			引入数量:	
领用日期	试验研究号	领用数量	笼具编号	操作者/日期
剩余数量,只: 处理方式:				

D.13 安乐死处理记录

见表D.13。

表D.13 安乐死处理记录

日期	试验研究号/批次	处理数量，只	处理方法	处理后存放位置	操作者/日期

参 考 文 献

[1] 皮劲松,杜金平. 鹌鹑优良品种高效养殖技术[M]. 北京:金盾出版社,2014:181

[2] Organisation for Economic Co-operation and Development. Testing Guideline 223: Avian acute oral toxicity test, OECD Guidelines for the testing of chemicals[R]. Paris: OECD, 2016

[3] Organisation for Economic Co-operation and Development. Testing Guideline 206: Avian reproduction test, OECD Guidelines for the testing of chemicals [R]. Paris: OECD, 1984

[4] Organisation for Economic Co-operation and Development. Testing Guideline 205: Avian dietary toxicity test, OECD Guidelines for the testing of chemicals [R]. Paris: OECD, 1984

[5] Organisation for Economic Co-operation and Development. Series on testing and assessment No. 74, Detailed review paper for avian two-generation toxicity test. OECD ENV/JM/MONO [R]. Paris: OECD,2007

ICS 65.020
CCS B 17

中华人民共和国农业行业标准

NY/T 4195.3—2022

农药登记环境影响试验生物试材培养 第3部分：斑马鱼

Guidance on the housing and care of organisms used for environmental impact test of pesticide registration—Part 3: *Brachydanio rerio*

2022-11-11 发布

2023-03-01 实施

中华人民共和国农业农村部 发布

前　言

本文件按照 GB/T 1.1—2020《标准化工作导则　第 1 部分:标准化文件的结构和起草规则》的规定起草。

本文件是 NY/T 4195《农药登记环境影响试验生物试材培养》的第 3 部分。NY/T 4195 已经发布了以下部分:

——第 1 部分:蜜蜂;

——第 2 部分:日本鹌鹑;

——第 3 部分:斑马鱼;

——第 4 部分:家蚕;

——第 5 部分:大型溞;

——第 6 部分:近头状尖胞藻;

——第 7 部分:浮萍;

——第 8 部分:赤子爱胜蚓。

请注意本文件的某些内容可能涉及专利。本文件的发布机构不承担识别专利的责任。

本文件由农业农村部种植业管理司提出并归口。

本文件起草单位:农业农村部农药检定所。

本文件主要起草人:陈朗、王寿山、袁善奎、吴声敢、查金苗、周艳明、周欣欣、洪响声、蒋金花、赵学平、闫赛红。

农药登记环境影响试验生物试材培养
第3部分:斑马鱼

1 范围

本文件规定了农药登记环境影响试验用斑马鱼(*Brachydanio rerio*)的引入、验收、驯养、饲养和繁育等技术方法,以及记录资料要求。

本文件适用于斑马鱼的实验室培养,其他品种的鱼类可参照使用。

2 规范性引用文件

下列文件中的内容通过文中的规范性引用而构成本文件必不可少的条款。其中,注日期的引用文件,仅该日期对应的版本适用于本文件;不注日期的引用文件,其最新版本(包括所有的修改单)适用于本文件。

GB/T 5749 生活饮用水卫生标准

GB/T 14924.1 实验动物配合饲料通用质量标准

GB/T 31270.12 化学农药环境安全评价试验准则 第12部分:鱼类急性毒性试验

NY/T 3152.4 微生物农药 环境风险评价试验准则 第4部分:鱼类

NY/T 4186 化学农药 鱼类早期生活阶段试验准则

3 术语和定义

下列术语和定义适用于本文件。

3.1

试验用鱼 test fish

经人工繁育,遗传背景明确或来源清楚,用于农药环境影响试验的鱼类,本文件中仅指斑马鱼(*Brachydanio rerio*)。

3.2

亲鱼 brood fish

供繁殖用的雌成鱼和雄成鱼。

3.3

胚胎期 embryo stage

从卵受精开始至胚胎破膜孵出的整个发育阶段。

3.4

仔鱼期 larva stage

从胚胎破膜孵出到卵黄囊吸收完毕的发育阶段。

3.5

稚鱼期 juvenile stage

从卵黄囊吸收完毕到体形迅速趋近成鱼的发育阶段。

3.6

幼鱼期 sub-adult stage

体形与成鱼完全相同但未性成熟的发育阶段,通常为1月龄~3月龄。

3.7

成鱼期 adult fish

出现第二性征，达到性成熟的阶段，一般为 3 月龄以上。

3.8

生物饲料 living feed

适宜于室内人工培养，且适合斑马鱼采食的饲料生物。

3.9

配合饲料 formula feed

根据试验用鱼的营养需求，将多种饲料原料按饲料配方经工业化生产获得的均匀混合物。

4 引入与验收

4.1 引入

4.1.1 试验用斑马鱼应至少提前 9 d 引入至实验室，使其适应实验室的环境条件。

4.1.2 选择能够出具品系证明的供应商。斑马鱼的形态特征见附录 A。每批次斑马鱼均应具有明确的来源、鱼龄、数量等信息。

4.1.3 斑马鱼到达实验室之前，应将鱼缸、渔具清洗干净，必要时采用次氯酸钠、高锰酸钾溶液等进行浸泡消毒处理。

4.2 验收

随机选取该批次斑马鱼的 1.0%～1.5%(引入数量≤1 000 尾时，至少 10 尾)，分别进行全长和体重的测定，判断是否满足试验需求。

4.3 暂养观察

4.3.1 验收合格后，应将斑马鱼安置在暂养区。暂养区与饲养区应保持隔离，暂养条件与饲养条件相同。

4.3.2 对进出暂养区的人员、物品采取隔离措施。人员应穿戴工作服和手套，物品应进行消毒处理。

4.3.3 暂养期间，观察整批鱼的健康状态，例如有无畸形、行动异常及死亡出现。斑马鱼的常见疾病见附录 B。2 d 后，如斑马鱼健康状态正常，可转移至饲养室进行常规饲养或驯养。否则，应延长暂养期或弃用该批鱼。

5 驯养

5.1 驯养期

用于试验之前，斑马鱼应至少驯养并观察 7 d。

5.2 驯养条件

驯养期内，饲养用水与饲养条件应与试验时相同。不同类别试验的试验条件见 GB/T 31270.12、NY/T 3152.4、NY/T 4186。

5.3 驯养期合格标准

驯养期内，判断斑马鱼可用于试验的标准为：

a) 当 7 d 累计死亡率≤5%时，可用于试验；

b) 当 7 d 累计死亡率在 5%～10%，则继续驯养 7 d，若死亡率仍超过 5%，弃用该批鱼；

c) 当 7 d 累计死亡率超过 10%时，弃用该批鱼。

6 饲养管理

6.1 养殖系统

6.1.1 配备足够的斑马鱼养殖设施、设备及养殖容器，将不同来源、不同批次的斑马鱼安置在不同的养殖单元中饲养。

6.1.2 养殖容器应采用化学惰性材料制成，无毒、无害、无放射性、耐腐蚀、耐冲击。容器内壁应光滑，侧壁或顶部应至少局部透明，便于观察。

6.1.3 配备水处理相关设备、配件，并定期清洗与维护，包括：

a) 供排水设备，无毒、无污染、内表面清洁、便于清洁；

b) 消毒杀菌设备，如紫外或臭氧杀菌装置；

c) 增氧设备(如需)，以满足养殖水中的溶解氧含量等要求；

d) 使用循环式流水养殖系统时，还需配备筛网过滤设备、蛋白分离与微滤设备，以及生物处理设备，如由碎石、细沙、塑料粒、磁环或活性炭等滤料构成的生物过滤器，并定期进行活化处理；

e) 每个独立的养殖单元/容器宜配备 1 套专用渔具。

6.2 养殖用水

6.2.1 养殖用水宜为配方明确的稀释水或经过曝气处理的自来水。配制稀释水的试剂应至少为分析纯等级，配制用水应为蒸馏水或去离子水(电导率≤10 μS/cm)。

6.2.2 水质应满足 GB/T 5749 及相关试验准则的要求。除配方明确的标准稀释水、饮用水外，其他类型的养殖水源应至少每 6 个月检测 1 次水质。养殖用水的水温、溶解氧含量、总氨氮、pH、总硬度和盐度要求及其检测频率见附录 C。

6.3 环境条件

不同生长发育阶段的斑马鱼所需的环境条件见附录 C。斑马鱼成鱼饲养密度宜≤5 尾/L，幼鱼宜≤15 尾/L。

6.4 饲喂

6.4.1 饲料

6.4.1.1 饲喂配合饲料或生物饲料，也可二者搭配使用。根据斑马鱼的生长发育阶段适时调整饲料的种类或规格，见附录 C。

6.4.1.2 配合饲料应符合 GB/T 14924.1 的要求，且不含抗生素、驱虫剂、防腐剂、色素、促生长剂以及激素等可能对斑马鱼产生干扰的物质。

6.4.1.3 饲料应在低温、干燥、避光环境下妥善储存，避免污染。

6.4.2 饲喂

宜每日饲喂。饲喂量应保证鱼可吃饱，但每日投喂总量宜≤鱼体重的 3%。饲喂后，及时除去鱼粪便和食物残渣。饲喂方法见附录 C。

6.5 疾病防治

6.5.1 饲养过程中，每天观察并记录斑马鱼的健康状况。斑马鱼常见疾病见附录 B。

6.5.2 任何鱼表现出疾病症状时，应将病鱼取出并实施安乐死，并根据需要对该养殖容器/单元内剩余的鱼进行隔离处理(至少 14 d)，疾病防治方法见附录 B。

6.5.3 如果剩余的鱼在隔离防治期间未继续出现疾病症状，可转为正常饲养。如果临床症状再次出现，应考虑延长隔离期或放弃该养殖容器/单元中的鱼。

6.5.4 当斑马鱼出现大批量染病(染病率超过 40%或死亡率超过 10%)时，应将整个养殖容器/单元中的鱼进行安乐死处理，并对该容器/单元以及使用过的滤布、渔网、虹吸管等器具进行消毒和清洗。

6.5.5 对于进行过疾病防治的鱼，停止用药至少 14 d 后方能用于急性毒性试验，至少 2 个月后方能用于繁殖。

6.6 安乐死

6.6.1 实施对象

对病鱼或其他被淘汰的斑马鱼及时进行安乐死处理。

6.6.2 实施方法

6.6.2.1 高剂量麻醉法

将斑马鱼成鱼浸入 250 mg/L～500 mg/L 间氨基苯甲酸乙酯甲磺酸盐溶液中 10 min 以上。间氨基苯甲酸乙酯甲磺酸盐溶液需用 $NaHCO_3$ 调节 pH 至 7.0～7.5，避光冷藏保存，保质期 1 个月。

6.6.2.2 **冰浴法**

将斑马鱼移入 2 ℃～4 ℃冰水中，成鱼浸泡 10 min 以上，幼鱼浸泡 20 min 以上。

6.6.3 安乐死后的斑马鱼以及试验中死亡的斑马鱼，均按照生物医学实验垃圾处理。

7 繁育管理

7.1 亲鱼选择

7.1.1 斑马鱼亲鱼应来源明确，且遗传背景清晰。宜选用 6 月龄～18 月龄、处于生产高峰期的成鱼作为亲鱼。

7.1.2 如使用实验室内繁育的斑马鱼作为亲鱼，必要时对亲鱼进行遗传质量检测。

7.2 亲鱼交配

7.2.1 繁殖前，将斑马鱼雌鱼和雄鱼分开饲养，并确保食物充足。

7.2.2 于计划产卵的前一天下午或傍晚，选择健康的斑马鱼亲鱼，以雌雄比 1∶1 或 1∶2 放入交配盒。用隔板将雌鱼和雄鱼分开，并关闭光照。交配盒内加水约 2/3 缸，密度宜为 1.5 L 水/对亲鱼。

7.2.3 第 2 天早晨，抽开隔板，用微弱的光线促进产卵。

7.2.4 斑马鱼雌鱼宜定期交配，将体内的卵排出，但 2 次交配之间需间隔 1 周左右。

7.3 胚胎培育

7.3.1 产卵后，移走斑马鱼亲鱼，清除未受精卵、死卵及亲鱼粪便等污物。然后，将受精卵转入到新容器中。培育条件见附录 C。其间，及时移除发白或呈蓝色的受精卵。

7.3.2 对于非直接用于试验的斑马鱼胚胎，在孵化前可使用亚甲基蓝溶液、碘消毒剂和次氯酸消毒剂等对胚胎进行浸泡消毒处理。

7.4 仔鱼培育

斑马鱼仔鱼的培育条件和饲喂方法见附录 C，孵化后 2 d 左右可开始饲喂开口饲料。其间，及时清除死亡的仔鱼及食物残渣等。

7.5 稚鱼和幼鱼培育

斑马鱼稚鱼、幼鱼的培育条件和饲喂方法见附录 C。其间，及时清除死鱼、食物残渣和粪便等。

8 记录资料

8.1 养殖设施设备、水处理设备、水质监控与培养箱等设备应配备标准操作规程，规范操作，并保存购入、验收、维修、使用和维护等相关记录。

8.2 对于每批次斑马鱼，实验室应保存完整的饲养和繁殖记录，相关原始记录见附录 D。主要记录资料包括：

a) 引入与验收记录；
b) 驯养与暂养记录；
c) 健康检查与疾病治疗记录；
d) 饲养记录；
e) 繁殖记录；
f) 受精卵消毒、孵化与培养记录；
g) 饲料购置或培养记录；
h) 器具清洗消毒记录；
i) 斑马鱼领用与处理记录；
j) 安乐死处理记录；
k) 环境条件与水质监测记录等。

附　录　A
（资料性）
斑马鱼形态特征

斑马鱼原产于印度和孟加拉国，属鳍鱼纲鲤形目鲤科，常被作为农药环境影响试验的代表性试验用鱼，实验室内饲养条件下寿命约 2 年。斑马鱼成鱼的形态特征见图 A.1。斑马鱼成鱼呈纺锤形，头小而稍尖，吻较短，尾鳍较长，呈叉形；体侧及臀鳍部布满银蓝色纵纹似斑马。雄鱼体形修长，银蓝色纵纹与柠檬色纵纹相间排列。雌鱼体型丰满，银蓝色纵纹与银灰色纵纹相间，携卵时腹部膨大。

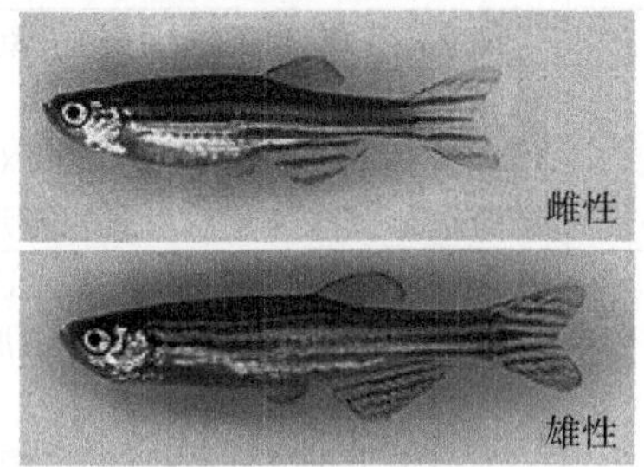

图 A.1　斑马鱼雌鱼和雄鱼形态特征

附 录 B
（资料性）
斑马鱼常见疾病

斑马鱼主要疾病、主要病原/病因、主要症状和防治方法见表B.1。发现疾病后如采取相关防治处理措施，应详细记录，并在试验报告中描述防治时间与方法。

表B.1 主要疾病、主要病原/病因、主要症状和防治方法

主要疾病	主要病原/病因	主要症状	防治方法
分枝杆菌病	分枝杆菌属（*Mycobacterium* sp.）	溃疡、出血、头部周围充血、鱼鳞凸起、鱼鳍磨损、皮肤或者鳃苍白 内脏器官有白色结节出现，对内脏小结节进行抗酸染色后可见长杆形抗酸菌	主要通过优化饲养条件进行预防，例如，加大换水频率、降低饲养密度，保持好的水质
细菌性败血症	单胞菌属（*Aeromonas* sp.）	病鱼体表及内脏充血、出血，突眼，腹部膨大，有淡黄色或红色腹水，肝、脾、肾肿大，花肝，脾呈紫黑色 显微镜下可见红细胞肿胀，脾、肝、胰、肾中可见血源性色素沉着	主要通过优化饲养条件进行预防，例如，加大换水频率、降低饲养密度，保持好的水质
细菌性鳃病和环境性鳃病	黄杆菌属（*Flavobacterium* sp.）	病鱼行动缓慢，反应迟钝，呼吸困难，鱼鳍和鱼尾被腐蚀，颜色发白。鱼体发黑，鳃上肿胀，黏液增多，上皮增生，次级鳃瓣融合，部分鳃瓣坏死 显微镜下，病变部位可见大量细菌，可PCR确诊	避免饲养密度过高，保持好的水质 运输前2天内尽量少喂食或不喂食 可用氯胺或者过氧化氢处理
细菌性肠炎症	尚不清晰	病鱼离群独游，游动缓慢，体色发黑，腹部膨大，两侧有红斑，肠壁充血发炎，淡黄色黏液较多，肛门红肿 显微镜下，肝、肾中可检出产气单胞菌。可PCR确诊	主要通过优化饲养条件进行预防，例如，加大换水频率、降低饲养密度，保持好的水质
竖鳞病	初步认为是水型点状假单胞菌（*Pseudomonas punctatat ascitae*），尚待确认	病鱼离群独游，游动缓慢，无力，体表粗糙，鳞囊内积水，鳞片竖起，轻压鳞片渗出液可从鳞片下喷射出来、鳞片随之脱落 鳃、肝、脾、肾颜色均变淡。可PCR确诊	减少鱼体受伤，预防该病发生； 可用2%食盐与3%小苏打混合液浸洗10 min，或3%食盐水浸洗10 min～15 min
赤皮病	荧光假单胞菌（*Pseudomonas fluorescens*）	病鱼体表皮肤局部或大部分出血发炎，鳞片脱落（尤其鱼体两侧和腹部）。鳍充血、末端腐烂，鳍条呈扫帚状，形成蛀鳍 可PCR确诊	减少鱼体受伤，预防该病发生
鱼鳔炎	尚未确定具体细菌类型	病鱼聚集于鱼池底部，鱼鳍基部出现红斑 镜检可见鱼鳔大范围损伤和严重慢性炎症。组织切片可见明显坏死，革兰氏染色可见大量细菌群落	主要通过优化饲养条件进行预防，例如，加大换水频率、降低饲养密度，保持好的水质
水霉病（白毛病）	水霉属（Saprolegnia sp.）和绵霉属（Achlya sp.）	感染初期，肉眼难见任何症状；当肉眼可见时，菌丝已向外生长，呈灰白色棉絮状。病鱼焦躁不安，患处肌肉腐烂，逐渐食欲减退、瘦弱而死。病变部位显微镜下可见水霉病菌丝及孢子囊等	主要通过优化饲养条件进行预防，例如，加大换水频率、降低饲养密度，保持好的水质

表 B.1（续）

主要疾病	主要病原/病因	主要症状	防治方法
鳃霉病	鳃霉属 （*Branchiomyces* sp.）	病鱼失去食欲，呼吸困难，鳃上黏液增多、出血、呈现花鳃，严重时整个鳃呈青灰色 病变部位显微镜下可见大量鳃霉	主要通过优化饲养条件进行预防，例如，加大换水频率、降低饲养密度，保持好的水质
心脏病	发病原因尚待确定	心脏区域肿胀严重，切开可见严重出血和大块血栓。心包腔中充满血液或者蛋白样渗出物；组织切片可见心室扩张、充满液体	主要通过优化饲养条件进行预防，例如，加大换水频率、降低饲养密度，保持好的水质
卵巢炎症	雌鱼未及时将卵排出	腹部扩张，卵巢成实心，有瘤状物。甚至从内到外体表现出白色溃疡 镜检可见严重慢性炎症，纤维素增生，纤维素瘤等	定期将雌鱼体内的卵排出进行预防
气泡病	水中某种气体过饱和，越幼小的个体越易感，可引起幼鱼大量死亡	病鱼在水面混乱、无力游动，体表及体内出现不断增大的气泡，逐渐失去游动能力而浮在水面，直至死亡 解剖后镜检可见鳃、鳍及血管内有大量气泡	控制水中溶解氧
天鹅绒病	淡水天鹅绒 （*Piscinoodinium pillulare*）	精神萎靡，浮于水体表面，呼吸困难 显微镜下，皮肤或者鱼鳃湿片可见滋养体；鳃上皮增生，皮肤上皮增生和坏死；切片中见滋养体（卵形的、不透明、无运动能力）	盐水浸泡，及时隔离，彻底清洗鱼缸
微孢子虫病	微孢子虫 （Microsporidiun）	衰弱和脊柱弯曲 显微镜下，中枢神经系统（脊索和后脑）可见孢子（湿片或切片）	紫外线照射水体
白点病	多子小瓜虫 （*Ichthypothirius multifiliis*）	黏液过多、呼吸困难、精神萎靡，皮肤可见凸起的白色结节 显微镜下，湿片见纤毛虫，确诊见到滋养体，寄生部位发现虫体	可采用（1∶4 000）倍～（1∶5 000）倍稀释的福尔马林浸泡病鱼
毛细线虫病	毛细线虫属 （*Capillaria* sp.）	病鱼发黑、衰弱，毛细线虫钻入寄主肠壁黏膜层，破坏组织，引起肠壁发炎，剖检肝肿大和贫血 显微镜下，肠道湿片可见充满虫卵（椭圆形、具有双极囊），组织切片可见蠕虫位于肠壁，感染组织发生严重蜂窝织炎；PCR 确诊	采用伊佛霉素和左旋咪唑可治疗该类疾病，但用于斑马鱼尚未推广
肾黏孢子虫病	两极虫属（*Myxidium* sp.）或楚克拉虫属（*Zschokkella* sp.）	无明显临床症状，可在多个器官中形成见到白色包囊 显微镜下，病变组织切片可见虫体。采用亚甲基蓝或者吉姆萨等特殊方法染色，组织切片可观察到虫体	福尔马林浸泡

附　录　C
（资料性）
饲养条件和饲料种类与规格

C.1　饲养条件

斑马鱼不同生长发育阶段的饲养条件见表C.1。

表C.1　斑马鱼不同生长发育阶段的饲养条件

生长发育阶段	幼鱼期和成鱼期	胚胎期、仔鱼期和稚鱼期
培养方式	静态或流水	静态[a]
每日光照	12 h～16 h	12 h～16 h
水温[b]	21 ℃～27 ℃，繁殖期：25 ℃～27 ℃	23 ℃～29 ℃（日温差≤4 ℃）
溶解氧含量[c]	≥80%空气饱和值(ASV)	≥60% ASV
总氨氮[d]	＜0.5 mg/L	＜0.5 mg/L
pH[c]	6.0～8.5，以7.0～8.0为宜	
总硬度[c]	40 mg/L～250 mg/L（以 $CaCO_3$ 计，以＜180 mg/L为宜）	
盐度[c]	如在养殖用水中添加盐分，盐度宜≤0.5‰	

[a] 日龄0 d～4 d时，采用小型容器，如培养皿；日龄5 d及以上时，转移至较大的培养器皿中继续静水培养，及时换水；30 d以上时，可由静水培养改为流水式培养。
[b] 每日测定。
[c] 每周测定。
[d] 必要时。

C.2　饲料种类与规格

适用于斑马鱼不同生长发育阶段的饲喂方法见表C.2，包括饲料种类与规格，以及饲喂频率。

表C.2　适用于斑马鱼不同生长发育阶段的饲喂方法

适用日龄，d	饲料种类	饲喂频率
≤15	开口饲料[a]，原生动物（例如草履虫[b]），发酵蛋白颗粒等	孵化2 d后可尝试开始饲喂 12 d～15 d时，如饲喂生物饲料，可采用草履虫和新孵化的丰年虾混合喂养方式 每日饲喂生物饲料2次～3次或配合饲料3次～4次，也可2种饲料搭配饲喂 此阶段需严格控制食物饲喂量，避免因过度饲喂而影响水质
16～30	开口饲料/仔鱼饲料[a]、新孵化的丰年虾	每日饲喂生物饲料2次～3次或配合饲料2次～3次，也可2种饲料搭配饲喂
＞30	片状饲料[c]、新孵化的丰年虾	每日饲喂生物饲料2次～3次或配合饲料2次～3次，也可2种饲料搭配饲喂

[a] 鱼体长≤10 mm前，粒径宜为0.1 mm左右，随着鱼体的生长，逐渐增大粒径至0.2 mm左右。
[b] 草履虫培养及富集浓缩的方法可参考国家斑马鱼资源中心。
[c] 粒径以0.2 mm～1.5 mm、薄片厚度以0.2 mm～0.5 mm为宜。随着鱼体的生长，逐渐增大粒径：鱼体长达到25 mm后，可选用粒径为0.5 mm左右的饲料；体长超过40 mm后，可选用粒径为1.0 mm～1.5 mm的饲料。

附 录 D
(资料性)
记录表格示例

D.1 斑马鱼引入与验收记录

见表 D.1。

表 D.1 斑马鱼引入与验收记录

<table>
<tr><td colspan="3">品系</td><td colspan="3">批次</td><td colspan="3">月龄/日龄</td><td colspan="3">数量</td><td colspan="3">来源</td><td colspan="3">引入后驯养位置</td></tr>
<tr><td colspan="3"></td><td colspan="3"></td><td colspan="3"></td><td colspan="3"></td><td colspan="3"></td><td colspan="3"></td></tr>
<tr><td colspan="18">品系确认：

操作者/日期：</td></tr>
<tr><td colspan="18">抽样体重，g(仪器编号：　　　　)</td></tr>
<tr><td colspan="2"></td><td colspan="2"></td><td colspan="2"></td><td colspan="2"></td><td colspan="2"></td><td colspan="2"></td><td colspan="2"></td><td colspan="2"></td><td colspan="2"></td></tr>
<tr><td colspan="2"></td><td colspan="2"></td><td colspan="2"></td><td colspan="2"></td><td colspan="2"></td><td colspan="2"></td><td colspan="2"></td><td colspan="2"></td><td colspan="2"></td></tr>
<tr><td colspan="2"></td><td colspan="2"></td><td colspan="2"></td><td colspan="2"></td><td colspan="2"></td><td colspan="2"></td><td colspan="2"></td><td colspan="2"></td><td colspan="2"></td></tr>
<tr><td colspan="18">抽样体长，mm(仪器编号：　　　　)</td></tr>
<tr><td colspan="2"></td><td colspan="2"></td><td colspan="2"></td><td colspan="2"></td><td colspan="2"></td><td colspan="2"></td><td colspan="2"></td><td colspan="2"></td><td colspan="2"></td></tr>
<tr><td colspan="2"></td><td colspan="2"></td><td colspan="2"></td><td colspan="2"></td><td colspan="2"></td><td colspan="2"></td><td colspan="2"></td><td colspan="2"></td><td colspan="2"></td></tr>
<tr><td colspan="2"></td><td colspan="2"></td><td colspan="2"></td><td colspan="2"></td><td colspan="2"></td><td colspan="2"></td><td colspan="2"></td><td colspan="2"></td><td colspan="2"></td></tr>
<tr><td colspan="18">操作者/日期：</td></tr>
</table>

D.2 斑马鱼驯养/暂养期间观察记录

见表 D.2。

表 D.2 斑马鱼驯养/暂养期间观察记录

<table>
<tr><td colspan="2">品系</td><td colspan="2">批次</td><td colspan="2">房间号及放置位置</td><td colspan="2">数量(尾)</td></tr>
<tr><td colspan="2"></td><td colspan="2"></td><td colspan="2"></td><td colspan="2"></td></tr>
<tr><td>驯养/暂养日期</td><td>水温[a]，℃</td><td>饲料种类</td><td>是否换水</td><td>异常数量(尾)/
异常表现/
养殖单元或容器编号</td><td>死亡数量(尾)/
养殖单元或容器编号</td><td>处理方式</td><td>观察人/日期</td></tr>
<tr><td></td><td></td><td></td><td></td><td></td><td></td><td></td><td></td></tr>
<tr><td></td><td></td><td></td><td></td><td></td><td></td><td></td><td></td></tr>
<tr><td></td><td></td><td></td><td></td><td></td><td></td><td></td><td></td></tr>
<tr><td></td><td></td><td></td><td></td><td></td><td></td><td></td><td></td></tr>
<tr><td colspan="8">注：驯养/暂养结束后评价：
a) 死亡率<5%，可用于试验；
b) 死亡率>10%，不可用于试验；
c) 其他(详细描述处理措施)。
[a] 记录 2 次记录间的温度范围(最低温～最高温)。</td></tr>
</table>

D.3 斑马鱼健康检查记录

见表 D.3。

表 D.3 斑马鱼健康检查记录

品系	批次	月龄/日龄	数量
动物状态(良好/异常)	异常动物数量,尾	异常动物症状描述	异常动物处理方法
结论: 检疫者: 日期			

D.4 斑马鱼疾病防治记录

见表 D.4。

表 D.4 疾病防治记录

批次	
防治原因	
防治日期	
防治药剂名称	
防治药剂浓度	
防治药剂加入量	
防治开始时间	
防治结束时间	
操作者/日期	

D.5 斑马鱼饲养记录

见表 D.5。

表 D.5 斑马鱼饲养记录

品系	批次	房间号	放置位置	养殖单元/容器编号	
日期/时间	水温[a],℃	饲料种类	是否换水	鱼群是否正常[b]	操作者/日期

[a] 记录 2 次记录间的温度范围(最低温～最高温)。
[b] 如出现死亡,记录死亡数量。

D.6 斑马鱼繁殖记录

见表 D.6。

表 D.6 斑马鱼繁殖记录

日期	亲鱼批号	雌雄比例	对数	配对开始时间	地点/设备	温度	繁殖用水/水量/pH	光照时间	产卵数量(估值)	批号	操作者/日期

D.7 受精卵消毒记录

见表 D.7。

表 D.7　受精卵消毒记录

受精卵批次	消毒日期	消毒剂名称	消毒剂浓度	消毒剂加入量	消毒开始时间	消毒结束时间	操作者/日期

D.8　斑马鱼孵化培养记录

见表 D.8。

表 D.8　斑马鱼孵化培养记录

品系		批次		数量,尾		
日期/时间	放置位置/仪器	温度	光照周期	饲料种类	是否换水及换水量	操作者/日期

D.9　生物饲料孵化记录(以卤虫无节幼体为例)

见表 D.9。

表 D.9　生物饲料孵化记录(以卤虫无节幼体为例)

孵化日期	用水量,L	氯化钠量,g	丰年虾卵量,g	孵化温度,℃

D.10　饲育器具清洗消毒记录

见表 D.10。

表 D.10　饲育器具清洗消毒记录

日期	物品名称	消毒剂名称	消毒剂浓度	消毒剂加入量	消毒开始时间	消毒结束时间	操作者/日期

D.11　斑马鱼领用记录

见表 D.11。

表 D.11　领用与处理记录(以成鱼为例)

斑马鱼批次			引入数量	
领用日期	试验研究号	领用数量	养殖单元/容器编号	操作者/日期
剩余数量,尾: 处理方式: 操作者/日期:				

D.12 安乐死处理记录

见表 D.12。

表 D.12 安乐死处理记录

日期	试验研究号/批次	处理数量,尾	处理方法	处理后存放位置	操作者/日期

D.13 环境条件与水质监测记录

见表 D.13。

表 D.13 环境条件与水质监测记录

<table>
<tr><td rowspan="3">日期</td><td colspan="6">养殖单元/容器编号：</td></tr>
<tr><td>溶解氧含量
（ASV）
%</td><td>氨氮含量
mg/L</td><td>pH</td><td>总硬度
mg/L</td><td>其他指标
（如盐度）</td><td rowspan="2">操作者/
日期</td></tr>
<tr><td>仪器编号：</td><td>仪器编号：</td><td>仪器编号：</td><td>仪器编号：</td><td>仪器编号：</td></tr>
<tr><td></td><td></td><td></td><td></td><td></td><td></td><td></td></tr>
<tr><td></td><td></td><td></td><td></td><td></td><td></td><td></td></tr>
<tr><td colspan="7">[a] 需每日测定,可与其他指标分开,单独列表。</td></tr>
</table>

参 考 文 献

[1] 国家斑马鱼资源中心．斑马鱼常见鱼病[EB/OL].[2019-08-30] http://www.zfish.cn

[2] GB/T 5749—2006 生活饮用水卫生标准

[3] GB 11607—89 渔业水质标准

[4] NY 5051—2001 无公害食品 淡水养殖用水水质

[5] Organisation for Economic Co-operation and Development. Testing Guideline 203：Fish，Acute Toxicity Testing，OECD Guidelines for the testing of chemicals[R]. Paris：OECD，2019

[6] Organisation for Economic Co-operation and Development. Testing Guideline 236：Fish Embryo Acute Toxicity (FET)，OECD Guidelines for the testing of chemicals[R]. Paris：OECD，2013

[7] Organisation for Economic Co-operation and Development. Series on testing and assessment No. 171，Fish toxicity testing framework. OECD ENV/JM/MONO[R]. Paris：OECD，2012

[8] Organisation for Economic Co-operation and Development. Testing Guideline 210：Fish，Early-life Stage Toxicity Test，OECD Guidelines for the testing of chemicals[R]. Paris：OECD，2013

ICS 65.020
CCS B 17

中华人民共和国农业行业标准

NY/T 4195.4—2022

农药登记环境影响试验生物试材培养 第4部分：家蚕

Guidance on the housing and care of organisms used for environmental impact test of pesticide registration—Part 4: Silkworm(*Bombyx mori*)

2022-11-11 发布

2023-03-01 实施

中华人民共和国农业农村部 发布

前　言

本文件按照 GB/T 1.1—2020《标准化工作导则　第 1 部分:标准化文件的结构和起草规则》的规定起草。

本文件是 NY/T 4195《农药登记环境影响试验生物试材培养》的第 4 部分。NY/T 4195 已经发布了以下部分:

——第 1 部分:蜜蜂;

——第 2 部分:日本鹌鹑;

——第 3 部分:斑马鱼;

——第 4 部分:家蚕;

——第 5 部分:大型溞;

——第 6 部分:近头状尖胞藻;

——第 7 部分:浮萍;

——第 8 部分:赤子爱胜蚓。

请注意本文件的某些内容可能涉及专利。本文件的发布机构不承担识别专利的责任。

本文件由农业农村部种植业管理司提出并归口。

本文件起草单位:农业农村部农药检定所。

本文件主要起草人:赵秀振、单炜力、赵巧玲、袁善奎、沈兴家、王胜翔、周欣欣、陈朗、王寿山。

农药登记环境影响试验生物试材培养
第4部分:家蚕

1 范围

本文件规定了农药环境影响试验用家蚕(*Bombyx mori*)的引种、验收、催青、收蚁和饲育管理等技术方法,以及记录资料要求。

本文件适用于试验用家蚕幼虫培养。适用于一代杂交种,包括春用蚕品种菁松×皓月,夏、秋用蚕品种两广二号、秋丰×白玉等。

2 规范性引用文件

下列文件中的内容通过文中的规范性引用而构成本文件必不可少的条款。其中,注日期的引用文件,仅该日期对应的版本适用于本文件;不注日期的引用文件,其最新版本(包括所有的修改单)适用于本文件。

NY/T 327 桑蚕一代杂交种检验规程

NY/T 1093 桑蚕一代杂交种繁育技术规程

3 术语和定义

下列术语和定义适用于本文件。

3.1

滞育 diapause

昆虫生命活动过程中某一特定的发育时期,出现生长发育暂时停止的现象。家蚕以胚胎(卵)滞育。

3.2

催青 incubation

给已经解除滞育的蚕卵适当的温度、湿度和光照条件,使其孵化的过程。

3.3

蚁蚕 newly-hatched silkworm larvae

从蚕卵里孵化出来尚未取食的幼虫,身体呈现褐色或赤褐色,身体小如蚂蚁。

3.4

眠 molting

家蚕幼虫生长到一定程度后,吐出少量丝,将腹足固定在蚕座上。不吃不动,头、胸部昂起,如睡眠状态。

3.5

饷食 first feeding

家蚕幼虫眠起后第1次喂食。

3.6

龄期 instar

家蚕幼虫相邻2次蜕皮之间所经历的时间。

3.7

熟蚕 matured silkworm

5龄末期家蚕停止取食,将身体中的粪便排出,体躯缩短,丝腺充满整个体腔,身体呈半透明状,头胸部昂起,左右摆动,口吐丝缕,寻找结茧的位置。

3.8

羽化 eclosion

蚕蛹经过发育变为成虫,并破茧而出的过程。

4 饲养设备与饲料

4.1 饲养设备

宜选用光照培养箱或人工气候箱,并配备培养皿、棉纸、蚕网、蔟具等蚕具,在催青前至少 7 d 进行消毒处理。

4.2 培养箱消毒方法

4.2.1 紫外消毒法

先用清水擦拭内壁,再用 70%~75%的酒精擦拭,通风 10 min 后,紫外灯照射 30 min。

4.2.2 化学消毒法

先用清水擦拭内壁,再用有效氯 1.0%漂白粉溶液对培养箱进行喷雾或擦拭处理,密闭保湿 30 min。

4.3 蚕具消毒方法

4.3.1 高压灭菌法

将洗净的培养皿等蚕具置于灭菌锅中 121 ℃下灭菌 30 min。

4.3.2 煮沸消毒法:将培养皿等蚕具洗净后,置于沸水中消毒至少 30 min。

4.3.3 化学消毒法:洗净的蚕具可用有效氯 1.0%漂白粉溶液浸泡 30 min。

4.3.4 消毒后的蚕具宜放置在消过毒的场所晾干。

4.4 饲料

4.4.1 应选用新鲜、清洁、无污染的桑叶作为家蚕饲料。

4.4.2 于早晨雾散、露干后或傍晚夕阳未落时采摘新鲜桑叶。饲喂前用清水洗净,晾干或擦干叶面水分。

5 引种与验收

5.1 引种

5.1.1 应选择能够提供蚕种生产、经营许可证的供应商。

5.1.2 蚕种生产应符合 NY/T 1093 和 NY/T 327 的规定,蚕种标签应当注明企业(种场)名称、企业(种场)地址、品种名称、期别、批次、执行标准、卵量等内容。

5.1.3 尽可能缩短蚕种运输时间,运输过程中应避光及雨淋,防止剧烈震动和接触有毒物质,避免高温(>30 ℃)、低温(<0 ℃)等恶劣情况,以保证蚕种质量。

5.2 验收

5.2.1 引种后,实验室应进行验收检查,包括形态检查和孵化率检查。

5.2.2 形态检查

检查蚕卵的形态、色泽和饱满度等。正常蚕卵呈椭圆形扁平状,卵涡呈椭圆形,死卵的卵涡呈三角形或有棱角的下凹;受精卵呈灰褐色或灰绿色,未受精卵为黄色或浅黄色。

5.2.3 孵化率检查

在蚕种引入后或试验前,取少量蚕卵进行孵化率(按 6 的要求执行)检查,孵化率应>95%。

5.3 蚕种保存

刚收到的蚕种应冷藏(2 ℃~8 ℃)避光保存,保存时间最长不超过 2 个月,并在规定期限内催青使用。

6 催青与收蚁

6.1 催青日期

根据试验用蚕日期确定催青日期,必要时可提前进行催青时间测试。标准条件下蚕卵胚胎发育时间表见附录 A。

6.2 催青方法

6.2.1 蚕种从冷藏室中取出后，平摊于容器中，先置于 10 ℃～15 ℃环境中平衡 1 h～2 h，再放入培养箱培养。

6.2.2 催青期间温度、湿度及光照条件见附录 A，或简化为：温度(25±1)℃，相对湿度 70%～90%，自然光照或人工光照，光照周期为：16 h～18 h 光照，6 h～8 h 黑暗。蚕卵发育到己 4(点青期)(附录图 A.1)时，转为黑暗培养。

6.3 收蚁

6.3.1 孵化当天早上感光，2 h～3 h 后收蚁，收蚁全过程不能超过 2 h。如需延迟收蚁，可在蚕卵发育到转青卵(附录图 A.1)时转为 3 ℃～5 ℃避光冷藏保存，但延迟不宜超过 5 d。冷藏处理前后，需置于中间温度 10 ℃～15 ℃平衡 4 h～6 h。延期收蚁时，应检查孵化率不低于 95%，方可用于试验。

6.3.2 收蚁方法

可用桑叶收蚁法，将新鲜无污染的桑叶整片或切成条状置于蚕卵上。待蚁蚕爬上桑叶后，将爬有蚁蚕的桑叶移入饲育盒中。

7 饲育管理

7.1 幼虫期

7.1.1 幼虫期的饲育条件见附录 B.1，用叶要求见附录 B.2。

7.1.2 幼虫眠前应及时除沙并换上消毒眠网，眠期应保持环境安静，空气新鲜，避免强风和振动，温度宜比同龄期降低 1 ℃～2 ℃，相对湿度 70%～75%。

7.1.3 眠起饷食不宜过早，刚蜕皮的蚕头部为灰白色，变为淡褐色时，头左右摆动，显示求食状态时为饷食适期。饷食叶要求新鲜，适熟偏嫩，给桑不宜过多。

7.1.4 饲育期间应淘汰弱小蚕、病蚕、迟眠蚕和晚起蚕，保证试验用蚕体质强健，发育整齐。

7.2 蛹期

7.2.1 5 龄末期，见有熟蚕征兆时可抓蚕上蔟。蔟具宜使用折蔟，并在蔟下铺放吸水性强的材料。蔟中温度(24±1)℃，相对湿度 60%～75%，弱光照，保持空气流通，避免直吹。

7.2.2 熟蚕上蔟终了后 5 d～8 d 采茧，采茧时操作应温和。

7.3 羽化成虫

蚕茧采收后平摊于容器中，温度(24±1)℃、相对湿度 60%～90%条件下，经 2 周左右完成成虫发育，蜕去蛹皮，吐出碱性肠液，润湿并疏解茧层，用胸足拨开茧丝钻出，羽化成蛾。

8 记录资料

对于每批次家蚕，实验室应保存完整的培养记录见附录 C，包括：

a) 家蚕引种记录见附录表 C.1；

b) 家蚕催青与收蚁记录见附录表 C.2；

c) 家蚕饲育记录见附录表 C.3。

附 录 A
（资料性）
标准条件下蚕卵胚胎发育时间表与发育图

A.1 标准条件下蚕卵胚胎发育时间表

见表 A.1。

表 A.1 标准条件下家蚕卵胚胎发育时间表

催青日期	胚子发育阶段	设定温度,℃	相对湿度,%	光照
滞育期	丙 1(临界期Ⅰ)	15.5～17	80～81	自然光照
第 1 d	丙 2(最长期)	19～20	74～79	
第 2 d	丁 1～丁 2(突起发生期)	22	75	
第 3 d	戊 1(突起发达前期)	22	75	
第 4 d	戊 2(突起发达后期)	24	76	
第 5 d	戊 3(缩短期)	25	79	每日光照 17 h～18 h
第 6 d	己 1(反转期)	25	79	
第 7 d	己 2(反转终了期)	25.5	81	
第 8 d	己 3(气管显现期)	25.5	84	
第 9 d	己 4(点青期)	25.5	84	全天黑暗
第 10 d	己 5(转青期)	25.5	84	
第 11 d	孵化	25.5	84	早晨感光

A.2 蚕卵胚胎发育图

见图 A.1。

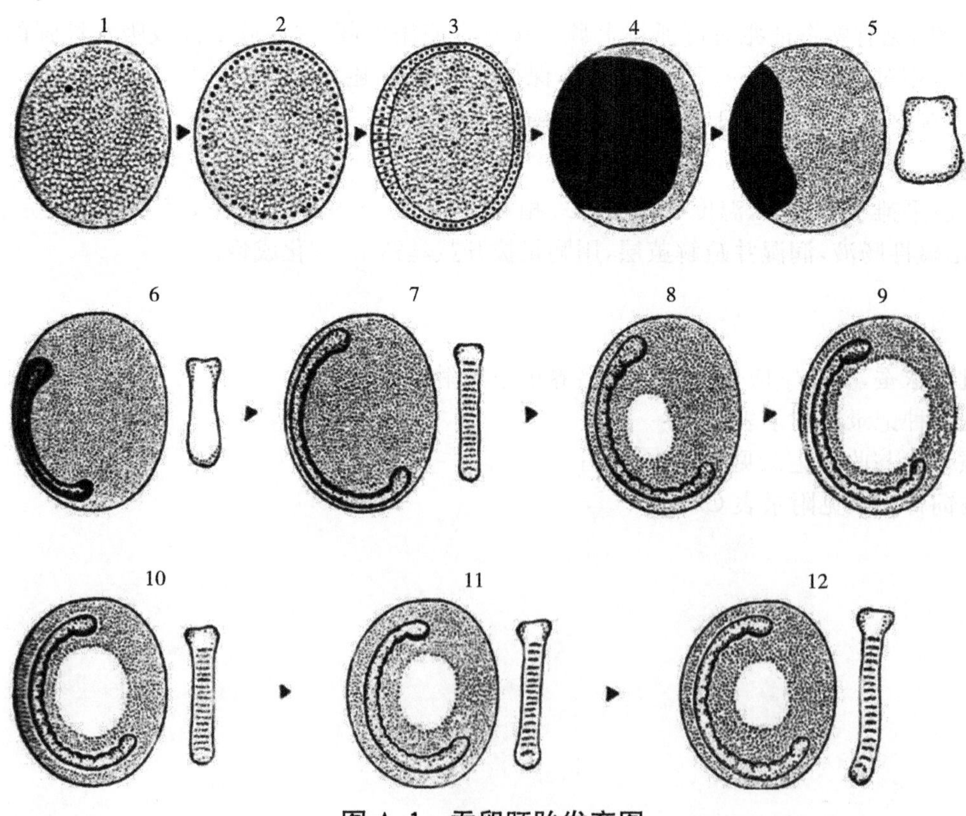

图 A.1 蚕卵胚胎发育图

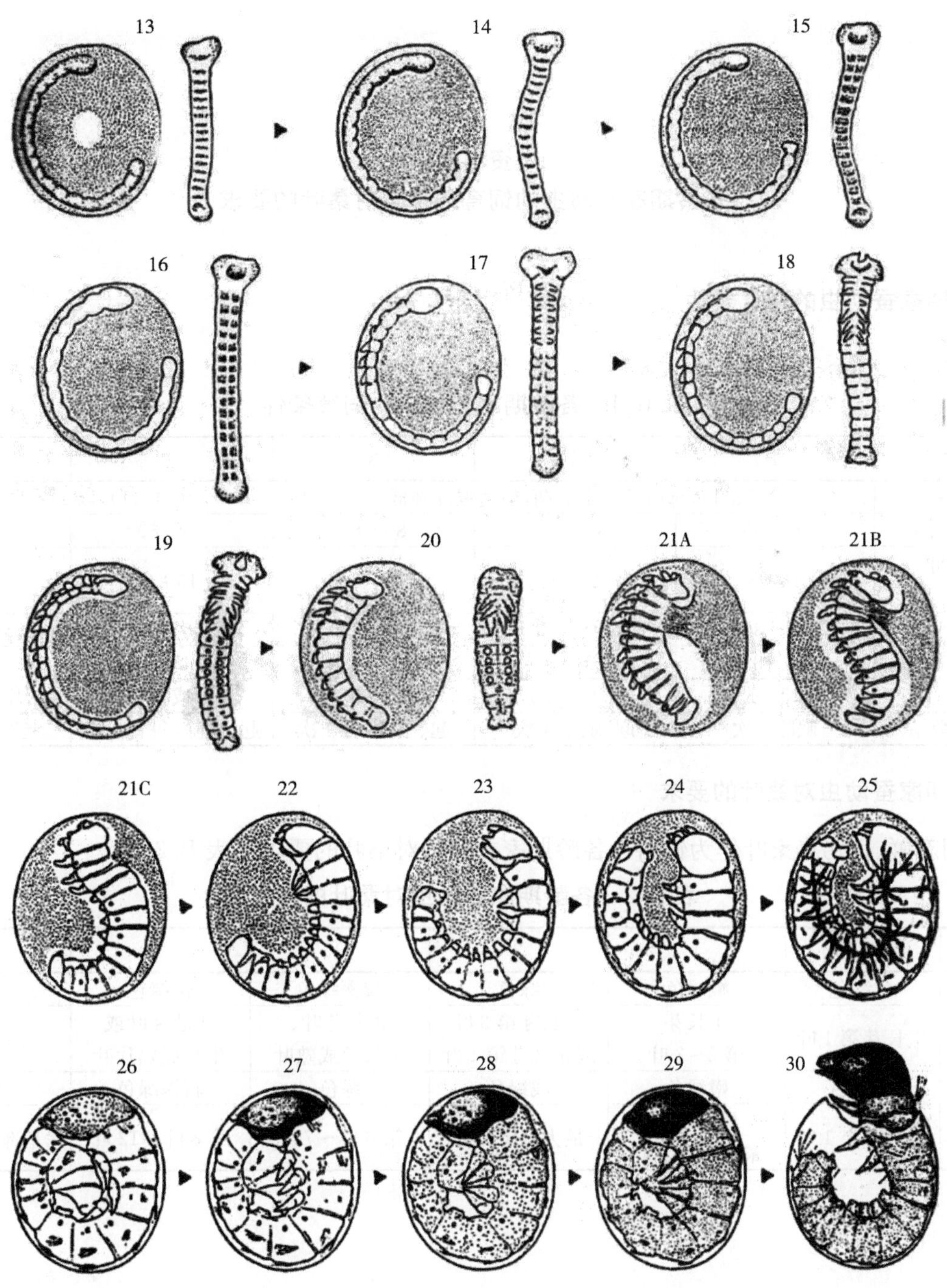

标引序号说明：

1——受精期；
2——核裂期；
3——胚盘形成期；
4——胚带形成期；
5——头叶分化期；
6——匙形期；
7——尾节分化期；
8——滞育Ⅰ期；
9——滞育Ⅱ期；
10——越冬Ⅰ期；
11——越冬Ⅱ期；
12——越冬Ⅲ期(乙 1)；
13——越冬Ⅳ期(乙 2)；
14——临界期Ⅰ(丙 1)；
15——临界期Ⅱ(丙 2 最长期)；
16——神经沟出现期(丁 1 肥厚期)；
17——腹肢突起出现期(丁 2)；
18——上唇突起出现期(戊 1)；
19——突起发达后期(戊 2)；
20——头胸分节期(戊 3 缩短期)；
21——反转期(己 1)(21A. 反转前期 21B. 反转中期 21C. 反转后期)；
22——反转终了期(己 2)；
23——毛瘤发生期；
24——刚毛发生期；
25——气管显现期(己 3)；
26——点青Ⅰ期(己 4)；
27——点青Ⅱ期；
28——转青Ⅰ期(己 5)；
29——转青Ⅱ期；
30——孵化期。

图 A.1（续）

附　录　B
（资料性）
各龄期家蚕幼虫的饲育条件与对桑叶的要求

B.1　各龄期家蚕幼虫的饲育条件

见表 B.1。

表 B.1　各龄期家蚕幼虫的饲育条件

家蚕龄期	1	2	3	4	5
温度,℃	(27±1),每增长一个龄期,最适温度降低 1			(24±1),以 23～25 为宜	
相对湿度,%	90～95	85～90	80～85	75～80	70～75
光照周期（光暗比 h∶h）	16∶8	16∶8	16∶8	16∶8	16∶8
光照度,lx	100～300	100～300	100～300	100～300	100～300
给桑次数,次/d	2～3	2～3	2～3	4～5	4～5
切桑大小,cm^2	0.25～1.0	1.0～2.5	4.0～6.0	片叶或粗切叶	片叶或芽叶
除沙次数	眠除 1 次	起、眠各 1 次	起、中、眠各 1 次	起、眠除,每日 1 次	起除,每日 1 次

B.2　各龄期家蚕幼虫对桑叶的要求

应使用新鲜、无污染桑叶作为饲料。各龄期家蚕幼虫对桑叶的要求见表 B.2。

表 B.2　各龄期家蚕幼虫对桑叶的要求

龄期		收蚁当日	1	2	3	4	5
春季	叶色	黄绿色	嫩绿色	绿色	较深绿色	深绿色	深绿色
	叶位	生长芽第 1 叶	生长芽第 2～3 叶	生长芽第 3 叶或止芯芽第 1 叶	止芯芽叶、生长芽成熟叶	止芯芽叶或生长成熟片叶	所有叶均可
秋季	叶色	黄绿色	嫩绿色	浅绿色	绿色	较深绿色	深绿色
	叶位	最大叶上 1 叶	最大叶或最大叶上 1 叶	最大叶下 1 叶	第 6 叶～7 叶	第 8 叶～12 叶	除基部 5 叶～6 叶外

附 录 C
(资料性)
记录表格示例

C.1 家蚕引种记录

见表 C.1。

表 C.1 家蚕引种记录

家蚕品种名称	
生产单位名称	
提供单位名称	
提供单位的地址	
蚕种期别	
蚕种批次	
执行的标准	
卵量	
引入方式	
运输条件	
接收时间	
接收时蚕种状态	
蚕种批号(实验室内)	
接收人/日期	
保存地点	
保存条件	
备注	

C.2 家蚕催青与收蚁记录

见表 C.2。

表 C.2 家蚕催青与收蚁记录

家蚕品种： 光照周期：
家蚕批次： 仪器编号：

日期	记录时间	温度,℃	相对湿度,%	记录人	备注
收蚁日期： 感光时间： 收蚁时间：					

C.3 家蚕饲育记录

见表 C.3。

表 C.3 家蚕饲育记录

家蚕品种： 光照周期：
家蚕批次： 仪器编号：

日期	龄期	饲喂时间	温度,℃	相对湿度,%	记录人	备注

参 考 文 献

［1］ 朱勇．家蚕饲养与良种繁育学［M］．北京：高等教育出版社，2015
［2］ 高见丈夫．蚕种总论［M］．夏建国，译．北京：中国农业出版社，1981
［3］ 冯丽春，沈卫德．蚕体解剖生理学［M］．北京：高等教育出版社，2015
［4］ NY/T 3087—2017 化学农药 家蚕慢性毒性试验准则

ICS 65.020
CCS B 17

中华人民共和国农业行业标准

NY/T 4195.5—2022

农药登记环境影响试验生物试材培养 第5部分:大型溞

Guidance on the housing and care of organisms used for environmental impact test of pesticide registration—Part 5: *Daphnia magna*

2022-11-11 发布

2023-03-01 实施

中华人民共和国农业农村部 发布

前　　言

本文件按照 GB/T 1.1—2020《标准化工作导则　第 1 部分:标准化文件的结构和起草规则》的规定起草。

本文件是 NY/T 4195《农药登记环境影响试验生物试材培养》的第 5 部分。NY/T 4195 已经发布了以下部分:

——第 1 部分:蜜蜂;

——第 2 部分:日本鹌鹑;

——第 3 部分:斑马鱼;

——第 4 部分:家蚕;

——第 5 部分:大型溞;

——第 6 部分:近头状尖胞藻;

——第 7 部分:浮萍;

——第 8 部分:赤子爱胜蚓。

请注意本文件的某些内容可能涉及专利。本文件的发布机构不承担识别专利的责任。

本文件由农业农村部种植业管理司提出并归口。

本文件起草单位:农业农村部农药检定所。

本文件主要起草人:陈朗、周欣欣、袁善奎、逄森、赵榆、安雪花、王娇、陈丽萍、武祥杰、蒋金花、刘伟、蓝帅、王菲迪。

农药登记环境影响试验生物试材培养
第5部分:大型溞

1 范围

本文件规定了农药登记环境影响试验供试大型溞的引入、验收、纯化、保种、驯养、常规培养和常见异常症状处理等技术方法,以及记录资料要求。

本文件适用于大型溞(*Daphnia magna*)的实验室培养,其他品种的溞类可参照使用,如蚤状溞(*Daphnia pulex*)。

2 规范性引用文件

下列文件中的内容通过文中的规范性引用而构成本文件必不可少的条款。其中,注日期的引用文件,仅该日期对应的版本适用于本文件;不注日期的引用文件,其最新版本(包括所有的修改单)适用于本文件。

GB/T 5749 生活饮用水卫生标准

GB/T 31270.13—2014 化学农药环境安全性评价试验准则 第13部分:溞类急性活动抑制试验

NY/T 4188 化学农药 大型溞繁殖试验准则

3 术语和定义

下列术语和定义适用于本文件。

3.1

休眠卵 dormant egg

冬卵

滞育卵

大型溞进行有性生殖所产受精卵。

3.2

纯化 purification

通过纯种分离,使所有生物个体均来自一个亲本的培养过程。本文件指纯化后,所获得的大型溞均来源于同一只雌性溞。

4 引入与验收

4.1 引入

应从专业的大型溞研究或培养机构引入溞种,并由其提供品系证明。

4.2 验收

新引入的大型溞到达实验室后,在开展相关试验前应进行品系确认。大型溞的生物学背景信息和形态特征见附录A。

溞种应来自同一个纯化培养群,即为同一只母溞所产的同一批次溞,否则,引入后应在实验室内进行纯化培养。

5 纯化、保种与驯养

5.1 纯化

挑选出体大、健康(未表现出任何受胁迫现象,例如体色异常)的幼溞若干只,分别加入盛有培养液的容器中进行单个培养。选择繁殖量大的母溞，收集其所产的第 3 胎、第 4 胎或第 5 胎幼溞，建立纯化群。

5.2 保种

5.2.1 从纯化培养的大型溞中选出一部分进行连续的群体培养，以种群延续为目的，不能直接用于试验。

5.2.2 保种培养期间，每 3 d～4 d 清理 1 次幼溞。每 2 周～3 周更新 1 次保种批次。

5.2.3 保种培养期间，环境条件见 6.7 部分。可适当降低水温及光照条件要求，但水温不宜超过 25 ℃。

5.2.4 保种培养的大型溞用于试验前，须先将挑选出的幼溞按照本文件第 6 部分的规定进行常规培养。

5.3 驯养

常规培养的大型溞用于试验前，应按以下要求进行驯养：

a) 供试幼溞应为实验室内培养 3 代以上的非头胎幼溞（＜24 h）；

b) 供试幼溞应来源于同一个健康的母溞种群（未表现出任何受胁迫现象，异常情况见第 7 部分），且母溞应在与试验条件（光照、温度、pH、培养液）一致的环境下驯养。用于急性毒性试验时，驯养时间应≥48 h；用于繁殖试验时，驯养时间应≥3 周。当常规培养过程中使用的培养液与试验用培养液种类不一致时，应在驯养期间逐步更新培养液。前 2 周新旧培养液比例由 3∶7 逐步提高到 6∶4，再转换为 100％新培养液培养 1 周～2 周。

6 常规培养

6.1 培养设备

6.1.1 主要仪器设备包括：

a) 显微镜；

b) 电子天平等称量仪器；

c) 培养箱、温度计、pH 计、溶解氧测定仪、照度计、硬度计和电导率仪等环境监控仪器设备；

d) 洁净工作台、高压灭菌锅、TOC 测定仪和离心机等饵料培养与制备相关设备。

6.1.2 培养容器

不同来源、不同培养批次的大型溞应安置在不同编号的容器中单独培养。培养容器应采用玻璃或其他化学惰性材料制成，无毒、无害、无放射性、耐腐蚀、耐冲击。容器内壁应光滑，且便于观察。尽量避免硅酮管、硅胶密封圈等材料与培养液接触。容器上方可覆盖保鲜膜（扎孔）或具孔有机玻璃盖等，减少水分蒸发，避免污染。

6.2 培养液

6.2.1 宜使用配方明确的重组水，例如 ISO 标准稀释水、Elendt M4 和 Elendt M7 培养液，配制方法见 GB/T 31270.13—2014 附录 B。配制重组水的试剂应至少为分析纯等级，配制用水应为蒸馏水或去离子水（电导率≤10 μS/cm）。

6.2.2 除配方明确的重组水外，也可使用自来水等其他水源。自来水应满足 GB/T 5749 的要求，其他类型的培养水源应至少每 6 个月检测 1 次水质，满足 NY/T 4188 等相关试验准则的要求。

6.2.3 每周检测水质。培养液 pH 应为 6～9（以 7.8±0.4 为宜），硬度为 140 mg/L～250 mg/L（以 $CaCO_3$ 计）。此外，如使用自来水，还应加测残留氯含量（要求＜10 μg/L）；如使用其他类型的培养水源，应加测电导率（≤500 μS/cm）、总有机碳（TOC，＜2 mg/L）等水质指标。

6.2.4 培养液在使用前应曝气处理 24 h 以上，使溶解氧含量≥3 mg/L。

6.3 饵料与饲喂

6.3.1 使用单一或混合藻液作为饵料。藻种宜为近头状尖胞藻（*Raphidocelis subcapitata*）、普通小球藻（*Chlorella vulgaris*）等绿藻。

6.3.2 饲喂前宜对藻液进行浓缩处理。将培养好的新鲜藻液进行离心（以 5 000 r/min，10 min 为宜）处理，用蒸馏水、去离子水或培养液重新悬浮后继续离心。反复离心 3 次～4 次，用少量培养液重新悬浮后，冷藏，备用。

6.3.3 推荐每日饲喂1次。饲喂量以投喂后培养液呈淡果绿色(或每只溞0.1 mg C/d～0.2 mg C/d)为宜。

6.3.4 每次饲喂时,观察大型溞的生长、繁殖状态,及时清除死亡或不健康的个体以及残渣等。纯化培养和驯养过程中,喂食前应先移除新生幼溞。

6.4 更换培养液

视需要更换培养液,一般至少每周更换1次。对于保种培养的大型溞,宜每周更换10%～20%培养液。

6.5 更换培养批次

常规培养过程中,应定期更新培养批次。宜收集单个培养容器中的第3胎、第4胎或第5胎幼溞代替其母溞,作为新的培养批次。

6.6 母溞或幼溞转移

6.6.1 更换培养批次、更换培养液或收集试验用溞过程中,需对母溞或幼溞进行转移。

6.6.2 转移母溞时,可采用塑料吸管,并剪去吸管尖端,以保证母溞自由通过。

6.6.3 转移幼溞时,对于需丢弃不用的幼溞,可采用筛网分离法。准备2个不同孔径的尼龙筛,上层筛子孔径约为1 mm;下层筛子孔径< 0.5 mm。将留在上层筛网中的母溞及时放入培养液中。对于试验用幼溞,宜用塑料吸管进行转移,并确保吸管顶端的孔径可使幼溞自由通过,避免产生机械损伤。

6.7 培养条件

6.7.1 保持良好的培养条件,使大型溞的繁殖保持孤雌生殖状态。

6.7.2 环境条件

培养期间,水温应维持在18 ℃～22 ℃;光照周期为16 h光照:8 h黑暗,光照度为1 000 lx～1 500 lx,或者在室内自然光照条件下培养。

6.7.3 培养密度

常规培养及驯养密度以每容器(如1 L～2 L烧杯)中10只～30只溞为宜。纯化培养过程为单只单容器培养。保种培养可采用鱼缸等较大型容器,密度不宜超过60只/L。

7 常见异常症状与处理措施

7.1 常见异常症状

常见异常症状主要包括:

a) 出现两性生殖,培养系统中可见休眠卵和/或雄性溞,其形态特征见附录A;
b) 10日龄后仍未产溞或每次产溞数量极少;
c) 生长缓慢、蜕皮不干净;
d) 游动缓慢、浮于液面;
e) 体色异常;
f) 出现大量死胎或死亡幼溞,单日死亡率超过20%或每天均出现大批量死亡等。

7.2 处理措施

当大型溞培养过程中出现异常状况,且采取纯化、复壮相关措施后仍未恢复正常时,应重新引种。复壮过程中可采取以下措施改善培养条件:

a) 改善环境条件,如严格控制水温、养殖密度、水质条件,提高培养液更换频率等;
b) 改善喂食条件,如适当提高喂食量,选择便于进食的、细胞个体较小的藻类作为饵料,添加适量酵母或来源明确且无污染的植物汁液等作为营养补充。

8 记录资料

对每批次保种培养、纯化和常规培养的大型溞,实验室均应保存完整的培养记录,相关原始记录表格设计见附录B。主要记录资料包括：

a) 引入与验收记录；
b) 保种培养记录；
c) 纯化记录；
d) 常规培养/驯养与领用记录；
e) 培养液配制记录；
f) 饵料(藻液)培养与制备记录；
g) 环境条件与水质监测记录等。

附 录 A
(资料性)
大型溞的生物学背景与形态特征

A.1 生物学背景

大型溞属甲壳亚门鳃足纲枝角亚目溞科，广泛分布于世界各地，是农药登记环境影响试验中推荐的模式生物。大型溞为滤食性水生无脊椎生物，属蜕皮生长即不连续生长模式。幼溞经蜕皮 3 次～4 次至性成熟。理想的实验室条件下，大型溞为孤雌生殖方式。20 ℃条件下，6 d～8 d 达到性成熟，8 d～10 d 开始产第 1 胎，10 d～14 d 产第 2 胎，之后约每隔 2 d 产 1 胎。第 4 胎后产卵间隔逐渐延长，产卵数量逐渐下降。

A.2 形态特征

A.2.1 雌性溞

A.2.1.1 雌性溞体长 2.2 mm～6.0 mm，呈宽卵形，后半部比前半部略狭(见图 A.1-1 和图 A.1-2)。身体为黄色或淡红色，稍透明。壳刺较短，有时几乎完全消失。壳面有菱形花纹。头部宽而低，头顶圆钝，无盔。

A.2.1.2 吻部稍突出(见图 A.1-3)。壳弧发达，在壳弧的背前方，各侧都有两条短的纵行褶纹。盲囊一对，长而弯。复眼不大，位于头顶。单眼小，位于第一触角的正上方。

A.2.1.3 第一触角短而粗(见图 A.1-3)；角丘尚膨大。第二触角向后伸展时，游泳刚毛的末端不能达到壳瓣的后缘。触角基肢以及内、外肢都被有细毛。

A.2.1.4 后腹部较大，向后逐渐收削，在肛门之后的背侧显著凹陷(见图 A.1-4)。肛刺明显地分为前后两列。肛刺的数目变异很大，凹陷前 9 个～12 个不等，偶尔 5 个～6 个，凹陷后 6 个～10 个。腹突 4 个，第一个腹突比第二个长 1 倍，第二个又比第三个长 1 倍，第四个最短。后三个腹突的背侧沿缘部分均带细刚毛。

A.2.1.5 尾爪略弯曲，有微弱的栉刺 2 列，前列有小刺 8 个～12 个，后列 16 个～18 个，略长(见图 A.1-5)。栉刺列后还有梳毛列。

A.2.2 休眠卵

休眠卵(冬卵、滞育卵)有卵鞍保护。卵鞍长而大，内储黑色卵圆形休眠卵 2 个。休眠卵前后斜卧，其长轴与卵鞍的长轴呈一定角度(见图 A.1-6)。

A.2.3 雄性溞

A.2.3.1 雄性溞体长 1.75 mm～2.50 mm，壳瓣狭长，背缘平直，前缘与腹缘密生较长的刚毛。前腹较圆而突出。壳刺很短。头部向下弯曲，复眼特别大。吻十分钝。

A.2.3.2 第一触角很长，两端略短(见图 A.1-7)。前末角有 1 根长刚毛；后末角约有 9 根嗅毛。两者之间有 1 根短的触毛。第一胸肢有 1 个钩和 1 根长鞭毛。腹突不明显。

A.2.3.3 后腹部在肛门开口处有肛刺 10 个左右，末背角呈大的侧突，周缘有细毛(见图 A.1-8)。

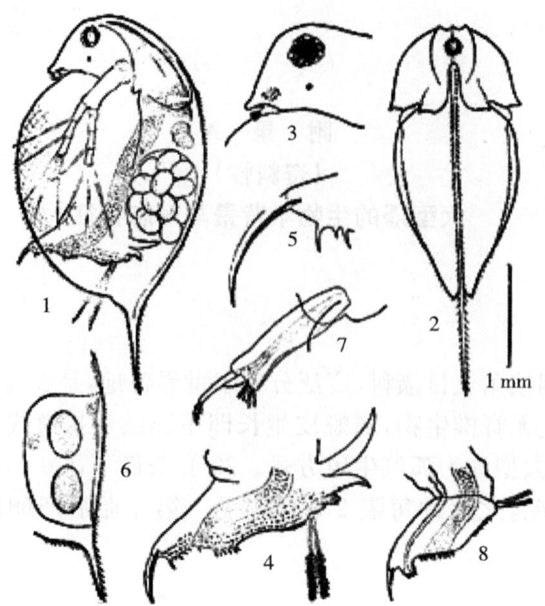

标引序号说明：

1——整体，侧面观，♀；	5——尾爪，♀；
2——整体，背面观，♀；	6——卵鞍；
3——吻部和第一触角，♀；	7——第一触角，♂；
4——后腹部，♀；	8——后腹部，♂。

注：输精管开孔于侧突之间。

图 A.1　大型溞（*Daphnia magna*）形态特征（《中国动物志》，1979）

附 录 B
（资料性）
记录表格示例

B.1 引入与验收记录

见表B.1。

表B.1 引入与验收记录

名称	
品种	
引入日期	
引入数量	
引入来源	
验收内容	品系证书：有 □ 无 □ 外观与状态确认： 其他：
实验室内批次	
放置位置	
接收人/日期	
品系确认	抽样数量： 确认方法： 确认结论：
操作者/日期	

B.2 保种培养记录

见表B.2。

表B.2 保种培养记录

保种培养批次[a]：						
引入批次[a]		母溞批次[a]	房间号/容器编号	培养液	光照	
					□ 自然光照 □ 人工光照 光照周期：	
日期	水温，℃	饲喂	是否换水	生长状态是否正常	操作者/日期	备注
		□ 藻液 □ 酵母 □ 藻液＋酵母 □ 其他				
		□ 藻液 □ 酵母 □ 藻液＋酵母 □ 其他				

表 B.2（续）

日期	水温,℃	饲喂	是否换水	生长状态是否正常	操作者/日期	备注
		□ 藻液 □ 酵母 □ 藻液+酵母 □ 其他				
[a] 批次编号中应包含相应的日期，即引入批次应包含引入日期，其余批次应包含该批次从上一批次中分离出来的日期。						

B.3 纯化记录

见表 B.3。

表 B.3 纯化记录

<table>
<tr><td colspan="2">引入批次[a]</td><td>母溞批次[a]</td><td>培养液</td><td>开始纯化日期</td><td>光照</td></tr>
<tr><td colspan="2"></td><td></td><td></td><td></td><td>□ 自然光照
□ 人工光照</td></tr>
<tr><td colspan="2">纯化批次[b]</td><td colspan="4"></td></tr>
<tr><td>日期</td><td>水温,℃</td><td>饲喂
饲料名称:__________</td><td colspan="2">是否换水</td><td>操作者/日期</td></tr>
<tr><td></td><td></td><td></td><td colspan="2"></td><td></td></tr>
<tr><td></td><td></td><td></td><td colspan="2"></td><td></td></tr>
<tr><td></td><td></td><td></td><td colspan="2"></td><td></td></tr>
<tr><td colspan="6">[a] 批次编号中应包含相应的日期，即引入批次应包含引入日期，其余批次应包含该批次从上一批次中分离出来的日期。
[b] 批次编号中应包含开始纯化日期和容器编号。</td></tr>
</table>

B.4 常规培养/驯养与领用记录

见表 B.4。

表 B.4 常规培养/驯养与领用记录

<table>
<tr><td colspan="8">培养批次[a]：</td></tr>
<tr><td>引入批次[a]</td><td>母溞批次[a]</td><td>培养液</td><td colspan="2">房间号或培养仪器编号</td><td>容器编号</td><td>光照[b]</td></tr>
<tr><td></td><td></td><td></td><td></td><td></td><td></td><td>□ 自然光照
□ 人工光照
光照周期：</td></tr>
<tr><td>日期</td><td>水温[c],℃</td><td>是否移出幼溞</td><td>饲喂[d]</td><td>是否换水</td><td>幼溞用途[e]</td><td>操作者/日期</td></tr>
<tr><td></td><td></td><td></td><td>□ 藻液
□ 其他</td><td></td><td></td><td></td></tr>
<tr><td></td><td></td><td></td><td>□ 藻液
□ 其他</td><td></td><td></td><td></td></tr>
<tr><td></td><td></td><td></td><td>□ 藻液
□ 其他</td><td></td><td></td><td></td></tr>
<tr><td colspan="7">[a] 批次编号中应包含相应的日期，即引入批次应包含引入日期，其余批次应包含该批次从上一批次中分离出来的日期。
[b] 实验室应额外建立光照周期检查记录，核查光照时控设备能否按设定要求实现光照、黑暗条件的转换。
[c] 记录两次记录间的温度范围(最低温～最高温)。
[d] 选择“其他”时应注明具体种类；应优先选择产氧类饵料，如绿藻藻液。
[e] 记录培养过程中幼溞的处理方式，包括：1. 清除；2. 用于下一批次培养，记录批次信息；3. 用于试验，记录试验研究号，并增加领用人员签字。</td></tr>
</table>

B.5 培养液配制记录

见表B.5。

表B.5 培养液配制记录[a]

培养液名称： 储备液Ⅰ批号：					储备液Ⅱ批号：			
组分	来源（批号、厂家）	称取量,g	定容量,mL □蒸馏水 □去离子水	操作者/日期	成分	储备液Ⅰ编号： 取液量,mL	定容量,mL	操作者/日期
		天平编号：	容量瓶编号：			移液器编号：	容量瓶编号：	
备注：（如灭菌操作、配制后储存地点、储存条件、储存有效期等）								
培养液名称/批次：								
组分						取液量,mL 移液器编号：	定容量,mL 容量瓶编号：	操作者/日期
储备液Ⅱ批号								
常量营养储备液	组分	来源（批号/厂家）	称取量,g	定容量,mL □蒸馏水 □去离子水	操作者/日期			
			天平编号：	容量瓶编号：				
混合维生素储备液批次[b]：（配制记录额外设计记录表格）								

[a] 以Elendt M4和Elendt M7培养液为例，其他培养液，如水生4号以及混合维生素储备液的配制等可参照此表设计。

[b] 应额外设计混合维生素储备液配制记录表格。

B.6 藻液培养记录

见表B.6。

表B.6 藻液培养记录

批次	藻种	接种用藻批号	培养基[a]	放置位置/容器编号	光照条件
日期	培养状态检查				操作者/日期

[a] 配制记录参考表B.4。

B.7 浓缩藻液制备记录

见表B.7。

表 B.7 浓缩藻液制备记录

日期	藻液来源（批次）	镜检状态是否正常	离心处理仪器编号/转速/单次离心时间	离心次数/重悬浮溶剂名称	浓缩藻液批次[a]/保存条件/保存位置	操作者/日期

[a] 批次编号中应包含相应的制备日期。

B.8 环境条件与水质监测记录

见表 B.8。

表 B.8 环境条件与水质监测记录

日期	批次	溶解氧含量（%，ASV）/仪器编号	pH/仪器编号	总硬度（mg/L[a]）/仪器编号	残留氯含量[b]（μg/L）/仪器编号	电导率[c]（μS/cm）/仪器编号	总有机碳[c d]（mg/L）/仪器编号	操作者/日期

[a] 以 $CaCO_3$ 计。

[b] 培养液为自来水时需测定。

[c] 使用重组水、自来水以外的其他类型的培养水源时需测定。

[d] 可用化学需氧量（COD）指标替代该指标。

参 考 文 献

[1] B. 罗特,张甬元. 试验用大型溞(*Daphnia magna*)的培养方法[J]. 环境科学,1987(3):30-32

[2] 蒋燮治,堵南山. 中国动物志 节肢动物门甲壳纲淡水枝角类[M]. 北京:科学出版社,1979:309

[3] Organisation for Economic Co-operation and Development. Testing Guideline 202:*Daphnia* sp., Acute Immobilisation Test[R]. Paris:OECD,2004

[4] Organisation for Economic Co-operation and Development. Testing Guideline 211:*Daphnia magna* Reproduction Test[R]. Paris:OECD,2012

ICS 65.020
CCS B 17

中华人民共和国农业行业标准

NY/T 4195.6—2022

农药登记环境影响试验生物试材培养 第6部分：近头状尖胞藻

Guidance on the housing and care of organisms used for environmental impact test of pesticide registration—Part 6: *Raphidocelis subcapitata*

2022-11-11 发布　　　　2023-03-01 实施

中华人民共和国农业农村部　发布

前　言

本文件按照GB/T 1.1—2020《标准化工作导则　第1部分：标准化文件的结构和起草规则》的规定起草。

本文件是NY/T 4195《农药登记环境影响试验生物试材培养》的第6部分。NY/T 4195已经发布了以下部分：

——第1部分：蜜蜂；

——第2部分：日本鹌鹑；

——第3部分：斑马鱼；

——第4部分：家蚕；

——第5部分：大型溞；

——第6部分：近头状尖胞藻；

——第7部分：浮萍；

——第8部分：赤子爱胜蚓。

请注意本文件的某些内容可能涉及专利。本文件的发布机构不承担识别专利的责任。

本文件由农业农村部种植业管理司提出并归口。

本文件起草单位：农业农村部农药检定所。

本文件主要起草人：陈朗、周欣欣、袁善奎、蒲倩云、安雪花、张璋、毛连纲、俞瑞鲜、崔晓、赵秀振。

农药登记环境影响试验生物试材培养 第6部分:近头状尖胞藻

1 范围

本文件规定了农药登记环境影响试验用近头状尖胞藻的引入、验收、培养条件、保种培养、预培养等技术方法,以及记录资料要求。

本文件适用于近头状尖胞藻(*Raphidocelis subcapitata*)的实验室培养,其他品种的淡水绿藻,如普通小球藻(*Chlorella vulgaris*)、近具刺链带藻(*Desmodesmus subspicatus*,曾用名:*Scenedesmus subspicatus*)等可参照使用。

2 规范性引用文件

下列文件中的内容通过文中的规范性引用而构成本文件必不可少的条款。其中,注日期的引用文件,仅该日期对应的版本适用于本文件;不注日期的引用文件,其最新版本(包括所有的修改单)适用于本文件。

GB/T 31270.14 化学农药环境安全评价试验准则 第14部分:藻类生长抑制试验

3 术语和定义

下列术语和定义适用于本文件。

3.1

保种培养 stock culture

在实验室内用固体或液体培养基小规模培养单一藻种,以备分离、转移到新鲜培养基中并培养成为供试藻的过程。

3.2

预培养 pre-culture

试验前,将藻细胞接种至与试验时相同的无菌培养基中,在试验要求的相同条件下培养,使其达到对数生长状态的过程。

4 引入与验收

4.1 应从专业的藻类研究或培养机构引入藻种,并由其提供品系证明。藻种到达实验室后进行品系确认,近头状尖胞藻的生物学背景和形态学特征见附录A。

4.2 提前准备好培养基,藻种到达后尽快进行转接。

4.3 首次引入该藻类品种时,接收后应在实验室内至少培养6周,建立起反复接种培养的能力后,再开展试验。

5 材料与设备

5.1 培养设备

5.1.1 主要仪器设备包括:

a) 洁净工作台、高压灭菌锅等无菌操作相关设备;

b) 恒温振荡光照培养箱、光照培养箱、冰箱等培养或保种培养设备;

c) 生物显微镜、血球计数板或流式细胞仪、紫外分光光度计等观察与计数仪器;

d) 温度计、照度计(球形传感器/余弦传感器)、pH计等环境监控仪器设备;

e) 电子天平等称量仪器。

5.1.2 培养容器

应采用玻璃或其他化学惰性材料制成，且透光性好。常采用玻璃锥形瓶、螺口玻璃试管等。同时，配备透气棉塞或透气封口膜等，便于容器内外部的空气交换。所有器皿、封口材料、吸管等在使用前均应进行高压灭菌(121 ℃，≥15 min)。

5.2 培养基

5.2.1 培养基的选择

根据藻种选择适宜其生长的培养基。近头状尖胞藻可在多种培养基中保存，宜使用 BG11 培养基、OECD 藻类培养基或 AAP 藻类培养基。

5.2.2 培养基配制方法

5.2.2.1 液体培养基

BG11 培养基的配制方法见 GB/T 31270.14，OECD 藻类培养基或 AAP 藻类培养基的配制方法见附录 B。

5.2.2.2 固体培养基

每升液体培养基中加入约 8 g 琼脂条或琼脂粉，经高压灭菌(121 ℃，15 min～20 min)后，在试管中铺成斜面培养基，冷却备用。

5.2.2.3 配制培养基的试剂应为分析纯以上等级。配制用水应为电导率≤ 10 μS/cm 的蒸馏水或去离子水。

6 培养方法

6.1 保种培养

6.1.1 液体培养基培养

6.1.1.1 液体培养基在室温下平衡后，将一定量的藻细胞转接至培养基中，摇匀。

6.1.1.2 在 18 ℃～24 ℃条件下培养，采用持续、均匀的荧光照明，液面光合有效辐射(400 nm～700 nm)保持在 60 μE/(m^2·s)～120 μE/(m^2·s)(相当于冷白光源条件下光强 4 440 lx～8 880 lx)。培养期间，保持持续振荡或搅拌。

6.1.1.3 根据培养条件和生长状况，每 3 d～15 d 转接 1 次(如装有 100 mL 藻液的锥形瓶，置于 20 ℃持续光照下培养，可每周转接 1 次)。

6.1.1.4 进行长期保种时，将处于对数生长期的藻培养液在 0 ℃～8 ℃条件下冷藏、避光保存，每半年转接 1 次。

6.1.2 固体培养基培养

6.1.2.1 进行长期保种时，也可将处于对数生长期的藻培养液划线转接到固体斜面培养基上，封口。在 21 ℃～24 ℃、4 440 lx～8 880 lx 持续光照条件下培养至固体培养基表面长出藻细胞，然后，转为在0 ℃～8 ℃条件下冷藏、避光保存。

6.1.2.2 每 2 个月进行 1 次复壮。将藻体转接到液体培养基中培养至对数生长状态，转接 1 次～2 次后再转为固体培养基培养。

6.1.2.3 所有操作均须在无菌条件下进行，以免受到细菌、真菌或其他藻类的污染。

6.1.3 状态检查

6.1.3.1 定期镜检，以确认藻液是否被污染。

6.1.3.2 当出现轻微污染时，可采取以下分离措施：

a) 脱脂棉或滤纸过滤，适用于寄生虫和藻细胞体积相差较大的情况；

b) 离心法分离，适用于寄生虫和藻细胞重量相差较大的情况；

c) 琼脂板划线培养进行分离纯化等。

6.1.3.3 当污染严重时，应重新引入新的藻种。

6.2 预培养

6.2.1 在 21 ℃～24 ℃、4 440 lx～8 880 lx 持续光照条件下培养，不同位点光照强度差异应控制在 15％范围内。

6.2.2 培养过程中保持持续振荡或搅拌，使藻细胞处于悬浮状态。

6.2.3 从保种培养中分离并接种一定量藻细胞至新配制无菌的液体培养基中（接种藻细胞浓度为 5.0×10^{3} 个/mL～5.0×10^{4} 个/mL），摇匀后在试验条件下培养 3 d～4 d 使其达到对数生长状态。近头状尖胞藻以外的其他藻种，需根据具体藻种确定接种藻细胞浓度和达到对数生长所需的时间。

6.2.4 达到对数生长状态的藻液可用于试验，也可接种至新配制的无菌液体培养基中，继续进行预培养。每次转接前应通过镜检确定培养液中藻细胞形态、颜色及生长状态是否正常。当藻类培养液中含有异常细胞时，不应继续培养和用于试验。

6.3 操作要求

保种培养和预培养过程中，所有操作均应在无菌条件下进行，以免受到细菌、真菌和其他藻类的污染。

7 记录资料

对每批次保种培养、预培养的藻，实验室均应保存完整的引入、培养记录，相关原始记录表格设计见附录 C。主要记录资料包括：

a) 引入与验收记录；

b) 保种培养记录；

c) 预培养记录；

d) 培养基配制记录；

e) 水质检测记录；

f) 环境条件等。

附　录　A
（资料性）
生物学背景与形态学特征

A.1　生物学背景

近头状尖胞藻（*Raphidocelis subcapitata*）是国际上藻类毒性测试的模式藻种，属绿藻门环藻目月牙藻科。曾用名为"近头状伪蹄形藻"（*Pseudokirchneriella subcapitata*）。过去该藻株用于生态毒理学测试时常被称为羊角月牙藻（*Selenastrum capricornutum*）。在实验室内 21 ℃、70 μE/（m^2 · s）持续光照条件下比生长速率为 1.5/d～1.7/d。

A.2　形态学特征

近头状尖胞藻的形态学特征见图 A.1。其形状弯曲，似羊角形，细胞末端增厚近头状，大小为（8～14）μm×（2～3）μm，体积约为 40 μm^3。

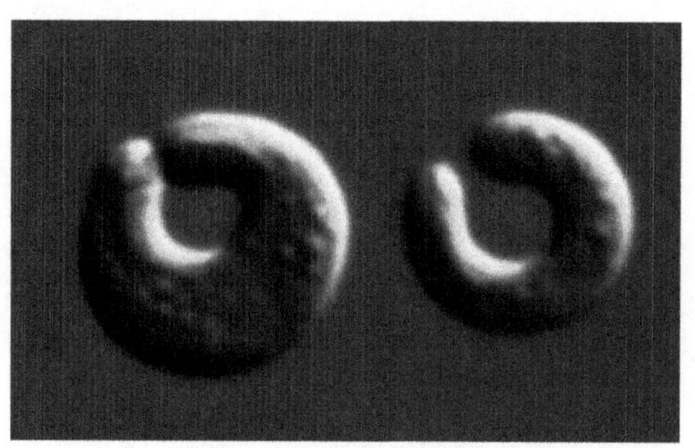

图 A.1　近头状尖胞藻的形态学特征

附 录 B
（资料性）
常用培养基配方

B.1 OECD 培养基配方

见表 B.1。

表 B.1 OECD 培养基配方

储备液	组分	储备液浓度,g/L	培养基中的含量,mg/L
A	NH_4Cl	1.5	15.0
	$MgCl_2 \cdot 6(H_2O)$	1.2	12.0
	$CaCl_2 \cdot 2(H_2O)$	1.8	18.0
	$MgSO_4 \cdot 7(H_2O)$	1.5	15.0
	KH_2PO_4	0.16	1.60
B	$FeCl_3 \cdot 6(H_2O)$	0.064	0.064
	$Na_2EDTA \cdot 2(H_2O)$	0.100	0.100
C	H_3BO_3	0.185	0.185
	$MnCl_2 \cdot 4(H_2O)$	0.415	0.415
	$ZnCl_2$	0.003 0	0.003 0
	$CoCl_2 \cdot 6(H_2O)$	0.001 5	0.001 5
	$Na_2MoO_4 \cdot 2(H_2O)$	0.007 0	0.007 0
	$CuCl_2 \cdot 2(H_2O)$	0.000 01	0.000 01
D	$NaHCO_3$	50.0	50.0
储备液 A 和 C 经高压灭菌(120 ℃,15 min)或 0.22 μm 无菌滤膜过滤后,于冷藏(2 ℃～8 ℃)、黑暗条件下可保存 6 个月;储备液 B 和 D 经 0.22 μm 无菌滤膜过滤后,于冷藏(2 ℃～8 ℃)、黑暗条件下可保存 1 个月。 制备 1 L OECD 培养基:向约 900 mL 无菌蒸馏水或去离子水中分别加入 10 mL 储备液 A、1 mL 储备液 B、1 mL 储备液 C 及 1 mL 储备液 D,用 0.1 mol/L 或 1 mol/L HCl 或 NaOH 调节 pH 为 7.5±0.1,用无菌蒸馏水或去离子水定容至 1 L。培养基应提前 1 d～2 d 制备,并在使用前测定 pH,必要时,用 0.1 mol/L 或 1 mol/L HCl 或 NaOH 进行调节。			

B.2 AAP 培养基配方

见表 B.2。

表 B.2 AAP 培养基配方

序号	组分	储备液浓度,g/L	培养基中的含量,mg/L
A	$NaHCO_3$	1.50	15.0
B	$NaNO_3$	2.55	25.5
C	$MgCl_2 \cdot 6(H_2O)$	1.216	12.16
D	$CaCl_2 \cdot 2(H_2O)$	0.441	4.41
E	$MgSO_4 \cdot 7(H_2O)$	1.46	14.6
F	K_2HPO_4	0.104 4	1.044
G	$FeCl_3 \cdot 6(H_2O)$	0.160	0.160
	$Na_2EDTA \cdot 2(H_2O)$	0.300	0.300
	H_3BO_3	0.186	0.186
	$MnCl_2 \cdot 4(H_2O)$	0.415	0.415
	$ZnCl_2$	0.003 27	0.003 27
	$CoCl_2 \cdot 6(H_2O)$	0.001 43	0.001 43
	$Na_2MoO_4 \cdot 2(H_2O)$	0.007 26	0.007 26
	$CuCl_2 \cdot 2(H_2O)$	0.000 012	0.000 012

表 B.2（续）

<table>
<tr><th>序号</th><th>组分</th><th>储备液浓度，g/L</th><th>培养基中的含量，mg/L</th></tr>
<tr><td colspan="4">储备液 A、储备液 G 经 0.22 μm 无菌滤膜过滤后，于冷藏(2 ℃～8 ℃)、黑暗条件下可保存 1 个月；储备液 B～F 经高压灭菌(120 ℃，15 min)或 0.22 μm 无菌滤膜过滤后，于冷藏(2 ℃～8 ℃)、黑暗条件下可保存 6 个月。
制备 1 L APP 培养基：向约 900 mL 无菌蒸馏水或去离子水中分别加入 10 mL 储备液 A～F 及 1 mL 储备液 G，用 0.1 mol/L或 1 mol/L HCl 或 NaOH 调节 pH 为 7.5±0.1，用无菌蒸馏水或去离子水定容至 1 L。培养基应提前 1 d～2 d 制备，并在使用前测定 pH，必要时，用 0.1 mol/L 或 1 mol/L HCl 或 NaOH 进行调节。</td></tr>
</table>

附 录 C
（资料性）
记录表格示例

C.1 引入与验收记录

见表 C.1。

表 C.1 引入与验收记录

名称	
品种	
引入日期	
引入数量	
引入来源	
实验室内批次	
放置位置	
到达时状态	
验收人/日期	
品系确认：（详细描述镜检方法与结论等）	
操作者/日期：	

C.2 保种培养记录

见表 C.2。

表 C.2 保种培养记录

名称/品种	引入批次[a]	保种培养批次[a]/编号		培养基名称	放置位置[b]		
日期	藻细胞数（个）/仪器编号：	藻细胞浓度（个/mL）	藻细胞状态	接种量藻液量（mL）/培养基体积（mL）	保种培养新批次[a]	操作者/日期	备注
				/			
				/			
				/			
				/			
				/			
				/			
				/			
				/			
				/			
				/			
				/			
				/			
				/			
				/			
				/			
				/			
				/			

[a] 批次编号中应包含相应的日期，即引入批次应包含引入日期，其余批次应包含该批次从上一批次中分离出来的日期。

[b] 所用仪器相关记录中应包含仪器使用期间的温度监控记录、光照周期及强度检查记录。

C.3 预培养记录

见表C.3。

表C.3 预培养记录

名称/品种	引入批次[a]	保种培养批次[a]/编号		培养基名称	培养仪器编号[b]		
日期	藻细胞数(个)/ 仪器编号:	藻细胞浓度 (个/mL)	藻细胞 镜检状态	接种量藻液量(mL)/ 培养基体积(mL)	预培养 批次[a,c]	操作者/ 日期	备注
				/			
				/			
				/			
				/			

[a] 批次编号中应包含相应的日期,即引入批次应包含引入日期,其余批次应包含该批次从上一批次中分离出来的日期。

[b] 所用仪器相关记录中应包含仪器使用期间的温度监控记录、光照周期及强度检查记录。

[c] 当转接瓶数≥1时,还应给出不同容器的编号。

C.4 培养基配制记录

见表C.4～表C.5。

表C.4 __________培养基储备液配制记录

储备液 类型	组分	来源 (批号、厂家)	实际称取量 g	定容体积 mL	灭菌方法[a] 1. 滤膜过滤 2. 高压灭菌	储备液编号	储存位置	储存条件	有效期至
仪器编号									
操作者/日期									

[a] 选择"1 滤膜过滤"时给出滤膜规格,选择"2 高压灭菌"时给出仪器编号、灭菌温度及时间。

表C.5 __________培养基配制记录

培养基编号				
储备液编号	取用量 mL	pH	是否调节pH (如调节,注明方法)	定容体积 mL
仪器编号				
操作者/日期				

参 考 文 献

[1] 毕列爵，胡征宇．中国淡水藻志　第八卷　绿藻门绿球藻目[M]. 北京：科学出版社，2004：198

[2] 中国科学院淡水藻种库[EB/OL]. http://algae. ihb. ac. cn/

[3] Organisation for Economic Co-operation and Development. Testing Guideline 201：Freshwater Alga and Cyanobacteria，Growth Inhibition Test[R]. Paris：OECD，2011

ICS 65.020
CCS B 17

中华人民共和国农业行业标准

NY/T 4195.7—2022

农药登记环境影响试验生物试材培养 第7部分：浮萍

Guidance on the housing and care of organisms used for environmental impact test of pesticide registration—Part 7: Duckweed

2022-11-11 发布　　　　2023-03-01 实施

中华人民共和国农业农村部 发布

前　言

本文件按照 GB/T 1.1—2020《标准化工作导则　第 1 部分：标准化文件的结构和起草规则》的规定起草。

本文件是 NY/T 4195《农药登记环境影响试验生物试材培养》的第 7 部分。NY/T 4195 已经发布了以下部分：

——第 1 部分：蜜蜂；

——第 2 部分：日本鹌鹑；

——第 3 部分：斑马鱼；

——第 4 部分：家蚕；

——第 5 部分：大型溞；

——第 6 部分：近头状尖胞藻；

——第 7 部分：浮萍；

——第 8 部分：赤子爱胜蚓。

请注意本文件的某些内容可能涉及专利。本文件的发布机构不承担识别专利的责任。

本文件由农业农村部种植业管理司提出并归口。

本文件起草单位：农业农村部农药检定所。

本文件主要起草人：周欣欣、陈朗、查金苗、周彬彬、安雪花、韩雪、吕露、张天竞、王菲迪、赵秀振。

农药登记环境影响试验生物试材培养
第7部分:浮萍

1 范围

本文件规定了农药登记环境影响试验用浮萍的引入、验收、培养管理等技术方法,以及记录资料等要求。

本文件适用于小浮萍(*Lemna minor*)、紫背浮萍(*Spirodela polyrrhiza*)和圆瘤浮萍(*Lemna gibba*)的实验室培养。

2 规范性引用文件

下列文件中的内容通过文中的规范性引用而构成本文件必不可少的条款。其中,注日期的引用文件,仅该日期对应的版本适用于本文件;不注日期的引用文件,其最新版本(包括所有的修改单)适用于本文件。

NY/T 3090 化学农药 浮萍生长抑制试验准则

3 术语和定义

下列术语和定义适用于本文件。

3.1

保种 preservation

从纯化培养的浮萍中选出一部分浮萍种进行保存,以浮萍种延续为目的,不用于试验。

4 引入与验收

4.1 引入

试验用浮萍应从有资质的供应商或科研机构购买,并具备浮萍品系证明文件。详细描述和记录引入来源。

4.2 验收

4.2.1 外观确认

检查浮萍状态,包括:

a) 观察是否存在病变。健康的浮萍叶状体颜色鲜绿、形状基本统一、叶脉清晰;不正常的浮萍可能出现叶状体萎黄、有凸起或坏疽、浮力缺失等症状。

b) 观察培养液有无变绿、浑浊等现象出现,是否有藻类、浮游动物及其他杂质存在,以及其他异常问题。

4.2.2 品系确认

无菌条件下从浮萍中取出少量样本在显微镜下观察,确认浮萍的品系。引入的浮萍要符合 NY/T 3090 的要求,浮萍形态具体描述见附录 A。

5 培养管理

5.1 仪器和设备

所有接触到培养基的容器(三角瓶、表面皿、组织培养瓶等)应为玻璃或其他惰性材料制成,所有玻璃仪器在使用前应清洗干净,避免化学污染物混入到培养基当中,并在 121 ℃高温湿热灭菌 20 min。主要仪器设备如下:

a) 洁净工作台、高压灭菌锅等无菌操作相关设备；
b) 人工气候箱、光照培养箱、冰箱等培养或保种培养设备；
c) 生物显微镜、血球计数板或流式细胞仪、紫外分光光度计等观察与计数仪器；
d) 温度计、照度计(球形传感器/余弦传感器)、pH 计等环境监控仪器设备；
e) 电子天平等称量仪器；
f) 不锈钢叉、接种环等操作工具。

5.2 培养基的选择

瑞士标准(SIS)培养基适用于小浮萍和紫背浮萍，20×AAP 培养基适用于圆瘤浮萍，Steinberg 培养基适用于小浮萍，Hoagland's E+培养基适用于浮萍的保种培养。培养基的制备见附录 B。培养基配制用试剂应为分析纯，配制用水应为无菌蒸馏水或去离子水。

5.3 日常培养方法

5.3.1 培养条件

培养区域应具备良好的通风和散热条件。培养期间，保持培养温度(24±2) ℃；冷白或暖白荧光灯连续均匀光照，光照度在 6 500 lx～10 000 lx 范围内[光合有效辐射：85 $\mu E/(m^2 \cdot s)$～135 $\mu E/(m^2 \cdot s)$]。培养基 pH 应符合附录 B 要求，且变化不超过 1.5 个单位。

5.3.2 接种传代

5.3.2.1 接种频率：当浮萍铺满容器并发生重叠时，需将浮萍植株转接至新鲜的培养基中。宜每 5 d～7 d接种传代 1 次，接种时宜选用新长出且生长状况良好的浮萍。

5.3.2.2 接种方法：接种前，应提前将培养基、培养器皿等进行高温灭菌。待恢复常温后，用不锈钢叉托起浮萍，将 3 簇～4 簇浮萍转入盛有培养基的培养器皿中，用橡胶筋扎好已灭菌的封口膜或盖上具小孔的玻璃盖，然后放置于人工气候箱中进行培养，每隔 5 d～7 d 更换培养液，以维持培养液中的营养成分浓度的稳定，接种过程应为无菌操作。

5.3.3 染菌状况检查

培养过程中，应至少每月 1 次观察培养中的浮萍是否发生污染现象，并记录污染情况。若出现绿藻、浮游动物等污染情况，需进行分离纯化。

5.3.4 分离纯化

在超净工作台中，用酒精灯灼烧过的接种工具(接种环、不锈钢叉)选取 1 簇浮萍，将其分成若干单个体，用酒精灯灼烧过的手术刀片小心地去掉所有浮萍个体的根，放入无菌水中剧烈振荡清洗 30 s 后，将去根后的浮萍在 0.5%(体积分数)的次氯酸钠溶液中浸泡约 1 min，确保转接的浮萍个体叶状体底部的囊为绿色，将上述浮萍用无菌水或无菌培养液冲洗干净，转入到新培养基中进行培养。

5.3.5 保种

每 1 个月至 2 个月进行 1 次保种。将浮萍置于 4 ℃～10 ℃，光照度<1 000 lx 条件下进行保种培养。每周测定培养温度和光照强度。保种培养时间较短时，可选用 SIS 培养基、20×AAP 培养基或 Steinberg 培养基；保种培养时间超过 1 个月时，宜使用营养更为丰富的培养基(如 Hoagland's E+)，以防止浮萍出现萎黄、瘦小等异常症状。在试验前 7 d～10 d，应使用试验用培养基(如 SIS 培养基)进行培养。

6 记录资料

对于每批次浮萍，实验室应保存完整的培养记录，至少包括以下材料，记录表格见附录 C：
a) 引入与验收记录；
b) 培养记录；
c) 环境条件监测记录(温度、湿度、培养基、pH 等)；
d) 分离纯化记录等。

附 录 A
（资料性）
浮萍形态学描述

A.1 小浮萍(*Lemna minor*)的形态学特征

小浮萍见图A.1(左)所示：根1条，白色，3 cm～4 cm，根冠钝头；叶状体扁平，对称，近圆形或倒卵形，表面绿色，背面浅黄色、绿白色或紫色，长1.5 cm～5 cm，宽为2 cm～3 cm；叶脉3条，不明显；叶状体背面一侧有囊，新叶状体从囊内浮出。

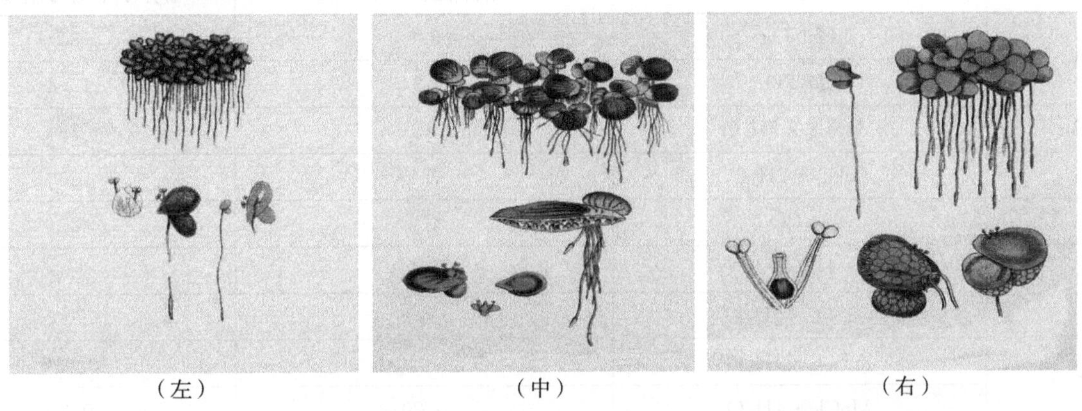

（左）　　（中）　　（右）

图A.1 小浮萍(*Lemna minor*)、紫背浮萍(*Spirodela polyrhiza*)及圆瘤浮萍(*Lemna gibba*)特征

A.2 紫背浮萍(*Spirodela polyrhiza*)的形态学特征

紫背浮萍见图A.1(中)所示：根5(7)条～16条；根冠尖呈白绿色；叶状体扁平，呈圆形或倒卵形，表面绿色，背面紫色，长5 cm～8 cm，宽4 cm～6 cm；掌状脉5条～11条；根基其中一侧具有2个囊，从囊中萌发新芽。

A.3 圆瘤浮萍(*Lemna gibba*)的形态学特征

圆瘤浮萍见图A.1(右)所示：根1条；叶状体扁平，呈倒卵形，叶状体顶端非对称性，有明显的气囊，长3 cm～6 cm，宽4 cm～6 cm；叶脉3条～5条；根基其中一侧的囊内形成圆形新芽。

附 录 B
（规范性）
培养基制备

B.1 SIS培养基

SIS培养基的配方见表B.1。

表B.1 瑞士标准(SIS)培养基配方

序号	组分	储备液浓度,g/L	培养基中的含量,mg/L
A	$NaNO_3$	8.5	85
	KH_2PO_4	1.34	13.4
B	$MgSO_4 \cdot 7H_2O$	15	75
C	$CaCl_2 \cdot 2H_2O$	7.2	36
D	Na_2CO_3	4.0	20
E	H_3BO_3	1.0	1.0
	$CuSO_4 \cdot 5H_2O$	0.005	0.005
	$ZnSO_4 \cdot 7H_2O$	0.050	0.050
	$MnCl_2 \cdot 4H_2O$	0.20	0.20
	$Na_2MoO_4 \cdot 2H_2O$	0.010	0.010
	$Co(NO_3)_2 \cdot 6H_2O$	0.010	0.010
F	$Na_2EDTA \cdot 2H_2O$	0.28	1.4
	$FeCl_3 \cdot 6H_2O$	0.17	0.84
G	MOPS(buffer)	490	490

制备1 L SIS培养基：向约900 mL无菌蒸馏水或去离子水中分别加入10 mL储备液A、5 mL储备液B、5 mL储备液C、5 mL储备液D、1 mL储备液E及5 mL储备液F，用0.1 mol/L或1 mol/L HCl或NaOH调节pH为6.5±0.2，用无菌蒸馏水或去离子水定容至1 L。如供试物中含重金属或易水解，试验中需控制pH稳定时，可加1 mL储备液G。

注：储备液A～E经高压(120 ℃，15 min)或过0.22 μm无菌滤膜灭菌后，于冷藏(2 ℃～8 ℃)、黑暗条件下可保存6个月；储备液F和储备液G经0.22 μm无菌滤膜过滤灭菌后，于冷藏(2 ℃～8 ℃)、黑暗条件下可保存1个月。

B.2 20×AAP生长培养基

20×AAP生长培养基配方见表B.2。

表B.2 20×AAP培养基配方

序号	组分	储备液浓度,g/L	培养基中的含量,mg/L
A1	$NaNO_3$	26	510
	$MgCl_2 \cdot 6H_2O$	12	240
	$CaCl_2 \cdot 2H_2O$	4.4	90
A2	$MgSO_4 \cdot 7H_2O$	15	290
A3	$K_2HPO_4 \cdot 3H_2O$	1.4	30

表 B.2（续）

序号	组分	储备液浓度,g/L	培养基中的含量,mg/L
B	H_3BO_3	0.19	3.7
	$MnCl_2 \cdot 4H_2O$	0.42	8.3
	$FeCl_3 \cdot 6H_2O$	0.16	3.2
	$Na_2EDTA \cdot 2H_2O$	0.30	6.0
	$ZnCl_2$	0.003 3	0.066
	$CoCl_2 \cdot 6H_2O$	0.001 4	0.029
	$Na_2MoO_4 \cdot 2H_2O$	0.007 3	0.145
	$CuCl_2 \cdot 2H_2O$	0.000 012	0.000 24
C	$NaHCO_3$	15	300
制备 1 L 20×AAP 培养基：向约 850 mL 无菌蒸馏水或去离子水中加入储备液 A1、A2、A3、B、C 各 20 mL，用 0.1 mol/L 或 1 mol/L HCl 或 NaOH 调节 pH 为 7.5±0.1，用无菌蒸馏水或去离子水定容至 1 L。将培养基过 0.22 μm 无菌滤膜，装入无菌容器内。培养基应提前 1 d～2 d 制备，并在使用前测定 pH，必要时，用 0.1 mol/L 或 1 mol/L HCl 或 NaOH 进行调节。 **注**：储备液 A 经高压(120℃，15 min)或过 0.22 μm 无菌滤膜灭菌后、储备液 B 和储备液 C 经 0.22 μm 无菌滤膜过滤灭菌，于冷藏(2 ℃～8 ℃)、黑暗条件下可保存 6 周～8 周。			

B.3 Steinberg 培养基

改良的 Steinberg 培养基配方见表 B.3。

表 B.3 改良的 Steinberg 培养基配方

序号	组分	储备液浓度,g/L	培养基中的含量,mg/L
A	KNO_3	17.5	350.00
	KH_2PO_4	4.5	90.00
	K_2HPO_4	0.63	12.60
B	$MgSO_4 \cdot 7H_2O$	5.0	100.00
C	$Ca(NO_3)_2 \cdot 4H_2O$	14.75	295.00
D	H_3BO_3	0.12	0.12
E	$ZnSO_4 \cdot 7H_2O$	0.18	0.18
F	$Na_2MoO_4 \cdot 2H_2O$	0.044	0.044
G	$MnCl_2 \cdot 4H_2O$	0.18	0.18
H	$FeCl_3 \cdot 6H_2O$	0.76	0.76
	EDTA Disodium-dihydrate	1.50	1.50
制备 1 L 改良的 Steinberg 培养基：向约 900 mL 无菌蒸馏水或去离子水中加入储备液 A、B 和 C 各 20 mL，及储备液 D、E、F、G 和 H 各 1.0 mL，用 0.1 mol/L 或 1 mol/L HCl 或 NaOH 调节 pH 至 5.5±0.2，用无菌蒸馏水或去离子水定容至1 L。 **注**：储备液 A～G 过 0.22 μm 无菌滤膜或经高压(121 ℃，20 min)灭菌后，于冷藏(2 ℃～8 ℃)、黑暗条件下可保存 6 个月；储备液 H 过 0.22 μm 无菌滤膜灭菌后，于冷藏(2 ℃～8 ℃)、黑暗条件下可保存 1 个月。			

B.4 Hoagland's E+培养基

Hoagland's E+培养基的配方见表 B.4。

表 B.4 Hoagland's E+培养基配方

序号	组分	储备液浓度,g/L	培养基中的含量,mg/L
A[a]	$Ca(NO_3)_2 \cdot 4H_2O$	59.00	1 180.0
	KNO_3	75.76	1 515.2
	KH_2PO_4	34.00	680.0
B	酒石酸	3.00	3.00
C[b]	$FeCl_3 \cdot 6H_2O$	1.21	24.2
	$Na_2EDTA \cdot 2H_2O$[c]	3.35	67.00
D	$MgSO_4 \cdot 7H_2O$	50.00	500.0

表 B.4（续）

<table>
<tr><th>序号</th><th>组分</th><th>储备液浓度,g/L</th><th>培养基中的含量,mg/L</th></tr>
<tr><td rowspan="5">E</td><td>H_3BO_3</td><td>2.86</td><td>2.86</td></tr>
<tr><td>$ZnSO_4 \cdot 7H_2O$</td><td>0.22</td><td>0.22</td></tr>
<tr><td>$Na_2MoO_4 \cdot 2H_2O$</td><td>0.12</td><td>0.12</td></tr>
<tr><td>$CuSO_4 \cdot 5H_2O$</td><td>0.08</td><td>0.08</td></tr>
<tr><td>$MnCl_2 \cdot 4H_2O$</td><td>3.62</td><td>3.62</td></tr>
<tr><td colspan="4">制备 1 L 的 Hoagland's E+培养基:向约 900 mL 无菌蒸馏水或去离子水中加入 20 mL 储备液 A 和 C、1 mL 储备液 B、10 mL 储备液 D、1 mL 储备液 E、蔗糖 10.000 g、酵母提取物 0.10 g 及蛋白胨 0.6 g,用 0.1 mol/L 或 1 mol/L NaoH 或 HCl 将 pH 调至 4.4～4.8,用无菌蒸馏水或去离子水定容至 1 L。
注:储备液 A、B、D、E 过 0.22 μm 无菌滤膜或经高压(121 ℃,20 min)灭菌后,于冷藏(2 ℃～8 ℃)、黑暗条件下可保存 6 个月;储备液 C 过 0.22 μm 无菌滤膜灭菌后,于冷藏(2 ℃～8 ℃)、黑暗条件下可保存 1 个月。</td></tr>
<tr><td colspan="4">[a] 向储备液 A 中加入 6 mL 6 mol/L HCL。
[b] 向储备液 C 中加入 1.2 mL 6 mol/L KOH。
[c] 可用 $Na_4EDTA \cdot 2H_2O$ 代替 $Na_2EDTA \cdot 2H_2O$,如果使用 $Na_4EDTA \cdot 2H_2O$,储备液和试验培养基的浓度分别为 3.75 g/L 和 75 mg/L。</td></tr>
</table>

附　录　C
（资料性）
记录表格（示例）

C.1　引入与验收记录

见表C.1。

表C.1　引入与验收记录

<table>
<tr><td>名称</td><td></td></tr>
<tr><td>品系</td><td></td></tr>
<tr><td>引入日期</td><td></td></tr>
<tr><td>引入数量</td><td></td></tr>
<tr><td>引入来源</td><td></td></tr>
<tr><td rowspan="3">验收内容</td><td>品系证书：有 □　无 □</td></tr>
<tr><td>包装确认：</td></tr>
<tr><td>外观与状态确认：</td></tr>
<tr><td>实验室内批次</td><td></td></tr>
<tr><td>存放位置</td><td></td></tr>
<tr><td rowspan="2">品系确认</td><td>方法：</td></tr>
<tr><td>结论：</td></tr>
<tr><td>验收人/验收日期</td><td></td></tr>
</table>

C.2　日常培养记录

见表C.2。

表C.2　日常培养记录

<table>
<tr><td>观察日期
（年/月/日）</td><td>试材
批次</td><td>容器
编号</td><td>培养基
pH</td><td>光照度
lx</td><td>培养温度
℃</td><td>湿度
%</td><td>有无
污染</td></tr>
<tr><td></td><td></td><td></td><td></td><td></td><td></td><td></td><td></td></tr>
<tr><td></td><td></td><td></td><td></td><td></td><td></td><td></td><td></td></tr>
<tr><td colspan="8">注：程序执行用“√”表示，程序未执行用“—”表示，异常状况要具体注明，包括（环境、培养基、水、物理伤害等），处理方法需具体注明。</td></tr>
</table>

C.3　接种记录

见表C.3。

表C.3　接种记录

<table>
<tr><td colspan="2">接种日期（年/月/日）</td><td></td></tr>
<tr><td colspan="2">浮萍试材批次</td><td></td></tr>
<tr><td colspan="2">试材有无污染</td><td></td></tr>
<tr><td colspan="2">接种容器类型及编号</td><td></td></tr>
<tr><td colspan="2">每个容器接种浮萍植株数，个</td><td></td></tr>
<tr><td colspan="2">接种数量，瓶/皿</td><td></td></tr>
<tr><td colspan="2">培养用生长室/仪器编号</td><td></td></tr>
<tr><td rowspan="3">培养条件</td><td>光照强度，lx</td><td></td></tr>
<tr><td>培养温度，℃</td><td></td></tr>
<tr><td>培养基 pH</td><td></td></tr>
<tr><td colspan="2">操作者及操作日期</td><td></td></tr>
</table>

C.4 分离纯化记录

见表 C.4。

表 C.4 分离纯化记录

分离纯化日期(年/月/日)		
浮萍试材批次		
培养用生长室/仪器编号		
次氯酸钠溶液的配制	溶液浓度及编号	
	基本信息(厂家/批号)	
	使用体积,mL	
	加水体积,mL	
分离纯化容器类型及编号		
分离纯化数量,瓶/皿		
操作者及操作日期		

C.5 保种记录

见表 C.5。

表 C.5 保种记录

保种日期(年/月/日)		
浮萍试材批次		
保种数量,瓶/皿		
培养用生长室/仪器编号		
保种培养条件	光照度,lx	
	培养温度,℃	
	湿度,%	
	培养基 pH	
操作者及操作日期		

C.6 培养基储备液配制记录

见表 C.6。

表 C.6 ＿＿＿＿＿培养基储备液配制记录

储备液类型	组分	来源(批号、厂家)	实际称取量 g	定容体积 mL	灭菌方法[a] 1. 滤膜过滤 2. 高压灭菌	储备液编号	储存位置	储存条件	有效期至
仪器编号									
操作者/日期									
[a] 选择“1. 滤膜过滤”时给出滤膜规格,选择“2. 高压灭菌”时给出仪器编号、灭菌温度及时间。									

C.7 培养基配制记录

见表 C.7。

表 C.7 ＿＿＿＿＿培养基配制记录

培养基编号				
储备液编号	取用量 mL	pH	是否调节 pH （如调节，注明方法）	定容体积 mL
仪器编号				
操作者/日期				

参 考 文 献

[1] OECD(2006). Test No. 221: *Lemna* sp. Growth Inhibition Test

ICS 65.020
CCS B 17

中华人民共和国农业行业标准

NY/T 4195.8—2022

农药登记环境影响试验生物试材培养 第8部分:赤子爱胜蚓

Guidance on the housing and care of organisms used for environmental impact test of pesticide registration—Part 8: *Eisenia foetida*

2022-11-11 发布　　2023-03-01 实施

中华人民共和国农业农村部 发布

前　言

本文件按照 GB/T 1.1—2020《标准化工作导则　第 1 部分:标准化文件的结构和起草规则》的规定起草。

本文件是 NY/T 4195《农药登记环境影响试验生物试材培养》的第 8 部分。NY/T 4195 已经发布了以下部分:

——第 1 部分:蜜蜂;

——第 2 部分:日本鹌鹑;

——第 3 部分:斑马鱼;

——第 4 部分:家蚕;

——第 5 部分:大型溞;

——第 6 部分:近头状尖胞藻;

——第 7 部分:浮萍;

——第 8 部分:赤子爱胜蚓。

请注意本文件的某些内容可能涉及专利。本文件的发布机构不承担识别专利的责任。

本文件由农业农村部种植业管理司提出并归口。

本文件起草单位:农业农村部农药检定所。

本文件主要起草人:袁善奎、赵秀振、刘伟、周欣欣、毛连纲、杨海荣、俞瑞鲜、周倩、李岗、王星、吕露。

农药登记环境影响试验生物试材培养 第8部分：赤子爱胜蚓

1 范围

本文件规定了农药环境影响试验用蚯蚓的引种、验收和饲育管理等技术方法，以及记录资料要求。

本文件适用于赤子爱胜蚓（*Eisenia foetida*）的实验室培养，其他品种的蚯蚓可参照使用。

2 规范性引用文件

下列文件中的内容通过文中的规范性引用而构成本文件必不可少的条款。其中，注日期的引用文件，仅该日期对应的版本适用于本文件；不注日期的引用文件，其最新版本（包括所有的修改单）适用于本文件。

NY/T 1168 畜禽粪便无害化处理技术规范

NY/T 3091 化学农药蚯蚓繁殖试验准则

3 术语和定义

本文件没有需要界定的术语和定义。

4 饲养设施与饲料

4.1 饲养设施

4.1.1 养殖宜使用透气性好且无异味的木箱、带孔塑料筐（内置纱网）或其他材质箱体等，也可使用砖、石砌成的养殖池。

4.1.2 养殖土应使用未受污染、松软的田园土或人工土，人工土配方按 NY/T 3091 的相关要求执行。田园土中可适量混入泥炭或充分发酵腐熟的食草动物粪便。

4.2 饲料

宜使用来源明确的燕麦粉或番薯（煮熟并切碎）；也可使用充分发酵腐熟的食草动物粪便或其他适合的饲料。购买的动物粪便应符合 NY/T 1168 的规定，且保证粪源动物没有使用过生长促进剂、杀线虫剂等兽药或农药，使用前应风干、磨细并进行巴氏杀菌。

5 引种与验收

5.1 引种

5.1.1 应从有经营许可证的供应商处引进原体纯品系蚯蚓。

5.1.2 引种应尽量避开高温、高寒的季节；运输途中保持通风透气，避免接触有毒、有害物质。

5.2 验收

5.2.1 引入的蚯蚓应进行形态检查，蚯蚓应体态健壮饱满，粗细均匀，爬行迅速，体色鲜亮有光泽，环带明显，且符合品种特征。赤子爱胜蚓外观特征见附录 A。

5.2.2 蚯蚓引入后，宜驯养 7 d 以上，确认无病症后再用于试验。

5.2.3 不同来源或批次的蚯蚓应分开饲养。

6 饲育管理

6.1 饲养条件

室温（20±5）℃条件下避光培养。土壤湿度控制在用手攥土时见水渗出为宜，湿度不足时需加水保湿。土壤 pH 控制在 5.5～7.5。饲养过程中适时松土。

6.2 根据取食情况适时添加饲料，每 7 d～10 d 投喂一次。投喂时，将饲料埋入养殖土中。

6.3 适时分箱，避免密度过大。分箱时，可将成蚓转移，将蚓茧和幼蚓留在原饲养设备中。通常蚓茧孵化 2 个月后可用于试验。

6.4 蚯蚓常见病害及防治见附录 B。

7 记录资料

记录并保存每批次蚯蚓引入与验收、日常饲喂管理以及饲料购买等资料，相关原始记录表格设计见附录 C，主要记录资料包括：

a) 蚯蚓引入与验收记录；

b) 饲料购买记录；

c) 蚯蚓饲育管理记录。

附　录　A
（资料性）
赤子爱胜蚓形态特征

A.1　赤子爱胜蚓属于正蚓科（Lumbricidae），爱胜蚓属（*Eisenia*）。体长一般 30 mm～130 mm，体宽 3 mm～5 mm，体节 80 个～110 个。身体圆柱形，体色一般为紫色、红色、暗红色或淡红色，节间沟处为白色。刚毛紧密对生。背孔自第Ⅳ/Ⅴ节间开始。环带一般位于第ⅩⅩⅣ节～ⅩⅩⅫ节（或第ⅩⅩⅤ节～ⅩⅩⅩⅢ节）；性隆脊位于第ⅩⅩⅧ节～ⅩⅩⅩ节，雄性生殖孔 1 对，位于第ⅩⅤ节，有大的乳突；雌性生殖孔在第ⅩⅣ节腹外侧，1 对。受精囊 2 对，在第 Ⅸ/Ⅹ节～Ⅹ/Ⅺ节。储精囊 4 对，在第Ⅸ节～Ⅻ节，末对最大。

赤子爱胜蚓外观见图 A.1。

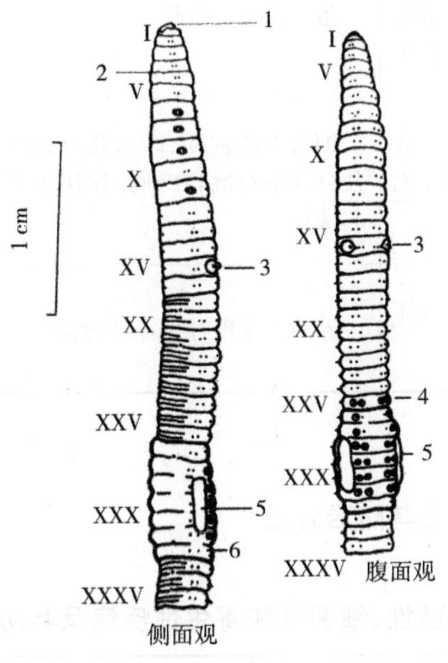

标引序号说明：
1——前叶；
2——首背孔；
3——雄孔；
4——乳突；
5——性隆脊；
6——环带。

图 A.1　赤子爱胜蚓

附　录　B
（资料性）
常见病害及其预防控制

B.1　生态性疾病

生态性疾病及其防治方法见表 B.1。

表 B.1　生态性疾病及其防治方法

名称	主要症状	病因	防治方法
蛋白质中毒症	拒食，蚓体战栗，剧烈痉挛状，蚓体迅速消瘦，出现一端肿胀或一段萎缩或局部僵硬枯焦	蛋白质喂食过量	疏松土壤 增加纤维性饲料 彻底更换养殖土 严重时，应重新引入蚯蚓
酸中毒症	拒食、逃逸，环带红肿，黏液增多而稠，蚓体明显瘦小，无光泽	饲料中的淀粉、碳水化合物或盐分含量过高，在细菌作用下引起酸化	疏松养殖土并喷洒适量苏打水 加入石膏 更换养殖土 严重时，应重新引入蚯蚓
水肿病	蚓体水肿膨大，背孔有液体渗出，蚓茧破裂	养殖土湿度过大，pH 过高	在养殖土中加入过磷酸钙 更换养殖土 严重时，应重新引入蚯蚓

B.2　其他疾病

B.2.1　真菌性、细菌性和寄生性疾病及其防治方法

见表 B.2。

表 B.2　真菌性、细菌性和寄生性疾病及其防治方法

类型	主要症状	防治方法
真菌性疾病	蚯蚓白天爬到养殖土表面，行动呆板，身体僵硬，后期呈白色、绿色或黄色	及时清除死亡蚯蚓，更换养殖土，清洗、消毒饲养设备 严重时，应重新引入蚯蚓
细菌性疾病	拒食，行动迟缓，身体肿胀，上吐下泻	对养殖土进行消毒处理或更换养殖土并清洗饲养设备 避免高温、高湿饲养环境 严重时，应重新引入蚯蚓
寄生性疾病	主要是吸虫类、绦虫类、线虫类等寄生在蚯蚓体内，吸取蚯蚓的体液，影响蚯蚓的生长发育	确保饲料和养殖土中的粪便经过高温发酵处理 出现白虫时，可参照 B.2.2 进行分离 严重时，应重新引入蚯蚓

B.2.2　一种分离养殖环境中白虫的方法

出现少量白虫时，可通过“双皿法”（图 B.1）进行分离：将蚯蚓平铺于上层培养皿中，用强光照射使蚯蚓逃逸至下层盛有净水的浅盘中，而粘附在蚯蚓体表的白虫滞留在皿盖上，将分离后的蚯蚓放入新更换的养殖土即可；当白虫危害较重时，则通过“连续漂洗法”（图 B.2）进行分离。

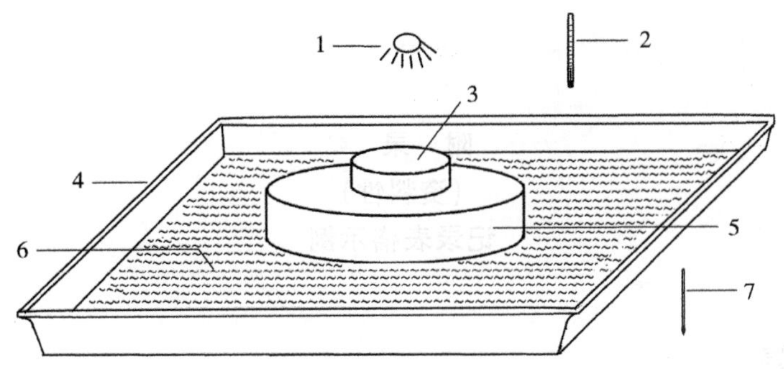

标引序号说明：

1——光源装置；
2——温控装置；
3——小培养皿盖；
4——平底托盘；
5——大培养皿盖；
6——清水；
7——细毛笔。

图 B.1 “双皿法”分离蚯蚓与白虫

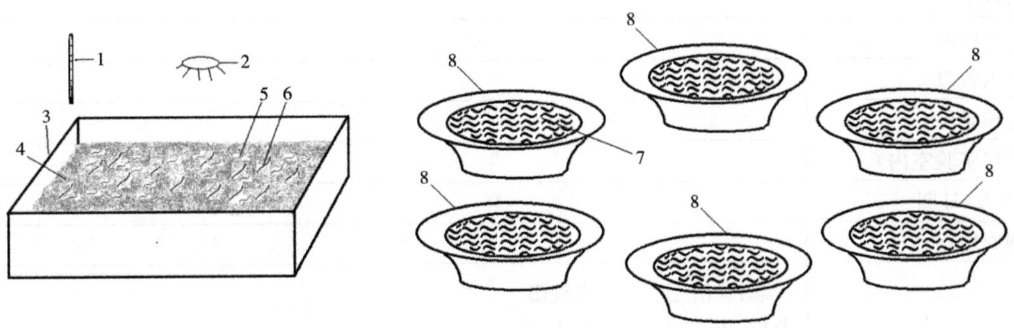

标引序号说明：

1——温控装置；
2——光源装置；
3——蚯蚓养殖箱；
4——土壤；
5——白虫；
6——蚯蚓；
7——清水；
8——广口容器。

图 B.2 “连续漂洗法”分离蚯蚓与白虫

附　录　C
（资料性）
记录表格示例

C.1　蚯蚓引入与验收记录

见表C.1。

表C.1　蚯蚓引入与验收记录

品种/品系	
引入单位	
引入时间	
引入数量	
运输条件	
蚯蚓批号（实验室内）	
验收人/日期	
饲养地点	
验收情况	状态：灵活□　迟钝□ 颜色：正常□　不正常□ 生殖带是否清晰：是□　否□ 品系确认结果：一致□　不一致□
备注	

C.2　饲料购买记录

见表C.2。

表C.2　饲料购买记录

饲料名称	
饲料来源	
购买日期	
购买数量	
生产日期（适用时）	
有效期（适用时）	
批次	
存放地点	
接收人/日期	
备注	

C.3 蚯蚓饲育管理记录

见表C.3。

表C.3 蚯蚓饲育管理记录

批次：__________ 箱号：__________ 放置位置：__________

操作日期	饲料名称	饲料批次	饲喂量，g	是否补水	操作者/日期	备注
注：饲养环境的温度、土壤湿度、土壤pH测定记录可根据实验室具体规定设置表格。						

参 考 文 献

[1] 刘明山．蚯蚓养殖与利用技术[M]．北京:中国林业出版社，2010
[2] 潘红平，曾卫军．蚯蚓高效养殖[M]．北京:化学工业出版社，2018
[3] 徐芹，肖能文．中国陆栖蚯蚓[M]．北京:中国农业出版社，2011

ICS 65.020
CCS B 17

中华人民共和国农业行业标准

NY/T 4196.1—2022

农药登记环境风险评估标准场景 第1部分：场景构建方法

Standard scenarios of environmental risk assessment for pesticide registration—Part 1: Scenario development method

2022-11-11 发布　　2023-03-01 实施

中华人民共和国农业农村部　发布

前　言

本文件按照GB/T 1.1—2020《标准化工作导则　第1部分：标准化文件的结构和起草规则》的规定起草。

本文件是NY/T 4196《农药登记环境风险评估标准场景》的第1部分。NY/T 4196已经发布了以下部分：

——第1部分：场景构建方法；

——第2部分：水稻田标准场景；

——第3部分：旱作地下水标准场景。

请注意本文件的某些内容可能涉及专利。本文件的发布机构不承担识别专利的责任。

本文件由农业农村部种植业管理司提出并归口。

本文件起草单位：农业农村部农药检定所、中国农业科学院农业资源与农业区划研究所。

本文件主要起草人：李文娟、单炜力、袁善奎、陈长利、周艳明、龙翊岚、周欣欣、冀建华、王寿山。

农药登记环境风险评估标准场景
第1部分:场景构建方法

1 范围

本文件规定了化学农药环境风险评估标准场景的构建方法。

本文件适用于露地用农药的环境风险评估。

2 规范性引用文件

下列文件中的内容通过文中的规范性引用而构成本文件必不可少的条款。其中,注日期的引用文件,仅该日期对应的版本适用于本文件;不注日期的引用文件,其最新版本(包括所有的修改单)适用于本文件。

LY/T 1225 森林土壤颗粒组成(机械组成)的测定

NY/T 1121.2 土壤检测 第2部分:土壤pH的测定

NY/T 1121.4 土壤检测 第4部分:土壤容重的测定

NY/T 1121.6 土壤检测 第6部分:土壤有机质的测定

NY/T 2882.1 农药登记 环境风险评估指南 第1部分:总则

3 术语和定义

NY/T 2882.1界定的术语和定义适用于本文件。

3.1

标准场景 standard scenario

农药环境风险评估时,输入到农药暴露模型中能代表现实中最糟糕情况的参数,包括土壤、气候、水体、作物参数等。

3.2

场景区 scenario zone

综合考虑农药使用和农业生产中存在的纬度地带性、经度地带性和垂直地带性差异,依据区内同质性和区际差异性原则划分的用于构建不同类型标准场景的区域。

3.3

场景点 scenario site

通过空间定量分析选出的现实中的具体地点,或根据现实中多个地点具体数据组合而成的虚拟地点。该地点的气候、地貌和土壤类型具有"现实中最糟糕情况"发生的条件。

4 标准场景的场景区划分

4.1 地下水场景区的划分依据

根据全国气象站点多年气象数据的每日降水量和每日平均气温,计算得到每个站点的多年平均气温和多年平均降水量。对这些站点数据进行空间插值计算,得到全国范围的多年平均气温和多年平均降水量分布图。按400 mm、1 000 mm等值线将全国多年平均降水量分布图分成3个区域。按8 ℃,12 ℃、16 ℃和20 ℃等温线将全国多年平均气温分布图分成5个区域。

4.2 地表水场景区的划分依据

利用全国气象站点多年气象数据的每日降水量,计算出每个站点每年的最大日降水量,得到每个站点多年的最大日降水量,取每个站点年最大日降水量的第80百分位作为基础数据,对这些站点数据进行插值，得到全国范围的多年最大日降水量分布图。

4.3 场景区划分

场景区划分的依据和要求应符合附录A规定。

5 标准场景构建

5.1 旱作地下水标准场景

5.1.1 保护目标

旱作地下水的保护目标是作为饮用水源的地下水，以确保人长期饮用无不利影响。西北、华北和东北3个场景区内的保护目标为埋深≥10 m的地下水，长江流域和华南场景区的保护目标为埋深≥2 m的地下水。

5.1.2 确定脆弱性

使用第10百分位的土壤有机质含量(第90百分位的土壤因素)与第90百分位的多年平均降水量，叠加确定第99百分位源于环境因素的地下水脆弱性。

5.2 水稻田地下水标准场景

5.2.1 保护目标

水稻田地下水的保护目标是作为饮用水源的地下水，以确保人长期饮用无不利影响。保护目标为埋深≥2 m的地下水。

5.2.2 确定脆弱性

使用第10百分位的土壤有机质含量(第90百分位的土壤因素)与第90百分位的多年平均降水量，叠加确定第99百分位源于环境因素的地下水脆弱性。

5.3 水稻田地表水标准场景构建

5.3.1 保护目标

水稻田地表水的保护目标是地表水体中的水生生态系统。

5.3.2 确定脆弱性

使用第90百分位的降水因素和第50百分位的稻田漫溢发生率确定第90百分位的水稻田地表水脆弱性。

6 数据收集与处理

6.1 气象数据收集与处理

应至少收集20年气象数据日值，包括最高气温、最低气温、相对湿度、气压、降水、风速、日照时数、蒸腾量。

太阳辐射能量 R_s 根据公式(1)计算。

$$R_s=\left(a_s+b_s\frac{n}{N}\right)R_a \qquad (1)$$

式中：

R_s——太阳辐射能量的数值，单位为千焦每平方米每天[kJ/(m²·d)]；

a_s——Angstrom公式的经验系数，按公式(2)计算；

b_s——Angstrom公式的经验系数，按公式(3)计算；

n——实际日照时间的数值，单位为小时(h)；

N——最大可能日照时间的数值，单位为小时(h)，按公式(4)计算；

R_a——大气顶层太阳辐射能量的数值，单位为千焦每平方米每天[kJ/(m²·d)]，按公式(6)计算。

a_s由公式(2)计算。

$$a_s=0.488\,5-0.005\,2\,\varphi_{\deg}-0.06 \qquad (2)$$

式中：

φ_{deg}——场景点所在地的纬度,以角度表示。

b_s 由公式(3)计算。

$$b_s = 0.1563 + 0.0074\varphi_{deg} + 0.06 \quad (3)$$

N 按公式(4)计算。

$$N = \frac{24}{\pi}\omega_s \quad (4)$$

式中:

ω_s——日落时角,单位为度,按公式(5)计算。

ω_s 按公式(5)计算。

$$\omega_s = \arccos[-\tan(\varphi_{rad})\tan(\delta)] \quad (5)$$

式中:

φ_{rad}——场景点所在地的纬度,以弧度表示;

δ ——太阳赤纬,按公式(7)计算。

$$R_a = \frac{G_{sc}}{\pi} d_r [\omega_s \sin(\varphi_{rad})\sin(\delta) + \cos(\varphi_{rad})\cos(\delta)\sin(\omega_s)] \quad (6)$$

式中:

G_{sc}——太阳常数,0.11808×10^6 kJ/(m^2·d);

d_r——地-日反相对距离,按公式(8)计算。

$$\delta = 0.409\sin\left(\frac{2\pi}{365}J - 1.39\right) \quad (7)$$

式中:

J——当年自然天的序数,$J=1\sim365$ 或 $J=1\sim366$。

$$d_r = 1 + 0.033\cos\left(\frac{2\pi}{365}J\right) \quad (8)$$

实际蒸气压按公式(9)计算。

$$e_a = e_{sw} \times RH \quad (9)$$

式中:

e_a ——实际蒸气压的数值,单位为百帕(hPa);

e_{sw} ——饱和蒸气压的数值,单位为百帕(hPa);

RH ——相对湿度的数值,单位为百分号(%)。

风速从实际观测高度换算成 2 m 高度的风速,见公式(10)。

$$u_2 = \frac{4.87\,u_z}{\ln(67.8 \times Z - 5.42)} \quad (10)$$

式中:

u_2——地表以上 2 m 风速的数值,单位为米每秒(m/s);

u_z——地表以上 Z m 处观测风速的数值,单位为米每秒(m/s);

Z ——观测高度的数值,单位为米(m)。

6.2 土壤数据收集与处理

应收集场景点典型土种土壤剖面数据,包括土层厚度、土壤容重、pH、有机质含量、土壤质地和机械组成。

pH 按 NY/T 1121.2 测定。

土壤容重按 NY/T 1121.4 测定。

有机质含量按 NY/T 1121.6 测定。

土壤质地和机械组成按 LY/T 1225 测定。

应将中国土壤分类的 4 级粒径(2 mm～0.2 mm,0.2 mm～0.02 mm,0.02 mm～0.002 mm,<0.002 mm)按公式(11)转换为 3 级粒径(2 mm～0.05 mm,0.05 mm～0.002 mm,<0.002 mm):

$$CP_n = CP_{n-1} + \frac{(-\varphi_n) - (-\varphi_{n-1})}{(-\varphi_{n+1}) - (-\varphi_{n-1})}(CP_{n+1}) - (CP_{n-1}) \quad \cdots\cdots (11)$$

式中：

CP ——粒径分布曲线上的累积百分数；

$-\varphi$ ——粒径临界值的 $\log_2$ 数值；

n ——缺失粒径临界值；

$n-1$ ——缺失粒径的上级临界值；

$n+1$ ——缺失粒径的下级临界值。

6.3 作物数据收集与处理

6.3.1 作物日历

一年生作物应收集典型的播种、出苗、成熟、收获日期。

多年生落叶作物应收集典型的发芽、落叶日期。

6.3.2 作物数据与测定方法

6.3.2.1 一年生作物数据

应收集物候期和不同生育期的叶面积指数、株高、最大根深。

6.3.2.2 多年生落叶作物数据

应收集作物日历和不同生育期的叶面积指数、株高、最大根深。

6.3.2.3 常绿作物数据

应收集从 1 月 1 日到 12 月 31 日期间，不同时期的叶面积指数、株高、最大根深。

6.3.2.4 测定方法

叶面积指数测定按附录 B 规定的方法执行；

根深测定方法按附录 C 的规定执行。

6.4 农事操作数据收集与处理

应收集典型耕作制度的农事操作信息。

6.4.1 旱地农作物的典型农事操作信息至少包括：

a) 首次和末次灌溉日期；

b) 秸秆处理方式；

c) 翻耕或免耕方式。

6.4.2 水稻田的典型农事操作信息至少包括：

a) 补水；

b) 排水；

c) 晒田。

附　录　A
（规范性）
场景区划分

根据场景区划分依据，把全国多年平均气温、多年平均降水量分布、第80百分位多年最大日降水量的空间插值数据进行叠加，形成各级降水量和平均气温的组合区域，然后结合农作物分布特征、地形特征，调整组合，叠加后的结果经过合并、调整，最终划分出能代表全国主要气候特征和农业生产条件的6个场景区，分别是东北区、华北区、长江流域区、华南区、西北区和青藏高原区。

A.1　东北区

纬度高，积温低，年降水量400 mm～800 mm，作物生长期短；土壤有机质含量较高；耕地主要分布在三江平原、松嫩平原、辽河平原等地区；地下水、地表水丰富，适宜灌溉。主要作物为玉米、大豆、春小麦、水稻和高粱，一年一熟。

A.2　西北区

属于半干旱、干旱气候区，积温低，年降水量低于400 mm，地表蒸散强烈；草原面积大，畜牧业发达；地表水稀少，地表蒸发强烈，主要作物为玉米、马铃薯、春小麦、冬小麦、大豆、谷子、高粱、棉花、春油菜等，一年一熟。

A.3　华北区

属于暖温带气候区，可分为东部的黄淮海平原和西部的黄土高原：

a）　黄淮海平原地势平坦，土层深厚，年降水量500 mm～1 000 mm，但降水和地表径流分布不均；主要作物为冬小麦、玉米、大豆、烟草、花生、油菜、向日葵等，两年三熟或一年两熟。

b）　黄土高原年降水量400 mm～600 mm，但年内和年际间分布不均；土壤肥沃，但土质疏松，地表无植被保护，水土流失严重；地下水水位较深；主要作物为冬小麦、玉米、马铃薯、黍子、谷子、大豆、芝麻、高粱等，南部两年三熟，北部一年一熟。

A.4　长江流域区

属于亚热带气候区，积温高，无霜期210 d～340 d，雨季长，雨量充沛；东部多平原且耕地面积大，西部山地丘陵多；主要作物为水稻、玉米、冬小麦、烟草、冬油菜、花生、芝麻、大豆、甘薯、马铃薯、甘蔗、亚麻、西瓜、苹果、梨、葡萄、柑橘等，一年两熟或一年三熟。

A.5　华南区

属于亚热带和热带地区，高温多雨，水热资源极其丰富，但各季节降水分布不均，雨季导致严重的水土流失；90%面积是丘陵区；土壤多为赤红壤、砖红壤；主要作物为水稻、玉米、大豆、甘薯、马铃薯、小麦、花生、油菜、甘蔗等，一年三熟或一年四熟。

A.6　青藏高原区

地势高、气温低，自然条件恶劣；主要农作物为青稞和小麦。

附 录 B
（规范性）
叶面积指数测定方法

B.1 扫描仪法

适合苗期和郁闭度比较低时的作物叶面积指数的测定。根据所测作物的实际栽培密度（行距和株距），在大田里选定面积为 A 的种植区域（至少 1 m^2），定期测量或者根据生育阶段测量，每个生育阶段测 1 次～2 次，随机选出 N 株作物，用叶面积扫描仪扫描每株作物的全部叶子，分别测定每株植物的叶面积（LA）。叶面积指数（LAI）按公式（B.1）计算。

$$LAI = \frac{M}{N}\sum_{i=1}^{N} LA_i / A \qquad \text{(B.1)}$$

式中：

LAI ——叶面积指数；

M ——选定的种植区域内的作物总株数；

N ——随机选取的代表性作物株数；

A ——选定的种植区域面积的数值，单位为平方米（m^2）；

LA_i ——第 i 株作物叶面积的数值，单位为平方米（m^2）。

B.2 冠层仪法

适合冠层较大或郁闭度较高的果树或作物的叶面积指数的测定。利用冠层孔隙率与冠层结构相关的原理，测量植物冠层中光线的拦截，得到植物叶面积指数数据。

B.3 打孔法

鲜重法

将取样的全部叶片鲜样采用万分之一电子天平称重，再选取其中大、中和小 3 个类型的叶片各 5 片～10 片，叠集起来，根据叶面大小，选用直径为 13 mm 和 18.1 mm 的打孔器打孔，将打孔圆称重。根据打孔圆的质量和面积计算得出比叶重值，分别计算出大、中和小 3 个类型叶片的比叶重值，再将 3 个值平均后得平均比叶重。根据平均比叶重和取样点鲜叶总重按公式（B.2）计算出取样点的叶面积指数。

$$LAI_S = \frac{LW_S}{AW_S} \times 0.0001 \qquad \text{(B.2)}$$

式中：

LAI_S ——取样点叶面积的数值，单位为平方米（m^2）；

LW_S ——取样点叶鲜重的数值，单位为克（g）；

AW_S ——平均比叶重的数值，单位为克每平方厘米（g/cm^2）；

0.000 1——平方厘米到平方米的转换系数。

B.4 拍照法

对选定植株的所有叶片用数码相机拍照，并通过智能叶面积测量系统自动进行图像处理估算每一片叶子的叶面积，得到整个植物叶子的总面积（S）。在此基础上，根据单位面积内植物株数，计算得出该植物的叶面积指数 LAI。

附 录 C
（规范性）
作物根深测定方法

C.1 直测法

适合测定普通农作物的根深。在作物不同的生育阶段，随机选择 N 株代表性植株，把整株作物挖出来，测量主根在自然放置状态下的长度，得到最大根深。

C.2 侧沟法

适合测定经济价值较高的多年生作物的根深。在作物的侧面挖一条沟，以不伤到作物根系为原则，沟的深度以超过作物的最大根深为准，然后通过测量侧沟土壤剖面上的根所达深度，得到最大根深。

C.3 集水线法

适合测定果树的根深。沿果树的集水线挖沟，沟的深度以挖到大量须根所在土层为准，然后测量最大根深。

C.4 埋管法

适合测定根系发达且埋深大的作物的根深。在作物播种期把长度≥1 m 的特制玻璃管打入耕地中，在作物的不同生育阶段，用特殊的拍照仪器伸入玻璃管中进行测量，从而得到相应生育阶段的最大根深。

ICS 65.020
CCS B 17

中华人民共和国农业行业标准

NY/T 4196.2—2022

农药登记环境风险评估标准场景 第2部分:水稻田标准场景

Standard scenarios of environmental risk assessment for pesticide registration—Part 2:Paddy land standard scenarios

2022-11-11 发布 2023-03-01 实施

中华人民共和国农业农村部 发布

前　言

本文件按照 GB/T 1.1—2020《标准化工作导则　第 1 部分：标准化文件的结构和起草规则》的规定起草。

本文件是 NY/T 4196《农药登记环境风险评估标准场景》的第 2 部分。NY/T 4196 已经发布了以下部分：

——第 1 部分：场景构建方法；

——第 2 部分：水稻田标准场景；

——第 3 部分：旱作地下水标准场景。

请注意本文件的某些内容可能涉及专利。本文件的发布机构不承担识别专利的责任。

本文件由农业农村部种植业管理司提出并归口。

本文件起草单位：农业农村部农药检定所、中国农业科学院农业资源与农业区划研究所。

本文件主要起草人：冀建华、李文娟、周欣欣、陈长利、龙翊岚、周艳明、王寿山、袁善奎。

农药登记环境风险评估标准场景
第2部分:水稻田标准场景

1 范围

本文件规定了农药登记环境风险评估所需的水稻田标准场景。

本文件适用于水稻田用农药的环境风险评估。

2 规范性引用文件

本文件没有规范性引用文件。

3 术语和定义

本文件没有需要界定的术语和定义。

4 水稻田标准场景

4.1 场景概念模型

周围是100%水稻田的天然池塘,种植双季水稻,池塘与周围水稻田的面积比率是1∶20,池塘水深为0.5 m~2 m。

4.2 场景参数

4.2.1 江西南昌

4.2.1.1 南昌土壤数据

南昌的土壤数据见表1、表2。

表1 南昌土壤各剖面有机质含量、干容重和机械组成

土壤类型	深度 cm	有机质含量 %	干容重 g/cm³	机械组成 %		
				沙粒	粉粒	黏粒
潴育水稻土亚类 黄泥田土属	0~15	2.034	1.41	11.08	58.86	30.06
	15~24	1.370	1.48	14.51	61.36	24.13
	24~36	0.502	1.60	13.03	58.35	28.62
	36~100	0.400	1.62	13.09	62.80	24.11

表2 南昌土壤各剖面水文参数

深度 cm	θ_r[a] m³/m³	θ_s[b] m³/m³	α[c] /cm	n[c]	λ[c]	K_s[d] cm/d
0~15	0.083 5	0.444 1	0.007 3	1.544 2	0.5	9.76
15~24	0.073 6	0.410 7	0.006 2	1.594 8	0.5	8.93
24~36	0.075 1	0.391 5	0.007 7	1.500 3	0.5	3.86
36~100	0.691	0.380 1	0.007	1.535 3	0.5	4.56

a θ_r为残余含水率。

b θ_s为饱和含水率。

c α、n、λ 为 van Genuchten 模型的参数。

d K_s为饱和渗透系数。

4.2.1.2 南昌气象数据

使用南昌(气象站编号:58606)气象数据日值。

4.2.1.3 南昌水稻数据

南昌的水稻数据见表3、表4。

表3 南昌水稻作物日历

作物	插秧期	收获日期
早稻	4月22日	7月10日
晚稻	7月11日	10月20日

表4 南昌水稻生育期数据

水稻	生育阶段	叶面积指数	株高 m	根深 m
早稻	0	0.05	0.14	0.06
	0.08	0.2	0.23	0.06
	0.2	0.7	0.26	0.12
	0.32	3.2	0.42	0.19
	0.49	5.4	0.72	0.21
	0.605	4.4	0.84	0.25
	0.695	4.1	0.84	0.25
	0.76	3.4	0.84	0.25
	1	3	0.84	0.25
晚稻	0	0.05	0.14	0.06
	0.08	0.1	0.23	0.06
	0.2	1.0	0.26	0.12
	0.32	2.1	0.42	0.19
	0.49	3.9	0.72	0.21
	0.605	5.2	0.84	0.25
	0.695	5.0	0.84	0.25
	0.76	4.1	0.84	0.25
	1	2.8	0.84	0.25

4.2.2 广东连平

4.2.2.1 连平土壤数据

连平的土壤数据见表5、表6。

表5 连平土壤各剖面有机质含量、干容重和机械组成

土壤类型	深度 cm	有机质含量 %	干容重 g/cm³	机械组成 %		
				砂粒	粉粒	黏粒
潴育水稻土亚类 潮泥沙田土属	0～14	20 272	1.39	47.35	38.34	14.31
	14～21	1.362	1.48	45.97	38.20	15.83
	21～42	0.800	1.55	41.34	39.41	19.22
	42～67	0.723	1.56	47.24	33.96	18.80

表6 连平土壤各剖面水文参数

深度 cm	θ_r[a] m³/m³	θ_s[b] m³/m³	α[c] /cm	n[c]	λ[c]	K_s[d] cm/d
0～14	0.050 4	0.390 7	0.011 6	1.507	0.5	24.37
14～21	0.051 2	0.375 9	0.012 6	1.478 8	0.5	15.21
21～42	0.055 8	0.368 2	0.012	1.455 7	0.5	8.21
42～67	0.054 2	0.369 1	0.015 6	1.414 2	0.5	10.11

a θ_r为残余含水率。

b θ_s为饱和含水率。

c α、n、λ 为 van Genuchten 模型的参数。

d K_s为饱和渗透系数。

4.2.2.2 连平气象数据

使用韶关(气象站编号:59082)气象数据日值。

4.2.2.3 连平水稻数据

连平的作物数据见表7、表8。

表7 连平水稻作物日历

作物	插秧期	收获日期
早稻	4月13日	7月15日
晚稻	7月16日	10月23日

表8 连平水稻生育期数据

水稻	生育阶段	叶面积 指数	株高 m	根深 m
早稻	0	0.05	0.14	0.06
	0.08	0.2	0.23	0.06
	0.2	0.7	0.26	0.12
	0.32	3.2	0.42	0.19
	0.49	5.4	0.72	0.21
	0.605	4.4	0.84	0.25
	0.695	4.1	0.84	0.25
	0.76	3.4	0.84	0.25
	1	3	0.84	0.25
晚稻	0	0.05	0.14	0.06
	0.08	0.1	0.23	0.06
	0.2	1.0	0.26	0.12
	0.32	2.1	0.42	0.19
	0.49	3.9	0.72	0.21
	0.605	5.2	0.84	0.25
	0.695	5.0	0.84	0.25
	0.76	4.1	0.84	0.25
	1	2.8	0.84	0.25

ICS 65.020
CCS B 17

中华人民共和国农业行业标准

NY/T 4196.3—2022

农药登记环境风险评估标准场景 第3部分：旱作地下水标准场景

Standard scenarios of environmental risk assessment for pesticide registration—Part 3: Dryland groundwater standard scenarios

2022-11-11 发布　　2023-03-01 实施

中华人民共和国农业农村部　发布

前　言

本文件按照 GB/T 1.1—2020《标准化工作导则　第1部分：标准化文件的结构和起草规则》的规定起草。

本文件是 NY/T 4196《农药登记环境风险评估标准场景》的第3部分。NY/T 4196 已经发布了以下部分：

——第1部分：场景构建方法；

——第2部分：水稻田标准场景；

——第3部分：旱作地下水标准场景。

请注意本文件的某些内容可能涉及专利。本文件的发布机构不承担识别专利的责任。

本文件由农业农村部种植业管理司提出并归口。

本文件起草单位：农业农村部农药检定所、中国农业科学院农业资源与农业区划研究所。

本文件主要起草人：周艳明、李文娟、单炜力、陈长利、龙翊岚、周欣欣、冀建华、袁善奎、王寿山。

农药登记环境风险评估标准场景 第3部分:旱作地下水标准场景

1 范围

本文件规定了农药环境风险评估所需的旱作地下水标准场景。

本文件适用于露地用农药的环境风险评估。

2 规范性引用文件

本文件没有规范性引用文件。

3 术语和定义

本文件没有需要界定的术语和定义。

4 旱作地下水场景

4.1 辽宁新民

4.1.1 新民土壤数据

新民土壤数据见表1、表2。

表1 新民土壤各剖面有机质含量、干容重和机械组成

土壤类型	深度 cm	有机质含量 %	干容重 g/cm^3	机械组成 %		
				沙粒	粉粒	黏粒
泥甸淤土 草甸土亚类甸泥沙土土属	0～18	1.426	1.37	44.39	37.65	17.96
	18～45	1.168	1.54	42.58	36.93	20.49
	45～94	0.953	1.41	40.66	38.55	20.79
	94～140	0.679	1.48	42.02	34.73	23.25

表2 新民土壤各剖面水文参数

深度 cm	θ_r[a] m^3/m^3	θ_s[b] m^3/m^3	α[c] /cm	n[c]	λ[c]	K_s[d] cm/d
0～18	0.058 4	0.405 5	0.010 4	1.519 5	0.5	19.37
18～45	0.058 3	0.375 1	0.012 6	1.444 9	0.5	8.28
45～94	0.063 2	0.403 7	0.009 9	1.515	0.5	12.72
94～140	0.065 1	0.396 6	0.012 1	1.457 5	0.5	9.06

a θ_r为残余含水率。

b θ_s为饱和含水率。

c α、n、λ 为 van Genuchten 模型的参数。

d K_s为饱和渗透系数。

4.1.2 新民气象数据

使用沈阳(气象站编号:54342)气象数据日值。

4.1.3 新民作物数据

新民作物数据见表3、表4。

表 3 新民作物日历

作物	出苗日期	收获日期
春小麦	4 月 15 日	8 月 20 日
春玉米	5 月 15 日	9 月 20 日
大豆	5 月 25 日	9 月 28 日
甜菜	4 月 25 日	9 月 28 日
番茄	5 月 1 日	9 月 30 日
大白菜	8 月 1 日	10 月 5 日

表 4 新民作物参数

作物	生育阶段	叶面积指数	作物因素	根深 m
春小麦	0	0	1	0
	0.7	3.49	0.8	0.58
	1	3.49	0.8	0.64
春玉米	0	0	1	0
	0.603	5.2	0.86	0.32
	1	2.8	0.86	0.32
大豆	0	0	1	0
	0.555	6.5	0.81	0.6
	1	6.5	0.81	0.6
甜菜	0	0	1	0
	0.78	4.2	0.87	1.2
	1	4.2	0.87	1.2
番茄	0	0	1.05	0
	0.4	0.1	1.05	0.03
	0.58	2.57	1.1	0.16
	1	3.67	0.85	0.17
大白菜	0	0	1	0
	0.51	1.64	0.83	0.21
	0.85	3.77	0.83	0.32
	1	2.66	0.83	0.34

4.2 新疆乌鲁木齐

4.2.1 乌鲁木齐土壤数据

乌鲁木齐土壤数据见表 5、表 6。

表 5 乌鲁木齐土壤各剖面有机质含量、干容重和机械组成

土壤类型	深度 cm	有机质含量 %	干容重 g/cm³	机械组成 %		
				沙粒	粉粒	黏粒
淡棕灰土淡棕钙土亚类 淡棕钙泥沙土土属	0～8	0.682	1.57	22.60	56.90	20.50
	8～30	0.562	1.59	24.14	49.96	25.90
	30～65	0.408	1.62	25.91	54.59	19.50
	65～90	0.408	1.62	26.15	58.05	15.80

表 6 乌鲁木齐土壤各剖面水文参数

深度 cm	θ_r[a] m^3/m^3	θ_s[b] m^3/m^3	α[c] /cm	n[c]	λ[c]	K_s[d] cm/d
0～8	0.062 2	0.371 2	0.006 9	1.561 9	0.5	6.72
8～30	0.068 4	0.377	0.008 4	1.488 8	0.5	4.28
30～65	0.057 4	0.354 5	0.007 9	1.515 1	0.5	5.68

表 6（续）

深度 cm	θ_r[a] m^3/m^3	θ_s[b] m^3/m^3	α[c] /cm	n[c]	λ[c]	K_s[d] cm/d
65～90	0.051 7	0.347 2	0.007 8	1.530 7	0.5	7.82

[a] θ_r为残余含水率。
[b] θ_s为饱和含水率。
[c] α、n、λ 为 van Genuchten 模型的参数。
[d] K_s为饱和渗透系数。

4.2.2 乌鲁木齐气象数据

使用乌鲁木齐(气象站编号:51463)气象数据日值。

4.2.3 乌鲁木齐作物数据

乌鲁木齐作物数据见表 7、表 8。

表 7 乌鲁木齐作物日历

作物	出苗日期	收获日期
春小麦	5 月 5 日	8 月 25 日
春玉米	5 月 5 日	9 月 25 日
马铃薯	5 月 5 日	10 月 5 日
棉花	4 月 25 日	10月 15 日
苜蓿	4 月 28 日	9 月 19 日
番茄	4 月 15 日	9 月 30 日

表 8 乌鲁木齐作物参数

作物	生育阶段	叶面积指数	作物因素	根深 m
春小麦	0	0	1	0
	0.7	3.49	0.8	0.58
	1	3.49	0.8	0.64
春玉米	0	0	1	0
	0.603	5.2	0.86	0.32
	1	2.8	0.86	0.32
马铃薯	0	0	1	0
	0.375	4	0.8	0.6
	1	4	0.8	0.6
棉花	0	0	1	0
	0.63	1.8	0.87	1.18
	1	1.3	0.87	1.24
番茄	0	0	1.05	0
	0.4	0.1	1.05	0.03
	0.58	2.57	1.1	0.16
	1	3.67	0.85	0.17
苜蓿	0	1	1	0.6
	0.23	1	1	0.6
	0.415	5	1	0.6
	0.415 5	1	1	0.6
	0.535	5	1	0.6
	0.535 5	1	1	0.6
	0.665	5	1	0.6
	0.665 5	1	1	0.6
	1	5	1	0.6

4.3 宁夏同心

4.3.1 同心土壤数据

同心土壤数据见表9、表10。

表9 同心土壤各剖面有机质含量、干容重和机械组成

土壤类型	深度 cm	有机质含量 %	干容重 g/cm³	机械组成 %		
				沙粒	粉粒	黏粒
老牙村淤绵土 黄绵土亚类绵土土属	0～20	0.610	1.57	28.87	52.43	18.70
	20～136	0.577	1.59	26.70	52.20	21.10

表10 同心土壤各剖面水文参数

深度 cm	θ_r[a] m³/m³	θ_s[b] m³/m³	α[c] /cm	n[c]	λ[c]	K_s[d] cm/d
0～20	0.056 7	0.359 2	0.007 9	1.53	0.5	7.06
20～136	0.060 7	0.364 1	0.007 9	1.520 3	0.5	5.69

[a] θ_r为残余含水率。
[b] θ_s为饱和含水率。
[c] α、n、λ 为 van Genuchten 模型的参数。
[d] K_s为饱和渗透系数。

4.3.2 同心气象数据

使用同心(气象站编号:53810)气象数据日值。

4.3.3 同心作物数据

同心作物数据见表11、表12。

表11 同心作物日历

作物	出苗日期	收获日期
春玉米	4月25日	9月20日
马铃薯	5月5日	10月5日
春小麦	4月5日	7月8日
甜菜	4月25日	9月28日

表12 同心作物参数

作物	生育阶段	叶面积指数	作物因素	根深 m
春玉米	0	0	1	0
	0.603	5.2	0.86	0.32
	1	2.8	0.86	0.32
马铃薯	0	0	1	0
	0.375	4	0.8	0.6
	1	4	0.8	0.6
春小麦	0	0	1	0
	0.7	3.49	0.8	0.58
	1	3.49	0.8	0.64
甜菜	0	0	1	0
	0.78	4.2	0.87	1.2
	1	4.2	0.87	1.2

4.4 河南商丘

4.4.1 商丘土壤数据

商丘土壤数据见表13、表14。

表 13 商丘土壤各剖面有机质含量、干容重和机械组成

土壤类型	深度 cm	有机质含量 %	干容重 g/cm³	机械组成 %		
				沙粒	粉粒	黏粒
底砂两合土 潮土亚类潮壤土土属	0～20	0.660	1.57	21.23	58.27	20.50
	20～38	0.597	1.58	20.85	56.25	22.90
	38～68	0.358	1.63	31.99	51.21	16.80
	68～100	0.176	1.68	43.84	49.96	6.20

表 14 商丘土壤各剖面水文参数

深度 cm	θ_r[a] m³/m³	θ_s[b] m³/m³	α[c] /cm	n[c]	λ[c]	K_s[d] cm/d
0～20	0.062 8	0.373	0.006 7	1.568 5	0.5	6.83
20～38	0.065 9	0.375 8	0.007 1	1.543 7	0.5	5.5
38～68	0.050 5	0.342 4	0.009 5	1.479	0.5	6.84
68～100	0.030 1	0.308 2	0.022 6	1.361 1	0.5	15.25

[a] θ_r为残余含水率。

[b] θ_s为饱和含水率。

[c] α、n、λ 为 van Genuchten 模型的参数。

[d] K_s为饱和渗透系数。

4.4.2 商丘气象数据

使用商丘(气象站编号:58005)气象数据日值。

4.4.3 商丘作物数据

商丘作物数据见表 15、表 16。

表 15 商丘作物日历

作物	出苗日期	收获日期
冬小麦	10 月 25 日	5 月 30 日
夏玉米	6 月 10 日	9 月 15 日
棉花	4 月 25 日	10 月 25 日
烟草	4 月 15 日	8 月 25 日
大豆	5 月 15 日	9 月 25 日

表 16 商丘作物参数

作物	生育阶段	叶面积指数	作物因素	根深 m
冬小麦	0	0	1	0
	0.671	0.09	1	0.1
	0.83	3.49	0.74	0.17
	1	2.15	0.74	0.20
夏玉米	0	0	1	0
	0.625	5.2	0.86	0.30
	1	2.8	0.86	0.32
棉花	0	0	1	0
	0.63	1.8	0.87	1.18
	1	1.3	0.87	1.24
烟草	0	0	1	0
	0.445	4	0.94	1
	1	4	0.94	1
大豆	0	0	1	0
	0.555	6.5	0.81	0.6
	1	6.5	0.81	0.6

4.5 山东潍坊

4.5.1 潍坊土壤数据

潍坊土壤数据见表 17、表 18。

表 17 潍坊土壤各剖面有机质含量、干容重和机械组成

土壤类型	深度 cm	有机质含量 %	干容重 g/cm³	机械组成 %		
				沙粒	粉粒	黏粒
临淄立黄土 褐土亚类褐黄土土属	0～22	0.660	1.24	29.22	50.28	20.50
	22～38	0.549	1.39	28.48	50.42	21.10
	38～74	0.185	1.49	28.00	47.90	24.10
	74～97	0.197	1.67	27.82	48.38	23.80
	97～120	0.160	1.69	31.91	46.49	21.60

表 18 潍坊土壤各剖面水文参数

深度 cm	θ_r[a] m³/m³	θ_s[b] m³/m³	α[c] /cm	n[c]	λ[c]	K_s[d] cm/d
0～22	0.069 1	0.440 1	0.005 9	1.633 8	0.5	31.6
22～38	0.066 6	0.407 3	0.006 5	1.602 8	0.5	14.11
38～74	0.068 6	0.394	0.007 8	1.538 7	0.5	7.39
74～97	0.060 7	0.351	0.01	1.427 7	0.5	3.37
97～120	0.055 3	0.340 1	0.011 4	1.399 8	0.5	3.68

[a] θ_r为残余含水率。
[b] θ_s为饱和含水率。
[c] α、n、λ 为 van Genuchten 模型的参数。
[d] K_s为饱和渗透系数。

4.5.2 潍坊气象数据

使用潍坊(气象站编号:54843)气象数据日值。

4.5.3 潍坊作物数据

潍坊作物数据见表 19、表 20。

表 19 潍坊作物日历

作物	出苗日期	收获日期
冬小麦	10 月 10 日	6 月 5 日
夏玉米	6 月 20 日	9 月 25 日
棉花	4 月 5 日	10 月 20 日
大豆	6 月 15 日	10 月 5 日
苹果树	4 月 1 日	9 月 1 日

表 20 潍坊作物参数

作物	生育阶段	叶面积指数	作物因素	根深 m
冬小麦	0	0	1	0
	0.671	0.09	1	0.1
	0.83	3.49	0.74	0.17
	1	2.15	0.74	0.20
夏玉米	0	0	1	0
	0.625	5.2	0.86	0.30
	1	2.8	0.86	0.32
棉花	0	0	1	0
	0.63	1.8	0.87	1.18
	1	1.3	0.87	1.24

表 20（续）

作物	生育阶段	叶面积指数	作物因素	根深 m
大豆	0	0	1	0
	0.555	6.5	0.81	0.6
	1	6.5	0.81	0.6
苹果树	0	0	1	1.6
	0.285	0	1	1.6
	0.495	4	0.98	1.6
	0.83	4	0.98	1.6
	0.830 5	0	1	1.6
	1	0	1	1.6

4.6 陕西武功

4.6.1 武功土壤数据

武功土壤数据见表 21、表 22。

表 21 武功土壤各剖面有机质含量、干容重和机械组成

土壤类型	深度 cm	有机质含量 %	干容重 g/cm^3	机械组成 %		
				沙粒	粉粒	黏粒
斑斑黑油土 塿土亚类塿黏土土属	0～14	0.689	1.57	18.80	55.72	25.48
	14～23	0.592	1.58	18.94	55.73	25.33
	23～97	0.665	1.57	17.43	56.52	26.05
	97～180	0.719	1.56	17.32	55.64	27.04
	180～200	0.641	1.57	17.33	56.51	26.16

表 22 武功土壤各剖面水文参数

深度 cm	θ_r [a] m^3/m^3	θ_s [b] m^3/m^3	α [c] /cm	n [c]	λ [c]	K_s [d] cm/d
0～14	0.070 5	0.385 7	0.007 3	1.531 8	0.5	5.03
14～23	0.069 9	0.382 9	0.007 4	1.527 4	0.5	4.83
23～97	0.071 7	0.388 5	0.007 3	1.530 7	0.5	4.95
97～180	0.073 4	0.393	0.007 5	1.524 8	0.5	4.95
180～200	0.071 9	0.388 8	0.007 3	1.529 8	0.5	4.93

[a] θ_r为残余含水率。
[b] θ_s为饱和含水率。
[c] α、n、λ 为 van Genuchten 模型的参数。
[d] K_s为饱和渗透系数。

4.6.2 武功气象数据

使用武功(气象站编号:57034)气象数据日值。

4.6.3 武功作物数据

武功作物数据见表 23、表 24。

表 23 武功作物日历

作物	出苗日期	收获日期
冬小麦	10 月 20 日	6 月 5 日
夏玉米	6 月 18 日	9 月 25 日
棉花	4 月 15 日	10 月 20 日
大豆	5 月 15 日	10 月 5 日
葡萄	4 月 1 日	8 月 30 日

表 24　武功作物参数

作物	生育阶段	叶面积指数	作物因素	根深 m
冬小麦	0	0	1	0
	0.671	0.09	1	0.1
	0.83	3.49	0.74	0.17
	1	2.15	0.74	0.20
夏玉米	0	0	1	0
	0.625	5.2	0.86	0.30
	1	2.8	0.86	0.32
棉花	0	0	1	0
	0.63	1.8	0.87	1.18
	1	1.3	0.87	1.24
大豆	0	0	1	0
	0.555	6.5	0.81	0.6
	1	6.5	0.81	0.6
葡萄	0	0	1	1.9
	0.25	0	1	1.9
	0.58	6	0.79	1.9
	0.835	6	0.79	1.9
	0.835 5	0	1	1.9
	1	0	1	1.9

4.7　江西南昌

4.7.1　南昌土壤数据

南昌土壤数据见表 25、表 26。

表 25　南昌土壤各剖面有机质含量、干容重和机械组成

土壤类型	深度 cm	有机质含量 %	干容重 g/cm^3	机械组成 %		
				沙粒	粉粒	黏粒
棕沙黄泥 棕红壤亚类黏棕红泥土属	0～18	1.30	1.48	59.85	26.45	13.70
	18～25	0.70	1.57	35.21	51.15	13.64
	25～57	0.44	1.61	36.27	46.76	16.97

表 26　南昌土壤各剖面水文参数

深度 cm	θ_r[a] m^3/m^3	θ_s[b] m^3/m^3	α[c] /cm	n[c]	λ[c]	K_s[d] cm/d
0～18	0.047 7	0.385 5	0.023 15	1.431 2	0.5	29.9
18～25	0.046 6	0.347	0.009 264	1.512 5	0.5	11.52
25～57	0.050 3	0.345 9	0.010 72	1.460 5	0.5	7.15

[a] θ_r为残余含水率。
[b] θ_s为饱和含水率。
[c] α、n、λ 为 van Genuchten 模型的参数。
[d] K_s为饱和渗透系数。

4.7.2　南昌气象数据

使用南昌(气象站编号:58606)气象数据日值。

4.7.3　南昌作物数据

南昌作物数据见表 27、表 28。

表 27　南昌作物日历

作物	出苗日期	收获日期
冬小麦	10 月 25 日	5 月 20 日
春玉米	4 月 15 日	7 月 15 日
夏玉米	7 月 25 日	10 月 28 日
春大豆	3 月 20 日	7 月 30 日
夏大豆	7 月 15 日	10 月 25 日
秋马铃薯	8 月 25 日	11 月 25 日
冬马铃薯	12 月 15 日	4 月 30 日
甘蓝	10 月 15 日	2 月 20 日
早花生	4 月 10 日	7 月 30 日
晚花生	7 月 20 日	10 月 31 日
茶树	1 月 1 日	12 月 31
柑橘树	1 月 1 日	12 月 31

表 28　南昌作物参数

作物	生育阶段	叶面积指数	作物因素	根深 m
冬小麦	0	0	1	0
	0.671	0.09	1	0.1
	0.83	3.49	0.74	0.17
	1	2.15	0.74	0.20
春玉米	0	0	1	0
	0.625	5.2	0.86	0.30
	1	2.8	0.86	0.32
夏玉米	0	0	1	0
	0.625	5.2	0.86	0.30
	1	2.8	0.86	0.32
春大豆	0	0	1	0
	0.2	0.59	0.81	0.15
	0.44	4.98	0.81	0.31
	0.62	5.37	0.81	0.34
	1	4.01	0.81	0.35
夏大豆	0	0	1	0
	0.2	0.59	0.81	0.15
	0.44	4.98	0.81	0.31
	0.62	5.37	0.81	0.34
	1	4.01	0.81	0.35
秋马铃薯	0	0	1	0
	0.375	4	0.83	0.6
	1	4	0.83	0.6
冬马铃薯	0	0	1	0
	0.375	4	0.83	0.6
	1	4	0.83	0.6
甘蓝	0	0	1	0
	0.39	0.26	1	0.17
	0.632	2.05	1	0.153
	1	2.54	0.93	0.184
早花生	0	0	1	0
	0.237	0.51	0.83	0.227
	0.345	2.15	0.83	0.252
	1	3.05	0.83	0.267

表 28（续）

作物	生育阶段	叶面积指数	作物因素	根深 m
晚花生	0	0	1	0
	0.237	0.51	0.83	0.227
	0.345	2.15	0.83	0.252
	1	3.05	0.83	0.267
茶树	0	6.16	1	0.15
	0.5	8.95	1	0.15
	1	10.25	0.83	0.15
柑橘树	0	4.94	0.6	0.90
	1	4.94	0.6	0.90

4.8 广东连平

4.8.1 连平土壤数据

连平土壤数据见表 29、表 30。

表 29 连平土壤各剖面有机质含量、干容重和机械组成

土壤类型	深度 cm	有机质含量 %	干容重 g/cm³	机械组成 %		
				沙粒	粉粒	黏粒
红黏泥土 红壤亚类泥沙红土土属	0～13	2.43	1.38	59.84	11.82	28.34
	13～45	1.71	1.44	28.64	39.33	32.03
	45～150	0.96	1.53	24.69	40.16	35.15

表 30 连平土壤各剖面水文参数

深度 cm	θ_r[a] m³/m³	θ_s[b] m³/m³	α[c] /cm	n[c]	λ[c]	K_s[d] cm/d
0～13	0.076	0.447 6	0.021 52	1.373 7	0.5	35.16
13～45	0.080 8	0.426 9	0.010 55	1.456 5	0.5	7.725
45～150	0.081 4	0.411 8	0.011 29	1.407 3	0.5	4.745

[a] θ_r为残余含水率。

[b] θ_s为饱和含水率。

[c] α、n、λ 为 van Genuchten 模型的参数。

[d] K_s为饱和渗透系数。

4.8.2 连平气象数据

使用韶关(气象站编号:59082)气象数据日值。

4.8.3 连平作物数据

连平作物数据见表 31、表 32。

表 31 连平作物日历

作物	出苗日期	收获日期
春玉米	4 月 15 日	7 月 15 日
夏玉米	7 月 10 日	11 月 10 日
秋玉米	11 月 15 日	4 月 15 日
冬马铃薯	10 月 15 日	3 月 30 日
早甘蓝	3 月 15 日	6 月 15 日
晚甘蓝	6 月 20 日	9 月 15 日
春花生	3 月 15 日	8 月 15 日
秋花生	8 月 20 日	11 月 31 日
春西瓜	3 月 5 日	6 月 5 日
秋西瓜	8 月 5 日	12 月 5 日

表 32 连平作物参数

作物	生育阶段	叶面积指数	作物因素	根深 m
春玉米	0	0	1	0
	0.625	5.2	0.86	0.30
	1	2.8	0.86	0.32
夏玉米	0	0	1	0
	0.625	5.2	0.86	0.30
	1	2.8	0.86	0.32
秋玉米	0	0	1	0
	0.625	5.2	0.86	0.30
	1	2.8	0.86	0.32
冬马铃薯	0	0	1	0
	0.375	4	0.83	0.6
	1	4	0.83	0.6
早甘蓝	0	0	1	0
	0.39	0.26	1	0.17
	0.632	2.05	1	0.153
	1	2.54	0.93	0.184
晚甘蓝	0	0	1	0
	0.39	0.26	1	0.17
	0.632	2.05	1	0.153
	1	2.54	0.93	0.184
春花生	0	0	1	0
	0.237	0.51	0.83	0.227
	0.345	2.15	0.83	0.252
	1	3.05	0.83	0.267
秋花生	0	0	1	0
	0.237	0.51	0.83	0.227
	0.345	2.15	0.83	0.252
	1	3.05	0.83	0.267
春西瓜	0	0	1	0
	0.33	0.06	0.83	0.1
	0.54	1.07	0.83	0.19
	0.87	4.03	0.83	0.21
	1	3.55	0.83	0.305
秋西瓜	0	0	1	0
	0.33	0.06	0.83	0.1
	0.54	1.07	0.83	0.19
	0.87	4.03	0.83	0.21
	1	3.55	0.83	0.305

4.9 四川泸州

4.9.1 泸州土壤数据

泸州土壤数据见表 33、表 34。

表 33 泸州土壤各剖面有机质含量、干容重和机械组成

土壤类型	深度 cm	有机质含量 %	干容重 g/cm³	机械组成 %		
				沙粒	粉粒	黏粒
棕紫沙泥土石灰性紫色土亚类钙紫沙泥土土属	0～18	1.1	1.51	38.20	39.32	22.48
	18～40	0.83	1.55	32.09	45.41	22.50
	40～80	0.99	1.52	25.02	51.93	23.05

表 34 泸州土壤各剖面水文参数

深度 cm	θ_r[a] m^3/m^3	θ_s[b] m^3/m^3	α[c] /cm	n[c]	λ[c]	K_s[d] cm/d
0～18	0.063 4	0.385 4	0.010 64	1.476 3	0.5	7.39
18～40	0.063 0	0.375 0	0.009 03	1.497 3	0.5	6.28
40～80	0.066 8	0.385 8	0.007 24	1.553 5	0.5	6.92

[a] θ_r为残余含水率。
[b] θ_s为饱和含水率。
[c] α、n、λ 为 van Genuchten 模型的参数。
[d] K_s为饱和渗透系数。

4.9.2 泸州气象数据

使用宜宾(气象站编号:56492)气象数据日值。

4.9.3 泸州作物数据

泸州作物数据见表 35、表 36。

表 35 泸州作物日历

作物	出苗日期	收获日期
秋玉米	7 月 20 日	10 月 15 日
烟草	3 月 15 日	8 月 20 日
冬油菜	9 月 20 日	4 月 30 日
辣椒	4 月 5 日	9 月 30 日
茶树	1 月 1 日	12 月 31 日
柑橘树	1 月 1 日	12 月 31 日

表 36 泸州作物参数

作物	生育阶段	叶面积指数	作物因素	根深 m
秋玉米	0	0	1	0
	0.625	5.2	0.86	0.30
	1	2.8	0.86	0.32
烟草	0	0	1	0
	0.445	4	0.94	1
	1	4	0.94	1
冬油菜	0	0	1	0
	0.5	2.69	1	0.27
	1	5.22	1	0.36
辣椒	0	0	1.05	0
	0.31	0.17	1.05	0.05
	0.43	2.23	1.1	0.11
	1	3.63	0.85	0.185
茶树	0	6.16	1	0.15
	0.5	8.95	1	0.15
	1	10.25	0.83	0.15
柑橘树	0	4.94	0.6	0.90
	1	4.94	0.6	0.90

4.10 海南海口

4.10.1 海口土壤数据

海口土壤数据见表 37、表 38。

表 37　海口土壤各剖面有机质含量、干容重和机械组成

土壤类型	深度 cm	有机质含量 %	干容重 g/cm³	机械组成 %		
				沙粒	粉粒	黏粒
淡砖泥土砖红壤亚类黏砖红土土属	0～12	2.17	1.40	65.30	21.65	13.05
	12～20	1.49	1.46	37.21	20.53	42.26
	20～80	1.03	1.52	35.17	23.45	41.38

表 38　海口土壤各剖面水文参数

深度 cm	θ_r [a] m³/m³	θ_s [b] m³/m³	α [c] /cm	n [c]	λ [c]	K_s [d] cm/d
0～12	0.049 6	0.441 2	0.025 46	1.460 2	0.5	53.10
12～20	0.088 2	0.439 1	0.018 31	1.299 0	0.5	10.66
20～80	0.085 0	0.420 9	0.017 47	1.292 4	0.5	6.97

[a] θ_r为残余含水率。

[b] θ_s为饱和含水率。

[c] α、n、λ 为 van Genuchten 模型的参数。

[d] K_s为饱和渗透系数。

4.10.2　海口气象数据

使用海口(气象站编号:59758)气象数据日值。

4.10.3　海口作物数据

海口作物数据见表 39、表 40。

表 39　海口作物日历

作物	出苗日期	收获日期
秋大豆	9 月 15 日	2 月 15 日
春花生	1 月 10 日	5 月 5 日
番茄	10 月 15 日	3 月 30 日

表 40　海口作物参数

作物	生育阶段	叶面积指数	作物因素	根深 m
秋大豆	0	0	1	0
	0.2	0.59	0.81	0.15
	0.44	4.98	0.81	0.31
	0.62	5.37	0.81	0.34
	1	4.01	0.81	0.35
春花生	0	0	1	0
	0.237	0.51	0.83	0.227
	0.345	2.15	0.83	0.252
	1	3.05	0.83	0.267
番茄	0	0	1.05	0
	0.4	0.1	1.05	0.03
	0.58	2.57	1.1	0.16
	1	3.67	0.85	0.17

ICS 65.020
CCS B 17

中华人民共和国农业行业标准

NY/T 4197.1—2022

微生物农药　环境风险评估指南
第1部分:总则

Guidelines on environmental risk assessment for microbial pesticides—
Part 1:General principle

2022-11-11 发布　　2023-03-01 实施

中华人民共和国农业农村部　发布

前　　言

本文件按照 GB/T 1.1—2020《标准化工作导则　第 1 部分：标准化文件的结构和起草规则》的规定起草。

本文件是 NY/T 4197《微生物农药　环境风险评估指南》的第 1 部分。NY/T 4197 已经发布了以下部分：

——第 1 部分：总则；

——第 2 部分：鱼类；

——第 3 部分：溞类；

——第 4 部分：鸟类；

——第 5 部分：蜜蜂；

——第 6 部分：家蚕。

请注意本文件的某些内容可能涉及专利。本文件的发布机构不承担识别专利的责任。

本文件由农业农村部种植业管理司提出并归口。

本文件起草单位：农业农村部农药检定所、生态环境部南京环境科学研究所。

本文件主要起草人：卜元卿、袁善奎、单炜力、单正军、赵学平、程燕、周蓉、陈朗、王寿山。

微生物农药　环境风险评估指南
第1部分:总则

1　范围

本文件规定了微生物农药环境风险评估的原则、方法和程序。

本文件适用于为微生物农药登记而进行的环境风险评估。

2　规范性引用文件

下列文件中的内容通过文中的规范性引用而构成本文件必不可少的条款。其中,注日期的引用文件,仅该日期对应的版本适用于本文件;不注日期的引用文件,其最新版本(包括所有的修改单)适用于本文件。

NY/T 2882.2—2016　农药登记　环境风险评估指南　第2部分:水生生态系统

NY/T 3152.1～NY/T 3152.5　微生物农药　环境风险评价试验准则

NY/T 3278(所有部分)　微生物农药　环境增殖试验准则

3　术语和定义

下列术语和定义适用于本文件。

3.1

微生物农药环境风险评估　environmental risk assessment for microbial pesticide

在现有认知水平和技术措施条件下,利用可获得数据信息、工具和效应结果,遵循由简单、保守到复杂、实际的层次递进原则,对微生物农药可能产生不良作用的环境风险分析过程。

3.2

危害识别　hazard identification

识别微生物农药使用环境风险评估的目标和范围,确定评估计划步骤、内容。

3.3

危害表征　hazard characterization

对微生物农药进入或附着于生物体后所导致的不良作用、持续时间及发生概率的定性、(半)定量分析。

3.4

暴露评估　exposure assessment

在特定条件下,建立微生物农药在环境介质中的宿存、生长、死亡动态模型,并对保护目标暴露于微生物农药的可能性进行定性/定量分析。

3.5

危害效应　hazardous effect

受试生物体暴露于微生物农药后产生的有害作用,包括致死、致病、发育和繁殖等影响。

3.6

风险描述　risk description

对微生物农药使用对保护目标生物体产生不良作用的可能性、影响程度和范围进行定性或定量的描述。

3.7

保护目标　protection goal

微生物农药环境风险评估要达到的目标,包括保护生物物种或种群、保护程度等的选择。

3.8

中宇宙　mesocosm

人工模拟的多物种试验系统，用来评估农药的生态毒性影响。该系统一般为陆地系统或水生态系统，可包括植物、动物以及微生物。

[来源：NY/T 2882.2—2016，3.4，有修改]

3.9

小规模田间试验　small scaled field trials

在微生物农药使用地区开展的总面积不大于 10 hm^2（核心区位于中心位置，面积不超过总面积的10%）具有防扩散保护措施的野外或温室试验。

3.10

风险商值　risk quotient

如微生物农药剂量效应符合阈值假设模型，环境风险评估中用以表征风险大小的参数，为环境增殖最大浓度与半数致死浓度的比值，以 RQ 表示。

3.11

剂量效应关系　dose-effect relationship

用来描述微生物的摄入数量与可能造成的结果两者之间的关系。

3.12

阈值效应　threshold effect

假设是每个微生物都有自身的最小感染剂量，即存在一个阈值，在这个值下没有任何可观测到的效应。

3.13

单击效应　single hit effect

假设是微生物个体细胞的作用是独立的，单个的微生物可以感染并触发个体效应。

4　评估的基本原则

4.1　案例分析原则

明确其特定保护目标、农业生产条件和保护性环境场景。

4.2　层次递进原则

通常由简单到复杂、由保守到实际进行递进评估，并优先使用有效的实际监测数据。

4.3　综合判断原则

由充分收集已有数据和信息，运用合理统计学假设进行接近实际风险的预测分析。

5　评估的方法和程序

5.1　评估方法

5.1.1　基本方法

每项环境保护目标的风险评估一般遵循逐步递进原则。第一阶段确定微生物农药对保护目标的毒性和/或致病性及影响程度；当对保护目标有不可接受的毒性和/或致病性时，应进行第二阶段试验以量化其毒性和/或致病能力及环境增殖能力，确认可能暴露保护目标受影响的概率；当第二阶段试验结果显示微生物农药可在环境中大量并长时间存在，应进行第三阶段试验以确认模拟实际用药环境条件下微生物增殖对保护目标的影响；如果仍存在不良影响，应开展第四阶段小规模野外试验，确认微生物农药应用时的实际环境风险。

5.1.2　危害识别

充分收集微生物农药有效成分生物学信息、制剂组分信息、施用信息等，识别可能存在的环境危害和保护目标。

5.1.3　危害表征

应运用现有技术在微生物农药不同暴露量下，对不同生态学层次（个体、种群、群落或系统）产生的不良效应进行定性、定量或半定量分析。

5.1.4　**暴露评估**

应综合微生物农药的生物学特征、施药方法、作物类型与生长期、环境条件参数等因素，进行微生物农药的环境增殖能力试验，依据增殖试验结果，建立微生物农药在环境介质中的宿存、生长、死亡动态模型，并对保护目标暴露于微生物农药的环境可能性以及可能性概率进行分析。

5.1.5　**风险描述**

综合分析微生物农药产生危害的效应浓度以及环境增殖最大浓度，进行初级风险评估的定性或定量描述；高级阶段风险评估则是利用高阶生态毒性试验或小规模野外试验，直接给出微生物农药使用对保护目标的环境风险。

5.2　**评估程序**

5.2.1　**原理逻辑构架及过程目标**

微生物风险评估包括危害识别、危害表征、暴露评估和风险描述 4 个过程，其原理逻辑构架及过程目标见图 1。

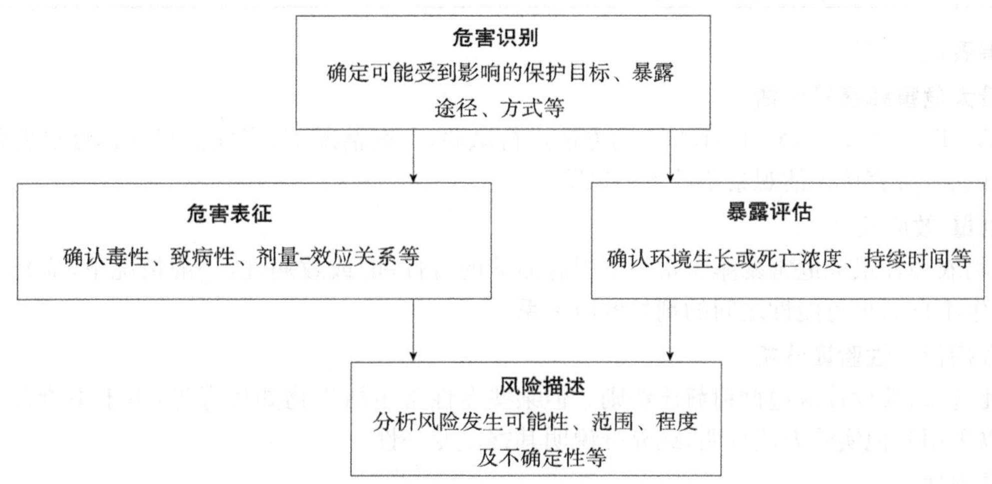

图 1　微生物农药环境风险评估原理逻辑构架及过程目标

5.2.2　**评估流程**

微生物农药环境风险评估流程包括从简单、保守到复杂、现实的 4 个阶段，其具体流程见图 2。

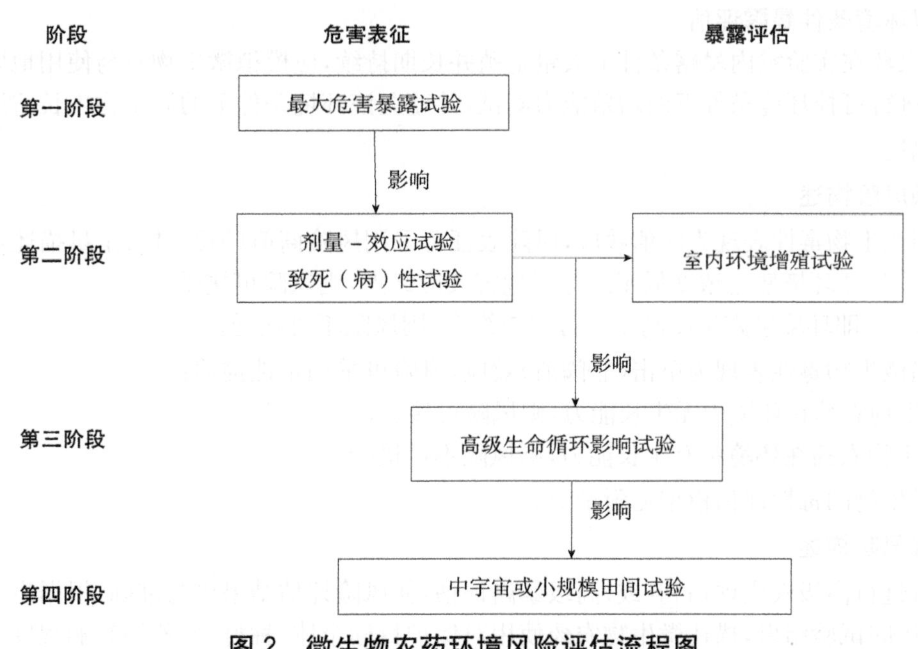

图 2　微生物农药环境风险评估流程图

5.2.3 危害识别

通过收集但不仅限于表1中所列出的信息，明确具有代表性的保护目标，分析风险发生范围、程度，选择可行的评估方法和评估终点，确定评估内容和计划。

表1 微生物农药环境风险评估危害识别信息表

项目	要求
菌种来源	拉丁名、分类地位、地理分布情况及在自然界的生活史
寄主范围	寄主种类和范围
传播扩散能力	与植物或动物的已知病原菌的关系；在不同环境条件下的耐受能力及在自然界中的传播扩散能力
历史及应用情况	描述微生物对靶标有害生物的作用机理以及历史使用情况，正面和负面作用
菌种保藏情况	在国内或国际权威菌种保藏中心的菌株代号、鉴定报告(可以包括但不仅限于形态学特征、生理生化特征、免疫学反应、蛋白质或脱氧核糖核酸序列)等
组分分析报告	有效成分、杂菌、有害杂质(对人、畜或环境生物有毒理学意义的代谢物和化学物质)以及其他化学成分的定性定量分析

5.2.4 危害表征

5.2.4.1 最大危害暴露量评估

采用NY/T 3152.1～NY/T 3152.5的方法进行试验，一般情况下，当保护目标毒性试验能通过最大危害暴露量试验，可直接评估观察条件下的风险。

5.2.4.2 剂量-效应关系

当微生物农药在最大危害暴露量水平下引起显著的毒性和/或致病性，一般情况下，应建立微生物暴露水平和发生不良后果可能性之间的剂量效应关系。

5.2.4.3 致病(死)性验证分析

致病(死)性试验设计应遵循柯赫氏法则。但某些专性寄生微生物如病毒等，由于不能在人工培养基上培养，可以采用其他实验方法证明，或充分说明其寄主专一性。

5.2.5 暴露评估

5.2.5.1 实验室内暴露评估

采用NY/T 3278的方法进行试验，建立实验室条件下标准环境介质中的微生物菌株生长和消亡动力学曲线，确定微生物菌株在土壤、水和植物叶面上生长可达到的最大浓度、持续时间等关键参数。

5.2.5.2 模拟环境条件暴露评估

当微生物农药在实验室内暴露条件下大量增殖并长期持续，应模拟微生物农药使用地区、使用季节等自然环境要素进行可控环境条件下的增殖能力测试，并建立该环境条件下的微生物生长-消亡模型。

5.2.6 风险描述

5.2.6.1 初级风险描述

5.2.6.1.1 当微生物毒性表现为阈值效应，风险表征可采用风险商值(RQ)进行定量描述：

a) $RQ \leq 1$，即环境暴露浓度低于或等于危害效应终点，则风险可接受；

b) $RQ > 1$，即环境暴露浓度高于危害效应终点，则风险不可接受。

5.2.6.1.2 当微生物毒性表现为单击(非阈值)效应，风险可采用定性描述：

a) 当微生物农药在环境中无生长能力，则风险可接受；

b) 当微生物农药在环境中有生长能力，则风险不可接受。

5.2.6.1.3 微生物的毒性评估模型见附录A。

5.2.6.2 高级风险描述

5.2.6.2.1 可进行高级效应评估和(或)高级暴露评估，使风险评估结果更为准确，根据生命影响试验、中宇宙或小规模田间试验结果，描述微生物农药使用对保护目标个体、种群、群落等影响程度、范围和持续时间等，综合评估其使用风险。

5.2.6.2.2 当采用合理的风险降低措施时，应在风险表征时对采用的风险降低措施进行重新评估和描述。

6 风险降低措施

当风险评估结果表明农药对保护目标的风险不可接受时，应采取适当的风险降低措施使得风险可接受，且应在农药标签上注明相应的风险降低措施。通常采取的风险降低措施不应显著降低农药的使用效果，且具有可操作性。

附　录　A
（资料性）
剂量效应关系模型

剂量效应关系可以通过建立数学模型从高剂量数据推断低剂量效应，通常描述剂量效应关系的模型有指数模型、泊松分布模型等。

微生物剂量效应模型的建立通常有两种假设。一种假设是阈值效应，以假定感染与剂量有关的泊松分布模型描述；另一种假设是单击（非阈值）效应（Haas，1983），以假定单个细胞导致的感染概率是独立于摄入剂量的指数模型描述。不同的微生物适应不同的剂量效应模型。

a）　泊松分布模型（Poisson distribution model）

按公式（A.1）计算。

$$P_i = [1-(1+N/\beta)]^{-\alpha} \quad \cdots\cdots (A.1)$$

式中

P_i　——感染概率；

N　——微生物的摄入量；

α 和 β ——影响曲线形状的对应的微生物特异性参数（Vose，1998）。

泊松分布模型可用于描述细菌感染的剂量效应关系。

b）　指数模型（Exponential model）

按公式（A.2）计算。

$$P_i = 1-\exp(-r \times N) \quad \cdots\cdots (A.2)$$

式中：

P_i——感染概率；

r ——保护目标与微生物交互作用的概率；

N ——微生物的摄入量。

指数模型可用于描述原生动物感染的剂量效应关系。

食源性和水源性病原菌的剂量效应参数见表 A.1。

表 A.1　食源性和水源性病原菌的剂量效应参数

微生物	模型	模型参数	数据来源
非伤寒沙门氏菌	泊松分布模型	α=0.405，β=5 308	Fazil et al.（2000）
大肠杆菌	泊松分布模型	α=0.170 5，β=1.61×10^6	Rose et al.（1995）
隐孢子虫属	指数模型	r=0.004 191	Medema & Schijven（2001）
蓝氏贾第鞭毛虫	指数模型	r=0.02	Medema & Schijven（2001）

参 考 文 献

[1] Canadian Pest Management Regulatory Agency. Guidelines for the Registration of Microbial Pest Control Agents and Products[R]. Ottawa：CPMRA，2001

[2] Fazil A，Lammerding A，Morales R，et al. Hazard identification and hazard characterization of Salmonella in broilers and eggs [EB/OL]. [2019-07-01] http://www. fao. Org/WAICENT/FAOINFO/ECONOMIC/ESN/pagerisk/mra003. pdf

[3] Haas C N. Estimation of the risk due to low doses of microorganisms：a comparison of alternative methodologies[J]. Am. J. Epidemiol.，1983，118:573-582

[4] Japan's Ministry of Agriculture，Forestry and Fisheries. Guidelines for Safety Evaluation of Microbial Pesticides(Draft Translation)[R]. Tokyo：MAFF，1997

[5] Medema G J，Schijven J F. Modelling the sewage discharge and dispersion of Cryptosporidium and Giardia in surface water[J]. Water Res.，2001，35:4307-4316

[6] Rose J B，Haas C N，Gerba C P. Linking microbiological criteria for foods with quantitative risk assessment[J]. J. Food Safety，1995，15：121-132

[7] U S. Environmental Protection Agency. Microbial Pesticide Test Guidelines OPPTS 885. 5[R]. Washington：1996

[8] Vose D J. The application of quantitative risk assessment to microbial food safety[J]. J. Food Protect，1998，61:640-648

ICS 65.020
CCS B 17

中华人民共和国农业行业标准

NY/T 4197.2—2022

微生物农药　环境风险评估指南
第2部分：鱼类

Guidelines on environmental risk assessment for microbial pesticides—Part 2：Fish

2022-11-11 发布　　　　2023-03-01 实施

中华人民共和国农业农村部　发布

前　言

本文件按照 GB/T 1.1—2020《标准化工作导则　第 1 部分：标准化文件的结构和起草规则》的规定起草。

本文件是 NY/T 4197《微生物农药　环境风险评估指南》的第 2 部分。NY/T 4197 已经发布了以下部分：

——第 1 部分：总则；

——第 2 部分：鱼类；

——第 3 部分：溞类；

——第 4 部分：鸟类；

——第 5 部分：蜜蜂；

——第 6 部分：家蚕。

请注意本文件的某些内容可能涉及专利。本文件的发布机构不承担识别专利的责任。

本文件由农业农村部种植业管理司提出并归口。

本文件起草单位：农业农村部农药检定所、生态环境部南京环境科学研究所。

本文件主要起草人：周蓉、卜元卿、单炜力、袁善奎、胡秀卿、陈朗、宋宁慧、周艳明、虞悦。

微生物农药　环境风险评估指南
第2部分:鱼类

1　范围

本文件规定了微生物农药对水生生态系统鱼类影响的风险评估原则、方法和程序。

本文件适用于为微生物农药登记而进行的水生生态系统鱼类影响的风险评估。

2　规范性引用文件

下列文件中的内容通过文中的规范性引用而构成本文件必不可少的条款。其中,注日期的引用文件,仅该日期对应的版本适用于本文件;不注日期的引用文件,其最新版本(包括所有的修改单)适用于本文件。

NY/T 2882.1—2016　农药登记　环境风险评估指南　第1部分:总则

NY/T 2882.2—2016　农药登记　环境风险评估指南　第2部分:水生生态系统

NY/T 3152.4　微生物农药　环境风险评价试验准则　第4部分:鱼类毒性试验

NY/T 3278.2　微生物农药　环境增殖试验准则　第2部分:水

3　术语和定义

下列术语和定义适用于本文件。

3.1

水生生态系统　aquatic ecosystem

水生生物群落与水环境构成的生态系统。

[来源:NY/T 2882.2—2016,3.1]

3.2

物种敏感性分布　species sensitivity distribution

使用统计学或经验分布函数描述物种对农药敏感性差异的方法,用SSD表示。

[来源:NY/T 2882.2—2016,3.2]

3.3

无可见作用浓度　no observed effect concentration

与对照相比,供试物对受试生物在统计学上无显著负面影响的最高浓度,用 *NOEC* 表示。

[来源:NY/T 2882.1—2016,3.22,有修改]

注:单位为微生物菌体数每升(CFU/L或个/L)。

3.4

无可见生态不良效应浓度　no observed ecologically adverse effect concentration

等于或低于该浓度不会在某项高级试验研究(如中宇宙)中观测到持久不良效应,用 *NOEAEC* 表示。

[来源:NY/T 2882.2—2016,3.5,有修改]

注:单位为微生物菌体数每升(CFU/L或个/L)。

3.5

5%物种危害浓度　hazardous concentration for 5% of the species

通过物种敏感性分布得出的对5%物种存在危害的浓度,用 HC_5 表示。

[来源:NY/T 2882.2—2016,3.3,有修改]

注:单位为微生物菌体数量每升(CFU/L或个/L)。

3.6

水平传播　horizontal transmission

病原微生物在群体之间或个体之间的传染方式，分为直接接触传播和间接接触传播。

3.7

垂直传播　vertical transmission

病原微生物由母体通过卵细胞，或胎盘血循环，或产道传给子代的传染方式。

4　基本原则

4.1　保护目标是淡水水生生态系统中鱼类资源的安全性和可持续性，即微生物农药的使用不应对水生生态系统中的鱼类存在短期和长期影响。本文件要保护的生态系统是指农田之外的，常年有鱼类生存的生态系统。

4.2　微生物农药对水生生态系统鱼类的风险评估采用层级递进评估方法。

5　评估方法和程序

5.1　概述

微生物农药对水生生态系统鱼类环境风险评估流程按照附录A的图A.1执行。

5.2　问题阐述

5.2.1　风险估计

5.2.1.1　根据微生物农药生物学特征、防治对象等确定对鱼类危害的可能性，当根据现有信息不能排除鱼类受到微生物农药的暴露危害时，应进行风险评估。

5.2.1.2　用于多种作物或多种防治对象的微生物农药，当针对每种作物或防治对象的施药方法、施药量或频率、施药时间等不同时，可对其使用方法分组评估：

a)　分组时应考虑作物、施药剂量、施药次数和施药时间等因素；

b)　根据分组确定对鱼类风险的最高情况，并对该分组开展风险评估；

c)　当风险最高的分组对鱼类的风险可接受时，认为该微生物农药对鱼类风险可接受；

d)　当风险最高的分组对鱼类的风险不可接受时，还应对其他分组开展风险评估，从而明确何种条件下该微生物农药对鱼类的风险可接受。

5.2.2　数据收集

针对本文件的保护目标收集但不仅限于微生物农药生物学、生态毒理、环境繁衍、制剂组成及使用方法等方面的信息，并对信息进行初步分析，以确保有充足的信息进行危害表征和暴露评估。

5.2.3　计划简述

根据已获得的相关信息和数据拟定风险评估方案，简要说明风险评估的内容、方法和步骤。

5.3　第一阶段评估

采用NY/T 3152.4规定的方法，测试微生物农药在最大危害暴露浓度下对鱼类的危害情况。若待评估物质的生物学信息不足时，应选择腹腔注射暴露途径进行测试，鱼类腹腔注射的方法见附录B，若对鱼类无显著影响，即死亡(病变)的受试鱼未达到50%时，则无需进行其他暴露途径的测试；否则还应根据其致毒机制和暴露途径选择恰当染毒方式进行测试，如接触染毒和饲喂染毒。任何一种暴露途径的最大危害暴露量试验结果显示，微生物农药对鱼类有显著不良影响，即受试鱼出现50%及以上病变(死亡)时，则要进行剂量-效应分析、致病(死)性验证试验和环境暴露评估。

5.4　第二阶段评估

5.4.1　确定剂量-效应分析危害效应终点

采用NY/T 3152.4规定的方法，测试微生物农药对鱼类的IC_{50}或LC_{50}等危害效应终点。在初级评估中，选择危害效应终点值应遵循以下原则：

a) 当同一物种具有多个危害效应终点时选择毒性最高的数据作为效应评估终点值；当有多个物种的数据但不足以进行 SSD 分析(最少物种数量为 5)时，选择所有物种毒性最高的数据；
b) 当某一制剂的毒性相对母药或其他剂型显著(100 倍)增加或降低毒性时，使用该制剂的危害效应终点值评估该制剂对鱼类的风险；
c) 当因剂型等限制未能得出确切制剂危害效应终点时，但有微生物母药或菌株的危害效应终点值，可使用母药或菌株的危害效应终点值作为效应评估值。

5.4.2 确定致病(死)性效应

5.4.2.1 通常，致病(死)性试验设计应遵循柯赫氏法则。

5.4.2.2 某些专性寄生微生物如病毒等，由于不能在人工培养基上培养，可以采用其他实验方法证明，或充分说明其寄主专一性。

5.4.3 暴露评估

采用 NY/T 3278.2 规定的方法，测试微生物农药在人工配制水体、标准试验条件下的环境增殖能力，根据生长-消亡曲线预测微生物在水体中的最大浓度，并将此作为环境暴露浓度用作风险评估。

5.4.4 初级风险的定量和定性表征

5.4.4.1 当微生物毒性表现为阈值效应，风险表征可采用风险商值(RQ)进行定量描述：
a) $RQ \leqslant 1$，即环境暴露浓度低于或等于危害效应终点，则风险可接受；
b) $RQ > 1$，即环境暴露浓度高于危害效应终点，则风险不可接受。

5.4.4.2 当微生物毒性表现为单击、非阈值效应，风险标准可采用定性描述：
a) 当微生物农药在水中无生长能力，则风险可接受；
b) 当微生物农药在水中有生长能力，则风险不可接受。

5.5 第三阶段评估

在实验室条件下，模拟微生物农药使用和环境参数，采用鱼类两代繁殖试验等，测试受试生物的 $NOEC$，评估微生物农药对鱼类的慢性长期影响以及水平和垂直传播风险，并通过亲代和子代的染病性进行表征。

5.6 第四阶段评估

在中宇宙或小规模田间试验条件下，构建微生物农药使用环境场景，包括水生生态系统中的鱼类及其食物链下游的水生无脊椎动物和初级生产者(根据微生物农药的作用特征选择但不作为评估指标)、环境条件和气候条件等，测试其中鱼类的 $NOEC/NOEAEC$，数据充足时可使用多个物种的危害效应终点进行 SSD 分析，求出 HC_5，评估微生物农药对鱼类的危害影响水平。若在中宇宙或小规模野外试验条件下，微生物农药对鱼类个体和种群有不可恢复的不良影响，则待评估的微生物农药对鱼类的风险不可接受。

5.7 风险降低措施

当风险评估结果表明微生物农药对鱼类的风险不可接受时，应采取适当的风险降低措施以使风险可接受，且应在产品标签上注明相应的风险降低措施。通常所采取的风险降低措施不应显著降低产品的使用效果，且应具有可行性。

附 录 A
（规范性）
微生物农药对鱼类环境风险评估流程图

微生物农药对鱼类的环境风险评估流程见图 A.1。

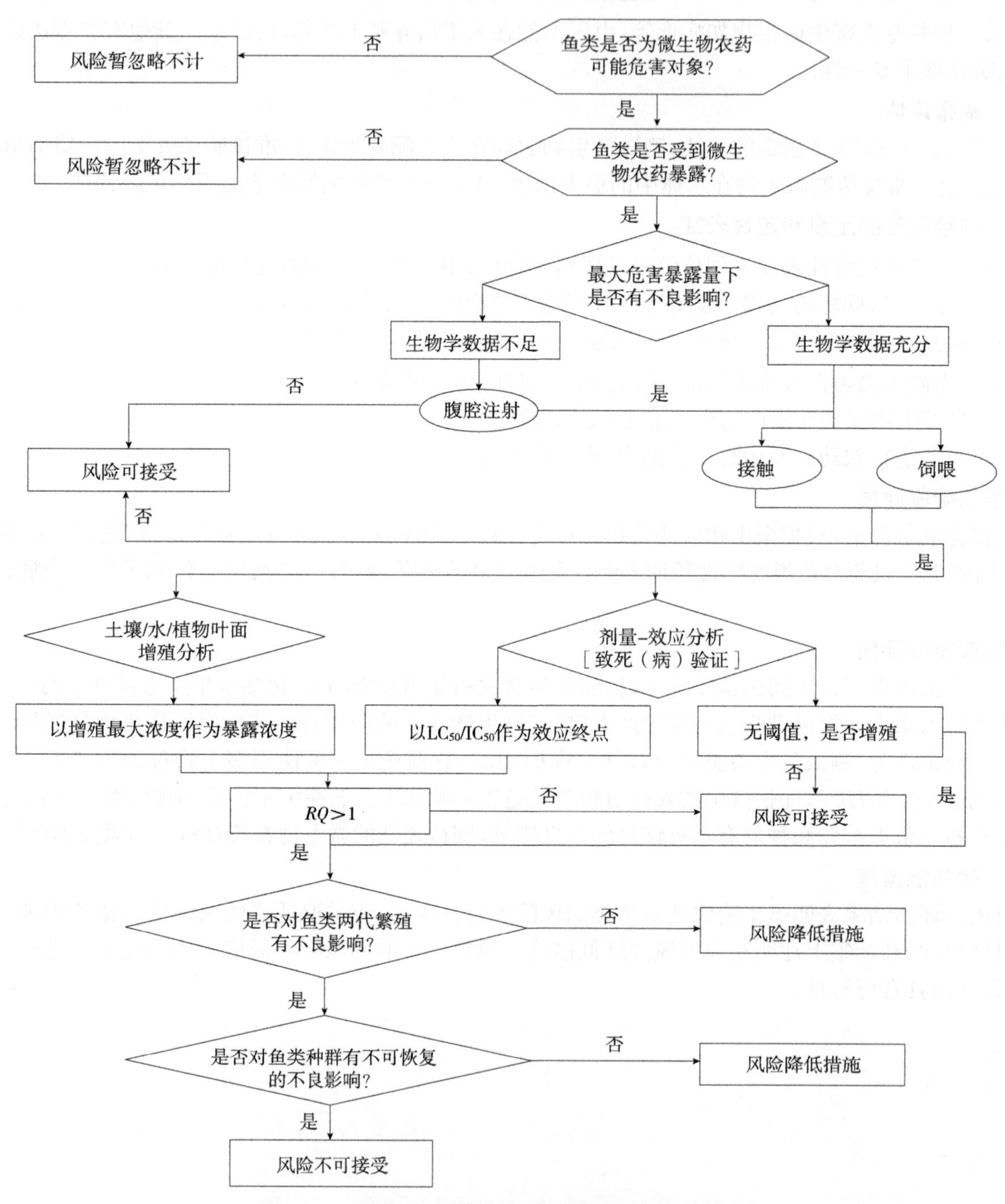

图 A.1 微生物农药对鱼类环境风险评估流程

附 录 B
(资料性)
鱼类腹腔注射的方法

B.1 试剂

生理盐水(0.85%～1.0%氯化钠水溶液)。

B.2 仪器设备

B.2.1 5 μL～250 μL 微量注射器。

B.2.2 10×目镜的体式显微镜。

B.3 注射前准备

B.3.1 试验鱼的准备

注射前将鱼至少禁食 24 h。

称量鱼的体重:在一个 500 mL 的烧杯里装满 1/3 的养殖用水,称量烧杯皮重。用网收集鱼,擦干体表的水分,把鱼放在烧杯里,称量鱼的体重,然后把鱼转移到一个干净的鱼缸里并进行标记。

根据鱼的体重计算每条鱼的注射量,注射量为 0.01 mL/g 体重。

B.3.2 仪器准备

准备注射操作台,可选择一块软海绵(高度大约 20 mm),在其表面上做一个适合鱼体大小的切口用来盛放被注射的鱼,将海绵放入一个大小合适的容器中,容器需要足够大且浅,以容纳水,帮助保持海绵的湿润和温度。

小型鱼种,例如斑马鱼等,需要在显微镜下进行注射,则需预先调好显微镜的焦距,使其聚焦于海绵上。

注射器灭菌处理,注射前需排空注射器中的空气。

B.3.3 菌悬液的准备

离心收集培养基中的菌体,并用生理盐水洗涤 1 次,制备成菌悬液。

B.4 麻醉

为了不使鱼在注射过程中因感到疼痛出现挣扎、摆尾的情况,在注射前需要对鱼进行麻醉。

B.4.1 低温麻醉

除冷水鱼(虹鳟)外,其他温水鱼可用低温麻醉的方法。首先用鱼的养殖水制造碎冰,将碎冰加入盛有养殖水的容器中,使水温降到 17 ℃,但不能低于 17 ℃。将鱼转入冰水混合物中,再慢慢地向容器中加入碎冰,将温度降到 12 ℃(较大的鱼可能需要更低的温度)。随着温度下降,鱼鳃的运动会减慢,呼吸会停止,当鱼对处理没有反应时,可进行注射。在引入下一条鱼之前,使用温水将麻醉水温恢复到 17 ℃。

B.4.2 麻醉剂麻醉

可使用 MS-222 和苯唑卡因等麻醉剂对鱼进行麻醉。麻醉剂量与鱼的种类、大小、密度以及水温和水的硬度有关,一般剂量在 25 mg/L～100 mg/L。使用时可先用少量的鱼测试麻醉剂量和麻醉时间,麻醉剂诱导麻醉的时间以不超过 3 min 为宜,恢复时间应控制在 10 min 以内,最好不要超过 5 min。

B.5 注射

试验人员在操作过程中需将手指放在足够的冷水中进行降温,避免操作过程中造成鱼体温度升高,使鱼从麻醉中醒过来。

用冰冷的手指把鱼轻轻地移到海绵槽里，鱼的腹部朝上。离心收集培养基中的菌体，并用生理盐水洗涤1次，制备成菌悬液。用微量注射器从鱼的腹鳍处注射剂量为最大危害暴露量的菌悬液，对照组试验鱼注射相同量的生理盐水。

注射完毕后，立即将鱼放回温水（温度参考 NY/T 3152.4—2017 附录 A 中不同受试鱼种的适宜水温）中，每次注射前更换新的针头。

参 考 文 献

[1] U S. Environmental Protection Agency. Microbial Pesticide Test Guidelines OPPTS 885.4000, Background for Nontarget Organism Testing of Microbial Pest Control Agents[R]. Washington, DC: U. S. Environmental Protection Agency, 1996

[2] U S. Environmental Protection Agency. Microbial Pesticide Test Guidelines OPPTS 885.4200, Freshwater Fish Testing, Tier Ⅰ[R]. Washington, DC: U. S. Environmental Protection Agency, 1996

[3] U S. Environmental Protection Agency. Microbial Pesticide Test Guidelines OPPTS 885.4700, Fish Life Cycle Studies, Tier Ⅲ[R]. Washington, DC: U. S. Environmental Protection Agency, 1996

[4] U S. Environmental Protection Agency. Microbial Pesticide Test Guidelines OPPTS 885.4750, Aquatic Ecosystem Test[R]. Washington, DC: U. S. Environmental Protection Agency, 1996

[5] 卜元卿，刘常宏，单正军．微生物农药环境安全性评价技术研究[M]. 北京:科学出版社,2015

ICS 65.020
CCS B 17

中华人民共和国农业行业标准

NY/T 4197.3—2022

微生物农药 环境风险评估指南 第3部分：溞类

Guidelines on environmental risk assessment for microbial pesticides—Part 3: Daphnia

2022-11-11 发布

2023-03-01 实施

中华人民共和国农业农村部 发布

前　言

本文件按照 GB/T 1.1—2020《标准化工作导则　第 1 部分:标准化文件的结构和起草规则》的规定起草。

本文件是 NY/T 4197《微生物农药　环境风险评估指南》的第 3 部分。NY/T 4197 已经发布了以下部分:

——第 1 部分:总则;

——第 2 部分:鱼类;

——第 3 部分:溞类;

——第 4 部分:鸟类;

——第 5 部分:蜜蜂;

——第 6 部分:家蚕。

请注意本文件的某些内容可能涉及专利。本文件的发布机构不承担识别专利的责任。

本文件由农业农村部种植业管理司提出并归口。

本文件起草单位:农业农村部农药检定所、生态环境部南京环境科学研究所。

本文件主要起草人:卜元卿、周蓉、袁善奎、张爱国、单炜力、程燕、吕露、王寿山、游泳。

微生物农药　环境风险评估指南
第3部分:溞类

1　范围

本文件规定了微生物农药对溞类影响的风险评估原则、方法和程序。

本文件适用于为微生物农药登记而进行的溞类影响的风险评估。

2　规范性引用文件

下列文件中的内容通过文中的规范性引用而构成本文件必不可少的条款。其中,注日期的引用文件,仅该日期对应的版本适用于本文件;不注日期的引用文件,其最新版本(包括所有的修改单)适用于本文件。

NY/T 2882.2—2016　农药登记　环境风险评估指南　第2部分:水生生态系统

NY/T 3152.5　微生物农药　环境风险评价试验准则　第5部分:溞类毒性试验

NY/T 3278.2　微生物农药　环境增殖试验准则　第2部分:水

3　术语和定义

下列术语和定义适用于本文件。

3.1

水生生态系统　aquatic ecosystem

水生生物群落与水环境构成的生态系统。

[来源:NY/T 2882.2—2016,3.1]

3.2

物种敏感性分布　species sensitivity distribution

使用统计学或经验分布函数描述物种对农药敏感性差异的方法,用SSD表示。

[来源:NY/T 2882.2—2016,3.2]

3.3

无可见生态不良效应浓度　no observed ecologically adverse effect concentration

等于或低于该浓度不会在某项高级试验研究(如中宇宙)中观测到持久不良效应,用*NOEAEC*表示。

[来源:NY/T 2882.2—2016,3.5,有修改]

注:单位为微生物菌体数每升(CFU/L或个/L)。

3.4

5%物种危害浓度　hazardous concentration for 5% of the species

通过物种敏感性分布得出的对5%物种存在危害的浓度,用HC_5表示。

[来源:NY/T 2882.2—2016,3.3,有修改]

注:单位为微生物菌体数量每升(CFU/L或个/L)。

3.5

水平传播　horizontal transmission

病原微生物在群体之间或个体之间的传染方式,分为直接接触传播和间接接触传播。

3.6

垂直传播　vertical transmission

病原微生物由母体通过卵细胞,或胎盘血循环,或经产道传给子代的传染方式。

4 基本原则

4.1 保护目标是淡水水生生态系统中溞类资源的可持续性，即微生物农药的使用不应对水生生态系统中的溞类存在长期影响。本文件要保护的生态系统是指农田之外常年有溞类生存的生态系统。

4.2 微生物农药对水生溞类的风险评估采用层级递进评估方法。

5 评估方法和程序

5.1 概述

微生物农药对水生生态系统溞类环境风险评估流程按照附录A的图A.1执行。

5.2 问题阐述

5.2.1 风险估计

5.2.1.1 根据微生物农药生物学特征、防治对象等确定对溞类危害的可能性，当根据现有信息不能排除溞类受到微生物农药的暴露危害时，应进行风险评估。

5.2.1.2 用于多种作物或多种防治对象的微生物农药，当针对每种作物或防治对象的施药方法、施药量或频率、施药时间等不同时，可对其使用方法分组评估：

a) 分组时应考虑作物、施药剂量、施药次数和施药时间等因素；
b) 根据分组确定对溞类风险的最高情况，并对该分组开展风险评估；
c) 当风险最高的分组对溞类的风险可接受时，认为该微生物农药对溞类风险可接受；
d) 当风险最高的分组对溞类的风险不可接受时，还应对其他分组开展风险评估，从而明确何种条件下该微生物农药对溞类的风险可接受。

5.2.2 数据收集

针对本文件的保护目标收集但不仅限于微生物农药生物学、生态毒理、环境繁衍、制剂组成及使用方法等方面的信息，并对信息进行初步分析，以确保有充足的信息进行危害表征和暴露评估。

5.2.3 计划简述

根据已获得的相关信息和数据拟定风险评估方案，简要说明风险评估的内容、方法和步骤。

5.3 第一阶段评估

采用NY/T 3152.5规定方法，测试微生物农药在最大危害暴露浓度下对溞类的危害情况。若最大危害暴露量试验结果显示，微生物农药对溞类有显著不良影响，即受试溞出现50%及以上的活动抑制时，则要进行剂量-效应分析、致病(死)性验证试验和暴露评估。

5.4 第二阶段评估

5.4.1 确定剂量-效应分析危害效应终点

采用NY/T 3152.5规定方法，测试微生物农药对溞类的IC_{50}或EC_{50}等危害效应终点指标。在初级评估中，选择危害效应终点应遵循以下原则：

a) 当同一物种具有多个危害效应终点时选择毒性最高的数据作为效应评估终点值；当有多个物种的数据但不足以进行SSD分析(最少物种数量为8)时，选择所有物种毒性最高的数据；
b) 当某一制剂的毒性相对母药或其他剂型显著(100倍)增加或降低毒性时，使用该制剂的危害效应终点值评估该制剂对溞类的风险；
c) 当因剂型等限制未能得出确切制剂危害效应终点时，但有微生物母药或菌株的危害效应终点值，可使用母药或菌株的危害效应终点值作为效应评估值。

5.4.2 确定致病(死)性效应

5.4.2.1 致病(死)性试验设计应遵循柯赫氏法则。

5.4.2.2 某些专性寄生微生物如病毒等，由于不能在人工培养基上培养，可以采用其他实验方法证明，或充分说明其寄主专一性。

5.4.3 暴露评估

采用NY/T 3278.2规定方法，测试微生物农药在人工配制水体、标准试验条件下的环境增殖能力，根据生长-消亡曲线预测微生物在水体中的最大浓度，并将此作为环境暴露浓度用作风险评估。

5.4.4 初级风险的定量和定性表征

5.4.4.1 当微生物毒性表现为阈值效应，风险表征可采用风险商值(*RQ*)进行定量描述：

a) $RQ \leqslant 1$，即环境暴露浓度低于或等于危害效应终点，则风险可接受；

b) $RQ > 1$，即环境暴露浓度高于危害效应终点，则风险不可接受。

5.4.4.2 当微生物毒性表现为单击(非阈值)效应，风险标准可采用定性描述：

a) 当微生物农药在环境中无生长能力，则风险可接受；

b) 当微生物农药在环境中有生长能力，则风险不可接受。

5.5 第三阶段评估

在实验室条件下，模拟微生物农药使用和环境参数，采用溞类两代繁殖试验等，测试受试生物的*NOEAEC*，评估微生物农药对溞类个体和种群的垂直和水平传播风险，并通过亲代和子代的染病性进行表征。

5.6 第四阶段评估

在中宇宙或小规模野外试验条件下，构建微生物农药使用环境场景，包括水生生态系统溞类群落、环境条件、气候条件等，测试不同生物的不良影响，当数据充足时通过SSD得出HC_5，评估微生物农药对溞类种群、群落的危害影响水平。若在中宇宙或小规模野外试验条件下，微生物农药对溞类种群或群落有不可恢复的不良影响，则待评估的微生物农药对溞类的风险不可接受。

5.7 风险降低措施

当风险评估结果表明农药对溞类的风险不可接受时，应采取适当的风险降低措施使得风险可接受，且应在农药标签上注明相应的风险降低措施。通常采取的风险降低措施不应显著降低农药的使用效果，且具有可操作性。

附 录 A
（规范性）
微生物农药对溞类环境风险评估流程图

微生物农药对溞类环境风险评估流程见图 A.1。

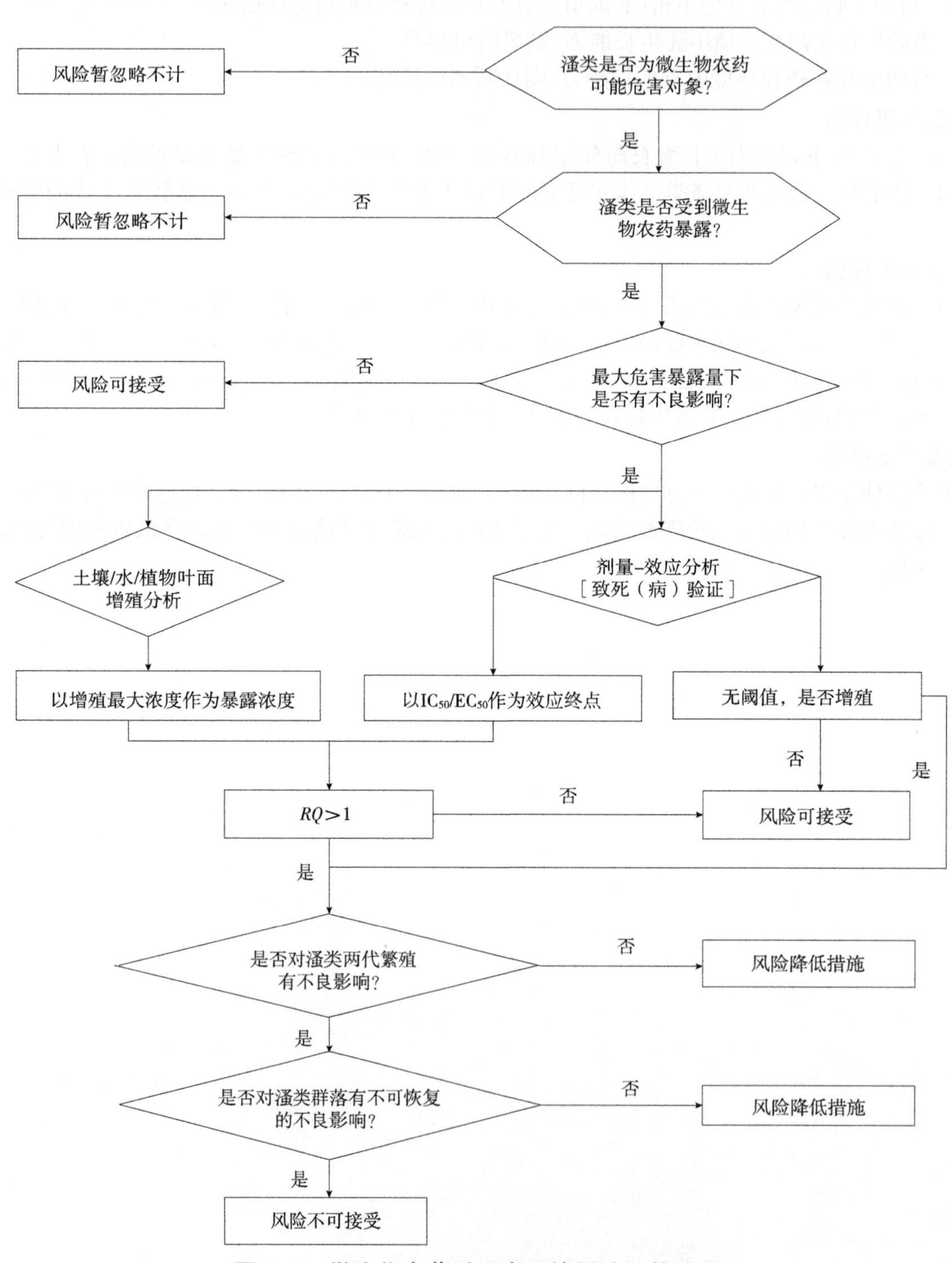

图 A.1 微生物农药对溞类环境风险评估流程

参 考 文 献

[1] U S. Environmental Protection Agency. Microbial Pesticide Test Guidelines OPPTS 885.4000, Background for Nontarget Organism Testing of Microbial Pest Control Agents[R]. Washington, DC: U. S. Environmental Protection Agency, 1996

[2] U S. Environmental Protection Agency. Microbial Pesticide Test Guidelines OPPTS 885.4240, Freshwater Aquatic Invertebrate Testing, Tier Ⅰ[R]. Washington, DC: U. S. Environmental Protection Agency, 1996

[3] U S. Environmental Protection Agency. Microbial Pesticide Test Guidelines OPPTS 885.4650, Aquatic Invertebrate Range Testing, Tier Ⅲ[R]. Washington, DC: U. S. Environmental Protection Agency, 1996

[4] U S. Environmental Protection Agency. Microbial Pesticide Test Guidelines OPPTS 885.4750, Aquatic Ecosystem Test[R]. Washington, DC: U. S. Environmental Protection Agency, 1996

ICS 65.020
CCS B 17

中华人民共和国农业行业标准

NY/T 4197.4—2022

微生物农药　环境风险评估指南
第4部分：鸟类

Guidelines on environmental risk assessment for microbial pesticides—Part 4：Avian

2022-11-11 发布　　2023-03-01 实施

中华人民共和国农业农村部　发布

前　言

本文件按照GB/T 1.1—2020《标准化工作导则　第1部分：标准化文件的结构和起草规则》的规定起草。

本文件是NY/T 4197《微生物农药　环境风险评估指南》的第4部分。NY/T 4197已经发布了以下部分：

——第1部分：总则；

——第2部分：鱼类；

——第3部分：溞类；

——第4部分：鸟类；

——第5部分：蜜蜂；

——第6部分：家蚕。

请注意本文件的某些内容可能涉及专利。本文件的发布机构不承担识别专利的责任。

本文件由农业农村部种植业司提出并归口。

本文件起草单位：农业农村部农药检定所、生态环境部南京环境科学研究所。

本文件主要起草人：程燕、卜元卿、袁善奎、周欣欣、虞悦、曾兆华、宋宁慧、柳新菊、陈朗、王寿山。

微生物农药　环境风险评估指南
第4部分：鸟类

1　范围

本文件规定了微生物农药对鸟类影响的风险评估原则、方法和程序。

本文件适用于为微生物农药登记而进行的农药使用对鸟类影响的风险评估。

2　规范性引用文件

下列文件中的内容通过文中的规范性引用而构成本文件必不可少的条款。其中，注日期的引用文件，仅该日期对应的版本适用于本文件；不注日期的引用文件，其最新版本（包括所有的修改单）适用于本文件。

NY/T 2882.1—2016　农药登记　环境风险评估指南　第1部分：总则

NY/T 3152.1　微生物农药　环境风险评价试验准则　第1部分：鸟类毒性试验

NY/T 3278（所有部分）　微生物农药　环境增殖试验准则

3　术语和定义

下列术语和定义适用于本文件。

3.1

最大危害暴露量　maximum hazard exposure level

微生物农药有效成分在环境中对非靶生物可能产生危害的最大暴露量，通常以预测暴露量与安全系数的乘积来表示。

[来源：NY/T 3152.1—2017，3.8]

3.2

致病性　pathogenicity

微生物感染宿主后，在宿主体内存活及繁衍，对宿主造成损伤或病变的能力，通常与宿主的耐受性或敏感性有关。

[来源：NY/T 3152.1—2017，3.10]

3.3

半数致死量　median lethal dose or concentration，LD_{50}/LC_{50}

在规定时间内，通过指定感染途径，使一定体重或年龄的受试生物半数死亡所需最小微生物数量或毒素量。

[来源：NY/T 3152.1—2017，3.11]

3.4

半数感染量　median infective dose or concentration，ID_{50}/IC_{50}

在规定时间内，通过指定感染途径，使一定体重或年龄的受试生物半数感染所需最小微生物数量或毒素量。

[来源：NY/T 3152.1—2017，3.12]

3.5

无可见作用浓度　no observed effect concentration

与对照相比，供试物对受试生物在统计学上无显著负面影响的最高浓度，用NOEC表示。

[来源：NY/T 2882.1—2016，3.22，有修改]

注：单位为微生物菌体数每升(CFU/L或个/L)。

3.6

水平传播　horizontal transmission

病原微生物在群体之间或个体之间的传染方式，分为直接接触传播和间接接触传播。

3.7

垂直传播　vertical transmission

病原微生物由母体通过卵细胞，或胎盘血循环，或经产道传给子代的传染方式。

4　基本原则

4.1　保护目标是鸟类物种资源的安全性和可持续性，即微生物农药在鸟类经常出没的区域使用时，不应对鸟类个体和种群造成短期和长期不可接受的风险。

4.2　微生物农药对鸟类的风险评估采用层级递进的评估方法。

5　评估方法和程序

5.1　评估程序

微生物农药对鸟类的环境风险评估总流程按照附录A的图A.1执行。

5.2　问题阐述

5.2.1　风险估计

5.2.1.1　根据微生物农药生物学特征、防治对象等确定对鸟类危害的可能性，当根据现有信息不能排除鸟类受到微生物农药的暴露危害时，应进行风险评估。

5.2.1.2　用于多种作物或多种防治对象的微生物农药，当针对每种作物或防治对象的施药方法、施药量或频率、施药时间等不同时，可对其使用方法分组评估：

a)　分组时应考虑作物、施药剂量、施药次数和施药时间等因素；

b)　根据分组确定对鸟类风险的最高情况，并对该分组开展风险评估；

c)　当风险最高的分组对鸟类的风险可接受时，认为该微生物农药对鸟类的风险可接受；

d)　当风险最高的分组对鸟类的风险不可接受时，还应对其他分组开展风险评估，从而明确何种条件下该微生物农药对鸟类的风险可接受。

5.2.2　数据收集

针对本文件的保护目标收集(但不仅限于)微生物农药生物学、生态毒理、环境繁衍、制剂组成及使用方法等方面的信息，并对信息进行初步分析，以确保有充足的信息进行危害表征和暴露评估。

5.2.3　计划简述

根据已获得的相关信息和数据拟定风险评估方案，简要说明风险评估的内容、方法和步骤。

5.3　第一阶段评估

采用NY/T 3152.1的标准方法，测试微生物农药在最大危害暴露浓度下对鸟类的危害情况。若待评估物质生物学数据不足时，可先选择腹腔注射暴露途径进行测试，鸟类腹腔注射的方法见附录B，若对鸟类无显著影响，即死亡(病变)的受试鸟未达到50%时，则无需进行其他暴露途径的测试，否则还应根据其致毒机制和暴露途径选择恰当染毒方式进行测试，如饲喂染毒和呼吸染毒等。任何一种暴露途径的最大危害暴露量试验结果显示受试生物50%及以上病变(死亡)时，则要进行剂量-效应分析、致病(死)性验证试验和暴露评估。

5.4　第二阶段评估

5.4.1　确定剂量-效应分析危害效应终点

采用NY/T 3152.1标准方法，测试微生物农药对鸟类的IC(D)$_{50}$或LC(D)$_{50}$等危害效应终点值。在初级评估中，危害效应终点的选择应遵循以下原则：

a)　当同一鸟种具有多个危害效应终点值时，选择毒性最高的数据作为效应评估终点值；当有多个物

种的数据但不足以进行 SSD 分析(最少物种数量为 5)时,选择所有物种毒性最高的数据;

b) 当某一制剂的毒性相对母药或其他剂型显著(100 倍)增加或降低毒性时,使用该制剂的危害效应终点值评估该制剂对鸟类的风险;

c) 当因剂型、含量等限制,制剂未得出确切的危害效应终点,但有微生物母药或菌株的危害效应终点值,可使用母药或菌株的危害效应终点值作为效应评估终点值。

5.4.2 确定致病(死)性效应

5.4.2.1 通常,致病(死)性试验的设计应遵循柯赫氏法则;

5.4.2.2 某些专性寄生微生物如病毒等,由于不能在人工培养基上培养,可以采用其他实验方法证明,或充分说明其寄主专一性。

5.4.3 暴露评估

5.4.3.1 根据微生物农药的使用方式及鸟类的暴露途径从土壤、水和植物叶面中选择相应的环境介质开展暴露评估:

a) 喷雾施用:选择土壤、水和植物叶面开展暴露评估;

b) 种子处理和撒施颗粒剂:选择土壤、水开展暴露评估。

5.4.3.2 根据 NY/T 3278 规定的方法测试微生物农药在各环境介质中的增殖能力,根据生长-消亡曲线预测微生物在各环境介质中的最大浓度,并将此作为环境暴露浓度用作风险评估。

5.4.4 初级风险的定量和定性表征

5.4.4.1 当微生物毒性表现为阈值效应,风险表征可采用风险商值(RQ)进行定量描述:

a) $RQ \leqslant 1$,即环境暴露浓度低于或等于危害效应终点,则风险可接受;

b) $RQ > 1$,即环境暴露浓度高于危害效应终点,则风险不可接受。

5.4.4.2 当微生物毒性表现为单击(非阈值)效应,风险标准可采用定性描述:

a) 当微生物农药在环境中无生长能力,则风险可接受;

b) 当微生物农药在环境中有生长能力,则风险不可接受。

5.5 第三阶段评估

在实验室条件下,模拟微生物农药使用和环境参数,采用鸟类两代繁殖试验等,测试受试生物的 NOEC,评估微生物农药对鸟类的慢性长期影响以及水平和垂直传播风险,并通过亲代和子代的染病性进行表征。

5.6 第四阶段评估

在小规模田间试验条件下,构建微生物农药使用环境场景,包括陆生生态系统中的鸟类及其自然食物供给者,如饲草、昆虫等(根据微生物农药的作用特征选择但不作为评估指标)、环境条件和气候条件等,测试其中鸟类的 NOEC/NOEAEC,数据充足时可使用多个物种的危害效应终点进行 SSD 分析,求出 HC_5,评估微生物农药对鸟类的危害影响水平。如在小规模野外试验条件下,微生物农药对鸟类个体或种群有不可恢复的不良影响,则待评估的微生物农药对鸟类的风险不可接受。

5.7 风险降低措施

当风险评估结果表明微生物农药对鸟类的风险不可接受时,应采取适当的风险降低措施以使风险可接受,且应在产品标签上注明相应的风险降低措施。通常所采取的风险降低措施不应显著降低产品的使用效果,且应具有可行性。

附　录　A
（规范性）
微生物农药对鸟类环境风险评估流程

微生物农药对鸟类环境风险评估流程见图 A.1。

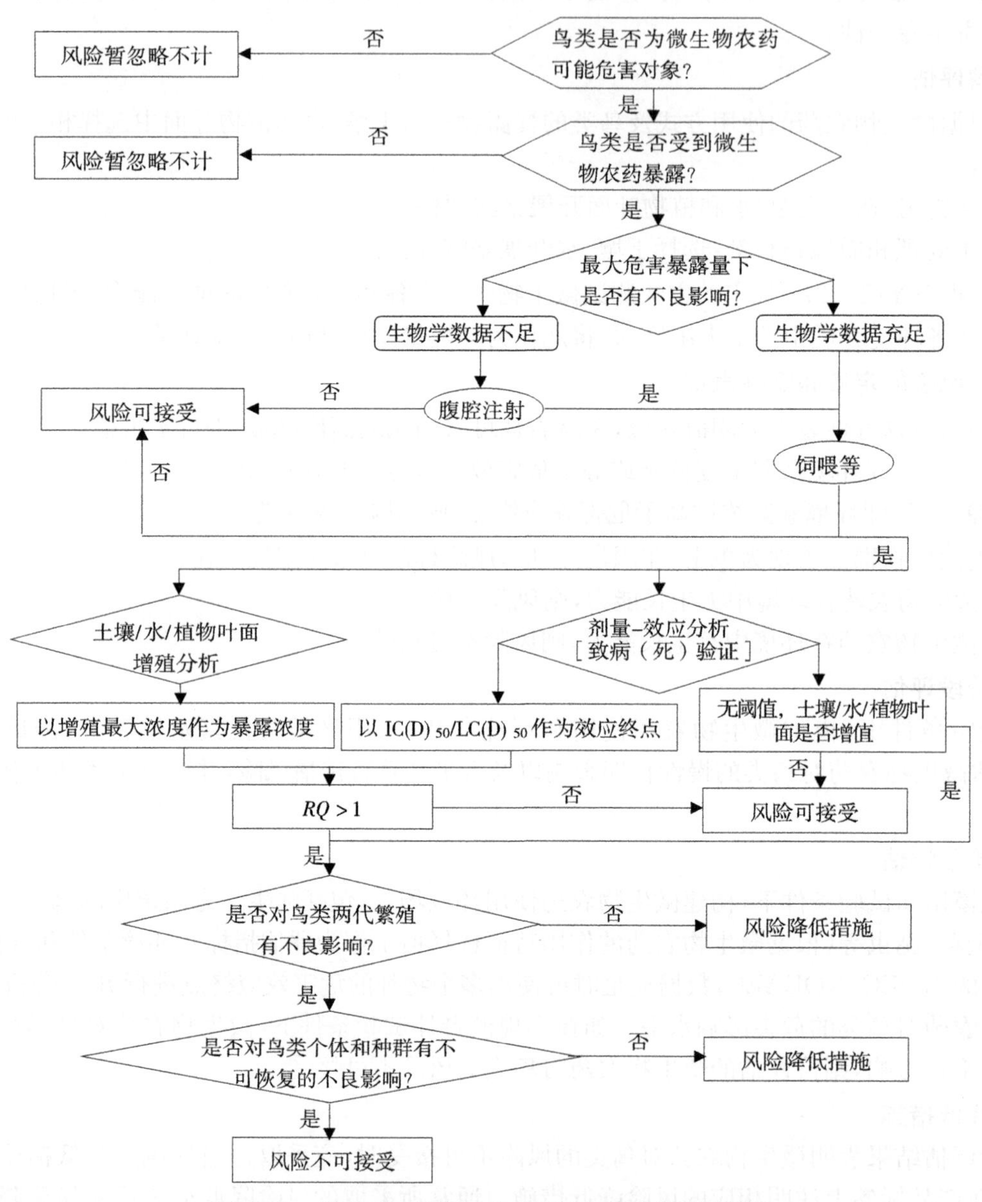

图 A.1　微生物农药对鸟类环境风险评估流程

附 录 B
（资料性）
鸟类腹腔注射的方法

B.1 试剂

生理盐水（0.75%的氯化钠水溶液）。

B.2 仪器设备

1 mL 无菌注射器。

B.3 注射前准备

B.3.1 试验鸟的准备

注射前将鸟至少禁食 24 h。

称量鸟的体重：根据鸟的体型选择大小适宜的容器，称量容器皮重。将鸟转移到容器中，称量鸟的体重，并进行标记。

根据体重计算每只鸟的注射量，注射量为 2 mL/kg 体重。

B.3.2 仪器准备

准备注射器及相关注射设备，注射前需排空注射器中的空气。

B.3.3 菌悬液的准备

离心收集培养基中的菌体，并用生理盐水洗涤 1 次，制备成菌悬液。

B.4 注射

将鸟类腹部朝上，将注射器从左或右下腹部刺入皮下，使针头向前推进 0.2 cm～1.0 cm，再以 45°穿过腹肌，固定针头，缓慢注入剂量为最大危害暴露量的菌悬液，对照组试验鸟注射相同量的生理盐水。每次注射前更换新的针头。

参 考 文 献

[1] U S. Environmental Protection Agency. Microbial Pesticide Test Guidelines. OPPTS 885.4000, Background for Nontarget Organism Testing of Microbial Pest Control Agents[R]. EPA 712-C-96-328, 1996

[2] U S. Environmental Protection Agency. Microbial Pesticide Test Guidelines. OPPTS 885.4600, Avian Chronic Pathogenicity and Reproduction Test, Tier Ⅲ[R]. EPA 712-C-96-342, 1996

[3] U S. Environmental Protection Agency. Ecological Effects Test Guidelines. OCSPP 850.2500, Field Testing for Terrestrial Wildlife[R]. EPA 712-C-021, 2012

[4] 卜元卿,刘常宏,单正军. 微生物农药环境安全性评价技术研究[M]. 北京:科学出版社,2015

ICS 65.020
CCS B 17

中华人民共和国农业行业标准

NY/T 4197.5—2022

微生物农药　环境风险评估指南 第5部分：蜜蜂

Guidelines on environmental risk assessment for microbial pesticides—Part 5: Honeybee

2022-11-11 发布　　2023-03-01 实施

中华人民共和国农业农村部　发布

前　言

本文件按照 GB/T 1.1—2020《标准化工作导则　第 1 部分：标准化文件的结构和起草规则》的规定起草。

本文件是 NY/T 4197《微生物农药　环境风险评估指南》的第 5 部分。NY/T 4197 已经发布了以下部分：

——第 1 部分：总则；
——第 2 部分：鱼类；
——第 3 部分：溞类；
——第 4 部分：鸟类；
——第 5 部分：蜜蜂；
——第 6 部分：家蚕。

请注意本文件的某些内容可能涉及专利。本文件的发布机构不承担识别专利的责任。

本文件由农业农村部种植业管理司提出并归口。

本文件起草单位：农业农村部农药检定所、生态环境部南京环境科学研究所。

本文件主要起草人：袁善奎、程燕、单炜力、周欣欣、卜元卿、林涛、张爱国、周艳明、蒋金花。

微生物农药　环境风险评估指南
第5部分:蜜蜂

1　范围

本文件规定了微生物农药对蜜蜂影响的风险评估原则、方法和程序。

本文件适用于为微生物农药登记而进行的农药使用对蜜蜂影响的风险评估。

2　规范性引用文件

下列文件中的内容通过文中的规范性引用而构成本文件必不可少的条款。其中,注日期的引用文件,仅该日期对应的版本适用于本文件;不注日期的引用文件,其最新版本(包括所有的修改单)适用于本文件。

NY/T 2882.1—2016　农药登记　环境风险评估指南　第1部分:总则

NY/T 3152.2　微生物农药　环境风险评价试验准则　第2部分:蜜蜂毒性试验

NY/T 3278.2　微生物农药　环境增殖试验准则　第2部分:水

NY/T 3278.3　微生物农药　环境增殖试验准则　第3部分:植物叶面

3　术语和定义

下列术语和定义适用于本文件。

3.1

最大危害暴露量　maximum hazard exposure level

微生物农药有效成分在环境中对非靶生物可能产生危害的最大暴露量,通常以预测暴露量与安全系数的乘积来表示。

[来源:NY/T 3152.2—2017,3.8]

3.2

致病性　pathogenicity

微生物感染宿主后,在宿主体内存活及繁衍,对宿主造成损伤或病变的能力,通常与宿主的耐受性或敏感性有关。

[来源:NY/T 3152.2—2017,3.10]

3.3

半数致死量　median lethal dose or concentration, LD_{50}/LC_{50}

在规定时间内,通过指定感染途径,使一定体重或年龄的受试生物半数死亡所需最小微生物数量或毒素量。

[来源:NY/T 3152.2—2017,3.11]

3.4

半数感染量　median infective dose or concentration, ID_{50}/IC_{50}

在规定时间内,通过指定感染途径,使一定体重或年龄的受试生物半数感染所需最小微生物数量或毒素量。

[来源:NY/T 3152.2—2017,3.12]

3.5

无可见作用浓度　no observed effect concentration

与对照相比,供试物对受试生物在统计学上无显著负面影响的最高浓度,用NOEC表示。

［来源：NY/T 2882.1—2016，3.22，有修改］

注：单位为微生物菌体数每升（CFU/L 或个/L）。

3.6

水平传播　horizontal transmission

病原微生物在群体之间或个体之间的传染方式，分为直接接触传播和间接接触传播。

3.7

垂直传播　vertical transmission

病原微生物由母体通过卵细胞，或胎盘血循环，或经产道传给子代的传染方式。

4　基本原则

4.1　保护目标是蜜蜂物种资源的安全性和可持续性，即微生物农药在田间使用时，不应对蜜蜂造成不可接受的风险。

4.2　微生物农药对蜜蜂的风险评估采用层级递进评估方法。

5　评估方法和程序

5.1　评估程序

微生物农药对蜜蜂的环境风险评估总流程按照附录 A 的图 A.1 执行。

5.2　问题阐述

5.2.1　风险估计

5.2.1.1　根据微生物农药生物学特征、防治对象等确定对蜜蜂危害的可能性，当根据现有信息不能排除蜜蜂受到微生物农药的暴露危害时，应进行风险评估。

5.2.1.2　用于多种作物或多种防治对象的微生物农药，当针对每种作物或防治对象的施药方法、施药量或频率、施药时间等不同时，可对其使用方法分组评估：

a）　分组时应考虑作物、施药剂量、施药次数和施药时间等因素；

b）　根据分组确定对蜜蜂风险的最高情况，并对该分组开展风险评估；

c）　当风险最高的分组对蜜蜂的风险可接受时，认为该微生物农药对蜜蜂的风险可接受；

d）　当风险最高的分组对蜜蜂的风险不可接受时，还应对其他分组开展风险评估，从而明确何种条件下该微生物农药对蜜蜂的风险可接受。

5.2.2　数据收集

针对本文件的保护目标收集（但不仅限于）微生物农药生物学、生态毒理、环境繁衍、制剂组成及使用方法等方面的信息，并对信息进行初步分析，以确保有充足的信息进行危害表征和暴露评估。

5.2.3　计划简述

根据已获得的相关信息和数据拟定风险评估方案，简要说明风险评估的内容、方法和步骤。

5.3　第一阶段评估

采用 NY/T 3152.2 等标准方法，测试微生物农药在最大危害暴露浓度下对蜜蜂的危害情况。同时开展经口暴露途径和接触暴露途径的最大危害暴露量试验，若两种暴露途径中任一途径的最大危害暴露量试验结果显示受试生物 50%及以上的个体致病或死亡，则需进行剂量-效应分析、致病（死）性验证试验和暴露评估。

5.4　第二阶段评估

5.4.1　确定剂量-效应分析危害效应终点

采用 NY/T 3152.2 标准方法，测试微生物农药对蜜蜂的 $IC(D)_{50}$ 或 $LC(D)_{50}$ 等危害效应终点值。在初级评估中，危害效应终点的选择应遵循以下原则：

a）　当同一物种具有多个危害效应终点时选择毒性最高的数据作为效应评估终点值；当有多个物种的数据但不足以进行 SSD 分析（最少物种数量为 5）时，选择所有物种毒性最高的数据；

b) 当某一制剂的毒性相对原药或其他剂型显著(100 倍)增加或降低毒性时,使用该制剂的危害效应终点值评估该制剂对蜜蜂的风险;

c) 当因剂型、含量等限制,制剂未得出确切的危害效应终点,但有微生物母药或菌株的危害效应终点值,可使用母药或菌株的危害效应终点值作为效应评估终点值。

5.4.2 确定致病(死)性效应

5.4.2.1 通常,致病(死)性试验的设计应遵循柯赫氏法则。

5.4.2.2 某些专性寄生微生物如病毒等,由于不能在人工培养基上培养,可以采用其他实验方法证明,或充分说明其寄主专一性。

5.4.3 暴露评估

5.4.3.1 根据微生物农药的使用方式及蜜蜂的暴露途径选择相应的环境介质开展暴露评估:

a) 旱地喷雾施用:选择植物叶面开展暴露评估;

b) 水田喷雾施用:选择水和植物(如果有)开展暴露评估。

5.4.3.2 根据 NY/T 3278.2、NY/T 3278.3 规定的方法测试微生物农药在各环境介质中的增殖能力,根据生长-消亡曲线预测微生物在各环境介质中的最大浓度,并将此作为环境暴露浓度用作风险评估。

5.4.4 初级风险的定量和定性表征

5.4.4.1 当微生物毒性表现为阈值效应,风险表征可采用风险商值(RQ)进行定量描述:

a) $RQ \leqslant 1$,即环境暴露浓度低于或等于危害效应终点,则风险可接受;

b) $RQ > 1$,即环境暴露浓度高于危害效应终点,则风险不可接受。

5.4.4.2 当微生物毒性表现为单击(非阈值)效应,风险标准可采用定性描述:

a) 当微生物农药在环境中无生长能力,则风险可接受;

b) 当微生物农药在环境中有生长能力,则风险不可接受。

5.5 第三阶段评估

在实验室条件下,模拟微生物农药使用和环境参数,采用蜜蜂幼虫(3 日龄)试验,测试受试生物的 NOEC,评估微生物农药对蜜蜂发育和生长的不良影响。

5.6 第四阶段评估

在小规模野外试验条件下,构建微生物农药使用环境场景,包括蜜源作物、环境条件、气候条件等,观测微生物农药使用对蜜蜂个体和蜂群的不良影响,评估微生物农药对蜜蜂的危害影响水平。若在小规模野外试验条件下,微生物农药对蜜蜂种群有不可恢复的不良影响,则待评估的微生物农药对蜜蜂的风险不可接受。

附　录　A
（规范性）
微生物农药对蜜蜂环境风险评估流程

微生物农药对蜜蜂环境风险评估流程见图 A.1。

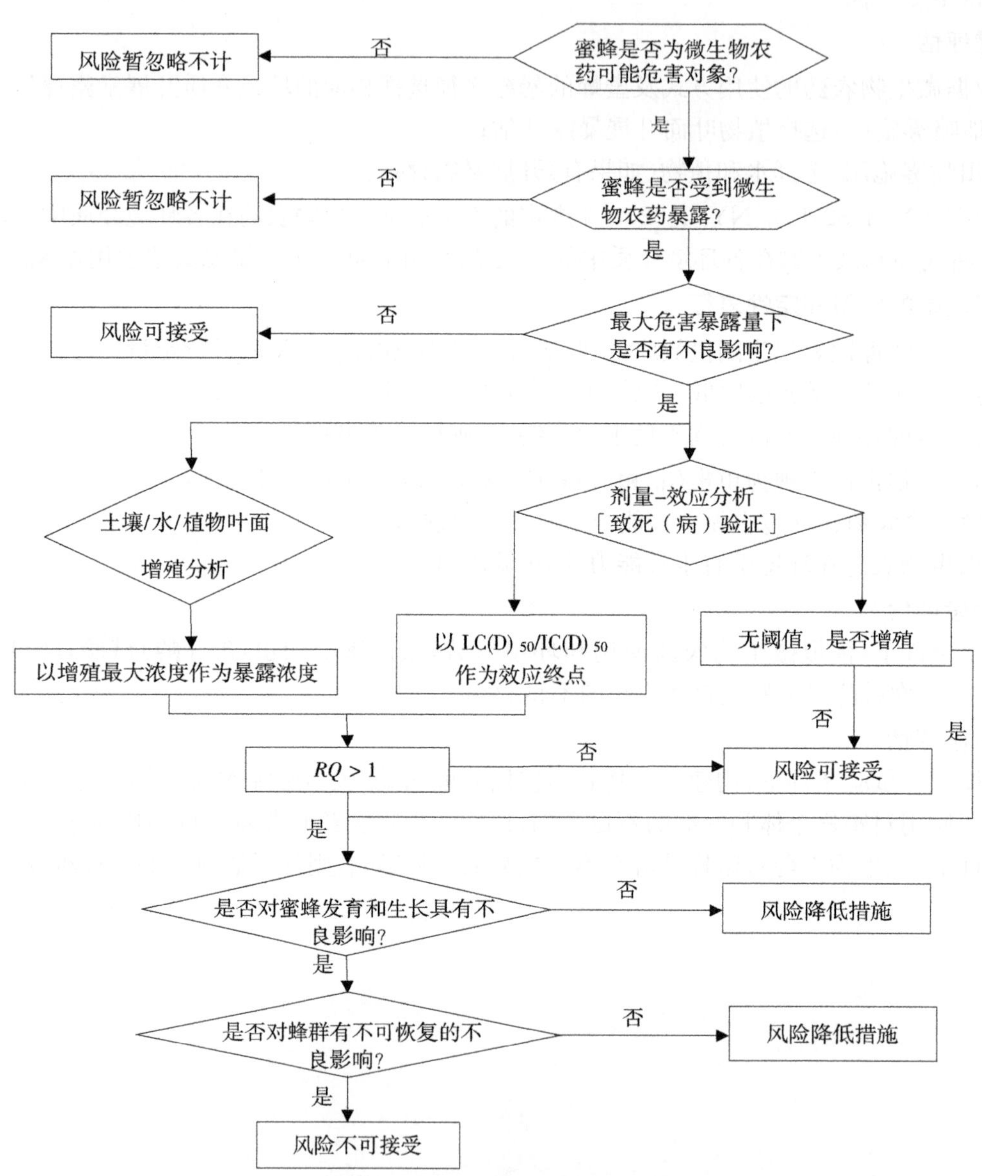

图 A.1　微生物农药对蜜蜂环境风险评估流程

参 考 文 献

[1] U S. Environmental Protection Agency. Microbial Pesticide Test Guidelines. OPPTS 885.4000, Background for Nontarget Organism Testing of Microbial Pest Control Agents[R],EPA 712-C-96-328. 1996

[2] Organization for Economic Co-operation and Development. OECD Environment,Health and Safety Publications Series on Testing and Assessment No. 75. Guidance Document on the Honey Bee (Apis mellifera L.) Brood Test Under Semi-field Conditions[R]. ENV/JM/MONO (2007) 22. Paris:OECD,2007

[3] 卜元卿,刘常宏,单正军. 微生物农药环境安全性评价技术研究[M]. 北京:科学出版社,2015

ICS 65.020
CCS B 17

中华人民共和国农业行业标准

NY/T 4197.6—2022

微生物农药　环境风险评估指南 第6部分:家蚕

Guidelines on environmental risk assessment for microbial pesticides—Part 6:Silkworm

2022-11-11 发布　　2023-03-01 实施

中华人民共和国农业农村部　发布

前　　言

本文件按照 GB/T 1.1—2020《标准化工作导则　第 1 部分：标准化文件的结构和起草规则》的规定起草。

本文件是 NY/T 4197《微生物农药　环境风险评估指南》的第 6 部分。NY/T 4197 已经发布了以下部分：

——第 1 部分：总则；

——第 2 部分：鱼类；

——第 3 部分：溞类；

——第 4 部分：鸟类；

——第 5 部分：蜜蜂；

——第 6 部分：家蚕。

请注意本文件的某些内容可能涉及专利。本文件的发布机构不承担识别专利的责任。

本文件由农业农村部种植业管理司提出并归口。

本文件起草单位：农业农村部农药检定所、生态环境部南京环境科学研究所。

本文件主要起草人：单炜力、袁善奎、周欣欣、虞悦、卜元卿、周艳明、游泳、程燕、陈朗、王寿山。

微生物农药　环境风险评估指南
第6部分：家蚕

1　范围

本文件规定了微生物农药对家蚕影响的风险评估原则、方法和程序。

本文件适用于为微生物农药登记而进行的、喷雾使用的微生物农药对家蚕影响的风险评估。

2　规范性引用文件

下列文件中的内容通过文中的规范性引用而构成本文件必不可少的条款。其中，注日期的引用文件，仅该日期对应的版本适用于本文件；不注日期的引用文件，其最新版本（包括所有的修改单）适用于本文件。

NY/T 2882.1—2016　农药登记　环境风险评估指南　第1部分：总则

NY/T 3152.3　微生物农药　环境风险评价试验准则　第3部分：家蚕毒性试验

NY/T 3278.3　微生物农药　环境增殖试验准则　第3部分：植物叶面

3　术语和定义

下列术语和定义适用于本文件。

3.1

最大危害暴露量　maximum hazard exposure level

微生物农药有效成分在环境中对非靶生物可能产生危害的最大暴露量，通常以预测暴露量与安全系数的乘积来表示。

[来源：NY/T 3152.3—2017，3.8]

3.2

致病性　pathogenicity

微生物感染宿主后，在宿主体内存活及增殖，对宿主造成损伤或病变的能力，通常与宿主的耐受性或敏感性有关。

[来源：NY/T 3152.3—2017，3.10]

3.3

无可见作用浓度　no observed effect concentration

与对照相比，供试物对受试生物在统计学上无显著负面影响的最高浓度，用NOEC表示。

[来源：NY/T 2882.1—2016，3.22，有修改]

注：单位为微生物菌体数每升（CFU/L或个/L）。

3.4

水平传播　horizontal transmission

病原微生物在群体之间或个体之间的传染方式，分为直接接触传播和间接接触传播。

3.5

垂直传播　vertical transmission

病原微生物由母体通过卵细胞，或胎盘血循环，或经产道传给子代的传染方式。

4　基本原则

4.1　保护目标是我国人工饲养的家蚕，即因喷雾使用而残留于桑叶的微生物农药，既不会导致家蚕死亡，也不会对家蚕的蚕丝生产力造成不良效应。

4.2　微生物农药对家蚕的风险评估采用层级递进评估方法。

5　评估方法和程序

5.1　概述

微生物农药对家蚕环境风险评估流程按照附录A的图A.1执行。

5.2　问题阐述

5.2.1　风险估计

5.2.1.1　根据微生物农药生物学特征、防治对象等确定对家蚕危害的可能性,当根据现有信息不能排除家蚕受到微生物农药的暴露危害时,应进行风险评估。

5.2.1.2　用于多种作物或多种防治对象的微生物农药,可根据作物、施药剂量、施药次数和施药时间等使用方法对其分组评估:

a)　分组时应考虑作物、施药剂量、施药次数和施药时间等因素;
b)　根据分组情况确定微生物农药对家蚕风险的最高情况,并对该分组开展风险评估;
c)　当风险最高的分组对家蚕的风险可接受时,认为该微生物农药对家蚕风险可接受;
d)　当风险最高的分组对家蚕的风险不可接受时,还应对其他组分开展风险评估,从而明确何种条件下该微生物农药对家蚕的风险可接受。

5.2.2　数据收集

针对本文件的保护目标收集但不仅限于微生物农药生物学、生态毒理、环境增殖、制剂组成及使用方法等方面的信息,并对信息进行初步分析,以确保有充足的信息进行危害表征和暴露评估。

5.2.3　计划简述

根据已获得的相关信息和数据拟定风险评估方案,简要说明风险评估的内容、方法和步骤。

5.3　第一阶段评估

采用NY/T 3152.3等标准方法,测试微生物农药在最大危害暴露浓度下对家蚕的危害情况。若最大危害暴露量试验结果显示微生物农药对家蚕死亡率和(或)致病率≥50%,则要进行剂量-效应分析和致病(死)性验证试验和暴露评估。

5.4　第二阶段评估

5.4.1　确定剂量-效应分析危害效应终点

采用NY/T 3152.3等规定方法,测试微生物农药对家蚕的IC_{50}或LC_{50}等危害效应终点值。在初级评估中,选择危害效应终点应遵循以下原则:

a)　当同一物种具有多个危害效应终点时选择毒性最高的数据作为效应评估终点值;
b)　当某一制剂的毒性相对母药或其他剂型显著(100倍)增加或降低毒性时,使用该制剂的危害效应终点值评估该制剂对家蚕的风险;
c)　当因剂型等限制未能得出确切制剂危害效应终点时,但有微生物母药或菌株的危害效应终点值,可使用母药或菌株的危害效应终点值作为效应评估值。

5.4.2　确定致病(死)性效应

5.4.2.1　通常,致病(死)性试验设计应遵循柯赫氏法则。

5.4.2.2　某些专性寄生微生物如病毒等,由于不能在人工培养基上培养,可以采用其他实验方法证明,或充分说明其寄主专一性。

5.4.3　暴露评估

采用NY/T 3278.3规定的方法,测试微生物农药在植物叶面、标准试验条件下的环境增殖能力,根据生长-消亡曲线预测微生物在植物叶面的最大浓度,并将此作为环境暴露浓度用于风险评估。

5.4.4 初级风险的定量和定性表征

5.4.4.1 当微生物毒性表现为阈值效应，风险表征可采用风险商值（RQ）进行定量描述：

a） $RQ \leqslant 1$，即环境暴露浓度低于或等于危害效应终点，则风险可接受；

b） $RQ > 1$，即环境暴露浓度高于危害效应终点，则风险不可接受。

5.4.4.2 当微生物毒性表现为单击（非阈值）效应，风险标准可采用定性描述：

a） 当微生物农药在植物叶面上无生长能力，则风险可接受；

b） 当微生物农药在植物叶面上有生长能力，则风险不可接受。

5.5 第三阶段评估

在实验室条件下，模拟微生物农药使用和环境参数，采用家蚕两代繁殖试验，通过测试亲代家蚕的产卵量、卵孵化率及子代家蚕的结茧率、茧重等指标，评估微生物农药对家蚕繁殖和主要经济价值参数的影响。

5.6 第四阶段评估

在小规模田间试验条件下，构建微生物农药使用环境场景，包括桑树、环境条件、气候条件等，喷施微生物农药后，定期采摘桑叶喂食家蚕，测试家蚕的急慢性效应，得出 NOEC，评估微生物农药叶面残留对家蚕的危害影响。

5.7 风险降低措施

当风险评估结果表明微生物农药对家蚕的风险不可接受时，应采取适当的风险降低措施以使风险可接受，且应在产品标签上注明相应的风险降低措施。通常所采取的风险降低措施不应显著降低产品的使用效果，且应具有可行性。

附 录 A
（规范性）
微生物农药对家蚕环境风险评估流程图

微生物农药对家蚕环境风险评估流程见图 A.1。

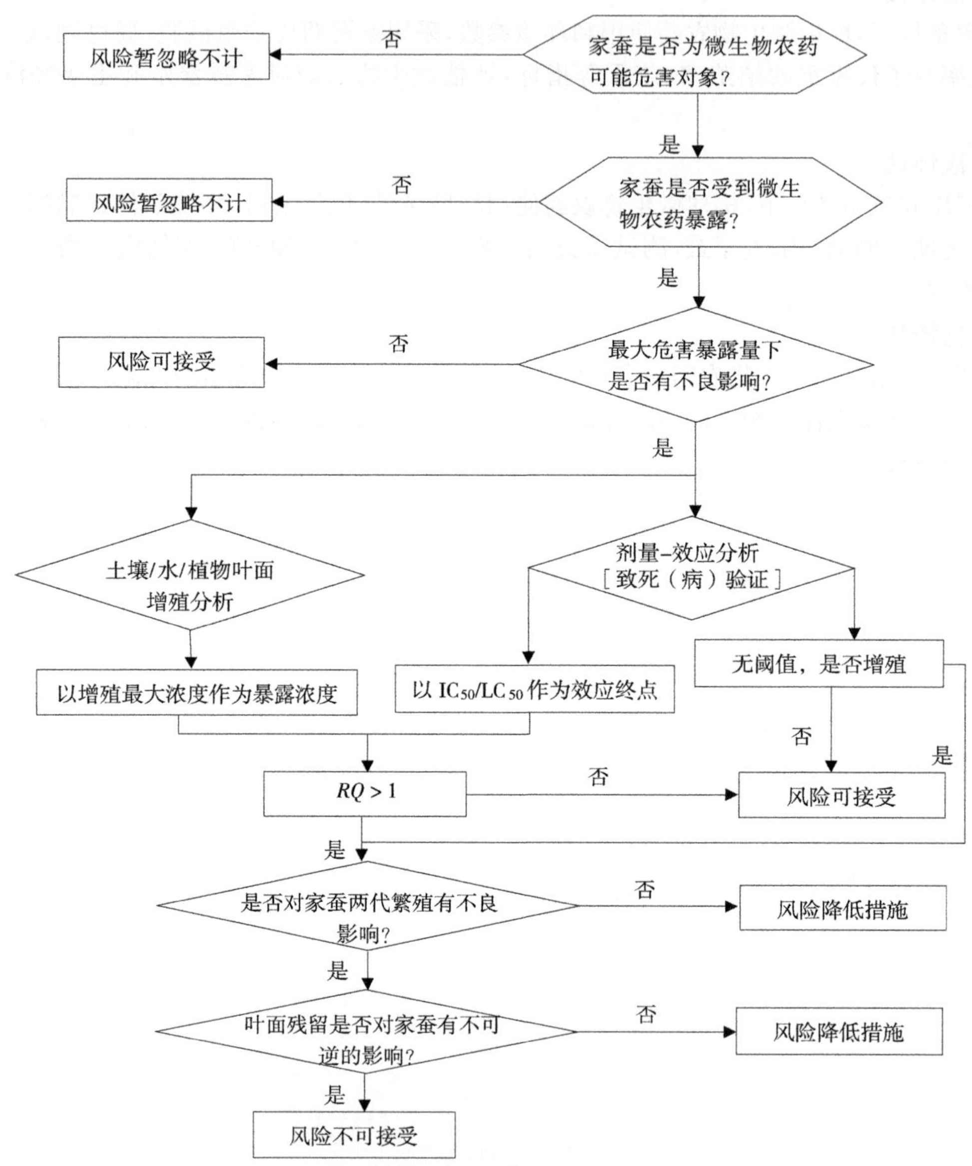

图 A.1 微生物农药对家蚕环境风险评估流程

参 考 文 献

[1] U S. Environmental Protection Agency. Microbial Pesticide Test Guidelines OPPTS 885. 4000 Background for Nontarget Organism Testing of Microbial Pest Control Agents [R]. Washington, DC: U. S. Environmental Protection Agency, 1996

[2] Canada PMRA. Guidelines for the Registration of Microbial Pest Control Agents and Products [R].Canada, 1998

[3] Japan Ministry of Agriculture, Forestry and Fisheries. Guidelines for Safety Evaluation of Microbial Pesticides [R]. Tokyo: Japan Ministry of Agriculture, Forestry and Fisheries, 1997

[4] 卜元卿，刘常宏，单正军．微生物农药环境安全性评价技术研究[M]. 北京:科学出版社,2015

ICS 65.020
CCS B 16

中华人民共和国农业行业标准

NY/T 4235—2022

香蕉枯萎病防控技术规范

Technical specification for prevention and control of fusarium wilt of banana

2022-11-11 发布　　2023-03-01 实施

中华人民共和国农业农村部　发布

前　言

本文件按照 GB/T 1.1—2020《标准化工作导则　第 1 部分：标准化文件的结构和起草规则》的规定起草。

请注意本文件的某些内容可能涉及专利。本文件的发布机构不承担识别专利的责任。

本文件由农业农村部农垦局提出。

本文件由农业农村部热带作物及制品标准化技术委员会归口。

本文件起草单位：中国热带农业科学院热带生物技术研究所、中国热带农业科学院海口实验站。

本文件主要起草人：谢江辉、王尉、周登博、井涛、臧小平、李凯、张妙宜、云天艳、赵炎坤、起登凤。

香蕉枯萎病防控技术规范

1 范围

本文件规定了香蕉枯萎病的植前调查、防控原则、防控措施、发病率及产量调查。

本文件适用于我国香蕉枯萎病防控。

2 规范性引用文件

下列文件中的内容通过文中的规范性引用而构成本文件必不可少的条款。其中,注日期的引用文件,仅该日期对应的版本适用于本文件;不注日期的引用文件,其最新版本(包括所有的修改单)适用于本文件。

GB/T 8321(所有部分) 农药合理使用准则

GB/T 29397 香蕉枯萎病菌4号小种检疫检测与鉴定

NY/T 357 香蕉 组培苗

NY/T 393 绿色食品 农药使用准则

NY/T 1475 香蕉病虫害防治技术规范

NY/T 1868 肥料合理使用准则 有机肥料

NY/T 2120 香蕉无病毒种苗生产技术规范

NY/T 2248 热带作物品种资源抗病虫性鉴定技术规程 香蕉叶斑病、香蕉枯萎病和香蕉根结线虫病

NY/T 2271 土壤调理剂 效果试验和评价要求

NY/T 3129 棉隆土壤消毒技术规程

NY/T 5010 无公害农产品 种植业产地环境条件

3 术语和定义

本文件没有需要界定的术语和定义。

4 植前调查

种植前应调查枯萎病发病率,测定土壤中枯萎病菌的含量,按NY/T 2248和GB/T 29397的规定执行。香蕉枯萎病的田间症状及发生规律见附录A。

5 防控原则

贯彻"预防为主、综合治理"的植保方针。加强田间巡查监测,根据监测结果及时采取防治方法。依据香蕉枯萎病的发生规律,综合考虑影响病害发生的各种因素,以农业防控为基础,协调应用生物和化学等防治措施,进行科学、经济、安全、有效的防治,将香蕉枯萎病控制在经济阈值以下,确保达到优质丰产稳产的目的。不应使用国家禁止在果树上使用的和未登记的农药,依据防治指标适时防治,合理使用农药,按GB/T 8321的规定执行。

6 防控措施

6.1 农业防控

6.1.1 抗(耐)病品种选择

6.1.1.1 抗(耐)病香蕉品种包括宝岛蕉、南天黄、粉杂1号、海贡和佳丽蕉等。

6.1.1.2 发病率 5%～20%的蕉园更新，可直接种植抗(耐)病品种。

6.1.1.3 发病率大于 20%的蕉园更新，可合理轮作，再种植抗(耐)病品种。

6.1.2 防控适期

全生育期都要进行适时防控，种植前及营养生长期为最佳防控时期。

6.1.3 种苗选择

选种健康种苗，种苗质量符合 NY/T 2120 和 NY/T 357 的规定。

6.1.4 无病蕉园隔离

未发病的蕉园，应加强隔离措施，杜绝外源枯萎病菌通过种苗、水源、劳动工具、人员流动等途径传入。

6.1.5 土壤健康管理

6.1.5.1 偏酸性的土壤，植前宜施用碱性肥料、生石灰等调节土壤酸碱度，按 NY/T 2271 的规定执行。

6.1.5.2 植前应对土壤消毒，宜使用棉隆、威百亩和石灰氮等，按 GB/T 8321、NY/T393 和 NY/T 3129 的规定执行。

6.1.5.3 新植蕉每株宜施用 2.5 kg～4.5 kg 有机肥作为基肥；新植蕉植后或宿根蕉留芽后 60 d～90 d，可采用沟施、穴施或水肥共施等方法增施有机肥，每株 2.5 kg～4.5 kg，按 NY/T 1868 的规定执行。

6.1.6 病株清除

发病率低的蕉园，发现病株及时清除并处理周边土壤和植株，按 NY/T 1475 的规定执行。

6.1.7 套种

行间宜种植韭菜、冬瓜、南瓜、豆科等浅根系经济作物，按当地常规种植技术管理。

6.1.8 轮作

宜选用水旱或旱旱等轮作方式，水旱轮作选用水稻、莲藕、慈姑等水生作物，旱旱轮作选用韭菜、甘蔗、菠萝等旱地作物，轮作时间 1 年～3 年。

6.1.9 免耕少耕

应加强田间管理，少动土少伤根，延长宿根期，少更新蕉园。发病蕉园再植感病品种，不应耕作，宜挖穴种植。

6.1.10 水分管理

采用滴灌或喷灌设施灌溉，禁止漫灌。水源选择，按 NY/T 5010 的规定执行。

6.2 生物防控

6.2.1 生物防控产品选择

选用生物菌剂或菌肥等复合微生物产品，生物菌剂种类可参照附录 B。

6.2.2 施用时间和次数

6.2.2.1 液体微生物菌剂

液体微生物菌剂在蕉苗移栽前或移栽时第 1 次施用，营养生长期每隔 14 d 施用 1 次，抽蕾后每个月施用 1 次。

6.2.2.2 固体微生物肥

固体微生物肥料在蕉苗移栽时与基肥一起施用，后每隔 2 个月～3 个月埋施 1 次，全生育期施用 3 次～4 次。

6.3 化学防控

线虫危害香蕉根系造成的伤口易受枯萎病菌侵染，应选用药剂防治，按 NY/T 1475 的规定执行。

7 发病率及产量调查

7.1 调查时间

香蕉收获期。

7.2 调查方法

7.2.1 发病率调查

随机选取 3 个小区，每小区选取 100 株，分别记录病株数量，计算田间发病率。

7.2.2 产量调查

随机选取 3 个小区，每个小区选取 5 株香蕉，记录每串香蕉的质量，计算产量。

7.3 发病率及产量计算

7.3.1 枯萎病发病率按公式(1)计算。

$$Dis = \frac{d}{s} \times 100 \tag{1}$$

式中：

Dis ——香蕉枯萎病发病率的数值，单位为百分号(%)；

d ——发病株数；

s ——调查总株数。

7.3.2 产量按公式(2)计算。

$$Q = T \times M \tag{2}$$

式中：

Q ——产量的数值，单位为千克每公顷(kg/hm^2)；

T ——平均单株产量的数值，单位为千克(kg)；

M ——每公顷平均收获株数。

7.4 数据记录

香蕉枯萎病发病率及产量调查原始数据记录表详见附录 C。

附 录 A
（资料性）
香蕉枯萎病田间症状及发生规律

A.1 香蕉枯萎病田间症状

植株最下部叶片边缘呈黄色或橙黄色，由边缘扩张至中脉，后蔓延至整个叶片，导致叶柄基部枯黄折断，并倒垂在假茎周围。发病顺序为自下而上逐渐扩展到整个植株，见图 A.1 的图 a)。部分发病植株伴随假茎基部自外向内开裂，裂口处出现褐色干腐病斑，见图 A.1 的图 b)。假茎横切面维管束组织变为红褐色或黑褐色，病斑部位呈分散或者连续排列，见图 A.1 的图 c)。假茎纵剖面可见由茎基部延伸到中部或者上方的线状维管束病变，颜色由下至上逐渐变浅，见图 A.1 的图 d)。

a） 田间叶片黄化症状　b） 田间植株假茎基部开裂症状　c） 发病植株茎基部横切面　d） 发病植株茎基部纵切面

图 A.1 香蕉枯萎病田间症状图

A.2 发生规律

香蕉枯萎病菌是一种土传真菌病害，可先从幼根侵入，成株期经伤口侵入，经根系木质部扩展至球茎，再由维管束向假茎蔓延扩展。田间植株自苗期感染到发病需要 3 个月～5 个月。病株发病枯死后，病菌可在土壤中存活 8 年～10 年，甚至在缺少寄主时也可存活 3 年～5 年。留在土壤中枯萎病菌可随病株残体、土壤、耕作工具、病区灌溉水、雨水等传播蔓延。带病菌的吸芽、土壤及二级苗是枯萎病远距离传播的方式。

A.3 危害程度

香蕉枯萎病从苗期到成株期均能染病，在植株营养生长中后期出现零星病株，抽蕾后发病速度较快，收获前发病速度最大，大部分病株死亡，发病田块有明显的发病中心。发病率每年可增长 3 倍～5 倍。

附　录　B
（资料性）
生物菌剂种类

生物菌剂种类见表 B.1。

表 B.1　生物菌剂

菌种名称	学名	使用方法
解淀粉芽孢杆菌	*Bacillus amyloliquefaciens*	参照使用说明书
枯草芽孢杆菌	*Bacillus subtilis*	
甲基营养型芽孢杆菌	*Bacillus methylotrophicus*	
链霉菌	*Streptomyces* spp.	
哈茨木霉	*Trichoderma harzianum*	
棘孢木霉	*Trichoderma asperellum*	
橘绿木霉	*Trichoderma citrinoviride*	
长枝木霉	*Trichoderma longibrachiatum*	

附　录　C
（资料性）
香蕉枯萎病发病率及防控产量调查记录表

C.1　香蕉枯萎病发病率调查记录表

见表 C.1。

表 C.1　香蕉枯萎病发病率调查记录表

<table>
<tr><td>编号</td><td>病株数量</td><td>病株总数</td><td>总株数</td><td>发病率，%</td></tr>
<tr><td>调查区 1</td><td></td><td rowspan="3"></td><td rowspan="3"></td><td rowspan="3"></td></tr>
<tr><td>调查区 2</td><td></td></tr>
<tr><td>调查区 3</td><td></td></tr>
<tr><td>调查地点</td><td></td><td>品种名称</td><td colspan="2"></td></tr>
<tr><td>防控措施</td><td colspan="4"></td></tr>
<tr><td>调查日期</td><td></td><td>调查人</td><td colspan="2"></td></tr>
</table>

C.2　香蕉枯萎病防控产量调查记录表

见表 C.2。

表 C.2　香蕉枯萎病防控产量调查记录表

<table>
<tr><td rowspan="2">编号</td><td colspan="5">单株产量，kg</td><td rowspan="2">平均单株产量，kg</td><td rowspan="2">产量，kg/hm²</td></tr>
<tr><td>1</td><td>2</td><td>3</td><td>4</td><td>5</td></tr>
<tr><td>调查区 1</td><td></td><td></td><td></td><td></td><td></td><td rowspan="3"></td><td rowspan="3"></td></tr>
<tr><td>调查区 2</td><td></td><td></td><td></td><td></td><td></td></tr>
<tr><td>调查区 3</td><td></td><td></td><td></td><td></td><td></td></tr>
<tr><td>调查地点</td><td colspan="2"></td><td colspan="2">品种名称</td><td colspan="3"></td></tr>
<tr><td>防控措施</td><td colspan="7"></td></tr>
<tr><td>调查日期</td><td colspan="2"></td><td colspan="2">调查人</td><td colspan="3"></td></tr>
</table>

ICS 65.020
CCS B 16

中华人民共和国农业行业标准

NY/T 4236—2022

菠萝水心病测报技术规范

Technical specification for the forecast of pineapple translucency

2022-11-11 发布　　2023-03-01 实施

中华人民共和国农业农村部　发布

前　　言

本文件按照 GB/T 1.1—2020《标准化工作导则　第 1 部分:标准化文件的结构和起草规则》的规定起草。

请注意本文件的某些内容可能涉及专利。本文件的发布机构不承担识别专利的责任。

本文件由农业农村部农垦局提出。

本文件由农业农村部热带作物及制品标准化技术委员会归口。

本文件起草单位:中国热带农业科学院南亚热带作物研究所、中国热带农业科学院湛江实验站。

本文件主要起草人:姚艳丽、高玉尧、付琼、张秀梅、林文秋、吴青松、朱祝英、刘胜辉、杨玉梅、孙伟生、刘洋。

菠萝水心病测报技术规范

1 范围

本文件规定了菠萝水心病预报的术语和定义、测报调查、测报资料收集和汇总、预测方法等。

本文件适用于菠萝水心病的田间调查、测报和发生趋势预报。

2 规范性引用文件

下列文件中的内容通过文中的规范性引用而构成本文件必不可少的条款。其中,注日期的引用文件,仅该日期对应的版本适用于本文件;不注日期的引用文件,其最新版本(包括所有的修改单)适用于本文件。

NY/T 450 菠萝

3 术语和定义

下列术语和定义适用于本文件。

3.1

菠萝水心病 pineapple translucency

菠萝果实内部组织间隙充满细胞液并呈现水渍状,严重时散发出酒糟味和恶臭味的一种生理性病害。

3.2

成熟度 ripeness

菠萝果实已经达到某种能保证适当完成熟化过程的生理发育阶段。

[来源:NY/T 450—2001,3.5]

3.3

青熟期 green ripening stage

菠萝果实已完成生长和营养物质的积累,果皮由深绿色变为黄绿色,果肉由白色转为浅黄色的发育阶段。

3.4

黄熟期 yellow ripening stage

果实基部2层~3层小果呈黄色或橙黄色,果肉呈浅黄色或黄色,风味物质快速积累,达到可鲜食阶段。

3.5

完熟期 full ripening stage

大部分果皮呈黄色,果肉呈黄色、变软,是果实由成熟向衰老的转折点,达到最佳可食期。

3.6

病田率 infested field rate

调查发生菠萝水心病的地块占全部调查地块的百分率。

4 测报调查

4.1 系统调查

4.1.1 调查时间

从青熟期初期开始至完熟期为止,每2 d~3 d调查1次。

4.1.2 调查方法

选择有代表性的地块，按对角线五点取样法取样，每点随机摘取菠萝 9 个，沿果实纵径剖开后观测，记录每个果的病情级别，计算发病率和病情指数，调查结果汇总并填入附录 A 中的表 A.1。症状识别及病情分级依据见附录 B。

4.1.3 计算方法

4.1.3.1 发病率

水心病发病率（R）按公式（1）计算，以百分号（%）表示。

$$R=\frac{N_1}{N}\times 100 \qquad (1)$$

式中：

R ——发病率，单位为百分号（%）；

N_1——发病果数，单位为个；

N ——调查总果数，单位为个。

4.1.3.2 病情指数

水心病病情指数（DI）按公式（2）计算。

$$DI=\frac{\sum(A\times B)}{C\times 4}\times 100 \qquad (2)$$

式中：

DI ——病情指数；

A ——各病级发病果数；

B ——相应病级代表值；

C ——调查的总果数。

4.2 大田普查

4.2.1 普查时间

菠萝青熟期。

4.2.2 普查方法

菠萝种植面积较大的区域，选择 3 个地块，每块地随机选取 3 个点，每点随机取 10 个果，调查发病地块和发病果数，记录每个果的发病级别，计算病田率、发病率和病情指数，调查结果汇总并填入表 A.2。

5 测报资料收集和汇总

5.1 测报资料收集

收集菠萝种植品种、叶面肥及植物生长调节剂等栽培管理措施的情况。收集盛花期、谢花后 30 d、采收前后 15 d 内当地气象要素的预测值和实测值，包括日最高温、日最低温、日均温、日均相对湿度、日降水量、光照强度等资料，数据汇总并填入表 A.3。

5.2 测报资料汇总归档

每次调查结束后，将调查数据及时填入相应表内，将资料整理归档保存。

6 预测方法

6.1 短期预测

从青熟期开始，调查同一地块的菠萝水心病发病情况，结合果实发育阶段和未来 1 周的天气情况，作出病情短期预报。

6.2 发生程度预测

在青熟期至黄熟期对同一地块菠萝的水心病发病情况进行调查，每 2 d～3 d 调查 1 次，根据调查结果，按公式（2）计算病情指数，按表 1 判断标准进行预测。

表 1　水心病发生程度预测判断标准

序号	判断标准	预警级别	预测
1	$DI \leqslant 6.25$	1级	建议5 d内采收完成
2	$6.25 < DI \leqslant 12.5$	2级	建议3 d内采收完成
3	$12.5 < DI \leqslant 25$	3级	建议当天内采收完成，近距离销售
4	$25 < DI \leqslant 50$	4级	建议当天内采收完成，可作为加工果
5	$DI > 50$	5级	建议作饲料或肥料

附　录　A
（规范性）
菠萝水心病调查记录表

A.1　菠萝水心病系统调查记录表

见表 A.1。

表 A.1　菠萝水心病系统调查记录表

调查日期	调查地点	菠萝品种	成熟度	调查果数 个	病果数 个	发病率 %	发病果数/个					病情指数	备注
							0 级	1 级	2 级	3 级	4 级		

A.2　菠萝水心病普查记录表

见表 A.2。

表 A.2　菠萝水心病普查记录表

调查日期	调查地点	菠萝品种	调查地块数 块	发病地块数 块	病田率 %	调查果数 个	发病果数 个	发病率 %	病情指数	备注

A.3　菠萝水心病测报资料记录表

见表 A.3。

表 A.3　菠萝水心病测报资料记录表

调查日期	菠萝品种	气候因子							栽培措施			备注
		观测期	日最高温度 ℃	日最低温度 ℃	日平均温度 ℃	日均相对湿度 %	日降水量 mm	光照度 lx	挂果期叶面肥	植物生长调节剂	其他	

附 录 B
（资料性）
菠萝水心病的症状识别与病情分级标准

B.1 症状识别

切开果实检验是否发病，病症为果实内部组织间隙充满细胞液并呈现水渍状，颜色较深（图 B.1），病情严重的散发出酒糟味和恶臭味。

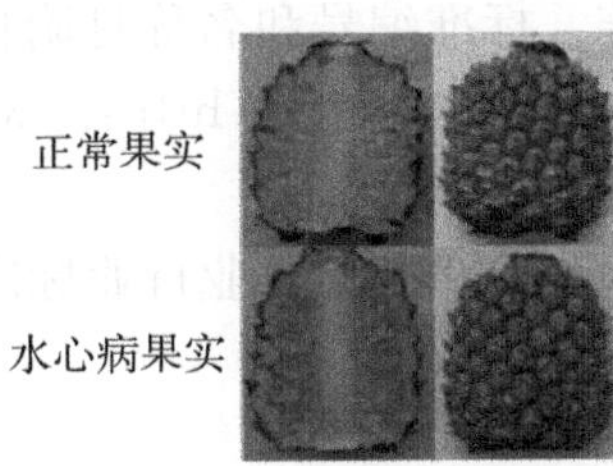

图 B.1 水心病引起的水浸状病斑

B.2 病情分级标准

菠萝水心病病情分级依据见表 B.1。

表 B.1 菠萝水心病病情分级依据

级数	分级标准
0 级	果实无病斑
1 级	水心部分在果眼或果心，分散，不连片，病斑面积占整果面积比值≤20％
2 级	水心部分在果眼及其周围，少量连片，20％<病斑面积占整果面积比值≤40％
3 级	水心部分在果眼及其周围，连片，水心部分未延伸到果皮及果心，40％<病斑面积占整果面积比值≤60％
4 级	水心部分大面积连片分布，水心症状延伸到果皮和果心，病斑面积占整果面积比值>60％

各级症状识别见图 B.2。

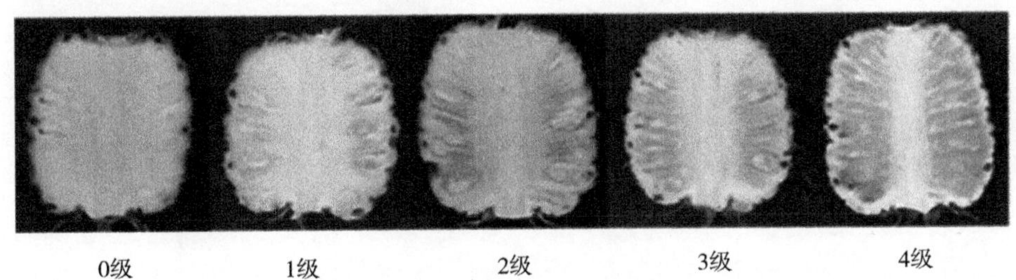

图 B.2 菠萝水心病各级症状

附录

中华人民共和国农业农村部公告
第 576 号

《小麦土传病毒病防控技术规程》等 135 项标准业经专家审定通过，现批准发布为中华人民共和国农业行业标准，自 2022 年 10 月 1 日起实施。标准编号和名称见附件。该批标准文本由中国农业出版社出版，可于发布之日起 2 个月后在中国农产品质量安全网(http://www.aqsc.org)查阅。特此公告。

附件：《小麦土传病毒病防控技术规程》等 135 项农业行业标准目录

农业农村部

2022 年 7 月 11 日

附件：

《小麦土传病毒病防控技术规程》等135项农业行业标准目录

序号	标准号	标准名称	代替标准号
1	NY/T 4071—2022	小麦土传病毒病防控技术规程	
2	NY/T 4072—2022	棉花枯萎病测报技术规范	
3	NY/T 4073—2022	结球甘蓝机械化生产技术规程	
4	NY/T 4074—2022	向日葵全程机械化生产技术规范	
5	NY/T 4075—2022	桑黄等级规格	
6	NY/T 886—2022	农林保水剂	NY/T 886—2016
7	NY/T 1978—2022	肥料　汞、砷、镉、铅、铬、镍含量的测定	NY/T 1978—2010
8	NY/T 4076—2022	有机肥料　钙、镁、硫含量的测定	
9	NY/T 4077—2022	有机肥料　氯、钠含量的测定	
10	NY/T 4078—2022	多杀霉素悬浮剂	
11	NY/T 4079—2022	多杀霉素原药	
12	NY/T 4080—2022	威百亩可溶液剂	
13	NY/T 4081—2022	噁唑酰草胺乳油	
14	NY/T 4082—2022	噁唑酰草胺原药	
15	NY/T 4083—2022	噻虫啉原药	
16	NY/T 4084—2022	噻虫啉悬浮剂	
17	NY/T 4085—2022	乙氧磺隆水分散粒剂	
18	NY/T 4086—2022	乙氧磺隆原药	
19	NY/T 4087—2022	咪鲜胺锰盐可湿性粉剂	
20	NY/T 4088—2022	咪鲜胺锰盐原药	
21	NY/T 4089—2022	吲哚丁酸原药	
22	NY/T 4090—2022	甲氧咪草烟原药	
23	NY/T 4091—2022	甲氧咪草烟可溶液剂	
24	NY/T 4092—2022	右旋苯醚氰菊酯原药	
25	NY/T 4093—2022	甲基碘磺隆钠盐原药	
26	NY/T 4094—2022	精甲霜灵原药	
27	NY/T 4095—2022	精甲霜灵种子处理乳剂	
28	NY/T 4096—2022	甲咪唑烟酸可溶液剂	
29	NY/T 4097—2022	甲咪唑烟酸原药	
30	NY/T 4098—2022	虫螨腈悬浮剂	
31	NY/T 4099—2022	虫螨腈原药	
32	NY/T 4100—2022	杀螺胺(杀螺胺乙醇胺盐)可湿性粉剂	
33	NY/T 4101—2022	杀螺胺(杀螺胺乙醇胺盐)原药	
34	NY/T 4102—2022	乙螨唑悬浮剂	
35	NY/T 4103—2022	乙螨唑原药	
36	NY/T 4104—2022	唑螨酯原药	
37	NY/T 4105—2022	唑螨酯悬浮剂	
38	NY/T 4106—2022	氟吡菌胺原药	
39	NY/T 4107—2022	氟噻草胺原药	

（续）

序号	标准号	标准名称	代替标准号
40	NY/T 4108—2022	嗪草酮可湿性粉剂	
41	NY/T 4109—2022	嗪草酮水分散粒剂	
42	NY/T 4110—2022	嗪草酮悬浮剂	
43	NY/T 4111—2022	嗪草酮原药	
44	NY/T 4112—2022	二嗪磷颗粒剂	
45	NY/T 4113—2022	二嗪磷乳油	
46	NY/T 4114—2022	二嗪磷原药	
47	NY/T 4115—2022	胺鲜酯(胺鲜酯柠檬酸盐)可溶液剂	
48	NY/T 4116—2022	胺鲜酯(胺鲜酯柠檬酸盐)原药	
49	NY/T 4117—2022	乳氟禾草灵乳油	
50	NY/T 4118—2022	乳氟禾草灵原药	
51	NY/T 4119—2022	农药产品中有效成分含量测定通用分析方法　高效液相色谱法	
52	NY/T 4120—2022	饲料原料　腐植酸钠	
53	NY/T 4121—2022	饲料原料　玉米胚芽粕	
54	NY/T 4122—2022	饲料原料　鸡蛋清粉	
55	NY/T 4123—2022	饲料原料　甜菜糖蜜	
56	NY/T 2218—2022	饲料原料　发酵豆粕	NY/T 2218—2012
57	NY/T 724—2022	饲料中拉沙洛西钠的测定　高效液相色谱法	NY/T 724—2003
58	NY/T 2896—2022	饲料中斑蝥黄的测定　高效液相色谱法	NY/T 2896—2016
59	NY/T 914—2022	饲料中氢化可的松的测定	NY/T 914—2004
60	NY/T 4124—2022	饲料中 T-2 和 HT-2 毒素的测定　液相色谱-串联质谱法	
61	NY/T 4125—2022	饲料中淀粉糊化度的测定	
62	NY/T 1459—2022	饲料中酸性洗涤纤维的测定	NY/T 1459—2007
63	SC/T 1078—2022	中华绒螯蟹配合饲料	SC/T 1078—2004
64	NY/T 4126—2022	对虾幼体配合饲料	
65	NY/T 4127—2022	克氏原螯虾配合饲料	
66	SC/T 1074—2022	团头鲂配合饲料	SC/T 1074—2004
67	NY/T 4128—2022	渔用膨化颗粒饲料通用技术规范	
68	NY/T 4129—2022	草地家畜最适采食强度测算方法	
69	NY/T 4130—2022	草原矿区排土场植被恢复生物笆技术要求	
70	NY/T 4131—2022	多浪羊	
71	NY/T 4132—2022	和田羊	
72	NY/T 4133—2022	哈萨克羊	
73	NY/T 4134—2022	塔什库尔干羊	
74	NY/T 4135—2022	巴尔楚克羊	
75	NY/T 4136—2022	车辆洗消中心生物安全技术	
76	NY/T 4137—2022	猪细小病毒病诊断技术	
77	NY/T 1247—2022	禽网状内皮组织增殖症诊断技术	NY/T 1247—2006
78	NY/T 573—2022	动物弓形虫病诊断技术	NY/T 573—2002
79	NY/T 4138—2022	蜜蜂孢子虫病诊断技术	
80	NY/T 4139—2022	兽医流行病学调查与监测抽样技术	
81	NY/T 4140—2022	口蹄疫紧急流行病学调查技术	

（续）

序号	标准号	标准名称	代替标准号
82	NY/T 4141—2022	动物源细菌耐药性监测样品采集技术规程	
83	NY/T 4142—2022	动物源细菌抗菌药物敏感性测试技术规程　微量肉汤稀释法	
84	NY/T 4143—2022	动物源细菌抗菌药物敏感性测试技术规程　琼脂稀释法	
85	NY/T 4144—2022	动物源细菌抗菌药物敏感性测试技术规程　纸片扩散法	
86	NY/T 4145—2022	动物源金黄色葡萄球菌分离与鉴定技术规程	
87	NY/T 4146—2022	动物源沙门氏菌分离与鉴定技术规程	
88	NY/T 4147—2022	动物源肠球菌分离与鉴定技术规程	
89	NY/T 4148—2022	动物源弯曲杆菌分离与鉴定技术规程	
90	NY/T 4149—2022	动物源大肠埃希菌分离与鉴定技术规程	
91	SC/T 1135.7—2022	稻渔综合种养技术规范　第7部分：稻鲤（山丘型）	
92	SC/T 1157—2022	胭脂鱼	
93	SC/T 1158—2022	香鱼	
94	SC/T 1159—2022	兰州鲇	
95	SC/T 1160—2022	黑尾近红鲌	
96	SC/T 1161—2022	黑尾近红鲌　亲鱼和苗种	
97	SC/T 1162—2022	斑鳢　亲鱼和苗种	
98	SC/T 1163—2022	水产新品种生长性能测试　龟鳖类	
99	SC/T 2110—2022	中国对虾良种选育技术规范	
100	SC/T 6104—2022	工厂化鱼菜共生设施设计规范	
101	SC/T 6105—2022	沿海渔港污染防治设施设备配备总体要求	
102	NY/T 4150—2022	农业遥感监测专题制图技术规范	
103	NY/T 4151—2022	农业遥感监测无人机影像预处理技术规范	
104	NY/T 4152—2022	农作物种质资源库建设规范　低温种质库	
105	NY/T 4153—2022	农田景观生物多样性保护导则	
106	NY/T 4154—2022	农产品产地环境污染应急监测技术规范	
107	NY/T 4155—2022	农用地土壤环境损害鉴定评估技术规范	
108	NY/T 1263—2022	农业环境损害事件损失评估技术准则	NY/T 1263—2007
109	NY/T 4156—2022	外来入侵杂草精准监测与变量施药技术规范	
110	NY/T 4157—2022	农作物秸秆产生和可收集系数测算技术导则	
111	NY/T 4158—2022	农作物秸秆资源台账数据调查与核算技术规范	
112	NY/T 4159—2022	生物炭	
113	NY/T 4160—2022	生物炭基肥料田间试验技术规范	
114	NY/T 4161—2022	生物质热裂解炭化工艺技术规程	
115	NY/T 4162.1—2022	稻田氮磷流失防控技术规范　第1部分：控水减排	
116	NY/T 4162.2—2022	稻田氮磷流失防控技术规范　第2部分：控源增汇	
117	NY/T 4163.1—2022	稻田氮磷流失综合防控技术指南　第1部分：北方单季稻	
118	NY/T 4163.2—2022	稻田氮磷流失综合防控技术指南　第2部分：双季稻	
119	NY/T 4163.3—2022	稻田氮磷流失综合防控技术指南　第3部分：水旱轮作	
120	NY/T 4164—2022	现代农业全产业链标准化技术导则	
121	NY/T 472—2022	绿色食品　兽药使用准则	NY/T 472—2013
122	NY/T 755—2022	绿色食品　渔药使用准则	NY/T 755—2013
123	NY/T 4165—2022	柑橘电商冷链物流技术规程	

（续）

序号	标准号	标准名称	代替标准号
124	NY/T 4166—2022	苹果电商冷链物流技术规程	
125	NY/T 4167—2022	荔枝冷链流通技术要求	
126	NY/T 4168—2022	果蔬预冷技术规范	
127	NY/T 4169—2022	农产品区域公用品牌建设指南	
128	NY/T 4170—2022	大豆市场信息监测要求	
129	NY/T 4171—2022	12316 平台管理要求	
130	NY/T 4172—2022	沼气工程安全生产监控技术规范	
131	NY/T 4173—2022	沼气工程技术参数试验方法	
132	NY/T 2596—2022	沼肥	NY/T 2596—2014
133	NY/T 860—2022	户用沼气池密封涂料	NY/T 860—2004
134	NY/T 667—2022	沼气工程规模分类	NY/T 667—2011
135	NY/T 4174—2022	食用农产品生物营养强化通则	

农业农村部
国家卫生健康委员会
国家市场监督管理总局
公　告
第594号

根据《中华人民共和国食品安全法》规定，经食品安全国家标准审评委员会审查通过，现发布《食品安全国家标准　食品中41种兽药最大残留限量》(GB 31650.1—2022)及21项兽药残留检测方法食品安全国家标准，自2023年2月1日起实施。标准编号和名称见附件，标准文本可在中国农产品质量安全网(http://www.aqsc.org)查阅下载。

附件：《食品安全国家标准　食品中41种兽药最大残留限量》(GB 31650.1—2022)及21项兽药残留检测方法食品安全国家标准目录

农业农村部
国家卫生健康委员会
国家市场监督管理总局
2022年9月20日

附录

附件：

《食品安全国家标准　食品中41种兽药最大残留限量》(GB 31650.1—2022)及21项兽药残留检测方法食品安全国家标准目录

序号	标准号	标准名称	代替标准号
1	GB 31650.1—2022	食品安全国家标准　食品中41种兽药最大残留限量	
2	GB 31613.4—2022	食品安全国家标准　牛可食性组织中吡利霉素残留量的测定　液相色谱-串联质谱法	
3	GB 31613.5—2022	食品安全国家标准　鸡可食组织中抗球虫药物残留量的测定　液相色谱-串联质谱法	
4	GB 31613.6—2022	食品安全国家标准　猪和家禽可食性组织中维吉尼亚霉素 M_1 残留量的测定　液相色谱-串联质谱法	
5	GB 31659.2—2022	食品安全国家标准　禽蛋、奶和奶粉中多西环素残留量的测定　液相色谱-串联质谱法	
6	GB 31659.3—2022	食品安全国家标准　奶和奶粉中头孢类药物残留量的测定　液相色谱-串联质谱法	GB/T 22989—2008
7	GB 31659.4—2022	食品安全国家标准　奶及奶粉中阿维菌素类药物残留量的测定　液相色谱-串联质谱法	GB/T 22968—2008
8	GB 31659.5—2022	食品安全国家标准　牛奶中利福昔明残留量的测定　液相色谱-串联质谱法	
9	GB 31659.6—2022	食品安全国家标准　牛奶中氯前列醇残留量的测定　液相色谱-串联质谱法	
10	GB 31656.14—2022	食品安全国家标准　水产品中27种性激素残留量的测定　液相色谱-串联质谱法	
11	GB 31656.15—2022	食品安全国家标准　水产品中甲苯咪唑及其代谢物残留量的测定　液相色谱-串联质谱法	
12	GB 31656.16—2022	食品安全国家标准　水产品中氯霉素、甲砜霉素、氟苯尼考和氟苯尼考胺残留量的测定　气相色谱法	
13	GB 31656.17—2022	食品安全国家标准　水产品中二硫氰基甲烷残留量的测定　气相色谱法	
14	GB 31657.3—2022	食品安全国家标准　蜂产品中头孢类药物残留量的测定　液相色谱-串联质谱法	GB/T 22942—2008
15	GB 31658.18—2022	食品安全国家标准　动物性食品中三氮脒残留量的测定　高效液相色谱法	
16	GB 31658.19—2022	食品安全国家标准　动物性食品中阿托品、东莨菪碱、山莨菪碱、利多卡因、普鲁卡因残留量的测定　液相色谱-串联质谱法	
17	GB 31658.20—2022	食品安全国家标准　动物性食品中酰胺醇类药物及其代谢物残留量的测定　液相色谱-串联质谱法	
18	GB 31658.21—2022	食品安全国家标准　动物性食品中左旋咪唑残留量的测定　液相色谱-串联质谱法	
19	GB 31658.22—2022	食品安全国家标准　动物性食品中β-受体激动剂残留量的测定　液相色谱-串联质谱法	GB/T 22286—2008 GB/T 21313—2007
20	GB 31658.23—2022	食品安全国家标准　动物性食品中硝基咪唑类药物残留量的测定　液相色谱-串联质谱法	
21	GB 31658.24—2022	食品安全国家标准　动物性食品中赛杜霉素残留量的测定　液相色谱-串联质谱法	
22	GB 31658.25—2022	食品安全国家标准　动物性食品中10种利尿药残留量的测定　液相色谱-串联质谱法	

国家卫生健康委员会
农 业 农 村 部
国家市场监督管理总局
公 告
2022年 第6号

根据《中华人民共和国食品安全法》规定，经食品安全国家标准审评委员会审查通过，现发布《食品安全国家标准 食品中2,4-滴丁酸钠盐等112种农药最大残留限量》(GB 2763.1—2022)标准。

本标准自发布之日起6个月正式实施。标准文本可在中国农产品质量安全网(http://www.aqsc.org)查阅下载，文本内容由农业农村部负责解释。

特此公告。

国家卫生健康委员会
农业农村部
国家市场监督管理总局
2022年11月11日

附录

中华人民共和国农业农村部公告
第 618 号

《稻田油菜免耕飞播生产技术规程》等 160 项标准业经专家审定通过，现批准发布为中华人民共和国农业行业标准，自 2023 年 3 月 1 日起实施。标准编号和名称见附件。该批标准文本由中国农业出版社出版，可于发布之日起 2 个月后在中国农产品质量安全网(http://www.aqsc.org)查阅。

特此公告。

附件:《稻田油菜免耕飞播生产技术规程》等 160 项农业行业标准目录

农业农村部

2022 年 11 月 11 日

附件：

《稻田油菜免耕飞播生产技术规程》等160项农业行业标准目录

序号	标准号	标准名称	代替标准号
1	NY/T 4175—2022	稻田油菜免耕飞播生产技术规程	
2	NY/T 4176—2022	青稞栽培技术规程	
3	NY/T 594—2022	食用粳米	NY/T 594—2013
4	NY/T 595—2022	食用籼米	NY/T 595—2013
5	NY/T 832—2022	黑米	NY/T 832—2004
6	NY/T 4177—2022	旱作农业　术语与定义	
7	NY/T 4178—2022	大豆开花期光温敏感性鉴定技术规程	
8	NY/T 4179—2022	小麦茎基腐病测报技术规范	
9	NY/T 4180—2022	梨火疫病监测规范	
10	NY/T 4181—2022	草地贪夜蛾抗药性监测技术规程	
11	NY/T 4182—2022	农作物病虫害监测设备技术参数与性能要求	
12	NY/T 4183—2022	农药使用人员个体防护指南	
13	NY/T 4184—2022	蜜蜂中57种农药及其代谢物残留量的测定　液相色谱-质谱联用法和气相色谱-质谱联用法	
14	NY/T 4185—2022	易挥发化学农药对蚯蚓急性毒性试验准则	
15	NY/T 4186—2022	化学农药　鱼类早期生活阶段毒性试验准则	
16	NY/T 4187—2022	化学农药　鸟类繁殖试验准则	
17	NY/T 4188—2022	化学农药　大型溞繁殖试验准则	
18	NY/T 4189—2022	化学农药　两栖类动物变态发育试验准则	
19	NY/T 4190—2022	化学农药　蚯蚓田间试验准则	
20	NY/T 4191—2022	化学农药　土壤代谢试验准则	
21	NY/T 4192—2022	化学农药　水-沉积物系统代谢试验准则	
22	NY/T 4193—2022	化学农药　高效液相色谱法估算土壤吸附系数试验准则	
23	NY/T 4194.1—2022	化学农药　鸟类急性经口毒性试验准则　第1部分：序贯法	
24	NY/T 4194.2—2022	化学农药　鸟类急性经口毒性试验准则　第2部分：经典剂量效应法	
25	NY/T 4195.1—2022	农药登记环境影响试验生物试材培养　第1部分：蜜蜂	
26	NY/T 4195.2—2022	农药登记环境影响试验生物试材培养　第2部分：日本鹌鹑	
27	NY/T 4195.3—2022	农药登记环境影响试验生物试材培养　第3部分：斑马鱼	
28	NY/T 4195.4—2022	农药登记环境影响试验生物试材培养　第4部分：家蚕	
29	NY/T 4195.5—2022	农药登记环境影响试验生物试材培养　第5部分：大型溞	

（续）

序号	标准号	标准名称	代替标准号
30	NY/T 4195.6—2022	农药登记环境影响试验生物试材培养　第6部分:近头状尖胞藻	
31	NY/T 4195.7—2022	农药登记环境影响试验生物试材培养　第7部分:浮萍	
32	NY/T 4195.8—2022	农药登记环境影响试验生物试材培养　第8部分:赤子爱胜蚓	
33	NY/T 2882.9—2022	农药登记　环境风险评估指南　第9部分:混配制剂	
34	NY/T 4196.1—2022	农药登记环境风险评估标准场景　第1部分:场景构建方法	
35	NY/T 4196.2—2022	农药登记环境风险评估标准场景　第2部分:水稻田标准场景	
36	NY/T 4196.3—2022	农药登记环境风险评估标准场景　第3部分:旱作地下水标准场景	
37	NY/T 4197.1—2022	微生物农药　环境风险评估指南　第1部分:总则	
38	NY/T 4197.2—2022	微生物农药　环境风险评估指南　第2部分:鱼类	
39	NY/T 4197.3—2022	微生物农药　环境风险评估指南　第3部分:溞类	
40	NY/T 4197.4—2022	微生物农药　环境风险评估指南　第4部分:鸟类	
41	NY/T 4197.5—2022	微生物农药　环境风险评估指南　第5部分:蜜蜂	
42	NY/T 4197.6—2022	微生物农药　环境风险评估指南　第6部分:家蚕	
43	NY/T 4198—2022	肥料质量监督抽查　抽样规范	
44	NY/T 2634—2022	棉花品种真实性鉴定　SSR分子标记法	NY/T 2634—2014
45	NY/T 4199—2022	甜瓜品种真实性鉴定　SSR分子标记法	
46	NY/T 4200—2022	黄瓜品种真实性鉴定　SSR分子标记法	
47	NY/T 4201—2022	梨品种鉴定　SSR分子标记法	
48	NY/T 4202—2022	菜豆品种鉴定　SSR分子标记法	
49	NY/T 3060.9—2022	大麦品种抗病性鉴定技术规程　第9部分:抗云纹病	
50	NY/T 3060.10—2022	大麦品种抗病性鉴定技术规程　第10部分:抗黑穗病	
51	NY/T 4203—2022	塑料育苗穴盘	
52	NY/T 4204—2022	机械化种植水稻品种筛选方法	
53	NY/T 4205—2022	农作物品种数字化管理数据描述规范	
54	NY/T 1299—2022	农作物品种试验与信息化技术规程　大豆	NY/T 1299—2014
55	NY/T 1300—2022	农作物品种试验与信息化技术规程　水稻	NY/T 1300—2007
56	NY/T 4206—2022	茭白种质资源收集、保存与评价技术规程	
57	NY/T 4207—2022	植物品种特异性、一致性和稳定性测试指南　黄花蒿	
58	NY/T 4208—2022	植物品种特异性、一致性和稳定性测试指南　蟹爪兰属	
59	NY/T 4209—2022	植物品种特异性、一致性和稳定性测试指南　忍冬	
60	NY/T 4210—2022	植物品种特异性、一致性和稳定性测试指南　梨砧木	
61	NY/T 4211—2022	植物品种特异性、一致性和稳定性测试指南　量天尺属	
62	NY/T 4212—2022	植物品种特异性、一致性和稳定性测试指南　番石榴	
63	NY/T 4213—2022	植物品种特异性、一致性和稳定性测试指南　重齿当归	
64	NY/T 4214—2022	植物品种特异性、一致性和稳定性测试指南　广东万年青属	
65	NY/T 4215—2022	植物品种特异性、一致性和稳定性测试指南　麦冬	
66	NY/T 4216—2022	植物品种特异性、一致性和稳定性测试指南　拟石莲属	
67	NY/T 4217—2022	植物品种特异性、一致性和稳定性测试指南　蝉花	

（续）

序号	标准号	标准名称	代替标准号
68	NY/T 4218—2022	植物品种特异性、一致性和稳定性测试指南　兵豆属	
69	NY/T 4219—2022	植物品种特异性、一致性和稳定性测试指南　甘草属	
70	NY/T 4220—2022	植物品种特异性、一致性和稳定性测试指南　救荒野豌豆	
71	NY/T 4221—2022	植物品种特异性、一致性和稳定性测试指南　羊肚菌属	
72	NY/T 4222—2022	植物品种特异性、一致性和稳定性测试指南　刀豆	
73	NY/T 4223—2022	植物品种特异性、一致性和稳定性测试指南　腰果	
74	NY/T 4224—2022	浓缩天然胶乳　无氨保存离心胶乳　规格	
75	NY/T 459—2022	天然生胶　子午线轮胎橡胶	NY/T 459—2011
76	NY/T 4225—2022	天然生胶　脂肪酸含量的测定　气相色谱法	
77	NY/T 2667.18—2022	热带作物品种审定规范　第18部分:莲雾	
78	NY/T 2667.19—2022	热带作物品种审定规范　第19部分:草果	
79	NY/T 2668.18—2022	热带作物品种试验技术规程　第18部分:莲雾	
80	NY/T 2668.19—2022	热带作物品种试验技术规程　第19部分:草果	
81	NY/T 4226—2022	杨桃苗木繁育技术规程	
82	NY/T 4227—2022	油梨种苗繁育技术规程	
83	NY/T 4228—2022	荔枝高接换种技术规程	
84	NY/T 4229—2022	芒果种质资源保存技术规程	
85	NY/T 1808—2022	热带作物种质资源描述规范　芒果	NY/T 1808—2009
86	NY/T 4230—2022	香蕉套袋技术操作规程	
87	NY/T 4231—2022	香蕉采收及采后处理技术规程	
88	NY/T 4232—2022	甘蔗尾梢发酵饲料生产技术规程	
89	NY/T 4233—2022	火龙果　种苗	
90	NY/T 694—2022	罗汉果	NY/T 694—2003
91	NY/T 4234—2022	芒果品种鉴定　MNP标记法	
92	NY/T 4235—2022	香蕉枯萎病防控技术规范	
93	NY/T 4236—2022	菠萝水心病测报技术规范	
94	NY/T 4237—2022	菠萝等级规格	
95	NY/T 1436—2022	莲雾等级规格	NY/T 1436—2007
96	NY/T 4238—2022	菠萝良好农业规范	
97	NY/T 4239—2022	香蕉良好农业规范	
98	NY/T 4240—2022	西番莲良好农业规范	
99	NY/T 4241—2022	生咖啡和焙炒咖啡　整豆自由流动堆密度的测定(常规法)	
100	NY/T 4242—2022	鲁西牛	
101	NY/T 1335—2022	牛人工授精技术规程	NY/T 1335—2007
102	NY/T 4243—2022	畜禽养殖场温室气体排放核算方法	
103	SC/T 1164—2022	陆基推水集装箱式水产养殖技术规程　罗非鱼	
104	SC/T 1165—2022	陆基推水集装箱式水产养殖技术规程　草鱼	
105	SC/T 1166—2022	陆基推水集装箱式水产养殖技术规程　大口黑鲈	
106	SC/T 1167—2022	陆基推水集装箱式水产养殖技术规程　乌鳢	
107	SC/T 2049—2022	大黄鱼　亲鱼和苗种	SC/T 2049.1—2006、SC/T 2049.2—2006
108	SC/T 2113—2022	长蛸	

（续）

序号	标准号	标准名称	代替标准号
109	SC/T 2114—2022	近江牡蛎	
110	SC/T 2115—2022	日本白姑鱼	
111	SC/T 2116—2022	条石鲷	
112	SC/T 2117—2022	三疣梭子蟹良种选育技术规范	
113	SC/T 2118—2022	浅海筏式贝类养殖容量评估方法	
114	SC/T 2119—2022	坛紫菜苗种繁育技术规范	
115	SC/T 2120—2022	半滑舌鳎人工繁育技术规范	
116	SC/T 3003—2022	渔获物装卸技术规范	SC/T 3003—1988
117	SC/T 3013—2022	贝类净化技术规范	SC/T 3013—2002
118	SC/T 3014—2022	干条斑紫菜加工技术规程	SC/T 3014—2002
119	SC/T 3055—2022	藻类产品分类与名称	
120	SC/T 3056—2022	鲟鱼子酱加工技术规程	
121	SC/T 3057—2022	水产品及其制品中磷脂含量的测定　液相色谱法	
122	SC/T 3115—2022	冻章鱼	SC/T 3115—2006
123	SC/T 3122—2022	鱿鱼等级规格	SC/T 3122—2014
124	SC/T 3123—2022	养殖大黄鱼质量等级评定规则	
125	SC/T 3407—2022	食用琼胶	
126	SC/T 3503—2022	多烯鱼油制品	SC/T 3503—2000
127	SC/T 3507—2022	南极磷虾粉	
128	SC/T 5109—2022	观赏性水生动物养殖场条件　海洋甲壳动物	
129	SC/T 5713—2022	金鱼分级　虎头类	
130	SC/T 7015—2022	病死水生动物及病害水生动物产品无害化处理规范	SC/T 7015—2011
131	SC/T 7018—2022	水生动物疫病流行病学调查规范	SC/T 7018.1—2012
132	SC/T 7025—2022	鲤春病毒血症(SVC)监测技术规范	
133	SC/T 7026—2022	白斑综合征(WSD)监测技术规范	
134	SC/T 7027—2022	急性肝胰腺坏死病(AHPND)监测技术规范	
135	SC/T 7028—2022	水产养殖动物细菌耐药性调查规范　通则	
136	SC/T 7216—2022	鱼类病毒性神经坏死病诊断方法	SC/T 7216—2012
137	SC/T 7242—2022	罗氏沼虾白尾病诊断方法	
138	SC/T 9440—2022	海草床建设技术规范	
139	SC/T 9442—2022	人工鱼礁投放质量评价技术规范	
140	NY/T 4244—2022	农业行业标准审查技术规范	
141	NY/T 4245—2022	草莓生产全程质量控制技术规范	
142	NY/T 4246—2022	葡萄生产全程质量控制技术规范	
143	NY/T 4247—2022	设施西瓜生产全程质量控制技术规范	
144	NY/T 4248—2022	水稻生产全程质量控制技术规范	
145	NY/T 4249—2022	芹菜生产全程质量控制技术规范	
146	NY/T 4250—2022	干制果品包装标识技术要求	
147	NY/T 2900—2022	报废农业机械回收拆解技术规范	NY/T 2900—2016
148	NY/T 4251—2022	牧草全程机械化生产技术规范	
149	NY/T 4252—2022	标准化果园全程机械化生产技术规范	
150	NY/T 4253—2022	茶园全程机械化生产技术规范	

（续）

序号	标准号	标准名称	代替标准号
151	NY/T 4254—2022	生猪规模化养殖设施装备配置技术规范	
152	NY/T 4255—2022	规模化孵化场设施装备配置技术规范	
153	NY/T 1408.7—2022	农业机械化水平评价　第7部分:丘陵山区	
154	NY/T 4256—2022	丘陵山区农田宜机化改造技术规范	
155	NY/T 4257—2022	农业机械通用技术参数一般测定方法	
156	NY/T 4258—2022	植保无人飞机　作业质量	
157	NY/T 4259—2022	植保无人飞机　安全施药技术规程	
158	NY/T 4260—2022	植保无人飞机防治小麦病虫害作业规程	
159	NY/T 4261—2022	农业大数据安全管理指南	
160	NY/T 4262—2022	肉及肉制品中7种合成红色素的测定　液相色谱-串联质谱法	

中华人民共和国农业农村部公告
第 627 号

《饲料中环丙安嗪的测定》等 2 项标准业经专家审定通过，现批准发布为中华人民共和国国家标准，自 2023 年 3 月 1 日起实施。标准编号和名称见附件。该批标准文本由中国农业出版社出版，可于发布之日起 2 个月后在中国农产品质量安全网(http://www.aqsc.org)查阅。

特此公告。

附件:《饲料中环丙安嗪的测定》等 2 项国家标准目录

农业农村部

2022 年 12 月 19 日

附件：

《饲料中环丙安嗪的测定》等2项国家标准目录

序号	标准号	标准名称	代替标准号
1	农业农村部公告第627号—1—2022	饲料中环丙氨嗪的测定	
2	农业农村部公告第627号—2—2022	饲料中二羟丙茶碱的测定　液相色谱-串联质谱法	

中华人民共和国农业农村部公告
第 628 号

《转基因植物及其产品环境安全检测　抗病毒番木瓜　第 1 部分:抗病性》等 13 项标准业经专家审定通过,现批准发布为中华人民共和国国家标准,自 2023 年 3 月 1 日起实施。标准编号和名称见附件。该批标准文本由中国农业出版社出版,可于发布之日起 2 个月后在中国农产品质量安全网(http://www.aqsc.org)查阅。

特此公告。

附件:《转基因植物及其产品环境安全检测　抗病毒番木瓜　第 1 部分:抗病性》等 13 项国家标准目录

农业农村部

2022 年 12 月 19 日

附件：

《转基因植物及其产品环境安全检测　抗病毒番木瓜　第 1 部分：抗病性》等 13 项国家标准目录

序号	标准号	标准名称	代替标准号
1	农业农村部公告第 628 号—1—2022	转基因植物及其产品环境安全检测　抗病毒番木瓜　第 1 部分：抗病性	
2	农业农村部公告第 628 号—2—2022	转基因植物及其产品环境安全检测　抗病毒番木瓜　第 2 部分：生存竞争能力	
3	农业农村部公告第 628 号—3—2022	转基因植物及其产品环境安全检测　抗病毒番木瓜　第 3 部分：外源基因漂移	
4	农业农村部公告第 628 号—4—2022	转基因植物及其产品环境安全检测　抗病毒番木瓜　第 4 部分：生物多样性影响	
5	农业农村部公告第 628 号—5—2022	转基因植物及其产品环境安全检测　抗虫棉花　第 1 部分：对靶标害虫的抗虫性	农业部 1943 号公告—3—2013
6	农业农村部公告第 628 号—6—2022	转基因植物环境安全检测　外源杀虫蛋白对非靶标生物影响　第 10 部分：大型蚤	
7	农业农村部公告第 628 号—7—2022	转基因植物及其产品成分检测　抗虫转 Bt 基因棉花外源 Bt 蛋白表达量 ELISA 检测方法	农业部 1943 号公告—4—2013
8	农业农村部公告第 628 号—8—2022	转基因植物及其产品成分检测　bar 和 pat 基因定性 PCR 方法	农业部 1782 号公告—6—2012
9	农业农村部公告第 628 号—9—2022	转基因植物及其产品成分检测　大豆常见转基因成分筛查	
10	农业农村部公告第 628 号—10—2022	转基因植物及其产品成分检测　油菜常见转基因成分筛查	
11	农业农村部公告第 628 号—11—2022	转基因植物及其产品成分检测　水稻常见转基因成分筛查	
12	农业农村部公告第 628 号—12—2022	转基因生物及其产品食用安全检测　大豆中寡糖含量的测定　液相色谱法	
13	农业农村部公告第 628 号—13—2022	转基因生物及其产品食用安全检测　抗营养因子　大豆中凝集素检测方法　液相色谱-串联质谱法	

图书在版编目（CIP）数据

植保行业标准汇编．2024 / 标准质量出版分社编
．—北京 ：中国农业出版社，2024．3
ISBN 978-7-109-31816-8

Ⅰ．①植… Ⅱ．①标… Ⅲ．①植物保护－行业标准－汇编－中国－2024 Ⅳ．①S4-65

中国国家版本馆 CIP 数据核字（2024）第 057598 号

植保行业标准汇编（2024）
ZHIBAO HANGYE BIAOZHUN HUIBIAN（2024）

中国农业出版社出版
地址：北京市朝阳区麦子店街 18 号楼
邮编：100125
责任编辑：刘 伟　　文字编辑：牟芳荣
版式设计：王 晨　　责任校对：吴丽婷
印刷：北京印刷一厂
版次：2024 年 3 月第 1 版
印次：2024 年 3 月北京第 1 次印刷
发行：新华书店北京发行所
开本：880mm×1230mm 1/16
印张：67.75
字数：2195 千字
定价：680.00 元
